Otto Eduard Vincenz Ule

Das Weltall

bremen university press

Otto Eduard Vincenz Ule

Das Weltall

ISBN/EAN: 9783955620400

Auflage: 1

Erscheinungsjahr: 2013

Erscheinungsort: Bremen, Deutschland

bremen
university
press

Vorrede zur ersten Auflage.

Nicht länger darf die Natur dem Beschauer ein verschlossenes Geheimniß bleiben, nicht länger darf sie als das Reich des Todes, als die Schöpfung dämonischer Gewalten ein Einschüchterungsmittel pfäffischer Erziehung sein; sie muß Geist und Herz des Menschen durchdringen, erheben, veredeln. Das ist ein Gedanke, der sich jetzt jedes Gebildeten und Denkenden bemächtigt, der es schwer empfinden läßt, daß die Erziehung, die ihn in die klassischen Gräber der Vorzeit, in die Mythen und Dogmen des christlichen Alterthums, in die Dichtungen und Träume philosophischer Speculation versenkt hat, ihn die heiligste Stätte, seine nächste Umgebung, sein Vaterland und seinen Himmel als eine unheimliche Leere und ungastliche Fremde kennen lehrte. Dieser Gedanke war es, der durch das Erscheinen des Humboldt'schen Kosmos zu einer peinlichen Höhe gesteigert ward. Mancher fühlte, daß nur die Mode ihn zwang, in die allgemeine Bewunderung und Begeisterung für die Schönheit dieses Meisterwerks einzustimmen, während ihm selbst die geistige Tiefe jenes Gemäldes verschlossen blieb. Es ging ihm wie dem Laien in einer Bildergallerie, der vor der Madonna eines Raphael staunend weilt, weil sie den Kenner mit Anbetung erfüllt. Das allgemeine Bedürfniß schuf erläuternde Schriften und commentirende Vorlesungen in Menge. Man zergliederte das Gemälde und zerstörte seine Schönheit. Auch zu mir drangen Klagen über diese geistige Blind-

*

heit und Rohheit, welche die Außenwelt und ihre Kunstwerke der Seele verhüllte. Ich wurde im Winter 1847 und 1848 veranlaßt, öffentliche Vorlesungen in meiner damaligen Heimat Frankfurt a. O. zu halten, welche das Verständniß des Kosmos ermöglichen sollten. Ich sah aber ein, daß, ehe man das Meisterwerk einer Wissenschaft verstehen lehre, man erst Liebe und Lust für diese selbst erwecken müsse. Darum gab ich keinen Commentar zum Kosmos, keine Erläuterungen und Zergliederungen, sondern versuchte selbst ein Ganzes zu schaffen, einen Schattenriß für jenes große Gemälde, damit eine geistige Anschauung der Natur auch in ihr das Verwandte und Lebendige ergreifen, sie nahe führen, in ihr fühlen und denken lehre. Ich wollte vorbereiten für den Kosmos. Ob mir das gelungen, weiß ich nicht. Ich fand aber gegen Erwarten meiner Freunde ein zahlreiches Publikum unter den gebildetsten Bewohnern, Herren und Damen Frankfurts. Die unermüdete Theilnahme meiner Zuhörer zeigte mir wenigstens, daß meine Bestrebungen in der erwachten Naturliebe meiner Zuhörer Anklang fanden. Schon damals vielfach aufgefordert, diese Vorlesungen dem Druck zu übergeben, ward ich durch die politischen Stürme daran verhindert. Noch immer sind diese zwar nicht vorübergebraust, noch höre ich in meiner Einsamkeit die brandenden Wogen der Zeit; aber mitten aus den Strudeln sende ich diese Schöpfung des Friedens in den stillen Hafen der Geister, welche die Natur in sich aufnehmen wollen mit ihren ewigen Gedanken und Tröstungen, mit ihren erhabneren Kämpfen und stolzeren Siegen. Komme ich einem Bedürfniß entgegen, und ich hoffe es zur Ehre der Zeit, so ist mein Werk kein überflüssiges, trotz der zahlreichen Schöpfungen gleicher Art. Täusche ich mich aber, ist das Bewußtsein dieser Lücke in der Bildung noch kein allgemein empfundenes, so wird dies Buch wenigstens Denen eine freundliche Erinnerung sein, die mich vor zwei Jahren so manche Stunde auf den Wanderungen durch die Räume des Weltalls und durch die Tiefen seiner Geschichte begleiteten.

Die ursprüngliche Form und Bestimmung dieses Werkes wird Manches in der Behandlung des Stoffes erklären und entschuldigen. Vorlesungen dürfen nicht durch Gründlichkeit ermüden, nicht durch strenge Wissenschaftlichkeit das Gemüth leer und kalt lassen. Darum suchte ich den Hauch des Lebens über das Ganze auszugießen, darum verlockte ich bisweilen in das freie, schöpferische Gebiet der Phantasie. Ich wollte ein Gemälde der lebendigen Natur entwerfen, eine Geschichte geistiger Entwicklung und Vervollkommnung der Welt schildern, darum mußte ich Maler und Dichter werden, mit Farben malen und Leben schildern. Ich bediente mich oft bildlicher Ausdrücke und Darstellungen. Bilder sind ja in allen Wissenschaften, besonders aber in den Naturwissenschaften, die sich zu regerem Leben und geistigeren Anschauungen erhoben haben, ganz gewöhnlich. Der Chemiker spricht von Verwandtschaft der Stoffe, und Niemand nimmt daran Anstoß. Bilder zu gebrauchen, kann nicht auffallen. Wir leben ja in einer Welt von Bildern, jedes Wort ist nur ein Bild des Gedankens oder des Gefühls. Jedes Bild aber, zumal wenn es aus dem Leben gegriffen ist, wird leicht bald eine zu enge, bald eine zu weite Anschauung des wahren Gegenstandes gewähren; daher alle die Mißverständnisse, die aus Worten entspringen. Es gilt daher, das Bild aus einer möglichst verwandten Sphäre zu wählen. Dann wird es seinen Zweck um so mehr erreichen, als es das Fremdartige, Neue in die Welt des Bekannten, Gewohnten hineinzieht. Ich wählte meine Bilder aus dem Leben des Geistes, denn ich kenne nichts, was dem Leben der Natur näher stünde. Ich kenne keine todte Natur, mir ist die ganze Natur lebendig, auch die Materie lebt. Darum sprach ich von einem Sehnen der Natur. Das Sehnen gehört allerdings dem Lebendigen an, es findet seine höchste Bedeutung in der Menschennatur; denn es ist das schmerzliche, fast hoffnungslose Verlangen des Herzens nach einem Glücke, das ihm unentbehrlich erscheint. Aber gerade weil das Sehnen dem Leben angehört, wählte ich dies Bild. Denn wer die Sehnsucht des Herzens empfindet, der wird sie auch in der Natur verstehen lernen. Das war die Aufgabe meiner Arbeit: ich wollte die Natur aus dem Herzen verstehen lehren.

Es ist mir nicht das Glück zu Theil geworden, aus eigner Anschauung die Mannigfaltigkeit der Naturerscheinungen in weiten Räumen kennen zu lernen, die Geschichte unsrer Erde in den Originalen ihrer Urkunden zu ergründen. Ich mußte meine Quellen aus den Mittheilungen glücklicherer Forscher schöpfen. In der Naturwissenschaft bedarf Einer des Andern, und es gilt nicht als Raub, wenn die Erfahrungen des Einen dem Andern zur Grundlage dienen.

Ich habe die Namen Derer, deren Schriften ich benutzte, im Laufe des Werkes nicht immer genannt. Ich erwähne darum hier unter den Vorzüglichsten: A. v. Humboldt, Elie de Beaumont, Studer, Burmeister, Mädler, K. v. Leonhard, Meyer u. A. Was nicht besser gesagt werden konnte, habe ich wörtlich aufgenommen, Anderes mit dem Meinigen verflochten und umgestaltet.

Ueber den Gegenstand meiner Schrift habe ich mich in der Einleitung ausführlicher ausgesprochen. Ich habe für sie den Titel: Beschreibung und Geschichte des Kosmos, nicht Kosmos schlechthin, gewählt, weil der letztere Name durch Humboldt's Vorgang eine ganz bestimmte Bedeutung, die einer physischen Weltbeschreibung, eines Naturgemäldes erhalten hat. Mir aber stand die Weltgeschichte im Vordergrund, zu welcher alles Andre nur vorbereitendes Material sein sollte. Ich wollte das Werden der Natur aus ihrem Sein, die Vergangenheit im Spiegel der Gegenwart erkennen lehren. Ich wollte allerdings die Natur in ihrer Einheit und Harmonie zusammenfassen zu einem großen Gemälde; aber ich wollte dieses Porträt der Natur durchdringen mit dem belebenden Hauch der Geschichte.

Das erste Bändchen umfaßt das kosmische Leben des Weltalls, das Naturgemälde der Sternenwelt und die Geschichte ihrer Geburt und Entwicklung, das planetarische Leben der Erde und ihre Beziehungen zu den kosmischen Kräften. Das zweite Bändchen behandelt das tellurische Leben der Erde, ihr Sein und ihr Werden, die Veränderungen ihrer Oberfläche in der Gegenwart, die organischen Zeugen der Vorzeit und die Geschichte ihrer kosmischen und organischen Entwicklung von der Geburt bis zum Erscheinen des Menschengeschlechts, welches durch individuelle Einflüsse des tellurischen Lebens seine Charakterverschiedenheiten entwickelt hat.

Indem ich dies Erstlingswerk meiner Studien der Oeffentlichkeit übergebe, hege ich die Hoffnung, daß ich dieselbe Nachsicht, die mir von meinen Zuhörern zu Theil ward, auch bei meinen Lesern finden werde. Ich wende mich an gebildete Leser, ich verlange nicht wissenschaftliche Vorkenntnisse, aber jene Bildung des Geistes und Herzens, die, verbunden mit Liebe zur Natur, im Stande ist, in dem unendlichen Labyrinthe des Weltalls den Ariadnefaden zu erfassen und festzuhalten. Ich weiß, daß auch das weibliche Gemüth sich gern in die Tiefen der Natur versenkt; es steht ja der Natur näher, als der Mann, es kann sie nur nicht in der Nacktheit der Abstraktion ertragen. Darum wende ich mich auch an den weiblichen Leserkreis. Wenn ich durch mein Buch Nichts erreiche, als daß ich der Natur neue Freunde gewinne und Manchem den Genuß der Natur erhöhe und veredle, so will ich gern den scharfen Tadel der Kritik ertragen.

Quetz, den 16. December 1849.

Otto Ule.

Vorrede zur zweiten Auflage.

Als ich vor zwei Jahren mein Werk der Oeffentlichkeit übergab, sprach ich noch zaghaft die Hoffnung aus, daß ich damit einem allgemein gefühlten Bedürfniß entgegen kommen würde. Die unerwartet günstige Aufnahme desselben hat diese Hoffnung bestätigt. Liebe zur Natur und ihrer Wissenschaft, das ist der Geist der Gegenwart. So lange das schöne Ganze der Naturwissenschaft auseinandergefallen, ein ungeheures Haufwerk von Material war, dem es an einigenden Principien fehlte; so lange konnte sie auch nicht Sache des Volks, geistiger und sittlicher Bildung, konnte sie nur die Gespielin der Neugier und die Dienerin der Handwerke sein. Kaum aber begann sie ihre ewige Einheit zu ahnen, die Kräfte und Erscheinungen des Lebens in ihrer vernünftigen Harmonie zu erfassen, die Seele des Menschen in der Seele der Natur finden zu lehren; so erwachte in dem Volke das Bewußtsein, daß diese Wissenschaft seine eigne und der Kern seines Lebens sei. An dem Einzelnen haftend blieb die Wissenschaft der Natur ein engherziges Menschenwerk, unfruchtbare Kathederweisheit; auf das Ganze gerichtet ward sie wahre Wissenschaft, die sittlich veredelnd und geistig befreiend wirkt und unwillkürlich jedes Gemüth fesselt, das von ihren Zauberkreisen einmal umschlungen ward.

Zahlreiche Schriften haben auf allen Gebieten der Naturwissenschaft diese neue Idee der organischen Einheit zur Geltung zu bringen und gleichzeitig in edler und verständlicher Form dem weitesten Leserkreise zugänglich zu machen versucht. Ich selbst bin nicht unthätig geblieben und durch die immer deutlicher redenden Zeichen der Zeit zu einem Unternehmen getrieben worden, welches der Naturwissenschaft auch einen Platz neben Romanen, Novellen und Modejournalen einräumen sollte. Die außerordentlich günstige Aufnahme, welche die im Verein mit mehreren Freunden von mir herausgegebene und seit Anfang dieses Jahres im G. Schwetschke'schen Verlage erscheinende Zeitschrift: „Die Natur" gefunden hat, beweist mir, daß ich den Sinn der Zeit richtig erkannt habe.

Diesem Umstande glaube ich es auch danken zu müssen, daß die Kritik gegen die erste Auflage dieses Werkes so mild und nachsichtig gewesen ist. Nur ein Vorwurf ist mir gemacht worden, daß ich mich zu sehr zu „geistreichen Phantasien" habe hinreißen lassen, und daß meine „Reflexionen" über die Einheit der Kräfte wohl nicht geeignet seien, den naturwissenschaftlichen Bestrebungen einen höheren Standpunkt anzuweisen. Ich kann darauf nur erwidern, daß ich durchaus nicht den wissenschaftlichen Bestrebungen, sondern allein der Anschauung des Lesers habe einen Standpunkt anweisen wollen. Ich habe die Einheit der Kräfte in einem Bilde gezeigt. Es ging mir wie Nathan dem Weisen, dem Sultan gegenüber, als er ihm die Einheit und Gleichberechtigung der Religionen begreiflich machen wollte. Hätte er sich in philosophische und dogmatische Deductionen eingelassen, er wäre sicher nicht verstanden worden. Er erzählte die Geschichte von den Ringen und — ward verstanden. Hat meine Darstellung der Naturkräfte auch nicht mehr gefruchtet, als daß der Leser überall beim Lesen meines Buches von dem festen Glauben an ihre Einheit erfüllt war, so habe ich genug erreicht. Den Nachweis dieser Einheit wird die Wissenschaft vielleicht erst nach Jahrhunderten führen können; warum soll die Phantasie bis dahin nicht die geahnte und geforderte Einheit sich malen? Eine Darstellung des Kosmos ist überhaupt nicht Sache des Verstandes allein, sondern auch der Phantasie. Gleich den Visionen eines Traumes kommen uns die Gedanken, und gleich Sonnenstrahlen weben sie sich ein in die Wissenschaft. Die kosmische Auffassung der Natur ist eine poetische, und der Leser begreift sie, weil er sie fühlt.

In der neuen Auflage habe ich mich bemüht, auch die zahlreichen Erweiterungen, welche die Wissenschaft in der jüngsten Zeit erfahren hat, aufzunehmen und mit dem Früheren zu verweben. Es sind dadurch einzelne Abschnitte des Buches bedeutend verändert und vermehrt worden. In dem astronomischen Theile hat dies besonders die Abschnitte über die Firsterne und die Planeten betroffen, für welche jedes Jahr neue und wichtige Entdeckungen bringt. Im zweiten und dritten Bande berühren die Veränderungen besonders die vulkanischen Erscheinungen, die Gletscher, die Korallenriffe und einzelne Gegenstände aus der Geschichte der Erdbildung. Ueberdies wird eine reichlichere Ausstattung mit Holzschnitten dem Leser das Verständniß mancher schwierigeren Punkte erleichtern. Wo aber diese nicht hinreichen sollten, empfehle ich als ganz vorzüglich den vor Kurzem erschienenen „Atlas zu Humboldt's Kosmos in 42 col. Taf. mit Text, herausg. v. Traugott Bromme; Stuttgart, bei Krais & Hoffmann."

Möge denn das Werk in seiner neuen Gestalt sich eben so viele Freunde gewinnen und desselben Beifalls erfreuen, das ihm bei seinem ersten Erscheinen zu Theil ward!

Halle, im August 1852.

Otto Ule.

Vorrede zur dritten Auflage.

Eine neue Auflage ist für den Verfasser wie für den Leser eine gleich willkommene Erscheinung. Dem Verfasser giebt sie Gelegenheit, seine Arbeit zu verbessern, ihre Form zu vervollkommnen, ihren Inhalt dem Fortschritte der Zeit anzupassen. Das ist auch in diesem Buche nach Kräften geschehen. Schon die geschmackvollere äußere Ausstattung, die Vermehrung und Verbesserung der Abbildungen wird davon überzeugen. Aber auch der Inhalt hat manche wesentliche Umarbeitung erfahren. So ist namentlich die Geschichte der Planetenentdeckungen vervollständigt worden, es sind die neuern Beobachtungen und Ansichten über die Oberfläche der Sonne, das Zodiakallicht, das Nordlicht nachgetragen, die neuern Erscheinungen auf dem Gebiete des Vulkanismus, die Beobachtungen über die Bildung der Eisberge, die Ansichten über die Katastrophen der Erdgeschichte und die Urgeschichte der Organismen eingeschaltet worden.

Nur der eigentliche Kern des Buches mußte unangetastet bleiben. Er ist nicht mehr freies Eigenthum des Verfassers, sondern ein losgerissenes Stück seiner eignen Entwicklungsgeschichte und ein unveräußerliches Eigenthum des Geistes der Zeit. Auch wo der Verfasser unter dem fortwirkenden Einfluß der Wissenschaft ein Anderer geworden, mußten die einmal der Oeffentlichkeit preisgegebenen Ansichten und Meinungen ihm heilig und unverletzlich bleiben.

Auch für das lesende Publikum ist eine neue Auflage eine willkommene Erscheinung. Nicht etwa, daß sie ihm immer den Werth des Buches im Voraus verbürgt; aber sie eröffnet ihm einen weiten Kreis von gleichgesinnten, gleichempfindenden Freunden, und dieser gemeinsame Genuß hat auch in der Wissenschaft etwas Anziehendes. Möge also diese neue Auflage dazu beitragen, den bereits um dieses Buch geschaarten Freundeskreis abermals zu erweitern!

Halle, im November 1858.

Otto Ule.

Inhalt.

Das Weltall.

Einleitung.

Ueber den Beruf der Naturwissenschaften als Volkswissenschaft und über Plan und Gegenstand dieses Werkes insbesondere.

Es giebt Epochen in der Geschichte der Menschheit, in welchen ein allbelebender Frühlingshauch durch die Länder der Erde, durch die Gebiete des Lebens und Wissens weht, wo wie Frühlingskeime aus verborgenen Rissen und Spalten die Gedanken hervorbrechen, und die Menschen ihre dumpfen Wohnungen verlassen, um dieses neue Leben einzusaugen. Eine solche Zeit war die kürzlich durchlebte. Manche Keime sind wieder dahingewelkt unter dem vernichtenden Hauche des Spätfrosts; aber was der Wissenschaft die Sonne der Zeit weckte, grünt fröhlich fort, und nicht mehr Einzelne sind es, die das Leben unter winterlicher Hülle ahnen, dem ganzen Volke hat es sich erschlossen.

Längst sehnte sich auch die Wissenschaft nach einer Rettung aus den Banden, in die sie Aberglaube und Verblendung, Despotie und Hierarchie geschlagen hatten. Sie schmachtete unter dem Drucke einer furchtsamen Politik, einer fanatischen Theologie, die das Licht der Wahrheit scheuten. Sie war das Monopol Einzelner, wagte es kaum, aus dem düstern Studierzimmer unter das Volk zu treten, war verwiesen in staubige Bibliotheken und auf wurmstichige Katheder. Jetzt wird es anders. Die Wissenschaft ist herabgestiegen von ihrem luftigen Throne, um mitten unter dem Volke und im Volke ihre Wohnung aufzuschlagen. Freilich kann nicht jeder Einzelne die vielfach verschlungenen Wege verfolgen, die der Gelehrte in seinen Forschungen durcheilt; aber er wird die Resultate dieser Forschungen kennen, die Früchte der Gelehrsamkeit genießen. Die Wissenschaft wird mit dem Volke verwachsen und mit ihrem belebenden Odem das Volk durchwehen. Jene faustisch-geheimnißvollen Grüblergesichter mit ihren mystischen Zauberkreisen werden verschwinden, und wahre Jünger der Wissenschaft in heimischen Lauten den dringenden Fragen des aus selbstgeschaffener Finsterniß erwachten Volkes antworten. Ein solcher Lehrer des Volkes war Alexander von Humboldt.

Nicht im stillen Stübchen — draußen in der freien Natur, in fernen Ländern und Meeren, im Kampf der Elemente hat er den Schatz seiner Weisheit gesammelt, und nicht in staubige Bibliotheken hat er diese Schätze vergraben, sondern ausgestreut über alle Völker als fruchtbringenden Samen. Wie der belebende Thau die schlummernde Natur zu neuem Leben weckt, so ist sein Geist unvermerkt eingedrungen in das Herz des Volks und ist Eigenthum jedes Einzelnen geworden. Er hat ein Band gewoben, das alle bisher vereinzelten Gebiete der Wissenschaft zu einem einzigen lebendigen Ganzen umschlingt, so daß keines dem andern mehr fremd und feindlich gegenübersteht, sondern alle, sich freundlich die Hand reichend, zu ihrem gemeinsamen Ziele emporstreben. Das ist sein größtes Verdienst, denn damit hat er das Sehnen seiner Zeit und seines Volkes gestillt. Nur als Ganzes ist die Wissenschaft dem Volke zugänglich, als einzelne kann sie wohl Gelehrte bilden, aber kein Volk. — Eine Wissenschaft aber strahlte Humboldt als Krone aller Wissenschaften entgegen, das war die Naturwissenschaft. Mitten in seinen ernsten und erhabnen Studien blieb Humboldt stets Mensch, darum zog es ihn hin zu der ewig gütigen Freundin des Menschen, zur Natur. Ihr geheimnißvolles Wirken und Schaffen regte seinen großen Forschergeist an, und seine Liebe zu ihr, die Sehnsucht, sie in allen ihren mannigfaltigen Formen zu bewundern und zu beobachten, trieb ihn hinaus in ferne, wilde Gegenden, die noch keines Menschen Fuß betreten hatte. Die Natur ward ihm der Mittelpunkt aller Wissenschaft, für sie durchwühlte er alle Reiche des Wissens, in ihr fand er den Ruhepunkt, den stillen Hafen aller menschlichen Forschungen. So gründete er ein Werk, das seinen

Namen unsterblich machen wird, eine Wissenschaft, die wahrhaft eine ganze, in allen ihren Theilen innig verkettete und verschlungene ist. So schuf er die Naturwissenschaft zu einer wahren Wissenschaft, — denn eine in Einzelnheiten zerfallene, die nicht von einem Gesichtspunkt ausgeht und zu einem Ziele hinführt, ist keine, — er schuf sie zur Volkswissenschaft. Schon an sich ist sie ja recht eigentlich dazu berufen, Gemeingut des Volkes zu werden. Der Mensch lebt in der Natur und mit der Natur: aus ihr zieht er seine Nahrung, seine Genüsse, sie ist die Bedingung seines Lebens, sie weckt in ihm das Bewußtsein seiner Bestimmung, belebt sein Gefühl, beschäftigt seine Phantasie. Sollte da nicht das Bedürfniß in ihm erwachen, einmal einen Blick in ihr inneres Leben zu werfen, den Zusammenhang ihrer Kräfte zu erkennen, den Ursachen ihrer Erscheinungen nachzuforschen, kurz den geheimnißvollen Schleier zu lüften, unter dem sie sich seinem unbefangenen Blicke verhüllte? Freilich wirkt die Natur überall nur allmälig und im Verborgenen. Das Samenkorn keimt unter der Erde, und in der verhüllten Knospe ist schon wieder die Schöpfung eines neuen Geschlechts vorbereitet. So sind ihre Verhältnisse und Einwirkungen überall tiefer, bedeutungsvoller, als sie erscheinen, einfacher, als sie in der Mannigfaltigkeit ihrer Formen entgegentreten; und doch ist es eine stille einfache Gewalt, die sie hervorruft, und die einer ebenso einfachen und stillen Seele bedarf, um die Mysterien ihres Allerheiligsten zu enthüllen. Um eine verwandte Seele zu begreifen, bedarf es oft nur eines äußern Zeichens, des rechten Blicks, des innigen Worts, weil das Gleiche das Gleiche versteht. Aber die Natur steht dem Menschen jetzt wenigstens nicht mehr so nahe, sie ist ihm ein geheimnißvolles Wesen geworden, und nur im großen Zusammenwirken ihrer Kräfte, im Einklang aller ihrer Erscheinungen will sie betrachtet sein. Dann erst strahlt sie Licht und Leben aus auf alle Wege der menschlichen Forschung, dann wird ihr Glanz ein blendendes Gestirn, dessen ganze Fülle nicht zu fassen ist, dann hellt sie alle Verhältnisse der Schöpfung, der belebten und unbelebten, auf, giebt über Alles Aufschlüsse, worüber wir sie befragen, auch über uns selbst.

Soll aber eine so allgemeine und tiefe Anschauung der Natur zu einer gewissen Klarheit gebracht werden, so bedarf es dazu eines ernstlichen und gründlichen Studiums einzelner Disciplinen, der beschreibenden Naturkunde, der Physik, der Astronomie. Lange muß erst das Gebiet der einzelnen Wissenschaften durchwandert sein, lange gemessen, beobachtet, experimentirt werden, ehe ein klares Bild des Naturganzen vor unsre Seele tritt. Darum wird es immer Naturwissenschaften und Gelehrte geben müssen, die uns die Materialien zu einem so großartigen Bau sammeln, die uns die Farben mischen zu dem einen schönen Gemälde der Natur! — Aber auch dem, der die Resultate der Naturforschung nicht in ihrer individuellen Bedeutung, sei es für die Wissenschaft, sei es für die Bedürfnisse des geselligen Lebens, sondern in ihrer großen Beziehung auf die gesammte Menschheit ausbeutet, auch dem bietet sich als die erfreulichste Frucht dieser Forschung der Gewinn dar, durch Einsicht in den Zusammenhang der Erscheinungen den Genuß der Natur erhöht und veredelt zu sehen. Wenn er sich hinaus flüchtet aus den engen Schranken des bürgerlichen Lebens, „erröthend, daß er so lange fremd geblieben der Natur und stumpf über sie dahin ging," dann findet er in dem Spiegel des großen und freien Naturlebens einen Genuß, wie ihn nur die veredelte Geistesthätigkeit des Menschen gewähren kann. Neue Organe erwachen in ihm, die lange schlummerten, er tritt in innigeren Verkehr mit der Außenwelt, und Nichts bleibt ihm mehr fremd und gleichgültig, was den industriellen Fortschritt, die intellectuelle Veredlung der Menschheit bezeichnet. Der Genuß ist ja das Ziel der Wissenschaft, und diesen Genuß zu erhöhen, zu veredeln, ist auch der Zweck meines Unternehmens. Es gilt, in meinen Lesern jene Freude an der Natur zu erwecken, wie sie ihre Jünger beseelt; ihnen jenes Bild, das ihrem innern Sinne schon bisher ahnungsvoll als harmonisches Ganze vorschwebte, als das mühevoll geschaffne Werk der Künstlerhand darzustellen.

Ich sage, der Genuß sei das Ziel der Wissenschaft, und damit werde ich freilich manchem strengen Gelehrten als ein arger Ketzer erscheinen. Denn ihm ist ja die Wissenschaft etwas viel zu Hohes, als daß sie einen Zweck außer sich haben könne, ihm ist sie selbst ihr einziger und höchster Zweck. Doch frage ich ihn, ob nicht gerade er in aller seiner Anstrengung und Aufopferung für die Wissenschaft den höchsten und einzigen Genuß seines Lebens findet, wie der Vater in der Aufopferung für sein Kind. — Der

Mensch ist nun einmal Egoist, er will genießen in der Wissenschaft, wie im Leben. Das Erkennen, das Durchdringen des Geheimnißvollen, das Rathen des Räthselhaften, das ist der feinste Genuß, das dauerndste, nie durch Uebersättigung und Ueberreizung zu schwächende Vergnügen, was der Mensch sich bereiten kann. Die Welt hat sich uns mit Allem, was in ihr ist, uns selbst eingeschlossen, als großes Räthsel aufgegeben, und die allmälige Lösung dieses Riesen-Räthsels ist der größte, eigentlichste Reiz des ganzen Menschenlebens: und darum gewährt uns die Wissenschaft die größte Befriedigung, die edelsten Genüsse.

Es ist hier am Orte, ein Vorurtheil zu erwähnen und zu bekämpfen, welches leider noch heut zu Tage selbst im Kreise der Gebildeten verbreitet ist, als würde durch die Naturwissenschaft der echte, unbefangne, kindliche Genuß an der Natur getrübt, das Gefühl erkältet, die schaffende Bildkraft der Phantasie ertödtet. Die Wissenschaft, sagt man, sucht ja Alles zu zerschneiden und aufzulösen, durch ihre Untersuchungen beraubt sie die Natur ihres poetischen Gewandes und zeigt sie in ihrer rauhen widerlichen Nacktheit; sie giebt Gesetze statt der Erscheinungen, Zahlen statt der phantastischen Formen. Wie kann der Botaniker die reine Schönheit einer Frühlingslandschaft genießen, wie in der erwachenden Blüthe, in dem sprossenden Grün die süßen Ahnungen der in Phantasien spielenden Kindesseele empfinden, der Botaniker, der in der Blume nur die Staubfäden zählt, und den Grashalm zerpflückt, um seine Gefäße und Fasern zu zergliedern? Wie kann den Zoologen der Gesang der Vögel entzücken, das Summen der Tausende schimmernder Insekten, welche ein lauer Sommerabend aus allen Büschen und Bäumen hervorzaubert? Ihn lockt ja vielmehr eine armselige Mücke, eine ekelhafte Spinne, deren Athmungswerkzeuge er erforschen, oder deren Blutlauf er studiren kann. Wie kann den Physiker der leuchtende Blitz, der rollende Donner mit den erhabnen Schauern des sich offenbarenden Gottes erfüllen, der ja in diesen großartigen Erscheinungen nichts weiter sieht als Wirkungen der Electricität, einer Kraft, deren Gesetzen er in den engen Räumen seines Studirzimmers nachjagen kann? Wie kann der Naturforscher überhaupt noch von Naturschönheit, von sanften und erhabnen Einwirkungen der Natur auf sein Gemüth sprechen, der ja in der

Natur nichts sieht, als eine künstliche Maschine, die durch feste Gesetze nach Zahlen und abstrakten Verhältnissen regiert wird, in der Alles mit eiserner Nothwendigkeit erfolgen muß, wie die Erscheinung es lehrt? Solche Urtheile nannte ich Vorurtheile, und gewiß mit Recht, wenn sie die wahre Wissenschaft treffen. Denn der wahren Wissenschaft gilt die Natur nicht als eine todte, theilbare Masse bunter Einzelheiten, ihr ist sie Einheit in aller Vielheit, Inbegriff der Naturdinge und Naturkräfte als lebendiges Ganze, sie reicht über die engen Gränzen der Sinnenwelt hinaus, und die Natur begreifend weiß sie den rohen Stoff empirischer Anschauung durch Ideen zu beherrschen. Freilich gab es auch eine andre falsche Wissenschaft (die aber glücklicherweise in die Polterkammer der Vergangenheit zurückgewiesen zu sein scheint), die über dem äußern Gerüst das Gebäude selbst vergaß, und die unsern genialen Göthe seinem diabolischen Kritiker Mephistopheles jene Worte des bittersten Hohnes in den Mund legen ließ:

Wer will was Lebendiges erkennen und beschreiben,
Sucht erst den Geist herauszutreiben:
Dann hat er die Theile in seiner Hand;
Fehlt leider nur das geistige Band.
Encheiresin naturae nennt's die Chemie,
Spottet ihrer selbst und weiß nicht wie.

Aber, wenn wir auch mit Recht behaupten, daß die rechte Naturwissenschaft unser Gefühl für Naturgenüsse nicht abstumpft, unsern Natursinn nicht tödtet, sondern belebt: einen Unterschied giebt es dennoch zwischen dem Genuß, den kindliche Anschauung, und dem, den die Wissenschaft gewährt, zwischen der Sprache, die die Natur zu dem Einen und zu dem Andern spricht!

Dem Physiker, der die Lichtwellen mißt und das bunte Spiel der Farben nach bestimmten Zahlenverhältnissen ordnet, dem Astronomen, dessen Blick den Weltraum durchdringt und die in kaum erkennbarem Nebel schimmernden Sterne zerlegt, dem Botaniker, der die kreisende Bewegung des Saftes in den mikroskopischen Zellen der Pflanzen beobachtet und aus dem innern Bau die verwandtschaftlichen Beziehungen der Familien und Geschlechter erkennt: ihnen gewähren die Himmelsräume, wie der Blüthenteppich der Erde, gewiß einen erhabnern Anblick, als dem Beobachter, dessen Natursinn noch nicht durch die Einsicht in den Zusammenhang der

Erscheinungen geschärft ist, der noch keine Gesetze, keine Kräfte kennt, dem noch Alles wie durch geheimnißvollen Zauber belebt erscheint.

Die Sinnlichkeit heftet die leuchtenden Gestirne an ein krystallnes Himmelsgewölbe; der Astronom begrenzt unsre Weltgruppe nur, um jenseits in unermessenen Fernen immer neue Welten aufglimmen zu lassen. So findet das Gefühl des Erhabnen, aus der einfachen Anschauung hervorgegangen, in der feierlichen Stimmung des Gemüths, die der Ausdruck der Unendlichkeit, der Freiheit des Geistes ist, seine Begründung und seine Wahrheit. Findet ja doch auch der Kunstkenner eine ganz andre Lust am Gemälde, als der Laie! Warum sollten nicht auch die Genüsse der Naturbetrachtung verschiedene sein können? Welches aber sind die Ursachen dieser Verschiedenheit?

Alles Genießen ist ein Aufnehmen und Zueigenmachen eines verwandten ähnlichen Stoffes, ein Verwandeln desselben in seine eigne Natur, ein Assimiliren, wie es der Physiologe nennt. Der Körper genießt nur die Nahrung, die er in Fleisch und Blut umwandeln kann; vor aller andern, ihm fremden, hat er Abscheu und Ekel. Auch der Geist genießt nur das Verwandte, sucht nur sich selbst in allen seinen Genüssen. Da ertappen wir wieder den Menschen in seinem Egoismus. Nur sich selbst liebt er im Andern; wo er sich nicht wiederfindet, da haßt und vernichtet er. So kann der Mensch auch in der Natur nur dann Genuß finden, wenn er sich selbst in ihr erkennt, wenn sie sich ihm als verwandtes geistiges Wesen darstellt, mag er nun diese Verwandtschaft nur dunkel ahnen oder mit philosophischer Gewißheit schauen. Aber wie der Körper seine Nahrung bald in Fleisch und Knochen, bald in Blut und Nerven verwandelt, so findet auch der Geist in der Natur gar mannigfache Nahrung. Denn auch der Geist ist in seiner Erscheinung ein mannigfaltiger, der sich entwickelt und bildet durch verschiedene Stufen des Bewußtseins hindurch, bald als Gefühl, bald als Phantasie, bald als Denkkraft sich bethätigt. Daher muß auch für diese verschiedenen Bildungsstufen des Geistes der Naturgenuß ein verschiedner sein. Auf der untersten Stufe äußert sich der menschliche Geist als Gefühl. Das ist die Zeit der Kindheit des einzelnen Menschen, wie des ganzen Geschlechts. Hier sehen wir den Naturgenuß des unbefangnen kindlichen Gemüths, des zarten weiblichen Herzens. Der Mann fängt schon an, sich der Natur zu schämen, er wagt es nicht mehr, sich seinen Gefühlen ganz hinzugeben, er drängt sie gewaltsam zurück in den Hintergrund seiner Seele. Der Kampf ist ja sein Stolz. Das weiche Gemüth des Weibes kennt diesen Stolz nicht; und wie oft bricht auch den des Mannes das Gefühl! Dann fühlt er sich wieder heimisch in der Natur, dann ist sie ihm noch die liebende Mutter, die ihn geboren, die ihn erzieht, dann sieht er sich noch von Engeln und Göttern umgeben, und jede Blume, jeder Lufthauch spricht zu ihm in den noch verständlichen Lauten der Natur. Bald koset sie mit ihm in tändelnden Spielen, bald droht sie ihm furchtbar mit Vernichtung und Tod. Allmälig erwacht in ihm eine dunkle Ahnung von geheimnißvollen Kräften, die in ihrem Schooße wirken. Wo das zarte Grün der Wiesen oder der sanfte Spiegel der Wellen das Auge in grenzenlose Fernen schweifen läßt, oder wo himmelanstrebende Berge ihm den Blick verhüllen, überall durchdringt ihn dann das Gefühl der freien Natur und ein Ahnen ihres Bestehens nach ewigen Gesetzen. Heilige Schauer durchbeben ihn; tief im Innern schmerzlich erschüttert, vom wilden Drange der Leidenschaften durchstürmt, fühlt er sein Gemüth erheitert und gestärkt, besänftigt und erfrischt. Wenn süße, selige Empfindungen seine Brust schwellen, wenn von Sehnsucht und Liebe sein Herz zerspringen möchte, dann treibt es ihn hinaus ins Freie, in ein schattiges Wäldchen, wo Alles um ihn schweigt, und nur das leise Flüstern der Blätter wie eine wohlbekannte Freundesstimme zu seinem Innern spricht; dann kehrt auch die Ruhe der Natur in seinem Herzen ein, die Wogen glätten sich, und das sanfte Spiel der Phantasie umgaukelt ihn mit den lieblichsten Traumgebilden der Zukunft. – Wenn herber Schmerz die wunde Seele des Unglücklichen erfüllt, wenn traurige Erinnerungen, Gram und Reue über die Vergangenheit ihn schwer belasten, wenn seinen Blicken sich ein trostloses unheilvolles Bild der Zukunft eröffnet: dann eilt er auch hinaus ins Freie, auf einen sonnigen Hügel, wo er rings das frohe Leben der Natur sich unter ihm ausbreiten sieht, wo Alles ihm so heiter entgegenlacht; dann tönt ihm Hoffnung entgegen aus dem Gesange der steigenden Lerche, dann saugt er mit den Bienen aus duftenden Blumenkelchen den

Honig des Trostes. Wem aber wilde Leidenschaften die Brust durchstürmen und in lodernden Flammen das Mark seines Innern verzehren, der sucht nicht die friedliche Stille der Natur, der stürzt hinaus in die finstre Nacht, wo der Sturmwind braust, und der Regen strömt, wo alle Elemente im feindlichen Kampfe wüthen, wo Blitze zucken, und rollende Donner die laut tobende Stimme seines Innern übertäuben. Nacht und Grauen, Kampf und Vernichtung im Herzen, sucht er sie auch draußen in der Natur. Aber der Morgen tagt endlich, der Sturmwind ruht, der Donner schweigt. Sanfte Röthe färbt den Horizont, aus zauberhaften Nebeln taucht ein duftumflossenes Gemälde hervor, immer heller schießen die Strahlen, eine goldne Gluth strömt herauf, Opferflammen lodern auf dem Altare der Natur. Ein sanftes Weben durchschauert alle Wesen, da erwachen die Blumen des Feldes, die Vögel in der Luft, die Nebel fliehen, der Vorhang fällt: da flieht auch die Leidenschaft aus der Brust des Menschen, auch ihn durchweht ein neuer Geist, nie gekannte Ahnungen steigen in ihm auf, er fühlt sich wieder als ein Kind der Natur, als eins mit ihr, und erkennt den Geist des Friedens und der Ordnung, der sie beseelt. So findet jede Gemüthsstimmung in der Natur ihre harmonirenden Töne und Farben. Bald ist es das Ungemessne, Schreckliche in der Natur, der wilde Kampf entzweiter Naturgewalten, die entsetzliche Oede der Steppen Asiens, das ermüdende Grün der Prärien Amerikas, bald der freundliche Anblick einer bebauten Gegend, eines lachenden Gebirgsthales, eines rieselnden Quells unsrer heimathlichen Fluren, bald der wunderbare Eindruck tropischer Naturscenen, undurchdringlicher Urwälder, gleich Säulengängen sich wölbender Palmen, des vom sanften Sternenschimmer eines Tropenhimmels überströmten Oceans, bald der Friede, bald der Kampf, bald die Wunder, bald die Schrecken der Natur, die in unserm Gemüthe verwandte Stimmungen hervorrufen, und von dem nimmer ruhenden Spiele der schaffenden Phantasie umgestaltet, erhöht, veredelt uns ahnen lassen, daß ein gemeinsames, gesetzliches, ewiges Band uns mit der ganzen lebendigen Natur umschlinge. Aber es ist auch schon keine bloße Ahnung mehr, die uns erfüllt; denn die Phantasie beginnt selbst zu schaffen und in unserm Busen ein großes Wunderbild aufzubauen, das sie unbewußt mit der durch die Sinne offenbarten

Welt verschmilzt. Mag auch ursprünglich jenes dumpfe, schauervolle Gefühl von der Einheit der Naturgewalten, von dem geheimnißvollen Bande, welches das Sinnliche mit dem Uebersinnlichen verknüpft, den Menschen zum heiligen Kultus, zur Vergötterung der erhaltenden, wie der zerstörenden Naturkräfte getrieben haben; wer sich den Fesseln der Sinnlichkeit entrungen, wer sich zur geistigen Freiheit erhoben hat, dem genügt nicht mehr die stille Ahnung, der beginnt zu zergliedern und zu ordnen, zu forschen und zu denken, in dem erwacht die Macht der Idee, die ihn unaufhaltsam hineintreibt in das innere Wesen, in den ursachlichen Zusammenhang der Erscheinungen. Doch nicht sogleich wird der rohe sinnliche Naturmensch in einen Philosophen verwandelt, so wenig wie das Kind in einen Mann. Er muß erst Dichter und Künstler werden, um für den Ernst der Philosophie zu reifen. Die Phantasie reißt ihn los von der Wirklichkeit der Erscheinung, führt ihn in ihr eignes luftiges Zauberreich, das ihm wie ein vollendeter Abglanz der Natur erscheint, gleichsam eine Natur von Ideen. Er macht die Erscheinungen zu Bildern, zu Symbolen geistiger Verhältnisse, zu einem Spiegel seiner intellectuellen und moralischen Natur. So schaute der Grieche die Natur an, denn der Grieche war ein geborner Dichter. Wie zart dachte er sich den Schmetterling als Bild der Seele, die in sich gewundene Schlange als Bild der Ewigkeit, die Rose als Sinnbild der Liebe, den Regenbogen als den Götterboten, als Symbol der Hoffnung und des Friedens! Aber nicht lange kann der Dichtergeist von der Erscheinung abschweifen und sich in seinen phantastischen Schöpfungen verlieren; er muß wieder zurückkehren zur lebendigen Natur, denn sie zieht ihn mit magischer Gewalt. Aber auch die Idee hat ihr Recht schon an ihn geltend gemacht, auch sie läßt ihn nicht mehr von sich; und so darf der Geist nur weilen bei der Erscheinung, um in sich mit fesselloser Freiheit, ohne sich an Zwecke zu binden, ohne sinnliches Interesse die Idee der Schönheit zu entwickeln. So wird der Dichter zum Künstler. Wenn dem Dichter die Natur als eine Welt von Bildern erschien, von Bildern seines eignen Seelenlebens, so erscheint sie dem Künstler als Abglanz einer einzigen hohen Idee des unendlichen Geistes, der Idee der Schönheit. Mit ihr vergleicht er sie, nach ihren Verhältnissen sucht er sie zu ordnen und umzuschafsen; denn diese Idee beginnt schon Gesetze und Regeln aufzustellen, nach Verhältnissen und Zahlen zu messen. Da herrscht die Harmonie im Reich der Töne, die Perspective im panoramischen Gemälde, das architectonische Verhältniß im plastischen Kunstwerk. So bewundert der Künstler am Regenbogen nur die Reinheit und Gefälligkeit der Farbenmischung, den sanften Schwung der Krümmung, er studirt im Gesange der Vögel den ergreifenden Klang der Melodie, in der malerischen Landschaft das leise Verschwimmen von Wolken und Meer und Küsten, an den schönen Formen seines eignen Körpers die weiche Rundung der Linien, die kühne Wölbung der Stirn, den ausdrucksvollen Blick des Auges. Aber indem er noch bewundert und den ewigen Gesetzen der Schönheit nachforscht, beginnt er auch schon zu fragen nach dem Urgrunde dieser Idee und des mächtigen Eindrucks, den sie auf sein Gemüth ausübt. Er dringt ein in die geheime Kunststätte der Natur, um ihre weisen Lehren zu vernehmen, und bald fesselt ihn nicht mehr der äußere Glanz der Erscheinung. Denn ihm enthüllt sich jetzt ein bisher unbekanntes Reich von aneinander geketteten Ursachen und Wirkungen, von ewigen Gesetzen und ewigen Verhältnissen, die den Lauf der Natur regeln und in stiller Harmonie großartigere Kunstgebilde erzeugen, als sie seine schwache Menschenhand formen, seine gefesselte Phantasie ersinnen konnte. So wird der Künstler zum Philosophen: so weicht die Schönheit dem Glanze der Wahrheit. Klare Erkenntniß tritt an die Stelle dunkler Ahnung, gesetzloser Phantasie. Neue Organe werden geschaffen, die Natur zu befragen; eigne Anschauung genügt nicht mehr, die Erscheinungen selbst werden unter bestimmten Bedingungen heraufbeschworen, Gesetze werden gefunden, Welten gemessen, die Zukunft berechnet; der Schleier fällt, und die Natur steht da als die heilige, ewig schaffende Urkraft der Welt, die alle Dinge aus sich selbst erzeugt und werkthätig hervorbringt. In der Mannigfaltigkeit die Einheit zu erkennen, die Einzelnheiten prüfend zu sondern, und doch nicht ihrer Masse zu unterliegen, der erhabnen Bestimmung des Menschen eingedenk, den Geist der Natur zu ergreifen, welcher unter der Decke der Erscheinungen verhüllt liegt; das ist die edle, göttliche Aufgabe des philosophischen, wissenschaftlichen Naturbetrachters; und von ihm gilt die herrliche Schilderung unsers unsterblichen

Schiller in seinem Spaziergang:

Aber im stillen Gemach entwirft bedeutende Zirkel
    Sinnend der Weise, beschleicht forschend den schaffenden Geist,
Prüft der Stoffe Gewalt, der Magnete Hassen und Lieben,
    Folgt durch die Lüfte dem Klang, folgt durch den Aether dem Strahl,
Sucht das vertraute Gesetz in des Zufalls grausenden Wundern,
    Sucht den ruhenden Pol in der Erscheinungen Flucht.

Eine solche Naturbetrachtung kann und muß Eigenthum des Volkes werden. Denn sie allein giebt ein ganzes und allgemeines Bild der Natur, sie allein erfaßt sie in ihrer Einheit, in ihrer innern Nothwendigkeit: sie allein gewährt jene edlen, des wahren Menschen würdigen Genüsse. Denn sie erhöht den Begriff von der Würde und Größe der Natur, sie läutert und beruhigt den Geist, wie sie den Zwiespalt der Elemente durch ihre Gesetze schlichtet; sie erweitert unsre geistige Existenz, indem sie uns in der einsamsten Abgeschiedenheit in Berührung setzt mit dem ganzen Weltall. So verschönert und bereichert die wahre Wissenschaft das Leben mit einem unerschöpflichen Schatze von Ideen. Auch die Geschichte hat es uns gelehrt. Dort unter jener glühenden Tropensonne, wo von blühenden Lianen umrankt die Palmen ihr majestätisches Haupt erheben, und Farrenkräuter, von kühlem Wolkennebel unaufhörlich getränkt, himmelan streben, wo Alpenrosen mit purpurnem Gürtel die Berghänge schmücken, und das üppigste Grün der Vegetation hinanklimmt zu schwindelnden Höhen, wo die Zone des ewigen Eises erst die letzten Regungen des Pflanzenlebens erstickt, und wo selbst unter den schneeigen Gipfeln glockenförmiger Bergriesen die unterirdischen Mächte aus langgespaltnen Feuerschlünden emporzubrechen drohen: dort mag wohl Bewunderung und dumpfes Erstaunen die Bewohner erfüllen, aber der innere Zusammenhang jener großen, immer wiederkehrenden Erscheinungen, die einfachen Gesetze ihrer Gruppirung, die sich grade dort dem Auge so offen darbieten, sind grade dort unbeachtet und unerforscht geblieben. Da aber, wo eine mildere Sonne leuchtet, wo sich die Natur kärglicher und ärmer in der Erzeugung ihrer Gebilde zeigt, wo mannigfache Störungen in den Naturprocessen des Dunstkreises, wie in der klimatischen Gruppirung der organischen Gebilde das Auffinden allgemeiner Gesetze erschweren: da ist dennoch die geistige Thätigkeit zuerst erwacht, da ist der Ursitz aller Kultur, von da erst ist Wissenschaft und Bildung durch Völkerwanderungen hinübergepflanzt worden in die üppigen Tropenregionen. Hier im traurigen Norden, dem Stiefkinde der Natur, herrscht ein thätiges, reges Leben, geistige Bildung, Kunst, Poesie, Wissenschaft. Dort im heißen Süden, dem Paradiese der Erde, sind rohe Willkür, blutige Kriege zu Hause; dort hausen wilde Völker, und selbst der gebildetste Fremdling, den unersättliche Habgier oder Zerfallenheit mit seinem Vaterlande dorthin verpflanzten, sinkt bald herab zu einem gedankenlosen Naturwesen. So führt jener kindliche, oft auch kindische Naturgenuß zur Rohheit, diese denkende Betrachtung einer allgemeinen Verkettung der Erscheinungen zur höchsten Bildung aller Kräfte des Geistes, zum höchsten Wohlstande der Nationen. Wie es nach Goethes Ausspruch für die Natur kein Bleiben giebt im Werden und Bewegen, und sie ihren Fluch gehängt hat an das Stillstehen, so ist es auch im Lebensgeschick der Staaten. Im Kampf müssen sie wachsen, im Wettstreit auf dem Gebiete der Industrie und Wissenschaft. Nur da wohnen freie Völker, herrschen weise Gesetze, wo alle Blüthen der Kultur sich gleich kräftig entfalten, wo im friedlichen Ringen keine der andern verderblich wird. Man frage nicht nach dem Nutzen, man verachte auch nicht die unscheinbarste Blüthe des Geistes. Im Kleinsten liegt oft der Keim einer großen Entdeckung. Wer mochte es ahnen, als Galvani bei Berührung ungleichartiger Metalle die Nerven und Muskeln eines Frosches zucken sah, daß diese Entdeckung einst Mineralien zerlegen, Metalle schmelzen, Maschinen bewegen, Gedanken in unberechenbarer Schnelligkeit meilenweit tragen werde? Als Huyghens die eigenthümlichen Lichterscheinungen des Doppelspaths bemerkte, wer ahnte da, daß ein so armseliges Stückchen Stein über die Natur des Kometenlichts Aufschlüsse geben werde? Wer ahnt die große Kette der Erscheinungen in ihrem schwächsten Gliede? Man pflege den Keim, und man wird die Frucht genießen. Aber man fürchte auch nicht in dem Keime das Gift der Frucht. Der Geist gebiert nur gesunde und nährende Früchte. Den Geist fürchtet nur der Schwache und der Sünder; denn er, aus dem Licht und Leben quillt, vernichtet nur das Kranke und Abgestorbene, das Nächtige und Irdische. Wehe dem Staate, der das Licht der Wissenschaften fürchten muß, der die Lehre nicht frei giebt, der die Presse durch Kerker und Galgen sich dienstbar macht! Er gleicht jenen siechen Leibern, welche die reine Luft des Himmels nicht mehr athmen dürfen, weil sie den Tod im Innern tragen. Wenn aber selbst Wissenschaften, Kinder eines Geistes, einander beneiden oder verfolgen, so verleugnen sie ihre Würde und ihren Ursprung, sie übernehmen das Amt des Irrthums und des Aberglaubens, denen es allein geziemt, zu hassen und zu schmähen. Es giebt nur eine wahre Wissenschaft, vereinzelt sind alle nur unvollkommene Schattenbilder dieser einen. Hand in Hand mit einander führen sie die Völker zur Bildung, die Welt zum Licht; vereinzelt werfen sie um so schärfere Schatten, je größere Kontraste sie bilden. Künste und Wissenschaften sind die Trophäen des Menschengeistes über die Zeit; aber Trophäen zerreißt man nicht gern. Darum: Zum Guten das Schöne! Das sei unser Wahlspruch, wie er es einst im stolzen Sparta war!

In dieser festen Zuversicht, die das ernste Bild der neuern Weltgeschichte auch dem Widerstrebendsten aufdringt, schreite ich zur Ausführung meines Planes, zur Betrachtung des Naturganzen, zur allgemeinen, durch Wissenschaft und Erfahrung begründeten Weltanschauung! Mag auch noch Manches unklar und mangelhaft erscheinen, manches Geheimniß verhüllt, manches Räthsel ungelöst bleiben, auch in der Verhüllung liegt ein geheimnißvoller Zauber. Das ist es ja eben, was unser Streben nie ruhen läßt, daß auf dem Erdboden, wie in der umgebenden Lufthülle, in den Tiefen des Oceans, wie in den Tiefen des Himmels dem kühnen Eroberer auch nach Jahrtausenden der Weltraum nicht fehlen wird!

Es ist gewiß ein kühnes Unternehmen, ein treues Gemälde des ganzen Weltalls entwerfen zu wollen, von den fernsten Sternen bis zum kleinsten Sandkorn, von den Riesenthieren der Vorwelt bis zu den nur bewaffneten Augen sichtbaren Infusorien. Ich erkenne das Gewagte eines solchen Unternehmens, die reiche Fülle des Naturlebens, das Walten der freien und gebundenen Kräfte zu durchdringen. Ich fühle es um so mehr, als ich einen so großen, so unerreichbaren Vorgänger an Alexander von Humboldt habe, zu dessen Höhe ich mich erheben soll. Dennoch will ich es sogar wagen, mich der Führung Humboldts zu entziehen, um einen besonderen Weg zu gleichem Ziele zu wählen. Diese Manchem vielleicht anmaßend erscheinende Andeutung bedarf einer näheren Ausführung.

So wenig, wie Humboldt, will ich in einer allgemeinen Weltbeschreibung ein bloßes Aggregat von angesammelten Kenntnissen und Erfahrungen der einzelnen naturwissenschaftlichen Discyplinen geben. Eine Wissenschaft, welche die Natur als ein durch innere Kräfte bewegtes und belebtes Ganzes betrachtet, hat einen ganz andern, eigenthümlichen Charakter. Sie bedarf zwar aller jener besondern Wissenschaften, aber diese sollen ihr nur das Material geben. Wenn jene die Gesetze magnetischer Anziehung und Abstoßung und die Mittel, magnetische und electrische Erscheinungen unter mannigfachen Bedingungen hervorzurufen, lehren, wenn sie die Lichtwellen messen und durch Zahlen die Verhältnisse bestimmen, unter welchen diese oder jene Farbe hervortritt, wenn jene Verzeichnisse von Flüssen und Berghöhen, von jetzt thätigen Vulkanen, von Größen der Stromgebiete, von mineralogischen Formen und Gebirgsarten aufstellen, wenn jene endlich alle organischen Gestaltungen in ihrer bewundernswürdigen Verkettung nach Formähnlichkeit, oder nach den Graden ihrer Entwicklung in Blatt und Kelch, Blüthe und Frucht der Pflanzen, oder im Skelett, in den Nerven, im Blutlauf der Thiere betrachten; so lehrt diese dagegen die Vertheilung des Magnetismus auf unsrer Erde nach Verhältnissen seiner Stärke und seiner Richtung, die Verbreitung des Lichts im Weltall und seiner Einwirkungen auf die Beleuchtung und Organisation des Erdkörpers; sie schildert die Gliederung der großen Continente unsrer Erde in ihrem Zusammenhange mit den klimatischen und meteorologischen Verhältnissen, sie betrachtet die Gruppirung der Vulkane, die Grenzen ihrer Erschütterungskreise, sie lehrt das Gemeinsame in dem Laufe großer Ströme, wie sie bald Bergketten durchbrechen, bald neben ihnen sich hinziehen, wie sie durch ihre Deltabildungen die Schöpfer neuer fruchtbarer Länder werden; sie verkettet die Thier- und Pflanzenformen nach räumlichen, klimatischen und Temperatur-Verhältnissen, nach der Höhe über dem Meeresboden, nach dem landschaftlichen Eindruck, den das organische Leben der Oberfläche unsers Planeten in den verschiedenen Abständen vom Aequator auf das Gemüth macht. Kurz, nicht Aufzählung systematisch geordneter Einzeldinge der Natur, sondern allgemeine Uebersicht der Erscheinungen in ihrer räumlichen Vertheilung im Weltraum, oder in ihrer Beziehung zum Charakter der Erdzonen ist der Gegenstand eines allgemeinen Naturgemäldes, wie ich es zu geben beabsichtige. Alle die zerstreuten Strahlen des gesammten Naturwissens will ich in einem Brennpunkt vereinigen, suchen den ruhenden Pol in der Erscheinungen Flucht. Denn in der ganzen Natur herrscht nur ein Leben, ein Gesetz, ein Geist. In den Fixsternen, die in unmeßbaren Fernen schimmern, wie in den Planeten und gespenstigen Meteoren ist ein Trieb der Bewegung, ein Rhythmus der Zeiten, in allem Lebendigen der Thier- und Pflanzenwelt nur ein Wille, der wie der Sturm über den Meereswellen die einzelnen Wesen alle erregt und bewegt zum harmonischen Zusammenwirken. Wenn der Kreislauf der Gestirne unsern Fluren die belebende Wärme des Sommers zurückbringt, führt dasselbe Alles bewegende, in allem Einzelnen sich spiegelnde Gesetz den Vogel zurück von seiner südlichen Wanderung, den Bewohner der Meerestiefe aus dem Norden, wo er den Winter hindurch in jenen von keiner Kälte berührten Abgründen ruhte, dem erwachenden Lichte des Südens zu; und das gemeinsame Gesetz, das über Allem schwebt, in Allem lebt, weiß den zurückkehrenden Vogel wieder zu seinem vorjährigen Neste, die verirrte Biene in ihre Heimath zu führen. Alles Lebendige bewegt sich harmonisch in einander, weil der freie, nimmer sich ändernde, ewig wachende und liebende Geist der Natur in ihm sich regt und bewegt, in ihm liebt und sucht, flieht und meidet. Ein solches Bild der Natur will ich entwerfen, vom Leben durchhaucht, von Einheit durchdrungen, und eine solche innig verkettete Welt nenne ich mit Humboldt den Kosmos. Mit diesem Worte bezeichnete Pythagoras zuerst die Welt und Weltordnung, im Gegensatz gegen das noch ungeordnete, formlose Chaos, und in diesem Sinne soll es auch uns gelten als Inbegriff von Himmel und Erde, zusammengefaßt in einem wundersamen harmonischen Gemälde der Natur, von den fernsten Nebelflecken bis zu den zarten Geweben, welche die Felsklippen färben, bis zu jenen mikroskopischen Geschöpfen, die den Wassertropfen beleben. Aber nicht bloß eine Weltbeschreibung möchte ich liefern, sondern auch eine Weltgeschichte, und wenn ich damit, scheinbar wenigstens, den Weg, welchen Humboldt vorgeschrieben hat, verlasse, glaube ich mich rechtfertigen zu müssen. Die Natur darf nicht bloß als eine seiende, d. h. ruhende, gegenwärtige betrachtet werden, denn alles Sein wird in seiner Wahrheit als ein Gewordenes erkannt. Das Werden ist das eigentliche Wesen der Natur, wie es so schön der Grieche und Römer in den Namen φύσις und natura ausspricht, welche beide nichts Andres ausdrücken als den Inbegriff dessen, was entsteht, was sich erzeugt. Und nicht allein das Organische ist ununterbrochen im Werden und Vergehen begriffen; das ganze Leben der Welt mahnt in jedem Augenblicke seiner Existenz an seine früher durchlaufenen Zustände. Wenn gleich flüchtigen Bildern einer nächtlichen Traumwelt, in denen sich uns eine ferne Vergangenheit abspiegelt, die Bilder und Gleichnisse einer weit entfernten Lichtwelt über unsrer abgeschiednen Insel wandeln und uns aus harmloser Ferne von den Räthseln einer alten Vergangenheit erzählen; wenn tief unter unsern Füßen aus alter Zeit eine verhüllte Sphinx schlummert, und wie ein Rest der Vergangenheit, eine Welt unterirdischer Geister, bei deren Emporsteigen die Gewölbe der festen Erdrinde erbeben; wenn so über und unter uns die Blätter der Weltgeschichte, freilich noch durch manchen Riegel verschlossen, liegen, sollte uns da nicht die Versuchung anwandeln, sie aufzuschlagen und ihre sinnvolle Hieroglyphenschrift zu entziffern? Wie können wir die Gegenwart fassen ohne die Vergangenheit? Wie können wir unsre Staatsverfassung, unsern Bildungszustand, unsre Sprache begreifen, wenn wir nicht die Geschichte unsers Volkes kennen? Nicht anders ist es mit der Natur. Gegenwart und Vergangenheit müssen sich auch in dem Naturgemälde der Welt durchdringen und verschmelzen, so daß wir in ihm nicht bloß das Zusammenbestehende im Raume, das gleichzeitige Wirken der Naturkräfte zu schildern haben, sondern auch alle die Veränderungen, welche im Laufe der Zeiten das Weltall durchwandert hat, von den neuen Sternen an, die am Himmelsgewölbe urplötzlich aufflammen, und den Nebelflecken, die sich auflösen, um neuen Welten ihr Dasein zu geben, bis zu den kleinsten Organismen des Thier- und Pflanzenreiches, welche noch heute die stehenden Gewässer und die verwitternden Rinden der Bäume überziehen. Es ist gewiß eine erhebende und begeisternde Aufgabe, zu erzählen von den Thaten der Natur, die sie vor Jahrtausenden, ja vor Hunderttausenden und Millionen von Jahren vollbrachte, nachzuforschen den Geburten der Weltkörper, einzudringen in den dunklen Schooß der Erde und zu lauschen den geheimnißvollen Erzählungen, die sich die Steine selbst zuflüstern von den Dingen, die sie erlebt, von den Schicksalen, die sie durchwandern mußten bis zu ihrem jetzigen Zustande verzauberter Erstarrung.

Aber es giebt noch ein anderes Werden, als das Werden in der Zeit, ein Werden in der Idee, in der Gedankenwelt des Geistes. Das ist auch eine Geschichte, aber eine ewige. Wie der Philosoph, wenn er die Geschichte seines eignen Geistes schreibt, ausgeht von der niedrigsten Stufe des Erkennens und von der sinnlichen Wahrnehmung zur Vorstellung, von der Phantasie zum freien Denken der Vernunft aufsteigt, so kann er auch in der Natur von den tiefsten Wesen der Schöpfung, denen alle Freiheit, alle selbstthätige Entwicklung mangelt, vom starren Stein zur Pflanze, die mit besondern Organen begabt eigner Entwicklung fähig ist, zu dem sich frei regenden und empfindenden Thiere, und so die ganze Stufenleiter der Wesen hindurch bis zur Krone der Schöpfung, dem vernunftbegabten, denkenden Menschengeiste fortschreiten, kann aus dem zarten Gewebe durch Umwandlung der Zellen die Pflanze, aus dem einfachen Ei das Thier entstehen sehen, wie er im Kinde den Keim großer Thaten ahnt. So läßt der Philosoph die ganze Natur auch in sich entstehen und faßt die Vielheit ihrer wechselnden Erscheinungen in der Einheit des Gedankens und der Form des rein vernünftigen Zusammenhangs. Mag auch ein solches denkendes Erkennen, ein vernunftmäßiges Begreifen des Universums, wie Humboldt behauptet, bei dem jetzigen Zustande unsers Wissens unmöglich sein; ja mag die Zeit auch noch fern sein, wo sich alle sinnlichen Erscheinungen zur Einheit des Naturbegriffs concentriren — und ich glaube, sie wird es noch lange bleiben, da die Erfahrungswissenschaften nie vollendet, die Fülle der Erscheinungen nie zu erschöpfen ist; — aber mag das auch sein, ein Versuch zu einer solchen vernünftigen Anschauung, zu einer Philosophie der Natur sollte doch nie unterlassen werden, sollte stets das erhabne Ziel, der höchste und ewige Zweck aller Naturforschung sein! So lange wir die Totalität der Erscheinungen nicht zu übersehen vermögen, mögen wir sie in Gruppen sondern, mögen diese mit dem Wachsen unserer Erkenntniß erweitern und die Gesetze, die sie beherrschen, verallgemeinern. Die Erfahrung mag uns dazu die Mittel schaffen, sie mag beobachten und experimentiren, mag in Hypothesen den innern

Zusammenhang der Naturdinge und Naturkräfte ahnen, aber nie darf die Wissenschaft zu einer bloßen Anhäufung empirisch gesammelter Einzelnheiten herabsinken. Muthvoll muß die sinnende Vernunft die starren Formen zerbrechen, welche den widerstrebenden Stoff wie mit eisernen Banden gefangen halten! Nie wird eine wahre Naturphilosophie, wenn sie wirklich das vernünftige Begreifen der Erscheinungen im Weltall ist, mit den Ergebnissen der Erfahrung in Widerspruch treten. Denn wie Geist und Sprache, Gedanke und Wort, so geheimnißvoll, unzertrennlich und uns unbewußt schmilzt die Außenwelt mit der Innenwelt in der Menschenbrust, mit dem Gedanken und der Empfindung zusammen. So eröffnet sich ein dreifacher Weg in die innersten Tiefen des großen Weltgebäudes; aber alle diese Wege führen in einen zusammen. Beschreibung, Geschichte und Philosophie der Natur, sie alle sind nur eins, verschmolzen zu einem großen Ganzen, zu einem schönen Gemälde der Natur. Ein Gemälde ist todt und starr und läßt uns ungerührt und gefühllos vorübergehen, wenn es nicht das Leben in seiner höchsten Fülle, in dem ergreifendsten Momente seiner Thätigkeit erfaßt, wenn es nicht selbst hinter dem Scheine der Ruhe eine Lebenskraft ahnen läßt, die nur schlummert, um zu erwachen, wenn es ein bloßes Porträt ist, nicht, von dem Hauche des Geistes durchweht, eine leitende Idee, die dem Künstler im tiefsten Grunde des Herzens entsprang, durchschimmern läßt. Ein solches Gemälde will ich entwerfen, das nicht bloß ein treues Porträt der Natur, sondern durchdrungen ist von dem belebenden Athem der Geschichte, das mit vernehmlicher Stimme zu den Herzen spricht von der ewigen Urkraft der Natur, von dem geistigen Bande, das alle Wesen in Liebe umschlingt zu einem einigen lebendigen Ganzen.

Geben meine Worte auch nur einen unwürdigen Rahmen für ein so erhabnes Gemälde, so werde ich doch nichts Vergebliches erstrebt haben, wenn ich in meinen Lesern auch nur die Ahnung von dem erweckte, was mir in der Seele als heiliges Original vorschwebt.

Erster Abschnitt.

Gemälde der Sternenwelt. Uranologie.

Ich lüfte den Verhang und rolle das Gemälde auf. Die Blicke mögen sich emporschwingen zu den ungemessenen Himmelsräumen, in die Region der fernsten Nebelflecke, um stufenweise wieder herabzusteigen durch die Sternenkreise unsers Planetensystems zu der luft- und meerumflossenen Erde. Sie mögen sich dann versenken in den Schooß der Unterwelt und lesen in den geheimnißvollen Urkunden ihrer vieltausendjährigen Geschichte, um darnach wieder heimzukehren in unsre vaterländischen Gefilde, wo der Erde Schooß Blüthen und Blätter entfaltet, wo er die zahllosen Geschlechter der Thiere ernährt, wo uns so recht eigentlich erst das Bewußtsein unſter Verwandtſchaft mit der Natur aufgeht. Dort draußen in jenen glanzvollen Sternenwelten, unter den zahlloſen Schaaren ſich drängender Sonnen, aufflammender Lichtnebel ergreift uns Staunen und Bewunderung; aber die ſcheinbare Verödung, die fehlenden Eindrücke des organiſchen Lebens machen, daß wir uns als Fremdlinge fühlen. Wie aber der Naturforſcher, der die Natur ſeines eignen heimiſchen Bodens begreifen will, hinauseilt in fremde Länder, wo er ſich auch als Fremdling fühlt, wo Alles ihn mit Staunen erfüllt und dennoch kalt läßt, bis er ſich auch dort heimiſch fühlen lernt, auch dort dieſelbe Natur, dieſelben Kräfte findet, die in ſeiner Heimath walten, und wie er endlich reich an Erfahrungen heimkehrt, und ihm nun die vaterländiſche Natur in ganz anderm, verklärtem, erhöhtem Lichte erſcheint; ſo wollen auch wir uns zuerſt in jene Himmelsräume begeben, wo wir anfangs zwar Fremdlinge ſein werden, aber bald uns immer heimiſcher fühlend auch dort die Wohnſtätte der befreundeten Natur erkennen werden. Wir betreten ein geheimnißvolles, räthſelhaftes Gebiet, ein fremdes Reich der Wunder, wo Raum und Zeit vor unſern Sinnen ſchwinden, und der berechnende Verſtand kein Maaß mehr findet, das er anlegen könnte, wo kein Lebensalter mehr hinreicht zu Beobachtungen, wo man nicht experimentiren kann, kurz wo alle gewohnten Kunſtmittel unanwendbar werden.

Da wird es uns freilich ſo ergehen, wie dem Reiſenden, der aus ſeiner nordiſchen Heimath in die Wunderregion der Tropen kommt und, von ſeinen Sinnen getäuſcht, die geflügelten Blüthen der Orchideen für Schmetterlinge, die im bunten Farbenſchmuck prangenden Inſekten für wandelnde Blumen hält. Auch uns wird die Phantaſie manchen Streich ſpielen und in ihrer verführeriſchen Anmuth uns Kräfte und Erſcheinungen vorſpiegeln, die außer ihrer Traumwelt nicht exiſtiren, bloße Ahnungen zu Reſultaten der Wiſſenſchaft umſtempeln! Wer ſollte nicht den Zauber der Phantaſie kennen, zumal wenn ſich ihr ein ſo grenzenloſes, von duftigen Schleiern verhülltes Gebiet eröffnet; wer ſollte nicht jene Trugbilder kennen, welche die Sehnſucht nach unerreichtem Beſitz, jene Sehnſucht nach der Ferne, nach dem Jenſeitigen erzeugt, jene Sehnſucht, die lange vor der Entdeckung der neuen Welt die Bewohner der Canariſchen Inſeln und der Azoren, wie Traumgebilde, ferne

Länder im Westen schauen ließ! An der Gränze des beschränkten Wissens, wie von einem hohen Inselufer aus, schweift der Blick so gern in ferne Regionen; der Glaube an das Wunderbare und Ungewöhnliche giebt den luftigen Schöpfungen der Phantasie bestimmte Umrisse und verschmilzt sie unaufhaltsam mit dem Gebiete der Wirklichkeit. Doch diese Gefahren, mit denen die Phantasie uns schreckt, fürchten wir nicht; wir kennen sie und werden darum um so vorsichtiger zu Werke gehen, indem wir frühere Beobachtungen durch neue beleuchten und uns nicht scheuen, die herrlichsten Gesetze, die bestimmtesten Resultate unsers Forschens aufzugeben, wenn das Licht neuer Forschungen, statt sie zu befestigen, sie verdunkelt. Der kühne Menschengeist fürchtet keine Gefahren; seinem innern Drange folgend, stürmt er selbst zum Himmel hinan. Er gleicht dem einsamen Bewohner eines engen, rings von jähen Felswänden umschlossenen Thals, in dem er geboren, und das er nie verlassen. Da schäumt ein brausender Gießbach herab in seine stille Schlucht und spült fremde Kräuter und Blumen, unbekannte Gesteine und Muscheln an seine Ufer, da flüstern ihm aus fernher wehenden Lüften unbekannte Stimmen zu, und die Ahnung einer Außenwelt, in der gleich ihm lebende Wesen athmen, die jene seltsamen Pflanzen erzeugte, dämmert in ihm auf. Da ergreift ihn unnennbares Sehnen, es treibt ihn hinaus in jenes Land des Jenseit, und der bisher seine Felswände für unersteigbar hielt, erklimmt sie muthig und stürzt sich mitten in das wild bewegte Treiben jener fremdartigen Wesen. So stürmt auch der Mensch hinaus in die Fernen des Weltraums, und selbst die Unendlichkeit erschreckt ihn nicht.

Es gewährt einen eigenthümlichen Reiz, in der Vorstellung der Unendlichkeit zu schwelgen und mit den ungeheuersten Zahlen um sich zu werfen, daß auch hier ein solches Spielwerk wohl gestattet sein dürfte. Nicht um einen Begriff von der Unendlichkeit der Schöpfung zu geben, denn durch Zahlen erlangt man ihn nicht; sondern grade um von der Unmöglichkeit eines solchen Versuches zu überzeugen und zugleich einen Blick in die räumlichen Verhältnisse des Weltgebäudes zu eröffnen, will ich das riesenhafte Gebäude in ein Miniaturbild zusammendrängen. Denken wir uns die Erde durch ein kleines Körnchen, etwa von der Größe einer Linse oder eines Wickenkörnchens, 1½ Linie im Durchmesser dargestellt, so haben wir ein Modell von recht ansehnlicher Kleinheit, und man sollte meinen, der ganze große Erdball würde nach einem solchen Verhältniß recht gut ein Modell des Weltalls aufzunehmen hinreichen. Sehen wir zu! Wir stellen unsre kleine Sonne auf, die im Verhältniß zum Erdmodell eine Kugel von 14 Zoll Durchmesser darstellen wird. Etwa 24½ Schritte von der Sonne käme das Bild des Merkur, ½ Linie im Durchmesser, und im Abstande von 45½ Schritten folgte Venus, 1½ Linie im Durchmesser, darauf von ziemlich gleicher Größe unsre Erde, schon 63 Schritte von der Sonne entfernt. Dann folgte im Abstand von 96 Schritten Mars, nur 6/7 Linie im Durchmesser habend, und nun in Abständen von 148 bis 180 Schritten unsre Asteroiden als kaum bemerkbare Pünktchen von 1/20 — 1/8 Linie im Durchmesser. Mehr ins Auge würde 329 Schritte von dem Sonnenbilde die 17 Linien im Durchmesser haltende Kugel des Jupiter fallen, und auch Saturn, der schon 616 Schritte entfernt wäre, zeigte sich noch als ansehnliche Kugel von 15 Linien im Durchmesser, während Uranus mit einem Durchmesser von 6¾ Linien schon 1/10 Meile oder 1206 Schritte von der Sonne, der letzte neu entdeckte Wandrer um unsre Sonne, der Neptun oder Leverrier endlich ungefähr 1/5 Meile oder 2500 Schritte entfernt zu stehen kommen würde. Die Kometen aber, die doch auch noch als unermüdliche Pilger unserm Sonnensystem angehören, schweifen freilich etwas weiter in den Weltraum hinaus. Nehmen wir daher die äußerste Grenze ihrer Wanderungen als den 20fachen Abstand des Uranus von unsrer Sonne an, so würde diese Grenze schon 2 Meilen weit von dieser fallen. Suchen wir aber nun weiter den Punkt, wo wir den nächsten Fixstern, etwa den Sirius hinzustellen hätten, so würden wir vielleicht meinen, in den Grenzen unsres Vaterlandes, oder wenigstens in der Ostsee, höchstens doch auf der scandinavischen Halbinsel einen Standort für sein Modell zu finden. Aber nicht die Hälfte unsrer Erdoberfläche reicht hin, um solche Bildchen zweier Nachbarsonnen in dem Verhältniß ihrer Größen und Abstände aufzustellen. Erst weit über den Pol hinaus und noch jenseits des Aequators, dem Südpole nahe, vielleicht auf dem neuentdeckten Südcontinent, dem Victorialande, dürfte das Bild einer unsrer nächsten Sonnen, des Sternes 61 im Schwan, seinen Platz finden. Denn sein Abstand von unserm

Sonnenmodell würde 3110 Meilen, also über 208 Erdgrade, d. h. fast $^{3}/_{5}$ des ganzen Erdumfangs betragen.

Jetzt sehen wir freilich ein, daß unsre Erdoberfläche nicht hinreicht, um unser so kleines Modell des Weltalls aufzunehmen. Aber wir meinen doch, wenn wir noch den Raum bis zum Monde hinzunehmen, so würden wir wenigstens unsre Milchstraße darin unterbringen können. Aber auch dazu bedürfen wir schon eines Raumes, der 120mal die Entfernung des Mondes übertrifft, also eines Abstandes von 6 Millionen Meilen. Wollten wir nun für unser Modell als Grenzumzäunung jene Lichtnebel annehmen, welche als äußerstes Ziel von dem weitreichenden Auge Herschels mittelst seines 40füßigen Teleskops erreicht wurden, so würden wir kaum in den Grenzen unsers Planetensystems, wenigstens erst in der Nähe des neuentdeckten Neptun, also in einer Entfernung von 676 Millionen Meilen den nöthigen Raum finden. Denn die Berechnung giebt diesem Lichtnebel mindestens eine solche Entfernung, daß der Lichtstrahl, der doch in 1 Secunde 41,515 Meilen, in 1 Stunde 148 Millionen Meilen durchläuft, erst in 2 Millionen Jahren unsre Erde zu erreichen vermöchte. Dies ist ein schwaches Bild des bisher von Menschenaugen überblickten, gewiß nur verhältnißmäßig kleinen Theiles des Weltgebäudes, das sich zu dem Original doch nur wie ein Wickenkörnchen zu dem 2660 Millionen Kubikmeilen umfassenden Erdkörper verhält. —

Bei einer so unermeßlich großen Ausdehnung des Weltgebäudes möchte unsre Phantasie erlahmen, Schwindel unsern Geist anwandeln! Und doch, wäre der Weltraum noch Centillionen mal größer, für den Geist würde er keine Schrecken haben. Er trotzt der Unendlichkeit des Raumes und der Zeit, er weiß die Ewigkeit zu umfassen. Das erinnert uns an jene schöne Fabel der jüngern Edda, nach welcher selbst die drei mächtigsten Götter, sie, die noch in keinem Wettkampf unterlagen, schimpflich besiegt zurücktreten mußten, weil sie mit ihrer, wenn auch noch so ungeheuren, körperlichen Kraft gegen etwas Geistiges ankämpfen wollten. So erliegt auch der Erd- und Meererschütternde Thor, dessen Kraft keine andre in der Natur gleicht, weil er etwas seiner Natur nach Unfaßbares, Unberührbares mit leiblichen Händen fassen und besiegen will. Gegen den schnellsten Läufer des Thor tritt unter Andern ein Jüngling am Hofe des Riesenkönigs zum Wettlauf in die Schranken: und so sehr sich jener auch zum Laufen ausstreckt, schon beim dritten Umlauf ist er noch im Auslaufen, während dieser schon das Ziel der Bahn erreicht hat. Wundre dich nicht, spricht der König beim Abschied zu Thor, war es doch mein eigner Gedanke, der in Jünglingsgestalt mit deinem Läufer in die Schranken trat; und was ist alle Schnelligkeit auch des geschwindesten Läufers im Weltall gegen die Schnelligkeit meines Gedankens? Welch schönes Bild von der unendlichen Macht des Geistes über die Natur! Ja, der Gedanke durcheilt alle Räume im Augenblick und schweift frei jenseits des unermeßlichen Raumes! Denn vor ihm giebt es keine Unendlichkeit, vor ihm giebt es auch keinen Himmel dort droben, kein Jenseits, in dem der kindliche Glaube seinen allmächtigen Gott thronen läßt; er sucht ihn näher und findet ihn ganz nahe, in seinem Innern, in seinem Herzen; dort ist sein Himmel, dort thront sein Gott! So wollen auch wir auf den Flügeln des Gedankens aufschweben zum Sternenhimmel und mit unbefangenem Blick das Schauspiel überschauen, das sich uns entfaltet, den Erzählungen lauschen von jenen wandelnden Geschicken, die seit Millionen Jahren neue Welten schufen und alte zertrümmerten!

Zwei Dinge sind es, die unser Auge als Organ der Weltanschauung dort oben gewahrt, Licht und Bewegung. Alles leuchtet, Alles bewegt sich. Eine Kraft aber ist es, die alle jene Bewegungen hervorruft, wir nennen sie Schwere: ein Gesetz, das sie alle regiert, wir nennen es das Gravitationsgesetz. Der unsterbliche Newton war es, der dieses erhabne Gesetz ergründete, nach welchem es nur e i n Band ist, welches Weltkörper mit einander verbindet und jedes Stäubchen an die Erde fesselt, e i n Gesetz, wonach Monden ihre Planeten umkreisen, und der geworfene Stein an die Erde zurückkehrt! Und diese eine, Himmel und Erde bewegende Kraft wirkt nach den einfachsten Gesetzen. Je größer die Masse eines Körpers ist, desto stärker wird in demselben Verhältniß seine Gravitation. Hierauf beruht die ganze Mechanik der himmlischen Bewegungen. So muß die Sonne, die nicht nur jeden einzelnen Planeten, sondern sie alle zusammen an Masse weit übertrifft, auf jene den entschiedensten Einfluß haben und sie zwingen, um sie als ihren Mittelpunkt ihre Bahnen zu beschreiben. Mit der Entfernung von dem anziehenden Centralkörper nimmt aber auch die Gravitation ab und zwar nach dem Verhältniß der Quadratzahlen der Entfernungen: so daß also Jupiter, welcher ungefähr 5mal so weit von der Sonne entfernt ist als die Erde, nur mit dem 25sten Theile der Kraft angezogen wird, welche unsre Erde an die Sonne fesselt. Diese Gravitationsgesetze, welche uns Masse und Gewicht, Bahnen und Umlaufszeiten der Planeten berechnen lassen, ja selbst die Störungen, welche sie beim Vorübereilen an einander erleiden, herrschen auch im ganzen Weltall, zwischen den fernsten Firsternen und den geheimnißvollsten Nebeln; überall rufen sie Leben und Bewegung hervor, mögen auch Menschenalter nicht hinreichen, ihre Größe zu messen. Es ist dieselbe Kraft, die auch uns bei jedem Schritte, bei jeder Bewegung an unsre irdische Natur erinnert, und die uns mit ihrem Gewichte zu Boden drücken würde, wäre nicht eine Kraft des Lebens da, welche dieses Gewicht beständig trüge und nach ihrem eigenen höheren Gesetze bewegte. So waltet auch in jenen Räumen noch eine andre geheimnißvolle Kraft, und wir nennen sie Licht. Ich will nicht alle Theorien aufzählen, welche der grübelnde Menschengeist ersonnen hat, um sich das räthselhafte Wesen dieser Kraft zu erklären; ich will nur leise Andeutungen versuchen über die innere Natur des Lichts und seine Bedeutung in dem großen Ganzen der Schöpfung und dem vereinten Wirken der zahllosen Kräfte.

Es waltet eine Schaar von 4 eng verschwisterten Kräften in der Natur, die allem Bestehenden Ursprung, Dauer, Leben und Entwicklung geben, die aber so zart und verborgen wirken, daß sie der sinnliche Mensch, der überall Stoffe mit Händen greifen möchte, nicht zu fassen gewußt und sie im unsinnigsten Widerspruch für nicht schwere, d. h. stofflose Stoffe erklärt hat. Diese Kräfte sind Magnetismus und Elektricität, Wärme und Licht. Sie alle sind so eng und unzertrennlich verbunden, daß sie nichts als besondere Erscheinungen einer einzigen gemeinsamen Urkraft sind; und diese Urkraft steht wieder zu der allgemeinen Gravitationskraft in naher Beziehung, ist sie vielmehr selbst, nur als ihr polarer Gegensatz. Im ganzen Weltall herrschen gleichsam nur zwei einander polar entgegengesetzte Kräfte, die in ewigem Kampfe mit einander begriffen, ewig einander aufzuheben und zu vernichten streben. Die eine Kraft schafft die Materie und hält sie zusammen, sie möchte Alles verkörpern, Alles in einen Mittelpunkt zusammendrängen. Die andre widerstrebt dieser erstarrenden, Stoffe schaffenden und bindenden Kraft, sie möchte alle Stoffe vernichten, verflüchtigen, vergeistigen, sie bringt Leben in die todte Materie, ruft Veränderungen, Erscheinungen hervor. Wenn jene das Band der Körperwelt ist, so ist diese das Band des Lebendigen. Durch diesen Kampf beider Kräfte kommt Bewegung in die Natur; denn Bewegung ist nur, wo Kampf ist. Die überwiegende Kraft der Gravitation verwandelt die Anziehung nach der gesammten übermächtigen Masse des Centralkörpers in den zerschmetternden Fall oder in den gesetzmäßigen Kreislauf, wo ihr Wille nicht zur Geltung kommen kann. Die Sehnsucht der Einzeldinge, sich frei zu machen von diesen Fesseln der Materie, führt auch zu einer Bewegung, aber zu einer zarteren, sinnlich kaum wahrnehmbaren, zur Bewegung der Wärme und des Lichts, der elektrischen und magnetischen Strömungen. Wenn die elektrische Kraft es ist, durch welche zuerst jene Feindschaft der Dinge gegen ihr materielles Bestehen erwacht, die magnetische aber, durch welche jener Trieb nach Vergeistigung nur noch ein bloßes Wollen, ein unerreichtes Sehnen bleibt, so ist es einerseits das Licht, welches jenes Sehnen zur lebendigen That erhebt und den Funken der Geistigkeit, den die Elektricität in die Dinge legte, zur hellleuchtenden Flamme anfacht; andrerseits aber wieder die Wärme, die auch diesem mächtigen Drange Fesseln anlegt und in dem Momente ihres Aufschwebens nach oben die Dinge wieder zusammenfaßt zu einer gemeinsamen Welt des gleichartigen Werdens. Das Licht ist uns also die Wirkung eines in den Dingen vorhandenen Strebens nach Freiheit von den materiellen Banden, die sie gefangen halten, eines mächtigen Zuges nach oben, nach dem Mittelpunkt und Ausgangspunkt alles Seins und Werdens. Dieser Zug, wenn er zur wirklichen Bewegung wird, erscheint uns als sichtbares Licht. Daß eine wirkliche Bewegung allen Lichterscheinungen zu Grunde liegt, zeigt uns schon die einfache Beobachtung unsers Kerzenlichts, zeigt uns die Messung seiner Geschwindigkeit, welche 41,518 Meilen in einer Secunde beträgt. Die Bewegung aber bedarf des Mittels, die Sehnsucht des Beten, der sie hinaufträgt zum mütterlichen Schooße.

So muß ein Meer den ungeheuren Raum ausfüllen, auf dessen Rücken die Strahlen des Lichts sich wiegen können. Dieses Meer wollen wir Aether nennen. Mag dieser Aether nun ein noch so feiner, noch so geisterhafter Stoff sein, ein Stoff muß es immerhin sein, der allen Gesetzen der Materie gehorcht. Ist aber der ganze Weltraum von diesem Aether erfüllt, so, könnte man glauben, müßte auch der ganze Weltraum erleuchtet sein, müßte das ganze Himmelsgewölbe als eine strahlende Fläche erscheinen, und selbst unsre Mitternacht Tagesglanz ohne Sterne sein. Aber das friedliche Dunkelblau des Himmels überzeugt uns jeden Tag und jede Nacht vom Gegentheil, aus dunklen Räumen schimmern uns nur einzelne Lichtpunkte entgegen. Und ganz natürlich! Es sind nur die Wellen der Brandung, die das Ufer erschüttern. Das Licht ist eine polare Kraft, d. h. sie kommt nur an ihren Grenzen, an ihrem Ausgangspunkt und an ihrem Zielpunkt, da, wo es ersehnt und empfangen, und da, wo es ausgesandt wird, zur Erscheinung. Zeigt doch auch der Magnet die Wirkungen der ihm inwohnenden Kraft nur an seinen Polen, alles Dazwischenliegende bleibt für die Erscheinung und für die Wahrnehmung unberührt, wenn auch in ihm dieselbe Sehnsucht angeregt ist. So weckt der Magnet nur in den Eisenspähnchen, mitten unter einer Menge von Sandkörnchen und Holzsplittern den verwandten Zug seiner Bewegung, als wäre für diese seine Wirksamkeit gar nicht vorhanden. Auch jener Zug nach dem gemeinsamen Mittelpunkt alles Seins und Werdens, der uns als Licht erscheint, mag nur das Verwandte und Gleichartige erfassen, so daß der den ganzen Weltraum erfüllende Aether, von den Wirkungen jener Kraft unberührt, dunkel und leer erscheint. Tönen doch selbst mit dem lautwerdenden Tone eines Saiteninstruments nur die harmonisch gestimmten Saiten mit! So mag auch das Licht jenen Klängen gleichen und uns an jene Sphärenharmonie erinnern, von der die alten Griechen träumten, jene harmonische Musik, nach deren Rhythmus die Welten in göttlicher Heiterkeit, wie Plato sagt, ihre ewigen Bahnen durchtanzten. Wir wollen lauschen jenen harmonischen Klängen, die uns von Allem singen, was sich dort oben bewegt, und mit den schwachen Lichtschimmern jener zauberhaften Nebel beginnen, die unser Himmelsgewölbe schmücken; wie ja auch die Weltgeschichte mit dem Dämmerlicht der mythischen Vorzeit beginnt. Denn wo die Wirklichkeit zu entschwinden droht, da ist die Phantasie doppelt angeregt, aus eigner Fülle zu schöpfen und den unbestimmten, wechselnden Gestalten Umriß und Dauer zu geben.

Das Sternbild des Perseus.

1. Die Nebel- und Fixsternwelt.

Das Leben der Natur ist ein Seufzen nach Licht; denn jener Zug, der durch die ganze Welt des Sinnlichen geht, von der Erde zur Sonne und von einer Sonne zur andern, jener Zug, welcher der Pflanze ihre Richtung nach oben giebt und das Thier aus dunkler Höhle lockt, jener Zug des Kindes zur Mutter ward Licht genannt. Auch der Mensch versenkt nur, was er fürchtet und haßt, den verwesenden Leichnam, in den Schooß der Erde, in das Reich der Finsterniß und der unfreien Materialität. Aber was er liebt und anbetet, seinen Gott, seine unsterbliche Seele, versetzt er nach Oben in das Reich des Lichtes und der Freiheit. Dorthin, wo allein das Licht Erkenntniß giebt, lasse jetzt der Leser Gedanken und Augen schweifen.

Wenn er aber dort über das ganze Himmelsgewölbe hin die leuchtenden Heere der Gestirne verbreitet und unter und zwischen ihnen einen milchartigen Schimmer gewahrt, in welchem das Fernrohr außer jenen Heeren noch eine zahllose Menge von Sternen sichtbar macht, so drängt sich ihm gewiß die Frage auf, ob es wohl in dieser unermeßlichen Lichtwelt eine Ordnung gebe, ob diese Welt überhaupt ein vollkommenes, nach Zwecken und Gesetzen geordnetes Ganze, oder ob sie, durch blinden Mechanismus sich anziehender Atome entstanden, ein grenzenloses Unendliches, ohne Anfang und Ende, ohne Ziel und Gesetz sei. Ueber diese Frage kann das Auge allein Auskunft geben, und wie weit diese reicht, werden wir mit Bewunderung und Staunen sehen.

William Herschel, der große und begeisterte Forscher, war es, der, ein zweiter Kolumbus, zuerst die Wogen des unbekannten Weltmeeres durchschnitt und die Küsten und Inselgruppen ferner Welten erblickte. Er hat, wie seine Grabschrift sagt, die Schranken des Himmels durchbrochen. Durch die geöffneten Pforten ziehen wir ein in diesen Himmel, und wie es der Reisende macht, wenn er eine fremde Stadt, ein unbekanntes Land betritt, suchen wir uns in diesen weiten Räumen zu orientiren und einen Ueberblick zu gewinnen über die uns rings umgebenden und umwirbelnden Lichtwelten!

Ein Gemälde eröffnet sich uns am nächtlichen Himmel, zu dem wir den begrenzenden Rahmen freilich nicht draußen in dem unendlichen Ocean, sondern in den Schranken unsrer eignen Menschenbrust suchen müssen. Nach allen Richtungen hin erblickt unser Auge Sterne, aber keineswegs in gleicher Fülle vertheilt, sondern bald in dichte Gruppen zusammengedrängt, bald weite Regionen dunkel und leer lassend. Mag auch dieses Zusammengeselltsein der Gestirne zu einzelnen Gruppen zum Theil nur scheinbar sein, so sind unserm Auge diese Gruppen doch theils durch die Nähe heller Sterne, theils durch ihre gegenseitige Stellung oder ihre Isolirtheit so auffallend, daß sie schon im frühesten Alterthume Veranlassung gaben zur Erfindung und Benennung der einzelnen Sternbilder. Rohen Naturvölkern ist die Sternkunde eine Angelegenheit des häuslichen und bürgerlichen Lebens. Die Sterne sind ihnen bedeutsame Zeichen zur Anordnung der Geschäfte ihres Ackerbaues und Hirtenlebens, sind ihnen die Führer auf dem Meere und durch die unwirthlichen Steppen. So ist es das Bedürfniß, welches die Phantasie anregt, die bedeutsamen Sterne von den übrigen abzusondern und mit Namen und Bildern zu bezeichnen, so ist es das fortschreitende Kulturleben, welches die öden stillen Räume des Himmels phantastisch belebt. Vor Jahrtausenden kannte man schon die 7 Sterne des großen Wagens oder der Bärin, das Siebengestirn, die Gluckhenne der Orientalen oder die Plejaden der Griechen, den Gürtel des Orion, den großen Hund und den Bootes. Kassiopeja und Schwan, Scorpion und südliches Kreuz, Krone und Zwillinge sind gleichfalls so auffallende Sterngruppen, daß sie schon früh, zu allen Zeiten und in allen Erdtheilen die gestaltende Phantasie des Menschen herausforderten.

Etwas mehr Aufschluß, als die Vertheilung der einzelnen größeren Sterne, giebt uns die Betrachtung jener über den ganzen Himmel ergossenen Lichtzone, der Milchstraße. Dem bloßen Auge als ein milchartiger Lichtschimmer erscheinend, löst sie sich, durch das Fernrohr gesehen, in Millionen von Sternen auf, die gleichsam in Schichten über und neben einander geordnet sind. Aber auch diese Milchstraße ist noch nicht die äußerste Grenze des dem menschlichen Forschen zugänglichen Sternhimmels. In den Tiefen des Weltraums, mitten am nächtlichen Himmel, begegnet uns eine zweite Nacht, dunkler als unsre Mitternacht: und aus dem Grunde jener tiefen Nacht des Himmels bricht wie ein zweiter Tag der Schimmer einer andern Sternenwelt, einer Welt neuer, wundersamer Gebilde hervor, die kaum eine Aehnlichkeit, eine Vergleichung mit unsrer Fixsternwelt gestatten. In steter Veränderung ihrer Formen und ihrer Dichtigkeit begriffen, sehen wir jene nebelartigen Lichtgebilde bald als runde oder elliptische Scheiben, bald einfach, bald paarweise, oft durch zarte Lichtstreifen verbunden, bald vielgestaltig, bald langgestreckt, bald in zahlreiche Zweige auslaufend, bald als Fächer, bald als scharf begrenzte Ringe mit dunklem Innern erscheinen. Diese seltsamen Lichtwesen nennen wir ganz passend Nebelflecke und

Nebelsterne; denn sie bestehen entweder ganz aus einem flüssigen, schwachleuchtenden, durchsichtigen Nebelstoffe, oder zeigen auch wohl sternartige Kerne, die von solchen ätherischen Lichtnebeln umflossen sind. Ein andrer Theil dieser Nebelgestirne zeigt uns aber auch schon eine festere, den Sternhaufen unsrer Milchstraße verwandte Natur. Viele unter ihnen sind in kugelartige Systeme zusammengedrängt, in deren Mitte bald ein einzelner hellerer, größerer Stern erscheint, bald sich mehrere solcher größeren Sterne von einer zahllosen Schaar kleinerer umgeben zeigen, die sich nach der Mitte zu immer dichter zusammendrängen.

Diese dreifachen verschiedenartigen Sternenwelten bieten sich unsrer Beobachtung dar: die größeren, um unser Sonnensystem herum zerstreuten Sterne, die Milchstraße der Sterne, und jene Nebelwelt, auch Milchstraße der Nebel genannt. Wenn wir nun den ganzen Weltraum mit einem unsrer inselreichen Meere vergleichen, und jene fernen Sterngruppen, die bald als unauflösliche Nebelflecke, bald als um einen oder mehrere Kerne verdichtete Materie, bald als Sternhaufen, bald als isolirte Sporaden erscheinen, als Inseln dieses unendlichen Weltmeeres betrachten, so wird die Weltinsel, zu welcher unser Sonnensystem gehört, eine linsenförmig abgeplattete Schicht bilden, umgeben von den zahlreichen, fast concentrischen Ringen der Milchstrase, deren sternarme Zwischenräume durch brückenartige Zwischenglieder verbunden sind. Diese Welt, die wir unsre Heimath nennen dürfen, umfaßt, so weit wir sie mit Hülfe von Fernröhren überschauen können, mehr als 20 Millionen Sterne. Ihr größter Durchmesser beträgt nach Herschel's Annahme 7—800 Sternweiten, ihr kleinster 150. Eine Sternweite aber umfaßt eine Million Erdweiten und jede Erdweite wiederum 20¾ Millionen Meilen. Einem glücklichen Wurfe des Schicksals verdanken wir es, daß unser Sonnensystem beinahe in der Mitte dieser Sternschichten und Ringe steht. Unser Auge sieht daher nach der Richtung der Längenaxe derselben die meisten Sterne, und diese natürlich auf dem dunkeln Hintergrunde des Himmels dicht zusammengedrängt, so daß sie wie durch einen milchfarbenen Schimmer vereinigt, das scheinbare Himmelsgewölbe rings als schmaler, in Zweige getheilter Gürtel umziehen, der mit prachtvollem, hie und da von dunklen Stellen unterbrochenem Lichtglanz strahlt. Stünden wir außerhalb dieser Sternenwelt, so würde die Milchstraße uns nicht mehr als ein solcher Gürtel, sondern als nebelartiger Ring, oder gar in noch größerer Entfernung als Lichtwolke, als ein unauflöslicher, scheibenförmiger Nebelfleck erscheinen. So mögen auch wohl jene fernen Nebel, die wir jenseits unsrer Milchstraße aus jener zweiten Nacht herverschimmern sehen, nichts als solche ferne Inselgruppen im großen Weltmeere sein!

Bilden aber auch sie ein großes Ganzes untereinander, oder stehen sie in irgend einer Beziehung zu dem ausgedehnten Astralsysteme unsrer Milchstraße? Bei Beantwortung dieser Frage weist uns unser Blick sogleich auf einen eigenthümlichen Umstand hin. Diese Nebelflecken erscheinen nämlich fast immer an jenen dunkeln Stellen des Himmels, nach denen selbst kein durch die stärksten Teleskope bemerkbares Sternchen unsrer Milchstraße sein Licht verbreiten kann. So ringsum von lichtloser Leere umgeben, liegen jene Nebel doch gewöhnlich zwischen einzelnen größeren Sternen eingebettet. Dies scheint uns auf einen Zusammenhang hinzudeuten. Aber wir müssen unter jenen Nebelflecken diejenigen unterscheiden, welche sich durch das Fernrohr zu einemge drängten Haufen einzelner Sterne auflösen, und die bisher zwar nicht aufgelösten, aber größeren Teleskopen, wie dem Rosse'schen, doch einst weichenden, sogenannten ätherischen Nebel. Die ersteren Nebel, oder vielmehr Sternhaufen, liegen alle in der Nähe oder gar in unsrer Milchstraße selbst ziemlich gleichmäßig vertheilt; und nur an zwei Stellen, da wo sich die Milchstraße in zwei bald wieder ineinanderfließende Arme theilt, und da wo sich ihr verengter Strom von neuem zu verbreiten anfängt, in der Gegend des Orion, erscheinen jene Sternhaufen in auffallender Menge zusammengedrängt, während wieder andre Stellen ganz davon entblößt scheinen. Jene dunklen, ganz sternleeren Regionen nannte Herschel Oeffnungen im Himmel, und sie sind in der That gleichsam Oeffnungen in jenem bunten Sternenteppich, der das ganze scheinbare Himmelsgewölbe bedeckt, durch welche wir in den fernsten Weltraum blicken, den auch noch Sterne erfüllen mögen, die aber für unsre besten Instrumente unerreichbar sind. In der Nähe solcher Oeffnungen befinden sich gewöhnlich die reichsten und gedrängtesten Sternhaufen, so daß es fast scheint, als habe hier eine besondere haufenbildende Kraft gewaltet und so große Verwüstungen in unsrer Sternenwelt angerichtet. Scheint doch auch jenes Auseinanderfließen oder Aufbrechen — wie es Humboldt nennt — unsrer Milchstraße in ihre beiden Arme einer ähnlichen Anziehungskraft, die besonders in den beiden glänzenden Knoten, in denen sich jene Zweige vereinigen, ihren Sitz haben möchte, ihre Entstehung zu verdanken zu haben! — Während also alle jene auflöslichen Nebelflecken oder Sternhaufen noch zu unserm Astralsystem zu gehören scheinen, zeigen die unaufgelösten Lichtnebel des Himmels eine ganz andre Anordnung. Sie bilden zunächst grade an den beiden Polen der Milchstraße zwei große Hauptgruppen, und von diesen Kernpunkten aus verbreitet sich nach beiden Seiten hin bis zur Milchstraße das ganze Heer der Nebelflecken in 4 sich zum Theil wieder verzweigenden Strahlen. In der Nähe der Milchstraße aber, da wo die astralischen Sternhaufen erscheinen, brechen jene Nebelstrahlen plötzlich ab. So umgeben also jene fernen Nebelwelten gleichsam wie ein zweites Himmelsgewölbe mit doppeltem Gürtel unser Astralsystem, und fast möchten wir glauben, daß alle diese unzählbaren Heere der Lichtwesen ein wohlverbundenes, vollendetes Ganze unter einander bilden, dessen Mitte wir selbst, eitel und vermessen genug, einzunehmen uns schmeicheln möchten, während in unendlicher Ferne jene schimmernde Nebelwelt uns wie eine Atmosphäre umgiebt.

Wenn wir nun auf unsrer Reise durch den unermeßlichen Sternenhimmel uns als Bewohner einer einsamen Weltinsel erkannt haben, die wieder rings von nebelartigen Streifen räthselhafter Lichtwelten umflossen ist, so werden wir, wie der Reisende, sobald er sich über die Lage und die Umgebungen einer fremden Stadt, die er besucht, unterrichtet hat, nun auch gleich ihm nach den Entfernungen und Größenverhältnissen, die in diesem unbekannten Reiche herrschen, fragen müssen. Auch hierüber wird uns nur das Auge Auskunft zu geben vermögen, und mathematische Sicherheit dürfen wir daher nicht erwarten.

Die sichersten Messungen der geringeren Entfernungen beruhen auf der Parallaxe der Fixsterne. Wir wollen uns diese durch eine kurze Betrachtung deutlich zu machen suchen. Bewegen wir uns auf einer Chaussee nur wenige Schritte vorwärts, so sehen wir schon die uns zur Seite liegenden Gegenstände, Häuser, Bäume,

Felsen ihre Oerter ändern und unter andern Winkeln unserm Auge erscheinen. Wenn wir z. B. in einer graden Linie hinter einander drei Gegenstände in verschiedener Entfernung, einen Baum, einen Thurm, eine Bergspitze sehen, so bemerken wir, wenn wir uns eine Strecke vorwärts bewegt haben, daß der Baum bereits weit hinter uns liegt, auch der Thurm zurückgewichen ist, und nur noch die Bergspitze genau ihre frühere Richtung behalten zu haben scheint. Wir erkennen daraus, daß der Baum näher als der Thurm, und dieser uns näher als die Bergspitze sein mußte; ja wir sind sogar im Stande, aus den verschiedenen Winkeln, unter denen sie uns erscheinen, ihre Abstände unter einander und ihre Entfernungen von uns zu berechnen. Aehnlich, sollten wir meinen, müßte es sich auch mit den Fixsternen verhalten. Unsre Erde nimmt ja im Laufe eines halben Jahres zwei um den Raum von 41⅓ Millionen Meilen von einander entfernte Standorte ein. Eine so ungeheure Reise sollte uns doch wohl Ortsveränderungen der Sterne bemerkbar machen! Seit Kopernicus und Tycho hat man seine Aufmerksamkeit darauf gerichtet, aber vergeblich: die Sterne blieben unverrückt, jener Winkelunterschied, die Parallaxe, zeigte sich nicht. Freilich konnte man damals nur Winkel von 3 bis 5 Minuten am Himmel messen. Aber die Instrumente wurden vervollkommnet, Hooke lehrte Minuten, Flamsteed halbe und Viertelminuten, Bradley selbst Secunden beobachten; und doch sah man alle Hoffnung getäuscht. Wie Außerordentliches bereits geleistet war, erkennen wir, wenn wir bedenken, daß die Breite des Vollmonds über 2000 Sec., der Durchmesser der Venus 66 Sec. und der des Saturnringes noch 50 Sec. beträgt, und doch kein unbewaffnetes Auge die sichelförmige Gestalt der Venus oder den Ring des Saturn zu unterscheiden vermag. Daß man also Ortsveränderungen, die noch weniger als 1 Sec. betragen, nicht beobachten konnte, daß man wenigstens dabei wegen der Unvollkommenheit der Instrumente den gröbsten Täuschungen unterworfen war, und daß alle Berechnungen für die Abstände entfernterer Sterne vollends unzuverlässig werden mußten, ist klar. Endlich als die Vollendung der Meßinstrumente so weit gediehen war, daß man selbst Zehntelsecunden mit Gewißheit bestimmen konnte, benutzte man zwei scheinbar dicht nebeneinander, in Wirklichkeit aber hintereinander stehende Sterne, die scheinbaren Doppelsterne, wie hintereinander stehende Bäume, beobachtete ihre gegenseitigen Ortsveränderungen und erreichte so das mühvoll erstrebte Ziel von fast drei Jahrhunderten. Bessel bestimmte die Parallaxe für den Stern 61 im Schwan auf 0,35 Secunden. Andre Astronomen, namentlich Struve und Peters folgten ihm auf diesem Wege, und diesen vereinten Bemühungen ist es bereits gelungen, für eine kleine Zahl von Sternen Parallaxen zu finden, unter denen die größte von 0,91 Sec. dem Hauptstern des Centauren am südlichen Himmel, die kleinste von 0,046 Sec. der Kapella angehört. Die sichersten Parallaxen, in Betreff derer die größte Uebereinstimmung zwischen den verschiedenen Beobachtern herrscht, sind außer den angeführten noch die der Wega = 0,26 Sec., des Sirius = 0,15 Sec., des Sterns ι im großen Bären = 0,133 Sec., des Arctur = 0,127 Sec. und des Polarsterns = 0,106 Sec.

Halten wir uns daher an diese mit einiger Zuverlässigkeit in ihren Parallaxen bekannten Sterne, so ist es nicht mehr schwer, auch ihre wirkliche Entfernung von uns zu ermitteln. Zuvor jedoch müssen wir uns über einen Maaßstab einigen, nach dem wir in jenen fernen Regionen messen wollen; denn mit unsern irdischen Meilen dürfen wir uns nicht in den Himmel versteigen. Auch die Entfernung der Sonne von der Erde, einen so ansehnlichen Zollstab ihre $20^2/_3$ Millionen Meilen auch abgeben mögen, ist für den Himmel eine verschwindende Größe. Wir wissen ja, daß diese ungeheure Strecke nicht einmal hinreichte, eine Ortsveränderung in den Sternen beobachten zu lassen. So machen wir es denn wie der Reisende, der nicht nach Meilen, sondern nach Stunden fragt, wählen aber einen schnelleren Läufer als den langsamen menschlichen Fuß oder selbst unsre flüchtigen Locomotiven, und dieser Läufer kann kein anderer sein, als das Licht, das in einer Secunde 41,500 Meilen, in 8 Minuten 18 Secunden den ungeheuren Raum von der Sonne zur Erde zurücklegt. Unsre himmlische Wegstunde, das Maaß, mit dem wir unter den Sternen zu messen wagen, sei also das Lichtjahr, der Raum, den das Licht in einem Erdenjahre durchläuft, ein Raum, der 63,000 Erdweiten, jede zu 20,680,000 Meilen, umfaßt! Jede Zehntelsecunde der Parallaxe entspricht aber einer Entfernung von 20,621,648 Erdweiten oder besser $32^3/_4$ Lichtjahren. Wir erhalten daher für den Abstand des α Centauri von uns $3^1/_2$

oder genauer 3,62 Lichtjahre, für den Stern 61 im Schwan 9,43 Lichtjahre, für Wega 12,57, für Sirius 21,97, für ι im großen Bären 24,8, für Arktur 25,98, für den Polarstern 31,14 und für die Kapella 71,74 Lichtjahre. Alle diese Messungen aber, mit welcher Genauigkeit sie auch angestellt sind, setzen doch nichts weiter fest, als die Grenze der Entfernung, innerhalb welcher die beobachteten Sterne sich gewiß nicht befinden. Wer den Abstand des Sterns im Centauren durchaus um das 10fache vergrößert wissen wollte, dem würde kein Astronom widersprechen. Jede weitere Beobachtung kann ja auch diese Grenze weiter hinausrücken. Endlich wird es freilich der Wissenschaft gelingen, auch eine jenseitige Grenze festzustellen, über welche hinaus ein beobachteter Stern nicht gerückt werden darf. Ein solches Mittel, das ich hier nur andeuten möchte, scheint in der genauen Beobachtung der Doppelsterne bereits gefunden.

Wurde es uns schon schwer, durch sichere Rechnung nur die nächsten Umgebungen unsers Sonnensystems zu erreichen, so vermögen wir uns nur durch künstliche Schlüsse über die Entfernung der Grenzen unsres Astralsystems Aufklärung zu verschaffen. Herschel hat unter den Sternen, welche das unbewaffnete Auge erblickt, zwölf verschiedene Stufen in der Größe angenommen. Setzte man nun voraus, daß die Sterne im Allgemeinen von gleicher wirklicher Größe und gleichem Lichtglanz wären, und daß sie überdies gleich weit von einander ständen, so würden die letzten Sterne, welche das unbewaffnete Auge erreicht, 12mal weiter abstehen, als die nächsten Fixsterne. Auf diese Annahmen gestützt, wagt sich nun die Rechnung auf noch höhere Gebiete. Das Auge bewaffnet sich mit Teleskopen und dringt 100=, ja 200mal weiter in den Weltraum ein. Wenn es dann noch Sterne als zarte Lichtpünktchen zu unterscheiden vermag, so müssen diese 200mal weiter als Sterne 12ter Größe oder 2400 Sternweiten entfernt sein, wenn wir die durchschnittliche Entfernung eines Sternes erster Größe mit dem unbestimmten Namen Sternweite bezeichnen. Bis zu dieser schwindelerregenden Tiefe glaubte Herschel's unermüdlich forschender Geist in die Astralwelt unserer Milchstraße eingedrungen zu sein und doch noch keine Grenze gefunden zu haben; denn wo selbst Teleskope kein Licht mehr zu enthüllen vermögen, da zaubert uns die Phantasie immer noch Sterne, ja große Systeme hervor. Wie nun, wenn jener letzte Stern, den Herschel's Fernrohr erreichte, kein vereinzelter wäre, wenn Hunderte, ja Millionen von Sternen sich nur zu einem dichten Haufen zusammengedrängt hätten, wie unendlich viel größer müßte dann ihre Entfernung sein? Und wie, wenn alle jene unauflöslichen Nebelflecken, die selbst dem schärfsten Fernrohr noch als schwacher Schimmer erscheinen, auch nur solche Sternhaufen wären, wie wollten wir dann noch ein Maaß für ihre Entfernung finden?

Selbst Herschel gesteht schon, daß sein Instrument ihm noch Lichtwelten sichtbar zu machen vermöge, die 300,000 Sternweiten von uns entfernt wären. Die Entfernungen dieser kleineren teleskopischen Sterne wurden aber schon von Herschel noch auf anderm Wege bestimmt durch die Sternzählungen oder Sternaichungen. Vorausgesetzt natürlich, daß die Sterne ziemlich gleich weit von einander abstehen, und daß auf das ganze Gebiet des Fernrohrs, welches in 70,000 Felder getheilt ist, 1 Stern erster Größe kommt, so werden nach dem Gesetze der Perspective im Durchschnitt 8 Sterne 2ter Größe, 27 Sterne 3ter Größe u. s. f. darauf kommen. Fand Herschel also auf jedem Felde seines Teleskops durchschnittlich 1 Stern, so mußten die entferntesten dieser Sterne 41 Sternweiten von uns abstehen; fand er in einem Felde 64 Sterne, so ergab sich daraus der Abstand des entferntesten auf 4 mal 41, also 164 Sternweiten; fand er gar gegen 8000, so mußte die äußerste Grenze 20 . 41 = 820 Sternweiten betragen. Bisweilen war eine solche Menge noch unterscheidbarer Sterne auf ein Feld zusammengedrängt, daß er sie auf 8 Millionen schätzte und einen äußersten Abstand von 8,200 Sternweiten berechnete. So mißt die zu- und abnehmende Sternmenge die Tiefe der Schicht, wie das Senkblei die Tiefen des Meeres mißt. Aber so wenig wie das Senkblei immer die Tiefe ergründet, so wenig vermag alle Rechnung die Grenzen des Weltraums zu erreichen. Es fehlt uns zuletzt an Maaßen, nur der Gedanke durchfliegt noch diese Welten, in denen selbst die Schwingen des Lichtes zu erlahmen scheinen. Wie eine Schnecke erscheint uns hier selbst dieser schnelle Läufer, der von einem Ende unsers jetzt so erweiterten Sonnensystems zum andern, etwa 1600 Millionen Meilen, in noch nicht ganz 11 Stunden fliegt. Wir möchten uns wohl allenfalls eine solche Lichtreise nach jenem nahen

Sterne des Centauren gefallen lassen, die uns freilich schon $3\frac{1}{2}$ Jahre lang durch öde, weltenleere Gegenden führen würde; aber bis zu jenen Grenzen unsers Sternsystems in solchem Schneckenschritt vorzudringen, dazu würde weder unsre Geduld, noch unsre Lebensdauer ausreichen, da eine Zeit von 1200 bis 2000 Jahren erforderlich wäre. Diese Weltinsel aber gar zu verlassen und zu jenen Nebelregionen des tieferen Himmels zu fliehen, davor beginnt selbst unserm Gedanken zu schwindeln, der eine solche Ewigkeit von Millionen von Jahren kaum zu fassen vermag! Lichtstrahlen, die vor Entstehung unsers Erdkörpers von jenen fernen Welten ausgingen, treffen jetzt erst unser Auge, und wenn jetzt Tausende jener Welten zertrümmerten, unser Blick würde nichts gewahren, würde nach Millionen von Jahren erst staunen über das Verschwinden von Welten, die längst nicht mehr da waren. So ist Vieles längst entschwunden, ehe es uns sichtbar wird, Vieles anders geworden, neu geboren, ehe die Zukunft den Schleier der Vergangenheit lüftet. Aus dem Schooße unsrer Erde bringt der Geologe wohl Ueberreste von Wesen an das Licht, welche die Erde bewohnten, lange ehe sie ihre jetzige Form und Gestaltung gewann, und diese Ueberreste erscheinen uns wohl heute wie Zeugen einer längst vergangenen Natur oder wie ein prophetisches Vorgesicht aller der Veränderungen und wechselnden Formen, welche die Natur von jenem Tage an durchlaufen sollte. Was sollen wir aber zu jenem prophetischen Traume sagen, in welchen uns die Erscheinungen einer Lichtwelt versetzen, welche vielleicht schon seit Millionen von Jahren aufgehört hat zu sein? Jene Lichtstrahlen, die uns heute von dort entgegenströmen, gingen vielleicht zu einer Zeit aus, wo die Natur zuerst den Gedanken einer mannigfaltigen Bildung faßte, wo die Materie sich zuerst in ihrer unvollkommensten Gestaltung zeigte. So wie sich uns jetzt jene Lichtwelten zeigen, waren sie vielleicht einst, aber sie sind längst ihrer Vollendung näher geschritten, sind Welten geworden, wie unsre Welten, und nur die kurzen Jahrtausende menschlicher Beobachtung erfuhren davon nichts. Könnten wir uns auf den Schwingen des Gedankens in jene Welträume erheben, von Welten zu Welten eilen, und die Schärfe unsrer Sinne bis zur äußersten Grenze des teleskopischen Sehens übernatürlich erhöhen, so würde sich die ganze Geschichte unsers Weltalls und unsrer Erde vor unsern Blicken aufrollen. Denn überall würden wir Lichtstrahlen begegnen, die in jedem einzelnen Augenblicke seit Millionen von Jahren bis jetzt von unsrer Erde und von den Sternwelten ausgegangen sind, und die uns die Bilder aller dieser Zeiten abspiegeln würden von dem Zerreißen jenes Nebelschleiers der Milchstraße und der Feuergeburt unsers Erdballs bis zu dem kleinlichen Treiben jener Erdwürmer, die wir das Menschengeschlecht nennen.

So ist also Alles, was wir in jenen unermeßlichen Lichtregionen erblicken, nur ein Traumbild der Vergangenheit. Darf uns das wundern? Wir durchwandern ja Wüsten, und wer kennt nicht jene zauberhaften Nebelgebilde, welche denen unsrer Erde eigen sind! Aber wenn der Wanderer in jenen Wüsten Asiens oder Afrikas früh vor Sonnenaufgang nahe Gebirge, Waldungen und Städte mit Thürmen und Mauerzinnen zu erblicken wähnt, so überzeugt ihn doch jeder Schritt, mit dem er sich bei wachsendem Tageslicht jenen vermeintlichen Höhen oder Städten nähert, daß diese ihm in der Dämmerung erschienene Welt ein Spiel der Fata Morgana, ein Traumgebilde aus einer seinen Sinnen nicht mehr erfaßbaren, luftigen Region gewesen sei. Wie aber soll unser in der irdischen Sinnenwelt festgebanntes Forschen nur über den nächsten Schritt hinausgelangen, um zu erfahren, ob das, was jene noch unendlich viel ferner stehende, fremdartigere Welt unsern in die ewige Dämmerung des Jenseits hinausspähenden Blicken vorspiegelte, wirklich das gewesen sei, was wir zu sehen meinten, oder nur ein Schattenbild längstentschwundener Wesen! Und doch selbst das Wenige, was die Wissenschaft mit Gewißheit über jene Welten erforscht hat, ist ein Triumph, den der Geist über die Natur errungen hat; und diesem Siegeszuge des Geistes wollen wir weiter folgen. Die schönste Waffe aber, welche ihn am sichersten zum Siege führte, das ist die ewige Beleuchtung seiner gewonnenen Wahrheiten durch das Licht neuer Beobachtungen, das stets festere Begründen der Voraussetzungen, von denen er ausging, das rücksichtslose Bezweifeln und Umstürzen der gewissesten Gesetze, der sichersten Rechnungen. So hat sich der unermüdliche Forschergeist des Astronomen auch nicht etwa erkühnt, jene eben erwähnten Berechnungen der Entfernungen im Weltall als untrüglich und sicher aufzustellen; er weiß ja vielmehr, daß sie zum Theil auf falschen Voraussetzungen beruhen.

Jene Sterne, die wir am Himmelsgewölbe sehen, stehen ja weder in gleichem Abstande von einander, noch sind sie überall gleichmäßig im Raume vertheilt, auch sind sie weder von gleicher Größe noch Lichtstärke. Grade unter den kleinsten Sternen finden wir vielleicht die uns am nächsten stehenden, und die Erfahrung hat diese Vermuthung bestätigt. In jenen Nebelflecken kennen wir ja überdies noch nicht das Princip ihrer Gestaltung, von der ja vorzüglich die Lichtstärke abzuhängen scheint. Aber mag auch deshalb unser Urtheil über die Entfernungsverhältnisse der Fixsterne kein ganz zuverlässiges sein, was kann es in so unermeßlichen Räumen auf Millionen von Meilen ankommen, um so mehr, wenn wir nicht nach Zahlen und Maaßen suchen, sondern nur ein Bild von der Anordnung dieser räumlichen Verhältnisse gewinnen wollen? Darüber aber werden uns noch ganz andre Erscheinungen des Lichts in jener Sternenwelt weitere Auskunft geben.

Eine Erscheinung ist es vor allen, welche schon das Alterthum aus seinem festen Glauben an die ewige Unveränderlichkeit des Fixsternhimmels aufschreckte. Das ist die oft plötzliche, bisweilen periodisch wiederkehrende Lichtwandlung der Sterne. Mitten in einer dunkeln, sternleeren Region ging plötzlich ein Licht auf, das als heller Stern oft nach wenigen Tagen die Fixsterne erster Größe, selbst Jupiter und Venus, überstrahlte. Manche dieser gespensterhaft aufflammenden Sterne blieben Monate, Jahre lang am Himmel unverändert sichtbar, verloren langsam ihren strahlenden Glanz, um wohl gar in das schwache Schimmern eines Sternes geringerer Größe überzugehen, und als solcher in unsre Zeiten hinüberzuwandeln. Oft scheint derselbe Stern am selben Orte zu verschiedenen Zeiten dieses Spiel wiederholt zu haben. So war wohl der Stern, der zu Tycho de Brahe's Zeit am 11ten November 1572 plötzlich im Sternbilde der Cassiopeia aufflammte, bei Nacht heller als Jupiter und Sirius strahlte und selbst bei Tage nicht ganz durch das Licht der Sonne verdunkelt wurde, derselbe, der schon in den Jahren 945 und 1260 die Augen der Völker auf sich gezogen hatte, bis er, allmälig abnehmend, im März 1574 wieder verschwand. Ohne der andern zahlreichen Sterne zu erwähnen, die im Laufe der Jahrhunderte plötzlich erschienen und wieder verschwanden, will ich nur an die Lichtwandlungen erinnern, die wir noch jetzt an manchen

Sternen zwar schwächer, aber an bestimmte Perioden gebunden sehen. Schon im Jahre 1596 bemerkte ein deutscher Astronom, Fabricius, daß ein Stern im Walfisch, der wegen dieser wunderbaren Eigenschaft den Namen der Wunderbaren, Mira, bekommen hat, zu gewissen Zeiten in ziemlich hellem Lichte als Stern zweiter Größe strahle, zu andern dem Auge ganz entschwinde. Man bestimmte anfangs diese Dauer der Lichtwandlung auf 334 Tage. Aber Mira bindet sich wenig an diese vorgeschriebene Zeit. Bisweilen verharrt sie nur Tage lang in ihrer bescheidnen Dunkelheit, um schnell wieder zu ihrem vollen Glanze aufzuflammen, bisweilen will ihr wieder das Licht Jahre lang nicht zurückkehren. Dieselbe Erscheinung zeigt auch ein Stern im Schwan, der ziemlich regelmäßig in einer Periode von 407 Tagen aufflammt und verlischt. Unter der großen Zahl anderer diesen Lichtwechsel zeigenden Sterne erscheint am beachtenswerthesten Algol im Medusenhaupt, der in der kurzen Zeit von 2 Tagen 20 Stunden 48 Minuten zwischen dem Glanze eines Sternes zweiter Größe und dem Schimmer eines vierter Größe wechselt. In naher Verwandtschaft mit diesen Lichtwandlungen scheint die Beobachtung eines zunehmenden Glanzes zu stehen, welchen manche Sterne auf Kosten anderer, in ihrer Nähe stehender, dunkler gewordner Sterne erborgt zu haben scheinen. So soll Altair im Adler von einem Sterne zweiter Größe zu einem erster Größe angewachsen sein, während sein Nachbar zur Linken bis zum Stern vierter Größe herabgesunken wäre und sich wohl gar von jenem entfernt hätte. Aehnlich hat man von den Zwillingen behauptet, daß der Stern Castor einst heller gewesen sei, als Pollux, während er gegenwärtig von diesem weit an Glanz übertroffen wird. Den seltsamsten Reichthum an Veränderungen, die bisher noch nicht einmal die geringste periodische Regelmäßigkeit entdecken ließen, zeigt ein Stern des südlichen Himmels, der Stern η im Schiffe. Schon von Haller im Jahre 1677 als Stern 2ter Größe beobachtet, war er im Jahre 1811 bis zur 4ten Größe herabgesunken, erhob sich aber wieder im Jahre 1827 bis zur 2ten Größe und behauptete diesen Glanz 10 Jahre lang. Staunen aber ergriff den bekannten Astronomen John Herschel, als er am 16. Dec. 1837 denselben noch wenige Wochen vorher beobachteten Stern plötzlich zu einem Glanze angewachsen fand, daß er alle Sterne erster Größe außer Canopus und Sirius überstrahlte. Nach wenigen Wochen war dieser Glanz wieder verschwunden; aber im April 1843 flammte er noch einmal auf und behauptete diese Lichtstärke noch im Jahre 1850. Der Astronom Hind in London entdeckte am 28. April 1848 einen neuen röthlichen Stern fünfter Größe im Schlangenträger, der aber bereits im Jahre 1850 wieder verschwand.

Mehr als 40 solcher veränderlichen Sterne hat man bereits aufgefunden, und bei mehr als 24 mit ziemlicher Genauigkeit die Perioden des Lichtwechsels bestimmt. Viele glänzende Sterne gehören darunter, wie der prachtvolle Stern an der rechten Schulter des Orion, die Hauptsterne der Cassiopeia, des Herkules, der Wasserschlange, die Capella, Wega, der Polarstern und die schönen Sterne des großen Bären. Vergebens aber hat man sich bemüht auch nur annähernde Erklärungen für diese mannigfaltigen und wunderbaren Lichterscheinungen der Sternwelt zu finden. Man hat an Wechselverhältnisse in der Naturgestaltung jener Welten gedacht, die mit stürmischen Revolutionen, vielleicht auch mit elektrischen Lichtprocessen, ähnlich denen unsrer Atmosphäre, verbunden wären, und von denen das Licht unserm Auge erst nach Jahrtausenden seine dunklen Mythen erzählte. Eine kühne Phantasie verflossener Jahrhunderte hat jene plötzlich aufflammenden und wieder verlöschenden Sterne zu Feuersbrünsten in höherem Sinne gemacht, in welchen Welten sich verzehren, und die, wenn das altgewordene Räderwerk der Sonnen einst aus den Fugen geht, im Zusammensturz diese ergreifen und auflösen würden, um sie einer neuen Gestaltung entgegenzuführen. Dieser furchtbaren Dichtung widerspricht glücklicher Weise das periodische Wiederkehren solcher himmlischen Feuersbrünste an demselben Stern. Wie könnte nach Jahrhunderten schon aus der Asche des alten ein neues Sonnensystem emporkeimen, um in eben so kurzer Zeit wieder in Flammen zu enden? Herschel glaubte daher die Ursache jenes periodischen Lichtwechsels eher in einer Axendrehung der Sterne zu finden, wodurch uns bald hellere, bald dunklere Seiten der Sterne zugekehrt würden, wie ja auch die Sonne bei ihrer 25tägigen Rotation uns von der einen Seite ein helleres Licht zuzusenden scheint, als von der andern. Aber hiergegen spricht wieder einmal die Unregelmäßigkeit der Lichtperioden, dann jenes plötzliche Aufflammen des Lichtes vom tiefsten

Dunkel zum hellsten Glanze. Diese Annahme verliert aber vollends jeden Halt bei jenen neuen Sternen: man müßte denn die Perioden hier für außerordentlich lang erklären und zugleich ein Wiedererscheinen der verschwundenen Sterne nachweisen, wie es in der That bei dem Sterne Tycho's gelungen zu sein scheint, der wohl mit den in den Jahren 945 und 1260 an derselben Stelle des Himmels plötzlich auflodernden Sternen übereinstimmen könnte. Man hat ferner seine Zuflucht zu kosmischen Gewölken genommen, welche zeitweise durch ihr Dazwischentreten den Glanz der Gestirne verdunkeln sollten. Ja man hat sogar eine Astronomie des Unsichtbaren heraufbeschworen und dunkle Sonnen erfunden, welche von den leuchtenden umkreist werden sollen. Noch hat die Forschung nichts erwiesen, noch gehören alle diese Erklärungen, wie Humboldt sagt, einem mythischen Gebiete der Astronomie an. Nicht mit mathematischer Gewißheit zu erklären, nur im Geiste ahnend zu begreifen ist hier erlaubt.

Wir erkannten das Licht als jenes Sehnen der Natur nach Freiheit, nach Erlösung von den beengenden Banden ihres materiellen Seins. Sollte dieses Sehnen nicht alle Wesen umfassen, in inniger Gemeinschaft emporziehen zum gemeinsamen Ziele? Soll der Planet allein sich sehnen nach seiner mütterlichen Sonne, und jene Sonne allein einsam dastehen in öder Welt, keinen Zielpunkt ihres Sehnens finden, ohne Hoffen, ohne Leben, gleichgültig zuschauen dem verächtlichen Spiele ihrer planetarischen Kinder? Nein, gewiß regt sich jene Sehnsucht in allen Welten, ein Band der Liebe umschlingt sie alle, läßt Sonnen zu Sonnen die leuchtenden Boten ihrer Hoffnung senden, und alle diese Strahlen der Sehnsucht, alle diese heißen Gebete um Erlösung steigen vielleicht auf zu einem einzigen Altare, wo sie alle Ruhe und Frieden finden. Ewiger Kampf und ewiges Sehnen, das sind ja die Bedingungen alles Lebens, warum nicht auch in der Natur jener Himmelsräume? Mag nun auch bei den meisten jener fernen Welten der Kampf des Lichtes und der Finsterniß den ruhigen Gang seiner Entwicklung gehen, wie wir es in unserm Sonnensysteme sehen: kann es aber nicht auch Welten geben, die, in ihrer Entwicklung begriffen, noch nicht zu solcher Ruhe gelangt sind, in denen jenes Sehnen stürmischer wogt, und die Schale des Sieges sich bald auf die Seite der

Materie, bald auf die des Lichtes neigt, die bald in jener, bald in dieser Nachbarsonne den Zielpunkt ihres Hoffens suchen, bis auch sie einst zu festerer Gestaltung, zu ruhigerer Besonnenheit ihres Strebens gelangt sein und durch ewige Bande sich mit den verwandten Wesen ihrer Lichtwelt verknüpft haben werden? Gewiß nicht feindlicher Haß, dessen Flammen Welten verzehren, sondern Liebe, die, noch in innerm Kampfe begriffen, nach Erhörung ringt, sie ist es, die jene neuen Sterne so plötzlich aufflammen läßt!

Neue Wunder werden uns aufgehen, wenn wir mit der raumdurchdringenden Schärfe unserer Fernröhre über die Grenzen unseres Fixsternhimmels hinaus noch einmal vordringen in die fabelhaften Nebelregionen jener zweiten Nacht. Denn auch dort erblicken wir Gestaltungen und Wechselverhältnisse, auch dort Leben und Kampf des Lichtes und der Finsterniß. Gestaltlose Nebel ergießen sich dort über unermeßliche Räume des Himmels, gleich einer zarten Dämmerung, welche uns das Herannahen eines neuen, von unsern Sinnen noch nie empfundenen Tages verkündet, gleich jenen Wolkengebilden, welche uns in fernen Meeren die Küsten fremder, unbekannter Länder ahnen lassen. Bald sehen wir lichte Kernpunkte, die sich hier zu deutlicheren Sternen verdichten, dort sich noch unmerklich in den umgebenden Lichtäther verlieren. Bald sehen wir um eine dunkle Mitte sich einen nebelartigen Sternenring mit nach außen zunehmendem Glanze verbreiten. Hier gewahren wir breite, schweifartige Lichtstreifen, dort fächerartig sich verbreitende Strahlen; hier gleichen sie dem Saturn mit seinem Ringe, dort geschweiften Kometen, und als wolle der Himmel menschlicher Mystik spotten, zeigt sich selbst ein deutungsschweres Fragezeichen in seinem Dunkel. Alle jene sonderbaren Wesen, deren man bereits gegen 3000 zählt, schimmern in einer bunten Farbenpracht, wie unser Auge sie nur gewohnt ist in den tropischen Formen unseres Thier- und Pflanzenreiches zu finden. Mächtige Teleskope durchforschen jetzt diesen unbekannten Ocean. Was noch dem unbewaffneten Auge als ein verschwimmendes Lichtwölkchen erschien, das löst sich jetzt in Haufen zahlloser einzelner Sterne auf, ähnlich jenen prächtigen Sterngruppen der Plejaden und Hyaden, der Krippe, des Haares der Berenice, aber dichter und reicher. An ein Zählen ist gar nicht zu denken. Auf einem kreisförmigen Raume von 8 Minuten Durchmesser, also kaum dem 15ten Theile der Vollmondscheibe gleich, sind oft mehr als 5000 glänzender Sterne, mehr also, als wir mit bloßen Augen am ganzen Himmelsgewölbe erspähen, zusammengedrängt. Solche prachtvolle Sternhaufen, wie wir sie im Sternbilde des Herkules (Fig. 1) und im Sternbilde d. Wassermanns (Fig. 2) sehen, sind zahllos über den ganzen Himmel verbreitet, oft einem Haufen Goldsand gleich, bisweilen in der Mitte von einem größeren, herrlich gefärbten Sterne, wie dem Rubin in einem Diadem, geschmückt.

Fig. 1.

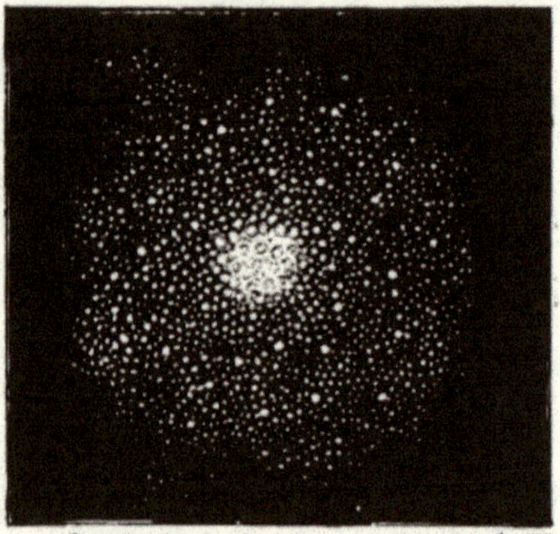

Sternhaufen im Herkules, nach Herschel.

Aber nicht immer ist es so leicht, den Zauberschleier zu zerreißen, den verschwimmenden Nebel in Sterne aufzulösen. Da richtet der Astronom seine Rieseninstrumente, gleich dem 53 füßigen Lord Rosse's, dessen Metallspiegel 6 Fuß Durchmesser und ein Gewicht von 7000

Fig. 6.

Fig. 8.

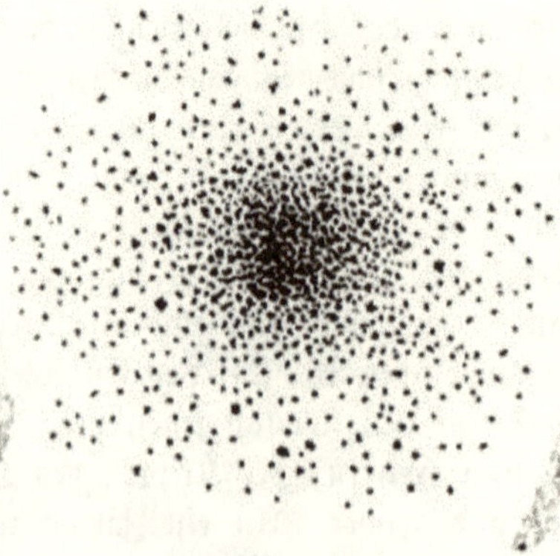

Fig. 2.

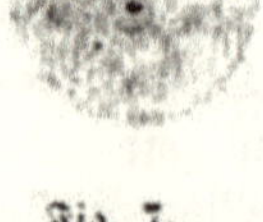

Fig. 7.

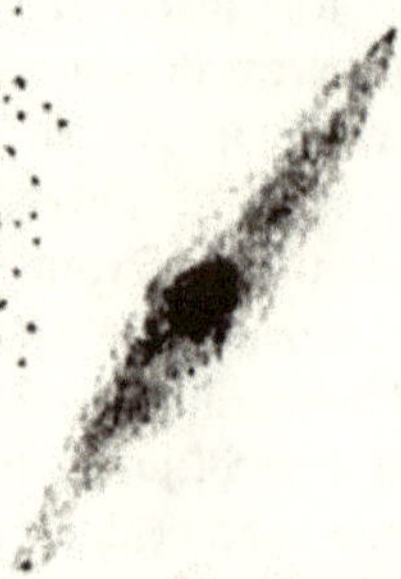

Fig. 3a.

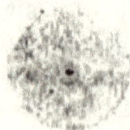

Fig. 5.

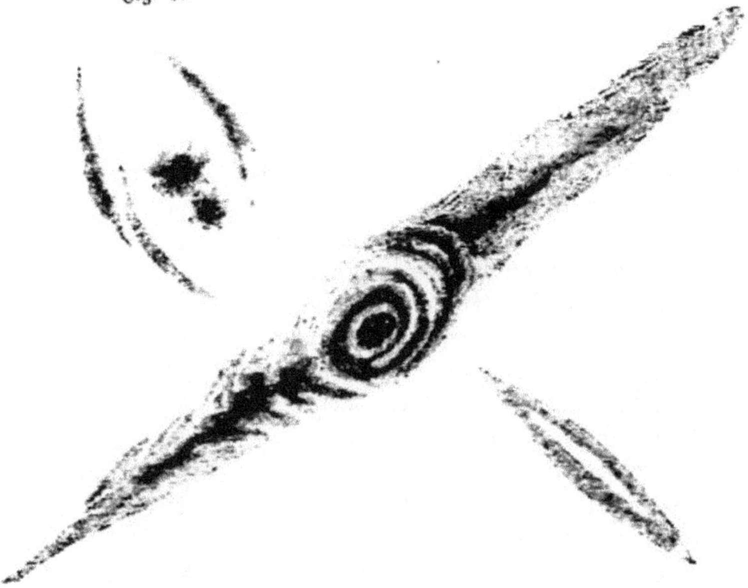

Fig. 3b. Fig. 9.

2. Sternhaufen im Wassermann, nach Herschel. 3. Nebel im großen Löwen, a. nach Herschel, b. nach Rosse. 5. Doppelnebel im großen Löwen, nach Rosse. 6. Planetarischer Nebel im Wassermann, nach Rosse. 7. Sternnebel im Stier, nach Herschel. 8. Ringnebel in der Leier, nach Herschel. 9. Ringnebel in der Andromeda, nach Herschel.

Pfund hat, und dessen Herstellung 15 Jahre der beharrlichsten Bemühungen erforderte, auf die widerstrebenden Lichtschimmer. Siehe da, die wunderlichen Formen schwinden, die regelmäßigen Umrisse der Kreise, Ringe, Fächer, Kreuze, Fragezeichen, mit denen die geschäftige Phantasie schon den Himmel bevölkert hatte, verschwimmen in regellose Streifen und flockige Wolken, die gleichmäßigen Lichtnebel lösen sich in zahllose, dicht gedrängte Sterne auf. Wo auch solche Riesenteleskope nicht ausreichen, da ist die Hoffnung, daß später noch vollkommnere die Auflösung vollenden werden. Freilich hat diese Hoffnung noch wenig Aussicht auf Erfüllung. Menschliche Kunst vermag hier nicht allein zu helfen. Die Atmosphäre der Erde bricht und zerstreut zum Theil das Licht der Gestirne, und das vollkommenste Fernrohr vermag natürlich nicht verworrenes Licht zu einem deutlichen Bilde zu sammeln. Selten sind schon die Nächte, welche eine 400malige Vergrößerung gestatten, obgleich eine doppelt und dreifach so große zu Gebote stehen würde.

Was auch diese unvollkommenen Mittel am Himmel aufzudecken vermögen, ist immerhin wunderbar genug. Jener langgezogene elliptische Nebel mit hellem Kern (Fig. 3 a), wie ihn uns ein gutes Fernrohr im Sternbilde des großen Löwen zeigt, nimmt im Rosse'schen Teleskop (Fig. 3 b) ein fleckiges, spiralförmig gewundenes Ansehen an. Die beiden sternartig glänzenden, einander fast berührenden kleinen Nebel in den Zwillingen zeigt uns Rosse's Teleskop strahlenförmig auslaufend und gleichsam von einer zweiten Nebelhülle umflossen (Fig. 4). Dem ähnlichen Doppelnebel im großen Löwen nimmt dies Riesenteleskop geradezu seine Doppelform, indem es den einen Kern in eine gedrängte Sterngruppe auflöst, und in seinen spiralförmigen Windungen den andern schwächeren Kern fast ganz verschwimmen läßt (Fig. 5). Planetenähnliche, kleine Nebel von kreisrunder, scharf begrenzter Scheibenform, wie wir deren einen im Wassermann mit bläulichem Lichte schimmern sehen, verlieren im Rosse'schen Teleskop ihre Gleichmäßigkeit und verlaufen strahlenförmig in Spitzen (Fig. 6). Auch jenen runden Nebelmassen, die oft, wie im Sternbilde des Stiers (Fig. 7), hellglänzende Fixsterne umgeben oder ganze Sternbilder umfließen oder nur durch lange, schmale Bänder verknüpfen, widerfährt etwas Aehnliches. Jene seltsamsten Nebel des Himmels endlich, jene ringförmigen Nebel, deren einer in der Leier (Fig. 8) wie ein über einen Reifen gespannter Schleier, ein anderer in der Andromeda (Fig. 9) wie ein feiner, hohler Nebelstreif erscheint, während ein dritter in den Jagdhunden (Fig. 10 a) sogar einen runden, lichten Kern, von einem concentrischen, zum Theil doppelten Nebelringe umgeben, zeigt, auch diese Wunder, in denen die Phantasie bereits die Abbilder oder Urbilder unseres Saturnringes sehen wollte, werden durch das Teleskop Rosse's zerstört, das jene in ungemein kleine Sterne zerlegt, diesen (Fig. 10 b) als einen strahligen Kern zeigt, von dem nach allen Seiten spiralför-

Fig. 4.

Doppelnebel in den Zwillingen, nach Rosse.

Fig. 10a.

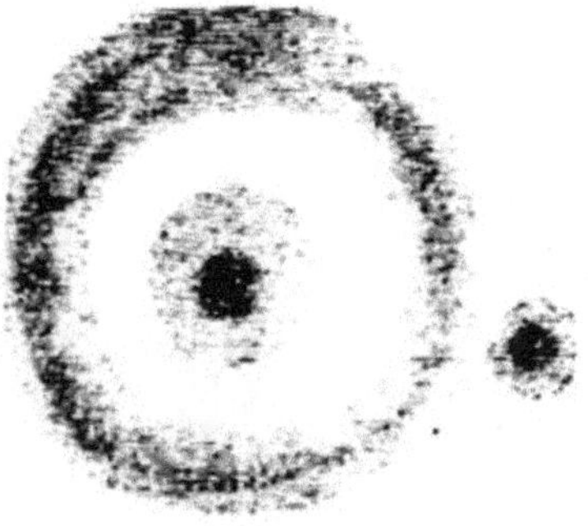

mige, von kleinen Sternen erfüllte Windungen ausgehen.

Alle Pracht und Seltsamkeit dieser Bilder ist aber nichts gegen die Herrlichkeit des großen Orionnebels, der sich fast in Vollmondgröße in der Nähe der glänzenden Sterne des Jakobstabes ausbreitet. Was sich nur Seltsames in Gestaltung und Lichtwechsel denken läßt, das entfaltet sich hier

Fig. 10b.

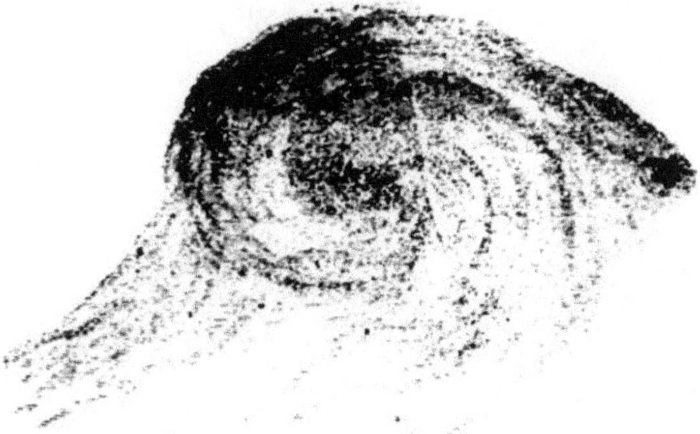

Ringnebel in den Jagdhunden, a nach Herschel, b nach Rosse.

im Fernrohr. Die älteren Astronomen verglichen seine Gestalt dem geöffneten Rachen eines Thieres; die geschärfte Kraft des Fernrohrs hat dieses Bild heute verwischt. Einzelne Stellen dieses Nebels (Fig. 11) scheinen in beweglichen Flammen zu lodern, andre zeigen sich in scharfer Begrenzung im tiefsten Schwarz. Auf diesem dunkeln Grunde bilden in der Mitte des Nebels 4 helle Sterne ein fast regelmäßiges Viereck, das sogenannte Trapez. Zahlreiche andre

Fig. 11. Der Orionnebel, nach Bond.

Sterne blitzen durch den flockigen Nebel, der es umgibt, hervor, und rings um seine Streifen und Zweige schimmern in düsterm Lichte viele Tausend kleiner Sternchen. Oft glaubte man wunderbare Vorgänge in dieser Nebelwelt zu gewahren, und neue Sterne aus gährender Weltmaterie sich ballen zu sehen. Seit aber Rosse's Teleskop diesen Nebel in Millionen von Sternen aufgelöst hat, mußte man auf das Wunderbare verzichten und es als einen Beweis hinnehmen, wie innig oft das Gesehene durch die Mittel des Sehens bedingt ist. Jedes Fernrohr wird diesem Nebel neue Gestaltung und neue Sterne geben.

Die reichste Fülle entfaltet die Nebelwelt am südlichen Himmel, demselben Himmel, welchen das prachtvolle Kreuz, der Sirius und Kanopus schmücken. Dort in der Nähe des Poles fesselt den Blick des Reisenden ein milchstraßenartiger Lichtglanz, der sich über einen Raum von 42 Quadratgraden oder von 12 Vollmondbreiten im Durchmesser ausbreitet. Es ist der Glanz einer wunderbaren Vereinigung von Sternen und Nebelflecken, die man die große Magellanische oder Kapwolke nennt, und die schon den Arabern nach ihrer Gestalt unter dem Namen des „weißen Ochsen" bekannt war (Fig. 12). Herschel zählt in ihr allein 582 größere Sterne, 291 Nebelflecke und 46 Sternhaufen.

Fig. 12.

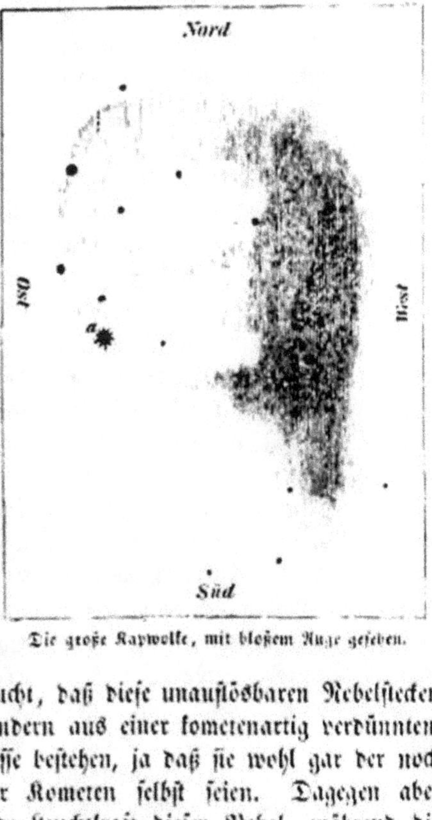

Die große Kapwolke, mit bloßem Auge gesehen.

Trotz der wunderbaren Vervollkommnung der astronomischen Instrumente sind noch immer Tausende von Nebelflecken übrig, die auch für die stärksten Fernröhre ungelöster Lichtschimmer bleiben. Es ist daher oft die Meinung aufgetaucht, daß diese unauflösbaren Nebelflecken gar nicht aus Sternen, sondern aus einer kometenartig verdünnten, nebelartig leuchtenden Masse bestehen, ja daß sie wohl gar der noch ungeformte Grundstoff der Kometen selbst seien. Dagegen aber spricht schon die bedeutende Leuchtkraft dieser Nebel, während die größten Kometen selbst über die Jupitersbahn hinaus ihres Lichtmangels wegen nicht mehr verfolgt werden können. Dagegen spricht noch mehr die ungeheure Entfernung derselben, die ihrer Unveränderlichkeit wegen mindestens der der Fixsternwelten gleichgesetzt werden muß. Großartig, wie immer in seinen Ideen, erblickte Herschel in jenen Nebeln den Weltenstoff. Aus formlosen Massen ließ er die Welten sich abrunden, zu Kernen verdichten, zu selbständigen Sonnen auflösen und endlich Planeten und Monde ausscheiden. Ihm war das Universum eine Werkstätte von Weltenbildungen, deren unaufhörlicher Thätigkeit der Mensch zuschaut. Wir wissen ja, daß das Licht Jahrtausende braucht, um selbst von der Milchstraße zu uns zu gelangen; wir wissen, daß wir nicht eine fertige Gegenwart, sondern eine werdende Vergangenheit am Himmel erblicken, nicht eine Welt, wie sie jetzt ist, sondern wie sie vor Jahrhunderten und Jahrtausenden war. Je tiefer das Teleskop in den Raum vordringt, in eine desto fernere Zeit blicken wir. Warum sollten wir also nicht ein Werden vom formlosesten, chaotisch verbreiteten Weltstoff bis zum ausgebreiteten Weltsystem gewahren, wie wir etwa in einem Urwalde das organische Leben in allen Stufen seiner Entwicklung sehen, vom keimenden Samen und jugendlichen Sprößling bis zum mächtigen Baumriesen? Wir sträuben uns dagegen nur, weil wir gewohnt sind, die Welt als eine fertige zu denken, obwohl uns die Völkergeschichte der Gegenwart kein anderes Bild bietet. Wir werden dennoch diesen Gedanken nicht zurückweisen können, wenn die Forschung uns diese Nebel innerhalb unserer Fixsternwelt nachweist. Von vielen aufgelösten Nebelflecken scheint es in der That festzustehen, daß sie noch unsrer Milchstraße angehören, vielleicht ihren äußersten Umfang bilden. Sie mögen Sternhaufen sein, die, durch gegenseitige Anziehung zusammengehalten, vielleicht um einen gemeinsamen Centralstern sich sammelten. Andre aber erscheinen so dichtgedrängt, nicht Hunderte, sondern Tausende von unterscheidbaren und, nach dem Lichtscheine, den sie noch im Fernrohr zurücklassen, zu schließen, Millionen unterscheidbarer Sterne umfassend, und dabei von so geringem Durchmesser, daß sie weit jenseits der Milchstraße gesetzt werden müssen. Noch mehr gilt dies von den unauflösbaren Nebeln, die ihre regellose, oft abenteuerliche Form nach den Gesetzen der Schwere unmöglich bewahrt haben könnten, wenn sie der Anziehung naher Massen ausgesetzt gewesen wären. In ihnen sehen wir also Weltinseln, wie unsre Fixsternwelt, die aus einem Punkte ihres Innern vielleicht denselben Anblick darbieten würden, wie uns der Fixsternhimmel mit seiner Milchstraße. Sie sind in sich abgeschlossene, aus selbständigen Sternen bestehende Systeme; denn nur solchen ist es gestattet, wie unser Sonnensystem, ungeometrische, selbst veränderliche Formen anzunehmen. Die meisten finden sich in der Nähe der Jungfrau und unweit des Südpols in der Gegend der Magellanischen Wolken, so daß sie gleichsam die Pole der Milchstraße bezeichnen. Es scheint also das Weltall nicht einmal in der Richtung der glänzenden Milchstraße, sondern vielmehr senkrecht auf ihre Ebene seine größte Ausdehnung zu haben. Welche Unendlichkeit des Raumes, der so zahllose Systeme zahlloser Welten umfaßt! Und doch bieten sich noch immer neue Räthsel zur Lösung dar, und immer verworrener wird der Knäuel, in dem sich Welten mit Welten verschlingen.

In jener seltsamen Nebelwelt hatten wir Gestalten entdeckt, die gleichsam als Doppelwesen, als traulich verbundene Geschwisterpaare erschienen; und als wäre jene jenseitige Welt nur eine Schattenwelt, eine Welt von Bildern, von Symbolen der wirklichen Fixsternwelt, so sehen wir auch jene Zwillingsbildungen, nur in bestimmterer, klarerer Form wiederholt in dem Reiche der Fixsterne. Auch hier sehen wir engverbundene Paare von Sternen Hand in Hand ihren stillen, großen Gang von Weltraum zu Weltraum wandeln. Diese neuen Wunder sind die Doppelsterne. Als vor 80 Jahren der Astronom Christian Mayer in Mannheim mit der Behauptung auftrat, Fixsterntrabanten beobachtet zu haben, verlachte man ihn in absprechendem Hochmuth. „Wozu nützte diese Bewegung lichter Körper um ihres Gleichen?" sagten die gelehrten Gegner solcher Neuerungen. „Bei uns ist die Sonne allein die wirkende Ursache der Bewegung unseres und der übrigen Planeten und zugleich die Quelle, aus welcher sie sämmtlich Licht und Wärme schöpfen; dort würden es Systeme von lauter Sonnen sein, die von andern, an Größe und Glanz vielleicht unterschiedenen Sonnen beherrscht würden. Ihre Nachbarschaft und ihre Bewegung würden ohne Zweck und ihre Strahlen ohne Nutzen sein, weil sie nicht Körper mit Licht zu versorgen brauchten, denen es selbst zu Theil ward. Wenn die Trabanten lichte Körper sind, was ist der Zweck ihrer Bewegung?"

„Aber diese Dinge," sagt Arago, „die vor 80 Jahren zu Nichts dienlich erschienen, Dinge ohne Zweck und Nutzen, sind wirklich vorhanden und müssen zu den schönsten und sichersten Wahrheiten in der Astronomie gezählt werden." William Herschel stellte nur wenige Jahre später sein Riesenteleskop in dem kleinen Flecken Slough auf und erleuchtete mit der Fackel seines Geistes die nächtlichen Tiefen des Fixsternhimmels. Er verwandelte die Lächerlichkeit in Wirklichkeit, er entdeckte die Doppelsterne.

Wo das unbewaffnete Auge nur einfache Sterne zu erblicken meint, da zeigt das Fernrohr zwei und mehr oft an Glanz und Größe verschiedene, nahe an einander stehende Sterne, die durch die Veränderungen ihrer Stellung anzudeuten scheinen, daß sie einander, wie die Planeten ihre Sonnen, umkreisen. Es ist allerdings noch nicht nothwendig, daß zwei so nahe, oft weniger als 8, selten mehr als 16 Secunden von einander entfernt erscheinende Sterne wirklich nahe neben einander stehen; sie können ja auch in fast gleicher Richtung hinter einander und wirklich weiter von einander entfernt sein, als zwei von uns an entgegengesetzten Punkten des Himmels gesehene Sterne. Wenn aber bis jetzt bereits gegen 6000 solcher Doppelsterne bekannt sind, so scheint es doch etwas gewagt, so vielfach die zufällige Stellung unseres Sonnensystems in Anspruch zu nehmen. Mit Recht hat Struve darauf aufmerksam gemacht, daß jene wirkliche gegenseitige Abhängigkeit der zu Doppelsternen gepaarten Sterne für ein scharfes Auge schon aus dem bloßen Anblick eines Verzeichnisses der Doppelsterne hervorgehen müßte. Eine bloße Wahrscheinlichkeitsrechnung hätte darauf führen müssen. Wenn man nämlich eine Hand voll Getreidekörner über ein Schachbrett ausstreute, so würde die Wahrscheinlichkeit, daß diese Körner paarweise in den einzelnen Feldern des Brettes liegen werden, offenbar gleichzeitig mit der Größe der Felder abnehmen. Hätte ein ähnlicher Zufall die Sterne über den Himmelsraum ausgeschüttet, so müßte Aehnliches stattfinden. Bei der Annahme einer völligen Unabhängigkeit zwischen allen über den Himmel verbreiteten Sternen würde also natürlich die Zahl der gepaarten Sterne um so geringer ausfallen, je geringer wir ihren Abstand voraussetzen. Es würde aller Wahrscheinlichkeit nach weniger Sterne geben, die um 4 Secunden, als solche, die zwischen 4 und 8 oder zwischen 8 und 16 Secunden oder gar darüber entfernt sind. Nun finden sich aber in dem Verzeichniß von 3057 Doppelsternen, das Struve aufgestellt hat, 987 Sternpaare mit einem Abstande von weniger als 4 Sec., aber nur 675 Sterne zwischen 4 und 8, 659 zwischen 8 und 16 und 736 zwischen 16 und 32 Secunden. Es tritt also das Gegentheil jener Wahrscheinlichkeit ein, und somit müssen wir die Voraussetzung, auf welche sie gegründet war, aufgeben, d. h. annehmen, daß die Doppelsterne nicht nur scheinbar, sondern in Wirklichkeit einander nahe stehen und mit einander verbundene Systeme bilden.

Einer solchen Wahrscheinlichkeitsrechnung hat indeß die Wissenschaft gar nicht bedurft. Durch Beobachtung und Rechnung hat sie das Dasein um einander kreisender Sterne über allen Zweifel erhoben. Wirkliche, physische, nicht bloß optische Doppelsterne müssen uns nämlich im Laufe der Zeit Bewegungen wahrnehmen lassen, ähnlich denen, welche Planeten und Monde zeigen. Durch eine außerordentliche Verfeinerung der Beobachtungsmittel gelang es in der That schon bei mehr als 650 Doppelsternen die Bewegung unzweifelhaft nachzuweisen, bei 58 sogar die Bahnen mit größerer oder geringerer Sicherheit nach dem Newton'schen Gesetze zu berechnen.

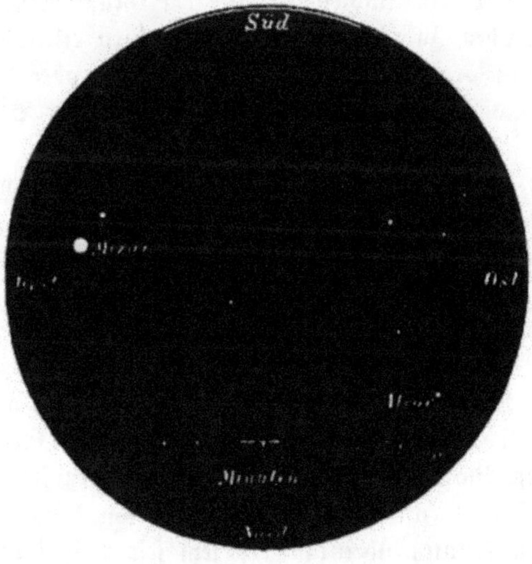

Der Doppelstern Mizar im großen Bären.

Wir sehen also Sterne vor uns, die sich um einander bewegen. Beide sind Sonnen, beide selbstleuchtend, keiner dunkel und kalt; beide bewegen sich in Ellipsen um einen gemeinsamen Schwerpunkt; keiner ruht. Ihre Bahnen nähern sich bald Kreisen, bald excentrischen Kometenbahnen. Sie werden bald in wenigen, bald erst in Tausenden von Jahren durchlaufen. Bei dem Doppelstern ζ Herculis beträgt die Umlaufszeit 31 Jahre, bei γ in der Krone 43, bei ξ des großen Bären und ζ im Krebse 58 Jahre. Behaupten sich diese Umlaufszeiten noch innerhalb der Zahlen, welche den Umläufen unsrer Planeten Jupiter und Saturn um die Sonne (29 und 84 Jahre) entsprechen, so sind dagegen andre Umlaufszeiten mit ziemlicher Sicherheit bestimmt worden, die, wie beim Doppelstern Castor 253, bei σ in der Krone 287, beim 61 Sterne im Schwan 452 Jahre erreichen. Bei noch andern konnte sogar in der kurzen Beobachtungszeit von 50—60 Jahren nur ein kleiner Bruchtheil der Bewegung beobachtet werden, aus dem sich auf eine Umlaufszeit von 1000—15000 Jahren, im Mittel wenigstens auf eine von 1500 Jahren schließen läßt. Noch bleiben endlich mehr als 2000 Doppelsterne übrig, die bei aller Schärfe der Beobachtung noch gar keine Bewegung verriethen, und die man doch für wirkliche Doppelsterne zu halten berechtigt scheint. Nur die außerordentliche Größe ihrer Umlaufszeiten dürfte der Grund sein, weshalb sie in einem halben Jahrhundert noch nicht einen erkennbaren Bruchtheil derselben beobachten ließen. Das würde aber die Annahme von mehr als 15000 Jahren für die Dauer ihrer Bahnbewegung erfordern.

Grade diese Doppelsterne sind es, bei denen sich die räthselhaftesten Erscheinungen in verwirrendem Maaße häufen. Es scheint fast, als sei nichts bei ihnen ruhig und wandellos, selbst nicht ihr Licht und ihre Farbe. Abgesehen davon, daß viele Doppelsterne zu jenen uns schon bekannten veränderlichen Sternen gehören, wie der Castor, so ändern sich auch ihre wechselseitige Größe und Farbe beständig. Bald leuchtet der eine mit grünem, der andre mit rothem Lichte, bald erscheint der eine im glänzendsten Gelb, der andre im schönsten Blau. Während noch vor wenigen Jahren der eine Stern so schwach und zart erschien, daß ihn kaum das Fernrohr unterscheiden konnte, überstrahlt er jetzt seinen Zwillingsbruder an

Glanz. Früher deutlich getrennte sind fast zu einem Stern zusammengeflossen. Bisher einfache haben sich in Doppelwesen zertheilt. Dort haben sich sogar 3, 4, 6, ja noch viel mehr solcher Sonnen zu einem Systeme vereint, und umkreisen, einem gemeinsamen Zuge folgend, einen Mittelpunkt. In solchen Vielsternen hat man daher oft einen Uebergang zu jenen schon erwähnten Sternhaufen erblicken wollen, welche unsre Milchstraße schmücken, und in denen Hunderte, ja Tausende und Millionen von Sternen zu einem Gesammtgestirn verschlungen sind. Merkwürdig genug wäre es dann, daß diese zahlreicheren Zusammenhäufungen nur in den von uns entlegeneren Regionen des Weltalls erschienen, während in den nachbarlicheren Gebieten unseres Sternhimmels nur solche Gruppirungen von wenigen Sternen zu gemeinsamen Systemen gefunden würden, bis ganz in unsrer Nähe nur noch isolirte Welten auftreten, von denen nur Castor, der Doppelstern im Schwan und einige andre Ausnahmen machen. Ueber 6000 solcher Doppelsterne hat man schon beobachtet, ungerechnet jene lockern Sterngruppen des Siebengestirns und der Krippe und jene inniger verschmolzenen Sternhaufen der Milchstraße, in denen sich oft unermeßliche Schaaren von Sternen zusammengesellen.

Müßten wir nicht fürchten, gar zu anmaßend zu sein, so könnten wir wieder versucht sein zu glauben, wir stünden im Mittelpunkte des All. Denn nach dem unwandelbaren Gesetze alles Werdens und Lebens erscheint das Sein bei seinem ersten Ausgange als ein einfaches und ungetheiltes: erst durch seine Wechselbeziehungen auf die vielen Genossen der Schöpfung wird es selbst ein mannigfaches, vielgetheiltes und gegliedertes. So verzweigt sich der einfache Strom nach der Oberfläche hin in zahllose Aeste, und dem einfachen Stamm entsprossen Tausende von Zweigen. So könnte ja auch der Nerv jenes unendlichen Riesenleibes der Sternwelt in seiner Mitte einfach, nach seinen Grenzen hin immer vielfacher, mannigfacher sich gestalten und verästeln.

So wunderbare Erscheinungen müssen uns reizen, etwas Näheres über diese eigenthümlichen Welten, über ihre Entfernungs- und Massenverhältnisse zu erfahren. Wir können allerdings den scheinbaren Abstand zweier gepaarten Sterne am Himmel nach Bogensecunden messen; aber zur Bestimmung ihres wirklichen Abstandes wird die Kenntniß ihrer Entfernung von uns erfordert. Aber zu dieser Kenntniß sind wir erst bei einer sehr kleinen Zahl von Sternen auch nur mit annähernder Gewißheit gelangt, und unter diesen wenigen Sternen befinden sich leider nur 2 Doppelsterne, der Hauptstern des Centauren und der 61 im Schwan, von denen letzterer sogar noch als Doppelstern bezweifelt wird. Für jenen haben wir, wie man sich erinnern wird, eine Entfernung von 3½ Lichtjahren oder 228000 Halbmessern der Erdbahn, für diesen eine Entfernung von 9¼ Lichtjahren oder 594000 Erdweiten gefunden. Da nun der gegenseitige Abstand der in diesen Sternen zu Doppelsternen verbundenen Welten uns nahezu unter dem gleichen Winkel von 15½ Secunden erscheint, so berechnet sich der wahre Abstand nach der bezüglichen Entfernung bei α des Centauren auf 17 Erdweiten oder 352 Mill. Meilen, bei 61 im Schwan auf 41 Erdweiten oder 848 Mill. Meilen.

Sogar über die Massen der Doppelsterne ist es uns vergönnt, etwas zu erfahren. So sehr es über die menschliche Fassungskraft hinauszugehen scheint, wir vermögen jene Sterne, die kaum das schärfste Fernrohr als einzelne scheidet, die in unnahbaren Fernen schweben, aus denen das Licht Jahre gebraucht, um zu uns niederzuströmen, wir vermögen jene Sterne, wenigstens ihre Gesammtmassen, zu wägen. Schon das Newton'sche Gesetz deutet darauf hin, daß zwischen anziehenden Massen, ihrem Abstande und ihrer Umlaufszeit eine feste Beziehung stattfinde. Das Kepler'sche Gesetz sagt uns sogar, daß sich die Massen wie die Quadrate der Umlaufszeiten und umgekehrt wie die Kubikzahlen der Abstände verhalten. Wir dürfen uns also wohl für berechtigt halten, das, was zwischen Sonne und Erde gilt, auch auf jene doch gewiß gleichem Naturgesetze unterworfenen Doppelwelten anzuwenden. Dann ergiebt uns aber der Quotient aus dem Kubus des Abstandes durch das Quadrat der Umlaufszeit geradezu das Verhältniß der Gesammtmasse eines Doppelsterns zu der Masse unsrer Sonne. Jene Doppelsterne gehören nun freilich zu denjenigen, die noch keine sichere Bahnberechnung gestatteten; jedoch läßt sich mit ziemlicher Wahrscheinlichkeit die Umlaufszeit bei α Centauri auf 77, bei 61 im Schwan auf 452 Jahre annehmen. Danach berechnen sich ihre Gesammtmassen beim α Centauri auf 0,82, bei 61 Cygni auf 0,33 der Sonnenmasse. Gewiß ein unerwartetes Ergebniß! Gewohnt, mit ungeheuren Zahlen um uns zu werfen, glaubten wir in jener fernen, sonderbaren Welt auch ungeheure Massen zu finden und sehen sie nun noch nicht einmal der unsrer Sonne gleichkommen. Mag es auch massenhaftere Welten unter jenen Doppelsternen geben, mag auch die Mehrzahl unsre Sonne weit übertreffen, der Castor vielleicht um das Doppelte, der Doppelstern ω des Löwen mindestens um das Zwanzigfache; wir wissen jetzt wenigstens, daß wir in keine ganz fremde Welt gerathen sind, und daß das Befremdende mehr in unsrer Gewohnheit lag, draußen Alles zu suchen, wie es bei uns ist, und die Ordnungen zu machen, wie wir sie gern haben möchten und brauchen können.

Eine Zeit lang hat man sich allerdings die abenteuerlichsten Vorstellungen von den Naturverhältnissen jener fernen Welt gemacht. Besonders gefiel man sich in der Vermuthung, daß die Welt der Doppel- und Vielsterne in einer näheren Verwandtschaft zu dem ätherischen Wesen der noch nicht zu Sternen verdichteten Nebel stehe, gleichsam die Nebelwelt mit der Sternenwelt verknüpfe. Berechtigt glaubte man sich dazu besonders durch die geringe Dichtigkeit der Doppelsterne, die man aus der großen Länge ihrer Umlaufszeiten schließen und mindestens 500 mal geringer als die unsrer Sonne annehmen zu müssen glaubte.

Eine solche Anschauung ist geeignet, uns einen Blick in die mythische Entwicklungsgeschichte des Weltalls zu eröffnen. Als erster Keim jener räthselhaften Lichtwesen erscheint ein zarter, weit ausgedehnter Nebel, ohne allen Kernpunkt, beweglich im Innern, veränderlich in seinen Umrissen. Allmälig bildet sich ein immer noch zarter, durchsichtiger Kern, um welchen der umhüllende Nebel gleichsam zu kreisen scheint. Bald verdoppelt sich wohl gar dieser Kern, und wie im Zwillingsei die benachbarten Dotter, anfangs in eins verbunden, allmälig sich abscheiden und nur noch durch einen immer schmäler werdenden, immer mehr sich zuspitzenden Streifen in Verbindung bleiben, so scheinen anfangs auch die Dotter jenes Welteis noch in ihren zarten Nebelhüllen zu verschwimmen, bis sie immer fester sich gestalten, und kaum ein schimmernder Lichtstreif ihre gemeinsame Herkunft andeutet. Oft wiederholt sich auch wohl dieser Vorgang mehrmals, und wie den Häuptern der Lernäischen Hyder entwachsen jedem Kernpunkt neue Kerne, die sich immer mehr und mehr sondern, bis sie uns als jene Nebeln gleichenden Vielgestirne erscheinen. Aber von dem schwachen Schimmer des ätherischen Nebels bis zum funkelnden Glanz des Sternes ist nur ein Schritt. Plötzlich schießt aus dem dunstigen Nebelkern ein strahlender Glanz auf, die Nebelhülle schwindet, das ätherische Band, das sie bisher noch verknüpfte, zerreißt, und die nebellosen Doppel- und Vielsterne sind geboren. Vielleicht lösen auch sie einst die geschwisterlichen Bande, die sie an einander ketten, dann vielleicht, wenn sich ihre Natur fester und kräftiger entwickelt hat, wenn sie, auf eigne Kraft bauend, es wagen dürfen, allein und selbständig Trotz zu bieten den rings auf sie eindringenden Kräften benachbarter Sonnen und Welten. Noch aber tragen vielleicht jene aus flüchtigen Nebeln geborenen Welten das Erbtheil ihrer ätherischen Geburt, die zarte Natur ihrer Kindheit an sich. Manche dieser ungeheuren Körper würden vielleicht die Räume unsres ganzen Planetensystems erfüllen. Wären sie also dichte Körper, wenn auch nur von der Beschaffenheit unsrer Sonne oder des Saturn, so würden sie in ihrer Nachbarschaft und am ganzen Firsternhimmel, vielleicht uns selbst ihren Einfluß fühlen lassen. Wir mögen ja ihre Entfernung annehmen, wie wir wollen: setzen wir sie größer, so wachsen auch ihre Durchmesser; wollen wir jene Riesen kleiner haben, um sie leichter zu zähmen, so kommen sie uns grade so viel näher, als wir sie kleiner machen: immer bleibt das Verhältniß dasselbe ungeheure, und nur der Gedanke, der den Läufer Thors besiegte, weiß auch diesen Schreckbildern entgegenzutreten und jene Riesen in stumme Schatten zu verwandeln, die macht- und schrecklos die Räume durchschweben, ohne in die großen Welthändel des Firsternhimmels einzugreifen.

Darum wollen wir auch jene riesigen Nebelwesen, die uns mit ahnungsvollem Grauen erfüllen, nicht entschweben lassen, wollen nicht hinausfliehen aus jener Räthselwelt, in der Alles schwankt und wogt in ewiger Veränderung, wo immer neue Wunder die gefundene Ordnung stören, neue Beobachtungen die entworfenen Gesetze umstürzen; wir wollen sie nicht verlassen, ehe unser Geist nicht Ruhe in ihr gefunden, indem er Ordnung und Einheit in ihr geschaffen hat. Und was der Geist verspricht, das giebt die Natur.

Es ist eine nicht zurückzuweisende Forderung der Vernunft, daß die Fixsterne als schwere Körper einen gemeinsamen Schwerpunkt haben, um den sie kreisen, der sie zu einem großen Systeme verknüpft. Wir vermögen es nicht, vereinzelte Welten zu denken, wir verlangen Ordnung! Aber nicht unsre Denkgesetze allein, auch unleugbare Thatsachen drängen uns zur Annahme eines solchen Schwerpunkts, sei er nun materiell, eine Centralsonne, oder ein Gedanke im Raum. So wenig es eine Ruhe innerhalb unsres Sonnensystems giebt, so wenig kennt das Ganze die Ruhe. Auch unsre Sonne eilt mit ihrem zahlreichen planetarischen Gefolge durch die Räume des Himmels.

Schon vor 100 Jahren wurde man durch die Abweichungen, welche sich bei einer Vergleichung älterer Beobachtungen mit den neueren ergaben, auf die Vermuthung geführt, daß die Fixsterne ihren Namen mit Unrecht trügen, daß auch sie Bewegungen zeigen. Gegenwärtig ist man durch genauere Arbeiten zur Kenntniß einer solchen eignen Bewegung von mehr als 500 Sternen gelangt, die allerdings bei wenigen zwischen 2 und 7 Secunden, bei den meisten unter $^1/_{10}$ Secunde in einem Jahre beträgt. Für die Ursache dieser eignen Bewegungen bieten sich uns sogleich zwei entgegengesetzte Annahmen dar. Entweder die Sterne bewegen sich wirklich im Raume, oder nur die Sonne mit unsrer Erde bewegt sich und veranlaßt nur scheinbare Ortsveränderungen der Fixsterne. In dem ersteren Falle würden wir die Fixsterne nach allen möglichen Richtungen hineilen, in dem letzteren alle sich einem bestimmten Punkte nähern sehen, der demjenigen entgegengesetzt wäre, welchem die Sonne in Wirklichkeit zueilte. Die Beobachtung zeigt uns weder das Eine noch das Andre, weder die völlige Einheit der Richtung noch das gänzliche Auseinandergehen. Wir schließen daher auf eine gemeinsame Wirkung beider Ursachen, auf eine gleichzeitige Bewegung der Sonne und der Fixsterne.

Hätten wir es nur mit einer Fortbewegung unsres Sonnensystems im Weltraum zu thun, so könnten wir auf den Gedanken kommen, daß unsre Sonne einem Doppelsternsysteme angehöre. Vergeblich aber suchen wir nach einem Sterne, der ihr so nahe stände, daß seine Anziehung eine auch nur im Mindesten bemerkbare Bewegung hervorrufen könnte. Der nächste Fixstern α Centauri steht ihr noch so fern, daß seine Massenanziehung selbst unter den günstigsten Annahmen nur eine Bewegung von $8\frac{1}{3}$ Erdweiten in einem Jahre bewirken könnte, eine Bewegung, die kaum dem 1000sten Theile der wirklich beobachteten entspricht, also Beobachtungen von mehr als zwanzig Jahrtausenden voraussetzt, um in einer Bewegung sämmtlicher Fixsterne bemerkbar zu werden.

Dehnen wir aber die Fortbewegung unsrer Sonne auf die gesammte Fixsternwelt aus, so werden wir auf eine allgemeinere Ursache derselben hingedrängt, auf ein Naturgesetz, das sie alle beherrscht, eine Naturordnung, die sich aus den Tiefen der Erde durch die Tiefen des Himmels hindurchzieht. Alle Fixsterne gehören einem großen Systeme an und kreisen um einen gemeinsamen Schwerpunkt.

Der Anblick der Milchstraße, dieses Abglanzes eines Systems zahlreicher, mit Millionen von Sternen erfüllter Ringe, läßt es natürlich erscheinen, wenn wir den Schwerpunkt für diesen Weltenverband da suchen, wo der Schwerpunkt der Milchstraßenringe liegen muß.

Ständen wir im Mittelpunkt dieser Ringe, so würden wir einen einzigen, nach allen Seiten hin gleich lebhaften Glanz verbreitenden Gürtel in der Gestalt eines größten Kreises am Himmel erblicken. Die Wirklichkeit gewährt einen andern Anblick. Die Milchstraße theilt unser Himmelsgewölbe in zwei ungleiche Hälften, deren größere den Herbstpunkt umfaßt. Sie verzweigt sich in der Nähe des Schwans, umfaßt mit ihren Zweigen den Skorpion und erreicht am südlichen Himmel, besonders in der Nähe des südlichen Kreuzes einen so lebhaften Glanz, daß derselbe in Verbindung mit der Mannigfaltigkeit knotenartiger Verdichtungen und inselartiger Unterbrechungen John Herschel zu der Aeußerung bewog, die Milchstraße des nördlichen Himmels erscheine im Vergleich zu diesem südlichen Zuge bleich, unbestimmt, ja stellenweis kaum auffindbar. Wir müssen also daraus den Schluß ziehen, daß wir uns nicht in der Ebene der Milchstraße, sondern außerhalb nach der Seite des Herbstpunktes hin, und nicht im Mittelpunkte ihrer Ringe, sondern näher dem getheilten Zuge, also dem Sternbilde des Skorpion befinden, so daß nur nach der entgegengesetzten Seite hin sich die Ringe in der größeren Entfernung perspectivisch decken. Wollen wir nun von dem Standpunkte unsres Sonnensystems aus den Mittelpunkt als den muthmaßlichen Schwerpunkt der Milchstraßenringe suchen, so müssen wir unser Auge dem entgegengesetzten Punkte des Himmels, dem Frühlingspunkte und dem Sternbilde des Stieres zuwenden. So kennen wir schon Grenzen, die unsre Centralsonne umschließen müssen, aber sie sind freilich noch so weit, daß sie mehrere Sternbilder umfassen. Wir müssen daher zu den Bewegungen der Sterne selbst unsre Zuflucht nehmen.

Bereits im vorigen Jahrhundert begann man nach einer massenhaften Herrscherin im Gebiete der Fixsternwelt, einer Centralsonne, die im Mittelpunkt des Alls ruhe, zu suchen. Dürften wir diesen Ansichten folgen und den Schwerpunkt des Himmels in eine gewaltige Masse legen, so müßten den Keplerschen Gesetzen zufolge in der Nähe dieses Centralkörpers die Bewegungen die schnellsten, in der Ferne die langsamsten sein. Ein solcher Stern aber zeigt sich am ganzen Himmel nicht, und doch könnte grade er wegen der schnellen Bewegungen in seiner Nähe selbst der gröberen Beobachtung nicht entgangen sein. Fügen wir uns daher in die entgegengesetzte, unseren gewohnten Vorstellungen freilich widersprechende Annahme, der Schwerpunkt sei massenlos, oder doch seine Umgebung nur mit Massen erfüllt, welchen dem Ganzen gegenüber keine überwiegende Bedeutung zukommt; so führt uns dasselbe Gesetz zu den entgegengesetzten Folgerungen: die Bewegungen müssen in der Nähe des Centralpunktes die langsamsten, in der Entfernung die schnellsten sein. Ungleichheiten in der Massenvertheilung des Sternsystems werden natürlich Störungen in diesen Bewegungen, Beschleunigung oder Verzögerung an einzelnen Punkten hervorbringen, und die dichtere Erfüllung der äußeren Milchstraßenringe namentlich muß eine Beschleunigung in der Bewegung der entfernteren Sterne zur Folge haben. So sind wir im Stande, durch eine Vergleichung der Sternbewegungen nicht nur über die Lage des Centralpunktes, sondern selbst über die Massenvertheilung und Gestaltung des ganzen Himmelsraumes Aufschlüsse zu erhalten.

Jede Bewegung der Sterne ist aber eine doppelte, zusammengesetzt aus der eignen und aus einer scheinbaren, welche nur durch die Fortbewegung unsres Sonnensystems erzeugt wird. Die Richtung dieser letzteren ist durch Argelander's und Struve's Bemühungen fast zweifellos festgestellt und findet ihr Ziel in einem Punkte des Herkules unter 257° 49′,7 der graden Aufsteigung und 28° 49′,7 der nördlichen Abweichung. Dadurch ist es uns möglich, für jeden andern Stern die Bewegungsrichtung zu bestimmen, welche er uns zeigen müßte, wenn er selbst in Ruhe wäre. Eine solche Ruhe kann annähernd freilich nur der Centralgruppe selbst zukommen, alle übrigen Sterne müssen mit der Entfernung zunehmende Abweichungen zeigen.

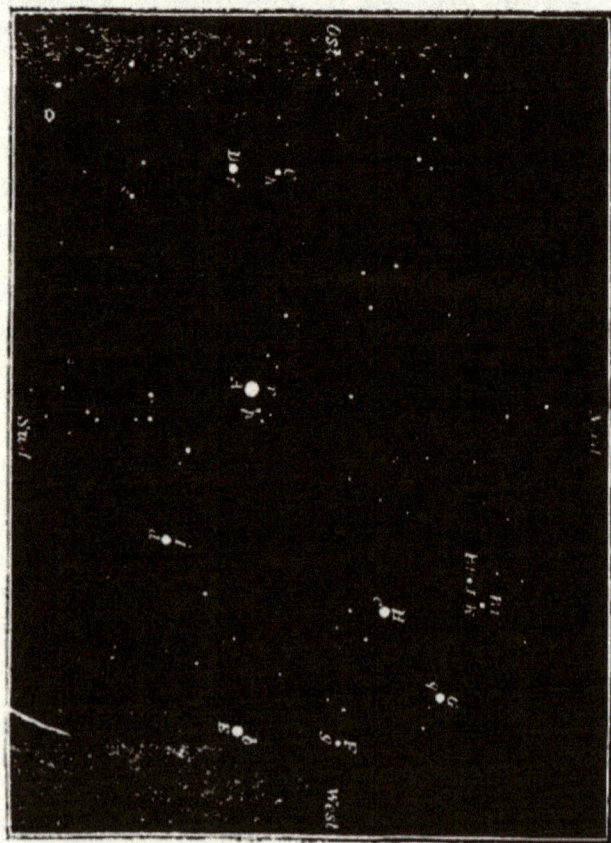

Die Vergleichung der Bewegungen von mehr als 800 Sternen hat Mädler zu der Ueberzeugung gebracht, daß die einzige Gegend des Himmels, welche den eben gestellten Anforderungen ent-

Die Gruppe der Plejaden im Stier.

spricht, und in welche somit der allgemeine Schwerpunkt der Sternwelt gelegt werden kann, die Plejadengruppe im Sternbilde des Stieres ist. Diese reiche und glänzende Sterngruppe, die uns die beistehende Abbildung zeigt, ohne Gleichen am weiten Firmament, ist das allgemeine Bewegungscentrum für alle die Millionen Sonnen mit ihren Systemen bis zu den fernsten Grenzen der Milchstraße hin. Alcyone, der optische Mittelpunkt dieser Gruppe, zeigt zugleich die geringste Abweichung von der durch die Sonnenbewegung bedingten Richtung, darum die vollkommenste Ruhe; sie hat das Recht auf den stolzen Namen der Centralsonne. Nicht durch ihre Masse aber erlangt sie dies Herrscherrecht; wie wäre ein Massenübergewicht gegenüber Millionen von Sternen zu denken! Vielleicht ist es nur die große Zahl der Sterne, welche den Schwankungen des Schwerpunkts Grenzen setzt; vielleicht ist die Masse der Plejaden grade nur groß genug, um den Schwerpunkt auf ihr Gebiet zu bannen! Alcyone ist ein Stern, wie alle Sterne, dem gleichen Naturgesetz unterworfen, demselben Gesetz, das unsrer Sonne die Herrschaft über ihr Planetensystem verlieh.

Wir wollen jetzt den Versuch machen, uns ein Bild von den Raum- und Formverhältnissen der Fixsternwelt zu entwerfen. Im allgemeinen Centrum steht eine Gruppe, reich an großen, glänzenden Sternen, die Gluckhenne mit den Küchelchen, wie die Bibel die Plejaden nennt. Durch sternarme Räume von ihr und untereinander geschieden, umgeben sie abwechselnde Ringe sternreicherer Regionen, deren Ganzes eine flache, linsenförmige Schicht bildet, die von einem äußersten, scheinbar mit der Milchstraße zusammenfallenden Sternringe begrenzt wird. Die Milchstraße selbst, die nur sehr lichtstarke Fernröhre aufzulösen vermögen, besteht mindestens aus zwei hintereinander liegenden, fast concentrischen Ringen, deren sternarme Zwischenräume brückenartig verbunden sind. Der unaufgelöste Lichtschein, den auch die kräftigsten Instrumente noch hinter jenen Ringen lassen, zeigt, daß, was wir erblicken, noch immer nicht das Ganze ist, daß neue Ringe sich hinter jenen bergen. Und doch schätzt Herschel schon die Zahl der ihm sichtbar gewordenen Sterne auf mehr als 20 Millionen! So unendlich groß ist das Weltall, und doch sind wir im Stande, selbst dahin mit unsern Maaßen vorzudringen!

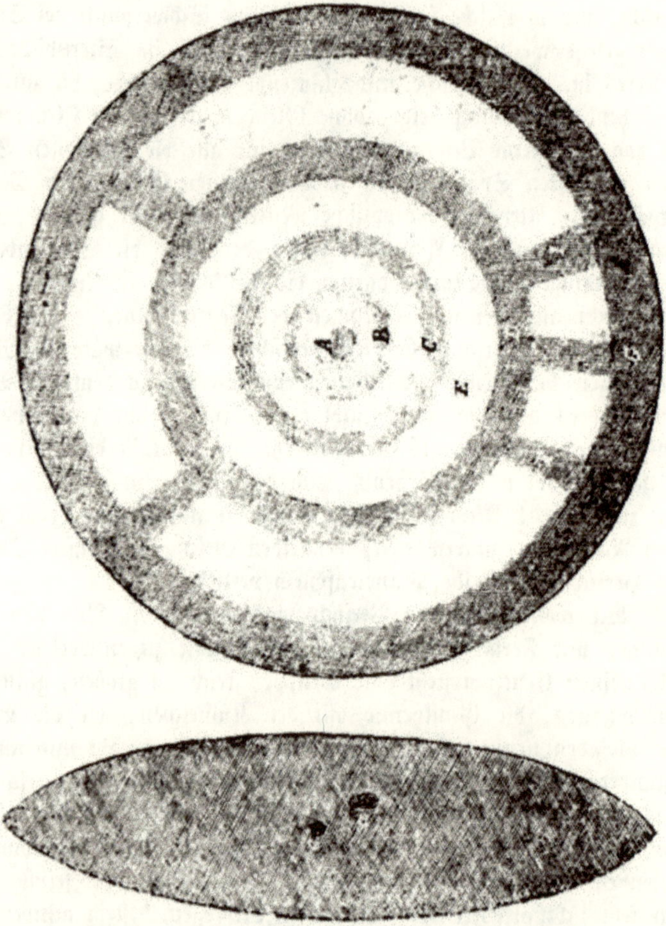

Schematische Darstellung des von der Milchstraße umfaßten Sternsystems; unten seine Linsenform, c die Plejaden, a das Sonnensystem; oben ein Durchschnitt in der Ebene der Milchstraße, A die Plejaden, B u. C sternreiche Regionen, E Ort des Sonnensystems, D u. G Ringe der Milchstraße, F u. I brückenartige Verbindungen.

Die Parallaxe der Alcyone, die es uns allein möglich macht, ihre Entfernung von uns zu messen, können wir zwar nicht beobachten, aber wir können sie berechnen. Der Stern 61 Cygni, dessen Parallaxe und Entfernung wir kennen, steht ungefähr in gleichem Abstande vom Centralpunkt, wie unsre Sonne. Seine eigne

Bewegung beträgt jährlich 4",067, seine Parallaxe 0",348 und somit seine wirkliche Fortbewegung im Raume jährlich 11²/₃ Erdweiten oder 240 Millionen Meilen, so daß er seinen Umlauf in 18 Millionen Jahren vollenden würde. Eine gleiche Geschwindigkeit können wir daher mit großem Rechte auch für unsre Sonne annehmen. Die Bewegung unsrer Sonne spiegelt sich aber treu wieder in der scheinbaren Eigenbewegung der Alcyone, die 0",07 beträgt. Unter einem solchen Winkel erscheinen also die von unsrer Sonne jährlich durchlaufenen 11²/₃ Erdweiten von der Alcyone aus, und somit jede einzelne Erdweite unter dem Winkel von 0",006, und dieser giebt uns die Parallaxe der Alcyone. Daraus berechnet sich die Entfernung der Alcyone von uns auf 31¹/₂ Millionen Erdweiten oder besser 498¹/₂ Lichtjahre. Eine Vergleichung dieser Entfernung mit der Lage der Plejadengruppe gegen die Milchstraße und mit der Abweichung der letzteren von einem größten Kreise führt uns zu der annähernden Bestimmung des Halbmessers der Milchstraße zu 3380 Lichtjahren. Aber auch dieser Raum führt uns noch nicht an die Grenzen unsrer Sternwelt; wohl mehr als 4000 Jahre möchte das Licht gebrauchen, um von der Centralgruppe der Plejaden bis zu den äußersten Ringen der Milchstraße vorzudringen!

Welche ungeheure Welt breitet sich vor unseren Blicken aus! Der Gedanke schwindelt vor diesen Zahlen, und doch ist es nur eine einzige der Welteninseln, deren Millionen im Ocean schweben, deren Tausende das Fernrohr bereits aus der Nacht des Firmaments hervorgezaubert hat! Auch die Nebelflecke sind Weltsysteme! Einer der größten und darum vermuthlich nächsten Nebelflecken ist der Orionnebel, der uns unter einem Gesichtswinkel von 34 Minuten erscheint. Auf Erden ist aber ein Gegenstand von solcher scheinbaren Größe immer um das 100fache seines Durchmessers vom Auge entfernt. Am Himmel kann es nicht anders sein. Ist daher die Sternwelt des Orionnebels nicht größer, als unsre Fixsternwelt, umfaßt also ihr Durchmesser nicht mehr als 8000 Lichtjahre, so ist seine Entfernung von uns auf 800,000 Lichtjahre anzuschlagen. Aehnliche Räume mögen die 5000 übrigen Nebelwelten von einander trennen; welches Maaß mißt dann noch die entferntesten! Die kleinsten Nebelflecken zeigen kaum noch einen scheinbaren Durchmesser von 8—10 Secunden, und wären sie auch noch einmal so klein als unsre Welt, der Lichtstrahl brauchte mehr als 80 Millionen Jahre, um aus ihrer Ferne zu uns zu gelangen. Welche Erweiterung des Blickes! Was eben eine Unendlichkeit schien, wird immer wieder einzelnes Glied eines höheren, umfassenderen Organismus. Was hält diese Millionen Inseln zusammen, die wieder Millionen Sonnen umfassen?

Eine Einheit giebt es auch dort in der Unermeßlichkeit. Die Riesenwelten schwinden zu Punkten zusammen, der ermüdete Geist kehrt zur Ruhe zurück in der Anschauung ewiger Ordnung, ewigen Gesetzes. Alle Welten ordnen sich zu einem einzigen großen Systeme, und dasselbe Naturgesetz, das den Mond um die Erde, die Planeten und Kometen um die Sonne, die Sonnen um ihre Centralsonne führt, dasselbe Gesetz führt auch Weltensysteme um ein Centralsystem auf vorgeschriebenen Bahnen in gemessenen Zeiten. Das Gesetz ist nicht an bestimmte Form- und Massenverhältnisse gebunden. Wie sich Sonnen mit einander zu Doppel- und Vielsternen gruppiren, so haben sich Nebelwelten zu Doppel- und vielfachen Nebeln zu einander gesellt. Wie die Plejaden uns eine der reichsten und ausgedehntesten Gruppen in der Fixsternwelt darbieten, so die Magellanischen Wolken des Südpols in der höheren Weltenordnung der Nebelflecke. Dem bloßen Auge als ungeheure Lichtnebel erscheinend, zeigt das Teleskop in ihnen Tausende unaufgelöster Nebelflecke, zarter Sternhaufen und einzeln stehender Sterne.

Die Welt ist nicht formlos, auch nicht in ihren weitesten Fernen. Aber ihre Form ist nicht abgeschlossen, nicht unveränderlich. Sie hat ein allgemeines Centrum, umgeben von zahllosen andern Gravitationsmittelpunkten: das ist der Gedanke ihrer Ewigkeit und Festigkeit. Sie hat eine Peripherie, die in jedem Augenblicke eine andere ist: das ist der Schauplatz ihres Werdens, unaufhörlicher Bewegung und Entwicklung. Wie im Kleinsten, im Schmucke der Wiesen, in den Fluthen des Oceans, so zeigt die Natur auch im Größten, im Bau ihrer Welten, ihren unerschöpflichen Reichthum an Formen und Gestalten. Denn die Einheit des Gesetzes vernichtet nicht das Recht der Individualität. Der Gegensatz Gleichberechtigter ist der Grund alles Lebens. Nicht die Gewalt einer Masse, die gegenseitige Zugkraft ist es, welche die Welten bewegt und um einen Gedanken ordnet; nicht eine Sonne ist es, der das Vorrecht zu Theil ward, allein dunkle Welten zu erleuchten und zu erwärmen: alle Welten sind Sonnen eignen Lichts und eigner Wärme, und selbst die Farbe verleiht ihnen den Charakter der Eigenthümlichkeit. Was wir dunkel nennen, ist es ja nur im Vergleiche zu lichterem Glanze; im electrischen Lichte wirft unser Kerzenlicht Schatten. Licht und Wärme sind nur Erzeugnisse gegenseitiger Einwirkung, nur Zeugen regen Lebenskampfes. Wir gewahren diesen Kampf nicht in seinen stillen Phasen, und doch ist unsre Atmosphäre der stete Zeuge seines stürmischen Daseins; wir ahnen ihn nicht im sanften Schimmer des Firmaments, und doch künden von Jahrhundert zu Jahrhundert auflodernde und verlöschende Sterne, von Tag zu Tag wechselnder Glanz und wechselnde Farben seine gewaltigen Triumphe. Es ist dasselbe Leben dort wie hier, in der Welt der Sterne, wie der Menschen, dort geordnet durch ewige Gesetze, hier vernichtet durch Willkür, dort in der Harmonie der Liebe, hier in der Zerrissenheit des Hasses. Noch lasen wir wenig in dem Buche des Himmels, noch ist das Vernunftgesetz der Natur in den Einrichtungen und Ordnungen unsres Lebens nicht verwirklicht.

Unaufhaltsam rollt das Rad der Zeit dahin. Jahrzehnde sind für uns Erdenkinder, was Millionen von Jahren für jene Sternwelt. Im Laufe der Jahrtausende wird der Anblick des Himmels ein andrer werden, Sternbilder werden verschwinden, andre auftauchen. Ferne Enkel werden nicht mehr den großen Hund, den Orion, das Brandenburgische Scepter sehen; aber der Centaur, das südliche Kreuz, der Indianer werden an unserm deutschen Himmel erscheinen: nicht mehr wird unser Polarstern den Schiffer auf sturmbewegter See leiten, andere Sterne werden nach einander seine Stelle einnehmen, die glänzenden Sterne des Schwans, des Herkules und die strahlende Wega. Jahrhunderte werden auf Erden ähnliche Wechsel schaffen; Völker werden verschwinden, Kronen erbleichen! Aber das Buch des Himmels wendet nur seine Blätter, und der Mensch wird auch dann noch in ihm von jenen Gesetzen lesen, die er nicht heiligt, von jener Freiheit, die auf Erden nicht wohnt, von jener Gleichheit, die der Mensch nur träumt!

Wir begeben uns nun zu den vertrauteren Räumen der Heimath. Daheim erst klärt sich der Blick in fremde Wunder, daheim erst erkennen wir Gesetz und Ordnung in der Mannigfaltigkeit, begreifen wir die innige Verwandtschaft der fremden Natur mit der Heimath. Die dunkle Ahnung, die uns dort draußen aufging von einem gemeinsamen Bande der Liebe, das alle Welten umschlingt, von einem gleichen Zuge nach dem einen Grunde alles Werdens und Bewegens, der alle die zahllosen Heere des Aethers durchdringt, hier soll sie zur Gewißheit werden, hier sollen wir die Gesetze finden und die Einheit, deren Vermissen uns dort oft mit unheimlichem Grauen erfüllte. Zu ihr fliehen wir, die als liebende Mutter unsre Erde wärmt und erleuchtet, zu der alles irdische Sehnen emporsteigt, zu dem Quell alles Lebens, dem Hebel aller Bewegung, zur Sonne, die zwar auch noch ein Fixstern ist, ein Stern am Himmelszelt, der aber uns gehört, der uns regiert.

---

2. Die Sonne und das Planetensystem.

Fest und unerschütterlich, wie ein Fels im Meere, den die brandenden Wogen umsonst zu erschüttern versuchen, in ewiger Ruhe, treu ihrer Pflicht, die unmündige Kinderschaar zu leiten und zu überwachen, die einzige wandellose Insel im unermeßlichen Weltenocean, steht unsre Sonne da, rings umtanzt von spielenden Planeten, umschwärmt von fern heranschleichenden Kometen, die sie vergebens locken, ihnen nachzufolgen in die ätherischen Räume. Zwar ist sie vielleicht nur eine der kleinsten unter den zahllosen Welten des Himmels, und mancher Fixstern mag mit 100mal stärkerem Lichte strahlen als sie. Aber das ist gerade das Harmonische in der Natur, daß überall die Kräfte sich ausgleichen, damit nimmer der Kampf des Lebens ruhe, nimmer das Sehnen nach Oben gestillt werde. Darum leuchtet uns die Sonne nur sanft als große Scheibe, nicht als funkelnder Stern. Daß sie uns aber als eine solche Scheibe von etwa 12 Zoll oder 32 Min. 0,58 Sec. Durchmesser erscheint, daraus wurde schon von den älteren Astronomen geschlossen, daß sie uns ziemlich nahe stehen müsse. Freilich ahnte man die wirkliche Größe dieses Riesenkörpers nicht, und so mußten

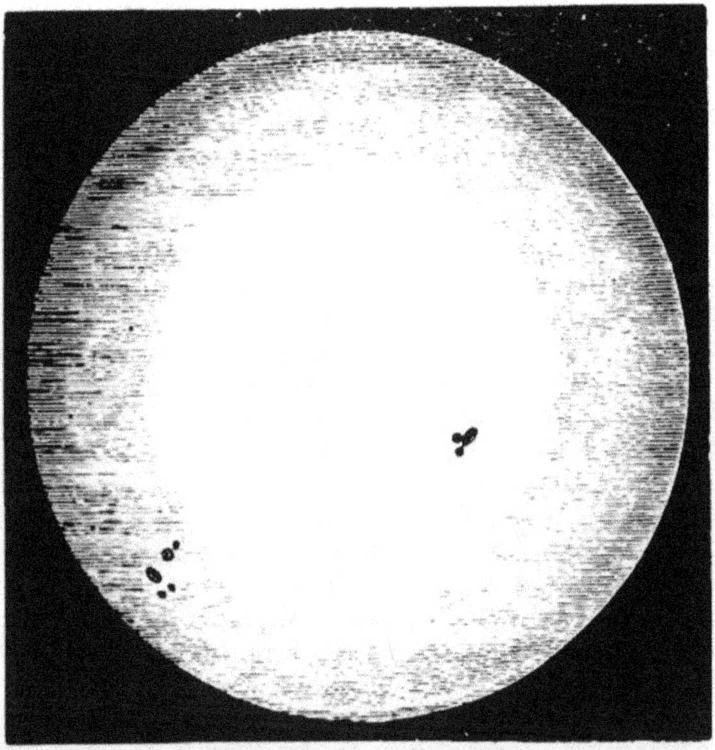

Photographisches Bild der Sonnenscheibe.

alle Vermuthungen über seinen wahren Abstand, selbst die des kühnen Kepler immer noch in viel zu schüchterner Ferne stehen bleiben. Erst den neueren Astronomen zeigte sich endlich ein sichrer Weg zur Berechnung dieser Entfernung und somit auch zur Bestimmung der Abstände aller übrigen Weltkörper unsres Systems. Schon Kepler und Halley hatten nämlich berechnet, daß die Venus am 5. Juni des Jahres 1761, vom Mittelpunkt der Erde aus beobachtet, genau in einem bestimmten Momente den scheinbaren Rand der Sonnenscheibe berühren, über sie hinweggehen und nach eben so genau bestimmter Zeit aus der Sonnenscheibe wieder hervortreten würde. Aller Augen richteten sich in gespannter Erwartung auf dieses Ereigniß. Alle Nationen wetteiferten, zu einer so wichtigen Bereicherung der Wissenschaft beizusteuern, und sandten nach allen Weltgegenden die berühmtesten ihrer Gelehrten aus. So wurde zugleich an vielen weit von einander entlegnen Punkten der Erdoberfläche, auf der Insel Rodriguez und in Tobolsk, in Finnland und in Kalkutta, auf St. Helena und auf dem Kap, Orten, deren Abstände unter einander, wie vom Mittelpunkte der Erde bekannt waren, jener Vorübergang der Venus vor der Sonnenscheibe beobachtet. Durch Vergleichung der Resultate konnte man den Abstand der Venus von der Erde und nach dem dritten Keplerschen Gesetze, daß sich die Kubikzahlen der Entfernungen verhalten, wie die Quadratzahlen der Umlaufszeiten, auch die Entfernung der Erde von der Sonne berechnen. Nach diesen Berechnungen, die durch den 1769 nochmals erfolgten Durchgang der Venus durch die Sonnenscheibe größere Sicherheit erhielten, ergab sich die mittlere Entfernung der Sonne auf 20,680,000 Meilen oder auf $214,_{42}$ ihrer eignen Durchmesser, so daß von ihr aus gesehen unsre Erde nur als ein Scheibchen von 17 Secunden Durchmesser erscheinen würde. Der wirkliche Durchmesser des Sonnenkörpers beträgt daher 192608 Meilen und übertrifft sonach unsre Erde 112mal an Durchmesser, an Rauminhalt aber 1,409725mal; und wenn wir alle Planeten unsres Systems mit ihren Monden in eine große Kugel zusammenballten, sie würde kaum den 2000sten Theil unsrer Sonnenkugel in sich fassen.

Wie einen majestätischen Dom mit schwerfälligem Fluge eine Schaar von Dohlen umflattert, die ihre Nester in den Rissen und Löchern des Gemäuers aufgeschlagen haben, so, meinen wir, steht in schweigender Ruhe unsre Sonne, unbekümmert um die winzigen Welten, die sie umkreisen. Doch auch sie hat der Strom des Lebens ergriffen und fortgerissen in den allgemeinen Strudel der Bewegung. Wir sahen ja schon, daß bei einander umkreisenden Weltkörpern immer beide zugleich sich um ihren gemeinsamen Schwerpunkt bewegen.

Wir lernten in den Doppelsternen Welten kennen, die sich in Ellipsen um einander bewegen, wie unsre planetarischen, deren Gesammtmasse nicht nothwendig größer ist, als die der unsrigen, und deren Natur, auch wenn sie eine wesentlich verschiedene wäre, keinen Einfluß auf die Bewegungsgesetze ausüben kann. Aller Unterschied beruht nur auf dem Massenverhältnisse der einander umkreisenden Welten. Unsre Sonne übertrifft die Gesammtmasse ihrer Planeten um das 720fache. Bei den Doppelsternen aber ist ein solches Massenübergewicht eines Centralkörpers, wie wir es uns zu denken gewohnt sind, nur unter den allergezwungensten und unwahrscheinlichsten anderweitigen Voraussetzungen anzunehmen. Im Gegentheil mögen in nicht seltnen Fällen die Massen beider Sterne nahezu gleich sein, in den meisten wenigstens nicht das Verhältniß von 1..12 überschreiten. Man hat das Newton'sche Attractionsgesetz oft ganz falsch aufgefaßt, man hat die Gegenseitigkeit dabei vergessen, die Anziehung der kleineren Massen über der überwiegenden der größeren. Das Newton'sche Gesetz verlangt für ein System von Körpern nichts weiter, als einen allgemeinen Schwerpunkt, auf den alle übrigen Bewegungen sich beziehen. Es verlangt aber nicht, wie man bei der Sonne anzunehmen pflegt, daß ein bestimmter Centralkörper diesen Schwerpunkt materiell erfülle, und noch weniger, daß dieser Körper an Masse die Summe aller andern überwiege. Je größer übrigens die Masse des einen gegenüber der der andern Körper eines Systems ist, desto näher wird er dem Schwerpunkt stehen. Bei so wenig von einander verschiedenen Massen, wie sie den Körpern der als Doppelsterne uns bekannten Systeme zukommen, liegt natürlich der Schwerpunkt zwischen ihnen, niemals in dem Körper des einen. Trennen wir deshalb das Zufällige — und als solches hat sich uns das Massenverhältniß ergeben — vom Nothwendigen, so haben wir auch in unserm Planetensysteme nicht mehr zuerst den Centralkörper, sondern den Schwerpunkt desselben aufzusuchen und dann erst zu prüfen, ob dieser wirklich ein materieller sei. Die neueren Beobachtungen haben uns aber erwiesen, daß auch unsre Sonne ihre Bewegung habe, eine Rotation um sich selbst, die sie in 25 Tagen 17 Stunden 7 Minuten vollendet, die aber verbunden ist mit der Bewegung in einer kleinen Ellipse um einen unbekannten Brennpunkt. Dieser Punkt, derselbe, um den sich die gesammten Planeten des Systems bewegen, ist der Schwerpunkt desselben. Er fällt öfter außerhalb als innerhalb des Sonnenkörpers und mit seinem Mittelpunkte nur in wenigen Momenten zusammen. Die Sonne also ist Planet, wie alle andern Planeten, und nur, weil sie sich nie weit von dem Schwerpunkte des Systems entfernt, hat sie die Ehre, seine Herrscherin zu heißen.

Doch unsre heutige Wissenschaft hat der Sonne auch nicht einmal diese zweifelhafte Ruhe gegönnt. Wir sahen, daß auch sie mit dem ganzen ihr unterwürfigen Heere von Trabanten, von dem Schwerpunkt des Alls gezogen, sich durch die Räume des Weltalls fortbewegt, mit einer Geschwindigkeit, die täglich 834000 Meilen beträgt. So rücken wir allmälig an fernen Sternen vorüber, wie an einem Schiffe die fernen Ufer eines Flusses vorüberzuziehen scheinen; und gewiß ist es ein schöner, des erhabenen Menschengeistes würdiger Gedanke, der Sonnen mit Sonnen in geschwisterlichen Verkehr setzt und Alles von einem großen Gedanken nach ewigen Gesetzen ordnen und bewegen läßt.

Wenn aber auch die Sonne in diesen wilden Strom des Werdens, ewigen Wechsels, ewiger Unruhe fortgerissen ist, wo bleibt dann der Ruhepunkt unsers Sehnens, welcher Quell spendet Kraft in dem Kampfe des Lichts und der Materie? Auch die selbst lebendig gewordene Sonne bleibt für uns, was sie war, die belebende Mutter, der Quell des Lichts und der Wärme. Freilich erwartet uns eine große Schwierigkeit in der Erklärung der belebenden Wärme, welche unsre Sonne überall verbreitet, und die wir keiner unsrer irdischen Lichtquellen in diesem Maaße entströmen sehen. Zwar schlummert auch in den Tiefen unsrer Erde eine verborgene Gluth, welche furchtbar und gewaltig da, wo sie wirkt, selbst das Festeste und Stärkste, das wir im Gebiete irdischer Körperlichkeit kennen, auflöst und zerstört. Aber wenn auch zuweilen dieser innere glühende Kampf der Elemente nach oben hin sichtbar wird, und Typhon und Enceladus, ihrer nächtlichen Einsamkeit überdrüssig, in hundert emporbrüllenden Feuerschlünden die Mauern ihres Kerkers durchbrechen: ihre Gluthsäulen vermögen den nordischen Winter Kamtschatkas und Islands nur in geringem Umkreise, nur auf wenige Monate zu verscheuchen, ihr rothes Licht beleuchtet nur den Schnee der nächsten Thäler und Höhen mit blutigem Tagesglanze, und ihre innere Wärme läßt zwar unter dem Schnee der finnmarkischen Thäler ein dürftiges Gras emporschießen, aber zum Blühen und Fruchttragen vermag sie es nicht zu zwingen. Auch des Nordlichts matter Schein erhebt sich wohl einmal zu strahlendem Glanze, aber das Licht des Vollmonds schon verdunkelt sein zuckendes Flimmern, und wenn es auch die kalte Magnetnadel in zitternde Bewegung versetzt, das organische Leben vermag es nicht aus dem langen Winterschlafe zu wecken. — Aber lange bevor die Königin des Tages mit dem äußersten Saum ihrer Scheibe den Horizont berührt, schwinden alle Sterne der Nacht, und selbst des Vollmonds Glanz erstirbt zu bleichem Schimmer. Mit ihr erwacht alles Leben rings in der Natur, die Pflanze erhebt ihr gesenktes Haupt und entfaltet die schlummernde Knospe, und Millionen lebensfroher Wesen zaubert ihr wärmender Athem aus dem Schooße der Erde, aus Büschen und Bäumen hervor. Denn ihren Weg bezeichnet nur Fülle des Lebens und Lebensfreude. —

In älterer Zeit hat man gewöhnlich die Sonne mit einem durch und durch flammenden Feuermeere verglichen, dessen Gluth ohne merkliche Abnahme oder Zunahme, freilich unerklärlich genug, seit Jahrtausenden an sich selber zehren sollte, als könne das Verbrannte immer wieder zum Brennenden werden. Mit Recht haben die neueren Astronomen sich von dieser niedrig-sinnlichen Vorstellung abgewandt, und eine sorgfältigere Beobachtung der Erscheinungen an der Sonnenoberfläche hat sie eine andre Erklärung des Sonnenlichts finden gelehrt. Schon dem bloßen Auge zeigen sich bisweilen dunkle Sonnenflecken, welche, durch Fernröhre gesehen, in ihrem Fortrücken zum Sonnenrande Vertiefungen darzustellen scheinen, und deren Zusammenströmen, oft blitzschnelles Hinwegziehen über große Räume der Sonnenscheibe erinnerten an die Beschaffenheit und den plötzlichen Wandel unsrer atmosphärischen Erscheinungen. Auch jene hin und wieder wallförmig sich aufthürmenden oder in rundliche Massen zusammenballenden Sonnenfackeln forderten zu einem Vergleiche mit den sich ähnlich ballenden Wolken unsres Luftkreises auf. Natürlich mußte dies unsre Astronomen bestimmen, auch der Sonne eine ähnliche Atmosphäre zu ertheilen, wie unsrer Erde, freilich in riesenhafteren Verhältnissen. Bald sah man sogar ein, daß eine solche einfache Atmosphäre nicht einmal zur Erklärung aller Erscheinungen hinreiche, und man sah sich genöthigt, drei solcher Dunst- oder Lichthüllen anzunehmen, deren theilweises Zerreißen oder Zusammenziehen jene Sonnenflecken und Sonnenfackeln bilde und uns bisweilen einen Blick auf die dunkle, wahre Oberfläche des Sonnenkörpers werfen lasse. Wenn die Lichthülle zerreiße, sagten die Astronomen, thürme sich die „Lichtmaterie" an den Seiten der Oeffnung des Lichtgewölkes wie eine Wand auf. So entstünden die Sonnenfackeln. Von den leuchtenden Wänden

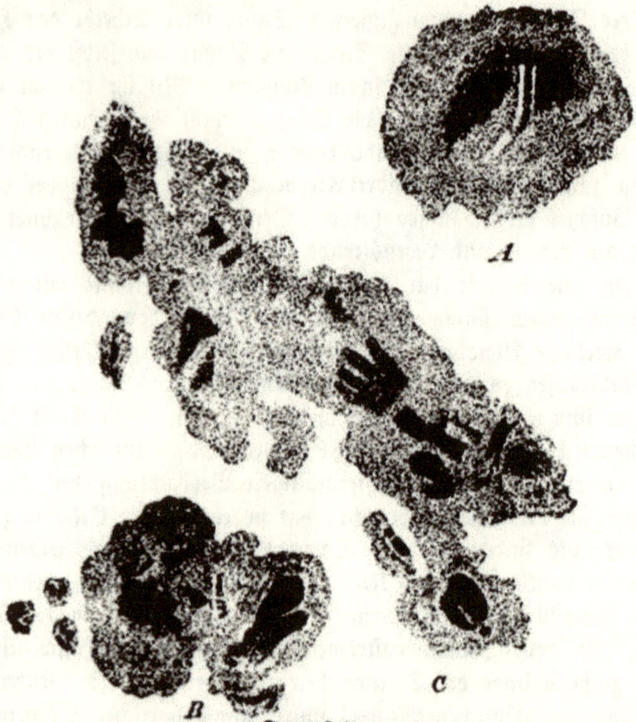

Sonnenflecken.

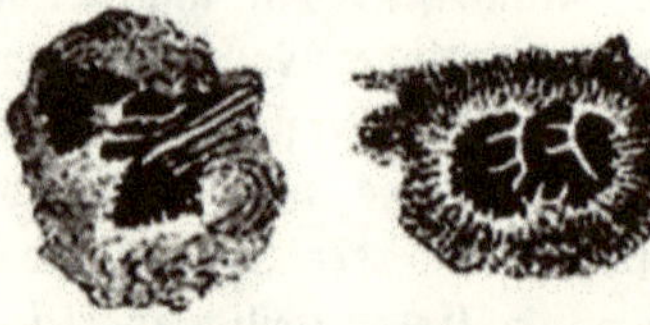

Mikroskopisch vergrößerte Sonnenflecken.

aus sollten dann die Lichtstrahlen durch den Riß hindurchdringen, durch eine zweite, durchsichtige, aber nicht selbstleuchtende Luftschicht gehen und sodann auf eine dritte undurchsichtige Wolkenschicht treffen, wodurch der Halbschatten erzeugt werde, der sich stets an den Rändern der Sonnenflecken zeigt. Die Beobachtung der totalen Sonnenfinsternisse in den Jahren 1842, 1850 und 1851 brachte aber neue Schwierigkeiten. Man sah stets eine silberweiß glänzende Lichtkrone, welche den schwarzen, die Sonne verdeckenden Mond umgab. Sie war in einer heftig wallenden und zitternden Bewegung und schien aus 2 Gürteln von verschiedener Lichtstärke und 3 bis 15 Minuten Breite zu bestehen. Innerhalb der Lichtkrone aber zeigten sich am dunkeln Rande große röthliche

Hervorragungen, Wolken oder Flammen gleichend, unveränderlich und von scharfen Umrissen. Berge mochte man darin nicht sehen; sie schienen vielmehr sammt jener Lichtkrone und ihren Strahlenbüscheln der Sonnenatmosphäre anzugehören und gaben dieser somit eine Höhe von mindestens 10000 Meilen über der Oberfläche der Sonne. Zur Erklärung dieser Corona sowohl, wie der sogenannten Protuberanzen, reichte aber die bisherige Wolkentheorie nicht aus. Besäße die Sonne außer der erwähnten Lichthülle keine andre Umhüllung, so müßte in dem Augenblicke, wo der Mond, der, wie wir sehen werden, keine oder mindestens nur eine sehr dünne Atmosphäre besitzt, die Sonne völlig bedeckt, die Stelle des Himmels, welche von beiden Gestirnen eingenommen wird, völlig lichtlos sein. Da die Beobachtung nun gelehrt hat, daß dies nicht der Fall ist, so war man zu der Annahme gezwungen, daß die allgemeine Lichthülle der Sonne noch von zwei andern Hüllen umgeben sei, deren eine in rothem Lichte leuchte, während die andre äußerste weißes Licht ausstrahle. Auf diese Weise wären allerdings die beiden Ringe der Corona erklärt. Jene rothe Schicht sollte nun aber ferner an gewissen Stellen durch freilich noch völlig unbekannte Kräfte emporgetrieben werden und so die unter dem Namen der Protuberanzen bekannten Lichtbüschel bilden.

Eine solche Verwickelung der anfangs so einfach erscheinenden Hypothese muß gerechte Zweifel in ihre Stichhaltigkeit erwecken und das Bedürfniß einer neuen, sicherer begründeten erregen. Versucht ist eine solche in der jüngsten Zeit allerdings. Man ist dabei freilich wieder zu der alten Vorstellung eines ewigen Sonnenfeuers zurückgekehrt. Indeß hat man doch diese Vorstellung einigermaßen dem neueren wissenschaftlichen Standpunkt angepaßt, indem man die Gluth für eine vulkanische erklärt und auf electrisch-chemische Processe zurückführt. Man erklärt mit einem Worte das Sonnenlicht als die Wirkung „permanenter vulkanischer Gewitter". Nach dieser Hypothese muß man sich die Sonnenoberfläche vorstellen als ein wogendes Feuermeer. Der ganze Sonnenball ist noch immer in feurigem Flusse; aber wegen des beständig nach außen stattfindenden Wärmeverlustes bildet sich an der Oberfläche dieser feurig flüssigen Masse fortwährend eine dünne, weißglühende Rinde, die überall von dem unter ihr wogenden Feuermeer durchbrochen wird und sich abwechselnd bald hebt bald senkt. Da wo Ausbrüche stattfinden, müssen sich in der Umgebung Massen aufthürmen, so daß am Ende in Folge dieser Massenanhäufung die Ausbrüche sich selbst ein Hinderniß schaffen. Während nun an andern Stellen die heftigen vulkanischen Ausbrüche fortdauern, senken sich die dort aufgethürmten Massen wieder. In Folge dieser abwechselnden Hebungen und Senkungen bleibt zwar das mittlere Niveau der Sonnenoberfläche dasselbe. Auch werden in der Regel die Hebungen eine gewisse mittlere Höhe nicht übersteigen, obgleich begreiflicher Weise nicht fehlen kann, daß stellenweise heftigere Ausbrüche stattfinden, welche um so größere Gluthmassen auf der Sonnenoberfläche aufthürmen, je länger sie an demselben Orte dauern. Die Erscheinung der sich weithin ausdehnenden wellenförmigen rothen Streifen, sowie der stellenweise höher sich erhebenden rothen Protuberanzen, welche man bei totalen Sonnenfinsternissen an dem Rande der Sonnenscheibe bemerkt, läßt sich allerdings hierdurch einigermaßen erklären. Man stelle sich nämlich das Bild eines Sonnenthales vor, welches in vertikaler Richtung von den in die Atmosphäre emporgeschleuderten flüssigen Gluthmassen, in horizontaler Richtung von electrischen Lichtbogen erfüllt ist. Die dunkle Umgebung wird von den ausgeworfenen Gluthmassen gebildet, welche sich auf der dünnen Kruste der Sonnenoberfläche anhäufen und dem Sonnenlichte gegenüber schwarz erscheinen, wie es ja bekannt ist, daß weißglühende Körper, zwischen das Auge und das Sonnenlicht gehalten, sich als schwarze Flecken auf der Sonnenscheibe ausnehmen.

Welche dieser beiden Hypothesen, die Wolkentheorie oder die vulkanische, nun auch die richtige sein mag, immer bleibt der Sonnenatmosphäre eine bedeutende Rolle in der Wirksamkeit der licht- und wärmestrahlenden Kraft der Sonne vorbehalten. Einen Beweis dafür möchte schon der Einfluß der Dichtigkeit unsrer eignen Atmosphäre auf die Verstärkung oder Schwächung der Wirkungen des Sonnenlichts liefern. Denn derselbe Strahl, dessen Gluth in den Thälern den Saft der Palmfrucht oder der Weintraube zur Reife kocht, vermag in der dünnern Luft des benachbarten Berges nicht mehr den Schnee zu schmelzen.

Zur Deutung aller dieser Erscheinungen nehmen wir unsre Zuflucht zu jenen Ansichten, die wir schon früher über das Wesen des Lichtes und der Wärme aufstellten. Zuvor aber noch einen Blick auf unsre irdischen Licht- und Wärmequellen! Größerer Deutlichkeit wegen will ich nur an die gewöhnlichste Quelle der Licht- und Wärmeentwicklung erinnern, an die Verbrennung. Alles Verbrennen besteht meist nur in der schnellen Verbindung eines festeren Körpers, des sogenannten Brennstoffes, mit einem luftförmigen Gase, dem Sauerstoff. Die brennbaren Körper sind aber mannigfacher Art. Einige verändern ihre feste Natur, werden luftförmig, andre bleiben fest, wie sie waren. Jene verbrennen wirklich, diese glühen. So verbrennt der Wasserstoff mit schwacher Flamme, aber starker Hitze zu Wasserdampf, der sich aber bald wieder zu Wasser verdichtet; die Kohle aber vermag die stärkste Hitze nicht zu verflüchtigen; ihr entströmt nur ein schwaches Glühlicht. Strahlender, blendender Glanz aber bricht hervor, wenn beide Erscheinungen sich verbinden, wenn Kohle oder Kalk im brennenden Wasserstoff glühen. Wir wollen diese einfachen Vorgänge in geistigem Bilde anschauen.

In der Materie ruht ein inneres Sehnen nach Freiheit, nach Vernichtung. Nur gezwungen beharrt sie in den Fesseln, in die sie die tyrannische Schwerkraft schlug. Da beut sich ihrem Sehnen Befriedigung dar, es naht ein Befreier, der selbst schon geistiger, auch sie zur Erlösung führen, im Verein mit ihr den beengenden Banden entfliehen möchte. Mit heißer Gier fliegt sie ihm entgegen, ein mächtiger Drang treibt alle Theile ihres Innern heraus, erweitert sie zu vielfach größerem Umfange. Sie würde ins Unendliche auseinander fliehen, würde sich in leeres Nichts verflüchtigen, erwachte nicht zugleich mit jenem Sehnen auch die Erinnerung, die sie wieder zurückruft aus ihren phantastischen Vernichtungsträumen, sie wieder liebgewinnen läßt, was sie verlassen wollte, auch die Formen, die sie fesselten: die Erinnerung, die das Sehnen wieder in ihr Inneres verschließt, ungestillt und darum immer von Neuem hervorbrechend. Jenes Sehnen nach Vergeistigung, nach Vernichtung der Form ist das Licht, diese Erinnerung, die wieder gestaltet und formt, die Wärme. Je schwächer der Kampf ist, je leichter jenes Sehnen unterliegt, desto schwächer sind die Licht- und Wärmeerscheinungen. Wenn sich der Wasserstoff mit dem Sauerstoff zu Wasser verbindet, so ist zwar der Drang nach Freiheit in ihnen mächtig, sie dehnen sich mit furchtbarer Gewalt aus, als wären sie schon frei; aber grade in dieser Verblendung liegt ihre Schwäche. Sie fühlen sich zu bald befriedigt, und die zugleich hervorgerufene Wärme bezwingt sie leicht und schmiedet sie in engere Fesseln, als sie vorher trugen. Darum regt sich im Wasser jene Sehnsucht nicht mehr. So siegt hier die Wärme, und sie weiß sich auch als Siegerin zu zeigen. Wenn aber zugleich mit jenem im Kalke das Sehnen erwacht, ruhiger, besonnener, darum aber weniger leicht zu befriedigen, dann wird der Kampf heftiger, stürmischer; denn um so furchtbar mächtiger erwacht jener Drang, je unmöglicher er seine Befreiung erkennt, je heftiger die Macht der Wärme ihn in seine alten Schranken zurückzuweisen strebt. Darum strahlt in diesem Kampfe der Verzweiflung jenes Sehnen als blendendes Licht hervor, und jene Wärme wird gleichsam zur zornglühenden Hitze. So erneuert sich dieser Kampf in der Natur beständig unter den mannigfachsten Abänderungen, bald ruhiger, bald heftiger. Das Licht möchte die Materie herausreißen aus ihrer starren Form, gestaltlos verflüchtigen, die Wärme will sie erhalten und bewahren und bietet ihr — denn sie scheut sich nicht, zu täuschen — neue, bald flüchtigere, bald festere Formen zum Ersatz. So ist das Licht der Feind jeder Form, die Wärme ihre Freundin, beide aber die Schöpfer aller Veränderungen und alles Wandels, alles Wachsens und aller Vervollkommnung. Pflanzen und Thieren verleihen sie Leben und Gedeihen, denn auch in ihnen suchen sie Raum zum Kampfe, der freilich endlich mit ihrer Vernichtung endet. —

Am mächtigsten muß natürlich die Sehnsucht nach Freiheit, nach Formvernichtung erwachen in jenen beiden großen Welten, welche die Gewalt der Schwere von einander fern, in selbständigem, getrenntem Dasein erhält, in Sonne und Erde. Auch in ihnen wohnt ja der Trieb des Lebens, und das Leben kann sich ja nur bethätigen im ewigen Aufheben der materiellen Existenz, im ewigen Vernichten der bestehenden Formen. Diese Lebenskraft erwacht und mit ihr die Ahnung von einem gemeinsamen Bande, das sie umschlingt. Wir entweihen den Namen nicht, wenn wir sagen, Liebe zieht sie zu einander, läßt Einen im Andern die Erfüllung seiner Vollendung sehen. Denn auch das Sehnen der Welten nach Vergeistigung zeigt sich in dem Verlangen, mit einander zu verschmelzen, die eigne Existenz zu der höhern des andern zu erheben.

Mächtig drängt dieser Lebenstrieb von innen heraus, und die ganze gewaltige Masse erzittert vor diesem stürmischen Drange. Das Sehnen steigt empor auf den Wogen des Aethers, die Materie wird frei und fliegt einander von Erde und Sonne her entgegen. Doch dem fliehenden Lichte eilt die rettende Wärme nach und bindet die sich frei wähnende Materie wieder in Formen. Aber diese Formen sind lockrer, ätherischer, denn auch das Licht hat einen Sieg errungen, und die Trophäen dieses Sieges, freilich auch die Merkzeichen der Niederlage, sind die Atmosphären. In ihnen ist die Materie frei geworden, aber wieder in Formen gefangen, und hier erneuert sich täglich der Kampf. Bald siegt das Licht, und glänzender dehnt sich die atmosphärische Hülle zu Sonnenfackeln aus; bald läßt seine Kraft nach, und die Atmosphäre zerreißt, um dunkle Flecken des Sonnenkörpers zu zeigen. Wie es aber bei irdischen Lichterzeugungen immer zwei Materien sind, die gegenseitig ihre Unterschiede zu vernichten streben, so erwacht auch hier in Sonne und Erde zugleich die Sehnsucht, die sie zu einander führt, wie sich ja auch die Mutter nach dem Kinde und das Kind nach der Mutter hingezogen fühlt. Aber die Wärme entsteht nur da, wo sie die entfesselte Materie zu binden hat, also nur in den Atmosphären, über die sie nicht hinausgehen kann. Darum kann der Mond nur schwach leuchten und fast gar nicht wärmen, da in ihm das Sehnen nach Erlösung kaum erwacht, und er es ja nicht einmal zur Bildung einer eigentlichen Atmosphäre bringen kann. Die Sonne aber muß uns als die mächtige Anregerin des Lichtes und damit auch der Wärme erscheinen, weil sie ja so unendlich massenhafter als unsre Erde ist, weil in ihr alle Materie von ungleich stärkeren Banden zusammengehalten ist. Darum muß auch in ihr um so stärker die Kraft erwachen, welche diesen Zusammenhang zu lösen strebt, um so kräftiger das Leben alle Theile erschüttern und selbst den Aether zittern machen, um so wirksamer freilich, als ihr eine gleich innige, tiefe Empfänglichkeit für diesen Einfluß von der Erde her begegnet.

Fassen wir das Resultat unsrer bisherigen Betrachtung zusammen, so erscheint es als die Negation jedes wesentlichen Unterschiedes zwischen Sonne und Planeten. Denn die zeither gültigen Kennzeichen eines Centralkörpers sind unhaltbar geworden. Früher sagte man wohl, der Centralkörper oder die Sonne sei der feste, ruhende Weltkörper, um den sich andere bewegen. Das geht heut nicht mehr, wo wir wissen, daß auch die Sonne, so gut, wie die Planeten, ihre Bahn um den gemeinsamen Schwerpunkt des Systems beschreibt. Man sagte ferner, das Licht gebe eine Bestimmung für den Centralkörper ab; denn dieser leuchte allein mit eignem, alle andern nur mit fremdem, erborgtem Lichte. Allerdings sehen wir, daß die Mitplaneten unsrer Erde dunkel erscheinen, wenn sie die Sonne nicht erleuchtet, daß unsre Erde ja selbst in Nacht gehüllt wird, wenn jene fehlt. Die Fortschritte unsrer neueren Physik haben uns sogar ein Mittel an die Hand gegeben, um genau zu bestimmen, ob ein Lichtstrahl von einem selbstleuchtenden Körper unmittelbar, oder erst von andern zurückgeworfen zu uns komme, ob er von festen Körpern herrühre, oder durch flüssige und gasförmige gegangen sei. Dieses Mittel besteht in den eigenthümlichen Polarisationserscheinungen des Lichts, nach welchen zurückgeworfenes oder reflectirtes Licht polarisirt wird, d. h. eigenthümliche Farbenerscheinungen, seltsame, aber regelmäßige Bilder zeigt, wenn es durch ein dünnes Blättchen eines Minerals, z. B. des Doppelspaths, aufgefangen wird. Auf diese Weise hat man aber erkannt, daß keiner der Planeten ganz ohne eignes Licht ist, daß viele Kometen sogar ein sehr starkes, selbstständiges Licht ausstrahlen. Damit ist freilich jene Jahrtausende alte Weisheit umgestürzt, welche meint, daß nur von der Sonne das Licht ausstrahle. Dann müßte ja auch die Stärke der Beleuchtung abnehmen nach dem Verhältniß der Entfernungen, und doch sehen wir grade die fernsten Planeten, Jupiter vornehmlich, in so blendendem Glanze strahlen, daß er der Sonne noch einmal so nahe stehen müßte, sollte jenes Gesetz Geltung behalten. Ueberdieß sehen wir ja auch in den Doppel- und Vielsternen Sonnen um Sonnen kreisen. Darum ist der Unterschied zwischen Sonne und Planeten kein nothwendiger. Es kann im Weltraum Systeme geben, in denen es keine Alles bewegende und erleuchtende Sonne giebt. In unserm Systeme ist allerdings ein solcher Unterschied begründet durch das ungeheure Uebergewicht der Masse unsrer Sonne über die Gesammtmasse aller Planeten, vermöge deren sie fast im Schwerpunkte des ganzen Systems steht und einen gewaltigen Einfluß auf die ganze Entwicklung der übrigen diesen Schwerpunkt umkreisenden Welten ausübt. Darum muß auch die Gewalt ihres Sehnens eine unendlich größere sein, und alle Planeten müssen in ihr den Zielpunkt ihres Lebens finden. Aber nicht sie allein strahlt dieses Sehnen in Licht aus, und nicht bloß diese Empfänglichkeit für diesen Einfluß senden ihr die Planeten entgegen, sondern in jedem regt sich dasselbe Leben, jeder strebt der Materie zu entfliehen, und jedem bildet sich auf ihrer Flucht eine Atmosphäre. Jenes durch den Sonneneinfluß in ihm angeregte Licht wird uns als erborgtes, reflectirtes Licht zugesandt, dies von ihm selbst geborne wird unmittelbar von unsrer Erde als selbstständiges wiederempfunden.

Das ist meine Ansicht vom Leben der Welt. Es giebt keine Sonnen, um deren ruhenden Mittelpunkt sich dienende Welten bewegen, deren Strahlen dunkle Planeten erleuchten und erwärmen. Alle Welten sind Sonnen, aus eigner Kraft zum Leben getrieben, aus sich selbst Licht und Wärme erzeugend. Es giebt keinen Körper, der nur die andern an sich zöge, sondern jeder wird wieder gezogen, und wechselseitig strebt Alles, sich mit einander in Liebe zu umschlingen. Dort, wo wir die Sonne im ruhenden Mittelpunkt wähnten, ist Nichts, und um dieses Nichts, den gemeinsamen Schwerpunkt des Systems, kreisen alle Welten in trauter Gemeinschaft, Sonne, Planeten und Kometen, als Wesen gleichen Geschlechts. —

Nach dieser allgemeinen Betrachtung über das Verhältniß centraler und planetarischer Körper wende ich mich zur genaueren Durchforschung unsres eignen Sonnensystems. Wie der Geschichtsforscher nicht ruht, bis er die einzelnen Stämme seines Volkes gesondert, nach Charakter und Sitte erkannt, ihren Antheil an der organischen Entwicklung des Staatsganzen erforscht hat, so sind auch die vielfachen Formen geballter Materie, die unser Sonnensystem darbietet, nach Charakter und Sitte in Gruppen zu sondern. Wir kennen bis jetzt außer der Sonne 58 Planeten mit 22 Monden und einige Hundert Kometen. Auch dürfen wir vielleicht noch einen uns als Zodiakallicht erscheinenden Ring ätherartiger Materie und eine zahllose Schaar sehr kleiner Asteroiden hinzuzählen, welche uns bisweilen die Erscheinungen von fallenden Sternschnuppen und Meteorsteinen darbieten.

Erst seit kurzer Zeit ist es möglich geworden, über die Sonne selbst und ihre Naturbeschaffenheit auch nur das bereits Mitgetheilte zu erfahren. Besonders hat die Beobachtung der Sonnenflecken, die bekanntlich um das Jahr 1610 von dem friesischen Astronomen Johann Fabricius entdeckt wurden, der zugleich aus dieser Beobachtung den wichtigen Schluß auf die Axendrehung der Sonne zu ziehen wußte, zu diesen Aufschlüssen beigetragen. Im Ganzen gleichen die Sonnenflecken Oeffnungen, wie sie sich bei uns bisweilen in einer dichten Wolkendecke zeigen. Aus ihrer Veränderlichkeit hat man daher auf ähnliche Kräfte und Bedingungen in der Sonnenatmosphäre geschlossen, ebenso zufällig in ihrer Entstehung und ebenso mächtig in ihren Wirkungen, wie bei uns. Folgt man der bekannten Wolkentheorie, so hat also auch die Sonne ihre Stürme, wenn Vorgänge, die in wenigen Tagen eine Strecke von 10—12000 Meilen im Durchmesser von Lichtgewölk entblößen, wie man es öfters an der Sonnenoberfläche beobachtet hat, mit diesem Namen sich noch bezeichnen lassen. Die Heftigkeit und Großartigkeit dieser Stürme übertrifft jedenfalls alle ähnlichen irdischen Vorgänge. Aber in ihrer Unbeständigkeit, in ihren Schwankungen tragen sie ganz den Charakter irdischer Dunstbildungen. In ihrer Dauer, ihrer Größe und Form halten sich die Sonnenflecken an keine Regel. Ein einzelner Sonnenfleck wird zwar selten eine Ausdehnung über mehr als 12000 Meilen erreichen; aber Gruppen von Sonnenflecken erstrecken sich oft über mehr als 60000 Meilen. Bisweilen dauern solche Entblößungen nur wenige Tage, dann wieder mehrere Monate. Seltsamer Weise zeigen sich die Sonnenflecken vorzüglich in zwei Zonen zu beiden Seiten des Aequators, in diesem selbst dagegen selten und niemals an den Polen, überhaupt nicht jenseits des 35° nördlicher und südlicher Breite; während doch bei uns grade die bedeutendsten und häufigsten atmosphärischen Revolutionen außerhalb der heißen Zone anzutreffen sind.

Die Beobachtung hat ferner gelehrt, daß die Sonnenflecken in der Häufigkeit ihres Erscheinens eine gewisse Regelmäßigkeit zeigen. In einigen Jahren war die Sonne fast ganz fleckenfrei, wie 1833 und 1843, die Zahl der Flecken nahm allmälig zu, bis sie, wie 1837 und 1847, ihr Maximum erreicht hatte und wieder abnahm, um ein abermaliges Minimum in der ersten Hälfte des Jahres 1856 zu finden. Aus einer sorgfältigen Vergleichung der bisherigen Beobachtungen scheint sich sogar eine gewisse periodische Regelmäßigkeit der Sonnenflecken zu ergeben. Die am auffallendsten hervortretende Periode ist von dem Astronomen Wolf in Zürich auf 11⅑ Jahr festgestellt, und die nahe Uebereinstimmung dieser Periode mit der Umlaufszeit des Jupiter, wie einer andern kürzeren mit dem Umlaufe des Mars, hat diesen Astronomen auf den Gedanken gebracht, daß ein ursächlicher Zusammenhang zwischen den Anziehungswirkungen der Planeten und der Bildung der Sonnenflecke bestehen möge. Von einigen Seiten ist es auch versucht worden, einen Einfluß der Sonnenflecken auf unsre Witterung nachzuweisen; freilich müßte sich dieser auf der ganzen Erdoberfläche gleichmäßig äußern, da ein ferner Himmelskörper nicht lokale Einwirkungen gestattet. In einer Beziehung scheint allerdings die neuere Forschung einen von der Rotation der Sonne abhängigen Witterungswechsel nachgewiesen zu haben, da die Erwärmungskraft an der ganzen Sonnenoberfläche nicht gleich ist, und dadurch eine mit der Umlaufszeit der Sonne zusammenfallende Periode unsrer Temperatur bedingt. Auch in der Lichtentwickelung der Sonnenscheibe haben sich Verschiedenheiten gezeigt, indem die Mitte mehr Licht als der Rand giebt. Es könnte diese Erscheinung ihren Grund wohl in der Atmosphäre der Sonne haben, die man ja zu 400 Meilen Höhe annimmt, so daß etwa die dichteren Schichten des Randes eine bedeutendere Schwächung des Lichtes hervorbrächten, als die der Mitte.

Wir gehen indessen von der Sonne über zu der Betrachtung der uns verwandteren Planeten, ohne uns zunächst auf die Gesetze einzulassen, welche ihre Bahnen und Umlaufszeiten bestimmen. Größe und Dichtigkeit, Rotationsdauer, Gestalt der Bahnen, Neigung ihrer Axen und Ebenen scheinen nicht durch feste Gesetze mit ihren gegenseitigen Abständen in Verbindung zu stehen und können uns daher hier wenig Interesse darbieten. Das sind Thatsachen der Natur, hervorgegangen vielleicht aus dem Conflicte vielfacher, einst unter unbekannten Bedingungen wirkender Kräfte. Zufällig erscheint uns Menschen freilich immer, was wir nicht zu erklären vermögen. Denn gewiß haben auch hier Massenanziehungen und Gravitationsgesetze gewirkt; aber die Gegenwart läßt nicht immer mit Sicherheit auf den ganzen Lauf der Vergangenheit schließen. Darum wollen wir uns hier nur mit dem beschäftigen, was fleißige Beobachtung gelehrt hat, und uns nur Bilder zu verschaffen suchen von der Natur der treuen Reisegefährten unsrer Sonne.

Alle Planeten bewegen sich in elliptischen, fast kreisförmigen Bahnen, in bestimmten Abständen hintereinander, fast in gleicher Ebene um den Centralpunkt unsres Systems. Alle haben eine Axendrehung, zeigen nicht ganz kugelförmige, sondern an den Polen abgeplattete Körper, und sind von Atmosphären umhüllt. Nach ihren charakteristischen Verschiedenheiten sondern wir sie in 3 Gruppen.

Die erste bilden jene 4 der Sonne zunächst stehenden, unsrer Erde an Größe und Dichtigkeit fast gleichen Planeten. Denn ihre Dichtigkeit übertrifft die des Wassers um das 4- bis 5fache, und auch ihre Tageslänge ist fast bei allen gleich, höchstens um 40 Minuten länger als die unsrige. Auch die Bildung der Atmosphären dieser Planeten hat viel Uebereinstimmendes mit der unsrer Erde und mit ihren Naturverhältnissen. Dort wie hier strahlt sie das Licht der Dämmerung zurück, auch dort wird sie von Winden bewegt und zu Wolken verdichtet. Auch die Oberfläche der Planeten scheint wie die der Erde eine gebirgige Form zu haben, und Sommer und Winter dort in gleichen Verhältnissen wie bei uns zu wechseln, da ihre Stellung in der Bahn, d. h. die Neigung ihrer Axe auf der Ebene der Bahn, ganz übereinstimmend gefunden wird.

Derjenige von diesen 4 Planeten, welcher der Sonne am nächsten steht, ist der Merkur, der stete Begleiter der Sonne auch am scheinbaren Himmelsgewölbe, der uns aber eben darum immer nur kurz vor Sonnenaufgang und kurz nach Sonnenuntergang sichtbar ist, und dennoch mitten in der hellen Dämmerung dem aufmerksamen Auge durch sein klares demantartiges Licht auffällt. Freilich steht er auch der Sonne so viel näher als unsre Erde, nur 8 Millionen Meilen im Mittel von ihr entfernt, so daß seinem Bewohner die Sonne als über 6, bisweilen 11 mal größere Scheibe erscheint als uns. Zugleich ist er der dichteste aller Weltkörper unsers Systems, über 7 mal dichter als Wasser. Seine Stellung in der Nähe der Sonne gestattet der Beobachtung nicht, ein sicheres Bild von seiner Oberfläche zu gewinnen. Wenn daher Schröter seinen Bergen die zu seinem Durchmesser von 671 Meilen unverhältnißmäßige Höhe von 58,600 Fuß beimaß und in seiner dünnen Atmosphäre plötzliche und veränderliche Wolkenzüge erblickte, so beruht das wohl auf einer sehr lebendigen Phantasie.

Diesem zunächst, 15 Mill. Meilen von der Sonne entfernt, strahlt uns Venus als Abend- und Morgenstern mit blendend weißem Lichte entgegen. Oft verdunkelt sie alle Sterne des Himmels und läßt die von ihr beleuchteten Gegenstände der Erde Schatten werfen. Aber nicht immer leuchtet sie so hell. Denn sie sowohl wie Merkur stehen zwischen uns und der Sonne, und werden daher nicht immer von dieser ganz beleuchtet. Darum erscheinen sie uns, wie der Mond, bald als vollerleuchtete Scheibe, bald als zarte Sichel, bald wenden sie uns, wie der Neumond, ihre unbeleuchtete nächtliche Seite zu. Wenn Venus im hellsten Glanze strahlt, dann ist sie bisweilen, wie in den Jahren 1716, 1750, 1794 und im Mai und Juni des Jahres 1852 am hellen Tage sichtbar. Aber auch ihre nächtliche Seite haben einige Beobachter, namentlich Chr. Mayer und Harding, in einem eigenthümlichen, aschfarbenen Lichte leuchten gesehen, und es scheint dies von dem eignen, durch Wechselbeziehung zu unsrer Erde angeregten Lichte der Venus herzurühren. Andre Astronomen haben sogar einen Venusmond gesehen, der aber jedenfalls in nichts weiter als einer Seitenabspiegelung der Venus in den damaligen höchst unvollkommenen Fernröhren bestand.

In der Größe und Dichtigkeit kommt die Venus unsrer Erde fast ganz gleich, denn ihr Durchmesser beträgt 1717 Meilen, und ihre Dichtigkeit übertrifft $5\frac{3}{4}$ mal die des Wassers. Von der Oberfläche derselben wissen wir aber noch sehr wenig. Selten ist es gelungen, einige Flecken darauf wahrzunehmen, und dann immer nur so unbestimmt, daß man selbst über die Rotation der Venus im Ungewissen blieb. Während Cassini ihre Tageslänge auf $23\frac{1}{4}$ Stunden bestimmte, glaubte ihr Bianchini in Rom eine solche von $24\frac{1}{3}$ Stunden geben zu müssen. Nach einem Streite von mehr als anderthalb Jahrhunderten wurde erst in den Jahren 1840—42 durch die Beobachtungen von de Vico die Rotation auf 23 Std. 21 M. 21,9 Sec. festgestellt. Aus dem bisweilen wahrgenommenen feingezähnten Ansehen der Lichtgrenze der Venus in ihren Vierteln oder ihrer Horngestalt läßt sich auch auf gebirgige Unebenheiten ihrer Oberfläche schließen. Wenn aber Schröter aus den zuweilen beobachteten abgetrennten Punkten der Venussichel es versuchte, selbst die Höhe der Venusberge zu bestimmen, und sie auf 5 deutsche Meilen angab, so ist das eben nichts als ein Spiel der Phantasie und bis dahin zu verwerfen, wo die allervollkommensten Meßapparate uns einige Wahrscheinlichkeit über diese Höhen verschaffen werden. Von Wolken und Atmosphäre wissen wir eben so wenig und müssen uns wohl hüten, anders als mit der größten Vorsicht und Behutsamkeit aus Beobachtungen Schlüsse auf die Natur von Himmelskörpern zu ziehen.

Wir nahen uns dem dritten Planeten der ganzen großen Reihe, unsrer heimatlichen Erde, die durch ihre Größe zum Regenten in ihrer näheren Gruppe bestimmt scheint. Denn ihr Durchmesser beträgt 1719 Meilen. Sie allein genießt auch das Vorrecht, sich durch einen Mond auf ihrer einsamen Reise begleiten zu lassen. Lassen wir sie jetzt ruhen, da sie uns bald ausschließlich beschäftigen wird.

Der letzte Planet in der angenommenen Gruppe ist der Mars, 32 Millionen Meilen von der Sonne entfernt, aber nur 892 Meilen im Durchmesser, also kleiner als unsre Erde. Durch seine Beobachtung gelang es zuerst im Jahre 1755 den Astronomen Lacaille am Kap der guten Hoffnung und Wargentin in Stockholm, die Sonnenparallaxe und dadurch auch die Entfernung der Sonne von uns annähernd zu 17 Millionen Meilen zu bestimmen. Durch ihn ward auch Kepler auf sein großes Gesetz, daß sich die Planeten in elliptischen Bahnen bewegen, geführt. Er erscheint uns fast beständig in einem röthlichen Lichte und läßt uns durch die Flecken, die er in guten Fernröhren zeigt, auch einige Schlüsse auf seine Naturbeschaffenheit fällen. In seiner dichten Atmosphäre hat Schröter eine der unsrigen ähnliche Wolkenbildung und mit ähnlicher Geschwindigkeit die Wolken vor sich hertreibende Winde bemerkt. Freilich hat das nur Schröter gesehen, und der heutige Astronom weiß wohl, daß er nur unter außerordentlichen Umständen solche atmosphärische Bewegungen beobachten kann. Wohl aber scheinen unveränderliche Flecken auf seiner Oberfläche auf das Dasein von Festland und Meeren hinzudeuten, und besonders zwei weiße, hellglänzende Stellen an den Polen lassen sich als Zonen ewigen Polarschnees erkennen, deren Größe, wie bei uns, bald ab-, bald zunimmt, je nachdem der Pol sich der Sonne zuwendet oder von ihr abkehrt, Sommer oder Winter hat. Eine Atmosphäre mit Dünsten und Wolken müssen wir also wohl dem Mars zugestehen, wenn wir einen unserm Schnee entsprechenden Winterniederschlag annehmen. Auch Berge mag es dort geben, aber ihre Schatten zu messen, werden wir nicht vermögen, wenn sie nicht eine Höhe von 20 und mehr Meilen besitzen. Die beistehende Abbildung zeigt uns die Marsoberfläche, wie sie durch das Fernrohr dem Beobachter erscheint.

Mit dem Mars schließt sich nun die Reihe jener Planeten, welche in allen ihren Naturverhältnissen am nächsten mit unsrer Erde verwandt sind; und indem wir die Gruppe von 50 und vielleicht mehr sonderbaren kleinen Planeten einstweilen überspringen, wenden wir uns jener der 4 sonnenfernen Planeten zu.

Auch sie zeigen in allen ihren Naturverhältnissen große Uebereinstimmung unter einander, wie schon ihre die Körper der ersten Gruppe um das 80—1400fache übertreffenden Größen andeuten. Auch ihre äußerst dichten Atmosphären sind nur ihnen eigenthümlich und zeichnen sich überdies durch eine streifenartige Anordnung und durch große Beständigkeit ihrer wolkenartigen Erscheinungen aus. Die außerordentlich geringe Dichtigkeit ihrer körperlichen Massen aber erinnert uns bei allen an einen fast flüssigen Zustand, der um so wahrscheinlicher wird durch seine sonderbare Veränderlichkeit ihrer Umrisse, die in ihrer großen, aber nicht immer gleichen Abplattung an ihren Polen bemerkt wird. Außerdem habe ich schon die außerordentliche Stärke ihrer Lichtstrahlung erwähnt, die man der Berechnung nach aus einer bloßen Reflexion des Sonnenlichts nicht erklären konnte, und die daher auf eine ganz besondre, freilich unbegreifliche Naturbeschaffenheit ihrer Oberflächen schließen ließ. Eine zahlreiche Begleitung von Monden endlich und eine durch schnellere Axendrehung bewirkte, kaum halb so lange Tageslänge, als auf den Planeten unsrer ersten Gruppe, scheinen zu den eigenthümlichen Vorrechten jener Riesenplaneten zu gehören.

Der vornehmste unter ihnen und der Sonne am nächsten stehende ist Jupiter, freilich schon über 108 Mill. Meilen von der Sonne entfernt. Er ist der größte Weltkörper unsres Systems, denn sein mittlerer Durchmesser beträgt 19270 Meilen, und seine Masse allein überwiegt die Massen aller übrigen Planeten zusammen noch um das 3fache und kommt dem 1048sten Theile der Sonnenmasse gleich. Freilich ist seine Dichtigkeit kaum größer, als die des Wassers, 4 bis 5 mal geringer als die der Erde, und entspricht daher an der Oberfläche, da er nach innen dichter wird, ungefähr dem Nußbaum- oder Erlenholz. Er dreht sich außerordentlich schnell um seine Axe, in 9 Std. 55′ 26″ und hat deshalb die bedeutende Abplattung von $\frac{1}{17}$ seiner Axe. Seine außerordentlich dichte Atmosphäre, deren Höhe bis auf mehrere 100 Meilen geschätzt wird, zeigt uns die sonderbarsten Erscheinungen. Die beistehende Abbildung giebt uns ein Bild davon. Auf hellgelbem Grunde sehen wir zahlreiche graue oder graubraune Streifen parallel dem Aequator

des Planeten hinziehen, die weiter nach den Polen zu schmaler und matter werden und endlich in ein mattes bleifarbenes, zuweilen auch noch gestreiftes Grau übergehen. Die mittleren Streifen ändern sich oft, werden matter und heller, nehmen zu und ab und zeigen sich bisweilen mit scharfen Rändern, Vorsprüngen und Schattirungen. Einzelne helle Flecken treten unter ihnen hervor, die bald plötzlich verschwinden, bald wieder erscheinen und oft eine außerordentlich schnelle Bewegung zeigen. Wahrscheinlich sind die Streifen Wolkenhaufen und Wolkenzonen der Atmosphäre, die sich bei der bedeutenden Länge und der durch die geringe Axenneigung bedingten Unveränderlichkeit der Jahreszeiten viel beständiger zeigen als bei uns. Den Anblick der wahren Jupitersoberfläche gestattet uns die dichte Atmosphäre vielleicht nie, und die Pole genießen wohl auch nie einen heitern Himmel, der selbst den übrigen Gegenden nur unvollkommen zu Theil werden mag. Dagegen sollen nach Schröters Beobachtung heftige Orkane, von deren Wuth wir keine Begriffe mehr haben, bisweilen die Wolkenmassen bewegen. Welcher Kampf mag auf jenem Weltkörper vor sich gehen, welcher Entwicklung schreitet er noch entgegen, und welches Leben kann dort gedeihen, wo die Materie selbst noch zu keiner ruhigen Besonnenheit gelangt ist? Von den vier Monden, welche ihn begleiten, wollen wir später sprechen.

Wir kommen jetzt zu dem seltsamsten aller Planeten, zum Saturn, der, fast so groß als Jupiter — denn sein mittlerer Durchmesser beträgt 15,769 Meilen —, schon 197¼ Millionen Meilen von der Sonne entfernt ist. Alles scheint sich hier zu vereinigen, um unser Staunen rege zu machen. Seine Dichtigkeit ist kaum halb so groß, als die des Wassers, und 8 mal geringer als die der Erde, so daß die Dichtigkeit seiner Oberfläche, da sie nach innen zunimmt, kaum der des Korkes gleichzusetzen ist. Auch ihn umgeben graue Streifen, die nach den Polen zu matter werden, und in denen sich bisweilen flockenartige Verdichtungen zeigen. Auch er scheint also eine außerordentlich dichte und in ihren Wolkenbildungen beständige Atmosphäre zu besitzen. Aber das größte Wunder des Saturn bleibt sein Ring, der uns gleichsam als eine unvollendete Mondbildung, als eine Verschmelzung von Trabanten erscheint. Und doch besitzt der Saturn überdies noch 8 Monde! Dieser Ring wurde zuerst von Kepler 1612 bemerkt, aber erst von Huyghens 1660 als solcher erkannt; Herschel endlich beobachtete ihn genauer und fand ihn als Doppelring mit vielfachen Streifen. So schwebt also rings um den Körper des Saturn zunächst ein 3733 Meilen breites, aber nur 29³/₅ Meilen dickes Ringgewölbe 4594 Meilen von seiner Oberfläche entfernt; dann folgt in einem Zwischenraume von 357 Meilen der nur 1927 Meilen breite äußere, wahrscheinlich noch durch mehrfache Zwischenräume unterbrochene Ring; so daß der Durchmesser des ganzen äußern Ringes 37,587 Meilen beträgt. Nicht immer erscheint er uns aber in der Gestalt eines Ringes, da er ja mit dem Saturn sich um seine Axe dreht, und mit ihm in seiner Bahn um die Sonne fortrückt. Deshalb zeigt er uns bisweilen nur seine Breite erleuchtet und erscheint uns als schmale grade Linie. Dann aber beginnt auch seine Fläche zu leuchten und der Ring sich zu erweitern, bis ziemlich weite Oeffnungen sichtbar werden. Dies wiederholt sich etwa in Zeiträumen von 15 Jahren, natürlich 2 mal in seiner ganzen Umlaufszeit um die Sonne, welche 29 Jahre und 166 Tage dauert. Nie aber erscheint er uns als vollkommen kreisförmiger Ring, sondern immer nur länglich

und schief von der Sonne beleuchtet, so daß ein Theil durch den Schatten des Saturn verdunkelt wird. Aber er selbst beschattet auch den Saturn, und jahrelang verbreitet er dort über ungeheure Länderstriche totale Sonnenfinsterniß. Nach den Polen hin muß dieser Ring den Bewohnern des Saturn ganz unsichtbar bleiben, in andern Gegenden aber als ein Gürtel von der doppelten Breite unsers Vollmonds rings um den Horizont schweben. Die grauen Streifen, welche man auf seiner Oberfläche erblickt, rühren wahrscheinlich von Fluthwellen her, die dort in den flüssigen Massen eben so von dem Ringe, wie bei uns vom Monde, bewirkt werden. Die Abbildung zeigt den Saturn mit seinem Ringe. Wie der Saturn selbst, so hat auch sein Ring, der sogar von größerer Dichtigkeit zu sein scheint, als der Hauptkörper, seine eigne dichte, von Wolken und Stürmen durchzogene Atmosphäre. Welchen Einfluß nun dieser sonderbare Gefährte des Saturn auf die ganze Natur seiner Oberfläche, auf Erleuchtung und Erwärmung haben mag, ob dort die organische Lebensentwicklung noch irgend eine Aehnlichkeit mit unsrer irdischen haben kann, das sind Räthsel, welche weder unser Auge noch die Wissenschaft zu lösen vermag. —

Mit diesem wunderbaren Planeten beschloß man noch vor nicht gar langer Zeit die Reihe der Weltkörper unsers Systems, deren man also nur 6 kannte. Da erweiterte Herschel am 13. März 1781 die Grenzen dieses Reiches, als es seinem unermüdlichen Eifer gelang, einen neuen Planeten noch jenseits des Saturn zu entdecken, dem er den Namen Uranus gab. Bereits 396½ Millionen Meilen von der Sonne entfernt, ist er der kleinste in der Gruppe dieser sonnenfernen Riesenplaneten, denn sein Durchmesser beträgt nur 7466 Meilen. An Sonderbarkeiten überbietet er aber fast noch seine Genossen, denn er stößt ein Verhältniß um, welches sonst allgemein gilt, und wonach die Ebene des Aequators der Planeten nur wenig von der Ebene ihrer Bahnen abweicht. Beim Uranus steht der Aequator fast senkrecht auf der Bahn, und die Pole berühren fast ihre Ebene. Deshalb müßte, wenn dort Beleuchtung und Erwärmung eben so von der Sonne abhängig wäre, als auf unsrer Erde, ein großer Theil jenes Weltkörpers 42 Jahre lang des belebenden Einflusses des Sonnenlichts gänzlich entbehren, und jede Stelle des Uranus, selbst die Gegend der Pole würde wenigstens einmal in dem 84 Erdenjahre dauernden Uranusjahre die Sonne senkrecht, wie in unsern Aequatorialgegenden, über sich stehen sehen. Gewiß läßt sich wenigstens keine gerechtere Vertheilung von Wärme und Kälte, Licht und Finsterniß als auf dem Uranus denken, wo alle Theile der Oberfläche berücksichtigt sind, während unsre Erde und alle übrigen Planeten den Gegensatz von begünstigten und völlig verwahrlosten Zonen zeigen. Daß aber Licht und Wärme der Weltkörper gewiß noch von ganz andern Ursachen herrühren, als von ihrer Entfernung von der Sonne und ihrer Stellung gegen dieselbe, daß ihre Entwicklung vielmehr in der Eigenthümlichkeit ihrer innern Natur und in dem Bildungszustande ihrer Atmosphären begründet sei, zu dieser Annahme hatte uns schon vorhin die Bemerkung veranlaßt, daß Uranus wenigstens ein 4mal helleres Licht ausstrahlt, als ihm von der fernen Sonne zugesandt werden kann. Damit stimmt auch wieder die außerordentliche Dichtigkeit seiner Atmosphäre überein, welche die des Jupiter und Saturn noch übertrifft. Von den acht Monden, welche auch ihn umkreisen, soll später die Rede sein.

Mit diesem fernen Planeten, der uns kaum noch als Stern sechster Größe erscheint, meinte man noch unlängst, sei gewiß die Zahl dieser Weltkörper vollendet; es sei denn, daß die Kraft der Fernröhre einmal bis ins Unerhörte gesteigert werde, könne man ja einen neuen Planeten, auch wenn er da wäre, nicht auffinden. Die speculative Naturphilosophie bewies sogar, daß es keinen neuen Planeten mehr gebe. Der Astronom hat anders geurtheilt, er hat die Wissenschaft zu Hülfe gerufen, und sie hat einen Triumph gefeiert, wie ihn wohl selten der menschliche Verstand errungen hat. Die unbedeutenden Unregelmäßigkeiten in der Bewegung des Uranus ließen den Astronomen auf Störungen schließen, welche er durch die Anziehung eines noch unbekannten benachbarten Planeten erlitt. Wenige Beobachtungen genügten, und die Schärfe der Rechnung entwarf nun mit untrüglicher Gewißheit die ganze Bahn dieses noch unbekannten Weltkörpers, seine Größe, seine Gestalt, seine Umlaufszeit, seine Entfernung. Mit kühner Zuversicht konnte die Wissenschaft heraustreten und der Welt zurufen: Oeffnet eure Augen, richtet eure Fernröhre dorthin an jenen Punkt des Himmels; denn dort wird in einem bestimmten Moment ein neuer Planet sich euren Blicken enthüllen! Man öffnete die Augen, und der Planet stand da. Leverrier war es, der diese kühne Berechnung unternahm und der Wissenschaft diesen hohen Triumph verschaffte, an dem kein Zufall, selbst kaum die Verbesserung der Instrumente einen Antheil hatte. Zwar hatte schon 7 Monate früher ein junger englischer Astronom (Adams in Cambridge) dieselben Berechnungen angestellt und war zu demselben Resultat gelangt; aber er hatte in allzugroßer Bescheidenheit geschwiegen oder doch nur Wenigen seinen Fund mitgetheilt, und so ist ihm Leverrier zuvorgekommen und hat ihm den wohlverdienten Lorbeer entrissen. Leverrier berichtete am 31. August 1846 das Ergebniß seiner Studien an die Berliner Astronomen Enke und Galle, welche im Besitz der ausgezeichneten Berliner akademischen Sternkarten waren, und mit Hülfe dieser fand Galle schon in der ersten Nacht am 23. September 1846 alle jene Berechnungen vollkommen bestätigt. Ueber die Natur dieses Planeten, den man Neptun genannt hat, hat wegen der außerordentlichen Entfernung von 622 Millionen Meilen auch die Beobachtung der schärfsten Fernrohre bisher noch wenig Aufschlüsse geben können. Er hat ungefähr die Größe des Uranus, und man schätzt seinen Durchmesser auf 3700 bis 8400 Meilen. Er ist zwar viel dichter als dieser, scheint aber übrigens eine große Verwandtschaft mit seinen drei Riesennachbarn zu besitzen, was auch schon die Anwesenheit von Monden, deren Lassel in England und Bond in Amerika bereits einen mit Sicherheit entdeckt haben, andeutet. Beide wollen außer einem zweiten Monde sogar einen Ring bemerkt haben. Vielleicht ist auch Neptun noch nicht der letzte Trabant unsrer Sonne, vielleicht enthüllen sich einst noch mehr und noch seltsamere Planeten unserm Auge; denn die Wunderbarkeit und Fremdartigkeit scheint mit der Entfernung wenigstens nicht abzunehmen.

Wir haben nun noch eine Gruppe von planetarischen Körpern zu betrachten, welche den Zwischenraum zwischen den beiden eben betrachteten ausfüllt, deren Bahnen also von denen des Mars und des Jupiter eingeschlossen werden. Hier hat sich erst in neuester Zeit eine von früheren Jahrhunderten wohl geahnte, aber nicht gekannte lustige Gesellschaft von 50 kleinen Planeten eingestellt, welche scheinbar ohne allen Einfluß auf das übrige Planetensystem in ihren ganzen, ziemlich übereinstimmenden Naturverhältnissen mehr an das Geschlecht der Kometen, als an eigentliche Planeten erinnern. Man hat sie daher auch mit dem gemeinsamen Namen der Asteroiden oder Planetoiden bezeichnet, theils ihrer geringen Größe wegen, theils weil sie wirklich ein Verbindungsglied zwischen Planeten und Kometen zu bilden scheinen. Nach ihrem nur wenig verschiedenen Abstande von der Sonne, der im Allgemeinen 46—67 Millionen Meilen beträgt, stehen sie etwa in folgender Reihe zwischen Mars und Jupiter:

Flora, Harmonia, Melpomene, Victoria, Euterpe, Vesta,

Urania, Metis, Iris, Phocäa, Massalia, Hebe, Lutetia, Fortuna, Parthenope, Thetis, Fides, Amphitrite, Egeria, Asträa, Pomona, Irene, Thalia, Eunomia, Proserpina, Circe, Juno, Leda, Lätitia, Ceres, Pallas, Atalante, Bellona, Polyhymnia, Leukothea, Calliope, Psyche, Themis, Hygiea, Euphrosyne. Die zuletzt entdeckten Planeten sind zum Theil noch nicht hinreichend beobachtet, um mit Sicherheit über ihre Stellung in dieser Reihe entscheiden zu können. Doch scheint Ariadne, der erste der im Jahre 1857 entdeckten Planetoiden, der Sonne am nächsten, also noch zwischen Flora und Mars zu stehen.

Mit ihren unter sich verschlungenen, langgestreckten Bahnen erscheinen diese zwergartig kleinen Weltkörper auf den ersten Blick wie verwaiste Monde, die verlassen von einem festen Willen, der sie führe, weit abschweifen über und unter der Ebene aller übrigen Planetenbahnen, auf Seitenpfaden, welche sonst nur von dem leichtfertigen Volk der Kometen eingeschlagen werden. Dennoch sind alle diese künstlich verschlungenen Bahnen so gelegen, daß sie sich in einem gemeinschaftlichen Punkte schneiden können, und Olbers suchte sogar durch Berechnung ein Zusammentreffen jener geschwisterlichen Asteroiden schon in ungefähr 300 Jahren wahrscheinlich zu machen.

In der Anordnung ihrer Bahnen zeigen die Planetoiden eine wesentliche Abweichung von allem bisher in der Planetenordnung Beobachteten. Sie sind nicht wie die der Planeten in verschiedenen Abständen hintereinander, sondern in verschiedenen, sämmtlich fast gleich weit von der Sonne entfernten Ebenen über und untereinander gestellt. Ebenso erinnert die langgestreckte elliptische Form ihrer Bahnen, besonders der Juno und Pallas, mehr an die der Kometen, als an die fast kreisförmigen Bahnen sämmtlicher Planeten. Man glaubte früher auch, daß sie eine unverhältnißmäßig große und dichte dunstartige Atmosphäre besäßen, welche einen kleinen Kern umgebe; indeß scheint dies auf einer optischen Täuschung zu beruhen. Ihre wahre Größe zu bestimmen, ist der Beobachtung bisher noch nicht hinlänglich gelungen. Aus den Schätzungen ihrer Helligkeit hat sich ergeben, daß der Durchmesser der meisten dieser Planetoiden noch nicht 60 Meilen erreicht, bei einigen wohl kaum 8 bis 9 Meilen übersteigt. Die Angaben Lamont's und andrer Astronomen, welche den Durchmesser der Pallas zu 145 und den der Juno zu 300 Meilen annehmen, sind darnach offenbar zu groß, und nur Mädler's Messung des Durchmessers der Vesta zu 66 Meilen dürfte wenig mit atmosphärischen Irrthümern behaftet sein. Auch das Licht dieser Weltkörper zeigt sonderbare Erscheinungen. Die meisten leuchten mit einem so unverhältnißmäßig hellen, fast fixsternartigen Glanze, daß Vesta z. B. als Scheibchen von noch nicht ½ Sec. schon dem bloßen Auge sichtbar wird; eine Erscheinung, die nach der bisher üblichen Erleuchtungstheorie freilich nicht erklärlich ist, und für die man ein planetarisches Selbstleuchten annehmen muß. Ueberdies zeigen die meisten Asteroiden einen merkwürdigen Farbenwechsel ihres Lichts, strahlen bald mit weißlichem, bald mit bläulichem, bald mit röthlichem Licht, so daß wir vielleicht auf eigenthümliche Vorgänge in ihrer Atmosphäre schließen müssen.

Schon Olbers stellte bekanntlich zu Anfang dieses Jahrhunderts die Vermuthung auf, daß diese kleinen Planeten nur die Trümmer eines großen Weltkörpers seien, der durch eine gewaltsame Katastrophe in zahlreiche Stücke zertheilt wurde. Wenn nach dieser Ansicht ursprünglich sich ein solcher großer Weltkörper zwischen Mars und Jupiter in elliptischer Bahn um die Sonne bewegt hat, so müssen natürlich nach der Katastrophe seine Stücke sämmtlich nahe in der Richtung der ursprünglichen Bahn ihren Weg fortgesetzt haben. Deshalb muß der Punkt, in welchem die Katastrophe sich ereignete, sämmtlichen neuen Bahnen gemeinschaftlich sein, d. h. ihre Bahnen müssen sich hier durchkreuzen, und jeder Asteroid muß einmal während seines Umlaufs dahin zurückkehren. Freilich gilt dies streng genommen nur für die nächste Folgezeit nach der Katastrophe, da im Verlaufe der Jahrhunderte sich die Bahnen durch die störenden Einflüsse andrer Planeten, besonders des Jupiter, ändern, und so auch die Durchschnittspunkte immer weiter und weiter auseinander gehen mußten. In der That lehrt die Betrachtung, daß die Durchschnittspunkte dieser Asteroidenbahnen in ziemlich enge Grenzen eingeschlossen sind. Aber jene Entstehungsweise schließt noch eine andre Bedingung ein. Die sämmtlichen Asteroiden müssen während ihres Umlaufs wenigstens einmal in dieselbe Entfernung von der Sonne kommen. Es darf also der größte Abstand keines der Asteroiden kleiner sein als der kleinste Abstand der übrigen.

Nur bei der Hygiea und Themis findet sich ein solcher Fall, da ihr kleinster Abstand $58^1/_2$ resp. 57 Mill. Meilen beträgt, während unter den übrigen Asteroiden Flora nicht über $32^2/_3$ Mill. Meilen hinausgeht. Läßt man aber Hygiea und Themis, vielleicht auch Psyche und einige neuer entdeckte Planetoiden, die auch in ihren sonstigen Verhältnissen von ihren Gefährten beträchtlich abweichen und, wie Lamont meint, besonderen Asteroidengruppen anzugehören scheinen, außer Acht, so wird die obige Bedingung vollkommen erfüllt. Wollte man also eine solche Katastrophe der Zertrümmerung annehmen, so müßte sie sich in der Entfernung von $32^2/_3$ Millionen Meilen von der Sonne ereignet haben.

Ein amerikanischer Astronom Daniel Kirkwood in Potsville hat sogar vor einigen Jahren versucht, ein Gesetz aufzustellen, wodurch es möglich wird, die ursprüngliche Größe des zertrümmerten Planeten lange nach seiner Zertrümmerung zu bestimmen. Zwischen je zwei auf einander folgenden Planeten giebt es einen Punkt, in welchem ihre Anziehungen gleich sind. Nennt man nun die Entfernung dieses Punktes von der Sonne den Radius einer Planeten-Attractionssphäre, so verhält sich nach Kirkwood's Gesetz bei jedem Planeten das Quadrat seiner Jahreslänge in Tagen ausgedrückt, wie der Kubus des Radius seiner Attractionssphäre. Daraus hat er die Masse des zertrümmerten Planeten als etwas größer als Mars, seinen Durchmesser auf ungefähr 1085 geographische Meilen bestimmt.

Was aber die Natur der Katastrophe selbst betrifft, so wollen sie die gegenwärtigen Astronomen nicht mehr, wie sonst gewöhnlich, einem Kometen zuschreiben, weil dessen Masse zu unbedeutend ist. Vielmehr glaubt Lamont, daß sie sich durch eine zu große Rotationsgeschwindigkeit des ursprünglichen Planeten, wie sie die ihm vielleicht verwandten Planeten der äußeren Gruppe, Jupiter, Saturn ꝛc. besitzen, natürlicher erklären lasse. Bei Jupiter hat diese Rotation nur eine bedeutende Abplattung hervorgebracht und vier Monde abgetrennt; bei Saturn hat sich der Ring nebst 8 Monden losgerissen, und bei unserm angenommenen Planeten hat sich sogar die ganze Masse durch die Heftigkeit des Umschwunges in Stücke getheilt, die nach der Richtung der Tangente hinausgeflogen sind. Diese Wurfkraft, welche im Verhältnisse zur Bahngeschwindigkeit jedenfalls nur sehr gering war, hat die Richtung und Geschwindigkeit der einzelnen Stücke ein wenig verändert und dadurch besondere Bahnen veranlaßt. Das Stück, welches voran geschleudert wurde, Ceres, hat die größte, das rückwärts geschleuderte Stück, Flora, die kleinste Geschwindigkeit bekommen, und an dem Orte der Zertrümmerung entstand die Sonnennähe der Ceres und die Sonnenferne der Flora. Die Bahnen aller übrigen Stücke, deren Richtung und Geschwindigkeit zwar gleichfalls geändert wurde, mußten aber nothwendiger Weise zwischen denen der Flora und Ceres eingeschlossen bleiben.

Diese ganze Olbers'sche Hypothese aber, durch welche man gleich anfangs die große Neigung der Pallasbahn gegen die Ekliptik kaum zu erklären vermochte, mußte in Folge der zahlreichen Entdeckungen, welche in den letzten Jahren auf diesem Gebiete gemacht wurden, und durch welche die Zahl der den Forderungen dieser Hypothese widersprechenden Planetoiden beständig wuchs, nothwendig wieder verlassen werden. Heutigen Tages ist man keineswegs sehr geneigt, die Entstehung dieser kleinen Planeten durch eine Aenderung des Urzustandes des Weltsystems, durch eine gewaltsame Katastrophe zu erklären, sondern neigt sich immer mehr der Ansicht zu, daß diese Körper ganz ebenso regelmäßig und nach eben denselben Gesetzen sich ausgebildet haben, wie die übrigen größeren Planeten unsres Sonnensystems. Man erwartet daher in Folge dieser Annahme aus der fleißigen Durchsuchung des Himmels die allmälige Auffindung einer übergroßen Anzahl solcher Himmelskörper und verschiebt die Aufstellung eines Gesetzes ihrer Vertheilung und einer Hypothese ihrer Entstehung auf jenen Zeitpunkt, wo die Uebersicht eine vollkommnere sein wird. Für jetzt hat man sich begnügt, durch eine sorgfältige Prüfung der störenden Wirkungen, welche diese Planetoiden auf ihre Nachbarplaneten, Mars und Erde, ausüben, eine obere Grenze für die Gesammtsumme von Materie aufzufinden, welche in dem Raume zwischen Mars und Jupiter, wahrscheinlich zwischen dem Abstande von $45\frac{1}{2}$ und $65\frac{1}{3}$ Mill. Meilen von der Sonne, vertheilt ist. Man hat zu diesem Zwecke zunächst die Störungen berechnet, welche erfolgen müßten, wenn die Gesammtmasse der kleinen Planeten der Masse der Erde gleich wäre, und hat gefunden, daß die wirklich beobachteten Störungen noch nicht den vierten Theil dieser berechneten Störung erreichen. Man hat daraus mit Recht den Schluß gezogen, daß die Summe aller Massen der Planetoiden, welche sich zwischen Mars und Jupiter vorfinden, mindestens den vierten Theil der Erdmasse nicht überschreiten kann.

Die überraschende Zahl der Entdeckungen, welche die Astronomie auf dem Gebiete der Planetoiden in den letzten Jahren gemacht hat, fängt bereits an auch einiges Licht auf die Theorie zu werfen. Einige Resultate wenigstens sind so eigenthümlicher Art, daß sie mit Recht Staunen erregen können. Man hat nämlich gefunden, daß die Formen und die Neigungen dieser Planetoidenbahnen durch die Störungen von Seiten der übrigen Planeten im Wesentlichen keine Veränderung erfahren können und also im innigsten Zusammenhange mit der ersten Ursache ihrer Bildung stehen müssen. Man hat ferner gefunden, daß diese Stabilität freilich nur für solche Planetoiden gilt, deren mittlere Entfernung von der Sonne größer ist als der doppelte Abstand unsrer Erde von der Sonne. Merkwürdig ist, daß man bis fast genau an diese durch die Theorie angezeigte Stabilitätsgrenze solche Planetoiden gefunden hat, jenseits derselben aber noch keinen einzigen. Es ist also anzunehmen, daß, wenn solche kleine Welten auch über diese Grenze hinaus von jener Entstehungsursache vertheilt sein sollten, sich ihre Bahnen theils so kometenartig verlängert, theils so bedeutende Neigungen gegen die Ebene unsrer Erdbahn angenommen haben müßten, daß es jetzt fast unmöglich wäre, sie aufzufinden, da sie zur Zeit ihrer Sonnennähe der Sonne zu nahe ständen und durch das Tageslicht unsichtbar gemacht würden, zur Zeit der Sonnenferne aber wieder zu weit von uns entfernt wären.

Die Geschichte dieser Planetoidenentdeckungen, die ganz dem gegenwärtigen Jahrhundert angehört, ist einer der interessantesten Theile der Geschichte der Astronomie, um so mehr, als sich hier der Zufall mit der fortschreitenden Vervollkommnung der Hülfsmittel der Beobachtung und der theoretischen Kenntniß der Gesetze der Himmelsmechanik in auffallender Weise vereinigt hat. Zu Ende des vorigen Jahrhunderts hatte man die Bemerkung gemacht, daß zwischen den Abständen der Planeten ein gewisses festes Zahlenverhältniß zu bestehen scheine, so daß geradezu die Abstände der einzelnen Planetenbahnen von der Merkursbahn sich verdoppelten. Dieses sogenannte „Bodesche Gesetz", dem freilich jeder physikalische Grund fehlte, erregte um so größeres Aufsehen, als es durch Herschel's Entdeckung des Uranus eine neue Bestätigung zu erhalten schien. Eine einzige Lücke nur schien in jener Progression noch vorhanden, da offenbar zwischen dem Mars und Jupiter ein Planet fehlte, dessen Entfernung etwa dem 8fachen Abstande der Venus vom Merkur hätte entsprechen müssen. Man fing an einen unbekannten Planeten in dieser Lücke zu vermuthen, und es trat sogar am 21. Sept. 1800 eine Gesellschaft von Astronomen zu dem Zwecke zusammen, diesen vermutheten Planeten zu suchen. Aber der Zufall kam dieser Gesellschaft zuvor. Dem Astronomen Piazzi in Palermo, der bereits seit 9 Jahren mit der Aufstellung eines neuen umfassenden Sternverzeichnisses beschäftigt war, führte dieser Zufall grade am ersten Tage des neuen Jahrhunderts, am 1. Jan. 1801, den ersten der Planetoiden, die Ceres, in das Feld seines zur Beobachtung eines ganz andern Sternes aufgestellten Fernrohrs. Ohne den Werth seiner Entdeckung zu ahnen, notirte er den Ort dieses kleinen Sternes und war aufs Höchste überrascht, am folgenden Abende einen ganz andern Ort desselben zu erhalten. Fortgesetzte Beobachtungen bestätigten allmälig seine Vermuthung, daß dieser Stern sich wirklich bewege, daß er zu dem Geschlecht der Wandelsterne, der Planeten gehöre. Ehe aber die Nachricht von dieser Entdeckung, wegen des durch die Napoleonischen Kriege damals so erschwerten Verkehrs, nach Deutschland und Frankreich gelangte, hatte sich die jugendliche Ceres längst wieder in den Sonnenstrahlen verborgen, und schwerlich wäre sie anders als durch Zufall wieder aufgefunden worden, wenn es nicht dem Scharfsinn eines Gauß gelungen wäre, aus den Beobachtungen Piazzi's die Bahn dieses Planeten zu berechnen, in welcher man ihn verfolgen und wieder finden konnte und wirklich wieder fand.

Drei Monate nach dem Wiederauffinden der Ceres am 29. März 1802 entdeckte der Astronom Olbers in Bremen einen neuen, der Ceres überaus ähnlichen kleinen Planeten, dem er den Namen Pallas gab. Es war etwas so Ueberraschendes und so ganz allen damaligen Vorstellungen von der Weltordnung Widersprechendes, an jener Stelle zwischen Mars und Jupiter statt eines Planeten zwei oder wohl gar mehrere neben und miteinander kreisende zu erblicken, daß der berühmte Astronom Zach den neu entdeckten Fremdling nur unter dem Namen eines Kometen zu verkünden wagte, und daß selbst Herschel ihm wie der Ceres nur die Benennung von Asteroiden zugestehen wollte. Aber die Berechnungen des scharfsinnigen Gauß wiesen bald die wahre Planeten-Natur der Pallas nach. Der Umstand, der sich dabei ergab, daß die Bahnen beider Planeten in einem Punkte einander sehr nahe kommen, veranlaßte Olbers zu der geist-, aber freilich auch phantasiereichen Hypothese, daß diese Planeten die Bruchstücke eines größeren zertrümmerten Planeten seien, und diese Hypothese wieder regte Olbers an, nach weiteren solchen Bruchstücken zu suchen, die jedenfalls zu finden wären, da auch sie jenen Knoten der Ceres- und Pallasbahn passiren müßten. Ehe ihm dies noch gelang, entdeckte Harding in Lilienthal bei Anfertigung seiner vortrefflichen Himmelskarten am 1. Sept. 1804 die Juno. Die Uebereinstimmung, welche die Bahn dieses neuen Planeten mit der Olbers'schen Hypothese zeigte, trieb den Begründer derselben, seine Nachforschungen nur noch eifriger fortzusetzen, und wirklich sah er am 29. März 1807 seine Bemühungen durch die Entdeckung der Vesta gekrönt.

Fast volle 39 Jahre verflossen, ohne daß auch nur die Spur eines neuen Planeten entdeckt wurde, und schon war man daran, die Zahl dieser kleinen Welten als abgeschlossen zu betrachten. Während dieser Zeit aber hatte die Berliner Akademie der Wissenschaften jene vortrefflichen Himmelskarten anfertigen lassen, welche ein sorgfältigeres und sichereres Durchforschen des Himmels nach unbekannten wandernden Sternen erleichterten. So geschah es denn am 8. Dec. 1845, daß Henke in Driesen, ein Dilettant der Astronomie, der aber seine Posthalterei aus Liebe für diese Wissenschaft aufgegeben hatte, mit Hülfe der Berliner Karten die Asträa entdeckte. Diese ruhmvolle Entdeckung eröffnete nun eine Epoche, die ohne Beispiel in der Geschichte der Astronomie dasteht. Astronomen und Dilettanten aller Nationen wetteiferten mit einander, unsre Weltordnung mit neuen Bürgern zu bevölkern. Diese Fülle sich drängender Entdeckungen war auch keineswegs ein bloßes Werk des Zufalls, sondern wesentlich eine Folge glücklicher Benutzung der vorhandenen Sternkarten. Aber welche Arbeit wurde dazu erfordert! Die kleinen Planeten, die man entdecken wollte, besitzen meist nur das Licht von Sternen 9ter bis 11ter Größe. Der Thierkreis, in welchem sie aufzusuchen sind, umfaßt 24 sogenannte Stunden. Eine solche Stunde, die zu den sternärmsten gehört, enthält nur 10 dem bloßen Auge sichtbare Sterne, aber mehr als 3000 Sterne 1ter bis 11ter Größe. Welche Zeit und Ausdauer ist dazu erforderlich, nicht allein solche Karten herzustellen, etwa, wie es Henke und Andre gethan haben, die Berliner Karten, die nur Sterne bis zur 9. Größe umfassen, zu vervollständigen, sondern vollends diese Karten mit dem wirklichen Himmel beständig zu vergleichen! So mußte der Zufall allerdings dem Suchenden wenigstens zu Hülfe kommen, und in der That hat er bisweilen eine merkwürdige Rolle gespielt. So geschah es, daß einer der thätigsten und glücklichsten Planetenentdecker, der Maler Hermann Goldschmidt in Paris, als er am Abend des 22. Mai 1856 sein bescheidenes, im sechsten Stockwerk gelegenes Zimmer, das ihm gleichzeitig als Malerwerkstatt, Schlafkammer und Sternwarte dient, gescheuert fand, um seine gewohnten Himmelsbeobachtungen nicht auszusetzen, sich unter das Dach des Hauses begab und sein Fernrohr aus einer Dachluke auf eine Himmelsgegend richtete, die er von seinem Zimmer aus nicht einmal hätte sehen können, — und siehe da, er erspäht einen neuen Planeten, die Daphne! Die Reihe dieser Entdeckungen, welche die Zahl der Planetoiden bis zum Schlusse des Jahres 1857 bis auf 50 vermehrt haben, ist nun folgende:

Im Jahre 1847 entdeckte zunächst Henke in Driesen am 1. Juli seinen zweiten Planeten, die Hebe; darauf folgte am 13. August die Entdeckung der Iris und am 18. October die der Flora durch Hind, Astronomen an der Privatsternwarte des Herrn Bishop in London. Das Jahr 1848 brachte nur einen neuen Planetoiden, die Metis, entdeckt am 25. April durch Graham, Astronom an der Sternwarte zu Markree-Castle in Irland. Das Jahr 1849 ist gleichfalls nur durch eine Entdeckung bezeichnet, durch die der Hygiea, welche der Astronom de Gasparis in Neapel auffand. Zahlreicher waren die Entdeckungen in den folgenden Jahren. Im Jahre 1850 ward die Parthenope am 11. Mai von de Gasparis, die Victoria am 13. September von Hind, die Egeria am 2. November abermals von de Gasparis entdeckt. Darauf fand im Jahre 1851 Hind am 19. Mai die Irene, de Gasparis am 29. Juli die Eunomia. Das Jahr 1852 gehört zu den glücklichsten auf diesem Felde der Entdeckungen, indem es unsrer Kenntniß der Planeten acht neue zuführte: zuerst die Psyche, am 17. März von de Gasparis entdeckt, dann die Thetis, am 17. April von Luther, Director der Sternwarte zu Bilk bei Düsseldorf aufgefunden, dann die Melpomene am 24. Juni und die Fortuna am 22. August von Hind entdeckt, darauf die Massalia, am 19. September von de Gasparis, die Lutetia, am 15. November vom Maler Hermann Goldschmidt in Paris, die Calliope, am 16. November und die Thalia am 15. December, beide von Hind entdeckt. Das Jahr 1853 brachte wieder vier neue Planetoiden: am 5. April die Themis von de Gasparis, am 7. April die Phocaea vom Astronomen Chacornac in Marseille, am 5. Mai die Proserpina von Luther, und am 8. November die Euterpe von Hind entdeckt. Das Jahr 1854 vermehrte die Zahl der Planetoiden um sechs: die Bellona, am 1. März von Luther, die Amphitrite, an demselben Tage vom Astronomen Marth in London entdeckt, die Urania, am 22. Juli von Hind, die Euphrosine, am 2. September vom amerikanischen Astronomen Ferguson in Washington, die Pomona, am 26. October von Goldschmidt und die Polyhymnia, am 28. October von Chacornac in Paris entdeckt. Im Jahre 1855 wurden am 6. April die Circe von Chacornac, am 19. April die Leucothea von Luther, am 5. October sogar zwei Planeten, die Atalante von Goldschmidt und die Fides von Luther aufgefunden. Fünf neue Entdeckungen brachte das Jahr 1856, am 12. Januar die der Leda und am 8. Februar die der Lätitia durch Chacornac, am 31. März die der Harmonia und am 22. Mai die der Daphne durch Goldschmidt, am 23. Mai die der Isis durch Pogson in Oxford. Endlich hat das Jahr 1857 unsre Kenntniß von der Planetenwelt durch die Entdeckung von acht neuen Planetoiden vermehrt. Pogson entdeckte am 15. April die Ariadne, Goldschmidt am 27. Mai die Nysa und am 27. Juni die Eugenia, Pogson abermals am 16. August die Hestia, Luther am 15. September die Aglaja. Am 19. September ereignete sich sogar die unerhörte Thatsache, daß ein und derselbe Beobachter, Hermann Goldschmidt, im Laufe einer einzigen Nacht zwei Planeten entdeckte, von denen der eine noch unbenannt scheint, der andre den Namen Pales erhielt. Endlich entdeckte Luther am 19. October den 50sten der Planetoiden, der aber bereits am 4. October von James Ferguson in Washington aufgefunden war und von diesem nach dem Rechte des Entdeckers Virginia getauft wurde.

Die Reihe der Entdeckungen ist damit sicherlich nicht geschlossen. Es ist der vermessenste und thörichteste Hochmuth, nach Art der sogenannten Naturphilosophen die Welt als fertig und vollendet anzusehen, weil man in seinem Hirn eine vortreffliche Ordnung entworfen hat, in die ein neuer Ankömmling nicht recht passen möchte. Lassen wir die Zeit immer weiter den Schleier verhüllter Welten lüften und das forschende Auge im Verein mit der nie täuschenden Rechnung immer neue Welten an's Licht führen, immer verwickeltere Gestaltungen und Ordnungen aufdecken! Denn je verwickelter die Erscheinungen werden, desto reger fühlt sich der Geist geweckt, ihre Verhältnisse zu durchdringen, desto näher vermag er zur Wahrheit zu schreiten!

So wenig wie unsre Sonne ein einfacher, einsam weilender Fixstern war, so sind auch viele ihrer Planeten Vielgestirne, d. h. Systeme einander umkreisender Welten; und wie wir einen Unterschied zwischen Sonne und Planeten machten, so machen wir ihn auch zwischen Planeten und Monden oder Trabanten. Aber auch die Planeten sind keine absoluten Herrscher. Planeten und Monde bewegen sich um einen gemeinsamen Schwerpunkt, und nur die größere Masse und die Nähe am Schwerpunkt geben dem Planeten ein Uebergewicht über die Monde. Alle Monde scheinen darin übereinzustimmen, daß ihnen nur eine Bahnbewegung, nicht aber zugleich eine Axendrehung, eine Rotation in Beziehung auf den Planeten, den sie begleiten, zukommt, oder vielmehr, daß die Dauer ihrer Axendrehung genau mit der Dauer ihres Umlaufs um den Hauptplaneten zusammenfällt, so daß sie stets dem letztern dieselbe Seite zuwenden. So bewegt sich unser Mond, während er einmal seinen Umlauf um die Erde vollendet, genau in derselben Zeit auch um seine Axe, und jeder Punkt seines Aequators hat in dieser Zeit einmal Morgen und Mittag, Abend und Mitternacht. Aber während die Bahnbewegung des Mondes bald einen schnellern, bald einen langsamern Verlauf hat, je nachdem er der Erde näher oder ferner steht, bleibt seine rotirende Bewegung, unabhängig von dem Einflusse der ungleichen Anziehung der Erde, auf jedem Punkte der Bahn immer in ihrem gleichmäßigen Schritte. Ueberhaupt scheint es, als richte sich nur die Bahnbewegung der Planeten wie der Monde nach den gewöhnlichen Gesetzen der Anziehung und Schwere, als stehe nur sie in Beziehung zu der körperlichen Masse und der davon abhängigen Gestalt der Bahn, während die rotirende Bewegung, frei von dem Gesetze der Massenanziehung, mehr Rücksicht nehme auf den äußern Umriß und Umfang der Weltkörper. Daher mögen wohl auch jene kleinen Schwankungen und Unregelmäßigkeiten rühren, die wir in der rotirenden Bewegung unsers Mondes gewahren, und die uns bisweilen bald etwas mehr vom östlichen und nördlichen, bald etwas mehr vom südlichen und westlichen Rande der uns sonst verborgnen Mondscheibe sichtbar werden lassen. Man nennt diese Erscheinung das Wanken oder die Libration des Mondes, und Mädler erklärt sie aus einer ungleichen Vertheilung der Mondmasse. Dennoch bleiben $^3/_7$ der ganzen Mondoberfläche gänzlich und auf immer unsern Blicken entzogen. Es geht uns hier wie ja auch oft auf dem Gebiete des Denkens und geistigen Forschens. Auch dort giebt es in der dunkeln Werkstätte der Natur und schaffenden Urkraft gar manche uns abgewandte, unerreichbar scheinende Regionen, von denen sich seit Jahrtausenden dem Menschengeschlechte von Zeit zu Zeit, bald in wahrem, bald in trügerischem Lichte schimmernd, ein schmaler Saum gezeigt hat.

Wie mit unserm Monde, ist es mit allen andern Trabanten. Ihre Rotation bewirkt nur zufällig Wechsel von Tag und Nacht. Der Mond ist nur für seinen Planeten da, nur dieser, nicht die Sonne, hat unmittelbaren Einfluß auf ihn, und darum ist wohl auch seine Natur eine ganz unähnliche, nach ganz anderm Princip gestaltete, als die seines Planeten. Bei den drei innern Jupitersmonden wird sogar durch ihre Stellung der Einfluß der Sonne größtentheils ganz unwirksam gemacht. Denn sie empfangen auf der dem Jupiter zugewandten Seite blos die schwachen Strahlen einer kaum aufgegangenen Frühsonne und einer sich zum Untergang neigenden Spätsonne. Statt des belebenden Mittags umfängt sie täglich in dem ungeheuren Schatten ihres riesenhaften Centralkörpers eine Finsterniß, dunkler als unsre Mitternacht, weil sie dem Tage plötzlich ohne vermittelnde Dämmerung folgt, und weil die Riesenscheibe des Jupiter auch einen großen Theil des Sternhimmels verdeckt. Bei den Uranusmonden vergeht sogar Umlauf nach Umlauf, ohne daß die 42jährige Nacht von einer Morgendämmerung unterbrochen würde. Die Sterne gehen auf und unter, aber nur das schwache Licht des Planeten erleuchtet die Nacht. Und so wechselt dort in 84 Jahren eine einzige Nacht und ein einziger Tag ab. Wer will noch behaupten, daß die Natur jene Trabanten nur zu leuchtenden Dienern ihrer Planeten geschaffen habe! —

Wenn wir annehmen könnten, daß die Natur aller Monde unsers Systems eine ähnliche sei, so hätten wir allerdings eine sehr gute Gelegenheit, solche Weltkörper genauer kennen zu lernen. Unser eigner Mond steht der Erde so nahe, daß wir ihn auf einer Eisenbahn ganz bequem in 15 bis 16 Monaten erreichen könnten; denn seine mittlere Entfernung beträgt ja nur 51,315 Meilen. Die Oberfläche des Mondes ist aber mehr als 13 Mal kleiner als die unserer Erde, und die uns zugewandte Scheibe umfaßt also noch nicht halb so viel Raum als Asien. Wir können uns daher diese Scheibe als eine Landkarte denken, auf welcher jeder Landstrich von 40 Meilen unserm Auge einen Zoll groß erscheinen wird. Wenden wir nun ein Fernrohr an, so nähern wir uns dem Monde um so viel, als die Vergrößerung unsres Fernrohrs beträgt. Die Entfernung bis zum Monde beträgt etwa 51,000 Meilen. Ist es uns also möglich, einen Menschen oder ein Pferd noch in der Entfernung von einer Meile zu erblicken, so bedürfte es einer 51,000maligen Vergrößerung, um sie durch das Fernrohr auf dem Monde zu erkennen. So unwahrscheinlich es an sich ist, daß uns die ferne Zukunft eine solche Verbesserung unsrer Sehwerkzeuge bringen wird, so kommt noch hinzu, daß mit der vergrößernden Kraft des Fernrohrs zugleich die Undeutlichkeit des Bildes in Folge der Dichtigkeit unsrer Atmosphäre und der täglichen Bewegung der Erde wächst. Man hat deshalb bisher bei dem Monde keine größere als eine 300malige Vergrößerung mit Erfolg anwenden können. Wollten wir also Menschen und Thiere auf dem Monde sehen, so bedürften wir einer fast 170 Mal stärkeren Vergrößerung als der bisher üblichen. Wollten wir auch nur Bauwerke wahrnehmen, wie die größten unsrer Erde, die wir in fünf Meilen Entfernung noch erkennen, so müßte die Kraft unsrer Fernröhre im Verein mit der Deutlichkeit ihrer Bilder doch noch um das 34fache steigen. Wir nehmen jetzt auf dem Monde deutlich nur Gegenstände von 4—6000 Fuß Durchmesser wahr; vielleicht ist es uns später vergönnt, selbst Bauwerke von der Größe unsrer Pyramiden und Münster zu erblicken; aber immer werden sie uns nur als zarte Pünktchen erscheinen, deren Gestalt zu deuten wir uns vergeblich bemühen werden.

Von dem organischen Leben des Mondes, den Erzeugnissen des Thier- und Pflanzenreiches, mit denen sein Boden geschmückt und belebt ist, erhalten wir aber durch das Fernrohr keine Vorstellung. Unbegreiflich ist der Leichtsinn, mit welchem selbst in gebildeten Kreisen vor noch nicht 20 Jahren die Münchhauseniade eines Amerikaners unter dem Namen eines John Herschel förmlich Eingang und Glauben fand, die von sonderbaren Schaafen, Menschen mit Fledermausflügeln, Städten und Chausseen auf dem Monde fabelte. Von der physischen Natur unsres Nachbarn aber, von seinen Bergen und Thälern geben uns auch schon die Schattenrisse, die wir jetzt sehen, einen allgemeinen Begriff; nur bietet diese Natur, je bekannter sie wird, desto unerforschlichere Räthsel dar. —

Riesenhafte, scharf emporragende Gebirge bedecken die Oberfläche des Mondes; mächtige, unsern Alpenzügen ähnliche Kettengebirge, doch ohne Verzweigungen, ohne Thäler, erstrecken sich über Länderstriche von 90 Meilen, oft nur in einer Breite von einer Meile, und erheben sich in ihren pikförmigen Gipfeln bis zu 15000, ja bis zu 26,000 Fuß Höhe. Lange, vielfach gekrümmte Höhenrücken, Bergadern genannt, durchziehen die weiten Ebenen des Mondes, oft über eine Meile breit, kaum 50, selten 1000 Fuß hoch, und daher nur bei niedrigem Stande der Sonne aus ihren Schatten erkennbar. Zahllose einzeln stehende Bergkegel bedecken besonders seine nördliche Hälfte und gruppiren sich zu einem breiten, 200 Meilen langen Gürtel von Hügellandschaften. Die seltsamste Gebirgsform des Mondes bieten aber jene kreisrunden Wälle dar, die bald weite Ebenen, bald jähe Tiefen von 2 — 10 Meilen im Durchmesser umschließen. Man nennt die ersteren Wallebenen, die letzteren Ringgebirge und bezeichnet die kleinsten und regelmätigsten Formen als Krater und Gruben, wiewohl man aus dem Namen keinen Schluß auf die Verwandtschaft ihrer Natur mit unsern irdischen Vulkanen ziehen darf. Die Wallebenen gehören jedenfalls zu den ältesten Bildungen des Mondes, da sie von spätern Formen aller Art verdrängt oder fast zur Unkenntlichkeit entstellt sind. Ihre Wälle sind von Kratern und langen furchenartigen Thalschluchten durchbrochen, ihre Mitte in reizender Mannigfaltigkeit von Hügelgruppen, breiten Landrücken, schmalen Höhenadern, kraterartigen Vertiefungen und blasenartigen Auftreibungen geschmückt. Zahlreicher sind die regelmäßigeren und darum jüngeren Ringgebirge, deren man bereits über 1000 kennt, und die einzelne Gegenden so dicht gedrängt bedecken, daß sie ihnen das Ansehen eines Zellgewebes geben.

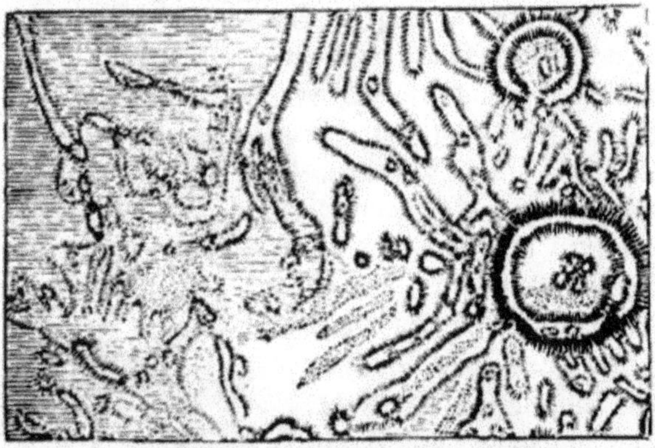

Die nebenstehende Karte, welche eine Fläche des Mondes ungefähr von der Größe des Königsreichs Baiern darstellt, zeigt zwei solche benachbarte Ringgebirge, deren Wälle einzelne Gipfel tragen und nach Innen und Außen in Terrassen abfallen oder Ausläufer nach allen Seiten senden. Im Innern steht gewöhnlich ein Centralberg, ein niederer Hügel, ein hoher Pik oder ein kleines Massengebirge. Nie erhebt sich der Centralberg zur Höhe des Walles, selten selbst zur Höhe der angrenzenden Ebene. Einzelne ragen wohl 4—5000 Fuß aus der Tiefe empor, aber die Wälle erheben sich dann 12—16,000 Fuß hoch. Die einfachste Gestalt eines Ringgebirges, wie es uns auf dem Monde selbst erscheinen würde, zeigt die nebenstehende Abbildung.

Ueberraschte uns schon die Zahl der Ringgebirge, so setzt uns die der kleinen Krater vollends in Erstaunen, da selbst ein mäßig starkes Fernrohr uns deren gegen 20,000 zeigt. Das nebenstehende photographische Bild der Mondsichel, wie es sich in einem solchen mäßigen Fernrohr darstellt, zeigt uns einen Theil der Mondoberfläche mit Vulkangruppen wie übersäet. Oft stürzen diese kleinen Krater nach innen in außerordentliche Tiefen ab, in die das Licht der Sonne selbst bei ziemlich hohem Stande nicht dringen kann, und die Menge ihrer dunkeln Schatten giebt einzelnen Gegenden fast ein durchlöchertes Ansehen. Einige strahlen im Vollmond mit starkem Glanze, da das Sonnenlicht von ihren Höhlungen wie von einem Brennspiegel zurückgeworfen wird, während andere nur ihren leuchtenden Rand, wie einen Lichtring um das dunkle Innere, zeigen. Oft sind sie wie Perlenschnüre aneinander gereiht, bald durch Kanäle oder Bergadern verbunden, bald von einem gemeinsamen Walle umschlossen. Die Abbildung zeigt eine Gruppe von Kratern, d und b ohne Centralberg, a verbunden, c und e von andern umschlossen. Am meisten befremden uns die sonderbaren Rillen des Mondes, die uns im Vollmond als glänzende Lichtstreifen, sonst als schwarze Fäden erscheinen und tiefe Furchen von mehreren Tausend Fuß Breite bezeichnen, die sich fast gradlinig durch Ebenen und Gebirgslandschaften ziehen, selbst Krater durchschneiden oder sich zu Kratern erweitern.

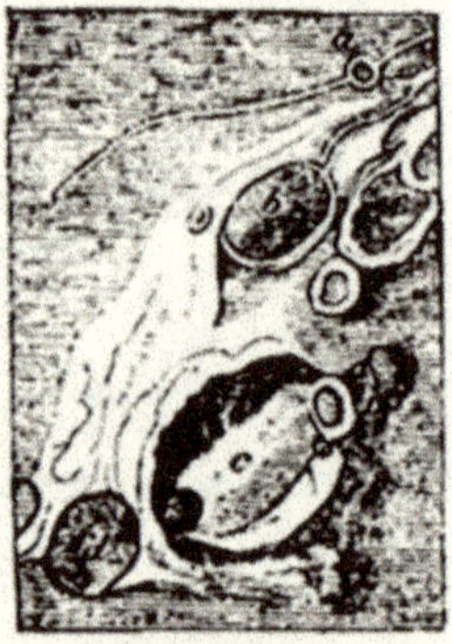

Die feine teleskopische Untersuchung zeigt sie als ein mit der Kraterbildung in Reihen verwandtes Phänomen. Auf Erden haben wir nichts ihnen zur Seite zu setzen, denn selbst die furchtbaren Spalten, welche die Prärien von Texas durchschneiden, verschwinden gegen sie. Bemüht, Aehnlichkeiten zwischen Mond und Erde zu finden, sah man, wie in den großen grauen Flecken Meere, in den helleren Continente, so auch in den Rillen Flüsse, künstliche Kanäle oder Landstraßen. Aber ihre Breite und der Umstand, daß sie steile und hohe Berge durchschneiden, sich durch Krater mit selbständigen Wällen fortsetzen, daß Anfang und Ende in gleicher Ebene liegen, widersprechen dieser Ansicht durchaus. Jedenfalls sind sie

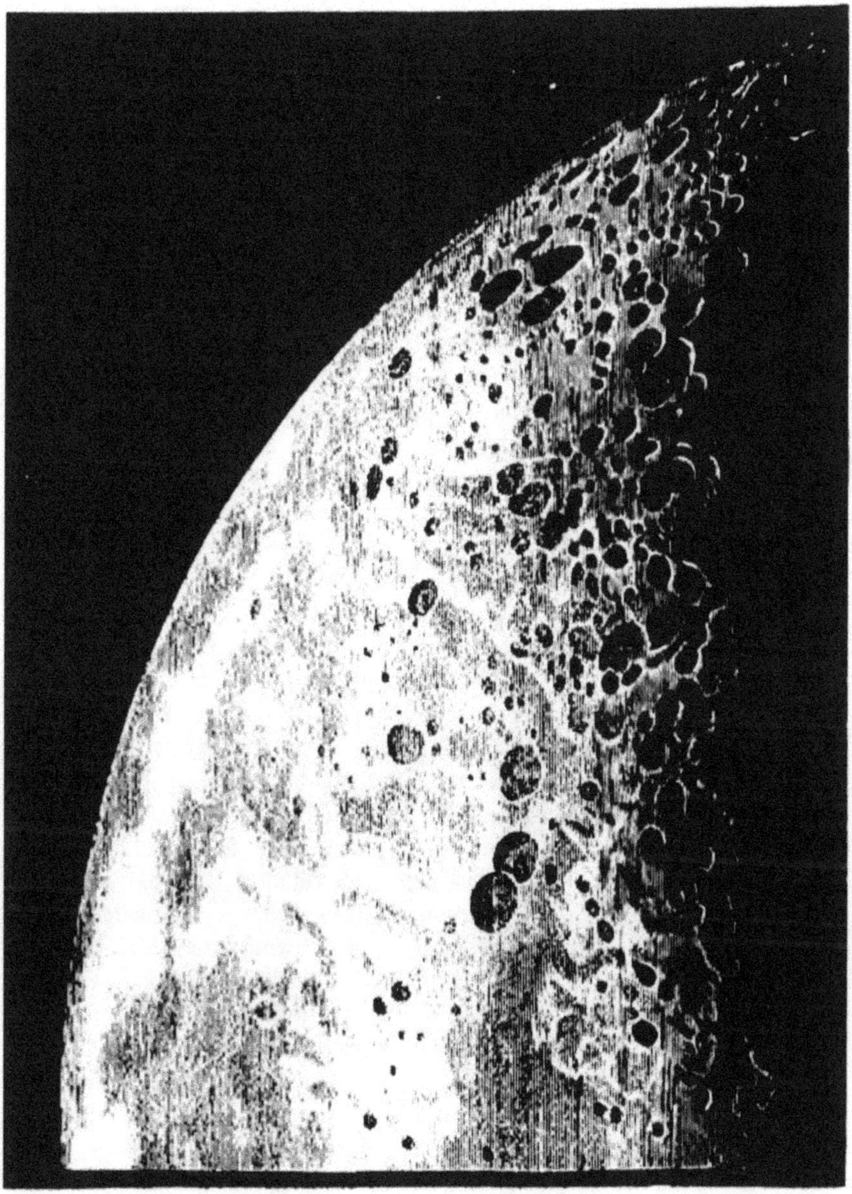

Photographisches Bild eines Theils der Mondsichel.

die jüngsten Gebilde des Mondes, da sie selbst durch Krater nicht von ihrer Richtung abgelenkt werden. Zu den seltsamsten und noch völlig räthselhaften Erscheinungen auf dem Monde gehören jene hellen Streifen, welche von einzelnen großen Kratern, wie Tycho, Copernicus, Kepler, auslaufen und bei geringer Breite oft mehrere hundert Meilen weit über die höchsten Berge wie durch die tiefsten Krater sich hinziehen. Es steht fest, daß sie keine wirklichen Erhöhungen bilden, da sie niemals Schatten werfen. Sie scheinen vielmehr nur auf eigenthümlichen Lichtreflexen zu beruhen, also ihren Grund in gewissen streifenweisen Veränderungen der Mondoberfläche, gleichsam in Verglasungen zu haben, durch welche eine vermehrte Lichtreflexion erklärlich würde. Mädler hat ihre Entstehung dahin zu erklären versucht, daß die erhitzten Gase des Mondinnern, die keinen directen Ausweg fanden, dicht unter der Oberfläche hinstrichen und so jene Veränderungen bewirkten, bis sie entweder in irgend einen bereits vorhandenen Krater ausströmten oder allmälig erkalteten.

Die gemeinsame Neigung aller dieser Erhebungen und Vertiefungen des Mondes zu runden Formen nöthigt uns zu der Ueberzeugung, daß sie alle auch einen gemeinsamen Entstehungsgrund hatten. Der Mond war ursprünglich eine flüssige Masse, und während sie erstarrte, entwickelten sich im Innern Kräfte und veranlaßten Ausbrüche, wie wenn Luftblasen aus einer breiartigen Masse aufgetrieben werden und an der Oberfläche zerplatzend einen kreisförmig erhöhten Rand um eine vertiefte Mitte zurücklassen. Solcher Ereignisse folgten mehrere nach einander, wie Wallebenen, Ringgebirge und Krater sich uns als verschiedene Altersbildungen ankündigten. In der fast erstarrten Rinde entstanden zuletzt Risse, wie die Rillen zeigen, deren älteste vielleicht von später aus dem Innern quellenden Gluthmassen wieder erfüllt wurden und so die Bergadern bildeten. Am thätigsten arbeitete die innere Gewalt an den Polen, die sie mit zahllosen Höhengebilden bedeckte, während am Aequator nur einzelne Berge und Krater mit weit ausgedehnten Ebenen wechseln. So hat es der Erdbewohner selbst gewagt, die geheimnißvolle Urgeschichte eines Weltkörpers zu enträthseln, den nie sein Fuß betrat.

Wenn man an die Bewohnbarkeit des Mondes dachte, so sah man sich vor Allem immer nach den irdischen Lebenselementen, nach Luft und Wasser um. Damit aber freilich fand man es dort oben schlecht bestellt. Jede Luftart giebt sich dadurch zu erkennen, daß sie den hindurchgehenden Lichtstrahl bricht und schwächt. Die Atmosphäre des Mondes zeigt nicht das Geringste von Beidem. Die Landschaften des Randes erscheinen in derselben Deutlichkeit wie die der Mitte, und ein Stern zeigt bei seinem Eintritte in den Mondrand so wenig eine Schwächung, als bei seinem Austritte eine Verzögerung oder Ablenkung des Lichts. Auch der Wasserdampf müßte sich durch Strahlenbrechung verrathen, wenn er in jener Atmosphäre aufgelöst, oder wenn die Oberfläche mit Wasser bedeckt wäre, das doch seine Eigenschaft zu verdunsten auch dort nicht verleugnen könnte. Gäbe es auch nur ein Wasserbecken auf dem Monde wie unsern Bodensee oder einen Strom wie unsern Rhein, so würden sie sich doch als glatte Ebenen verrathen: oder flössen dort auch nur Bäche und Quellen, so würde sich ihr Wasser doch in einem jener Krater ergießen und den einen oder den andern ausfüllen. Ja hätten auch nur in früheren Zeiten, wie auf unsrer Erde, Wasserfluthen auf dem Monde gewirkt, so würden wir doch nicht so ganz jene Ebenen vermissen, welche in so unermeßlicher Ausdehnung auf unsrer Erde die ehemaligen Grenzen des Meeres, wie in den Sandwüsten Afrikas und Asiens, oder die Entstehung neuer Länderstriche durch Anschwemmung der Ströme verrathen, wie an den Mündungen der amerikanischen Flüsse. Hätte dort einst auch nur ein einziges Meer wie unsre Ostsee gefluthet, hätte sich nur ein einziger Fluß in die schroffen Tiefen jener Krater gestürzt, wir würden doch die Spuren des ebnenden und glättenden Wassers erkennen. Die milde Decke der Vegetation würde jene schroffen, zackigen Unebenheiten überkleiden, die jeder Punkt der Mondoberfläche dem bewaffneten Auge darbietet. Aber nirgends zeigt sich eine Spur weder von Wasser, noch von seinen Wirkungen in der Gegenwart oder der Vorzeit. Selbst die Atmosphäre mit ihren Umwölkungen entgeht aller Feinheit menschlicher Instrumente. Wollen wir aber nicht, wie es Manche, auf den Flügeln der Phantasie getragen, gethan haben, im Widerspruch mit ihrer flüssigen Natur Luft und Wasser allein auf die jenseitige, uns stets abgewandte Seite des Mondes verweisen, um dort ungestört von paradiesischen Gefilden, rieselnden Bächen, milden Zephyren zu träumen; so bleibt uns nichts übrig, als eine Mondatmosphäre von so geringer Dichtigkeit und ein Mondwasser von so ätherischer Feinheit anzunehmen, daß wir in der Entfernung von 51,000 Meilen ihre Spuren nicht zu entdecken vermögen. Die sorgfältige Berechnung Bessel's ergab als äußerste Möglichkeit einer Mondluft eine 968 Mal geringere Dichtigkeit als die unsrer irdischen Luft: ein Beweis, wie wenig wir an eine Aehnlichkeit der Naturverhältnisse von Mond und Erde denken dürfen. Ganz andere Leiber müssen jene Mondbewohner tragen, anderes Blut muß in ihren Adern fließen, andere Lungen jene Luft einathmen; wir vermöchten in solcher Welt nicht zu leben!

Auch der Wechsel der Tages- und Jahreszeiten bringt ganz eigenthümliche Lebensbedingungen für den Mondbewohner mit sich. Der Tag hat dort gleiche Länge mit dem Jahre und währt gleich unserm Monat 29 Tage 12 Stunden 44 Minuten. Ein Unterschied von Jahreszeiten ist kaum merkbar. Die Bewohner des Aequators haben ewigen Sommer, die der Pole ewigen Winter. Dort erglänzen Höhen in ewigem Sonnenlicht, hier schimmern Thäler in sanfter Dämmerung, die weder Tag noch Nacht kennen. Die Tage sind das ganze Jahr hindurch fast gleich lang, alle Tage gleich hell, alle Nächte gleich dunkel. Auf der uns zugewandten Mondhälfte giebt es keine finstre Nacht, sie wird stets erleuchtet von der Erde und mit 14 Mal hellerem Lichte, als unsre Nacht vom Monde. Auf der jenseitigen Hälfte dagegen sind die Nächte in tiefes Dunkel gehüllt, durch welches nur Planeten und Fixsterne 15 Tage lang an dem schwarzen Himmelszelt funkeln. Der Mangel einer strahlenbrechenden Atmosphäre raubt die Wohlthat der Dämmerung, und blitzschnell würde dem glänzendsten Tage die dunkelste Nacht folgen, wenn nicht die Langsamkeit des Sonnenauf- und Untergangs den Uebergang etwas milderte. Mit unsern Augen würden die Mondbewohner die scharfen Kontraste von Licht und Schatten dort nicht ertragen, würden sie die sanften Vermittelungsfarben zwischen Schwarz und Weiß, die unsre Welt mit ihrem bunten Spiel verschönen, vermissen. Ihnen erschiene der Himmel nicht blau wie uns, sondern selbst am Tage schwarz, und die Sterne würden neben der strahlenden Sonne nicht schwinden.

Was die sinnliche Wahrnehmung uns vielleicht nie zur Gewißheit bringen wird, das zwingt uns doch die Vernunft anzunehmen: die Bewohntheit des Mondes wie aller Weltkörper von vernünftigen Wesen, nicht jedoch von Menschen.

So wenig, wie einen Baum ohne Blätter und Frucht, vermögen wir uns eine Welt ohne organisches Leben zu denken. Auch dem Monde mußte eine Zeit in seiner Entwicklungsgeschichte kommen, gleichviel, ob Jahrtausende früher oder später, wo denkende Wesen seinem Staube entkeimten. Ist aber auch die Materie dort keine andre, als unsre irdische, so sind es doch die Lebensbedingungen, und darum auch die Lebensprodukte. Wie die Erde in ihren verschiedenen Schöpfungsepochen verschiedene Schöpfungen, die aber einem Entwicklungsreiche angehörten, trug, so müssen auch die Weltkörper nach ihren Naturzuständen verschiedene Lebensreiche, vielleicht auch in der Idee verwandte, tragen. Wir kennen wohl die Abhängigkeit unsres Körpers von der Sauerstoffmenge, die wir mit jedem Athemzuge aufnehmen. In der dünnen Mondluft wäre eine solche Athmung nur möglich, wenn auch das Blut eine langsamere Verbrennung forderte. Eben so wird aber auch in dieser dünnen Luft das Wachsthum der Pflanzen geringer sein, da die Nahrungsmittel ihnen ja um so verdünnter zugeführt werden. Der stoffliche Ertrag der Mondvegetation kann also in gleicher Zeit nur der 968ste Theil von dem der irdischen sein. Da nun die Thierwelt wieder von der Pflanzenwelt abhängt, so muß auch ihre Masse nach der Menge der Nahrungsmittel in demselben Verhältniß zu der unsrer Thierwelt stehen. Man hat bisweilen versucht, mittelst solcher Schlüsse sich ein Bild von der Natur des Mondmenschen zu machen. Freilich ist es nicht mehr als ein Spiel des Verstandes. Gab man dem Mondbewohner dieselbe Dichtigkeit der Knochen und Muskeln, die wir besitzen; so schwand seine Größe auf die von Ameisen, auf kaum eine Linie zusammen. Gab man ihm dagegen unsre Größe, so mußte man ihn mit einem ätherischen Leibe bekleiden, da seine Dichtigkeit kaum der unsrer Luft gleich käme. Fügte man hierzu noch die aus dem Zusammenfallen von Tages- und Jahreszeiten folgende Annahme, daß die zarteren Pflanzen dort in einem Mondtage oder Mondsommer ihr Wachsthum vollenden müssen: so ergab sich zugleich auf dem Monde ein 12 Mal schnellerer Kreislauf des Lebens, eine schnellere Athmung und ein kürzeres Leben, das der Entfaltung geistiger Kultur nur Eintrag thun könnte.

Jedenfalls also ist die Lebenswelt des Mondes eine ganz andre, fremdartige, und der Mensch, der überall nach Gleichem und Verwandtem sucht, muß, wenn er sich in eine stille Betrachtung der Mondfläche versenkt, von einem Gefühl der Einsamkeit und des Fremdseins ergriffen werden, wie es der Wanderer empfindet, wenn er, in unsern Alpengegenden verirrt, sich rings nur vom ewig starren Eis der Gletscher und den kalten todten Zacken der schneeigen Berghäupter umringt sieht. Bleibt uns aber auch in ewige Räthsel gehüllt, was dort lebt und athmet in jener fremdartigen Natur, doch ist unser nachbarlicher Mond für die Naturgeschichte der Erde und für die berechnende Astronomie nicht ohne segnenden Einfluß geblieben. An ihm entdeckte Newton sein Gesetz der Schwere, an ihm fanden wir ein Maß für unsre Zeitrechnung, und er, der unsre langen Winternächte mit mildem Licht erhellt, bleibe uns immer ein lieber, treuer Gefährte! —

Aber auch andre Planeten besitzen solche Trabanten, Jupiter deren vier. Freilich sind sie uns wegen der Nähe ihres blendenden Centralkörpers erst durch Erfindung der Fernröhre bekannt und von Simon Mayer 1610 in Ansbach zuerst beobachtet worden. Doch scheinen auch sie eine ähnliche Naturbeschaffenheit zu haben, wie unser Erdmond, nur daß ihre Atmosphäre dichter ist und Wolkenbildungen gestattet. Auch haben sie eine bessere Beleuchtung, da ihnen, dem ersten wenigstens, die Riesenscheibe des Jupiter 37 Mal so groß im Durchmesser erscheint, als uns die Sonne. Saturn hat acht zum Theil nur durch scharfe Fernröhre bemerkbare Monde, von denen fast dasselbe gilt, wie von den bisher genannten, nur daß sie in ungewöhnlicher Nähe bei ihrem Planeten stehen. Von den acht Monden des Uranus wissen wir nur wenig, zwei davon sind erst in der jüngsten Zeit entdeckt worden. Auffällig sind sie uns nur durch die Lage ihrer Bahnen, die ihnen keine andre Abwechslung von Tag und Nacht zu gestatten scheint, als die durch den 84jährigen Umlauf ihres Planeten um die Sonne. Auch scheinen sie entweder eine außerordentliche Größe oder eine besondre Lichtstärke zu besitzen, da sie sonst schwerlich durch die besten Fernröhre hätten erkannt werden können. Darum mögen leicht den Uranus noch mehrere solcher Trabanten umkreisen, die vielleicht auch einst noch unser geschärftes Auge entdeckt. Hat doch der Astronom Lassell auf der Insel Malta im Jahre 1852 selbst am jüngst entdeckten Neptun schon einen solchen Mond beobachtet, dessen Bahnbewegung sogar, nach Hind's Bemerkung, abweichend von allen übrigen Monden der Planetenwelt, retrograd zu sein scheint!

Wenn nun nach einer Richtung hin in unserm Systeme die Planeten mit ihren Monden die Sonne umkreisen, und über diesen schmalen Raum hinaus nur die wenigen kleinen Asteroiden auf ihren Bahnen schweifen, so wird es gewiß jedem denkenden Betrachter sehr wahrscheinlich erscheinen, daß auch der übrige Theil unsres Planetensystems bevölkert sei, daß auch nach andern Richtungen hin Weltkörper um unsre Sonne kreisen. Und in der That, auch jener Raum ist erfüllt von einem zahllosen Heere von Weltkörpern, freilich ganz andrer Natur als unsre festeren Planeten, mit ganz anderen weitgestreckten Bahnen, dunstförmigen Meteoren, welche ihre kalten phosphorischen Flammen in Regionen des Weltalls tauchen, die seit den Jahrtausenden, seit welchen Sonne und Planeten bestanden, nie ein Planet oder Mond durchwandelt hat. Diese fremdartigen Wesen sind die Kometen.

Zahllos nannte ich die Schaar der Kometen, und Kepler sagt schon, es gebe im Weltraum mehr Kometen, als Fische in den Tiefen des Oceans. Freilich kennen wir kaum 4—500, und kaum von 180 sind die Bahnen berechnet. Aber freilich reicht auch die Grenze unsrer Beobachtungen nur in wenige Jahrhunderte hinauf, und die reichsten und ältesten Angaben verdanken wir noch der Litteratur der Alles aufzeichnenden Chinesen. Diese sonderbaren Weltkörper, deren kleine Körpermasse kaum den 5000sten Theil unsrer Erdmasse erreicht, erfüllen dennoch mit ihren weit ausgebreiteten Schweifen ungeheure Räume, Strecken, die oft die Entfernung unsrer Erde von der Sonne übertreffen. Ihre Gestalt selbst bietet die größte Mannigfaltigkeit dar. Bald erscheinen sie nur durch das Fernrohr sichtbar ohne eigentlichen Schweif, Nebelsternen ähnlich, als rundliche schimmernde Nebel mit lichterem Kern, bald unterscheidet man deutlich den Kern oder Kopf von dem dunstartigen Schweife. Dieser Kern ist meistentheils nur schwach begrenzt, von Nebeln umhüllt, oft gar durch einen dunkeln Raum von seinem Schweif getrennt. Selten erscheint er in bestimmterer Größe, wohl gar als Stern erster und zweiter Größe, wie er bei dem großen Kometen von 1843 in Nordamerika selbst am hellen Tage sich zeigte, oder als schwarzbegrenzte Scheibe, wie bei dem schönen Kometen von 1811. Auch die Schweife zeigen gar mannigfache Formen, bald sind sie einfach, bald doppelt, wie bei dem Kometen von 1823, bald vielfach, bald grade, bald nach außen oder innen gekrümmt, wie 1811, oft gar flammenartig gewunden. Immer jedoch sind sie genau von der Sonne abgewandt. Die beistehende Abbildung zeigt einen solchen Kometen mit vielfach getheiltem, fast fächerartigen Schweife, der im J. 1744 sichtbar war. Aber diese seltsamen Formen der Kometen und ihrer Schweife sind nicht einmal beständig,

Fächerartiger Komet vom Jahre 1744.

sondern oft einem schnellen Wechsel der Gestaltung unterworfen. So beobachtete Bessel 1835 beim Halley'schen Kometen an dem vordern, der Sonne zugekehrten Theile des Kerns eine büschelförmige Lichtausströmung, die fortwährend wechselte, während die rückwärts gekrümmten Strahlen des Schweifes einer brennenden Rakete glichen, welche durch den Zugwind beständig seitwärts abgelenkt wird. Bessel schloß daher auf eine drehende oder schwingende Bewegung des Kometenschweifes, zu deren Erklärung freilich die gewöhnliche Anziehungskraft der Sonne nicht hinreicht und vielleicht die Annahme einer polaren Kraft nöthig würde, welche immer die eine Seite des Kometen der Sonne zuzuwenden, die andre abzuwenden strebt, ähnlich wie es sich mit der magnetischen Polarität unsrer Erde verhält.

So tief nun auch das menschliche Auge in neuester Zeit in die Geheimnisse des Weltraums eingedrungen ist und mit der Rechnung diese bald erscheinenden, bald entschwindenden Meteore in ferne Welträume verfolgt hat: über ihre Naturbeschaffenheit sind wir noch immer sehr im Dunkeln geblieben. Manche Beobachtungen zwar haben einiges Licht darüber verbreitet. Man hat bemerkt, daß Kometen, wenn sie selbst mit ihrem Kerne auch nur schwache Fixsterne bedeckten, dennoch das Licht derselben nicht ablenkten und wenigstens nicht merkbar schwächten. So ging der Halley'sche Komet am 29. September 1835 mit dem sehr dichten Nebel seines Kopfes über einen Stern zehnter Größe hinweg, und das Licht dieses Sterns wurde nicht im Geringsten abgelenkt. Wir wissen aber, daß, wenn Lichtstrahlen durch irgend einen noch so durchsichtigen Körper, sei es selbst das dünnste Gas, hindurchgehen, sie eine Ablenkung von ihrer graden Richtung, eine Brechung erleiden. Um so unerklärlicher ist uns diese Durchsichtigkeit der Kometen, die uns nicht einmal eine gasförmige Dichtigkeit für ihre Natur annehmen läßt. Nur in unsrer Atmosphäre haben wir eine ähnliche Erscheinung, denn auch unsre Wolken lenken das Licht der Sterne nicht ab; aber sie bestehen aus getrennten Theilen. Für solche kosmische Gewölke diese Kometen zu halten, kommt uns freilich etwas schwer an. Und doch muß ihre Materie eine außerordentlich dünne sein, da sie auch nicht die geringste Störung in dem Laufe der Planeten bewirken, obwohl sie ihnen bisweilen äußerst nahe kommen, und der eine sogar zweimal, 1767 und 1779, mitten zwischen den vier Jupitersmonden durchging, ohne den mindesten störenden Einfluß auf ihre Bahnbewegung.

Auch über das Licht der Kometen hat man merkwürdige Erfahrungen gemacht. Ich erwähnte schon, daß man seit Entdeckung der Polarisation des Lichts durch farbige Bilder, welche ein Lichtstrahl erzeugt, wenn er durch ein Kalkspathblättchen aufgefangen wird, an der Ungleichheit und an den Farben der Bilder erkennen kann, ob dieser Lichtstrahl, welcher vielleicht aus Millionen Meilen weiter Ferne herkommt, direktes oder zurückgeworfnes Licht, ob die Lichtquelle, der er entströmte, ein fester, flüssiger oder gasförmiger Körper ist. Durch solche Versuche erwies sich das Kometenlicht allerdings als ein fremdes, zurückgeworfenes Licht; aber ob die Kometen nicht außerdem auch eignes Licht haben, das bleibt noch unentschieden, und die Wahrscheinlichkeit spricht dafür, so gut wie für die selbständige Lichtentwicklung der Planeten. Dafür spricht besonders die außerordentliche Lichtstärke einzelner Kometen, die es gestattete, sie selbst am hellen Tage mit bloßem Auge zu erblicken, wie es von den Kometen von 363, 1106, 1402, 1532, 1577, 1744 berichtet wird, wie es der von 1843 uns selbst zeigte, und wie der von Hind entdeckte Komet im Jahre 1847 nur 2° von der Sonne am Mittag an mehreren Orten durch das Fernrohr gesehen wurde, so daß sein Licht 100 Mal das der Fixsterne erster Größe übertreffen mußte. Dafür spricht auch noch die Veränderung der Lichtstärke der Kometen, unabhängig von ihrer Stellung in der Bahn und von ihrer Entfernung von der Sonne. Bei mehreren erfolgt sogar eine solche Veränderung mit großer Regelmäßigkeit; die Größe ihres Kerns verringert sich in der Nähe der Sonne und vergrößert sich mit ihrer Entfernung. Vielleicht deutet dies hin auf einen innern Prozeß der Verdichtung, welcher durch die Nähe der Sonne befördert wird und in Zusammenhang steht mit den größeren Lichtausströmungen, welche man bei ihrer Annäherung an die Sonne bemerkt hat. Es mag die Heftigkeit ihres natürlichen Entwicklungskampfes sein, welcher von der Sonne belebt wird, und welcher den innern Gegensatz der Masse, des Kerns gegen die Hülle, um so schroffer auseinander hält. Diese Sehnsucht führt die Kometen aus unendlicher Ferne mitten durch fremde Welten wieder hin zur Sonne, und je näher er kommt, desto kräftiger regt sich das

Sehnen. Sein Kern dehnt sich aus, als wolle er verschwimmen in seiner Nebelhülle, als wolle er sich ganz und gar in ätherischen Dunst verflüchtigen. Aber das erhaltende Princip der Materie erwacht auch, und siegreich führt es den ermatteten Kometen wieder fort in Fernen, wohin kaum noch die mächtige Sonne ihren Herrscherarm ausstreckt; bis immer wieder das ungestillte Sehnen erwacht und immer wieder zur belebenden Sonne zurückzieht.

Daß die Kometen ihr Licht nicht blos der Erleuchtung durch die Sonne verdanken, sondern auch ein selbständiges Licht durch innere Lebenskraft erzeugen, dafür ist auch ein Beweis jene unerklärliche Lichtschwächung, die einige Kometen in der Nähe der Sonne erleiden. Haben sie aber ein eignes Licht, so giebt dies den Anhalt zu einer eigenthümlichen Erklärung des Kometenschweifes, die unabhängig von der Annahme einer nebelartigen Masse desselben ist. Wenn nämlich ein Licht einen dunkeln Körper erleuchtet, so entsteht hinter diesem ein Schatten; hat der erleuchtete Körper aber selbst ein eignes schwächeres Licht, so wird dieser Schatten nicht mehr dunkel erscheinen, sondern gleichfalls erleuchtet, nur schwächer, als der doppelt erleuchtete Körper. Wollte man dies von den Kometen gelten lassen, so wäre ihr Schweif nur ihr von ihrem eignen Lichte erleuchteter Schatten im Weltraum. Damit wäre freilich die Erscheinung erklärt, daß der Schweif des Kometen immer von der Sonne abgewandt ist, in der Bahn also dem dichteren Kerne bald voran-, bald nachläuft, während doch nach den Naturgesetzen der weniger dichte Körper immer dem dichteren folgen müßte. Aber es spricht gegen eine solche Erklärung doch auch wieder die Thatsache, daß es gekrümmte und doppelte Kometenschweife giebt. Die Beobachtung muß hier entscheiden und wird gewiß noch die Dunkelheit aufhellen, welche über die Naturbeschaffenheit der Kometen und ihrer Schweife bis jetzt herrscht.

Eigenthümliche Erscheinungen zeigte der Halley'sche Komet im Jahre 1835. Als er sich der Erde bis auf eine halbe Erdweite genähert hatte, bemerkte Bessel, daß von seinem kaum 30 Meilen großen Kerne eine fächerförmige Lichtausströmung ausging, die sich auf mehr als 600 Meilen erstreckte. Ihre Richtung blieb nicht immer der Sonne zugewandt, sondern änderte sich beständig, oft außerordentlich schnell, gleich den Schwingungen eines Pendels.

Bessel zog daraus den schon angedeuteten Schluß, daß auf die Kometen eine andre Kraft als die gewöhnliche Attraction wirke, eine Polarkraft, der magnetischen und electrischen entsprechend, wodurch die eine Hälfte seines Kernes eben so stark abgestoßen, als die andre angezogen wird. Eben so fand Herschel am Cap der guten Hoffnung, daß der Kometenkopf nach seinem Durchgange durch die Sonnennähe an Durchmesser bedeutend zugenommen hatte und nach 17 Tagen auf das 79fache angewachsen war. Der Biela'sche Komet gab uns im Jahre 1846 sogar das seltsame Schauspiel einer Theilung. Es bildete sich ein Nebenkopf, der einen Schweif aussendete und allmälig an Lichtstärke so zunahm, daß er den Hauptkopf eine Zeitlang übertraf. Bei der Wiedererscheinung des Kometen im Jahre 1852 gelang es dem Astronomen Secchi in Rom am 16. September abermals den zweiten Kern desselben aufzufinden, und zwar dies Mal in einem unerwartet großen Abstande, der 48—49 Erdhalbmesser erreichte. Es gelang sogar für beide Kometenkerne getrennte Bahnberechnungen anzustellen, und merkwürdiger Weise zeigten sich beide Bahnen völlig unabhängig von einander. Dennoch ist es unzweifelhaft, daß eine innige Beziehung zwischen beiden Kernen stattfindet. Es dürfte wahrscheinlich auch in Zukunft gelingen, bei jeder Erscheinung des Kometen den Lauf jedes der beiden Köpfe getrennt darzustellen ohne Hinzunahme einer andern Kraft als der allgemeinen Gravitation.

So sonderbare Eigenthümlichkeiten müssen uns von dem Versuche abhalten, aus Aehnlichkeiten in der Planetenwelt Kräfte und Ursachen dieser Erscheinungen zu erklären. Einen Dunst, der sich auf 12 Millionen Meilen in regelmäßiger Form ausbreitet, der ein Licht aussendet, das ihn noch in 70—90 Millionen Meilen Entfernung sichtbar macht, kennen wir im Planetensystem sonst nicht. Die Schwierigkeit einer Erklärung, wie diese lockeren Massen wieder aus den Fernen des Weltraums zurückgeführt werden können, hat daher Manche zu der Annahme veranlaßt, daß sie gar nicht zurückkehren, sondern sich im Raume auflösen, zerstreuen. Dem widerspricht freilich schon der Halley'sche Komet, der seit Jahrtausenden regelmäßig in seine Bahn wiederkehrt, ohne materielle Verluste zu verrathen. Andere nahmen an, daß sich die Kometen allmälig verdichteten und in Planeten übergingen. Möchte auch diese Verdichtung nicht unmöglich sein, möchten auch die Bahnen im widerstehenden Aether sich verengen und der Kreisform nähern können; woher sollte die Masse für diese Planeten kommen? Warum überhaupt eine solche stufenweise Entwicklung der Welten, eine Rangordnung von Höherem und Niederem annehmen? Auch in den Organismen der Erde sehen wir nur Stufenfolgen nebeneinander, nicht nacheinander, und kein Thier, keine Pflanze ist seit den ältesten Zeiten vollkommner oder anders geworden. Alles Erschaffne ist gleich vollkommen in sich. „Die Weltkörper", sagt Mädler, „sind nicht Exemplare, sondern Individuen im strengsten Sinne des Worts, es giebt so viele Arten von Weltkörpern, als Weltkörper selbst. Jeder bleibt durch alle Zeiten hindurch im Wesentlichen das, was er einmal geworden ist." Menschenwerke mögen wir nach Mustern schätzen, die Werke der Natur sind Originale.

Je weniger die Wissenschaft über das Wesen dieser luftigen Körper sagen kann, desto eifriger hat sie den Gesetzen ihrer Bewegung und allen Störungen, die diese kleinen Welten bei ihrer Wanderung durch fremde Gebiete mächtigerer Herrscher erfahren müssen, nachgeforscht. Eine glänzende Bereicherung der Kenntniß unsers Sonnensystems ist die Frucht dieser Forschungen gewesen. Es sind Kometen von so kurzer Umlaufszeit entdeckt worden, daß sie ganz innerhalb unsrer Planetenbahnen bleiben, nicht über den Saturn, einer nicht einmal über den Jupiter hinausgehen. Unter diesen planetarischen Kometen, die in der Form ihrer Bahn und in ihrer Umlaufszeit den Planetoiden nahe kommen, ist der von Enke 1818 entdeckte der erste. Er hat nur eine Umlaufszeit von $3^1/_3$ Jahren oder 1208 Tagen, und merkwürdig genug verkürzt sich diese regelmäßig, so daß es scheint, als verenge sich seine Bahn; eine Thatsache, die selbst durch die vielfachen Störungen der Planeten nicht ganz zu erklären ist und daher Enke zur Annahme eines Widerstand leistenden Mittels im Weltraum bewog. Zu diesem Enke'schen Kometen gesellte sich 1826 ein zweiter planetarischer Komet, von Biela entdeckt, mit einer Umlaufszeit von $6^2/_3$ Jahren. Dieser hat eine gefahrdrohende Bahn, da sie unsrer Erdbahn nahe vorbeigeht, wenn man ein Zusammentreffen mit einem solchen gespenstigen Körper gefährlich nennen will. Am 29. October 1832 waren wir einer solchen Gefahr nahe, da die Erde nur noch einen Monat von dem

Punkte entfernt war, in welchem der Komet ihre Bahn durchschnitt. Ein weniger bedrohliches, wunderbares Schauspiel könnte uns aber noch der Kampf zweier solcher Kometen gewähren. Denn diese beiden, der Enke'sche und der Biela'sche, schneiden sich auch unter einander in ihren Bahnen und könnten wohl einmal einander begegnen und kämpfend durchdringen oder wechselseitig vernichten. Dennoch möchte ein solches Naturereigniß kaum eine Umgestaltung im Weltraum bewirken, wie der Ausbruch eines Vulkans in unserm Erdkreis! Ein dritter Komet von der kurzen Umlaufszeit von $7^{5}/_{12}$ Jahren und mit fast kreisförmiger Bahn wurde von Faye am 22. November 1843 entdeckt. Er ist im November 1850 zu Cambridge wieder aufgefunden worden und erreichte sein Perihel in derselben Stunde, welche Leverrier vorausberechnet hatte. De Vico entdeckte in Rom im Jahre 1844 einen andern Kometen, der in $5^{1}/_{2}$ Jahren seinen Umlauf beendet, und den Goldschmidt im Jahre 1855 wiedergesehen haben will, obwohl diese Beobachtung noch einigem Zweifel unterliegt. Brorsen in Kiel beobachtete im Jahre 1846 einen andern Kometen, dem er eine Umlaufszeit von $5^{1}/_{2}$ Jahren zuschrieb. Vergeblich suchte man diesen bei seiner nächsten Wiederkehr im Jahre 1851 wieder aufzufinden; die Nähe der Sonne hinderte seine Wahrnehmung. Erst am 18. März 1857 gelang es Bruhns bei seiner abermaligen Wiederkehr diesen Kometen zu erblicken und seine Identität mit dem früher beobachteten festzustellen. Er ist somit der 3te derjenigen Kometen von kurzer Umlaufszeit, deren Wiederkehr wirklich mit Sicherheit beobachtet ist. Zu diesen gesellt sich endlich der von d'Arrest 1851 berechnete Komet, dem eine Umlaufszeit von $6^{1}/_{2}$ Jahren zugeschrieben wird. Die übrigen Kometen haben meist weit größere Bahnen, und doch sind auch schon viele von ihnen genauer berechnet worden. Der Halley'sche Komet kehrt erst nach Perioden von durchschnittlich $76^{9}/_{10}$ Jahren, der Olbers'sche nach 74 Jahren von seiner Reise zurück; andre brauchen sogar Hunderte, selbst Tausende von Jahren. So gebraucht der schöne Komet von 1811 nach einer freilich wenig zuverlässigen Rechnung 3065, der furchtbar große von 1680 sogar 8800 Jahre, so daß sie sich 44mal weiter als Uranus, d. h. 17,600 Millionen Meilen von der Sonne entfernen, und doch steht der nächste Fixstern noch wenigstens 250mal weiter von uns ab, als der fernste aller bisher bekannten Kometen. Ueberdies sind die Bahnen dieser Kometen äußerst veränderlich, da sie bei ihrer geringen Dichtigkeit durch die Planeten, deren Bahnen sie durchstreifen, die beträchtlichsten Störungen erleiden. Mancher Komet, z. B. der von 1769, durchlief daher bei seinen verschiednen Wiedererscheinungen Bahnen, die nicht die geringste Aehnlichkeit mit einander hatten. Daher kommt es wohl auch, daß manche mit Sehnsucht erwartete Kometen Jahre lang selbst astronomischen Erwartungen spotten können.

Eine solche Täuschung widerfuhr uns noch in den letzten Jahren. Es ist bekannt, daß die Identität zweier zu verschiedenen Zeiten gesehenen Kometen nur aus der Uebereinstimmung ihrer berechneten Bahnelemente geschlossen werden kann. Nun hatte sich schon vor 150 Jahren aus Halley's Berechnungen gezeigt, daß der im Jahre 1556 erschienene große Komet, welcher Karl V. bekanntlich zur Niederlegung seiner Kaiserkrone veranlaßte, mit einem im Jahre 1264 gesehenen, welcher den Tod Pabst Urban IV. prophezeiht haben sollte, in seinen Bahnelementen, wenn auch nicht völlige Gleichheit, doch große Aehnlichkeit zeigte; und es ward schon damals die Vermuthung rege, daß beide Erscheinungen demselben Kometen angehörten. Die Bahn des Kometen von 1556 ließ sich nach den Aufzeichnungen des Astronomen Fabricius noch nachträglich gut bestimmen, und ebenso ließen sich die Störungen wenigstens annähernd berechnen, welche der Komet vor und nach jener Erscheinung erfahren haben müßte. Hind in London und Bomme in Middelburg unternahmen diese schwierige Berechnung. Das gemeinsame Resultat war eine Umlaufszeit des genannten Kometen von 308 Jahren, die aber durch die störenden Anziehungen der Planeten eine Verkürzung von 10½ Jahren erfahren könne. Bomme glaubte daraus die Rückkehr des Kometen zum Perihel auf den 2. August 1858 feststellen zu können. Das Alles hat aber natürlich nur Gültigkeit, wenn die bisher nur vermuthete Identität der beiden Kometen von 1264 und 1556 in Wirklichkeit besteht. Diese Vermuthung ist freilich in neuester Zeit bedeutend erschüttert worden. Einerseits sind von Littrow alte, bisher unbekannte Beobachtungen des Kometen von 1556 aufgefunden worden, andrerseits hat Hook die alten, namentlich chinesischen Beobachtungen des Kometen von 1264 genauer untersucht; und es ergiebt sich daraus eine größere Verschiedenheit beider Bahnen, als man ursprünglich angenommen. Die Wahrscheinlichkeit einer Wiederkehr jenes Kometen in den nächsten Jahren ist damit zwar noch nicht aufgehoben, aber doch sehr vermindert.

Es ist bekannt, welches Unheil bereits die vermeintliche Prophezeihung von der Wiederkehr jenes Planeten im vergangenen Jahre über das ganze gebildete Europa heraufbeschworen hat. Ein müßiger Kopf hatte sich leider den unzeitigen Spaß gemacht, einen bestimmten Tag, den 13. Juni, für die Wiedererscheinung jenes Kometen anzugeben und damit einige nichtige, den Geist der Menge bethörende Voraussagungen von einem durch ihn drohenden Weltuntergang in Verbindung zu bringen. Er fand leider nur zu viel Gläubige für seine falschen Prophezeihungen. Es war, als ob plötzlich ein finstres Gespenst des Mittelalters zum Schrecken aller wahrhaft Gebildeten und zur Schmach unsres aufgeklärten Jahrhunderts mitten unter uns auftauchte. Und doch war es nur das Symptom einer tiefer liegenden Krankheit. Durfte man es doch in jenen Tagen des 13. Juni „frommen" Leuten gegenüber nicht einmal wagen, über diesen heillosen Aberglauben zu spotten, „weil der Untergang der Welt ein christliches Dogma sei!" Wurden doch katholische und protestantische Kanzeln mißbraucht, um diesen Aberglauben als Mahnung zur Buße zu predigen!

Wenn nun auch bisweilen Kometen theils wegen falscher Voraussetzungen in den Berechnungen unsrer Astronomen, theils wegen ungekannter Störungen auf ihrem Laufe durch die Planetenwelt, unsre Erwartungen durch ihr Ausbleiben täuschen, so überraschen uns doch wieder andre durch ihr plötzliches Erscheinen. Oft bleiben sie überdies in nicht sehr ehrfurchtsvoller Entfernung von unsrer Erde und nähern sich ihr bisweilen zum großen Schrecken manches geängsteten Erdbewohners. Am 28. Juni 1770 stand der Lexell'sche Komet nur 6 mal so weit als der Mond von uns ab. Am 26. Juni 1819 befand sich unsre Erde wirklich, ohne daß unsre Astronomen selbst etwas davon wußten, einige Stunden lang im Schweife eines erst einige Tage später entdeckten Kometen. Jener Tag war so warm und schön, wie die Sommertage jenes Jahres überhaupt; kein besonderes Ereigniß bezeichnete ihn, weder Sturm noch Ungewitter, und auch die Ernte des Jahres litt nicht unter den Einflüssen dieses Kometenschweifes. Die Sonne scheint sogar noch mehr bedroht zu werden; denn 1680 rückte ihr ein ungeheurer Komet bis auf $\frac{7}{10}$ unsrer Mondweite, also auf 36,000 Meilen nahe; und doch hat keiner von allen auch nur die geringste störende Wirkung auf Sonne und Erde ausgeübt. Wie Wolken an den Felsenhäuptern der Gebirge sind sie vorübergegangen. Nicht um Secunden haben sie die Erde in ihrem Laufe verzögert. —

Einst gab es eine Zeit — und das vergangene Jahr hat uns ja überzeugt, daß sie noch keineswegs so fern ist, als wir gern glauben möchten, und daß der Aberglaube seine Schatten noch weit in die vom Morgenlicht der Wissenschaft erhellten Länder wirft, — es gab eine Zeit, wo man die Kometen für Lufterscheinungen hielt, welche die Gottheit als Vorboten großer Landplagen am Himmel aufstellte. Man sah sie als Strafruthen des erzürnten Gottes an: Pest und Krieg, Mißwachs und Hungersnoth sollten sie den armen Erdbewohnern verkünden. Furcht und Schrecken mußte daher ein solcher unwillkommner Bote bringen. Deßhalb erzählen die alten Schriftsteller, wenn sie von der Erscheinung eines Kometen sprechen, immer auch von den traurigen Begebenheiten, die sie nach sich führten. Selbst Cicero, der doch ein Philosoph war, versichert, daß zu seiner Zeit durch Kometen Krieg angekündigt worden sei. Unsre heutige Aufklärung hat zwar diese Art des Aberglaubens größtentheils vernichtet, aber doch regen sich auch jetzt noch in einem großen Theile des Volks Spuren dieser abergläubischen Furcht, und mancher Landmann sieht noch immer mit Schrecken brennende Schwerter und flammende Ruthen am Himmel erscheinen. Ueberdies hat wieder eine neue Besorgniß die zaghaften Menschen ergriffen. Es könnte ja doch, meint man, einmal ein Komet auf seiner Wanderung durch unsre nachbarlichen Räume mit unsrer Erde zusammentreffen, und wenn er auch nicht die Erde zu zerstören vermöchte, so würde uns doch gewiß bei einem solchen Kampfe nicht wohl zu Muthe sein. Noch vor nicht gar langer Zeit haben solche furchtbare Vorstellungen in Angst und Schrecken gesetzt. So widerfuhr es dem berühmten Astronomen Lalande zweimal, daß er zum Urheber solcher Schreckensgerüchte gestempelt wurde. Im Jahre 1773 zeigte er an, daß er eine Schrift über diejenigen bisher bekannten Kometen herausgeben wolle, welche der Erde nahe kommen könnten. Schnell verbreitete sich das Gerücht, Lalande habe entdeckt, daß sehr bald ein Komet erscheinen werde, welcher das Ende der Welt herbeiführen solle. Allgemeine Furcht verbreitete sich, und der Astronom sah sich genöthigt, eiligst bekannt zu machen, daß er Nichts prophezeit habe. Nicht lange darauf geschah etwas Aehnliches. Ein muthwilliger Mensch machte bekannt, es würden in Kurzem zwei der Erde gefährliche Kometen erscheinen, über die Lalande nähere Auskunft ertheilen könne. Ein panischer Schrecken ergriff die Pariser, und wieder mußte der Gelehrte öffentlich erklären, daß jenes Gerücht keinen Grund habe. Das geschah zu Ende des vorigen Jahrhunderts; ist das heutige ärmer an Lächerlichkeiten?

Freilich haben sich jetzt wissenschaftliche Kenntnisse neben ungründlicher Halbheit in größeren Kreisen des geselligen Lebens Platz gemacht; aber die Besorgnisse vor wenigstens möglichen Uebeln scheinen an Gewicht noch zugenommen zu haben. Die Gewißheit, daß uns innerhalb unsrer Planetenbahnen immer wiederkehrende Kometen heimsuchen, die beträchtlichen Störungen, welche besonders Jupiter und Saturn in ihren Bahnen hervorbringen, und welche unschädlich scheinende Weltkörper in gefahrbringende umwandeln können, die Verschiedenheit der einzelnen Kometenkörper, welche beträchtliche Abstufungen in der Dichtigkeit der Masse des Kerns vermuthen läßt; Alles das ersetzt reichlich die Befürchtungen, welche frühere Jahrhunderte vor brennenden Schwertern und vor einem durch Haarsterne gedrohten Weltbrande hegten. So kann die Wissenschaft selbst Besorgnisse erregen, die sie zwar nicht theilt, die sie aber doch vergebens zu beruhigen strebt. Sie kann es ja gar nicht leugnen, daß möglicher Weise ein Komet einmal mit unsrer Erde zusammenstoße. Freilich hat keine der bekannten Kometenbahnen eine solche Lage, daß ein Zusammentreffen mit dem Kopfe des Kometen wenigstens zu erwarten wäre. So weit die Kometen eine Bahnberechnung gestatten, ist der vom Jahre 1684 noch der drohendste, da er der Erdbahn — wohlverstanden, nicht der Erde selbst — auf 216 Erdhalbmesser d. h. 185,000 Meilen nahe kommt. Gesetzt aber auch, daß später noch andre Kometen ihre Bahnen und vielleicht mit größerer Zuverlässigkeit als heute berechnen lassen, und daß sich unter diesen einer findet, dessen wirklichen Zusammenstoß mit unsrer Erde die Astronomen vorhersagen könnten, so würden die Folgen eines solchen Ereignisses, wenn man auf die Naturbeschaffenheit der

Kometen Rücksicht nimmt, dennoch keiner Beachtung werth sein. Die Kometen sind ja selbst in ihrem Kerne durchsichtig und nicht im Stande, hindurchgehende Lichtstrahlen von ihrem Wege abzulenken; sie sind also weder flüssige noch luftförmige Körper. Sie können aber auch nicht feste Körper sein wie die Planeten, einerseits wegen der großen Veränderlichkeit ihrer Umrisse, andrerseits wegen der Wirkungslosigkeit ihrer Masse bei der Annäherung an Planeten. Mit der Schärfe unsrer Beobachtungen wächst nun aber auch die Sicherung unsrer Wägungen der Himmelskörper. Eine Masse, deren Wirkungen wir nicht nicht mehr wahrnehmen können, muß also kleiner sein als die kleinste bestimmbare Masse. Nun hat sich aber ergeben, daß der Komet von 1770 noch nicht den 5000sten Theil der Erdmasse haben kann, weil man sonst seine Anziehungswirkungen hätte wahrnehmen müssen. Massenlos sind die Kometen darum noch nicht. Aber wenn man ihren gewaltigen Raumumfang bedenkt, der meist den sämmtlicher Planeten, wohl selbst den der Sonne übertrifft, so bleibt für sie eine so außerordentliche Dünnheit übrig, daß wir auf Erden keinen Vergleich mehr dafür haben. Wahrscheinlich besteht die Kometenmasse also aus unzusammenhängenden, staubartig verbreiteten Theilen, die wir in unmittelbarer Nähe gar nicht einmal wahrnehmen würden, und die uns auch in der Ferne als Ganzes nur durch das zurückgeworfene Sonnenlicht sichtbar werden.

Daß wir von einem Zusammentreffen mit solchen Körpern nichts zu fürchten haben, ist klar. Wäre der Komet noch ein Gas, das sich mit unsrer atmosphärischen Luft vermischen und sie gewissermaßen vergiften könnte, so wäre wenigstens ein Anlaß zur Furcht vorhanden. Aber was kann es schaden, wenn sich einige fremde Staubtheilchen auf unsrer Erde niederschlagen! Jedenfalls ist ein faustgroßer Meteorstein furchtbarer als ein Komet. Steckten wir selbst mitten in einem Kometen, er würde uns kein Haar krümmen; wir müßten denn alle astronomischen Thatsachen leugnen wollen. Aber vergeblich wird die Wissenschaft sich bemühen, der großen Menge die Gefahrlosigkeit der Kometen einzureden; ich sage — vergeblich, denn alle ihre der Rechnung entlehnten Gründe wirken nur auf den denkenden Verstand, nicht auf die dumpfe Stimmung der Gemüther und die Einbildungskraft. Es liegt einmal tief in der düstern Natur des Menschen, in einer furchtbar ernsten Ansicht der Dinge, daß das Unerwartete, Außerordentliche nur Furcht, nicht Freude oder Hoffnung erregt. Die Wundergestalt eines großen Kometen, sein matter, unheimlicher Schimmer, sein plötzliches Auftauchen am Himmelsgewölbe sind dem Volkssinne aller Zeiten fast immer als eine neue, grauenvolle, der altehrwürdigen Verkettung des Bestehenden feindliche Macht erschienen. Die kurze Dauer dieser Erscheinung erweckt den Glauben, sie müsse sich auch in den gleichzeitigen oder nächstfolgenden Weltbegebenheiten abspiegeln, und dem Glauben bietet sich leicht dar, was ihm als verkündetes Unheil gelten kann. Nur zuweilen scheint der Volkssinn eine heitrere Richtung anzunehmen. Der schöne Komet des Jahres 1811 hat den Haß gegen sein lange geschmähtes Volk in Segen verwandelt; denn ihm schrieb man den heilbringenden Einfluß auf das Gedeihen des Weinstocks zu, ihn nannte man den Geber des noch immer so geschätzten Elfer Kometenweins. Für uns, die wir im Lichte der Wissenschaft leben und den Komet als ein gesetzliches Glied unsres Weltsystems kennen, der vielmehr Gefahren vom Einflusse andrer Weltkörper zu fürchten, als bei seiner geringen Masse zu bringen hat, sollte doch der Komet seine Schrecken verloren haben. Dennoch wird nimmer der Glaube an jene furchterregenden Mythen schwinden; denn des Menschen Sinn bleibt unwandelbar derselbe, und seine Phantasie schafft sich immer mehr furchtbare als liebliche Bilder!

Furchtlos wenden wir uns von diesem luftigen Kometenvolke ab zu andern, gleichfalls unserm Systeme angehörenden Weltkörpern. Denn noch ist die bunte Reihe von Formen geballter Materie nicht beendet. Es kreisen hier noch räthselhaftere Wesen, die kleinsten aller Asteroiden, die wir in ihrem fragmentarischen Zustande und in den Bereich unsrer Atmosphäre gelangt mit dem Namen der Aërolithen oder Meteorsteine bezeichnen. Wir werden diese kleinen Welten, die uns als Sternschnuppen und Feuerkugeln bekannt sind, als Massen kennen lernen, die sich nach den Gesetzen der allgemeinen Schwerkraft in länglichen verschlungenen Bahnen um die Sonne bewegen, mit gleicher Geschwindigkeit wie unsre Planeten, d. h. zwischen vier und acht Meilen in der Secunde durchlaufend. Bisweilen begegnen diese Massen in ihrem Laufe der Erde, werden von ihr angezogen und leuchten, bisweilen lassen sie glühende, mit schwarzer, glänzender Rinde überzogene Steinmassen herabfallen. Denn sicherlich dürfen wir Sternschnuppen und Feuerkugeln nicht trennen. Beide Erscheinungen sehen wir ja gleichzeitig, in einander übergehend. Von den phosphorisch schimmernden Linien, in denen sich die Sternschnuppen wie fortgleitende Punkte zeigen, bis zu den Alles erleuchtenden, selbst den Glanz des Tages überstrahlenden Feuerkugeln, die, dunkle Rauchwolken ausstoßend und mit furchtbarem Krachen zerplatzend, einen Steinregen über die Erde ergießen, ist gewiß kein größerer Schritt, als von unsern winzigen Planetoiden bis zum riesenhaften Jupiter. Gewiß ist die Mannigfaltigkeit ihrer Erscheinungsformen nicht größer, als die der Kometen, und mit diesen scheinen sie ja die größte Aehnlichkeit zu besitzen. Man will ja auch an ihnen Kern und Schweif unterscheiden; und gewiß ist es, daß der glänzende Streifen, den sie bei ihrer Bewegung wie eine feurige Spur zurücklassen, nicht allein der Fortdauer des Lichtreizes auf unsrer Netzhaut zugeschrieben werden kann, wie etwa bei einer im Kreise geschwungenen glühenden Kohle. Denn bisweilen dauert die Sichtbarkeit dieses Schweifes über eine Minute, selten länger, als das Licht des Kernes der Sternschnuppe, und immer bleibt er unbeweglich fest stehen. Die beste Aufklärung darüber vermögen uns nur Beobachtungen in jenen Tropengegenden auf den Höhen der Cordilleren und des Himalaya zu geben, wo die ewige Reinheit und wunderbare Klarheit der Atmosphäre einen tieferen Blick in den Himmel eröffnet. Dort kehrt das entzückende Schauspiel prachtvoller Sternschnuppen immer häufiger wieder, und in den mannigfaltigsten Farben glänzen ihre langen Lichtbahnen.

Seltsamer freilich als diese strahlenden Sternschnuppen mögen uns die von der Größe unsrer kleinen Leuchtkugeln bis zu der des Vollmonds wechselnden Feuerkugeln erscheinen, aus denen Meteorsteine oft 10 bis 15 Fuß tief in unsre Erde geschleudert werden. Doch auch sie zeigen sehr abweichende Erscheinungen. Bald bilden sich bei heiterm Himmel plötzlich kleine dunkle Gewölke, aus denen mit donnerähnlichem Getöse Massen herabstürzen, die ganze Landstrecken mit ihren größeren und kleineren Bruchstücken bedecken. Bald stürzen sie, wie noch vor wenigen Jahren am 16. September 1843 unweit Mühlhausen, aus heiterem Himmel hernieder. Aber kann nicht auch aus den kleinen Sternschnuppen eine ähnliche, vielleicht nur staubartige Meteormasse herabfallen? Was überhaupt in jenen schwarzen Wolken während des krachenden Donners vor dem Herabfallen der Steine vorgeht, ob sich erst dunstförmige Theile zu flammenden Feuerkugeln verdichten, oder ob sie schon zu dichten Massen geballt die Sonne umkreisen, das Alles ist uns bis jetzt in tiefes Dunkel gehüllt. Doch wird es uns mehr als unwahrscheinlich, daß diese gewaltigen Meteormassen erst auf dem kurzen Wege von den Grenzen unsrer Atmosphäre bis zur Erde aus dem dunstförmigen Zustande zu einem festen Kerne zusammengeronnen sein sollten, zumal wenn wir die außerordentliche Geschwindigkeit ihrer Bewegung bedenken und die Größe dieser Massen, die doch nur Fragmente von dem sind, was in der Feuerkugel oder dem dunkeln Gewölk durch Explosion zertrümmert wurde. Wir besitzen Nachrichten über Meteorsteine von außerordentlicher Größe. So sendete noch vor wenigen Jahren eine Feuerkugel bei Braunau in Böhmen ihre Bruchstücke zur Erde, die fast vier Centner an Gewicht erreich-

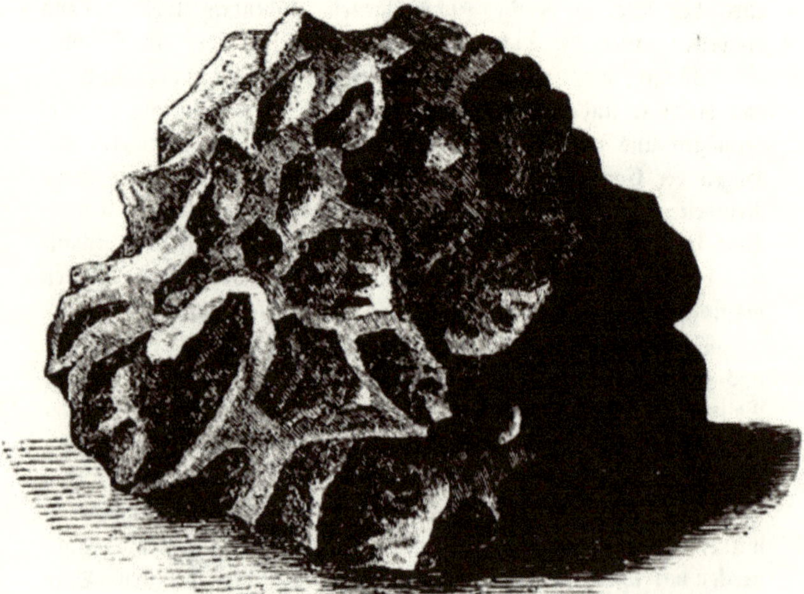

Ein Stück des Braunauer Meteorsteins.

ten. Der Reisende Rubi de Celis beschreibt sogar zwei Steine von 7 bis $7\frac{1}{2}$ Fuß Länge, die in Brasilien bei Bahia und bei Otumpa niedergefallen sind; und schon das Alterthum erzählt von einem Meteorsteine, der einst im Geburtsjahre des Sokrates in den Aegos Potamos gefallen sei und die Größe zweier Mühlsteine, das Gewicht einer vollen Wagenlast gehabt habe. Ein altes Document berichtet uns ferner von einem ungeheuren Aërolithen, der im zehnten Jahrhundert in den Fluß bei Narni in Italien gefallen sei und eine Elle hoch über dem Wasser hervorgeragt habe. Alte Sagen erzählen noch erstaunlichere Dinge. So lebt noch unter den Mongolen eine Volksmythe, nach welcher nahe an den Quellen des gelben Flusses im westlichen China ein 40 Fuß hohes schwarzes Felsstück vom Himmel gefallen sei.

Woher aber kommt allen diesen Massen der eigenthümliche Charakter eines Bruchstücks mit breiten, gekrümmten Flächen und abgerundeten Ecken? Können sie diese als rotirende Körper besitzen? Und wenn sie diese erst durch eine plötzliche Entzündung an den Grenzen unsrer Atmosphäre erlangen, woher diese Entzündung, diese Lichtentwicklung in Höhen, in denen kaum noch eine Spur jener für alle irdischen Licht- und Verbrennungsprocesse unentbehrlichen Bedingung, des Sauerstoffs, vorhanden ist? Aber Licht und Wärme, haben wir schon gesehen, können sich auch ohne Gegenwart des umgebenden Sauerstoffs entwickeln, sie sind allgemeine Lebenserscheinnungen, Folgen innerer Bewegung, hervorgerufen durch ein verwandtes Sehnen aller Materie nach Vereinigung. Darum kann auch jene Entzündung der Aërolithen selbst weit jenseits unserer Atmosphäre vorgehen, sobald sie nur in eine Nähe zu unsrer Erde kommen, welche eine Wechselwirkung zwischen ihnen möglich macht.

Ich kann hier nicht den Namen jenes großen Mannes mit Stillschweigen übergehen, der zuerst den erhabenen Gedanken faßte, daß die aus der Atmosphäre herabgefallenen Steine im Zusammenhang mit den Feuerkugeln kosmischen Ursprungs seien, d. h. daß sie Weltkörper seien, wie unsre Planeten, von gleichen Gesetzen regiert und nur von der mächtigen Zugkraft der Erde aus ihren ätherischen Bahnen herabgerissen würden. Dieser Mann war Chladni, der 1794 seine scharfsinnige Ansicht aussprach. Die neuere Zeit hat sie glänzend bestätigt. Denn gewiß ist es kein zu verachtender Beweis für die Wahrheit jener Behauptung, wenn Denison Olmstedt zu Newhaven in Nordamerika beobachtete, daß alle Sternschnuppen und Feuerkugeln, die in zahlloser Menge wie ein Feuerregen in der Nacht vom 12. zum 13. November 1833 erschienen, sämmtlich von einem Punkte am Himmelsgewölbe, dem Sternbilde des Löwen, ausgingen und die ganze Nacht hindurch, trotz der Rotation der Erde, von diesem Ausgangspunkte nicht abwichen. Wenn sich nun diese Beobachtung immer wieder bestätigt hat, wenn alle ihre Schaaren immer wieder aus dem Punkte des Weltraums herkamen, gegen den gerade die Bewegung der Erde gerichtet war, können wir noch einen deutlicheren Beweis verlangen, daß jene leuchtenden Körper von außen in unsre Atmosphäre gelangten, und daß sie nur sichtbar wurden, weil sie in ihren unter sich fast parallelen Bahnen der anziehenden Erde begegneten?

Die Höhe, in welcher die Anziehungskraft unserer Erde die Flugkraft der Meteormassen überwiegt, kann freilich nach der Größe derselben sehr verschieden sein, und die Beobachtung hat es auch so erwiesen. Selten beträgt sie unter 5—6 Meilen, gewöhnlich 16—20, oft über 100 Meilen. Dann aber ergiebt die Messung für die wirkliche Größe dieser Sternschnuppen einen Durchmesser von 80—120 Fuß, bei sehr großen Feuerkugeln wohl auch 500—3000 Fuß. Also wenn wir ihnen selbst noch einen Schweif von 3—4 Meilen Länge geben, wie Mehrere thun, so ist ihre Masse immer noch in keinen Vergleich zu bringen mit der des kleinsten unsrer Planetoiden, der Thetis, deren Durchmesser nicht unter 8 Meilen beträgt. Aber groß genug bleiben sie immer, um jene so lange hochgeehrte Theorie vom Ursprunge der Aërolithen aus Mondvulkanen zu widerlegen. Wie man sich zu einer solchen Annahme bequemen konnte, wie sie zuerst ein italienischer Physiker Namens Terzago 1660 bei Gelegenheit eines Aërolithenfalls, durch den ein Franziscanermönch erschlagen wurde, aufstellte, das ist gar nicht so unerklärlich. Kräfte, wie die vulkanischen im Innern eines Weltkörpers, können ja ihrer Natur nach von ganz willkürlicher Größe angenommen werden. Warum soll man also nicht die Gewalt der vulkanischen Ausbrüche des Mondes selbst 100mal größer denken können, als die unsrer Erdvulkane? Freilich aber würde man eine solche Hypothese von einer so großen Menge von Bedingungen abhängig machen, daß ihr zufälliges Zusammentreffen einem Wunder ähnlicher sehen möchte, als das Erscheinen von Sternschnuppen und Meteorsteinen ohne eine solche Erklärung. Man hat berechnet, wie groß die Kraft sein müsse, welche so große Massen vom Monde bis auf unsre Erde zu werfen im Stande sei, zumal mit einer solchen Geschwindigkeit, daß sie sich etwa 5 Meilen in der Secunde bewegten, und man hat gefunden, daß sie mindestens 70 bis 80mal größer sein müßte, als die Kraft unsrer Geschütze. Aber keine Beobachtung berechtigt uns, für die Gegenwart eine Thätigkeit vulkanischer Kräfte auf dem Monde anzunehmen; und selbst die Wurfkraft unsrer Vulkane ist meist sehr überschätzt worden, da sie kaum um das 2—3fache unsre Geschützkraft übertreffen möchte.

Da man sich die Richtung der Bewegung der Meteore nicht zu erklären wußte, so kam Laplace zu der sonderbaren Behauptung, daß sie durch die Anziehung der Erde gleichsam ihre Trabanten würden und diese in spiralförmig sich verengenden Bahnen umkreisten, bis sie nach vielfachen Umläufen in die Atmosphäre der Erde kämen und nun herabgezogen würden. Einfacher und einer naturgemäßen Auffassung der Bildung des ganzen Sonnensystems angemessener scheint uns daher die Annahme eines ursprünglichen Daseins kleiner planetarischer Massen im Weltraum, welche die Nähe unsrer Atmosphäre ungestört durchstreifen und nur in der Gestalt ihrer Bahnen durch die Anziehung der Erde Veränderungen erleiden, so daß sie uns nach mehreren Umläufen um die Sonne immer wieder sichtbar werden. Darin bestärkt uns besonders die Erfahrung, daß nicht immer Sternschnuppen und Feuerkugeln so vereinzelt und selten erscheinen, sondern bisweilen in Schwärmen zu vielen Tausenden, so daß sie der Araber mit Heuschreckenschaaren vergleicht. Am wichtigsten aber ist, daß diese Schwärme periodisch sind, d. h. zu bestimmten Zeiten wiederkehren. Schon eine alte Tradition spricht von den feurigen Thränen des heil. Laurentius, die dieser Heilige jährlich an seinem Feste dem 10. August weine. Aber erst in neuester Zeit ist man aufmerksamer geworden auf die Regelmäßigkeit dieser Erscheinungen, besonders des Novemberphänomens in der Nacht vom 12. zum 13. November. In dieser Nacht war schon in den Jahren 1823 und 1832 fast durch ganz Europa und selbst in einem Theile der südlichen Erdhälfte ein auffallend zahlreiches Gemisch von Sternschnuppen und Feuerkugeln gesehen worden, aber erst der ungeheure Sternschnuppenregen am 12. und 13. November 1833, in welchem während 9 Stunden wenigstens 240,000 wie Schneeflocken sich drängend herabfielen, brachten Olmstedt und Palmer, die ihn in Nordamerika beobachteten, auf die kühne Idee, daß solche Sternschnuppenschwärme an bestimmte Tage geknüpft seien. Jetzt erst erkannten sie mit Staunen die Uebereinstimmung früherer Erscheinungen mit ihren jetzigen Beobachtungen und fanden ihre kühne Behauptung gerechtfertigt, als sich im folgenden Jahre in der Nacht vom 13. zum 14. November in denselben Gegenden Nordamerikas jenes wunderbare Schauspiel mit fast nicht geringerer Pracht wiederholte. Jetzt ward man auch auf andere periodisch wiederkehrende Sternschnuppenschwärme aufmerksam, besonders auf den Strom des heiligen Laurentius zwischen dem 9. und 14. August, und mit der Zeit wird man gewiß noch mehrere solcher regelmäßigen Ströme entdecken. Bemerkungen alter Zeiten sprechen dafür. Bekannt ist vielleicht das Ereigniß vom 25. April 1095, wo in Frankreich, wie es hieß, die Sterne so dicht wie Hagel vom Himmel fielen, und welches schon auf dem Concil zu Clermont als eine Vorbedeutung für die große Bewegung der Christenheit in den Kreuzzügen betrachtet wurde. Mit diesem Phänomen stimmt der ungeheure, einem Raketfeuer gleiche Sternschnuppenfall in Virginien am 22. April 1800 überein. Auch die Zeit vom 27. bis 29. November scheint von Bedeutung für diese periodischen Meteore zu sein, da ein italienischer Beobachter, Capocci, in den 30 Jahren von 1809 — 39 12 Aërolithenfälle für diese Epoche aufgefunden hat. Auch der Anfang des December scheint solche regelmäßig wiederkehrende Ströme herbeizuführen, wie namentlich der ungeheure Aërolithenfall vom 11. December 1836 am Rio Assu in Brasilien anzudeuten scheint. —

Wie aber können wir uns diese periodische Wiederkehr der Sternschnuppenfälle erklären? Nach Erman's Theorie schneiden die Bahnen der verschiedenen Meteorströme, die jeder aus Millionen kleiner Weltkörper zusammengesetzt sind, die Bahn unserer Erde, wie der Biela'sche Komet. Man könnte sich also vorstellen, diese Welten bildeten gleichsam einen geschlossenen Ring, in welchem sie eine gleiche Bahn verfolgten, ähnlich wie es unsere 50 kleinen Planetoiden in ihren engverschlungenen Bahnen zeigen. Vielleicht hat dieser wegen ungleicher Gruppirung der kleinen Körper eine so beträchtliche Breite, daß unsre Erde sie erst in mehreren Tagen durchschneiden kann. Solcher Ringe, unter welchen wir uns die Bahnen der periodischen Ströme vorstellen, liegen vielleicht auch mehrere neben einander, und wenn in ihnen die Asteroiden nur in wenige dichte Gruppen zusammengedrängt sind, so ist es leicht erklärlich, weshalb so selten jene glänzenden Naturerscheinungen, wie die im November 1833, eintreten und dann auch meist nur für so schmale Räume der Erde sichtbar sind, da nur ein kleiner Theil der Erdoberfläche in den Bereich der dichteren Gruppen kommen kann. So war jener Schwarm von 1799 nur in Amerika, der von 1832 nur in Europa, der von 1834 nur in den Vereinigten Staaten und der von 1837 sogar nur in England sichtbar. Man hat schon versucht, die Perioden solcher Sternschnuppenfälle und die Bahnen dieser Asteroidensysteme zu berechnen, und sich dabei auf die über 2000 Jahre alten Beobachtungen der Chinesen gestützt. Freilich treffen diese Berechnungen noch nicht immer zu, und es vergehen oft Jahre, in denen nirgends die bisher erforschten Ströme sichtbar werden. Aber das ist noch kein Beweis gegen die Richtigkeit der Rechnung. Der Grund jener Unterbrechung kann ja in der Gruppenvertheilung des Ringes, oder in der Veränderung der Gestalt und Lage der Bahnen liegen, welche sie durch die störende Einwirkung anziehender Planeten erleiden.

Wenn aber diese Asteroidenschwärme in gesetzmäßigen Bahnen die Sonne umkreisen, so sollte man doch meinen, müßten sie auch wieder in entsprechenden Perioden vor der Sonne vorübergehen. Die Erfahrung scheint auch diese Vermuthung bestätigen zu wollen. Schon im Mittelalter hatte man sich vergeblich bemüht, sonderbare Verfinsterungen der Sonnenscheibe zu erklären, welche die Sterne am Mittag sichtbar werden ließen und bisweilen drei Tage lang anhielten, wie im Jahre 1547 um die Zeit der verhängnißvollen Schlacht bei Mühlberg. Weder Höhenrauch, noch vulkanische Asche, noch „rußige Ausdünstungen" des Sonnenkörpers selbst konnten eine rechte Erklärung dieses Phänomens abgeben. Erst die Betrachtung der regelmäßig wiederkehrenden Sternschnuppenschwärme schien auf einen merkwürdigen Zusammenhang mit jenen räthselhaften Himmelserscheinungen hinzudeuten. Man fand, daß die Augustasteroiden genau um die Zeit des 7. Februar, die Novemberschwärme um die Zeit des 12. Mai in ihrer Bahn vor der Sonne vorübergehen müßten. Letztere Periode steht in einem bedeutsamen Zusammenhange mit den im Volksglauben verrufenen kalten Tagen des Mai, dem Mamertus, Pancratius und Servatius. Leicht wäre es zu erklären, daß eine so oft beobachtete und so ansehnliche Temperaturerniedrigung an jenen Tagen durch das Vorüberziehen dichter Schaaren jener Weltkörper, welche unsre Erde des Sonneneinflusses berauben, bewirkt werde, und wirklich will man in neuerer Zeit dicht gedrängt dunkle Körper vor der Sonnenscheibe vorüberziehen gesehen haben. Freilich hat Dove in neuerer Zeit eine einleuchtendere Erklärung jener kalten Tage gegeben, welche sie auf meteorologische Gründe, d. h. auf Wirkungen eigenthümlicher Luftströmungen zurückführt.

Kennen wir aber nun die Gesetze dieser sich in kometenähnlichen Bahnen, bald dicht zu Haufen gedrängt, bald vereinzelt um unsere Sonne bewegenden kleinen Welten, so ist es interessant, auch etwas Näheres über ihre Naturbeschaffenheit zu wissen. Die Möglichkeit dazu geben uns aber diese Weltkörper selbst, die einzigen, die in einen unmittelbaren Verkehr mit uns treten und uns ihre Bruchstücke zuschleudern. Diese Meteorsteine, welche oft mit furchtbarem Getöse aus einem kleinen Gewölke meist ziemlich heiß, doch nie rothglühend zur Erde fallen, zeigen an Form und Inhalt ganz unverkennbare Uebereinstimmung. Sie bestehen größtentheils aus Eisen, Nickel und einigen andern Metallen, verbunden mit Olivin- und Augitkrystallen, und erhalten ihren eigenthümlichen Charakter durch eingesprengte Stücke gediegenen Eisens, das unsern irdischen Gesteinarten so durchaus fremd ist. Fast immer ist diese hellgraue Masse von einer schwarzen pechartig glänzenden Rinde umgeben, die man noch auf keine Weise durch irdische Mittel, selbst durch das stärkste Porzellanfeuer, nachzubilden vermocht hat. Unmöglich kann sich diese Masse erst auf dem kurzen Wege durch unsre Atmosphäre so erhitzen; es würde doch eine Spur von Abplattung durch den furchtbaren Fall bemerkbar sein, wäre sie im Innern noch geschmolzen gewesen, als sie niederfiel. Man hat wohl daraus, daß die

Bestandtheile der Meteorsteine durchaus unsrer Erde angehören, einen Beweis für ihren irdischen oder atmosphärischen Ursprung hernehmen wollen. Aber warum sollen nicht Stoffe, die zu einem Systeme von Weltkörpern gehören, die vielleicht alle einst aus einer großen Gesammtmasse hervorgingen, dieselben sein können? Warum wollen wir sie irdische nennen, weil sie grade auch der Erde angehören? Wie alle Pflanzen auf der weiten Erde aus denselben Elementarstoffen sich bilden und doch in ihrer Entwicklung die mannigfaltigsten Formen zeigen, die tropischen Geschlechter durch die Ueppigkeit ihres Wuchses, durch die Farbenpracht ihrer Blüthe, den Duft ihres Kelches den Charakter ihrer Tropenheimath verrathen, während die nordische Pflanze in dem zwergartigen, aber kernigen Bau, in den milderen Farben der Blüthe, den bescheidneren, einfacheren Formen nicht den Charakter der nordischen Winternatur verleugnen kann, der sie entsproßte: so mögen auch dieselben Elemente in mannigfacher Anordnung und Entwicklung in den Räumen unsres Planetensystems sich bald zu Planeten, bald zu Monden, bald zu dunstartigen Kometen, bald zu zwergartigen Aërolithen gestaltet haben.

Schon das griechische Alterthum hatte bisweilen ganz herrliche Ansichten über den Ursprung dieser kleinen Weltkörper, wie es ja immer unerschöpflich in Deutungen und Vermuthungen gewesen ist. So waren manchem griechischen Naturphilosophen jene Phänomene nicht etwa blos vorübergehende Lichterscheinungen oder entzündete Luftarten, die sich in den obern Regionen gesammelt hätten, sondern „ein Fall himmlischer Körper, die durch ein gewisses Nachlassen der Schwungkraft und durch den Wurf einer unregelmäßigen Bewegung herabgeschleudert werden, nicht blos auf die bewohnte Erde, sondern auch außerhalb in das große Meer, wo man sie nicht findet". Diogenes von Apollonia nannte sie sogar „unsichtbare Sterne, die sich namenlos mit den sichtbaren zusammen bewegen". Frühere Philosophen, wie Anaxagoras, dachten sich alle Gestirne als Felsstücke, die der feurige Aether in seinem Umschwunge von der Erde abgerissen, entzündet und zu Sternen gemacht habe. Aber die Griechen hielten ja die Erde für einen Centralkörper, um den sich her einst Alles so gebildet habe, wie nach unsern heutigen Ansichten alle Weltkörper eines Systems aus der erweiterten Atmosphäre eines andern

Centralkörpers, der Sonne, entstanden. So hatten also schon die alten Griechen eine Vorstellung von einem kosmischen Ursprunge und Dasein der Sternschnuppen, d. h. von ihrem Entstehen im Weltraume, eine Höhe der Anschauung, zu der sich das Mittelalter und selbst der freiere Geist der letzten Jahrhunderte nicht erheben konnte. Blinde Zweifelsucht hatte sich der Menschen bemächtigt, sie sahen und fühlten und blieben doch in starrer Gleichgültigkeit. Seit Jahrtausenden waren vor den Augen der Menschen Meteorsteine gefallen, Khalifen und mongolische Fürsten hatten aus ihren Massen Schwerter schmieden lassen, Menschen waren durch ihren Fall zerschmettert, Häuser in Brand gesteckt worden; aber als wäre die Welt mit Blindheit geschlagen worden, achtete man auf diese prächtigen und furchtbaren Erscheinungen nicht, hielt sie für Spiele des Zufalls, bis Chladni ihren innigen Zusammenhang mit dem ganzen Planetensysteme erkannte. Auf die Phantasie allein und die dunkle Ahnung der Völker vermochten diese Phänomene zu wirken. Plötzlich sah man Bewegung eintreten mitten auf dem Schauplatze nächtlicher Ruhe, auf Augenblicke begann es sich zu beleben und zu regen im stillen Glanze des Firmaments, lange Feuerstreifen flammten auf, und mit mildem Lichte tauchte ein vergänglicher Stern auf. Sollte das nicht den Volkssinn erwecken zu Götterdichtungen, zu schönen Ahnungen einer unbekannten jenseitigen Welt? Wem wäre nicht die edle Anschauung bekannt, die sich uns noch jetzt in den Sagen und dem kindlichen Aberglauben der Völker offenbart? Die Spinnerin, so heißt es in der lithauischen Volksdichtung, beginnt den Schicksalsfaden des neugebornen Kindes am Himmel zu spinnen, und jeder dieser Fäden endet in einen Stern. Naht dann der Tod des Menschen, so reißt sein Faden, und der Stern fällt erbleichend zur Erde nieder. Nicht minder edel zeigt sich die bildnerische Einbildungskraft sonst oft für durchaus roh verschrieener Naturvölker, z. B. der Südsee. Auf den Gesellschaftsinseln lebt die Vorstellung, daß die Sterne die Geister der Verstorbenen seien; darum giebt man ihnen auch die Namen seiner Lieben. Ein fallender Stern ist ein Geist auf der Flucht vor einem mächtigen bösen Gotte, und zur Erde flieht der Geist zurück, weil er dort noch Hülfe erwartet in der Liebe der Zurückgebliebenen. Der Mensch kettet ja so gern sein Schicksal an die Sterne, dort will er lesen, was ihm der dunkle Schleier der

Zukunft verhüllt, dorthin versetzt er die Geister der Abgeschiedenen, denn dort sind ja die Räume der Freiheit und des Lichts. Nur eine ganz sinnliche Naturanschauung konnte in den Sternen bloße Lichter erblicken, die sich putzten, um wieder heller zu leuchten, und ihre Schnuppen zur Erde sandten. Auch uns, die wir durchdrungen sind von dem Glauben an den inneren Zusammenhang dieser Sternschnuppen mit dem Gebäude des Planetensystems, die wir sie mit dem Auge der Wissenschaft anschauen, bleiben sie immer noch eine reiche Quelle geheimnißvoller Natureindrücke, können sie noch immer mit ernsten Betrachtungen erfüllen. Mit der ganzen Natur jenseits unsrer Atmosphäre stehen wir nur im Verkehr durch Licht und Wärme, durch die geheimnißvollen Anziehungskräfte, welche die fernen Massen auf unsern Erdball und seine Dunsthülle ausüben. Hier treten wir in einen ganz andern Verkehr mit der Außenwelt; es sind nicht mehr Körper, die aus der Ferne blos leuchten und wärmen oder durch Anziehung bewegen und bewegt werden: es sind Theile ihrer Materie selbst, die aus dem Weltraum in unsere Atmosphäre gelangen und unserm Erdkörper verbleiben. Hier können wir betasten, wägen, zersetzen, was einer fremden Natur angehörte; und nicht mehr die Vergängliches schaffende Phantasie, sondern die rechnende, denkende Vernunft beginnt ihre Thätigkeit, läßt in kleine Massen geballt die dunkeln Sternschnuppenasteroiden um die Sonne kreisen, kometenartig die Bahnen der großen leuchtenden Planeten durchschneiden und Licht und Wärme ausstrahlen, wenn ein inneres Sehnen sie in die belebende Nähe unseres Erdkörpers führt. —

Glaubten wir nun unser Planetensystem schon durch die Myriaden sich in ihren Bahnen nach allen Richtungen kreuzender Kometen so verwickelt und verwirrt zu finden, daß wir selbst Gefahren für ihr geordnetes Bestehen fürchten zu müssen meinten; so ist uns jene Verwicklung noch labyrinthischer geworden durch die noch seltsamer verschlungenen Schaaren zahlloser Myriaden von Sternschnuppenasteroiden, und doch ist die Fülle der kreisenden Weltkörper unsers Systems nicht erschöpft. Eine lange beobachtete räthselhafte Erscheinung nöthigt uns, das Dasein einer neuen Form der geballten Materie anzunehmen. Dem Bewohner der Tropenzone, der ewig heitern Heimath der Palmen und baumartigen Farrnkräuter, dem kein Nebel den Blick verhüllt, und in wunderbarer Klarheit ein milder Sonnenhimmel lacht, ihm kann jene liebliche Erscheinung des pyramidenförmig aufsteigenden Thierkreislichtes nicht entgehen, das mit sanftem Glanze einen Theil seiner Nächte erleuchtet. Dort in der dünnen und trocknen Atmosphäre der 14000 Fuß hohen Andesgipfel, auf den gränzenlosen Grasfluren der Llanos von Venezuela und der Prairien Mexico's, an dem Meeresufer unter dem ewig heitern Himmel von Cumana in der wundervoll durchsichtigen Atmosphäre der Südsee, an den westlichen Küsten von Peru und Mexico, dort erscheint das Zodiakallicht in unnennbarer Pracht, überstrahlt selbst den Glanz der Milchstraße und gewährt im Verein mit dem Funkeln der Sterne und Nebelflecke einen Anblick, wie es kein Gemälde, keine dichterische Phantasie wiederzugeben vermag. Vorzüglich in der Mitte des März und September, um die Zeit der Nachtgleichen, wenn die Sonnenscheibe sich in das Meer gesenkt hat, und völlige Finsterniß die kurze Tropendämmerung verdrängt hat, da plötzlich taucht auf dem sternbesäeten Himmelsgrunde ein prachtvoller und doch so lieblicher Glanz auf, vom Horizont fast bis zur halben Höhe des Himmelsgewölbes sich erhebend. Tief unten am Horizont erscheinen wie auf gelbem Teppich schmale langgedehnte Wolken zerstreut in lieblichem Blau, hoch oben flockige Wölkchen, in der bunten Pracht aller Farben spielend. Als sollte eine neue Sonne aufgehen, nimmt die Helligkeit der Nacht immer mehr zu, bis sie endlich gegen Mitternacht gänzlich verschwindet. So wird viele Nächte hintereinander in jenen Tropengegenden die Finsterniß durch wunderbares Licht erhellt. In der trüben Atmosphäre unserer nördlichen Zone freilich ist kaum einmal zu Anfang des Frühlings oder zu Ende des Herbstes eine schwache Spur jener Erscheinung vor der Morgendämmerung und nach der Abenddämmerung zu entdecken, und meist verliert sich auch dieser Schimmer noch im Lichte des anbrechenden Tages.

Wie hat aber eine so auffallende, so prachtvolle Naturerscheinung so lange der Aufmerksamkeit der Völker entgehen können, zumal der so eifrig beobachtenden Araber in Bactrien und am Euphrat, der Indier am Fuße des Himalaya, der Völker Spaniens und Griechenlands, daß die erste wirkliche Beobachtung dieses Phänomens, die erste gründliche Erforschung seiner natürlichen Verhältnisse und Ursachen, von der wir Kunde haben, aus dem Ende des 17ten

Jahrhunderts von Dominico Cassini (1683) herrührt? Alle früheren Erwähnungen einer solchen Erscheinung scheinen auf vielfachem Irrthume zu beruhen, besonders auf der Verwechslung derselben mit ungeheuern Schweifen von Kometen, deren Kopf unter dem Horizonte verborgen war, wie wir ja noch 1843 einen ähnlichen Irrthum erlebt haben. Nur das merkwürdige, von der Erde pyramidal aufsteigende Licht, welches 40 Nächte lang im Jahre 1509 auf der Hochebene von Merico den östlichen Himmel erleuchtete, und welches der unglückliche Cazike Montezuma als eine Vorbedeutung seines Schicksals ansah, scheint ein wirkliches Zodiakallicht gewesen zu sein. —

Seit man genauer die so spät bekannt gewordene und doch so uralte Erscheinung erforscht hat, ist man selbst in den Stand gesetzt worden, Vermuthungen über ihre Entstehung zu entwickeln. Man meinte wohl anfangs, die leuchtende Sonnenatmosphäre selbst sei es, die uns darin sichtbar werde, aber die Grenzen derselben lassen sich ja nach den Gesetzen der Schwere und der Schwungkraft bestimmen und können nicht über $\frac{9}{20}$ der Merkursweite hinausgehen. Nimmer also könnte unsre Erde in ihren Bereich kommen. Als man daher anfing, unser Planetensystem mit andern Welten zu vergleichen und unsre Sonne als einen Nebelstern zu betrachten, fand man, daß ihre Atmosphäre im Verhältniß zu andern Nebelsternen nicht blos die Uranusbahn einschließen, sondern sich noch 8mal weiter erstrecken müßte, und daß also vielleicht die größere Verdichtung der Sonnenatmosphäre das Losreißen eines materiellen, sehr abgeplatteten Ringes um den Aequator herum mit sich geführt habe, weil hier die größte Geschwindigkeit, die größte Wurfkraft durch die Arendrehung bewirkt würde. Nach dieser Ansicht sollte also ein Ring dunstförmiger Materie unsre Sonne umschweben, noch immer wechselnd in seiner Gestaltung, bald sich dichter zusammenziehend, bald weithin sich ausdehnend, und diese innere Regsamkeit, dieser ewige Proceß der Verdichtung und Verdünnung, nicht die Beleuchtung der Sonne allein würde sein phosphorisches Licht erklären. Sollte es aber dieser atmosphärische Ring sein, der uns die Erscheinung des Zodiakallichtes giebt, wenn die Erde in seine Ebene eintritt, was nur zur Zeit der Nachtgleichen geschehen kann, so müßte die Erscheinung natürlich unter verschiedenen Breiten zu gleicher Zeit, aber nicht in gleicher Gestalt und an gleicher Stelle des Himmels, gesehen werden. Die freilich noch mangelhafte Erfahrung scheint dem zu widersprechen. Deshalb hat Lamont eine andre Erklärung des Zodiakallichtes versucht und auf seine Aehnlichkeit mit den Kometenschweifen hingewiesen. Die unerklärliche, oft viele Millionen Meilen weit reichende Ausdehnung des Dunstes in den Kometenschweifen hat ihn auf den Gedanken geführt, daß diese leuchtende Materie dem Weltraume angehöre, sich nur am Kometen entzünde und von der Sonne hinausfliege. Eine nothwendige ähnliche Lichtentwicklung an den Planeten würde dann die Erscheinung des Zodiakallichtes abgeben. In neuester Zeit hat sich Julius Schmidt in Olmütz mit einer gründlichen Beobachtung des Zodiakallichtes beschäftigt. Nach seiner Ansicht muß man von dem eigentlichen Zodiakallicht die zunächst nach außen die gewöhnliche Photosphäre der Sonne umgebende Umhüllung unterscheiden, welche uns während einer totalen Sonnenfinsterniß in der Gestalt der Corona erscheint. Diese nächste Umhüllung mag genau an der Rotation der Sonne theilnehmen und unmerklich übergehen in die Materie des Zodiakallichtes, die aber in ihrer ganzen Ausdehnung keine Rotation mehr besitzen kann, weil ihre bedeutende Abplattung damit in Widerspruch steht. Das Zodiakallicht ist ferner durchsichtig und bricht das durchgehende Sternenlicht ebenso wenig wie ein Nordlicht oder ein Kometenschweif. Es ist daher nach Schmidt's Ansicht nicht gasförmig, sondern aus staubähnlichen Theilen zusammengesetzt, ähnlich der Masse der Kometen. In den dichteren Regionen dieser Zodiakallichtmaterie sieht nun Schmidt zugleich jenes sogenannte widerstehende Mittel, welches die merkwürdige Verkürzung der Bahn des Enke'schen Kometen bei seinem jedesmaligen Eintauchen in die Sonnennähe bewirken soll. Wie dem auch sei, es giebt des Räthselhaften noch Manches in diesem Phänomen, und die Veränderungen in der Lichtstärke und Färbung, der schnelle Uebergang aus dem vollsten Glanze in schwachen Schimmer, und das leise Zucken und Flimmern, das die ganze Erscheinung durchzittert, sind keineswegs besser aufgeklärt, als die Ursache des Ganzen. Vielleicht ist die Erklärung dafür in den Veränderungen zu suchen, die fortwährend in den obersten Luftschichten unsrer Atmosphäre vorgehen. Sehen wir ja doch auch die Kometenschweife oft seltsam erzittern, flammend auflodern und hin und her schwanken!

Noch giebt es so manchen wunderbaren Vorgang in unserm Luftkreise, den wir nicht zu erklären vermögen. Woher rührt jene merkwürdige Erhellung ganzer Nächte, in denen man, wie im Jahre 1831 in Italien und dem nördlichen Deutschland, um Mitternacht die kleinste Schrift lesen konnte; woher die sonderbaren Verlängerungen der Dämmerung, die nicht einmal immer mit dem Orte der Sonne unter dem Horizonte übereinstimmten? Räthsel giebt es ja überall, die der menschliche Verstand nicht zu lösen vermag, und das größte Räthsel ist das Leben und seine Erscheinung als Licht, das wie ein Zauber Bewegungen und Veränderungen aus der todten Materie erweckt.

---

3. Die Entwicklungsgeschichte der Welt.

In dem Bisherigen glaube ich nun Alles zusammengefaßt zu haben, was sich uns in dem Gebiete des Weltraums Bemerkenswerthes darbot, indem ich die Natur der Weltkörper, die Gesetze ihrer Bewegung und Gestaltung, ihre Größen und Entfernungen betrachtete, so weit es für meinen Zweck dienlich schien, der ja nur eine allgemeine Anschauung des Weltganzen, in der Einheit seines inneren Zusammenhangs, sein sollte. Vorzüglich habe ich die Aufmerksamkeit auf die heimathlicheren Gegenden des Weltraums, auf unser Planetensystem gelenkt, weil dies als ein Bild der Welt im Kleinen gelten kann. Aber es fehlt eigentlich noch immer an einer klaren Einsicht in das innere Band, das die Welten zusammenhält, in den Grund ihrer innigen Verwandtschaft und Geschwisterlichkeit. Dazu bedarf es noch der Lösung eines Räthsels, des schwierigsten, auf das wir bis jetzt gestoßen sind, der Entstehung und Geschichte der Welt. Dieses große Räthsel hat schon in den frühesten Zeiten die Phantasie der Menschen gereizt, es scheinbar wenigstens durch dichterische Vorstellungen zu lösen. Aber alle diese Dichtungen schieben nur das Räthsel von sich und erklären das unbegreifliche Entstehen der Welt für die arbeits- und mühelose That eines geheimnißvollen Wesens, wodurch für die Wissenschaft eben nichts erklärt wird. Es ist nur ein Versuch, Denken und Sein,

Geist und Materie in Einklang zu bringen, eine Brücke zwischen ihnen zu finden, und dieser Versuch hat einen schönen Sinn. Immer ist es ja der Gott der Liebe, der die Welt schafft. Nicht der allmächtige Zeus der Griechen konnte eine Welt erzeugen, er mußte sich erst in den Gott der Liebe, den Eros, verwandeln, oder dieser Eros mußte erst aus dem Weltei hervorbrechen, ehe eine geordnete und lebendige Welt Existenz und Dauer gewinnen konnte. Denn Eros, die Liebe, das ist der lebendige Geist, das Princip des Lebens und der Entwicklung. Für mehr aber als einen solchen Versuch können jene Dichtungen nicht gelten; und das gestehen sie ja alle selbst, wenn sie die Materie als schon vorhanden, als im Chaos oder dem Weltei verschlossen annehmen.

Eine Welt aus Nichts entstehen zu lassen, das geht über die Grenzen unsrer Vernunft. Entsteht denn die Blume aus Nichts? Entfaltet sie sich nicht augenscheinlich aus der Knospe, und diese aus einem Auge, das Auge aus einem Zweige der Pflanze? Geht nicht die ganze Pflanze aus einem Samenkorn und aus den Elementen der Erde und Luft hervor, in die sie wieder zurückkehrt? Nirgends zeigt die Erfahrung ein wirkliches Entstehen, immer nur ein Verwandeln in Form und Gestalt. Wie soll nun die Welt aus Nichts geworden sein? Ich brauche hier durchaus nicht in das Gebiet der Theologie hinüber zu schweifen. Nicht der Theologe allein, auch der gewöhnliche Mensch denkt: die Welt muß doch einen Anfang gehabt haben, weil Alles anfängt: es ist undenkbar, daß sie von Ewigkeit her gewesen sei. Ganz recht! Aber ist es denn nicht ebenso undenkbar, daß sie einmal angefangen habe zu sein? Die Poesie mag freilich die kühnsten, abenteuerlichsten Dichtungen entwerfen, durch die Macht des Wortes das Chaos, den ungeordneten Weltstoff aus dem Nichts hervorgehen lassen: aber die Sache wird dadurch um nichts denkbarer, das verletzte Gesetz unsers Denkens nicht versöhnt. Unser Denken, soweit es sich auf die Natur erstreckt, ist nur ein Zusammenstellen des wirklich Vorhandnen, nur eine Thätigkeit, welche die Verhältnisse, den ursächlichen Zusammenhang der Dinge erkennt, nur ein Ergebniß, eine Folge der ganzen Erscheinungswelt und ihrer Einwirkung auf unsre Sinne und unsern Geist. Unmöglich kann es also über seine Veranlassung, über seinen Stoff, über diese Erscheinungswelt hinaus; es kann eine

Welt nicht denken, wo keine Welt ist. Nichtsein der Welt und Unmöglichkeit, ihr Nichtsein zu denken, sind unzertrennlich ein und dasselbe. Nur der Poesie galt ihre eigne Kraft für urschöpferisch, der Geist für den Urquell aller Dinge, und der Gesammtgeist, in dem die Menschen unbewußt ihr eignes Bild anschauten, für den Schöpfer der Welt, der sie aus Nichts, aus sich selber hervorgebracht. Bloßes Denken kann also über Anfang oder Anfangslosigkeit der Welt Nichts ausmachen. In der Wissenschaft, wo die Poesie, wo der Glaube nicht gilt, dürfen wir nur die Wirklichkeit, die Erfahrung, die eigne Anschauung fragen. Die Beobachtung hat uns aber schon gelehrt, daß die Welt dem Raume nach unendlich sei. Von den fernsten Sternen, die unser Auge erreichte, brauchte das Licht zwei Millionen Jahre, um zu uns zu gelangen, obschon es in einer Minute über zwei Millionen Meilen zurücklegt. Und doch waren das wohl noch unsre Nachbarn im Weltenraum, doch waren jene fernen Nebel wohl gar solche Sterngruppen wie unsre Milchstraße! Warum soll denn nicht auch jener Raum, in den kein Instrument bisher zu reichen vermochte, von Welten bevölkert sein? Verlangt doch selbst das Gesetz der Schwere, der gegenseitigen Anziehung aller Weltkörper, die räumliche Unendlichkeit, um alle einzelnen Systeme im Gleichgewicht zu erhalten und nicht haltlos durcheinanderstürzen zu lassen. Räumliche Unendlichkeit ist aber zugleich zeitliche Unendlichkeit. Was keine Grenzen im Raume hat, hat auch keine Grenzen in der Zeit, keinen Anfang und kein Ende. Raum und Zeit sind eng in unsrer Vorstellung verbunden. Wenn Millionen Jahre vergingen, ehe ein Lichtstrahl von den fernsten Welten zu uns gelangte, und es doch noch fernere Welten giebt, die wiederum erst nach Millionen Jahren ihre Lichtstrahlen zu jenen Welten senden, so vermögen wir schon gar nicht mehr dem Fluge des Gedankens zu folgen, um solche Zeiträume zusammenzufassen und war die Welt dem Raume nach unendlich, so muß aus unendlichen Entfernungen auch nach unendlichen Zeiten erst das Licht zu uns gelangen. So ist also für unsre Vorstellung, für unsre Fassungskraft die Welt unendlich an Raum und Zeit. Was Gott für diese unendliche Welt sei, ist hier nicht zu entscheiden. Gott ist nur Gegenstand des Glaubens, nicht der Wissenschaft. Der Philosoph mag allenfalls die schöpferische That Gottes betrachten, der Naturforscher darf es nicht. Darum können auch wir jetzt nicht von einem wirklichen Entstehen der Welt, sondern nur von einer Entwicklung ihrer jetzigen Form sprechen. —

Kein Zeuge vermag uns diese Geschichte zu erzählen, und so müssen wir denn zusehen, ob wir im gegenwärtigen Zustande der Welt Spuren finden, die uns auf frühere Zustände, vielleicht auch auf die Art des Uebergangs schließen lassen. Nehmen wir aber unsre Erde als Vorbild für die Natur der Weltkörper, so finden wir drei Thatsachen besonders, die uns Aufschlüsse versprechen, das ist: ihre innere Wärme, die Luftform ihrer Atmosphäre und die Abweichung von der Kugelgestalt. Diese drei Eigenschaften deuten zunächst darauf hin, daß unsre Erde durch allmälige Abkühlung und Erstarrung ihrer äußern Rinde zu ihrem jetzigen bewohnbaren Zustande gelangt sei, daß alle ihre Elemente, Wasser, Steine, Metalle einst luft- oder gasartig waren, daß sie also ursprünglich eine unendlich größer ausgedehnte Gaskugel bildete. Die Abplattung der Erde an ihren Polen, bekanntlich eine Folge der Schwungkraft der sich um ihre Axe drehenden Erde, welche am Aequator am stärksten, an den Polen gar nicht wirksam ist, macht sogar die Annahme unabweisbar nothwendig, daß die Erde mit Ausnahme der starren Rinde noch jetzt eine weiche, breiartige Masse sei. Wir werden es bald noch wahrscheinlicher sehen, daß wir uns nur auf der sehr dünnen Haut eines noch immer flüssigen riesigen Tropfens befinden. Woher ist aber dieser Tropfen geflossen? woher stammen die zahllosen andern Weltkörper, Planeten, Kometen und Aërolithen, die mit ihm zugleich die Sonne umkreisen? woher stammt endlich dieser ungeheure Centralkörper selbst? Wir haben die Natur und Bewegung dieser Weltkörper unsrer Betrachtung unterworfen, haben ihre Entfernungen, ihre Bahnen, ihre Größen, ihre Massen gemessen und gewogen, und aus der Verwandtschaft ihrer Eigenschaften, der gesetzmäßigen Stufenfolge ihrer Verschiedenheiten werden wir auch die Lösung unsers Räthsels gewinnen.

Fast alle Körper unsers Systems hatten eine abgeplattete Kugelgestalt. Sonne und Planeten drehten sich erweislich um sich selbst, und die Planeten mit ihren Monden um die Sonne, alle in elliptischen, wenig vom Kreise abweichenden Bahnen. Alle aber bewegten sich in derselben Richtung von Osten nach Westen und fast ganz in der Ebene des Sonnenäquators. Die Geschwindigkeit ihrer Bewegung war im Allgemeinen um so geringer, und die ihrer Axendrehung um so größer, je größer ihre Entfernung von der Sonne war. Auch die Dichtigkeit der Planeten schien mit wenigen Ausnahmen mit ihrer Entfernung von der Sonne abzunehmen. Die Sonne selbst bewegte sich um sich selbst, um den gemeinsamen Schwerpunkt des ganzen Systems, und zeigte endlich noch eine fortschreitende Bewegung durch die Himmelsräume um einen unbekannten Schwerpunkt mehrerer, wieder zu einem Ganzen verbundener Systeme. Aus diesen allgemeinen Eigenschaften unsers Systems sehen wir sogleich, daß die Annahme eines früheren und noch jetzt fortdauernden flüssigen Zustandes sich auf alle Körper des Systems ausdehnen läßt. Auch haben wir ja überall unverkennbare Spuren von Atmosphären erkannt, die uns die Vermuthung gestatten, daß sie alle einst als Gaskugeln existirten. Daß alle diese Weltkörper in der Richtung ihrer Bewegung übereinstimmen, läßt uns ebenso auf eine gemeinsame Ursache schließen, auf eine sie alle in genauem Zusammenhange umfassende Kraft.

Wir wollen uns daher einmal diesen früheren Zusammenhang vorstellen, alle diese Weltkörper ein großes, unentwickeltes, formloses Chaos bilden lassen, in dem die Elemente in gasförmigem Zustande wären. Sonne und Planeten bildeten dann einst einen großen zusammenhängenden Gasball in einer Form, wie sie jede sich selbst überlassene Flüssigkeit annimmt, der Form des Tropfens. Alles Flüssige aber trachtet die Kugelform anzunehmen, denn in ihr wirkt die Kraft des Zusammenhanges mit gleicher Stärke nach allen Richtungen, jedes Theilchen strebt sich nach allen Seiten hin mit allen übrigen zu verbinden, daß so wenig als möglich Punkte blos liegen, daß die Oberfläche die möglichst kleinste sei. Eine solche Gestalt ist aber die Kugel. Hätte also jene Gasmasse, vollkommen sich selbst überlassen, von keiner außer ihr liegenden Kraft gehindert, ihrer Naturneigung nachzugeben, im freien Weltenraume geschwebt, so würde sie eine vollkommen genaue Kugel gebildet haben. Wir haben aber gesehen, daß die Sonne nicht still in sich selbst ruht, sondern daß auch sie dem allgemeinen Weltgesetz der Schwere unterworfen, von einem unbekannten Punkte gezogen, fortschreitet. Eine solche Kraft kann aber nicht jetzt allein wirken, muß auch schon damals thätig gewesen sein und den ganzen großen Gasball nach jener Richtung fortgezogen haben. Dann weicht natürlich die Form der Flüssigkeit von der Kugelgestalt ab; denn ihre Theile werden nach der einen Seite hin von außen stärker angezogen, die innere Kraft des Zusammenhangs wird nach dieser Richtung hin geschwächt, und so entsteht die Form des fallenden Tropfens. Denn jede Anziehung ist ein Fall, und der große Gasball fällt nach seinem Anziehungspunkte hin. Die Form des fallenden Tropfens ist aber die Eiform. So haben wir als die einstige Gestalt unsers Sonnensystems einen aus Gas bestehenden, eiähnlichen Körper, ein Weltei, über dem die Mythologie den Gottesgeist gleich einem riesigen Vogel brütend schweben läßt.

Woher aber nun die Umdrehung der Sonne um sich selbst und der Umlauf der Planeten um sie, der nichts weiter als ein Ueberrest der Umdrehung jenes Gaskörpers um sich selbst ist? Diese ursprüngliche Umdrehung ist natürlich auf keine andre Weise entstanden, als die Axendrehung jedes einzelnen Planeten; denn auch jener große Gasball konnte nur auf ähnliche Weise aus einem andern größern, dem Centralkörper seines höheren Systems hervorgehen. Nehmen wir also nur zuvörderst an, jenes Ei bewegte sich um eine Axe, so mußte sofort jene zweite Abweichung von der Kugelform eintreten, die wir an den Körpern unsers Sonnensystems bemerkt haben, Abplattung an den Polen, Ausdehnung am Aequator. Formt man eine Kugel aus weichem Ton und setzt dieselbe auf einer Drehbank in Umschwung, so wird sie sich in der Richtung der Axe zusammendrücken, nach einer andern Richtung senkrecht auf die Axe aber immer mehr ausdehnen, je mehr die Schnelligkeit des Drehens, die Schleuderkraft, zunimmt. Ist endlich diese Kraft so weit gewachsen, daß sie die Kraft des Zusammenhanges der einzelnen Theilchen überwiegt, so werden diese zuletzt zerreißen und auseinander fliegen. Eben so wird auch unser eiförmiger Gasball durch eine solche Drehung nicht unverändert bleiben. Seine Form wird sich wieder immer mehr der Kugelform nähern, je überwiegender die Schleuderkraft im Verhältniß zur Anziehung des außerhalb liegenden Fallpunkts wird. Aber eine vollkommene Kugel wird sie nie werden, denn jene Anziehungskraft kann nicht vernichtet werden. Uebersteigt nun die Schleuderkraft, welche jeden Punkt so weit als möglich vom Schwerpunkt der ganzen Masse zu entfernen strebt, die Kraft des innern Zusammenhangs, so wird nothwendig der Gasball zerreißen müssen. Was kann aber ein solches Wachsen der Schleuderkraft veranlassen? Die Zusammenziehung, Verdichtung, die Verkleinerung des drehenden Körpers. Wenn die Wärme, welche den Körpern ihre Ausdehnung giebt, ihre Form bedingt, abnahm, so mußte sich auch die Ausdehnung jenes Gasballs vermindern, seine Masse sich verdichten. Die entlegneren Theile senkten sich tiefer nach dem Mittelpunkte herab, zugleich aber wuchs die Geschwindigkeit der Drehung, und die linsenförmige Abplattung des ganzen Körpers nahm zu. Die Folge dieser gleichzeitigen, einander entgegengesetzten Veränderungen, der Ausdehnung durch die Schleuderkraft einerseits und der unwiderstehlichen Zusammenziehung durch das Erkalten andrerseits, ist eine Trennung der äußersten Gasschicht von der innern. Diese losgerissene Gasschicht kann aber nicht eine hohle, den übrigen Theil des Gaskörpers wie eine Schale umschließende Linsenform behalten, sondern muß nothwendig die Form eines Ringes annehmen; denn nur um die Mitte, den Aequator der Gaskugel herum nahm die Schwungkraft eine so große Gewalt an, daß sie den innern Zusammenhang überwältigte; nach allen andern Richtungen hin ist sie schwächer, an den Polen der Axe ganz unthätig. Dieser schmale Gasring hat aber von dem ganzen Gasball her eine ungeheure Schleuderkraft überkommen, die seine verhältnißmäßig geringe Zusammenhangskraft leicht überwiegt. Daher wird er leicht wieder zerreißen und um so mehr, da seine Form vom Kreise abweicht, die Spannung seiner Theile also verschieden sein muß. Aber er sondert nicht etwa einen neuen Ring ab, sondern wird wirklich zerstückt. In demjenigen Punkte, wo der rotirende Ring seine höchst mögliche Spannung erreicht, wird der Riß eintreten. Sofort wird der eine Theil des Ringes, befreit von der zusammenhaltenden Kraft der benachbarten Theile, der Schleuderkraft folgen und weit abweichen, während der andere Theil des Ringes wegen seiner weiteren Entfernung vom Mittelpunkte des Gasballs eine schnellere Bewegung hat, zugleich aber, von den unter ihm liegenden Theilen gehalten und von den folgenden gedrängt, sich einwärts krümmt, bis der ganze nachfolgende Schweif sich wie ein Faden zu einem Knäuel aufgewickelt hat. So wird der Ring zu einer Gaskugel, die sich um sich selbst dreht, denn diese Drehung hat sie durch ihre Aufrollung erhalten; und in einer dem früheren Ringe ähnlichen Bahn wird sie ihren Umlauf um den Centralkörper fortsetzen.

Die Ringbildung nach der Laplace'schen Theorie.

In dem so entstandenen Gasplaneten kann sich dieser Vorgang wiederholen. Neue Ringe können sich absondern, die entweder zerreißen und Monde bilden, oder die fester zusammenhalten, erkalten und als wirkliche, dauernde Ringe um ihren Hauptkörper schweben und kreisen. Allerdings bleibt ein solcher Ring immer eine Seltenheit, da er eine Regelmäßigkeit in dem Prozesse der Erkaltung und Erstarrung verlangt, wie sie nicht oft eintritt. Darum hat uns die Natur bis jetzt nur ein Beispiel eines solchen Wunders in unserem Planetensysteme gezeigt, das Ringsystem des Saturn. Solche Ringabsonderungen vom großen Weltei können sich natürlich, wenn die Verdichtung und zugleich die Schnelligkeit der Drehung zunimmt, mehrmals wiederholen, bis sich die große Linse wieder so weit der Kugelgestalt genähert und einen solchen Grad des Zusammenhanges erreicht hat, daß ihre Schwungkraft denselben nicht mehr zu überwältigen vermag. Auch kann ein Gasring in mehrere Stücke zerreißen, sich nicht blos zu einem Knäuel aufwickeln, und dann haben wir ein System mehrerer in verschlungenen Bahnen um die Sonne kreisender Körper, wovon uns die 50 kleinen Planetoiden zwischen Mars und Jupiter ein Beispiel darbieten. Zerreißt ein solcher Ring gar in zahllose Theile, die noch immer einen gewissen Zusammenhang behalten und sich zu Schwärmen schaaren, so haben wir die Erscheinung unserer Aerolithenschwärme. —

Aus einer solchen Erklärungsweise der Entstehung unsers Planetensystems, wie sie ähnlich zuerst von Kant und Laplace aufgestellt wurde, läßt sich ganz ungezwungen die Uebereinstimmung der Bewegungen der einzelnen Körper, die Stufenfolge ihrer Größen und Dichtigkeiten, die Form ihrer Bahnen und deren Neigung gegen die Ebene des Sonnenäquators herleiten und begreifen. Ausgegangen von einer Umdrehung des ganzen Gasballs, mußten natürlich alle Umdrehungen und Umläufe der Planeten und Monde, wie der Sonne selbst — denn es giebt jetzt keinen Unterschied zwischen Sonne und Planeten mehr — in einer Richtung von Westen nach Osten vor sich gehen. Die Form der Bahnen konnte keine andere sein als jene Ellipse, welche der linsenartig zusammengedrückte große Gasball in seinem weitesten Umfange bildete, als er die Ringe absonderte. Auch die Neigung ihrer Bahnebenen gegen die Bahnebene der Sonne konnte nicht bedeutend werden, wenn nicht besondere Veränderungen in der Dichtigkeit und Wärme der einzelnen Theile jenes Chaos manche Abweichungen hervorbrachten. Die beträchtlichen Abirrungen der Kometen aber sind wohl nicht blos aus der durch die Axendrehung bewirkten Wurfkraft der Sonne zu erklären; hier müssen besondere Ursachen gewaltet, vielleicht die Schwungkraft, welche die Sonne durch ihren Umlauf um jenen unbekannten Anziehungspunkt im Weltraume erhält, ihren Einfluß geltend gemacht haben. Die Größenverschiedenheiten der Weltkörper machen uns weniger Schwierigkeit. Im Allgemeinen mußten die ersten Ringbildungen beträchtlicher sein und größere Planeten hervorbringen, da sie ja einen viel größeren Umfang, die entstehenden Kugeln also einen viel größeren Ringstreifen aufzurollen hatten. Zugleich waren aber auch die obersten Schichten die am wenigsten dichten, und daher konnten die Massen des Uranus und Neptun vom Jupiter übertroffen werden, zumal die ersteren schneller erkalteten und sich verdichteten. Ueberhaupt scheint sich bei den meisten unsrer Planeten der körperliche Umfang auf eine merkwürdige Weise mit der Dichtigkeit auszugleichen. Daß der Sonnenkörper selbst aber nicht dichter ist, als sein nächster Planet, der Merkur, daß er von der Erde sogar um das Vierfache an Dichtigkeit übertroffen wird, widerstreitet eben so wenig der Richtigkeit unsrer Annahme. Die Sonne ist ja der um einen Kern verdichtete Ueberrest jenes großen Gasballs, und wenn man meint, daß sie, um der Stufenfolge der Dichtigkeit zu entsprechen, dichter sein müßte als Merkur, so vergißt man, daß dieser die in einen kleinen Raum zusammengerollte Masse eines ganzen Ringes ist, der einst einen Gürtel der so weit ausgedehnten Sonnenkugel bildete. Ein dünner und schmaler Ring der jetzigen Sonnenmasse würde ohne Zweifel genügen, um zu einem Planetenknäuel aufgerollt eine Kugel von noch größerer Dichtigkeit zu bilden, als Merkur.

Der französische Physiker Plateau hat es versucht, diese Entstehung des Planetensystems anschaulich zu machen. Er füllte ein großes gläsernes Gefäß mit einer Mischung von Wasser und Weingeist, die genau das specifische Gewicht des Olivenöls hatte. Als er nun langsam solches Oel in diese Mischung goß, zog es sich, wie jede flüssige Masse, auf welche keine äußere Kraft einwirkt, in eine Kugel zusammen und blieb in der Mitte des Gefäßes schweben. Er steckte darauf eine Axe durch die Mitte der Oelkugel und begann sie mit Hülfe einer Kurbel zu drehen. Die Oelkugel folgte der Drehung, und je schneller diese wurde, desto mehr erhob sich ihre Mitte, der Aequator, desto mehr plattete sie sich an den Polen ab, indem ihre Axe immer kleiner wurde. Endlich breitete sich die Kugel in eine runde Scheibe aus, und plötzlich, aber nur in seltenen Fällen, trennte sich der äußere Rand ab und setzte seine Drehung als flacher Ring fort, während der mittlere Theil sich wieder in die Form einer abgeplatteten Kugel zusammenzog. Meistentheils trennte sich jedoch bei zu schneller Drehung nicht ein Ring ab, sondern es rissen sich einzelne Theile los, bildeten Kugeln für sich und setzten ihren Umschwung um den ursprünglichen Mittelpunkt fort. Jede Kugel nahm dabei wieder eine Rotation um ihre eigne Axe an.

Wir sehen in diesem Versuche die vollkommenste Uebereinstimmung mit der Laplace'schen Theorie der Planetenbildung unter den einfachsten Bedingungen, und die innere Wahrscheinlichkeit derselben wird hierdurch gewiß erhöht. Laplace suchte eine Bestätigung aber noch mehr in den Formen der Nebelwelt, indem er mit Herschel eine allmälige Herausbildung aller Sterne aus einer Nebelmaterie annahm. Die Tiefen des Himmels zeigen uns nach seiner Ansicht gleichsam ein vollständiges Naturalienkabinet von Welten, in dem jede Daseinsstufe vom formlosen, ungeschiedenen Chaos bis zum vollendeten Sternsystem vertreten wird. Dort sehen wir lichte, formlose Nebelmassen, die sich nicht in Sterne auflösen lassen, von ungeheurer Ausdehnung und in beständiger Umwandlung begriffen. Sie sind nichts Andres, als ein Bild der ehemaligen Form unsers Planetensystems, chaotische Massen, die sich erst zu Welten entwickeln und formen. Darum sehen wir auch andre Nebel, die wir früher planetarische nannten, schon zu Kugeln geballt, in andern gar schon das Streben, sich nach der Mitte hin zu verdichten. In mehreren ist diese Verdichtung schon weiter gegangen und erinnert uns lebhaft an die Linsenform des sich um sich selbst drehenden, Sonne und Planeten noch ungeschieden enthaltenden Gaskörpers. In andern Nebeln sehen wir Doppelsterne im Werden, in noch andern sogar Ringbildungen, wie sie der Planetenbildung vorhergehen. Bisweilen ist die centrale Verdichtung schon bis zur Bildung eines bestimmten Sternes vorgeschritten, und in den dichten Sterngruppen der Hyaden und Plejaden ist der Nebel ganz zu Sternen verdichtet. Endlich ist unsre Sonne wohl selbst noch ein solcher Nebelstern, wenn jenes Zodiakallicht von nichts Anderm herrührt, als von einer sie linsenförmig umgebenden Hülle von Lichtnebeln.

So können wir mit Laplace auf sinnliche Weise die Entwicklungsgeschichte der Nebelmassen am Himmel verfolgen. Als der vollendetste Zustand erscheinen uns die sogenannten Fixsterne. Denken wir uns in einem unendlich weit ausgedehnten Lichtnebel eine Menge von Anziehungspunkten allmälig wirksam werden, um welche sich der Nebel nach und nach verdichtet, bis er zu festen Massen wird, so haben wir eine Vorstellung von der Bildung eines Sternsystems, wie unsre Milchstraße sammt allen sichtbaren Sternen eins ist, und wie wir andre in jenen Nebeln gewahren, die sich durch gute Fernröhre in einzelne Sterne auflösen lassen. Hat die Nebelmasse geringere Ausdehnung und weniger Anziehungspunkte entwickelt, so bilden sich nur Sterngruppen, wie die Hyaden, Plejaden, die Krippe und andre. Ist die Ausdehnung noch geringer, so entstehen entweder blos einfache Sterne, oder die vielfachen Sterne, die Sonnensysteme, wie das unsrige. Jedes Sonnensystem kann nun die Erscheinungen des ganzen Sternsystems wiederholen, und so finden wir auch in dem unsrigen wieder einzelne Sterne, wie

Sonne, Merkur, Venus, Mars, doppelte, wie die Erde, vielfache, wie Jupiter, Saturn, Uranus und Neptun, beringte, wie den Saturn, und eine zahllose Menge von Nebelsternen auf allen Stufen der Ausbildung und Gestaltung, wie die Kometen. —

Das ist die Lebens- und Entwicklungsgeschichte unsers Planetensystems und des ganzen Weltalls, soweit wir mit Wahrscheinlichkeit aus eigner Anschauung und Beobachtung seines jetzigen Zustandes sie zu errathen vermochten. Es ist ein Versuch, zu dem ein allgemeiner Drang des Menschen hinzieht, das Dunkel der Vorzeit zu lüften.

Der uranologische Theil unsrer Naturbetrachtung ist hiermit beendet. Ich wollte darin meinem Leser ein anschauliches Gemälde von dem vorführen, was jene himmlischen Räume erfüllt. Bei Einzelnheiten durfte ich nicht verweilen. Nur die Umrisse um alle Gegenstände dieses reichen Bildes sollten verzeichnet werden, damit der Totaleindruck des Gemäldes nicht gestört werde. Die Ausführung von Einzelnheiten würde die Blicke vom Ganzen auf diese geleitet haben.

Ist mir aber auch dadurch nur ein Schattenbild gelungen — ein in allen Theilen ausgeführtes Gemälde bedürfte ja einer Meisterhand —, so werden doch anderwärts her noch manche Lichtstrahlen auf diese geheimnißvollen Schattenrisse fallen. Immer klarer und wundervoller zugleich wird sich das große Naturgemälde aufrollen, wenn wir jenes Buch aufschlagen, das im eignen Busen der Erde ihre Lebensgeschichte erzählt. Räthsel giebt es auch dort; denn die ganze Welt ist eine riesige Sphinx, und die Menschheit der Oedipus, dem sie das große Räthsel des Lebens aufgegeben hat. Wir alle sterben hin, ohne es jemals ganz errathen zu haben, und doch ist dieses schöne Streben, dieses Sinnen, welches den Schleier immer weiter und weiter lüftet, dieser Genuß des wachsenden Erkennens die edelste Würze des Lebens, und könnten wir einmal ganz zu Ende kommen, wahrlich, so lohnte es sich nicht länger der Mühe, zu sein.

Das Ende der Wissenschaft ist auch das Ende der Welt. Sollte einst der Oedipus Mensch das uralte Räthsel völlig errathen, so würde auch die vieltausendjährige Sphinx sich lebenssatt in den Tod stürzen.

Zweiter Abschnitt.

Gemälde der irdischen Natur. Das planetarische und kosmische Leben der Erde.

Ein unendliches Feld des Wissens breitet sich in der irdischen Heimath vor uns aus, und doch ist es kein neues. Denn ein geheimnißvolles Band umschließt Himmel und Erde; wie Geister steigen zwischen ihnen auf und nieder die wirkenden Kräfte. Nur die Art und Weise des Wissens ist eine verschiedene. Dort in jenen endlosen Räumen, erfüllt von schimmernden Welten, konnten wir wohl messen und wägen; aber die Natur selbst blieb uns in tiefes Dunkel gehüllt, keine Lebensregung zeigte sich unsern Sinnen. Nur ahnen konnten wir, nach Aehnlichkeiten in unsrer Phantasie Vermuthungen aufstellen über die besondre Natur der Stoffe dieses oder jenes Weltkörpers. Hier können wir unmittelbar beobachten, mit unsern Sinnen untersuchen und prüfen, und die unermeßliche Mannigfaltigkeit der Wahrnehmung regt auch das stumpfeste Auge an, treibt auch den trägsten Geist zu lebendiger Thätigkeit, zu denkender Betrachtung. Die bloße Sinnesempfindung ist nur die Geburtsstätte der Naturwissenschaft; sie führt nur die erste Kunde von den Dingen außer uns unserm Bewußtsein zu.

Erst die denkende Betrachtung ist es, durch die wir die äußern Dinge nicht vereinzelt, sondern in gegenseitigen Beziehungen, in einer Wechselwirkung kennen lernen, welche die mannigfachsten Erscheinungen und Veränderungen an ihnen hervorruft. Ihr allein gelingt es, in dem ewigen Wechsel der äußern Gebilde das Allgemeine, die Einheit in der Vielheit, die Verbindung des Mannigfaltigen in Form und Mischung, die bewegenden und belebenden Kräfte und die Gesetze, nach welchen die Kräfte wirken, zu entdecken. Nur so greift die sinnliche Erkenntniß in ein Höheres über und über die bloße Sinnenwelt hinaus, und hierin eben liegt der verborgene Trieb und der ahnungsvolle Reiz, welcher aller denkenden Beobachtung zu Grunde liegt. Sie weiß nichts von zweierlei neben einander bestehenden Naturen, von denen die eine belebt, die andre todt ist; ihr ist die ganze Natur ein lebendiges Ganze, der Inbegriff der Naturdinge und Naturkräfte. Das ist Naturwissenschaft im edlen Sinne; so muß sie beschaffen sein, wenn sie den Namen einer Wissenschaft verdienen soll, und nur so soll sie unsern Betrachtungen zu Grunde liegen. Sie muß Alles umfassen, was der Geist der Jahrhunderte ersonnen und entdeckt hat, muß die überlieferten Irrthümer und die Zeugnisse schlecht beobachteter Thatsachen widerlegen, darf in den Erscheinungen kein andres Geheimniß suchen, als das einer geregelten und fortschreitenden Entwicklung, muß in der Gegenwart den Spiegel der Vergangenheit aufweisen und die ganze Masse der Erscheinungen mit dem combinirenden Blicke des Verstandes zu einem Ganzen zusammenfassen.

Zu einer solchen Höhe der Wissenschaft hat sich unsre Zeit freilich noch nicht erhoben; denn dazu bedarf es einer Freiheit des Geistes, wie sie unser Jahrhundert zwar ersehnt, aber noch immer nicht zu erringen vermag. Die Wissenschaft muß wie jede Freiheit erkämpft werden. Es giebt keine Urweisheit, die etwa, dem ersten Menschenstamme geoffenbart und durch sündige Kultur verdunkelt und vergessen, nur allmälig wie eine Erinnerung zurückkehre. Wohl mag ein dumpfes, schauervolles Gefühl von der Einheit der Naturgewalten im Busen des Wilden aufsteigen, aber ein solches Gefühl ist keine Wissenschaft, hat nichts gemein mit wahrhaft kosmischen Ansichten vom Zusammenhang der Dinge. Sie sind erst Folge langer Beobachtung, das Werk von Jahrhunderten, nicht eines einzigen Volks, sondern die Frucht gegenseitiger Mittheilung eines allgemeinen Völkerverkehrs, einer allgemeinen Verschwisterung aller Wissenschaften. Im Alterthum war die Kenntniß der Natur mehr aus inneren Anschauungen, aus der Tiefe des Gemüths, als aus der Wahrnehmung der Erscheinungen geschöpft. Damals gab es noch eine friedliche, ungetheilte Einheit aller Erkenntniß, aller Forschung. Wahrnehmung, Wissen und Glauben waren noch eins, strebten Hand in Hand nach einem Ziele. Naturwissenschaft, Philosophie, Religion waren nicht geschieden. Darum gewinnt Alles dort einen so heitern und doch so ehrwürdigen, einen so poetischen und doch so ernsten, oft grausenhaften Charakter. Die geheimnißvollen Naturkräfte waren bald mächtige, nach freiem Willen waltende Götter, bald Ideen des Geistes, Zahlen und Verhältnisse. Die Erde war der Heerd der Götter, der Himmel ihre Wohnung. Dann waren es aber wieder körperlose Formen, Ideen, die jene Räume bevölkern sollten. So war Glaube und Wissen in friedlicher Eintracht. Da brachte das Christenthum das Schwert unter die Völker; der Kampf zwischen Glauben und Wissen, Religion und Wissenschaft entspann sich. Mächtiger regten sich nun die Geister, und selbst der düstre Fanatismus des Mittelalters vermochte dem forschenden Streben nicht Einhalt zu thun. Zwar scheinen die wissenschaftlichen Resultate jener dunkeln Zeiten unbedeutend, ja höchst zweifelhaft zu sein; denn selbst, was das Alterthum mühsam errungen hatte, ward mit Gewalt wieder zurückgedrängt und vernichtet, und die Bewegung des wissenschaftlichen Geistes scheint durch jene langen Jahrhunderte hindurch fast nur ein Rückschritt zu sein. Aber es scheint nur so. Von jenem nächtlichen Dunkel verhüllt arbeiteten Männer, edle, hochbegabte, freie Selbstdenker an jenem großen Bau fort, den die neue Zeit vollenden soll; große Namen tauchen uns auf: Albertus Magnus, Roger Baco, Vincenz von Beauvais, Petrus Ramus, Giordano Bruno. Eine großartige physische Weltanschauung bedarf nicht blos der reichen Fülle der Beobachtungen als des Materials zur Verallgemeinerung der Ideen, sie bedarf auch der vorbereitenden Kräftigung der Gemüther, um in den steten Kämpfen zwischen Glauben und Wissen nicht vor den drohenden Gestalten zurückzuschrecken, die bis in die neuere Zeit an den Eingängen zu gewissen Regionen der Erfahrungswissenschaft auftreten und diese Eingänge zu versperren trachten. Denn bis auf den heutigen Tag wuchern die Auswüchse des Fanatismus fort. Zwar die Wissenschaft ist frei geworden, hat sich das Recht ihrer Existenz neben, ja über dem Glauben erkämpft; aber noch heut schämen sich nicht Männer der Wissenschaft, ihre erhabne Wahrheit der anmaßenden Autorität des dunkeln Glaubens, der mystischen Ahnung unterzuordnen. Frei sei die Wissenschaft, denn sie ist das freie Leben des vernünftigen Geistes! Frei sei auch der Glaube; denn er ist das ungestillte Sehnen nach dem ewigen Quell aller Weisheit, aus dem der beschränkte Mensch nur tropfenweis schöpfen kann! Aber Kampfrichter zwischen ihnen sei auch nur der Geist, die Vernunft selbst, die ihre Sprache in der Philosophie findet!

Die heutige Wissenschaft, so weit sie frei geworden ist, verlangt Einheit, Harmonie. Als ihr Endziel gilt es, den inneren Zusammenhang des Naturganzen, des Kosmos, zu erkennen, und wie für jede wahre Naturwissenschaft, muß das auch für die Betrachtung unsrer Erde maßgebend sein. Diesen inneren Zusammenhang, diese kosmische Bedeutung der Natur erkannten wir aber in jenem Leben der Natur, welches die Welten bewegt und sie nach unwandelbaren Gesetzen ihre Bahnen durchkreisen läßt, jenem Leben, welches einst Licht in die Finsterniß sandte und durch die Wärme der starren Masse organische Gebilde entlockte, jenem Leben, welches die Stoffe noch zu einander zieht und mit einander verschmilzt, welches die Pflanze keimen und das Thier sich regen und empfinden läßt.

Dies Leben lernen wir bisher freilich nur in seiner einfachsten, niedrigsten Gestaltung kennen, als räumliche Bewegung der planetarischen Körper, als Massenanziehung, als Licht- und Wärmeentwicklung zwischen den näheren oder ferneren Körpern des großen Weltgebäudes. Jetzt wollen wir es in heimischer Nähe erforschen, in seinen großartigsten und furchtbarsten, wie in seinen zartesten und lieblichsten Erscheinungen auf der Erde selbst beobachten. Dieses warme irdische Leben und jenes kalte himmlische sind aber eins. Denn wie sich das Leben des Menschengeistes nur wahrhaft zeigt in dem Verschmelzen der Einzelnen durch die Liebe, sei es in der Wissenschaft, sei es im Leben; so strebt die ganze Natur nach diesem innigen Verschmelzen aller Unterschiede, dieser Selbstvernichtung im Geiste. Leben ist Liebe auch in der Natur. Aber auf der untern Stufe bleibt jenes Ziel nur ein ersehntes; in rastloser Unruhe jagen die Welten ihrem Ziele nach, eine lockt die andre, und so kommt es zu einer ewigen, aber durch Gesetze geregelten Bewegung. Denn noch giebt es keine Willkür, die Masse bestimmt auch Kraft und Richtung der Lebensregung. Aber wir sahen auch schon jenes Leben sich freier gestalten. Die Welten traten zu Systemen zusammen, deren Glieder sich mächtiger unter einander anregten, in denen jenes Sehnen nach Vergeistigung lebendiger wurde und zu einem wechselnden Kampfe der Materie führte, den wir in den Erscheinungen des Lichts und der Wärme sich offenbaren sahen. Wie aber dieses Licht die Atmosphäre durchdringt, und die Wärme der starren Rinde entquillt, wie electrische und magnetische Strömungen in diesen planetarischen Welten sich regen, und wie all dieser Zauber den Lebensfunken in den organischen Gebilden der Oberfläche erweckt und nährt, das blieb uns noch verborgen. Denn das Auge vermochte uns allein Aufschlüsse zu geben über das Leben jener Welten; aber das Auge, wenn es auch in ungemessene Fernen reicht, findet doch seine Grenzen. Hier erst, wo wir uns heimisch fühlen, wo uns alle Sinne zu Gebote stehen, wo wir in der Nähe schauen und das Geschaute fühlend prüfen, hier erst können wir eine Erkenntniß jener höheren Lebensformen erwarten, die ihre höchste Vollendung im Vernunftleben des Menschen finden.

Es giebt daher vornehmlich zwei Gesichtspunkte, aus denen wir unsre Erde zu betrachten haben. Einmal tritt sie uns entgegen als ein Glied jenes großen lebendigen Naturganzen, das wir Kosmos nannten, Theil nehmend an dem Leben und der Bewegung desselben, durch fremde Einwirkungen beherrscht und bewegt, kurz als Weltkörper im Weltraum, als Planet im Sonnensystem. Dann aber zeigt sie sich uns auch als selbständiger Organismus, dem das

Bestreben innewohnt, sich vermittelst der in ihm liegenden Naturkräfte zu einem Ganzen auszubilden, und dessen Bildungsproceß ein theils noch dauernder, theils vergangner ist. Es ergeben sich danach zwei Haupttheile unsrer Betrachtung, deren erster nach der gewöhnlichen Benennung die mathematische oder astronomische Erdbeschreibung, und deren letzterer die physische Erdbeschreibung und die Geologie umfaßt. Wir werden daher zunächst die Erde als Planeten oder in Beziehung auf das Weltgebäude betrachten. Sie gilt uns hier als mathematischer Körper, dessen Größe und Gestalt wir zu bestimmen haben, dessen Bewegungen und Einwirkungen auf andre Himmelskörper und durch andre wir kennen lernen wollen. Dann aber wollen wir das planetarische Leben der Erde entwickeln, wie es unter dem Einflusse jener das ganze Weltall durchströmenden kosmischen Kräfte angeregt und genährt wird. Hier tritt uns das Leben in der reicheren Fülle seiner Erscheinungen entgegen, und hier gewährt es uns, was ein freies, sich von innen aus kräftig entfaltendes Leben immer bieten sollte, eine Geschichte. Diese Geschichte der Erde bildet daher den interessantesten Theil unsrer Betrachtungen, und um sie soll sich Alles wie um den innern Kern ordnen, so daß die ganze Natur wie ein offnes Buch ihrer Vergangenheit und Gegenwart sich uns enthülle.

Wie die Erde als ein Gasring sich von dem großen, unser ganzes Sonnensystem umschließenden Gasball lostrennte und selbständig zu einem Gasball zusammenrollte, haben wir bereits gesehen, denn es ist das Schicksal aller planetarischen Körper gewesen. Wie sich aber kosmische Kräfte ihrer bemächtigten und den Grund zu höherer Lebensregung in sie legten, wie sich die Erde von ihrer ersten einfachen Gestalt allmälig umwandelte, verdichtete, Kontinente und Meere auf ihrer Oberfläche abschied, wie sie Gebirge aus ihrem Innern hervorhob, Thäler und Ebenen schuf, wie zuletzt ein organisches Leben auf ihr erwachte, das immer wieder durch gewaltige Revolutionen gehemmt und vernichtet ward, aber immer wieder wie ein Phönix aus seiner Asche emporkeimte, in immer neueren und vollkommneren Gestalten aufblühte, bis es durch eine wunderbare Stufenfolge von Formen und Bildungen jenes lebendige Kleid wob, das jetzt die Oberfläche unsrer lieben Muttererde schmückt: Alles das wird uns die Betrachtung der irdischen Natur selbst lehren. Nicht in den Mythen und Sagen alter, entschwundener Völker, die poetisch schön, psychologisch bewundernswerth sein mögen, sondern in dem Buche der Natur selbst wollen wir ihre Geschichte lesen; darin liegt mehr Wahrheit, als in den tausendjährigen Ueberlieferungen, aus denen die Geschichte des Menschengeschlechts ihre Quellen schöpft.

1) Die Erde als Planet.

Noch einmal betrachten wir unsre Erde als ein untergeordnetes Glied in jener durch Gesetz und Ordnung eng unter einander verbundenen Gruppe von Weltkörpern, die wir unser Sonnensystem nannten. Wir beginnen mit der sinnlichen Wahrnehmung selbst. Versetzen wir uns an einem stillen heitern Abende auf eine Anhöhe, die rings dem Auge einen freien Blick gestattet. Die Dämmerung ist verglommen, und am dunkeln Himmelsgewölbe geht eine zahllose funkelnde Sternensaat auf. Der Zeitraum einer Stunde reicht hin, uns zu überzeugen, daß alle diese Sterne eine gemeinsame Bewegung nach der Richtung des Sonnenuntergangs hin haben; und diese gemeinschaftliche Bewegung, welche weder Entfernung noch gegenseitige Stellung der Sterne ändert, verleitet uns, sie einer Bewegung der ganzen Himmelskugel, an welcher die Sterne befestigt zu sein scheinen, zuzuschreiben. Darin werden wir noch durch die Beobachtung bestärkt, daß im Norden viele Sterne gar nicht auf- noch untergehen, und ein Stern im kleinen Bären, der Polarstern, fast ganz unbeweglich bleibt. Wir meinen daher, das Himmelsgewölbe drehe sich um eine feste Axe, deren eines Ende durch den Polarstern geht, in je 24 Stunden, unsre Erde aber stehe unbeweglich in der Mitte. Doch wir haben schon die ungeheuren Entfernungen der Fixsterne kennen gelernt, wir wissen, wie riesenhafte Massen sie sind, die selbst unsre Sonne übertreffen, die doch schon $1\frac{1}{2}$ Millionen mal größer ist, als unsre Erde, und wir beginnen zu zweifeln, daß so gewaltige Massen sich täglich um unsre kleine Erde bewegen sollen, und daß in dieser eine so ungeheure Kraft wohnen soll, die doch keine andre als die Schwerkraft sein kann, welche alle jene Welten um sich herumzuführen vermag, während sie doch nicht einmal einem kleinen Magneten zu wehren im Stande ist, ein Stück Eisen als Beute an sich zu reißen. Ueberdies lehrt uns die Erfahrung, daß die Kraft der Anziehung der Erde nach den Quadraten der Entfernung abnimmt; und doch sehen wir alle Sterne, die entferntesten wie die nächsten, mit gleicher scheinbarer Geschwindigkeit, in gleicher Zeit ihren Umlauf vollenden. Kann dies anders geschehen, als wenn die Erde einen mächtigeren Einfluß auf jene fernen Sterne ausübt, und wie sollen wir es dann mit dem Gesetze der Erfahrung vereinigen? Aber noch mehr! Die meisten Sterne beschreiben ja ihre Kreise nicht um den Mittelpunkt der Erde selbst, sondern um jene Weltaxe, die über unsere Erde hinausliegt, die nichts als eine gedachte Linie ist ohne alle Ausdehnung. Kann denn aber eine Kraft wirken, die an keine raumerfüllende Materie geknüpft ist? Ein neuer Widerspruch mit der Erfahrung.

Wir retten uns aus allen diesen Unwahrscheinlichkeiten und Widersprüchen einfach dadurch, daß wir jene tägliche Bewegung der Gestirne für eine Sinnentäuschung erklären, wie sie wohl dem Reisenden auf einem Dampfschiffe widerfährt, wenn er die Ufer an sich vorüberrauschen zu sehen meint. Nicht der Himmel, sondern die Erde bewegt sich nach entgegengesetzter Richtung von Westen nach Osten; der Himmel ruht, nicht die Erde. Die Erscheinungen bleiben dieselben. Einen höheren Grad von Wahrscheinlichkeit gewinnt diese Annahme aber, wenn wir die Geschwindigkeiten der Bewegungen betrachten. Nach jener früheren Annahme der Bewegung des Himmelsgewölbes müßte die Sonne in jeder Secunde 1450 Meilen, der nächste Fixstern über 300 Millionen Meilen zurücklegen. Was ist gegen eine solche Geschwindigkeit die einer Kanonenkugel, die selbst beim Abschießen nur 1800 Fuß in einer Secunde, was selbst die des Lichts, wenn es 41000 Meilen in der Secunde zurücklegt? Und doch giebt es noch unendlich fernere Fixsterne in jenen Nebeln, die wohl mehrere 100000 Sternweiten von uns entfernt sein mögen. Wo fänden wir noch ein Maß für ihre Geschwindigkeiten? Wie viel imposanter wird dies Schauspiel noch, wenn wir die ungeheure Größe dieser Millionen aufglimmender Welten bedenken, welche alle dieses Stäubchen Erde in unfaßbarer Eile umtanzen? Wie ehrbar, wie bedächtig erscheint uns dagegen die Bewegung unsrer Erde, wenn wir sie allein im ruhenden Weltall sich um sich selbst drehen lassen! Die größte Geschwindigkeit müßte ein Ort auf dem Aequator haben, und diese beträgt nur 1427½ Fuß in einer Secunde, erreicht also noch nicht die Anfangsgeschwindigkeit einer Kanonenkugel.

So einfach aber diese Annahme einer Rotation der Erde ist, so leicht sie alle jene Widersprüche wegräumt, sind dennoch Einwürfe gegen sie erhoben worden, die aber alle bei näherer Untersuchung nicht nur gehoben sind, sondern sich sogar in directe Beweise für dieselbe verwandelt haben. Wir merken ja nichts von der Rotation, sagt man. Wohl merken wir sie; jene in der heißen Zone ununterbrochen wehenden warmen Ostwinde rühren größtentheils von der Rotation her. Ein wichtigerer Einwurf wurde schon von Ptolemäus, später von Tycho de Brahe erhoben. Ein Stein, der von der Spitze eines Thurms herabfalle, meinten sie, könne nie genau am Fuße desselben niederfallen. Denn während der Stein falle, drehe sich ja die Erde von West nach Ost: in dem Augenblicke also, wo der Stein den Boden erreiche, sei der Thurm schon ostwärts entwichen, daher müsse der Stein ja westwärts vom Fuße des Thurms den Boden treffen. Allein sie bedachten nicht, daß der Stein nicht aufhöre ein Theil der Erde zu sein, und eben so gut an der Spitze des Thurms, wie beim Herabfallen, die Rotation um die Erdaxe mitzumachen habe. Unmöglich kann daher der Stein westlich vom Thurme herabfallen, im Gegentheil muß er bei hinreichender Höhe des Thurmes östlich vom Thurme den Boden erreichen. Denn an der Spitze ist ja die Umdrehungsgeschwindigkeit größer als am Fuße, und diese Geschwindigkeit kann der Stein nicht augenblicklich verlieren, er behält sie beim Fall und bewegt sich schneller nach Osten, als der Fuß des Thurms, und so kommt er diesem vor und fällt ostwärts von ihm nieder. Versuche, welche Benzenberg 1802 im Michaelisthurme zu Hamburg und später in den Kohlenbergwerken zu Schlebusch anstellte, bestätigten diese Vermuthung vollkommen und ergaben ein Resultat, das ohne Rotation nicht zu erklären sein würde.

Wenn auch die Lehre von der Axendrehung der Erde bereits seit langer Zeit in Fleisch und Blut des Volkes übergegangen ist und von den Kindern fast mit der Muttermilch aufgesogen wird, so treten doch in dem geheimnißvollen Laufe der Weltgeschichte immer wieder Perioden ein, gleichsam Finsternisse am hellen Tage, wo die ewigen Wahrheiten der Wissenschaft bezweifelt, das Ergebniß jahrhundertelanger Forschungen mit Füßen getreten, und längst begrabener Unsinn aus dem Moder der Vergangenheit wieder heraufgeholt wird. Der Katholicismus zwang vor länger als zwei Jahrhunderten Galilei, die teuflische Lehre von der Bewegung der Erde abzuschwören, und noch heut zu Tage versuchte er denselben Kampf in der Person des Bischof Cullen aufzunehmen. Aber der Protestantismus selbst tritt ihm hülfreich zur Seite, um die gemeinsame Autorität der Bibel zu retten. In einer Versammlung von deutschen evangelischen Geistlichen wurde noch im Jahre 1852 Stunden lang darüber gestritten, ob die Erde sich bewege oder nicht. Galilei schloß der Sage nach seine erzwungene Eidesleistung mit den Worten: Und sie bewegt sich doch!

Die heutige Wissenschaft ruft den Ungläubigen oder vielmehr Allzugläubigen dasselbe zu und bringt ihnen neue Beweise, wenn sie die alten verachten. Ein solcher neuer Beweis beruht auf den Schwingungen des Pendels, und er macht anschaulich, was man bisher nur mit dem Verstande erfassen konnte, läßt mit den Händen greifen und mit den Augen sehen, was man so gern wegleugnen möchte. Wenn man eine Wachskugel, die in einem Wassergefäße frei schwebt, in Drehung versetzt, so kann man das Gefäß aufheben, umhertragen, kurz in jede mögliche Lage versetzen: die Drehungsaxe der Kugel bleibt beständig nach derselben Weltgegend gerichtet. Es ist ein allgemeines Bewegungsgesetz, das in der Natur der Dinge selbst begründet ist. Es beruht auf jener Eigenschaft der Materie, die man Trägheit nennt, und die den bewegten Körper bestimmt, seine einmal erhaltene Richtung nicht ohne Ursache, d. h. ohne eine ablenkende Kraft, zu ändern. Bei der Erde, bei allen Himmelskörpern gilt dies Gesetz; wie sie auch im Raume herumgeführt werden, die Rotationsaxe bleibt sich stets parallel. Dasselbe Gesetz gilt aber auch für jede andre Bewegung, für den Stoß, den Wurf, das Pendel. Ist das Pendel einmal in Bewegung gesetzt, so schwingt es in einer auf dem Horizonte senkrecht stehenden Ebene, und es hat gar keine Ursache, die Lage dieser Ebene zu verändern, wohin auch der Punkt, an dem es aufgehängt ist, gebracht werden möchte. Dreht sich daher die Erde in einer bestimmten Richtung um sich selbst, so muß dies an der feststehenden Ebene, in welcher das Pendel schwingt, bemerkt werden, die Ebene muß eine scheinbare, der Bewegung der Erde entgegengesetzte Drehung zeigen. So können wir uns mit unsern eignen Augen von der Bewegung der Erde überzeugen, und der Pariser Gelehrte Léon Foucault hat es bereits durch Versuche im Pariser Observatorium und im Pantheon im Jahre 1851 dargethan. Bald darauf wurde derselbe Versuch im Kölner Dome mit einem 150 Fuß langen Pendel wiederholt, und seitdem ist er in den meisten größeren Städten Deutschlands vorgeführt worden. Es gehört gewiß mehr als christlicher Glaubenseifer dazu, wenn man solchen sichtlichen Beweisen gegenüber blind bleibt.

Unter allen Beweisen, die für die Annahme einer Rotation sprechen, ist gewiß der schönste der, welcher sie selbst als nothwendig und unerläßlich nachweist. Die Rotation ist bekanntlich die Ursache der Abwechslung von Tag und Nacht. Denkt man sich nun die Erde anfangs als nicht rotirend, so würden Tag und Sommer, Nacht und Winter natürlich zusammenfallen. Wo die Sonne eben aufgeht, fängt der Sommer an und ist der Moment der größten Kälte, denn eine sechsmonatliche Nacht ist vorhergegangen; am gegenüberliegenden Untergangspunkte herrscht dagegen die größte Wärme. Kälte aber zieht zusammen und vergrößert dadurch die relative Schwere. Der Punkt, wo die Sonne aufgeht, ist schwerer als der entgegengesetzte; folglich muß er mehr als dieser zur Sonne gravitiren, was eine Rotation und zwar in dem Sinne, wie sie gegenwärtig stattfindet, zur nothwendigen Folge hat. Daß dies aber die ausschließliche Ursache der Rotation sei, ist damit nicht gesagt; genug sei es uns für jetzt, zu wissen, daß eine solche da ist, mag sie nun durch einen ursprünglichen Stoß oder sonst wie herbeigeführt sein. —

Zu einer so einfachen Erklärung der Himmelsbewegung durch die Rotation der Erde, sollte man meinen, müsse man doch schon früh gekommen sein; aber seltsam genug, diese Wahrheit ist kaum einige Jahrhunderte alt. Bei den alten Völkern ging die allgemeine Volksmeinung von der Ansicht aus, unsre Erde sei der eigentliche Kern der Welt, Sonne, Mond und Sterne nur ein unbedeutendes Zubehör, das sich in den obern Luftregionen aufhalte und bewege. Man nahm den Schein für Wahrheit, ließ die Erde in Ruhe, um sich an der Bewegung der zahllosen Sternenheere zu ergötzen.

Zwar fehlte es auch nicht an Männern, die beobachteten und darum das Wahre ahnten. Schon 200 Jahre vor Christo lehrte Aristarch von Samos, daß die Erde sich um ihre Axe drehe. Aber seine Lehre gerieth in Vergessenheit, und als drei Jahrhunderte später der große Astronom Cl. Ptolemäus es unternahm, ein System der Bewegungen aufzustellen, ging auch er von der allgemein herrschenden Vorstellung von der Unbeweglichkeit der Erde in der Mitte des Weltalls aus, und erklärte nur Bewegungen außer der Erde. Eine Alles umfassende Sphäre, von der Urkraft umgürtet, sollte das ganze himmlische Heer der Fixsterne, Planeten, Kometen, Sonne und Mond in 24 Stunden um die Erde herum führen, und in besonderen Sphären sollten die besonderen Bewegungen vorgehen. Dieses ptolemäische System wurde von den Arabern übersetzt und war unter dem Namen des Almagest das Hauptwerk, aus dem man nach gelehrter Weise 1400 Jahre lang die astronomische Weisheit schöpfte, statt das Buch der Natur und des Himmels selbst zu studiren. Jahrhunderte des traurigsten Verfalls der Wissenschaft folgen auf Ptolemäus. Statt fortzuschreiten auf den Bahnen, welche die Alten geebnet, gefiel man sich in gedankenloser Nachbeterei; alte, längst überwundene Irrthümer tauchten wieder auf, wurden geheiligt durch das Ansehen der Kirche. Da traten im 15. Jahrhundert in unserm deutschen Vaterlande Männer auf, die selbst beobachteten, frei forschten, und an ihrer Spitze der größte astronomische Forscher und Denker seit Ptolemäus, Nic. Copernicus, geb. 1472 zu Thorn. Nach 23jährigen Beobachtungen und Forschungen stellte er ein System auf, das, einfacher als das ptolemäische, der Natur entsprach und das Unbegreiflichste von Allem, die 24stündige Umwälzung des ganzen Universums um die Erde, durch eine Rotation der Erde um sich selbst aufhob, die gleichförmig in der Ebene der Aequators vor sich gehe. Manchen nützlichen Wink mag zwar Copernicus in den Werken der Alten gefunden haben, das gesteht er ja selbst; aber sein System verdankt er gewiß nur sich selbst. Wäre es so leicht gewesen, das richtige System in jenen Aeußerungen der Alten zu finden, wie Mancher nach ihm gemeint hat, wie hätte es so lange Zeit selbst denen verborgen bleiben können, die auf das Eifrigste danach suchten? Aber noch nie hat es bei irgend einer Epoche machenden Entdeckung an Leuten gefehlt, die sogleich mit den alten

Citaten zur Hand waren, die sie nun mit einem Male zu deuten wußten, gleich als ob die klassischen Alten das ausschließliche Privilegium des eignen Schaffens gehabt hätten, und wir uns darauf beschränken müßten, sie zu studiren. Hat man doch selbst die Schießbaumwolle und die Daguerreotypie zu Erfindungen der alten Griechen stempeln wollen! Copernicus studirte die Natur, diese ewige Lehrmeisterin denkender Geister. Was aber aus dem Studium der Bücher, wenn es als das Höchste und Einzige betrachtet wird, hervorgehen kann, hat uns ein langes Jahrtausend vor ihm zur Genüge gezeigt. —

Wir haben bisher stillschweigend die Gestalt unsrer Erde als eine Kugel angenommen, und die Axendrehung setzt allerdings eine solche voraus. Aber auch dies ist nicht immer die Meinung der Menschen gewesen. In den Dichtungen Homers und Hesiods wird die Erde als eine rings vom Oceanus umflossene Scheibe vorgestellt, und erst die Beobachtungen und Messungen der späteren griechischen Naturforscher machten es einleuchtend, daß ihr die Kugelgestalt zukomme. Im finstern Mittelalter wird die Erde, auf die Autorität der heiligen Schrift hin, wieder zur flachen Scheibe, deren Völkern allen die Sonne zugleich auf- und untergeht. Heutzutage ist die Vorstellung von der Kugelgestalt der Erde so allgemein verbreitet, daß Keinem mehr ein Zweifel daran einfällt. Freilich hat sich noch Niemand durch eigne Anschauung davon überzeugt; denn selbst die größte Höhe, welche Luftschiffer bisher erreichten, eine Höhe von 23,500 Fuß, gewährt nur eine Aussicht von etwas mehr als 40 Meilen im Halbmesser. Aber freilich sind auch diese Beweise, welche uns schon die einfache Anschauung an die Hand giebt, schlagend genug; und sie sind so bekannt, daß ich ihrer Erwähnung überhoben bin. Trotzdem sind früher von Gelehrten und Theologen gegen die Kugelgestalt der Erde manche, oft lächerliche Zweifel erhoben worden. Unter Anderm hielt man es für unchristliche Ketzerei, an Gegenfüßler zu glauben. Aber die letzten 100 Jahre haben alle jene Schmach des Vorurtheils und der Verblendung wieder gut gemacht. Denn man hat Scharfsinn, Kräfte und Geld geopfert, um die Frage nach der Beschaffenheit und Gestalt der Erde zu beantworten, wie es kaum irgend einem andern Zweige der Wissenschaften zu Theil geworden ist. Das Resultat war, daß auch die Kugel nicht genau die Gestalt der Erde sei. —

Um einen bestimmten Begriff von der Gestalt der Erde zu erhalten, muß man Berge und Länder hinwegdenken, also für die rauhe Oberfläche eine glatte setzen, rings von ruhendem Wasser bedeckt. In der That aber ist auch die Masse selbst der mächtigsten Gebirgsketten im Verhältniß zur Oberfläche der Erde höchst unerheblich. Die Masse der Pyrenäen würde, auf den Boden Frankreichs zerstreut, das Land nur um 108 Fuß erhöhen, und die Masse der ganzen Alpenkette würde die Höhe des Flachlandes von Europa nur um 20 Fuß vermehren. Die Erklärung der Erdoberfläche, daß sie von ruhigem Wasser bedeckt sein könne, zeigt ohne Weiteres eine wesentliche Eigenschaft derselben, daß nämlich alle Kräfte, die auf sie wirken, eine senkrechte Richtung auf die Oberfläche haben müssen. Denn jeder noch so kleine, nicht senkrecht wirkende Druck würde die Flüssigkeit in Bewegung setzen. Was daher in der Richtung dieser Kraft befindlich ist, der Faden eines ruhig hängenden Lothes, der Fall eines schweren Körpers steht gleichfalls senkrecht auf der wahren Erdoberfläche. Letzteres, der Fall eines Körpers, giebt sogar durch seine Geschwindigkeit ein Maß für die Kraft, welche an jedem Punkte der Erde wirkt. So offenbar diese Eigenschaft der Erdoberfläche ist, so reichhaltig ist sie in ihren Folgerungen. Sie ist die Grundlage für jede Schlußfolge über die Gestalt der Erde. Das erste Resultat aus dieser Eigenschaft ist: die Erde kann keine Kugel sein! Zwei Ursachen nämlich sind es, aus denen jene Kraft hervorgeht, welche den Körper fallen läßt. Die eine ist die Anziehung aller Theilchen des ganzen Erdkörpers auf jeden Punkt der Oberfläche. Diese Kraft kann nur nach einer Richtung und zwar nach dem Mittelpunkt der Erde hin wirken. Die andre Ursache ist die Drehung der Erde um ihre Axe, welche jedem Punkte der Oberfläche seine bestimmte Bewegung ertheilt. Dies ist dieselbe Kraft, die ein Körper erhält, wenn er an einem Faden schnell im Kreise herumbewegt wird, und darum nennt man sie Fliehkraft. Jeder Punkt der Erdoberfläche hat eine solche Fliehkraft, und wenn er ihr nicht folgt, die Erde nicht verläßt, so ist der Grund davon die Anziehungskraft, welche ihn stärker zur Erde zurückzieht, als die Fliehkraft ihn zu entfernen sucht. Diese beiden Kräfte wirken also in verschiedener Richtung und verschiedener Stärke an der Oberfläche der Erde; ihre vereinigte Kraft muß also senkrecht auf dieser stehen. Dann kann aber die Erde keine Kugel sein. Wäre sie es, so würde die Anziehungskraft nach ihrem Mittelpunkte, also an und für sich senkrecht auf die Oberfläche gerichtet sein. Die Fliehkraft ändert diese Richtung, so daß sie nicht mehr senkrecht die Oberfläche treffen kann; damit sie dies aber thue, wie nothwendig ist, muß die Gestalt der Erde von der Kugel verschieden sein. Diejenige Gestalt nun, auf deren Oberfläche die ganze Kraft senkrecht steht, wird die wahre sein, welche der Erde zukommt, und diese wahre Gestalt der Erde muß aus dem Buche der Natur selbst gelesen werden. Aber das Verständniß dieses Buches wächst mit der Entwicklung des Menschengeistes, und dies. hat ihre Perioden, wie jede Entwicklung. In der ersten kümmerte man sich um das Buch noch nicht, man lernte gehen und trieb Kinderspiele. Die Psalmen Davids und die Gesänge Homers zeigen wenigstens schon, daß man seine Buchstaben kannte, wenn man auch den Sinn einer Zusammensetzung noch nicht ahnte. Endlich beginnt man zu buchstabiren, und manche Zeile im Buche der Natur wird schon gedeutet. Mit Newton beginnt erst die Periode des Lesens; und in der kurzen Zeit der letzten 150 Jahre mögen wir wohl nur einen kleinen Theil dieses großen Buches gelesen haben. Daß die Erdoberfläche keine Ebene sei, konnte man schon herausbuchstabiren, daß sie aber keine Kugel sei, das las Newton. Er löste jene Aufgabe, die wir vorhin stellten, zeigte, daß die Meridiane, d. h. Linien, welche von einem Pole zum andern gezogen werden, nicht Kreise, sondern Ellipsen sein müssen, daß die Erde also an den Polen abgeplattet ist, und gab diese Abplattung zu $\frac{1}{230}$ des Halbmessers an. Aber diese ganze Berechnung ist nicht durchaus zuverlässig, sie beruht auf der Voraussetzung einer gewissen gleichmäßigen Beschaffenheit des Innern der Erde, die man doch nicht völlig kennt. Denn ungleichförmige Vertheilung der Massen wird auch Richtung und Stärke der Kraft verändern. Will man also die wahre Figur der Erde kennen lernen, so muß man von da, wo die Rechnung durch die Unkenntniß des Innern aufgehalten wird, durch die Beobachtung weiterschreiten. Drei verschiedne Wege hat man bis jetzt gefunden, auf welchen man zum gewünschten Resultate gelangen konnte. Zwei davon schließen von gewissen beobachteten Bewegungen auf die Kräfte, welche sie erzeugen, und von diesen als auf die Ursache derselben, auf die Abplattung der Erde; der dritte geht gradeaus durch die Messung zu seinem Ziele.

Wäre die Erde eine Kugel, so müßte die anziehende Kraft an jedem Punkte der Erdoberfläche eine gleiche Größe haben; ist sie aber an den Polen abgeplattet, so wird diese Kraft unter dem Aequator am kleinsten sein und nach den Polen hin wachsen. Die Größe des Zuwachses, den sie erfährt, hängt offenbar von der Größe der Abplattung ab. Es kommt nur darauf an, diese Zunahme durch wirkliche Beobachtungen zu ermitteln. Die Größe dieser Kraft kann zwar gradezu durch die Höhe gemessen werden, welche ein schwerer Körper in einer bestimmten Zeit, z. B. einer Secunde, durchfällt. Aber diese Höhe mit Genauigkeit zu beobachten, ist höchst schwierig, und man hat daher eine andere Erscheinung zum Gegenstand der Beobachtung gewählt. Dies ist die Länge desjenigen Pendels, welches seine Schwingung genau in einer Secunde vollendet. Denn auch das Pendel ist nur ein fallender Körper und seine Länge abhängig von der Anziehungskraft. Je größer diese, um so länger muß das Secundenpendel sein. Seit der Franzose Richer im Jahre 1672 zuerst die Beobachtung machte, daß er zu Cayenne sein von Paris mitgebrachtes Secundenpendel verkürzen mußte, und damit die sphäroidische Gestalt der Erde bewies, sind zahllose Versuche mit der allergrößten Genauigkeit an den entferntesten Punkten der Erde angestellt worden: und noch immer senden Engländer und Franzosen See-Expeditionen aus, um Pendelversuche anzustellen. Der reiche Schatz aller dieser Beobachtungen hat uns die Abplattung der Erde als $\frac{1}{288}$ kennen gelehrt.

Ein andrer Weg, der zu dieser Kenntniß geführt hat, ist weit schwieriger zu verfolgen; ich will ihn daher nur andeuten. Wie die Körper auf ihrer Oberfläche wird die Erde natürlich auch entferntere mit verschiedner Kraft anziehen müssen, je nachdem sie eine Kugel ist oder nicht. Diese Verschiedenheit muß aber auch ihren Einfluß auf die Bewegung der angezogenen Körper äußern. Aus der Bewegung des Mondes, die ja auch nur ein Resultat der auf ihn wirkenden Kräfte ist, läßt sich also auch ein Schluß auf die Abplattung der Erde gründen. Denn wir sind im Stande, genau zu berechnen, welche Bewegung der Mond haben müßte, wenn die

Erde eine vollkommene Kugel wäre. Zeigen sich daher Unterschiede zwischen dieser berechneten und der wirklich stattfindenden Bewegung, so deuten diese auf Fehler in der Voraussetzung, welche eben die der Kugelgestalt war. Die Größe der Unterschiede deutet aber zugleich auch die Größe der Abweichung ihrer wahren Gestalt von der Kugel oder die Abplattung an. Laplace hat diesen Weg zuerst eingeschlagen und die Abplattung als $\frac{1}{305}$ gefunden. Bessel fand sie in neuerer Zeit als $\frac{1}{299}$. Für den, der unbekannt ist mit der großen Kraft der mathematischen Berechnung und der Astronomie, kann kaum etwas Auffallenderes gedacht werden, als die Behauptung, daß der Astronom die Figur der ganzen Erde bestimmen könne, ohne seine Sternwarte zu verlassen, daß er sie durch die Beobachtungen eines Himmelskörpers bestimme, welcher keine Spur von der Abplattung der Erde an sich trägt. Aber durch das ganze Weltall schlingt sich das Band der Anziehung; alle Erscheinungen werden durch dies Band verknüpft; und was als abgesonderte Thatsache erscheint, wird selbst in größter Entfernung durch die von ihm ausgehenden Fäden oft vollständiger erkannt, als in unmittelbarer Nähe. Newton hat uns gezeigt, daß das Gewirr, welches die zahllosen Verbindungen von einem Weltkörper zum andern darstellen, durch Verfolgung eines Fadens abgewickelt werden kann. Dieser Faden ist die mathematische Berechnung, seine Abwicklung die Astronomie.

Der dritte der Wege, welche zur Kenntniß der Gestalt der Erde führten, der gradeste von allen, geht von unmittelbaren Messungen aus, welche die Krümmung der Erde an verschiedenen Stellen, d. h. den Halbmesser eines Kreises, geben sollen, welcher dieselbe Größe der Krümmung hat. Denn wenn die Meridiane Ellipsen sind, so sind sie nach den Polen hin weniger gekrümmt, als am Aequator. Um diese Krümmung zu finden, darf man aber nur die Länge eines Bogens, also nur die Entfernung zweier Punkte desselben Meridians messen, um dann den Winkel zu kennen, welchen die von diesen Punkten nach dem Mittelpunkte der Erde hin gezogenen Linien einschließen, oder was dasselbe ist, zu wissen, der wievielste Theil von einem ganzen Kreise dieser Bogen ist. Diesen Winkel aber findet man, wenn man an beiden Orten die Entfernung des Zeniths vom Polarstern beobachtet. Der Unterschied dieser Entfernungen giebt den gewünschten Winkel. Auf diese Art kann man also die Krümmung der Erdoberfläche an sehr verschiedenen und entlegenen Stellen messen und so die Größe der Abplattung bestimmen. Die erste erfolgreiche Unternehmung dieser Art wurde durch einen heftigen Kampf veranlaßt, der zu Anfang des vorigen Jahrhunderts zwischen den Engländern und Franzosen über die Abplattung der Erde entbrannte. Ausgerüstet vom französischen Hofe, gingen im Jahre 1735 zwei zahlreiche Gesellschaften von Astronomen: **Bouguer**, de la Condamine und Godin nach Peru, **Maupertuis**, **Clairaut** und Celsius nach Lappland. Die Vergleichung der Resultate dieser beiden Unternehmungen sprach deutlich die Abplattung der Erde aus. Dieser Erfolg reizte bald Andere, und noch vor dem Ende des Jahrhunderts waren acht andere Gradmessungen unternommen, welche, freilich nicht immer mit der nöthigen Umsicht geleitet, oft zweideutige Erfolge gewährten.

Zur Zeit der französischen Revolution trat aber ein ähnliches Unternehmen hervor, welches wegen der Männer, die es leiteten (denn Borda stand an der Spitze, Delambre und Méchain, **Biot** und Arago vollführten die Arbeit), wegen des Glanzes, womit es hervortrat, und wegen seiner näheren Veranlassung besondere Aufmerksamkeit verdient. Man beabsichtigte die Messung von 12½ Graden, nahe an 190 Meilen, in der Richtung des Pariser Meridians von Dünkirchen bis Formentera. Dieser große Bogen sollte in mehrere kleine getheilt und für jeden die Krümmung besonders berechnet werden. Dies großartige Unternehmen wurde für eine Nationalangelegenheit erklärt und sogar so dargestellt, als ginge es von einem allgemeinen (d. h. nicht wissenschaftlichen) Bedürfnisse der Welt aus. Die Revolution war Prinzip geworden, sie wollte Neues an der Stelle des Alten, Guten wie Schlechten. Man wollte nicht mehr mit den alten Maßen messen, mit den alten Gewichten wägen, mit dem alten Gelde zahlen. Eine Kommission von Gelehrten aller Länder wurde niedergesetzt und dieser die Revolution aller Maßeinheiten übertragen. Doch damit diese Aenderungen in der ganzen Welt gelten konnten, wollte man das Maß aus der Natur selbst hernehmen. Das Meter, als Grundmaß, sollte der zehnmillionte Theil der Entfernung vom Aequator bis zu den Polen der Erde sein, und daran sollte die Bestimmung der Flächenmaße und Gewichte geknüpft werden. Darum wollte man durch jene neue großartige Gradmessung die Krümmung der Erde in Frankreich bestimmen und daraus die Entfernung vom Aequator bis zu den Polen durch Rechnung folgern. Großartig war diese Revolution, und sie fand auch Eingang; aber ihr System war auf schwachem Grunde erbaut, und so steht es nur noch als Ruine da, die wegzuräumen man nur die Mühe scheut. Die Einheit des Maßes ist immer eine willkürliche Länge; wie man sie wählt, ist gleichgültig; nur muß man sie unveränderlich erhalten, damit man zu jeder Zeit genau wisse, wie groß das Gemessene ist. Brächte die Natur irgend Etwas immer in genau gleicher Länge hervor, so würde man unfehlbar auf den Gedanken gerathen, mit dieser Länge Alles zu messen. Aber leider giebt es kein solches Naturmaß. Man muß immer das Gemessene zum Maße machen. Das aber ist ein Fehler, der sich rächt. Wir können ja nichts messen, nur nähern können wir uns dem wahren Werthe, und je schwieriger die Messung, je unzugänglicher ihr Gegenstand ist, desto stärker treten die Uebel ihrer Unvollkommenheit hervor. Das Meter könnte aber nur durch die allerweitläufigste aller Operationen, durch eine wirkliche Messung vom Aequator bis zum Pole, durch die Messung eines ganz unzugänglichen Gegenstandes, durch eine Unmöglichkeit gefunden werden. Dennoch gab man jene Idee nicht auf und wollte sie durch jene Gradmessung und durch eine Rechnung durchsetzen, welche sich auf eine völlige Regelmäßigkeit der Erdgestalt gründete. Freilich konnte man vernünftiger Weise nicht verlangen, daß Jeder sich sein Meter aus der Quelle selbst holen sollte, und so gab man dem Meter eine bestimmte Länge, decretirte, daß es 443,295 Linien der Toise enthalten solle. Das war also die ganze Folge jener großen Idee: statt eines Naturmaßes nur ein neuer Name für einen unbequemen Theil des alten Maßes! Unbegreiflich ist es, wie so helle Geister, wie Borda und Laplace, eine so unsinnige Idee verfechten konnten, wenn sie nicht vielleicht andre Interessen verfolgten, vielleicht nur jene wichtige Gradmessung durchsetzen oder die Aufmerksamkeit von ihren wissenschaftlichen Beschäftigungen ablenken wollten. Dann haben sie ihren Zweck erreicht, aber jene Idee eines Naturmaßes, eines allgemeinen Maßsystems ist ein frommer Wunsch geblieben. Wie will man auch Völker im Messen und Wägen vereinigen, die selbst durch die Sprache getrennt sind? Sehen wir ja doch, daß Völker, die gleiche Sprache reden, ein Vaterland, eine Geschichte haben, noch immer trotz aller versprochenen Einheit durch ihre Fuße und Pfunde feindlich getrennt sind. Das ist gewiß kein gleichgültiger Uebelstand, dessen Abhülfe nicht einmal unter die chimärenhaften Errungenschaften des Jahres 1848 gehört. Doch kehren wir zurück zu unsern Gradmessungen. Jenes wichtige Unternehmen der französischen Nation hatte die Folge alles Ausgezeichneten: sie erregte Eifer und Nachahmung. In England und Schottland führte man eine ähnliche Unternehmung aus, in Frankreich eine von Westen nach Osten gehende durch ganz Oberitalien bis zum adriatischen Meere fortgesetzte; in Ostindien folgte eine dritte, in Dänemark, Holstein, Hannover eine vierte, eine doppelte großartige in Rußland, und selbst unter dem Polarkreise im Norden Finnlands prüfte man die frühere französische Messung.

Das Endresultat aller dieser Unternehmungen war, daß sich keine regelmäßige Figur der Erde angeben läßt, welche allen jenen Messungen entspricht. Die Gestalt der Erde ist eine unregelmäßige, bedingt durch eine unregelmäßige Vertheilung der Massen in ihrem Innern. So läßt also alle Sorgfalt, die größte Vervollkommnung der Hülfsmittel nicht mehr erwarten, als höchstens ein unregelmäßiges Stück der Erde mehr kennen zu lernen. Doch die Wissenschaft ist stärker, als Fürsten es zu sein pflegen, sie hört eine unangenehme Wahrheit lieber, als eine einschläfernde Unwahrheit. Man hat das Messen der Erde nicht fruchtlos aufgegeben, im Gegentheil für nothwendiger erkannt als früher. Vorzüglich erkennt man die Wichtigkeit der Verbindung der vorhandenen Gradmessungen untereinander, und bald wird man ununterbrochene Messungen der Erde besitzen von den balearischen Inseln bis Lappland und vom Norden Schottlands bis nach Dalmatien. Das letzte Glied, welches noch in der großen, fast ganz Europa durchziehenden Kette von Messungen fehlt, wird jetzt durch die Unternehmungen des Generalstabes der preußischen Armee hinzugefügt, welche sich, über die ganzen preußischen Staaten erstreckend, am Rheine an die französischen Messungen, in Schlesien an ähnliche östreichische und an der Weichsel an die russischen Arbeiten anschließen. Man wird nun endlich übersehen können, welche Beschaffenheit die Unregelmäßigkeiten der Gestalt der Erde haben, und wie weit sie von der Grundform der Erde, welche nach Bessel eine Abplattung von $\frac{1}{300}$ zu besitzen scheint, abweicht.

Eine nähere Erörterung des ganzen Hergangs dieser wichtigen Messungen am Himmel und auf der Erdoberfläche würde mich zu weit führen. Der irdische Theil dieser Operationen ist rein geometrischer Art. Wichtig aber ist es, die Punkte, deren Entfernungen man mißt, recht weit von einander zu wählen und daher gut zu erleuchten. Anfangs begnügte man sich mit Argand'schen Lampen, wie sie auf Leuchtthürmen angewandt werden; dann aber erfand Gauß das Heliotrop, wodurch er das Sonnenlicht von einem Spiegel reflectiren ließ und ein so starkes Licht bewirkte, daß es durch Fernröhre in den allerweitesten Entfernungen sichtbar war. Endlich ist durch die Erfindung des Drummond'schen Lichts, welches ein Stückchen Kalk entwickelt, wenn man es in einem Gemisch von brennendem Wasserstoffgas und Sauerstoffgas glüht, für das Signalisiren der entferntesten Punkte auf das Vollkommenste gesorgt. Kurz alle Hülfsmittel und Arbeiten für die Bestimmung der Gestalt der Erde lassen kaum noch etwas zu wünschen übrig.

Wir haben bisher die Erde ziemlich isolirt betrachtet, als ob außer ihr keine Himmelskörper da wären. Zwar sahen wir aus der scheinbaren Bewegung des Himmelsgewölbes, daß sie sich täglich um ihre Axe drehe; aber in welcher Beziehung sie zu dem ganzen Planetensysteme stehe, dem sie angehört, blieb unerörtert. Auch die Sonne sahen wir täglich mit dem ganzen Heere der Sterne auf- und untergehen, und daß dies das Resultat der eignen Drehung der Erde um ihre Axe ist, ward aus dem Vorhergehenden bereits klar. Aber sie behauptet nicht, wie die übrigen Sterne, unverändert ihren Platz am Himmel. Sie geht täglich an einem andern Orte auf und unter, und ihre Zeitdauer über dem Horizonte wird in demselben Grade länger, als ihre Auf- und Untergangspunkte weiter auseinander rücken. Alle Tage beschreibt die Sonne einen andern Kreis am Himmel, gleich als habe sie noch außer der Drehung des Himmels eine eigne Bewegung. Eine so wichtige Erscheinung konnte natürlich schon den ersten Beobachtern des Himmels nicht entgehen, und man bemühte sich früh, den Lauf der Sonne zu bestimmen. Da die Sonne aber alle Sterne in ihrer Nähe erbleichen macht, richtete sich die Aufmerksamkeit auf die gegenüberstehenden Sterne, welche eben aufgehen, wenn die Sonne untergeht oder umgekehrt, und es zeigte sich, daß der Stern, der heute mit Sonnenuntergang aufgeht, morgen bei Sonnenuntergang schon höher steht, während ein andrer tiefer liegender aufgeht, daß übermorgen auch dieser schon bei Sonnenuntergang höher steht, kurz daß die Sonne sich gleichsam Tag für Tag gegen die Sterne verspätet. Die eigne Bewegung der Sonne mußte daher in einer der Drehung des Himmels entgegengesetzten Richtung geschehen. Im Orient, wo die Luft viel heitrer ist, als bei uns, war es auch dem Alterthum schon leicht, die Sternbilder zu bestimmen, in welchen die Sonne nach und nach auf- und unterging, d. h. sich befand. Die Kette dieser Sternbilder, welche die Sonne in einem Jahre durchläuft, heißt der Thierkreis oder Zodiakus. Die Orte der Sonne selbst bilden einen Kreis am Himmel, die Ekliptik. Der Thierkreis selbst enthält 12 Sternbilder, und deshalb hat man auch die Ekliptik in 12 Theile getheilt, welchen man die Zeichen der entsprechenden Sternbilder gab und die man Himmelszeichen nannte. Diese entsprechen aber freilich in ihrer jetzigen Lage nicht mehr den gleichnamigen Sternbildern; den Grund werden wir später kennen lernen. Ihre Namen und die Monatstage, an welchen die Sonne unter diejenigen Sterne tritt, von deren Gruppe das Zeichen den Namen hat, sind folgende: ♈ Widder 21. März; Stier, 20. April; ♊ Zwillinge, 21. Mai; ♋ Krebs 21. Juni; ♌ Löwe, 21. Juli; ♍ Jungfrau, 23. August; ♎ Wage, 23. September; ♏ Scorpion, 23. Oktober; ♐ Schütze, 22. November; ♑ Steinbock, 21. December; ♒ Wassermann, 20. Januar; ♓ Fische, 18. Februar.

Die Ekliptik selbst ist gegen die Ebene des Aequators der Erde schief geneigt. Daher scheint die Sonne in ihrem jährlichen Laufe eine schraubenförmige Bewegung am Himmel zu haben. Die äußersten Tagekreise, welche die Sonne beschreibt, in denen sie ihre weiteste Entfernung von dem Aequator erreicht hat und sich diesem wieder zuwendet, heißen Wendepunkte, der nördliche des Krebses, der südliche des Steinbocks, weil sich die Sonne dann gerade in diesen Zeichen befindet. Zwischen diesen Wendekreisen beschreibt die Sonne ihren Schraubengang und bewirkt dadurch die verschiedenen Tageslängen in den verschiedenen Jahreszeiten. Unmöglich kann uns aber eine so unnatürliche Bewegung der Sonne als die wahre erscheinen, und wie wir die Drehung der Himmelskugel in eine tägliche Axendrehung der Erde umwandelten, werden wir wohl auch die anderthalb Millionen mal größere Sonne in Ruhe und von der kleinen Erde umkreisen lassen können. Die Erscheinungen bleiben dieselben. Aber auch gegen diese Bewegung der Erde hat man heftige Einwürfe gemacht. Ich will von den Angriffen schweigen, welche religiöser Fanatismus gegen sie richtete, will nicht erwähnen, wie man Galilei durch Kerker und Drohungen zwang, den Glauben an die Bewegung der Erde feierlich abzuschwören, als könne man eine ewige Wahrheit durch einen Eid vernichten. Genug sei es, hier der wissenschaftlichen Einwürfe zu gedenken. Einer der ersten war die Geschwindigkeit, welche noch die der Rotation übertrifft. Allerdings bewegt sie sich in einer Secunde über vier Meilen, eine Geschwindigkeit, für die wir auf Erden keinen Vergleich haben. Aber alle Geschwindigkeit ist ja doch nur ein relativer Begriff. Wenn wir freilich den Gang eines Weltkörpers mit dem eines Menschen auf Erden vergleichen, dann ist jene Schnelligkeit ungeheuer. Aber wer will das Kriechen der Schnecke zum Maßstab für die Schnelligkeit des Vogels nehmen? Messen wir darum die Bewegungen der Himmelskörper unter einander und mit ihrer eignen Größe, dann verliert die Vorstellung von ihrer Geschwindigkeit gar viel von ihrem Wunderbaren.

Der bedenklichste Einwurf von allen, den sich selbst Copernicus machte, war der, daß, ungeachtet die Erde im Verlauf von sechs Monaten ihren Ort um mehr als 41 Millionen Meilen verändert, dennoch bei den Fixsternen keine periodische Ortsveränderung, keine Parallaxe wahrgenommen wird. Den Durchmesser der Erdbahn, 41 Millionen Meilen, gegen die Entfernung der Fixsterne als etwas Verschwindendes, als einen Punkt im Weltall anzusehen, das schien Vielen doch zu unglaublich; lieber wollte man die jährliche Bewegung der Erde aufgeben. Das hieß dem Stolze des Erdbewohners, der sich und seinen Planeten für den Hauptzweck der ganzen Schöpfung anzusehen gewohnt war, eine noch viel tiefere Wunde schlagen, als die Erhebung der übrigen Planeten zu gleichem Range und gleicher Bedeutung mit der Erde ihm bereits geschlagen hatte. Aber es gab und giebt dennoch immer Männer, welche die feste Ueberzeugung in sich nähren, daß es in der Natur vernünftig zugeht, daß sie sich zur Erreichung ihrer Zwecke einfacher Mittel bedient. Als nun trotz aller Verfeinerung der Instrumente und Beobachtungsmethoden sich noch immer keine Fixsternparallaxe zeigen wollte, als man einzig dem Copernicanischen Systeme zu Liebe die Sterne schon mehr als 100,000 mal ferner als die Sonne annehmen mußte, da entdeckte der Engländer Bradley eine andre, allen Fixsternen gemeinsame Ortsveränderung, die sein Scharfsinn aus der gemeinsamen Bewegung der Erde und des Lichts erklärte, und diese Entdeckung, die Aberration des Lichts, ward ein unumstößlicher Beweis für die jährliche Bewegung der Erde. Bradley bemerkte nämlich, daß alle Sterne genau in einem Erdenjahre einen kleinen Kreis am Himmel beschrieben. Natürlich konnte dies nur eine scheinbare Bewegung sein und nur dadurch erklärt werden, daß das Licht eine gewisse Zeit gebraucht, um zu uns zu gelangen, daß aber, während es das Fernrohr durchläuft, dieses durch die fortschreitende Bewegung der Erde schon fortgerückt ist. Ich will es durch einen Vergleich deutlicher machen. Denken wir uns, daß eine Kanonenkugel durch beide Seiten eines Schiffes schlage, so wird die Linie, welche beide Löcher verbindet, genau die Richtung des Schusses angeben, wenn das Schiff still stand. War aber dies nicht der Fall, so hängt jene Linie von den beiden Bewegungen des Schiffes und der Kugel ab, und man wird letztere aus dem Verhältnisse der Geschwindigkeiten beider Bewegungen, oder umgekehrt, wenn man die wahre Richtung der Kugel bereits kennt, aus der Abweichung jenes Geschwindigkeitsverhältniß berechnen können. Man setze nun statt der Kanonenkugel das Licht, statt der Schiffswände die beiden Gläser des Fernrohrs, welches die jährliche Bewegung der Erde mitmacht, und man hat die Erscheinung der Aberration. Einen stärkeren Beweis für die jährliche Bewegung der Erde als diesen kannte man bis auf Bradley nicht. In der neueren Zeit ist es aber durch die Entdeckung von Fixsternparallaxen gelungen, auch die letzten Zweifel zu beseitigen. —

Daß Copernicus es war, welcher in seinem Systeme diese Bewegung der Erde zur Geltung brachte und damit den wunderlichen und künstlichen Erklärungen des ptolemäischen Systems ein Ende machte, habe ich bereits erwähnt. Als bekannt darf ich aber wohl die nähere Gestaltung dieses Systems voraussetzen, das durch die

Gesetze Keppler's und Newton's seine Wahrheit und Vollendung erhielt. —

Nicht mindere Schwierigkeiten verursachte die Gestalt und Lage dieser Erdbahn. Copernicus erklärte sie für einen Kreis. In diesem Falle müßte uns die Sonnenscheibe immer in gleicher Größe erscheinen. Ein aufmerksamer Beobachter aber bemerkt, daß dieselbe ungleich, zu Ende des December am größten, zu Anfang Juli am kleinsten ist. Die Form der Erdbahn ist daher eine Ellipse, die zwar wenig vom Kreise abweicht. Die Sonne steht auch nicht in ihrer Mitte, sondern in einem ihrer sogenannten Brennpunkte. Denn stände sie in ihrer Mitte, so müßten wir jährlich zweimal die Sonnenscheibe in ihrem größten und kleinsten Durchmesser sehen. Jene beiden Punkte, in denen die Erde der Sonne am nächsten und am fernsten steht, nennt man Sonnennähe (Perihelium) und Sonnenferne (Aphelium). In ersterer steht sie am 31. December oder 1. Januar, in letzterer am 1. Juli. Wollen wir aber die Annahme dieser elliptischen Gestalt der Erdbahn gelten lassen, so müssen wir sie auch in ihren Ursachen zu begreifen suchen. Wir sahen vorher, daß die Abplattung der Erde herbeigeführt wurde durch das Zusammenwirken zweier an Richtung und Stärke verschiedener Kräfte auf ihrer Oberfläche, der Anziehungskraft und der Fliehkraft. Wir sehen hier etwas Aehnliches. Die Erde steht zur Sonne in demselben Verhältniß, wie der fallende Stein zur Erde. Auch auf die Sonne wirken zwei in Richtung und Stärke verschiedene Kräfte, die Anziehungskraft des Mittelpunkts oder die Gravitation, auch Centripetalkraft genannt, und die durch ihre Rotation bewirkte Fliehkraft, Tangentialkraft oder Centrifugalkraft genannt. Beide im Verein wirken dasselbe, wie dort bei der Rotation der Erde, die Abweichung vom Kreise, die elliptische Form der Erdbahn. Dadurch ist auch die ungleichförmige Bewegung der Erde bedingt. In der Erdnähe erlangt die Anziehungskraft das Uebergewicht und beschleunigt die Bewegung, in der Sonnenferne überwiegt die Fliehkraft und vermindert die Geschwindigkeit. In einem allgemeineren Sinne werden wir diese Erklärung später kennen lernen. —

Die Ebene, in welcher die Erde ihren jährlichen Kreislauf beschreibt, und welche ganz der scheinbaren Bahn der Sonne am Himmel entspricht, haben wir schon vorhin als Ekliptik bezeichnet. Jene schiefe Neigung derselben gegen den Aequator, die wir schon erwähnten, beruht nun in der schiefen Stellung der Erdaxe auf der Ebene ihrer Bahn. Stände sie senkrecht auf derselben, so würde die Sonne immer im Aequator stehen, und es gäbe keine Abwechselung der Jahreszeiten, keine Verschiedenheit der Tageslängen auf der Erdoberfläche. Aber nur zweimal im Jahre fallen die Sonnenstrahlen senkrecht auf den Aequator der Erde, und dann allerdings sind alle Tage auf der Erde gleich lang, und überall herrscht Frühling oder Herbst. Diese beiden Punkte der Erdbahn heißen Aequinoctien oder Nachtgleichen. Zwischen diesen Punkten rückt nun die Linie, welche senkrecht von den Sonnenstrahlen getroffen wird, mehr nach Norden oder nach Süden, und damit rückt natürlich auch die Erleuchtungsgrenze der Erdoberfläche nach den Polen hin vor, so daß bald der Nordpol, bald der Südpol abwechselnd erleuchtet und verdunkelt werden. Die äußerste Grenze der senkrechten Bestrahlung bilden die Wendekreise. Die Erde befindet sich dann in ihren Sonnenwenden oder Solstitien. Im Sommersolstitium hat also die nördliche Erdhälfte ihren Sommer, ihren höchsten Sonnenstand, ihre längsten Tage, die südliche ihren Winter und ihre längsten Nächte. Diese vier Punkte, die Aequinoctien und Solstitien, begrenzen unsre astronomischen Jahreszeiten. Aber diese sind der elliptischen Bahn der Erde wegen nicht ganz gleich. Gegenwärtig hat der Winter der nördlichen Halbkugel 89 Tage 1 Stunde, der Frühling 92 Tage 22 Stunden, der Sommer 93 Tage 14 Stunden, der Herbst 89 Tage 17 Stunden. Die Neigung der Ebene der Ekliptik gegen die des Aequators, von welcher unsre Jahreszeiten abhängen, und die man auch Schiefe der Ekliptik nennt, ist aber nicht ganz unveränderlich, sondern schwankt zwischen 21½ und 24½ Graden, freilich nur in Perioden von Jahrtausenden. Jetzt beträgt sie 23° 27′ 30″ und ist im Abnehmen; aber erst nach 8 bis 10,000 Jahren hat sie ihre kleinste Größe erlangt, und dann würden unsre Sommertage um 25 Minuten kürzer, unsre Wintertage um so viel länger werden, die Sonnenwärme sich aber höchstens um ½° vermindern, was durch eine gleiche Verringerung der Winterkälte wieder ersetzt würde. —

Wie man nach der Beleuchtung noch jetzt die Erdoberfläche in die bekannten Zonen eintheilt, so wollte man sie früher gradezu nach der Dauer des längsten Tages in Klimate eintheilen, die natürlich für gleiche Zunahmen der Tage sehr ungleich groß ausfallen mußten. Denn wenn unter dem Aequator der längste Tag 12 Stunden währt, so nimmt er erst bei 16° 44′ geographischer Breite um 1 Stunde zu, bei 30° 48′ erst um 2 Stunden, bei 49° 2′ dauert er aber schon 16 Stunden, bei 54° 31′ 17 Stunden, bei 63° 23′ dauert er 20 Stunden, bei 64° 50′ schon 21 Stunden, bei 66° 32′ grade 24 Stunden, bei 67° 23′ schon 1 Monat, bei 73° 40′ 3 Monate, bei 83° 5′ 5 Monate. Diese Klimate aber entsprechen eben so wenig als die Zonen überall der wirklichen klimatischen Beschaffenheit der Länder. Diese hängt vielmehr von der Bodengestaltung, der Form und Lage der Küsten, besonders aber von der Höhe über dem Meere ab. Im Allgemeinen nimmt allerdings die mittlere Temperatur vom Aequator gegen die Pole zu ab; aber dennoch scheinen die heißesten wie die kältesten Gegenden der Erde nahe an den Grenzen der nördlichen gemäßigten Zone zu suchen zu sein, letztere in der Sahara, jene im tiefen Innern Sibiriens und in den arktischen Landstrichen Nordamerikas. Auch trifft die Abnahme der Temperatur mit wachsender Breite keineswegs alle Jahreszeiten gleichmäßig; die größte Sonnenwärme ist auf der Erde im Ganzen wenig verschieden, der hauptsächlichste Unterschied liegt in der Dauer und Strenge des Winters. —

Der eben betrachtete Lauf unsrer Erde um die Sonne geht aber nicht einmal so ruhig und ungestört vor sich, als es scheint. Er hat vielmehr mannigfache Störungen von allen Seiten, von Sonne, Mond, Planeten und Kometen, zu erleiden. Ich erwähnte schon früher, daß die Schiefe der Ekliptik nicht ganz beständig sei. Ein Beweis dafür ist eine Erscheinung, die schon von Hipparch beobachtet wurde, das Vorrücken oder die Präcession der Sterne genau in der Richtung der Erdbahn. Was kann die Ursache davon sein? Offenbar nicht ein wirkliches Bewegen des gesammten Heeres der Fixsterne, sondern vielmehr desjenigen Punkts, durch welchen man die Lage der Sterne bestimmt, und dies ist der Durchschnittspunkt der Ebene des Aequators und der Ekliptik, der Frühlingsnachtgleichepunkt. Aus der abgeplatteten Gestalt der Erde folgt eine Massenanhäufung rings um den Aequator herum. Gegen diese wird daher die Sonne eine stärkere Anziehung äußern als gegen die Pole, und da sie von der Ekliptik aus wirkt, so wird ihre Ziehkraft stets bestrebt sein, den Aequator in die Ekliptik hinein zu bringen. Dies gelingt ihr zwar nicht. Die Axendrehung der Erde wirkt ihr entgegen. Sie sucht unabänderlich die Richtung ihrer Axe zu behaupten, ähnlich einem tanzenden Kreisel auf dem Tische, den wir bald nach der einen bald nach der andern Seite neigen. Die Umdrehung der Erde entzieht also den Aequator beständig der Anziehungskraft der Sonne, so daß sich die Wirkung der letzteren wesentlich darauf beschränken muß, jeden Punkt des Aequators etwas früher zum Durchschneiden der Ekliptik zu bringen, als es sonst geschehen wäre. So ist eine langsame Bewegung des Durchschnittspunkts des Erdäquators mit der Ebene der Ekliptik in einer der Umdrehung entgegengesetzten Richtung die unausbleibliche Folge jener Sonnenanziehung, und diese Erscheinung ist es, die man das Vorrücken der Nachtgleichen nennt. Allerdings ändert sich dabei zugleich auch die Schiefe der Ekliptik etwas. Sie wird alljährlich wechselsweise in den Solstitien verringert, in den Aequinoctien vergrößert, und nimmt im Ganzen seit den letzten 2000 Jahren ab. Auch der Mond übt wegen seiner Nähe einen gleichen Einfluß auf die Erde aus, und so bewegt sich der Aequator beständig rückwärts um die Ekliptik, ohne ihre Schiefe wesentlich zu ändern, und der Pol des Aequators beschreibt rückwärts einen Kreis um den Pol der Ekliptik. Die Präcession der Nachtgleichen bedarf zu ihrer Vollendung durch den ganzen Kreis der Ekliptik eines Zeitraums von 2600 Jahren; die Schwankungen der Schiefe der Ekliptik zwischen $21\frac{1}{2}°$ und $24\frac{1}{2}°$ hängen sogar von Perioden ab, deren eine 92,930 Jahre, die andre 40,350 Jahre beträgt.

Eine kleinere Periode dieser Art rührt von der Veränderlichkeit der Neigung der Mondbahn gegen die Ekliptik her. Denn diese hat natürlich auch eine veränderliche Neigung der Mondbahn gegen den Aequator zur Folge und damit eine Ab- und Zunahme des Antheils, welchen die Anziehung des Mondes an der Präcession hat. Diese veränderliche Einwirkung des Mondes in Folge der Veränderlichkeit der Neigung seiner Bahn gegen den Erdäquator wird Nutation, d. h. Wanken der Erdaxe, genannt und ist an eine Periode von $18\frac{2}{3}$ Jahren geknüpft. Die Anziehungen, welche die Planeten und Kometen auf die Erde bewirken, sind gleichfalls mit einer Aenderung der Schiefe der Ekliptik verbunden. In Folge aller dieser Einwirkungen ist die Schiefe der Ekliptik 30,000 Jahre vor Chr. am größten, nämlich 27° 31′ gewesen und hat 15,000 Jahre v. Chr. ihren kleinsten Werth von 21° 20′ erreicht. Seitdem nahm sie wieder zu bis 2000 v. Chr., wo sie die Größe von 23° 53′ hatte, und nimmt nun wieder ab, bis sie 6000 n. Chr. ihren kleinsten Werth von 22° 55′ erhalten wird. Diese Perioden sind also sämmtlich sehr groß, und doch die Grenzen jener Ab- und Zunahmen äußerst klein, kaum um 7° von einander verschieden. Da aber von der Schiefe der Ekliptik unsre Jahreszeiten abhängen, so gab es wohl Zeiten, und sie werden im Laufe der Jahrtausende wiederkehren, wo unsre Sommer und Winter strenger, unsre längsten Tage und Nächte länger waren, als jetzt. Aber der Unterschied konnte nur gering sein, und in einer langen Reihe von Jahrhunderten werden sich die Jahreszeiten im Allgemeinen eben so regelmäßig folgen, wie jetzt. Ein gänzliches Zusammenfallen der Ekliptik mit dem Aequator aber, wie Mancher so gern schließen möchte, wird nie eintreten, und die Folge jenes Zusammenfallens, der ewige Frühling, ist der Erde eben so fern, als der ewige Friede.

Eine andere Störung in dem regelmäßigen Laufe der Erde zeigt sich uns in der Veränderung derjenigen Punkte, in welchen die Erde der Sonne am nächsten oder fernsten steht, des Periheliums und Apheliums. Offenbar ist die Ursache davon die Verringerung der Gravitation der Erde zur Sonne und damit ihrer Geschwindigkeit, welche sie, während sie dem Perihelium zueilt, durch die Anziehung andrer Planeten erfährt. Jene Punkte rücken daher durch die ganze Bahn der Erde fort und vollenden ihren Cyclus in 110,000 Jahren. Wäre die Gestalt der Erde mehr elliptisch, weniger kreisförmig, so würde aus diesen Störungen allerdings ein merklicher Einfluß auf die Temperatur der Erde hervorgehen. So aber bleibt der Wechsel des Periheliums fast wirkungslos.

Aehnliche Störungen, wie diese, erleiden natürlich auch alle übrigen Planeten in ihrer Bahnbewegung.

Aber es sind keine Störungen in der Ordnung der Natur, in der Einfachheit und Ewigkeit ihrer Gesetze, die sie vielmehr auf das Schönste bestätigen; nur die Bequemlichkeit der astronomischen

Rechnungen wird gestört, und das giebt ihnen den Namen. Ihre ungeheuer langen Perioden, die fast immer über die historische Dauer des Menschengeschlechts hinausgehen, machen es unmöglich, durch Beobachtung allein zu ihrer Bestimmung zu gelangen. Hier rettet allein die Theorie, und doch führen die feinsten und scharfsinnigsten Kunstgriffe der Rechnung oft genug nur zu Ausdrücken, die unübersehbar verwickelt, oder wenn auch einfacher, doch praktisch nicht anwendbar sind, weil sie die Schwierigkeit nicht heben, sondern auf ein andres unerreichbares Feld hinüberspielen. Erstaunlich viel hat zwar die Gegenwart geleistet, aber unendlich viel mehr ist der Zukunft aufgehoben. Vor allen Dingen muß die Beobachtung der Rechnung in die Hände arbeiten; denn ihre Aufgabe ist es, die Massen der Planeten sicherer kennen zu lehren als die bisherigen Angaben, welche Irrthümer zuließen, die beim Merkur sogar die Hälfte seiner Masse erreichten. Dann erst werden wir eine klare Einsicht in die Bedeutsamkeit dieser Störungen auch für das Bestehen unsrer irdischen Wohnstätte gewinnen, das allerdings durch ein maßloses Anwachsen gewisser Störungen gefährdet scheinen könnte. Es könnte ja die Erde in ihrem Laufe einem ihrer riesenhaften Geschwister entgegengeführt und im Zusammenstoß zertrümmert werden. Es könnten selbst nur die Elemente der Bahnen so verändert werden, daß sich die kreisähnlichen derselben in Ellipsen streckten, welche unsre Erde bald in die verzehrende Nähe des Sonnenkörpers, bald in die eisigen Fernen des Weltraums zu führen drohten. Es könnte endlich unsrer Erde das widerfahren, was Enke an seinem Kometen entdeckte, daß sich in Folge eines widerstehenden Mittels im Raum die Bahn spiralförmig verengte, um endlich die Erde im Schooße der Sonne verschwinden zu lassen, wie die Mücke immer enger ihre Kreise um das Licht zieht, bis sie in ihm das Ziel ihres Sehnens, den Tod findet. Mag der Zeitpunkt solcher Katastrophen auch noch so viele Tausende und Millionen von Jahren entfernt sein; des Menschen Geist gehört der Zukunft an, sein Dichten und Trachten ist nicht auf den engen Raum des Jahrhunderts, in dem er mit seinen Zeitgenossen lebt, beschränkt. Denn er lebt nicht sich, sondern seinem Geschlechte. Ruhe findet er nur in dem ewigen Bestehen dieses Schauplatzes seiner Thätigkeit. Dieses sichern ihm aber die Forschungen der Astronomie; denn sie ergeben, daß auch unter dem Einfluß aller dieser Anziehungen das wichtigste Element aller Planetenbahnen, ihre mittlere Entfernung von der Sonne, unverändert bleibt. Das ist eines jener ewigen, dem beschränkten Verstande unbegreiflichen Gesetze, durch welche die Natur die Stürme des Lebens zu beschwören weiß. Die fortschreitende Wissenschaft wird immer mehr alle diese Störungen als die wesentlichen Glieder der allgemeinen Weltordnung nachweisen. Schon jetzt werden sie wie die Bahnen selbst vorausberechnet und schließen uns Geheimnisse auf, die ohne sie ewig verschlossen blieben. Sie führten zu der Entdeckung eines der neuesten Planeten, da aus ihnen der Neptun, noch ehe seine Existenz geahnt ward, auf das Genaueste nach seiner Bahn, seiner Entfernung, seiner Masse berechnet worden ist. Sie geben Aufschluß über die Massen und Dichtigkeit der Monde und der mondlosen Planeten, die durch diese Störungen ihre Wirksamkeit bekunden. Sie lassen uns selbst die Schwerkraft an der Oberfläche dieser Körpermassen berechnen und dadurch Schlüsse auf ihre physische Beschaffenheit thun. Mit einem Worte, sie eröffnen unserm Blicke die Tiefen der Schöpfung.

Aber wie tief auch diese Blicke eingedrungen sein mögen in die geheime Werkstatt der Natur, wie manchen ihrer Pläne, ihrer bewegenden Hebel und treibenden Kräfte wir auch erspäht haben, noch immer ist uns gar Vieles dunkel und unbegreiflich geblieben. Wir sahen Bewegungen, konnten Störungen und Unregelmäßigkeiten beobachten und messen, aber die Ursache blieb uns in Räthsel gehüllt. An der Lösung dieser Räthsel arbeitet die Wissenschaft noch fort, sie hat manchen Aufschluß gebracht und uns oft einen Ariadnefaden in diesen labyrinthischen Irrgängen geliehen. Auch die neueste Zeit hat wieder einen solchen Faden gesponnen, der freilich noch seiner Abwicklung bedarf. Das ist die Entdeckung der eignen fortschreitenden Bewegung der Sonne mit ihrem ganzen Systeme fernhin durch den weiten Himmelsgarten, gezogen von einer fernen unbekannten Centralsonne. Auch unter diesem neuen Gesichtspunkte müssen wir die Bewegungserscheinungen unsrer Erde betrachten, soll uns daraus ein Licht auf die Schattenrisse unsres Gemäldes fallen.

Durch die Erfahrungen und Beobachtungen der Jahrhunderte ist es als unumstößliche Wahrheit ermittelt, daß unsre Erde als eine unregelmäßige Kugel frei im Raume sich bewegt, mit den übrigen

Planeten in traulicher Verschwisterung die Sonne umschwebt und, wenn das Schauspiel vollendet, es von Neuem beginnt, ihre Stellung wieder die vorige wird. Auf das Genaueste sind die Erscheinungen beobachtet, auf das Genaueste durch die Erfahrung vorausgesagt, wie die gegenseitige Stellung der Planeten in jedem Augenblicke ist und sein wird. Alle diese Erscheinungen mußten aber erklärt und nach den Erfahrungen in ein System gefaßt, die Ursache mußte erkannt werden, wodurch sie ihre Bewegungen erhalten. Das Copernicalische System schien bisher den Anforderungen zu genügen; aber freilich haben sich diese mit dem Fortschreiten der Wissenschaft gesteigert. Wir sehen allerdings, Jahr aus Jahr ein gelangen wir immer wieder auf denselben Punkt, von dem wir ausgingen; das ist eine Thatsache, die uns der ganze Sternenhimmel bezeugt. Aber was ist das für eine Kraft, welche die Erde sich stets wieder um die Sonne bewegen läßt, stets mit derselben Geschwindigkeit, stets in derselben Zeit, jene Kraft, die sich selbst gebiert und ewig sich wieder ersetzt? So frei, so sicher schwebt unsre Erde dahin durch den Raum, eine Masse, im Verhältniß zu uns unfaßlich, mit einer Schnelligkeit, gegen jede irdisch-menschliche unvergleichlich, mit einer Sicherheit, wie sie keine Gefahr ahnen läßt!

Eine Hypothese nur konnte diese Erscheinung erklären; ein Stoß mußte die Planeten bei ihrer Entstehung erschüttern, der sich stets neu ersetzt, und da die Anziehung der Sonne im verkehrten Verhältnisse ihrer Entfernungen wirkt, so wurden diese beiden, Stoß und Anziehung, als die Gründe der Bewegung angenommen, als Gründe, daß sich die Planeten in Ellipsen um die Sonne bewegen müssen: zwei Gründe, von denen der eine eine künstliche Kraft voraussetzt, der andre nur auf Verhältnissen in der Bewegung beruht, welche zwischen Entfernung und Anziehung herrschen und sich berechnen lassen. Diese Gründe können aber dem forschenden Geiste keine Schranken setzen, der überall sonst nur mit dem Unendlichen zu befriedigen ist. Das Gesetz der Natur zu ergründen, zu erdenken, aufzufassen und wiederzugeben, um es auf Nahes und Fernes überzutragen, damit wir rings um uns Licht und Klarheit schaffen, das wird immer die Aufgabe der Menschheit bleiben. Dies Gesetz der Natur aber bleibt sich ewig gleich. Vor Jahrtausenden war es so wie heut, dieselben Ursachen bringen dieselben Folgen hervor, Willkür ist undenkbar. Aber dasselbe Gesetz, das wir bei uns auf Erden erkennen, verpflanzen wir auch auf die Sterne und überall, wohin unser Auge auch nur zu reichen vermag. Ein Gesetz nur ist es, das den geworfenen Stein zur Erde wie zu jedem andern Planeten zurückzieht, ein Gesetz, das unsre Erde um die Sonne und auch die Planeten um sie führt, ein Gesetz, das allen Planeten ihre Kugelgestalt gab, das jedem einen Dunstkreis schuf, jedem Leben und Wachsthum gewährte. Ein Gesetz waltet im ganzen All. Kein Sonnenstäubchen könnte ohne dies im ewigen Raume einen Platz finden; wo es auch entstünde, da müßte es, dem Gesetze unterworfen, fallen dorthin, von wo es angezogen würde. Aber wie vereinigen wir die Mannigfaltigkeit der Erscheinungen mit der Einheit des Gesetzes?

Alles, was auf unsrer Erde frei und leblos wird, das zieht die Erde an sich; was aber angezogen wird, das fällt. Darum ist die Anziehungskraft die Schöpferin der Bewegung, wie auf der Erde, so auch auf den Planeten, auf der Sonne, auf den Fixsternen und im ganzen Weltraume. Aber wo ist jener mächtige Arm, der uns und alle Planeten in einer Entfernung von Millionen Meilen ewig, ohne sie zu berühren, treu in derselben Bahn herumführt? Wo ruht jene Kraft, die solche Massen in ihrem Falle erhält? Die Sonne ist es, die uns anzieht, die uns beherrscht, die uns führt. Doch nie gelangen wir zu ihr. Jahrtausende kreisen wir, und immer kommen wir wieder in die vorjährige Entfernung, wir nähern uns und entfernen uns. Aber die Sonne bewegt sich auch, sie bewegt sich in einer der unsrigen ähnlichen Bahn. Was bewegt denn sie? von welchem Körper wird sie angezogen zu so schnellem Laufe? Können wir hier noch Beobachtungen, Erscheinungen und Naturgesetz vereinigen? Dann muß auch die Sonne angezogen werden von einem Körper, der sie zu beherrschen vermag. Sie fällt mit uns und wir um sie herum, sie zieht uns an und sendet uns vorbei, hält uns zurück und läßt wieder die Zügel schießen. Doch der ganze Sternenhimmel? Er schwebt und wandert auch, die Sterne schwinden und kommen wieder, sie bewegen sich mit uns, durch eine Kraft geführt, von einem Körper gezogen. Alle ziehen wir eine Straße, Alle fallen wir einen Weg; Alle, von einer Kraft gezogen, bewegen wir uns, jeder in der Entfernung, die das Gesetz ihm vorschreibt, keiner eilt voran, keiner bleibt zurück! Wenn es uns also als eine ganz natürliche Vorstellung erscheint, daß wir fallen, so muß es auch einen Körper geben, der uns in Bewegung setzt, wenn wir ihn auch noch nicht gesehen haben. Denn eine andere Ursache würde unnatürlich sein. Wenn auch Erde, Sonne und Planeten groß sind, nach unsern Begriffen freilich; warum soll es nicht doch noch einen Körper geben, der auch diese Massen gleich Staub anzuziehen im Stande wäre? So weit können wir immerhin unsre Phantasie ungezügelt spielen lassen; wir haben noch lange nicht genug erkannt, wie klein wir sind! — Aber wie können wir auf eben so natürliche Weise die Erscheinungen, die wir am Himmel wahrnehmen, mit jener Ursache vereinigen? Wir wollen es versuchen, uns einmal mitten in diesen allgemeinen Fall der Welten hineinzudenken! —

Wir Alle, Sonne und Sterne werden also von einem unbekannten Körper oder Schwerpunkt angezogen, den wir natürlich in der Richtung, in welcher die Geschwindigkeit eines Planeten zunimmt, ahnen müssen. Es sei mir daher erlaubt, die Richtung nach diesem Punkte hin, nach welchem also auch unser Weg gerichtet ist, unterhalb, den entgegengesetzten oberhalb zu nennen. Die Geschwindigkeit des Planeten nimmt dann aber zu, wenn er sich oberhalb der Sonne befindet, denn dann wirken beide, Sonne und Centralsonne, wie wir jenen unbekannten Körper nennen mögen, zugleich anziehend auf ihn. Dies geschieht bei der Erde zur Zeit des nördlichen Herbstes. Darauf eilt der Planet in direkter Bewegung von West nach Ost voraus, bis er vermöge der Anziehung der Sonne angehalten wird und seine Geschwindigkeit verringert. Wenn er nun zu Anfang des Sommers zwischen die Sonne und die Centralsonne tritt, zur Zeit der größten Entfernung von der Sonne, so ist seine Geschwindigkeit die kleinste, denn die Sonne steht über ihm und wirkt der Centralsonne feindlich entgegen. Aber der Planet schreitet weiter vor, seine Geschwindigkeit wächst wieder, die Sonne bleibt zurück. Jetzt übt auch der Planet nach seiner Größe im Verein mit der Centralsonne ein rascheres Fortschreiten auf die Sonne aus. Die Sonne fällt am Planeten vorüber, bis dieser wieder den Herbstpunkt erreicht, mit zunehmender Geschwindigkeit voraneilt, von beiden Körpern angezogen, der Sonne vorbeigeführt wird. — Wie es aber begreiflich sei, daß wir mit der Sonne einen Weg ziehen und doch zugleich eine Bahn um sie beschreiben können, so daß wir die Sonne jährlich alle Zeichen des Thierkreises durchwandern sehen, das lehrt ein Blick auf die untenstehende Figur, in welcher die grade Linie die Bahn der Sonne, die gewundene die Bahn der Erde darstellt, und die punktirten Linien die Richtung andeuten, nach welcher wir die Sonne im Thierkreise erblicken.

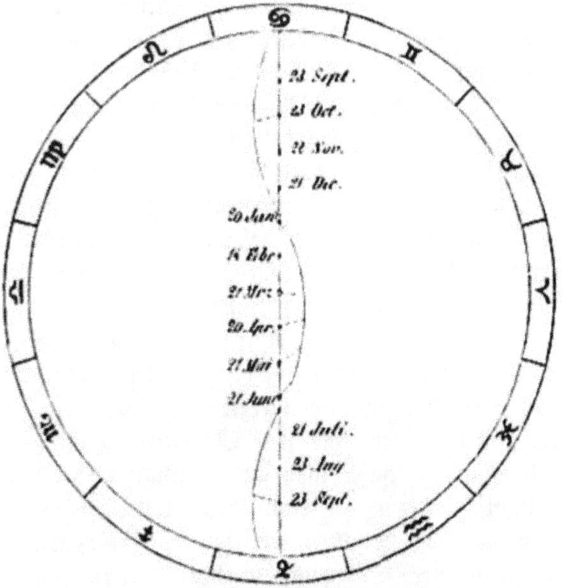

Eine pendelartige Bewegung möchten wir es fast nennen, in welcher Sonne, Planeten und alle Gestirne durch den Weltraum dahinwandeln. Nicht ein Kreis, auch nicht eine Ellipse ist die wahre Form unsrer Planetenbahnen, sondern jene eigenthümliche Sförmige Linie, welche entsteht, wenn wir ein Rad in einem Kreise umlaufen lassen, und den Weg verfolgen, welchen ein bestimmter Punkt des Rades beschreibt; genauer noch, wenn wir uns das Rad und seine Bahn elliptisch denken. Dies ist aber nicht die einzige Bewegung, welche unsrer Erde, wie allen Planeten und Weltkörpern, zukommt. Diese betrachteten wir nur in der Richtung ihres Falles nach dem Centralkörper zu, und darum wollen wir sie ihre

Längenbewegung nennen. Wir schauten der Bewegung unsrer Erde gleichsam von einem Pole des Thierkreises zu. Wir könnten uns aber auch unsern Beobachtungsort in der Ebene des Thierkreises in einem seiner Zeichen selbst wählen, und würden dann noch ein doppeltes Bild von der Bahnform der Erde erhalten, je nachdem wir von der Seite oder in der Richtung ihres Laufes, ober- oder unterhalb auf sie schauten. Von den Seiten des Thierkreises, vom Bilde der Wage oder des Widders aus würde uns die Bahn der Erde in ähnlicher Form erscheinen, wie die jener pendelartigen Längenbewegung, nur nicht in solchem Grade abweichend. Die dritte Form endlich, welche uns die jährliche Bahn von einem Standpunkte ober- und unterhalb des Planeten, etwa von dem Zeichen des Steinbocks oder Krebses aus betrachtet, darbieten würde, ist genau die einer Ellipse. Wir können sie im Gegensatz zu jener zuerst erwähnten Längenbewegung die Breitenbewegung nennen. Eine solche Form müßten uns eigentlich beständig die Bahnen des Merkur und der Venus am Himmel zeigen, da wir uns ja stets über ihnen befinden; freilich aber nur, wenn wir sie von einem festen Punkte aus beobachten könnten. Aber wir bewegen uns ja selbst in der Erdbahn fort und können daher auch diese Breitenbewegung nur in gewissen Stellungen und unregelmäßig beobachten. In den Aequinoctien jedoch müssen uns jene Planeten den Beweis unsres Systems geben. Ihre Bahn läßt sich ja genau vorher bestimmen, und jene elliptische Form hat dann durch die Breitenveränderung des Planeten in jenen Punkten die einer Schlinge angenommen, deren Form freilich noch Störungen durch die andern Planeten unterworfen ist. Werden uns aber auch diese Schlingen in der Beobachtung nicht sichtbar, wenn die innern Planeten durch ihre Solstitien gehen, so entgehen sie uns vielleicht nur darum, weil wir nicht so lange verweilen, bis einer von ihnen ungefähr ein Vierteljahr beschrieben hat. Wohl aber müssen wir die Schlingen beobachten können, welche unsre Erde selbst macht, wenn sie durch ihre Solstitien geht; und eine genaue Beobachtung des Sternhimmels wird uns dies gewiß zeigen.

Ich erklärte es für schwierig, bei den innern Planeten ihre Schlingen zu beobachten; dennoch hat man sie beim Merkur schon wahrgenommen zur großen Verwunderung mancher Astronomen,

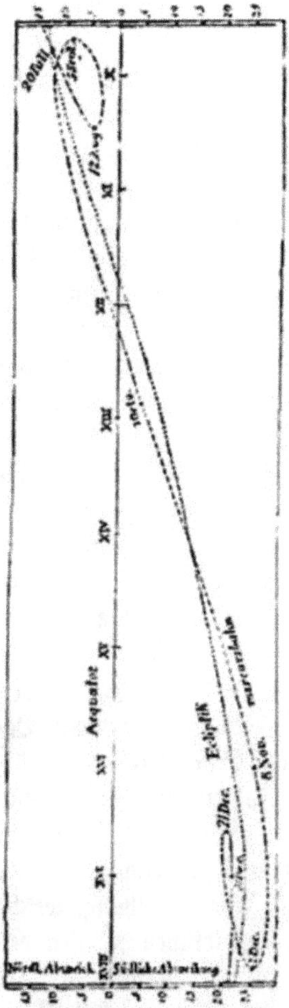

Der scheinbare Lauf des Merkur.

z. B. Littrows, die sich die Ursache nicht zu erklären wußten. Ich kann nicht umhin, hier noch Einiges über jene Beobachtung mitzutheilen, da sie den stärksten Beweis für die Richtigkeit der Theorie liefert. Denn aus blos elliptischen Bewegungen würde sich nie eine solche Schlingenform in den Solstitien erklären lassen. —

Die Erfahrung hat uns gelehrt, daß jene inneren Planeten am Himmel für unser Auge verschiedene Geschwindigkeiten annehmen, bald schneller, bald langsamer gehen, dann eine Zeitlang still stehen, stationär werden, wie man es nennt. Dieses Stationärwerden findet beim Uebergang von einem Aequinoctium zum andern statt, also wenn sie jene Schlingen beschreiben. Die innern Planeten werden so oft stationär, als einer von ihnen mit der Erde zugleich die Solstitien durchläuft; doch werden wir durch die Stellung und das Licht der Sonne meist verhindert, diese Erscheinung zu beobachten. Die äußern Planeten können nur dann stationär werden, wenn unsre Erde durch ihre eigne Bahn in den Solstitien es veranlaßt. Bei den Fixsternen verschwindet die Erscheinung.

Betrachten wir nun den Lauf des Merkur, wie ihn Enke vom Juli bis December des Jahres 1846 beobachtet hat, und wie es die vorstehende Figur darstellt! Welche Unregelmäßigkeit! Viermal erscheint er stationär, am 12. August, am 5. September, am 2. und 22. December. Daher ist er rückläufig, d. h. bewegt sich von Ost nach West, vom 12. August bis 5. September und vom 2. bis 22. December. Nicht minder unregelmäßig ist seine Lage gegen den Aequator. Bald nähert er sich, bald entfernt er sich, ein Mal durchschneidet er ihn. Auch der Sonne nähert er sich bald, bald entfernt er sich, bald steht er östlich, bald westlich von ihr. Schon Littrow erkannte, daß diese Unregelmäßigkeiten und Verwicklungen in dem Laufe des Merkur nur scheinbare seien, daß sie sich uns einst eben so einfach darstellen würden, als die der Sonne und des Mondes am Himmel uns jetzt bereits erscheinen. Er bemerkte, daß jene Schlingen immer in der Nähe eines Stillstandes und um die Zeit stattfinden, wo der Merkur bei der Sonne, oder bei oberen Planeten, wo sie ihr gerade gegenüberstehen, und wo ihre Durchmesser am größten erscheinen, also wo die Planeten selbst uns am nächsten sind. Wenn sich auch die Orte mit jedem Jahre ändern, wo am Himmel diese Stillstände und Schlingen stattfinden; die Stellung des Planeten gegen die Sonne zur Zeit jener Erscheinungen bleibt immer dieselbe, und die Zeiten, die von einer Zurückkunft des Planeten bis zur andern verfließen, sind immer dieselben. —

Vier Bewegungen waren es also, die wir als unsrer Erde, den Planeten, der Sonne und allen Sternen zukommend erkannten. Ohne sie ist das Bestehen eines freien Körpers undenkbar. Dies waren die rotirende Bewegung um sich selbst, die fortschreitende oder fallende zu dem entfernteren und die beiden pendelartigen um den näheren Centralkörper. Anziehung war die Ursache aller dieser Bewegungen. Ein Körper zog den andern, aber Einer war es, der Alles zog, Alles in den Sturz seines ewigen Fallens hinabriß. Welch ein Körper, welche ungeheure Masse muß es aber sein, die diese unzähligen Welten zu beherrschen vermag? Unser Geist vermag es nicht zu fassen; er würde Unmögliches versuchen. Jene Anziehung, welche alle Welten leitet, ist ja die Summe der unendlichen Massen des Weltalls. Sie braucht so wenig in einem Körper zu wohnen, als der Schwerpunkt unsres Sonnensystems in der Sonne. Alle Welten ziehen einander an, die größere die kleinere; alle fallen und bewegen sich nach dem ewigen Gesetze der Natur, welches wir Gleichgewicht nennen, daß die Masse die gegenseitige Geschwindigkeit und Entfernung vorschreibt. Auch nicht ein Stoß war es, der alle diese Massen in Bewegung setzte. Denn die Welt ist ewig, ohne Anfang und Ende; mit ihrem Leben erwachte auch ihre Bewegung, denn ihr Leben ist Bewegung. Niemand denkt daran, ein Ende der Bewegung in der Welt anzunehmen, und doch will man nach einem

Anfange forschen. Niemand denkt daran, den Anfang der Materie erklären zu wollen, und doch will man den Anfang ihrer Bewegung begreifen. Die Materie ist an und für sich bewegt, ruhend kann sie nicht bestehen; denn dann wäre sie todt. Genug, eine Kraft rief die Bewegung hervor: diese Kraft aber ist ewig, denn sie ist die Materie selbst. —

Das ist es, was hier über die Verhältnisse unsers Sonnensystems und der Welten überhaupt zu jener unbekannten Centralsonne mitzutheilen war, die uns Mädler in der Gruppe der Plejaden, in der Alcyone suchen lehrte. Ein Gesetz der Anziehung und des Gleichgewichts ist es, das die Welt regiert und alle Himmelskörper in ihren Schranken erhält. Die bisherigen Theorien reichen nicht mehr ganz hin, die immer verwickelter werdenden Erscheinungen am Firmament zu erklären. In kosmischer Allgemeinheit muß die große Aufgabe der Menschheit gelöst werden.

Nachdem wir alle die mannigfachen Bewegungen der Erde, selbst ihre Störungen kennen gelernt und von ganz verschiedenen Standpunkten aus beleuchtet haben, könnten wir damit die Betrachtung ihrer planetarischen Beziehungen zum Sonnensystem als beendigt ansehen, wenn nicht die Erde selbst sich noch ein eignes selbständiges System bildete, in welchem sie als Centralkörper auftritt, kurz, wenn sie nicht ihren Trabanten, den Mond, hätte.

Gezogen von der Erde als seinem Centralkörper, bewegt sich der Mond um diese. Aber auch der Mond zieht die Erde an und wirkt auf die Bewegung der Erde ein; so daß sich vielmehr beide um den gemeinschaftlichen Schwerpunkt bewegen, der freilich wegen des großen Unterschiedes der Massen nahe an den Mittelpunkt der Erde selbst fällt. So bewegt sich die Erde nur rotirend um ihre Axe, der Mond aber fortschreitend in elliptischer Bahn um die Erde, welche Bahn aber, in Bezug auf die Sonne betrachtet, wegen der fortschreitenden Bewegung der Erde in jene schon erwähnte pendelartige Radlinie übergeht. Der Beweis für die Bewegung des Mondes um die Erde ist, daß sein scheinbarer täglicher Umlauf am Himmel mehr Zeit erfordert, als eine volle Umwälzung der Erde bedarf; der Beweis für die elliptische Gestalt seiner Bahn ist die Verschiedenheit in den scheinbaren Größen seiner Scheibe, in der Erdnähe und Erdferne. Die Frage nach der Zeit, welche der Mond gebraucht, um diese Bahn zu durchlaufen, ist nicht mehr eine so einfache, wie bei der Erde. Denn wir befinden uns auf dem Körper, um den und mit dem sich der Mond bewegt, und sehen den Anfangspunkt, von dem wir seine Bewegung zählten, zugleich fortrücken, wenn wir ihn nicht unabänderlich im Weltraume selbst wählten. Thun wir aber Letzteres und nennen die Zeit, welche der Mond gebraucht, um wieder an demselben Orte des Himmels, bei demselben Sterne zu erscheinen, seinen Umlauf, so erhalten wir den siderischen Monat, welcher 27 Tage und 7 Stunden 43′ 11″,5 dauert. Beziehen wir dagegen die Umlaufszeit des Mondes auf die Rückkehr zu demjenigen Punkte, wo er mit Erde und Sonne in gerader Linie steht, so nennen wir sie den synodischen Monat. Dieser ist natürlich länger als der siderische, da die Erde während desselben schon in ihrer Bahn vorgerückt ist und daher ihre Richtungslinie zur Sonne geändert hat; er beträgt im Mittel 29 Tage 12^h 44′ 2″,9. Aber er ist veränderlich wegen der veränderlichen Geschwindigkeit der Erde in ihrer Bahn.

Ueberdies erleidet auch der Mond in seiner Bewegung mancherlei und bedeutende Störungen durch den Einfluß fremder Körper, der Planeten und besonders der Sonne. Zwar gleichen sie im Allgemeinen den früher erwähnten, nur daß ihre Perioden nach eben so viel Monden, höchstens Jahren ablaufen, als bei den Planeten Jahrtausende erforderlich waren. Den bedeutendsten und augenfälligsten Einfluß, der schon dem forschenden Blicke eines Ptolemäus nicht entgehen konnte, übt aber die Sonne auf den Mond aus. Denn bei seiner Bewegung um die Erde nimmt er so verschiedene Stellungen gegen jenen ungeheuren Anziehungspunkt an, daß er bald stärker, bald schwächer gezogen wird und darum sich bald langsamer, bald schneller bewegt. Stehen Sonne, Erde und Mond in grader Linie, so wird das eine Mal die Erde, das andre Mal der Mond von der Sonne stärker angezogen, also in beiden Fällen ihre Entfernung von einander vergrößert, mithin die Anziehung der Erde auf den Mond und die Geschwindigkeit des letzteren in seiner Bahn vermindert. Bilden dagegen Sonne, Erde und Mond einen rechten Winkel, so daß also Erde und Mond fast gleiche Abstände von der Sonne haben, so werden beide zwar gleich stark angezogen, aber zugleich einander genähert werden, und die Geschwindigkeit des Mondes wird beschleunigt. So wird wechselsweise der Lauf des Mondes langsamer und schneller werden, am langsamsten im Winter, am schnellsten im Sommer. Mit dieser Aenderung der Anziehungskraft der Erde zum Monde wird aber zugleich die Gestalt der Mondbahn geändert. Denn in Folge dieser Störung durch die Sonne wird der Mond seiner mütterlichen Erde entfremdet und zögert, sich ihr wieder so weit zu nähern, als er bei Beginn seines einmaligen Umlaufs bereits war, bis diese selbst ihn zu seiner Pflicht zurückruft. So rückt der Punkt seiner Erdnähe, das Perigäum, beständig in seiner Bahn vor, bis es nach 8 Jahren 310 Tagen 13^h 48′ 53″ den ganzen Kreislauf vollendet hat. So veränderlich, wie die Gestalt der Bahn, ist auch die Neigung ihrer Ebene gegen die der Ekliptik, wiewohl die Schwankung hier nur unbedeutend, zwischen 5° und 5° 18′ ist. Selbst die Punkte, in welchen beide Ebenen einander schneiden, die Mondsknoten, sind nicht beständig bei diesem unstäten Genossen unsrer Erde. Sehr schnell bewegen sie sich rückwärts in der Ekliptik, so daß sie schon nach 18 Jahren 218 Tagen 21^h 22′ 46″ die ganze Ekliptik durchlaufen haben.

Wie Alles seltsam erscheint an diesem Sonderling der Natur, so ist auch seine Rotation eine eigenthümliche, denn sie fällt der Zeit nach genau mit seiner Bahnbewegung um die Erde zusammen. Es verhält sich mit dem Monde grade so wie mit einem Menschen, welcher sich um einen andern so im Kreise herumdreht, daß er ihm stets das Gesicht zuwendet, gefesselt durch dessen Blick. So ist auch die Rotation des Mondes gleichsam durch die Erde gebunden, daß er ihr immer nur dieselbe Seite zukehrt. Aber da der Mond einerseits Ungleichheiten und Störungen in seiner Bahnbewegung erleidet, an welchen die Rotation keinen Antheil nimmt, andrerseits sowohl seine Axe gegen die Ebene seiner Bahn, als seine Bahn gegen die Erdbahn eine schiefe Lage hat, so daß der Mond sich bald über, bald unter der Erdbahn bewegt; so erscheinen uns auch Theile der abgewandten Mondhälfte an den Rändern der Mondscheibe. Der Mond scheint gleichsam hin und her zu wanken, und darum nennt man diese Erscheinung die Libration. Wollen wir eine Erklärung dieser sonderbaren Rotation des Mondes, so müssen wir sie in den Umständen seiner Geburt suchen. Als der Mond, ein flüssiges Chaos, dem chaotischen Erdball entflohen, hatte vielleicht seine Masse bei ihrer geringen Größe nicht Zeit, sich gleichmäßig um den Mittelpunkt zu verdichten. Sie erlag bei dem außerordentlich schnellen Erstarren im kalten Weltraum der anziehenden Kraft der Erde, schwoll an der ihr zugewandten Seite, wenn auch nur um 1000 Fuß, an und ward so seinem Centralkörper inniger verbunden, als die größeren Planetenmassen, die, vielleicht auch glühenderem Schooße entquollen, Zeit gewannen, zu sich selbst zu kommen, sich in sich selbst zu sammeln. —

Die Folgen des Mondumlaufs treten uns äußerlich entgegen in den wechselnden Lichtgestalten der Mondscheibe in den Mondphasen. Da unser Trabant nach den gewöhnlichen Begriffen kein selbstleuchtender Körper ist, sondern sein Licht von der Sonne empfängt, so kann nur die der Sonne zugewandte Mondhalbkugel erleuchtet sein. Steht daher der Mond in Opposition mit der Sonne, d. h. wird er in einer der Sonne grade entgegengesetzten Richtung von der Erde aus gesehen, so kehrt er uns seine ganze erleuchtete Hälfte zu, und wir haben Vollmond. Wenn der vierte Theil eines synodischen Umlaufs verflossen ist, also nach $7^3/_8$ Tagen, ist der Mond nach Osten fortgerückt und steht senkrecht auf der Linie, welche Sonne und Erde verbindet. Dann wendet er uns natürlich nur die linke Hälfte seiner erleuchteten Halbkugel zu, während die rechte Hälfte verdunkelt ist. Dies ist die Quadratur des Mondes oder das letzte Viertel. Nach abermals $7^3/_8$ Tagen erscheint uns der Mond in derselben Richtung mit der Sonne, zwischen ihr und uns, er kehrt uns also seine dunkle, unerleuchtete Seite zu, es ist Neumond, und der Mond steht in seiner Conjunction mit der Sonne. Endlich nach weiteren $7^3/_8$ Tagen befindet sich der Mond wieder in der Quadratur, aber er wendet uns jetzt die rechte Hälfte der erleuchteten Halbkugel zu, es ist das erste Viertel. Zwischen diesen verschiedenen Lichtgestalten, den Quadraturen und Syzygien, erscheint uns der Mond als Sichel. Der Aufgang des Mondes hängt natürlich mit diesen Gestalten zusammen. Der Neumond geht mit der Sonne zugleich auf und unter, der Vollmond wechselt mit ihr seine Rolle. Wenn wir endlich auch zur Zeit des Neumondes die dunkle Mondscheibe von einem blassen, aschgrauen Lichte erleuchtet sehen, so rührt dies theils von der Erleuchtung der Erde, theils von einem eignen Lichte des Mondes her, wie schon früher angedeutet wurde.

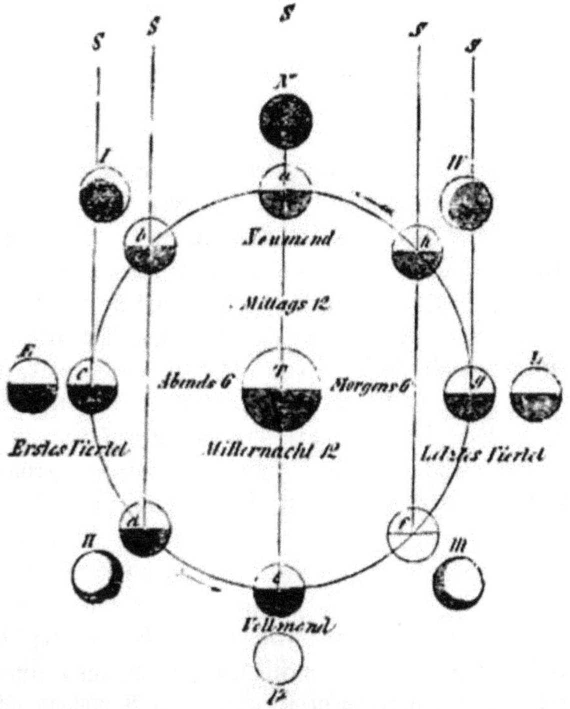

Die beistehende Figur veranschaulicht die Lichtgestalten des Mondes während eines einmaligen Umlaufes. Die mit S bezeichneten senkrechten Linien stellen die bei der weiten Entfernung als parallel zu denkenden Richtungen des Sonnenlichts dar; die mit a, b rc. bezeichneten Scheiben den von der Sonne beleuchteten Mond, und die äußeren Scheiben die Gestalten, in denen er dem Erdbewohner erscheint. N ist der Neumond, der zu Mittag seinen höchsten Stand am Himmel erreicht oder culminirt, während V, der Vollmond, Nachts um 12 Uhr, E, das erste Viertel, Abends 6 Uhr, L, das letzte Viertel, Morgens 6 Uhr culminiren.

Interessanter und für die Wissenschaft von unendlicher Bedeutung sind die durch den Mondlauf bewirkten Verfinsterungen. Planeten und Monde sind an sich dunkle und undurchsichtige Körper und werfen als solche, wenn sie von ihrem Centralkörper erleuchtet werden, einen Schatten in der Richtung des verlängerten Lichtstrahls hinter sich, dessen Größe und Gestalt, wie überall, von denen des leuchtenden und erleuchteten Körpers abhängt. Während der volle Schatten oder Kernschatten aller Beleuchtung beraubt ist, enthält der Halbschatten noch Licht von einem Theile der leuchtenden Scheibe und verliert sich darum allmälig in helles Licht. Die Entfernungen und Größen der Planeten sind aber so beschaffen, daß volle Schatten nie von einem Hauptplaneten auf den andern, sondern nur auf seine Monde und von den Monden auf ihren Hauptplaneten fallen können. Die Länge des vollen Erdschattens beträgt zwischen 188,640 und 182,408 Meilen, die des vollen Neumondschattens zwischen 51,083 und 49,376 Meilen. Der Schatten der Erde übertrifft daher den Abstand des Mondes von der Erde um mehr als das Dreifache, so daß er den Mond nicht allein treffen, sondern sogar über zwei Stunden lang ganz bedecken kann. Der Mond dagegen kann seinen vollen Schatten nur in seiner geringern Entfernung auf die Erde werfen, und immer wird der verfinsterte Theil ein sehr geringer, in Aequatorialgegenden kaum 30 Meilen, in Polargegenden höchstens 200 Meilen im Durchmesser sein. Wenn aber dennoch alle diese Beschattungen so selten und ausnahmsweise eintreten, so liegt der Grund darin, daß die Ebenen der Mondbahn und der Erdbahn nicht zusammenfallen, sondern unter einem Winkel von 5° 9′ gegeneinander geneigt sind. Der Vollmond wird daher meistens dem Erdschatten und die Erde dem Neumondschatten nördlich oder südlich vorübergehen, und eine Beschattung der Erde durch den Mond, eine Sonnenfinsterniß, so wie des Mondes durch die Erde, eine Mondfinsterniß, wird nur dann eintreten, wenn der Mond zur Zeit seiner Conjunction oder Opposition mit der Sonne in der Nähe seiner beiden Knoten, also in der Nähe der Erdbahn ist.

Die Sonnenfinsternisse sind entweder totale, oder ringförmige, oder partiale. Die totale Sonnenfinsterniß ist immer nur von kurzer Dauer, weil wegen der Bewegung der Erde nach wenigen Minuten wieder andre Erdorte in den Schatten treten. Der Gang der totalen Finsterniß bildet daher eine krumme Linie auf der Erdoberfläche, deren Anfang da ist, wo zu gleicher Zeit die Sonne untergeht, und deren Ende nach 4—5 Stunden an einem vom ersten um 100°—120° entlegnen Orte ist, wo die Sonne eben aufgeht.

Zu beiden Seiten dieser Linie ist die Finsterniß partial, denn diese Gegenden werden nur vom Halbschatten des Mondes getroffen. Während einer wirklich totalen Verfinsterung tritt eine eigenthümliche Dunkelheit ein, die weder völlige Nacht noch Dämmerung ist; der Himmel erscheint grau, und die helleren Sterne werden sichtbar; die schwarze Mondscheibe ist von einer lebhaft glänzenden, silberweißen Lichtkrone umgeben, von welcher sich gelbliche Strahlenbüschel verbreiten, die sich allmälig ins Weiße verlieren. Wie ein Feuerrad wallt und zittert die Krone in heftiger Bewegung, und in ihr zeigen sich jene rosenrothen Flammen oder Wolken, die wir schon früher in Verbindung mit den Sonnenfackeln brachten. Leider bietet sich so selten die Gelegenheit dar, diese wunderbare Erscheinung zu beobachten. Die wahrscheinliche Erklärung derselben ist bekanntlich in einer ungeheuren Sonnenatmosphäre gesucht worden, welche nur nicht stark genug glänze, um neben der leuchtenden Sonne wahrgenommen zu werden. —

Höchst eigenthümlich ist der Eindruck, welchen diese seltne Erscheinung auf die Thierwelt macht, besonders auf freien Ebenen, wo man den Schatten des Mondes deutlich herankommen und über die Erdfläche hinjagen sehen kann. Jene Vorempfindung, durch welche sich sonst die Thiere bei Witterungsveränderungen so sicher leiten lassen, ist ihnen hier versagt. Sie gerathen in die größte Angst und Verwirrung. Vögel fliegen scheu umher, Hunde heulen, Pferde und andre Thiere drängen sich fest aneinander, oder werden wild und fliehen. Die Geschöpfe der Nacht, Eulen und Fledermäuse, kommen hervor, die Freunde des Lichts suchen ihre Ruhestätte.

Man versetze sich nun in frühere Zeiten oder unter rohe Naturvölker und füge zu allen diesen angstvollen Scenen noch ein abergläubiges Volk, das hier händeringend und in dumpfer Verzweiflung auf den Knieen liegt, dort laut heulend die Straßen durchtobt und die Brunnen bedeckt, um das vom Himmel fallende Gift abzuhalten: und man hat ein Bild, wie es nur der Dichter von der Ankunft des jüngsten Gerichts in seiner Phantasie entwerfen kann. Zu jenem noch in unsern Gegenden bisweilen gangbaren Aberglauben, daß Gift während der Finsterniß falle, hat wohl der Umstand Veranlassung gegeben, daß häufig, besonders auf Höhen,

Thau zu fallen beginnt, wegen des schnellen Sinkens der Temperatur oft um mehrere Grade.

Leider sind diese totalen Sonnenfinsternisse so äußerst selten, daß sie für denselben Ort durchschnittlich erst nach 150—200 Jahren und dann immer nur in einer Dauer von wenigen Minuten wiederkehren. So hatte im gegenwärtigen Jahrhundert Süddeutschland nur ein Mal, am 8. Juli 1842, den Anblick einer totalen Sonnenfinsterniß, und wenn wir von der Sonnenfinsterniß des Jahres 1851 absehen, welche nur für einen kleinen Strich Pommerns und Preußens total erschien, so wird dem nördlichen Deutschland dieser Anblick erst am 19. August 1887 zu Theil werden. Nicht minder selten sind aber auch die ringförmigen Sonnenfinsternisse, in welche jene dann übergehen, wenn der scheinbare Monddurchmesser kleiner als der der Sonne ist. Ueberdies dauert die Erscheinung des flammenden Lichtringes der Sonne um die dunkle Mondscheibe nur wenige Minuten, er zerreißt bald wieder und verwandelt sich in eine schmale Sichel. Am häufigsten sind die partialen Sonnenfinsternisse, welche nicht nur bei allen totalen und ringförmigen für die Orte nördlich und südlich von der Linie, welche die Schattenaxe beschreibt, sondern auch dann stattfinden, wenn der Schattenkegel an der Erde vorübergeht. —

Die Mondfinsternisse können nur total oder partial sein, nie ringförmig, weil der Erdschatten immer größer ist, als die Mondscheibe. Sie können gegen vier Stunden dauern, totale wenigstens zwei Stunden. Anfangs zeigt der sich verdunkelnde Mond eine graue Farbe, und seine Flecken verschwinden. Im Fernrohr zeigt dieses Grau einen röthlichen Schimmer und geht in Roth über, je mehr der Schatten vorrückt. Ist endlich der letzte Lichtstrahl verschwunden, so ist das Roth über die ganze Mondscheibe verbreitet; alle Flecken, auch die kleinsten, zeigen sich wieder in zarter, rosenfarbener Beleuchtung; nur um den Mittelpunkt des Schattens, den Kernschatten, lagert sich dunkle Nacht, in der man Mühe hat noch etwas zu erkennen; bis endlich an der Ostseite der erste Lichtstrahl wieder hervorbricht. Am sonderbarsten ist jene rothe Färbung der verfinsterten Mondscheibe, die bei bewölktem Himmel die mannigfachsten Nüanceirungen vom dunkelsten Kupferroth durch das glühendste Hochroth zum zartesten Rosenroth darbietet. Dazu kommt noch der Umstand, daß bald nach dem Eintritt der Beschattung die Flecken des Mondes verschwinden und später bei tieferer Dunkelheit wieder sichtbar werden, bis sie gegen das Ende der Finsterniß wieder verschwinden. Die Lichtbrechung in der Erdatmosphäre, die allerdings wohl einen Antheil an dem Phänomen hat, scheint allein nicht zur Erklärung auszureichen, zumal wenn wir uns jener ähnlichen Lichterscheinung, jenes glänzenden Ringes um den verdeckenden Mond bei Sonnenfinsternissen erinnern, wo doch von einer Mondatmosphäre von so merklicher Dichtigkeit nicht die Rede sein kann. Einfacher möchte wohl jene Annahme sein, die beiden Erscheinungen genügt, daß die Sonne rings von einer leuchtenden Atmosphäre umhüllt ist, deren Licht nur sichtbar wird, wenn das strahlendere Licht der Sonnenscheibe fehlt.

Die bisher betrachteten Bewegungen der Erde, des Mondes und der Sterne haben von jeher das Maaß für die Eintheilung der Zeit, für die Zeitrechnung gegeben. In ihnen hatten die Völker der grauen Vorzeit, selbst die philosophischen Griechen und die in Künsten des Luxus so erfinderischen Römer, Uhr, Kalender und Wegweiser. Jetzt hat die europäische Kultur die Schriftzüge des Himmels verdunkelt; vor aller Bildung und Gelehrsamkeit sieht man die Natur nicht mehr. Der einfältige Hirt bei seiner nächtlichen Wache kennt besser den großen und kleinen Bären, das Siebengestirn und den Orion, die ihm Wege und Zeiten bezeichnen, als der sich hoch über ihm erhaben dünkende Städter, dessen kostspielige Hülfsmittel jener verschmäht. Rohe Naturvölker, denen wir oft fast die Menschennatur absprechen möchten, setzen uns blinde Europäer oft in Erstaunen durch die Sicherheit ihrer Ort- und Zeitbestimmungen mit Hülfe ihrer überraschenden Kenntniß des Firmaments. Wir belächeln, bemitleiden die Rohheit solcher Naturkinder. Für wenige Groschen kaufen wir unsern Kalender, für wenige Thaler unsre Uhr und fragen nichts nach Sternen, Sonne und Mond. Wir ahnen nicht, welches Aufwandes von Scharfsinn es bedurfte, ehe Tage, Monate und Jahre so geordnet und festgestellt wurden, daß man uns eigner Beobachtung überheben konnte. Ein Blick auf die Versuche der Vorzeit wird genügen, uns eine Vorstellung davon zu schaffen.

Von jeher waren es der Lauf der Sonne oder richtiger der Erde und des Mondes, welche den Völkern das Maß zur Bestimmung der Zeitperioden gaben. Die Rotation der Erde erfolgt nach 2000jährigen Beobachtungen seit Hipparch mit der größten Gleichmäßigkeit und giebt daher mit der größten Genauigkeit die Dauer des Tages an. Aber je nachdem die volle Dauer einer Rotation auf die Sonne oder einen Fixstern bezogen wird, erhalten wir einen Unterschied zwischen Sonnentag und Sternentag. Letzterer entspricht genau der vollen Rotationsdauer, da der Fixstern wegen seiner unendlichen Entfernung unberührt von der fortschreitenden Bahnbewegung bleibt. Die Sonne aber kommt bekanntlich in Bezug auf die Fixsterne immer zu spät; daher muß die Zeit bis zur Rückkehr auf denselben Punkt, von dem sie am Tage vorher ausging, länger sein als ein Sterntag, und diese Dauer ist der Sonnentag. Theilt man ihn in 24 Stunden, so kommen auf den Sternentag 23 Stunden 56′, also 4′ weniger als auf den Sonnentag. Wäre auch die Bahnbewegung der Erde so gleichmäßig wie die Rotation, so würden alle Sonnentage gleich sein. Aber die Erde läuft bald schneller, bald langsamer und überdies in der Ekliptik, nicht im Aequator, und so wird auch die Länge des Sonnentages veränderlich. Dies ergiebt die Unterscheidung in wahre und mittlere Sonnenzeit. Erstere ist jene ungleichförmige, in welcher ein Tag 30 Secunden über oder unter 24 Stunden haben kann, und wird durch eine richtige Sonnenuhr genau angegeben. Der mittlere Sonnentag ist die durchschnittliche Größe aus sämmtlichen wahren Sonnentagen des Jahres, daher sind alle diese Tage vollkommen gleich lang. Eine richtige mechanische Uhr, eine Pendel- oder Taschenuhr, welche auf Sonnenzeit gestellt ist, zeigt den mittleren Sonnentag an und wird in Beziehung auf den wahren Sonnentag, also auch auf eine Sonnenuhr, bald vor-, bald nachgehen, aber nach Verlauf eines Jahres sich wieder völlig ins Gleiche gestellt haben. Dieser Unterschied zwischen der wahren und mittleren Sonnenzeit, oder eben jenes Vor- und Nachgehen der Uhr, heißt die Zeitgleichung und wird gewöhnlich in den Kalendern zur Stellung der Uhren angegeben. Sie kann im Februar und November bis über 16 Minuten betragen. Der Anfangspunkt der 24 Stunden des Tages ist nicht von jeher und überall gleich genommen worden. Die alten Völker ließen ihn mit dem Untergang der Sonne zusammenfallen; denn, so sagten sie, Mittag und Mitternacht sind durch kein bestimmtes Moment hervorgehoben; und den Aufgang der Sonne kann auch der Fleißigste leicht verschlafen. Aber die Ungenauigkeit des bald früheren, bald späteren Sonnenunterganges führte allmälig zur Mitternacht als Anfangspunkt des Tages, wie es noch jetzt ganz allgemein im bürgerlichen Leben gilt, seit auch der letzte Rest jener alten Zeiteintheilung, der sich noch in Italien bis in die neuere Zeit unter dem Volke erhalten hatte, durch die Neuerungen des Papstes Pius IX. geschwunden ist. Nur der Astronom zählt von Mittag zu Mittag und theilt seinen Tag nicht in 2 mal 12, sondern direct in 24 Stunden ein. Ihm gilt ja die Nacht als am wichtigsten, als die Zeit seiner Thätigkeit, und sie mag er nicht auf zwei verschiedene Kalendertage vertheilen. —

Die älteste Zeitrechnung geschah allein nach Monaten, welche unmittelbar aus der Beobachtung des Mondlaufs genommen wurden. Die Araber kannten kein Jahr; der Ackerbau forderte sie noch nicht zur Unterscheidung der Jahreszeiten heraus. Sie fingen ihren Monat genau mit dem Eintritt des Neumonds an und rechneten ihn bis zu dessen Wiedererscheinen. Muhamed heiligte diesen Kalender, und die Türken und alle die zahllosen Völker, zu denen der Islam drang, rechnen noch jetzt nach solchen synodischen Monaten, nur daß sie jetzt 12 Monate in ein Jahr zusammenfassen, welches also genau 354 Tage, 8 Stunden 48′ 34″,8 beträgt. Die Juden waren keine Astronomen; aber sie wurden dennoch gewahr, daß der Neumond immer bald nach 29, bald nach 30 Tagen zurückkehrte, und ließen daher einfach ihre Monate abwechselnd 29 und 30 Tage dauern. Dadurch erhielt ihr Jahr genau 354 Tage, also über 11 Tage weniger, als das Sonnenjahr, welches 365 Tage 5 Stunden 48′ 48″ zählt. Dadurch wanderte der Anfang des Jahres durch alle Jahreszeiten, was für die Bestimmung der Feste und das ganze bürgerliche Leben natürlich sehr störend war. Deshalb bestrebte man sich schon früh, das Mondjahr mit dem Sonnenjahr in Uebereinstimmung zu bringen, und behalf sich zu diesem Zwecke mit Einschaltung von Tagen oder Monaten. Schon der Athener Meton entdeckte 432 v. Chr., daß 235 jener Monate bis auf einen geringen Unterschied 19 Sonnenjahren entsprechen. Da aber 19 Sonnenjahre ziemlich genau 19 Mondjahren und 7 Monaten gleich kommen, so fiel Meton darauf, innerhalb 19 Jahren 7 Monate einzuschalten, so daß 12 davon zu 12 Monaten, 7 zu 13 Monaten gerechnet wurden. Der Fehler betrug erst nach zwei Jahrhunderten einen Tag. Aehnlich ist die Schaltmethode der Juden. Auch sie haben in 19 Jahren 12 Schaltjahre zu 13 Monaten, und der Unterschied von mangelhaften und überzähligen Jahren, die um einen Tag kürzer oder länger sind als die regelmäßigen, rührt nur aus religiösen, nicht astronomischen Gründen her. Durch diese Metonische Periode kommt allerdings eine gewisse Ordnung in die Zeitrechnung, aber es bleibt doch immer sehr unbequem, nach so ungleichen und veränderlichen Jahren zu zählen. Noch größer war aber dieser Uebelstand bei den Persern und Aegyptern, welche nach Sonnenjahren rechneten, diese aber zu 365 Tagen annahmen. Die vernachlässigten sechs Stunden betrugen in ungefähr 120 Jahren 30 Tage und wurden dann durch einen Schaltmonat ausgeglichen. Natürlich konnte ein solches Schaltverfahren, das mehrere Menschenalter umfaßte, nie volksthümlich werden. Es war für einen Priesterstand berechnet, in dessen Mitte es sich durch Ueberlieferung erhielt, und mit dessen Vernichtung es vergessen wurde. Bei der Künstlichkeit aller dieser Systeme kam daher auch überall die Zeitrechnung in die Hände der Priester, und wenn sich diese, wie es in Rom häufig geschah, mit den Machthabern verständigten, um sie länger im Amte zu erhalten, oder einen neuen früher eintreten zu lassen, so wurden dadurch die Jahre bald länger, bald kürzer. Die Länge des Jahres war gleichsam ein Barometer der Volksgunst oder vielmehr Priestergunst für die Herrscher.

Dieser Unordnung machte Julius Cäsar ein Ende; er bestimmte das Jahr nicht mehr nach dem Laufe des Mondes, sondern der Sonne, und setzte es auf 365 Tage 6 Stunden fest. Nach dem Julianischen Kalender hat daher das gemeine Jahr 365 Tage, jedes vierte dagegen 366 Tage, indem nach dem 23. Februar ein Tag eingeschaltet wird. Aber auch hier beträgt der Fehler in 128 Jahren noch einen Tag und war zur Zeit des Papstes Gregor XIII. im Jahre 1582 schon auf zehn Tage angewachsen, so daß die Frühlingsnachtgleiche auf den 11. März fiel. Dies veranlaßte aber bedeutende Störungen in der Berechnung des Osterfestes. Die Christen der ersten Jahrhunderte hatten sich nämlich in der Feier ihres Osterfestes nach dem jüdischen Passahfest gerichtet, welches am 14ten Tage des Monats Nisan, dessen Vollmond auf den Tag der Nachtgleiche oder zunächst danach fiel, gefeiert wurde. Dadurch fielen aber bisweilen beide Feste zusammen. Das Nicenische Concil im Jahre 325 verbot dies daher und beschloß, das Osterfest solle an dem Sonntage gefeiert werden, welcher dem ersten Vollmonde nach dem Frühlingsäquinoctium folgt, und dies solle immer auf den 21. März fallen. Um aber die Vollmonde voraus zu berechnen, wurde der Metonische Mondzirkel empfohlen. Aber das Julianische Jahr und der Metonische Zirkel paßten nicht zusammen; jenes war ja um 11 Minuten 12″ zu lang, und so mußte die Nachtgleiche immer weiter auf den Anfang des Jahres zurückrücken. Es entstand Verwirrung, und von allen Seiten erhoben sich Klagen, wurden Vorschläge zu Verbesserungen gemacht. Da verordnete Papst Gregor nach dem Plane des Aloys Lili durch ein Breve, daß im October 1582 10 Tage aus dem Kalender ausfallen, nach dem 4ten sofort der 15te gezählt werden sollte, und daß von vier auf einander folgenden Säcularjahren drei Gemeinjahre, nur das vierte ein Schaltjahr sein sollten. Dadurch wird der Fehler in der Zeitrechnung so gering, daß es erst nach 3200 Jahren wieder der Auslassung eines Schalttages bedarf. Dieser verbesserte Kalender heißt der Gregorianische oder der neue Styl, im Gegensatze zum Julianischen oder alten Styl. Er ward von der ganzen katholischen Christenheit angenommen, und nur die protestantischen Staaten weigerten sich aus fanatischem Eifer gegen das Ansehen des katholischen Kirchenoberhauptes. Eine furchtbare Verwirrung, selbst Aufstände, wie in Augsburg, der Pfalz und Schwaben, waren die Folgen dieser Hartnäckigkeit. Endlich mußte man diesem Kalenderkrieg ein Ende machen. Die große Unbequemlichkeit des Gebrauches von zwei Kalendern bei Glaubensgenossen, die unter einander wohnten und mit einander verkehrten, und besonders der Antrieb des großen Leibnitz bewog die evangelischen Stände des deutschen Reichs, im Jahre 1700 den verbesserten Kalender einzuführen, indem sie auf den 18. Februar dieses Jahres sogleich den 1. März folgen ließen. Nur in der Osterberechnung blieb noch ein Unterschied zwischen Protestanten und Katholiken. Die Protestanten wollten nicht die allerdings fehlerhafte Rechnung nach dem Metonischen Mondzirkel und den Epakten annehmen, auf der doch die Katholiken wegen des Beschlusses des Nicenischen Concils beharrten, sondern verlangten astronomische Berechnung des Ostervollmonds. Dies veranlaßte wieder Störungen und Verwirrungen, bis sich die evangelischen Stände auf den Antrag Friedrichs des Großen einem von Wien den 7. Juni 1776 datirten kaiserlichen Patente zufolge entschlossen, dem neuen Styl unter dem Namen eines allgemeinen Reichskalenders völlig beizutreten, auch ihr Osterfest stets mit den Katholiken zugleich zu feiern. Da England schon 1752 und Schottland 1753 den verbesserten Kalender angenommen hatten, Dänemark und Schweden aber dem Beispiele Deutschlands gefolgt waren, so herrscht der alte Styl im christlichen Europa nur noch in Rußland, welches aber darum auch um zwölf Tage hinter uns zurückgeblieben ist. —

Die Berechnung des Osterfestes bildet seit der christlichen Zeit den Brennpunkt der ganzen Kalenderrechnung und verdient daher noch einige Aufmerksamkeit. Nach unsrer jetzigen Osterrechnung sind die Ostergrenzen der 22. März und der 25. April. Der 22. März ist Ostertag, wenn am 21. März Vollmond und dieser Tag zugleich ein Sonnabend ist. Wenn aber am 20. März Vollmond ist, so fällt der nächste Vollmond nach dem Frühlingsanfang erst wieder auf den 18. April, und ist dies zugleich ein Sonntag, so wird des jüdischen Passah wegen Ostern erst am 25. April gefeiert. Zur Bestimmung des Vollmondes dient der Metonische Mondzirkel von 19 Jahren. Das erste Jahr dieser Mondperiode ist dasjenige, in dem der Neumond auf den 1. Januar fällt, und die Zahl, welche bezeichnet, das wievielste Jahr des Zirkels das laufende ist, heißt die goldne Zahl, weil die Griechen, als sie ihnen Meton bei den olympischen Spielen vorschlug, aus Freude darüber befahlen, sie in Gold einzutragen. Im Jahre 1 v. Chr. war die goldne Zahl 1, ebenso 1843, daher die des Jahres 1859 17 ist. Aber die Neumonde fallen nicht alle Jahre auf dieselben Tage, weil das Mondjahr um 11 Tage kürzer ist als das bürgerliche, der Neumond somit jährlich um 11 Tage rückwärts fällt. Fiel daher 1843 der erste Neumond auf den 1. Januar, so mußte der letzte 11 Tage vor Ende des Jahres, auf den 20. December fallen. Am 1. Januar 1844 waren also 11 Tage seit dem letzten Neumond verflossen. Das sind die Epakten. Die Epakte für 1845 ist daher 22, die für 1859 26. Nach der Epakte wird der Ostervollmond bestimmt.

Mit derselben goldnen Zahl kehren natürlich dieselben Epakten wieder, also auch dieselben Monatstage für die Vollmonde, aber keineswegs für die Sonntage. Die Sonntage gehen nämlich jährlich um einen Tag, in Schaltjahren um zwei Tage zurück, weil das Jahr einen bis zwei Tage über 52 Wochen enthält. Daher kehren die Sonntage erst in einer Periode von 28 Jahren, welche der Sonnenzirkel heißt, wieder auf dieselben Monatstage zurück. 9 Jahre v. Chr. fiel der Anfang eines Sonnenzirkels, daher auch 1840 wieder das erste in einem solchen und 1859 das 20ste desselben ist. Die sieben Wochentage bezeichnet man nun mit den Buchstaben A bis G, so daß der Neujahrstag immer A erhält. Der Buchstabe, welcher auf den ersten Sonntag, also auf alle Sonntage des Jahres fällt, heißt der Sonntagsbuchstabe. Im Jahre 1859 fällt Neujahr auf den Sonnabend, also ist der Sonntagsbuchstabe B. Die Berechnung des Ostertages selbst ist ganz einfach. Aus den Epakten berechnet man den Ostervollmond. Für das Jahr 1858 ist die Epakte 15, der erste Neumond fällt also auf den 15. Januar, der folgende auf den 13. Februar, dann auf den 15. März, folglich der nächste Vollmond auf den 29. März, und da dies ein Montag ist, so wird am nächsten Sonntag, den 4. April, Ostern gefeiert. Im Jahre 1859 ist die Epakte 26. Der erste Neumond fällt daher auf den 4. Januar, dann auf den 2. Februar, den 4. März, den 3. April, also der Ostervollmond auf den 17. April, und da dieser ein Sonntag ist, so wird Ostern erst am folgenden Sonntag, den 24. April gefeiert. Indem ich den Kreis derjenigen Betrachtungen schließe, in welchen uns die Erde noch als Planet galt, gebe ich eine kurze Uebersicht der Osterfeste für das nächste Decennium:

Im	Jahre	1859	fällt	Ostern	auf	den	24. April.
"	"	1860	"	"	"	"	8. April.
"	"	1861	"	"	"	"	31. März.
"	"	1862	"	"	"	"	20. April.
"	"	1863	"	"	"	"	5. April.
"	"	1864	"	"	"	"	27. März.
"	"	1865	"	"	"	"	16. April.
"	"	1866	"	"	"	"	1. April.
"	"	1867	"	"	"	"	21. April.

Im Jahre 1868 fällt Ostern auf den 12. April.
" " 1869 " " " " 31. März.
" " 1870 " " " " 17. April.

2) Die Erde unter dem Einflusse kosmischer Kräfte.

Wir haben bisher unsre Erde nur aus dem allgemeinsten Gesichtspunkt als Theil des Weltalls, in ihren planetarischen Bewegungen betrachtet. Wir haben das Leben der Natur nur in ihren einfachsten Beziehungen erkannt, als Massenanziehung, als Schwere. Jetzt wird es anders. Die Erde tritt zurück aus jenen unendlichen Räumen, erscheint uns als selbständiger, freier Entwicklung fähiger Organismus. Das Leben der Natur wird ein mannigfaltigeres, tritt uns in kräftigerer, edlerer Entwicklung entgegen. Dort herrschte noch das Gesetz mit eiserner, strenger Nothwendigkeit; hier entwickelt sich die Freiheit in buntester Fülle, in höchster Schönheit. Dort herrschte Unendlichkeit und stetes Beharren der Form, Veränderung nur in den räumlichen Verhältnissen; hier herrscht die Vergänglichkeit, ewiger Wechsel der Form, Geburt und Tod. — Wollen wir aber dieses Leben in seiner ganzen Fülle und Schönheit begreifen, so müssen wir auch den Schooß kennen, dem es entquillt, die Wohnstätte, die es trägt und nährt; wir müssen unsre heimische Erde auch kennen lernen, wie sie als die Mutter alles Lebendigen in ihrer Größe und Form, ihrer innern und äußern Natur, von kosmischen Kräften durchströmt, dasteht. Dazu haben aber unsre vorigen Betrachtungen schon hingeleitet; denn die Kräfte, welche auf Erden wirken, und die Art ihrer Thätigkeit können keine andern sein, als die, welche wir in den kosmischen Erscheinungen des Weltalls, in den Bewegungen unsres Planetensystems entdecken.

Unsre Erde ist ein Theil des Kosmos, ein Mikrokosmos, sie ist ein Planet und Centralkörper, sie kreist um eine Sonne und wird von Planeten angezogen, sie kreist um sich selbst und zieht ihre eignen Theile an. Die Erde steht unter dem Einflusse der allgemeinen Gravitation, wenn wir mit diesem Namen die kosmische Kraft in ihrer Unmittelbarkeit bezeichnen. Wir wollen die Wirkungen betrachten, welche diese auf ihr Leben ausübt. Sie werden einmal von der Anziehung fremder Weltkörper, dann von der Rotationsgeschwindigkeit der Erde abhängen.

Wäre die Erde eine flüssige Masse oder ihre Oberfläche gleichförmig von einem Meere bedeckt, so könnte sie während ihrer täglichen und jährlichen Bewegung nicht in Ruhe bleiben. Dieselben Erscheinungen, die wir schon bei den Störungen des Mondes in seiner Bahn kennen lernten, würden sich auch hier wiederholen. Der Mond würde die ihm zugewandte Seite der Erde stärker anziehen, als die abgewandte, und das Meer zu einer Welle in die Höhe ziehen. Aber auch der Mittelpunkt der Erde würde stärker angezogen werden, als die abgewandte Seite, die Entfernung desselben vermehrt, seine Anziehungskraft vermindert werden, und darum auch auf jener Seite das Meer zum Steigen gezwungen sein. So würde sich der Mond bestreben, der Erde die Gestalt eines Sphäroids zu geben, aber wegen der Rotation der Erde nie zu dessen Vollendung gelangen, sondern nur eine fortschreitende breite Welle erzeugen. Zwei entgegengesetzte Punkte der Erde würden also Hochwasser oder Fluth, alle Punkte des gleichweit von ihnen abstehenden Umkreises tiefes Meer oder Ebbe haben. Mit dem Laufe des Mondes würde diese Welle um die Erde fortschreiten, folglich ungefähr nach 24 Stunden 50 Minuten mit der Culmination des Mondes an denselben Punkt zurückkehren. Innerhalb dieser Zeit müßte jeder Ort zweimal Fluth und zweimal Ebbe nach je 6 Stunden 12 Minuten haben. Wie der Mond würde natürlich auch die Sonne eine Fluthwelle erzeugen, die aber wegen der größern Entfernung der Sonne geringer, etwa $^2/_5$ der Mondsfluth sein würde. Beide Wellen müßten einander verstärken im Voll- und Neumond, oder schwächen in den Quadraturen, ein Maximum, die Springfluth, und ein Minimum, die Nippfluth, erzeugen. Die höchsten Fluthen und tiefsten Ebben würden endlich dann stattfinden, wenn Sonne und Mond in der Erdnähe stünden und die geringste Abweichung vom Aequator hätten, also senkrechte Anziehungen ausübten.

Ist nun aber die Erde allerdings keine rings von Wasser umflossene Kugel, so ist sie doch fast zu $^3/_4$ vom Meere bedeckt und muß uns daher diese eben geschilderten Folgen kosmischer Störungen, wenn auch mannigfach modificirt, sehen lassen. In der That sind sie das, was wir Ebbe und Fluth nennen. Nur die Ländermassen ändern Richtung und Geschwindigkeit der großen fortschreitenden Welle. Küsten und Meerbusen lenken sie ab, Untiefen und

Inseln verzögern sie. Tage kann es währen, ehe die gehemmte Fluth eintritt; und statt der in einer gewissen Zeit nach der Culmination des Neumondes, die man Hafenzeit nennt, erwarteten Springfluth erscheint oft eine ältere abgelenkte Fluthwelle. Auch die Höhe der Fluthen wird bedingt durch die Wassermasse der Meere, da diese durch ihren Seitendruck die siderische Anziehung unterstützen muß. Kreuzen sich gar abgelenkte Fluthwellen, so erzeugen sie, je nachdem Fluth und Fluth oder Fluth und Ebbe zusammentreffen, eine Verstärkung oder Schwächung des Hochwassers. Die Erfahrung bestätigt vollkommen die Richtigkeit dieser Theorie. Die größte bis jetzt beobachtete Höhe von 70 Fuß erreicht die Fluth in der sich allmälig nach Osten verengernden Fundy-Bay, welche Neu-Braunschweig von Neu-Schottland trennt, während sie an der Mündung des Missisippi nur 1½ Fuß und im Karaibischen Meer nur einen Fuß steigt. Von den europäischen Meeren zeigt sich in der Ostsee und im schwarzen Meere keine merkliche Fluth und Ebbe, auch in dem mittelländischen Meere ist sie kaum wahrnehmbar und erreicht nur an wenigen Orten, besonders im adriatischen Meere, die Höhe von 2½ Fuß. In den nach Westen geöffneten Meeren des Kanals und des Busens von Bristol erreicht die Springfluth dagegen außerordentliche Höhen, bei Guernsey und Jersey 32 bis 38 Fuß, bei St. Malo 46 Fuß, an der Mündung der Savern 45 Fuß. Auch Beispiele von gekreuzten Fluthwellen sind vorhanden. An der Nord- und Südküste von Neuholland und an der Küste von Tonkin zeigt sich während 24 Stunden nur eine Fluth, weil Ebbe und Fluth zweier Fluthsysteme zusammentreffen und die eine Fluth vernichten. An der Südküste von England dagegen, besonders an den Küsten von Dorsetshire, beobachtet man mehr als zwei Fluthen innerhalb 24 Stunden, weil die abgelenkten Fluthwellen einander folgen, nicht kreuzen.

So bewegen die Gestirne die Gewässer unserer Erde zu ewigem Spiel und ewiger Unruhe. Sie führen die Meere in hohen Wellen um die Erde und tragen die Schiffe von Hafen und zu Hafen. Sie schlagen die Fluthen gegen die Küsten und schwellen die Flüsse meilenweit in ihr Bett hinauf oder thürmen sie an ihren Mündungen zu furchtbar tosenden Wogenmauern empor, die der wilde Uferbewohner des Amazonenstroms Pororoca, das krachende Meer, nennt. In süßem Nichtsthun starrt der stumpfe Küstenbewohner auf zur glühenden Sonne oder träumt beim bleichen Scheine des Mondes; aber er ahnt nicht in ihnen die Führer jener unheilvollen Fluthen, die soeben seine Hütte zertrümmerten, und denen er seine Habe entreißen konnte, wenn er die Prophezeihungen der Wissenschaft benutzt hätte. Doch er giebt darin jenen Gebildeten nichts nach, welche in Mond und Sonne wohl nach den Urhebern von Witterung und Krankheiten spähen, aber nichts davon wissen wollen, daß die Schiffe, welche ihnen den Luxus des Lebens zuführten, von jenen himmlischen Wanderern geleitet wurden.

Unter dem Einflusse der siderischen Anziehung und der Erdrotation erhalten natürlich die gesammten Gewässer des Oceans nach den Gesetzen der Trägheit eine eigne Bewegung von Osten nach Westen. Eine gleichzeitige Folge wird aber auch die Strömung der Gewässer von den Polen zum Aequator sein. Denn die siderische Anziehung strebt der Erde die Gestalt eines Ellipsoids zu geben, dessen kleine Axe durch die Punkte der kleinsten Anziehung, also die Pole, bestimmt wird. Daher strömt das Meer von den Polen den angezogenen Punkten zu, um dort die fortschreitende Fluthwelle zu bilden. Verstärkt wird diese Polarströmung durch den Einfluß der Wärme. Durch sie wird das Wasser in den heißen Aequatorialgegenden durch die überwiegende Verdunstung beständig vermindert, in den kalten Polarzonen dagegen durch die überwiegenden Niederschläge vermehrt. Ohne die Rotation der Erde würden sich also ein Strom kälteren Wassers in der Tiefe von den Polen zum Aequator und ein Strom wärmeren Wassers an der Oberfläche vom Aequator zu den Polen in der Richtung der Meridiane ergießen. Durch die Rotation der Erde aber und ihre von den Polen zum Aequator zunehmende Geschwindigkeit bleiben die von den Polen herabströmenden Gewässer mit ihrer geringeren Geschwindigkeit hinter den schneller rotirenden Fluthen niederer Breiten zurück und erhalten darum scheinbar eine westliche Ablenkung so wie umgekehrt alle vom Aequator abfließenden Ströme in den langsamer rotirenden Breiten nach Osten abgelenkt werden. So wird die nördliche Polarströmung in eine südwestliche, die südliche in eine nordwestliche umgewandelt, und beide vereinigen sich in der Nähe des Aequators in einen westlichen, mit einer Geschwindigkeit von 1 bis 8 Fuß in einer Secunde die heißen Zonen der Erde umfließenden Strom. Da aber die Polarströme das kalte und dichte Wasser der Eismeere dem Aequator zuführen, so erscheinen sie natürlich nur als Unterströme, die nur da in Oberströme übergehen, wo der schwächere Salzgehalt sie über die schwereren, salzreichen tropischen Meere erhebt. Als solche kennen wir die arktische Strömung, welche aus dem Becken des nördlichen Eismeeres von den Küsten Spitzbergens und Norwegens, wie aus der Baffinsbai gewaltige Massen von Treibeis bis in die mittleren Breiten der Azoren herabführt und die Gewässer, welche sie durchströmt, um 7° unter der herrschenden Lufttemperatur erkältet. Durch Humboldt wurde eine zweite Polarströmung an der Westküste Südamerikas entdeckt, welche, aus dem südlichen Eismeer stammend, erst bei den Gallopagosinseln in die allgemeine Westströmung übergeht und auf ihrem ganzen Laufe längs der Küsten von Chili und Peru eine solche Temperaturerniedrigung hervorbringt, daß die Differenz innerhalb und außerhalb der Strömung auf 10° steigen kann.

Mit größerer Leichtigkeit als die Polarströme lassen sich die entgegengesetzten, oceanischen Flüssen gleichenden Strömungen nachweisen, welche die warmen Wasser vom Aequator zu den Polen führen; denn sie bewegen sich immer auf der Oberfläche. Der berühmteste unter ihnen ist der Golfstrom, welcher, aus den vereinigten Strömungen des Mexicanischen Golfs und der Meerenge von Yucatan gebildet, Florida umfließt und in nordöstlicher Richtung die Küste der Vereinigten Staaten begleitet, um sich endlich, abgelenkt durch den kalten Polarstrom, zu verzweigen und theils südlich gegen die Azoren hin abzufließen, theils die Nordwestküsten Europas und bisweilen selbst Sibiriens eisige Gestade zu bespülen. Bei seinem Ursprung ein schmaler Strom, 8 bis 10 geographische Meilen breit, dehnt er sich allmälig bis zu einer Breite von 60 bis 70 Meilen aus, verliert aber eben so viel von seiner Geschwindigkeit, die bei Florida 8 Fuß, bei den Azoren noch einen Fuß in einer Secunde beträgt. Seine Temperatur beträgt Anfangs 25°—26° und übertrifft die kalten Wasser an der Bank von Neufoundland noch um 10°—11°. So trägt er seine Temperatur an die Küsten des atlantischen Oceans und mildert die rauhen Fluthen des skandinavischen Nordens.

Schon lange vor der Entdeckung Amerikas brachte der Golfstrom Boten der neuen Welt an die Ufer Europas: Nüsse, Geflechte, künstlich bearbeitete Stückchen Holz. Columbus selbst erfuhr von einem Bewohner der Azoren, daß man wunderbare Boote, „die nicht sinken konnten," mit breitgesichtigen, seltsamen Leuten gesehen habe. Wallace erzählt, daß einst ein Eskimo in seinem Boote in der Nähe der Orkney-Inseln erschienen sei. Zur Zeit des siebenjährigen Krieges brachte der Golfstrom den Hauptmast eines vor St. Domingo gestrandeten Schiffes nach Schottland herüber. Ein ander Mal warf er Palmöltonnen an die Gestade Englands, die man als Ueberbleibsel eines am Cap Lopez in Afrika gestrandeten Schiffes erkannte. Diese letzten beiden Thatsachen könnten einander zu widersprechen scheinen, und doch sind sie in dem eigenthümlichen Wesen des Golfstroms begründet. Der Golfstrom ist ein ganzes System, ein Kreislauf oceanischer Strömungen. Der Arm, welcher von England südlich nach den Azoren fließt, ergießt sich nämlich in den großen Aequatorialstrom, der von der afrikanischen Küste westlich in das karaibische Meer fließt und aus der Meerenge von Florida als Golfstrom wieder hervortritt. Die ruhige Mitte dieses großen atlantischen Meereswirbels bildet das berühmte Sargasso-Meer. Eine wunderbare Pflanzenwelt wuchert üppig in seinen lauen Wassern und zaubert in der Nähe der Azoren jene ewig grünenden Fucuswälder, welche schon das Staunen des Columbus erregten.

Der mexicanische Golf bildet gleichsam einen Ofen, dessen Wärme, durch den Golfstrom in ungeheure Fernen geleitet, den Nordwesten Europas zu einem Treibhause macht. Tropische Wärme ist es also gewissermaßen, welche das Getreide Englands reift und die Trauben Spaniens und Frankreichs röthet. Auf der andern Seite mildert der Golfstrom die Gluth des mexicanischen Klimas, indem er seine heißen Dämpfe weit hinaus in das unbekannte arktische Bassin trägt. Von dort her kehrt er, statt mit Gluthen, schwer mit Eisbergen beladen zurück und begegnet auf seiner Rückkehr der heißen Fluth in der Nähe der Neufoundland-Bank. In dieser Begegnung drängt er den ursprünglichen Golfstrom zurück und bildet so eine hufeisenförmige Krümmung von mehreren Hundert Quadratmeilen Fläche, gleichsam einen Hafen, in welchen die Eisberge zu ihrer endlichen Auflösung einlaufen.

Obgleich der Golfstrom bereits im 16. Jahrhundert von Sir Humphrey Gilbert entdeckt ward, fuhren doch die Seefahrer noch über ein Jahrhundert lang blind über ihn dahin. Erst Benjamin Franklin lehrte seine Bedeutung für die Schifffahrt kennen. Im Jahre 1770 erfuhr dieser so vielfach um die menschliche Cultur verdiente Mann bei seinem Aufenthalt in London, daß die Falmouth-Postschiffe nach Boston gewöhnlich 14 Tage länger unterwegs seien, als die Kauffartheischiffe von London nach Rhode-Island. Nach seiner Rückkehr äußerte er diesen auffälligen Umstand gegen einen alten Nantucket-Walfischfänger, Namens Folger, und dieser erklärte ihn einfach dadurch, daß die praktischen Kauffahrer den Golfstrom benutzten. Folger zeichnete auf Franklins Verlangen den Golfstrom auf eine Seekarte, und diese Zeichnung war so genau, daß sie noch jetzt der englischen Schifffahrt zu Grunde liegt. Eine so genaue Kenntniß verdankte übrigens der Walfischfänger allein der Beobachtung des Walfisches, der niemals in den Golfstrom hineingeht, wohl aber gern sich an den Ufern desselben aufhält, wo er die reichste Nahrung findet.

Dem Golfstrom entsprechend bewegt sich ein schwächerer Strom im südlichen Becken des atlantischen Meeres längs der Küste von Brasilien in südwestlicher Richtung. Aehnlich sind die Bewegungen im Stillen Ocean. Ein nordöstlicher Strom, der aus der Meerenge von Malacca hervortritt, bespült hier die Ostküsten Chinas und Japans. Die Klimate der asiatischen Westküsten entsprechen daher ganz denen der amerikanischen Ostküsten. Ebenso entspricht das Klima Kaliforniens dem Spaniens, und die sandigen, regenlosen Ebenen Unterkaliforniens erinnern an Afrika. Der Verlauf dieses chinesischen Golfstroms ist wissenschaftlich noch nicht hinreichend erkundet. Man weiß nur, daß er südlich von den kalifornischen und mexicanischen Küsten hinläuft, ähnlich wie der atlantische an der afrikanischen Küste. Sein Sargasso-Meer sammelt alles Treibholz und Seegewächs im Westen von Kalifornien. In entgegengesetzter Richtung läuft an den östlichen Küsten Asiens ein kalter Strom hin, ähnlich dem kalten Strome zwischen dem Golfstrom und der Küste Neufoundlands. Er liefert den Chinesen gerade so ihren Reichthum an Fischen, wie bekanntlich jener atlantische Strom den Fischern von Neufoundland. Auch im südlichen Theile des Stillen Oceans tritt eine golfstromähnliche Strömung auf, die in südwestlicher Richtung in den Kanal von Mozambique fließt und sich mit einer Geschwindigkeit von 8 Fuß in einer Secunde um das Kap der guten Hoffnung stürzt. Diese Weltmeerströmungen sind es, welche das so vielfach verzweigte Netz der Verkehrstraßen der Continente über den Ocean ausbreiten. Sie begünstigen oder verhindern den Verkehr des einen Landes mit dem andern; sie rücken weit entfernte Plätze einander nahe und trennen, die sich fast zu berühren scheinen. Ihre Bedeutung in der Weltgeschichte und in der Wirksamkeit der großen Erdnatur kann denkenden Geistern nicht entgehen. —

Es ist klar, daß die Bedeutung siderischer Einflüsse für eine weniger dichte Umhüllung unsrer Erde, als die des Meeres, keine besonders abweichenden sein werden. Wir müssen daher auch ähnliche Erscheinungen in dem umgebenden Luftmeer der Atmosphäre finden. Auch sie unterliegt dem Gravitationseinflusse der Sonne und des Mondes, hat eine Ebbe und Fluth. Nur kann diese ihr Dasein nicht so bethätigen durch Bespülen von Küsten, durch Rollen von Wellen, durch Heben und Senken von Schiffen. Sie kann sich allein bemerkbar machen durch die von ihr erzeugten Schwankungen im Luftdruck, die in den Differenzen der Barometerstände sichtbar werden. Begreiflicher Weise sind diese aber so kleine Größen, daß sie kaum durch die Beobachtung nachgewiesen werden können. Im Allgemeinen hat sich herausgestellt, daß das Barometer regelmäßig gegen die Zeit des Voll- und Neumondes steigt, zwischen beiden Phasen aber wieder bald stärkere, bald schwächere Schwankungen erleidet, so daß der höchste Barometerstand gewöhnlich in dem letzten Viertel, der niedrigste nach dem ersten Viertel eintritt. Ebenso erreicht das Barometer einen höchsten Stand in der Erdferne, einen tiefsten in der Erdnähe des Mondes. Den Barometerständen entsprechen zugleich nach Theorie und Erfahrung, allerdings, wie wir sehen werden, in einer gewissen Beschränkung, die Regenmengen, so daß im Allgemeinen mit dem Steigen des Barometers eine Abnahme, mit dem Fallen eine Zunahme der Regenmenge verbunden ist. So können wir also, ohne fürchten zu müssen, der Lächerlichkeit anheimzufallen, die Behauptung wagen, daß Sonne und Mond für uns Erdbewohner das Wetter brauen helfen, wenn gleich einflußreichere Kräfte in dem geheimnißvollen

Spiel der Atmosphäre die Herrschaft führen. Diese geringen Barometerschwankungen, welche im Mittel nur 0,64 bis 1,16 Linien betragen, entsprechen in der That dem Begriffe einer atmosphärischen Ebbe und Fluth. Fälschlicher Weise bezeichnet man mit diesem Namen häufig eine ganz andere Erscheinung täglicher Barometerschwankungen, welche weder vom Monde, noch von der Massenwirkung der Sonne, sondern von der erwärmenden Kraft der letzteren herrührt, welche entgegengesetzte Einflüsse auf die trockne und auf die Dampfatmosphäre ausübt. Im Allgemeinen zeigt der tägliche Gang des Barometers zwei tiefste Stände: Morgens um 3 Uhr 45′, Abends um 4 Uhr 5′, und zwei höchste Stände: Morgens 9 Uhr 37′, Abends um 10 Uhr 11′, deren Unterschiede für Halle im Mittel nur 0,2 Linien betragen, am Aequator dagegen eine Linie erreichen. —

Wichtiger aber als alle diese Bewegungen sind die Strömungen, welche auch in der Luft durch die Rotation der Erde in Verbindung mit der ungleichen Erwärmung der Luftschichten hervorgerufen werden. Wie die Gewässer, so strömen auch die Luftmassen von den Polen zum Aequator und vom Aequator zu den Polen. Um die in Folge siderischer Anziehung und Erwärmung und damit verbundner Verdünnung entstandene Leere des äquatorialen Luftgürtels auszugleichen, stürzen die kälteren und dichteren Luftmassen der Pole als Unterströme dem Aequator zu, während die erwärmten und verdünnten Luftmassen des Aequators als Oberströme den Polen zufließen. Beide gelangen in Breiten, deren Rotationsgeschwindigkeit von der ihrigen abweicht, dort zu-, hier abnimmt, und bleiben zurück oder eilen voran, werden nach Westen oder nach Osten abgelenkt. So entstehen Südost- und Nordostströmungen in der Tiefe, Südwest- und Nordweströmungen in der Höhe, beständige Winde, die unter dem Namen der direkten und zurückkehrenden Passate bekannt sind. Zwischen den Wendekreisen begegnen die direkten Passate einander und gehen in Ostwinde über, während die hier gleichfalls auf einander stoßenden rückkehrenden Passate zu andern Zeiten einen Westwind erzeugen. Beide Ströme, Ost- und Westwinde, treten in dieser Region, welche man die der Kalmen oder Windstillen nennt, mit einander in Kampf, vernichten sich gegenseitig und erzeugen Windstillen, oder erregen furchtbare Wirbelwinde und Orkane. Auch im Norden werden den Passaten ihre Grenzen gesteckt, indem die rückkehrenden Passate in Folge des Erkaltens zum Meeresniveau herabsinken und im Kampfe mit den direkten Passaten theils veränderliche Ost- und Westwinde, theils den tropischen ähnliche Stürme erzeugen.

Die innere Grenze des Nordostpassats schwankt im Atlantischen Ocean zwischen 5° 45′ und 13° nördl. Breite, im großen Ocean zwischen 2° und 8° n. Br., die äußere Grenze im Atlantischen Meere zwischen 28° und 32° n. Br., im großen Ocean zwischen 20° und 28° n. Br. Wie man im Meere begreiflicher Weise am leichtesten die Oberströme wahrnimmt, so machen sich in der Atmosphäre die Unterströme bemerkbar. Wie aber der Naturforscher aus dem Zuge leerer Flaschen, die er in die Tiefen des Meeres versenkte, die Richtung unterseeischer Ströme erkannte, so studirt er am Zuge leichter Aschen, welche vulkanische Kräfte in die höchsten Regionen schleudern, den Strom, der hoch über seinem Haupte dahingeht. So wird es ihm möglich, die mannigfaltigen Erscheinungen in dem Wechsel der Winde und der Temperaturen, in den wässrigen Niederschlägen und in der Bildung und Gestaltung der Wolken aus diesem Kampfe auf- und absteigender Luftströme zu begreifen. Denn trotz der ungleichmäßigen Erwärmung der Festländer, der verschiedenartigen Bildung ihrer Küsten und Oberflächen, trotz des Einflusses, den selbst die Vegetation auf die Bewegung des Luftmeeres ausübt, sind diese Strömungen es doch, welche im Allgemeinen an allen Orten die herrschenden Windrichtungen bedingen, mögen sie selbst auch oft genug in ihrer Umgestaltung kaum noch kenntlich sein.

Schon in der durch Beständigkeit ausgezeichneten Aequatorialzone werden die Passate des indischen Oceans unter dem Einfluß der langgestreckten Küsten Afrikas und Indiens in die periodisch wechselnden Moussons umgewandelt. Im Sommer sind es die erhitzten Flächen von Dekan, zu denen von den kühleren Meeren ein feuchter, stürmischer, Regenströme ergießender Südwestwind strömt, im Winter die Küsten Afrikas, denen der erhitzte Luftstrom entsteigt, um durch die kühleren Lüfte von Nordost her wehender, sanfter Winde ersetzt zu werden.

Regelloser sind natürlich die Windverhältnisse der Festländer, besonders der gemäßigten Zonen. Bald herrschen Passatwinde, bald lokale: bald dieser in der Höhe, jener in der Tiefe; bald wird die Herrschaft des einen durch Einfallen des andern unterbrochen. Selbst in dieser sprichwörtlich gewordnen Veränderlichkeit und Gesetzlosigkeit unsrer Winde eine Regel gefunden zu haben, ist ein Triumph unsrer heutigen Wissenschaft. Unsere höheren Breiten sind es, in deren unteren Luftschichten der herabsinkende Aequatorialstrom mit dem aufsteigenden Polarstrom zusammenstößt und in Kampf geräth. Der eine verdrängt den andern, weicht ihm nach oben und nach unten und zur Seite aus, so daß beide Ströme über- und unter- und nebeneinander hinfließen und zwischen einander wirbelartig sich drehende Winde erzeugen. Im nördlichen Europa erlangt sogar der rückkehrende oder SW.-Passat ein Uebergewicht über den NO.-Passat, welches freilich durch die Temperaturverhältnisse der Jahreszeiten geändert wird. Im Sommer walten die reinen Westwinde vor oder neigen sich zu NW.-Winden hin. Im Herbst und Winter wird diese Richtung eine mehr südliche, während im Frühling die Ostwinde am häufigsten auftreten. Die Wechsel und Uebergänge werden durch jene erwähnten Wirbel erklärt, welche die ganze gemäßigte Zone erfüllen. Beginnt an einem Orte der Polarstrom zu fließen, so tritt er zunächst bei den geringen Unterschieden der Rotationsgeschwindigkeiten als Nordwind auf. Je länger die Strömung anhält, desto weiter fließt die Luft von Norden her, desto mehr wird der Strom durch die Rotation nach Westen abgelenkt, desto mehr geht der Nordwind durch Nordost in einen Ostwind über. Tritt nun eine Aequatorialströmung ein, die sich gleichfalls anfangs als reiner Südwind zeigt, so wandelt sie den Ostwind in einen Südostwind um oder verdrängt ihn ganz und herrscht als Südwind. Bei längerer Dauer treffen die entfernteren Luftmassen aus niederen Breiten ein, welche durch die abnehmende Rotationsgeschwindigkeit eine südwestliche Richtung annehmen, bis sie allmälig in Westwinde übergehen. Ein neuer Polarstrom wird endlich den herrschenden Westwind verdrängen, einen Nordwestwind und zuletzt wiederum einen Nordwind erzeugen. So durchläuft der Wind im Kampfe der Passate die ganze Windrose auf der nördlichen Halbkugel von rechts nach links, auf der südlichen in entgegengesetzter Richtung. Der Südwestpassat fällt bei uns von oben her ein und kündigt sich daher schon durch den Zug der Wolken, die höhere

Temperatur und die größere Feuchtigkeit an, ehe die Windfahne sein Dasein erfährt. Der Nordostwind dagegen drängt von unten her seinen Gegner zurück und erlaubt oft noch lange nach seinem Eintritt den oberen Wolken, dem Zuge des verdrängten Südwestwindes zu folgen. Barometer und Thermometer nehmen innigen Antheil an den Wechseln der Windrose. Die Veränderungen auf der Westseite der Windrose sind mit den Bewegungen des Barometers gleichzeitig, während bei den Veränderungen der Ostseite die Anzeigen des Barometers den eintretenden Niederschlägen vorangehen. Mit Eintritt des Polarstroms fällt das Thermometer, steigt das Barometer, umgekehrt bei einfallenden Aequatorialströmen. Der vom Eismeer her wehende kalte und schwere Nordostwind wird in unsern wärmeren Luftschichten fähig, immer mehr Wasserdampf aufzunehmen; er löst darum unsre Wolken auf und bringt heitres Wetter, Kälte im Winter, Wärme und Trockenheit im Sommer. Der aus den Tropen kommende warme und feuchte Südwestwind dagegen wird durch die Temperaturverminderung gezwungen, sich seines Dunstgehaltes durch Niederschlag zu entledigen; er bringt bewölkten Himmel, im Winter mildere Witterung und Schnee oder Thauwetter, im Sommer Regen und kühle Witterung bei lange bedecktem Himmel oder drückende Hitze mit Gewittern und Stürmen.

Bekanntlich gilt im Allgemeinen das Barometer als der eigentliche Wetterprophet, und es dürfte wenig Haushaltungen geben, in denen ein Wetterglas mit seiner festen Wetterskala fehlte. Wie wenig Bedeutung aber solchen Wetterskalen zukommt, geht schon aus dem Vorhergesagten hervor, namentlich aber aus dem Umstande, daß der Unterschied der Temperatur und, als Folge desselben, des Druckes der beiden entgegengesetzten Luftströme im Winter viel größer ist als im Sommer. Wie also die Bewegungen des Barometers überhaupt im Winter viel größer sind als im Sommer, so müßte auch der Maßstab, welcher der Skala zu Grunde gelegt ist, im Winter wenigstens doppelt so groß sein als im Sommer. Witterungsregeln ohne Berücksichtigung der Windrichtung aufstellen zu wollen, ist auch schon deshalb ein vergebliches Bemühen, weil ja auf der Westseite der Windrose das Barometer bei Niederschlägen steigt, auf der Ostseite fällt. Dazu kommt, daß die Erscheinungen der einen Seite oft in die der andern übergehen, ohne daß in der Form des Niederschlags eine Aenderung oder Unterbrechung eintritt. Wenn es nach strenger Kälte, während der Wind von Ost nach Südost sich wendet, zu schneien anfängt, so mildert sich allerdings die Temperatur mit fallendem Barometer, ohne aber über den Gefrierpunkt steigen zu müssen. Der Schnee geht dann also trotz des Südwinds nicht in Regen über und dauert selbst ununterbrochen fort, wenn dieser Südwind bald wieder verdrängt wird; so daß der Schneefall dann in der That aus zwei verschiedenen Bildungen besteht, deren erste mit fallendem Barometer, dadurch daß ein kalter Wind durch einen warmen verdrängt wird, erfolgte, während die zweite mit steigendem Barometer, wenn der warme Wind dem kalten wiederum wich, eintrat. Die bekannte Wetterregel: „neuer Schnee, neue Kälte" ist nur dadurch entstanden, daß es häufiger mit Westwinden, als mit Ostwinden schneit. Aber es schneit allerdings auch bei hoher Kälte, nur nicht in Flocken, sondern in Form feiner Eisnadeln, die sich beim Herabfallen aus der obern warmen und feuchten Luft in der untern trocknen nicht vergrößern können. Dieses eine Beispiel wird hinreichen zu überzeugen, wie wenig innere Wahrheit alle unsre auf einseitige Beobachtung gegründeten Wetterregeln besitzen. Die Winde sind unsre besten Wetterpropheten, wenn das Barometer namentlich ihre Aussagen controlirt; aber ihre Strömungen und Wechsel im Voraus bestimmen zu wollen, ist ein eben so großes Wagniß, als die Jahrestemperaturen aus Sonnenflecken und Mondwechseln oder aus Ab- und Zunahme des Polareises zu errathen. Noch kennen wir die Gesetze nicht, nach welchen die neben einander fließenden Aequatorial- und Polarströme sich lagern und bald dem einen Meridian milde Winter, bald dem andern kühle Sommer bereiten. Wir kennen die Existenz jener mächtigen, die Witterungsverhältnisse bedingenden Luftströmungen, kennen den Einfluß, welchen die Rotation der Erde auf sie ausübt, und ahnen zum Theil wenigstens die Einwirkungen der Gravitation der Sonne und des Mondes, welche in ihren Folgen vielleicht bedeutender sind, als sie uns in den fast unmerklichen Veränderungen des Barometers erscheinen. Wir begnügen uns hier mit dem einfachen Resultat, daß Meer und Lufthülle unsrer Erde gleich ihr unter dem Gesetze der Gravitation stehen, daß sie durch kosmische Kraft in ewiger Bewegung und ewigem Kampfe erhalten werden.

War es bisher die kosmische Kraft in ihrer unmittelbarsten Einfachheit als Massenanziehung und Rotation, deren Walten wir in den Umhüllungen der Erde betrachteten, so werden wir jetzt diese Kraft in ihrer Besonderung erforschen müssen, wie sie die Grundbedingung der irdischen Lebensentwicklung wird. Der Schooß der Erde wie ihre Hülle ist der Sitz dieser Kräfte, und durch sie wird die Erde selbst lebendig, selbst ein Organismus. Aber der Schooß der Erde ist uns noch ein ungelöstes Räthsel, das ergründet werden muß, ehe er uns als die Wohnstätte von Kräften gelten darf.

Wir haben schon früher die Erde gemessen; ihre Natur zu erkennen, müssen wir sie auch wägen. Wir müssen das Senkblei in die ungesehenen Tiefen senden, um die Dichtigkeiten der verborgenen Massen zu erspähen. Dieses Senkblei ist wieder das Pendel. Das ahnte wohl Galilei nicht, der als Knabe aus den Schwingungen der Kronleuchter auf die Höhe des Kirchengewölbes schloß, daß das Pendel einst von Pol zu Pol getragen die Gestalt der Erde bestimmen, die Dichtigkeit der Erdschichten, Höhlungen im Innern der Berge angeben, daß es die Erde messen und wägen werde.

Dennoch ist das Pendel das einzige, zu sichern Resultaten führende Mittel. Indeß hat man verschiedne Wege eingeschlagen, die ich ihrer Umständlichkeit wegen hier nur kurz andeuten kann. Der eine gründet sich auf die Ablenkung des Bleiloths von der Vertikalen in der Nähe eines Berges. Durch astronomische Mittel kann man nämlich genau die Richtung der Vertikalen zu beiden Seiten des Berges bestimmen. Weichen nun die Größen, welche die Beobachtung des Lothes dafür ergiebt, von jener ab, so kann dies offenbar nur daher rühren, daß auch die Masse des Berges, natürlich im Verhältniß zu der der Erde, anziehend auf das Loth gewirkt hat, der Anziehung der Erde störend entgegengetreten ist. Kennt man nun die Masse des Berges, so kann man nach dem allgemeinen Attraktionsgesetz, daß sich die Anziehungen direkt wie die Massen, umgekehrt wie die Quadrate der Entfernungen verhalten, bei der bekannten Größe der Erde durch Vergleichung ihrer Anziehung mit der des Berges die Dichtigkeit der ganzen Erde berechnen.

Schon Bouguer hatte darauf aufmerksam gemacht, daß große

Bergmassen, wie der Chimborazo, durch ihre Anziehung das Bleiloth von der senkrechten Richtung ablenken. Im Jahre 1774 wurde der erste thatsächliche Beweis dieser Beobachtung geliefert. Der Shehallian an den Ufern des Loch Tay im schottischen Hochlande war der Schauplatz dieses wichtigen Experiments. Hierher begaben sich zwei berühmte Naturforscher Englands, Maskelyne und Hutton, um an der Nord- und Südseite dieses Berges die Richtungen der Schwere zu beobachten. Sie richteten an den beiden Stationen N und S das Fernrohr auf gewisse Sterne des Himmels und bestimmten so den Unterschied der Winkel, welche diese Richtungen mit dem Bleiloth an beiden Orten machten. Dadurch erhielten sie natürlich auch die Neigung der beiden Bleilothe zu einander und konnten diese nun mit derjenigen vergleichen, welche sie ohne den Berg, nach der Entfernung der beiden Stationen von einander, haben mußten. Die wirkliche Ablenkung des Bleiloths, welche also der Summe der beiden Anziehungen des Berges entsprach, ergab sich auf diese Weise zu 12 Secunden. Durch eine genaue Vermessung des Berges war man im Stande, auch eine annähernde Schätzung der Masse des Berges zu erlangen. Machte man nun ferner die Voraussetzung, daß die Dichtigkeit der Erde der Dichtigkeit dieses Berges gleich sei, so ergab sich, daß die wirklich beobachtete Anziehung derjenigen nicht entsprach, wie sie die Rechnung aus dem Verhältniß der Bergmasse zur Erdmasse herleitete, daß sie vielmehr $^9/_5$ mal größer hätte sein müssen. Es blieb also nur übrig, die Dichtigkeit der Erde $^5/_9$ mal größer anzunehmen, als die jenes Berges, die man auf etwa $2^3/_4$ geschätzt hatte. Die Dichtigkeit der Erde berechnete sich also daraus auf fast 5 mal so groß als die des Wassers. Später stellte Carlini eine Prüfung dieses Versuches am Mont Cenis an. Er benutzte dabei statt des Bleiloths das Secundenpendel und verglich die auf dem Gipfel des Berges beobachtete Länge desselben mit derjenigen, die es ohne den Berg in dieser Höhe hätte haben müssen. Das Resultat seiner Beobachtung war eine Dichtigkeit der Erde, welche $4^2/_5$ mal die des Wassers übertraf.

Dies Resultat ist natürlich nur sicher unter der Voraussetzung, daß keine Unregelmäßigkeiten in der Dichtigkeit der Erdrinde unter den Beobachtungspunkten statthaben; und diese Voraussetzung ist sehr zweifelhaft. Daher giebt die Drehwage untrüglichere Erfolge, unab-

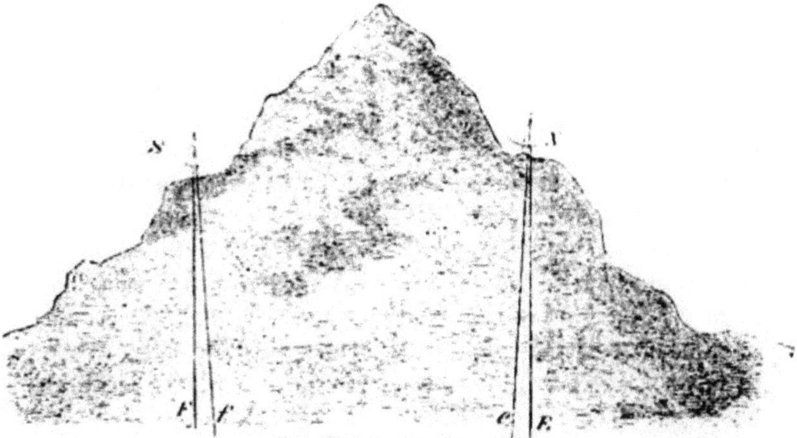

Das Shehallian Experiment.

hängig von der Erdanziehung. Diese ist ein dünner, in seinem Mittelpunkte frei beweglicher Wagebalken von Holz, an dessen Enden zwei gleich große und schwere Kugeln befestigt sind, also gleichsam ein horizontales Doppelpendel. Sind beide Seiten im Gleichgewicht, so wird

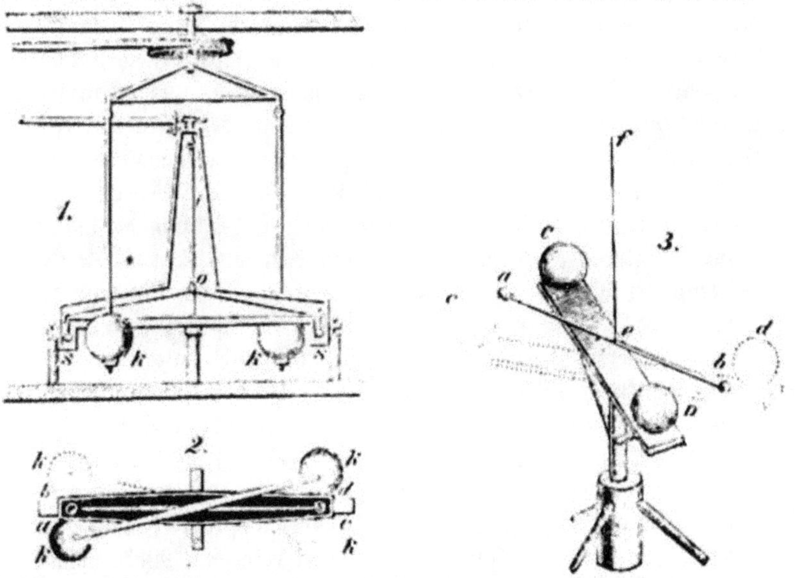

1) Die Cavendish'sche Drehwage. 2) Dieselbe im Grundriß. 3) Die von Baily verbesserte Drehwage.

natürlich auch kein Schwingen des Pendels erfolgen. Bringt man aber die Drehwage zwischen zwei große und schwere Massen, so wird eine horizontale Pendelschwingung entstehen, weil jene Massen in Folge der Anziehung die kleinen Kugeln beständig in ihre ursprüngliche Lage zurückzubringen streben. Natürlich ist diese Anziehung nur gering, und die Schwingungen sind äußerst langsam, aber doch noch zu beobachten. Da sich nun die Schwingungszeiten umgekehrt wie die Quadrate der Fallhöhen oder Pendellängen verhalten, so kann man aus jenen die Länge eines Secundenpendels für die anziehenden Massen bestimmen. Da nun die Länge des gegen die Erde gravitirenden Secundenpendels bekannt ist, so erhält man auch das Verhältniß jener Anziehung zu der der Erde, hieraus endlich und aus der Entfernung der anziehenden Massen, aus ihrer Größe und Dichtigkeit die Dichtigkeit der Erde.

Das Endresultat der Versuche, welche mit Hülfe dieser mit außerordentlichem Scharfsinn von Cavendish ersonnenen und später von Francis Bailey verbesserten Apparate ausgeführt wurden, ist, daß die Erde im Mittel etwa $5^2/_3$ mal so dicht ist als das Wasser. Aber alle die Erdoberfläche bildenden Schichten sind nur halb so dicht; darum muß die Dichtigkeit der Erde nach dem Innern hin bedeutend zunehmen; es muß ein festerer Kern in jener noch unaufgeschlossenen Tiefe ruhen, um den sich unsre stein- und erdartigen Massen gelagert haben. Was ist aber die Naturbeschaffenheit dieses Erdinnern? Ist es ein Metallkern, eine glühende, geschmolzene, nur durch gewaltigen Druck zusammengehaltene Masse? Wir wissen es nicht; wir kennen ja kaum die Rinde unsrer Erde, kaum die dünne Haut des glühenden Riesentropfens, auf dem wir leben. „Wie tief ist denn der Mensch in die Erde gedrungen? Wenn ihn auch die unersättliche Begierde nach den Schätzen des Erdenschooßes zu einem Wurme erniedrigt hat, der lieber in die Tiefe wühlt, als nach oben strebt, sich lieber in Nacht vergräbt, als dem Lichte entgegenbaut: kaum 2000 Fuß tief hat er seine Gruben unter den Spiegel des Meeres getrieben, kaum den 10000sten Theil des Erdhalbmessers; und tiefer reichen selbst kaum die tiefsten Bohrlöcher unsrer artesischen Brunnen. Zwar vermag der wissenschaftliche Forschergeist tiefer in das verborgne Innere der Erde zu dringen. Wohl 60mal tiefer als alle jene menschlichen Arbeiten sind die Schlünde, aus welchen die Vulkane ihre glühenden Massen emporwerfen; und auch da, wo Steinkohlenschichten sich muldenförmig einsenken und wieder aufsteigen, erschließt sich dem Geologen eine geheimnißvolle Tiefe. Bis auf 20000 Fuß, also so tief unter dem Meeresniveau, als sich der Chimborazo über ihm erhebt, vermag er mit dem Auge des Geistes ihre Krümmungen zu verfolgen. Doch fügt er auch zu diesen Tiefen noch die höchsten Theile der gehobenen Erdrinde, die höchsten Gipfel des Himalaya, so mißt der ganze Raum, der ihm Aufschlüsse über die Naturbeschaffenheit der Erdrinde zu geben vermag, zwar gegen 50,000 Fuß, aber noch nicht den 380sten Theil des Erdhalbmessers. Alles was tiefer unter dem Meeresspiegel liegt, tiefer als der vom Senkblei erreichte Meeresgrund, bleibt uns so unbekannt, als das Innere der andern Planeten unsers Sonnensystems.

Wo aber die sichere wissenschaftliche Kenntniß aufhört, da tauchen wieder, wie bei den fernen, unsre Sonne umkreisenden Welten, wie in jenen geheimnißvollen Nebelregionen, dunkle Ahnungen, phantastische Vermuthungen auf. Man meinte, der Druck, welchen die über einander gelagerten Schichten der Erde auf einander ausüben, müsse doch nach dem Mittelpunkte zunehmen; man berechnete, in welcher Tiefe flüssige, ja selbst luftförmige Stoffe durch den eignen Druck ihrer Schichten die Dichtigkeit des Platins übertreffen würden, und man fand für den Kern der Erde eine Dichtigkeit, wie sie offenbar allen Erfahrungen über das Gewicht der Erde und ihre Abplattung widersprach. Um Einklang in diese Widersprüche zu bringen, hatte schon der berühmte Halley die Erde ausgehöhlt und durch einen in jener Unterwelt frei rotirenden ungeheuren Magneten die täglichen und jährlichen Veränderungen in den Erscheinungen des Erdmagnetismus zu erklären versucht. Im vorigen Jahrhundert ging man weiter; man verlor sich aus jenen schon sehr gewagten und willkürlichen Vermuthungen in noch phantasiereichere Träume. Man bevölkerte jene Hohlkugel, in der eine immer sich gleichbleibende Wärme herrschte, mit Pflanzen und Thieren, und ließ über sie zwei kleine unterirdische Planeten, Pluto und Proserpina, ihr mildes Licht ergießen. Nahe am Nordpol, da, wo das Polarlicht ausströmt, war die Pforte zu jener Unterwelt. Diese sonderbare Träumerei ist gar nicht so alt, als man gern glauben möchte. Noch Alexander v. Humboldt und Humphry Davy wurden öffentlich und wiederholt von einem gewissen Kapitän Symmes zu einer solchen unterirdischen Expedition aufgefordert. So mächtig ist jene Neigung des Menschen, unbekümmert um das widersprechende Zeugniß wohlbegründeter Thatsachen und allgemein anerkannter Naturgesetze, ungesehene Räume mit Wundergestalten zu erfüllen. Doch nicht krankhaft möchte ich jene Neigung nennen; sie ist nur das irregeleitete Sehnen, überall Leben, auch unter seinen Füßen zu finden. Es sind heitre Fiktionen, die man nur nicht mit langweiligem Ernst in ein wissenschaftliches Gewand zu kleiden versuchen darf.

Noch sind jene Zweifel nicht gelöst, noch ist jenem Drucke, welcher den Kern unsrer Erde so unbegreiflich zu verdichten strebt, Nichts entgegengesetzt. So versuchen wir es denn, ihm das Leben entgegenzusetzen, das Leben der Erde, jene Kräfte, welche die Materie erhalten und beleben, jene kosmischen Kräfte, durch welche alle Welten mit einander in innigem Verkehr stehen. Die Schwere, der Druck der Massen gehört der todten Materie an. Aber die Materie ist nicht todt, sie ist selbst lebendige Kraft. Es giebt keine todte Natur, denn aus dem Todten kann nimmer ein Leben erwachen. Dem Felsen entsprießt die Pflanze, dem Wassertropfen das Thier, die ganze regungslose Materie wird jeden Augenblick lebendig.

Was ist Leben? Die Pflanze entkeimt dem zarten Samenkorn, wenn es verfault, der schwache Schößling saugt aus der feuchten Erde und Luft seine Nahrung und setzt aus den geraubten Stoffen neue Körper zusammen. Ein feines Netzwerk von Zellen und Röhren durchzieht die ganze Pflanze, Eiweiß nährt sie im Safte, der in den Gängen auf- und niedersteigt, Farbestoff färbt ihre Blätter, und Stärkemehl sammelt sich in ihren Samen zur Nahrung für kommende Geschlechter. Allmälig verdorren die Blätter und fallen ab, nach und nach verwandeln sie sich in eine dunkle, pulverförmige Masse, den Humus, und im Laufe der Zeit verschwindet auch diese bis auf wenige Asche, die nicht mit flüchtig werden konnte. So lebt, so stirbt die Pflanze. Und was ist das Leben in diesem Wachsen und Sterben der Pflanze? Soll es der Baumeister sein, der den Riß macht zum Gebäude und darauf sieht, daß sein Plan genau befolgt werde? Der Bau selbst würde dann willenlos von chemischen Kräften vollführt; und wenn das Leben aufhört, der Bau verfällt, dann kämen sie, die Todtengräber der Natur, die der Erde wiedergeben, was von ihr genommen war? Aber wer als wir bringt denn jene todten, willenlosen Kräfte in die Natur, wer als unsre eigne Phantasie, die sich immer Bilder schafft, wenn sie sich die geheimen Ursachen der verwickelten Lebenserscheinungen veranschaulichen will? Wo unser grübelnder Verstand keinen Ausweg mehr findet, da ist er schnell mit einer Kraft bereit, der er alles Unerklärliche, Unbegreifliche zuschieben möchte. Das sind freilich nicht die Kräfte, die im Innern der Natur walten; es giebt nur eine Kraft, und alle Bewegungen, alle Veränderungen sind nur wechselnde Erscheinungen dieser einen Kraft des Lebens. Die Materie ist selbst Kraft, selbst Leben. Nicht von außen kommen in sie jene Kräfte, die sie bewegen und verwandeln, die einen Stoff zum andern ziehen, die sie sich dehnen und wachsen lassen, die ihr liebliche Töne und strahlendes Licht entlocken, die ihr die Pflanze entkeimen lassen und aus ihrem Schooße das frohe Leben des Thieres hervorrufen: von außen können solche Kräfte nicht hinein, in ihrem Innern schlummert verborgene Lebenskraft, von innen entsprießt ihr des Lebens bunte Fülle.

Das Ziel dieses Lebens, das in der Materie schlummert, das im ganzen Weltall waltet, schaffend und ordnend, das Ziel ist der Tod, denn der Tod ist die Vollendung des Lebens. Wie im Menschen eine felsenfeste, zuversichtliche Hoffnung der Unsterblichkeit, der Vernichtung im Geiste wohnt, für die er sich losreißt von der Materie, für die er die Natur, seine eigne Natur opfert, so regt sich in der ganzen Natur ein Sehnen nach jener Vernichtung, nach Verklärung, ein Sehnen, welches alle Kräfte hervorruft zu ewigem Verändern, stetem Auflösen und Vernichten, ein Sehnen, welches dem Sein keine Ruhe läßt, sondern es immer wieder hinaustreibt in den wogenden Strom des Werdens. Aber dieses Sehnen bleibt ein hoffnungsloses, denn das Ziel kann nur erreicht werden durch Vernichtung der Natürlichkeit. Doch trotz dieser Hoffnungslosigkeit verzweifelt die Natur nicht; immer versucht sie es wieder, jenem Ziele nachzujagen; und so oft sie auch in diesem Kampfe gegen ihre eigne Endlichkeit unterliegen mußte, immer erhob sie sich von

Neuem, und manchen Schritt hat sie bereits ihrer Vollendung entgegen gethan. Davon ist die Geschichte der Erde ein sprechender Zeuge.

Wie aber äußern sich jene Versuche, worin offenbart sich uns die Thätigkeit ihres Lebens? Ich könnte antworten: eben in jenen kosmischen Kräften; denn sie sind nichts Anderes, als die allgemeinen Erscheinungen ihres kosmischen Lebens. Aber ich will nicht vorgreifen. Aus dem Leben selbst müssen uns jene Kräfte erwachsen. Die Schranken der Endlichkeit, welche die Natur in ihrem Kampfe zu überwinden hat, sind Vielheit und Trennung der Einzeldinge, Stoff- und Formverschiedenheit. Denn der Geist ist untheilbare Einheit. Wie aber gelangt die Natur zu dieser Einheit? Durch Vernichten aller Unterschiede, durch Verschmelzen der Stoffe, Verflüchtigen der Formen; und in dieser Erscheinung nennen wir das Leben der Natur Chemismus, chemische Kraft, chemische Verwandtschaft; aber das Leben des Menschen nennen wir dann Liebe. Denn auch der Mensch strebt über die Schranke der Endlichkeit, der Individualität hinaus. Als Einzelnwesen lebt er nicht wahrhaft, nur in und mit dem Andern will er leben. Darum versenkt er sich in das Wesen des Andern, darum opfert er sich für die Welt, für Familie, für Vaterland. Seine Brust ist weit, vermag viel in sich zu fassen. Aber seine sinnliche Natur ist eng und möchte das Herz ganz verschließen. Egoismus, Selbstsucht, Stolz treten in Kampf mit der Liebe, und diesem Kampfe entsprießen die Leidenschaften und Triebe.

Wie der Mensch, so hat auch die Natur ihren Egoismus, ihre Selbstsucht. Auch die Materie widerstrebt den mächtigen Regungen der chemischen Kraft, welche ihre Unterschiede verschmelzen will; auch die Materie will sich selbst erhalten in ihrer Ruhe, ihrer Besonderheit, auch sie fürchtet den Tod wie der Mensch. Diesem Kampfe des Chemismus gegen die starre Materie entkeimen jene Naturkräfte, die wir kosmische nannten, die Leidenschaften der Natur. Vier Kräfte sind es, welche um Leben und Tod mit einander ringen, zwei auf der Seite der starren Materie, des Todes, zwei auf Seiten des Chemismus, des Lebens. Wenn das lebendige Streben des Chemismus die Stoffe ergreift, zu einander zieht und in einander verschmilzt, wenn es alte Verbindungen löst und neue schließt, Formen umwandelt und neue Eigenschaften hervorruft, dann erwacht der Kampf: zwei Feinde erheben sich zugleich: Electricität und Magnetismus. Jene strebt der Materie ihre Freiheit zu geben, unterstützt den Chemismus, vernichtet die Unterschiede: darum vermag sie selbst Verbindungen und Trennungen zu bewirken, zu der sich die Naturkraft an sich nicht zu erheben vermag. Aber der Magnetismus will die Materie retten, er widerstrebt jenem Triebe nach Vernichtung, erhält die Materie in ihrem Bestehen, in ihrer Ruhe. Zwischen Beiden schwankt der Sieg, bald erhebt sich die eine, bald die andre Kraft, keine unterliegt je ganz. Darum können wir auch in unsern künstlichen Experimenten nie eine einzelne Kraft allein hervorrufen, wir können sie wohl in ihren Erscheinungen sondern, aber immer sind sie beide da, wenn auch oft unmerklich. Darum giebt es auch keinen irdischen Körper, dem die Erscheinungen dieser Kräfte fremd blieben; selbst Flamme und Rauch, selbst die Gasarten hat die neueste Wissenschaft als Kampfplätze dieser Kräfte erkannt. Erhebt sich aber jenes Sehnen der Materie nach ihrer Verklärung, wie es sich im Chemismus offenbart, zur lebendigen That, so wird der Kampf lebendiger, neue Kräfte treten einander feindlich gegenüber, das Licht auf der Seite des Lebens, die Wärme auf der der Materie. Jener Funke, den die Electricität in der Materie erweckte, wird jetzt zum strahlenden Lichte angefacht, die Materie ist frei, hat ihre fesselnde Schwere überwunden, und leicht entflieht sie als Licht ihrem finstern Kerker. Aber auch die Materie bleibt nicht unthätig. Glühender regt sich ihr selbstisches Sehnen nach Ruhe, nach starrer Beständigkeit, und die Wärme ist es, welche das entfliehende Licht zurückzieht, die leicht gewordene Materie wieder in Fesseln schlägt. So sind auch Licht und Materie eng mit einander verbunden, und nur künstliche Mittel vermögen ihre Erscheinungen zu trennen. Ja alle vier Kräfte sind innig mit einander verschmolzen, erzeugen sich wechselseitig und gehen in einander über. Das ist nicht etwa eine bloße Vermuthung, ein phantastisches Traumbild. Die Wissenschaft, die Erfahrung hat es bestätigt. Seit es Faraday gelungen ist, jene glänzende Entdeckung zu machen, daß auch die Lichtstrahlen electrisirt und magnetisirt, daß auch magnetische Ströme leuchtend gemacht werden können, daß Wärme auch den Magnetismus der Gasarten erhöht und vermindert, dürfen an dem gemeinsamen Ursprunge, an der innigen Verbindung jener Kräfte nicht länger zweifeln.

Auch unsre Erde steht unter dem Einflusse jener Kräfte, denn auch unsre Erde ist Materie, wie alle Welten, und durch die ganzen Himmelsräume geht der Strom des Lebens, chemische Kraft im weitesten Sinne. Welten werden von Welten gezogen, Planeten von Sonnen, Monde von Planeten; auch sie sind Individuen, welche ihre Unterschiede wieder vernichten, mit einander verschmelzen möchten. Darum gebiert sich auch die Erde jene feindlichen Brüder: Magnetismus und Wärme, jene schützenden Mächte des Bestehenden, Electricität und Licht, die Vorkämpfer der Freiheit. Jene, welche für starre Ruhe kämpfen, haften darum auch fest an der Materie, wohnen im Innern der Erde, diese die Feinde der Materie, fliehen sie und wohnen in den freieren Regionen der Atmosphäre.

Der Begriff des Lebens hat uns den Gegensatz von erhaltenden und von vernichtenden Kräften ergeben, die wir bei unsrer Erde nach ihren Wohnstätten auch mit den Namen tellurischer und atmosphärischer Kräfte belegen können. Die räumlichen Beziehungen des Kosmos werden uns zu weiteren Unterschieden führen. Durch das ganze Weltall herrschen zwei allgemeine Beziehungen: Massenanziehung und Rotation. Die eine nöthigt uns, Centrum und Peripherie, die andre, Axe und Aequator zu unterscheiden. Das sind kosmische Begriffe, kosmische Beziehungen, deren Bedeutsamkeit nicht genug hervorgehoben werden kann. Wir begegnen ihnen im ganzen Reiche des Lebens, wo Kräfte, wo Bewegungen herrschen: denn sie sind die Elemente des Lebens. Wir finden sie in der Anordnung der thierischen Organe, im Wachsthum der Pflanzen, in der Krystallisation der Salze und Metalle. Wir finden sie in dem großen Weltbau, in den Verhältnissen kosmischer Materie und nennen sie eben da kosmische Kräfte. Wir erkennen in der Materie die Richtung auf das Centrum und auf die Peripherie, und wir nennen sie in grobsinnlicher Anschauung, nach der niedrigen Analogie menschlicher Mechanik, Anziehung und Abstoßung, Zusammenziehung und Ausdehnung. Geistige Auffassung lehrt uns für sie andre Namen: Wärme und Licht. Die Wärme ist die centrale Kraft, welche die Materie zusammenhält, um den Mittelpunkt verdichtet, welche die geformte Materie zu vernichten strebt, indem sie sie in einen Punkt zusammendrängt. Mit ihr zugleich entweicht die Materie dem Centrum, und die Formen des Körpers sind gleichsam die Schranken, innerhalb deren der strenge Kerkermeister der gefangenen Materie freien Spielraum gewährt. Das Licht ist die peripherische Kraft, welche die Materie verflüchtigt, dem Centrum entlockt, welche die Materie zu vernichten strebt, indem sie die Formen ins Unendliche erweitert. Mit dem entfliehenden Lichte kehren die beengenden Formen zurück; denn das Licht ist der Befreier der gefangenen Materie, welcher die Banden löst. So wohnt die fesselnde Wärme in den Tiefen der Erde, in ihrem geheimnißvollen Mittelpunkte, das befreiende Licht aber in den freien Regionen der Atmosphäre.

Die polaren Beziehungen der Materie ergeben uns zwei andre Kräfte. Wir nennen die Kraft, welcher die Axenrichtung, der Gegensatz von Polen zukommt, Magnetismus. Es ist das Streben der Materie nach Ruhe und Beharrlichkeit, das Streben, dem ewig kreisenden Aequator zu entfliehen, und dieses Streben treibt sie den Polen zu, möchte die ganze Materie in eine ruhende Linie dehnen. Die polare Kraft des Magnetismus ist nur der träge Feind der selbstthätigen Bewegung, aber darum auch des Lebens: er will die Materie vernichten, indem er zur starren Ruhe verdammt. Der kräftige Erreger des bewegten Lebens ist die äquatoriale Kraft der Electricität. Sie ist das Strömen der Materie um sich selbst, sie reißt die zu den Polen entfliehenden Stoffe an sich, um sie in immer weiteren Windungen der ruhenden Axe zu entführen, um sie zu verflüchtigen in unendlichen Kreisen. Sie will die Materie vernichten, indem sie sie in Bewegung auflöst.

Wir werden den polaren Magnetismus vorzugsweise an den ruhenden Polen, die Electricität zwar überall an der rotirenden Oberfläche, aber am mächtigsten am Aequator der Erde wiederfinden. Alle vier Kräfte aber werden auf der Erde, wie überall, innig verkettet mit einander, sich wechselseitig erzeugend und vernichtend erscheinen.

Wir beginnen mit der Betrachtung der erhaltenden Kräfte der Materie und unter diesen mit der durch die Einfachheit und Fühlbarkeit ihrer Erscheinungen besonders einladenden tellurischen Wärme.

Die Erde bewegt sich im Weltraum, umgeben von einer zahllosen Menge ungleich entfernter Gestirne, welche Wärme gegen sie ausstrahlen. Diese Temperatur des Weltraums kann im Verhältniß zu der, welche die Erde von der Sonne empfängt, nicht ganz unbeträchtlich sein, weil sonst die Höhe der Sonne über dem Horizont einen weit größeren Unterschied der Temperatur hervorbringen müßte, als man beobachtet. Freilich ist es schwierig, die Größe dieser Raumtemperatur zu messen, weil die Atmosphäre einerseits einen großen Theil derselben verschluckt, andrerseits selbst Wärme gegen den Erdboden ausstrahlt. Dessenungeachtet ist es den eifrigen Bemühungen der Wissenschaft gelungen, wenigstens annähernd diese Größe auf — 142° C. zu bestimmen. Die gesammte Wärmemenge, welche der Weltraum jährlich der Atmosphäre zusendet, würde daher fast $^5/_6$ der jährlichen Sonnenwärme betragen und im Stande sein, eine unsre Erde umgebende Eisschicht von 80 Fuß Dicke zu schmelzen. So sehr ein solches Resultat unserer gewöhnlichen Vorstellung von der Kälte des Himmelsraumes widerstreitet, so verliert es doch an Auffälligkeit, wenn man die geringe Größe der Sonnenscheibe am Himmelsgewölbe berücksichtigt und bedenkt, daß selbst bei dieser Annahme die Sonne noch immer genöthigt ist, die mittlere Temperatur des Bodens unter dem Aequator um 116°, die mittlere der Atmosphäre sogar um 139° C. zu erhöhen. Die äußere Erdmasse würde allerdings längst die niedrige Temperatur des Weltraums angenommen und diese selbst in das Innere fortgepflanzt haben, wenn nicht dieser fortwährende Wärmezufluß von der Sonne her stattfände. Ein großer Theil dieser Wärme geht aber wieder durch Zurückwerfung und Strahlung für die Erde verloren, und da diese sehr ungleichmäßig sind, so bewegt sich die Temperatur an jedem Orte zwischen gewissen Grenzen. Die Stellung der Erde zur Sonne bedingt eben so eine ungleiche und stets wechselnde Vertheilung der Wärme auf der Erdoberfläche. Rotations- und Bahnbewegung der Erde führen bald den einen, bald den andern Ort bald schiefer, bald senkrechter einfallenden Strahlen der Sonne entgegen. Bald nähert sich die Erde der Sonne, und die Intensität der Wärme wächst, bald entfernt sie sich, und die Intensität nimmt ab. So ist die Erwärmung eines Punktes der Oberfläche abhängig von seiner geographischen Breite, von der Tageszeit und Jahreszeit. Außer diesen periodischen Wechseln der Temperatur wirken aber noch zahlreiche, meist lokale Ursachen auf sie ein. Die Leitungsfähigkeit der atmosphärischen Schichten, ihr Dampfgehalt, ihre Bewegung stören fortwährend das Gleichgewicht der Temperatur. Die Natur der Erdfläche selbst bedingt endlich wesentlich den Einfluß der Sonnenstrahlen auf ihre Temperatur. Große Wassermassen erwärmen sich weniger schnell, als der feste Boden; oceanische Strömungen führen erwärmte Gewässer in kältere Zonen und mildern ihre Temperatur; Höhen und Gebirge theilen auch dem festen Boden die niederen Temperaturen der oberen Regionen mit und erzeugen klimatische Unterschiede an ihren Abfällen. Mit Schnee oder mit Vegetation, mit Sand oder Fels, mit Wald oder Gras bedeckter Boden wird ganz verschiedene Temperaturen selbst unter sonst gleichen Verhältnissen zeigen. Aus diesen zahlreichen Bedingungen die Witterungs- und klimatischen Verhältnisse im Zusammenhange darzustellen, zeigt Schwierigkeiten, die nur eine unermüdete, Jahre und Jahrhunderte umfassende Beobachtung der Erscheinungen überwinden kann. Dennoch haben die klimatischen Verhältnisse für das Leben der Organismen, für die Kultur des Menschengeschlechts, selbst für die Formen der Naturanschauung so unberechenbare Wichtigkeit. Durch die Verbesserung der thermometrischen Instrumente seit der zweiten Hälfte des 18. Jahrhunderts ist es gelungen, die mittleren Jahrestemperaturen zahlreicher Orte der Erde kennen zu lernen. Man hat daher Karten entworfen, indem man die Orte gleicher Jahrestemperatur bei gleicher Höhe über dem Meeresniveau durch Linien verband, welche man Isothermen nannte. Im Allgemeinen gleichen diese Linien den Parallelkreisen, weichen aber in der Nähe der Pole bedeutend von ihnen ab. Hier steigen sie an den Westküsten am höchsten nach Norden hinauf, senken sich gegen den Osten der Kontinente und heben sich wieder von den Ostküsten an. Sie umschließen zwei Kältepole mit Mitteltemperaturen von — 17°,2 und — 19°,7 C., von denen der eine in der Nähe der Lenamündung, der andere im Norden der Barrowstraße liegt.

Noch vor nicht langer Zeit nahm man den geographischen Nordpol für den kältesten Punkt der Erde, gab ihm freilich eine nicht viel tiefere Mitteltemperatur als 0°. Seit Parry aber schon unter 75° nördl. Br. auf der Insel Melville eine Mitteltemperatur von — 17° C fand, gab man diese Meinung auf, und die neuere Wissenschaft schätzt die Mittelwärme des Nordpols auf — 8°.

Die auffallenden Beugungen der Isothermen hängen von lokalen wärme- und kälteerregenden Ursachen ab. Die Nähe von Westküsten, an welchen in der nördlichen Hemisphäre Südwestwinde, also Seewinde, landeinwärts wehen, tiefeinschneidende Busen und Binnenmeere, Gebirgsketten, welche als Schutzmauern gegen kältere Winde dienen, warme Meeresströmungen und heiße, über dürre Sandsteppen herwehende Winde erhöhen die Temperatur und drängen darum die Isothermen an den West- und Südküsten Europas nach Norden. Die Nähe eisiger Polarmeere, die massenhafte Ausdehnung der Continente, ausgebreitete Wälder, Moräste und Sümpfe, welche durch Schattenkühle, Verdunstung und Strahlung die Erwärmung des Bodens verhindern, erniedrigen die Temperatur und drücken daher die Isothermen des östlichen Europas und des inneren Asiens nach Süden hinab. London, unter 51° 5′ n. Br., liegt daher in derselben Isotherme von 9°,8 C. mittlerer Jahreswärme, wie Frankfurt a. M. unter 50°,1, wie die Krim unter 45° und Peking unter 40° n. Br. Eine auffallende Erscheinung ist das Zusammendrängen der Isothermen von 18° bis 8°, besonders in der Nähe des kaspischen Meeres. Wir finden es minder stark in allen mittleren Breiten zwischen den Parallelen von 40° und 45° und können den Einfluß nicht verkennen, welchen es auf Bildung und Thätigkeit der Bewohner dieser Zone geübt hat. Hier drängen einander die Erzeugnisse des Ackerbaues, hier bieten sich die schroffsten Kontraste der Vegetation gegen die Nachbarländer dar. Darum blühten hier von jeher Handel, Ackerbau und Gewerbe, wenn nicht die rauhe Hand des Menschen die Länder in Wüsten verwandelte.

Ungleich wichtiger für das Kulturleben der Völker sind die mittleren Sommer- und Wintertemperaturen. Oerter derselben Isotherme können in ihrer Sommer- und Winterwärme die größten Unterschiede zeigen. Der Sommer des einen Orts kann eine mittlere Wärme von 15° C., der eines andern in gleicher Isotherme eine Wärme von 20°, der Winter des einen dagegen eine mittlere Wärme von 5°, der des andern von 0° haben. Welche abweichende Bedingungen für Vegetation und Kultur! Belgien und Schottland haben mildere Winter als die Lombardei. Dublin und Pesth haden eine gleiche Jahreswärme von 7°,6, und doch sinkt in Pesth die mittlere Winterwärme auf —2° herab, während sie in Dublin 3°,4 bleibt, also selbst die Winter von Padua und Mailand an Milde übertrifft. Der Sommer Moskaus gleicht dem des mittleren Frankreich, während sein Winter um 12° kälter ist. Schroffer werden diese Gegensätze im Innern der Kontinente. Tobolsk und Irkutsk haben den Sommer Berlins, aber einen Winter, dessen kältester Monat die Mitteltemperatur von —16° erreicht.

Eine so ungleiche Vertheilung der Wärme läßt es begreifen, wenn Myrthen und Orangen an den Küsten Englands im Freien gedeihen, wo kaum noch der Apfel reift und die Frucht der Weinrebe Süßigkeit erlangt, die an den nördlichen Ufern des kaspischen Sees trotz der rauhen Winter noch die herrlichsten Weine liefert; sie läßt es begreifen, wenn die Kartoffel selbst in den baumlosen Fluren Islands noch den Anbau duldet, wo das Getreide nicht mehr fortzukommen vermag, wenn die eisigen Berge Nowaja-Semljas, deren Kälte Bäume und Gräser erstickt, doch ein zarter Kranz von blühenden Haidekräutern, Dryaden und Alpenrosen schmückt. Es ist dieselbe Erscheinung, der wir begegnen, wenn wir vom Meeresniveau zu den Eisregionen der Gebirge aufsteigen. Auch hier finden wir dieselben Unregelmäßigkeiten in der Wärmeabnahme, bedingt durch die verschiedene Strahlungsfähigkeit der Bergflächen, wie der umgebenden Ebenen. Aber der Lauf der Jahre zeigt uns, daß wir selbst an diesen Isothermen keinen festen Halt gewinnen. Es wechseln kalte mit warmen Jahren. Wir haben im Jahre 1801 die mittlere Jahreswärme Kopenhagens auf 10°,2 C steigen und im Jahre 1838 auf 5°,6 fallen sehen. Ganze Länder vertauschen ihre Temperaturen. Milde Winter in Petersburg und Schweden, wie 1847, treffen mit kalten Wintern in Italien und Griechenland zusammen, und die ungewöhnliche Kälte, welche im December 1829 in ganz Deutschland herrschte, war von der mildesten Witterung in Sibirien und Amerika begleitet. Der Winter von 18$\frac{56}{57}$ zeigte uns eine ähnliche Erscheinung. Während sich bei uns die Temperatur im Januar und Februar kaum unter den Gefrierpunkt senkte, erreichte die Kälte in Nordamerika einen so unerhörten Grad, daß alle Ströme zufroren, viele Häfen vom Eise versperrt wurden und bei dem Brande des Kapitols zu Washington, das fast mit Palermo in gleicher Breite liegt, alle Brunnen eingefroren waren. Eine noch auffallendere Erscheinung bot der Winter von 18$\frac{2}{3}\frac{2}{3}$, welcher seine ganze Strenge vorzugsweise südliche Länder empfinden ließ, namentlich Spanien, Italien, die Türkei und Kleinasien, während am Nordkap eine sommerliche Temperatur von 8—10° über dem Gefrierpunkt herrschte. Noch kennen wir die Gründe solcher Contraste und Schwankungen nicht, aber weit verzweigte Beobachtungen werden uns einst auch die Ursachen dieser so wichtigen Witterungsstörungen ahnen lassen.

Wenn gleich für eine allgemeine Uebersicht der klimatischen Verhältnisse die Kenntniß der mittleren Temperaturen allein Bedeutung hat, so ist es doch auch nicht uninteressant, die Grenzen zu erfahren, zwischen denen sich die Temperaturen eines Ortes oder Landes bewegen. Während der Unterschied aller Mitteltemperaturen der ganzen Erde nur 50° beträgt, erreicht der Spielraum der Extreme schon im westlichen Mitteleuropa 60°—62°, in Irkutsk sogar 73° und in einzelnen Jahren selbst gegen 100°. Diese Extreme der Hitze und Kälte wirken gleich zerstörend auf die Vegetation, gleich drückend auf das Gemüth ein. In dem Innern Hindostans, in Oberägypten, in Arabien, in der Sahara erhält sich die Temperatur bisweilen Tage und Monate lang auf der furchtbaren Höhe von 40°, 47°, 52°, in Murzuk selbst von 56° C. (oder 45° R.) im Schatten. Todtenstille beherrscht die ganze Natur, kein Schatten bietet Schutz, die dichtesten Wälder sind in Gluthöfen verwandelt; des Menschen bemächtigt sich nicht mehr Ermattung, sondern an Wahnsinn grenzende Verzweiflung. In den Polarregionen Nordamerikas und Asiens, am Sklaven- und Bärensee, zu Jakutsk und Ustjansk erreicht die Kälte die erschreckende Höhe von — 49° bis — 58° C. und erhält sich jährlich Monate lang unter dem Gefrierpunkt des Quecksilbers. Auch dort dieselbe Todtenstille der Natur, nur unterbrochen vom Pfeifen des eisigen Windes, dieselbe Verzweiflung des Menschen, der selbst durch die Wärme des Feuers die Temperatur seiner Umgebung nicht über den Gefrierpunkt zu erhöhen vermag! Und doch trotzt hier wie dort der kühne Mensch dem Zorn der Natur. Wie sich der Araber in den Wüstensand vergräbt, so wühlt sich der Eskimo seine Wohnung in Schnee und Eis. Er kämpft mit allen Leidenschaften der Natur; denn an denselben Orten steigt die Temperatur des Sommers oft zu der tropischen Hitze von 41°. Auch niedere Breiten zeigen oft ähnliche Gegensätze der Temperaturen. In Khiwa, unter der Breite von Neapel, wo im Sommer die tropische Hitze von 46° Alles verdorrt und versengt, stieg im Winter 1840 die Kälte auf —43°,7 und vernichtete die unglückliche russische Expeditionsarmee. Selbst im Innern der Sahara, in der Heimath der Palmen, südlich von Murzuk, sinkt das Thermometer bisweilen auf —3°, so daß Brunnen und Wasserschläuche, am Morgen zu Eis gefroren, am Mittag von glühender Hitze aufgezehrt werden. Die höchsten und niedrigsten bisher beobachteten Temperaturgrade sind 60° über und unter Null; der Unterschied der größten Extreme beträgt also 120°.

Diese Betrachtung der klimatischen Verhältnisse der Erde dürfte hinreichend sein, um die Einwirkung der Sonnenwärme auf Erdoberfläche und Atmosphäre im Allgemeinen begreifen zu lassen. Wir sehen sie in inniger Verbindung mit Dichtigkeit und Naturbeschaffenheit der Atmosphäre und des Bodens. Wir sehen sie in der Höhe mit der Materie, an die sie gebunden ist, abnehmen, sehen in dem Strahlungsvermögen des Bodens die Empfänglichkeit für die kosmischen Reize. Weiter auf die Wärmeverhältnisse der Atmosphäre einzugehen, erscheint hier nicht am Orte; es sei genug, die Sonnenwärme als Erregerin des irdischen Lebens, der Pflanzen- und Thierwelt, als Bewegerin der Gewässer und Lüfte, als Urheberin der Verdunstung und der Niederschläge, Nebel und Wolken zu kennen.

Ist aber alle jene Wärme, die wir auf der Oberfläche und im Innern unsrer Erde beobachten, alleinige Folge der Sonnenstrahlen und der Temperatur des Weltraums, oder rührt sie noch anderswo her? Das ist eine Frage, die seit einem Jahrhundert die tüchtigsten Forscher beschäftigt hat. Gäbe es keine andre, als die Sonnenwärme, so müßte man unter jeder Breite in einer gewissen Tiefe eine Temperatur finden, die das Mittel von allen denen wäre, die an der Oberfläche der Zeit nach auf einander folgen, und die bis zu den größten Tiefen sich immer gleich bleiben müßte; denn die Sonnenwärme pflanzt sich nur langsam im Innern der Erde und bis zu geringen Tiefen fort, und mancher Baum findet im Winter seinen Tod durch den Wärmeverlust an seinen Wurzeln. Aber jene Voraussetzung begründet sich nicht. Man darf in Gruben hinabsteigen, um den Wechsel der Temperatur, der doch auf der Oberfläche durch Tag und Nacht und Jahreszeiten herbeigeführt wird, ganz unmerklich verschwinden zu sehen. Unter den Wendekreisen darf man nur einen Fuß tief graben, um eine beständig gleiche Temperatur zu erhalten. In unsern Klimaten freilich, wo die Temperatur nach den Jahreszeiten so äußerst verschieden ist, muß man tiefer, 55—60 Fuß, in die Erde hinabsteigen, um eine gleichförmige Temperatur zu finden, welche mit der mittleren Lufttemperatur des Ortes in genauer Verbindung steht. Zu Jakutsk in Sibirien, wo Mitte Juni das Thermometer bis 40° und darüber steigt, während es Mitte December auf 41°—45° unter 0 fällt, erhält sich in einer Tiefe von 50 Fuß das Quecksilber stets auf —7½° C., was genau mit der mittleren Lufttemperatur des Orts übereinstimmt. Erman war es, der diese Beobachtung bei Gelegenheit eines Brunnenbaues machte, den ein dortiger Kaufmann Schergin unternahm, um Wasser zu bekommen, dann aber, als er die Schwierigkeit erkannt hatte, in rein wissenschaftlichem Interesse fortsetzte. Erst in einer Tiefe von 370 Fuß hörte man auf, und doch stand das Thermometer noch ½° unter 0. Wir sehen schon aus diesem Versuche, daß die Wärme nach dem Erdinnern zunimmt. In tiefen Bergschachten erreicht die Temperatur eine so drückende Hitze, daß die Arbeiter genöthigt werden, unbekleidet zu arbeiten. Noch ergiebiger als die Messungen der Temperatur in Bergwerken sind die Untersuchungen an Bohrlöchern von Salzwerken und artesischen Brunnen; denn hier kann man unmittelbar die Temperatur des ausfließenden Wassers messen. Das Bohrloch des artesischen Brunnens von Grenelle bei Paris hat eine Tiefe von 1683 Fuß und das ausfließende Wasser eine Wärme von 27°7 C., während die mittlere Temperatur zu Paris nur 11°,7 beträgt.

Die tiefsten Bohrlöcher und wohl auch die größten Tiefen, welche die Menschenarbeit bisher erreichte, sind das von Neusalzwerk bei Rehme in Westphalen, welches eine Tiefe von 2144 Fuß, und das zu Mondorf im Luxemburgischen, welches eine Tiefe von 2066 Fuß besitzt. Die Temperatur des Wassers von Neusalzwerk steigt auf 32°,75 C. bei einer mittleren Lufttemperatur von 10°, und in den nicht viel weniger tiefen Schachten der Goldminen von Pestarena am Monte Rosa herrscht bei einer äußern Lufttemperatur von 3° in der Tiefe von 2238 Fuß eine beständige Wärme von 16°,3 C. Das allgemeine Resultat aller dieser Beobachtungen ist, daß unsere Erde in einer Tiefe, welche dem Einfluß der äußern Sonnenerwärmung entzogen ist, eine höhere Temperatur habe, als die Rinde selbst, und daß diese Temperatur nach dem Innern zu auf je 100—150 Fuß um 1° C. zunimmt. Für eine solche im Innern der Erde existirende, unerschöpfliche Wärmequelle zeugt überdies die vulkanische Thätigkeit, das Ausströmen heißer Quellen und geschmolzener Erdmassen aus geöffneten Spalten. Wenn aber eine solche Gluth im Schooße der Erde herrscht, warum bemerken wir nichts an unsrer Oberfläche? Oder hat vielleicht der Erdboden früher eine höhere Temperatur gehabt, als jetzt, wo er erkaltet ist? Viele Naturforscher, unter ihnen der berühmte Buffon, sind wirklich zu der Ansicht gelangt, daß unsre Erde eine kleine Sonne sei, nur mit einer Rinde überzogen, welche von oben und unten, von der äußern und innern Sonne erwärmt werde. Die ganze Masse sei ursprünglich glühend gewesen, wie die der Sonne, habe sich aber durch ihre Bewegung im Raume hinreichend abgekühlt und so eine äußere feste Rinde gebildet. Diese feste Rinde aber müsse von Jahrhundert zu Jahrhundert dicker werden, und die Erde, die so nach und nach erkalte, sei unwiderruflich bestimmt, zuletzt eine Eismasse zu werden, die leblos um eine Sonne rolle, deren Wärme auch allmälig abnehme und sich zuletzt ganz verlieren werde. Andre Geologen, unter ihnen Whiston, eröffneten uns nicht minder angenehme Aussichten. Sie prophezeihten, daß wir, oder vielmehr unsre Nachkommen, Flüsse, Seen, Ströme, alle Meere und selbst den Ocean allmälig verdampfen sehen würden, bis die ausgedörrte Erde an der Sonne Feuer fangte, und aus ihrer Asche eine neue Erde entkeime.

In diesen beiden Ansichten liegt allerdings etwas Wahres, nur sind glücklicherweise ihre Befürchtungen durchaus ungegründet und werden durch Berechnung und Beobachtung auf das Sicherste widerlegt. Das Wahre darin ist aber, und wir werden es später bestätigt sehen, daß unsre Erde ursprünglich in einem glühend flüssigen Zustande befindlich war, und, wie alle geschmolzenen Massen an ihrer Oberfläche durch Ausstrahlung Wärme verlieren, allmälig erkaltete und erstarrte. Natürlich ging diese Erkaltung von der Oberfläche aus, im Innern blieb die Erde flüssig und glühend. Die Ausströmung der Wärme vom Mittelpunkte gegen die Oberfläche mußte aber mit zunehmender Erstarrung der Erdrinde immer geringer werden, weil die erkalteten Schichten derselben immer mächtiger wurden und die Wärme immer schwieriger von unten nach oben leiteten. Der Verlust, den die Centralwärme erleidet, ist daher in den ältesten Zeiten, d. h. vor Millionen Jahren, sehr beträchtlich gewesen, seit der historischen aber scheinbar so gering, daß er für unsre Instrumente nicht mehr meßbar ward. Dieser Erkaltungsgrad ließe sich nämlich leicht an Erscheinungen nachweisen, die in ursächlichem Zusammenhange damit stehen. Die Umdrehungsgeschwindigkeit der Erde hängt von ihrer Größe, ihrem Volumen ab; mit der Verminderung der Temperatur ist aber eine Zusammenziehung der Massen verbunden. Daher müßte mit Abnahme der Erdwärme die Rotationsaxe verkürzt, die Geschwindigkeit vermehrt, die Tageslänge vermindert werden. Aber die Beobachtung der Bewegungen des Mondes besonders ergiebt, daß seit Hipparchs Zeiten, also seit 2000 Jahren, die Länge des Tages nicht um den 100sten Theil einer Secunde abgenommen hat, daß sich demnach innerhalb der äußersten Grenze dieser Abnahme die mittlere Wärme der Erde seit 2000 Jahren nicht um $^{1}/_{170}$ eines Grades verringert hat. Die Berechnungen werden noch durch die Erfahrung unterstützt, daß die Vegetationsgrenze der Getreidearten, des Weines und der Datteln seit historischen Zeiten keine wesentlichen Veränderungen erlitten hat.

Man könnte endlich noch gegen die Ansicht, daß innerhalb der Erde eine bedeutende Hitze herrscht, die Thatsache anführen, daß sich fast überall, wo Thermometerbeobachtungen im Ocean und in verschiedenen Tiefen desselben vorgenommen worden sind, eine Abnahme der Wärme des Meerwassers mit der Zunahme der Tiefe des Meeres gezeigt hat. Aber diese Erscheinung dürfte eher ein Beweis für, als gegen die mit der Tiefe zunehmende Erdwärme sein. Nimmt man nämlich an, daß der Boden des Oceans dem Wasser gar keine Wärme mittheile, so müßte das Wasser in den größten Tiefen desselben nothwendig zu Eis gefrieren; dies geschieht aber, so weit unsre Erfahrung reicht, nicht: weder Grundeis noch vom Grunde aufsteigendes Eis ist beobachtet worden, selbst in den

Polarmeeren nicht. Vielmehr findet man grade in diesen Meeren das Wasser in größerer Tiefe wärmer als an der Oberfläche, wo allein sich Eis erzeugt. Wird aber in größeren Tiefen das Meerwasser vom Meeresgrunde fortwährend erwärmt, so müssen die erwärmten Wassertheile, als die leichteren, stets sofort nach der Oberfläche aufsteigen, und werden durch kältere hinabsinkende Theile ersetzt, welche von der sich stets erneuernden Wärme des Bodens immer aufs Neue hinaufgetrieben werden müssen. Nur dadurch wird die Eisbildung in größeren Tiefen der Oceane, das Ausfrieren der Polarmeere verhindert, welches sonst die unausbleibliche Folge einer mit der Tiefe zunehmenden Temperaturverminderung, oder auch nur eines Mangels an Erdwärme sein müßte.

In jüngster Zeit hat es Otto Volger in seiner geistreichen Reform der geologischen Wissenschaft versucht, die alte Hypothese von einem Centralfeuer der Erde zu widerlegen. Er beruft sich darauf, daß wir von den Wärmezuständen des Erdinnern keine Kunde besitzen, daß eine Wärmezunahme von der Oberfläche gegen die Tiefe nur in den äußeren Lagen der Erde nachweisbar ist, daß sie sich hier aber viel leichter aus dem zunehmenden Drucke der auflagernden Schichten, aus der Bewegung des in die Tiefe dringenden Wassers und aus wärmeerzeugenden Stoffumsetzungen, die wir sonst als langsame Verbrennungen zu bezeichnen pflegen, als aus den Rückwirkungen einer innern Gluth erklären lasse. „Ohne die irrthümlichen Vorstellungen über die Entstehungsweise vieler Gesteine und über die Erscheinungen der Feuerberge, welche man sämmtlich durch die Annahme eines gluthflüssigen Zustandes der Erde unter einer dürren Erstarrungskruste erklären zu dürfen glaubte," sagt Volger, „würde man niemals Ursache gehabt haben, das Innere der Erde zum Sitze unermeßlicher Gluth zu machen." Gegenwärtig ist sogar, fährt er fort, „durch himmelskundige Berechnungen erwiesen, daß selbst die Annahme eines geschmolzenen Urzustandes der Erde zur Erklärung der Feuerberge und der mit diesen in Zusammenhang stehenden oder doch in Zusammenhang gedachten Erscheinungen unmöglich dienen könnte, da gegenwärtig die Erde keinenfalls eine geschmolzen-flüssige Masse mit nur geringer Erstarrungskruste sein kann, sondern höchstens die Annahme eines verhältnißmäßig nur kleinen, flüssigen Kerns mit gewissen Verhältnissen des jetzigen Bewegungsganges der Erde verträglich ist." „So bleibt also," schließt er, „nicht der geringste Grund zu einer derartigen Annahme zurück. Wohl möglich, daß sie ein warmes Herz hat, unsre nimmer alternde Erde; aber möglich auch ist es, daß sie kühl sei, „kühl bis ans Herz hinan," und an der Außenfläche nur ein wenig menschenfreundlich überwärmt." Ja er geht so weit, die Erde als eine Hohlkugel aufzufassen, deren innerer Höhlung, deren Unterwelt es weder an Wasser noch Luft mangele, und die, wenn Wärme und Licht auf der Oberfläche der Erde abhängen von dem Widerstreite zwischen der Anziehung, welche die Sonne, und derjenigen, welche die Erde auf die Stoffe der Oberfläche ausübt, selbst der höchsten Lebensbedingungen, des Lichts und der Wärme nicht entbehren mag. In wie weit es Volger gelungen ist, die alte Kant'sche und Laplace'sche Theorie von der innern Glut und der Feuergeburt unsrer Erde zu erschüttern, und in wie weit ihn dichterische Ueberschwenglichkeit in das Reich neuer phantastischer Hypothesen verschlagen hat, darüber werden wir erst bei der Betrachtung der vulkanischen Erscheinungen Aufschluß gewinnen.

Wie dem auch sei, nach der alten und noch immer von der Mehrzahl der Forscher festgehaltenen Ansicht gährt wirklich unter unsern Füßen ein furchtbarer Feuerschlund, in welchem Gewalten hausen, die selbst das Festeste und Stärkste, was wir im Gebiete irdischer Körperlichkeit kennen, auflösen und zerstören. Aber eine schützende Hülle hält jene Gluth von uns fern. Nur zuweilen durchbrechen die gefesselten Riesen aus lautbrüllenden Schlünden ihre nächtlichen Kerker, und ihre Gluthsäulen vernichten wohl Städte und Landschaften, oder verscheuchen den nordischen Winter Kamtschatkas und Islands auf kurze Zeit; aber sie vermögen kein Leben zu wecken, keine Blüthe zu treiben, keine Frucht zu reifen. Leben weckt allein die Sonnenwärme, welche die Atmosphäre durchstrahlt und den Boden erwärmt. Diese Wärme aber führt uns durch den geheimnißvollen Faden, der alle Lebenserscheinungen der Natur durchzieht, in das dunklere Gebiet des Magnetismus. —

Die Natur legt uns niemals ihre einfachen Gesetze dar, sondern nur die Folgen derselben — verwickelte Erscheinungen. Wenigen ist es vorbehalten, diese zu deuten, den Wenigen, welche eine angeborne Fähigkeit zum Uebergehen von den Folgen auf die Ursachen durch Uebung gestärkt haben. Mehrere können diesen Vorgängern folgen, auch die Deutung vervollständigen: die Meisten aber begnügen sich gern, die Deutung nur kennen zu lernen. Wie allgemein der Wunsch ist, von den Erscheinungen der Natur und ihren Gesetzen wenigstens etwas zu sehen, zeigt sich schon in der Theilnahme, welche gewöhnlich die sogenannten Vorstellungen aus dem Reiche der natürlichen Magie finden. Der Wunsch, etwas davon zu lernen, äußert sich in dem obgleich oft getäuschten, doch fortdauernden Verlangen nach Schriften, welche Gegenstände der Natur populär zu behandeln versprechen, oft aber nur unbefriedigende Oberflächlichkeit zeigen. Die Befriedigung dieses Wunsches fordert aber eine Art der Darstellung, der Verbindung zwischen Erscheinungen und Gesetzen der Natur, welche nur solche Kenntnisse voraussetzt, die als allgemein verbreitet angenommen werden können. Wo aber diese Voraussetzung nicht erlaubt ist, wo man mit Auseinandersetzung schwieriger Theorien, mit mathematischen Berechnungen und Beweisen von Gesetzen nur zu ermüden fürchten muß, da hebt alle Bedenken die Bedeutsamkeit dieses Gegenstandes, welcher durch deutsche Kräfte in unserm Jahrhundert auf eine Höhe gelangt ist, wo er sich dem allgemeinen Blicke nicht mehr entziehen kann noch darf.

Wie bedeutungsvoll erscheint uns die geheimnißvolle Kraft jener kleinen Magnetnadel, welche den Seefahrer durch unbekannte Meere führt und durch ihre Schwankungen uns wie eine Uhr die Stunden des Tages bezeichnet! Wenn das Nordlicht, jene ferne Himmelsgluth, welche purpurfarben dem Pole der Erde entströmt, urplötzlich, wie ein magnetisches Ungewitter, die ruhige Nadel in eine zitternde Bewegung versetzt, wenn dieses Erzittern oft über Länder und Meere auf Hunderte und Tausende von Meilen im strengsten Sinne des Wortes sich gleichzeitig offenbart; dann kann uns die Gleichzeitigkeit dieser Erscheinung besser als Feuersignale und genau beobachtete Sternschnuppen zur geographischen Längenbestimmung dienen, und mit Bewunderung erkennen wir, wie wir tief in unterirdischen Räumen oder zwischen den Wänden unseres stillen Studirstübchens an den Zuckungen zweier kleiner Magnetnadeln die Entfernungen messen können, welche sie von einander trennen, die Entfernungen, welche Kasan von Berlin und Berlin von Newyork trennen. Wenn Tage lang dichte Nebelschleier den Himmel verhüllen, und der Seemann ohne Sonne und Sterne auf fremden Meeren umherirrt, ohne Mittel, Zeit oder Ort zu bestimmen, dann kann er aus dem räthselhaften Gange seiner Nadel dennoch mit Sicherheit wissen, ob er drohende Klippen vermeiden oder in den winkenden Hafen einlaufen soll. Was ist das für eine seltsame Kraft, die sich in jener kleinen Nadel regt, die fast wie ein lebendiges Wesen zu uns spricht?

Es giebt bekanntlich ein Eisenerz, den Magnetstein, welches zwei Eigenschaften besitzt, die den Körpern im Allgemeinen fehlen oder doch zu fehlen scheinen, eine besondere Anziehungskraft und Polarität. Seine Anziehungskraft äußert es nur auf kleine in seiner Nähe befindliche Massen einiger Körper, unter denen Eisen der am häufigsten vorkommende ist. Seine Polarität bringt hervor, daß ein Stück Magnetstein, welches so aufgehängt ist, daß es sich frei um seinen Schwerpunkt drehen kann, nur in einer bestimmten Lage gegen den Horizont und die Weltgegenden zur Ruhe kommen kann. Auch einige andre, nicht eisenhaltige Produkte des Mineralreichs zeigen dieselben Eigenschaften, und alle, welche sie zeigen, werden unter der Gesammtbenennung der magnetischen Körper begriffen. Wenn ein gehärteter Stahlstab oder eine Stahlnadel einmal oder öfter, stets aber in gleicher Richtung, mit einem Magnetstein gestrichen werden, so nehmen sie gleichfalls Anziehung und Polarität an, oder werden magnetisirt, und bewahren beide Eigenschaften mehr oder weniger bleibend. Wenn eine solche Magnetnadel wagerecht schwebend aufgehängt wird, etwa an einem langen, eine Drehung weder verursachenden noch verhindernden Faden, so kann sie nur in einer Richtung zur Ruhe gelangen, in der Richtung des magnetischen Meridians. Wird diese Richtung an einem Punkte der Erde aufgesucht, so findet sie sich meistens näherungsweise, an einigen Punkten genau, von Süden nach Norden gehend. Der Winkel, in welchem sie die Süd-Nordlinie oder den terrestrischen Meridian schneidet, heißt die magnetische Abweichung oder Declination, und sie wird als östliche oder westliche bezeichnet, je nachdem das Nordende der Nadel sich östlich oder westlich von dieser Linie befindet. Wenn die Magnetnadel dagegen so aufgehängt wird, daß sie sich frei um ihren Schwerpunkt drehen kann, so verläßt sie ihre wagerechte Lage und neigt sich gegen den Horizont. Dies tritt hervor, wenn einer Nadel eine wagerecht liegende Axe gegeben wird, um welche sie vor ihrer Magnetisirung im Gleichgewicht ist; wird sie dann magnetisirt, so erhält dadurch das eine ihrer Enden ein Uebergewicht über das andre, ohne daß ihr Gewicht verändert ist: die Nadel neigt sich also und kann nicht mehr in jeder beliebigen, sondern nur in einer bestimmten Abweichung von der wagerechten Lage, welche, wenn die Axe den magnetischen Meridian senkrecht durchschneidet, die Neigung oder Inclination genannt wird, zur Ruhe gelangen.

So auffallend uns auch jetzt diese Eigenschaften erscheinen, so spät gelangten sie doch zur Kenntniß der Völker Europas. Zwar war wohl die Ziehkraft des Magnets schon in uralter Zeit bekannt, aber seine Richtkraft, seine Beziehung zum Erdmagnetismus ist eine eigenthümliche Entdeckung jenes sonderbaren Volkes des Osten, des chinesischen, das schon so früh zur Kultur erwachte und so schnell wieder in das Dunkel zurücktrat. Dort in jenen unermeßlichen tartarischen Steppen reiste man schon in uralter Zeit auf magnetischen Wagen, welche sicher den Weg nach Süden zeigten. Als Erfinder dieser Wagen, die man Tschi-nan-kin nannte, wird zwar ein fabelhafter Kaiser Tschin-tung 2064 Jahre vor Chr. genannt. Aber wenn wir auch mit Recht die Wahrheit dieser Sage bezweifeln, so ist doch unbestreitbar, daß die Chinesen die Südrichtung der Magnetnadel schon vor der christlichen Zeitrechnung kannten, daß sie die Bussole zur See wenigstens unter der Dynastie der Tsin im 3. Jahrhundert n. Chr. gebrauchten, daß ihnen die Abweichung der Magnetnadel spätestens im 12. Jahrhundert nicht mehr verborgen war. Der Westen mußte von diesem verachteten Volke lernen. Denn unbezweifelt ist es, daß die Kenntniß des Kompasses erst von den Chinesen durch indische Seefahrer zu den Arabern und von diesen zu den Spaniern drang. Daß der magnetische Meridian aber wenigstens nicht überall mit dem irdischen zusammenfällt, das scheinen erst die europäischen Seefahrer Columbus und Cabot bemerkt zu haben; und die Ehre, die Neigung der magnetischen Nadel entdeckt zu haben, gebührt zuerst Robert Norman, welcher 1576 darauf aufmerksam wurde und ihre Größe für seinen Wohnort London bestimmte. Bald bemerkte man auch, daß sowohl die Neigung als die Abweichung der Magnetnadel weit entfernt sind, an allen Punkten der Erde dieselben Werthe zu behalten, welche sie an einem Punkte haben, und die Ausdehnung der Seefahrten bis in die amerikanischen und indischen Meere legte dies deutlich an den Tag. Nach und nach zeigte es sich, daß der magnetische Meridian nur in dem von den Polen entfernteren Theile der Erdoberfläche näherungsweise von Süden nach Norden geht, in den die Erdpole umgebenden Theilen aber jede Richtung in Beziehung auf die Süd-Nordlinie nehmen kann, so daß es sogar Punkte auf der Erde giebt, wo dasselbe Ende der Nadel, welches bei uns fast nach Norden gerichtet ist, sich nach Süden wendet. Sie zeigte ferner, daß auch die Neigung der Nadel Aenderungen unterworfen ist, welche bis zur gänzlichen Umkehrung gehen, so daß das Nordende, welches sich in unsern Gegenden ziemlich nahe und an einem Punkte, in dessen Nähe der unerschrockene Sir John Roß sein Schiff im Eise verlassen mußte, unter 70° 5′ 17″ nördl. Breite und 96° 46′ 45″ westl. Länge (von Greenwich), sich ganz und senkrecht dem Fußpunkte zuwendet, mit der Annäherung an den Erdäquator nach und nach seine Neigung verliert und dann höher wird als das Südende, welches dem Südpole der Erde zu immer tiefer herabgezogen wird und endlich an einem Punkte im südlichen Polarkreise, den im Jahre 1841 James Roß, der Neffe jenes kühnen Seefahrers, unter 76° nördl. Br. und 178° östl. Länge erreichte, sich gleichfalls dem Fußpunkte zuwendet. Diese großen Aenderungen der Richtung der magnetischen Kraft auf der Erde erregten die Aufmerksamkeit desto mehr, als man von ihrer Kenntniß große Vortheile für die Schifffahrt erwartete. Nicht allein wird die Kenntniß der Abweichung dem Seefahrer nöthig, um danach die Richtung zu wählen, in welcher er segeln muß, sondern durch sie kann auch eine bekanntlich bis in die letzte Hälfte des vorigen Jahrhunderts vergeblich gesuchte Auflösung der Aufgabe, die geographische Länge des Punktes, wo ein Schiff sich befindet, zu bestimmen, gefunden werden. Die Erwartung dieses Nutzens war es wohl besonders, welche schon den großen Astronomen Halley veranlaßte, Karten zu entwerfen, auf welchen durch krumme Linien angedeutet war, wie groß die Abweichung an jedem Punkte des Meeres im Jahre 1700 war, und hierzu kamen bald ähnliche von Wilke, welche den Zustand der Neigungen für dasselbe Jahr darstellten. Diese Karten für die isoklinischen Linien, wie man jene Linien nennt, welche die Oerter gleicher Abweichung oder gleicher Neigung der Magnetnadel verbinden, haben ihre größere Vervollkommnung erst durch Hansteen 1819, durch A. Erman 1830 und durch Barlow 1833 erhalten.

Karte der isogonischen Linien.

Die beigefügten, nach Barlow entworfenen Karten veranschaulichen am besten das verworrene Bild magnetischer Linien. Die erste, welche die isogonischen Linien darstellt, zeigt eine Linie ohne Abweichung und zu ihren Seiten die Linien gleicher westlicher und östlicher Abweichung, letztere durch punktirte Linien hervorgehoben. Sie alle laufen in zwei Punkten, dem astronomischen und magnetischen Pole, zusammen *), so daß in bei-

*) Das verworrene System der isogonischen Linien zwischen dem magnetischen und astronomischen Pol zu veranschaulichen, war bei der geringen Größe der Karte nicht möglich. Ich habe darum den magnetischen Pol für die erste Karte ganz unbeachtet gelassen, da er auf der zweiten um so deutlicher hervor-

den die Abweichung der Magnetnadel verschwindet. In dem magnetischen Pole giebt es aber deswegen keine oder vielmehr jede Abweichung, weil wirklich die Richtung der Magnetnadel aufhört; in dem astronomischen nur deshalb, weil der Meridian, gegen welchen die Abweichung gezählt wird, seine Bedeutung verliert. Besonders merkwürdig erscheint noch eine zweite in sich selbst zusammenlaufende Linie ohne Abweichung im östlichen Asien und dem chinesischen und japanischen Meere.

Karte der isoklinischen Linien.

Die auf der zweiten Karte dargestellten isoklinischen Linien erscheinen gegen die meridianartigen isogonischen als Parallelkreise um

---

tritt. Ueberhaupt können diese Karten wegen ihrer Kleinheit keinen Anspruch auf Genauigkeit machen. Sie sollen der Anschauung nur ein Bild vom Laufe der magnetischen Kurven geben. Wer eine speciellere Kenntniß davon wünscht, den verweise ich auf die 13. und 14. Karte in Bromme's Atlas zu Humboldt's Kosmos; Stuttgart, bei Krais & Hoffmann.

dieselben Pole und zu beiden Seiten eines magnetischen Aequators, für welchen die Inclination = 0 ist, d. h. die Magnetnadel wagerecht steht, während nördlich von demselben ihr Nordende, südlich ihr Südende sich nach unten richtet.

Indessen ist die Richtung der magnetischen Kraft auf der Erde nur eine ihrer Aeußerungen, die andere ist die Stärke oder Intensität, in welcher sie sich an verschiedenen Punkten der Erde zeigt. So lange die Kenntniß dieser fehlte, konnte man nicht auf eine tiefere Einsicht in die Beschaffenheit des Erdmagnetismus hoffen. Ihre Erforschung wurde daher ein Moment der großen Aufgabe, deren Lösung A. v. Humboldt sein Leben weihte, — der Aufgabe, die Erde von jedem Standpunkte aus zu erforschen, welchen Natur und Wissenschaft darbieten, sie mit dem Beistande aller Kenntnisse und Hülfsmittel zu erforschen, welche die vorangegangene Zeit geliefert hatte, und welche, wie es uns erscheint, ungeduldig der Veranlassung harrten, Wege zu eröffnen, deren immer weitere Verfolgung die Kräfte künftiger Geschlechter, wie des jetzigen, spannen wird. Humboldt und später Andere haben die gleichfalls sehr verschiedenen Intensitäten des Erdmagnetismus an vielen Punkten der

Karte der isodynamischen Linien.

Erde mit einander verglichen durch ein Verfahren, welches auf der Beobachtung der Schwingungszeit einer wagerecht aufgehängten Magnetnadel beruht. Auch diese Intensität stellte man durch krumme Linien, welche isodynamische heißen, weil sie die Orte gleicher Intensität verbinden, auf einer Karte dar; so daß also durch diese drei Karten der magnetische Zustand der Erde vollständig veranschaulicht wird.

Die umstehende Karte der isodynamischen Linien giebt die magnetischen Intensitäten für verschiedene Orte der Erde in Zahlen an, welchen die für London berechnete Intensität von 1372 als Einheit zu Grunde liegt. Hier zeigen sich keine Pole, sondern auf jeder Hemisphäre zwei von diesen verschiedene Maxima der Intensität, welche im Norden westlich von der Hudsonsbai und im nördlichen Asien liegen.

Allein dieser Zustand ist keineswegs beständig, sondern zeigt in der Art des Hervortretens, wie auch in den Ursachen sehr verschiedene Veränderungen. Eine derselben geht langsam vor sich, aber dafür während langer Zeit immer in demselben Sinne, und erlangt dadurch eine solche Bedeutung, daß sie die Lage und Figur der auf den Karten dargestellten magnetischen Linien gänzlich umgestalten wird. So sind jetzt zwei Linien bekannt, in welchen die Magnetnadel genau nach Norden zeigt. Die eine kommt aus dem weißen Meere, geht bei Irkutsk vorüber und läuft um Neuholland durch den Ocean dem Südpole zu; die andere geht vom Südpol durch das atlantische Meer und durchschneidet nördlich von Rio de Janeiro den Kontinent von Amerika. Die erstere von beiden ging aber noch 1657 durch London, 1669 durch Paris, hat also in 150 Jahren 80° durchlaufen. Die zweite Linie bewegt sich auch, aber langsamer, nach Osten. Ein periodisches Gesetz dieser Veränderung kennen wir noch nicht, wir wissen nur, daß sie vorhanden ist. Auch ist für jetzt noch nicht viel mehr zu erwarten, da mehrere Jahrhunderte der Beobachtung erst zu gegründeten Folgerungen berechtigen. Eine zweite Art der Veränderungen des magnetischen Zustandes der Erde zeigt sich in einer täglich wiederkehrenden Schwankung desselben, ist aber bis jetzt nur in Bezug auf die Abweichung anhaltend verfolgt worden. In unsern Gegenden zeigt die Nadel am Morgen jedes Tages am östlichsten,

Nachmittags am westlichsten. Beobachtungen haben zugleich gelehrt, daß sich die Größe dieser täglichen Variation mit den Jahreszeiten ändert, bei uns im April am größten, im December am kleinsten ist. Eine dritte Art der Veränderungen des magnetischen Zustandes der Erde zeigt sich endlich unabhängig von Tages- und Jahreszeit; sie tritt plötzlich ein und vermehrt und vermindert sich ebenso plötzlich. Diese Bewegungen der Nadel erscheinen etwa so, als würden sie durch die Anziehung kleiner, in der Nähe befindlicher und ohne Regel und Absicht bewegter Eisenmassen erzeugt. Aber dieser Anschein hat schärfer blickende Naturforscher nicht getäuscht; es blieb ihnen nicht verborgen, daß jene plötzlich eintretenden Veränderungen nicht örtliche Störungen der Richtung der Nadel sind, sondern Einflüsse auf dieselbe, welche sich an weit entfernten Punkten der Erde gleichzeitig zeigen. Humboldt wurde durch seine in Berlin vorgenommene Verfolgung des Ganges einer Nadel von halber zu halber Stunde und durch die sich darin zeigenden plötzlichen Störungen schon 1806 und 1807 veranlaßt, von anderwärts gleichzeitig anzustellenden Beobachtungen Aufklärung über die Natur dieser Störungen zu erwarten. Allein sein darauf folgender langer Aufenthalt in Paris und die politischen Wirren der Zeit verhinderten die Anordnung solcher Beobachtungen, bis sie durch einen ausgezeichneten Erfolg Arago's ins Leben gerufen wurden. Dieser große Physiker hatte Maßregeln zur ausgedehnteren Verfolgung der magnetischen Erscheinungen in Paris in Wirksamkeit gesetzt, und eine der Früchte war, daß er der schon älteren Bemerkung des Einflusses der Nordlichter auf die Nadel neues Gewicht verleihen und nachweisen konnte, daß derselbe nicht auf Gegenden der Erde, wo sie sichtbar sind, beschränkt ist. Jetzt erfolgten immer zahlreichere, immer sorgfältigere Beobachtungen in allen Ländern der Erde. Aber diese Unternehmungen bedurften noch immer größerer Ausdehnung, wenn sie zu einem Resultate führen sollten. Da gelang es A. v. Humboldt, 1829 die Petersburger Akademie der Wissenschaften und 1836 den Herzog von Sussex als Präsidenten der Londoner Societät der Wissenschaften zu bewegen, ihren Einfluß zur Gründung von bleibenden magnetischen Observatorien in den weiten Umfängen der beiden Kronen huldigenden Reiche zu verwenden. Jetzt erfolgten die vortrefflichsten Beobachtungen in ununterbrochenen Reihen, welche sich von Helsingfors bis Tiflis, von Sitka bis Peking erstreckten. An den entlegensten Orten der Erde wurden feste magnetische Warten errichtet, in Kanada, Indien, Vandiemensland bis in jene eisigen Südpolarmeere hinab, welche der große Seefahrer Roß durchschiffte, da wo das Victorialand sich mit seinem über 11,000 Fuß aus dem Eise aufsteigenden Vulkan Erebus erhebt. Auch von Göttingen aus verbreitete sich seit 1836 neues Licht über den Magnetismus durch die unschätzbaren Unternehmungen ähnlicher Art, welche Gauß und Weber veranlaßten. Von Jahr zu Jahr ist der Eifer für die Erforschung des Erdmagnetismus gewachsen. Denn Eifer und Fortschritte stehen in nothwendiger Wechselbeziehung, einer spornt den andern an. Immer näher ist uns das Ziel gerückt, aus unbestimmter Ferne in unsern Gesichtskreis; was noch vor Kurzem Räthsel war, ist jetzt zur Wissenschaft geworden. — Aber was ist das Resultat aller dieser Forschungen, haben wir eine Erklärung gewonnen?

Wir können freilich keineswegs eine Antwort auf die Frage erwarten, warum die Erde Magnetismus besitzt, wir dürfen ebensowenig an eine Speculation über die erste Ursache der magnetischen Kraft selbst denken, denn diese wird uns stets verborgen bleiben. Die gewonnene Erklärung kann nichts Anderes sein, als die Verfolgung des Zusammenhanges zwischen den einfachsten Aeußerungen derselben Kraft, welche wir an den Tag zu legen vermögen, und den verwickelten, welche der Erdkörper uns zeigt. Ich glaube, daß ein Blick auf eine jener Karten hinreichend ist, die Größe der Schwierigkeiten einer solchen Erklärung fühlbar zu machen und es begreiflich erscheinen zu lassen, wenn so mancher Versuch mißglückte. Natürlich konnte jene Aufgabe nicht früher in ihrer wahren Form hervortreten, ehe nicht die Beobachtung so viel von der Erscheinung verrathen hatte, als zur Hinweisung auf ihre Ursache genügte. So lange war weniger eine Aufgabe zu lösen, als ein Räthsel zu errathen, ein Räthsel, welches durch die Auffindung einer selbst nicht weiter zu rechtfertigenden einfachen Annahme errathen wird, welche die verschiedenen Beobachtungen im Zusammenhange erscheinen läßt, ein Räthsel, welches offenbar nur dann errathen werden kann, wenn eine solche Annahme da ist. Wenn auch freilich selbst der glücklichste Erfolg des Rathens, indem es immer nur zu einer Annahme, nicht zur Ursache der Erscheinung selbst führt, keine Erklärung derselben ist, so vertritt doch diese Annahme die Beobachtung selbst, da sie, was diese von der Erscheinung lehrt, in den kürzesten Ausdruck zusammenfaßt. Ich darf nur auf die Hauptmomente in der Entwicklung der Kenntniß vom Weltgebäude hindeuten. Copernicus suchte eine einfache Annahme, wodurch ein Zusammenhang in die verworrenen Erscheinungen der Planetenbewegungen gebracht werden konnte, und fand sie in der Unbeweglichkeit der Sonne und in den Kreisbahnen der Planeten. Keppler erkannte, daß diese Annahme den Beobachtungen nur im Ganzen genüge, daß diese aber schon zu seiner Zeit zu dem Beweise hinreichten, daß die Bewegungen nicht in Kreisen, sondern in Ellipsen geschehen; er wies nach, daß diese Annahme allen Beobachtungen genüge, und vertrat so durch seine Gesetze die Beobachtungen selbst. Newton endlich erhob sich zu der Erklärung des Weltsystems, indem er die Kraft fand, deren Wirkungen die Kepplerschen Gesetze aussprachen, und welche den Erscheinungen entsprechen mußte, da diese Gesetze ihnen entsprachen. — Auf ähnliche Art, nur nicht mit ähnlichem Erfolge, sind auch die Versuche, von dem magnetischen Zustande der Erde Rechenschaft zu geben, fortgeschritten. Euler und Tob. Mayer gingen von der Annahme aus, daß die an verschiednen Punkten der Erde beobachteten Verschiedenheiten in der Richtung der magnetischen Kraft sich als Wirkungen eines in der Erde befindlichen Magneten darstellen ließen. Sie kannten aber noch nicht die verwickelten Züge der magnetischen Linien, den innigen Zusammenhang der täglichen und jährlichen Schwankungen mit dem Laufe der Sonne; darum blieb ihr Erfolg weit hinter dem zurück, welchen Copernicus durch seine einfache Annahme für die Planetenbewegungen erreicht hatte. Als Hansteen später bei seiner Zusammenstellung aller bekannt gewordenen Beobachtungen das Auftreten der magnetischen Kraft auf der Erde vollständiger kennen gelernt hatte, da überzeugte er sich von der Unzulänglichkeit der früheren Annahme und veränderte sie in die zweier in der Erde befindlicher Magnete, deren Lage und Stärke sich wirklich so wählen läßt, daß den Erscheinungen annähernd Genüge geschieht. Aber der Erfolg dieser Annahme blieb doch weit hinter dem zurück, welchen Keppler durch seine Verbesserung der Copernicanischen Annahme herbeigeführt hatte.

Darum wurde kein einfacher Ausdruck erlangt, welcher die Beobachtungen selbst vertreten und in gedrängtester Form angeben konnte, was die Erklärung zu leisten hatte. Zwar stellte sich Gauß auf den Standpunkt der Newtonschen Welterklärung, aber es fehlte ihm an Hülfsmitteln. Doch verläßt er die Annahmen und verfolgt die unzweideutigen Bedingungen, welchen das Hervortreten der magnetischen Kraft auf der Erdoberfläche durch ihr Gesetz selbst unterworfen ist. So sind uns wenigstens Andeutungen über die wahre Natur des Erdmagnetismus gegeben.

Der Grundgedanke, von welchem Gauß in seiner Theorie ausging, ist der, daß die magnetische Kraft eine viel allgemeinere sei, als wofür sie bisher gegolten habe, daß sie nicht blos im Eisen, sondern in allen Körpern durch die verschiedensten Ursachen hervorgerufen werden könne, daß sie also eine allgemeine Kraft der Materie, eine kosmische sei. Fast über alle Erwartung ist diese Ansicht durch die neueste Wissenschaft bestätigt worden. Die Entdeckung des Diamagnetismus durch Faraday lehrt, daß alle Stoffe, selbst Dämpfe und Gasarten, ja selbst die leichtfertige Flamme magnetischer Erscheinungen fähig sind, wenn wir nur Mittel anwenden, welche der Zartheit dieser Stoffe angemessen sind. So haben wir die magnetische Kraft — wenn überhaupt von einer Kraft gesprochen werden darf; denn was wir Kraft nennen, ist nur die Form einer Bewegung — ja auch in unsrer Entwicklung der Naturkräfte kennen gelernt; sie erschien uns — symbolisch ausgedrückt — als das Widerstreben der Materie gegen die verflüchtigende, auflösende Macht der Electricität, als das selbstsüchtige starre Beharren der aus ihrer Ruhe gestörten Materie in sich selbst, als der Egoismus der Materie. Wo der Kampf des Lebens glüht, da ist sie auch; und wäre die Materie zu mehr als ätherischer Dünnheit verflüchtigt, sie bliebe Materie und dem Einflusse der kosmischen Kraft unterworfen. Warum soll also unsre Erde in ihrer groben Körperlichkeit, in ihrem wilden Entwicklungskampfe nicht magnetisch sein? Jene lebendige Kraft der Verwandtschaft — wir nannten sie einmal eine chemische —, welche die Erde hinaufzieht zu ihrem mütterlichen Schooße, sie mit der Sonne verschmelzen will, wirkt aber natürlich da am stärksten, wo sie senkrecht wirkt, in der Gegend des Aequators, zwischen den Wendekreisen. Dort ist auch, wie wir sehen werden, die atmosphärische Electricität so recht zu Hause, dort ist die Heimath der Kalmen und der Tropenstürme, dort erschüttern täglich furchtbare Gewitter, von deren erhabener, grauenhafter Schönheit wir uns keine Begriffe machen können, die Luftregionen, dort bedrohen jene gefahrbringenden Wasserhosen den furchterregten Seemann. Wohin soll sich nun jene widerstrebende, auf Selbsterhaltung bedachte Kraft des Magnetismus flüchten, als dahin, wo der electrische Feind schwächer zu wirken vermag, nach den Polarkreisen? Dort wohnt darum die stärkste Kraft des Magnetismus, dort ruhen jene so lange gesuchten magnetischen Pole. Dieser innige Zusammenhang der electrischen und magnetischen Kraft ist durch die Entdeckungen Oersted's, Arago's, Faraday's auf das Glänzendste bestätigt worden. Wenn Oersted schon nachwies, daß die Electricität in der Umgebung des sie fortleitenden Körpers Magnetismus erregt, so hat Faraday wieder durch den freigewordenen Magnetismus electrische Strömungen hervorgerufen. Freilich mögen gar verschiedenartige electrische Strömungen in der Erdrinde und Atmosphäre herrschen; darauf deutet uns der ewige Wechsel, die schwankende Bewegung in allen magnetischen Erscheinungen nach den Stunden des Tages und der Nacht, nach den Jahreszeiten und dem Verlaufe ganzer Jahre hin. Aber wie mannigfach mögen auch die Ursachen sein, welche jene Ströme hervorrufen? Denn nicht einmal in der Sonne allein und in ihrer Polarität, auch nicht in der Rotation der Erde und der verschiedenen Geschwindigkeit der Erdzonen ist der Sitz jener electrischen Erregung zu suchen; auch Mond und Planeten, vielleicht selbst ferne Welten und Weltsysteme haben ihren Antheil daran. Die electrische Wirkung des Mondes und damit sein Einfluß auf den Erdmagnetismus ist neuerdings durch die Beobachtungen Kreyl's in Prag erwiesen. Auch der Mond ist ein der magnetischen Kraft unterworfener Körper, und auf seiner der Erde zugewandten Fläche herrscht jener Magnetismus vor, welcher den Südpol unsrer Magnetnadel anzieht und die magnetische Kraft der Erde verstärkt. Aber es kommen noch andre Erreger electrischer Ströme in unsrer Erdrinde hinzu, und damit auch andre Quellen des Erdmagnetismus. Die Wärme, haben wir gesehen, steht in eben so inniger Verbindung mit der Electricität und dem Magnetismus, wie ja ein Band sich durch alle Kräfte der Natur hindurchzieht. Wenn aber der Magnetismus von der auflösenden Kraft der Electricität zu den Polen floh, so flieht die Wärme, als die in Formen fesselnde Macht, in das Innere der Erde, um dort zu erhalten, was in der Atmosphäre verflüchtigt wird. Hier von innen heraus wirkt sie durch ungleiche Vertheilung auf die electrischen Strömungen der Erdrinde, stört den ruhigen Gang der Magnetnadel. Ihr kommt noch jene Wärme zu Hülfe, welche in dem Luftkreise mit dem Lichte um den Sieg ringt; denn daß auch diese innig mit dem Erdmagnetismus verknüpft ist, dafür spricht schon allein das nahe Zusammenfallen der magnetischen Pole mit den Kältepolen, mit jenen Punkten der Erde, wo die mittlere Temperatur die niedrigste ist. Soll aber diese Erklärung des Erdmagnetismus in vollkommenem Einklang mit unsrer Ansicht von den kosmischen Kräften der Natur stehen, so muß sich durch den Erdmagnetismus auch jene vierte Schwesterkraft, das Licht, offenbaren. Konnte Faraday seine künstlich erzeugten magnetischen Ströme leuchtend machen, warum sollte es nicht die vielmal mächtigere Kraft des Erdmagnetismus vermögen?

O, die Natur versteckt ihre Erscheinungen nicht; aber man muß ein Auge haben, sie zu sehen, einen Willen, sie zu fassen. Seht nur am schwarzen Winterhimmel jene blutrothen Flammen auf silbernem Grunde, jenes Schimmern und Flackern, jenes Strahlenschließen; aber schaut nicht mit blöden Augen und begnügt euch nicht, gedankenlos zu sprechen: das ist ein Nordlicht! Les't in dieser prachtvollen Offenbarung der Natur ihr Wesen und ihre Thaten, lockt ihr die Geheimnisse ihrer Zauberkunst ab, zieht sie euch nahe, wenn sie fern scheint. Denn nicht immer ist das Ferne so fern, und was ihr in den Himmelsräumen flammen seht, entquillt vielleicht dem Boden unter euren Füßen. Der flüchtige Beobachter sieht in dem Erdlicht, weil es in den Polargegenden am häufigsten und immer in der Richtung nach den Polen, meist am nördlichen, seltner am südlichen Himmel gesehen wird, eine Erscheinung, deren Entstehung diesen Polarregionen angehört, und darum hat man es auch Nordlicht oder Polarlicht genannt. Dann aber könnten Polarlichter, wenn sie sich auch in den höchsten Regionen der Atmosphäre erzeugten, niemals den Bewohnern der Tropengegend sichtbar werden: eine Ansicht, welcher vielfache neuere Beobachtungen durchaus widersprechen; denn Humboldt hat bis in die Tropenregionen, selbst in Mexico und Peru Nordlichter gesehen. Freilich giebt es Gegenden, besonders im Norden Amerikas am Bärensee und an den sibirischen Küsten, welche sich durch große Häufigkeit des Phänomens auszeichnen, gleichsam besondere Nordlichtstriche, in welchen das Polarlicht vorzüglich glänzend und prachtvoll ist. Aber auch dort scheint es polarlichtreiche und arme Jahre zu geben, wie es ja auch gewitterreiche giebt, Perioden, in denen die Polarlichter häufiger oder seltener erscheinen. Oertliche und klimatische Einflüsse sind also nicht zu verkennen. Bei uns gehört die Erscheinung zu den selteneren, und es dürfte daher wohl nicht ganz zwecklos sein, wenn ich den Verlauf eines sich vollkommen ausbildenden Nordlichts schildern, wie es von Lottin, Argelander, Humboldt u. A. beobachtet wurde.

Aus den leichten Nebeln eines sonst heitern Abendhimmels steigt tief am nördlichen Horizont, da wo ihn der magnetische Meridian durchschneidet, eine rauchgraue, bald ins Braune, bald ins Violette übergehende Nebelwand auf, an welcher die Sterne wie Diamanten auf einem Leichentuche funkeln. Bald umkränzt sie ein glänzender Lichtbogen von blaßgelber Farbe, der im hohen Norden das rauchähnliche Kreissegment oft ganz verdrängt. Stunden lang bleibt bisweilen dieser Lichtbogen in stetem Aufwallen und formveränderndem Schwanken stehen; dann erscheinen schwarze Streifen, welche den lichten Bogen trennen, es bilden sich Strahlen, welche sich bald schnell, bald langsam verlängern und verkürzen, bald hell aufflammen, bald verlöschen. Bis hinauf zum Zenith schießen diese Strahlen, aber immer nach dem Punkte, auf welchen die Inclinationsnadel hingerichtet ist. Jetzt nimmt Alles eine zitternde, wallende Bewegung an, der ganze Bogen schwankt gleich einer vom Winde bewegten Fahne. Immer intensiver wird der Glanz, immer lebhafter spielen die Farben vom dunkeln Violett und bläulichen Weiß bis in das Grüne und Purpurrothe. Dazwischen erheben sich schwarze, dickem Rauch ähnliche Strahlen; der Bogen selbst entwickelt sich zu einem flatternden, langen Strahlenbande, theilt sich in den graziösesten Windungen und vereinigt das Ganze in ein zuckendes Flammenmeer, dessen Pracht keine Schilderung mehr erreichen kann. Hoch oben am Himmel um den magnetischen Zenith bildet sich nun die Krone des Nordlichts, die das ganze Himmelszelt mit einem milderen Glanze, einem ruhigeren Schimmer umgiebt. Denkt man sich nun ein lebhaftes Schießen von Strahlen, welche beständig Länge und Glanz ändern, welche in den herrlichsten, rothen und grünen Farbentönen wellenartig einander folgen, denkt man sich endlich das ganze Himmelsgewölbe in eine ungeheure, prächtige Lichtkuppel verwandelt, welche über einen mit Schnee bedeckten Boden ausgebreitet ist und einen blendenden Rahmen für das ruhige Meer bildet, dunkel wie ein Asphaltsee; — so hat man eine schwache Vorstellung von diesem wunderbaren Schauspiel, welches die Phantasie sich wohl malen, aber die Sprache nicht beschreiben kann. Mit der Bildung der Krone ändert sich plötzlich die Lichtintensität der Strahlen, sie übertrifft die der Sterne erster Größe; die Strahlen schießen immer schneller, die Biegungen bilden und entwickeln sich wie die Windungen einer Schlange. Aber so schnell der Glanz kam, schwindet er auch wieder, die Krone bricht auf, die Farben erlöschen. Jetzt zeigen sich wieder einzelne Stücke des Bogens, er bildet sich von Neuem. Immer höher steigt er zum Zenith auf, die Strahlen werden kürzer, bis sie nur noch ein breites rothes Band bilden, durch welches hindurch man die grüne Färbung der obern Theile erblickt. Jetzt ist das ganze Phänomen auf den südlichen Himmel hinübergerückt und bildet immer blässere Bogen, bis sie ganz verschwinden, ehe sie den Horizont erreichen. Bald sieht man nur noch am ganzen Himmelsgewölbe zerstreut blasse, fast aschgrau leuchtende, unbewegliche Flecke, und auch sie verschwinden und lassen nichts zurück, als ein zartes, weißes Gewölk, das an den Rändern gefiedert oder in kleine rundliche Häufchen, unsern Schäfchen ähnlich, vertheilt ist. Das ist die Erscheinung des Nordlichts, jenes lustigen Himmelstanzes, wie es die Bewohner der Shetlandinseln nennen, wenn es sich in seiner ganzen Pracht zeigt. Aber so erscheint es uns selten. Kleine Umstände vereiteln oft seine Vollendung, mögen sie nun in dem ungünstigen Zustande der Atmosphäre oder in geheimnißvolleren Ursachen liegen. Auch zeigt sich das Polarlicht nicht immer am nördlichen Himmel; Südlichter hat man in England, Nordlichter unter den Tropen in Peru und Brasilien gesehen. Dies deutet auf eine viel größere Allgemeinheit der Ursache hin, die wir zu suchen haben.

In früherer Zeit hat man oft gar wunderbare und abenteuerliche Ursachen zur Erklärung des Nordlichts hervorgesucht. Nach

Mairan's Ansicht waren es Dünste der Sonnenatmosphäre, welche sich an den Polen der Erde in ihre Atmosphäre herabsenkten und dadurch das Nordlicht veranlaßten. Andere sahen darin nur eine optische Erscheinung, die, dem Regenbogen ähnlich, von dem Sonnen- und Mond-Lichte herrühre, welches die Schneewolken und Eisberge an den Polen und die in der Luft schwebenden Schnee- und Eistheilchen reflectirten. Endlich erklärte man das Nordlicht auch für ein electrisches Phänomen, das in der verdünnten Luft der oberen Regionen der Atmosphäre seinen Sitz habe. In neuerer Zeit hat der Amerikanische Naturforscher Olmstedt eine Erklärung des Nordlichts in kosmischen Verhältnissen gesucht. Er vergleicht es geradezu mit dem Zodiakallicht und nimmt eine Nordlichtmasse an, die er als einen lichten, nebligen, halbdurchsichtigen Stoff schildert, der entzündlich und magnetisch sei und darum auf der einen Seite sich zu Meteorsteinen zusammenballe, auf der andern Einwirkungen auf die Magnetnadel veranlasse.

Diejenige Ursache, welche gegenwärtig am allgemeinsten und wohl auch mit dem meisten Rechte als Quelle des Polarlichts angesehen wird, ist jene, auf welche uns schon der Zusammenhang der Erscheinung mit dem magnetischen Meridian und Zenith hindeutet, der Erdmagnetismus. Diese Vermuthung wird noch bestätigt durch den Einfluß, welchen jenes Licht auf die Kraftäußerung des Erdmagnetismus in der Magnetnadel ausübt. Die Magnetnadel ist sogar die Vorherverkündigerin des Polarlichts, da sie bereits am Morgen vor der nächtlichen Lichterscheinung durch ihren unregelmäßigen stündlichen Gang die Störung des magnetischen Gleichgewichts anzeigt. Bevor sich also das Polarlicht noch bildet, ist das magnetische Gleichgewicht schon gestört, und das Polarlicht ist mit seiner von Lichtentwicklung begleiteten Entladung gerade die Wiederherstellung des gestörten magnetischen Gleichgewichts, gleichwie das gestörte electrische Gleichgewicht durch den Blitzstrahl des Gewitters wiederhergestellt wird. Aus diesem Gesichtspunkt wird es verständlich, wenn Humboldt das Polarlicht ein magnetisches Ungewitter nennt. Wenn aber beim electrischen Gewitter die Entladung unter heftigen Detonationen geschieht, so leuchtet das Polarlicht als ein still verstrahlendes Gewitter, strömt aber seine magnetische Wirkung in weite und hohe Regionen des Luftkreises aus. —

Wenn das electrische Ungewitter gewöhnlich auf einen kleinen Raum beschränkt ist, so offenbart dagegen das magnetische Ungewitter seine Wirkung auf den Gang der Nadel über große Theile der Erde und deutet damit auf eine weit verbreitete tellurische Thätigkeit. Früher wollte man das Polarlicht geradezu für eine Wirkung der Luftelectricität erklären. Ja man wollte sogar, gleich dem Donner beim Gewitter, ein knisterndes Geräusch bei Nordlichtern gehört haben. Aber entweder waren die Erzählungen der Grönlandfahrer und sibirischen Fuchsjäger, denen man unbedingt Glauben beimaß, nur erfundne Jagdgeschichten, oder die Nordlichter sind jetzt schweigsamer geworden; denn den Gelehrten, die sie belauschten, haben sie nichts zu hören gegeben. Auch ist wohl nicht im Volke jener Glaube an das knisternde Geräusch entstanden, sondern in den Köpfen der Gelehrten selbst, welche um ihrer Theorie willen hörten, was sie zu hören wünschten. Auch bei den stärksten Nordlichtern hat die genaueste Beobachtung keine Veränderung der Luftelectricität gezeigt, wohl aber des Erdmagnetismus. Höchst wahrscheinlich ist es daher, und Faraday's neueste Entdeckung einer Lichtentwicklung durch magnetische Kräfte scheint es zu bestätigen, daß das Nordlicht nur das Ende eines magnetischen Ungewitters ist, welches seine Thätigkeit in den Störungen der Magnetnadel andeutet und sich bis zum leuchtenden Phänomen steigert.

Wenn aber das Nordlicht auch nicht unmittelbar mit der Electricität zusammenhängt, so scheint es doch eine innigere Verbindung mit gewissen Vorgängen in der Atmosphäre zu haben. Darauf deutet namentlich jener Uebergang der prachtvollen Erscheinung zu den zarten Cirruswölkchen oder Schäfchen hin, wie er so oft in Amerika von Franklin, in Sibirien von Wrangel beobachtet wurde. Wenn wir in dieser Wolkenform auch nicht grade wie früher die Ursache des Nordlichts suchen wollen, so können wir doch immer auf seine Theilnahme an einem meteorologischen Processe, auf eine Einwirkung des Erdmagnetismus auf den Dunstkreis, auf die Verdichtung der Wasserdämpfe schließen. In der That zeigte sich grade dann das Nordlicht in seinem blendendsten Glanze, wenn jene Wölkchen in den oberen Luftregionen schwebten, so dünn zwar, daß sie nur durch Entstehung eines Hofes um den Mond erkannt werden konnten. Oft ordneten sich auch schon bei Tage diese Wölkchen wie Strahlen des Nordlichts und beunruhigten gleich diesen die Magnetnadel. Oft waren auch nach großen Nordlichtern noch am folgenden Morgen jene Wolkenstreifen sichtbar, die vorher leuchtend gewesen waren. Ja der berühmte Sabine sah an einem Berge der schottischen Insel Sky ein Gewölk, welches während der Nacht anhaltend geleuchtet hatte, und aus dem Strahlen gleich denen des Nordlichts hervorschossen. Alle diese Erscheinungen bedürfen aber noch der Aufmerksamkeit aller Beobachter.

Für einen Zusammenhang der Nordlichter mit atmosphärischen Zuständen hat in der neueren Zeit der russische Professor Kowalsky in Kasan aus einer mehrjährigen Beobachtung von Nordlichtern an der Mündung der Petschora noch andre Gründe geschöpft. Jeder Astronom, ja jeder beobachtende Laie weiß aus Erfahrung, daß zur Winterszeit die Sterne außerordentlich ruhig und in mildem Glanze schimmern, wenn die Atmosphäre mit Dünsten angefüllt ist, so daß man aus der Ruhe des Sternenlichts auf eine baldige Wolkenbildung schließen kann, während ein lebhaftes, unruhiges Funkeln der Sterne stets auf sehr trockne Luft hindeutet. Kowalsky beobachtete nun, daß in solchen Nächten, wo die Sterne nicht funkelten, auch die Nordlichter außerordentlich ruhig blieben, und wenn auch oft Lichtsäulen über den ganzen Himmel hinliefen, doch niemals blitzartige Erscheinungen sich zeigten. Wenn aber die Nächte besonders kalt und das Funkeln der Sterne besonders lebhaft war, so zeigten sich auch die Nordlichter von ganz andrer Natur, nicht bloß von besonderem Glanze, sondern auch wechselvoller als sonst, nicht bloß Lichtsäulen aussendend, die sich allmälig und gleichmäßig von dem Lichtbogen aus über den Himmel verbreiteten, sondern an zerstreuten Stellen hier und da augenblicklich aufflammend, gleich Blitzen oder noch mehr gleich Wetterleuchten. Bei einem solchen Nordlicht am 25. März 1848 schien oft der ganze Himmel an diesem eigenthümlichen Wetterleuchten auf Augenblicke in Flammen zu stehen. Ja dieses Wetterleuchten schien bisweilen in so ganz naher Entfernung aufzuflackern, daß schon die nächsten Gebäude ihm gleichsam einen Hintergrund bildeten. Kowalsky glaubte außerdem zu bemerken, daß nach Nordlichtern, die nicht von solchem Wetterleuchten begleitet waren, das Wetter sich zu ändern und der Himmel oft schon am andern Tage zu trüben pflegte, während starkes Wetterleuchten eine längere Dauer heiteren Wetters versprach. Wenn auch noch manche Täuschung bei diesen Beobachtungen wahrscheinlich und wenigstens ein sicherer Schluß auf ursächlichen Zusammenhang nicht möglich ist, so dürfte jedenfalls eine gründlichere Berücksichtigung der atmosphärischen Zustände bei Nordlichtern eine innigere Verbindung beider Erscheinungen darthun, als man jetzt noch meistentheils anzunehmen geneigt ist.

Die Betrachtung des Polarlichts, dieses Boten der Sehnsucht nach Befreiung, der aus dem finstern Schooße der Erde dem Himmel zufliegt, hat uns schon in das Gebiet jener Kräfte hinübergeführt, welche die freieren Regionen der Atmosphäre zu ihrer Heimath wählten. Sie sind die befreienden Thaten der Natur und fliehen den dunkeln Erdenschooß, der die rettenden Thaten der Materie in ein schauerliches Geheimniß hüllt; Licht und Electricität beleben die starren Züge der Natur, nehmen ihr die Schauer des Dämonischen, drücken ihr den Stempel der Göttlichkeit auf, wie das Auge die Blitze des Geistes versendet, und den seelenlosen Leib in den strahlenden Tempel Gottes verwandelt.

Das Licht, die peripherische Kraft im Gegensatz zur centralen Wärme, umschließt wie ein Kleid die verklärte Welt. Es war ein schöner Gedanke Mosers, und es liegt Wahrheit darin, daß es ein unsichtbares Licht gebe, welches alle Körper wie eine Atmosphäre umhülle, nach allen Seiten Strahlen aussende, gleich den Lichtstrahlen, nur zu zart für unsre grobe Netzhaut, und welches jene Bilder aus der Ferne erzeuge, in denen uns die Wirklichkeit wie ein geheimnißschweres Traumbild erscheint. Es ist ein schöner Gedanke, nicht blos den ungeheuren Massen geballter Materie, sondern selbst dem Atome der Materie die ihr ureigne Kraft des Lebens entstrahlen zu lassen, nicht blos über die Gesammtwelt, sondern auch über die Einzelndinge das Lichtgewand des Geistes zu werfen. Mögen die Moser'schen Bilder immerhin andere und einfachere Erklärungen zulassen, ich kann mich nicht zu dem Glauben bequemen, daß die Materie im Großen eine andre und mit andern Kräften begabte sein könne, als sie im kleinsten Stäubchen und Dunstbläschen ist. Das Licht ist das glänzende Kleid der Erde. Das frohe Leben der Organismen und ihre bunte Farbenpracht, das Blau des Himmels und der rosige Schimmer der Morgen- und

Abendröthe, die wunderbare Pracht des Regenbogens und die zauberhaften Bilder der Fata Morgana, das Alles ist sein Werk und die Offenbarung seines Waltens. Zurückwerfung und Brechung, Beugung und Polarisation, das sind die einfachen Formen seiner Thätigkeit, die Gesetze, auf welche der Physiker die Fülle seiner Erscheinungen zurückführt.

Wie die Unterschiede der Durchsichtigkeit und der Brechungskraft uns im Glase Aufschlüsse über seine Natur und chemische Zusammensetzung geben, so sind wir oft im Stande, aus den Lichterscheinungen des Himmels Naturveränderungen der Luft, besonders ihren Gehalt an Wasserdämpfen zu erkennen. Denn die Luft ist ebensowenig als das Glas vollkommen durchsichtig, jedes Theilchen vielmehr ist ein Träger des Lichts, bricht das Licht und wirft es zurück. Aber nicht jeder gebrochene Lichtstrahl wird gleich gut durchgelassen, und die reine dunstfreie Luft wirft besonders das blaue Licht zurück. Darum erscheint uns der heitere Himmel im reinen Blau dunkler im Zenith, als gegen den Horizont, dunkler auf Höhen, als in der Ebene, dunkler in den reinen Lüften der Tropen, als in den Dunstatmosphären der Polarländer. Die wässrigen Dünste dagegen werfen die Lichtstrahlen unzerlegt zurück, sie bleichen daher das reine Blau des Himmels und überziehen diesen mit einem zarten Nebelschleier. Das reine, noch völlig elastische Wassergas giebt der Luft ihre größte Durchsichtigkeit, wie sie uns bisweilen nach heftigem Regen der Himmel zeigt. Beginnt sich aber der Wasserdampf zu verdichten, so verliert er diese Durchsichtigkeit, läßt die gelben und rothen Strahlen durch und erzeugt die Erscheinungen der Morgen- und Abendröthe. Abendroth und Morgengrau sind ja nach uraltem Glauben die Verboten schönen Wetters. Damit das Abendroth seine volle Pracht entwickle, muß die Luf heiter und dunstfrei sein, damit, wenn die unteren Luftschichten gegen Sonnenuntergang durch die Wärmestrahlung erkalten, Wassergas vorhanden sei, welches sich verdichten könne. Soll aber der Morgenhimmel seine Feuergluthen zeigen, so muß das Entgegengesetzte eintreten; die Luft muß so überreich an Feuchtigkeit sein, daß die Sonne vergebens ringt, die aufsteigenden Dünste zu zerstreuen, die in den oberen Regionen verdichtet Wolken bilden und Regen bringen. So kündet die Farbe des Himmels die Vorgänge in den Luftregionen, wie die Züge des Gesichts die Kämpfe des Herzens verrathen. Alle Erscheinungen des Lichts, seine Thätigkeit im Bau der Welt, im Schmuck der Erde, im Leben der Thiere, wie der chemischen Stoffe zu schildern, würde mich zu weit führen. Es muß uns genügen, seine kosmische Natur erkannt zu haben.

Wie aber im Lichte die Natur ihr stilles Sehnen nach Oben strahlt, eben so stürmisch wogt ihr Lebensdrang in der Electricität und dem erstarrenden Magnetismus. Sie umschlingt die Erde mit verlockenden Zauberkreisen, sie droht dumpf grollend der trägen Materie, sie triumphirt in blendendem Lichtglanz, wenn sie den Sieg errang. Die Electricität ist die äquatoriale Kraft der Materie, sie flieht die kalten Pole, denen Leben und Bewegung fehlt, sie ist ein Kind der lebenskräftigen Tropen. Wie der Gegensatz der Richtung im Magnetismus polare Gegensätze hervorrief, so weckt der Gegensatz der Bewegung ähnliche in der Electricität. Natürlich treten sie nur da hervor, wo man gewaltsam die natürliche Einheit zerreißt, wo man den Strom des Lebens hemmt und das Sehnen nach Vereinigung auf das Höchste spannt. Die Electricität ist die Erscheinung des materiellen Unterschiedes. Zwei ungleichartige Metalle, zwei verschiedne Zustände desselben Metalls, der feste und der verdunstende Stoff, die durch den Magnetismus in den Kampf des Starren mit dem Lebendigen versetzte Materie bilden electrische Ketten. Erde und Atmosphäre stehen beständig in einem solchen natürlichen Gegensatz: die Erde als das starre, regungslose, die Atmosphäre als das regsame, in ewigem Wechsel der Verdunstung und Verdichtung begriffene Element. Sie bilden eine natürliche Kette, deren negativen Pol die Erde, deren positiven die Atmosphäre darstellt. Noch ist der Ursprung der atmosphärischen Electricität ein dunkles Geheimniß und mehr erlaubt zu ahnen, als zu wissen. Aber gewiß ist es, daß die chemischen Zersetzungen auf der Oberfläche der Erde im Athmen der Thiere, im Wachsthum der Pflanzen, und die stete Verdampfung des Wassers, verbunden mit der ungleichen Wärmevertheilung in den Luftschichten, als ihre große Hauptquelle zu betrachten ist, daß aber auch die magnetische Lebensregung und die Unterschiede in den Rotationsgeschwindigkeiten ihren unbestreitbaren Antheil daran haben.

Luft und Erde sind beständig electrisch, das ist eine Thatsache, welche die Erfahrung lehrt. Die Erscheinungen des Wetterleuchtens, die St. Elmsfeuer auf den Spitzen der Masten, auf Bäumen und Gesträuchen, die leuchtenden Regentropfen und Schneeflocken sind nichts als Ausströmungen eines Uebermaaßes von Electricität in Luft oder Erde, wenn zur Herstellung des Gleichgewichts der nöthige Gegensatz fehlt. In der Luft sind die Wasserdämpfe und ihre Gebilde, die Wolken, die vorzüglichen Träger der Electricität. Die beständigen Form- und Dichtigkeitsveränderungen derselben erzeugen neue Gegensätze in der electrischen Vertheilung, die es in der so schlecht leitenden Umgebung der Luft und bei den eben so schnellen Veränderungen in der Erdelectricität nie zu einem wirklichen Gleichgewicht kommen lassen und darum die Atmosphäre zum Schauplatz der großartigsten Phänomene machen. Die electrischen Dämpfe vereinigen sich in den oberen Regionen zu Gewitterwolken, oft in unglaublich kurzer Zeit in meilenweiter Ausdehnung. Die Spannung zwischen Himmel und Erde wächst, und Donner und Blitz verkünden ihre Vereinigung.

Die Heimath der Gewitter sind die Tropen. Dort giebt es Zeiten, wo sich fast täglich wenige Stunden nach Mittag Gewitter bilden, von deren furchtbarer Pracht wir vergeblich nach Vorstellungen suchen. Das sind die Zeiten jener erderschütternden Orkane, welche den bevorstehenden Sieg oder die Niederlage der Passate verkünden und die Regenzeit gegen die trockne Jahreszeit abgrenzen. Es ist die überschwengliche Fülle des Wassergases, welches unter jenem glühenden Himmel dem Meere entsteigt, die dort zu einer so reichen Quelle der Electricität wird, daß sie selbst die ehrwürdigen Häupter der Anden mit Blitzen umzuckt. Nur die wasserarme und trockne Küste Perus ist frei von Gewittern, aber statt der Gewitter des Himmels donnern hier die Gewitter der Erde, welche frühere Physiker, Beccaria und Lambert, verleiteten, sie der electrischen Thätigkeit des Erdinnern zuzuschreiben. Mit der Entfernung vom Aequator nimmt die Häufigkeit der Gewitter ab. Während in Deutschland noch 20 Gewitter auf das Jahr kommen, hat Skandinavien nur noch 6 — 7, und jenseits des 70. bis 75. Grades gehört ein Gewitter zu den seltensten Naturerscheinungen. Daß die Gewitter vorzugsweise im Sommer und in wärmeren Klimaten auftreten müssen, wo durch die Sonnenwärme die größte

Menge Wassergas in der Luft aufgelöst wird, ist einleuchtend. Es können aber nichts destoweniger auch im Winter Fälle eintreten, wo durch gelindere Witterung so viel Wassergas in der Luft aufgelöst ist, daß in Folge plötzlicher Verdichtung durch einen kälteren Luftstrom die electrische Spannung sich bis zur Entladung steigern kann.

Wenn der Blitz stets mehr oder weniger im Zickzack von einer Wolke zur andern fährt, so geschieht dies offenbar nur deshalb, weil in einer so bewegten Atmosphäre, wie sie bei einem Gewitter vorhanden ist, die Verdichtung des Wassergases höchst ungleich erfolgen muß, und die electrischen Gegensätze somit bald da, bald dort sich anhäufen und durch den Blitz ausgleichen. Jedenfalls wird aber der zur Erde fahrende Blitz in den meisten Fällen nur einen graden Strahl bilden können, weil zwischen der Erde und der Wolke keine große Wassergasverdichtung mehr stattfinden kann, und somit nur die Electricität der positiven Wolke und der negativen Erde austritt. Daraus folgt aber auch wieder, daß der zur Erde fahrende Blitz meist nur von einem einzigen heftigen Donnerschlage begleitet sein wird, indem die durch den Blitz hervorgerufenen Schallwellen fast gleichzeitig in unser Ohr gelangen. Der in den Wolken sich ausgleichende Blitz muß ein um so anhaltenderes Donnern bewirken, je größer die Entfernung zwischen dem uns zunächst und dem uns am entferntesten liegenden Theil der Lufterschütterung ist.

Wenn der Schall des Donners nur erschütterte Luft ist und der electrische Funke im luftleeren Raum nur als allgemeines Leuchten erscheint, so wird auch in allen Fällen, wo die Ausgleichung der durch Wassergasverdichtung erregten Electricität nur in dem durch eben diese Wassergasverdichtung entstandenen luftverdünnten Raum geschieht, ebenfalls nur ein Leuchten ohne Donner erfolgen können, — ein Wetterleuchten: — und jeder Blitzstrahl zeigt an seinem Entstehungspunkte diese Erscheinung. Durch die sich immer von Neuem wiederholenden Wassergasverdichtungen werden dann auch die electrischen Ladungen sich so oft wiederholen, bis sich endlich durch die allgemeine Temperaturerniedrigung die größte Menge des in der Atmosphäre aufgelöst gewesenen Wassergases niedergeschlagen hat, und somit die erste Ursache zur Hervorrufung electrischer Spannung aufgehoben ist.

Gewöhnlich sind mit den Gewittern Stürme verbunden, welche Folgen der durch Wärmeentziehung verdichteten Luft, vorzüglich aber der damit verbundenen Niederschläge der nach oben entweichenden elastischen Wasserdämpfe zu sein scheinen. Wenn nämlich durch das Zusammentreffen eines kalten Luftstroms mit einem warmen, wassergashaltigen hoch am heitersten Himmel eine Wolkenbildung stattfindet, so wird dadurch gleichzeitig für die unteren Schichten eine Entziehung der Sonnenstrahlen und der damit verbundenen Wärme bewirkt. Die Luft und das darin aufgelöste Wassergas ziehen sich zusammen, das Barometer zeigt den verminderten Druck durch rasches Fallen, und der Mensch fühlt sich dann, ähnlich einem aus schwerem Seewasser in leichtes Flußwasser kommenden Schiffe, schwerer und empfindet das mehr hervortretende Gewicht des Körpers als Müdigkeit vor und während des Gewitters. Um das gestörte Gleichgewicht herzustellen, stürzt dann die Luft von allen Seiten nach und erzeugt so den das Gewitter begleitenden Sturm. Namentlich sucht der schon in Bewegung gewesene kalte Luftstrom, welcher die erste Verdichtung veranlaßte, mit um so größerer Gewalt den verdünnten Raum von oben her auszufüllen und veranlaßt dadurch das allmälige Herabsinken der Gewitterwolken. Ebenso werden aber auch alle kleineren Wolken, welche sich in der Nähe einer größeren Gewitterwolke befinden, sowohl durch die electrische Anziehung derselben als auch namentlich durch die nach dem Gewitter hinziehenden Luftströmungen von allen Seiten der größeren Gewitterwolke zuströmen und dadurch zu der allgemein verbreiteten Täuschung Anlaß geben, als zögen die Gewitter immer gegen den Wind.

Wenn der das ganze Gewitter fortbewegende Wind und die durch Ausgleichung des verdichteten Wassergases entstehende Luftströmung, oder wenn überhaupt zwei Luftströmungen in entgegengesetzter Richtung zusammentreffen, so entsteht dadurch ein Wirbelwind, welcher deshalb auch jedesmal dem Gewitter vorangeht und leichte Gegenstände mit kräuselnder Bewegung trichterförmig in die Höhe zieht. Auf dem Meere zeigt sich diese Erscheinung natürlich zuerst an der auf der Oberfläche des Wassers haftenden Luft, die zuletzt das Wasser selbst mit sich fortzieht. Wenn dann der kalte Luftstrom aus höheren Regionen zur Ausgleichung des vorher gestörten Gleichgewichts ebenfalls dahin stürzt und von Neuem die mit Wassergas gefüllte Atmosphäre trifft, so kann die Luftverdünnung so bedeutend werden, daß nicht nur die äußere Luft gewaltsam zur Herstellung des Gleichgewichts von allen Seiten nachstürzen, sondern auch die Wasserfläche eine lokale Hebung, eine lokale Fluth erleiden muß, welche durch jene kräuselnde Bewegung unterstützt, zuletzt zur sogenannten Wasserhose wird, die stets von Hagel, Blitz und Donner begleitet verheerend über weite Strecken dahintobt.

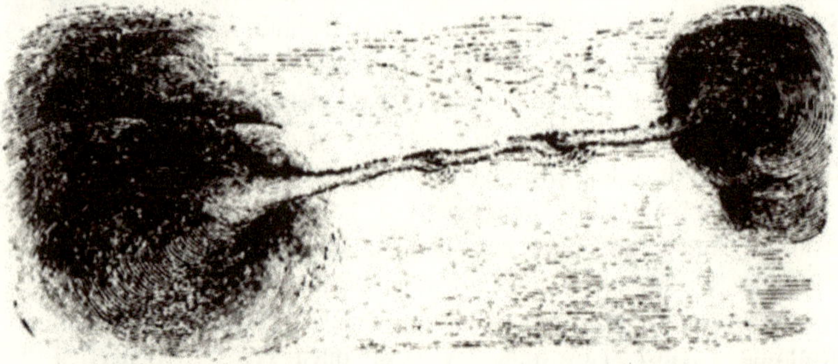

Diese wirbelartigen Wettersäulen, Wasserhosen und Landtromben, die sich oft schlauchartig von den Wolken zur Erde niedersenken, gehören zu den furchtbarsten und zerstörendsten Naturerscheinungen. Ihre Bewegung erreicht bisweilen die Geschwindigkeit des heftigsten Orkans, so daß ihren Wirbeln nicht der Baum im Boden, nicht der Stein im Gemäuer widerstehen kann. Gewöhnlich erklärt sich ihr Ursprung einfach durch das Zusammentreffen entgegengesetzter Luftströme in den oberen Regionen der Luft. Indessen scheinen doch manche Erscheinungen, namentlich die eigenthümliche Wirbelbewegung, der sonderbare Fuß der Wassertromben, welcher dem Erzeugnisse einer das Wasser von unten auftreibenden Kraft gleicht, und das unbegreifliche Ausreißen und Heben von Bäumen und Pfählen, selbst von gepflasterten Fußböden, was ebenso auf eine Wirkung von unten her schließen läßt, auch auf die Electricität, wenn auch nicht als alleinige Quelle, so doch als thätige Miterregerin dieser furchtbaren Phänomene hinzuweisen. Namhafte Physiker, Pohl, Peltier, Becquerel, haben daher kein Bedenken getragen, in electrischen Processen die Ursache der Wettersäulen zu suchen, und eine von mir selbst am 27. October 1849 gemachte Beobachtung macht mich geneigt, ihnen beizustimmen. Ich möchte es mit ihnen einen electrischen Ausgleichungsproceß nennen, der sich nicht in momentanen Explosionen, sondern in einer beständigen Strömung von der Atmosphäre zur Erde und umgekehrt äußert. Die Schwierigkeit, welche Viele besonders darin finden, daß die Electricität auch im höchsten Grade der Spannung nicht einen oft mit trockner Luft erfüllten Raum durchlaufen könne, scheint mir nicht unüberwindlich. Allerdings finden die meisten Landtromben bei herrschendem Nordostwind statt, der sich bekanntlich durch seine Trockenheit auszeichnet. Aber meine eigne Beobachtung und die Vergleichung mit anderen hat mich auf einen besondern Umstand aufmerksam gemacht. Immer gehen der Erscheinung von Landtromben warme Luftströmungen voran, welche eine so bedeutende Menge Wasserdampf erzeugen, daß bisweilen Gewitter trotz der Nordostwinde entstehen. So erhob sich am 27. October 1849 die Temperatur auf 11° R., während sie mehrere Tage vorher auf 5° gesunken war. Der Zug der oberen Wolken deutete auf südliche Luftströme hin; die häufigen Regenschauer aus fast wolkenlosem Himmel bewiesen die lebhafte Thätigkeit der Wassererzeugung. Wirklich bildete sich im Nordost eine drohende Gewitterwolke, aber sie sandte nicht Blitz noch Donner, sondern jene seltsame Landtrombe und heftige Hagelschauer in der Nähe. Aehnliche Beobachtungen sind fast bei jeder solchen Erscheinung gemacht worden, und sie verdienen eine rege Aufmerksamkeit, damit auch diese Frage der Natur mit Sicherheit gelöst werde.

Unendlich mannigfach sind die Erscheinungen der atmosphärischen Electricität. Sie steht im engen Verkehr mit Wärme und Licht, mit Dichtigkeit und Bewegung der Luft, mit Feuchtigkeit und Verdunstung, mit der geheimnißvollen Kraft des Magnetismus im Schooße der Erde. Sie ist ein Erreger und Zerstörer des organischen Lebens, sie treibt den Saft durch die Gefäße der Pflanze und regt sich in der Nerventhätigkeit des Thieres. Aber so einflußreich, so dunkel ist sie auch. Noch viele Jahre werden vergehen, ehe der Geist des Menschen auch diese Naturkraft seinem mächtigen Willen unterjocht hat, ehe er auch diese Lebensseite der Natur durchdrungen. Aber er wird es, das ist gewiß. Noch ist es kein Jahrhundert, daß man von der electrischen Kraft kaum mehr als den Namen kannte. Schon weiß man, daß sie die ungeheuerste Naturgewalt ist, die an allen Veränderungen der Natur, an allen Processen des Lebens Theil nimmt. Schon weiß man, daß sie mit Wärme, Licht und Magnetismus von einer Mutter stammt; schon hat man durch sie die Geschwister zu Sklaven gemacht. Schon lockt sie uns die edlen Metalle aus ihren Erzen, setzt Schiffe in Bewegung und vervielfältigt die Erzeugnisse der Kunst. So Vieles gelang der Arbeit so weniger Jahre, und der unermüdliche Menschengeist sollte nicht weiter dringen in das Heiligthum der Natur? Die Ahnung wird zur Wissenschaft werden. Das geschwisterliche Band, das jene lebenerzeugenden Kräfte umschlingt, die Einheit der bunten Erscheinungen der Natur, der Gottesgeist, der in Allem lebt und die Monade wie den Sonnenball als Kinder einer Kraft umfaßt, wird aufhören ein Problem der Wissenschaft zu sein, wird eine Thatsache der Erfahrung werden. Das ist die Aufgabe des Jahrhunderts! Sie darf nicht verleiten, zu frühzeitig im Siegeszuge des Geistes innezuhalten, um zurückzuschauen auf die Beute des Kampfplatzes, sie muß spornen, immer weiter, immer vorsichtiger vorzuschreiten, Sieg auf Sieg zu häufen, um des endlichen Zieles desto gewisser zu werden.

Dieses Ziel aber wird ein Gemälde der Natur sein, ein Gemälde des großen Weltganzen, das wir Kosmos nannten, von Meisterhand entworfen, treu in seinen Zügen, lebendig im Ausdruck, wahrhaft schön in seinen Gedanken. Es wird die Ausführung des Schattenrisses sein, den die Wissenschaft jetzt nur zu geben vermag.

Dritter Abschnitt.

Geschichte der irdischen Natur in der Gegenwart.
Die Erde als selbständiger Organismus.

Nicht blos ein Atom im unendlichen Weltall, ein Glied in der Kette der Wesen, in der Familie unseres Sonnensystems ist der Erdball, den wir bewohnen: er hat sein eignes Leben und seine eigne Geschichte. Was aber seine eigne geschichtliche Entwicklung hat, ist ein Organismus, ein Individuum. Die Kräfte des Lebens sind kosmische, denn das Leben gehört dem Kosmos an; aber die Art ihrer Wirkung ist eine individuelle, eine tellurische.

Auch der Bau des menschlichen Organismus wird von kosmischen Kräften vollführt; aber die zerstörende Gluth des Feuers wird zur sanften Lebenswärme, der zuckende Blitzstrahl der Electricität zum zarten Nervenreiz. Das ist ja das Wunderbare in der Natur, daß sie durch die einfachsten Mittel die bunteste Fülle der Schöpfungen ins Leben zu rufen weiß.

Wir haben das Walten der kosmischen Kräfte im großen Ganzen der irdischen Natur kennen gelernt, wir haben ihren innigen Zusammenhang erkannt und die Großartigkeit der Erscheinungen bewundert, die sie in vereinter Macht hervorzurufen vermochten. Mehr noch, als wir sahen, ahnten wir ihre furchtbare Gewalt, denn je tiefer wir in ihre Erscheinungen eindringen wollten, desto räthselhafter, desto geheimnißvoller verbarg sich uns ihr Walten. Wenn sie aber von Anbeginn thätig waren in unsrer irdischen Natur, welche gewaltigen Veränderungen müssen sie hervorgerufen, wie furchtbar zerstört und vernichtet haben? Dennoch haben sie das Leben auf unsrer Erde geschaffen, entwickelt, erhalten. Aber das ist eben die Weisheit der Natur und die Verblendung des Menschen, daß sie immer nur ein Ziel, ihre ewige Vollendung, im Auge hat, alle Kräfte in Einheit zusammenfaßt und sich selbst, der ewig jungen Lebenskraft, zu dienen zwingt, wo der Mensch nur Gräuel der Zerstörung und Auflösung zu sehen meint. Was jene Kräfte schufen, das ist die Erde jetzt: dieser Blüthenteppich, der sie schmückt, diese Lebensfülle, die sich im Wassertropfen, in den Rinden der Bäume und Felsen regt, ist ihr Werk. Freilich konnte das nicht ohne manche gewaltige Umwälzung, manche Verwüstung geschehen. Denn das ganze Leben ist ja nur eine Reihe von Vernichtungen, und wo Leben, wo Freiheit gedeihen sollen, da muß auch einmal der Tod sein Handwerk treiben. Wir wollen jetzt das schaffende Wirken dieser Kräfte näher ins Auge fassen, damit die Geschichte unsres Erdballs das lebendige Naturgemälde der Gegenwart vor uns aufrollte. Denn ohne die Vergangenheit können wir die Gegenwart nicht verstehen, wie ohne die Gegenwart nicht die Vergangenheit. Beide müssen in einander greifen. Die Gegenwart mit ihren Veränderungen, ihren Bildungen, ihren Zerstörungen soll uns der Spiegel sein für die Bildungen und Revolutionen der Vorzeit: die Vergangenheit aber soll uns der Schlüssel sein, welcher die Geheimnisse der Gegenwart erschließt. —

Nicht immer war die Oberfläche unsrer Erde so, wie sie sich uns jetzt zeigt. Sie hat in der Gestaltung ihrer festen und flüssigen Theile gar viele Veränderungen erlitten, die endlich beharrlichen Bestand gewonnen und in der Reihenfolge der Jahrtausende dem Wohnplatze des Menschengeschlechts seine jetzige Gestalt gegeben haben. Die einen haben die ganze Erde oder doch den größten Theil derselben betroffen, andre blieben auf kleinere oder größere Strecken beschränkt; die einen erfolgten sehr allmälig in langen Zeiträumen, andere in kurzen, wechselnden Perioden. Noch sind wir Zeugen vieler dieser Veränderungen: aber unsre Beobachtungszeit ist kurz, und die Wirkungen dieser unaufhörlich thätigen Kräfte werden uns erst sichtbar, wenn sie eine Größe erreicht haben, die unsern groben Sinnen zugänglich ist. Mögen auch viele Erscheinungen nicht über die Zeitgrenze hinausgehen, wo unsre Kontinente ihre jetzige Bildung annahmen, und die gegenwärtige Ordnung der Dinge begann: immer gehören sie einem Zeitraume in der Geschichte der Erde an, in welchen oft nicht einmal die dunklen Sagen uralter Völker hinaufreichen. Sie sind das letzte Glied der langen Kette von Erscheinungen, über deren Anfang man früher keine Vermuthungen wagte, bis die Wissenschaft unsrer Tage das große Naturgedicht aus den Schriftzügen der Erdrinde verstehen lernte. Denn da, wo das Auge nicht sieht und die Urkunden nicht sprechen, da schlägt uns die Natur selbst im Schooße der Erde ihre Folianten auf, deren Schriftzüge wir freilich nicht mit leiblichem Auge, aber mit dem Auge des Geistes zu entziffern vermögen. Da werden wir von Kräften lesen, welche Berge versenkten und Thäler erhoben, Meere in Landfesten und Länder in Meere verwandelten, welche Schöpfungen zerstörten und aus den zerstückten und zersetzten Ruinen immer neue Bildungen erschufen. Und wenn wir noch jetzt ähnlichen Wirkungen begegnen, so werden wir in ihnen nicht blos das Abbild, sondern auch den Maaßstab für die Wirksamkeit aller Naturkräfte erkennen, welche in den früheren Bildungsperioden der Erde thätig waren. Denn das ist gewiß: die große Entwicklungsgeschichte der Erde in der Vorzeit ist mehr, als die stürmische Einleitung zur Geschichte des Menschen. Feuer und Wasser, Thier- und Pflanzenwelt, das sind die großen Triebkräfte aller Veränderungen, und die kräftigsten unter ihnen Wasser und Feuer: jenes der stetig und ununterbrochen, dieses der periodisch wirkende Faktor; jenes die ausgleichende Macht, die unaufhörlich geschäftig ist, die Unebenheiten der äußern Erdrinde zu verwischen, dieses, das Feuer und die Gewalten der Tiefe, gleich thätig, die Unebenheiten wiederherzustellen, indem sie neue Massen aus dem Innern der Erde emportreiben oder Hebungen und Senkungen auf ihrer Oberfläche verursachen. Bald wirken beide auf ein Ziel hin, das keines allein zu erreichen vermag, bald bekämpfen und schwächen sie einander. Allein immer besteht zwischen ihnen ein ewiges Wechselverhältniß.

Schwieriger wird es daher, die Thatsachen nach dem Einflusse an einander zu reihen, den die verschiedenen Kräfte auf sie ausgeübt haben. Um die Erscheinungen der Gegenwart zu begreifen, müssen bei ihrer Betrachtung alle Ursachen zugleich ins Auge gefaßt werden; aber die näheren können den entfernteren übergeordnet werden. Deshalb wollen wir nach einander diejenigen Wirkungen kennen lernen, welche die beiden am mächtigsten schaffenden und zerstörenden Kräfte, Feuer und Wasser, ausgeübt haben und noch ausüben.

A. Die Wirkungen der vulkanischen Kräfte.

Was das Meer von den Küsten spült oder von den Küsten empfängt und mit den Leichen seiner Bewohner auf seinem Grunde ausbreitet, die Bauwerke der kleinen Thierwelt, der Infusorien, der Madreporen, die Zerstörungen und Schöpfungen der Gewässer des Landes, die Trümmer, die sich am Fuße der Gebirge anhäufen, die Torfbildung, Alles das verschwindet gegen die riesenhaften Umwälzungen und Schöpfungen der vulkanischen Thätigkeit der Erde, gegen die Ausbrüche feuerspeiender Berge, gegen die Massen, welche bei Erdbeben in die zerrissenen Schichten von unten heraufgetrieben werden, gegen die vulkanischen Inseln, die plötzlich aus der Tiefe des Meeres emporsteigen, gegen die allmäligen Hebungen von Ländern und Küsten und verwandte Erscheinungen. Alle diese wunderbaren, gar oft dem Menschengeschlecht verderblichen Erscheinungen fassen wir zusammen unter dem Namen der vulkanischen. Sie sind die Wirkungen einer beständigen Reaction des Innern der Erde gegen ihre Rinde und Oberfläche, und die innere Wärme ist es, welche die Keime dieser Reaction erhält.

Im Innern der Erde ruht jene Macht, welche die Furchen ihrer Oberfläche zieht, welche sie wandelt und in steter Bewegung erhält. Dort ist der Sitz des Erdenlebens, dort ist die Seele, das Herz, welches, von innerer Gluth erfüllt, den ganzen Körper durchströmt und seine fesselnden Schranken zu durchbrechen trachtet. So ruht auch im Herzen des Menschen verborgene Gluth, auch dort schlummert ein vulkanischer Heerd, ein zerstörendes und ein erhaltendes Feuer. Kalt und gleichgültig erscheint der Mensch oft von außen, denn er hält gewaltsam die Schleusen seines Innern verschlossen; aber unter dieser ruhigen Hülle tobt die wilde Gluth um so gewaltiger und zerstörender. Dann erbebt der Körper von innerem Drange, die Muskeln zucken, fieberhaft schlagen die Pulse, und der Spiegel der Seele, das Gesicht, verräth die verheerenden Kämpfe des Innern. Endlich bricht die kalte Rinde, die Schleusen öffnen sich, und furchtbar mächtig bricht die Flamme der Leidenschaft hervor. Verzehrend greift der Feuerstrom um sich, rings Zerstörung und Flammen verbreitend, bis sich der innere Drang besänftigt, und die mildernde Fluth der Thränen sich über die erstarrten Laven ergießt. Das ist das innere Leben des Menschen, das nicht verschlossen bleiben darf, sondern in Worten und Mienen offenbar werden muß. Wenigen gelingt es, diese Gluthen zu zügeln, mit der Eisrinde des Verstandes ihr Herz zu umgürten. Wir nennen sie große, bewunderungswürdige Charaktere, aber lieben können wir sie nicht; denn das Leben fehlt ihnen, und wie starre Masken, wie lebendige Leichen erfüllen sie uns mit Grauen. Wie aber im Menschenherzen, so schlummert auch im Herzen der Erde verborgene Gluth, die mit mächtigem Drange an die Pforten der Oberwelt klopft, und wenn sie sich nicht öffnen, gewaltig von innen heraus ihre Hülle erschüttert, Länder erbeben, ganze Gebirgsmassen und Kontinente sich heben läßt. Ein Glück ist es für den Wohnplatz des Menschengeschlechts, wenn sich jener Drang endlich Luft macht, wenn er die Decke krachend sprengt und aus seinen rauchenden Schlünden die Feuergluthen seiner Leidenschaften ausströmen läßt. Mögen auch jene Ausbrüche gar oft verderblich sein, mit geschmolzenen Laven Städte und Dörfer zerstören, mit ihrem Aschenregen blühende Landschaften, Gärten und Weinberge begraben: die Thräne des Himmels quillt bald hernieder und verwischt die Spuren der Verwüstung; neues Leben erwacht über den Trümmern, frisches Grün entsprießt den mit Asche gedüngten Fluren.

1) Die Erdbeben und ihre Wirkungen.

Wir wollen die Größe und Pracht aller Erscheinungen der vulkanischen Thätigkeit der Erde kennen lernen und mit den großartigsten beginnen, welche am furchtbarsten die Allgewalt der im Verborgenen waltenden Naturkräfte offenbaren und den erschütterndsten Eindruck auf das menschliche Gemüth machen. Das sind die Erdbeben, jene von innen heraus wirkenden Erschütterungen des festen Erdbodens, wenn die innere Gluth gefesselt ist und vergebens einen Ausweg durch jene Poren der Erde, die Vulkane, sucht.

Die Bewegungen, welche der Erdboden durch Erdbeben erleidet, geben sich bald als senkrechte, aufstoßende, bald als horizontale oder wellenförmige, bald als wirbelnde Schwingungen zu erkennen. Aber diese drei verschiedenen Bewegungen kommen selten einzeln für sich vor, und die beiden ersten, die aufstoßende und wellenförmige, sind nach Humboldt's Erfahrung sehr oft gleichzeitig wahrgenommen werden. Am seltensten, aber auch gefahrbringendsten, zeigt sich die wirbelnde Bewegung. Die furchtbaren Erdbeben von Jamaica am 7. Juni 1692, von Lissabon am 1. November 1755, von Calabrien vom 5. Februar bis 28. März 1783, von Riobamba bei Quito am 9. Februar 1797, von Caracas am 26. März 1812 bewiesen die zerstörende Wirkung dieser Bewegung. Mauern wurden umgewandt und einzelne Theile von Obelisken verdreht, ohne umzustürzen, und in Chili 1822 drei Palmen wie Weidenruthen um einander geschlungen. In Calabrien wurde im Becken der Stadt Oppido, welche in einem natürlichen Amphitheater von Bergen auf angeschwemmtem Grunde liegt, der Boden so bewegt, wie wenn man ein weites Sandfaß drehend schüttelt und zugleich durch Stöße von unten her erschüttert. In Riobamba hatte sich das lockere Erdreich wie eine Flüssigkeit in Strömen bewegt, Aecker und Gärten waren verschoben, Baumpflanzungen gekrümmt worden, und der Gerichtshof hatte gar manche Streitigkeit über die Verwirrungen, die das Erdbeben im Eigenthumsrecht angerichtet hatte, zu entscheiden. Einer solchen Bewegung widersteht natürlich kein Gebäude, noch irgend etwas Bewegliches; Alles wird zusammengeschüttelt und nivellirt, die Trümmer werden umhergeschleudert, daß man den Plan der Städte nicht wiedererkennt. Die aufstoßende Bewegung ist oft nicht minder heftig, aber sie erfolgt doch meist in einzelnen kurzen Stößen, die freilich dann, wie die Explosion einer Mine, oft Löcher und trichterförmige Vertiefungen hinterlassen. Sie erzeugen die sonderbarsten Erscheinungen. So wird vom Erdbeben in Calabrien erzählt, daß ein Mann mit seiner Frau und einem Esel mit dem Boden, worauf sie gingen, aufgehoben und über einen Fluß geworfen wurden. Ein Anderer stand in der kleinen Stadt Seminara Citronen pflückend auf einem Baum und wurde mit diesem und der Erde, welche ihn nährte, aufgehoben und unverletzt fortgeschleudert. Gewöhnlich aber gehen diese Stöße in leichtere Erzitterungen über, wie sie sich bei den häufigsten und ungefährlichsten Erdbeben zeigen. Aus den Spalten, welche sich oft in Folge der Zertrümmerung des Erdbodens bilden, kann man am leichtesten auf die Richtung der Erschütterungen schließen. Sind die entstandenen Spalten von gleicher Richtung und unter sich parallel, wie sie in den meisten Fällen zu sein pflegen, so weisen sie auf kleinere Erdbeben mit Wellenbewegung hin. Gehen die Spalten aber strahlenförmig von einem Mittelpunkte aus, so wird man unwillkürlich an einen senkrechten Stoß erinnert, so wie man an eine wirbelnde Bewegung denken muß, wenn sie Ringe um einen Mittelpunkt bilden. Durch ihre ganze Natur erinnern sie außerordentlich an jene Gangspalten, in welchen der Bergmann die Erze abgelagert findet; so daß man in der That anzunehmen geneigt ist, auch die Spalten der Erzgänge seien durch frühere Erdbeben gebildet worden.

Für die Geschichte der Erdbildung in der Vorzeit kann daher eine sorgfältige Beachtung der Wirkungen von Erdbeben nicht gleichgültig sein. Namentlich gilt es zu erfahren, ob eine bestimmte Ordnung in den Richtungen mehrerer auf einander folgender Erdstöße stattfindet, ob sie von einem Punkte oder einer Linie ausgehen, oder sich nach verschiednen Richtungen vertheilen. Bei dem großen Erdbeben von Calabrien im Jahre 1783 gingen seine drei Hauptstöße vom 5. Februar, 7. Februar und 28. März von drei in grader Linie 5—6 Meilen von einander entfernt liegenden Punkten aus, und die Erschütterungen schienen sich vom Aetna aus unter dem Meere fortzusetzen. Das ist allerdings eine auffallende Erscheinung, da der Boden aus Granit und Gneiß besteht, und doch beweist sie nichts weiter, als die große Tiefe der vulkanischen Heerde. Die Erschütterungslinie folgte dem Hauptkamm der calabresischen Gebirgskette und hielt sich an ihrem westlichen Abhange gegen Sicilien hin. Darum wurden die westlichen Gegenden von Calabrien so grauenvoll verwüstet, während die östlichen fast ganz verschont blieben. Am stärksten war die Erschütterung bei Oppido, von wo aus sie sich über eine Fläche von 80 □Meilen verbreitete, über 400 Städte und Dörfer von Grund aus zerstörte und den Boden durch zahllose Schlünde und Löcher zerriß. Die Ostseite wurde wahrscheinlich dadurch geschützt, daß der starke Gebirgsstock den Erschütterungswellen nach dieser Seite hin einen Damm entgegensetzte und sie durch seine Festigkeit schwächte, oder, wie Humboldt meint, dadurch, daß die Wände der Spalten, auf denen die Gebirgsketten erhoben sind, die Richtung der den Ketten parallelen Erschütterungswellen begünstigten. Es scheint daher, daß Gebirgszüge die Fortpflanzung eines Erdbebens eher in ihrer Längenrichtung, als senkrecht gegen dieselbe zulassen. Diese Annahme wird bestätigt durch die Erdbeben in den vulkanenreichen Cordilleras de los Andes, deren Kamm vom Cap Hoorn an ununterbrochen die Westküste Südamerikas begleitet, bis er sich bei los Pastos nördlich von Quito in drei Arme theilt, deren östlichster unter dem Namen der Sierra de Pardaos und Sierra de Merida als Gebirge von Caracas die Küste erreicht, über Trinidad auf die kleinen Antillen übergeht und über Portorico neben Haiti, Jamaica und Cuba zur Halbinsel Yucatan zurückkehrt. Alle großen und furchtbaren Erdbeben, welche diesen Theil Amerikas so oft heimsuchen, folgen der Richtung dieses Gebirgszuges oder entfernen sich kaum von ihr. Indessen werden doch bisweilen Bergketten von Erdbeben senkrecht durchschnitten. Dies ereignet sich häufig in Mexico, wo die Stoßlinie nicht dem Hauptgebirgszuge, sondern der ihn quer durchsetzenden Vulkanenreihe von Westen nach Osten folgt, welche die Fortpflanzung der Erdbeben in dieser Richtung zu bedingen scheint. Auffallender ist es, wenn Erdbeben die Küstenkette von Caracas und die Cordilleren von Parime durchbrechen, oder wenn sich in Asien, wie am 22. Januar 1832, die Erdstöße von Lahore und vom Fuß des Himalaya quer durch die Kette des Hindu-Khu selbst bis Bokhara fortpflanzen. Noch eine andre Erscheinung zeigt sich bisweilen, wenn die Erschütterungswelle längs einer Küste oder am Fuß einer Gebirgskette fortläuft. Man bemerkt dann eine Unterbrechung an gewissen Punkten, die Welle schreitet nur in der Tiefe fort, ohne sich an der Oberfläche fühlen zu lassen, und die Indianer nennen diese Punkte sehr bezeichnend Brücken.

In dem Erdstrich, wo der Stoß von gleichmäßig leitenden Schichten, wie von einem gemeinsamen Centrum aus, fortgepflanzt wird., machen sich die Schwingungen um so weniger fühlbar, je weiter die einzelnen Punkte von dem eigentlichen Stoßpunkte entfernt sind. Den Bereich der Erschütterungen nennt man dann den Erschütterungskreis. Oft hat sich dieser ungemein groß gezeigt. So z. B. umfaßte der des Erdbebens, welches am 1. November 1755 Lissabon zerstörte, einen Raum, der an Größe viermal die Oberfläche von Europa übertraf. Dieser ungeheure Raum erbebte gleichzeitig; die Erschütterungen wurden in den Alpen, an den schwedischen Küsten, auf den antillischen Inseln, an den großen Seen von Canada, wie in Thüringen und in den kleinen Binnenwassern der baltischen Ebene empfunden. Hauptsächlich ist es die Struktur des Gesteines, welche Einfluß auf die Verbreitung der Erdbeben ausübt. Indessen ergeben die Erfahrungen darüber so widersprechende Thatsachen, daß es nicht möglich ist, Gesetze dafür aufzustellen. In den Cordilleren erschütterte das Erdbeben von 1812 die Gebirgsmassen stärker, als die Ebene; während in Messina dagegen die Erschütterungen in den auf Granitboden ruhenden Stadttheilen bei weitem unbedeutender waren, als in der auf angeschwemmtem Lande erbauten Reihe von Palästen am Hafen. Auf Jamaica empfand man die Bebungen am heftigsten auf Kalkboden, am schwächsten auf Sand- und Thonboden; in den Pyrenäen dagegen wurden Kalkfelsen verschont und Granite erschüttert. Die Erdbeben am Niederrhein vom 17. December 1834 und 28. Juni 1845 beschränkten sich nicht blos auf das eigentliche vulkanische Gebiet, sondern verbreiteten sich auch über das Thonschiefer- und Grauwackengebirge. Auch das Meer wird in die allgemeine Bewegung der erschütterten Erde mit hineingerissen, und in allen Küstengegenden geben die durch plötzliches Steigen der Gewässer verursachten Zerstörungen den direct vom Erdbeben hervorgebrachten wenig nach. Auf offener See werden die Erdstöße so bemerkt, als sei das Schiff auf einen Felsen aufgefahren: an der Küste erheben sich plötzlich eine oder mehrere ungeheure Wellen, durch welche die Schiffe von den Ankern losgerissen und oft weit von der Küste in das Land hineingeschleudert werden. Merkwürdige, noch nicht erklärte Erscheinungen bietet die Verbreitung der Erdbeben in die Tiefe dar, die man freilich nur da beobachten kann, wo sich Bergwerke befinden. Meistens empfindet man die Erdstöße eben so gut in den Gruben, als an der Oberfläche, bisweilen aber ist es schon begegnet, daß Bergleute, von Erdstößen erschreckt, zu Tage fuhren, während man oben keine Erschütterung bemerkt hatte, oder umgekehrt, daß man unten nichts von den Stößen verspürte, welche die Oberfläche in Schrecken versetzt hatten. Während jener furchtbaren europäischen Katastrophe, die man das Erdbeben von Lissabon nennt, fühlten Bergleute in den verschiedensten Gebirgsgegenden Bewegungen der Gebirgsmassen und hörten einen Donner, der oben schwieg. Aber von den Stößen, welche Schweden im November 1823 erfuhr, vernahm man in den Tiefen der Gruben nichts, während auf- und abwärts steigende Arbeiter ihre Stärke empfanden.

Gewiß drängt sich Jedem die Frage auf, ob diese verheerenden Erscheinungen wirklich so plötzlich, so unangemeldet den Menschen überraschen, ob die Natur durch nichts ihre Geschöpfe vor den furchtbaren Ausbrüchen ihres Zornes warnt. Der Volksglaube freilich, der überall das Walten eines allgütigen Wesens sehen will und es nicht zu begreifen vermag, wie der Allerhalter so unvorbereitet, so schonungslos seine eigne Schöpfung wieder vernichten kann, dieser Volksglaube freilich meint solche sichere Vorboten in gewissen Witterungsverhältnissen zu finden, in Windstille, drückender Hitze, Nebeln, veränderter Luftelectricität. Dieser Glaube aber ist haltlos, gründet sich nur auf zufällig, aber nicht nothwendig mit Erschütterungen zusammenhängende Erscheinungen. Bei reinem, völlig dunstfreiem Himmel, bei frischem Ostwinde so gut, wie bei Regen und Donnerwetter hat man Erdstöße gespürt. Freilich kennen wir den Zusammenhang zwischen Dem, was in den Luftregionen unsrer Atmosphäre und in dem Innern unsrer Erdrinde vorgeht, noch zu wenig, als daß wir jeden Zusammenhang wegleugnen sollten. Vielmehr scheint die Erfahrung für den Einfluß der Jahreszeiten, des Eintritts der Regenzeit nach langer Dürre unter den Tropen und des Wechsels der Moussons zu sprechen. Gewiß schlingt sich auch hier das einigende Band der Naturkräfte durch die Erscheinungen, und dieselbe Kraft, welche den Erdboden erschüttert, vermag wohl auch den Luftkreis anzuregen, die electrische Spannung zu erhöhen, die Neigung der Magnetnadel zu verändern, und im Luftdruck eine Störung zu bewirken, welche das Barometer plötzlich fallen macht.

Vermögen uns also auch diese Erscheinungen nicht als untrügliche Vorboten vor dem drohenden Sturme unter unsern Füßen zu warnen, so giebt es noch einen andern gewaltigeren Begleiter der Erdbeben, der aber oft nur zu spät warnt, jenes unterirdische Getöse und dumpfe Gebrüll, das bald dem Rollen beladener Wagen auf Steinpflaster oder entferntem Donner, bald dem Rauschen des Sturmwindes, bald dem Krachen der Geschütze gleicht, bald rasselnd und klirrend tönt, wie bewegte Ketten, bald hellklingend, als würden glasige Massen in unterirdischen Gewölben zerschlagen. Bald geht dies Getöse den Stößen vorher, bald begleitet es sie, bald fehlt es ganz, wie bei dem furchtbaren Erdbeben von Riobamba. Bisweilen folgt das Getöse erst nach den Stößen und scheint dann dadurch bedingt, daß in Folge der Erschütterungen im Innern der vulkanischen Kräfte sich Felsmassen loslösen und herabstürzen. Oft verbreitet sich der unterirdische Donner auf ungeheure Entfernungen. So wird der Donner des Tomboro auf der Sundainsel Sumbava 400 Seestunden weit auf Sumatra vernommen. Als der Vulkan von St. Vincent in den kleinen Antillen am 30. April 1812 einen mächtigen Lavastrom aus seinem Krater ergoß, wurde sein ungeheures donnerartiges Getöse 155 Meilen weit, über eine Fläche von 2300 □M., an den Ufern des Rio Apure und in Caracas vernommen. Aber nicht immer sind diese schreckenerregenden Donner mit den Erschütterungen, die sie mit banger Furcht voraussehen lassen, wirklich verbunden. Am auffallendsten ist jene unter dem Namen des Gebrülls und unterirdischen Donners von Guanaxuato bekannte Erscheinung, welche die Bewohner jener 6400 Fuß hoch gelegenen Bergstadt des mexikanischen Hochlandes Monate lang ohne irgend eine Erschütterung mit Angst und Schrecken erfüllte. Um Mitternacht des 9. Januar 1784 begann das Getöse, und ununterbrochen rollte der Donner wie in schweren Gewitterwolken unter den Füßen der Einwohner fort. Panischer Schrecken ergriff Alles, man floh aus der bedrohten Stadt. Nur die Obrigkeit wollte es besser wissen; sie verbot bei schweren Strafen jede Flucht, da sie in ihrer Weisheit schon erkennen werde, wenn wirkliche Gefahr vorhanden; jetzt seien nur Processionen nöthig. Doch alles Drohen half nicht. Hungersnoth entstand in der Stadt, weil die Zufuhr fehlte, und jetzt floh Alles und ließ die reichen Schätze an Silberbarren in die Hände von Räubern fallen, denen man sie später erst mit Waffengewalt wieder entreißen mußte. Allmälig verzog sich das Getöse wieder, die Lippen der Erde schlossen sich, und ihre drohende Stimme verhallte.

Wie aber jene innere Gewalt unaufhörlich gegen ihre Fesseln ringt, so giebt es auch wohl auf der ganzen Erde keinen Monat, vielleicht keinen Tag, an dem nicht irgendwo die Erdoberfläche erbebte. Mögen auch einzelne Stöße nur wenige Secunden dauern und es zum Glück Seltenheiten sein, wenn, wie beim Erdbeben von Neu-Granada 1827, fünf Minuten lang der Boden gleich einem wogenden Meere auf- und niederwallte; so giebt es doch bisweilen Gegenden, die Monate lang nicht zu völliger Ruhe gelangen. Fast stündlich hat man Monate hindurch am östlichen Abfall des Mont Cenis, in den Vereinigten Staaten nördlich von Cincinnati und bei Aleppo Erschütterungen gefühlt, und Calabrien kam während der fünf Jahre von 1783—88 nicht zur Ruhe, so daß allein im Jahre 1783 949 Stöße, darunter 500 von höchster Stärke, verspürt wurden. In einzelnen Thälern der Schweiz, namentlich im Visptahle, haben seit nunmehr 3 Jahren die Erschütterungen fast nicht aufgehört, die Bewohner zu erschrecken. Beim großen Erdbeben in Peru zählte man in den ersten 24 Stunden 200 Erschütterungen und bei dem von Valencia 1828 mehr als 300, die einander mit Blitzesschnelle folgten. Bedenkt man aber die Schwierigkeit, in solchen Augenblicken so kurze Zeiträume zu messen, so läßt sich annehmen, daß die meisten und verheerendsten Stöße nur Secunden und Augenblicke währten.

Es giebt nicht viele Gegenden, welche ganz von diesen gefährlichen Erschütterungen verschont werden. Mag auch mancher Ort Jahrhunderte lang frei bleiben, andre Erdstriche werden davon um so häufiger und anhaltender heimgesucht. So giebt es gewisse Erdbebenzonen, welche einen gemeinsamen Heerd ihrer Erschütterungen zu haben scheinen. Die amerikanischen habe ich schon erwähnt. In Asien giebt es drei Erdbebenzonen, die fast parallel von Westen nach Osten ziehen, eine nördliche von der Uralmündung bis Irkutsk, eine mittlere vom Aralsee bis nach China, eine südliche durch die Länder am Himalaya. Dazu kommt noch jener mächtige Bogen, welcher sich von den Andamanen durch Sumatra, Java, die Philippinen, Japan, die Kurilen, Kamschatka und die Aleuten zieht, wo sich diese Zone an die nordamerikanische der Halbinsel Aliaska und der Westküste bis Kalifornien anschließt. In Europa haben wir zwei oder drei Erdbebenzonen, welche wir näher betrachten wollen. Jedenfalls nimmt die europäische Erdbebenzone, welche das mittelländische Meer umschließt, die erste Stelle unter allen bekannten ein, nicht nur wegen ihres großen Umfangs, der genaueren Kenntniß, die wir über sie besitzen, der merkwürdigen Ereignisse, die sich in ihr zugetragen haben, sondern weil sie die Länder umfaßt, in welchen die wichtigsten Völker des Erdballs ihren Sitz aufgeschlagen haben. Der Erschütterungkreis des mittelländischen Meeres erstreckt sich von den Azoren bis zum Kaspischen und Persischen Meere in einer Länge von fast 1000 Meilen. Auf der Südseite wird der Umkreis von Afrikanischen Gebieten gebildet, von dem Hochlande der Berberei, dem Plateau von Barka und Marmarika. Die Ostseite begreift die vorderasiatischen Landschaften, das syrische Bergland und Palästina, Mesopotamien und Babylonien, den westlichen Theil des Hochlandes von Iran, das Quellland des Euphrat, Kur und Araxes oder das Hochland von Armenien, Kurdistan und Georgien, endlich das Hochland von Kleinasien. Um die Mitte der Erdbebenzone lagert sich im Norden ein aus vielen Gebirgsgliedern bestehender Bogen, der vom Kaspischen Meere beginnt und an der Straße von Gibraltar sein Ende erreicht. Die Glieder dieses Bogens sind der Kaukasus, das Gebirgsland von Taurien, das südliche Rußland bis Kiew, die griechische Halbinsel, die Karpathen, die Alpen, der südliche Theil des französischen Mittelgebirges, die Pyrenäen und die Gebirge der iberischen Halbinsel. Um diesen größern nördlichen Bogen lagert sich noch ein kleinerer, welcher aus dem deutschen Mittelgebirgslande und aus dem mittleren und nördlichen Mittelgebirge Frankreichs besteht. Die äußersten Westpunkte des Erdbebenkreises bezeichnen die Azoren, Madeira und die kanarischen Inseln.

Den eigentlichen Heerd aller Erschütterungen dieser Zone bilden wohl die theils noch jetzt, theils früher thätigen Vulkane in ihrer Mitte: denn dort sind auch die Erdbeben am häufigsten, ganz gewöhnliche, dem Boden eigenthümliche Erscheinungen. Den westlichsten vulkanischen Punkt des Erschütterungskreises bilden die Azoren, eine Inselgruppe von einem Flächenraum von 50 □ Meilen, deren vulkanische Thätigkeit ihr Centrum im Pico auf der Insel gleiches Namens zu haben scheint und sich bald im Bilden von Kratern, bald im Auftauchen und Verschwinden neuer Inseln zeigt. Daran schließen sich die kanarischen Inseln mit dem Pik von Teneriffa. Ein zweiter vulkanischer Heerd ist die Insel Sicilien mit ihrem 10,260 Fuß hohen Aetna und dem Schlammvulkan Macaluba bei Girgenti. Nördlich von Sicilien liegen die ewig thätigen Feuerschlünde der Liparischen Inseln Vulcano, Lipari und Stromboli mit dem Monte Schicciola. In Unteritalien treffen wir den merkwürdigen Vulkanbezirk von Neapel, der sich vom Vesuv durch die phlegräischen Felder bis Procida und Ischia ausdehnt. Hier ist der See Averno, der einst mephitische Dämpfe aushauchte und durch seine verpestete Luft die darüber hinfliegenden Vögel tödtete, jetzt von der reinsten und gesündesten Atmosphäre umgeben; hier ist die Solfatara von Pozzuoli, ein halberloschener Krater, von schwefligen Dämpfen erfüllt, den einst die Alten die Pforten der Unterwelt nannten. Wenden wir uns von Italien nach Osten, so treffen wir eine Reihe vulkanischer Inseln im griechischen Archipelagus, von Aegina über die Halbinsel von Methone, Paros bis Santorin mit ihrem vom Meere erfüllten Krater, der noch immer durch unterseeische Ausbrüche Beweise seiner vulkanischen Thätigkeit ablegt. Gehen wir nach Asien hinüber, so begegnen wir zwar dort wenigen noch thätigen Vulkanen, wohl aber Spuren ehemaliger weitverbreiteter Thätigkeit, die unvertilgbar dem Boden eingeprägt sind und sich noch oft in starken und verheerenden Erdbeben äußern. In Kleinasien finden wir die berüchtigten Feuerberge der Alten, die seltsame Höhle Plutonium bei Hierapolis und vor allem die Katakekaumene oder das verbrannte Gefilde von Lydien, das schon durch seinen Namen, noch mehr durch die aschenartige Erde, eine Menge Erdrisse und drei Krater erloschener Vulkane sich als eine von unterirdischem Feuer verwüstete Landschaft ankündigt. Im südöstlichen Kleinasien in der Ebene von Kaisarieh erhebt sich als isolirter Pik der Arghi-Dagh über 12,000 Fuß hoch, von dem schon die Alten erzählten, daß er voll von Schlünden sei, aus denen Flammen hervorbrächen. Auch in neuerer Zeit sind die vulkanischen Erscheinungen dort nicht ganz verschwunden. Erdbeben, warme Quellen zeugen von der fortdauernden Thätigkeit des vulkanischen Heerdes, und bei dem Erdbeben, welches 1831 die Gegend von Kaisarieh verwüstete, brachen abermals Feuerflammen aus dem vulkanischen Boden hervor. Wir kommen zu einem andern, furchtbar von vulkanischer Thätigkeit verheerten Gebiete, dem Hochlande von Armenien, das weithin von mächtigen Lavaströmen überflossen, von Schlacken und Bimsteinen überschüttet ist. Der Mittelpunkt aller dieser Verwüstungen ist der Ararat oder Agri-Dagh, jener heilige Berg, an den sich die dunkelsten und ältesten Anfänge der vorgeschichtlichen Zeit des Menschengeschlechts anschließen, die heilige Landung der Geretteten aus der Sündfluth, die einen so tief nachhaltenden, ernsten Eindruck auf das Gemüth der sich bewußt werdenden Völkerentwicklung ausübte, daß sie nach Jahrtausenden nicht ganz aus dem Gedächtniß verdrängt werden konnte. Ungeachtet die ganze Umgebung für die vulkanische Natur des Ararat spricht, so ist doch aus keiner Zeit ein historisches Zeugniß von seiner vulkanischen Thätigkeit aufbewahrt worden, und selbst von Erdbeben blieb die nächste Umgebung des Berges verschont. Erst das Jahr 1840 widerlegte den friedlichen Charakter dieses Berges und suchte jene hohe Landschaft mit einem so furchtbaren Erdbeben heim, daß mit einem entsetzlichen Einsturze nicht nur das St. Jacobskloster und das Dorf Arghuri mit allen Bewohnern vernichtet, sondern auch weithin zahllose Ortschaften von Arpatschai bis zum Kaspischen Meere hin zertrümmert wurden, Tausende von Menschen das Leben verloren, und an vielen Stellen die Oberfläche des Bodens und der Lauf der Gewässer die seltsamsten Veränderungen erlitt. Jenes Dorf Arghuri, von welchem kein lebendes Wesen übrig blieb, lag in einer ungeheuren Schlucht, von 6000 Fuß hohen, steilen Felswänden eingeschlossen. Am 20. Juni 1840 kurz vor Sonnenuntergang eröffnete sich plötzlich unter furchtbaren Zuckungen des Erdbodens und donnergleichem Gebrüll, das alle Bewohner Armeniens mit Schrecken erfüllte, am Ende jener Schlucht eine Spalte, aus welcher gewaltige Dampfwolken hervorbrachen und Schlamm und Steine, ja ganze Felsmassen wie Bomben durch die Luft geschleudert wurden. Nach einer Stunde schwieg der Donner; das reiche Dorf Arghuri, das berühmte Kloster, die blühenden Felder und Fruchtbäume waren verschwunden; zweitausend friedliche Bewohner hatten ihr Grab unter den aufgeschleuderten Steinmassen gefunden. In weitem Umkreise war selbst die Ebene Armeniens furchtbar verheert. Spalten hatten sich auch an den Ufern des Arares und Karasu geöffnet und warfen Dämpfe, Wasser und Schlamm empor. Aus dem Bette des Arares erhoben sich seltsame Fontainen, und brausende Strudel tobten Monate lang. In Eriwan, Nachitschewan, Bajasid u. a. O. waren mehr als 6000 Häuser von Grund aus zerstört. Die Quelle des heiligen Jakob hatte Ursprung und Lauf geändert, die Quelle bei Arghuri ihr Krystallwasser mit widerlichem Schwefelwasser vertauscht, und zahlreiche Quellen waren versiegt, neue erschienen. Aber das Maaß des Entsetzens war noch nicht erfüllt. Vier Tage nach dem Ausbruch begann ein neues Zerstörungswerk. An der Stelle der geschlossenen Ausbruchsspalte war ein tiefes Becken zurückgeblieben, das von geschmolzenem Schnee, Regen und Bächen zu einem See anschwoll, der gleichsam über dem Thale schwebte. Der mächtige Damm, den Schlamm- und Steinmassen seinem Druck entgegensetzten, ward am 24. Juni durchbrochen. Mit furchtbarer Gewalt stürzten die Schlammströme den Bergabhang hinab, verbreiteten sich über die Ebene und verstopften das Bett des Karasu durch 100 Fuß hohe Wälle. Die weite Ebene ward verwüstet, mit Bäumen, Felstrümmern und Leichen bedeckt. Lange Zeit bildete die ganze Gegend einen unzugänglichen Morast. Erst als die Schlammmassen trockneten, konnte man den gräßlichen Schauplatz der Verwüstung übersehen. Die Arghurischlucht war 20 bis 200 Fuß hoch mit bergähnlichen Trümmern bedeckt. Von Dorf und Kloster ist keine Spur zu finden; an ihrer Stelle erhebt sich eine Reihe kegelförmiger Bergkuppen aus Fels- und Eisstücken.

Ueber einen Monat lang dauerten die heftigen Erschütterungen fort, und noch im September waren Schwankungen mit schwachem unterirdischen Getöse zu spüren. Seit dieser Zeit liegt das Herz des Ararawulkans geöffnet da; doch keine Feuersäule verräth seinen gefährlichen Charakter. — In dem östlichen Gebiete unsrer Erdbebenzone, dem westlichen Persien, wie in dem vulkanischen Syrien und Palästina läßt zwar kein thätiger Vulkan mehr seine verheerenden Feuerströme fließen, aber die gewaltige Pyramide des Demavend läßt durch die heißen Dämpfe, die seinem kratergleichen Gipfel entsteigen, durch die heißen Quellen und Bäder an seinen Abhängen, durch seine weit umher verbreitete Erdbebensphäre, durch die Schlacken und Bimssteine, die rings um ihn zerstreut sind, keinen Zweifel mehr über die Gluth, die noch immer in seinem Innern arbeitet, und für welche die Zeit wohl kommen kann, wo auch sie einmal zum Leben geweckt wird. Das letzte Gebiet der Erdbebenzone des mittelländischen Meeres betreten wir im Kaukasus, und hier sehen wir die Wirkungen des innern Feuers sich nicht mehr blos durch Erdbeben, sondern auch durch vulkanische Ausbrüche äußern. Dort erheben sich die ehemaligen Feuerschlünde des 15,400 Fuß hohen Elbrus, des Passemtu, des Kasbeck. Naphthaquellen, Schlammvulkane und das heilige Feuer der Indier, das dem Boden von Baku entströmt, sind gewiß hinreichende Spuren von der ununterbrochenen Thätigkeit eines vulkanischen Heerdes.

Rings um und zwischen diesen eben angeführten vulkanischen Centralpunkten liegen die Gegenden vertheilt, welche am häufigsten und zerstörendsten von Erdbeben heimgesucht werden; und auch die Richtung der Stöße und Erschütterungen folgt fast immer der Streichungslinie dieser Zone. Von der Thätigkeit der Vulkane hängt gewöhnlich die Ruhe der von ihnen beherrschten Zone ab. So lange die Vulkane schweigen, toben die Erdbeben. Dafür spricht besonders der Zeitraum vom Jahre 1500 bis 1631 und von 1825 bis 1832. In der ersten Periode ruhte der Vesuv, und der Aetna hatte nur wenige Ausbrüche. Zwischen diesen erfolgten auf der ganzen Erschütterungslinie des mittelländischen Meeres und seitwärts bis in die Alpen und Oesterreich, Konstantinopel und Palästina die heftigsten Erdbeben. In den Jahren 1825—1832 feierten wieder die beiden großen Vulkane unsrer Zone, und verheerende Erdbeben waren die Folge. 1827 wurden Neapel, Sicilien, Kleinasien, Lissabon, die Moldau und die Alpen erschüttert, 1828 Ischia, Kalabrien, Genua, Smyrna, der Kaspische See. 1829 erschreckten Erdbeben Murcia, die Türkei, Ungarn, Siebenbürgen und das südliche Rußland. Auch 1831 und 1832 wurden Italien, die Alpen- und Karapathenländer und Syrien heimgesucht, bis endlich Vesuv und Aetna kurz nach einander ihre furchtbaren Feuerschlünde öffneten. Aber seit einigen Jahren sind sie wieder in zeitweisen Schlummer versunken, und schon zeugen aufs Neue Erdbeben von dem verhaltnen Grimme der innern Gluthen. Am 17. December 1857 wurde die neapolitanische Provinz Basilicata von einem der furchtbarsten Erdbeben der neuern Zeit heimgesucht, welches Hunderte von Dörfern und Städten dem Erdboden gleich machte und mehr als 30,000 Menschen unter ihrem Schutte begrub.

Unsre norddeutschen Fluren liegen glücklicherweise ausgeschlossen von dem Bereich dieser furchtbaren Gewalten, aber dennoch erstrecken sie bisweilen ihren erschütternden Arm bis zu uns oder doch in eine gefährliche Nähe. Nicht genug, daß der Erschütterungskreis des mittelländischen Meeres sich bisweilen bis in unsre Gegenden erweitert, daß sogar der Hekla und die vulkanischen Heerde Islands uns bisweilen ihre Erschütterungen fühlen zu lassen scheinen, haben wir selbst in unserm deutschen Norden selbständige Erdbebenzonen, deren Thätigkeit nur in neuerer Zeit mehr eingeschlummert ist. Bekannt ist die vulkanische Gegend der Eifel, die sich bis in die Nähe von Coblenz auf dem linken Rheinufer hinzieht. Dort finden sich vulkanartige Kuppen, Lavaströme, Schlacken und Bimssteine in ungeheuren Massen aufgehäuft; und die zahlreichen kreisförmigen Seen und Teiche, Maare genannt, müssen wohl als Krater betrachtet werden. Das größte dieser Maare ist der Laacher See, rings von Schlackenhügeln umgeben, aus deren Spalten und Rissen noch beständig ungeheure Mengen kohlensauren Gases hervorquellen. Aber trotzdem ist der See kein gewöhnlicher Krater. Wahrscheinlich fanden hier nur, wie noch jetzt aus den Vulkanen der Anden, gasförmige Explosionen statt, welche die Trümmer umherstreuten, so daß der See sich durch Einsturz und Versenkung bildete. Vielleicht waren sie mit Explosionen von Wasser verbunden, wie die trichterförmigen Löcher, welche sich in Kalabrien beim Erdbeben bildeten und Wasser auswarfen, und deren Umgebungen ähnliche sternförmige Risse zeigten, wie die des Laacher Sees. In seiner Nähe stehen die basaltischen Kuppen des Lierenkopfs, Engelerkopfs, Perlenkopfs und der Nurburg, deren Krater einst ein noch sichtbarer Lavastrom entquoll. Weiterhin erheben sich ähnliche Krater, die Kunksköpfe, der Steinberg, vor allem der Hochsimmer an der Nette, dessen seitliche Ausbrüche die weiten Basaltfelder von Niedermendig und Kottenheim gebildet zu haben scheinen. In der obern Eifel ragt der Vulkan von Gerolstein hervor, aus dessen kesselförmigem Krater sich ungeheure Lavaströme in das benachbarte Thal ergossen haben. Es kann somit kein Zweifel bleiben, daß auch Deutschland einst der Sitz gewaltiger vulkanischer Erscheinungen war, welche sogar in der jüngsten Erdbildungsepoche stattfanden, da ihre Producte noch die Braunkohlen durchbrochen haben. Die Erdbeben, welche noch immer besonders die Rheingegenden heimsuchen, sind Zeugen von dieser unterirdischen Thätigkeit. Noch im Jahre 1846 wurde jene Gegend mehrmals erschüttert, am heftigsten in den Abendstunden des 28. Juli jenes Jahres. Der eigentliche Heerd jener Erschütterung schien die Gegend des Laachersees zwischen Rhein und Mosel zu sein und die Richtung der Fortpflanzung vorzüglich dem Laufe der Mosel aufwärts, dem des Rheines abwärts zu folgen. Darum spürte man die Erschütterungen noch bis Lüttich und Brüssel, bis Mainz und Frankfurt, nach Osten dagegen nur in geringerer Entfernung, weil die Wesergebirge und der Teutoburger Wald eine Grenze zu setzen schienen. Am heftigsten fühlte man die Wirkungen in Coblenz, Andernach und Neuwied. In Coblenz war der erste Stoß so stark und von einem so erheblichen unterirdischen Getöse begleitet, daß die ganze Bevölkerung in Aufregung gerieth. Man ahnte so wenig ein Erdbeben, daß man alles Andre sich eher dachte. Alles stürzte auf die Straße oder steckte den Kopf zum Fenster hinaus, um sich nach der Ursache zu erkundigen, die man draußen suchte, statt unter den Füßen.

Zu allen neuen, ungewohnten Schrecknissen kommen gewöhnlich noch unbegründete Befürchtungen, wie der Mensch immer im Unglück geneigt ist, sich das Aeußerste in seiner Phantasie vorzustellen. Wer zum ersten Male die Wirkungen des Erdbebens fühlt, sei es auch eines ganz ungefährlichen, der empfindet einen Eindruck, den er nie vergißt. In seinen festesten Ueberzeugungen sieht er sich erschüttert; den Erdboden, den er fest nannte, sieht er wogen und wallen wie die beweglichen Fluthen des Wassers. Er ahnt die Nähe einer geheimnißvollen Naturmacht, welche unsichtbar und augenblicklich die Ruhe und Ordnung der ganzen Natur stört. Ueberall glaubt er ihr nun zu begegnen, er traut selbst dem Boden nicht mehr, den er betritt; denn es könnten sich ja Schlünde unter ihm öffnen und Vulkane diesem Höllenboden entsteigen.

Auch in Ländern, wo, wie in China, in Chili, in Columbien, diese Naturbegebenheiten zu den gewöhnlichen Erscheinungen gehören, wo drohende Gefahren, wilde Scenen des Schreckens und der Verwirrung zu Tagesgesprächen werden, findet man die Empfindungen keineswegs ganz abgestumpft. Alles stürzt in wilder Verwirrung unter Wehklagen und Angstgeschrei auf die Straßen; die Einen sinken besinnungslos nieder oder strecken die Hände sprachlos zum Himmel, die Andern flehen knieend in inbrünstigem Gebet zu den Heiligen. Selbst in Mexiko, wo die Erfahrung den friedlichen Charakter der dortigen Erdbeben kennen gelehrt hat, stürzt man zu den öffentlichen Plätzen, weicht die Furcht und der Schrecken nicht eher von den Gesichtern, als bis der Stoß vorüber ist. Dann kehrt Jeder gleichmüthig zu seinem Geschäft zurück. In Columbien und auf dem Cordilleren-Rücken steigert sich die religiöse Aufregung oft bis zum Wahnsinn, der das Volk antreibt, sich selbst in das Grab zu stürzen. In Caracas fanden am 26. März 1812 gegen 4000 Menschen unter den einstürzenden Gewölben der Kirchen, in welche sie unwissende und fanatische Priester trieben, den Tod; und zu Kisljär am Kaukasus wurden am 9. März 1830 über 500 Menschen von den Trümmern des Tempels begraben, in den sie sich geflüchtet hatten. Dennoch mag auch das furchtbarste Ereigniß durch die Dauer an Schrecken verlieren, wenn nicht der Aberglaube die Gemüther verwirrt. Die Gewohnheit gleicht Alles aus und vertilgt jede Furcht. An jenen so oft und täglich von Erdbeben erschütterten Küsten von Peru, wo man weder Hagel noch Gewitter kennt, da ersetzt nur den rollenden Wolkendonner das unterirdische Getöse, welches die Erdstöße begleitet. Man weiß dort, daß gefahrbringende Erschütterungen selten sind, und so zollt man den schwächeren Schwankungen nicht mehr Aufmerksamkeit, als wir etwa einem Gewitter. Die Eingebornen jener oft Monate lang vom Regen vergessenen Länder wünschen sich sogar Erdstöße herbei, die ihren niedern Rohrhütten doch keinen Schaden bringen können und ihrem Glauben als Vorboten der Fruchtbarkeit und Regenmenge gelten.

Die norddeutsche Ebene kennt das Schreckliche dieser Erscheinungen nicht, aber außer dem Bereiche vulkanischer Erscheinungen liegt auch sie nicht. Das lehren die Erdbeben, welche in früheren Zeiten auch in unseren Gegenden gespürt wurden. Das älteste Erdbeben in den Küstenländern der Ostsee, von welchem die Geschichte Kunde giebt, ereignete sich der Lübecker Chronik zufolge am 23. August 1409 durch ganz Norddeutschland zugleich bis hinauf nach Preußen. Ebenso wurde Mecklenburg und seine Umgegend in den Jahren 1628 und 1683 auf das Heftigste erschüttert. Das Erdbeben von Lissabon 1755 wurde an der ganzen Ostseeküste, vorzüglich bei Travemünde und an vielen Seen, dem Plauener-, Müritz-See und an den ukermärkischen Seen empfunden. An den Ufern des Malchower Sees erhob sich das Wasser plötzlich 3—4 Fuß hoch, bedeckte die Haustreppen der nahe gelegenen Häuser und senkte sich dann 6—8 Fuß tief. Kähne wurden losgerissen, und selbst solche, die Jahre lang auf dem Grunde des Wassers gelegen hatten, wurden in die Höhe gehoben und weggeführt. Am Ufer sah es aus, als ob das Wasser siede, in der Mitte bemerkte man nur ein Heben und Sinken. In der Stadt hatte man keinen Stoß bemerkt, wohl aber in der Stiftskirche. Aehnliche Erscheinungen zeigten sich in den Seen um Templin und setzten die am Ufer beschäftigten Fischer in Lebensgefahr. Auch die Oder gerieth bei Garz eine halbe Stunde lang in Bewegung, sie trat über ihre Ufer und riß Bauholz und Kähne mit den Pfählen fort. Ebenso wurde das Erdbeben von Calabrien 1783 in Mecklenburg gespürt, und noch im Frühjahr 1841 erschütterte ein Erdbeben den Boden von Jütland und Schleswig. Selbst der furchtbare Ausbruch der isländischen Vulkane, welcher am 2. September 1845 stattfand und am 12. September mit vulkanischer Asche, die durch die obern Winde von Island her südöstlich geführt ward, die über 400 Meilen entfernten Orkney-Inseln überdeckte, scheint wenigstens unsrer Atmosphäre sonderbare Einflüsse mitgetheilt zu haben. Auf Jasmund in Rügen beobachtete man am 5. September einen dort ganz unbekannten Grad der Durchsichtigkeit der Luft, worauf am 7. und 8. eine höchst merkwürdige, durchaus nicht nebel- oder höhenrauchartige Trübung der Luft folgte. Die Luft war unbewegt, die Meeresfläche ein vollkommner Spiegel, der Himmel wolkenlos. Nur ein feiner weißer Rauch schien die Luft zu durchziehen, der Jasmund schon auf zwei Meilen weit wie einen schwachen Nebelstreif erscheinen ließ, während es sonst 10—14 Meilen weit vollkommen sichtbar ist. Ob diese Erscheinung mit dem Hekla-Ausbruch in Verbindung stand oder nicht, lassen wir dahingestellt. Deutlich genug hat uns schon die Geschichte die Frage beantwortet, ob auch der Bewohner des deutschen Flachlandes Erdbeben zu fürchten habe. Erdbeben sind unabhängig von der Natur der Gebirgsarten, in denen sie sich äußern. Selbst in den lockersten Alluvialschichten von Holland, um Middelburg und Vliessingen, sind am 23. Februar 1828 Erdstöße empfunden worden. Am 7. Juni 1857 wurden harmlose Landschaften Thüringens und Sachsens von Erdstößen heimgesucht, und im Januar 1858 rüttelte wiederholt unterirdischer Donner die Karpathenländer aus dem Traume vermeintlicher Sicherheit. Am 6. Mai 1857 wurde sogar an der äußersten Nordspitze Kurlands bei Domesnäs ein Erdstoß verspürt, der unter einem heftigen Donnerschlage erfolgte und einzelne Häuser so erschütterte, daß die Bewohner das Herabstürzen der Decken fürchteten. In einem Bauernhofe brachen in der That die Dächer zusammen, in andern fielen Schüsseln und Teller von den Tischen, Spiegel von den Wänden.

So ist es also wahr, was schon ein Philosoph des Alterthums, Seneca, getrieben von einer ihm in's Herz geschriebenen Ahnung von der Allgemeinheit der Naturgesetze, aussprach: „Wir irren, wenn wir irgend einen Theil des Erdbodens von der Gefahr der Erdbeben ausgenommen glauben. Alle sind demselben Gesetz unterworfen. Nichts hat die Natur so gebildet, daß es unveränderlich wäre: das Eine fällt heute, das Andre morgen. Und gleichwie in großen Städten jetzt dies Haus, jetzt jenes sich senkt, so nimmt auf dem Erdkreise jetzt dieser Theil Schaden, jetzt ein andrer.“ —

Die Wirkungen heftiger Erdbeben sind mit Recht die gefürchtetsten aller Schrecknisse, furchtbarer als Feuer- und Wassersnoth, selbst wenn sich zu beiden Stürme gesellen, und die tobende Windsbraut sich der Flammen bemächtigt oder die Wasserfluthen über die

Ebene treibt. Den angebornen Glauben an die Ruhe und Unbeweglichkeit der festen Erdschichten vernichtet ein Augenblick; und wenn die Erscheinung in ihrer Heftigkeit begonnen hat, so kann weder Erfahrung, noch Muth, noch Geistesgegenwart den Rettungsweg ausfindig machen. Das Furchtbare der Erscheinung bringt bei Menschen und Thieren dieselbe ängstliche Unruhe hervor, und selbst die Krocodille des Orinoco, wie Humboldt sagt, sonst stumm wie unsre kleinen Eidechsen, verlassen den erschütterten Boden des Flusses und eilen brüllend dem Walde zu. Die Zerstörungen der Erdbeben werden noch dadurch vermehrt, daß sie nicht blos örtlich sind; sie erschüttern vielmehr gleichzeitig große Länderstrecken. Ganze Städte mit ihren Bewohnern werden in einem Augenblicke von der Erde verschlungen, die festesten Mauern zertrümmert; Berge entstehen oder stürzen ein; selbst das Klima einiger Gegenden, wie das von Quito, erleidet bedeutende und dauernde Veränderungen. Noch durch keine Kraft wurde in so wenigen Stunden, ja Sekunden, eine größere Anzahl von Menschen getödtet. 200,000 Menschen kamen in Kleinasien und Syrien im Jahre 526 ums Leben, 60,000 in Sicilien im Jahre 1693; bei dem Erdbeben von Quito 1794 fanden 40,000 Menschen ihren Tod, und eben so viele bei dem von Riobamba 1797. In dem so oft von diesen Schrecknissen heimgesuchten Syrien wurden im Jahre 1822 in einer Nacht 15 Städte, jedes einzelne Dorf, jede einzelne Hütte in Schutthaufen verwandelt, so daß wenigstens 20,000 Menschen umkamen und noch mehrere aufs Schrecklichste verstümmelt wurden. Das Erdbeben, welches im December des Jahres 1857 die neapolitanische Provinz Basilicata verwüstete, kostete mehr als 30,000 Menschen das Leben und beraubte Hunderttausende mitten in einem strengen Winter des schützenden Obdachs.

Die ganze Naturordnung scheint bei diesen Ereignissen auf längere oder kürzere Zeit vernichtet. Bei dem Erdbeben von Lissabon wurden ferne Quellen in ihrem Lauf unterbrochen: die Töplitzer Thermen versiegten und kehrten, Alles überschwemmend, von Eisenocker gefärbt zurück. In Cadir erhob sich das Meer zu 60 Fuß Höhe, und in den Antillen stieg die Fluth tintenschwarz plötzlich 20 Fuß hoch auf. Flammen und Rauchsäulen stiegen aus den Spalten der Felsen von Alvidras bei der Hauptstadt auf. Bei dem Erdbeben von Chili im Jahre 1835 wich das Meer unsern Talcalmana so weit zurück, daß alle Felsen der Bucht sichtbar wurden. Plötzlich aber kehrte eine ungeheure Woge zurück und bedeckte die Ufer 25 Fuß über die Höhe der höchsten Springfluth. Kaum entgingen die Einwohner dem Wellengrabe. Im Mississippithale wurden 1812 heiße Dämpfe ausgestoßen, und im Magdalenenthale im November 1827 durch Ausbrüche von kohlensaurem Gase fast alle in Erdhöhlen lebenden Thiere erstickt und sogar die weidenden Heerden bedeutend beschädigt. Bei dem Erdbeben von Riobamba wurde aus zahllosen Spalten, über welchen sich kleine fortschreitende Kegel erhoben, ein sonderbarer, zersetzter, schlammartiger Tuff ausgestoßen, der zugleich Kieselpanzer von Infusorien und eine solche Menge fein zertheilter Kohle enthält, daß er unter dem Namen Moya als Brennmaterial benutzt wird. Oft erhalten sich die Spalten, in welche die Felsendecke zerreißt, Jahrtausende lang. Bekannt ist der Felsen an der Küste von Gaeta, welcher der Sage nach im Todesjahre Christi von oben bis unten gespalten wurde, und der noch heute ein Gegenstand der Ehrfurcht für manchen Schiffer ist. Gewöhnlich aber schließen sich die Klüfte sogleich wieder und verschlingen Thiere und Menschen, Bäume und Häuser. In China kamen auf diese Weise 4000 Menschen um. In Lissabon verschwand der schöne Quai, der mit unermeßlichen Kosten von Marmorblöcken erbaut war, sammt allen Tausenden der Bewohner, die hier Sicherheit gesucht hatten, für immer und spurlos in den Schooß der Erde. Bisweilen schließen sich die Spalten mit einer wahrhaft schauderhaften Heftigkeit, die Alles in ihrem Bereiche zermalmt; bisweilen öffnen sie sich von Neuem, um den verschlungenen Raub, von Wasserströmen begleitet, unbeschädigt zurückzugeben.

Das sind die furchtbaren Thaten dieser Kraft, welche Städte zertrümmert und die Bewohner unter Trümmern begräbt, Häfen zerstört und Straßen unwegsam macht, fruchtbare Thäler in Seen verwandelt oder mit den Trümmern der Berge bedeckt. Wohl ist sie eine Quelle des Schreckens und des Todes. Aber sie zerstört nicht blos, sie baut auch auf; sie bedroht nicht blos, sie sichert und schützt auch. Sie setzt der auflösenden und ebnenden Kraft der Gewässer eine Grenze und sichert das Festland vor dem Untergang.

Wie gewaltig und großartig aber auch die eben geschilderten

Wirkungen der Erdbeben sein mögen, für uns haben hier diejenigen Veränderungen das meiste Interesse, welche durch sie die Erdoberfläche selbst erleidet. Zwar mögen in den früheren Zeitaltern, welche der ersten Bildungsepoche des Erdkörpers noch näher standen, solche Veränderungen großartiger, gewaltsamer, weiter verbreitet gewesen sein, als jetzt: aber die noch heute durch heftige Stöße bewirkten sind wenigstens erhabene Abbilder jener. Wenn wir große Landstrecken sich aus der Tiefe erheben, andre sich senken sehen, so ist uns wenigstens ein Schluß auf die Größe dieser Erdkraft erlaubt. Am 19. November 1822 wurde die Küste von Chili durch ein furchtbares Erdbeben in der Länge vor 1200 englischen Meilen heimgesucht und St. Jago und Valparaiso gänzlich zerstört. Am andern Morgen zeigte es sich, daß die ganze Küste um Valparaiso auf mehr als 100 Meilen Länge um 3 — 4 Fuß über ihr früheres Niveau emporgehoben war. Ein Theil des früheren Seebettes blieb bei hoher Fluth trocken, der Ankergrund im Hafen war seichter geworden, und ältere Strandlinien waren emporgehoben und kamen zum Vorschein. Bis zwei Meilen vom Ufer erstreckte sich die Erhebung, und das ganze Festland, dessen Fläche der Hälfte von Frankreich an Größe gleichkommt, war 5 — 7 Fuß emporgestiegen. Am 20. Februar 1835 begann mit heftigen Erdstößen eine neue Revolution, welche sich nicht blos über den Küstenstrich, sondern auch über einen Theil der Cordillerenkette ausdehnte, von Lava-Ergüssen des Osorno begleitet wurde und ihre Wirkungen bis zur Insel Juan-Fernandez verbreitete. Wieder war eine Erhebung der Meeresküste von 4 — 5 Fuß die Folge, welche aber binnen sechs Wochen auf zwei Fuß herabsank. Ueberhaupt scheint Chili sehr häufig selbst in historischer Zeit solche Niveauveränderungen erlitten zu haben. Nach Darwin's Untersuchungen zeigen sich wenigstens fünf Terassen älterer Küsten, und die ganze Erhebung des Festlandes beträgt an manchen Stellen 1000 — 1500 Fuß, durchschnittlich immer 400 — 500 Fuß. Kann nun aber auch hier die Wirkung vulkanischer Kräfte nicht in Abrede gestellt werden, so hat man es doch bei einem ähnlichen Phänomen, der langsamen und noch immer fortdauernden Erhebung Schwedens versucht: doch ist jeder Versuch einer andern, nicht auf die vulkanische Reaktion des Erdinnern gegründeten Erklärung bisher erfolglos geblieben. Denn weder an den südlichen deutschen, noch an den westlichen dänischen Küsten der Ostsee ist ein ähnliches Steigen des Festlandes bemerkt worden, welches doch nothwendig eintreten müßte, wollte man die Erhebung Schwedens als nur scheinbar ansehen und aus dem Sinken des gesammten Ostseespiegels herleiten. Vor fast 100 Jahren zuerst durch Celsius auf diese merkwürdige Erscheinung hingewiesen, kann man es nunmehr für eine entschiedene, durch L. v. Buch festgestellte Thatsache ansehen, daß der ganze Küstenrand Skandinaviens von Friedrichshall bis Abö in Finnland sich langsam über den Meeresspiegel erhebt und während der historischen Zeit wenigstens um 200 Fuß gestiegen ist. Die Hebung nimmt sichtbar nach Süden zu ab und ist an den Küsten Schonens unmerklich, dagegen tritt sie noch deutlich bei Stockholm und am stärksten in der Gegend von Tornea auf, wo innerhalb 30 Jahren gegen eine Meile breites Küstenland vom Wasser befreit wurde. Es scheint, als wenn 40 Zoll Steigung die Mittelzahl eine Jahrhunderts angiebt. Indeß kann die Hebung nicht immer gleichmäßig zugenommen haben, es müssen auch Senkungen wieder eingetreten sein, wie andre Thatsachen, namentlich eine 60 Fuß unter der jetzigen Oberfläche bei Stockholm aufgefundene Fischerhütte, welche ursprünglich am Meeresufer stand, so wie der Hvlöseholm, auf welchem 1473 die Sadt Gothaham erbaut wurde, und der jetzt fast im Spiegel des Meeres liegt, beweist. Daraus würde hervorgehen, daß Schweden abwechselnd sich hebe und senke oder wenigstens auch früher einmal sich gesenkt habe; und diese Annahme wird durchaus zuläßig, da dieselbe sonderbare Erscheimung an der Küstenstrecke der Bai von Bajä bei Pozzuoli, wo der vielbesprochene Serapistempel steht, aufs Bestimmteste nachgewiesen ist. Der Fußboden dieses Tempels wird beim höchsten Wasserstand einen Fuß hoch vom Meere bedeckt. Drei marmorne Säulen stehen noch aufrecht, und diese haben bis zwölf Fuß von unten aufwärts eine völlig glatte, unbeschädigte Oberfläche. Darauf aber folgt ein zwölf Fuß hoher Gürtel von Löchern der Bohrmuscheln, welche lange gearbeitet haben müssen, weil die Löcher groß, tief und zahlreich sind. Wollen wir diese Verhältnisse erklären, so müssen wir nothgedrungen annehmen, daß bei Erbauung des Tempels der Fußboden höher gelegen haben müsse als jetzt, wo ihn der hohe Wasserstand überschwemmt, daß er in einer spätern

Zeit 24 Fuß unter der Meeresfläche gelegen haben müsse, weil sonst die Bohrmuscheln die aufrechtstehenden Säulen nicht bis zu 24 Fuß über dem Pflaster hätten anbohren können, und daß dieser tiefe Stand lange genug gedauert haben müsse, damit eine so harte Arbeit von diesen Thierchen vollbracht werden konnte, daß endlich eine letzte Veränderung des Wasserstandes vorgegangen sein müsse, welche die Ruinen des Tempels in die Lage brachte, in welcher wir sie jetzt sehen. Wahrscheinlich ist es, daß das Versinken des Landes durch den Ausbruch der benachbarten Solfatara 1198, die Wiedererhebung durch den Ausbruch des Monte nuovo 1538 bewirkt wurde.

Sahen wir bis jetzt nur ruhige Festländer durch unterirdische Kräfte emporgehoben, so werden wir nun sogar furchtbare Vulkane den geöffneten Schlünden der Erde entsteigen sehen.

Eins der großartigsten, erstaunenswürdigsten Ereignisse zeigt uns die Entstehung des neuen mexikanischen Vulkans Jorullo zwischen den Feuerbergen von Toluca und Colima. Den Schauplatz dieser Erscheinung bildete eine von Basaltbergen umgebene, reichbebaute Ebene von 2400 Fuß Höhe über dem Meere. Schon seit dem 29. Juni des Jahres 1759 hatte man dort ein furchtbares unterirdisches Getöse vernommen, das von häufigen Erdstößen begleitet 50 — 60 Tage dauerte. Im September war wieder völlige Ruhe eingetreten. Da begann am 29. September um 3 Uhr Morgens der Ausbruch des neuen Vulkans. Da, wo heute sein finstrer Kraterberg sich erhebt, stand damals ein dichtes Gebüsch herrlicher Guayana-Bäume. Arbeiter aus den Zuckerrohrfeldern der benachbarten Hacienda waren an jenem Morgen ausgegangen, die wohlschmeckenden Früchte dieser Bäume zu sammeln, und bemerkten bei ihrer Rückkehr mit Erstaunen, daß ihre großen Strohhüte mit vulkanischer Asche bedeckt waren. In wenigen Stunden bedeckte diese schwarze Asche bereits fußhoch weithin die Gegend. Alles floh nun nach einem benachbarten Indianerdörfchen, das auf einer Anhöhe etwa 2260 Fuß über der alten Ebene von Jorullo lag. Von hier aus gewährte die alte Heimath einen furchtbaren Anblick. Das ganze Land schien in Flammen zu stehen und mitten zwischen den Flammen erschien „gleich einem schwarzen Kastell ein großer unförmiger Klumpen". Die ganze Ebene, eine Fläche von mehr als

$^1/_3$ geogr. □Meile, erhob sich gleich einem Gewölbe, am Rande 36, in der Mitte gegen 500 Fuß hoch. Noch jetzt erkennt man in den zerbrochenen Felsschichten die Grenzen dieser Erhebung. Eine von vulkanischem Feuer durchglühte Aschenwolke beleuchtete das seltne Schauspiel. Die erweichte Erddecke schwoll an, wie ein sturmbewegtes Meer; rings brachen Flammen hervor, und glühende Felsmassen wurden zu ungeheurer Höhe emporgeschleudert. Aus den Spalten, in die das Gewölbe zerriß, erhoben sich viele Tausend kleine Kegel von 6—10 Fuß Höhe, von den Eingebornen Oefen (Hornitos) genannt. Im Jahre 1780 konnte man noch in einer Tiefe von wenigen Zollen in diesen Hornitos Cigarren anzünden, und als Humboldt diese Gegend im Jahre 1803 besuchte, erhoben sich noch aus den Rändern der Hornitos gegen 60 Fuß hohe Dampfsäulen, und die Temperatur in ihren Spalten betrug noch 93—95° C. Inmitten dieser Oefen sind aus einem größeren Risse sechs 20 Fuß hohe Trümmerhaufen emporgestiegen und unter ihnen auf gleicher Linie der Hauptvulkan Jorullo in einer Höhe von 1500 Fuß. Dieser stand vom Augenblick seiner Geburt an bis zum Februar 1760 unaufhörlich in Flammen und bedeckte mit seinen emporgeschleuderten Massen von Lava und Asche eine Gegend von 10 gegr. Meilen Halbmesser. Zwei Flüsse, welche früher die fruchtbare Ebene bewässerten, verloren sich in der ersten Unglücksnacht; statt ihrer sieht man jetzt weiter gegen Westen aus den Spalten des aufgetriebenen Bodens zwei heiße Quellen hervorbrechen. Der große Vulkan ist jetzt erloschen, aber das Land ringsum ist verwandelt und mit der Natur auch der Name des Landes. Sonst hieß es los Pastos, die Weiden, jetzt Malpays, das böse Land. —

Eine ähnliche, nur minder großartige Erscheinung ereignete sich im Jahre 1538 bei Pozzuoli am Golf von Neapel. Zwei Jahre lang hatten schon Erdbeben diese Gegend erschüttert, als am 28. September zwischen dem See Averno, dem Monte Barbaro und der Solfatara Flammen aus der Erde hervorbrachen; Spalten entstanden im Boden und warfen Wasser aus; das Meer wich auf 200 Schritte vom Ufer und ließ den trocknen Grund sehen. Am 29. öffnete sich dicht am Meere ein Schlund, aus welchem unter lautem Donner Rauch, Flammen, Schlamm und Felsmassen ausgeworfen wurden. So entstand in zwei Tagen ein Berg von 413 Fuß Höhe und

8000 Fuß Umfang am Grunde, der Monte Cenere oder Monte nuovo. Als die Auswurfserscheinungen aufhörten, bestieg man den Berg und fand auf seiner Höhe eine trichterförmige Oeffnung, einen Krater. So erscheint er noch jetzt.

Haben uns diese beiden Ereignisse Aufschlüsse über die Entstehung von Vulkanen mit offnen Kratern gegeben, in denen eine bleibende Verbindung des Erdinnern mit der Atmosphäre errungen ist, so vermögen doch nicht immer die empordringenden Gewalten diese Verbindung herzustellen. Oft werden durch sie nur einzelne Theile unsrer Erdrinde zu ungeöffneten, domförmigen Massen emporgehoben oder die gehobenen Schichten durchbrochen und so nach Außen geneigt, daß auf der innern Seite ein steiler Felsrand sich bildet. Dies sind die Erhebungskrater, wie sie uns viele Berge des Festlandes und vorzugsweise viele Inseln aufweisen. Unter den Erhebungskratern des Festlandes zeichnen sich die vulkanischen Ketten der Puys in der Auvergne, der Puy de Dôme, der Puy de Chopine mit dem ihn halbmondförmig umgebenden Puy des Goutes, die Gruppen des Mont d'Or, des Cantal und die des Velay und Vivarais aus. Die ähnlich gebildeten Inseln zeigen immer eine mehr oder minder vollkommene Kegelgestalt, indem sie von den Küsten aus ringsum gleichförmig bis zum höchsten Punkt aufsteigen, aber immer in der Mitte, wo man den Gipfel erwarten sollte, eine tief eingreifende, kesselförmige Vertiefung zeigen, an deren hohen und jähen Abstürzen im Innern die Köpfe der aufeinander liegenden, aufsteigenden Schichten hervortreten. Die zackigen Wände des Kessels, welchen die Spanier der canarischen Inseln la Caldera nennen, stürzen oft plötzlich von der ansehnlichsten Höhe fast bis zur Meeresfläche ab, und gewähren einen eigenthümlichen, wilden Anblick. Häufig sind diese Abhänge von vielen schmalen, tief eingerissenen Schluchten, den Barancos der Spanier, zerspalten, welche ringsum strahlenförmig vom Mittelpunkt ausgehen und schroff und steil abgerissen sind. Selten stehen die Barancos mit dem Innern der Caldera in Verbindung, und bei den meisten Inseln dringt nur ein Baranco in den Kessel. Das Ganze erscheint als das Werk einer gewaltigen Kraftäußerung aus dem Innern der Erde, die große Inseln zu bedeutenden Höhen erheben kann und erhoben hat. Ein senkrechter Stoß von unten nach oben trieb die Gesteinlagen, welche den vormaligen Meeresgrund bildeten, hoch empor. Diese mußten bersten, wo die Kraft am heftigsten wirkte, und sich wie ein Mantel rings um das Centrum der Erhebung aufrichten; sie mußten strahlenförmig vom Mittelpunkt aus aufgerissen werden und die Barancos erhalten, sie mußten in der Mitte den Krater, die Caldera bilden. Wenige dieser Inseln mögen an Schönheit und Deutlichkeit dieser Verhältnisse mit der canarischen Insel Palma zu vergleichen sein, auf welcher der Boden der Caldera 2000 Fuß über dem Meere eine Meile im Durchmesser hat, und deren furchtbar zerrissene Wände über ihr eine senkrechte Höhe von 4—5000 Fuß erreichen.

Daß aus der Mitte des Erhebungskraters, wo den durchbrechenden Kräften der geringste Widerstand zu überwinden bleibt, allmälig ein neuer Kegel, der den innern Raum der Caldera ausfüllt, emporsteigen und zum dauernden Vulkan werden könne, ist eine Erfahrung, welche am deutlichsten und überzeugendsten der Pic von Teneriffa gewährt, an dessen Abhängen man die Ränder der alten Caldera als einen prachtvollen Halbkreis von Felswänden an der Südseite wahrnimmt, ein Amphitheater bildend, von wo aus man den letzten großen Kegel des Pik erst in seiner vollen Größe und regelmäßigen, schlanken Gestalt sieht. Aber auch in historischer Zeit hat man dergleichen Erhebungserscheinungen im Meere mit eignen Augen anschauen, Inseln auftauchen und oft wieder verschwinden sehen können. Im Jahre 1795 bemerkte man an einem vereinzelt im Meere liegenden Felsen in den Aleuten, westlich von Unalaschka, Dampf, welcher diesen Felsen umhüllte. Als im Jahre 1800 sich die furchtsamen Einwohner wieder in seine Nähe wagten, fanden sie statt des ihnen wohlbekannten Felsen eine Insel in Gestalt eines Pics, welcher Dampf ausstieß. Bis zum Jahre 1802 wurde Unalaschka unaufhörlich von Erdstößen erschüttert. Da hörte plötzlich das Brennen des neuen Vulkans auf, und nur der Vulkan von Unalaschka wüthete desto heftiger. Bald darauf aber brannte dieser, der Vulkan auf der Insel Umnak und der neue Vulkan abwechselnd. Im Jahre 1806 hatte die neue Insel einen Umfang von vier geographischen Meilen und einige 1000 Fuß Höhe. Ein ähnlicher Ausbruch im Meere von Unalaschka erfolgte im Jahre 1814, und abermals stieg eine Insel empor von bedeutendem Umfang und mit einem Pic von 3000 Fuß Höhe.

Auch in den Meeren des griechischen Archipelagus sind ähnliche Inselerhebungen beobachtet worden. Schon Ovid erzählt in malerischer Weise, daß auf der Halbinsel Methone durch die Gewalt verschlossener Dämpfe ein Berg wie eine Blase erhoben worden sei, ein Beweis, daß Vorstellungen dieser Art schon im Alterthum verbreitet waren. Einen Hügel, sagt Ovid, sieht man bei Troezene, schroff und baumlos, einst eine Ebene, jetzt ein Berg. Die in finstere Höhlen eingeschlossenen Dämpfe suchen vergebens eine Spalte als Ausweg. Da schwillt durch der eingezwängten Dämpfe Kraft der sich dehnende Boden wie eine luftgefüllte Blase empor; er schwillt wie das Fell eines zweigehörnten Bockes. Die Erhebung ist dem Orte geblieben, und der hoch emporragende Hügel hat sich im Laufe der Zeit zu einer nackten Felsmasse erhärtet.

Am merkwürdigsten ist aber die Insel Santorin, welche wiederholt der Schauplatz solcher Ereignisse gewesen ist. Halbmondförmig umschließt Santorin mit sehr steil gegen das Innere abfallenden Wänden fast zwei Drittheile einer kreisförmigen Bucht, deren übriger Theil durch die langgestreckten kleineren Inseln Therasia u. Aspronisi geschlossen wird. Das Ganze gleicht den ringförmigen Umgebungen eines alten und nur an drei Stellen vom Meere unterbrochenen Kraterrandes; und daß es wirklich dafür angesehen werden muß, dafür bürgen die in seinem Innern oft erfolgten Erscheinungen vulkanischer Ausbrüche und das damit verbundene Emporsteigen neuer Inseln.

Die Insel Santorin.

Die Geschichte dieser Erhebung ist deswegen besonders lehrreich, da hier ohne Zweifel keine Aufschüttung durch förmliche Ausbrüche stattfand, sondern der Meeresboden selbst mit Auster- und Muschelbänken allmälig in abwechselnden Perioden der Aufregung und Ruhe aus der Tiefe stieg. Im Jahre 197 v. Chr. begannen nach den Berichten alter Schriftsteller die vulkanischen Geburtswehen dieses Meereskraters. Unter heftigem Erdbeben stieg in der Mitte des Golfs Hiera, das heilige Eiland, oder Paläokaimeni hervor. Vier Tage lang entströmten Flammen dem Meere und kochten und siedeten die Fluthen. Das Jahr 19 v. Chr. sah eine neue Insel Thia erscheinen, nur 250 Schritte von der ersten entfernt, mit der sie sich wahrscheinlich später vereinigte. Die Jahre 726 und 1427 n. Chr. vergrößerten durch neue Ausbrüche Paläokaimeni. Im Jahre 1573 entstand mitten im Becken Mikrokaimeni unter gewaltigen Ausbrüchen von Rauch und Bimssteinschlacken. Im Jahre 1650 erneute sich der Versuch der Inselbildung, aber vergeblich. Nach heftigem Erdbeben und donnerähnlichen Entladungen erhob sich aus spiegelglatter See eine glänzend weiße Bimssteininsel, aus welcher bald ein dichter Rauch emporstieg, welchem monatelange furchtbare Erschütterungen des Meeres und der umliegenden Inseln folgten. Nach Jahresfrist verschwand das Eiland unter dem nagenden Zahn der anstürmenden Fluthen. Mit erneuter Kraft, furchtbarer denn je, brachen die Mächte der Tiefe ein halbes Jahrhundert später hervor. Sie schufen eine neue Insel Neokaimeni in den Jahren 1707—1711 unter einer merkwürdigen Folge von Erscheinungen, an einer Stelle, die vorher 400 Fuß Tiefe zeigte. Die Insel bestand anfangs aus zwei Theilen, einer weißen Bimssteininsel und einer schwarzen Trachytklippe, die langsam, ohne Erschütterung, Getöse oder Flammen, aus dem Meere aufstiegen und noch Austern auf ihrer Oberfläche trugen. Allmälig erhitzte sich bei Vereinigung beider Inseln unter fortdauernder Erhebung derselben das Wasser, und endlich entstand auf dem Hügel ein Krater, der Flammen, Asche und Laven ausspie und längere Zeit tobte, so daß er selbst nach seinem letzten Ausbruche am 14. September 1711 noch ein Jahr lang Dampf ausstieß. In diesem Augenblicke erhebt sich zur Seite von Mikrokaimeni eine neue Insel. Schon der französische Reisende Olivier wurde zu Ende des vorigen Jahrhunderts von Fischern darauf aufmerksam gemacht, daß der Seeboden in der Nähe des Hafens von Thera seine Form verändert habe. Früher unergründliche Tiefen ließen die Sonde schon bei 40 Fuß Grund finden. Im Jahre 1829 fanden Virlet und Bory nur noch 9 Fuß Tiefe, und der Admiral Lalande fand 1835 nur 4 Fuß. Es zeigte sich eine Trachytwand von 200 Fuß Durchmesser, die ringsum plötzlich zu jäher Tiefe abfiel. So steht jeden Augenblick die Erscheinung einer neuen Insel über der Meeresfläche zu erwarten.

Während die Erhebung von Santorin offenbar den ursprünglichen Meeresboden an die Oberfläche brachte, und somit nicht aus Aufschüttung um einen Krater hervorgehen konnte, so sind dagegen wieder andere Erscheinungen von vulkanischen Inseln im Meere wahre Ausbrüche untermeerischer Vulkane und die Inseln selbst das Resultat der Aufschüttungen von Schlacken und Aschenmassen, die auch gewöhnlich bald wieder vom Meere zerstört werden.

Am genauesten bekannt und erforscht ist der Ausbruch der Insel Ferdinandea oder Julia an der Südwestküste von Sicilien, zwischen Sciacca und der Insel Pantellaria, welcher im Juli 1831 erfolgte. Heftige Erdstöße hatten fünf Tage lang Sciacca und die ganze Südküste Siciliens in Schrecken versetzt, aber Niemand ahnte ihre Bedeutung. Das Meer wallte plötzlich auf und brauste mit donnerähnlichem Getöse; todte Fische und feinporöse, lichtgraue Schlackenstücke führten die Wogen weithin in zahlloser Menge. Endlich entströmten dem Meere acht Meilen von Sciacca leichte, weiße Rauchwolken, die allmälig dichter und dichter wurden und endlich im Innern eine mächtige Aschengarbe zeigten, die bei Tage schwarz, bei Nacht leuchtend war. Immer stärker rollten die Donner, immer schneller folgten die Stöße und die furchtbaren Stein- und Aschenregen, als endlich am 16. Tage der Erscheinung sich den ahnungsvoll harrenden Küstenbewohnern eine dunkle Insel enthüllte, die sich aus dem Meeresschooße erhob. Lange dauerte es, ehe die Wuth der entfesselten Elemente den Zutritt zu diesem wunderbaren Emporkömmling gestattete. Zwei Monate nach seiner Geburt, am 25. August, betrat zuerst der Fuß des Menschen dies Eiland, dem man zu Ehren des Königs von Neapel den Namen Ferdinandea beilegte. Man fand einen kegelförmigen Hügel, dessen Umfang über 2000 Fuß betrug, und der auf der nördlichen Seite 200, auf der süd-

Vulkanische Erhebung der Insel Ferdinandea.

lichen 30—40 Fuß hoch war. Im Innern zeigte sich ein Krater von 180 Fuß Durchmesser, angefüllt mit fast kochendem, von Eisenchlorid gelbroth gefärbtem Wasser. Nach und nach änderte sich das Ansehen der neuen Insel; denn preisgegeben dem stürmischen Wellendrang, vermochten die pulverigen Massen und losen Schlacken, aus deren Aufschüttung sie bestand, nicht lange zusammenzuhalten. Unterwühlt und zerwaschen verschwand die Insel in den Fluthen, ehe der Streit über ihren Besitz unter den Völkern entschieden war. An ihrer Stelle ist eine nur mit acht Fuß Wasser bedeckte, felsige Untiefe zurückgeblieben, deren zackige Spitzen den Korallen zum Wohnsitz dienen und dem Schiffer Gefahr drohen. Die Erscheinung dieser Insel hat eigenthümliche und nicht unwichtige Besorgnisse für den Völkerverkehr erregt. War es nicht möglich, daß sie der erste sichtbar gewordene Punkt einer mächtigen, emporsteigenden Gebirgskette sei, welche Sicilien mit Afrika verbinden und einen Riegel durch die uralte Straße der Völker, das Mittelmeer, schieben konnte? Ihr Untergang hat die Furcht zerstreut, aber nicht grundlos gemacht. Allerdings zeigt sich in diesem schnellen Verschwinden und in der Art der Zusammensetzung ein großer Unterschied von den vulkanischen Centralkernen der Inselgruppe von Santorin, die eben so fest dem Spiel der Wogen widerstehen, als alle andern Felsarten, weil sie nicht, wie die Insel Ferdinandea und mehrere ihres Gleichen, aus losen Auswürflingen aufgeschichtet sind. —

3) Die Vulkane und ihre Entstehung.

In dreifacher Weise zeigten sich uns die emporďrängenden Gewalten des Erdinnern wirksam. Wir sahen sie einmal in den Erdbeben den Boden erschüttern, dann ihn emporheben, plötzlich und gewaltsam, wie beim Jorullo und der Küste von Chili, oder langsam und ununterbrochen, wie bei Schweden; endlich sahen wir sie die gehobenen Schichten durchbrechen, wie bei den Erhebungskratern und den aus dem Meere auftauchenden neuen Inseln. Wird bei dieser Durchbrechung der Erdschichten eine bleibende Verbindung zwischen dem Erdinnern und der Atmosphäre errungen, so entsteht ein eigentlicher Vulkan. Die Vulkane sind die Sicherheitsventile der Erde, aus denen die innere Gluth, wenn sie den höchsten Grad ihrer Spannung erreicht hat, ausbrechen und austoben kann. Sind sie verschlossen, so drohen furchtbare Verwüstungen, wie wir sie in den Erdbeben kennen lernten, den Ländern. Ueber die ganze Oberfläche der Erde sind die Vulkane verbreitet, thätige oder erloschene, wenn wir einen solchen Unterschied machen wollen, der in der Natur nicht begründet ist: denn auch der Vesuv galt zu Plinius' Zeiten für erloschen, und Viehheerden weideten in seinem Krater. Isolirt oder in Gruppen und Reihen ragen sie aus den Ebenen, selbst aus dem Meere hervor; am liebsten aber folgen sie auf dem Festlande dem durch andre größere Bergreihen vorgezeichneten Zuge. In einigen Theilen der Cordilleren und in der Auvergne bilden sie sogar die höchsten Gipfel des Gebirges, sich unmittelbar aus seiner granitischen Unterlage erhebend. Häufiger aber laufen sie den Gebirgszügen nur parallel, oder treten aus den Abhängen neben der Hauptkette hervor und folgen allen ihren Biegungen. Die mehrere Hundert Meilen ausgedehnten Vulkanreihen von Java und den Molucken, von Neuholland und Kamtschatka, die Vulkane Guatimalas, Westitaliens und der griechischen Inseln sind sprechende Beispiele. Die Nähe des Meeres scheint aber für die Vulkane keineswegs eine nothwendige Bedingung ihres Bestehens zu sein, wie man lange glaubte. Die Betrachtung der Vulkane Merico's und des Innern Asiens, des Pe-schan und Hot-scheu in der Kette des Thian-schan, wenn man chinesischen Nachrichten trauen darf, lassen sie vielmehr als einen Umstand erscheinen, der einen andern Grund haben muß. Bei näherer Betrachtung finden wir nämlich Vulkane nur dann dicht an Meeresküsten, wenn der Gebirgszug, dem sie folgen, sich ebenfalls dem Meere nähert. Hierin scheint auch die Gruppenvertheilung der Vulkane ihre Erklärung zu finden. Vulkanische Kräfte hatten das jetzt trockne Land größtentheils allmälig gehoben: darum schweigt hier ihre Thätigkeit. Sie hatten aber auch die feste Erdrinde zerrissen und aus Spalten feuerflüssige oder zähe Massen emporgedrängt, welche jetzt unsre plutonischen Gebirge bilden. In der Richtung dieser Spalten fand daher die den Vulkan emportreibende Kraft den geringsten Widerstand, darum suchte sie die Nähe der älteren Gebirge als Schauplatz ihrer schöpferischen Thätigkeit. Im Meere und in der Ebene aber fehlten solche Wegweiser den treibenden Dämpfen. Hier, wo die Erdrinde noch nicht von früheren Erhebungen gespalten war, mußte sie erst durch Dämpfe zerrissen werden, und daher stehen in den ebenen oder hügeligen Gegenden die Vulkane vereinzelt und ohne Beziehung zu den nächsten Bergketten. Daß aber auch hier die Vulkane in der Regel Reihen bilden, spricht deutlich für die Annahme ihres Emporsteigens aus linearen Spalten.

Wenn der Drang der unterirdischen Mächte mit furchtbarer Gewalt Theile des Erdbodens domförmig emportreibt, oder die gehobenen Schichten durchbricht und so nach Außen neigt, daß sie nach Innen mit steilen Felsrändern einen Kessel bilden, so entsteht ein Erhebungskrater. Eine lange gefesselte Kraft war thätig, aber sie hat sich durch die gewaltige Anstrengung erschöpft, die gehobene Masse sinkt wieder zurück und verschließt sogleich die nur für diese eine Kraftäußerung gebildete Oeffnung. Es entsteht kein Vulkan. Aber nicht immer erschöpft sich die bebende Kraft, neue Austreibungen erfolgen, aus deren Oeffnungen neue Auswurfsstoffe aus der Tiefe emporgeschleudert werden, die sich in der Caldera des Erhebungskraters ansammeln und kegelförmig aufhäufen. So entsteht der Auswurfskrater, durch dessen Mündung das Erdinnere mit der Atmosphäre communicirt. Bisweilen bleiben die Zeugen des ersten Ausbruchs stehen und umgeben den isolirten Kegelberg mit einem hohen Felsenmantel. Bisweilen ist von diesem Kranze keine Spur mehr sichtbar, und der Vulkan steigt als Kegel oder als langgedehnter Rücken, wie der Pichincha, aus der Hochebene auf. Die Caldera ist dann von den Auswurfsstoffen ausgefüllt, der Unterschied beider Krater verlöscht und der Erhebungskrater trägt den Auswurfskrater auf seinen Ringwällen. Der Kegel, welcher den Auswurfskrater trägt, ist ein aus losen Schlacken aufgeschütteter Aschenkegel von geringer Festigkeit und beständigem Wechsel in Form und Höhe. Bald erhebt sich das Gebäude mehr und mehr, bald stürzen beträchtliche Stücke zusammen, bald wird die ganze Masse von den Abgründen verschlungen, die sie zuvor bedeckte, und erst durch spätere Ausbrüche wieder aufgebaut. Dieses Schicksal traf den Aschenkegel des Aetna, der mehrere Male vollständig verschwand und einen ungeheuren Schlund ohne Brustwehr mitten auf dem kleinen Plateau, welches die zuerst gebildete Erhebung begrenzt, zurückließ. Auch der Vesuv hat bedeutende Veränderungen in seinen Umrissen erfahren. Der Leser sieht in den umstehenden Abbildungen seine Gestalt zur Zeit des Strabo und zur Zeit des Plinius nach dem berühmten Ausbruche des Jahres 79. Früher war er ein großer, weit ausgehöhlter Kegel, dessen eine Häfte als halbkreisförmiger Gürtel, die Somma, noch heute den eigentlichen Kegel des Vesuv umgiebt, welcher bei jenem Ausbruche aus seinem Krater emporstieg, während die andre Hälfte vielleicht zur selben Zeit in die Tiefe versank. Seitdem hat sich die Gestalt des Vesuv wenig verändert, und nur die Spitze des Kegels verschwindet bisweilen durch einen Einsturz, um sich bald wieder durch neue Ausbrüche zu erheben. —

Der Vesuv zur Zeit Strabo's.

Der Vesuv zur Zeit des Plinius.

Der Krater, welcher stets den Gipfel des Vulkans einnimmt, bietet in seinem Innern oft wider Erwarten nur wenig Interesse für die Beobachtung dar. Doch sind die Veränderungen des Bodens, die größere oder geringere Tiefe des Kraters oft Zeichen des nahen oder fernen Bevorstehens eines Ausbruches. Gewöhnlich sieht man nur Schwefeldämpfe aus langgedehnten Rissen des Bodens, zwischen den Blöcken eingestürzter Lavamassen oder einer Menge kleiner, aufgestiegener Kegel entweichen, die sich oft hoch über die Ränder des Kraters erheben, dann plötzlich wieder zusammenstürzen und verschwinden. Bisweilen beobachtet man Abgründe, die mit beständig entweichenden Dünsten erfüllt sind und in der Tiefe die glühende Lava sehen lassen, oder in denen dumpfe Stille und tiefes grauenvolles Dunkel herrscht, so daß sie zwar schreckenerregend sind, aber weder zur Phantasie sprechen, noch das geringste Interesse für die Beobachtung in Anspruch zu nehmen vermögen. Als einen wunderbaren, unvergeßlichen Naturanblick schildert aber Alexander v. Humboldt den Blick, den er in die ungeheuren, 15,000 Fuß tiefen Abgründe des Pichincha warf, der ihm die furchtbaren Geheimnisse dieser von keinem Sonnenstrahl erleuchteten Unterwelt mit ihren Berggipfeln und Feuerströmen in magischer Flammenbeleuchtung enthüllte. In langen Zwischenräumen zwischen den großen Ausbrüchen verschwinden oft die Spuren vulkanischen Ursprungs gänzlich, bisweilen bedecken sich die Wandungen des Kraters mit üppigem Gras- und Pflanzenwuchs, wie man noch vom Vesuv vor dem Ausbruch des Jahres 1631 berichtet. Zu andern Zeiten bietet der Krater nur offene Spalten dar, und Schlackenhügel, denen man sich gefahrlos nähern kann, ergötzen den Wanderer in jenen Tiefen durch das Auswerfen feurigglühender Massen, die auf den Rand des Schlackenkegels niederfallen, und deren Erscheinung sich regelmäßig durch kleine Erdstöße vorher ankündigt. Oft ergießt sich Lava aus offenen Spalten und kleinen Schlünden in den Krater selbst, ohne den Kraterrand zu durchbrechen und überzufließen, und selbst, wenn der Durchbruch erfolgt, fließt die neueröffnete Erdquelle so ruhig und auf so bestimmten Wegen, daß selbst in dieser Ausbruchsepoche das große Kesselthal des Kraters gefahrlos besucht werden kann.

Heutigen Tages findet man häufig in Reisebeschreibungen den Krater des Berges Kirau-Ea oder Kilau-Ea auf der Sandwichsinsel Hawaii erwähnt. Dieses reizende Paradies der Südsee gewährt durch die Beweise von der furchtbaren Thätigkeit der unterirdischen Mächte einen eigenthümlichen Anblick. Man sieht Lavaströme, welche, über jähe Berggehänge sich herabwälzend, ungeheure Stalaktiken von wunderbarer Schönheit bildeten, riesige Säulen und zu festem Fels erstarrte Feuer-Cascaden. Der seltsamste aller Vulkane, der größte der Welt, der Kilau-Ea, im Süden der Insel, ist kein Spitzberg, kein Kegel mit abgeschnittenem Gipfel; am östlichen Fuße des 13,320 Fuß hohen Feuerberges Mauna-Roa, auf einer sanftansteigenden Hochebene, 4000 Fuß über dem Meere, erscheint plötzlich, ein furchtbarer Abgrund, sein unermeßlicher Krater. Die beste Schilderung seiner Wunder und Schrecken giebt uns Steen Bille in seinem Berichte über die Reise der Korvette Galathea um die Welt in den Jahren 1845 bis 1847. Er beschreibt ihn als einen Kessel von mehr als 1000 Fuß Tiefe und 2¼—2½ deutschen Meilen im Umfange.

„Die Natur," so erzählt er, „ist hier großartig, aber düster und unheimlich. Die ganze Thierwelt scheint verscheucht zu sein aus dieser großen Einöde. Nur drei düstere Grashütten, welche eine Hawaiische Familie für die Bequemlichkeit der Reisenden am Rande des Kraters errichtet hat, verrathen die Gegenwart lebender Wesen. Auf weite Strecken hin sieht man außer einigen welken Grasbüscheln nicht das Mindeste aus der nackten, grauen, mit Bimssteinen bestreuten Erde emporkeimen. Ringsum auf der Ebene steigen Schwefel- und Wasserdämpfe aus der Tiefe empor; und nur die feuchte Umgebung dieser Spalten ist mit einer üppigen Pflanzenwelt bewachsen; wuchernde Farren dringen sogar auf den Boden solcher unterirdischen Schornsteine hinab. Und hier am Rande des Kraters auf dem Eilande der fernen Südsee begegnet das Auge des Reisenden der heimischen Erdbeere."

„Wenn man, vor den Hütten stehend," so fährt Steen Bille in seiner Schilderung fort, „in den Krater schaut, sieht man vor sich ein einziges großes, tiefes, schwarzes Loch. Das Auge wird jedoch hier auf das Wunderbarste getäuscht; man ahnt nicht die Möglichkeit, daß man 1000 Fuß über seinem Boden erhaben, noch weniger, daß man von seinem entgegengesetzten Ende eine halbe Meile entfernt sei. Mitten durch den Krater zieht sich seiner Länge nach ein schwarzer, gefurchter Rücken, den man, wenn man ihn von dieser Höhe wahrnimmt, für einen durch Menschen-

Der Krater des Kilau Ea.

hände aufgeführten Deich anzusehen versucht werden könnte; es ist aber nur der eine Arm einer 350 Fuß hohen, hufeisenförmigen Lavamasse, die als Insel mitten im Krater liegt. Am südlichsten Ende des Kraters sieht man einen dicken Rauch aufsteigen: dies ist der brennende Lavasee. Am Tage sieht man nichts als dichte Schwefeldämpfe, die sich einer Wolke gleich aus der Tiefe erheben; nur ab und zu lodert die helle Flamme zwischen den Rauchsäulen auf." Wenn es aber dunkelt, beginnt das furchtbar-prächtigste Schauspiel. Der Lavasee brennt lichterloh und wirft einen starken röthlichen Schein über die ihn rings umgebenden, finstern Felsen. Der Reisende weiß dieses Feuermeer nicht besser als mit einer großen brennenden Stadt zu vergleichen. „Nie," sagt er, „werde ich das Schauspiel vergessen, das sich uns darbot, als wir in der Morgendämmerung draußen vor den Hütten standen. Es war stilles, schönes Wetter geworden. Hoch in der Luft sahen wir die im durchsichtig-reinen Aether scharf abgezeichneten Riesenberge Mauna-Roa und Mauna-Kea, letzteren mit seinen zackigen, schneebedeckten Gipfeln, die, von der aufgehenden Sonne beleuchtet, so weit hervorsprangen, als müßten wir sie mit den Händen greifen können. Zu unsern Füßen war es noch Halbdunkel und unten im Krater finstre Nacht; hier lederte noch die klarste Flamme aus dem brennenden See auf und warf ihr Licht bis hoch an den schwarzen Lavawänden empor. Himmel und Hölle standen leibhaftig vor uns. Stumm ward unsre Bewunderung vor diesem großartigen Naturgemälde, und stumm entfällt mir jetzt die kraftlose Feder." Die Reisenden stiegen zum Boden des Kraters hinab. Sie wanderten über erstarrter Lava, die sich in Millionen Gestalten über der Tiefe aufgeschichtet hat, bald eine Ebene bildend, bald sturmbewegten Wogen gleich, als wäre es ein Strand, wo Eismassen sich aufgeschoben haben und zusammengefroren sind. Wie das Eis, umschließt auch die Lava Luftblasen, welche bersten, wenn man darüber hingeht. Dem Eise gleich wird sie nach allen Seiten von ungeheuren Spalten durchkreuzt, weil die Masse beim Erstarren nicht elastisch genug war, um der an verschiedenen Stellen ungleichen Abkühlung zu widerstehen. Weiter aber reicht das Gleichniß nicht. Dem Eise entgegengesetzt gehen hier Leben und Zerstörung Hand in Hand; und durch die aus den Spalten aufsteigenden Dämpfe gewahrt man selbst unten im Boden des Kraters die frischesten Farrenschößlinge. Endlich sieht man am brennenden See. „Man denke sich! Ein stark wogender, 1/4 Meile langer und 1/8 Meile breiter See, und dieser See nicht Wasser, sondern Feuer! — ein Schmelzofen von dieser Größe, in dem sich die geschmolzenen Metalle in flammenden Wogen wälzen! Und am Ufer dieses Feuermeers steht man ganz ruhig auf den aufgethürmten Lavablöcken und blickt die eben so großartige, wie grauenhafte Erscheinung an. Man ist nur einige Fuß von dem Rande entfernt, unter dem die Feuerwellen gegen das Ufer anstieben und in die Höhe geworfen werden, wie das Meer, das sich gegen die Steine am Gestade bricht; ein Ru, eine einzige Zuckung in der glühenden Tiefe, und die ganze Masse wird ihre Ufer überströmen und das Thal anfüllen und uns, wie Alles, was sie dort antrifft, weg spülen. Jeden Augenblick kann dies geschehen, — und doch bleibt man stehen; es ist, als ob die gegen die Sonnenstrahlen hoch emporwirbelnden Flammen, in denen die Atmosphäre dem starrenden Auge zitternd und bebend erscheint, auf Sinn und Geist bezaubernd einwirkten. Man ist an den schwarzen Stein, auf dem man steht, wie festgebannt. Man sieht mit Entsetzen — besonders an den Ufern, wo der Kampf am gewaltsamsten ist — die ungeheuren, glühenden Lavaplatten, der unwiderstehlichen Macht gleichsam erliegend, sich beugen, vom Platze weichen, sich wie Walzen langsam über einander schieben und in die feurige Tiefe hinabgleiten, die sie verschlingt, um sich im nächsten Augenblicke über ihnen zu schließen. Es ist mitten am Tage, und doch ist die geschmolzene Lava blutroth, wie im Dunkel der Nacht. Zwar bedarf es nur der Ruhe einiger Stunden, und die so eben noch glühende Masse legt sich schon träge nieder, erstarrt oder überzieht sich wenigstens mit einer matten, grauschwarzen Rinde. Allein diese Ruhe ist Täuschung. Das Feuer erstirbt hier, um dort neu aufzulodern; die Woge birst nochmals, sprüht Feuer und wirft Lavamassen empor, wie die Meereswelle den Schaum, indem sie sich wüthend über den Ocean fortwälzt. Es graut Einem unwillkürlich, denn es scheint, als müsse man unvermeidlich von der Feuerbrandung verschlungen werden, indem man sie zischend und brausend dem Strande nahen sieht; und dennoch kann man sich nicht losreißen, —

man steht wie der Vogel vor dem bezaubernden Blick der Klapperschlange."

Die furchtbare Göttin Pele, die Herrscherin der Unterwelt, sagen die Bewohner von Hawaii, bewacht ihr Eigenthum im Flammenmeer des Kilau-Ea. Obwohl sonst in jeder Beziehung eifrige Christen, haben sie den Glauben an Pele bis auf den heutigen Tag doch nicht abgelegt. Die Natur wirkt hier stärker, als die Lehre der Missionäre. Pele ist auf der Insel, sagen sie, so lange der Vulkan brennt; und daß Christus selbst nicht vermocht hat, sie zu vertreiben, gilt ihnen als der schlagendste Beweis ihrer Macht. Der Glaube an Pele wird nicht schwinden, ehe nicht der brennende See des Kilau-Ea erlischt und sein Krater mit Wald überwächst.

Wann aber dies geschehen wird, vermag kein Sterblicher zu entscheiden. Der furchtbarste Vulkan der Welt brennt unter dieser Insel, und wenn der Kilau-Ea erlischt, werden andre Punkte der Schauplatz derselben gewaltsamen Naturscenen sein. Das haben schon die Ereignisse der neuesten Zeit bewiesen. Gegen das Jahr 1840 hin hatte sich der große Krater des Kilau-Ea durch fortwährend wiederholte Ausbrüche bis über den oben erwähnten schwarzen Damm ausgefüllt. Zu Ende des Mai 1840 verwandelte sich plötzlich die ganze Oberfläche des Kraters, die jetzt nur 600 Fuß unter dem Rande lag, in einen Feuersee, dessen rasende Wogen, dem sturmbewegten Meere gleich, so entsetzlich gegen die Wand des ungeheuren Kessels anschlugen, daß große Felsstücke sich losrissen und in den Feuerschlund hinabstürzten, als erbebte die Erde in ihrem Innersten. Da brach plötzlich acht englische Meilen vom Kilau-Ea mitten in einem Walde aus einem alten, dicht überwachsenen Krater der Lavastrom hervor. Durch einen 1000 Fuß tief liegenden, unterirdischen Gang war die Lava hierher geflossen, und bald verschwand sie auch von Neuem in unterirdischen Kanälen, nur hier und da aus einem alten Krater vorbrechend oder eine Thalschlucht ausfüllend. Endlich bricht der Strom nach einer letzten unterirdischen Wanderung hervor, gleich einem Flusse, der seine Ufer überschwemmt und Wälder und Pflanzungen mit sich in die See rollt, und über einen 40—50 Fuß hohen Abhang springend, stürzt er sich mit entsetzlichem Getöse unter tausend infernalischen Tönen in die Tiefe hinab. Ein aus geschmolzenen Mineralien bestehender Fluß, breit und tief wie der Niagarafall, von dunkelblutrother Farbe, ein rasender, funkelnder Feuerstrom im Kampf mit dem Ocean! Die brennende Lava zerstob, indem sie das Wasser berührte, in Millionen von Atomen und fiel, durch die Luft zurückgeworfen, als Flugsand über die ganze Gegend her. Die Küste erweiterte sich eine Viertelmeile in See, und es entstand ein sandiger Strand mit einer neuen Landspitze, aus der sich drei Hügel von 200 — 300 Fuß erhoben. Drei Wochen lang floß der Strom in das Meer, an seinem Sturze eine halbe englische Meile, oberhalb 4 — 5 Meilen breit und 10 — 200 Fuß tief. Könnte man sich den Mississippi in flüssiges Feuer, in eine geschmolzenem Eisen ähnliche Masse verwandelt denken, die sich bald schnell, bald langsam vorwärts bewegte, bald zu einem See ausdehnte, bald durch einen engen Paß brauste oder sich durch mächtige Urwälder und Wüsten schlängelte, — dann hätte man vielleicht eine Vorstellung von dem Schauspiel, das sich hier darbot. Nacht war in Tag verwandelt; 100 Meilen weit sah man das Licht der Insel Hawaii, und 40 Meilen weit las man um Mitternacht gedruckte Schrift.

Im Jahre 1843 brach ein neuer Vulkan aus am Abhange des Mauna-Roa in einer Höhe von 13,000 Fuß. Große Säulen flüssigen Feuers wälzten sich hervor und rollten in einem breiten brennenden Strom an den Seiten des Berges herab. Bald brach auch aus tiefer liegenden Punkten die Lava durch und erfüllte die Thäler mit einem Feuersee.

Die Höhe der Vulkane ist von großem Einfluß auf die Häufigkeit ihrer Ausbrüche, so daß diese bei den niederen weit zahlreicher erfolgen, als bei den höheren. Das ist ganz natürlich; denn angenommen, der Heerd zweier Vulkane, von denen der eine viermal höher ist als der andere, liege in gleicher Tiefe, so gehört eine größere Kraft dazu, die geschmolzenen Massen zu viermal größerer Höhe zu erheben. Während daher der niedrige Stromboli, dessen Kegel unmittelbar aus dem Meere nur 2175 Fuß aufsteigt, rastlos arbeitet und schon seit den Zeiten homerischer Sagen den Seefahrern des Tyrrhenischen Meeres zum leitenden Feuerzeichen ward, während der 3637 Fuß hohe Vesuv fast kein Jahr ohne Ausbrüche vergehen läßt, schweigt der 10,200 Fuß hohe Aetna oft lange Jahre, und der 17,890 Fuß hohe Bergriese Cotopari kann sich oft in Jahrhunderten zu keinem Ausbruche ermannen.

Wenn aber dennoch bisweilen, wie es scheint, gegen alles Gesetz, der höhere Vulkan seine Feuerströme ausgießt, während der niedere Nachbar, mit dessen vulkanischem Heerde er in enger Verbindung steht, unthätig ruht, so müssen wir bedenken, daß in niedrigen Vulkanen jener Verbindungskanal oft eine Zeit lang durch Einstürze oder erkaltete Massen verschlossen sein mag, so daß ihre Ausbrüche seltner werden, ohne daß sie darum dem Erlöschen näher sind. Aus ähnlichen Gründen ergießt sich die Lava nicht immer aus dem Krater selbst, sondern meist aus Seitenspalten an Stellen, wo die Bergwände den wenigsten Widerstand leisten; und es ereignet sich dann bisweilen, daß dort Auswurfskegel aufsteigen, welche die Richtung der Spalte bezeichnen. Auch die Hornitos des Jorullo sind solche in Gruppen zusammengedrängte Auswurfskegel. —

Die äußerlich sichtbare Entflammung des Vulkans, der Ausbruch, gehört unstreitig zu den großartigsten Schauspielen der Natur, und wiederholt sich doch immer mit denselben Erscheinungen, nur bald mit größerer, bald geringerer Heftigkeit. Im Allgemeinen bestehen diese im Aufsteigen von Rauch, Wasserdampf und Feuersäulen, im Ergusse von Lava und im Auswerfen einer ungeheuren Menge von Asche, mit kleinen und größern Steinen gemischt, wozu noch die sie begleitenden oder mit ihnen wechselnden Erdbeben kommen. Schon oft sind solche vulkanische Ausbrüche in Schriften und öffentlichen Blättern in ergreifender und umfassender Weise geschildert worden, so daß ich einer ausführlichen Beschreibung überhoben bin.

Kein Maler vermag das glänzende Schauspiel wiederzugeben, das die Natur im brennenden Berge vorführt. Der Leser erwarte in der beistehenden Abbildung auch nur die schwachen Umrisse dieser Erscheinung. Eben so wenig sind Worte im Stande, nur annähernd den Eindruck hervorzubringen, welchen die unmittelbare Anschauung der Erscheinung selbst verursacht. Darum versuche ich es nur, die einzelnen Züge dieses großartigen Naturgemäldes der Phantasie des Lesers vorzuführen. Ehe der innere Drang seine höchste Spannung erreicht hat, ehe sich die Lippen der Erde öffnen, verkünden nur schwache Erschütterungen und häufiger dem Krater entsteigende, sich in bunten Wirbeln kräuselnde Dampf- und Rauchsäulen, in Italien Fumarolen genannt, den Anfang des schauerlich-schönen Schauspiels. Wie ein düstrer Vorhang entzieht eine schwere Gewitterwolke den Schauplatz der furchtbaren Naturgewalten dem Blicke des Zuschauers. Ein Zauberschlag zerreißt den Vorhang. Unter donnerndem Getöse und furchtbaren Erschütterungen des

Oeffnung des Kraterschlundes.

Erdbodens erhebt sich aus dem schlummernden Krater eine riesige Dampfsäule, rings umspielt von wirbelnden, weißen Dunstwölkchen, in der Mitte aber verdunkelt durch dichte Aschenmassen, die sich hoch oben gleich schweren Gewitterwolken ballen, und dem Ganzen das Ansehen einer riesigen Pinie gewähren. Plötzlich brechen Flammen aus dem Schlunde hervor und erleuchten prachtvoll die dunkle Säule. Mit donnergleichem Knall steigen glühende Steinmassen raketengleich in die Lüfte, zerplatzen strahlenförmig und fallen in leichten Bogen prasselnd, in Funken zerstiebend, auf die Kraterwände nieder. Aufs Neue erdröhnt der erschütterte Boden, Donner folgt auf Donner, prasselnd steigen neue Feuerklumpen auf; es erhebt sich im Innern des Kraters die glühende Lavamasse. Schon schwillt sie zum Rande des Kraters heran, schon schlängeln sich Flammenbäche an den Wänden des Kegels herab, da plötzlich berstet unter dem gewaltigen Drucke mit furchtbarem Krachen die Kraterwand, und hoch aufsprudelnd ergießt sich der verheerende Strom in die blühende Ebene. Das Ende des Unheils ist gekommen, in dunkle Nacht verhüllt eine neu aufwirbelnde Aschensäule die grause Zerstörung, und Dörfer und Städte begräbt auf ewig das fallende Laub der furchtbaren Pinie unter seiner düstern Trauerdecke.

3) Die vulkanischen Produkte.

Wir wollen jetzt den Ausbruch in seinen Einzelheiten, besonders in Hinsicht auf seine vulkanischen Produkte, betrachten. Den Mittelpunkt dieser prachtvollen Erscheinung bildet jedenfalls die hohe Feuersäule, welche der pinienförmigen Ausbreitung der Aschenwolke gleichsam als Stamm dient. Woher rührt die räthselhafte Flammenbeleuchtung dieser selbst von Sturmwinden nicht bewegten Feuergarbe? Ist es ein bloßer Lichtschein, oder sind es wirklich Flammen brennender Massen? Einst herrschte ganz allgemein das Vorurtheil, die vulkanischen Ausbrüche seien nur großartige Feuersbrünste, genährt, wie das Feuer auf unsern Heerden, wie die Erdbrände unserer Steinkohlenflötze, durch unterirdische Brennstoffe. Bald war es Erdpech, bald Schwefelkies, bald ein feuchtes Gemenge von fein zertheiltem Schwefel und Eisen, das man ja künstlich zu ähnlichen Erscheinungen bringen konnte, bald phosphorhaltige Massen, bald die leicht entzündlichen Metalle der Alkalien und Erden, welche man, durch Selbstentzündung oder durch den elektrischen Funken entflammt, als die Ursachen der vulkanischen Erscheinungen bezeichnete. Humphry Davy war der Letzte, der in geistreicher Weise solche Hypothesen aufstellte, aber er selbst entsagte schon seiner kühnen Dichtung, da er erkannte, daß die große Dichtigkeit der Erde eine Masse so leichter Körper, wie die der alkalischen Metalle, im Innern nicht zulasse. Man suchte daher eine andre Erklärung, und glaubte nun den Brennstoff in dem Wasserstoffgase zu finden, welches aus dem Wasserdampfe entwickelt werde, welcher den Ausbruchserscheinungen vorangeht oder sie begleitet, und welcher, wenn er durch die feuerflüssigen Massen der Lava hindurchgeht, augenblicklich wie das Wasser im glühenden Flintenlauf, zersetzt werde. Pfeilschnell steige dann das freigewordene Wasserstoffgas in die höheren Regionen empor, und da es die zur Verbindung mit dem Sauerstoff der Luft erforderliche Wärme noch mit sich führe, bringe es die Flamme der Feuersäule hervor.

Selbst Leopold von Buch stimmt dieser Hypothese bei, wonach sich nicht im Innern des Vulkans, sondern erst beim Ausbruch des Wasserstoffs in die Atmosphäre die Flamme entwickle. Als Beweis dafür führt er die furchtbaren Detonationen an, wenn plötzlich das selbst durch die flüssige Lava entweichende Gas sich vom Sauerstoff der Atmosphäre auf allen Seiten umgeben sieht, den stets erneuerten Donner, wenn die Gewalt der abfließenden Lava auf Augenblicke den aufsteigenden Gasstrom gehemmt hat, den Knall endlich, der jedes Aufsteigen großer Flammen begleitet. Selbst bis in die finstern Höhlungen sucht der Sauerstoff seinen Gegner auf, seine mächtige Kraft sprengt sie, und fürchterlich hört man dann den Donner durch das Innere des Berges wiederhallen. Freilich soll nur bei sehr gewaltsamen Ausbrüchen der Wasserstoff sich ausscheiden, während die bei minderer Erhitzung erfolgenden Erhalationen nur in Dampf verwandeltes Wasser, kein zersetztes liefern. Untersuchungen haben noch kein freies Wasserstoffgas gezeigt. Wenn sich aber Wasserstoff bei dem Ausbruch der Lava entwickelt, wie groß muß seine Maße sein, wenn ein Lavastrom wie in Island viele Quadratmeilen Landes mehrere Hundert Fuß hoch bedeckt? Und wo bleibt dann der andre Theil der atmosphärischen Luft, der Stickstoff, der ja doch auch frei würde, wenn man ein solches Ein- und Ausathmen des Erdkörpers annehmen wollte? Gewiß kann eine so allgemein und tiefwirkende, in so weite Fernen sich fortpflanzende Thätigkeit, wie die der Vulkane, nicht in der chemischen Verwandtschaft so beschränkter, örtlicher Stoffe ihren Urquell haben. Auch dürfen wir in jener flammenden Feuersäule nicht blos glühende Steine und Sand erblicken, in so dichter Menge gedrängt, daß sie wie Flammen leuchten. Denn unbegreiflich wäre es, wie jene glühenden Auswürflinge der Vulkane, die nach dem Auswurfe so schnell erkalten, und wenn sie auch nur einen kleinen Bogen in ihrem Falle beschrieben haben, doch schwarz und nicht glühend zu Boden sinken, bis in eine Höhe von mehrere Tausend Fuß eine solche Lichtstärke behalten sollten, daß sie der vorurtheilsfreie Beobachter mit einer Flamme vergleichen könnte. Die einzige Erklärung, welche uns noch übrig bleibt, möchte sich vielleicht ergeben, wenn wir in jener ungebeugt dem stärksten Sturmwind trotzenden Feuersäule nur den Widerschein der im Krater sich hebenden, glühenden Lava erblicken. Damit stimmt auch die Beobachtung überein, daß sich die Flammen oft ganz in den umhüllenden Dunstmassen verlieren, und nur die gewölbten Ränder ihrer Wirbel noch mit glühendem Saume gemalt werden. Jede platzende Dampfblase schleudert die verschlackte Lavadecke in die Luft und entblößt so die lebhaft glühende Oberfläche, deren rothes Licht auf den Dampfwolken und der emporgeschleuderten Schlackengarbe widerstrahlt. Rohe Anschauung nur konnte lodernde Flammen aus dem Vulkan emporschießen sehen, wissenschaftliche Beobachter sahen sie nicht. Freilich hat man zwischen den Ausbrüchen selbst auf dem Vesuv, wie auf dem Aetna, theils in dem Krater selbst, theils auf den seitlichen Abhängen des Aschenkegels kleine Flammen mit zischendem Geräusch aus Spalten hervorbrechen sehen, welche aus brennendem Schwefelwasserstoff- oder Kohlenwasserstoffgase bestanden. Jedenfalls sind indeß, wenn auch bei den größern Ausbrüchen solche brennbare Gase ins Spiel kommen sollten, dieselben doch in zu unbedeutender Menge vorhanden, als daß man aus ihnen die Feuergarbe ableiten könnte, welche sich aus dem Krater des Berges zu erheben scheint.

Wenn aber auch jene Lichterscheinung vorzugsweise auf den Widerschein der glühenden Massen gegründet ist, welche durch die Explosion der Wasserdämpfe entblößt werden, so ist doch jene geballte Dampfwolke der Sitz noch ganz andrer Lichterscheinungen, die nur einer bedeutenden elektrischen und chemischen Thätigkeit zuzuschreiben sind. In jener vulkanischen Wolke zeigen sich die elektrischen Phänomene in ebenso großartigem Maaßstabe entwickelt, wie in den Gewitterwolken, und darum nennt sie Humboldt vulkanische Gewitter. Beständige Blitze und immer rollender Donner sind von den heftigsten Gewitterregen begleitet, welche wolkenbruchartig herabstürzen und oft weit bedeutenderen Schaden in der Umgebung der Vulkane anrichten, als die von dem Berge ausgespieenen Aschen- und Schlackenmassen. Selbst die den Gewittern eigenthümlichen Hagelschauer bleiben nicht aus; Hagelkörner begleiten oft den Aschenregen, deren Kern von kleinen Steinen gebildet wird. An den Abhängen der meisten Vulkane zeigen sich tiefe Rinnen und Gräben, welche von diesen verheerenden Gewitterregen eingerissen wurden, und viele sogenannte Ausbrüche von Schlamm und Wasser sind nur so zu erklären, daß der Gewitterregen lose Asche, Schlacken und Gerölle wegschwemmte und in das bewohnte Land hinabriß. Die Erklärung liegt nahe. Jetzt wissen wir, daß der einer Dampfmaschine entströmende Wasserdampf ungemein große elektrische Funken erzeugen kann, daß er eine der stärksten Elektricitätsquellen und darum oft die Ursache des Zerspringens der Dampfkessel ist. So geschieht es auch bei jenem heißen Wasserdampfe, welcher während des Ausbruchs aus dem Krater aufsteigt und beim Erkalten ein Gewölk bildet, von dem die riesige Aschen- und Feuersäule umgeben ist. Die plötzliche Verdichtung dieser Dämpfe, die Bildung einer ungeheuren Wolke erhöhen die elektrische Spannung bis zur Entladung. So wirken auch hier die kosmischen Kräfte im Verein: Wärme, Licht und Elektricität, sie alle tragen dazu bei, die grauenhafte Pracht dieses Schauspiels zu steigern.

Jene Schlammströme, die ich erwähnte, sind aber nicht immer Erzeugnisse der Gewitterregen. Auf jenen hohen, mit ewigem Schnee bedeckten Vulkanen der Anden oder den eisigen Feuerbergen Islands schmilzt oft der Schnee durch die innere Wärme schon vor dem Ausbruche, und so gesellt sich zur Feuersnoth noch die durch Wasser. Nicht blos Erdbeben, auch Fluthen des geschmolzenen Eises und Schnees künden den Ausbruch der isländischen Vulkane, des Oeraefa Joekul, des Catlaggia, des Hekla und Krabla an. Eismassen selbst senken sich herab, ehe der Auswurf von glühender Asche und Steinen den Himmel Tage lang verdunkelt. Gegen die Auswurfsmasse wissen sich die Menschen noch zu schützen; aber gegen das siedende Wasser ist kein Schutz zu finden, gar Mancher wird überrascht und im eigentlichen Sinne gesotten. Eine vier Meilen breite Fluth, welche mächtige Eisblöcke und darin sitzende Felsstücke fortwälzt, bedeckt oft das Land vom Berge bis zum Meere hin In den Anden werden aber diese furchtbaren Ueberschwemmungen des plötzlich geschmolzenen Schnees noch Veranlassung zu einer ganz eigenthümlichen Erscheinung, indem ihr Wasser ununterbrochen durch die Spalten des Trachytgesteins durchsickert und Höhlungen, die sich an den Abhängen der Feuerberge befinden, allmälig in unterirdische Wasserbehälter verwandelt, welche mit den Alpenbächen des Hochlandes von Quito vielfach communiciren. Durch mächtige Erdstöße, welche stets vor den Ausbrüchen die ganze Masse des Vulkans erschüttern, werden jene unterirdischen Gewölbe geöffnet, und es entstürzen ihnen gleichzeitig Wasser, tuffartiger Schlamm und Fische, Brennadillas oder Pimeloden genannt, die das Dunkel jener Höhlen bewohnen. Meilenweit werden oft die Felder von diesen Schlamm- und Fischauswürfen bedeckt, welche ringsum Unfruchtbarkeit und Krankheiten verbreiten. Am berüchtigtsten sind durch diese Erscheinungen die Vulkane Imbaburu und Carguairazo, dessen Gipfel im Jahre 1698 zusammenstürzte.

Nöthigt uns nun die neuere Wissenschaft, den Urquell aller vulkanischen Erscheinungen in einer allgemeineren Kraft, in der inneren Wärme zu suchen, welche unsre Erde schon ihrer Bildung im Weltraume durch Zusammenballen und Verdichten dunstförmiger Stoffe verdankt, so sind wir wohl auch berechtigt, gleichsam vermöge einer phantastischen Ahnung, die Vulkane als unregelmäßige Quellen zu betrachten, welchen eine flüssige Masse von Erden und Metallen sanft und still entfließt, wenn sie durch den mächtigen Druck der Dämpfe an die Oberfläche gehoben werden. Aber was sind nun das für Stoffe, die aus diesen Quellen hervorströmen? Wir wollen sie einzeln näher betrachten. Im Allgemeinen sehen wir aus dem vulkanischen Boden emporsteigen: Luftarten oder Rauch, Asche und Steine, und endlich glühend-flüssige Lava.

Am auffallendsten erscheint uns wohl die oft zu einer Höhe von 10—12,000 Fuß emporgeschleuderte Rauch- und Dampfsäule, deren wesentlichster Theil der Wasserdampf ist, der allen Ausbrüchen vorangeht, vielen Vulkanen aber auch beständig im Zustande der Ruhe entströmt. Wahrscheinlich ist das Wasser, welches diese Dämpfe liefert, zum großen Theil atmosphärischen Ursprungs, wie das der Quellen, anderntheils aber auch Meereswasser. Die frühere Annahme jedoch, daß es nur Meerwasser sei, welches einen Zugang zu dem vulkanischen Heerde gefunden habe, wird durch diejenigen thätigen Vulkane widerlegt, welche vom Meere entfernt, im Innern Asiens sogar 200 Meilen von jeder Küste liegen, so daß das Meerwasser unmöglich zu ihnen gelangen kann. So lange der vulkanische Rauch eine weißliche Farbe besitzt, ist er reiner Wasserdampf, wie er bei niederer Erhitzung und im Zustande schlummernder Thätigkeit der Vulkane ausgehaucht wird. Bei größeren Hitzegraden dagegen, wo selbst festere Stoffe in Dampf verwandelt werden, enthalten die Wasserdämpfe auch andre Gase, Wasserstoff, Kohlensäure, mit Schwefel- und Salzsäure gemischt, und Schwefeldämpfe, welche sich aber leicht und schnell durch ihren eigenthümlichen Geruch und durch ihre erstickenden und zerstörenden Einflüsse auf die Vegetation verrathen. Diese Ausbauchungen von Dämpfen oder Luftquellen zeigen auch ihre verändernden Einwirkungen auf die Erdoberfläche, indem sie Gesteine zersetzen und entfärben. —

Wo schweflige und schwefelsaure Dämpfe ausströmen, da geht der Krater vom Vulkan in den Zustand einer Solfatara über. Berühmt ist als solche die von Pozzuoli am Vesuv, mit dessen vulkanischem Heerde sie in naher Verbindung steht; denn so oft der Vesuv in Thätigkeit ist, ruht jene Solfatara, und ein niedersteigender Luftstrom zieht durch ihren Schlund hinab; ruht dagegen der Vulkan, so haucht die Solfatara Rauch und Dämpfe aus. Jeder Vulkan hat eigentlich seine Solfatara bald ferner, bald näher, oft sind sie in den Kratern schlummernder Vulkane selbst entstanden, wie auf dem Vulkano, am Jorullo und Pichincha. Auch haben sie wohl Ausbrüche, aber nie Lava-Ergüsse. — Wenn die schwefelhaltigen Dämpfe in die Luft ausströmen und erkalten, so verdichtet sich der Schwefel und überzieht pulverförmig die Ränder von Spalten und Rissen, oder füllt sie aus und bildet unermeßlich reiche Schwefelgänge. Die schwefelsauren Dämpfe sind aber wohl auch die erzeugenden Ursachen andrer Stoffe, sie verwandeln den Kalk in Gyps und Alabaster, die Thonerde in Alaunstein. —

Seltner als schweflige Dämpfe sind die salzsauren, die sich durch schneeweiße Farbe und stechenden Geruch kenntlich machen. Auch sie verwandeln ihre Umgebung, erzeugen Kochsalz und Salmiak oft in ungeheuren Mengen. Am Vesuv wird das vulkanische Salz eine Quelle des Erwerbs für die ärmere Volksklasse, und bei den Ausbrüchen des Hekla in Island wurden ganze Wagen desselben fortgeführt. Der Salmiak wird außer vom Vesuv in unermeßlicher Menge von den Vulkanen im Innern Asiens producirt, über deren Kratern man eigne Hütten zur Abkühlung der Dämpfe erbaut hat. —

Die letzte Spur der Lebensthätigkeit eines sterbenden Vulkans ist das Aushauchen von Kohlensäure. Sie entströmt oft noch Orten, die vor vielen Jahrtausenden der Schauplatz vulkanischer Thätigkeit waren, auch in Deutschland, im westlichen Böhmen, in den tief eingeschnittenen Thälern der Eifel, im Kesselthale bei Wehr und am Laacher See. In Italien sind diese Ausströmungen kohlensauren Gases besonders häufig, und man nennt dort solche Oerter Mofeten, wegen ihres verderblichen Einflusses auf den thierischen und menschlichen Organismus. Wochen, oft Monate lang nach den Ausbrüchen des Vesuv erscheinen die Mofeten im ganzen Umkreis desselben, auf Feldern, in Gärten und Weinbergen, vorzüglich aber in Kellern steigen diese feindlichen Luftquellen auf: und wenn letztere längere Zeit verschlossen waren, so ist die Menge von Kohlensäure oft so groß, daß eintretende Personen vor Betäubung sofort bewußtlos niederstürzen. Am berühmtesten ist die Hundsgrotte bei Neapel, am berüchtigtsten aber und selbst den Eingebornen ein Gegenstand des Grauens ist das Gift- oder Todesthal auf Java, eine längliche Schlucht von $^1/_2$ Meile im Umfang und einigen 30 Fuß Tiefe, völlig eben, ohne alle Vegetation am Boden, überall mit Skeletten von Menschen, Tigern, wilden Thieren und Vögeln aller Art bedeckt, alle so weiß wie Elfenbein gebleicht. Merkwürdiger Weise zeigt der Boden dieses Thales, der aus einer harten, sandigen Substanz besteht, nirgends aus der Entfernung wahrnehmbare Risse oder Spalten, denen die verderblichen kohlensauren und schwefligsauren Dämpfe entweichen könnten.

Solche Oerter sind die Brandstätten der Vorwelt, die uns noch die letzten Regungen vulkanischer Thätigkeit offenbaren. Ihnen entquellen unerschöpfliche Mengen von Gasen, und doch erleidet die Atmosphäre, in die sie übergehen, keine Veränderung. Freilich mögen einst bei höherer Erdwärme mächtigere Processe gewirkt haben, und dann ist wohl auch die Atmosphäre reicher an Wasserdampf und Kohlensäure gewesen. Sind aber diese Gase, wie wir wissen, die Nahrungsstoffe der Pflanzenwelt, so konnte wohl auch in jener immer warmen, immer feuchten, mit Kohlensäure übersättigten Lufthülle jene junge Pflanzenwelt zu einer so üppigen Fülle und Entwicklung ihrer Organe gelangen, daß noch ihre Ueberreste die unerschöpflichen Lager der Steinkohlen bilden konnten. In England, Frankreich, Belgien, am Niederrhein und in Oberschlesien sind jene reichen Schätze aufgespeichert, die noch heut den Wohlstand der Völker begründen. In jener Urzeit allgemein verbreiteter vulkanischer Thätigkeit entquollen auch wohl dem Schooße der Erde jene ungeheuren Mengen von Kohlensäure, welche die mächtigen Kalkgebirge in sich aufnahmen. So zehrten die Gebirgsmassen und die Vegetation der Vorwelt im Verein an der Kohlensäuremenge des Luftkreises und reinigten ihn so, daß nur der geringe Gehalt übrig blieb, welcher der jetzigen Organisation der Thierwelt unschädlich ist. —

Es giebt noch eine andre Gasart, welche bisweilen aus der Erde aufsteigt, das Wasserstoffgas. Man nennt solche Orte Gasvulkane, weil oft mehrere Fuß hohe Flammen aus ihnen hervorbrechen. Wir kennen dergleichen in Italien bei Pietra mala, in Frankreich unweit Grenoble, in Ungarn bei Klein-Saros, am meisten aber und seit den ältesten Zeiten bekannt sind die ewigen Feuer auf der Halbinsel Abscheron bei Baku. Dort ist das brennbare Gas so reichhaltig vorhanden, daß es aus jedem in die Erde gemachten Loche hervorquillt, am häufigsten aber aus einem dürren, steinigen Kalkboden aufsteigt, wo einst ein alter Tempel stand, der von zwölf Priestern der feueranbetenden Parsen bedient ward. Zwei □ Meilen beträgt die Strecke, welche das Wasserstoffgas aushaucht und auch durch ihren Reichthum an Naphtha und Bergöl die Spuren früherer und anscheinend noch fortdauernder vulkanischer Thätigkeit zu erkennen giebt. Aehnliche Gasvulkane findet man in Kurdistan, Bengalen, am Eriesee bei Newyork, wo man das Gas sammelt und zur Gasbeleuchtung benutzt, und in China, wo es artesische Brunnen sind, Feuerbrunnen, wie man sie nennt, die man oft 3000 Fuß tief in die Salzwerke eintreibt, um das aufsteigende brennende Gas zum Heizen der Salzpfannen zu benutzen, nachdem man es durch Fackeln entzündet hat. — Räthselhafter noch, als diese Feuer sind diejenigen, welche man zuweilen in Ungarn, Cumana, besonders aber auf der schon genannten Halbinsel Abscheron und am Ostabhange des Kaukasus beobachtet; und es ist noch gar nicht ausgemacht, ob man auch sie zu den vulkanischen Erscheinungen zählen darf. Nach warmem Regen, bei schwüler Luft stehen zuweilen die Felder bei Baku in vollen Flammen, bald scheint es, als rolle das Feuer in großen Massen vom Berge herab, bald steht es unbewegt. Dennoch zündet und versengt dies Feuer kein Gras, es wärmt nicht einmal, und doch sieht man es deutlich und unterscheidet seinen bläulichen Schein. Bei trocknem Ostwinde kennt man dies Phänomen nicht. In dunklen und warmen Nächten erhellt es die Ebenen, aus denen die Bergspitzen dunkel emporragen; in hellen Nächten verschwindet das Feuer in der Ebene und erleuchtet die Bergspitzen des Kaukasus, vor allem den Sughduku, den Berg des Paradieses. Die Thiere der Karavanen fliehen erschreckt vor diesem unheimlichen Feuer, die Menschen sinken in Bewunderung und Anbetung nieder vor dieser heiligen Pracht der Natur. —

In einigen Vulkanen sind in dem Wasserdampfe so reichliche Mengen von Salz- und Schwefelsäure enthalten, daß er dadurch förmlich ätzend und zerstörend auf die Gesteine wirkt. Dann werden oft ungeheure Massen dieser zersetzten Gesteine in Gestalt von Schlammströmen ausgeworfen. Man nennt solche Vulkane Schlammvulkane oder Salsen, weil das Wasser gewöhnlich Kochsalz enthält.

Die Natur dieser Salsen ist aber eine so verschiedenartige, und sie sind mit so vielen Erscheinungen verwandt oder verbunden, daß eine allgemeine Beschreibung nicht möglich wird. Die bekanntesten Salsen sind die Siciliens und Italiens. Hier steigen aus kleinen Schlammkegeln oder Schlammteichen von Zeit zu Zeit Gasblasen von Kohlenwasserstoffgas oder Naphthadämpfen auf, welche an der Oberfläche zerplatzen und den Schlamm in die Höhe werfen. Nur selten wird dieser ruhige Gang durch stärkere Ausbrüche bei vermehrter Gasentwicklung unterbrochen, die von Erdbeben und unterirdischem Donner angekündigt, von furchtbarem Krachen begleitet, gewaltige Schlamm- und Steinmassen emporwerfen und den Boden mehrere Fuß hoch weit umher bedecken. Die größte Salse auf Sicilien ist die von Macaluba nördlich von Girgenti, ein flach gewölbtes Plateau von 100 Schritt ins Gevierte. Schon hier zeigt sich die Verwandtschaft der Salsen mit den Naphthaquellen unverkennbar. Nicht allein, daß das salzige Wasser der Macaluba zugleich Bitumen mit sich führt, so fließt auch in der Nähe von Girgenti seit ältester Zeit eine Naphthaquelle. Wichtiger noch erscheinen die Salsen von Toscana und Modena. Die Salse von Sassuolo bei Canossa, berühmt durch ihren gewaltigen Ausbruch im Jahre 1790, bei welchem Kalkblöcke von mehr als 30 Kubikzoll 20 Fuß weit geschleudert wurden, hat den Boden in einem Umfange von $^1/_4$ deutschen Meile viele Fuß hoch mit Schlamm bedeckt. Die Salse von Maina zwischen Parma und Bologna zeichnet sich durch ihre vulkanische Kegelform aus. Die Lagoni oder Fumacchi in Toscana endlich verdienen als Quellen des Reichthums besondere Aufmerksamkeit. Hier entsteigen dem Boden aus zahlreichen Sümpfen und Schlammseen heiße Dämpfe, welche Schwefelwasserstoff, Naphtha, vorzugsweise aber Borsäure enthalten. Einst war diese Gegend der Gegenstand des Schreckens und Grauens. Emporsteigende Dampfsäulen erschreckten schon aus der Ferne, und die Annäherung steigerte das Ergreifende des Anblicks. Das geheimnißvolle Brausen unter den Füßen, die von Schwefeldämpfen erfüllte Atmosphäre, das brennendheiße, von jeder Vegetation, jedem Leben geflohene Erdreich, das Sprudeln des siedenden Wassers, der zitternde Boden, Alles das erfüllte den Beschauer mit unheimlichem Grauen. Die düstre Phantasie und der Aberglaube der Vorzeit wähnten hier die schreckliche Höllenpforte zu finden. Der Gewerbfleiß der Gegenwart fand darin die Quelle des Gewinns. Man leitete Wasser herbei und legte künstliche Lagunen an, man benutzte die aufsteigenden heißen Dämpfe zum Sieden und Verdichten des borsäurereichen Wassers und zieht aus der so gewonnenen Borsäure einen jährlichen Gewinn von fast einer Million Franken.

Verschieden von diesen Salsen durch die ausgestoßenen Gasarten, aber ganz ähnlich in den äußeren Erscheinungen und wohl auch im Ursprunge sind die Vulcanitos von Turbaco bei Carthagena in Neu-Granada, welche die umstehende Abbildung zeigt. Auch hier zeigen sich auf einem von aller Vegetation entblößten Boden mitten im Walde zahlreiche flache Kegel von graulich-schwarzem Thon, aus deren Kratern periodisch und von dumpfem Getöse begleitet Luftblasen so heftig aufsteigen, daß sie das Wasser und den Schlamm, womit sie angefüllt sind, hoch emporschleudern. Das Gas aber, dessen täglich mehr als 3000 Kubikfuß aufsteigen, soll reines Stickgas sein*). Die meisten Schlammvulkane stehen in

Die Vulkanitos von Turbaco in Neu-Granada.

Verbindung mit brennenden Gasvulkanen oder Naphthaquellen, wie es schon die Nachbarschaft der letzteren bei der Salse von Macaluba, der Naphthagehalt ihrer Dämpfe und die Feuer des Appenin bei Pietramala und Barigazzo in der Nähe der modenesischen und toskanischen Salsen verrathen. Deutlicher tritt diese Verwandtschaft auf der durch ihre Asphaltlagunen berühmten Insel Trinidad hervor. Auch hier erheben sich auf dem Gipfel eines Thonhügels Schlammkegel, denen Schwefelwasserstoffgas und alaunartiger Schlamm entquillt. Der merkwürdige See selbst liegt in der Nähe des Dorfes de la Brave, welches selbst auf Asphaltboden erbaut ist, und dessen Häuser bisweilen einsinken. Eine Straße, welche zum See führt, läuft theils durch öde, theils durch reich mit tropischen Früchten angebaute Ebenen, da die Bäume in der dünnen Stauberdeschicht,

---

*) Sagen erzählen, daß hier einst an einer sumpfigen Stelle, in der Mitte eines Palmenhaines, das unterirdische Feuer gewüthet habe. Durch häufige Besprengungen mit Weihwasser aber, so glauben die bigotten Kreolen, sei es den frommen Priestern gelungen, die unterirdische Gluth zu löschen und den Feuervulkan in einen Wasservulkan zu verwandeln.

welche das Erdpech bedeckt, sehr gut fortkommen. Wo der Boden nicht von der Vegetation bedeckt ist, ist das Pech weich und fast flüssig. Der See selbst ist ohne alle Vegetation, nur hie und da versucht ein krüppelhafter Baum aufzuschießen. Der Anblick dieser Fläche gleicht fast einem marmorirten Papier; eine unzählige Menge von Kanälen schlängelt sich durch die Pechflächen, deren einige platt und eben, andre leicht hüglig von 3—100 Fuß im Umfang sind. Das zwischen dem Pech laufende Wasser ist ungemein rein und klar, und Wäscherinnen kommen oft meilenweit her, es zu benutzen, da seltsamer Weise das Wasser in der weiteren Umgebung des Sees dunkelgrün und von unangenehm salzigem Geschmack ist. Zahlreiche Fische, selbst Alligatoren leben in dem Wasser des Sees, und Vögel legen ihre Eier unmittelbar auf den Asphaltboden.

Die Heimath eigentlicher und großartiger Schlammvulkane sind die Halbinseln Kertsch und Taman am Asowschen Meere, die Halbinsel Abscheron am Kaspischen See und die Insel Java. Nur diesen Vulkanen kommen Flammenerscheinungen zu, wie man sie bei Ausbrüchen andrer Salsen bemerkt haben will. Ihre Ausbrüche gleichen denen der Feuerberge. Tagelang anhaltendes Getöse, meilenweite Erderschütterungen verkündigten in den Jahren 1835 und 1839 die Thätigkeit der Vulkane von Taman und Baku. Schwarze Erde wurde ausgeworfen und bedeckte weithin die Umgebung 30 bis 40 Fuß hoch, Flammen stiegen auf, und dicker, schwarzer Rauch bildete bei Erhebung der Salse von Jokmali bei Ballichli im Jahre 1839 eine hohe Säule; lavaähnliche Massen ergossen sich, und der Boden zerriß in zahllose Spalten. Die mächtigen Asphaltlager, die Naphthaquellen und heiligen Feuer auf der ganzen Linie des Kaukasus, deren Endpunkte Taman und Baku bezeichnen, deuten offenbar genug auf eine allgemeine unterirdische Thätigkeit hin, welcher alle diese Erscheinungen ihren Ursprung verdanken. Java, das Paradies Indiens, das Land tropischer Gluth und Farbenpracht, ist zugleich der grauenvolle Heerd des unterirdischen Feuergottes, der aus mehr als 100 Schlünden seine verheerenden Ströme ergießt. Die ganze Naturgeschichte der Vulkane läßt sich auf dieser Insel studiren. Hier giebt es erloschene Krater, andre, die auf Rauch- und Dampfausströmungen beschränkt blieben oder zu Solfataren wurden, solche, die in ihrem Schooße große Seen von Schwefelsäure haben, wie der Taschem oder Indienne mit seinem 1200 Fuß langen See, andre, welche in großartiger Weise Schwefelwasserstoff und schwefligsaures Gas oder Schwefeldämpfe entwickeln, ferner Naphtha- und Erdölquellen, Thermen und Salsen in großer Menge. Endlich aber giebt es hier Vulkane, die bis zur neuesten Zeit thätig blieben. Unter diesen verdienen die meiste Aufmerksamkeit diejenigen, deren lose und lockere Auswurfsmassen von ungeheuren, zum Theil heißen und sauren Wassermengen begleitet sind, so daß sie in Gestalt von Schlammströmen ergossen werden. Die gefürchtetsten dieser Schlammvulkane sind der Gèdé südlich von Batavia und der Galung-Gung im Bezirk von Sumadang. Der ersere hatte seinen letzten verheerenden Ausbruch im Jahre 1761, der letztere im Jahre 1822. Bis zu diesem Jahre war jede Kunde von der vulkanischen Thätigkeit des Galung-Gung erloschen, seine Abhänge waren reich bebaut und bevölkert. Im Sommer dieses Jahres wurden die Gewässer des benachbarten Flusses Chi-kumir trübe, sauerschmeckend und setzten Schwefel ab. Am 8. Oktober begann unerwartet bei heiterem Himmel der furchtbare Ausbruch. In wenigen Minuten war die ganze Natur in Aufruhr. Eine schwarze Wolke hüllte den Gipfel des Vulkans und die benachbarten Thäler in nächtliches Dunkel, krachender Donner und die heftigsten Pulverexplosionen übertäubendes Knallen ertönte, der Erdboden erbebte, ein brausender Sturmwind erhob sich und riß Bäume und Häuser hinweg, Flammen brachen hervor und beleuchteten das gräßliche Schauspiel. Jetzt begann der Berg siedendes, schwefligsaures Wasser und Schlamm auszuwerfen. Die Flüsse wurden erhitzt, traten, von Schlamm und Schlacken erfüllt, über ihre Ufer und versperrten den fliehenden Bewohnern den Weg. Drei Flüsse waren mit Leichen verbrannter und gesottener Menschen und Thiere bedeckt. Auf ganz Java vernahm man das Getöse dieses furchtbaren Ausbruchs. In einem Umkreis von 20 geographischen Meilen fiel vulkanische Asche, und in nicht geringer Entfernung wurden die Felder mit Schlamm bedeckt. Am 12. Oktober folgte eine noch heftigere Eruption. Ein blühendes Land war zur Wüste umgewandelt. Ueber zweitausend Menschen hatten in einer Landschaft den Tod gefunden. Wälder, Felsen und ganze Hügel waren von den Schlammströmen hinweggerissen, neue Berge an ihrer Stelle gebildet.

So steigert sich dieselbe vulkanische Kraft, die in dem friedlichen Spiel der Lagoni dem gewinnsüchtigen Bewohner ein Segen wird, zum verheerenden Dämon, dessen Zorn ein unwissendes und furchtsames Volk durch Gebete und Opfer zu besänftigen sucht. Wir sehen das Bild einer ununterbrochen wirkenden, schwächeren oder stärkeren Thätigkeit des Erdinnern, dessen eingeschlossene Wasserdämpfe und saure Gase die Gesteinmassen zersetzen, in Schlamm verwandeln und, je nachdem sie Widerstand finden, in aufsteigenden Blasen den Schlamm emporsprühen oder, die Felsendecke sprengend, reißende Feuer- und Wasserströme in die Ebenen senden. Auch die gewaltigen Asphaltlager im Grunde des Todten Meeres und auf der Insel Trinidad, die reichen Naphtha- und Erdölquellen im Thale des Irawadi, auf der Insel Tscheleken im Kaspischen Meere, bei Baku, bei Kerkuk in Kurdistan, bei Amiano und Monte Zibio im Modenesischen, deren viele seit undenklichen Zeiten so reichlich fließen, daß die des Irawadi eine jährliche Ausbeute von acht Millionen Centner Naphtha, die von Baku über acht Millionen Pfund Erdöl liefern, sind ohne Zweifel nur Destillationsprodukte derselben unterirdischen Thätigkeit. Viele Thermen und Dampfquellen können gleichfalls nicht von der allgemeinen Erscheinung der Salsen getrennt werden. Die Wasserdampfentwicklung in den Kratern, die Fumarolen, die als weiße Nebel aus allen Spalten ihres Bodens und ihrer Wandungen aufsteigen, um sich über dem Vulkan zu einer Wolkensäule zu vereinigen, deuten schon auf die vulkanische Wassererzeugung hin. Die salsenähnlichen Dampfquellen in der Nähe der Thermen von S. Filippo, die natürlichen Dampfbäder auf Ischia, bei Baja und Sciacca machen diese Verwandtschaft unzweifelhaft. Die Art der Gase, welche mit dem Wasserdampfe ausströmen, ist von lokalen Ursachen, von den Erdschichten besonders abhängig, welche die Dämpfe durchströmen. Bald sind es Kohlensäure, bald Schwefelwasserstoff, bald schweflige Säure und selbst Salzsäure. Durchdringen säurereiche Dämpfe leicht zersetzbare Gesteinschichten, so bilden sie Schlamm und geben wahren Schlammvulkanen ihren Ursprung; strömen aber säurearme Dämpfe durch Gesteine, welche jeder Zersetzung widerstehen, so erscheinen Thermen und Dampfquellen. Allerdings giebt es heiße Quellen, die eine allgemeinere Ursache haben und daher von den kalten Quellen nicht getrennt werden dürfen.

Wenn jene gas- und dampfförmigen Auswürflinge als die Erzeugnisse einer schlummernden oder hinsterbenden, wenigstens einer schwachen, wenn gleich ununterbrochenen vulkanischen Thätigkeit gelten konnten, so legt der Vulkan in der Zeit seines kräftigen Lebens massenhaftere Beweise seiner Kraft in den Stein- und Aschenregen ab. Unter allen festen Auswurfsstoffen nimmt aber an Menge und Häufigkeit die Asche den ersten Rang ein. Sie erscheint am Ende der großartigen Katastrophe, wenn Alles wieder in den gewohnten Zustand scheinbarer Ruhe zurückkehrt, in Gestalt düstrer Wolken, welche die Spitzen der Vulkane umlagern und sich unheilverkündend über weite Landstrecken ausbreiten. Eine feine und leichte, dunkelgraue oder schwarze, selten ins Weißliche spielende Asche begräbt oft meilenweit blühende Landschaften und verdunkelt durch ihre unglaubliche Menge oft Tage lang nahe und ferne Gegenden. In Resina am Vesuv muß man oft während eines Aschenregens zu Mittag die Laternen anzünden, und im Jahre 1794 war selbst bis Tarent hin die Luft so von Asche erfüllt, daß Tag und Nacht sich nicht schieden. Bei dem furchtbaren Ausbruche des Tombero auf Sumbava im Jahre 1815 trat in ungefähr 50 Meilen Entfernung zu Macassar auf Celebes eine solche Dunkelheit ein, daß man am Ufer die Schiffe nicht mehr erkennen konnte, und nach wenigen Stunden verdrängte vollkommne Finsterniß das Tageslicht. Auf Java und Madura herrschte tiefe Nacht, selbst bis Sumatra, in eine Entfernung, der zwischen Hamburg und dem Aetna gleich, führten Ostwinde die schwarzen Aschenwolken. Schiffe wurden 100 Seemeilen von Sumbava in völlige Dunkelheit gehüllt und fußhoch mit Asche bedeckt. Das Meer glich in der Nähe der Insel einer Sandbank, schwimmende Bimssteine und Asche, zerrissene und halbverbrannte Baumstämme und Holzblöcke bildeten eine undurchdringliche Decke. In wie große Entfernungen vulkanische Asche durch Winde geführt wird, davon liefern auch andre Vulkane Beweise. Bei dem furchtbaren Ausbruche des Vulkans Cosiguina in Guatemala zu Anfang des Jahres 1835 wurde die Dunkelheit und Schrecken verbreitende Aschenwolke troz des herrschenden Passatwindes von oberen Luftströmen 200 deutsche Meilen weit bis Kingston auf Jamaika getragen. Auch der Aetna sendet seine Aschenregen oft bis Malta, und die Hekla-Asche zog in einer mächtigen Wolke im

Jahre 1766 über 100 Stunden weit und noch vor vier Jahren selbst bis zu den Orkneyinseln. Die Menge der Asche ist dabei oft so groß, daß der Boden mehrere Fuß hoch davon überlagert wird. Baumäste biegen sich, Dächer von Gebäuden brechen zusammen, ganze Ortschaften werden zerstört, ihre Bewohner erstickt, ihre Pflanzendecke vergiftet. Drei Städte, Herculanum, Pompeji und Stabiä, wurden bei dem Ausbruche des Vesuv im Jahre 79 von Asche verschüttet. Der Kaukasus liefert einen nicht minder auffallenden Beweis von der Mächtigkeit der Aschenablagerungen. Eine ganze Stadt mit Kirchen und Häusern, Kellern und Brunnen wurde unfern der Festung der Königin Thamar in erhärteter vulkanischer Asche ausgehöhlt. Bei ihrer außerordentlichen Feinheit und Trockenheit dringt diese Asche durch die engsten Spalten und Risse, durch die bestverschlossenen Fenster und Thüren und nimmt die zartesten Eindrücke von Gegenständen an, so daß man in Pompeji und Herculanum noch die genauesten Abdrücke von Gefäßen, ja selbst von Gesichtern und Kleidern verschütteter Menschen findet.

Schwerer und gröber als diese Asche ist der vulkanische Sand, aus zertrümmerten Augit-, Leuzit-, Feldspath- und Olivinkrystallen bestehend, der oft gleichzeitig mit der Asche emporgeworfen wird und beim Niederfallen Blumen und Gras in weiter Runde versengt und die Bäume ihres grünen Laubschmucks beraubt. Aber in der höchsten Entwicklung der vulkanischen Thätigkeit giebt sich die Größe dieser unterirdischen Kraft durch weit großartigere Auswürflinge zu erkennen. Wenn die Rauchsäule immer höher und mächtiger aufsteigt, immer gewaltsamer hervorbricht aus den zahlreicher werdenden Rissen und Spalten des Kraters, dann erfolgen unter brausendem und prasselndem Geräusche, von furchtbarem Krachen des Berginnern begleitet, stoßweise Ausschleuderungen gewaltiger Felsmassen, Laventrümmer und Schlackenstücke, die einem feurigen Mantel gleich den Vulkan überdecken. Senkrecht steigt die Trümmermasse zu einer Höhe von 300 bis 3000 Fuß aufwärts, eine mächtige Garbe bildend, die sich Raketen ähnlich in der Luft zertheilt. Bald stürzen die Massen in den Krater zurück, um mit erneuerter Wuth emporgeschleudert zu werden, bald fallen sie auf den Kraterrand und rollen am Berggehänge hinab. Die einen erkalten in der Luft und zerplatzen prasselnd beim Niederfallen, andre bleiben weich und platten sich scheibenförmig ab oder nehmen Eindrücke von der Bodenfläche an. Ihre Größe schwankt zwischen der des Sandkorns und centnerschwerer Blöcke. Man unterscheidet daher auch die kleineren Laven- oder Schlackentrümmer unter dem Namen der Lapilli oder Rapilli, wie sie das Volk nennt, von den größeren Felsblöcken oder geballten Lavamassen, die man mit dem Namen vulkanischer Bomben bezeichnet, und die das Volk von Neapel nach ihrer eigenthümlichen Gestalt sinnreich genug Tropfen und Thränen des Vesuv nennt. Letztere erhalten gewöhnlich durch ihre rotirende Bewegung in der Luft kuglige oder langgezogene, birnförmige Gestalten, die von der Größe einer Nuß oder Faust bis zum Durchmesser von einem Fuß und darüber wechseln. In den Umgebungen der Krater des Vesuv und Aetna findet man diese Bomben 250 Pfund schwer oft in so bedeutender Entfernung, daß sie zu einer Höhe von 4000 Fuß emporgeschleudert werden mußten, wenn sie so weit von der Schlackengarbe, der sie entstammten, niederfallen konnten. Von anderen Vulkanen erzählt man sogar noch auffallendere Kraftäußerungen. Der Kotopari in den Anden soll im Jahre 1533 Felsblöcke von acht bis neun Fuß Durchmesser drei Meilen weit geschleudert haben, und von einem ungeheuren Felsstück, das am Abhange des Vulkans liegt, dem „Kopfe des Inka", behaupten die Sagen der Eingebornen, es sei die abgeworfene Kuppe des Vulkans. Man hat sich dieser gewaltigen Kraftäußerungen zur Unterstützung der Hypothese bedienen wollen, welche die Meteorsteine aus dem Monde ableitete, indem man aus der verhältnißmäßigen Größe der Kratergebirge im Monde auch auf eine weit größere fortschleudernde Kraft derselben schließen wollte. Indessen ist es höchst zweifelhaft, ob die kraterförmigen Gebirge des Mondes wirklich Vulkane wie die unsrigen sind, wenigstens sehr unwahrscheinlich, daß sie je Schlacken und sonstige Trümmer ausgeworfen haben. Bedenkt man überdies, daß eine Anfangsgeschwindigkeit der vulkanischen Bombe, welche fünfmal die einer Kanonenkugel beim Austritt aus dem Rohre überträfe, noch nicht hinreicht, um sie aus dem Bereiche der Anziehung des Mondes zu schleudern, so ersieht man leicht, wie wenig stichhaltig diese Hypothese ist. —

Im Allgemeinen zeigen sich bei den Ausbrüchen besonders dann große vulkanische Bomben, wenn der Vulkan lange geruht und der

Krater sich durch die erkaltende Lava verstopft hat, so daß eine plötzliche, sehr bedeutende Kraftentwicklung dazu gehört, denselben wieder zu öffnen. Der Vesuv liefert einen Beweis dazu in den großen Blöcken, welche am Abhange des Berges in den Schichten des Bimssteintuffes begraben liegen. Ohne Zweifel sind es dieselben, welche einst den Krater des Vesuv verschlossen und im Jahre 79 bei dem berühmten Ausbruche, den uns Plinius schildert, herabgeschleudert wurden. Die Geschichtschreiber berichten uns, daß vor jener Zeit der Krater des Vesuv eine fruchtbare Ebene bildete, in welcher Bäume grünten, Heerden weideten, und das Sklavenheer des Spartacus lagerte. In der Nähe jener Blöcke findet man noch verkohlte Bäume von Bimsstein überlagert, traurige Zeugen eines Friedens, den der Zorn der Natur für immer verscheuchte.

Alle diese Auswurfsstoffe bilden entweder, wenn sie sich über der Ebene oder auf dem Meeresboden ablagern und vom Wasser durchdrungen und verkittet werden, dichte Erdschichten, die man vulkanische Tuffe nennt, oder sie häufen sich am Rande des Kraters auf und bilden den Aschen- oder Ausbruchskegel. Natürlich trägt die herrschende Richtung des Windes bei ihrer Aufschüttung sehr viel dazu bei, dem Kegel eine regelmäßigere oder unregelmäßigere Form zu geben; jedenfalls ist er aber eine sehr unbeständige und veränderliche Erscheinung, die bald entstehen, bald verschwinden kann, wie es die Erfahrung bewiesen hat. — Ueber den gemeinsamen Ursprung dieser Auswürflinge, der Asche, der Lapilli, der Schlacken aus Lava kann zwar kein Zweifel mehr sein; denn selbst Asche und Sand haben mikroskopische Untersuchungen als gleichsam gepulverte Lavatheilchen, als äußerst kleine Körnchen und Blättchen von Feldspath, Labrador, Augit, Titaneisen und Magneteisen nachgewiesen. Wie aber die Lava sich so fein zertheilen könne, bleibt ein Räthsel, dessen Lösung den Geologen viele Mühe macht. Früher meinte man wohl auch, die Asche werde, wie die Lapilli, durch die während des Ausbruchs an einander stoßenden, sich gegenseitig reibenden und zermalmenden Lavastücke erzeugt. Dem widerspricht aber, daß die Aschenauswürfe nicht während der heftigsten Perioden vulkanischer Thätigkeit, sondern erst gegen das Ende ihre größte Stärke erreichen, und daß ihre Mächtigkeit oft bei weitem die der emporgeschleuderten Steine übertrifft. Eine eigenthümliche Beobachtung führte zu einer neuen Erklärug. Man fand nämlich, daß Thon oder Kalkmassen, welche in einem starken Feuer in eine schlackenartige Masse verwandelt waren, nach dem Erstarren in eine innere Bewegung gerathen, so daß die Masse in wenig Augenblicken in ein aschgraues Pulver zerfällt. Darauf gestützt, hat man die Vermuthung gewagt, es möchte die vulkanische Asche auf ähnliche Weise entstehen. Da aber die größte Aschenmenge erst dann ausgeworfen wird, wenn schon viele flüssige Lava im Krater vorhanden ist, ja wohl gar kurz nach dem Abfluß der Lava, so verliert auch diese Annahme an Haltbarkeit. Man glaubt vielmehr, die feine Zertheilung der flüssigen Lava rühre von den plötzlichen Durchbrüchen der entweichenden Gase durch die Lava her, indem diese theils dadurch, theils durch den Widerstand der Luft so unendlich vertheilt und zerstreut werde, daß sie in Aschenform davonsprühe, in der Luft erkalte und als Asche zurückfalle. —

Dieselbe gewaltige Kraft, welche Asche, Lapilli, Schlacken und Steine emporwirft, ist auch Ursache von der Hebung der Lava, des reichlichsten und zerstörendsten Erzeugnisses der Vulkane. Diese geschmolzene Masse im Innern des Kraters hat eine unverkennbare Aehnlichkeit mit den geschmolzenen Massen in unsern Hochöfen; sie wallt auf und ab, als befände sie sich im Zustande des Kochens, aber sie umschließt in sich noch eine Menge ungeschmolzener Massen, feste Gesteine und Felsblöcke. Ein weißer Dampfballen pflegt nach jedem Stoße, welcher die Lavasäule hebt, emporzusteigen. Von Zeit zu Zeit erfolgen unter heftigen Bodenerschütterungen Ausschleuderungen zahlloser glühender Stücke, die als ein Feuerregen auf die Umgebungen des Kraters niederstürzen. Die Hebung der Lava im Krater beruht einfach in der Ausdehnung neu gebildeter, einen Ausweg suchender Gase und Dämpfe, also in derselben Kraft, welche die den Ausbrüchen vorangehenden Erschütterungen des Bodens bewirkt. Da diesen Gasen und Dämpfen die Decke da am ersten nachgiebt, wo der Widerstand am schwächsten ist, so drängen sie diesen Widerstand in der Richtung des Kraters empor, heben dabei fortwährend die Decke, schleudern beim Durchbruch die verschiedenen Auswurfsstoffe heraus und sprengen endlich die Wand des Kegels, wenn die Lavamasse durch ihren Druck auf die Dämpfe der Tiefe diese nöthigt, durch die Wand selbst ihren Ausweg zu nehmen.

Dieses Aufsteigen der Lava im Krater geschieht oft allmälig Jahre lang vor dem Ausbruche. In Folge eines Ausbruchs pflegt nämlich der Krater nach dem Abfluß der Lava zusammenzustürzen und sich zu einem tiefen Trichter zu gestalten, dessen Grund durch einen Kanal mit dem Innern in Verbindung steht. Verstopft sich dieser Kanal, so ist die Verbindung des Innern mit der Atmosphäre verschlossen. So lange der Krater diese trichterförmige Vertiefung hat, ist der Vulkan ruhig; fängt aber der Boden an sich zu heben, wird der Trichter flacher, so arbeitet der Vulkan an einem neuen Ausbruch; denn jene Hebung des Trichterbodens ist nur Folge des Aufsteigens der Lava. Wenn nun die obersten Schichten zäher geworden sind, so bilden sich auf dieser Decke neue Ausbruchskegel, aus deren Seiten oft glühende Lavaströme hervorbrechen und den Boden durch Ueberfließen erhöhen, bis endlich einer dieser Ströme sich über den Kraterrand stürzt und eine Strecke am Berge hinabfließt. Ist der Vulkan hoch, so sind die Dämpfe oft nicht kräftig genug, um die Lava bis zur Kratermündung zu erheben, oder es besitzen vielmehr die Wände des Berges nicht hinreichende Stärke, dem Drucke der gewaltigen Lavasäule zu widerstehen. Dann bildet sich eine Seitenspalte, aus welcher die Lava oft mit der Heftigkeit eines feurigen Springquells hervorbricht, bis die heißen Schlünde des Vulkans entleert, die Dämpfe entwichen sind, und die noch im Krater stehende Lava durch keine empordrängenden Gewalten mehr gehalten, ihrer Schwere gemäß wieder in die Tiefe hinabsinkt und die Trichtergestalt des Kraters wieder herstellt. Zu den seltneren Fällen gehört es, wenn die Lava dem Krater selbst entfließt; und auch dann sind es immer nur niedrige Vulkane, solche, deren Höhe noch nicht die Basis erreicht, auf welcher die Andenvulkane aufgerichtet sind. Die größte Höhe, bis zu welcher sich die Lava erhoben hat, zeigt der Kliutschewskaja-Sopka in Kamtschatka, welchem im September 1829 700 Fuß unterhalb des Gipfels, also in der überraschenden Höhe von fast 14,000 Fuß, ein gewaltiger Lavastrom entquoll. Nur sehr selten haben die Riesenvulkane der Anden Lava ergossen; in den meisten Fällen vermochte sich diese nicht einmal über die Höhe der Basis zu erheben, auf welcher die Vulkane ruhen, also auch nicht die Seitenspalten zu eröffnen, aus denen sie an das Tageslicht treten konnte. Wahrscheinlich gewinnen die Feuerströme dort andre Auswege, sprengen die Klüfte des Innern und erfüllen unterirdische Spalten mit ihrem fremdartigen Gestein.

Prachtvoll ist der Anblick fließender Lavaströme zur Nachtzeit. Langsam wälzen sich die breiten Gluthmassen dahin. Anfangs erglänzt ein einzelner feurigrother Punkt, bald folgen ihm tausend andere, und blitzschnell theilt sich das Licht wie ein laufendes Feuer dem langen Streifen mit, der hier einfach, dort ästig, oder sich kreuzend, vom Krater und aus Spalten des Abhanges zum Bergfuße hinabrinnt. Gewöhnlich bewegt sich der ausfließende zähe Lavastrom sehr langsam vorwärts, wenn er nicht etwa einen steilen Abhang hinabstürzt, wo er oft feurige Kaskaden von mehreren 100 Fuß bildet. Daher ist die Möglichkeit der Rettung für lebende Wesen ziemlich leicht, zumal da man in vielen Fällen sogar über einen fließenden Lavastrom ohne Gefahr hinübergelangen kann, weil die erstarrte Kruste den flüssigen Kern deckt. Auf diese Weise retteten sich die Nonnen eines Klosters in Torre dell Anunciata über die erstarrte Decke eines 50 Fuß breiten Lavastroms; und bei der Zerstörung von Torre del Greco im Jahre 1794 trugen sogar Frauen auf ihren Köpfen Pulverfässer über die fließende, im Innern rothglühende Lava hinweg, deren zahlreiche Spalten erstickende Dämpfe aushauchten. Aus der Oberfläche der Lavaströme brechen gewöhnlich Flammen hervor, welche man den unter ihnen brennenden Vegetabilien zuschreibt. Oft scheint die ganze Gegend in Flammen zu stehen, und die Luft selbst entzündet zu sein, während unaufhörlich Blitze selbst bis in große Entfernungen zucken. Obgleich die Glühhitze der Lava vielleicht dem Schmelzpunkte des Kupfers und Silbers gleichkommt, so wird doch ihre Oberfläche fast augenblicklich fest, sobald sie die Atmosphäre berührt; aber die erstarrte Rinde berstet auch wieder nach allen Richtungen, und aus den Spalten steigen Dämpfe hervor. Im Innern des Lavastroms aber concentrirt sich die Hitze und bleibt oft Jahre lang. Der englische Naturforscher Hamilton fand die Lava des Vesuvausbruches von 1766 noch fünf Jahre nach ihrem Ergusse so heiß, daß sie Holz entzündete; und die ungeheure, im Innern an einzelnen Stellen über 480 Fuß mächtige Lavamasse, welche den Jorullo umgiebt, brannte noch 45 Jahre nach ihrem Auswurfe, als sie Humboldt im

Jahre 1803 besuchte. Die Ursache dieser langsamen Abkühlung im Innern liegt wohl darin, daß die erstarrte obere Rinde der Lava, wie aller glasartigen Flüsse, die Wärme nur noch schwach ausstrahlen läßt. Unter heftigem Krachen bildet sich diese starre Schlackenrinde, welche dem fließenden Innern zur Decke dient. Hin und wieder wird sie emporgehoben, berstet, trennt sich in Stücke, durch stets erneuten Zufluß gedrängt, und sinkt entweder in den Gluthfluß hinab oder setzt sich zu beiden Seiten des Stromes fest. So gestaltet sich eine Art von Kanal, in welchem die Lava fließt, der immer breiter und breiter wird, bis endlich die Außenfläche des Stroms ganz erhärtet und die am Grunde fließende Lava überbrückt. Daher kommt das wüste und wilde Ansehen der meisten Lavaströme, die gewaltigen Blöcke, welche überall hervorragen und oft zu hohen Wällen aufgethürmt sind, daher die Löcher und Vertiefungen auf ihrer Oberfläche, die Schlackentrümmer, die sie überdecken, die Haufwerke und Hügel von Blöcken an ihrem Fuße. Die schnelle Erkaltung der Lavaströme an ihrer Oberfläche ist auch der Grund, weshalb das Ergießen der Lava in das Meer ohne alle heftigen Explosionen vor sich geht. Zwar wird Anfangs eine Menge Wasser zischend in Dampf verwandelt; aber das augenblickliche Erstarren der Oberfläche hindert jede weitere Berührung mit der glühenden Lava, und die entstehenden Spalten machen durch die augenblicklich ausgestoßenen Dämpfe das Eindringen des überfließenden Wassers unmöglich, bis ihre Wandungen Festigkeit erlangt und sich abgekühlt haben. —

Die Mächtigkeit und Ausdehnung der bei vulkanischen Ausbrüchen erzeugten Lavaströme ist ungeheuer groß. Schon aus der Ferne erkennt man sie in der Landschaft. Wellenförmig durchziehen sie als dunkel gefärbte Bänder die grüne Pflanzendecke. Auf Island sieht man ganze Thäler mit Lava erfüllt, gewaltige Felsmassen ragen in den seltsamsten Gestalten, oft Ruinen alter Bauwerke gleich, drohend empor. Zwei Ströme des Skaptar-Jökul vom Jahre 1783 haben bei einer Länge von zwanzig und einer Breite von drei Meilen an einzelnen Stellen eine Mächtigkeit von 600 Fuß, und ihr Inhalt übertrifft nach einer Angabe sechsmal die Größe des Montblanc, 631mal die des ganzen Vesuv. So erhöhen solche Lavamassen den Boden in der Umgebung der Vulkane außerordentlich, und oft reichen sie bis in unbekannte Tiefen und meilenweite Entfernungen. Aber nicht blos die Abhänge und Umgebungen des Vulkans überlagert die Lava, sondern sie dringt auch von unten in die Klüfte und Spalten des angrenzenden Bodens ein, getrieben von derselben Kraft, welche sie zum Kraterrande emporhebt. So bilden sich Gänge, die mit Gesteinarten angefüllt sind, die von denen ihrer Umgebung ganz abweichen, und man findet solche nicht blos in der Nähe der Vulkane, sondern oft auch in weit von aller vulkanischen Thätigkeit entfernten Gegenden. —

Eine der interessantesten und für die Geschichte der Erdbildung wichtigsten Erscheinungen ist die mannigfache Veränderung, welche theils durch unmittelbare Berührung mit der feurig-flüssigen Lava, theils schon durch ihre Nähe und durch die sie begleitenden Gasarten andere Gesteinarten erleiden. Man faßt alle diese Umwandlungen unter dem Namen des Metamorphismus der Gesteine zusammen. Eine sehr gewöhnliche Aenderung dieser Art erleidet die Farbe, indem durch die Hitze der Lava der organische oder metallische Farbestoff aus den erdigen Schichten ganz oder zum Theil verjagt wird. Die schwarzen Thonschiefer werden heller gefärbt, weil sich das Bitumen verflüchtigt hat, andere Thonlager färben sich sogar roth, wie unsere Ziegel. Bisweilen werden einzelne Bestandtheile ganz verflüchtigt, besonders wässerige; die Gesteinmasse gewinnt an Härte und Festigkeit oder erleidet doch durch die Hitze eine Aenderung ihres Gefüges. Kalksteinstücke sind geschmolzen und sandig-körnig geworden, selbst Thonschieferstücke und Granite überglast oder aufgebläht und zum Theil verschlackt. Wir werden später darauf zurückkommen.

Die Laven selbst bestehen größtentheils aus Feldspath, Augit, Leuzit, Titan- und Magneteisen, und man unterscheidet sie durch die vorherrschende Menge des einen oder des andern dieser Mineralien als Feldspath-, Augit- und Leuzitlaven. Aber selbst die Laven desselben Vulkans zeigen so auffallende Unterschiede und gehen so in einander über, daß sich eine bestimmte Beschreibung, die auf alle paßt, nicht entwerfen läßt. Auch hinsichtlich der Form unterscheidet man sie als erdige, Stein- und Glaslaven. Die letzteren enthalten besonders den Obsidian, eine schwarze, wie Glas klingende und schneidende Masse, die wahrscheinlich aus einer andern

Felsart, dem Trachyt, durch Schmelzung entstanden ist und ihre glasartige Natur einer sehr schnellen Abkühlung verdankt; denn Versuche haben gelehrt, daß geschmolzene Mineralmassen, wie die der Laven, krystallinisch werden, wenn sie sich sehr langsam, glasig, wenn sie sich sehr schnell abkühlen. Der lockere poröse Bimsstein, der in vielen vulkanischen Gegenden, namentlich häufig auf Obsidianströmen gefunden wird, ist gleicher Natur und gleichen Ursprungs mit dem Obsidian. Seine schaumartige Beschaffenheit rührt nur von den heftigen Gasentwicklungen in den glühenden Massen her. Wenn die Erkaltung der flüssigen Masse langsamer vor sich geht, so erhalten wir die Steinlaven, welche granitische heißen, wenn sie entschieden krystallinisches Gefüge und Absonderung ihrer Bestandtheile in großen Parthien zeigen, oder Porphyrlaven, wenn nur einzelne Krystalle in einer derben Grundmasse wie eingeknetet erscheinen, endlich basaltische, wenn die ganze Substanz feinkörnig, die Bestandtheile innig und gleichmäßig gemischt sind. Bei ganz allmäliger Erkaltung erhalten wir zuletzt die erdigen Laven, die, wie schon ihr Name zeigt, aus sehr feinen krystallinischen Theilchen bestehen.

Auch alle diese Feuererzeugnisse der Natur haben Kunst und Gewerbfleiß des Menschen sich dienstbar gemacht. Schon unter den Urbewohnern Merikos spielte der Obsidian eine wichtige Rolle; er vertrat ihnen Eisen und Feuerstein. Pfeilspitzen, Streitärte und Opfermesser wurden aus diesem Lavaglas gefertigt. Die Spanier wußten sich sogar Rasirmesser aus Obsidian zu bereiten, und den Römern lieferte er nach Plinius' Bericht das Material zu prachtvollen Spiegeln, welche aber nicht die Gegenstände mit ihren Farben, sondern nur deren Schatten wiedergaben. Aus basaltischen Schlacken wurden von der Römerzeit bis jetzt die berühmten Rheinischen Mühlsteine gehauen. Die großartigen Steinbrüche von Niedermendig unfern Andernach in der Nähe des Laacher Sees liefern das Material, und Ruinen in Northumberland und Yorkshire beweisen, daß man schon vor Jahrtausenden jenes Gestein an weitentlegenen Orten zu benutzen wußte. Auch vulkanische Tuffe werden zu Bausteinen, Brunneneinfassungen und Traufsteinen bearbeitet. Besonders sind es wieder die mächtigen Traßablagerungen am Niederrhein, welche das Brohlthal und seine Umgebungen erfüllen, von denen der mannigfachste Gebrauch gemacht wird. Bald mahlt man den Traß zu Pulver und benutzt ihn, mit Kalk verbunden, als Wassermörtel; bald spaltet man ihn in Quader für feste Bauwerke, Festungen, Thürme und Schlösser; bald dient er, wie der berühmte Weiberstein, zu den feinsten Verzierungen, zu Bildwerken an Kirchen, zu Altären und Grabmälern. So weiß der Mensch die todten Zeugen einer blinden und zerstörenden Naturkraft in lebendige Denkmäler seiner Geistesgröße und seines Kunstfleißes zu verwandeln.

4) Die erloschenen Vulkane.

Nach dieser Betrachtung der jetzt herrschenden vulkanischen Thätigkeit unseres Erdinnern und ihrer Erzeugnisse müssen wir auch einen Blick auf die erloschenen Vulkane werfen, jene Zeugen einer Lebensregung, von welcher zwar jede Ueberlieferung schweigt, die aber doch einer Periode anzugehören scheinen, in welcher unsre Kontinente ihre jetzige Gestalt schon größtentheils erhalten haben mochten. Im Allgemeinen kann man diejenigen Berge als erloschene oder ausgebrannte Vulkane bezeichnen, deren Felsarten uns deutlich zu erkennen geben, daß sie früher in einem mehr oder minder feurigen Flusse gewesen sind, wie Basalte, Dolerite und Trachyte. Auch diese Gesteine sind wie die Laven unter Mitwirkung des Feuers an die Oberfläche getreten, aber nicht immer ist dasselbe an der äußern Erdoberfläche sichtbar zum Vorschein gekommen. Man könnte daher, wollte man schärfer unterscheiden, die so entstandenen Berge von der Zahl der eigentlich sogenannten erloschenen und ausgebrannten Vulkane ausschließen; immer aber wird man sie vulkanische Berge nennen müssen. Man könnte dann auch Erhebungen, die ihre Entstehung aufgeschütteten Stoffen verdanken, wie sie noch jetzt aus den Kratern brennender Vulkane ausgeworfen werden, und solche unterscheiden, die ihren Ursprung in dem Emporquellen heißer, zäher Massen aus dem Innern des Erdballs haben. Dergleichen Berge bestehen aus Basalten und Doleriten, die überall, wo sie die über ihnen befindliche Erdkruste durchbrachen, die entstandenen Räume ausfüllten, sich über sie erhoben und seitwärts abfließend einen Theil dieser Kruste überdeckten. Will man aber auch solche basaltische Gebilde, die ungemein häufig sind, nicht zu den erloschenen Vulkanen zählen, so wird man wenigstens diejenigen Berge, die noch Spuren früherer Krater und selbst Laven aufweisen, die von den basaltischen Gesteinen aber schwer zu trennen sind, mit vollem Rechte ausgebrannte Vulkane nennen können; wiewohl dann wieder die Schwierigkeit eintritt, zu bestimmen, welche vulkanische Berge wirklich erloschen, welche noch thätig sind. Denn die Entstehung neuer Vulkane in historischer Zeit an Orten, die entfernt von Bergketten sind, selbst im Meere, die Ausbrüche jetzt thätiger Vulkane nach Jahrhunderten der Ruhe zeigen uns, daß von keiner Gegend der Erde versichert werden kann, sie sei von Gefahren der vulkanischen Thätigkeit frei, wie ja auch die mit den Vulkanen so innig verwandten Erdbeben nicht leicht einen Punkt der Erde verschonen. Eine scharfe Grenze zwischen erloschenen und thätigen Vulkanen läßt sich nicht ziehen. Wir sprechen daher hier von vulkanischen Bildungen überhaupt. Die älteren vulkanischen Bildungen unterscheiden sich von den jüngeren, noch unter unsern Augen vorgehenden durch die Größe ihrer Verhältnisse und deuten dadurch vielleicht auf einstige gewaltigere Kraftäußerungen des Vulkanismus, auf eine heftigere Reaktion des Erdinnern gegen die Oberfläche, wenn sie ihren Grund nicht in einer vormals dünneren Erdrinde haben, welche den empordrängenden Gewalten geringeren Widerstand zu leisten vermochte.

Unter den ausgezeichneten älteren vulkanischen Landstrichen erwähnte ich oben schon die niederrheinischen Gebirge, besonders die Eifel mit ihren Maaren, die französischen Landschaften Vivarais und Velais und die Auvergne mit ihren 50 Schlackenkegeln, den Puys, deren Schlacken und Laven noch so frisch aussehen, als wären sie eben erst ausgeworfen.

Nirgends hat die vulkanische Vorzeit die Spuren ihres Feuers auf einen engeren Raum zusammengedrängt, als am Laacher See. Die völlige Abgeschiedenheit, die tiefe, andachtsvolle Stille, die über seiner Fläche und an seinen Ufern herrscht, versetzt den Wanderer fast an die infernalischen Seen der klassischen Mythen. Am Rande eines ziemlich steil abfallenden Kessels schaut er auf ein Wasserbecken von fast regelmäßiger Rundung. Rings umziehen den See waldige Höhen, die sich oft bis an seinen Rand hinabsenken, bisweilen einen schmalen Saum öden Ufersandes oder kleiner Kartoffeläcker frei lassen. Wenige Bäche rieseln von den Bergen herab, ihn zu speisen; aber tausend Quellen senden ihre Gasbläschen aus seinem Grunde herauf. Nur künstliche Abflüsse wurden den Gewässern des Sees durch Stollen geschaffen, die man eine Viertelstunde weit durch die Berge treiben mußte, damit nicht ihre Ueberschwemmungen die Bewohner der naheliegenden Abtei gefährdeten. Es ist offenbar ein großer Kratersee, der sich hier 864 Fuß über der Nordsee und 705 Fuß über dem Niveau des Rheins bei Andernach über eine Fläche von mehr als 1000 Morgen und bei einer Tiefe von mehr als 200 Fuß ausbreitet. Seine Ufer zeigen überall die Spuren seiner stürmischen Geburt. Hier ist eine Grube, deren Kohlensäureausströmungen die kleinen Vögel tödten, welche darin ihr Futter suchen; eine jener Mofetten, wie sie sich in den Umgebungen des Vesuv nach jedem Ausbruche bilden. Dort treten die Grauwacke- und Thonschieferfelsen hervor, welche die unterirdische Gewalt einst durchbrach. Kolossale Basaltblöcke schauen drohend auf den Wandrer nieder, und Bimssteine und Aschen, die mit ihnen emporgeschleudert wurden, bedecken alle Abhänge. Nur Lavaströme entflossen dem Krater nicht. Es war vielmehr die furchtbare Gewalt der im Innern der Erde gespannten Dämpfe, welche die felsige Erdrinde in der ungeheuern Ausdehnung des Sees emporhob und aus ihrem Zusammenhange riß, so daß sie nach dem Entweichen der Dämpfe und Aschen wieder in sich zusammenbrach, um den tiefen Kessel des Sees mit seinen Spalten und Klüften zu bilden, in welche die Quellwasser sich senken konnten. Auf dem Ringwalle dieses Erhebungskraters bildeten sich erst die wirklichen Vulkane, aus denen Lavaströme hervorbrachen. Der höchste und bedeutendste derselben, der bis an das Ufer des Sees vorspringt, ist der Krufterofen mit seinem imposanten, 4000 Fuß langen Kraterkessel, der sich nach außen durch eine schmale Schlucht öffnet und im Innern einen Teich umschließt, dessen Spiegel noch 92 Fuß unter dem des Laacher Sees liegt. Die Basaltlava, welche diesem Vulkan entquoll, lagert hier 50 Fuß unter der Erdoberfläche als eine 40 Fuß mächtige, oft in kolossale, viereckige Säulen gespaltene Schicht über dem Töpferthon der Braunkohlenformation, welcher das durchbrochene Grauwackengestein bedeckt. Ueber der Lava ruht eine Schicht lose aufeinander gehäufter Bimssteinstücke, abwechselnd mit Lagen einer lehm- und traßartigen, zum Theil von Dammerde bedeckten Masse, in welcher man noch die Reste vorweltlicher Thiere, Hirschgeweihe und Pferdezähne findet. Hohle, baumartig verzweigte und mit staubartiger Asche gefüllte Räume, die offenbar einer zerstörten Vegetation ihren Ursprung verdanken, durchziehen diese Schichten. Hier in diesen lockern, trocknen Bimssteinschichten verbrannten die Bäume allmälig vollständig zu Asche, während sie in dem heißen Schlamme mit Wasser gemischter Asche, welcher weiterhin die Tuffsteine und Trasse des Brohlthals und der Gegend von Niedermendig bildete, nur verkohlen konnten.

Selbst wann die Vulkane der Eifel ihr zerstörendes Spiel trieben, wann ihre Feuer brannten, ihre Gluthenströme flossen und ihre Aschen- und Steinregen niedersanken, deutet der Boden uns an. Das Flußgerölle, welches zum Theil mit Lavaschlacken vermischt, den Rand der Hochebene noch 600 Fuß über dem Rheine bedeckt, die Lehm- und Thonablagerungen des Löß, welche sich noch über dem Thonschiefer zeigen, beweisen uns, daß auch das Wasser hier mitwirkte, daß die Wellen des Rheins einst diese Höhen überflutheten, den Fuß der Vulkane, vielleicht selbst ihre Krater bespülten. Der Geologe bezeichnet jene Zeit, welche der gegenwärtigen Schöpfung und dem Auftreten des Menschengeschlechts voranging, als die Periode des Diluviums.

Damals hatte sich die norddeutsche Ebene noch nicht aus dem Meere erhoben, und die Wogen eines großen Nordmeers brandeten noch an den Vorbergen der mitteldeutschen Hügelkette. Der Rheingau war ein weiter Binnensee, dessen Wasser der Rhein durch einen engen Felsenspalt bei Bonn unterhalb des Siebengebirges in einen weiten Meerbusen abführte. Elephanten, Tapire, Pferde und Hirsche wohnten an seinen Ufern, Bären, Löwen und Hyänen in den Wäldern der Eifel. Damals drang zuerst die Gluthmasse des Innern flüssig aus den Kratern der Erde hervor, von Dämpfen gehoben, blasig aufgetrieben und in die Lüfte zerstiebend. Vielleicht war es jene letzte gewaltige Kraftanstrengung bei Erhebung der mächtigen Alpenkette, welche gleichzeitig den Riß erweiterte, durch welchen der Binnensee des Rheingau zum Meere abfloß, und der feurigen Thätigkeit der Eifelvulkane ein Ziel setzte. Jetzt verrathen nur noch die Aushauchungen von Kohlensäure, deren Menge allein in den Umgebungen des Laachersees auf 5 Mill. Kubikfuß täglich geschätzt wird, das frühere Leben.

Die weite Zone der ältern vulkanischen Gebilde Deutschlands zieht sich von der Eifel durch die rheinischen Basaltgebirge in die Trappe des Siebengebirges, den Westerwald, das Vogelsgebirge, die hohe Rhön und das Erzgebirge bis nach Böhmen hin.

Hier erhebt sich mitten in der weiten Ebene des Egerlandes, in welcher einst die Heere des dreißigjährigen Krieges hausten, ein kleiner Vulkan, ein wohlerhaltenes Denkmal aus der feurigen Geschichte der Vorzeit auch dieses Landes. Es ist der Kammerbühl, ein Hügel, der kaum 75 Fuß über die flache Glimmerschieferhöhe aufsteigt, welche das Egerthal von dem Thale von Franzensbrunn scheidet. Dem Wandrer, der nicht gedankenlos auf seinem Wege dicht daran vorüberzieht, zeigt sich hier ein kleiner Auswurfskegel, dessen Seiten noch jetzt mit schaurig-aufgeblähten Schlackenstücken bedeckt sind, die an seiner Westseite namentlich zahlreiche wagerechte Schichten bilden. Auch hier sieht man, wie in der Eifel, jene vulkanischen Bomben, flachgedrückte, länglichrunde Schlackenmassen, oft von einem Fuß im Durchmesser, welche eckige Quarz- und Glimmerschieferbruchstücke einschließen, an denen sich die unverkennbarsten Spuren feuriger Einwirkungen zeigen. Bisweilen sind sie so durch und durch verglast, geschmolzen oder mürbe gebrannt und mit einer so frischen Schlackenrinde bedeckt, daß man glauben möchte, sie seien eben erst dem Krater des Vulkans entflogen. So öffnete also auch hier zu jener Zeit, als das Meer noch in dem weiten böhmischen Becken fluthete, die Erde ihren vulkanischen Schlund. Dort wo der Basaltfelsen zu Tage steht, quoll die Lava hervor, und wo heut die mächtigen Schlackenschichten liegen, ward die geschmolzene Masse in das Meer geschleudert, erkaltete und zerriß in viele Stücke, die von den Fluthen fortgeführt, allmälig niedersanken und sich schichtenweis auf dem Meeresboden ablagerten.

Aber auch weiterhin bis in den hohen Norden hinauf besitzt Europa die Zeugen einer vulkanischen Vorzeit. Solche altvulkanische Gegenden sind Island, die Faröer- und Shetlandsinseln, die Hebriden, die britischen und irischen Küsten; in Italien die phlegräischen Felder und die Umgegend von Rom, wo das Gebirge von Albano und der M. Cimini bei Viterbo Centralpunkte der vulkanischen Thätigkeit gewesen zu sein scheinen. Auch in Asien finden sich viele erloschene Vulkane. Die Zerstörung von Sodom und Gomorrha muß als die Wirkung vulkanischer Ausbrüche angesehen werden, und die Erdbeben in Syrien bezeugen die noch fortdauernde Thätigkeit des vulkanischen Heerdes der dortigen Feuerberge. Die Gegend von Sassa bei Jerusalem ist ganz vulkanisch, übersäet mit Lavastücken und Basalten, voll Spalten und kleiner Krater. Amerika ist vollends reich an brennenden und erloschenen Vulkanen, zu denen selbst die höchsten Gipfel, der Chimborasso, der Nevado de Toluca und andre gehören. Auch diese altvulkanischen Laven, die Dolerite, Basalte und Trachyte hatten bei ihrem Emporquellen, wie die heutigen, eine Metamorphose solcher Gesteine zur Folge, mit denen sie in Berührung gekommen sind, oder denen sie sich genähert haben. Folgen davon waren Aenderungen in der Farbe, Zunahme an Dichtigkeit, oder ein erlangtes krystallinisches Gefüge, Spuren von Schmelzungen und Verglasungen. Basalt- und Doleritgänge, welche Kreidegänge durchsetzen, haben diese in körnigen Marmor und isländischen Doppelspath verwandelt, oder in Gyps und Alabaster, wenn sie schwefelhaltige Wasserdämpfe mit sich führten. Am merkwürdigsten ist die Granitbildung im Thonschiefer durch Berührung mit Basalt und die Erzeugung einer großen Menge sehr schöner Krystalle, des Vesuvians und Augits, welche sich an den Berührungsflächen der Ausbruchs- und Schichtengesteine entwickelten.

5) Die Ursachen der Vulkane.

Die gesammten vulkanischen Erscheinungen sind offenbar Folgen gewaltiger Kraftäußerungen des Innern unsers Planeten. Darum irrte die Vorzeit, wenn sie dieselben, wie die Erdbrände der Steinkohlenflötze oder Eisenkiese, von lokalen Ursachen und vom Dasein gewisser feuernährender Stoffe abhängig machte. Wir können uns nicht so unermeßliche Vorräthe von Steinkohlen denken, daß die Jahrtausende dauernde Thätigkeit vieler Feuerberge sie nicht aufgezehrt hätte. Steinkohlen sind ja Ueberreste der Pflanzenwelt, jüngeren Zeiten angehörig und darum nicht in so ungeheuren Tiefen gelagert, wie sie dem Heerde von Vulkanen zuerkannt werden müssen. Wir können die vulkanischen Erscheinungen vielmehr allein von der Wärme im Innern der Erde, dieser allverbreiteten, überall sich verkündenden Macht herleiten. Ihre unentbehrlichen Diener und Werkzeuge sind die Wasserdämpfe, welche aus dem atmosphärischen Wasser erzeugt werden, das in die Spalten und Klüfte des Vulkans eindringt, wobei natürlich das in die Erde sinkende Meerwasser bei am Meere gelegenen Vulkanen, zu deren Heerd es gelangen kann, nicht ausgeschlossen bleibt. Wenn nun auch die Spannung der Wasserdämpfe bei einer Temperatur, die ihnen durch die Schmelzhitze der Laven mitgetheilt wird, nicht ausreichen dürfte, um eine Lavasäule, welche den Krater bis zum Heerde hinab ausfüllt, in die Höhe zu werfen, so sahen wir schon, daß dieser Wasserdampf neben und durch die geschmolzene Lava aufsteigt und deren obere Lagen emporschleudert. Auch die Perioden der Ruhe nach beendigten Ausbrüchen lassen sich leicht erklären. So lange nämlich das Wasser durch die Kanäle des Vulkans zu dem unterirdischen Feuerheerde gelangen kann, müssen sich Dämpfe entwickeln und den Vulkan in Thätigkeit erhalten; wenn aber beim Ausbruch durch die Lava diese Kanäle verstopft werden, so ist der Zufluß des Wassers gehemmt, und es müssen Perioden der Ruhe eintreten. Auch die in den glühend heißen Dämpfen geschmolzenen oder erweichten Massen können die Risse und Spalten im Berge verstopfen und dieselben Folgen herbeiführen. Durch die Dämpfe werden aber nicht nur die Laven herausgeschleudert, sondern auch die zahlreichen Hebungen und die Erdbeben bewirkt.

Eine zufällige Erscheinung im Kleinen gab eine Bestätigung dieser Erklärung der Erscheinung im Großen. Auf einer Sainerhütte wurde ein 14 Fuß langer, 31000 Pfund schwerer eiserner Cylinder gegossen. Nach Anfüllung der Form mit dem flüssigen Eisen brach dieses unten durch und sank noch 11 Fuß unter die Form, also 25 Fuß tief in den sandigen Boden. Bald darauf erfolgte eine erdbebenartige Erschütterung von solcher Heftigkeit, daß die Arbeiter den Einsturz des Hauses fürchteten; ungefähr eine halbe Stunde nachher erfolgte eine zweite, nach 24 Stunden eine dritte Erschütterung. Da nun ungefähr in dieser Tiefe Kanäle lagen, welche das Regenwasser sammelten, so wurde durch diese wahrscheinlich Wasser herbeigeführt, wofür auch unmittelbar nach dem Stoße aus den Kanälen aufsteigende Dampfwolken sprachen. Leicht erklärlich ist es nun, daß diese durch Sand und Schlamm in Folge der Explosionen für eine Zeitlang verstopft wurden, bis das Wasser allmälig wieder zu dem heißen Eisen gelangte. So mögen auch die Wasserdämpfe und andre Gase, welche im Innern der Erde entwickelt werden, die Erschütterungen der Erdbeben erzeugen; und bedenkt man den innigen Zusammenhang der vulkanischen Thätigkeiten und der Erdbeben, so kann man nicht mehr zweifeln, daß gleiche Ursachen beide hervorbringen. Aber der Heerd dieser unheilvollen bewegenden Kraft liegt unstreitig tief unter der Erdrinde, in unermeßlichen Höhlen, von deren Größe uns nur die durch Pendelschwingungen gemessene Höhlung unter dem Pichincha, welche $1^1/_2$ Kubikmeile beträgt, einen annähernden Begriff giebt. Diese Höhlen liegen aber nicht nur unter der Esse des Vulkans, sondern sind, wie die Erschütterungskreise der Erdbeben uns lehren, weithin unter der Erdrinde ausgebreitet und verzweigt, und hängen vielleicht mit noch größeren in bedeutenderer Tiefe zusammen. Vielleicht gelingt es einst durch genauere Beobachtungen über Richtung, Verbreitung und Stärke der Erdbeben die Gestalt, Größe und Lage dieser hohlen Räume annähernd zu bestimmen. An ihrem Vorhandensein dürfen wir nicht zweifeln. Dafür spricht der innere Zusammenhang der vulkanischen Heerde selbst zwischen sehr entfernten Punkten zu klar. Erderschütterungen hören auf, wenn sich die eingepreßten Dämpfe irgendwo in weiter Ferne einen Ausweg verschafft haben; thätige Vulkane halten plötzlich inne, wenn Erdbeben entfernte Gegenden verwüsten, als ob dort vor sich gehende Veränderungen im vulkanischen Heerde auch im Vulkan die gewohnte Thätigkeit störten, dem offnen Schlunde auf Zeiten seine Dampfmassen entzögen und sie in der Tiefe zurückhielten. —

So verbreitet und anerkannt auch diese Ansicht vom Vulkanismus der Erde unter den Forschern der Gegenwart ist, so haben doch in jüngster Zeit Einzelne den Versuch gemacht, zu älteren Anschauungen zurückzukehren, die sie besonders durch Thatsachen aus dem Gebiete der Chemie und Physik zu begründen wissen. Zu diesen Gegnern des Vulkanismus gehören namentlich Gustav Bischof und Otto Volger. Sie leugnen die feurige Gluth des Erdinnern und erklären die Erdbeben und Vulkane als Wirkungen unterirdischer Bergstürze in Verbindung mit chemischen Zersetzungen und mechanischen Reibungserscheinungen. „Wenn sich durch Auszehrung löslicherer Schichten Hohlräume unter dem Grunde der Thäler bilden, sagt Otto Volger, so wird das überlagernde Gebirge durch die Spannung, mit welcher es auf die zur Seite des unterhöhlten Bezirks liegenden Massen sich aufstützt, getragen, bis endlich die Spannung der Ausdehnung des Hohlraums nicht mehr gewachsen ist. Nunmehr erfolgt eine plötzliche Senkung, entweder ein Zusammenrutschen bei muldenförmiger Lagerung, oder ein stoßweises Niederrücken der unterhöhlten Decke. Diese Bewegung bildet an der Oberfläche das Erdbeben." Das ist allerdings eine Erklärung, die sich vor allen andern durch Einfachheit auszuzeichnen scheint, und die gewiß in vielen Fällen, namentlich bei den Erdbeben der Wallisthäler, Thüringens, der Karpathenländer und selbst der Rheingegend ausreichen dürfte. Ihre allgemeine Gültigkeit möchte indeß noch zu bezweifeln sein. Man ist versucht von ihr zu sagen, was von dem Neptunismus Werners gesagt wurde: sie ist auf zu beschränkte lokale Anschauungen gebaut. Dazu kommt das allzudeutlich darin hervortretende Streben des Erklärers sich als Reformator der Wissenschaft zu zeigen. Wer durchaus Neues will, wird blind nicht blos gegen das Alte, sondern auch gegen das Neue. Zu der Begeisterung für die neue Theorie gesellt sich der Fanatismus gegen die alte, und man sieht in ihr nicht mehr das Ergebniß einer zur Zeit gegebenen Summe wissenschaftlicher Thatsachen, sondern eine Frucht der Laune und Willkür, der Unnatur und Thorheit. „Jahrhuderte lang", sagt Volger in der Bitterkeit seines Hasses, „dachte man aller Unnatur zum Trotze nur an den Schwefel, dem man allen Nachgedanken zum Hohne die Sprengkraft des Pulvers zuschrieb. Seit der Dampf der Götze der Zeit geworden, hat er es sein müssen, welcher die Erdbeben erzeugt; — doch schon drohen neuere Götzen, Electricität, Magnetismus, Galvanismus, ihn vom Throne zu stoßen, und schon hat mancher redliche Kopf von galvainschen Zuckungen der Erde geträumt. Der Dampf aber mußte hinweisen auf eine Gluth, die den Kessel heizt; — so sah die Einbildungskraft unter dem bebenden Boden die Feuerströme der Hölle sieden und brodeln, und furchtbarer, als die Angst vor dem drohenden Sturze der Mauern und dem niederrollenden Bergschutte, quälte der Gedanke an das unter den Sohlen wogende Feuermeer die unglücklichen Bewohner der von Erdbeben heimgesuchten Gegenden."

Würdigeren und heiteren Anschauungen nun will Volger durch seine Ansicht eine Stätte bereiten. „Damit Berge fallen," sagt er, „Gebirge sich niedersetzen, Festländer sich senken können, müssen Festländer sich erheben, Gebirge sich aufrichten, Berge emporstreben! Das Wanken der Erdfeste verkündet uns nicht den Untergang der Welt, sondern das Walten der ewigen Ordnung der Natur, die im Wechsel ihre sichere Gewähr leistet für ihre unvergängliche Treue!"

Daß einer solchen Erdbebentheorie auch für die Vulkane durch eine andere als die bisher übliche Erklärung entsprochen werden mußte, ist selbstverständlich, freilich aber auch, daß das Gezwungene und Künstliche einer solchen Theorie hier noch auffallender hervortreten mußte. Volger bringt in seiner Abneigung gegen alles Feuer die Feuerschlote der Erde in Verbindung mit den Gas- und Schlammvulkanen und läßt ihre Laven nicht aus dem tiefen Erdinnern quellen, sondern aus ähnlich, wie bei den sogenannten Faulbergen, aufgelösten und erweichten Gesteinschichten der Oberfläche sich bilden, so daß diese erst bei ihrer Auspressung durch die Klüfte des Vulkans und bei ihrem Austritt an die Luft durch Reibung und durch Verbrennung von Gasen erglühen und schmelzen sollen. „Wenn die hier wesentlichen Verhältnisse", sagt Volger, „in einer sinkenden Gegend in den Tiefen des Erdbodens stattfinden, wenn zu Faulbergen aufgelöste Augit- und Feldspathgesteine gelagert sind über erweichten und ausgelaugten, moderhaltigen, vollends salzreichen Schichten, in welchen der Sauerstoff der vom eindringenden Wasser herbeigeführten Luft bei der höheren Wärme der Tiefe zur Verbrennung der ungesäuerten Gase dient, in welchen der von den heißen Dämpfen verarbeitete Brei gepreßt wird durch die Last des sinkenden Gebirges, wenn das Salz mit den Kieselsäureverbindungen in Wechselwirkung tritt, die Reibung des durch die Pressung in Bewegung gesetzten grusigen Schlammes endlich die heftigste Gluth erzeugt; so kann der Ausbruch aller der Erscheinungen, auf welchen das Wesen eines Vulkans beruht, nicht ausbleiben."

Welcher dieser Ansichten man nun auch den Vorzug geben mag, der von einer Feuergeburt der Vulkane und einem Empordringen gefesselter Dämpfe, oder der von zusammenstürzenden Gebirgen und einem Erglühen gepreßter Schlammmassen; für die Geschichte der Erde bleibt die Bedeutung des Vulkanismus unverändert. Alle diese bisher betrachteten Erscheinungen und Schöpfungen der vulkanischen Natur sind nur Fortsetzungen derjenigen, welche in eine unendliche Vergangenheit hinaufreichen. Sie ließen uns ahnen, welche wichtige Rolle die vulkanische Thätigkeit des Erdinnern einst in dem großen Drama spielte, welches unsrer Erde ihre jetzige Gestalt und Bildung gab. Vier Gesteinarten waren es, welche wir die vulkanischen Mächte schaffen sahen: Vulkanische Felsarten oder Lavagesteine, welche im geschmolzenen Zustande hervorbrachen, geschichtete Gesteine oder vulkanische Sedimente, welche durch das Niederfallen der Auswurfsstoffe in Luft und Wasser sich bildeten, metamorphosirte oder umgewandelte Gesteine, welche in ihrer innern Struktur, Farbe und Schichtung durch Berührung mit vulkanischen Gluthmassen oder Dämpfen umgewandelt wurden, endlich die Konglomerate oder Trümmergesteine, durch Verkittung zertrümmerter ungleichartiger Felsarten entstanden. Mögen diese Bildungen auch nur ein schwacher Abglanz von dem sein, was bei gesteigerter Thätigkeit des Erdenlebens in dem chaotischen Zustande der Urwelt unter günstigeren Bedingungen des Druckes und der Wärme sowohl der ganzen Erdrinde, als des mit Dämpfen gesättigten und ausgedehnten Luftkreises geschehen ist, mögen in der Urzeit weit riesenhaftere Feuergeister gewaltet haben: so waren sie es dennoch nicht allein, welche unsrer Erdoberfläche ihre Gestalt gaben und unsre Erdrinde erfüllten.

B. Wirkungen der neptunischen Kräfte.

Der ewig schaffenden und gestaltenden, das Alte zertrümmernden, Neues emportreibenden Kraft des Feuers wirkt eine andere Kraft entgegen, langsam und kaum bemerkt, aber unausgesetzt, welche Alles auszugleichen und zu ebnen strebt, aber dennoch in allen ihren Zerstörungen und Zertrümmerungen willenlos die Ursache neuer mächtiger Schöpfungen wird. Diese Kraft ist das Wasser. Der größte Theil der Erdrinde ist das Werk ruhiger, langsamer Bildungen des Wassers, wie wir sie noch heute aus Meeren und Seen, Flüssen und Quellen entstehen sehen; und diese Bildungen sind um so wichtiger, als sie zugleich das organische Leben ins Dasein riefen. Gewaltsam zersprengten an verschiedenen Orten und zu verschiedenen Zeiten die Gewalten der Tiefe die neugebildeten Schichten, hoben feurigflüssige Massen zu Bergen empor und richteten die zerrissenen Schichten an ihnen auf. Grauenhaft zerstörten solche Ausbrüche das Leben der Organismen durch Hitze und giftige Dämpfe und erfüllten mit ihren Leichen die Schichten, die sich nach der Ruhe aufs Neue bildeten, damit wir in ihren Blättern noch nach Jahrtausenden die Urgeschichte unseres Erdkörpers lesen können. Jene Kräfte aber, welche diese Schichten bildeten, wirken noch jetzt in gleicher Weise fort, langsam freilich und allmälig, so daß ihre Wirkungen unseren Sinnen erst nach einer Reihe von Jahrtausenden sichtbar werden, in welche selbst unsere ältesten Sagen und Mythen nicht mehr hinaufreichen. Und doch sind grade die Umwandlungen, welche sie schaffen, die gewaltigsten. Jene großartigen Erscheinungen, welche hie und da plötzlich mit ungemein in die Augen springenden Wirkungen hervortreten, sind unbedeutend im Vergleich zu den still und unausgesetzt wirkenden Kräften; sie erscheinen uns furchtbar, weil sie uns selbst mehr betreffen, als den Erdball, auf dem sie oft kaum eine Spur zurücklassen. So ist es ja auch im Menschenleben. Nicht die augenblicklichen, heftigen Regungen des Gemüths, die schnell aufflammenden und scheinbar rings Vernichtung drohenden Leidenschaften sind es, welche die Spuren der Verwüstung den lebensfrischen Gesichtszügen aufdrücken. Sie drohen gewaltig, aber sie gehen schnell vorüber. Die stillen Leiden der Seele aber, Gram, Sorge, Reue, sie sind es, die am innern Lebensmark nagen, die unbemerkt aber sicher die Blüthe zerstören und die vorzeitigen Furchen des Alters ziehen. So wirken auch die bildenden Kräfte der Natur langsam und im Stillen fort, Länder zertrümmernd und Länder aufbauend. Millionen von Jahren bedurfte es, ehe der Mensch den Schauplatz seines Wirkens betreten konnte, der vermessen genug wohl glaubt, um seinetwillen allein habe die Schöpfungskraft der Natur gearbeitet, für ihn seien unnatürliche, gesetzlose Riesenkräfte in Thätigkeit gewesen, um ihm eilends einen Garten zu bereiten, in welchem er thatenlos die müßigen Tage seines Daseins verträumen könnte.

Wir wollen den Schöpfungen des Wassers in ihrem ursächlichen Zusammenhange und in ihrer Bedeutsamkeit für die Geschichte der Erdbildung nachforschen. Die geschichteten Gesteine sind die Denkmäler ihrer Thätigkeit, welche uns die wichtigsten und ältesten Züge unsrer Erdgeschichte erzählen: denn sie sind die Geburts- und Grabstätten der ganzen organischen Welt, jener längst in ihnen starrgewordenen Geschöpfe der Urwelt, wie der noch heute lebenden und entstehenden. Auch sie konnten nur aus gewaltigen Zerstörungen hervorgehen; aber sie stammen nicht aus der Unterwelt, sondern sind Trümmer der Gesteine der Oberwelt, oft gerade jener Massen, welche die unterirdischen Gewalten mit so großem Kraftaufwand emporgehoben. Der zerstörende Feind aber war das Wasser, welches immer bemüht ist, alle Ungleichheiten und Erhöhungen, welche die feurige Macht des Innern schafft, wieder zu vernichten und auszugleichen. Doch wie es auf Erden kein Vernichten, sondern nur ein Verwandeln giebt, alles Zerstören immer auch ein Schaffen und Aufbauen ist, so ist das Wasser durch seine Auflösung und Zertrümmerung der festen Gesteine immer auch zugleich der Schöpfer neuer Gebilde, neuer Erdlagen und Felsmassen. Noch gegenwärtig geht die Bildung der Erdoberfläche fort unter dem beständigen Kampfe dieser feindlichen Mächte, des Feuers und des Wassers; und doch arbeiten beide zu einem Ziele hin, dem organischen Leben auf der Erde eine sichre Wohnstätte zu bereiten. Beide stammen aus einem Ursprung, aus dem Innern der Erde, beide sind Quellen flüssiger Massen, die von den innern Gewalten emporgetrieben werden. Aus den weiten Schlünden der Vulkane stürzen mit lauter Gewalt und donnerndem Gebrüll Feuerfluthen und glühende Erdströme hervor; aus den kleinen Spalten der Gesteine rieseln sanfte Wasserquellen, die immer mächtiger anschwellen, als wilde Gießbäche von den Felsen stürzen, in breiten Strömen die Ebenen durchziehen und überall langsam, aber sicher, den Boden umwandelnd neue Landstriche schaffen und alte zerstören.

1) Die Quellen und ihre Entstehung.

Wie der Saft in der Pflanze, das Blut im Thiere überall in dem Kreislauf durch den organischen Körper Leben und Bewegung, Gesundheit und Wachsthum verbreiten, so durchzieht ein belebendes und ernährendes Adernetz auch die Oberfläche unserer Erde. Das Wasser ist der Quell des irdischen Lebens, sein Kreislauf von der Erde zur Atmosphäre und von der Atmosphäre zur Erde erweckt die schlummernden Geisteskräfte der Natur. Der starre Felsen, benetzt von feuchten Nebeln, bekleidet sich mit einer zarten Moosdecke; die verbrannten Fluren schmücken sich unter dem Thau des Himmels mit lieblichen Blumen: dem dürren Baum entlockt der strömende Regen ein frisches Grün. Wo der Bach seine silbernen Wellen kräuselt, regt sich der Thiere buntes Leben, wird die Natur laut im schwirrenden Käfer, im singenden Vogel; wo der Fluß seine majestätischen Fluthen wälzt, erblühen Dörfer und Städte, Gärten und Felder an seinen grünenden Ufern. Die Meere beleben sich mit den Schätzen der Länder, den Kunsterzeugnissen der Völker, sie werden die Brücken des Handels und der Kultur, die Träger des Menschengeistes von Welttheil zu Welttheil. Von Himmel und Erde entquillt der Segen und umspinnt das gesammte Leben mit einem ernährenden Netze.

Es ist eine bekannte Thatsache, daß überall, nicht nur in der Nähe von Flüssen und Seen, die Erdoberfläche feucht ist. Diese Feuchtigkeit wird theils durch den Niederschlag des verdunsteten Wassers aus der Atmosphäre bewirkt, theils durch Anziehung aus größerer Tiefe, theils durch den Druck naher Wasserbehälter, wie ja Anwohner von Seen und Flüssen wohl wissen, daß sich im Niveau derselben stets Wasser findet. Schattige Orte, namentlich den Sonnenstrahlen unzugängliche Schluchten, belaubte oder mit Moos bewachsene Bergspitzen sieht man immer feucht, sogar naß, weil sie hauptsächlich den Thau und die Nebel aufnehmen. Durch Sonnenhitze und warme Winde wird fortwährend eine starke Verdunstung der Niederschläge erzeugt. Die niedergefallenen Wasser kehren zum Theil von Neuem in die Atmosphäre zurück, um zur Ernährung des Vegetationsprocesses verbraucht zu werden; das übrige dringt in den Boden ein, bis es durch Thonlagen oder Felsen, die ihm den Durchgang versagen, aufgehalten wird, sich ansammelt und dann an geeigneten Stellen von selbst wieder in Quellen an die Oberfläche hervorbricht. Dies ist die älteste und einfachste Ansicht vom Ursprung der Quellen, die Ansicht des größten Denkers des Alterthums, des Aristoteles. Sie ist begründet in dem bestimmten Zusammenhange zwischen der Regenmenge und dem Quellenreichthum eines Ortes. Als im vorigen Jahrhundert ein heftiger Streit über diesen Gegenstand entstanden war, verfiel man darauf, einen directen Beweis durch Berechnung der Einnahme und Ausgabe des atmosphärischen Wassers zu suchen. Thau, Regen und Schnee und die großen Nebel- und Wolkenmassen, welche fortwährend die Berge umlagern und ihr Wasser an ihnen absetzen, sind die verschiedenen Quellen, aus denen die Einnahmen fließen, während die Ausgabe durch Verdunstung, Ernährung der Pflanzen und Thiere und durch die Fortführung des Wassers aus den Quellen durch die Flüsse zum Meere geschieht. Mariotte war der Erste, welcher zu berechnen suchte, ob die innerhalb eines Stromgebiets gefallene Regenmenge hinreichend sei, um die Wassermasse zu liefern, welche der Strom innerhalb dieser Periode dem Meere zuschickt. Er wählte das Flußgebiet der Seine, und sein Resultat war der aufgestellten Annahme vom Ursprung der Quellen in hohem Grade günstig; denn er fand, daß nur $^1/_6$ des atmosphärischen Wassers dem Meere zufließe, während die übrigen $^5/_6$ theils durch Verdunstung, theils von Pflanzen und Thieren verbraucht würden. Aber es zeigte sich hier die Schwierigkeit, zu bestimmen, von welchen Punkten überall auf dem Festlande einem Flusse, dessen Zuflüsse sich mit denen seiner Nachbarströme verwirren, Wasser zugeführt werde, und darum wählte 100 Jahre später Dalton ein Inselland, England, zum Gegenstand seiner Berechnung. Er fand, wenn er alle atmosphärischen Niederschläge in Gestalt von Regen, Schnee und Thau in Betracht zog und nur die aus Nebel und Wolken unberücksichtigt ließ, eine jährliche Wassermenge von $36^1/_2$ Zoll, welche auf dem ganzen Boden Englands vertheilt die ungeheure Menge von $4^1/_2$ Kubikmeilen ergab. Durch die Themse fließt aber nur $^1/_{23}$ davon ins Meer, und da ihr Flußgebiet ungefähr den 8ten Theil ganz Englands ausmacht, so würden alle Flüsse zusammen nur $^9/_{25}$ jener Wassermenge dem Meere zuführen. Aber auch die Verdunstungsmenge zog Dalton in Rechnung und fand sie = $^{17}/_{25}$, so daß also $^1/_{25}$ mehr durch Ströme und Verdunstung fortgeführt wurde, als die Niederschläge geliefert haben konnten. Dies Deficit ließ sich aber leicht decken durch die aus den Wolken und Nebeln auf den Bergen stattfindenden Niederschläge, so daß das von Dalton gewonnene Resultat wohl als ein ziemlich genügender Beweis für den atmosphärischen Ursprung der Quellen gelten kann. Wenigstens haben alle ähnlichen Berechnungen die Thatsache bestätigt, daß kaum $\frac{1}{3}$ der niedergeschlagenen Wassermenge durch die Ströme dem Meere zugeführt werde.

Freilich scheinen manche Ereignisse, besonders in Gebirgsgegenden, sich nicht ganz mit dieser Ansicht vereinigen zu lassen. Wenn oft plötzlich die Flüsse von ihren Quellen an austreten, die Gebirgsthäler überschwemmen, alle Zweige eines Stromsystems ungeheure Wassermassen dahinwälzen, und der Hauptstrom zu einer unerhörten Höhe über seinen gewöhnlichen Wasserstand anschwillt, und wenn ein solches Ereigniß sich oft auf mehr als ein Stromgebiet gleichzeitig ausdehnt; dann möchte man geneigt sein, bei dem furchtbaren Anblick der durch die ungeheuren Wassermassen angerichteten Verheerungen zu außerordentlichen Ursachen der plötzlichen Wasservermehrung seine Zuflucht zu nehmen, weil diese ja in keinem Verhältniß zu der gefallenen Regenmenge zu stehen scheint. Als sich im Winter 1824 mit dem Austreten so vieler Flüsse des nördlichen und südlichen Deutschlands eine ungewohnte Bewegung zeigte, und gewaltige Sturmfluthen an den Küsten der Nordsee und bei Petersburg unerhörte Eingriffe in das Land machten, als in jenen Tagen im hohen Gebirge plötzlich wasserreiche Quellen an Orten ausbrachen, wo sonst keine Spur davon war; da schien es vollends unmöglich, die Ueberschwemmungen bloß von atmosphärischem Wasser herzuleiten. Eine Aufregung im Innern der Erde, welche die gewöhnliche Ordnung der Natur verwirrte und den Wassern der Tiefe plötzlich den Ausgang in's Freie gestattete, wurde nun als erklärende Ursache dieses außerordentlichen Phänomens in Anspruch genommen. Dennoch zeigte sich diese Annahme grundlos; denn unstreitig konnten die angenommenen unterirdischen Wasserbehälter sich ihrer Wasser nur durch Einsenkung der Decke oder durch Erhebung ihres Bodens entleeren. Aber von solchen Veränderungen ließ sich nichts bemerken. Sie hätten nur durch Erdbeben bewirkt werden können, und wenn auch in derselben Zeit Erderschütterungen in der Schweiz und im Schwarzwalde verspürt wurden, so waren sie doch nicht von einer solchen Bedeutung, daß sie die unterirdischen Wasser um 800 Fuß hätten emportreiben können. So gewaltige Erdbeben hätten keinen Stein auf dem andern gelassen. Zugleich ist das ganze Hügelland von Schwaben von jehr ausgedehnten Salzlagern durchzogen, die doch auch von dieser emportreibenden Kraft nicht ganz unberührt bleiben konnten; aber die Wasser blieben süß, und die zahlreichen dortigen Salzquellen nahmen keinen Theil an der allgemeinen Vermehrung des Wasserzuflusses. Nähere Betrachtungen zeigten, daß sich auch jene Ereignisse wohl aus atmosphärischen Ursachen ableiten ließen. Nachdem es schon vom Juli bis September dieses Jahres bei niedriger Temperatur, also geringer Verdunstung, ungewöhnlich viel geregnet hatte, folgten zu Ende Octobers die heftigsten Regengüsse, begleitet von warmen Südwinden, welche den frühgefallenen Schnee des Schwarzwalds und der Tyroler und Schweizer Voralpen schmolzen. Der ungeheure Zufluß einer so plötzlich losgelassenen Wassermasse mußte nothwendig, wie 10 Jahre später in den Thälern des St. Gotthard, große Ueberschwemmungen erzeugen.

Bei solchen Thatsachen kann man wohl nicht mehr am atmosphärischen Ursprung der Quellen zweifeln. Wenn man daher in mehreren Gegenden beobachtet hat, daß die Wassermenge der Quellen und Flüsse sich vermindert hat, so ist dieser Verlust meist auf Rechnung verminderten Regens zu setzen, der eine Folge von Ausrodung der Wälder oder sonstiger Austrocknung des Landes ist. Denn wo es selten regnet oder wenig thaut, da sind wenige oder gar keine Quellen, wie in den Wüsten Afrikas und Asiens, auf dem Plateau von Persien und an den Küsten von Peru. Wo hingegen keine Woche, fast kein Tag ohne Regen vorübergeht, wie an den Nordwestküsten von Amerika, auf Chiloë und Aracan, oder wo eine beständig gesättigte Dampfatmosphäre das Land in feuchte Nebel hüllt, wie in den Polarländern, da ist auch der Quellenreichthum am größten. Die Hochgebirge sind es besonders, welche den Niederschlag des Wassers begünstigen. In ihren Eis- und Schneemassen haben sie ein beständiges Reservoir, das gerade dann seine Quellen am reichlichsten fließen läßt, wenn bei der Hitze des Sommers die Verdunstung und der Verbrauch an Wasser durch die Vegetation in der Ebene am größten ist, so daß dort Wassermangel eintreten würde, wenn nicht das Schmelzen des Schnees und Eises in den obern Regionen den Gletscherbächen eine weit größere Fülle gäben, als sie in den kälteren Jahreszeiten besitzen. In niederen Gebirgen wirkt eine andere Ursache wesentlich ein. Das ist die Vegetation besonders der Moose und Farrn, welche die Berghöhen überziehen und die Dünste außerordentlich stark verdichten. Darum hat die Ausholzung der Wälder auf den Gebirgen immer den nachtheiligsten Einfluß auf die Wasserverhältnisse der Ebenen gehabt; denn durch Vertilgung der Hochstämme wurde das schützende Dach weggenommen, unter welchem die Moosdecke dem Boden beständig das aus der Atmosphäre durch diese Pflanzen verdichtete Wasser zuführte. Durch den Verlust der Moosdecke aber wird der felsige Boden blosgelegt, der kein Wasser in sich aufnehmen kann. Die Moosdecke saugt wie ein Schwamm große Mengen von Wasser ein, das sie ebenso nur nach und nach abgiebt. Auf entblößtem Felsboden dagegen fließt das Wasser bei starkem Regen schnell ab und fällt in das Thal, wo es Ueberschwemmungen verursacht, die somit um so häufiger werden müssen, je mehr die Abholzung überhand nimmt. —

Von wesentlichem Einfluß auf die Aufnahme des Wassers und die Entstehung von Quellen ist daher die Beschaffenheit des Bodens. Felsboden läßt im Allgemeinen nur dann bedeutendere Durchsickerung des Wassers zu, wenn er zerklüftet und zerspalten ist. Darum zeigen besonders viele Kalk- und Trachytmassen stets eine trockne Oberfläche, weil das Wasser durch ihre zahlreichen Spalten schnell in die Tiefe sinkt, und das Gestein selbst wenig in sich aufnimmt. Selbst Granite öffnen dem Wasser einen Weg durch weit fortsetzende Klüfte. Daher leiden auch die tiefsten Gruben an Wasserzudrang und erfordern zum Fortbau kostbare Pumpwerke. Oft steht der Zudrang des Grubenwassers im unverkennbarsten Zusammenhange mit den Regenverhältnissen der Oberfläche, so daß starke Regen sich bald in der Tiefe durch das stärkere Quellen der Grubenwasser bemerkbar machen. Sandsteine, zwar weniger zerklüftet, bieten durch ihre poröse Struktur gleichsam natürliche Filter dar, in welchen das Wasser sehr langsam, aber gleichmäßig durchsickert, deren Masse daher beständig durchfeuchtet ist, so daß sie einen vortrefflichen Grund für die Vegetation bieten. In gewöhnliche Ackererde dringt selbst starker Regen selten tiefer als ½ Fuß, wenigstens nie über 3 bis 4 Fuß. Thonboden ist durchaus undurchdringlich, während Sand und Geschiebe das Wasser bis in jede Tiefe durchsickern lassen. Unter den verschiedenen Gebirgsarten zeigen sich besonders die

Gneuß- und Glimmerschiefer-, Thonschiefer-, Keuper- und Quadersandsteingebirge reich an Quellen. Der Grauwacken-Kalk entsendet nur dann häufig Quellen, wenn er von Zwischenlagen thoniger Bänke durchzogen ist. Reicht er jedoch in große Tiefen, so versenkt sich das Wasser in zahllose Schluchten und giebt unterirdischen Quellen und Bächen ihren Ursprung, die selbst als wasserreiche Flüsse an das Tageslicht treten. Muschelkalk und Jurakalk sind besonders arm an Quellen, weil ihre Klüfte das Wasser in größere Tiefen führen. Kreideplateaus sind völlig dürr und trocken, wenn nicht thonige Zwischenlagen Ansammlungen des niedergeschlagenen Wassers bewirken, welches dann oft am Fuße jedes Kreidehügels in Quellen und Bächen hervortritt. Ueberhaupt bieten die Thon- und Mergellager die natürlichsten Scheidemauern für das Wasser, zwischen welchen die einzelnen wasserführenden Schichten sich abgrenzen; und in Gebirgen, welche aus abwechselnden Folgen kalkiger und sandiger Schichten mit Thon- und Mergellagern bestehen, wird man stets die Quellen oberhalb dieser Thonlager hervorbrechen sehen. Auch die meisten Ansammlungen stehender Wasser verdanken wir solchen Thonlagern, welche das Einsickern der Flüssigkeit in die Tiefe verhindern. Die Trockenlegung von Sümpfen, Seen und Torfmooren ist oft nur dadurch möglich geworden, daß man diese undurchdringlichen Thonlager durchbohrte und dem Wasser einen Abfluß in die Tiefe verschaffte. Auch die Fruchtbarkeit der Oasen in den Sandwüsten beruht allein auf dem Umstande, daß Thonlager, welche das Wasser zurückhalten, nahe an die Oberfläche des Bodens kommen, während sie in den übrigen Theilen der Wüste mehr in die Tiefe zurücktreten, so daß das Wasser von oben herab durchsickert und die obern Schichten trocken läßt.

Da das Wasser also nur so weit einsinken kann, bis es eine undurchdringliche Schicht trifft, und auch nicht zur Oberfläche zu gelangen vermag, wenn sich über ihm eine solche Schicht findet, so wird es sich zwischen diesen in Becken ansammeln und dort unter einem Drucke stehen, welcher der Höhe entspricht, bis zu welcher die wasserführenden Sandschichten in der Umgebung des Beckens aufgerichtet sind. Durchbohrt man diese obere undurchdringliche Schicht, so wird der Abfluß des Wassers nicht mehr gehindert, und es steigt mit großer Gewalt empor. Darauf beruhen die artesischen

Brunnen, welche von der Grafschaft Artois, wo sie sich sehr häufig finden, ihren Namen haben. Sie können nur an solchen Orten angelegt werden, nach denen sich mergelige Schichten hinneigen: doch darf die Neigung nicht zu groß sein, wenn man nicht bis zu ungeheurer Tiefe vordringen soll, um Wasser zu treffen. Sehr geeignet dazu ist die Gegend von Wien, wo schon in einer Tiefe von 60—70 Fuß das zwischen 60—300 Fuß mächtige Thonlager liegt, welches durchbohrt werden muß. Die Tiefe der Brunnen ist natürlich darum sehr verschieden, ebenso die Höhe, bis zu welcher das Wasser über das Bohrloch emporsteigt. Die meisten sind zwischen 400—500 Fuß tief, und der Wasserstrahl springt bei einigen 7 Fuß, 15 Fuß, ja bei dem von Tours 55 Fuß hoch über die Bodenfläche empor. Die tiefsten Brunnen sind wohl der von Grenelle bei Paris, welcher 1676 Fuß, und der von Neusalzwerk bei Minden in Westphalen, welcher 2144 Fuß tief ist. Natürlich hat auch das Wasser dieser artesischen Brunnen, da es aus so großer Tiefe quillt, eine bedeutende Temperatur, bei den letzteren beiden 28° und 32¾° C., so daß man damit große Arbeitssäle in Fabrikgebäuden erwärmt oder zarte Pflanzen in Glashäusern gegen den Frost schützt, oder es wie zu Grenelle unmittelbar zum Waschen gebraucht.

Von eigenthümlichem Interesse und in ihren Folgen von unberechenbarer Wichtigkeit sind die artesischen Brunnen, welche die Franzosen vor wenigen Jahren in den Oasen der östlichen Sahara gebohrt haben. Kein Land der Erde zeigt vielleicht so überraschende Gegensätze der abschreckendsten, einförmigsten Wüste und der sie bewältigenden Kultur, als diese algerische Sahara. Des Menschen Energie verzagte hier nicht, sondern suchte unter großen Mühseligkeiten auf den in ansehnlicher Tiefe unter dem Flugsande sich ausbreitenden, feuchteren und für den Anbau empfänglicheren Boden zu gelangen. Dadurch kam man zu der Ueberzeugung, daß derselbe in einer Tiefe von 18—30 Fuß unerschöpfliche Wasservorräthe enthielt, und förderte dieselben zu Tage durch Einrichtung eines Schöpfapparates, der auffallend an unsere Ziehbrunnen erinnert. Aber weiter im Westen, namentlich im Gebiete des Ued-Rir, zeigte sich diese Einrichtung nicht mehr ausreichend, und hier begegnen wir einer Technik, deren Ursprung wir kaum in den Köpfen der jetzigen trägen Bewohner, sondern eher in Ueberlieferungen aus den Zeiten der römischen Herrschaft suchen können. Es ist in der That eine Art artesischer Brunnen, die noch heute von den arabischen Stämmen dieser Gegend, freilich in ziemlich roher und unvollkommner Weise, angelegt werden. Eine Handhacke, ein Korb und einige Palmenstämme zum Schutz gegen das nachfallende Erdreich sind die einzigen Hülfsmittel. Trotzdem gelingt es den Arabern, alle die verschiedenen Schichten dieses Bodens, die aus erdigem Gyps, rothem Mergel, gelbem Thon, röthlichem harten Sandstein und endlich hartem, fettem, grünlich weißem Thon bestehen, zu durchdringen, um dem darunter liegenden wasserhaltigen Sand seine Quellen zu entlocken. Oft erreichen diese Brunnen eine Tiefe von 150—250 Fuß. Aber die große Arbeitskraft und der Zeitaufwand, den sie erfordern, macht sie doch zu kostspieligen und darum seltenen Unternehmungen. Dazu kommt noch, daß sie selten ihre ursprüngliche Wasserfülle längere Zeit bewahren und schon nach Verlauf von 15 Jahren meist gänzlich versiegen oder sich doch in stehende Brunnen verwandeln, da die Fäulniß des Palmenholzes allmälig die Verschüttung des eigentlichen Bohrlochs herbeiführt.

Da beschloß die französische Regierung, die europäische Kunst auf diesen Boden zu verpflanzen und durch die Wohlthat der artesischen Brunnen hier eine Civilisation herbeizuführen, welche die Waffengewalt 12 Jahre lang vergeblich zu schaffen versucht hatte. Am 1. Mai 1856 wurde bei Tamerna der erste Erdbohrer in Bewegung gesetzt. Die arabische Bevölkerung spottete Anfangs über die Thorheit und Vermessenheit der Christen, die in wenigen Tagen ein Werk ausführen wollten, das nach ihrer Anschauungsweise Jahre erforderte. Schon glaubte der muhamedanische Fanatismus seinen Sieg über die christliche Intelligenz gesichert, als nach fünfwöchentlicher Arbeit aus dem bereits 160 Fuß tiefen Bohrloche noch immer brakiges Wasser hervorquoll. Da ward am 9. Juni mit Hülfe eines Spitzbohrers der letzte Widerstand durchbrochen, und ein mächtiger Strom des reinsten, süßen Wassers drang aus dem neuen Brunnen empor. 6½ Millionen Liter Wasser entquellen täglich diesem Brunnen, eine Wasserfülle, wie sie bisher unerhört war in der dürren Sahara.

Durch diesen Erfolg begeistert, ging die französische Regierung mit vermehrtem Eifer an die Ausführung ihres großartigen Planes, durch artesische Brunnen das dürre Steppenland in culturfähigen Boden umzuwandeln und so die Nomaden zu seßhaften Bewohnern einer ertragsfähigen Gegend heranzubilden. Schon sind fünf neue Springquellen den Tiefen der Wüstenerde entlockt; schon umgeben neue Dörfer und Palmenpflanzungen einzelne dieser Zauberbrunnen, und dem geistigen Auge eröffnet sich der Blick in eine nahe Zukunft, in welcher die Verhältnisse dieses, nicht durch das Schwert, sondern durch die Cultur eroberten Landes für alle Zeiten eine völlig veränderte Gestalt gewonnen haben werden.

Nicht immer sind es die zahllosen Risse der Felsgesteine, welche in den Bodenschichten dem Wasser den nöthigen Abfluß gewähren, oft finden sich beträchtlichere Spalten, Löcher und Höhlungen, durch welche die Gewässer oft meilenweit in der Tiefe sich unter den Schichten durchwinden, um später irgendwo an einem tieferen Orte an das Tageslicht zu treten. Besonders zeigen diese Erscheinungen die trocknen und quellenarmen Kalk- und Dolomitgebirge Griechenlands, des Jura, Thüringens und Schottlands. In Griechenland sind diese Abzugskanäle der Thäler schon den Alten als Katabothra bekannt. Morea besteht aus einer Reihe geschlossener Kesselthäler, denen sehr oft ein Thalriß mangelt, durch welchen das Wasser einen Abfluß finden könnte. Aber ihre Wände sind von zerklüftetem Kalkstein gebildet, und an ihrem Fuße befinden sich trichterförmige Oeffnungen, durch welche die Gewässer ihren Abzug nehmen, um an der Außenseite der Kalkschichten als mächtige Quellen wieder zu erscheinen. Bisweilen sind in der Regenzeit die Katabothra nicht geräumig genug, um dem Wasser seinen vollständigen Abzug zu gestatten, und es entstehen dann Seen, die sich allmälig füllen und abfließen. In andern Kalkgebirgen wiederholt sich dieselbe Erscheinung, und diese unterirdischen Kanäle heißen dann Entonnoirs im Jura oder Schlotten in Thüringen, Seelöcher im Mansfeldschen. Der Zirknitzer See in Krain füllt und entleert sich auf solche Weise, die Torfmoore von les Ponts bei Neufchatel und der lac de Joux im Jura ernähren ähnliche trichterförmige Abläſſe. Auch der Schigatte-See in Kurland unweit Windau zeigt eine ähnliche Erscheinung. Unabhängig von allen Witterungseinflüssen leert und füllt er sich abwechselnd. Bald sprießt üppiges Gras auf seiner Fläche, und das Vieh weidet auf seinen Triften; bald überströmt seine Wasserfülle die Ufer und ergießt sich in die umgebenden Schluchten und die kleinen Dünenseen oder „Wigge" des Strandes. Größere Abzugskanäle liefern oft ungemein mächtige Quellen, die sogleich als Bäche oder Flüsse hervortreten. Die Sorgue bei Vaucluse, der Mühlbach bei Biel, die Serrière bei Neuschatel, die Birs bei Dachsfelden, die Orbe im Waadtlande treten mit einer solchen Mächtigkeit aus den Felsen, daß sie bei ihrem Ursprunge schon Mühlräder zu treiben vermögen, und der Loiret trägt sogar Dampfschiffe bis an seine Quelle. Mächtige Ströme verlieren sich ganz in diesen unterirdischen Kanälen, um weiterhin in voller Stärke wieder hervorzubrechen. Auf der trockenen Terrasse des Karst in der Nähe von Triest verliert sich die Reka in einer Grotte und erscheint am Fuße des Gebirges wieder in dem an der Quelle schiffbaren Timavo. Am auffallendsten wird das Verschwinden der Rhone beim Durchbruch des Jura. An der Perte du Rhone dringt dieser reißendste Strom Europas in eine oben fast geschlossene Spalte; 60 Schritte weit ist er durch Felsblöcke ganz bedeckt.

Aus allem Vorhergehenden geht deutlich hervor, daß der Reichthum der Quellen um so größer ist, je mehr Regen oder wässrige Niederschläge überhaupt in einer Gegend sich zeigen. In den Ländern, wo periodische Regenzeiten mit Trockenheit abwechseln, zeigen die meisten Quellen periodisches Fließen und Versiegen. In den Polarländern und höheren Gebirgen fließen viele Quellen, die sich von geschmolzenem Schnee und Eis nähren, nur im Frühjahr oder Sommer. In unsern deutschen Gebirgsländern finden sich die sogenannten Hungerbrunnen oder Maibrunnen, welche im Mai zu fließen beginnen, wenn an den Abhängen der Schnee schmilzt, und im Juli oder August versiegen, wenn dieser Vorrath erschöpft ist. Selbst beständig fließende Quellen zeigen stets eine der Regenmenge entsprechende Ab- und Zunahme ihres Wasservorraths. Alle Quellen besitzen daher eine gewisse Periodicität, die freilich von der Größe ihres Wurzelgebiets abhängt. Je kleiner dies ist, desto mehr ist die Quelle von lokalen Umständen abhängig. Selbst ungleicher Luftdruck und wechselnde Winde können Ursache von periodischem

Fließen der Quellen sein. An den Küsten übt auch der Druck des Meeres einen Einfluß aus und erzeugt ein der Ebbe und Fluth entsprechendes Ab- und Zunehmen des Quellwassers. Die Quellen bei Cadir, bei Brest, Calais und auf den Antillen und der artesische Brunnen zu Lille zeigen ein solches Ebben und Fluthen.

Besonders merkwürdig ist eine Art von periodischen Quellen, welche in kürzeren, nur wenige Minuten oder Stunden, selbst Tage umfassenden Perioden regelmäßig abwechselnd zu fließen aufhören und dann wieder zurückkehren. Man nennt sie intermittirende Quellen. Sie finden sich besonders im südlichen Frankreich und bei Nauheim in der Wetterau, wo zwei Salzquellen, die eine kalt, die andere heiß wie kochendes Wasser, hoch aufspritzen, dann zurücksinken und in abgemessenen Zeiträumen ihr Spiel wiederholen. Diese regelmäßige Unterbrechung hat vielleicht bei einigen Quellen ihren Grund in heberartig verbundenen Räumen, bei anderen in der Entwicklung von Gasen, welche sich in unterirdischen Höhlen häusen, bis ihre Spannkraft die Schwere des Wassers überwiegt und dies in einem Strahl emportreibt.

Am auffallendsten zeigt sich dies in den heißen Springquellen Islands, dem Geyser und Stockr. Beide liegen in dem flachen, von zahllosen heißen Quellen durchbohrten Hauka-Thale, am Rande der großen Gletscherwüste, welche das Hochplateau der Insel bildet, ungefähr fünf geographische Meilen von der Spitze des Hekla entfernt. Sie zeigen auf der Spitze kleiner Hügel, die vom Kieseltuff der Quellen gebildet wurden, trichterförmige Becken. Das Becken des großen Geysers mißt im Durchmesser 56 Fuß, und in seiner Mitte befindet sich eine 78 Fuß tiefe Röhre von 8—10 Fuß Weite, während an seinem Rande das Wasser aus zwei natürlichen Kanälen abfließt. Bisweilen ist das Becken ganz leer, gewöhnlich aber mit schönem, durchsichtigem, siedendem Wasser erfüllt. Ehe es jedoch den Rand erreicht, erfolgt gewöhnlich ein unterirdisches, rollendes Getöse, gleich entfernten Kanonenschüssen, das den Boden erschüttert; das Wasser wird unruhig, schäumt wild auf, eine ungeheure Dampfwolke steigt empor und schleudert das Wasser in die Höhe. Strahlen von 8—10 Fuß Durchmesser, mit großen Steinen und Dampf gemischt, werden zu einer Höhe von 80—120 Fuß und darüber senkrecht in die Luft geschleudert. Mit jedem

Schuß erfolgt ein Aufspritzen, bis endlich dicke Dampfwolken, die mit donnerähnlichem Brausen aus der Röhre hervorstürzen, das Ende des Ausbruchs verkünden. Jetzt folgt eine Zeit der Ruhe, das Wasser steigt, ein neuer Ausbruch erfolgt. Vom Stockr, des Teufels Kochkessel, wie ihn die Isländer nennen, einer nur hundert Schritt vom Geyser entfernten Springquelle, die ununterbrochen kocht und von Zeit zu Zeit gleichfalls starke Ausbrüche hat, ist es sogar bekannt, daß er zu solchen Erscheinungen aufgefordert werden kann. Steine, die man in den Krater wirft, werden mit ungeheurer Kraft herausgeschleudert, oft in kleine Stücke zersplittert. Größere Steinmassen, durch die man die Stockrquelle verstopft, bringen in wenigen Minuten den allerheftigsten Ausbruch hervor, der den Wasserstrahl oft bis zu 170 Fuß Höhe schleudert und mit einer stundenlang anhaltenden, vom betäubendsten Geräusch begleiteten Dampfausströmung endet.

Während der große Geyser im Ruhezustande dieselben Gefühle erweckt, mit denen man an den Kraterrand eines schlummernden Vulkans tritt, gewähren seine Ausbrüche das prachtvollste und reizendste Schauspiel. Insoweit ein Bild überhaupt im Stande ist, von einem solchen Phänomen eine Anschauung zu geben, versucht es die nebenstehende Abbildung. Aber man denke sich dazu das furchtbare Brüllen der unterirdischen Schlünde, als wollte die Erde bersten, und das donnergleiche Prasseln der niederstürzenden Wassermassen. Pfeilschnell schießt diese riesige Wassersäule in den glänzendsten Farben, vom reinsten Schaume gekleidet, empor. Unermeßliche Dampfwolken hüllen sie ein und erfüllen den ganzen Horizont. Die Sonne wird verdunkelt, nur die Spitzen des gewaltigen Wasserstrahles glänzen in den reizendsten Farben. Wie Gold- und Silberstaub fallen die fein zerstiebten Tropfen nieder. Lange starrt der Beschauer dem Zauberbilde nach, wenn es schon längst in die dunklen Tiefen versank. Er hat einen Eindruck empfangen, den er mit Worten und Pinsel nicht wiederzugeben vermag.

Diese großartige, in ihrer Art einzige Erscheinung wußte man früher nicht anders zu erklären, als durch Annahme unterirdischer Höhlungen, in welche durch Spalten von oben her Wasser eindringen, von unten her heiße Dämpfe emporsteigen sollten. Ein Theil der Dämpfe, sagte man, wird Anfangs durch den Druck zu Was-

Ausbruch des großen Geysers auf Island.

ser verdichtet, dadurch aber die Wärme des Wassers erhöht, bis der untere Theil der Höhlung mit siedendem Wasser, der obere mit Dämpfen von hohem Drucke angefüllt ist. Die Spannung der sich immer mehr anhäufenden Dämpfe wird endlich so groß, daß das siedende Wasser mit Gewalt in die Höhe geschleudert wird. Dadurch wird der Druck gemindert, und die leichten Dämpfe steigen nun mit großer Geschwindigkeit in die Höhe. Die Verstopfung der Röhre mit Steinen, wäre es auch nur auf wenige Minuten, hat dann eine große Vermehrung der Hitze zur Folge, weil der Dampf nicht mehr entweichen kann; das Wasser siedet in wenigen Minuten, und ein neuer Ausbruch ist die Folge.

Von der Unhaltbarkeit dieser Hypothese hat sich Prof. Bunsen bei seinem längeren Aufenthalte auf Island im Jahre 1846 überzeugt. Die Annahme von unterirdischen Dampfkesseln, die bald mit

Wasser, bald mit Dampf erfüllt sein sollten, wurde durch die einfache Beobachtung widerlegt, daß die bei den Eruptionen über den Rand des Bassins geschleuderten Wassermassen vollkommen der unmittelbar darauf eintretenden Niveauerniedrigung des Wassers entsprechen, so daß das von jener Hypothese geforderte Zurücktreten des Wassers in den unterirdischen Dampfkessel in Wirklichkeit gar nicht stattfindet. Dazu kommt, daß eine Beobachtung, welche während eines heftigen Ausbruches gemacht wurde, am Boden der Geyserröhre eine um mehr als 9° niedrigere Temperatur nachwies, als dem Kochpunkte an dieser Stelle entsprechen mußte; während doch jene Hypothese annimmt, daß das an einer tieferen Stelle kochende Wasser, wenn es von unten in das Geyserrohr gepreßt wird, den Ausbruch bewirke. Bunsen nimmt daher seine Zuflucht zu einer viel einfacheren Erklärung. Wenn eine durch vulkanische Bodenwärme von unten sehr stark erhitzte Wassersäule, welche ursprünglich an ihrer Mündung keine höhere, als die dem Atmosphärendruck entsprechende Temperatur besitzt, in eine enge Röhre gedrängt wird, so kann sie unter dem Drucke der in dieser Röhre ruhenden Flüssigkeit am Boden derselben eine über 100° C. steigende Temperatur erreichen. Die am Boden des natürlichen Quellenschachtes über 100° erhitzte, aufsteigende, stets von unten her erneuerte Wassermasse einer solchen Quelle muß, sobald sie die Röhre durchströmt, eine dem verminderten Drucke entsprechende Temperaturerniedrigung bis auf 100° C. erleiden, wobei der ganze Wärmeüberschuß zur Dampfbildung benutzt wird. Das Wasser dringt dann, durch die Expansivkraft dieser entwickelten Dämpfe gehoben, mit denselben zu einem weißen Schaume vermischt in einem continuirlichen Strahle unter Brausen und Zischen aus der Quellenmündung hervor. Ist dagegen die durch Incrustation gebildete Geyserröhre hinlänglich weit, um von der Oberfläche aus eine erhebliche Abkühlung des Wassers zu gestatten, und tritt der weit über 100° erhitzte Quellenstrahl nur langsam in die Röhre ein, so finden sich in diesen einfachen Umständen alle Erfordernisse vereinigt, um die Quelle zu einem Geyser zu machen, der periodisch durch plötzlich entwickelte Dampfkraft zum Ausbruch kommt und unmittelbar darauf wieder zu einer längeren Ruhe zurückkehrt. Ein geringer Anstoß ist nöthig, um einen großen Theil der Wassersäule plötzlich zum Kochen und zum Ausbruch zu treiben. Jede Ursache, welche die Wassersäule nur um einige Fuß emporhebt, muß diese Wirkung zur Folge haben. Beträgt die Hebung z. B. auch nur 6—7 Fuß, so liegt die Temperatur der nun unter einem geringeren Druck befindlichen Wasserschicht ungefähr um 1° über dem entsprechenden Kochpunkt des Wassers. Dieser Ueberschuß von 1° wird daher sogleich zur Dampfbildung verwendet und erzeugt eine Dampfschicht, um deren Höhe die sämmtlichen Druckkräfte abermals verringert werden. Durch diese Druckverminderung wird ein neuer, tiefer liegender Theil der Wassersäule über den Kochpunkt versetzt: es erfolgt eine neue Dampfbildung, die abermals eine Verkürzung der drückenden Wasserschichten zur Folge hat, und so in ähnlicher Weise fort, bis das Kochen von der Mitte des Geyserrohres bis nahe an den Boden desselben fortgeschritten ist, vorausgesetzt, daß nicht andere Umstände diesem Spiele schon früher ein Ziel setzten. Daß die bei diesem plötzlich eintretenden Verdampfungsprozeß entwickelte mechanische Kraft mehr als hinreichend ist, um die ungeheure Wassermasse des Geysers bis zu der erstaunlichen Höhe emporzuschleudern, welche dieser Erscheinung einen so großartigen Charakter verleiht, läßt sich durch die Rechnung leicht nachweisen. Daß aber auch diese ungeheure Kraft sich nicht in einem einzigen Eruptionsstrahl erschöpfen kann, ist eben so leicht begreiflich. Denn die in der Luft abgekühlten Wasserstrahlen des Ausbruchs stürzen fortwährend in das Geyserrohr zurück und unterbrechen die Kraft der empordringenden Dampfsäule auf Augenblicke dadurch, daß der Dampf in dem abgekühlten, zurückstürzenden Wasser so lange verdichtet wird, bis die Temperatur des letzteren wieder auf den Kochpunkt gestiegen ist, und es dadurch von Neuem die Fähigkeit erlangt, emporgeschleudert zu werden. So erfolgt ein gleichsam schußweises Emporbrechen der Wassergarben. Von dem Zurückströmen des Wassers aus dem Bassin in die Röhre zwischen den einzelnen emporsteigenden Strahlen kann man sich durch den Augenschein überzeugen. Die Ursache endlich, welche die erste Hebung der Wassersäule veranlaßt und damit den ersten Anstoß zur Eruption giebt, ist in der in diesen Quellenbassins stattfindenden Bildung großer Dampfblasen zu suchen, welche bei dem Aufsteigen in eine obere kältere Schicht plötzlich wieder verdichtet werden. Es entsteht dadurch stets eine kleine Detonation, die von einer Hebung

24*

und Senkung der Wasseroberfläche begleitet ist. Beim großen Geyser beginnen diese Detonationen 4 – 5 Stunden nach jedem Ausbruche, wiederholen sich dann in Zwischenräumen von 1 — 2 Stunden bis zum nächsten Ausbruch, dem sie in schneller Folge und großer Heftigkeit vorangehen. Offenbar geräth dabei unter dem Einflusse der vulkanischen Bodenwärme eine Wasserschicht in den Zuführungskanälen des Geyserrohrs ins Kochen, der gebildete Dampf wird beim Aufsteigen in dem kälteren Wasser verdichtet, und die Temperatur dieser kochenden Schicht durch die Dampfbildung wieder so weit erniedrigt, daß sie einer längeren Zeit bedarf, um von Neuem bis zum Siedpunkt erhitzt zu werden. Erst wenn die ganze Wassermasse durch allmälige Erhitzung eine höhere Temperatur angenommen hat, vermag eine solche Hebung eine Wasserschicht in eine Höhe zu versetzen, wo sie durch Druckverminderung ins Kochen gerathen und den wirklichen Ausbruch einleiten kann. Alle früheren Stöße sind gleichsam nur mißlungene Anfänge der großen Dampfbildung.

Wenn gleich nicht in so großartiger Weise, wiederholen sich dieselben Erscheinungen bei zahlreichen Quellen, unter denen die berühmtesten die Kings spring bei Bath in Sommersetshire, la fontaine ronde in der Nähe von Lausanne und die Salzquelle bei Kissingen sind. Periodische Entwicklungen von kohlensauren und andern Gasen, welche zum Theil durch dieselbe Oeffnung ausbrechen, mögen die einfachste Erklärung dieser Erscheinungen geben.

Wenn schon dem Wasser der atmosphärischen Niederschläge, denen das Quellwasser seinen Ursprung verdankt, nur in so geringer Menge fremdartige Dinge beigemischt sind, daß sie gar nicht in Betracht kommen können, so zeigen die Quellen selbst ganz abweichende Verhältnisse. Nur in höheren Gebirgsgegenden tritt das Wasser in fast unveränderter Reinheit aus, alle andern Quellwasser sind aber mit fremdartigen Bestandtheilen vermischt, unter denen Kalkerde, an Kohlensäure gebunden, Gips und Kochsalz die gewöhnlichsten sind. Beim Abkochen läßt solches Quellwasser einen Theil seiner Bestandtheile, besonders die kohlensaure Kalkerde fahren und setzt den sogenannten Pfannenstein der Waschkessel ab. Manche Quellen, z. B. die bei Chur, sind sogar so reich an Kalkerde, daß das Innere der hölzernen Wasserleitungen oft nach kurzer Zeit mit einer mehrere Linien dicken Kruste überzogen wird. Eine Seifenlösung nimmt das Quellwasser nicht an, weil sich die in ihm enthaltene Kohlensäure mit dem Alkali der Seife verbindet und den fettigen Bestandtheil frei werden läßt. Deshalb theilt man die Wasser in harte und weiche; erstere, die Quellwasser, zersetzen Seifwasser, letztere, die Regen- und Flußwasser dagegen nicht. Es giebt fast kein Quellwasser auf der Erde, welches durchaus reines Wasser ohne Beimischung wäre, und man hat mit Unrecht geglaubt, oder glaubt es vielleicht noch, daß dasjenige Wasser das beste Trinkwasser sei, welches die wenigsten mineralischen Stoffe aufgelöst enthalte. Neuere Untersuchungen haben vielmehr nachgewiesen, daß die besten und wohlschmeckendsten Trinkwasser Sauerstoff, Kohlensäure, Kochsalz und kohlensauren Kalk in gewissen Mengen enthalten, und daß der Gehalt an diesen Gasen und Salzen sogar eine nothwendige Bedingung für den Gebrauch eines Wassers als Trinkwasser ist, indem dieselben zur Verdauung beitragen, und die thierischen Organismen einen Theil der ihnen nöthigen Salze, namentlich den zur Skelettbildung nöthigen Kalk, im Nothfalle aus dem Wasser beziehen. Allerdings können gewisse Beimengungen das Wasser ungenießbar oder doch widerlich machen. Quellen besonders, welche in Flachländern aus bebautem Boden oder aus Meergrund entspringen, beladen sich mit verwesenden organischen Substanzen und erhalten dadurch übeln Geruch und Geschmack, selbst nachtheilige Eigenschaften für die Gesundheit, so klar ihr Wasser auch erscheinen mag. Auch zu reicher Gehalt an festen Stoffen, besonders an Kalksalzen, macht das Wasser unangenehm, während Gase ihre belebende Natur erhöhen. Durch besondere Reinheit zeichnen sich vorzüglich mehrere heiße Quellen aus, unter denen die von Gastein, von Pfeffers und Lurueil in 10,000 Theilen Wassers nur 2 bis 3 Theile fester Stoffe enthalten, während der Karlsbader Sprudel und die Wasser von Wiesbaden 55 bis 75 feste Bestandtheile, besonders Glaubersalz und Kochsalz, führen. Salzquellen sind bisweilen völlig gesättigt. So enthalten die künstlich erbohrten Quellen am Neckar und die natürliche von Lüneburg über 26 Procent Kochsalz.

Bei einer beträchtlichen Menge solcher fremdartigen Bestandtheile entstehen die Mineralquellen oder Gesundbrunnen. Allerdings giebt es unter ihnen einige, in welchen die chemische Analyse bisher wenig wirksame Stoffe nachzuweisen vermochte. Ihre Heilkraft ist dessen ungeachtet keiner unbekannten Zauberkraft zuzuschreiben, sondern nur auffallend durch die Sparsamkeit in den Mitteln, welche die Natur zu ihren kräftigsten Wirkungen anwendet, gegenüber den oft massenhaften Tränken und Pillen der Heilkunst. Früher stellte man die Mineralwasser nur nach ihren Einwirkungen auf den thierischen Organismus in 4 Hauptgruppen zusammen, die sich wesentlich durch Eigenschaften des Geruchs, Geschmacks und medicinischer Wirkungen unterscheiden. Obenan stehen die Sauerbrunnen oder Säuerlinge, die sich durch einen überwiegenden Gehalt an Kohlensäure auszeichnen. Die reichsten Sauerbrunnen, die wegen der großen Menge aufsteigender Luftblasen zu sieden scheinen, heißen Sprudelwasser, und die meisten treten mit jenem polternden Geräusch an die Oberfläche, welches immer das Entweichen von Kohlensäure begleitet. Von der Menge der ausfließenden Kohlensäure liefern die Franzensbader und Eifelquellen den besten Beweis, welche in 24 Stunden über 6000 Kubikfuß Gas entwickeln. Man unterscheidet auch noch von den ächten Säuerlingen die alkalischen, welche durch ihren bedeutenden Gehalt an Soda, Glaubersalz und Kochsalz einen etwas laugenhaften Geschmack haben. Dahin gehören die Mineralwasser von Selters, Fachingen, Ems, Teplitz, Spaa, Karlsbad, Wiesbaden, Baden-Baden und Tharasp. Die Eisensäuerlinge oder Stahlwasser haben wegen ihres Gehalts an kohlensaurem Eisenoxydul einen zusammenziehenden Geschmack und setzen an ihren Austrittsorten gelben Eisenocker ab, wie man es bei den Pyrmonter und Franzensbader Quellen sieht. Die übrigen Hauptgruppen der Mineralwasser bilden die Salzquellen mit überwiegendem Gehalt an Kochsalz, Jod und Brom, die Bitterwasser mit schwefelsaurer Bittererde und Gyps, wie die zu Epsom, Sedlitz und Saidschütz, endlich die Schwefelwasser, welche durch ihren unangenehmen Geruch ihren Gehalt an Schwefelwasserstoff verrathen, und die entweder kalte sind, wie die in Westphalen, Würtemberg und Galizien, oder heiße, wie die Kaiserquelle zu Aachen und die von Burtscheid, die von Baden im Aargau und von Bagnères in den Pyrenäen.

Unter den übrigen mineralhaltigen Quellen verdienen die meiste Aufmerksamkeit die inkrustirenden oder versteinernden Quellen, welche die mit ihnen in Berührung kommenden Körper mit einer steinartigen Kruste von kohlensaurem Kalk oder Kieselerde überziehen, welche man Tuffe und Sinter nennt. Zu den selteneren Erscheinungen dieser Art gehören die Ablagerungen von Kieselsinter, wie sie die heißen Quellen und Geyser Islands im großartigsten Maßstabe zeigen. Der Tuff und Klingstein, aus welchen die Quellen der Geyser strömen, haben, so weit dieser Quellenbezirk reicht, unter dem Einflusse des erhitzten Wassers eine Zersetzung erlitten, sind von einem Theil ihrer Kieselerde und Alkalien befreit und dadurch in die mächtigen Thonablagerungen verwandelt worden, welche jetzt die Basis der Geyserquellen bilden. Die Kieselabsätze des verdunstenden Wassers aber sind das Baumaterial, dessen sich die Natur bedient, um die schönen, wie durch Kunst geschaffenen Geyserapparate, jene regelmäßigen Kegel und Röhren, aus denen das Wasser emporspringt, aufzuführen. Die Kieselsinter, welche weithin den Boden in der Nähe der Geyser bedecken, gleichen dort körnigen Haufwerken aus kleinen Knöpfchen, so künstlich geordnet, daß sie unsern Blumenkohlköpfen ähnlich werden. Anfangs so zart, daß sie nicht unbeschädigt abgelöst werden kann, erlangt die Masse mit der Zeit eine solche Härte, daß nur die kräftigsten Hammerschläge ihr etwas abgewinnen können. Die Mächtigkeit der das Geyserbecken umgebenden Kieselsinter erreicht stellenweise eine Höhe von 12 Fuß und eine Breite von 6 Fuß. Selbst das Wasser, welches sich über den Rand des Beckens in den Huit-Aa oder weißen Fluß ergießt, ertheilt diesem in weitem Laufe versteinernde Kraft. An seinen Ufern findet man die zartesten Uebersinterungen verschiedener Pflanzentheile mit ihren feinsten Fasern, Birken- und Weidenblätter, Binsen, Torfstücke, Gebeine kleiner Thiere mit so dünner, so zierlicher Kieselkruste bedeckt, daß man sie kaum zu berühren wagt. Papier wird in kurzer Zeit mit einer so durchsichtigen Rinde bekleidet, daß die Schrift vollkommen lesbar bleibt. Aus Holz geschnitzte Bildwerke werden nach längerer Zeit selbst im Innern von Kieselsubstanz durchdrungen. Auch andre Gegenden, die Azoreninsel St. Michael und einige Punkte Nordamerikas und Deutschlands bieten ähnliche Kieselablagerungen dar; die von St. Michael erreichen sogar eine Mächtigkeit von 30 Fuß. Räthselhaft erscheint der Kieselgehalt nicht bloß dieser, sondern der meisten Mineralquellen, da die Auflöslichkeit dieser Erde noch der Aufklärung bedarf. Eine solche dürfte vielleicht der Versuch eines englischen Chemikers, Jeffeey bieten, dem es gelang, durch heiße Wasserdämpfe in einem großen Töpferofen über 200 Pfund Kieselerde in Dampf auflösen und theilweise fortführen zu lassen.

Minder auffallend können uns die außerordentlich mächtigen Kalkablagerungen andrer Quellen erscheinen, da die Auflöslichkeit des doppeltkohlensauren Kalks, welchen sie enthalten, besonders in kohlensaurem Wasser, bekannt ist. Das merkwürdigste Beispiel dieser Art liefern die Quellen von Karlsbad, die an ihrem Austrittsorte eine ganze Decke von Sinter, die sogenannte Sprudelschaale bilden. Ganz Karlsbad steht auf solchem Sprudelstein, der früher von den Quellen abgelagert wurde und einzelne große Becken heißen Quellwassers überdeckt. Von Zeit zu Zeit geschehen bei heftiger Aufregung der Quellen neue Durchbrüche durch diese Sinterdecken. Nicht minder berühmt ist der Travertin, welcher vom Velino ausgeschieden wird und an den herrlichen Wasserfällen von Terni bedeutende Ablagerungen bildet. Fast in allen Gegenden giebt es solche kalkhaltige, versteinernde Quellen, welche in ihrer Umgebung Kalktuffe und Süßwasserkalke bilden. Unweit Erzerum in Armenien hat sogar eine aus Kalkgebirgen herabstürzende Quelle eine Tuff- und Stalaktitenbrücke über den Fluß gebaut. Im Laufe der Zeit schob sich die Steinmasse quer über den Strom hin. Nach unten herabhängende Tropfsteine senkten sich immer tiefer, bis sie durch ihr eignes Gewicht vorn abbrachen und so die Grundlage zu dem gegenüberliegenden Brückenkopf bildeten. Die Brücke, unter welcher der Strom dahinbraust, ist mit Erde und Vegetation bedeckt; sicher überschreitet man das seltsame Bauwerk, ohne dessen Ursprung zu ahnen. Auf dem kleinen Atlas in der Algerischen Provinz Constantine hat eine andre Quelle durch allmäligen Absatz schneeweißen Kalksinters mehr als 500 kegelförmiger Hügel von verschiedner Höhe gebildet. Den malerischsten Anblick gewähren die kolossalen Tropfsteingebilde des Pambuk Kalessi oder Baumwollenkastells einige Tagereisen von Smyrna, durch welche die schaffende Quelle als mächtiger Strom wildschäumend in die Thaltiefe hinabschießt.

Auch der Eisengehalt vieler Quellen, Gewässer und Moräste liefert den Stoff zu einem eigenthümlichen Absatz von Eisenerz, welches unter dem Namen Rasenerz, Bohnerz, Raseneisenstein bekannt ist. Nach längerer Zeit können diese zu beträchtlichen Lagern von

Brauneisenstein heranwachsen. Bei Wehr und am Laachersee benutzt man diese Ablagerungen als Eisenerze. Man findet dort 12 Fuß mächtige Lager und selbst römisches Mauerwerk schon 3 Fuß hoch von Ocker bedeckt. In 100 Jahren würden die Quellen des Laachersees ein Brauneisensteinlager von $^1/_8$ Quadratmeile Ausdehnung und 1 Fuß Dicke bilden. Solche Erscheinungen lassen uns daher auch auf den Ursprung ähnlicher älterer Bildungen schließen, und die mächtige Bohnerzbildung der schwäbischen Alp hat durch das Sprudeln von Eisenwassern in Klüften der Kalkgebirge seine einfachste Erklärung gefunden. Ueberhaupt sind alle diese noch jetzt auf der Erde fortdauernden chemischen Ablagerungen von Kalk, Kiesel und Eisen, welche sich aus den süßen Gewässern niederschlagen, von hoher Bedeutung für die Geologie, weil ähnliche Erzeugnisse sich auch in älteren Gebirgsschichten finden. Aber ihre Menge im Verhältniß zu andern mechanischen und organischen Ablagerungen ist nur sehr gering und ihre Masse kaum in dieser Beziehung in Betracht zu ziehen. In älteren geologischen Formationen ist dieses Verhältniß ebenso ungünstig, und wenn auch hie und da einige große Ablagerungen dieser Art existiren, so bilden sie doch im Vergleich zu andern Bildungen nur eine verschwindende Größe.

Woher rührt aber dieser mineralische Gehalt der Quellen? Aus dem atmosphärischen Wasser können sie ihn nicht bekommen: denn das ist fast chemisch rein. Nur in der Erde selbst treffen sie die Stoffe an, mit denen sie an ihren Austrittsorten zum Vorschein kommen; sie müssen diese also beim Durchstreichen der Gebirgsarten aufgelöst haben. Diese einfache Ansicht findet zunächst ihre Bestätigung in den Salzquellen, in welchen wir dieselben Bestandtheile aufgelöst antreffen, welche auch die Steinsalzlager enthalten. Daß an manchen Orten Salzquellen austreten, in deren Nähe man noch keine Steinsalzbänke entdeckt hat, entscheidet nichts gegenüber der andern Thatsache, nach welcher an den verschiedensten Orten unermeßliche Steinsalzlager aufgefunden worden sind, wo man früher nur Salzsoolen kannte. Noch vor wenigen Jahrzehnten gehörte das südliche Deutschland und Frankreich zu den salzarmen Ländern, bis in dem einen ein Erdfall, im andern ein glücklicher Zufall und die daraus hervorgehende nähere Untersuchung der Gebirgsarten den Zusammenhang der längst bekannten Salzquellen mit dem in ihrer Nähe befindlichen, erst so spät entdeckten Steinsalze kennen lehrte. Auch von anderen Mineralquellen zeigen die Beobachtungen, daß in ihrer Nähe immer diejenigen Gebirgsarten in großer Verbreitung vorkommen, welche an Bestandtheilen, die in diesen Quellen die vorwaltenden sind, einen unerschöpflichen Vorrath besitzen, und daß überall, wo dieselben Wasser bekannt sind, auch dieselben Gesteine sich wieder vorfinden. Dies hat Struve auf's Herrlichste bestätigt durch seine Erzeugung künstlicher Mineralwasser, welche in ihren Wirkungen den natürlichen völlig gleich kommen, was auch Vorurtheil und Aberglaube dagegen sagen mag. Er fand, daß, wenn er Klingstein aus dem böhmischen Mittelgebirge unter starkem Druck von kohlensaurem Wasser durchstreichen ließ und noch freie Kohlensäure zuführte, ein Wasser erzeugt wurde, welches mit dem Biliner Wasser, das am Fuße von Klingsteinbergen entspringt, in Zusammensetzung und physischen Eigenschaften völlige Uebereinstimmung zeigte. Ebenso gelang es ihm durch Behandlung des Porphyrs, aus welchem die Quellen von Teplitz entspringen, ein Wasser zu erzeugen, das ganz die Zusammensetzungsverhältnisse des Teplitzer, wenngleich nur die Hälfte seiner festen Bestandtheile enthält. Daß jetzt auf ähnliche Weise fast alle gebräuchlichen Mineralwasser nachgebildet werden, ist bekannt.

Solche Erfahrungen mußten natürlich die meisten Naturforscher bestimmen, sich für die erwähnte Auflösungstheorie zu erklären. Steffens freilich und andere Gelehrte, denen unbegreifliche, geheimnißvolle Vorgänge im Innern der Erde willkommner sind, als die Wirkungen einfacher Naturgesetze, stellten dagegen auf, daß die Erde doch nicht so viele Bestandtheile hergeben könne, als die bereits seit vielen Jahrhunderten fließenden Quellen geliefert haben, und beriefen sich dabei auf die ungeheuren Quantitäten fester Produkte mancher Quellen, unter denen der Sprudel von Karlsbad allein nach verschiedenen Angaben jährlich zwischen 3 und 36 Millionen Pfund liefert. Dadurch müßten ja im Laufe von Jahrhunderten und Jahrtausenden gewaltige hohle Räume im Innern des Berges entstehen, welche, wenn diese Massen alle an einem einzelnen Punkte aufgespeichert lagen, vorher von denselben ausgefüllt waren. Dennoch sind diese Räume nicht so ungeheuer, als man sie sich vorstellt. Zögen die Karlsbader Quellen ihre festen Stoffe auch nur aus einer Gesteinmasse, deren Oberfläche dem von der Stadt bedeckten Boden gleich käme, und deren Tiefe nur 424 Fuß erreichte, so wäre sie doch hinreichend, um während eines Zeitraums von 7000 Jahren diese Quellen mit ihren jetzigen Bestandtheilen zu versorgen. Die Höhlung selbst also, welche durch die allmälige Wegnahme dieser Masse entstanden wäre, müßte verhältnißmäßig klein erscheinen und könnte keine Besorgnisse möglicher Einstürze veranlassen, da heiße Quellen ihren Heerd tief im Innern der Erde haben. Aber die Stoffe, welche die Mineralwasser aus dem Schooße der Berge mitbringen, sind dort keineswegs in einem abgesonderten Lager beisammen, sondern sie liegen überall im Berge vertheilt. Schon der Wasserreichthum der meisten mineralischen Quellen deutet auf ein weitverzweigtes Wurzelsystem hin, das sich im Gebirge um so mehr nach allen Seiten und Richtungen verbreitet, aus je größerer Tiefe die Quelle stammt. Denken wir uns also die auflösende Kraft des Wassers auf ein solches Gebiet vertheilt, so können wir uns eine dreifache Art ihrer Wirksamkeit vorstellen. Entweder die Wasserwurzeln sammeln überall in ihrem ganzen Gebiete durch Auslaugung die mineralischen Stoffe der Quelle, dann wird zu einer merklichen Verminderung der Gebirgsmasse ein sehr großer Zeitraum erfordert; oder es wird den Gebirgsarten ein Theil ihrer Bestandtheile allmälig entzogen, so daß sie nur aufgelockert werden; oder endlich die Wasserwurzeln finden einen Theil der Quellbestandtheile an einem einzelnen Orte des Gebirges beisammen, so wird auch in diesem Falle ein Jahrtausende umfassender Zeitraum erforderlich sein, um eine bedeutende Höhlung im Innern zu erzeugen. Also auch dieser Einwurf kann die Richtigkeit der Theorie nicht stören, nach welcher die Mineralquellen ihre Stoffe durch Auflösung von allen Seiten her aus den Gebirgsarten sammeln, welche sie bis zu ihrem Austritt durchsickern. Bisweilen sind auch die Quellenbestandtheile das Produkt von Zersetzungen, welche das Wasser in dem Boden bewirkt. So geht die Kohlensäure häufig aus der Zersetzung des Humus und anderer Kohlenstoffverbindungen, Schwefelwasserstoff aus der Zersetzung von Gyps und andern schwefelsauren Salzen durch organische Stoffe hervor. Natron- und Kalisalze werden durch heiße Wasser aus dem Feldspath ausgeschieden,

Bittersalz durch gegenseitige Zersetzung von Gyps und Dolomit erzeugt.

Aeußerst wichtig für den Ursprung der Quellen ist endlich die Thatsache, daß sich die Säuerlinge besonders nur in alt- oder neuvulkanischen Gebirgsarten finden. Auch die Säuren, welche sie enthalten, und die ihnen ihre auflösende Kraft ertheilen, Kohlensäure, Schwefelsäure und Salzsäure, strömen noch heut zu Tage in vulkanischen Gegenden oder doch dort, wo alte Vulkane ihr Wesen trieben, in ungeheurer Menge aus. Mit Recht erblickt man daher in diesen mineralischen Wassern das Produkt einer fortdauernden vulkanischen Regung und erklärt sich daraus auch die hohe Temperatur derselben, die bei vielen seit Jahrtausenden dieselbe geblieben ist. Unterstützt wird diese Ansicht noch durch die Thatsache, daß in vulkanischen Landstrichen immer zahlreiche heiße Quellen gefunden werden, die wahrscheinlich an der Erhitzung des vulkanischen Heerdes im Innern der Erde Theil nehmen, daß sich bei Erdbeben und vulkanischen Ausbrüchen selbst neue Thermen bildeten, oder bisher kalte Quellen in heiße umgewandelt wurden. Wenn dagegen der oft bedeutende Wärmegrad anderer Quellen, die in Gegenden austreten, welche von thätigen oder erloschenen Vulkanen fern liegen, durch die mit der Tiefe zunehmende Wärme des Erdinnern erklärt wird, so dürfte diese Erklärung wenig von der ersten verschieden sein, wenn man unter Vulkanismus im weitesten Sinne die Reaktion des feurigen Innern der Erde gegen ihre Rinde versteht. Die Erfahrung lehrt, daß die Quellen einen niederen oder höheren Wärmegrad besitzen, je nachdem ihre Wurzel höher oder tiefer liegt. In Gebirgen ist indeß der Heerd, von welchem die Quellen ihre Wärme erhalten, nicht immer so sehr tief, ja sogar häufiger über, als unter den Quellen zu suchen. Denn wenn die Spitze des 12,000 Fuß hohen Ortler eine Mitteltemperatur von — 10° hat, und die Wärmezunahme im Innern für je 120 Fuß 1° beträgt, so steigt die innere Temperatur bei 6000 Fuß Höhe noch auf + 40°, und das durchsickernde Wasser hätte noch immer ein hinreichendes Gefälle, um in der Höhe von 4600 Fuß die Therme von Bormio zu bilden. Deshalb steht die Erhebung über der Meeresfläche in keiner nothwendigen Beziehung zu der Temperatur der Quellen. In der Nähe von Vulcano sprudelt eine heiße Quelle aus dem

Grunde des Meeres hervor, während die von Gastein 3230 Fuß und die des Brennerbades 4500 Fuß über dem Meere liegen, und auf den Höhen des Himalaya an den Quellen des Sedledsch und Ganges heiße Wasser unter der Schneedecke in 12,000 Fuß Höhe hervorbrechen. In Gebirgen treten ferner die meisten heißen Quellen aus dem Grunde schauerlich tiefer und wilder Schluchten hervor, die von himmelhohen, nackten Felswänden umschlossen sind, oder sie liegen in Engpässen, im Querdurchschnitt mächtiger Ketten. Auch das ist ein Zeichen, daß dieselbe Gewalt, welche die gewaltigen Massen hob, auch ihnen den Ursprung gab. Die heißesten Quellen der Erde sind die von S. Miguel unter den Azoren von 100° C., die am Kap von 82°, die von Burtscheit mit 77°, der Sprudel von Karlsbad von 75°, Baden-Baden von 67°, Aachen von 57°, Wiesbaden von 70°, Ems von 57°, Teplitz mit 49°, Baden im Aargau mit 46° und Bagnères in den Pyrenäen mit 50°. Viele unter ihnen, die Quellen von Mont-Dore, von Aix, von Pisa und Abano wurden schon vor Jahrtausenden als Heilbäder benutzt und scheinen in der Länge der Zeit keine Veränderung der Wärme erlitten zu haben. Nur in vulkanischen Gegenden und unter dem Einfluß von Erdbeben sind Erhöhungen und Erniedrigungen der Quellenwärme beobachtet worden.

2) Die Wirkungen der Flüsse und Meere.

Wie bedeutend auch die Rolle sein mag, welche die Quellen durch ihre chemischen Niederschläge in der Umgestaltung der Erdoberfläche spielen, so verschwinden sie doch gegen die Bedeutsamkeit der mechanischen Ablagerungen von Stoffen, welche von fließenden Gewässern aufgeschwemmt und allmälig abgesetzt werden. Kaum dem geheimnißvollen Mutterschooße entflohen, rieselt die Quelle im muntern Spiele von Klippe zu Klippe, die verwandten Gefährten zu suchen. Mit ihnen vereinigt stürzt der rauschende Wildbach in prächtigen Kaskaden über den rauhen Fels, den Boden durchwühlend, das lose Erdreich von seinen Ufern reißend. Immer mächtiger schwillt er an, immer breiter dehnt er sich aus, der Fluß verläßt die Berge, die ihn geboren, bespült ihren Fuß, überschwemmt ihre Thäler. Die weite Ebene nimmt den Strom auf, den ernsten und besonnenen

Greis, der in majestätischer Würde dem Meere zuschleicht, dem Grabe seiner Mühen und dem Schooße seiner Verjüngung.

Was der unersättliche Schlund des Meeres verschlingt, das ist ein Ungeheures. Ich darf nur an die mächtigen Ströme Amerika's erinnern, an den Lorenzo, dessen unermeßliche Wasserfläche, einem weit erstreckten See gleich, den Europäer mit Staunen erfüllt, an den Orinoko, den Amazonenstrom, dessen Kampf mit der feindlichen Meeresfluth die Erde erzittern macht und das Ohr des Menschen mit Entsetzen erfüllt. Ich darf selbst nur unsere kleinen deutschen Flüsse erwähnen, den Rhein, der in einer Secunde 76,000 Kubikfuß, und die Weichsel, deren eine Mündung 29,000 Kubikfuß Wasser in einer Secunde liefert. Träge wälzt der Strom diese mächtigen Fluthen durch die Ebene dahin, und nur feindliche Hemmungen regen sein Element zu wilder, stürmischer Bewegung auf. Felsen engen sein Bett plötzlich ein, und in gewaltigen Stromschnellen schießt das Wasser hindurch, so reißend, daß selbst das Senkblei auf dem strömenden Wasser schwimmt. Die Stromschnellen der Donau geben Zeugniß von der Gefährlichkeit, und der Imatrafall des Wuoren in Rußland, dessen Wasser 1000 Fuß weit, zu übereinandergethürmten Schaummassen aufgelöst, 50 Fuß herabstürzen, zeigt die wunderbare Großartigkeit und Schönheit dieses Naturschauspiels. Oft zwingen vorspringende Felsmassen den Strom zu plötzlichen Wendungen, oder verborgene Klippen werfen seine Wellen zurück; dann dreht sich das Wasser in heftigen Strudeln, die in der Donau zu der abenteuerlichen Ansicht Veranlassung gaben, die Erde verschlucke einen Theil des Wassers, um es in weiter Ferne wieder hervorzugeben und den Plattensee zu bilden.

Furchtbar kämpft der Strom gegen den Widerstand, der seinen Lauf hemmt, schäumend steigt er empor und wirft sich über den unerschütterlichen Damm hinweg. Bald springt das Wasser in reizenden Kaskaden von Fels zu Fels, von Klippe zu Klippe, bald stürzt es in einem Gusse in den schwindelnden Abgrund. Wer hätte nicht schon den entzückenden Anblick genossen und die Gefühle der Ohnmacht und Größe empfunden, mit welchen diese Wunderwerke der Natur auch in der Kleinheit ihres heimischen Charakters die Menschenbrust erfüllen! Schildern aber läßt sich der Eindruck nicht, den die großartige Natur dieses Schauspiels in ferneren Ländern ausübt. Von einer schroffen Felswand stürzt das Wasser des Staubbachs im Lauterbrunnenthale aus einer Höhe von 800 Fuß nieder. Im Falle zerstiebt es zum feinsten Staubregen, der blendend weiß in den Lüften schwebt und Farbe und Formen in prachtvollem Spiele wechselt. In zwei mächtigen Bogen von 1748 Fuß und 1068 Fuß Breite stürzt der Niagara die dem Eriesee entfließenden Wasser des Lorenzostroms unter betäubendem Getöse zwischen Felsenmauern in einen 138 bis 168 Fuß tiefen Schlund hinab, dem sich der Beschauer kaum ohne Entsetzen nähert. Eine dichte Schaum- und Nebelwolke, welche dem Abgrund entsteigt, verkündet schon in einer Entfernung von 10 deutschen Meilen diesen Riesenkampf der Elemente. Ein furchtbar schönes Schauspiel gewährt der Tequentamafall in Neugranada. Hier stürzt sich der mächtige Rio de Bogota 530 Fuß hoch in eine nur 30 bis 40 Fuß breite Felsenkluft hinab, welche von Erdbeben eröffnet ward, von der aber die Sage erzählt, ein Gott habe dem Flusse diesen Ausweg gebahnt, um das Thal bewohnbar zu machen. Durch Höhe des Sturzes übertrifft Alles der Fall des Schirawaddi an der Südwestküste Ostindiens, dessen zahlreiche Arme über mehr als tausend Fuß hohe Felswände rauschen, gewaltige Schaumpfeiler bildend, welche zarte Dunstwolken umschweben. Doch die Höhe bedingt nicht allein den romantischen Charakter eines Wasserfalls. Das beweist der Parana in Südamerika durch seinen furchtbaren Katarakt von Guayra. Die ungeheure, 12,600 Fuß breite Wassermasse dieses Stromes wird plötzlich in einen 180 Fuß breiten Kanal zusammengepreßt. Mit grausenhaftem Ungestüm tobt der Strom durch den Engpaß, hoch auf schlagen die Wellen, die Felsen zersplittern, und die Erde scheint bis in ihr Innerstes zu erbeben; weithin verbreiten die aufgestiegenen Wasserdünste einen ununterbrochenen Regen.

Gegen so großartige Wunder der Ferne verschwinden auch die erhabensten Schauspiele Europas. Was will selbst der Rheinfall bei Schaffhausen mit seinen 300 Fuß breiten und 45—60 Fuß hohen Wasserbogen gegen einen Niagarafall bedeuten? Aber man ahnt auch in dem Kleinen die Größe der Schöpfung und betet auch in der minder erhabenen Natur jene Macht an, die hier durch Wasserstürze die Erde erschüttern, dort durch Völkerströme Throne erbeben macht! Einen eigenthümlichen Reiz gewähren die Wasserfälle in dem skandinavischen Norden Europas, jenem Lande der Thatkraft und des Ernstes in Natur und Bewohnern. In Schweden die berühmten Trollhättafälle der Göthaelf, der Elfkarlebyfall der Dalelf, die vier prächtigen Fälle des Huusquarn und der 350 Fuß hohe Fall der Handölself; in Norwegen der herrliche Sarpenfall des Glommen kurz vor seiner Mündung, der Hougfoß des Semoenelf und der Fiskumfoß des Mamsenelf und die zahllosen Kaskaden, die sich bis jetzt dem Auge des Fremden entzogen: sie alle verherrlichen den Charakter des Landes, machen ihn nicht schöner und lieblicher, aber wild und romantisch. Aber der eisige Winter vollendet erst die Pracht der nordischen Natur. Durch ungeheure Eisgewölbe stürzt sich das Wasser tobend und schäumend herunter, und Eisbrücken lassen den Fuß des Wanderers über die empörten Wellen gleiten.

Auch die friedlichen Flüsse der Ebenen haben ihre Leidenschaften und Zornausbrüche. Ihr breites, flaches Bett gewährt ihnen Raum in den Zeiten der Ruhe. Wenn aber die Schleusen des Himmels und der Erde sich mächtiger öffnen, dann schwellen auch die Adern der Erde stärker an, die Ströme übersteigen ihre Ufer und ergießen sich Seen gleich über unermeßliche Ebenen. In den Ländern periodischer Regenzeit zeigen auch die Ueberschwemmungen der Ströme einen regelmäßigen Verlauf. Der Orinoko steigt vom April bis September oft um mehr als 90 Fuß und bietet dann einen Monat lang das großartige Schauspiel eines Meeres, 20 Stunden breit und über 200 Stunden weit, mit zahlreichen Wirbeln und Wasserfällen. Erst im October fällt er zurück und erreicht im Februar seine alten Ufer. Auch der Ganges schwillt im April, wenn der Schnee des Himalaya schmilzt, und vereint im August seine Wasser mit denen des nahen Burempur zu einem unermeßlichen See, aus dem nur einzelne Hügel und Dämme mit Städten und Bewohnern gleich Inseln hervorragen. Die Ueberschwemmungen des Nil sind bekannt. Sie sind der Segen des Landes, aber sie werden zum furchtbaren Unheil, wenn sie die gewohnten Grenzen übersteigen. Der Herbst des Jahres 1840 lieferte ein solches Beispiel. Mit reißender Schnelligkeit stieg der Fluß 3½ Fuß über seinen erhabensten Stand und durchbrach Dämme und Mauern. Es war nicht mehr der friedliche Anblick des ägeischen Inselmeers, mit dem die Alten das Nilthal zu vergleichen pflegten, es war der einer gräßlichen Sündfluth, einer wilden Wasserwüste, und die glücklichen Inseln darin eine Beute und ein Spiel der Wogen. 150 Dörfer wurden hinweggeschwemmt, und nur steinerne Gemäuer widerstanden dem gewaltigen Andrang. Selbst die friedlichen Ströme unseres Vaterlandes haben ihre, wenn auch unregelmäßigen Ueberschwemmungen. Frühlingswasser, heftige Regengüsse, schmelzender Schnee schwellen sie mächtig an. Noch sind die furchtbaren Ereignisse des Jahres 1838 im Gedächtniß, die seltnen Verheerungen, welche die Donau, die mit Eismassen beladen 20 Fuß über den gewöhnlichen Stand aufstieg, in Ungarn von Gran bis Pesth anrichtete, die Zerstörungen der Oder, Elbe und Weichsel. Jedes Jahr bringt uns neue Unfälle, und mit Bangen sieht der Bewohner deutscher Stromebenen hinter seinen schwachen Dämmen den drohenden Fluthen entgegen.

So heftige Bewegungen des Wassers in Bächen und Strömen, wie die eben geschilderten, rufen natürlich auch bedeutende Veränderungen in der Natur ihrer Umgebungen hervor. Die Ufergehänge werden abgenagt und unterwaschen, die Betten tiefer ausgewühlt oder erhöht. Ruhige Becken nehmen die aufgeschlämmten Trümmer, welche ihre wilden Zuflüsse von den Ufern rissen, auf, und mächtige Ablagerungen erhöhen ihren Boden. So wird an der Mündung fließender Gewässer ununterbrochen neues Land geschaffen, ein Delta gebildet. Schon die Wildbäche zeigen bei ihrem Sturze in die breiteren Thäler diese Deltabildung. Verderblich in ihrem oberen Laufe, reißen diese wüthenden Alpenbäche den Schutt der steilen Felswände weg, um ihn am Mündungspunkte abzusetzen. So bilden sie einen keilförmigen, oben abgeplatteten Hügel, der an die Felswände angelehnt, und auf dessen Höhenkamm der Wildbach in immer seichter werdendem Bette dem Thale zuströmt. Den Strahlen eines Fächers gleich rieseln nach beiden Seiten kleinere Zweige des Baches herab. Durch die plötzliche Erweiterung des Bettes beim Eintritt des Baches in das Hauptthal erhält das Delta seine Gestalt, und diese erklärt die furchtbaren Verheerungen anschwellender Wildbäche. Auf der Höhe eines Hügels, im flachen Bett verlaufend, fluthen sie nach allen Seiten hin über, und der locker gehäufte Boden des Deltas gewährt selbst Dämmen keinen festen Grund. Der Alpenbewohner kann oft nur dadurch dem schrecklichsten Unheil vorbeugen, daß er das oft viele 1000 Fuß breite Delta in der Entfernung mit Mauern umgiebt, welche den schwellenden Fluthen zwar einen festen Widerstand, aber zugleich eine hinreichende Ausdehnung gewähren.

In gleicher Weise, wie die Deltas, bilden sich in allen Gebirgsgegenden Schuttkegel und Schutthalden, wo sich eingeschnittene Schluchten in Thäler münden. Mögen sie auch oft nur die Wirkung von Felsstürzen oder Lawinen sein, so verdanken sie doch meist ihre Entstehung Wildbächen, welche zur Zeit des Schneeschmelzens im Frühjahr über die Felswände herabstürzen, bald aber versiegen und ihr Bett trocken lassen. Oft werden solche von Regengüssen angeschwellte oder durch Bergschlüpfe und Gletscherbrüche erzeugte Wildbäche oder Tobel, wie man sie in der Schweiz nennt, so gewaltig mit aufgeschwemmten Massen beladen, daß sie als zerstörende Schlammströme aus den Schluchten hervorbrechen, hausgroße Felstrümmer vor sich hertreibend. Veränderungen in der Natur der oberen Gebirgstheile, namentlich rücksichtslose Zerstörung der Gebirgswälder können mit der Zeit die seichtesten Bäche in solche wüthende Tobel umwandeln. So war die Nolla bei Thusis im Domleschgerthal noch vor 100 Jahren ein gewöhnlicher, von Wiesen umlagerter Gebirgsbach, der nur bei Gewitterregen und zur Zeit der Schneeschmelze sich ungeberdig zeigte. Jetzt ist sie der furchtbarste aller Tobel der Schweiz. Die Berge, zwischen denen sie strömt, bestehen aus leicht verwitternden Thon- und Mergelschiefern und schwarzem, schieferigem Kalkstein. Schutthalden steigen im Hintergrunde des Nollathales von allen Seiten herab. Die Wälder, welche sonst die Schuttmassen bekleideten und befestigten, verschwanden im Laufe des vorigen Jahrhunderts, die Gerölle wurden beweglich, und Erdschlipfe traten ein. Im November 1807 vollendete sich das Werk der Zerstörung. Die zu einem Ungeheuer angeschwollene Nolla wälzte eine Schutt- und Geschiebemasse von mehr als 30 Fuß Höhe daher, schob diese als einen Damm quer durch den Lauf des Hinterrheins und schwellte dadurch diesen zu einem mächtigen See an. Glücklicherweise brach dieser See, der bereits 40 Fuß Tiefe erreicht hatte, nicht plötzlich durch. Aber seine Fluthen bedeckten doch das linke Ufer des Rheins weithin mit den Nollageschieben, und der dadurch aus seinem Bett gedrängte Fluß zerstörte einen großen Theil des abwärts liegenden Dorfes Sils. Seitdem liegt das ganze Nollathal und das einst als eins der lachendsten Alpenthäler bekannte Domletschg unter einer schwarzen Geschiebemasse begraben, die an manchen Stellen den Anblick der grauenvollsten Wüstenei darbietet.

Selbst die gewaltigsten Schlammströme vermögen aber nie die ungeheuren Felsblöcke, welche sie in den Verengerungen losreißen, durch eine Thalerweiterung hindurchzuführen, und nur die kleineren Trümmermassen, Sand und Schlamm werden in die weiteste Ferne fortgetragen. Durch das fortwährende Rollen und Aneinanderreiben dieser Bruchstücke werden aber ihre scharfen Ecken und Kanten abgerundet, und so die eigenthümlichen Formen der Gerölle oder Rollsteine hervorgebracht. Selbst in größeren Flüssen verrathen sich diese durch die dunklere Färbung, welche sie während größerer Fluth dem Wasser ertheilen. Im Oberrheine hört man selbst beständig das knisternde Reiben der bewegten Kiesel. Mit der Länge des Laufes nimmt natürlich die Größe dieser Gerölle ab. Während man im oberen Laufe des Rheins noch Gerölle von der Größe eines Kinderkopfs findet, sieht man bei Köln selten noch faustgroße Stücke und in Holland nur feinen Sand und Schlamm. Eine natürliche Folge dieser Fortbewegung der Gerölle und feinen Sandtheile ist deren Absetzung an Orten, wo der Lauf des Flusses langsamer wird, und die Kraft, sie fortzuschaffen, nachläßt. Daher beobachtet man in Flachländern eine stete Versandung der Flußbetten, und wenn diese tief eingeschnitten sind, so erhebt sich allmälig der Wasserspiegel, und bei stärkeren Ueberschwemmungen werden die Ufer um so leichter überströmt, je mehr das Bett versandet ist. Kommt gar eine heftigere Fluth, so bricht der Fluß durch, gräbt sich ein neues Bett und läßt das alte als Nebenkanal oder ganz trocken zurück. In bewohnten Ebenen mußte man daher schon von alten Zeiten her darauf denken, die Ufer dieser versandenden Flußbetten einzudämmen, zu erhöhen, und so der Möglichkeit verheerender Ueberschwemmungen entgegenzuwirken. So kommt es denn, daß bei steter Erhöhung des Flußgrundes und immer neuer Aufschüttung der Dämme die Flußbetten sich allmälig weit über das Niveau der umliegenden Gegenden erheben. Ein auffallendes Beispiel dieses

Resultates des Ankämpfens gegen die Versandung der Flußbetten und die Ueberschwemmungen zeigt der Lauf des Po, der so hoch über die ihn umgebenden Ebenen erhaben ist, daß die Stadt Ferrara weit unter seinem Wasserspiegel liegt, und der Grund des Flußbettes selbst viele Ellen höher ist, als der Boden der Stadt. Der Po läuft auf dem Rücken eines langen Dammes, welcher durch eine große Strecke der lombardischen Ebene sich hinzieht.

Wenn nach Erhöhung des Flußbettes durch die Gerölle der seiner Natur überlassene Fluß seine Ufer durchbricht und in ein tieferes Niveau hinabstürzend sich ein neues Bett gräbt, so entsteht eine gabelförmige Theilung des vorher einfachen Laufes und bei mehrfacher Wiederholung derselben Erscheinung jene Form der Flußmündungen, welche man wegen ihrer Aehnlichkeit mit dem griechischen Buchstaben Delta genannt hat. Die meisten dieser Delta's finden sich bei den Ausmündungen der Flüsse in Seen und Meere, und man hat jetzt den anfangs nur auf die Nilmündungen angewandten Ausdruck in der Art ausgedehnt, daß man darunter alle Anhäufungen von Geröllen und Anschwemmungen versteht, welche von Flüssen bei ihrer Ausmündung in größere Becken abgesetzt werden, wie auch ihre Form wechseln möge.

Die Delta's der Flüsse, welche sich in Seen ergießen, wie es die meisten Flüsse der Hochalpen thun, bieten die einfachsten Verhältnisse dar, weil diese Wasserbecken meist als ruhig angesehen werden können und nicht durch eigene Bewegung, wie das Meer durch Ebbe und Fluth, störend auf die Erscheinung einwirken. Das Dasein solcher Seen ist daher eine große Wohlthat für die Bewohner der Gebirgsländer und der daran gränzenden Ebenen. Denn die den Alpen entströmenden Flüsse führen ungeheure Mengen von Geröll mit sich, die bei ihrem starken Gefälle und der Geschwindigkeit ihres Laufes bis weit in die Ebene hinaus geführt werden, das Flußbett versanden und die größten Ueberschwemmungen bewirken würden, wenn sich nicht die Seebecken in ihrem Laufe fänden, in welchen die Gerölle abgesetzt, Schlamm und Sand niedergeschlagen, die Ströme geklärt und gereinigt würden. Aber diese kleinen Delta's sind nur Abbilder jener für die Geschichte der Erdbildung und die Kultur des Menschengeschlechts so bedeutungsvollen Bildungen großer in das Meer mündender Ströme, die wir mit dem

Namen der Niederlande bezeichnen. Hier tritt das eigenthümliche Wechselverhältniß zwischen Fluß und Meer hinzu, das nur in Binnenmeeren untergeordneter erscheint, wo der Einfluß von Ebbe und Fluth seine Bedeutung verliert. Po und Rhone, Donau und Nil zeigen daher die Deltabildung in ihrer einfachsten Gestalt. Ein kurzer Blick auf die eben betrachteten Erscheinungen wird uns ihren einfachen Verlauf auch in großartigerem Maaßstabe übersehen lassen. —

In ihrem oberen, jäh abstürzenden Laufe reißen die Flüsse den Schutt der steilen Felswände, große Blöcke, die ihnen den Weg verengen, mit sich fort. Anfangs eckig und scharfkantig, wie sie es beim Abbrechen sein mußten, reiben sich diese Bruchstücke allmälig ab und nehmen die rundliche Gestalt der Gerölle an. Die größeren Blöcke bleiben bald zurück, wenn die Geschwindigkeit des fließenden Wassers abnimmt, die schwereren Massen bleiben liegen und bilden einen Damm, den die hinter ihm aufgestaute Wassermasse endlich wieder durchbricht und mit sich fortführt. Jetzt gelangt der Fluß in die Ebene, sein Lauf wird langsamer, denn sein Fall wird geringer, seine treibende Kraft nimmt ab; so verringert sich auch die Größe der Gerölle, die er noch zu bewegen vermag, und zuletzt bleiben nur noch Sand und Schlamm übrig, die das Bett der meisten Flüsse bilden. So gelangt der Fluß zum Meere, die feinsten erdigen Theile noch immer mit sich führend. Hier ruht er, wenn das Meer ihm in seinen Wallbildungen eine Schranke entgegenwirft. Hier setzt er seine Schlammmassen ab, das Bett des Flusses erhöht sich, der Strom durchbricht seine flachen Ufer, gräbt sich ein neues Bett und bildet so nach und nach in seiner vielfachen Verästelung ein Delta. Ein charakteristisches Vorbild für alle diese noch immer fortschreitenden Schöpfungen fruchtbarer Landstriche bietet uns der Nil, in dessen Wogen sich 3000jährige Denkmäler spiegeln, als untrügliche Zeugen für die Umgestaltungen des Bodens, die sein Wellenschlag in ihrer Nähe verursacht hat.

Aus dem wasserreichen, beständig von Regen und Nebeln getränkten Hochlande Abyssiniens stürzt sich der Nil terrassenförmig durch das enge Felsenthal Nubiens und zwischen den lybischen und arabischen Sandsteingebirgen Oberägyptens hindurch dem Meere zu. Bei Kairo öffnet sich das Thal, die Bergketten weichen zurück, und nur einzelne Schluchten und Thäler an ihren Abhängen, das Thal der Verirrungen, der Strom ohne Wasser und die Keue der Natronseen zeigen, daß sich einst der Strom durch sie einen Weg brach. Jetzt durchströmt er in vielfachen Zweigen eine weite Ebene, die von den beiden Hauptmündungen bei Rosette und Damiette umschlossen wird. Aber auch diese Mündungen sind jetzt näher zusammengerückt, die Breite des Delta's hat mit der Erhöhung des

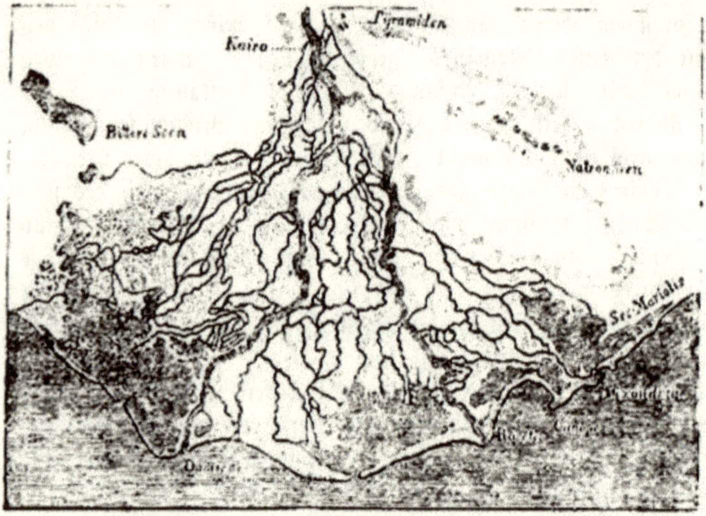

Das Nildelta.

Bodens abgenommen; denn der Strom führt bei seinen alljährlichen Ueberschwemmungen eine ungeheure Menge rothen Schlammes und Sandes herbei, bis die Gegenströmung des Meeres seine Treibkraft lähmt. Die erdigen Theile fallen jetzt nieder, werden aber von den nachfolgenden Wassermassen auf die Seite geschoben und häufen sich dammartig auf. Gegen diesen Damm spülen die Meereswellen und treiben ihn noch mehr seitwärts gegen die Küsten, wo er anfangs Untiefen bildet und allmälig sich zu einem mächtigen Uferwalle erhebt, der die Neubildungen des Flusses gegen die zerstörenden Einflüsse des Meeres schützt. Dieser Uferwall ist am erhabensten über das ganze umliegende Land, und seine Oberfläche von Dünensand bedeckt, seine Basis aus festem Kalkstein gebildet. So schlecht er auch geeignet ist, den Meereswogen zu widerstehen, so hat er doch seit Jahrtausenden seine ursprüngliche Form erhalten. Das wäre unbegreiflich, wenn man sich nicht überzeugt hätte, daß dieser kalkige Sandstein sich noch jetzt beständig neu bildet durch die Bauten kleiner mikroskopischer Schaalthiere, die im Ufersand leben. Hinter dem Uferwall bilden sich die großen Wasserbecken, Lagunen genannt, die durch 7 Mündungen mit dem Meere in Verbindung stehen, aber mehr und mehr von dem angeschwemmten Schlamm erfüllt, allmälig ganz verschwinden werden. An zwei Stellen, den Mündungen von Rosette und Damiette, haben sich die Anschwemmungen selbst über den Uferwall hinaus erstreckt und einen Uebergriff in das freie Meer begonnen. Hier haben sich zwei Vorsprünge gebildet, die sich stets durch neuen Absatz vergrößern, langsam und in stetem Kampfe mit den zertrümmernden Wogen des Meeres. Wie bedeutend die Bodenerhöhung nicht nur der Deltagegend, sondern des ganzen Nilthales ist, davon sind die herrlichen Trümmer der alten Prachtgebäude Thebens die besten Zeugen. Damals auf künstlichen, dem schwellenden Wasser unzugänglichen Hügeln gelegen, überragten ihre Sockel den Boden, der sie trägt, in kunstgerechter Weise. Jetzt sind alle Grundmauern bis zu den ersten Friesen und Karnießen in ihn versunken, alle Statuen über die Hälfte vom Erdreich bedeckt. An der kolossalen Memnonsstatue fand man bei der französischen Expedition eine Inschrift aus dem J. 148 n. Chr. 6 Fuß unter dem Boden und schloß daher, daß die Ablagerung während eines Jahrhunderts zwischen 3 und 4 Zoll betrage. Danach würde der Palast von Luxor, an welchem die Anhäufung über 18 Fuß beträgt, ein Alter von 4500 Jahren haben. Jedenfalls ist es wahrscheinlich, daß zur Blüthezeit Thebens ganz Unterägypten noch Strombett war, und nur einzelne Küstenstriche aus dem Wasser emporragten. Vielleicht war die Höhe von Memphis der äußerste bewohnbare Theil, und hier legte man darum die Kolonie an, welche später durch ihre bequemere Verbindung mit dem Meere sich über die Mutterstadt erhob, bis auch sie einer neuen Seestadt, Alexandrien, weichen mußte.

Wie beim Nil, so zeigt sich die Deltabildung auch bei andern Flüssen, welche in Binnenmeere münden. Das größte Delta auf Erden hat aber der Ganges aufzuweisen, welches in der Länge und Breite über 40 Meilen mißt. Vom höchsten Gebirge der Erde fließt in vielen tausend Rinnsalen das Gewässer dem Punkte zu, wo der mit dem Ganges vereinigte Burempur die Nordspitze des Golfs von Bengalen trifft. Die ungeheuren Mengen Schlammes, welche diese Ströme mit sich führen, und die oft mehr als den hundertsten Theil des Wassers bilden, lagern sich hier ab, aufgehalten von den gegenströmenden Meereswogen, und bilden eine weite Ebene, welche den Namen des Sunderbunds führt und aus torfigen Morästen, seichten Schlammseen und weiten Strecken sumpfigen Landes besteht, von Rohr und Gestrüppe bedeckt, die Heimath von Tigern, Krokodilen und Schlangen. Nicht minder bedeutend und noch ausgezeichnet durch sein äußerst schnelles Wachsthum ist das Delta des Missisippi, welches ein flaches niedriges Land bildet, das 9 Monate hindurch überschwemmt ist und den Anblick eines weiten Sees darbietet, aus welchem nur längs des Stromes und seiner Arme schmale Dämme hervorsehen. Der Strom selbst verzweigt sich in zahllose Arme, Bayus genannt, die oft größtentheils trocken stehen oder nur von den großen Landseen gespeist werden. Wenn schon die Menge des angeschwemmten Schlammes ungeheuer ist, so kommen hier noch die gewaltigen Flöße von Baumstämmen und ganzen Bäumen mit Wurzeln und Aesten, die sogenannten Snags dazu, in welchen sich oft Sand, Schlamm und Erde festsetzen und so schwimmende, mit reicher Vegetation bekleidete Inseln bilden, die sich mit dem festen Lande vereinigen und dies vergrößern. So schreitet die Verlängerung des Delta's jährlich um mehr als 1000 Fuß vor.

Unter den europäischen Delta's verdient vor allen eine Erwähnung das des Po, welches sich am adriatischen Meerbusen zwischen Rimini und dem Golf von Triest hinzieht und in seiner ganzen Länge durch einen sanft gekrümmten Uferwall begrenzt ist, der in der Nähe von Venedig den Namen des Lido trägt. Hinter diesem Lido zeigen sich besonders bei Venedig und Comacchio bedeutende Lagunen, die allmälig von den Ablagerungen des Po, der Etsch, der Brenta, der Piave, des Tagliamento und andrer Flüsse ausgefüllt und in Sümpfe oder Aecker verwandelt werden, und an deren innerm Ufer die meisten Küstenstädte liegen, so daß sie immer mehr und mehr vom Meeresufer abgeschnitten und als Seehäfen vernichtet werden. Noch im Mittelalter lag Ravenna an der Mündung des Po und am Ufer einer Lagune, welche als Kriegshafen diente, während es heutigen Tages eine Meile von der Küste entfernt ist, und die Stelle des ehemaligen Hafens Gärten und fruchtbare Aecker einnehmen. Auch Adria war in der Römerzeit ein Hafen und liegt jetzt 3¼ Meilen vom Meere entfernt, da das Delta in Folge der Anschwemmungen sich über den Uferwall hinaus in das Meer verschob. Die Lagunen von Venedig sind nur durch bedeutende Arbeiten bis jetzt vor der gänzlichen Versandung bewahrt worden, und doch theilt Venedig vielleicht binnen Kurzem das Schicksal Ravennas. Auch die Einwohner von Comacchio konnten nur durch Ablenkung sämmtlicher Ströme süßen Wassers, die sich in ihre Lagunen ergossen, die Anfüllung dieser fischreichen Binnenseen verhindern.

Unter unsern deutschen Strömen zeichnet sich der Rhein durch seine verwickelte Deltabildung aus, da außer den Flußablagerungen und den Meeresbildungen hier auch eine allmälige Bodensenkung der Niederlande eine einflußreiche Rolle zu spielen scheint. Die Küstenlinie vom Kanal bis zur Elbmündung und längs der schleswigschen Küsten bietet eine äußerst gleichförmige Krümmung dar, welche nur durch einzelne Einschnitte und Verbindungen des Meeres mit den zahlreichen Binnenseen unterbrochen ist, die sich hinter dem Uferwalle befinden. Die Inselreihe, welche sich im Norden des Zuidersees längs der friesischen Küste bis zur Wesermündung hinzieht, zeigt die Ueberreste dieses Uferwalls, dessen Zerstörung durch die Meereswellen sogar in historischer Zeit bedeutend vorgeschritten ist. Von der norddeutschen Ebene sind die Niederlande durch einen breiten Streifen thonigen, mit Geröll gemischten Kiessandes getrennt, welcher den Namen der „Geest“ führt, und so wie er noch jetzt den Boden der westphälischen Steppen bildet, einst auch den Boden des Rheindelta's bedeckte, auf welchem sich die Anschwemmungen des Rheins, der Schelde und Maas ablagerten. Durch die beständigen Erhöhungen des Flußbettes, welches der Fluß oft verließ, um sich ein neues zu graben, und durch die fleißigen Bemühungen der Anwohner, sich vor Ueberschwemmungen zu schützen und das umliegende Land dem Meere und Flusse zu entringen, haben die Mündungen des Rheins, die wir jetzt unter den Namen Waal, Leck und Yssel kennen, beständige Veränderungen erlitten. Die alten Bataver behaupteten sich im Rheindelta und in Friesland, wie die Aegypter im Delta des Nil. Sie errichteten Hügel und Dämme als Zufluchtsstätten für die Zeit der Ueberschwemmung und überließen das platte Land der periodisch wiederkehrenden Fluth, welche die aufgestauten Gewässer des Landes zwang, ihren Schlamm abzusetzen, der allmälig den Boden über den Bereich der Ueberschwemmungen erhöhte. Aber der Niederländer hatte nicht die Geduld des Aegypters, er wollte der Natur abtrotzen, was diese in langsamer Entwicklung versprach. Er wehrte dem Eindringen des Meeres, schützte seine tiefliegenden Aecker durch Dämme und erhielt sie trocken durch von Windmühlen getriebene Schöpfmaschinen. So entstanden die Polders, deren angeschwemmter Boden eine vorzügliche Fruchtbarkeit besitzt, die aber freilich nicht durch erneute Absätze genährt wird. An der friesischen Küste, wo die Polders weniger gebräuchlich sind, bilden sich die fruchtbaren Marschländer besonders unter Mitwirkung der Vegetation, in deren vielfachem Gewirr die Anschwemmungen zurückgehalten werden, die nun den Boden erhöhen und das sandige Wattland in Weiden und Ackerland verwandeln. Wenn aber auch die Ausfüllung der hinter dem Uferwalle gelegenen Niederungen keine unbedeutende Rolle spielt, so bleibt andrerseits das Meer durchaus nicht unthätig. Es arbeitet diesen Bildungen mächtig entgegen. Die Geschichte von Cäsars Zeit bis auf die unsrige weist eine Reihe von Einbrüchen des Meeres nach, unter denen der bedeutendste derjenige ist, welcher im 13. Jahrh. den Zuidersee bildete, an dessen Stelle damals ein Süßwassersee, Flevo, lag, welchen die Yssel durchströmte, um bei der heutigen Insel Flieland in das Meer zu münden. Aehnliche Einbrüche des Meeres bei Sturmfluthen gaben auch dem Dollart und der Jahde ihre Entstehung, und bei Katwyk finden sich noch die Ruinen einer römischen Festung, welche der Kaiser Claudius in einer Entfernung von 600 Schritten vom Gestade anlegte, auf dem Grunde des Meeres. Solche Erscheinungen könnten zu der Vermuthung führen, daß der Boden der Niederlande sich allmälig senkt, und dadurch die Dämme mit der Zeit unzureichend gegen die einbrechenden Meereswogen macht; wenn nicht die ähnliche Erfahrung von stets nöthiger werdenden Erhöhungen der Dämme an andern Flüssen, besonders am Nil, vielmehr auf eine Erhöhung des Flußbettes hindeutete, welche auch das eindringende Meer einen immer weitern Spielraum zu erkämpfen zwingt.

Man ist oft auch geneigt gewesen, die eigenthümlichen Mündungen unserer Ostseeflüsse mit Deltabildungen zu vergleichen, aber im eigentlichen Sinne kann hier von solchen nicht die Rede sein. Allerdings entsprechen die schmalen Landzungen oder Nehrungen, welche dieselben gegen das Meer hin abgrenzen, den Uferwällen, und die dahinter gelegenen großen Wasserbecken oder Haffe den Lagunen; aber was gerade die Deltabildungen am meisten charakterisirt, die Anschwemmungen fehlen meist gänzlich. Am allerwenigsten können wir bei der Oder von einem Delta sprechen. Denn die Inseln Usedom und Wollin, welche den Uferdamm bilden, sind kein Produkt des Flusses und des Meeres, wofür man sie oft fälschlich gehalten hat. Sie schließen vielmehr einen festern Kern, Kreide, in sich, welche, wie es scheint, die Grundlage unserer ganzen Ostseeländer, Mecklenburgs und Pommerns, bildet und, durch frühere Hebungen aus der Tiefe überall durchbrochen, nur an einzelnen Stellen, wie in den Kreidefelsen Jasmunds, an die Oberfläche tritt. —

Da, wo keine Uferwälle den Eintritt des Flusses in das Meer beschützen und die Ablagerung der Gerölle und Schlammmassen begünstigen, entstehen jene offnen Buchten, welche man auch Aestuarien nennt, in denen das Meer frei aus- und eintritt, und Ebbe und Fluth ungehindert, ja in größerer Ausdehnung als an anderen Küsten herrschen. Die Fluth staut das Flußwasser zurück und drängt es meilenweit landeinwärts; die Ebbe öffnet wieder die Schleusen des Flusses, der nun mit vermehrtem Gefälle vorwärts strömt und sein Gerölle weit in die See hinein führt, auf deren Grunde er sie ablagert. Das überzeugendste Beispiel dieser Art liefert der Maranhon oder Amazonenstrom, der größte aller Flüsse, der aus Urwäldern, unbebautem und angeschwemmtem Lande eine ungeheure Menge von Schlamm, Sand und Treibholz in das Meer führt und dennoch kein Delta gebildet hat, weil seine Mündung durch keinen Uferdamm gegen die dort herrschende Meeresströmung geschützt wird, die wir unter dem Namen des Golfstroms aus dem Mexikanischen Golf wieder hervorbrechen sehen. Dieser Meeresstrom reißt die vom Amazonenstrom ins Meer geführten Sand- und

Schlammmassen mit sich fort und bildet so bis zum Orinoko hin eine Reihe von schlammigen Uferbänken, Morästen und untermeerischen Schlammablagerungen, die sich täglich vergrößern und dem festen Lande von Guyana anschließen. Bis in ungemessene Fernen werden aber die feineren Schlammtheile über den ganzen Ocean verbreitet und lagern sich auf seinem Boden in Schichten ab, von deren Vorhandensein das Senkblei unmittelbare Beweise geliefert hat.

Aber nicht bloß die Flüsse, auch das Meer selbst wird Schöpfer neuer Bildungen, indem es die Trümmer, die es an einer Küste losgebrochen, und die Sand- und Schlammmassen, die es den Flüssen geraubt hat, an anderen Küsten wieder anspült. So entstehen jene Uferwälle, welche vor den eingeschnittenen Buchten jene Landzungen und Nehrungen bildeten, wodurch diese in Binnenseen und Lagunen verwandelt wurden; welche sich aber auch überall zeigen, wo nur sandige Ufer sich den Meereswellen entgegenstellen. Auch wo Flußmündungen diesen Uferwall durchbrochen haben, findet sich oft noch eine seichtere, quer durch die Mündung gezogene Bank, die Barre genannt, welche oft den größeren Schiffen die Einfahrt verwehrt. Wenn die losen Sand- und Geröllmassen, welche das Meer anschwemmt, durch ein kalkiges Cement zusammengebacken werden, so entstehen sehr feste Gesteine, Kalk- und Sandsteine. Besonders werden diese Strandbildungen durch den Reichthum an kalkigen Schalen von Seethieren aller Art begünstigt, welche, in den Brandungen zerbrochen, zersplittert und zerrieben, einen bindenden Kitt bilden, der theils andere Kalkmassen, theils den Ufersand zu Gesteinen verhärtet. Ein wie jugendliches Alter diesen neuen Felsengebilden zukommt, das beweisen die in ihnen eingeschlossenen organischen Massen und Kunstprodukte historischer Zeit. In dem Kalkstein von Guadeloupe fand man Scherben, steinerne Beile, ganze Baumstämme und Gerippe von Menschen; in den neuen Strandbildungen von Helsingör fand man sogar Stecknadeln und dänische Münzen aus der Zeit Christians IV., der Mitte des 17. Jahrh., eingeschlossen. Auch die Küsten Pommerns scheinen in der Länge der Zeit eine ganz veränderte Gestalt erhalten zu haben. Das Meer griff früher weit in das Land ein, das mit Wäldern und Sümpfen bedeckt war. In einem solchen Moorgrunde fand man zu Ende des vorigen Jahrhunderts meilenweit von der Küste einen großen Anker und Schiffstrümmer, ein Zeichen, daß auch hier das Meer Festland geschaffen, wenn auch nicht Felsengestade und Steinwälle, wie an anderen Küsten.

Wo kein Bindemittel den losen Sand zu festen Gesteinen verkittet, da erhält der Wind Macht über ihn und bildet Dünen, welche aus langen Reihen von über 100 Fuß hohen Sandhügeln bestehen. An flachen Küsten wird der von der Fluth angeschwemmte Sand, welcher während der Ebbe trocknet, vom Winde landeinwärts geführt, nach und nach zu einem Hügel zusammengeweht, der gegen das Meer hin sanft verläuft, wenn dies nicht seinen Fuß untergräbt und einen steilen Abfall herbeiführt. Natürlich müssen solche aufgeschüttete Flugsandmassen sehr unbeständig sein. Indem fortwährend der weggeführte Flugsand über den Damm der Düne hinaufgewirbelt und auf der Landseite abgesetzt wird, treibt die Düne vor dem Winde her und dringt zum Schrecken der Küstenbewohner landeinwärts vor. So haben in den letzten Jahrhunderten die Dünen an den Küsten der Bretagne und der Landes weite Landstriche mit einem Sandmeere bedeckt, aus dem man nur noch einige Kirchthurmspitzen und Schornsteine verschütteter Dörfer hervorragen sieht. Wenn indeß die Dünen einerseits durch ihr Vorrücken so verderblich werden können, so darf man auf der andern Seite nicht vergessen, daß die meisten flachen Küstenländer diesen natürlichen Wällen ihr Dasein verdanken. Darum finden wir sie von den Pyrenäen bis zu den Küsten der Ostsee sich erstrecken. Aber selbst im Innern der Festländer und unter dem Spiegel des Meeres finden wir oft unverkennbare Spuren ihres Daseins. So kommen in den Steppen des südlichen Rußlands und in der Sandwüste Naryn zwischen Wolga und Ural zum Theil bewachsene Hügelzüge vor, die man für die alten Dünen des kaspischen und schwarzen Meeres ansehen muß; und auch das Sandsteinriff, welches über 200 Meilen weit den östlichen Theil von Brasilien umzieht, will man als eine vom Meere überfluthete Düne betrachten.

Aber das Meer schafft nicht immer neue Länder und schützende Dämme, es macht auch oft Eroberungen auf Kosten des festen Landes, indem es Theile desselben zernagt und verschlingt. Darin wird es noch vielfach durch Winde und Regen, Landgewässer und vulkanische Erscheinungen unterstützt. Mythische Sagen und historische

Zeugnisse bieten uns reiche Belege dieser Thätigkeit dar. Wenngleich flache Küsten am wenigsten den Ueberfluthungen des Meeres widerstehen können, so sind doch auch die felsigen Steilufer diesem zerstörenden Einfluß nicht minder ausgesetzt. Die meisten Steilküsten, welche aus den härtesten Gesteinen bestehen, zeigen eine Menge von Spalten und Klüften, in welche das Meer eindringt und große Blöcke ablöst. Zwar bilden dann allmälig die losgebrochenen Trümmer einen Damm, der die Fluth bricht und das fernere Ablösen durch die Wogen hindert. Aber bald weichen auch sie der stürmischen Gewalt des Feindes und überlassen die schutzlose Küste seinem verstärkten Grimme.

An mehr erdigen Küsten, besonders Kreide- und Sandsteinküsten, zeigt die zerstörende Kraft der Wogen die bedeutendsten Wirkungen; denn das Meer nagt an der Kreide, spült einen Theil ihrer Masse am Grunde fort und beraubt den darüber hängenden Theil oder die in den weichen Massen eingeschlossenen Blöcke härterer Gesteine ihrer Stütze, die nun herunterstürzen und vom Meere verschlungen und fortgeführt werden. Aehnliche Zerstörungen zeigen sich, wenn die Ufer aus geschichteten Gesteinen bestehen, besonders wenn die Schichtungsflächen gegen das Meer einfallen. Dann dringt das Wasser zwischen den Schichten aufwärts vor und verursacht das Herabgleiten der obern Schichten. Aus den Trümmern dieser zerstörten Küsten bildet nun das Meer selbst Geschiebe- und Sandbänke, besonders in Meerengen und an hervorragenden Uferspitzen, wo sich fast immer zwei Wasserströme begegnen. Dafür spricht die Versandung der Meerenge zwischen Rügen und der pommerschen Küste, durch welche der Strom der Ostsee seine Wasser westwärts treibt, während der Wellenschlag an den nordwärts gewendeten Dünenküsten der Inseln Darß und Zingst fortwährend Sand abspült und ostwärts fortführt. So wurde sogar die Meerenge zwischen den beiden Halbinseln Wittow und Jasmund allmälig ganz durch eine Sandbank, die schmale Haide, geschlossen, da der Eingang dieser Meerenge weiter war als ihr Ausgang, und so die mit großer Gewalt einströmenden Gewässer gehemmt und veranlaßt wurden, ihre Geschiebe fallen zu lassen. Auf ähnliche Weise bewirkt der Golfstrom da, wo er von dem Strom der Lorenzmündungen getroffen und gelähmt wird, die großen Sandbänke von Neufoundland und Neuschottland.

Die Zerstörungen des Meeres sind aber viel gewaltiger und ihre Beispiele zahllos. Die ausgezackten Küsten der Bretagne, welche doch aus hartem Granit bestehen, zeigen noch deutliche Spuren von ihren vielfachen Veränderungen, deren noch alte Sagen gedenken. Während des 9. Jahrh. sollen die Wellen Wälder und Dörfer verschlungen haben, und noch jetzt findet man ihre Ueberreste auf dem Boden des Meeres. Nicht minder deutlich zeigen die Küsten Großbritanniens und Irlands, wie wenig selbst Felsengestade den Gang des Weltmeers aufzuhalten vermögen, wie irrig der Glaube an die Beständigkeit der vorhandenen Festländer oder an das Unvermögen jetzt wirkender Ursachen ist. Die ganze Küste von Yorkshire vom Tee bis zum Humber ist in einem Zustande stufenweisen Verfalls; 300 Fuß hohe, schroffe Abhänge zeugen von der fressenden Kraft des Meeres. An den niedrigen Ufern des Washbusens steht ein großer versunkener Wald unter Wasser, dessen Bäume an Stämmen, Wurzeln und Aesten noch unversehrt sind, und deren Harz noch benutzt wird. Mehrere Meilen des Meeresbodens bedeckt diese Holzablagerung, und wo jetzt das Meer fluthet, stand einst die Kirche des Dorfes. Noch an vielen andern Küsten Englands findet man jetzt nur Sandbänke im Meere, wo einst die Geschichte bedeutende Städte erwähnte. Auch die Stadt Brighton lag noch unter der Regierung der Königin Elisabeth da, wo jetzt nur eine Reihe von Pfeilern sich ins Meer erstreckt; von der alten Stadt ist keine Spur mehr vorhanden. Die Insel Shepey am Ausfluß der Themse wird noch jetzt von dem zerstörenden Wogendrange mit Vernichtung bedroht, und die Erfahrungen der neuesten Zeit lassen ihren Untergang im Laufe dieses Jahrhunderts besorgen. Die Reculverkirche stand noch zur Zeit Heinrichs VIII. eine Meile vom Meere entfernt; jetzt ist bereits der Kirchhof mit den angrenzenden Häusern weggeschwemmt; die Kirche steht einsam und verlassen, und der Felsen, auf dem sie ruht, wäre längst gleichfalls ein Raub der Fluthen, wenn nicht die Kunst des Menschen durch Steindämme und Holzpfeiler die Wogenmacht gebrochen hätte. Wie sich nicht minder verheerend die Meeresfluthen an den Nordseeküsten Hollands und Deutschlands bewiesen haben, das zeigten uns schon früher die Durchbrüche des Zuidersees, des Dollart und der Jahde. Auch an den flachen Westküsten der dänischen Halbinsel besteht ein alter Kampf zwischen Land und Meer, der einst Jütland zu einer Insel zu machen droht. Noch im Jahre 1824 durchbrach bei einer Sturmfluth das Meer die schmale Landenge, welche Nordjütland mit dem übrigen Theile der Halbinsel vereinigte, und die Wasser der Nordsee ergossen sich in den Lymfiord, einen Busen der Ostsee. An den Küsten von Schleswig lag einst ein sehr fruchtbarer und bevölkerter Landstrich, Nordfriesland genannt, der eine Halbinsel von 9 – 11 Meilen Länge und 6 — 8 Meilen Breite bildete. Im Jahre 1240 wurde er vom Festland abgerissen und bis auf eine kleine Insel Nordstrand von den Wellen verschlungen. Aber auch diese immer noch durch Bevölkerung und Kultur berühmte Insel wurde im Jahre 1638 von den Fluthen zerrissen, und jene schreckliche Katastrophe, die über 6000 Menschen das Leben kostete, ließ nur drei kleine, noch immer von gleichem Schicksale bedrohte Inseln übrig, Nordstrand, Pelworm und Lütjemoor. Auch die Ostsee hat an ihren unbeschützten Südküsten manche Verwüstungen angerichtet. An den Küsten Samlands finden sich jetzt Buchten an der Stelle ganzer Strecken Acker- und Waldlandes, die noch in historischer Zeit erwähnt werden. Rügen aber ist der sprechendste Zeuge für diese Zerstörungen. Wenngleich die vielfachen Sagen, welche von einem früheren Zusammenhange Rügens mit dem pommerschen Festlande einerseits und mit den Kreidebänken der dänischen Inseln andererseits, so wie von der gewaltsamen Trennung der Insel Hiddensee von Rügen durch eine Sturmfluth im 14. Jahrhundert erzählen, keinen Glauben verdienen, durch historische Nachrichten vielmehr widerlegt werden, so läßt sich doch nicht leugnen, daß in älterer Zeit ein solcher Zusammenhang mehr als wahrscheinlich ist. Die Zerstörungen, welche die Ostsee in neueren Jahren anrichtete, sind ein redender Zeuge von ihren früheren Thaten. Die Stürme des Jahres 1837 wühlten bei Swinemünde die mächtigsten Granitblöcke aus dem Meeresgrunde auf und schleuderten sie weit über die schützenden Dämme. Der Leuchtthurm auf Usedom war von den Wellen überschwemmt und dem Untergange nahe. Meeressand, Muscheln und Seetang wurden 50 bis 80 Fuß hoch über die steilen Ufer bis tief in die Wälder hineingetrieben.

Es ließen sich noch zahlreiche Beweise von Küstenveränderungen und Verwandlungen von Festländern in Inseln und Meeresgrund aufzählen; doch das Angeführte genügt, um zu zeigen, daß in einer fernen Zukunft die nagende Kraft des Wassers den Küstenumrissen der Festländer und Inseln eine ganz andere Gestalt geben wird, als sie jetzt ist. Aber nicht bloß an den Küsten, auch am Meeresgrunde ist die Kraft der oceanischen Fluthen in ununterbrochener Thätigkeit. Man hat Bewegungen des Meeres beobachtet, die über 200 Fuß tief reichten und so mächtig waren, daß sie bedeutende Felsmassen in Stücke zerschlugen und als Trümmergestein auf die Küste warfen. An den Shetlar.dsinseln sind solche ungeheure Blöcke, die oft mehrere 100 Fuß weit weg geschleudert werden, eine gewöhnliche Erscheinung und werden von den Leuchtthurmwärtern Reisende oder Travellers genannt.

Großartiger, als alle jene Zerstörungen von Küsten, sind die Durchbrüche, welche aus einem Meere in das andere erfolgt sind, Ereignisse, die frühen Epochen unseres Erdballs angehören. Kaum dunkle Sagen erwähnen ihrer, aber der Boden selbst trägt die natürlichen Denkmäler dieser Ereignisse in sich. Zu den merkwürdigsten Begebenheiten dieser Art gehört der Durchbruch des thracischen Bosporus oder der Meerenge von Konstantinopel. Bei alten Schriftstellern, Homer, Herodot, Plinius finden sich viele Nachrichten über einen einstigen größeren Umfang des schwarzen, asowschen und kaspischen Meeres, die aus einem bloßen Irrthume oder der damaligen mangelhaften Schifffahrtskunst nicht zu erklären sind. Den Aralsee, der jetzt zum Theil nur durch sandige Niederungen vom kaspischen Meere geschieden ist, scheint Herodot nicht gekannt zu haben, und spätere Geographen lassen sogar den Jaxartes und Oxus sich unmittelbar in das kaspische Meer ergießen. Andere Nachrichten aus späterer Zeit sprechen von ehemaligen Seen im südlichen Rußland, von einem großen Sumpfe, den Attila mit seinen Hunnen zwischen dem schwarzen und kaspischen Meere durchzogen habe, und der jetzt nicht mehr vorhanden ist. Alles das deutet auf einen einstigen größeren Umfang dieser Meere, auf einen höheren Wasserstand derselben und einen früheren Zusammenhang unter einander hin. Aber solche Sagen und Nachrichten könnten gar keinen Werth für uns haben, wenn nicht neuere wissenschaftliche Untersuchungen in jenen

Gegenden ihre Angaben bestätigten und unzweifelhaft jene Länder als alten Meeresboden erwiesen. Zu den Thatsachen, welche diese Behauptung begründen, gehören besonders die Steppen, welche sich vom westlichen Ufer des kaspischen Meeres bis an die Sarpa, und von dem nördlichen bis zu den Anhöhen des Ural hinziehen und aus einem mit Schlamm verbundenen, salzhaltigen Sande bestehen, über welchen überall zahlreiche Salzseen verbreitet sind. Auch die dort zerstreuten Schalen von Muscheln, die den noch jetzt im kaspischen Meere lebenden Arten angehören, und die zum Anbinden der Schiffe dienenden Ringe, die man selbst am Hämus einige 100 Fuß hoch über dem Meere gefunden hat, geben ein Zeugniß für die einstige Herrschaft des Meeres über diese Länder ab. Zahlreiche wissenschaftliche Reisen neuerer Zeit haben uns selbst die Küstenlinie dieses alten Meeres zum Theil kennen gelehrt. Die alte Mündung des Don muß einst da gewesen sein, wo jetzt der Donez in ihn mündet; und wirklich sieht man dort zwischen Tscherkask und Taganrok sich eine Kalksteinanhöhe hinziehen, welche offenbar einst das alte Seeufer bildete. Auch weiter östlich findet man an den Nordrändern der niedrigen Steppen 200 Fuß hohe, steil abfallende Kalk- und Sandhügel, wahrhafte Dünen, die rings in einem Kranze das ehemalige Ufer umgeben. So läßt sich wenigstens in den genau untersuchten Theilen dieser Gegend überall mit ziemlicher Sicherheit die Grenze ehemaligen Meeres nachweisen.

Dieses weite, früher geschlossene Meer empfing eine ungeheure Wassermasse aus allen Strömen, von der Donau bis zum Amur und Sir, dem Oxus und Jaxartes der Alten. Mit diesen mächtigen Zuflüssen konnte sich wohl die Verdunstung nicht lange im Gleichgewicht halten. Das Niveau des Meeres erhob sich immer höher, bis es an der niedrigsten Stelle seiner Ufer anfing überzufließen und sich ein Bett einzuschneiden. Dieses Bett wurde immer tiefer, immer mehr Wasser wurde abgeführt, und der Wasserspiegel sank. Fanden sich vielleicht im neuen Bette Lagen von minder fester Steinart, so konnte leicht der ungeheure, auf die Stelle des Abflusses wirkende Druck der Wassermasse auf einmal so beträchtliche Einbrüche in den Boden machen, daß der vorher allmälige Abfluß sich in einen reißenden Durchbruch verwandelte und eine Ueberfluthung der vorliegenden Land- und Wasserflächen hervorbrachte, die nicht eher nachlassen konnte, als bis der ganze Spiegel der abströmenden Wassermassen auf dieselbe Höhe herabgesunken war, in welcher sich der Spiegel des ägeischen Meeres unterhalb des Durchbruches befand. Bedenken wir nun, daß vor dem Durchbruche das Meer eine Fläche von 30,000 □Meilen einnahm und 200 Fuß über dem jetzigen Niveau des schwarzen Meeres lag, so wird leicht begreiflich, daß bei gewaltsamem Durchbruch ungeheure Wasserfluthen gegen die Küsten des ägeischen Meeres anstürmen und die niederen Landschaften verwüsten oder bleibend unter den Wellen begraben mußten. Das sind vielleicht jene Deukaleonischen Fluthen, welche nach den alten griechischen Sagen einst Thessalien und den Peloponnes betroffen haben. Uebrigens ist es sehr wahrscheinlich, daß es selbst nach einem so rasch erfolgten Durchbruch Jahrhunderte währte, ehe der Spiegel des abfließenden Meeres auf die letzte Tiefe herabsank und sein Umfang sich so verminderte, daß zu beiden Seiten des jetzigen kaspischen Meeres die beiden breiten Isthmen entstanden, durch welche das frühere Meer in drei große Seen getrennt wurde. Noch heute zeigt der Bosporus das Ansehen eines fortwährenden ruhigen Stromes, welcher noch immer seine Ufer durch Losreißung vom Lande erweitert. Daß das kaspische Meer jetzt nach den neuesten Forschungen 37 Fuß, nach älteren Annahmen sogar 76 Fuß tiefer als das schwarze Meer liegt, ist wohl daraus zu erklären, daß nach der Trennung der Meere das Becken, welches für das kaspische Meer geblieben war, für die Wolga allein zu groß war, so daß die Verdunstung, zumal unter jenen heißen Himmelsstrichen, den Zufluß überwog. Sein Spiegel mußte folglich sinken, und die Wolga in Folge dieses Zurückweichens auf dem neuen Boden ihren Lauf verlängern und sich durch neue Quellen verstärken, bis beide wieder im Gleichgewicht standen. Auch der Aralsee zeigt deutliche Spuren, daß er von seinem ehemaligen Stande herabgesunken sei; denn fast die Hälfte desselben besteht aus Sümpfen, zwischen denen zahllose Inseln liegen. Er konnte aber, da ihm mehrere im Verhältniß zu seinem Umfange sehr bedeutende Zuflüsse von Osten her blieben, nicht so tief als das kaspische Meer sinken. Nach neueren Untersuchungen steht er daher 71 Fuß über dem kaspischen, also sogar noch 34 Fuß über dem Niveau des schwarzen Meeres.

Ein zweiter nicht minder wichtiger Meeresdurchbruch gab der Straße von Gibraltar ihren Ursprung. Alte und neuere Schriftsteller haben ihn wohl als eine Folge von jenem des thracischen Bosporus und von der dadurch bewirkten Ueberfüllung des mittelländischen Meeres darstellen wollen. Allein ein solcher Zusammenhang erweist sich als unstatthaft. War das mittelländische Meer vor dem Durchbruch des Bosporus geschlossen, so muß es bei dem bekannten Uebergewicht seiner Verdunstung über seinen Zufluß einen niedrigeren Wasserstand gehabt haben, als jetzt, wo sein Wasserstand nur durch das Einströmen des atlantischen Oceans erhalten wird. Demnach ist nicht zu bezweifeln, daß hier ein Durchbruch eine Felsenreihe zerrissen und jenes mächtige Thor gebildet habe, das man einst die Säulen des Hercules nannte. Alte Sagen weisen noch Nachwirkungen jenes Durchbruchs in historischer Zeit auf. Einst soll einer alten karthagischen Sage zufolge das Meer in jener Straße eine so geringe Tiefe gehabt haben, daß sie nur mit platten Schiffen befahren werden konnte. Andere Schriftsteller erwähnen einer breiten Sandbank, die sich querüber von einem Kontinent zum andern erstreckte, und die man die Schwelle des inneren Meeres nannte. Später sollen sich noch Untiefen und mehrere Inseln in der Meerenge gefunden haben, die jetzt nicht mehr vorhanden sind. Alle diese Angaben deuten unverkennbar auf ein fortwährendes Durchwaschen und Hinwegströmen des Grundes hin, so daß jene Inseln und Untiefen als die Ueberbleibsel der ehemaligen, vielleicht in vorhistorischer Zeit zerstörten Landenge zu betrachten sind. Eine bis in unsere Zeit fortdauernde Nachwirkung jenes Durchbruchs ist die beobachtete allmälige Erweiterung der Straße, deren Breite noch 100 Jahre v. Chr. auf eine Meile angegeben wird, während sie jetzt an der engsten Stelle über zwei Meilen beträgt. Für einen ehemaligen Zusammenhang zwischen Europa und Afrika spricht endlich noch der bekannte Umstand, daß auf dem Felsen von Gibraltar Affen und Zibethkatzen einheimisch sind, Thiere, die unbestritten nach Afrika gehören, und die sonst kein anderer Theil Europas besitzt. Daß also ein Durchbruch stattgefunden habe, kann nicht mehr fraglich sein, wohl aber, von welcher Seite er erfolgte. Hier sprechen nun alle Erscheinungen an Land und Meer für einen Einbruch des Oceans. Denn der Spiegel des Mittelmeeres mußte, so lange es geschlossen blieb, wegen der überwiegenden Verdunstung stets sinken, und die Gebirgsmassen, welche es vom atlantischen Ocean trennten, hatten einem immer stärker werdenden, einseitigen Drucke Widerstand zu leisten, bis sie endlich durch die Gewalt der Sturmfluthen des atlantischen Oceans durchbrochen wurden. Der trichterförmige Vorhof der Straße, dessen weiteste Oeffnung vom Cap St. Vincent bis zum weißen Vorgebirge in Marocco reicht, ist ohne Zweifel eine Vertiefung, die sich der Ocean in seine Ostküsten gewühlt hat. Die enge Oeffnung dieses Trichters befindet sich gerade an der Stelle, wo die Gebirgskette in einer Linie von Europa nach Afrika übergeht, wie noch jetzt die gleiche Gebirgsart der beiden vorspringenden Felsspitzen beweist. Hinter dieser Bergkette, die vielleicht eine Vertiefung an der Stelle der jetzigen Straße hatte oder durch eine Katastrophe bekam, lag der große Binnensee des heutigen Mittelmeeres, und so konnte leicht der Ocean an der Stelle, wo ihm der schmalste Damm entgegenstand, diesen durchbrechen oder eine entstandene Spalte durchfluthen und bei einmal erfolgter Verbindung der beiden Wasserbecken endlich bis zur heutigen Breite erweitern. Dies ist der wahrscheinlichste Vorgang und zu natürlich, als daß man gerade nöthig hätte, die Mitwirkung vulkanischer oder anderer Kräfte in Anspruch zu nehmen. Noch jetzt fließt jener Oststrom unablässig in gleicher Richtung fort; nichts verändert ihn oder hält ihn auf, weder der Ostwind noch die Ebbe des Oceans, ein sicherer Beweis, daß noch jetzt das Niveau des Mittelmeeres niedriger steht, als das des Oceans.

Nicht auf historischen Nachrichten, auch nicht auf Sagen, sondern allein auf physischen Gründen beruht die Annahme, daß auch England und Frankreich einst eine Landenge verbunden habe, die später von den Meeresfluthen durchbrochen sei. In der That zeigen dort die gegenüberliegenden Küsten eine genaue Aehnlichkeit in Masse und Form, und gerade an der schmalsten Stelle, der jetzigen Meerenge von Calais, stehen zu beiden Seiten die höchsten Felsenhöhen beider Ufer. Auch zeigt die geringe Tiefe des Wassers, daß noch jetzt der zackige und felsige Meeresboden dort einen langgezogenen Hügel bildet, dessen Rücken in der Richtung von Dover nach Boulogne liegt, und dessen Abhänge sich nach beiden Seiten hin sanft verflächen. Auch das Dasein von wilden Thieren, Wölfen,

Bären rc., die in älterer Zeit in England in Menge gefunden wurden, spricht für den einstigen Zusammenhang der Insel mit dem Festlande. Jedenfalls erfolgte aber die Durchbrechung der Landenge von der Nordsee her, da von der Seite des Kanals her die Kraft des Oceans auf einem immer seichter werdenden Grunde schon viel verlieren mußte, während sie in dem weiten Busen der Nordsee ungeschwächt bis in seinen tiefsten Hintergrund eindringen konnte. Erinnert man sich, daß die Fluthwellen des atlantischen Oceans um Schottland herum von Norden nach Süden an den Ostküsten von England vordringen, und bedenkt man die bedeutenden Zuflüsse, welche die Nordsee empfängt, so ist sehr wahrscheinlich, daß sie vor dem Durchbruch einen erhöhten Wasserstand hatte. Der Felsendamm hatte also einen stärkern Druck von der Seite des deutschen, als des atlantischen Meeres auszuhalten und mußte ihm zuletzt bei Sturmfluthen weichen.

Mag man nun auch den Sagen und theilweise historischen Berichten über solche Durchbrüche wenig Gewicht beilegen, so sind doch physische Gründe genug vorhanden, welche diese Vorgänge wahrscheinlich machen, so daß auch die Entstehung des Sundes, der Behringsstraße, der Straße von Bab-el-Mandeb und der Meerenge zwischen den Inselketten Ostindiens, wenn gleich keine Sage von ihnen meldet, ähnliche Ursachen haben muß. Warum sollen nicht jene Ursachen, welche die Küstenumrisse der Länder zu verändern vermögen, bei vermehrter Kraft und in längeren Zeiträumen auch die großen Durchbrüche der Meere bewirken können? So hat das Wasser selbst seit der ältesten Zeit ununterbrochen an der Aenderung und Umgestaltung der großen Meeresbecken und der Festländer und ihrer gegenseitigen Verhältnisse gearbeitet und, wie wir sehen, nicht ohne Erfolg.

3) Wirkungen des atmosphärischen Wassers.

Alle bisher geschilderten Zerstörungen und Auflösungen des Wassers können natürlich nur da eintreten, wo die Gewässer wirklich mit den Gesteinen in Berührung kommen. Da jedoch Meere, Flüsse und Seen immer nur auf bestimmte Oertlichkeiten beschränkt sind, so würde auch diese Einwirkung des Wassers nur eine beschränkte sein. Aber auch die überall verbreitete Atmosphäre ist mit Wasserdünsten angefüllt, welche, wenn gleich langsamer, dieselben Zerstörungen bewirken oder doch vorbereiten. Felsflächen, die durch keine schützende Hülle gedeckt sind, werden durch den Wechsel von Nässe und Trockenheit, durch Thau und Reif, den schmelzenden Schnee und Regengüsse bald schneller, bald langsamer angegriffen. Nicht allein die Farbe ihrer Oberfläche wird durch Oxydation oder Auswaschung der färbenden Bestandtheile geändert, die Verwitterung dringt auch tiefer ein, verwandelt feste Gesteine in Grus- und Sandmassen, erweitert kleine Risse zu weit klaffenden Spalten mit gerundeten Ecken, vertikale Klüfte zu Engpässen.

Eine der einflußreichsten Ursachen solcher Zerstörungen in Gebirgen ist die Abwechselung von Frost und Hitze. Das Wasser dringt in die Spalten und Klüfte der Felsen ein, gefriert und treibt die festesten Massen wie ein Keil auseinander. So lange das Eis noch wie ein Bindemittel die Massen zusammenhält, erleidet der Fels keine Veränderung, aber im Frühjahr, wenn es thaut, weichen die zerrissenen Massen aus ihrem Zusammenhange und stürzen zusammen. Kalksteine zerfallen in eckige Trümmer, Granite und Porphyr in Grus oder Porcellanerde, Sandsteine in Sand. Bleiben solche vielfach zerklüftete Felsentrümmer stehen, so bilden sie jene sogenannten Felsenmeere oder Teufelsmühlen, welche man im Harze, im Oden- und Schwarzwalde, auf dem Riesen- und Fichtelgebirge und auf den granitischen Hochebenen Schottlands, Englands und an anderen Orten antrifft, und mit deren bizarren Gestalten und wunderbaren Uebereinanderlagerungen die Mährchenlust des Volkes sich und den Teufel so vielfach beschäftigt hat. Wenn schon der Granit so wenig der nagenden Kraft der Atmosphäre zu widerstehen vermocht hat, so hat der Sandstein natürlich weit großartigere Zerstörungen erlitten. Die auffallenden Säulenbildungen der Adersbacher Felsen in Böhmen und des Bielergrundes in der sächsischen Schweiz geben dafür die besten Belege. Ueber 300 Fuß hoch steigen die weißen Sandsteinpfeiler oft in den seltsamsten Gestalten, gleichmäßig geschichtet, aus dem weiten Thalgrunde empor. Bald stehen sie vereinzelt oder durch Steinplatten brückenartig verbunden, bald dicht gedrängt, nur durch enge Spalten geschieden. Auf ähnliche Weise haben sich auch die Karrenfelder der Schweiz durch rinnenförmige Auswaschungen in Kalkfelsen gebildet, wie man sie dort oft in stundenweiter Ausdehnung findet. Die Riesentöpfe in Schweden, auf dem Harz und in Schottland haben oft keinen andern Ursprung. Sie sind kesselförmige Vertiefungen mit geschliffenen Wänden, zum Theil von Rollsteinen erfüllt, meist in der Nähe von Wasserfällen und Stromschnellen, denen sie ihren Ursprung verdanken. Oft bringt das Wasser nur Schliffflächen an den Felsen hervor, über die es hinstürzt, oder zeichnet sie mit Strichen und Rissen, wenn härtere Gesteine seiner glättenden Gewalt widerstehen.

Am schnellsten schreitet die Zerstörung vor, wenn das atmosphärische Wasser in lockeren, leicht auflöslichen Boden eindringt. Dann lösen sich an steilen Gehängen ganze Massen ab und bilden Erd- und Bergschlüpfe, wie sie sich in den Alpen besonders ereignen, wenn bei lauen Südwinden auf den mit Schnee bedeckten Boden mehrere Tage lang Regen fällt. Oft stürzen die Erdschlüpfe in Gebirgsbäche und hemmen den Abfluß des Wassers, bis dies mit Gewalt den hindernden Damm durchbricht, ihn mit allem, was im Wege steht, tosend und krachend vor sich herschiebt, und indem es neue Bahnen sucht, oft die schönsten Wiesen, Aecker und Gärten für immer unter seinem Schutte begräbt. Solche Schlammströme nennt man in der Schweiz Rüfenen. Man erkennt ihre furchtbaren Wirkungen an den mächtigen Schuttmassen von Felsblöcken und Sand, die sie am Fuße der Gehänge oft 15—20 Fuß hoch aufthürmen. Selbst der veränderte Stromlauf eines Thalbachs kann das Untergraben eines Gebirgsfußes, Bergschlüpfe und eine lange Reihe von Zerstörungen veranlassen. Oft schon hat unvorsichtiges Schlagen von Wäldern in den Alpen und anderen Gegenden für große und fruchtbare Thäler die schrecklichste Verödung herbeigeführt; und die Verminderung des Holzstandes oder eine längere Folge ungünstiger Jahre können für ganze Gebirgssysteme, die früher wenig durch solche Erosion litten, Veranlassung zu Zerstörungen werden, deren Ende nicht vorauszusehen ist.

Erwägt man den Einfluß, den so bedeutende Erosionen auf die Gestalten des Gebirges ausüben müssen, so gewinnt man leicht die Ueberzeugung, daß die Umrisse der Gebirgskämme größtentheils ihr Werk sind. Bei geringem Wechsel der Steinart werden die Umrisse einförmig, geradlinig, wie am Jura und mehreren Alpenketten; wo aber feste Gesteine mit leicht zerstörbaren wechseln, entstehen jene zahnartigen, oft tausend Fuß hohen Felsstöcke und Hörner, die durch tiefe Einschnitte getrennt werden. Die noch immer fortschreitende Zerstörung, die jedes Hochgewitter, jedes Schmelzen der Gletscher in dem heutigen Boden der Alpen hervorbringt, die zerrissenen Schluchten, die wilden Trümmerhalden, die niederstürzenden Gipfel, deren Donner noch immer das öde Schweigen der Alpennatur unterbricht, Alles das drängt zu der Ueberzeugung, daß so, wie heut, die Erosion seit undenkbaren Zeiten an der Gestaltung unserer Gebirge gearbeitet haben müsse. Die seltsamen Gestalten des Pfaffenstocks im Simmenthal, des Hörnli in Graubündten, des Dent de Morcles in Wallis, des Mürtschenstocks am Wallenstädter See sind lebende Zeugen dieser Zerstörungen durch atmosphärische Wasser auch in der grauen Vorzeit. Der rauhe, felsige Charakter eines Gebirges zeigt, daß noch jetzt die Erosion vorherrscht und es zu keiner bleibenden Ablagerung von Dammerde kommen läßt; denn wo die Ruhe eingetreten ist, da stellt sich auch die Vegetation wieder ein, das Wurzelgeflecht befestigt die Dammerde, und die Zerstörungswuth der Erosion bricht sich an der schöpferischen Thätigkeit der organischen Lebenskraft.

Unter allen diesen Veränderungen ist eine der wichtigsten die Thalbildung, die oft allein der Auswaschung gewisser Gebirgsarten und der Stoß- und Tragkraft von Flüssen und Strömen zugeschrieben werden muß. Der auswaschenden und wogenden Kraft des Wassers, die wir so eben kennen lernten, erliegt zwar lockerer Boden am leichtesten, aber auch Felsengrund wird vom rinnenden Wasser eingeschnitten, wenn auch oft nach langen Zeiträumen. Manche Wasserfälle der Schweiz haben seit 50 — 100 Jahren ihre Gestalt und ihr Felsbett nicht wesentlich verändert, obgleich sie mit großer Gewalt ihre Wassermassen an entgegenstehende Klippen und Felsblöcke anschlagen; aber diese bestehen aus Granit oder hartem Kalk. Der Niagarafall dagegen ist in den letzten 40 Jahren um 150 Fuß zurückgewichen. Die mächtigen Schieferablagerungen, auf welchen die 40 Fuß dicken, harten Kalksteinbänke seines Absturzes ruhen, werden von den mit Sturmesgewalt aus der Tiefe emporspritzenden und dagegen getriebenen Wassermassen fortwährend abgelöst und fortgerissen, so daß der darüber liegende Kalkstein tafelartig hinausragt und seiner Stütze beraubt in die Tiefe hinabstürzt. Die abgeschwemmten Theile, Felstrümmer, Kiesel und Sand, vollführen nun die gröbste wie die feinste Arbeit des Steinhauers, runden und glätten die Kanten und Ecken der Felsarten ab, graben flache und tiefe, innen abgerundete und der Strömung folgende Furchen und Rinnen, größere Kessel und flache Schüsseln ein. Der tiefe, von steilen Felsmauern eingeschlossene Schlund, durch welchen der Lorenzo nach seinem Sturze fortbraust, ist das Werk dieser unausgesetzten Zerstörungen des empörten Elements. Auch die Wasserfälle Lieflands, Esthlands und Ingermannlands geben einen Beweis von ihrem Hinaufrücken in das Land. Von einem Kalkplateau, welches auf Sandstein ruht, stürzen hier alle aus dem Innern des Landes kommenden Flüsse gegen den finnischen Meerbusen hin in Wasserfällen hinab. Schon sind ihre Betten oft bis zum Sandstein eingeschnitten, und diese weiche Unterlage wird so heftig angegriffen, daß die oberen Schichten mehr und mehr zusammenbrechen. Einzelne Fälle sind bereits seit Menschengedenken mehrere Meilen zurückgewichen. So schafft sich das rinnende Wasser zuerst sein Bett, gleichsam ein kleines Thal, das sich durch Nachstürzen der Ufertheile immer mehr erweitert, und ganz dieselben einfachen Mittel sind es, deren sich die Natur bei der Bildung der meisten größeren Thäler bedient hat.

Man unterscheidet gewöhnlich Erosionsthäler und Stromthäler. Wenn die ein Thal einschließenden Gebirge aus festem, Widerstand leistendem Gestein bestehen, während eine leicht zerstörbare Formation den Thalboden und die tieferen Theile der Thalwände bildet, so ist das Thal, welches durch die Zerstörung dieser Formation entsteht, ein Erosionsthal. Die Seitenthäler des Wallis, das Simmenthal in den Berneralpen und die meisten Thäler des Jura tragen noch die unverkennbaren Spuren ihres Ursprungs in den gleichen Schichtenlagen der gegenüberstehenden Thalseiten an sich. Aber nicht immer läßt sich die Gestaltung der Thäler durch die allmälige Wirkung atmosphärischer Gewässer, sondern oft nur durch die Stoß- und Tragkraft von Strömen erklären. Dies ist der Fall bei den sogenannten Stromthälern, welche sich meist in beträchtlicher Länge erstrecken und bald sich allmälig senkend in ein größeres Thal oder eine Ebene münden, bald nach beiden Seiten geöffnet das Verbindungsglied zweier größerer Weitungen bilden. Oft zeigt der

Thalboden die Spuren der frühern Thätigkeit des rinnenden Wassers theils in mächtigen Stromablagerungen, theils in stufenförmigen Absätzen längs der Thalwände, welche offenbar entstanden, als der das Thal durchströmende Fluß sich periodisch ein immer tieferes und engeres Bett grub. Viele Alpenthäler zeigen diesen Charakter auf das Stärkste ausgeprägt. Die Thäler der Aar, der Rhone und des Vorderrheins gehören zu den ausgezeichnetsten Stromthälern. Die Wirkung gewaltsamer, vorübergehender Fluthen tritt überhaupt in zahlreichen Thälern der Gebirge wie des Flachlandes so unverkennbar hervor, daß Alles zu der Ueberzeugung drängt: die Berge blieben hier unverrückt, nur ein Theil ihrer festen Masse wurde herausgeschnitten und gewaltsam entführt. Aber es wäre sehr gewagt, nach noch immer sehr verbreiteten Annahmen behaupten zu wollen, alle Thäler seien das Werk strömender Wasser. Die frühesten Anfänge zur Thalbildung haben wir sehr häufig in der ursprünglichen Gebirgsbildung zu suchen, in der Emporhebung und Zerreißung fester Felsdecken, in Spalten und Klüften, durch welche rinnenden Wassern ihr Lauf vorgezeichnet wurde. Gebirgsthäler, Schluchten und Engpässe haben meist das Ansehen großer Spalten, hervorgebracht durch Aufrichtungen und Verschiebungen großer Gebirgsmassen, erweitert, vertieft und zerstückt durch den nagenden Zahn der Fluthen. Da, wo sich die Schichten der einen Thalwand ganz anders geordnet darstellen, als auf der entgegenliegenden, wo die Schichten beider Thalwände sich entweder muldenförmig dem Thalgrunde zuneigen oder spaltenartig von ihm abfallen; da sind die Gebirgsmassen selbst in Bewegung gewesen, da wurde durch die Zerreißung der Schichten das Thal gebildet, und nur später gaben andere Kräfte ihm seine jetzige Gestalt.

Die furchtbarsten aller durch die Zerstörungen der Erosion bewirkten Naturereignisse sind die Felsstürze und Bergfälle. Fruchtbare Landstriche werden durch sie zu schauerlichen Wüsten umgeschaffen, Hütten und Dörfer unter Schutt und Ruinen begraben, Thäler verschlossen, Quellen verstopft, Bäche und Flüsse in ihrem Laufe gehemmt und in Seen verwandelt, die, wenn sie den Schuttdamm durchbrechen, weite Landschaften überfluthen. Wälder werden umgestürzt und unter Felstrümmern versenkt, aus denen nur ihre gewaltigen Stämme mit ihren Wurzeln hoch emporragen. Man glaubt sich an Orte versetzt, wo die feindliche Wuth des Erdbebens oder die sinnreiche Zerstörungskunst des Menschen gewaltet; so wild und zerrissen ist der Anblick dieser zersprengten Blöcke und übereinandergestürzten Trümmer. Jahre vergehen, ehe sich wieder Strauchwerk zwischen dem öden Schutt hervordrängt, und Epheu und Geisblatt mit ihrem Hoffnungsgrün die rauhen Massen umranken. Endlich sprossen auch wieder Gras und Wald auf den Schutthalden und verhüllen mit ihrem üppigen Schleier die Spuren früherer Zerstörung.

So furchtbare Ereignisse kennen wir besonders aus jenen Alpengebirgen, deren zackige Gipfel in die ewige Eisregion hinaufreichen. Regen, Kälte, Thauwetter wirken hier gleichzeitig ein. Zu Jahrhunderte alten Spalten gesellen sich täglich neue. Klüfte erweitern sich und füllen sich mit Wasser, Frost treibt ihre Wände auseinander. Ganze Felsstücke werden verschoben und bilden Vorsprünge am steilen Gehänge, die mit der Zeit herabstürzen müssen. Im Himalaya sind diese Erscheinungen wahrhaft grausenerregend. In den Pässen der Gangesquellen, 16000 Fuß über dem Meere, zwischen himmelanstrebenden Bergen, sprengt der Frost unablässig gewaltige Felsblöcke los, deren Trümmer den Boden der Pässe bedecken. Bergströme durchtränken oft die weicheren Gesteinlagen und waschen sie hinweg; die getrennten Blöcke stürzen dann mit unaufhaltsamer Geschwindigkeit von den schwindelnden Höhen herab. Auch die Schweizer Alpen sind reich an Schrecknissen dieser Art. Noch im Jahre 1806 vernichtete der Sturz des Roßberges bei Goldau das Leben von 1000 Menschen. Zum Glück treten die Felsstürze nicht immer ganz unerwartet und plötzlich ein; denn die Revolutionen der Natur haben so gut wie die der Völker ihre Vorboten, und wehe dem, der die einen oder die andern verkennt oder verleugnet! Zunehmendes Geröll, Oeffnen der Spalten, Senkungen der Felswände sind die ersten Anzeichen der drohenden Gefahr. Ein dumpfes, donnerähnliches Geräusch ertönt, der Himmel wird von Staubwolken verfinstert; jetzt stürzen mit Blitzesschnelle die Felswände von der Höhe, und in wenigen Augenblicken sind die Abhänge von Trümmern bedeckt, die Thäler verschüttet. Durch solche Warnungen verkünden sich die häufigen Felsstürze des Calanda über Felsberg. Die Anwohnenden entgehen der Vernichtung, die über ihre

Wohnungen hereinbricht. In älteren Zeiten sind oft ganze Städte von Felsstürzen begraben worden, und was man Erdbeben zuschrieb, war oft nur Wirkung dieser Erscheinungen. So wurde im J. 1747 unweit Piazenza die zur Römerzeit verschwundene Stadt Velleja mit allen ihren Denkmälern einstiger Größe unter 20 Fuß hohem Schutt wiederholter Bergfälle hervorgegraben.

Die meisten Gipfel der Schweizer Alpen erhielten durch solche Stürze ihr zerrissenes Ansehen. Zweimal brachen im vergangenen Jahrhundert die spitzen Hörner der Diablerets in Wallis zusammen. Tage lang währte der Sturz, 2 Stunden weit flogen die Bruchstücke, und über 8 Stunden weit breiteten sich die Staubwolken aus. Als im Jahre 1835 die gewaltige Pyramide des Dent du Midi am linken Rhoneufer niederstürzte, stiegen Tage lang dichte Staubwolken zu großen Höhen empor. Gletscher waren in die Schluchten geschleudert und hatten die Trümmer in einen zähen Schlamm umgewandelt, der, riesige Felsstücke vor sich her schiebend, einem Berge gleich im Thalgrunde vorrückte. Wälder wurden umgestürzt und zermalmt, die Rhone in ihrem Laufe gehemmt und die Heerstraße von Schlamm und Trümmern bedeckt. Waren hier die Höhlen und Klüfte der Spitzen, wie es scheint, zu Spalten erweitert, von Wasser erfüllt und auseinander gesprengt worden, so daß die ungeheuren Stücke der zerklüfteten, steil abhängenden Felsmasse ihres Schwerpunkts beraubt in die Tiefe stürzten; so ist andererseits die Ursache solcher Ereignisse meist in der Zusammensetzung des Berges aus verschiedenartigen Gesteinen zu suchen, deren untere, leicht zerstörbare Schichten vom Wasser zersetzt und aufgelöst unter dem Drucke der oberen Schicht zusammenbrechen, so daß diese auf ihnen abwärts gleitet, im schnellen Laufe die gleitenden Theile zertrümmert und in jähem Falle die nächsten Tiefen mit Trümmern überschüttet. Man nennt solche Erscheinungen Bergschlüpfe. So ruhte beim Sturze des Roßberges ein 600 Fuß hoher und 1000 Fuß breiter Felsen auf einer Thon- und Mergelschicht und glitt auf dieser herab, als sie durch eindringendes Wasser zersetzt und schlüpfrig geworden war. Ganze Wälder stürzen oft mit den Bergen, die sie bedeckten, herunter, wie es noch im Jahre 1847 mit einem Theile des über Altorf gelegenen Bannwaldes geschah.

Eine viel allgemeinere Verbreitung als diese Erscheinungen haben die Erdfälle, bei welchen der Boden selbst senkrecht in die Tiefe der Erde versinkt. In vielen Fällen sind durch unterirdische Auswaschung entstandene Höhlungen, deren Decken die auf ihnen lastenden Massen nicht mehr zu tragen vermögen, die Ursache von Erdfällen, in anderen bewirkten vulkanische Kräfte solche Höhlen, oder Bergwerke untergruben den Boden und veranlaßten sein Versinken. Bei felsigem Boden entstehen durch den Einsturz schachtähnliche Löcher, bei lockerem dagegen trichter- oder kesselförmige Absenkungen. Gewöhnlich sammelt sich in solchen Vertiefungen Wasser, und manche Teiche, von denen die Sage geht, daß sie versunkene Dörfer oder Städte enthalten, sind auf diese Weise entstanden. Im Kleinen sind solche Einsenkungen nicht selten, besonders wo der Boden aus Kreide besteht, wie es ja in einem großen Theile unseres nördlichen Deutschlands der Fall ist. In Jütland kommen darum am westlichen Lymfiord und an der Nordsee unzählige Erdfälle vor, und noch vor einigen Jahren wurde dort der Norrsee durch einen im Grunde desselben entstandenen Erdfall vollkommen ausgeleert, ohne daß man den unterirdischen Abfluß des Wassers verfolgen konnte. Die ganze Gegend scheint dort von unterirdischen Kanälen durchzogen zu sein, und die Landleute leiten die Abzugsgräben ihrer Felder in die trichterförmigen Vertiefungen der Erdfälle, in welchen selbst nach den heftigsten Wolkenbrüchen das Wasser augenblicklich verschwindet. Auch die meisten Seen Mecklenburgs und Pommerns, der Herthasee auf Rügen, die tiefen Seen der märkischen Schweiz bei Bukow und ganz augenscheinlich auch die vielen Kesselseen und Teiche der großen märkischen Ebene, besonders der Höhenzüge längs der Oder, verdanken ihren Ursprung solchen Erdfällen. In vielen dieser Seen will man noch die Trümmer versunkener Städte und Dörfer finden, so im Dümmerschen See bei Schwerin, im Labenzer See und im Golizsee.

Eine höchst interessante Erscheinung, welche uns über viele dergleichen Vorgänge Aufschlüsse verschaffen kann, ereignete sich im Jahre 1844 bei Preußisch Holland unweit Elbing. Dort wurde ein artesischer Brunnen gegraben und war fast vollendet, als man in einer Tiefe von 114 Fuß auf einen großen Stein stieß, welcher mit dem Meißel zerschlagen werden mußte. Während hieran gear-

Durch Erdfälle entstandene Vertiefungen des Bodens in der Mark.

beitet wurde, gewahrte man den gewaltigen Durchbruch einer großen Wassermasse; das Gerüst der Arbeiter versank, die Fundamente eines dicht dabei liegenden zweistöckigen Mühlengebäudes, so wie die Bohlenwerke und Massen von Erde hinter demselben stürzten um und in den neugebildeten tiefen Krater. Mit aller Kraft wurde nun gearbeitet, eine Menge von Sandsäcken wurden versenkt; doch wurde damit nur der Hauptströmung eine andere Richtung gegeben, ohne im Wesentlichen etwas zu bessern. Das Stürzen der Fundamente und weiter liegenden Erdmassen dehnte sich immer weiter aus, und man fürchtete den gänzlichen Ruin der Mühle. Indessen hatte jedoch das Ausbohren der Röhre und das Meißeln des Steingerölls seinen Fortgang genommen, und endlich am Abend des zweiten Tages begannen die Massen in der Röhre sich zu heben. Ein Staunen erregendes Auswerfen von Sand, Thon und Steinen erfolgte aus demselben und füllte den kurz vorher mit dem Senkblei dicht an der Röhre 48 Fuß tief gemessenen Krater in Zeit von 1/4 Stunde so, daß alle nah und fern gesehenen Sprudel gestillt wurden, und man bald sichern Fußes um die Röhre herumgehen konnte.

Solche kleinere Erscheinungen müssen nun zur Erklärung für die großartigeren dienen, welchen ein sehr allgemeiner Einfluß auf die Gestaltung der Erdoberfläche einzuräumen ist. Die Gypsgebirge Thüringens sind besonders reich an solchen Einstürzen. Die Schlotten, welche sich unter dem Boden hinziehen, haben großen Kesseln ihren Ursprung gegeben, welche oft Durchmesser von 250 Fuß erreichen. Auch die oft über 100 Fuß tiefen Seelöcher jener Gegend, die sich noch beständig bilden, sind solche Einstürze im Gyps mit steilen Wänden. Das höhlenreiche Kalkgebirge von Krain, Illyrien, Dalmatien und Griechenland weist zahlreiche Kessel und Trichter auf, und der Zirknitzer See erhält aus ihnen sein Wasser. Auch die Obruivi bei Odessa am schwarzen Meere sind Einstürze des von Quellen unterwaschenen Steppenbodens. Hier werden oft durch das Versinken großer Massen gleichzeitig die Gestade gehoben, und durch den gewaltigen Druck der verdrängten Schlammmassen selbst Inseln im Meere emporgetrieben. Aber selbst in der Gestaltung der Gebirge ist die Wirkung von Erdfällen unverkennbar. Wie soll man sich anders die sonderbare Gestalt des Mont Cervin erklären, der sich steil und schlank wie ein Obelisk 3000 Fuß hoch über die weiten Schneefelder erhebt, die rings um ihn die hohen Gebirgskämme der Alpen bedecken? Eine Erosion, die alle angrenzenden Massen zerstört und wegführt und nur diesen keineswegs aus festeren Steinarten bestehenden Zahn übrig gelassen hätte, ist unmöglich anzunehmen. Die Gebirgsformen des benachbarten Kessels von Breuil deuten dagegen auf einen Einsturz; denn hier finden sich noch die abgerissenen Schichten derselben Steinart, welche die oberste Kuppe des Mont Cervin zu krönen scheint. Läßt sich auch nicht immer die Entstehung steil abgerissener Gipfel und Felsgräte, jener Dents und Aiguilles der Schweiz, so augenscheinlich durch Einstürze anstehender Massen nachweisen, so bleibt doch für viele keine andere Erklärung übrig. Die Gestalten des Schreckhorns, Finsteraarhorns und der Viesch-hörner mit ihren furchtbaren Thälern können unmöglich Werke zerstörender Ströme sein. Mögen auch jene Engpässe an ihren Ausgängen von Fluthen durchbrochen, mögen auch ihre Wände von der Gewalt des Wassers zernagt und zerrissen sein; die weiten Kessel in ihrem Hintergrunde sind allein durch Einsturz zu erklären. Einen ganz andern Charakter bieten die Hörner und Stöcke der Gruppe des Montblanc im Chamounythale dar. Hier sieht man, daß die Erosion gewirkt hat, daß diese scharfen und rauhen Blöcke fester Granitmassen gewaltsam gesprengt wurden und noch zerrissen werden. Die wunderbare Nadel der Aiguille de Dry, die sich mehr als 4000 Fuß über dem Gebirge erhebt, giebt ein großartiges Bild von der zerstörenden Macht der Natur.

Von nicht minderem Einfluß auf den malerischen Charakter der Gebirgsnatur, als diese Felsenspitzen, sind jene seltsamen Kesselthäler, welche sich in den Pyrenäen und Alpen oft im Hintergrunde der die Gebirgsketten durchschneidenden Querthäler finden. Sie wurden offenbar bei der Gebirgsbildung selbst durch Einstürze erzeugt, welche bei so gewaltsamen Erhebungen nothwendig an weniger unterstützten Punkten vorfallen mußten. Diese Querthäler ziehen sich zwischen den Schichten hindurch, als deren ursprüngliche Lücken sie anzusehen sind, und ihre Wände erscheinen immer steil und voll unregelmäßiger Abstürze. Ihr Boden ist gewöhnlich stufenförmig. Die Flüsse schleichen daher oft eine längere Strecke in ihnen so sanft und unsicher fort, daß sie durch Dämme in ihren Betten gehalten werden müssen; dann stürzen sie plötzlich in Kaskaden oder in engen Felsspalten über die Terrassen des Querthals schäumend hinab. Mühsam nähert sich der Wanderer durch die spaltartige Tiefe dem Innern des Gebirges, da erweitert sich plötzlich sein Blick, ein flacher Weideboden liegt vor ihm, Wasserfälle stürzen über die hohen Felswände, und sanft murmelnd schlängelt sich der Bach unsicher dem düstern Ausgange zu. So malerisch schön ist die berühmte Oule de Gavarnie im Thale von Baréges und der Cirque de Troumouse im Thale von Héas am Nordabhange der Pyrenäen. Reizend sind die Alpenthäler von Breuil am Mont Cervin und von Macugnaga am Fuße des Monte Rosa, welche Reisende mit vulkanischen Kratern vergleichen. Großartig ist der Kessel der Berarde am Fuße des Grand Pelvour, der 4 Stunden im Durchmesser rings von 10 — 12000 Fuß hohen Felsenmauern umschlossen ist. Einen überraschenden Kontrast bildet das liebliche Thal vom Schams im Hinterrheinthal mit seinen schauerlichen Engpässen, der Roffla und Via mala, durch welche sich einst auf der einen Seite der See des Rheinwaldthals in den Kessel von Schams entleerte, auf der andern der neue See seinen Ausweg brach. Denn diese kesselförmigen Weitungen waren ohne Zweifel ursprünglich große Seebecken; und noch jetzt findet man auf ihrem Boden die abgelagerten Schichten von Sand und Geschieben jener großen Wassermassen, die sie einst erfüllten, noch jetzt sieht man an ihren Seitenwänden oft die deutlichen Spuren des einstigen Wasserstandes. Sie blieben geschlossene Kessel, bis die Querspalten entstanden und ihr Wasser zum Abfluß brachten. Noch immer ist aus vielen dieser Kessel am Ausgange der größeren Querthäler oder am äußern Rande des Alpensystems das Wasser nicht ganz abgelaufen; und so entstehen jene Seen, die so viel zur Verschönerung des Alpenlandes beitragen. Ihre große Tiefe, das steile Abfallen der sie einschließenden Gebirge, das auch unter dem Wasser sich fortsetzt, das plötzliche Abbrechen der Schichten an diesen Abstürzen entfernt jeden Gedanken an Auswaschung. Aber wie entstanden jene großen Weitungen, wie die verbindenden Spalten? Waren jene Weitungen einst Seebecken, so können die Spalten, die ihrem Wasser den Abfluß gestatteten, in jener Periode noch nicht dagewesen sein oder doch nicht ihre jetzige Tiefe gehabt haben.

Die Kesselthäler sind also ältere Bildungen, und da sie geradezu Lücken in dem großen Schichtenverbande von oft mehreren 1000 Fuß Tiefe sind, so können sie nur bei der Gebirgsbildung selbst durch Einstürzen weniger gut unterstützter Theile derselben hervorgegangen, also großartige Erdfälle sein. Später wurden durch Auswaschung oder durch Erschütterungen und gewaltsame Zerreißungen die Verbindungsspalten gebildet, und wahrscheinlich hat dieser Vorgang in den höchsten Theilen des Gebirges seinen Anfang genommen und erst durch die erfolgte Wasserentladung den Anstoß zu einer Reihe analoger Ereignisse gegeben. Wie gewaltig die Verwüstungen solcher Wasserergüsse gewesen sein müssen, davon geben uns die Ueberschwemmungen unserer Ströme kaum eine schwache Ahnung. Man denke sich nur, daß der Bodensee, dessen Tiefe bis auf 1800 Fuß angegeben wird, einen Ausweg fände, der bis zum Grunde reichte, und nun mit seinem Wasser sich in das Rheinthal ergösse; wie würden Basel, Straßburg, noch mehr aber die Städte des Rheingaues verwüstet werden, weil die Stromenge von Bingen bis Coblenz nur einen sehr allmäligen Abfluß der Wasser möglich machte!

Um den Umfang solcher Verwüstungen nur einigermaßen anschaulich zu machen und zugleich die Möglichkeit von wirklichen Thaldurchbrüchen zu begründen, sei es mir erlaubt, hier noch ein Ereigniß der neuesten Zeit zu erwähnen, welches das Bagnethal im Wallis im Jahre 1818 betroffen hat. Im Hintergrunde dieses Thales setzte sich in einer Thalenge durch häufig von einem hohen Gletscher herabstürzende Eisblöcke ein neuer Gletscher an, der den Wasserabfluß aus diesem Thale endlich ganz absperrte und so einen See bildete, welcher bei mehr als 200 Fuß Tiefe eine Wassermasse von über 130 Millionen Kubikfuß enthielt. So nahte der Sommer heran, die erhöhte Wärme lockerte die Fugen auf, und plötzlich durchbrach die Wassermasse den Gletscher, stürzte mit verheerender Wuth durch das 8 Stunden lange Thal hinaus in das Hauptthal von Wallis, wo sie sich bei Martinach mit der Rhone vereinigte und durch diese einen Theil der mitgeschwemmten Trümmer dem Genfer See zufluthete. Diese Fluth glich nicht einem Wasserstrome, sondern einem furchtbaren, in wüthender Bewegung begriffenen Bergsturz. Felsblöcke, ganze Wälder von Tannen, Häuser, Scheunen und deren Bruchstücke rollten übereinander hin, und die Wassermasse war so damit überladen, daß man das Wasser nicht sah, sondern das Ganze einer schlammigen Trümmerfluth glich, die Alles mit sich fortriß, was ihr entgegen oder zur Seite stand. In der untern Hälfte des engen Thals hatte sie viele 100 ungeheure Granitblöcke, die am Fuße des Gebirges theils frei, theils in alten Schutthalden vergraben lagen, mehrere 1000 Fuß weit mit sich weggeführt; und einer dieser Blöcke hatte doch über 10,000 Kubikfuß Inhalt! In der ganzen offenen Gegend von Martinach lagen Schutt, Schlamm und Trümmer beinahe bis zu derjenigen Höhe angehäuft, welche die Fluth hier erreichte.

Solcher und ähnlicher Ereignisse mögen in früheren Perioden unserer Erde noch viele und großartigere vorgekommen sein, deren abgesetzte Schuttmassen wir jetzt in den Thalgründen antreffen. Weite Strecken längs unserer deutschen Gebirge, am Fuße des Schwarzwaldes, der Alpen, des Jura sind mit einer meilenbreiten Zone mächtiger Geröllmassen bedeckt, und auch das südliche Deutschland ist die Schaubühne dieses Theils der Bildungsgeschichte unserer Erde, wie sich namentlich auf der Hochebene von München diese Geschiebe die Stromthäler aufwärts bis zu ihrem Stammorte in den Alpen verfolgen lassen.

So arbeitet die Erde noch beständig an der Gestaltung ihrer Oberfläche. In ihrem ewigen Wechseln und Wandeln erscheint die Natur dem kleinen Menschen großartig und furchtbar, wenn er sie nicht zu begreifen vermag; aber bewundernd schaut der tiefe Forscher in diesen Schrecken die geheimnißvolle Geschichte ihrer Urzeit und ihres Werdens. Er begreift den Boden, auf dem er wandelt, er liest in ihm, wie in keinem Buche, Thaten und Wunder. Er durcheilt nicht Thal und Gebirge mit dem Sinne des Touristen, der nur nach Abenteuern hascht oder in Träumen der Phantasie schwelgt, wo die Natur Reize enthüllt, welche kein Dichter zu schaffen vermag. Wenn er von dem flachen Thalboden des Oberengadin 2000 Fuß hinabsteigt zu den Stufen und Schluchten des Unterengadins, dann erzählen ihm die zerrissenen Felswände von einem mächtigen Sturze, welcher einst dieses lange Thal in die Tiefe versenkte. Wenn er zu dem höchsten Alpenthale der Erde emporsteigt, zu dem 10—14,000 Fuß hohen Thale des Desaguadero, das, rings von den Riesengipfeln der Anden, dem Sorata und Illimani, umkränzt, eine Fläche, größer als Böhmen, einschließt, und wenn er von dem Ufer des Titicacasees zu jenem Schneekranz emporschaut; dann ist ihm auch dieses Thal kein Geheimniß mehr: es ist ihm ein Kessel, dessen Boden vor Jahrtausenden in den Abgrund der Erde versank. Wenn sein Fuß den durch Erinnerungen geheiligten Boden des

Jordanthales betritt, und sein Auge über die düsteren Fluthen des todten Meeres schweift; dann weilt sein Gedanke nicht bei jenen wilden Ueberlieferungen, welche diesen tiefsten Spalt der Erde auf den Wink eines zornigen Gottes sich öffnen ließen, um ein sündhaftes Geschlecht von Menschen zu vertilgen; dann sieht er auch hier das Walten einer ewigen Naturkraft, die einst in heftiger Erschütterung ein weites Erdreich in die Spalten und Klüfte des Kalkbodens versenkte. So eröffnet sich dem ungetrübten Blicke überall die Thatkraft der Natur, so sieht das offne Auge in den Trümmern die Denkmäler einer gewaltigen Vorzeit und in den Wundern und Schrecken der Gegenwart nur die Spuren der fortschreitenden Geschichte des irdischen Naturlebens.

Mannigfach und großartig sind die Umgestaltungen, welche das Wasser in seinen verschiedensten Formen, als Quellen und Bäche, als Flüsse und Ströme, als Seen und Meere, ja selbst in den Niederschlägen der Atmosphäre auf dem ganzen Erdboden schafft, Umgestaltungen, welche seit Jahrtausenden die Umrisse der Meere und Festländer verändert haben und in neuen Jahrtausenden noch verändern werden. Bäche und Ströme schneiden Rinnen in den nachgiebigen Boden, reißen von ihren Ufern die losen Schichten und festen Gesteine und schaffen sich weite Thäler in Gebirgen und Ebenen. Thäler entstehen durch atmosphärische Erosion, durch Verwittern und Auswaschen auflöslicher Gesteine, Kesselthäler und Alpenseen durch Erdfälle und Einstürzen unterirdischer Gewölbe und Höhlungen. Das Meer nagt beständig an seinen Ufern, unterwühlt Felsmassen und verschlingt sie in seine unersättliche Tiefe, durchbricht Landengen und verknüpft Meere mit Meeren, trennt Länder von Ländern. Neue Massen bilden sich, Gerölle und Felsblöcke, welche die Flüsse von ihren Ufern losreißen, ganze Thäler erfüllend oder weit und breit sich über die Ebenen zerstreuend; Sand und Schlammmassen, welche von den Strömen fortgeführt, ihr Bett erhöhen und an den Mündungen neue fruchtbare Länder schaffen. Das Meer giebt seine Beute wieder heraus, baut Uferwälle und Dünen, erhebt Sandbänke und Inseln. So schafft und zerstört das Wasser ununterbrochen fort, und wenn auch die kurze Lebensdauer des Menschen nicht hinreicht, die Größe seiner Wirkungen zu ermessen, ein einziger Augenblick läßt ihn oft mit furchtbarer Gewißheit die Folgen empfinden, welche Jahrtausende unbemerkt vorbereitet haben.

4) Die Wirkungen des Eises.

Auch in seinem festen Zustande als Eis spielt das Wasser eine wichtige Rolle in der Bildungsgeschichte unserer Erdoberfläche als formverändernde Ursache, wie als Hebel zum Fortschaffen von Felsblöcken und Trümmern. Auch im kalten, starren Eise begrüßen wir einen thätigen Mitarbeiter an der Gestaltung unseres Bodens.

Im Frühling und Sommer schwindet unter dem Einfluß von warmen Regen und Winden die Schneedecke, welche während der kälteren Jahreszeit einen großen Theil unseres Erdbodens überlagerte, und nur auf hohen Gebirgen und in der Nähe der Pole erstarrt das Leben der Natur unter dem kalten Panzer. Blendend weiß und im Strahle der Sonne mit glühendem Rosenlicht erscheinend, bezeichnen diese Schneefelder schon in weiter Ferne den eigenthümlichen Anblick hoher Gebirge. Unwandelbar im Laufe von Generationen, nicht vermehrt durch die gewaltigen Schneefälle der Winter, nicht vermindert durch Ausdünstung, durch Sonnen- und Bodenwärme, geben sie das düstre Bild einer todten Natur. Aber auch sie sind nur scheinbar das Grab des Lebens, auch die starren Eisgefilde des Nordens und der Höhen werden zur Wiege frischen Lebens, zum Tummelplatz einer zahllosen Thierwelt, zum Garten für Millionen kleiner Pflanzen. Wie aus dem Schneegebirge der Anden Dampf- und Feuersäulen emporsteigen, wie den Eisfluren des Himalaya heiße Quellen entströmen, so beleben Stäbchenpflanzen und Infusorien den Schnee der Alpen, die Eisfelder der Polarregionen, in blutrothen Streifen die blendendweißen Gefilde durchziehend. Das ist Lebensfülle und Lebenskraft, wie sie die Natur, aber nicht sie allein entwickelt. Auch unter der Winterhülle, welche Völker bedeckt, regt sich ein Leben, das freilich nicht mit groben Sinnen, aber mit dem mikroskopischen Auge des Forschergeistes erschaut werden kann. Jedes Grab hat seine Auferstehung, jeder Winter seinen Frühling!

Von großer Wichtigkeit für die Kenntniß meteorologischer Processe, wie für die Geographie der Pflanzen und Thiere ist die Linie, welche die untere Grenze dieser niemals wegschmelzenden

Schneedecke bezeichnet, und die wir Schnee- oder Firnlinie nennen. Sie ist nicht sowohl von der Dauer, als von der Strenge des Winters abhängig. So ist das Innere Sibiriens der mittleren Temperatur nach bedeutend kälter, als das europäische Nordcap, und doch liegt in Sibirien die Schneegränze um Vieles höher, weil seine Sommer wärmer sind. Daher ist es auch begreiflich, daß die Tropenregion, in welcher die Schneegränze zwar im Allgemeinen höher hinauf steigt, als nach den Polen zu, gleichwohl nicht diejenige Gegend ist, wo sie die höchste Höhe über dem Meeresspiegel erreicht. Während in den tropischen Anden Amerikas unter dem Aequator ihre Höhe 14 — 15,000 Fuß erreicht, beträgt sie 31° nördlicher im Himalaya 15,600 Fuß. Merkwürdigerweise findet sich die Schneegränze an der Südseite des Himalaya über 4000 Fuß niedriger, als an der Nordseite. Aber hier steigen aus den ausgedehnten Gebirgsebenen Tibets beständig warme Luftströme an den Gebirgsabhängen auf, während an der Südseite Wolkenschichten, welche sich aus den vom wasserreichen Gangesland aufsteigenden Dünsten bilden, den Sonnenstrahlen Wärme und Licht entziehen. In den Alpen erreicht die Schneegränze 8000—8500 Fuß Höhe, und nur in der vom Föhn erwärmten Hochlandschaft von Graubündten geht sie über 9000 Fuß hinauf. In den skandinavischen Gebirgen Norwegens findet sie sich zu 5200 und auf dem Nordcap zu 2200 Fuß. Wie zu erwarten ist, sinkt also die Schneegränze mit der Annäherung an die Pole abwärts, aber sie wird auch, wie wir sehen, durch die mannigfaltigsten Ursachen verändert. Die Wärmeunterschiede der Jahreszeiten, die Richtung der herrschenden Land- oder Seewinde, die Trockenheit oder Feuchtigkeit der oberen Luftschichten üben einen besondern Einfluß auf die Höhe der Schneegränze aus. Mächtig angehäufte Schneemassen auf dem Gipfel des Gebirges oder auf benachbarten Bergen drücken die Schneelinie weit herunter. Schroffheit der Abhänge und die Stellung des Berges in einer Kette, zwischen Schneegipfeln oder in einer Ebene wirken wesentlich ein. Auch die Ausdehnung, Lage und Höhe der Ebene, aus welcher ein Schneeberg isolirt oder als Theil einer Gruppe aufsteigt, wird die Schneelinie erhöhen oder erniedrigen, je nachdem sie eine Seeküste oder das Innere eines Continents, bewaldet oder eine Grasflur, eine dürre Sand- oder Felsenwüste oder ein feuchter Moorboden ist.

In den Polargegenden kommt zu dem ewigen Schnee der Berge das Eis hinzu, welches das Meer bildete. Schon die Ostsee erliegt in strengen Wintern theilweis der Kälte, und von ihren Buchten und Ufern aus bilden sich weite Eisfelder, über die man im Winter 1809 von Finnland nach Schweden mit Schlitten fuhr, wie sich im Januar 1658 auf dem Eise des Belt Dänen und Schweden schlugen. Das Polarmeer aber gleicht im Winter vollends unab-

Eisberge und Eisschollen im Polarmeere.

sehbaren Schneesteppen, nur unterbrochen von hohen Eisrücken und wellenförmigen Thälern. Eisfelder von mehreren hundert Quadratmeilen Größe erfüllen jene Meere und ragen oft 4—6 Fuß hoch über das Wasser empor, während sie 10—20 Fuß tief eintauchen. Oft werden sie von den Wellen zerbrochen und von Winden und Strömungen in Bewegung gesetzt. Dann drohen sie dem Schiffer große Gefahr. Ein Sturm im Eismeer trotzt jeder Schilderung. Man muß den wilden Aufruhr des tobenden Elements sehen, die hoch aufwärts geschleuderten Eismassen und die Schaumberge, man muß das donnerartige Getöse aneinanderschlagender Eisberge hören und das furchtbare Zischen derselben bei ihrem Sturze: nur dann wird man das Bild eines Polarsturmes begreifen. Schon wenn die Strömung ein Eisfeld gegen ein anderes unbewegtes oder gar aus entgegengesetzter Richtung kommendes führt, so erfolgt ein Stoß, dessen Wirkung jede Vorstellung übersteigt. Unter schrecklichem Getöse wird das schwächere Eisfeld zertrümmert. 20—30 Fuß hoch werden ungeheure Massen übereinander geschoben, andere ganz versenkt. Der Walfischjäger, der ohnehin in steten Gefahren lebt, muß doppelt wachsam sein, wenn ihn die Umstände nöthigen, zwischen bewegten Eisfeldern hindurchzuschiffen. Entgeht sein Schiff auch der Vernichtung durch Zusammenstoß, wird es auch nur von den Eismassen eingeschlossen: so sind doch oft Tage und Wochen erforderlich, ehe durch Zersägen des Eises ein rettender Ausgang gewonnen wird.

Ganz anderer Natur, aber nicht minder gefährlich und großartig sind die Eisberge des Polarmeeres, welche uns die beiden Abbildungen vorführen. Diese verdanken ihren Ursprung entweder Gletschern, welche besonders an den Ostküsten von Spitzbergen und Nordgrönland aus den Thälern sich bis ins Meer erstrecken, hier vom Wasser gehoben sich ablösen, umwälzen und als schwimmende Eisberge fortbewegen: oder sie werden auch in Buchten, selbst im offnen Meere gebildet, wo der stets von Neuem auf sie fallende Schnee ihre Masse bis ins Ungeheure vermehrt. Da das Eis ungefähr $^1/_8$—$^1/_9$ leichter ist als das Seewasser, so ragt höchstens nur der achte Theil der Masse aus dem Wasser hervor, und man kann daher aus der Höhe eines Eisberges auf seine Tiefe unter dem Wasser schließen. Reisende, wie Scoresby, Forster, Parry, Roß

Eisberge im Polarmeer.

haben aber Eisberge gesehen, welche bei einer Fläche von $1/2$ und mehreren Quadratmeilen eine Höhe von 150, ja selbst 200 und 300 Fuß hatten und daher bis zu 800, ja 1000 und 2000 Fuß Tiefe in das Meer eintauchen mußten. Schon aus weiter Ferne verkünden sich solche Eismassen dem Seefahrer durch die Kälte, welche sie verbreiten, wie durch den lebhaften, weißlichen Glanz, den sie dem Himmel ertheilen, das sogenannte Eisblinken. Aber nichts gleicht der wunderbaren Farbenpracht, welche die Eisberge in der Nähe darbieten. Hier das blendende Weiß des Silbers, dort das bunte Farbenspiel des Regenbogens, die zackigen Spitzen von der Sonne mit Goldglanz übergossen, und der Himmel darüber im schönsten Grün; dazu die Silberströme, die aus den Spalten und Klüften hervorbrechen: das ist ein Anblick, wie er wohl mit den Schrecken jener Regionen ewigen Todes auszusöhnen vermag. Die größeren Eisberge werden vom Winde kaum bewegt. Dennoch ist ihre Nähe gefährlich. Oft treten schnell und plötzlich zahlreiche Eisberge zusammen und versperren rings den Schiffen den Ausweg oder führen sie willenlos mit sich in die Ferne; ein Schicksal, das wiederholt die kühnen Polarfahrer betroffen hat, welche in den letzten Jahren die Rettung der in jenen wilden Eiswüsten verschollenen Franklin'schen Expedition versuchten. Oft ändert auch ein Eisberg durch Abschmelzen in der Tiefe plötzlich seinen Schwerpunkt, und der ganze Koloß schlägt mit furchtbarem Toben um. Obgleich große Eisberge den Schiffen sicheren Schutz gegen die Winde bieten, ist es doch bisweilen gefährlich, an ihnen vor Anker zu gehen, weil diese Eismassen eine solche Sprödigkeit und Brüchigkeit besitzen, daß ein bloßer Schall hinreicht, sie zum Bersten zu bringen, und ein einziger Ruderschlag schon den Untergang ganzer Mannschaften herbeiführen kann. Dennoch haben die arktischen Seefahrer oft diesen Eisbergen ihre Rettung verdankt und sich von diesen weißglänzenden Schleppfferden mitten durch ein sturmbewegtes, von wild tobenden Schollen bedecktes Meer führen lassen. —

Die Grenzen des Polareises reichen oft weit über die Polarkreise hinaus. Die Geburtsstätte des nördlichen Treibeises ist besonders das Meer im Norden Spitzbergens und Grönlands. — Dort bilden sich in den neun Monate langen Wintern gewaltige Eismassen, welche von Strömungen nach Süden getrieben, von den Stürmen zerschellt, von den Sonnenstrahlen zernagt werden. Der Seefahrer begegnet diesen Eisbergen noch in der Breite des südlichen Europa, selbst bis zu 36°, also in der Breite von Gibraltar. Der Golfstrom hält sie nicht immer auf, weil er nur auf der Oberfläche strömt und den Fuß der Eisberge nicht berührt. Jährlich stranden gewaltige, über 100 Fuß hohe Eismassen an den Küsten Neufoundlands und in der Nähe der großen Bank, in einer Breite von 47½°, also in gleicher Breite mit Basel, Wien und Pesth, und im Hafen von St. John liegen oft solche Eisberge über ein Jahr lang. Natürlich übt dieses Eis bedeutende Einflüsse auf die Temperatur aus, und das Klima von Island wird besonders durch die gegen Ende des Winters strandenden Eismassen oft so unfreundlich kalt und feucht.

Die eigentliche Grenze des Polareises bildet eine Linie von der Hudsons- und Baffinsbai und Neufoundland bis Nowaja Semlja, wo es sich an die Küsten Asiens anschließt, um weiter nach Osten auch die Gestade Amerikas zu umlagern. Am gewaltigsten sind diese Eismassen an den Küsten Sibiriens, wo sie eine unübersehbare, rauhe Ebene bilden, deren aufsteigende Dünste jene Trugbilder hervorbringen, welche gleich der Fata Morgana den Reisenden Land und Felsen, Wälder, Thiere und Städte vorspiegeln, wo nur Eis und Dampf zu sehen ist. Eine eigenthümliche Pracht ist es, welche diese Naturscenen ausstattet. Hier dehnen sich unübersehbare Ebenen aus, von offnen Kanälen, Polinjen genannt, durchschnitten, welche oft mehr als 100 Meilen weit dem Schiffer, auch mitten im Winter, in jenen Regionen ewigen Frostes offnes Fahrwasser darbieten. Dort steigen riesige Berge mit steilen Gehängen vom Seeufer zu unermeßlichen Höhen empor, in ihren Gipfeln die seltsamsten Gestalten, Kegel, Nadeln, Zacken bildend. Die düstern Felsen der Küste, der blendend weiße Schaum des Meeres, der dunkle Himmel, die von Nebeln erfüllte Luft, das sind die Farben zu einem Gemälde der Polarnatur.

Man hat neuerdings oft die Behauptung aufgestellt, daß die Eisgrenze des Nordpols immer weiter nach Süden vorrücke, und sich dabei auf eine Thatsache an den Ostküsten Grönlands berufen. Aber diese Thatsache beruht nur auf Sagen. Es ist historisch, daß um das Jahr 1000 von Norwegen aus Niederlassungen in Grönland gegründet wurden, die bis zum Anfang des 15. Jahrhunderts mit dem Mutterlande in Verbindung geblieben, seitdem aber gänzlich verschollen sind. Später suchte man vergeblich ihre Spuren wieder aufzufinden, aber Niemand war da, der auch nur die Gegend näher zu bezeichnen wußte, wo sie gestanden hatten. Man suchte sie auf der Ostküste Grönlands, und da man dort das Meer weithin mit undurchdringlichem Eise bedeckt fand, und diese Eismasse im Laufe der drei jüngsten Jahrhunderte nicht von der Stelle wich, so schloß man, daß diese Vermehrung des Eises erst seit dem Ende des 14. Jahrh. erfolgt sei, und daß daher dort ein wirklich fortschreitendes Wachsen des Eises stattfinden müsse. Allein dieser Schluß, so verbreitet er auch sein mag, ist sehr gewagt. Denn eine solche Vermehrung konnte nur ganz allmälig stattfinden, konnte daher nicht die Ursache eines so plötzlichen Abbrechens der Verbindung zwischen den grönländischen Kolonien und dem Mutterlande sein. Der Anfall eines mächtigen Feindes, eine Seuche, politische Ereignisse könnten eher jenes Räthsel erklären. Als gegen Ende des vorigen Jahrhunderts von den Dänen neue Niederlassungen an dem südlichsten Theile der Westküste von Grönland angelegt wurden, fand man dort in der That eine große Menge von Trümmern regelmäßig angelegter, großer Gebäude, die gar keinen Zweifel erlauben, daß dies die Gegend sei, in welcher einst die alten norwegischen Pflanzorte und die vielen Kirchen standen, deren die alten Sagen gedenken. Aber von den ehemaligen europäischen Einwohnern hat man keine Spur entdeckt; nur Eskimos durchziehen das Land. Auf der Ostküste Grönlands haben daher wohl niemals europäische Niederlassungen bestanden, und sie war wohl in den ältesten Zeiten ebenso sehr mit Eis belegt als jetzt. Was aber die Sage von einer ehemaligen größeren Kultur Islands erzählt, ist zweifelhaft, und wenn sie namentlich von den vielen Waldungen spricht, welche die ersten Ansiedler auf Island gefunden haben sollen, so ist nur daran zu erinnerk, daß auch in den Gebirgen der Schweiz die Waldungen von der Höhe nach der Tiefe hin abnehmen, daß diese Abnahme aber theils ein Werk der unbesonnen vernichtenden Menschenhand, theils der Zerstörungswuth des unterirdischen Feuerelements, keineswegs die Wirkung eines veränderten Klimas ist. —

Seit Jahrtausenden bereits wurden zahllose Eisberge über den atlantischen Ocean in der gleichen Richtung von NO. nach SW. geführt. Bei ihrer außerordentlichen Größe mußten sie oft den Meeresboden berühren und in ihrer fortgleitenden Bewegung glätten und ritzen. Wenn wir daher auf dem Festlande des nördlichen Amerika's, besonders in Kanada, zahlreichen geglätteten Felsflächen begegnen, deren Ritzen und Furchen eine gleiche Richtung zeigen, so finden wir wohl die Vermuthung Lyell's gerechtfertigt, daß einst Kanada vom Meere bedeckt war, daß, wie jetzt, Eisberge darüber hintrieben und wie jetzt den alten Seegrund durch Reibung glätteten, bis sie an den Küsten des damaligen Festlandes, vielleicht an den weißen Bergen strandeten. Wenn wir aber ähnlichen Erscheinungen in den Furchen, Rinnen und Riesentöpfen der skandinavischen Halbinsel begegnen, können wir kaum ähnliche Schlüsse auf eine einstige Bedeckung vom Meere und darüber hintreibende Eisberge zurückweisen.

An den Küsten Finnlands geschieht es oft, daß Eisschollen mächtige Felsblöcke auf die Inseln des finnischen Meerbusens hinübertragen; und mitten auf der Insel Hochland sieht man noch einen gewaltigen Granitblock, der auf diese Weise im Jahre 1838 dort abgesetzt wurde. Auch im atlantischen Ocean beobachtet man oft Treibeismassen, die mit Schutt und Felsblöcken beladen durch Strömungen und Winde in wärmere Gegenden getrieben werden und dort aufthauend sich ihrer Steinbürde entledigen. Diese Felstrümmer, die durch Gletscher von den Felsen der Polarländer losgerissen oder von hohen Küsten auf die Eisfelder niederstürzten, liegen jetzt zerstreut, fern, auf dem Boden des Meeres oder an den Küsten, an denen die Eisberge strandeten, und erzählen dem Beschauer von der verlassenen Heimath. Aber sie erzählen zugleich die Geschichte ihrer Brüder hoch auf dem jetzigen Festlande. Wenn wir in Nordamerika in weitem Bogen Gesteintrümmern begegnen, die dem Boden fremd ihre Mutterfelsen im hohen Norden finden lassen, wenn wir sie in der gleichen nordöstlichen Richtung der Furchen und Schliffflächen der Felsen abgelagert sehen; da müssen wir wieder an jenes Meer denken, das einst die Ebenen Kanadas bedeckte, und an dessen Ufern wie heute Eisberge strandeten und ihre Lasten versenkten. Wenn wir den Norden unseres Vaterlandes mit Trümmern von Graniten und Kalksteinen besäet finden, deren ganze Natur Finnland und Skandinavien als Heimath verräth; da müssen wir wieder auf ein ähnliches Meer im Norden des einstigen Europa schließen.

Bisweilen sehen wir endlich in den Treibeismassen thierische Körper eingeschlossen, die aus uralter Vorzeit stammen. Pallas und Adams fanden in dem Eise Sibiriens Rhinoceros- und Elephantengerippe, selbst mit Fleisch und Haar bedeckt, an denen die Eisbären und die Hunde der Tungusen nagten, und im September 1846 fand Middendorf einen solchen bis auf den Augapfel wohlerhaltenen Elephanten der Vorzeit, der jetzt im Museum von Moskau aufbewahrt wird. Aber noch heute hüllt die Natur in gleicher Weise organische Körper in Eis, die vielleicht nach einer Reihe von geographischen und klimatischen Veränderungen und nach dem Erlöschen der begrabenen Geschlechter in ferner Zeit dem Beobachter ebenso räthselhaft erscheinen werden, als uns die jetzt entdeckten Denkmäler der Vergangenheit. Als sich auf einer der Südshetlandinseln ein Eisberg von 100 Fuß Dicke und zwischen 1500 und 3000 Fuß Länge von einer 800 Fuß hohen Eisklippe ablöste, zeigte sich gegen 250 Fuß hoch über dem Meere ein Walfisch in der Eisklippe eingeschlossen, dessen Kopf und vordere Theile mit der losgelösten Masse herabgefallen waren. Auch anderwärts hat man Walfischknochen und Leichen 7½ Meilen landeinwärts und 60—70 Fuß über dem Meere gefunden. Reisende in den Südpolarmeeren, wie Wilkes, Hooker und James Roß, beobachteten, daß das Meer bei den Sandwichsinseln und überhaupt auf der Polarseite jeder antarktischen Insel oft gegen 100 Meilen weit gefriert. Die Eisschicht ist ungebrochen, hängt aber mit dem Lande nicht zusammen, da das Steigen und Fallen der Fluth sie losreißt, so daß die ganze Masse sich auf- und niederbewegen kann. Winde wehen nun vom Lande her den Schnee über die Klippen auf die Eisfläche, bis sein Gewicht die Masse zum Sinken zwingt. Wird es also nicht durch Winde und Strömungen gestört, so wächst das Eis an Dicke, bis es den Boden erreicht. Gewöhnlich aber kommt es schon vorher ins Treiben, und da das Wasser in der Tiefe von 1000 Fuß bedeutend wärmer als das obere ist, so schmelzen die untern Theile, der Schwerpunkt ändert sich, und der Eisberg stürzt um. War also der Leichnam eines Wal auf das Eis gerathen, so wurde er mit vom Schnee begraben, in den Eisberg eingeschlossen und durch sein Umstürzen wieder so hoch gehoben.

So wird auch das Eis in der Natur zum Vermittler der Nähe und Ferne, der Vorzeit und Gegenwart. Es bewahrt uns die Zeugen einer ausgestorbenen Lebenswelt auf, trägt Felsen über Meere hinweg, ja bevölkert sogar Inseln und Länder mit fremden Pflanzen, deren Samen es ihnen zuführt, wie Lyell aus den Pflanzen des Polarmeeres schloß, denen er auf dem Washington der weißen Berge und bei Montreal in Kanada begegnete.

Wenden wir uns jetzt von den Eisfeldern der Polarregionen zu den Eisfeldern der Hochgebirge, den Gletschern.

Von hohen schneebedeckten Gipfeln der Alpen in malerischen Formen umgeben, ergießen sie sich aus weiten, von körnigem Schnee erfüllten Becken durch die langgezogenen Thäler oder von den Abhängen der Kämme herab, bald langsam bis zu den Grenzen menschlicher Wohnungen, zu grünen Matten und dunkeln Wäldern vordringend, bald plötzlich an steilen Wänden gleichsam in starren Kaskaden abbrechend. Auf jenen unabsehbaren Schneefeldern gewahrt der Wanderer nichts von der Großartigkeit und malerischen Schönheit, welche sonst die Hochalpen bezeichnet. Nur weite Spalten unterbrechen mit ihrem wundervollen Bau diese Einförmigkeit, riesigen Trümmern gleich, mit azurnen Gewölben, die ihr mildes Licht noch aus der Tiefe senden, wenn dem Himmelsgewölbe der eigenthümliche dunkle Glanz dieser Höhen fehlt. Oft verhüllt nur eine schwache Decke losen Schnees die klaffende Tiefe, welche der beständig durch diese Oeffnungen wehende Luftzug ausgehöhlt hat; oft hat der Sturm den Schnee an die Ränder der Spalten geweht und sie brückenartig geschlossen. Die Reisenden pflegen sich daher durch Stricke mit einander zu verbinden, damit, wenn der Eine in eine verborgene Spalte einbricht, es den Andern möglich wird, ihn wieder herauszuziehen. Diese weiten Schneefelder sind die Quellbassins, aus denen die Gletscher gespeist werden, aus denen sie herabströmen. Es sind die Firnmeere der Alpen. In großen Mulden, oft von mehr als 1 □Meile Oberfläche, häufte sich der Schnee von vielen Wintern an, und erreichte eine Dicke, die selbst den Forscher überrascht, von 800, ja mehr als 1000 Fuß. Es ist nicht mehr der mehlige, trockne Schnee mit seiner dünnen, hartgefrornen Decke, wie er sich bei uns an sehr kalten, aber sonnigen Wintertagen zeigt, und wie er unter dem Namen des Hörnerschnees die höchsten Alpengipfel bedeckt und, von furchtbaren Orkanen bis zu 60 Fuß Höhe emporgewirbelt, oft durch Schneewände, Kuppeln und Gewölbe den einzigen Weg längs der Felsenkanten versperrt. Hier ist es jener grobkörnige Schnee, den der Alpenbewohner Firn nennt, und der dadurch entstanden ist, daß ihn Regen und Schneewasser durchfeuchteten, und sich bei folgendem Froste um die einzelnen Nadeln und Flocken neue Schichten anlegten, wie es auch oft in den Ebenen geschieht, wenn der Schnee lange liegen bleibt.

Alle diese Schneemassen sind oft bis in die Tiefen von 200—300 Fuß geschichtet, und man zählt an den Wänden der Spalten oft 20—30 deutlich getrennte Schichten solchen Firns, die nach unten an Dicke abnehmen. Die oberen Schichten entsprechen den verschiedenen Schneefällen eines Jahres, und die schwarzen Linien, rühren von dem Staube her, welcher die Schichten bedeckte. Nach unten verwischen sich diese feineren Zwischenlinien, und wir sehen nur noch die gröberen Massen, welche während des Sommers sich auf der Firnfläche anhäuften, die jährlichen Firnmassen trennen. Unter dem Drucke der darauf lastenden Massen werden diese unteren Schichten mehr und mehr zusammengepreßt, das Schmelzwasser dringt in ihre Zwischenräume hinab, und sie bilden allmälig, wie in einem Schneeballe, eine zusammenhängende Masse. In der That gleicht diese Vereisung des Schnees dem Spiele des Knaben, der mit seiner Hand den vom Wasser durchtränkten Schnee in einen steinharten, eisigen Klumpen verwandelt. Die festen Gesteine des Bodens, Granite, Gneuße, Schiefer, halten das hinabsinkende Wasser auf, das von der eindringenden Kälte erstarrt, wie sich bei uns nach einem Schneefall in kalten Nächten auf Steinen und Brettern dünne Eisüberzüge zu bilden pflegen. Poröse Gesteine dagegen, wie Kalk, saugen das Wasser auf und verhindern die Gletscherbildung.

Aus diesen Eismassen, die sich in der Tiefe der Firnmeere ansammeln, wachsen die Gletscher hervor. Ihr Eis gleicht freilich nicht den spiegelglatten Winterhüllen unserer Flüsse und Seeen; seine Oberfläche ist rauh, sein Inneres durch und durch körnig. Diese Bildung gleicht einer Erscheinung, die wir oft beobachten können. Jedes Stück Eis, das bei starker Kälte einige Tage im Freien gelegen hat, zeigt sich bald, wenn es anfangs auch noch so glatt war, auf der Oberfläche von einem zarten Netzwerk von Rissen bedeckt. Die Ursache dieser Risse ist die starke Zusammenziehung in der Kälte, durch welche sich das Eis vor allen andern festen Körpern auszeichnet. Da die Kälte in die Tiefe sehr langsam eindringt, und das Eis sich hier also weniger zusammenzieht, so muß es auf der Oberfläche zerreißen, wie der feuchte Lehmboden, wenn ihn die Sonnengluth austrocknet. Allmälig aber dringen die Risse weiter in das Innere vor und zerfällen, mit zahlreichen Luftblasen verbunden, die ganze Masse in einzelne körnige Gruppen. Die strenge Kälte der oberen Regionen erzeugt ein feineres Spaltennetz, daher eine kleinkörnigere Beschaffenheit des Eises, während die größere Wärme am unteren Ende des Gletschers die oberen Schichten abschmilzt und die unteren grobkörnigen bloslegt. Nur die untersten Lagen des Eises zeigen nichts mehr von Körnern, und ihre Spalten rühren nur von der Unebenheit des Bodens und der Bewegung der Gletscher her.

An der Färbung des Gletschereises haben die Luftblasen einen großen Antheil. Sind sie noch nicht durch Risse verbunden und vom Wasser erfüllt, so erscheint das Eis, wie der Schnee, der auch nur eine Mischung von wasserhellem Eise mit Luft ist, bei auffallendem Lichte weiß. Ist aber das Schmelzwasser in die Spalten und Bläschen eingedrungen, so wird seine Farbe durchsichtig blau. Bei der hohen Reinheit des Gletschereises erhält es oft in der Ferne das Ansehen des herrlichsten Marmors in allen Nuancen vom blendenden Weiß zum dunkeln Blau oder Meergrün. Dann gleichen die Gletscher wirklich Strömen von Schnee, die sich von den hohen Bergkuppen in die Thäler stürzen.

Die Räume, welche die Gletscher mit ihren Firnmeeren in unsern Hochalpen einnehmen, sind nicht unbedeutend. In den Schweizer Alpen vom Montblanc bis zur Grenze Tyrols zählt man ihrer gegen 400, und sie bedecken eine Fläche von mehr als 50 □ Ml. In ihrer größten Ausdehnung, 4—6 Stunden lang, $^1/_4$—$^1/_2$ Stunde breit und zwischen 100 und 600 Fuß mächtig, finden sie sich zu beiden Seiten des Wallis, auf den Berner Alpen in der Nähe des Finsteraarhorns, auf den Penninischen Alpen in der Nähe der Dent-blanche. Sie umgeben im Westen den Montblanc, Monte Rosa, die Grandes Rousses und den Mont Pelvour, im Osten den Adula und Bernina. In Tyrol begegnen wir den Gletschern des Ortles und der Oezthaler Gruppe, den Stubbeier und Alzeiner Fernern, den Gletschern des Großvenediger und Großglockner. Ihre größte Entwicklung erreichen aber die Gletscher in den Polargegenden, besonders im nördlichen Norwegen, auf Island, Grönland und Spitzbergen. Während sie in den Alpen aus einer Höhe von 10000 Fuß selten in größere Tiefen, als 5—6000 Fuß über dem Meere hinab gehen, dringen sie dort aus den Thälern bis zum Meere, oft meilenweit über die Küsten vor. Oft erreichen sie eine Länge von 10 und eine Breite von 3 Meilen und bilden an ihren Enden senkrechte Abstürze von mehreren 100, ja 1000 Fuß Höhe, die, vom Wellenschlage unterhöhlt, oft in gewaltigen Massen abbrechen und als Eisberge fortschwimmen. Auf der südlichen Erdhälfte erreichen die Gletscher in einzelnen Gegenden, wie auf Süd-Georgia, Feuerland und an der Westküste von Patagonien, wo milde, aber feuchte Winter, verbunden mit kalten Sommern, ihre Entwicklung besonders begünstigen, das Meer selbst in Breiten, welche der des südlichen Englands, ja sogar unsrer Alpen entsprechen.

Gewöhnlich hört man nur von den plötzlichen und furchtbaren Zerstörungen, welche die Schneemassen der Alpen anrichten, wenn große Massen von ihnen als Lawinen herabstürzen, oder längs der Abhänge herabgleiten, und durch den Stoß und die Schwere ihrer Masse oder durch den Druck des durch ihren Sturz erzeugten Windes Bäume entwurzelt oder zerknickt, ältere Schutthalden weggerissen und große Massen von Trümmern jeder Art fortgewälzt und in der Tiefe zu Schuttkegeln angehäuft werden. Von den Zerstörungen aber, welche die Eisströme der Gletscher hervorbringen, wenn sie aus den Hochgebirgen in die Thäler und Ebenen hinabdringen, vernimmt man wenig oder nichts, weil sie langsam und unvermerkt geschehen; und doch sind sie viel gewaltiger und dauernder, weil sie Jahr für Jahr stetig wachsen.

Ein seltsamer Anblick erwartet den Reisenden, wenn er in das Berner Oberland zum Grindelwaldthale hinaufgeht. Tief unter düsteren Fichten- und Buchenwäldern, zwischen blumigen Wiesen, Saatfeldern und Fruchtgärten, nahe den Hütten der Menschen starren ihm schauerliche, unzerstörbare Eisgebilde entgegen. Wie kam der eisige Gletscher in diese niederen, sonnigen Regionen, in eine Tiefe von 2939 Fuß über dem Meere? Der Gletscher wächst, sagen die Bewohner des Thales. Sie sagen es, wo Brücken von Gletschern zerstört wurden, wie zwischen Sitten und Ber, wo Grubenbaue verdeckt wurden, wie am Goldberg in Tyrol, wo Bauernhöfe und Birkenwälder von ihnen verdrängt oder fortgeschoben werden, wie in Norwegen. Aber der Gletscher wächst nicht, er fließt vielmehr wie ein Strom.

Als Horace de Saussure im Jahre 1788 vom Col du Géant herabstieg, ließ er eine Leiter auf dem Eise des Glacier Lachaud liegen. 44 Jahre später fand sie der Naturforscher Forbes wieder auf, aber 12000 Fuß von ihrem früheren Standorte entfernt. In ähnlicher Weise rückte eine Hütte, welche einem Reisenden auf dem Aargletscher zum Aufenthalte gedient hatte, binnen 12 Jahren um 4000 Fuß vor, bis sie am Ende des Gletschers gänzlich verschwand. Solche Erscheinungen drängten den Naturforschern die Ueberzeugung auf, daß sich Leiter und Hütte hier ebenso auf der Fläche des Gletschers abwärts bewegt hatten, wie ein Kahn auf dem Flusse. Agassiz, Forbes und den Gebrüdern Schlagintweit gelang es sogar, diese Bewegung zu messen. Sie stellten an den Felsenufern eines Gletschers ein weißes Kreuz als Marke auf und befestigten am entgegengesetzten Ufer ein Fernrohr, das genau auf die Marke gerichtet war. In gerader Linie zwischen beiden wurde in der Mitte des Gletschers ein Pfahl aufgerichtet oder ein Felsblock bezeichnet. Nach einigen Tagen war dieser Pfahl aus der Gesichtslinie geschwunden und nach abwärts entwichen. Ein neuer weiter aufwärts errichteter Pfahl kam nun allmälig in die Gesichtslinie, und seine Entfernung von dem früheren ergab die Größe der Gletscherbewegung in der verflossenen Zeit. Zugleich zeigte sich, daß sich die Gletscher nicht nur in der Mitte ihrer Breite schneller bewegen als an den Seitenrändern, ganz wie Flüsse, deren Bewegung durch den Reibungswiderstand an den Seiten aufgehalten wird, sondern daß sie auch in der Mitte ihrer Länge schneller vorzurücken pflegen, als an beiden Enden, sich also zusammenschieben ganz wie sich stauende Flüsse. Im Allgemeinen betrug die tägliche Bewegung an den Rändern 2 — 5, in der Mitte 3 — 10 Zoll. Die größte Schnelligkeit beobachtete Forbes am Glacier des Bois; sie betrug 52 Zoll täglich, während der Aargletscher kaum einen Zoll täglich vorrückt.

Ehe die Wissenschaft ihre Forschungen auch in diese eisige Natur versenkt hatte, konnte man wohl an eine Unwandelbarkeit der Gletscher glauben; denn es galt als ausgemacht, daß die oberflächlichen Anhäufungen von Schnee- und Eismassen dem unteren Wegschmelzen das Gleichgewicht halten. Die Gletscherbäche, welche unter ihnen hervorrauschten, galten als Beweis; denn man beachtete nicht, daß diese auch im Winter nicht versiegen und daher nicht immer dem Schmelzwasser, sondern oft Quellen ihren Ursprung verdanken, wenn sie, wie Rhone, Aar und Rhein, als reißende Flüsse hervortreten.

In der ersten Zeit, als die Bewegung der Gletscher bekannt wurde, suchte man ihre Ursache in einem Herabgleiten des Eises auf der geneigten Thalfläche unter Mitwirkung des Druckes der oberen Firnmassen. Diese einfache Ansicht Saussure's wies aber bald Venetz als unhaltbar nach, indem er zeigte, daß in früherer Zeit Felsblöcke von den Alpenhöhen durch die Gletscher über Thäler und Ebenen hinweg bis zu den Höhen des Jura getragen worden sein müßten. Charpentier und Agassiz suchten daher die bewegende Ursache in dem feinen Haarspaltennetze, welches die Gletscher durchzieht, und dessen in der Nacht gefrierendes Thauwasser durch seine Ausdehnung auch die Gletschermasse auseinander treibe. Dagegen sprach aber wieder, daß der Gletscher auch im Winter, wo das Thauwasser doch fehlt, sich bewegt, und daß die Ränder trotzdem, daß sie mehr als die Mitte der Kälte ausgesetzt sind, doch langsamer fortrücken.

Die neuere Forschung läßt die Gletscherbewegung als ein wirkliches Fließen betrachten. So seltsam es uns auch klingen mag, daß starres Eis fließe, so müssen wir uns doch mehr und mehr gewöhnen, solche scharfe Unterscheidungen in der Natur aufzugeben. Es giebt eben keine Grenze zwischen starr und flüssig. Es giebt keinen Körper, dessen Theile wirklich unverschiebbar wären. Bei aller Sprödigkeit erleiden doch die Theile des Eises durch Druck und Reibung so gut eine Verrückung wie die des Wassers, wenn auch eine langsamere und unbedeutendere. Wenn wir die Gletschermasse alle Unebenheiten des Thales, alle Erweiterungen und Verengungen gleichmäßig ausfüllen, sich durch enge Oeffnungen drängen sehen, ohne zu zerspalten, da können wir eben nur von einem Fließen sprechen.

Allerdings macht sich auch die Sprödigkeit des Eises bei dieser Fortbewegung geltend. Die ungleiche Spannung der Theile durch die verschiedene Schnelligkeit in der Bewegung der einzelnen Punkte, wie durch den Zug der Schwere an stärker geneigten Stellen, bewirkt Risse und Spalten in dem Eise. Oft zerklüften diese den Gletscher so, daß sie ihn ganz unzugänglich machen und ihn selbst in zahllose spitze Eisnadeln zersplittern, wie sie dem Rosenlauigletscher sein wunderbares Ansehen geben. Fällt das Gletscherthal plötzlich steil ab, so erfolgt ein Eissturz, ähnlich dem jähen Sturze eines Bergstroms. Ein furchtbares Getöse erschüttert das Eisfeld. Felsblöcke, die es bedeckten, bewegen sich und rollen der Tiefe zu. Spalten schließen sich gewaltsam und schleudern das Wasser, das sie erfüllte, hoch in die Luft. Ungeheure Eismassen lösen sich krachend von den oberen Theilen ab und stürzen prasselnd in gewaltigen Sprüngen in die Tiefe. Donnernd öffnen sich neue Spalten und Klüfte,

10—100 Fuß breite schauerliche Schlünde, deren geheimnißvolle Tiefe vielleicht bald wieder eine täuschende Schneedecke verhüllt.

Die Spalten des Gletschers zeigen oft eine außerordentliche Regelmäßigkeit. Längenspalten entstehen, wenn durch ein Breiterwerden des Thales dem Gletscher größere Ausdehnung gestattet wird, Querspalten durch seine ungleichmäßige Bewegung nach abwärts. Da sich die Ränder des Gletschers wegen der Reibung an den Uferwänden langsamer fortbewegen als die Mitte, so entstehen an ihnen fortwährend Spalten, die sich im Vorrücken drehen, bis sie senkrecht gegen die Ufer stehen, aber allmälig sich auch verengen und endlich ganz schließen. Naht der Gletscher einer weiten Oeffnung des Thales, so zerreißt er in dem Streben, sie nach allen Seiten hin zu erfüllen, fächerartig in zahllose Spalten.

Das Ende des Gletschers bildet gewöhnlich ein steiler Absturz, oft von 300—400 Fuß Höhe. Hier bricht aus einer Oeffnung am Grunde ein mächtiger Gletscherbach hervor und erweitert allmälig die enge Höhle zum prachtvollen Gletscherthore, wie die beiste-

Ein Gletscherthor.

hende Abbildung zeigt. Kühne Gestalten krystallener Säulen und Nadeln, gewaltige Eisgrotten, seltsame Stalaktiten und rauschende Kaskaden vollenden das Großartige dieser wunderbaren Eisströme der Alpen, die nicht in Meeresfluthen, die in Luft und Grün gleichsam verschwimmend enden.

Wenn aber die Gletscher der Alpenwelt starren Strömen gleichen, so bietet sich uns im Norden der Polarwelt noch ein großartigeres Bild dar, ein überfließendes, eiserstarrtes Meer. Wenn man über den gletscherreichen Alpensaum hinaus, welcher nach innen abfallend die ganze Küste Grönlands umgiebt, durch einen jener zahlreichen Fiorde, die oft 10—20 Meilen tief in das Herz des Landes einschneiden, sich dem eigentlichen Festlande nähert, so sieht man plötzlich das Thal durch gewaltige Eismassen geschlossen, die weiter im Hintergrunde immer höher ansteigen und in eine einförmige Eisfläche übergehen. Könnte man einen jener Höhenpunkte ersteigen, die gleich Inseln hier und da über die öde Eisebene emporragen, so würde man diese in endloser Ferne ohne die geringste Unterbrechung mit dem Horizonte verschmelzen sehen. Diese gewaltige Eismasse, deren steile Wände über das Thal und die umliegenden Hügel hinaushängen, und deren mächtige Blöcke oft in die üppigste Vegetation niederstürzten, bedeckt das ganze Innere des furchtbaren Grönlands bis auf einen schmalen Küstensaum von 10—20 Meilen und in einer Mächtigkeit von mehreren Hundert, ja oft ein paar Tausend Fuß. Sie hat alle Höhen und Tiefen des Festlandes ausgeglichen, so daß man sich keinen Begriff mehr von seiner ursprünglichen Form machen kann, und nur der Blick auf die hohen Alpengipfel des Küstenlandes von der bedeutend niedrigeren Lage dieses Inneren überzeugt.

Diese Eisbildung ist nun keineswegs eine eigentliche Vergletscherung des ganzen Festlandes und hat nichts zu thun mit jenen bis zum Meere niedersteigenden Gletschern, wie man sie auf Spitzbergen und an den Küsten des südlichen Polarmeeres findet. Gletscher überziehen gleichsam nur wie eine Schale die Oberfläche der Gebirge, und die Ursache ihrer Bewegung ist eine zu Tage liegende, begründet in der Form und Neigung des Bodens, auf dem sie unter der Wirkung der Schwere niedergleiten, hier und da in trichterförmigen Thälern sich anhäufend und von dort in die wärmern

Regionen des tieferen Landes verlängernd. Das grönländische Innenlandeis dagegen ist ein bewegtes, überfließendes Meer, von einem tiefer liegenden Lande ausgegangen, eine flüssige Masse, die ihre Ufer überschwemmt und durch die Thäler abfließt. Ein wesentlicher Antheil an der Bewegung dieses Eises scheint den zahlreichen, großen und kleinen Spalten und Klüften zuzukommen, welche die weißliche, poröse Grundmasse des Eises durchziehen. Denn die mächtigen Gänge saphirblauen, durchsichtigen Eises, welche begleitet von Kies- und Steinschichten stets in diesen Spalten auftreten, deuten auf ihre Ausfüllung mit Wasser hin, durch dessen Erstarren theils ein gewaltiger Druck hervorgebracht, theils der bestehende in der Richtung des natürlichen Ablaufs vermehrt werden mußte.

Obwohl überall vorhanden, concentrirt sich doch die ganze Bewegung der Eismasse vorzugsweise auf einzelne in das Meer hinabreichende Arme, welche der gründliche Forscher der grönländischen Natur, H. Rink, nicht unpassend Eisströme genannt hat. In der Form der Oberfläche des Innenlandeises ist nichts zu entdecken, woraus sich dieses Drängen der Eismasse, schon weit aus dem Innern her, gegen gewisse bevorzugte Punkte des Außenrandes erklären ließe; und nur in der Form des darunter verborgenen Landes möchte die Ursache dieser Erscheinung zu suchen sein. An der Westküste Grönlands sind allein zwischen dem 69 und 73° n. Br. gegen 30 solcher Eisströme aufgefunden, unter denen 5 vorzugsweise fast die sämmtlichen Eisberge abzugeben scheinen, welche von dieser Küste ausgehen, da jeder von ihnen, mäßig gerechnet, über 1000 Millionen Kubikellen Eis jährlich zum Meere führt.

Denn die Wirkung einer strömenden Bewegung dieser starren Eismassen ist es nicht allein, welche Landstrecken unter Eis begrub, die einst vielleicht die üppigste Polarvegetation trugen und zahlreiche Renthierheerden ernährten; sie ist es auch, die den schwimmenden Eiscolossen des Polarmeers den Ursprung giebt. Wenn ein solcher Eisstrom in einer Mächtigkeit von oft mehr als 1000 Fuß auf den Grund des Fiordes abwärts schreitet und nun unverändert seine Bewegung über den Meeresgrund fortsetzt, so erreicht sein Außenrand endlich eine Tiefe, in welcher das Wasser die Masse zu heben beginnt. Eine Zeitlang behält zwar die Eismasse noch ihren Zusammenhang und rückt vom Meere getragen vor, bis irgend ein

Zufall diesen Zusammenhang aufhebt. Ein furchtbarer Donner bezeichnet das Zerbrechen des Eises, die Geburt der schwimmenden Eisberge, des „Eisschimmers Kalbung", wie es der Grönländer nennt. Es ist nicht ein plötzliches Losbrechen und Herabstürzen; die Eisberge erheben sich aus den Fluthen. Stets ragen sie nach dem Losbrechen höher über die Wasserfläche empor, als der äußerste Rand des Landeises, von dem sie herrühren, und der durch den hintersten, noch auf dem Lande oder Meeresgrunde hinabgleitenden Theile niedergedrückt zu werden scheint. Bis in den Sommer hinein erfüllen die furchtbaren Trümmer des kalbenden Landeises das Innere der Fiorde, bis die Sonnenwärme die Eisschranken öffnet und die Strömung sie hinausführt in das offne Meer, zu ihrer Wanderung nach Süden.

Nicht zu vergleichen sind die Wirkungen solcher Kalbungen mit dem Bruch einer über den Abhang gleitenden Gletschermasse. Meilenweit wird durch die Bewegung des Meeres alles Eis geknickt, und die bereits im Fiorde angesammelten Eisberge beginnen neue Kalbungen. Die festen Eiswände erbeben, zersplittern unter gewaltigem Krachen, riesige Kolosse stürzen um, und über 60 Fuß hoch thürmen sich die Trümmer und Schollen übereinander.

Diese ungeheuren Massen von Eis und Schnee, welche den Eisbergen und Eisströmen ihren Ursprung geben, und unter welchen die Thäler und Hügel des großen Innenlandes verschwinden, stammen wie die Eismeere der Gletscher aus der Atmosphäre. Im Küstenlande wird die ganze Wassermenge, welche als Regen und Schnee jährlich niederfällt, im fließenden Zustande wieder hinweggeführt; denn dort giebt es Bäche und Ströme. Aber das Innenland kennt keine Ströme; die Thäler, in denen sie einst vielleicht flossen, sind längst ausgeebnet mit den Gipfeln der Berge durch das wachsende Eis, welches zum Theil selbst das alte Meeresgestade verbirgt. Der Anblick der Eisströme und die gewaltige Menge des durch sie alljährlich als Eis ausgeschiedenen Wassers, die für jeden Eisstrom mehr als $^1/_{10}$ des gesammten, durch einen Fluß wie die Themse jährlich zum Meere geführten Wassers beträgt, führt unwillkürlich auf den Gedanken, daß die Eisströme die Stelle der verschwundenen Flußmündungen des Innenlandes einnehmen, daß sie in der That hier sind und leisten, was sonst den Flüssen zukommt, daß sie der weiteren Ueberschwemmung des Landes eine Grenze setzen.

So haben wir im hohen Norden Grönlands eine Gestaltung des Eises kennen gelernt, welches das Bild strömender, in sich beweglicher Massen vollendet. Der von den Alpenhöhen herniederfließende Gletscher verhält sich zu jenem überströmenden Eismeer wie ein Bergbach zu mächtigen Seen und Strömen. Aber die Ursache dieser Bewegung ist durch jene großartige Erscheinung nur um so überzeugender dargethan.

Die strömende Bewegung des Gletschers ist es freilich nicht allein, welche wenigstens äußerlich die auffallendsten Veränderungen in seiner Erscheinung bewirkt. Das Schmelzen des Gletschereises kommt noch dazu. Jeder Gletscher schmilzt ab. Ein warmer Sommer vermag ihm eine Eisschicht von 9 — 11 Fuß Dicke zu rauben. Kann also die nachrückende Gletschermasse diesen Verlust nicht ersetzen, so schreitet sein Ende zurück, der Gletscher wird kleiner. Hört dagegen das Abschmelzen auf, wie im Winter, oder entspricht es doch nicht der vorrückenden Bewegung, so wächst der Gletscher. So erklärt es sich, wie diese starren Kinder des Hochgebirges ihre eisigen Glieder bis in das üppige Grün der Thäler und zu den Wohnungen der Menschen ausstrecken konnten. Sie rücken vor, unbekümmert um das, was sie umgiebt, und was sie zerstören, wie siegreiche Armeen, welche die Grenze setzen, wo sie eben stehen. Sie verschließen das Nachbarthal und stauen das Wasser seines Baches zu gewaltigen Höhen auf, bis es, den Eisdamm durchbrechend, wild verheerend in die Thäler hinabbraust, ein Strom voll Sand, Schlamm, Eis, Felsblöcken, ein Bote gleichsam, der die Siege des Gletscherriesen der Ferne verkündet.

Einen eigenthümlichen Einfluß auf das Schmelzen des Gletschereises haben die Schuttmassen, die es bedecken. Große Steine schützen das Eis wie ein Schirm gegen die Sonnenstrahlen. Ringsum schmilzt es, und nur die geschützte Unterlage bleibt unversehrt wie ein Piedestal stehen, das die Steinplatte trägt. Gletschertische nennt man in den Alpen diese Erscheinungen. Regen und Sonnenschein zernagen endlich diesen Stiel, er bricht zusammen, und der Felsblock stürzt gegen Süden auf die Gletscherfläche nieder, um sich neue Säulen zu schaffen, bis er das Ende des Gletschers erreicht.

Dichte Sand- und Geröllmassen wirken in ähnlicher Weise; von ihnen geschützt bildet sich unter ihnen ein Eishügel, bis er zu steil wird, die losen Trümmer zu tragen. Sie stürzen dann auf das Eis nieder und zerstreuen sich auf seiner Fläche. Jetzt aber wirken sie entgegengesetzt. Die kleinen Steinchen, Sandkörnchen, Staubtheilchen, Blätter und Insektenleichen werden stärker von der Sonne erwärmt, als das Eis, das unter ihnen schmilzt. So entstehen Löcher, in die sie einsinken, bis sie durch das Eis den Sonnenstrahlen entzogen werden. Nicht lange aber währt es, so treten sie aus dem schmelzenden Eise wieder hervor, werden von Neuem bestrahlt und sinken von Neuem ein, bis sie in wechselndem Spiele das Ende des Gletschers erreichen. So wird die ganze Eisfläche uneben, durchlöchert, und größere Sandmassen bilden selbst tiefe, von Wasser erfüllte Löcher, die Mittagslöcher der Gletscher.

Wie der Wind von den Ufergebüschen dürres Laub in den Bach weht, dessen Wellen es in die Ferne tragen, so fallen von den Felsenufern des Gletschers durch Stürme, Wasserstürze und Lawinen, oder durch seinen eignen Andrang gegen die Ufer Felsblöcke und Steintrümmer auf seine Fläche nieder und werden auf ihr fortgetragen. Wären die Gletscher ohne Bewegung, so müßten die herabgefallenen Steine an derselben Stelle liegen bleiben und dem darüberhängenden Gestein gleichartig sein; aber man findet an seinem untern Ende die Gesteine seines obern vermischt mit den eben erst abgelösten. Bliebe das Eis ruhig, so müßten im Laufe der Jahrhunderte große Schutthaufen an einzelnen Orten entstehen, aber es bilden sich gleichförmig fortlaufende Schuttwälle. Es müßten diese Steine nur an den Rändern des Gletschers liegen, nicht aber in der Mitte, wie sie sich beim Zusammenfluß zweier Gletscher oft mehrere 100, ja 1000 Fuß von den Felswänden entfernt zeigen. So deuten alle Erscheinungen auf ein wirkliches Fließen der Gletscher hin.

Ehe der Gletscher auf seiner Wanderung vom Firnmeer bis an sein unteres Ende gelangt, stürzen zwar einzelne der mitgeführten Blöcke bei plötzlichen Senkungen oder an tief eingeschnittenen Seitenthälern wieder herab, aber durch die größere Masse der hinzukommenden Trümmer wächst der Steinwall immer mächtiger an. So bilden sich die Seitenmoränen oder Gandecken, wie der Schweizer die Trümmerwälle nennt, welche sich an den Seiten der Gletscher hinziehen. Die beistehende Abbildung des Vieschgletschers am Abhange des Finsteraarhorns zeigt sie dem Leser.

Der Vieschgletscher mit seinen Moränen.

Treten aus den Seitenthälern neue Zuflüsse zu dem Gletscher, so vereinigen die neuen Gletscher auch ihre Steinwälle mit denen des alten. Jetzt fließen zwei aufeinander treffende Seitenmoränen in einander und bilden einen neuen Wall, der in der Mitte des erweiterten Gletschers sich fortbewegt. So entstehen die Mittelmoränen oder Gufferlinien, deren Zahl der Zahl der Gletscherzuflüsse entspricht. Versiegt jedoch der eine oder andere Zufluß ganz, schmilzt er ab, weil er zu klein war, während die mächtigere Eismasse noch thalabwärts strömt, so versiegt mit dem Eise auch die Moräne, sie vereinigt sich wieder mit der benachbarten Mittel- oder Seitenmoräne. Die Bildung einer Mittelmoräne sieht der Leser in der nebenstehenden Abbildung, welche die Vereinigung des Stock- und Marcellgletschers im Oetzthale darstellt.

Einzelne Moränen gelangen bis zum Absturz des Gletschers, und ihre Schutt- und Steinmassen thürmen sich dort zum mächtigen Stirnwalle auf, wie man gewöhnlich die Rand- oder Endmoräne bezeichnet. Der Gletscher selbst wühlt an seinem untern Ende Geröll und Rasen vor sich auf und erhöht dadurch noch den Wall. Wenn im Sommer der Gletscher durch stärkeres Abschmelzen seiner Eismassen zurücktritt, so läßt er diesen Stirnwall zurück, der nun im weiten Bogen den verlassenen Thalboden umschließt, als eine Marke gleichsam für das weiteste Vordringen des Gletschers. Geschieht dies Zurückweichen allmälig und gleichmäßig, so wird der ganze Raum von dem Stirnwall bis zum Gletscherende mit dem abfallenden Schutt übersäet: geschieht es periodisch und von Zeiten

Stock- und Marcell-Gletscher im Oezthale.

der Ruhe unterbrochen, so bilden sich mehrere Stirnwälle hinter einander. Bisweilen erreichen sie eine Höhe von 50—100 Fuß und bergen unter Erde, Schlamm und Kies Blöcke von Hausgröße und vielen tausend Kubikfuß Körperinhalt. Die umstehende Abbildung des Vieschgletschers zeigt einen solchen Stirnwall b, unterhalb des Gletschers a und von den Felswänden c eingeschlossen.

Dieselben Felsblöcke und Schuttwälle sind es auch, denen wir an den Ausgängen der Thäler, am Fuße der Gebirge, in den Ebenen und an den Abhängen der umgebenden Berge begegnen, und die sich in weiten Bogen mehr als 3000 Fuß über der Meeresfläche über die Höhen des Jura durch die Vogesen und den Schwarzwald bis in das Hügel- und Flachland hinab ziehen. Dort liegen sie im Sande verborgen oder von Moos und Rasen bekleidet, und in den Straßen der Städte und Dörfer, auf Feldern und Wegen, in Flüssen und auf Bergen trifft sie der erstaunte Blick des Wanderers. An dem Fuße der Alpen ruhen oft massenhafte Felsblöcke von regellos eckiger Form auf den Gipfeln kegelförmiger Fußgestelle, oder sie schweben an den steilen Gehängen, von denen jeder Windstoß

Der Sturzwall des Vieschgletschers.

sie herabzustürzen droht. Die nebenstehende Abbildung zeigt einen solchen Block aus dem Rhonethal, den die Bewohner von Monthey, in dessen Nähe er liegt, Pierre à Dzo nennen.

Je weiter man zu den Hochthälern der Alpen hinaufsteigt, desto mehr wächst die Zahl und Größe der Felsblöcke, bis sie sich zu Schuttwällen und ganzen Hügelzügen aufthürmen. Ein solcher Wall großer eckiger Blöcke, die von kleinerem Gebirgsschutt umhüllt sind, umschließt 600—1000 Fuß hoch die Ebene von Ivrea am Südabhange des Monte Rosa, und offenbar stammen diese Trümmer aus dem Hintergrunde der Aostathäler, aus einer Entfernung von mehr als 7 Meilen. In wie großer Vorzeit mögen diese Steinmassen ihren Weg auf den Eisfluthen der Gletscher, vielleicht durch mächtige Wasserströme, zu ihren jetzigen Fundörtern genommen haben! Die Erinnerung der Alpenbewohner reicht nicht so weit, und nur die Sage erzählt ahnungsvoll von solchen Wanderungen.

Oed und nackt erscheinen noch die regellosen Schutthaufen an den Enden der Gletscher; aber die Natur schmückt auch sie im Laufe der Zeiten. Steigt der Wanderer hinab von dem Eisthore des

Pierre à Dzo bei Monthey.

Gletschers zu den älteren Marksteinen seiner Bewegung, so sieht er hier Gras und Ephen und Alpenkräuter dem Schutte entsprießen, und weiter unten bereits dichten Rasen ihn verhüllen, aus dessen grüner Decke nur noch die Kanten größerer Blöcke hervorragen. Gegen den Ausgang des Thales hin muß er endlich die Schuttwälle in den Wäldern oder selbst in und unter den Dörfern suchen; Tannen haben sich auf ihnen angesiedelt und Menschen ihre Wohnungen erbaut; denn sie fanden Schutz auf ihren Erhöhungen gegen die Ueberschwemmungen der Gebirgsbäche. Ist er nun an den Ausgang des Thales gelangt, so erscheint ein herrlicher Alpensee, den gegen die Ebene hin nur ein mächtiger Steinwall abgrenzt. Diesem Wall verdankt der See seinen Ursprung, er verschloß die Thalmündung und staute die Gewässer hinter seinen Mauern auf.

Ihre Natur verräth zwar die Blöcke dieser Trümmerwälle, wie die in den Ebenen zerstreuten als Fremdlinge. Kein Gestein zeigt sich ja in der Nähe, dem sie entstammen könnten. Ihre Lage, ihre Gestalt beweist, daß nicht Ströme sie mit sich in die Tiefe führten; denn sie liegen oft gerade auf der Spitze und zeigen scharfe Kanten, die im Rollen hätten abgerundet werden müssen. Dennoch würde es schwer werden, bei so mächtigen Trümmerwerken an eine frühere Bewegung derselben zu denken, wenn nicht die Spuren ihres Weges zu finden wären. Wie Ströme ihr Bett furchen und tief in den weichen Boden einschneiden, so schleifen die feinen Kiesel und Sandkörner, welche die Gletschermasse unter ihrem ungeheuren Drucke fortbewegt, die Oberfläche aller Felsen ab, über die sie hingleiten. Alles Bewegliche wird zermalmt, und der festeste Boden geglättet oder von größeren eingefrorenen Steinen wie von Feilen und Meißeln geritzt. So entstehen die Schliffflächen in den Umgebungen der Gletscher, die parallelen Furchen und Rundhöcker, welche oft Durchmesser von 10 — 100 Fuß besitzen, wie sie die Abbildung des Vieschgletschers S. 444 bei e und f zeigt. Man begegnet diesen Erscheinungen tief unten in den Thälern neben alten Moränen, wie hoch über dem jetzigen Stande der Gletscher, 500 Fuß hoch über dem heutigen Vieschgletscher und Unteraargletscher. Im Hintergrunde der Alpenthäler treten sie gewöhnlich bei 9000 Fuß Höhe unter den Gletschern hervor und senken sich allmälig gegen den Ausgang der Thäler hin, an deren Mündung sie noch eine Höhe von 5 — 6000 Fuß innehalten. Wie wir aber aus den Uferlinien, den abgeriebenen Bäumen und beschädigten Häusern die Höhe erkennen, zu welcher ein angeschwollener Strom einst gestiegen war, so können wir auch an den Schliffflächen und Rundhöckern die einstige Höhe und Ausdehnung der Gletscher lesen. Wenn wir also auf dieselben Erscheinungen in den skandinavischen Gebirgen, in den Pyrenäen, in Nordamerika, am Kap der guten Hoffnung und am Fuße des Himalayah stoßen, wenn wir sie selbst in Ländern antreffen, die fern von den jetzigen Gletschergebirgen durch Flachländer, Meere und Mittelgebirgsländer getrennt sind, im Jura, in den Vogesen, dem Schwarzwald, in Schottland und Finnland: so müssen wir offenbar auf dieselbe Ursache, wie dort in den Alpen, schließen, also auf eine in der Vorzeit weit ausgebreitetere Wirksamkeit der Gletscher. Weit müssen sich, darnach zu schließen, die Gletscher der arktischen Zone und der skandinavischen Alpen über die nördliche Halbkugel ausgedehnt, sie mit einer großen zusammenhängenden Eiskruste bedeckt haben. Bestand aber auch in der That eine solche Epoche eisigen Todes, die jedenfalls dem Menschengeschlecht lange vorherging, so war sie doch nur ein Moment in jener Reihe von Oscillationen, durch welche die Erde von ihrem glühend heißen Zustande zu ihrer gegenwärtigen Temperatur gelangt ist.

Es giebt Ebenen, wie die Steppen an den Küsten des schwarzen Meeres und im Innern Asiens, in denen meilenweit kein Stein zu sehen ist, deren Bewohner kein anderes Baumaterial kennen, als Holz und die thonreiche Erde ihres Bodens. Auch die norddeutschen Ebenen bestehen nur aus Sand und Lehm, auch sie sind nur durch Niederschläge aus einem Meere gebildet, das einst seine Fluthen darüber hinrollte. Dennoch klagt der Bewohner derselben nicht über Mangel an Steinen. Bisweilen könnte der Reisende, wenn er ein märkisches Dorf betritt, sich völlig in eine Gebirgsgegend versetzt wähnen. Alle Wohn- und Wirthschaftsgebäude sieht er von Feldsteinen aufgebaut, überall um Gärten Koppeln, selbst an Landstraßen Befriedigungen von Steinmauern. Auf den Plätzen oder vor den Thüren der Häuser findet er einzelne mächtige Blöcke, auf denen die Alten ruhen oder die Kinder spielen. Draußen auf dem Felde sieht er ganze Strecken so mit Steinen besäet, daß der Landmann sie nicht bestellen konnte; auf anderen Aeckern sind die Steine in hohe backofenförmige Haufen zusammengetragen oder in Gruben versenkt. Alle Chausseen, alle Straßen der Städte sind mit Feldsteinen gepflastert, viele Kirchen und Thürme davon gebaut; und verwundert fragt man sich, woher dieser verschwenderische Reichthum komme. Schon unsere deutschen Vorfahren verwendeten diese Steine zu solchen Zwecken, und nur die wendischen Einwanderer, welche in ihren heimathlichen Steppen an Kalk und Lehmbauten gewöhnt waren, wußten sie lange nicht zu benutzen. Noch finden wir aus jener Zeit Spuren einer rohen Skulptur, eingehauene Vertiefungen auf großen Granitblöcken, die sie als Opfersteine oder Grabmäler bezeichnen. So liegen bei Frankfurt a. d. O. auf einem bewaldeten Hügel drei solcher Steine, welche regelmäßige Reihen künstlich eingegrabener Löcher, gewöhnlich 12 an der Zahl, zeigen; und die Phantasie der Beschauer hat sich schon lange mit ihrem muthmaßlichen Zwecke beschäftigt. Oft sehen wir auch aus solchen übereinandergehäuften Blöcken wunderbare Steinpforten und hausähnliche Hügel errichtet.

Wenn also trotz der steigenden Kultur, welche diese Steine zu so zahlreichen Zwecken verwendete, noch heute so viele Gegenden ihren steinigen Charakter nicht verleugnen; wie ganz anders muß das Ansehen dieser Ebenen vor Jahrtausenden gewesen sein, und wie ganz anders werden sie spätere Geschlechter sehen! Einst wird man diese Blöcke vielleicht nur noch aus Büchern kennen oder unter dem Schutte der Ruinen suchen.

Aus den Geschieben der Mark könnte sich ein Naturforscher mit leichter Mühe eine reiche Sammlung der verschiedensten Gesteinarten zusammenstellen. Hier herrschen Granite in wunderbarer Mannigfaltigkeit vor, besonders großkörnige, die sich durch schöne, 6—8 Zoll lange Feldspathkrystalle und Einschlüsse von Granaten, Epidoten, Almandinen und selbst Turmalinen auszeichnen; dort erscheinen Blöcke von Syenit, Gneuß, Glimmerschiefer, Porphyr, selbst Basalte und Schlacken. In anderen Gegenden treten Kalksteine, reich an versteinerten Muscheln und Schnecken, besonders Trilobiten und Orthoceratiten, in so großer Menge auf, daß seit Jahrhunderten Kalköfen darauf betrieben wurden, wie bei Neubrandenburg, auf Usedom und bei Sorau.

Wer in Steinen nichts weiter als Baumaterial sieht, dem könnten die kleinen zerstreuten Steine der Ebenen wohl entgehen. Aber es giebt Blöcke von so erstaunenswerther Größe, daß sie selbst die Aufmerksamkeit eines sonst achtlosen Volkes erregen und seine Sagenpoesie beschäftigen mußten. Bei Waschow in Mecklenburg liegt ein Granitblock von 44 Fuß Länge, und bei Hesselager auf Fünen ragt ein noch größerer Fels von 105 Fuß im Umfange 21 Fuß aus dem Boden hervor. Die größten Blöcke der Mark liegen auf den Rauen'schen Bergen bei Fürstenwalde. Zwei derselben, die der Leser in der Abbildung sieht, führten im Munde des Volkes den Namen der Markgrafensteine, und von dem größten, der 95 Fuß im Umfange hielt und über 25 Fuß über dem Boden hervorragte, erzählte die Sage, daß der Teufel ihn einst auf diese Berge geschleppt und eine Königstochter darin verschlossen habe, deren Jammergeschrei man noch in stillen Nächten vernehmen könne. Die

Die Markgrafensteine auf den Rauen'schen Bergen bei Fürstenwalde.

Kunst hat den Zauber gebrochen. Sie verwandelte den Stein in jene prachtvolle Granitschale, welche seit 1827 den Lustgarten vor dem Museum in Berlin ziert. Gegen 15,000 Centner betrug das Gewicht des Blockes. Man meißelte daher an Ort und Stelle die Schale aus dem Groben und brachte die noch immer über 2000 Centner schwere Steinmasse auf einer Bohlenbahn an das Spreeufer, um sie auf einem besonders dazu erbauten Kahne nach Berlin zu schaffen. Welchen ungeheuren Kraftaufwand erforderte der Transport dieses einen Steines, und welche Gewalt der Natur trug doch diese Millionen von Steinen so viele Meilen weit über Meere und Ebenen auf diese Berge!

Die Heimath der Blöcke sind die Länder, in denen sie jetzt liegen, nicht. Der Lehm und Sandboden, auf dem sie ruhen, gehört dem Braunkohlengebirge an, das sich erst spät aus den Meeresfluthen ablagerte, und kein festes Gestein liegt unter ihm verborgen, von dem sie losgebrochen sein könnten. Erst in weiter Ferne, in den Gebirgen Skandinaviens und Finnlands begegnet der Geologe Felsmassen, deren Natur mit diesen Trümmern übereinstimmt. Die skandinavischen und finnischen Granite besitzen Eigenthümlichkeiten, namentlich in ihren großen Feldspathkrystallen und den besonderen eingeschlossenen Mineralien, wie sie kein anderes Granitgestein wieder zeigt. Ueberdies kommen mit diesen Geschieben Muscheln und

Schnecken vor, die noch heute die nordischen Meere bewohnen; und Moose sind auf den Blöcken entdeckt worden, die nur das skandinavische Gebirge trägt. Aber auch die Verbreitung dieser Steine, die man eben als Fremdlinge an ihren jetzigen Lagerstätten erratische Blöcke, Findlings- oder Wanderblöcke genannt hat, deutet auf die skandinavische Halbinsel und Finnland als ihre Ausgangspunkte hin. Gruppenweise umziehen sie in weitem Bogen diese alte Heimath, und ihre äußerste Grenze läuft von Gröningen in Holland durch Westphalen und Hannover am Nordrande des Harzes hin, durch Sachsen, Schlesien und Polen über Leipzig, Breslau und Warschau nach Rußland hinein bis Tula und endet erst an der Nordspitze des Uralgebirges. Je näher man dem Ausgangspunkte kommt, desto größer werden die Blöcke. Im südlichen Schweden bilden sie ganze Hügelketten, oft von 300 Fuß Höhe, die Oesar, die man dort als Kunststraßen benutzt hat. Noch an den Küsten von Holland erheben sich sandige Hügel, die auf schwedischen Felsblöcken ruhen, zu 150 Fuß Höhe. Die Blöcke des nördlichen Rußlands stammen alle aus Finnland und den Umgebungen des Onega-Sees; in Preußen und Polen vermischen sie sich bereits mit schwedischen Gebirgsarten, und in Pommern, Holstein, selbst an den englischen und schottischen Küsten findet man die letzteren noch allein.

Ein furchtbares Geheimniß schlummert in diesen gewanderten Blöcken. Daß sie nicht Trümmer einer früher zusammenhängenden und aus der Tiefe der Erde hervorragenden Gebirgsmasse seien, welche durch darüber gelagerte neue Gebilde dem Auge entzogen wurde, davon zeugt die ganze Natur dieser Erscheinungen. Aber welche Kraft riß sie von ihrem Urgestein los, zwang sie den weiten Weg über das Meer zu machen? War es ein Zornausbruch des feurigen Erdinnern, oder eine gewaltige Fluth, welche diese Blöcke in so weite Fernen, selbst auf Berge schleuderte? War es eine einzige furchtbare, aber schnell vorübergehende Katastrophe oder eine lange Kette von Ereignissen, welche diese Fremdlinge über die Ebenen zerstreute? Das sind Fragen, welche den Naturforscher seit jenen Tagen des vorigen Jahrhunderts beschäftigten, wo zuerst der Blick der Wissenschaft auf diese räthselhaften Erscheinungen fiel. Göthe spottet über die vergeblichen Erklärungsversuche der Forscher dem Volksglauben gegenüber in seinem Faust:

Noch starrt das Land von fremden Centnermassen;
Wer giebt Erklärung solcher Schleuderkraft?
Der Philosoph, er weiß es nicht zu fassen;
Da liegt der Fels, man muß ihn liegen lassen,
Zu Schanden haben wir uns schon gedacht. —
Das treu-gemeine Volk allein begreift
Und läßt sich im Begriff nicht stören;
Ihm ist die Weisheit längst gereift:
Ein Wunder ist's, der Satan kommt zu Ehren.
Mein Wandrer hinkt an seiner Glaubenskrücke
Zum Teufelsstein, zur Teufelsbrücke.

In der That ist die Sage schneller mit diesem Phänomen fertig geworden, als die Wissenschaft, vor allem die nordische Mythe mit ihren entsetzlich kolossalen Vorstellungen. Nach der Erzählung der Edda kämpfte einst Thor mit dem Riesen Hrugner. Thor schleuderte den Mjölner, seinen gewaltigen Hammer, der Riese parirte ihn mit seiner gewaltigen steinernen Keule. Die Keule zerspringt; die eine Hälfte fliegt an Thors Kopf und streckt ihn betäubt zu Boden, die andre zersplittert, und die zerstreuten Stücke sind eben diese Steintrümmer. Der Hammer des Gottes aber tödtete den Hrugner.

Der erste Anblick der regellos durcheinander geworfenen Blöcke ließ sie gleichsam als eine von oben herabgestreute Saat erscheinen, und wirklich fanden sich Naturforscher, wie Chabrier und Koch, veranlaßt, in ihnen Reste eines zerstörten Erdtrabanten zu erblicken. Andere versuchten es, auch hier die geheimnißvolle Kraft von unten empordrängender Gewalten eine Rolle spielen zu lassen. Noch in neuerer Zeit sah Boll in Neubrandenburg in den Trümmergesteinen der baltischen Ebene die Wirkungen einer gewaltsamen Katastrophe, welche sich nach Ablagerung unsrer tertiären Bildungen, aber gleichzeitig mit dem Diluvium ereignete. In jener Zeit der Geburtswehen des skandinavischen Gebirges drängten, wie er meint, die plutonischen Massen von unten empor und suchten die feste Erdrinde weithin zu durchbrechen. Sie bogen und hoben, lösten und zerbrachen oder sprengten durch Stöße die sie überdeckenden Felslagen. Minenartige Explosionen schleuderten viele Meilen hoch ihre Bomben empor, die in weitem Kreise über die umliegenden Länder als Steinregen herabfielen. Aber dem bombardirenden Pluto mußte Neptun in seiner Arbeit helfen. Auf gewaltigen Fluthen trug er die von plutonischer Kraft zersprengten und zerriebenen Trümmer über die Ebenen hin und lagerte die Schichten des Diluviums ab, in welchen die immer mächtiger geschleuderten Bomben begraben wurden, bis die furchtbarste Explosion, welche zahllose große Blöcke zerstreute, das Ende der Katastrophe, die Geburt des skandinavischen Gebirges verkündete. Diese kriegerische Hypothese auch auf die erratischen Blöcke der Alpen überzutragen, hat indeß noch Niemand versucht. Wasser schien hier die einzige Kraft zu sein, welche man solcher Wirkungen für fähig hielt. Die Wissenschaft mußte erst zahllose Thatsachen aufsuchen und in Uebereinstimmung bringen, um das Räthsel zu lösen. Man mußte erst die Wirkungen des Wassers und der Sturmfluthen, der Eisberge und Gletscher kennen, mußte erst in fernen Gegenden ähnliche Erscheinungen aufsuchen, um aus der Mannigfaltigkeit der Bedingungen auf die gemeinsame Ursache zu schließen. Da fanden sich denn im Norden Amerikas nicht minder mächtige Steinblöcke, die, eben so fremd ihrem Boden, sich in weitem Bogen durch das nördliche Mexico, Texas, Alabama und Georgien erstreckten; und im Süden der Erde fand Darwin in neuester Zeit dieselben Zeichen jenes Steinstromes, wie er ihn treffend bezeichnete.

Die wallartige Gestalt vieler Geröllanhäufungen und das Vorkommen von Blöcken auf leichtem Sand- und Ackerboden, in welchen sie ein Sturz aus der Höhe hätte versenken müssen, die Furchen und Schliffflächen des Gebirgsbodens selbst in bedeutenden Höhen deuteten den denkenden Forscher auf ein Schleifen und Wälzen der Trümmergesteine über denselben hin. Auch die skandinavischen Alpen zeigen auf ihrer Südseite bis zur Höhe von 1500 Fuß diese Furchen und Schliffflächen. Heftig strömende, mit Gras, Sand und Blöcken beladene Fluthen haben offenbar an der Nordseite die Ecken und Kanten der Felsen abgerundet und auf der Südseite die Trümmerwälle der Oesar gebildet. Man hat in der Erfahrung eine Bestätigung für die bewegende Kraft sturmbewegter Fluthen gesucht und gefunden. An den Küsten Finnlands wurden noch in diesem Jahrhundert Blöcke von bedeutender Größe durch Sturmfluthen an ihren jetzigen Ort getragen. Die Sage von einer cimbrischen Fluth, welche 200 Jahre v. Chr. die nordischen Ebenen überströmte, ließ daher zuerst einen Halt für die Anschwemmung der Findlingsblöcke finden; und wenn man auch keine Beweise für ein so junges Ereigniß fand, Meere bedeckten gewiß in grauer Vorzeit die heimathlichen Fluren. Inselgleich ragten die Ketten der Karpathen, des Riesengebirges, der Thüringerwald und Harz aus dem Ocean hervor, und mächtige Eisschollen trugen Steine und Felsblöcke vom Norden her, ließen sie am Strande und auf dem Wege fallen, und das jahrtausendlange Rollen und Reiben der Wogen gab ihnen ihre jetzige Gestalt.

Diese schon zu Ende des vorigen Jahrhunderts von Winterfeld und Wrede aufgestellte Erklärung des Phänomens der erratischen Blöcke durch Inseln von Treibeis wurde in neuerer Zeit von Lyell und de la Beche noch weiter ausgeführt und von den baltischen Ländern auch auf die alpinischen Blöcke übergetragen. Hier indeß kommt die Schwierigkeit hinzu, zu erklären, wie jene Massen von Treibeis, ohne zu zerschellen, ihren Weg durch die gewundenen Thäler in die offene Schweiz fanden, und wie, trotz der veränderlichen Winde und Strömungen, die Eismassen des Rhonethals ihre Blöcke auf den Höhen des Jura absetzten und diese nicht vielmehr tief nach Deutschland verschlagen wurden.

Das Studium der Alpenphänomene führte daher zu einer neuen Erklärung. Nicht stehende Gewässer und ihre Eisbrücken, sondern gewaltige Stromfluthen sollten jene Trümmer von ihren Stammfelsen herabgeschleudert haben. Leopold v. Buch war der Gründer dieser Theorie. Er erkannte zuerst die ganze Größe dieser Erscheinungen und faßte sie, unterstützt durch eine umfassende Localkenntniß, unter einem allgemeinen Gesichtspunkt zusammen. Ihm behagte es nicht, wie de Saussure, zur Erklärung von Meeresströmen einen plötzlichen Rückzug des Oceans durch Einstürze der Erdrinde und Oeffnungen tiefliegender Höhlungen anzunehmen; er läßt die Alpen und ihre Umgebungen selbst durch plutonische Kräfte aus dem Meere aufsteigen, und die Gewässer, durch den Stoß aufgeworfen, in ungeheurer Fluth von den Gipfeln zur Ebene herabstürzen. Die Felsen wurden durch diesen Stoß zertrümmert und die Blöcke von den abfließenden Gewässern durch die zugleich geöffneten Seitenthäler fortgerissen. Daher finde man auch Blöcke, meinte er, die von den höchsten Höhen gebrochen seien, am weitesten fortgeführt und am höchsten auf den Bergen, welche der Richtung ihrer

Bewegung entgegenstanden; Massen dagegen, welche sich von tiefer liegenden Felsen losgerissen, seien schon von weniger hohen, sich entgegenstellenden Hügeln aufgehalten worden, und würden deshalb an ihren Abhängen zerstreut gefunden. Aus jedem Thale läßt L. v. Buch solche Ströme gleichzeitig losbrechen und mit so unbegreiflich großer Schnelligkeit, daß die losgerissenen Felstrümmer nicht Zeit hatten, sich im Verhältniß ihrer Schwere zu senken. Bei ihrem Austritt aus den engen Thalschlünden breiteten sie sich fächerförmig in die Ebene aus und verloren dadurch seitlich an ihrer Geschwindigkeit, so daß sich die Blöcke um so tiefer senkten, je weiter sie von den Seiten entfernt waren. Was anfänglich nur für die Alpen und ihre Umgebung galt, wurde nun auch auf den Norden Europas ausgedehnt. Eine noch furchtbarere Fluth, von den nordischen Ländern hervorbrechend, sollte die Trümmer der skandinavischen Gebirge über die Abgründe der Nord- und Ostsee hinweg auf Großbritannien, die deutschen und russischen Küstenländer geschleudert und dort in ähnlicher Weise die Blöcke zerstreut haben, wie im Umkreise der Alpen. Diese Hypothese bot ein so harmonisches Ganze dar, alle Thatsachen schienen darin so natürlich begründet, daß ihr eine allgemeine Anerkennung, in England sogar das Ansehen eines Dogma zu Theil ward. Dazu kam der längst begründete Ruhm L. v. Buch's, so daß seine Theorie angenommen wurde, ohne daß man es für nöthig erachtete, Berechnungen über die ungeheure Größe der Geschwindigkeit anzustellen, mit welcher die Blöcke in diesem Fluthenstrome fortgeschleudert werden mußten, oder sich zu fragen, woher und wohin die ungeheure Wassermasse gekommen sei.

Dieser lange Zeit herrschenden Theorie stellten Charpentier und später Agassiz eine andere gegenüber, wonach die Kraft, welche die Blöcke fortgeführt habe, durch Gletscher ausgeübt wurde, und die Ablagerungen der Blöcke als alte Gandecken zu betrachten sind. Sie machten auf die Spiegelflächen und Furchen der Felsen des Rhonethals bis zum Genfersee, wie des Jura in seiner ganzen Ausdehnung aufmerksam, sie zeigten, daß an den größeren Findlingsblöcken keine Spur von Abstumpfung und Zerreibung zu entdecken ist, wie es doch immer den Geröllen der Ströme zukommt; sie sind eckig und scharfkantig, wie frisch abgesprengte Bruchstücke, und dies um so mehr, je größer sie sind. Sie wiesen darauf hin, wie die allmälig abnehmende Gewalt auch des reißendsten Stromes größere Blöcke auf geringere, kleinere auf weitere Strecken mit sich fortreiße, wie bei Ueberschwemmungsablagerungen immer die schweren Stücke unten, der feine Sand oben liege. Das Alles erschien bei den Findlingsblöcken ganz anders. Hier liegen Felsstücke von vielen tausend Kubikfuß und faustgroße Gerölle unter und neben einander, die großen oft oben, die kleinen unten. Oft treten die Ablagerungen der Blöcke in Wällen auf, die ein Thal schließen und nur vom Thalgewässer durchbrochen sind. Solche Dämme aber baut kein Strom sich selbst in den Weg, sondern er reißt die, welche er findet, fort. Oft sind Blöcke auf das Sonderbarste aufgerichtet, wie auf Spitzen ruhend; Ströme aber richten nicht auf, sie werfen um. Auch die Schliffflächen des Felsbodens, auf dem die Blöcke liegen, konnten nicht vom Wasser bewirkt werden; oft sind sie durch fußdicke Geröll- und Sandschichten von den größeren Blöcken getrennt, zum Beweise, daß seit der Ablagerung der letzteren keine große Gewalt mehr auf sie gewirkt haben kann, da sie sonst den Sand mit hinweggespült hätte. Alle diese Thatsachen lassen sich, wie es scheint, leicht mit der Annahme von Gletschern, schwer mit der von Strömen als wirkenden Ursachen vereinigen. Agassiz fand sich daher durch die nicht nur in den Alpen und dem Jura, sondern auch im nördlichen Europa und Amerika wahrgenommenen alten Gandecken und Schliffflächen veranlaßt, der Welt ein neues Zeitalter in ihren Kalender zu schieben, indem er einen Zeitpunkt allgemeiner Vereisung der Erde behauptete. Die Erkaltung der Erdrinde fand nicht gleichmäßig statt, in jeder geologischen Epoche traten plötzliche Temperaturänderungen ein. Eine solche Katastrophe war es, welche nach Erhebung des Jura unsre ganze Erdoberfläche von den Polen bis zum Mittelmeere mit Eis bedeckte. Die Alpen erhoben sich unter der Eisdecke, die Eisspiegel senkten sich, und pfeilschnell glitten die Felsblöcke auf ihnen zum Jura hinab. Unter dem Einfluß einer wärmeren Periode verschwand die Eisdecke allmälig wieder. Die Gebirgszüge, welche Europa durchkreuzen, wurden Haltpunkte der Eismasse, und bald bildeten sich, während die Ebenen allmälig frei wurden, ebenso viele Gletschersysteme, als Bergketten vorhanden waren. Auf diesen Gletschern wurden die

Findlingsblöcke von oben herab bewegt, und man findet sie deshalb stets in sternförmiger Verbreitung um die Gebirge, von welchen sie stammen, gelagert. Allmälig wurden die niederen, dann auch die höheren Gebirgsketten ganz frei von Gletschern, und endlich blieben nur noch als geringe Reste der ehemaligen Eiszeit die Gletscher der Alpen und der wenigen andern ewigen Schnee tragenden Gebirge und der Polargegenden zurück.

Dies ist die Theorie von Agassiz, die immer mehr Anhänger gewinnt, weil durch sie die Verbreitung der erratischen Blöcke und aller dabei beobachteten Erscheinungen am besten erklärt wird. Indeß sind auch gegen sie manche Einwürfe erhoben worden. Man hat gefunden, daß eine solche Herabstimmung der Temperatur, wie sie zur Erzeugung so ausgedehnter Gletscher nöthig war, in schreiendem Widerspruche stehe mit den Thatsachen, welche uns in jener Periode ein tropisches Klima in der Schweiz und selbst in unserm nördlichen Deutschland erkennen lassen, wo Palmen wuchsen und Muscheln der Tropengegenden lebten. Der Kontrast ist grell; aber dennoch scheinen Erscheinungen für die Existenz eines solchen kälteren Klimas zur Zeit der erratischen Epoche zu sprechen. Gelten einmal die Thatsachen in den Naturwissenschaften als einziger Prüfungsstein, so müssen auch die erratischen Erscheinungen, so lange sie nur mit den jetzt an den Gletschern beobachteten Thatsachen übereinstimmen, aus gleichen Ursachen begriffen werden. Wenn man einst andere Kräfte aufgefunden haben wird, welche ebenfalls Rundhöcker, Schliffflächen und Streifen, gefurchte Gerölle und Findlingsblöcke in Gemeinschaft erzeugen, erst dann können jene Gletscher der Vorwelt mit Recht in Frage gestellt werden. Bis dahin drängt sich uns gewaltsam der Schluß auf, daß einst durch eine sehr lange Periode Großbritannien großentheils und Skandinavien gänzlich von Gletschern bedeckt war, die bis ins Meer hinabstiegen, und daß die erratischen Ebenen von Deutschland, Rußland und Sibirien von einem Polarmeere bedeckt waren, auf dessen Grunde die Sand- und Kiesmassen sich schichteten, und die Eisflöße mit ihren Findlingen strandeten. Der Boden dieses alten Polarmeeres hob sich allmälig empor, und von dem weiten Ocean, welcher die Nordsee mit dem weißen Meere verband und Skandinavien als Insel umfluthete, wie Spitzbergen jetzt vom Eismeere umfluthet ist, blieb uns nur die Ostsee übrig. Noch jetzt dauert diese allmälige Erhebung des Bodens in Schweden fort, wie mit völliger Bestimmtheit in historischer Zeit nachgewiesen ist. Es ist die letzte Regung jener Zeit, welche die Geburt der Gegenwart einleitete und in ihren Trümmern uns die Großartigkeit ihres Schaffens und Zerstörens ahnen läßt.

So einfach und natürlich die Gletschertheorie ist, so darf sich nimmer die Naturforschung verleiten lassen, die Einfachheit ihrer Vorstellungen und Schlüsse auf die bunte Mannigfaltigkeit der Natur übertragen, die geheimnißvolle Meisterin aus einem ihrer Werke in ihrer ganzen reichen Thätigkeit begreifen zu wollen. Das hieße die Natur construiren. Unleugbar waren es Gletscher, welche zahllosen Findlingsblöcken ihren Ursprung gaben; aber andere tragen ein ganz anderes Gepräge. Die Blöcke des Aarthals haben nichts von der eigenthümlichen Moränenbildung an sich, und an zahlreichen Orten finden sich abgerundete, von geschichteten Kiesmassen umschlossene Blöcke, welche offenbar von Strömen gerollt und abgesetzt wurden. Am schwierigsten aber läßt sich die erste Ursache jener Vereisung und Vergletscherung, die plötzliche Erstarrung, der Wechsel von Wärme und Kälte, von Leben und Tod auf der Erdoberfläche begreifen. Der Einfluß der innern Erdwärme ist zu unbedeutend, die Wärme unserer Atmosphäre und unseres Bodens ist fast ausschließlich Wirkung der Sonne. Man müßte daher einen Wechsel in der Stärke der Sonnenwärme nachweisen, eine Aufgabe, welche die größten Astronomen vergebens zu lösen versuchten; und selbst dann noch würde die plötzliche Vereisung, der plötzliche Untergang der ganzen organischen Natur ein ungelöstes Räthsel bleiben.

Dessenungeachtet haben ältere und neuere Forscher die Tiefen der Astronomie zur Begründung ihrer Ansichten erschöpft. Schon Wrede nahm im Jahre 1804 in der Verlegenheit, das nöthige Meereswasser herbeizuschaffen, welches im Verein mit dem atmosphärischen unser Diluvium gebildet haben sollte, seine Zuflucht zu einem veränderlichen, excentrischen Schwerpunkt der Erde. In neuerer Zeit folgte ihm ein französischer Gelehrter, Adhemar, welcher den Ursprung jener Eismassen in ursächlichen Zusammenhang mit der langsam fortschreitenden Drehung der großen Axe unserer Erdbahn und der dadurch bewirkten Veränderung im Verhältniß unserer Jahreszeiten brachte und daraus selbst eine unheilvolle Zukunft für das Menschengeschlecht prophezeihte. Der Cyclus jener Drehung beträgt 21,000 Jahre. In der einen Hälfte verlängern sich die beiden warmen Jahreszeiten beständig, während die beiden kürzeren abnehmen. Die größeste Ausdehnung erreichten unser nördlicher Frühling und Sommer im Jahre 1284 zur Zeit Friedrichs II., seitdem nehmen sie wieder ab. Dies geht fort bis zum Jahre 11,784 unserer Zeitrechnung, wo Herbst und Winter ihre größte Länge erreicht haben, wie sie dieselbe schon 9252 Jahre v. Chr. besaßen. Diese Verhältnisse der großen Axe der Erdbahn benutzt Adhemar zur Erklärung jener ungeheuren Eisdecke, für deren einstiges Dasein so viele Thatsachen zu sprechen scheinen. Gegen die bisher allgemein gültige Ansicht, daß die größere Sonnennähe, in welcher sich die Erde während der überwiegend warmen Jahreszeiten der Südhemisphäre befindet, die längere Dauer derselben für den Norden durch einen größeren Wärmegrad ausgleichen müsse, wendet Adhemar ein, daß es nicht sowohl auf die Menge der Wärme ankomme, welche die Erde empfange, als auf die, welche ihr verbleibe. Die südliche Polarzone aber hat, wie die nördliche, während des Winters längere Nächte und überdies gegenwärtig eine längere Dauer des Winters; daraus folgt für sie natürlich eine größere Zahl von Nachtstunden, als für die nördliche. Jene strahlt daher in den längeren Nächten mehr Wärme aus, kühlt sich stärker ab, hat also nothwendig eine niedrigere mittlere Temperatur, als die nördliche. Deshalb bildet auch das südliche Polarmeer gegenwärtig wegen der längeren Winternächte eine größere Eismasse, als das nördliche. Dauert dieser Unterschied mehrere Jahrtausende fort, so wird er allmählig sehr bedeutend werden. In der That lehrt die Beobachtung, daß sich die südliche Eiszone über zwölf Breitengrade weiter vom Südpol erstreckt, als die nördliche vom Nordpol, und daß das Südpolareis viel dicker ist, als das Nordpolareis. Eine so bedeutende Ungleichheit der Eismassen an beiden Polen, meint nun Adhemar, müsse auch das Gleichgewicht zwischen ihnen stören und den Schwerpunkt aus dem Centrum der größeren Masse nähern, so daß er sich jetzt vielleicht schon auf der Südseite des Aequators befinde. Eine weitere Folge werde sein, daß sich das Wasser des

Oceans von der Seite der geringern Eismasse gegen die der größern und nach dem Schwerpunkt hinziehe, so daß es das Land in der Nähe jener trocken lege und in der Nähe der größern Eismasse überschwemme. Daher komme es, daß jetzt der Nordpol fast überall von Land umgeben sei, während sich die Kontinente gegen den Südpol, wo das Meer tiefer ist, pyramidal zuspitzen. Nach dem Jahre 6500, wo die nördlichen Winter anfangen den Sommer zu überwiegen, vergrößert sich das Nordpolareis, das schon jetzt langsam wachsend zunehmen soll, immer mehr, während das Südpolareis anfängt zu erweichen und abzuschmelzen. Beim höchsten Grad der Schmelzung trete dann nach dieser Hypothese ein Eisgang ein, der Schwerpunkt gehe auf die nördliche Seite über, die Wasser des Südpols stürzen gegen den Nordpol, bedecken das ihn umgebende Land unter ihren Fluthen und hüllen die vom trocknen Lande gegen den Pol hin gespülten organischen Geschöpfe in die Eismassen ein. Eine solche Fluth wird also schon nach dem Jahre 6500 eintreten, wie sie sich auch um 9250 v. Chr. ereignete, wo nach Agassiz jene ungeheure Eiskruste die ganze nördliche Halbkugel bedeckte.

Das ist die für die künftigen Geschicke der Menschheit so trostlose und sich doch durch mathematische Schärfe so glaubwürdig hinstellende Hypothese Adhemars. Glücklicher Weise steht aber auch sie nicht über gerechte Zweifel erhaben. Ein Sphäroid, wie unsere Erde, verändert nicht so leicht seine Axenstellung und seinen Schwerpunkt. Sollte ein so bedeutendes Phänomen erzeugt werden, so müßte das Uebergewicht der einen Eismasse über die andere dem Gewichte des ganzen Himalaya gleichkommen. Ueberdies fällt die größte Kälte keineswegs auf die astronomischen Pole selbst, sondern in deren Nähe auf die Kältepole. Dort also muß sich das meiste Eis befinden, und der Schwerpunkt kann mithin nicht in der Richtung der Erdaxe, sondern nur in der der Kältepole verrückt werden. Dadurch aber würde eine Aenderung der Rotationsaxe herbeigeführt, die von der Astronomie als unmöglich zurückgewiesen wird. Daß klimatische Veränderungen aus den die Stellung der Apsidenlinie verändernden Störungen hervorgehen, kann nicht geleugnet werden, aber schwerlich solche, welche die mittlere Wärme eines Orts um mehr als $^1/_2$° ändern. Auch jene plötzliche Wasserversetzung von einem Pole zum andern ist nur denkbar bei einem plötzlich eintretenden Eisgange, nicht aber bei einem langsamen Abschmelzen des Eises, wie es die so langsam veränderte Stellung der Apsidenlinie mit sich führt. Selbst das scheint zweifelhaft, daß sich bereits jetzt der Schwerpunkt auf der Südseite des Aequators befinde, denn schon jetzt müßten die Gewässer der nördlichen Meere in einer Strömung nach dem Südpol begriffen sein, deren Spuren uns doch das Sinken des Meeresspiegels an den europäischen Küsten erkennen lassen würde. Trat überhaupt eine solche Eisfluth vor der jetzigen Epoche ein, so hätte sie nach dieser Hypothese offenbar ihre Richtung von Norden nach Süden nehmen müssen, und doch machen es alle geologischen Erscheinungen viel wahrscheinlicher, daß das Wasser, welches die Elephanten in die nördlichen Eismassen einhüllte, gegen Norden gestossen sei. Das Gewagteste aber würde es sein, aus dieser zwischen 10,500 Jahren schwankenden periodischen Wasserversetzung von einem Pole zum andern die früheren neptunischen Niederschläge ableiten zu wollen. Fluthen haben unstreitig unsrer Erdoberfläche ihre letzte Gestaltung gegeben, aber sie waren nur die Thränenfluthen, welche den Wuthausbrüchen des plutonischen Erdinnern folgten. Nicht die Wasserwogen und die Eisberge Adhemars drohen der europäischen Kultur und den Künsten des Friedens, an denen Jahrtausende gearbeitet, den Untergang: nur die plutonischen Gewalten der Tiefe grollen der gegenwärtigen Ordnung der Dinge und mahnen den in Träume der Sicherheit gewiegten Erdbewohner an die Lebenskraft unter seinen Füßen, welche nie zu schaffen und zu gestalten ruhen wird.

Noch ist es nicht gelungen, die räthselhafte Erscheinung der erratischen Blöcke, die eine so weit verbreitete ist, unter einen allgemeinen Gesichtspunkt zu bringen und durch eine einfache, erschöpfende Ursache zu erklären. Es ist ein vergebliches Bemühen. Wer möchte die erratischen Erscheinungen des Völkerlebens aus gleichem Ursprung herleiten? Wohl sehen wir ein Volk mit dem Fluche der Geschichte beladen umherirren durch die Länder der Erde, ein Fremdling, ohne Vaterland, ohne Heimath. Eine furchtbare Katastrophe zerstreute es in die Welt, weil es seinen Gott und sein Recht verkauft hatte. Aber wir sehen auch ein anderes Volk heimathlos in weite Ferne zerstreut, das deutsche Volk als Fremdling auf fremdem Boden. Kein plötzliches Strafgericht zerstiebte es in die Winde; seine Söhne verzagten in den Zeiten der Trübsal, sie suchten ein Vaterland, weil sie die Freiheit suchten. So rufen mannigfache Ursachen gleiche Geschicke, gleiche Erscheinungen im Völkerleben hervor. So schaffen auch verschiedene Ursachen gleiche Wirkungen im Leben der Natur. Jene erratischen Blöcke der Alpengegenden und der nordischen Ebenen sind das gemeinsame Erzeugniß zahlreicher Kräfte, der von unten herauf die feste Erdrinde zersprengenden plutonischen Gewalten, wie der sturmbewegten Meereswogen und der aus den Höhen niederstürzenden Ströme, der strandenden Eisschollen, wie der langsam niedergleitenden Gletscher.

C. Die Wirkungen der organischen Kräfte.

Gewaltig sahen wir die Feuermächte aus dem Schooße der Erde heraus ihre Rinde erschüttern, sie gleich einer dünnen Schlackendecke in Falten krümmen, blasig auftreiben, durchbrechen und mit ihren glühenden Massen überschütten. Wir sahen Wasserfluthen an den Umrissen der Festländer nagen, Küsten zerstören, Felsen durchwühlen, Inseln und Berge verschlingen, oder neue Länder bauen und so ihrer eignen Zerstörungswuth mächtige Dämme entgegensetzen. Endlich war es selbst das kalte Reich des Todes, die starre Natur des Eises, welche zerstörte und baute und zum Boten und Träger der Gesteine in ferne Länder ward. Aber auch die organische Welt schaart sich zum Baue des Erdballs zusammen, und die Blätter der Erde tragen nicht bloß rohe Massen, mechanisch zusammengefügt, nicht bloß Leichen früherer Schöpfungen in starre Gräber gehüllt, sie tragen auch lebendige Schöpfer der Gegenwart, eine regsame Welt von Wesen, berufen, wie es scheint, das lebendige Kleid der Erde zu weben. Diese organische Welt, die noch mit den Leibern ihrer Opfer in den Bildungsproceß der Erde wirkend eingreift, ist vom höchsten Interesse für die Geologie. Sie drückt den verschiedenen Schöpfungsepochen einen bestimmten lokalen Charakter auf, der um so mehr hervortritt, je näher die geologische Epoche an die unsrige heranreicht.

1) Die Bauten der Pflanzenwelt.

Pflanzen und Thiere geben der Erde wieder, was von ihr genommen wird. Die Pflanzenwelt, dies eigentliche Kind der

Erde, strebt aus dem mütterlichen Boden empor in die Lüfte des Himmels, als wollte sie aus ihnen die zarteren Stoffe herabholen, um die Mutter zu nähren. Wie Fangarme streckt die Erde die Riesenbäume dem Himmel entgegen, wie Seufzer nach Verklärung entsteigen ihr die Blumen. In der Pflanzenwelt verjüngt sich die Erde, und ihre todten Ueberreste sind die Quellen neuen Lebens.

Ueberall, wo Flora's Herrschaft nicht durch eine ewige Eisdecke ein Ziel gesetzt ist, bildet sich die Vegetation selbst den Boden, der sie trägt und nährt, durch Vermischung abgestorbener pflanzlicher und thierischer Bestandtheile mit Sand, Geröllen, Geschieben und erdigen Theilen. Diese Acker- oder Dammerde besteht daher aus den zersetzten Bestandtheilen des zertrümmerten und verwitterten Felsbodens, aus dem sie hervorgegangen, aus Kiesel- und Thonerde, aus Kalk- und Talkerde, aus Ammoniak- und Kalisalzen, aus Humus und Humussäure. Der Humus macht gewöhnlich 1—10 Procent der fruchtbaren Dammerde aus und bildet sich unter dem Einfluß von Feuchtigkeit, Luft und Wärme beim Vermodern thierischer und vegetabilischer Stoffe. Diese braune pulverförmige Substanz saugt so begierig Feuchtigkeit ein, daß sie ³/₄ ihres Gewichts Wasser enthalten kann, ohne naß auszusehen, und dieser Wassergehalt dient besonders zur Lösung der Nahrungsmittel, welche die Wurzeln der Pflanzen aus dem Boden aufnehmen; ohne sie wäre der Boden unfruchtbar. Sand-, Lehm-, Kalk- und Thonboden enthält den sogenannten milden Humus, der am vortheilhaftesten auf das Wachsthum der Pflanzen einwirkt und am reichsten in den wald- und pflanzenreichen Tropenländern vorkommt, wo er oft mehrere Fuß mächtige Lager bildet. Der saure Humusboden enthält freie Humussäure und ist am unwirksamsten gegen Pflanzen. Er findet sich gewöhnlich an Orten, wo sich der Humus in großen Massen angehäuft hat, wie in Sümpfen und Mooren, und wo, wie in Sandgegenden, die zum Binden der Humussäure nöthige Kalk- und Thonerde fehlt. Am weitesten verbreitet ist er im nördlichen Amerika und Europa, und in der sibirischen Tiefebene, der Tundra, bedeckt er Tausende von Quadratmeilen. An ihn schließt sich der Haideboden Norddeutschlands und Nordasiens an, der sich aus unserm Haidekraut (Calluna vulgaris) bildet und wie jener freie Säuren, vorherrschend aber Kohle und Harze enthält. Gewöhnlich ruht er auf grauweißem Sande, der in größerer Tiefe bald in gelben Sand übergeht, oft aber so stark eisenschüssig ist, daß er braunroth erscheint. Dem norddeutschen Landmann ist diese Erde als Fuchserde oder Ur bekannt und als völlig todt und unfruchtbar verhaßt.

Die Bildung der Dammerde geht ununterbrochen, aber äußerst langsam vor sich, und aus der Dammerde, die sich über Lavaströmen am Fuße des Aetna gebildet hatte, schließt man, daß zur Erzeugung einer linienhohen Lage wenigstens ein Jahrhundert erforderlich sei. Auch der tiefere Untergrund scheint auf die Beschaffenheit der Vegetation einen Einfluß zu haben, wiewohl es von vielen Botanikern bestritten wird. Der Charakter der Floren scheint nicht allein nach der dünnen, oberflächlichen Bodendecke, sondern auch nach dem Untergrunde zu wechseln. Jene unübersehbaren Grasflächen der südrussischen und westasiatischen Steppen, jene einförmigen Grasmeere der amerikanischen Savannen und Llanos scheinen die Einförmigkeit ihres Charakters weniger den wechselnden oberen Schichten, als dem tiefliegenden Thon- und Sandboden ihrer Unterlage zu verdanken. Darum gehen die Pampas von Buenos Ayres in nackte Wüsten über, und der öde Wüstengürtel Afrikas und Asiens verdankt seine todte Natur nicht dem Mangel an Dammerde,. sondern der Unmöglichkeit, solche zu bilden.

Die größte Aufmerksamkeit verdient die Torfbildung, welche besonders in Niederungen,. in mulden- und kesselförmigen Vertiefungen, an den Ufern von Meeren und Seen, überhaupt in Gegenden stattfindet, die jährlich längere Zeit unter stagnirendem Wasser stehen, oder Moore, Sümpfe und Moräste bilden. Aber auch auf Gebirgen bildet sich Torf und nimmt hier nicht selten große Flächenräume ein, so auf dem Harz, dem Riesen- und Erzgebirge, in Böhmen und Thüringen, in Irland und dem schottischen Hochland. Oft bedeckt er auch große Seen und Teiche oder bildet schwimmende Inseln. Eine der größten schwimmenden Decken trägt wohl der Neusiedlersee in Ungarn. Diese, dort Hansäg genannt, ist ein schwimmendes Moor, das auf einem Flächenraum von 6 □M. nur Rohr, Schilf, Binsen, wenige Birken und Erlen und ein saures Heu hervorbringt. Nur in trocknen Jahren ist die Heugewinnung möglich, bei nasser Zeit läßt man das Vieh dort weiden, das oft bis an den halben Leib in Schlamm versinkt. Es gehört besondere Geschicklichkeit dazu, auf dieser schwimmenden und wie Wasser wogenden Bodendecke zu gehen, deren Dicke nur 2—4 Fuß beträgt.

Auch der Torf verdankt seinen Ursprung abgestorbenen, vermoderten und zersetzten Pflanzen, deren Formen sich um so weniger im Torfe erkennen lassen, je weiter die Verwesung vorgeschritten ist. Es ist daher durchaus unwahrscheinlich, daß der Torf, wie noch Manche annehmen, eine eigenthümliche Mineralbildung, und das häufige Gemenge desselben mit Vegetabilien nur zufällig sei. Vielmehr giebt ihm eine durch Feuchtigkeit beschränkte und aufgehaltene Verwesung und Verkohlung verschiedener Sumpfpflanzen, besonders der Torfmoose, Wollgräser, Riedgräser, Binsen u. a. m. seine Entstehung, wie man es durch künstliche Nachbildung bewiesen hat. Das Absterben und Verfaulen der untern Theile der Gewächse liefert die einzelnen Torfschichten, auf denen eine neue Pflanzendecke emporschießt, die im Verlauf der Jahre sich gleichfalls in Torf umwandelt. Die oberste Decke der Moore bildet der Rasentorf oder Stichtorf, der noch als ein verfilztes Gewebe der torfbildenden Pflanzen erscheint. Darunter liegt der Moortorf von dunkler Farbe und zu unterst der Pechtorf, ein schwarzer, dicker Schlamm, in dem sich gar keine Pflanzenbestandtheile mehr finden, die ihre eigenthümliche Structur erhalten hätten, und der, wenn er in Formen gepreßt wird, auch den Namen Baggertorf führt. Nach den Pflanzen, welche den Torf bilden, unterscheidet man vor allen den Moostorf, welcher durch die eigenthümliche Beschaffenheit des Sumpfmooses die Bedingung seiner beständigen Wiedererzeugung in sich trägt, während die übrigen Torfarten, welche durch Umwandlung von untergetauchten Wiesen, Schilfgründen u. s. w. gebildet wurden und meistens in alten Seegründen oder trockengelegten blinden Flußarmen sich finden, keiner Wiedererzeugung fähig sind und nach der Ausbeutung steril bleiben. Die Streitigkeiten, welche sich öfters über die Wiedererzeugung des Torfes erhoben haben, beruhten hauptsächlich auf der ungenauen Unterscheidung der verschiedenen Torfarten, indem die Vertheidiger der Wiedererzeugung sich auf Thatsachen stützten, welche den Moostorfen entnommen waren, während ihre Gegner die Beweise für ihre Ansicht in Wiesen- und Seetorfen fanden. Alle vegetabilische Substanz kann unter günstigen Verhältnissen bei gehöriger Feuchtigkeit und Druck in Torf übergehen, das spätere Fortwuchern und Wiedererzeugen des Torfes ist aber nur in solchen Ablagerungen möglich, welche aus Moostorf gebildet sind. Für das Wachsen des Torfes sprechen auch ferner die zahlreichen thierischen Ueberreste, Knochen von Pferden, Hirschen, Renthieren, Ochsen und Auerochsen, die man in Torfmooren findet. In dem ostfriesischen Torfe fand man sogar unter Baumstämmen einen wohlerhaltenen menschlichen Leichnam in der unversehrten Tracht eines alten Friesen. Aehnliches kommt in den englischen und irischen Mooren vor. Auch Werke von Menschenhand hat man häufig gefunden. So entdeckte man in der holländischen Landschaft Drenthe unter dem Torfe einen Straßendamm, der 4500 Schritt weit verfolgt wurde, zum deutlichen Beweis der oft weit erstreckten Bodenerhöhung der Torfmoore durch Nachwachsen derselben.

Zum Brennen wird der Torf auch in den norddeutschen Ebenen wohl schon seit dem 13. Jahrhundert gebraucht, da Urkunden seiner erwähnen. Eine kunstgemäßere Gewinnung ward jedoch erst im 16. Jahrhundert eingeführt und besonders durch holländische und ostfriesische Kolonisten gefördert, welche kein anderes Brennmaterial als den Torf kannten und unsre Vorfahren auf diesen Schatz ihres Bodens aufmerksam machten. In Irland und auf der baumlosen Insel Hiddensee bei Rügen findet wohl die mannigfachste Benutzung desselben statt. Dort dient er selbst als Baumaterial. Freilich können diese Bauten keine Paläste werden, und die armseligste Alpenhütte kann keinen traurigern Anblick gewähren als diese architectonischen Stümpereien, deren krüppelhafte Formen, mit ihren Dächern von Seegras, ihrem Gemäuer von Torf oder Feldsteinen, und ihren kleinen Gucklöchern, die hin und wieder aus gebogenen Schiffsfenstern bestehen, diese Höhlen des grenzenlosesten Elends, der tiefsten Schmach des Menschengeschlechts. —

Ein großartiger Bildungsproceß durch die Vegetation geht in jenen tropischen Urwäldern vor, wo noch keine Kultur das Wirken der Natur gestört hat. Dort wird der Boden von einer ungeheuren Menge abgestorbener Baumstämme, gebrochener und geknickter Aeste bedeckt, die durch wuchernde Schlingpflanzen und Moose in eine feste Schicht verwebt sind, die sich allmälig in eine torfähnliche Substanz verwandelt. Wenngleich dieser Proceß trotz der Unterstützung, welche er in der moosigen Vegetation des Bodens findet, nur langsam fortschreitet und in Jahrhunderten kaum merkliche Anhäufungen bewirkt, so giebt es doch besondere Zufälle, welche die Schöpfungskraft dieser Wälder bedeutend erhöhen. In den Tropenregionen ist es nichts Seltenes, durch heftige Stürme ganze Wälder umgeworfen, Bäume entwurzelt oder zerknickt zu sehen. Auf den Antillen wurden meilenweite Flächen des herrlichsten Waldes durch solche Orkane zerstört, und Bäche und Flüsse, angeschwellt durch Wolkenbrüche und durch die Baumtrümmer aufgestaut, überschwemmten die niedergeschmetterten Wälder, ihre Bewohner aller Art im Schlamm begrabend. Auf meilenweite Strecken hin wurde das Meer im buchstäblichen Sinne von den ausgerissenen Bäumen überdeckt, und nicht auf dem festen Lande allein, sondern selbst auf dem Grunde des Meeres bedeutende Ablagerungen gebildet. Auch Hebungen und Senkungen des Bodens haben an vielen Stellen der europäischen Küsten Wälder unter das Niveau des Wassers getaucht und unter den Aufschwemmungen des Strandes begraben. Selbst die Treibholzflöße, welche von vielen Strömen Amerikas weit in das Meer geführt und, vom Golfstrom fortgetrieben, viele nordische Küsten, Island, Spitzbergen, Grönland, mit Brennmaterial versorgen, können bedeutende Ablagerungen veranlassen. Diese untermeerischen Waldungen zeigen gewöhnlich zusammengedrückte, bald stehende, bald nach einer Richtung übereinandergeschichtete Stämme mit Wurzeln, Zweigen und Blättern, die durch Wasserpflanzen oder Thon- und Sandschichten zusammengehalten werden. Oft bieten die Stämme durch langen Aufenthalt unter dem Wasser eine der Braunkohle ähnliche Beschaffenheit und sehr bedeutende Dichtigkeit dar, und es bedarf nur der Hinweisung auf die Zusammensetzung unsrer Braunkohlenlager aus übereinandergeworfenen, zusammengedrückten Baumstämmen, um zu zeigen, daß bei der Bildung dieser Braunkohlenlager ähnliche Phänomene im Spiele waren. Die gewaltigen Tannen- und Fichtenstämme, welche unter dem Boden der baltischen Ebenen lagern, die ganz verkieselten Baumstämme, die man neuerdings unter dem Wüstensande Aegyptens in der Nähe der alten Pyramiden aufgefunden hat, die Schichten harziger Baumstämme, die mit Sand und Steinen auf der eisigen Insel Neu-Sibirien einen ganzen Berg zusammensetzen, sie alle sind sprechende Zeugen für die Theilnahme dieser lebendigen Natur an der Geschichte unsrer Vorzeit.

Ein ganz besonderes Interesse gewähren die versunkenen Wälder, welche der englische Geologe Lyell in neuerer Zeit an den Küsten Nordamerikas durchforscht hat. Sie erzählen uns die Geschichte

Ein versunkener Wald. a u. b, die oberen durchschnittenen Dammerde- und Thonschichten; c die versunkenen Baumstümpfe auf ihrem früheren, bloßgelegten Waldboden, dazwischen Hirschgeweihe, Ochsenhörner und Thierknochen; d die darunter liegenden gehobenen Schichten des alten Festlandes.

ihres Todes, wie des Bodens, auf dem sie einst grünten. Sie erzählen uns von den mächtigen Wäldern, in deren Schatten einst die Riesenthiere der Vorzeit, das Megatherium, das Mastodon, Mylodon und Mamuth, lagerten, deren Reste noch heute in diesen Marschen über den Schalen der Gegenwart angehöriger Muschelthiere gefunden werden. In dem Flusse Alatamaha in Georgien liegt unweit seiner Mündung die niedrige Insel Buttler. In den Salzmarschen dieser Insel sind die aufrecht stehenden Stümpfe und Wurzelstöcke von Cypressen und Fichten begraben. Oberhalb des Brackwassers ziehen sich noch jetzt weite Strecken angeschwemmten Landes hin, die von hohen Cypressen bedeckt sind. Auch auf jenen Salzmarschen stand einst ein alter Wald, aber der Boden senkte sich um mehrere Fuß, und das Salzwasser tödtete die Bäume. Sie verfaulten allmälig bis zum Niveau des Wassers, der Fluß warf neue Lagen von Sand und Dammerde auf die Stümpfe und erhöhte den Boden nach Art aller Deltabildungen; da wuchs ein neuer Wald über den Ruinen des alten, bis ihn ein gleiches Schicksal vernichtete. Wie langsam die Verwesung des Holzes vor sich geht, zeigt eine Beobachtung, die man in Hopeton machte. Cypressen, die man dort mit Absicht durch Ringeinschnitte in die Rinde getödtet hatte, standen noch nach 30 Jahren aufrecht.

Aehnliche Erscheinungen unterseeischer Wälder zeigen nach Lyell die ganzen Ostküsten Nordamerikas von Carolina, Georgien und Florida bis zum Missisippi hin. Alle Salzmarschen dieser Küsten, alle die niedrigen, mit Rohr und Gras bedeckten Inseln und Marschen in den Flüssen, die jetzt bei jeder hohen Fluth überschwemmt werden, waren einst hohe Marschen des festen Landes, welche Wälder von Cupressus thyoides, Tupelo, Magnolia grandiflora, von Eichen, Eschen und andern Bäumen trugen, die jetzt noch auf den Flußmarschen wachsen, deren Oberfläche mehr als 2 Fuß über den Springfluthen liegt. Die Pflanzer dieser Küsten wissen es sehr wohl, daß sie überall, wo sie diese grasreichen Fluthmarschen zum Anbau eindämmen, nicht über 3—4 Fuß tief graben können, ohne auf Schichten von Cypressenstämmen zu stoßen, die so dicht liegen, wie sie jetzt noch in den Morästen wachsen. An den Küsten der nördlichen Staaten, wo das Holz schon selten geworden ist, hat man einen besonderen Erwerbszweig daraus gemacht, diese Stämme im Schlamme aufzusuchen und zu Brettern und Schindeln zu verarbeiten.

Wie jugendlich auch das Alter dieser Wälder für die Geschichte der Erde sein mag, für die des Menschen ist es immer ein sehr hohes. Das beweist die außerordentliche Tiefe, bis zu welcher der Boden der Cedermarschen des Cap May an der Südgrenze von New-Jersey an der Ostküste der Delaware-Bai mit Bäumen erfüllt ist. Mit ihren Wurzeln, wie sie gewachsen waren, stehen Baumstümpfe von 4—6 Fuß Durchmesser über den Stämmen uralter Cedern, die in jeder möglichen Lage, oft horizontal übereinander geschichtet sind. An einem solchen, 6 Fuß dicken Stumpfe zählte man 1050 Jahresringe. Darunter aber lag ein umgeworfener Baum, der über 500 Jahresringe zählte und offenbar begraben war, ehe der obere sproßte. Wie viele andre aber mögen noch in der unbekannten Tiefe des Moorgrundes verborgen liegen! So erhob sich eine Vegetation nach der andern über den Gräbern, und die Gräber der letzten sind der Boden, den der Mensch seinen Garten nennt!

2) Die Bauten der Thierwelt.

Wie die Pflanzenwelt, so baut auch die Thierwelt ihre Lager und Berge auf. Vor allem erregen das Interesse die großartigen Bauten der Korallenpolypen, die Korallenriffe und Madreporeninseln.

Mitten aus dem Meere der Tropen, kaum von seinen durchsichtigen Wogen bedeckt, erhebt sich oft ein grüner Rasenteppich, aus dem an zierlichen Sträuchern buntprangende Blumen hervorschimmern, umspielt von zahllosen kleinen Fischen, die an Farbenpracht mit ihnen zu wetteifern scheinen. Ein Ruderschlag, und der lachende Zaubergarten ist verschwunden, die strahlenden Blumen sind verwandelt in die rauhen Zacken eines drohenden Korallenriffs. Die Korallenthiere sind in ihrer Bauarbeit gestört.

In der That hielt man in früherer Zeit diese Thierchen für Pflanzen mit Blüthen und Früchten, selbst für Steine, und als Peyssonnel im Jahre 1725 zuerst ihre thierische Natur entdeckte, wagte er es nicht, seinen Namen zu nennen, weil er den Spott der Gelehrtenzunft fürchten mußte. Jetzt kennt man bereits 428 Arten solcher bauthätigen Thiere. Eine derselben, die Madrepora abrotanoides, zeigt dem Leser die beistehende Abbildung, A in natürlicher Größe, B vergrößert. Auf einem gemeinsamen, ästigen Stocke sieht man eine Menge kleiner becherförmiger, oft sternförmig eingeschnittener Höhlen oder Zellen, aus denen im Wasser das lebende Korallenthier, der Polyp, seine Fangarme hervorstreckt. Jede dieser Zellen enthält ein Thier, oft nur von mikroskopischer Sichtbarkeit, und alle diese Thiere stehen, wie sie aus gemeinsamem Ursprung hervorgingen, mit einander in Verbindung, oft selbst durch ihren Darmkanal, so daß die Beute des Einen allen Andern bei der Ernährung zu Gute kommt.

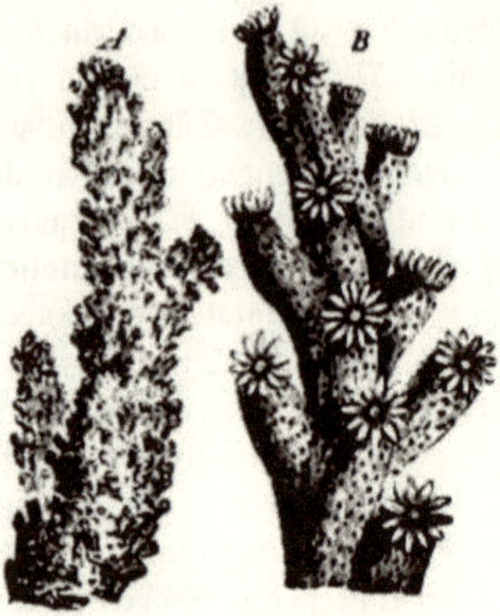

Madrepora abrotanoides.

Die zahlreichen Fangarme oder Fühlfäden, welche ihren Mund umgeben, sind bisweilen mit feinen Wimperhärchen besetzt, welche, wenn das Thier seine Fangarme ausbreitet, in eine schnelle, wirbelnde Bewegung gerathen, welche die Beute dem Munde zuführt. Bei manchen Arten enthalten sie noch furchtbarere Waffen, nämlich mit Widerhaken versehene Knöpfchen, die sie aus kleinen Säckchen an langen, spiralig gewundenen Fäden mit Gewalt hervorschleudern, so daß keine Beute diesen Tausenden sich kreuzender Stricke zu entkommen vermag. Bei Andern sind sie endlich mit spitzen Nadeln bedeckt, die einen giftigen Saft in die Wunde fließen lassen, der einen brennenden Schmerz verursacht.

Wunderbar ist die unerschöpfliche Fülle von Mitteln, durch welche die Natur die Geschlechter dieser Thiere zu vermehren weiß, und die Schnelligkeit und Eigenthümlichkeit dieser Fortpflanzungsweisen läßt uns allein die Schnelligkeit ihrer Bauten begreifen. Wir sehen hier die gewöhnliche geschlechtliche Zeugung durch Eier mit Dotterhaut, Dotter, Keimbläschen und Keimfleck. Wir sehen Junge gebären, die anfangs frei umherschwimmen, bis sie sich festheften und die Mütter neuer Kolonien werden. Wir sehen aber auch Knospen sich an den Polypen entwickeln, die, anfangs nichts als eine Erweiterung des Darmkanals, bald sich zur zellenförmigen Höhlung mit Mund und Saugarmen ausbilden. Auch auf den zweigförmigen Ausläufern der kalkigen Polypenstöcke sehen wir solche Knospen entstehen, die zu selbstständigen Thieren mit eigenen Darmkanälen werden. Ja, diese Knospen können selbst abfallen und sich getrennt vom Mutterthiere im Meere entwickeln. Wir sehen endlich das Mutterthier selbst sich zertheilen. Die Mundöffnung wird durch eine Scheidewand in zwei Oeffnungen gespalten, und Magen, Darm und Fangarme nehmen an dieser Spaltung Theil. Die sonderbarste Fortpflanzungsweise zeigen die Polypen in der Bildung gewisser eiähnlicher Körperchen, aus denen Thiere entstehen, die, der Mutter ganz unähnlich, zu einer ihrer höhern Organisation wegen gewöhnlich über die Polypen gestellten Thierklasse, den Medusen, gehören. Sie erhalten Nervensystem und Sinneswerkzeuge, Augen mit Krystalllinsen, von denen bei den Polypen keine Spur zu entdecken ist. Aus ihren Eiern aber entwickeln sich keine Medusen wieder, sondern Polypen, gleich denen, aus welchen sie hervorgingen. So verschieden, wie die Art und Weise, so groß ist die Schnelligkeit dieser Bildungen. Binnen 32 Stunden entwickelt sich die Knospe zum vollständigen Polypen, so daß in dem Zeitraume eines Monats die Bildung eines Polypenstaates von mehreren Millionen Individuen möglich wird.

Aus diesem kleinen, dem bloßen Auge kaum sichtbaren Keime gehen trotz der Wuth der Wogen, trotz der wildesten Brandung jene mächtigen Steingebilde hervor. Bald rindenartigen Felsüberzügen gleichend, wie Eschara und Astraea, bald ästigen, strauchartigen Gewächsen, wie Madrepora, bald als kugelige, kohlkopfähnliche Massen, wie Porites, oder in pilz- und becherähnlichen Formen erscheinend, wie die Fungia, bildet der kalkige Rückstand des Familienstocks, der oft eine Höhe von 12—20 Fuß erreicht, einen Riesenbau, an welchem Millionen Individuen, beständig sich auseinander entwickelnd, gebaut haben. Diese steinartige Substanz besteht größtentheils, zu 90—96 Procent, aus kohlensaurem Kalk und enthält außer den Ueberresten der organischen Gewebe nur noch in geringer Menge Verbindungen von Fluor, Phosphorsäure und Kieselsäure mit Kalk, Bittererde und Thonerde, Stoffe, die sämmtlich im Meerwasser vorhanden sind. Allerdings ist der kohlensaure Kalk, wie wir ihn sonst als Kreide kennen, nur dann im Wasser auflöslich, wenn ein Ueberschuß freier Kohlensäure darin vorhanden ist. Man hat die Quelle dieser im Meere nicht abzuleugnenden Kohlensäure in sehr verschiedenen Umständen gesucht, am meisten aber in den vulkanischen Aushauchungen des Meeresbodens. Aber schon das Athmen der zahllosen Meeresthiere, das ja immer den aufgenommenen Sauerstoff in Kohlensäure verwandelt, möchte genügen, den reichen Kalkgehalt der Meere zu erklären, der tropischen Meeren oft selbst die Eigenschaft zu inkrustiren verleiht. Daß die Polypen ihre Kalksubstanz aus dem Meere und zwar durch ihre Nahrung aufnehmen, ist unzweifelhaft. Wie wir in unsern Knochen durch das Blut Kalk ablagern, anfangs in einzelnen Körnchen, die allmälig zu einem Netze zusammenschießen, dessen Maschen immer dichter werden und wachsen, so lange noch Lebenssaft den Körper durchströmt; so scheidet der Darmkanal nach innen und außen jenen Korallenkalk ab, und diese Ablagerung setzt sich selbst noch in den erhärteten, scheinbar todten Korallenstöcken fort, durch deren zahllose mit dem Darm verbundene Kanäle noch immer der Nahrungssaft sich langsam verbreitet. Erst wenn diese Kanäle im fortschreitenden Wachsthum verstopft werden, stirbt die Koralle ab. Aber Leben und Tod grenzen hier aneinander. Ein junges Geschlecht baut sein Haus über dem Kirchhof seiner Eltern. Die Wogen zertrümmern einen Theil des Gebäudes und verwandeln ihn in Staub, aber die Jugend arbeitet rastlos vorwärts und spottet der Wogen, deren rohe Gewalt nichts gegen die in ihnen wohnende Lebenskraft vermag.

Diese Entstehungsweise der Korallenbauten macht auch die Langsamkeit erklärlich, mit welcher sie gewöhnlich fortschreiten. Wenigstens scheinen die Riffe des rothen Meeres seit 200 Jahren nicht zugenommen zu haben, und die Tiefe über den Korallenbänken von Taiti ist gewiß seit mehr als 70 Jahren unverändert geblieben. Nur in einzelnen Fällen tritt eine außerordentliche Schnelligkeit des Baues hervor. So wurde auf der indischen Insel Keeling ein künstlicher Kanal in 10 Jahren durch die Korallen unschiffbar, und die Bewohner der Malediven müssen beständig die Korallenstämme zerstören, damit die Schifffahrt nicht gehemmt werde. Im persischen

Meerbusen wurde, wie Darwin erzählt, die Kupferbekleidung eines Schiffes im Verlauf von 20 Monaten durch eine Korallenlage von nicht weniger als 2 Fuß Dicke bedeckt. Das sind indeß seltnere Fälle; im Allgemeinen entzieht die Langsamkeit der Bauarbeit sie der Beobachtung.

Dazu kommt, daß, wie jedes Leben, auch das der Polypen an seine Naturbedingungen geknüpft ist. Wenngleich sie als Wasserbewohner nur unter steter Wasserbedeckung, wäre es auch nur im Schaume der Brandung, leben können, und Luft und Sonnengluth ihnen augenblicklichen Tod bereiten; so vermögen sie doch nicht in jeder Tiefe auszuhalten. Nicht bloß der mit der Tiefe zunehmende Druck des Wassers auf seine unteren Schichten, der zuletzt jedem zarten Leben eine Grenze setzt, sondern auch die mit der Tiefe abnehmende Wärme des Meeres, die selbst in den Tropen bei 100 Faden Tiefe nicht mehr die mittlere Winterwärme von 16° erreicht, weist diesen Thieren in den oberen Wasserschichten ihren Wohnplatz an. Die lebhaften Farben der meisten Polypen sprechen überdies dafür, daß das Licht, dieser lustige Naturmaler, ihnen ein unentbehrlicher Lebensreiz ist, den sie nur an der Oberfläche empfangen können. Mehr aber noch werden sie oben gehalten durch das Bedürfniß des Sauerstoffs, der sich aus der Luft dem Wasser gleichfalls nur an der Oberfläche mittheilen, höchstens durch Wellen bis in eine Tiefe von 30 Faden zugeführt werden kann.

Die korallenbauenden Polypen leben daher, wie es auch die Beobachtung gezeigt hat, immer nur auf Felsgrund in geringen Tiefen, 6—9, selten 20—25 Faden tief. Wenigstens fand Ehrenberg im rothen Meere, dessen felsiger Boden fußhoch, an einzelnen Stellen 9 Fuß dick von Korallen überzogen ist, keine lebenden Stöcke in größeren Tiefen. Ebenso wurden an der Insel Mauritius in einer Tiefe von 8—12 Faden nur noch vereinzelte und unterbrochene Korallenstämme gefunden. Wenn dagegen in neuerer Zeit Darwin und Beechey erzählen, daß sie lebende Korallen aus Tiefen von 160 und 190 Faden heraufholten, und wenn Roß selbst innerhalb des südlichen Polarkreises sie noch in einer Tiefe von 270 Faden (1620 Fuß) fand: so giebt das nur einen Beweis für die außerordentliche Lebenskraft, der diese zarten Thiere in einzelnen

Individuen fähig sind, so daß sie einen Wasserdruck auszuhalten vermögen, welcher den unsrer Atmosphäre um das 50fache übertrifft.

Den kräftigsten Beleg dafür, daß die bauenden Korallen ihrer Natur gemäß vorzugsweise geringe Tiefen, wie die seichten Küsten von Inseln und Continenten, zum Bauplatz wählen, liefern die Strandriffe, deren Wachsthum besonders an der Außenseite in dem stark bewegten Wasser der Brandung kräftig fortschreitet. Da die Korallen nur klares Wasser lieben, so finden sich diese Riffe oft in einiger Entfernung vom Ufer, einen seichten Kanal umschließend, der durch sie gegen die Stürme des äußeren Meeres geschützt ist. Mündungen von Strömen und Bächen gegenüber sehen wir immer das Riff unterbrochen, weil das einströmende Süßwasser das Leben der Polypen beeinträchtigt. Bald wenige Schritte, bald mehrere Seemeilen breit, je nachdem die Küsten steiler oder flacher in das Meer abfallen, erheben sich die Riffe nur bis zur Oberfläche des Wassers oder bleiben oft selbst mehrere Faden tief unter derselben. Die Brandung zertrümmert dann den äußeren Rand, wirft die Trümmerblöcke auf das Riff und häuft sie dort an, bis ein feiner Kalkmörtel von zerriebenen Korallen und Muscheln, mit dem Meeressande gemischt, Alles zu einer festen Masse verbindet, die sich oft mehrere hundert Fuß hoch über den Fluthen erhebt. Hunderte von Seemeilen entlang umziehen solche Strandriffe die Inselküsten des atlantischen und stillen Oceans, die Antillen, Sandwichsinseln, Neu-Hebriden, Philippinen, Molucken, Sundainseln, Mauritius und Madagaskar. Im seichten persischen Meerbusen verbreiten sie sich sogar über weite Flächen der offenen See und bilden vereinzelte, muldenförmige Untiefen, selbst ringförmige Inseln, da der Bau am Rande immer schneller vorschreitet, als im Innern.

In denselben Meeren begegnen wir noch anderen, viel räthselhafteren und mächtigeren Korallenbauten, den Dammriffen, die bald zu ungeheuren Tiefen hinabsinken, bald hoch über das Meer emporsteigen, Felsmauern und Gebirgen gleich. Die nebenstehende Abbildung der Insel Bolabola zeigt ein solches Dammriff, das von dem innern Felsenkerne der Insel aus wie ein weiter, platter Gürtel erscheint, welcher, mit dem Kranze von Kokospalmen geschmückt, den ruhigen Lagunenkanal von der wogenden See scheidet. Oft erreichen diese Bauwerke außerordentliche Ausdehnung, umschließen mit ihren Wällen große Inseln und selbst Kontinente. An der Nordostküste von Neu-Holland ziehen sich solche Dammriffe fast 200 Seemeilen weit hin, und auch an der Küste von Neu-Caledonien erreichen sie eine Länge von mehr als 100 Meilen. Der Kanal, welcher diese Riffe von der Küste trennt, zeigt oft eine Breite von 20—30, selbst 70 Seemeilen und verengt sich selten auf weniger

Die Koralleninsel Bolabola im stillen Ocean.

als 7—8 Seemeilen. Wie bei den Strandriffen, ist auch hier der Kanal gewöhnlich seicht, 10—20, selten über 40 Faden tief, sind auch diese Riffe oft fußtief vom Meere bedeckt oder in flache Inseln zertheilt und den Strommündungen gegenüber durchbrochen. Auch hier ging der Bau kräftiger an der Windseite vor sich, als an der durch die hohe Insel in der Mitte geschützten inneren Seite. Neu aber und wunderbar ist an diesen Riffen ihr jäher Abfall nach außen. Plötzlich stürzen ihre Wände in Tiefen hinab, die das Senkblei nicht mehr erreicht, und bis in Abgründe von mehr als 3000 Fuß besteht das ganze Riff dennoch aus Korallenkalk. Thiere vermochten in solchen Tiefen nicht zu leben, also auch nicht zu bauen.

Die Schwierigkeit wächst, wenn selbst der Felsgrund schwindet, auf dem die Korallen eine Baustätte fanden. Bei den Dammriffen ließ ihn die hohe Insel, die sie umgaben, noch errathen, und wenn sich diese auch nicht immer zu so bedeutenden Höhen, wie das 7000 Fuß hohe Taiti oder auch nur das 800 Fuß hohe Maurua, erhebt, so tauchen doch wenigstens, wie wir es bei Bolabola sahen, aus dem Innern der kreisförmigen Riffe kleine Inseln oder Klippen auf, die das Dasein festeren Felsbodens, meist vulkanischen, verrathen. Aber mitten aus der unergründlichen Tiefe des Oceans steigen jene ringförmigen Korallenriffe empor, die man Atolle genannt hat, und weder in ihren Wänden noch in den Wasserbecken der Lagunen, die sie umschließen, ist die geringste Spur eines Felsgesteins zu entdecken. Zu vielen Tausenden finden wir diese Inseln in den tropischen Meeren, weit von jeder Küste entfernt, und meist bilden sie zahlreiche Gruppen, wie die Niedrigen Inseln, Lord Mulgrave's Archipel, die Carolinen, die Lacadiven, Malediven und Chagosinseln, die von einer bis zu 60 und 80 Seemeilen im Durchmesser messen.

In den Umrissen zeigen diese niedrigen Koralleninseln eine merkwürdige Uebereinstimmung.

In der Tropenzone des großen Oceans, die unter dem Einflusse der Passatwinde liegt, sind die Ostseiten der Korallenriffe stets am höchsten und bilden so einen scheinbar nur halb vollendeten Ring. Wie eine Kunststraße ragt das oft in zahlreiche Inseln zerrissene Riff zur Zeit der Ebbe aus dem Meere hervor, während auf der Westseite der Korallenbau oft noch ganz unter dem Wasser verborgen bleibt. Ist aber der Bau weiter vorgeschritten, so umschließt das Riff eine Lagune, deren stiller Wasserspiegel einen seltsamen Kontrast zu den sturmbewegten Wogen der offenen See und der schäumenden Brandung am äußern Riffe bildet. Das Innere dieser Lagune eignet sich daher besonders, den Schiffen als sicherer Ankerplatz und Schutzhafen bei Stürmen zu dienen. Oft aber wird dieses innere Becken durch das geschäftige Fortbauen der Korallenthiere allmälig erfüllt; und so bildet sich zuletzt eine einzige Insel als niedere ebene Fläche, welche in ihrer Mitte eine schmale, mit Regenwasser erfüllte Senkung hat.

Kaum wenige Fuße über der Meeresfläche erhaben, zeigen sich solche Atolle oft fast ganz vom Wasser bedeckt, und nur eine schmale Vorstufe an der Außenseite des Riffes bleibt bisweilen zur Zeit der Ebbe trocken. Andre werden wenigstens bei starken Winden von hohen Fluthen überspült. Dennoch hat der Mensch auch auf vielen dieser kaum dem Meere entronnenen Inseln seine Wohnung aufgeschlagen. Wenn der Sonnenstrahl die Korallenmassen durchglüht und gespalten, die Brandung ihre Trümmer auf einander gethürmt, und kalkiger Sand sie zu einem festen Boden verkittet hat, dann ist auch schon das Leben bereit, die neue Insel zu schmücken. Pflanzensamen, besonders Kokosnüsse und Pandanusfrüchte, selbst ganze, noch keimfähige Baumstämme werden durch die Wellen von fernen Küsten herbeigeführt. Sie keimen und wurzeln und bekleiden den blendend weißen Grund mit sanftem Grün. Verirrte Vögel nisten bald in den Gebüschen, und mit den Baumstämmen entführte Eidechsen und Insekten gründen hier ihre neue Heimath. Endlich kommt der Mensch, von schnöder Gewinnsucht getrieben, baut sich Hütten und ringt den rauhen Elementen kümmerlich Leben und Nahrung ab.

Könnte man das Meer ausschöpfen, so würden diese Atolle als gewaltige Kegelberge, die Dammriffe als riesige Felsmauern von mehreren Tausend Fuß Höhe erscheinen. Aber nicht in die Tiefe des Meeres allein steigen die Korallenbauten hinab, wir begegnen ihnen auf den Inseln der Südsee oft auch mitten auf dem Lande hoch über dem Meere. Schon unter den „Niedrigen Inseln" zeigen sich Riffe von 20 und 80 Fuß Höhe über dem Meere. Die Hauptinsel der Freundschaftsgruppe, Tongatabu, die ganz aus Korallenkalk besteht, steigt bis 100 Fuß hoch an, und die Gesellschaftsinsel Mangaia erhebt sich sogar zu 300 Fuß. Auf den Neu-Hebriden, den Marianen, den Molucken, auf Ceylon, Madagaskar, der Südostküste von Afrika und den Küsten des mexikanischen Meerbusens findet man hoch über dem Meere liegende Korallenfelsen, den neueren Strandriffen ganz ähnlich.

So lange man die Thätigkeit der Polypen nicht aufmerksam beobachtet hatte und mit flüchtigem Blicke auch nur auf ihre Bauten schaute, war es natürlich, zu glauben, daß diese Thierchen ihre Gebäude auf dem Boden des Meeres anfingen und bis zur Oberfläche fortsetzten, wie es noch heute bei den Strandriffen geschieht. Den Wellen und dem Zufall überließ man dann die weitere Erhöhung über die Meeresfläche. In der regelmäßigen Ringform vieler der Atolle erblickte Forster überdies den Ausdruck eines Naturtriebes, durch welchen in einem von regelmäßigen Winden bewegten Meere die Korallenthierchen ihre Behausung vor den Wirkungen der Stürme zu sichern streben. Allein die Annahme, daß Millionen von

Thierchen, die auf einer so niedrigen Stufe der Organisation stehen, nach einem gemeinsamen, tiefeingreifenden Plane bauen, wurde um so unwahrscheinlicher, als dieselben Thierchen in der Nähe von Küsten Riffe bauen, bei denen sie diesen Grundsatz nicht befolgen.

Als man nun gar erfuhr, daß die Polypen nur bis zu gewissen Tiefen leben können, nahm man seine Zuflucht zu schon vorhandenen Bergen und Bergrücken des Meeres, auf denen diese Thiere ihren Bau beginnen konnten. Freilich mußten diese Berge außerordentlich hoch und steil sein; aber die vulkanischen Erscheinungen, denen man bei einzelnen Atollen begegnete, die vulkanischen Gesteine in ihrem Innern oder Feuerberge in ihrer Nähe, gewährten eine neue Aushülfe. Man ließ nun die Polypen auf den Rändern ausgebrannter, unterseeischer Vulkane ihre Bauten aufführen und schreckte nicht zurück vor der Annahme meilenweiter Krater, die zu vielen Tausenden, oft dicht neben einander, zu gleicher Höhe von etwa 20 Faden unter dem Wasser sich erheben sollten.

Alle diese Erklärungen scheiterten an der Beobachtung, daß die Korallenbauten oft zu ungeheuren Tiefen des Meeres hinabgehen und doch wieder andrerseits hoch über seine Fläche hinansteigen. Eine abwechselnde Hebung und Senkung des Meeresbodens bot die einzige Lösung dieses Räthsels. Die Natur der Polypen ist zu allen Zeiten eine gleiche gewesen. Wie jetzt bauten sie auch in der Vorzeit nur Strandriffe an sanft unter das Meer abfallenden Küsten von Inseln und Festländern. Trat eine Senkung des Bodens ein, so stieg das Meer und bedeckte Land und Riff. Aber die Polypen ruhten nicht in ihrem Bau; von Neuem stieg das Riff auf den Trümmern der abgestorbenen Korallen zur Oberfläche des Meeres empor. Je weiter das Einsinken fortschritt, desto mehr entfernte sich das Riff von der Küste, der Kanal nahm an Breite zu, das Land verschwand endlich unter den Fluthen, und der Kanal ward zur Lagune. Befanden sich in den ursprünglichen Strandriffen, wie in den heutigen, den Strommündungen gegenüber offene Stellen, Kanäle, welche das Riff zertheilten, so mußten auch diese natürlich mit dem Sinken des Bodens immer breiter werden. Anfänglich liefen alle diese Stücke der sinkenden Küste parallel; durch den stetigen Fortbau der Polypen an der Außenseite aber krümmten sich die Enden nach einwärts und nahmen endlich die Gestalt von

Hufeisen an, wie wir sie noch jetzt bei den Malediven sehen, oder gingen in geschlossene Atolle über. Die Gruppe der Malediven zeigt noch die Spuren ihres früheren Zusammenhanges. Sie im Verein mit den Lacadiven und Chagosinseln tritt unverkennbar auf als das zerrissene, 360 Meilen lange Strandriff eines versunkenen südasiatischen Kontinents, dessen Ueberreste wir vielleicht in den großen indischen Halbinseln und der langen, sie mit Neuholland verbindenden Inselkette zu suchen haben.

Bei vielen Atollen schreitet wahrscheinlich noch jetzt das Sinken des Bodens fort, und der ununterbrochene Baufleiß der Polypen vermag nicht ihre Lagunen zu erfüllen. Bei anderen wieder ist dem Sinken eine Erhebung gefolgt, wie es die Schüsselform ihrer mittleren, mehrere hundert Fuß hohen Korallenfelsen lehrt. Nicht langsam aber, wie die Senkung, gewaltsam und stürmisch scheint stets diese Erhebung vor sich gegangen zu sein, so daß der Korallenfels zerriß, und seine Trümmer oft unter Lava und anderen Felsmassen begraben wurden.

Wie geeignet aber auch diese Hebungen und Senkungen des Meeresbodens mit Inseln und Küsten sein mögen, die verschiedenen Formen und Erscheinungen der Korallenbauten zu erklären, es liegt so viel Neues und Wunderbares darin, daß sie wohl noch anderer Thatsachen zur Bestätigung bedürfen. Solche aber bietet die aufmerksam beobachtete Gegenwart in Menge. Noch heute sehen wir ja Ländermassen nicht allein plötzlich unter dem Einflusse gewaltiger Erdbeben oder vulkanischer Ausbrüche, sondern langsam im ruhigen Laufe der Jahrhunderte emporsteigen. Die skandinavischen Küsten heben sich unleugbar in jedem Jahrhundert um 40 Zoll über den Ostseespiegel, wie es das Zurückweichen des Meeres an den Küsten beweist. Aber auch Senkungen muß ein Theil derselben erlitten haben, wie die zum Meeresspiegel hinabgesunkenen Hügel und in Torfmooren 20 Fuß unter dem Meeresspiegel aufgefundene Gerippe anzunehmen zwingen. Die Löcher der Bohrmuschel hoch oben an den Säulen des Serapistempels bei Pozzuoli deuten einen ähnlichen Wechsel von Hebungen und Senkungen für die italienischen Küsten an. Die Küste von Chili hat noch in den letzten Jahrzehnten bei Erdbeben bedeutende Höhenänderungen erfahren, und auf vielen südasiatischen Inseln sind ähnliche Erscheinungen beobachtet worden.

Es sind ja nicht jene plötzlich und gewaltsam drängenden Kräfte des Erdinnern allein, welche den Erdboden erschüttern und auftreiben, wenn sich kein Ausweg für sie öffnet, welche neue Inseln und Berge schaffen; die ganze Erdoberfläche scheint sich noch fortwährend in einem langsamen Wogen zu befinden, und die innere, glühend flüssige Masse hier durch Emporheben auszugleichen, was dort durch Einsinken das Gleichgewicht zu stören drohte. Hebung und Senkung sind stets miteinander verbunden. Jene Oceane, die wir als die Heimath der Koralleninseln kennen lernten, scheinen aus mehreren im Sinken begriffenen Becken zu bestehen, deren Grenzen durch ebenso allmälig sich hebende Inseln und Küsten gebildet werden. Die Westküste Südamerika's, die Hebriden, die Sundainseln und die ostafrikanischen Küsten bilden den Gürtel, welcher das Becken des stillen Oceans mit Neuholland und den Malediven umschließt. Langsam freilich gehen diese Hebungen und Senkungen vor sich, und wenn wir die Schwedens zum Maaßstab nehmen, so läßt ein Korallenlager von 5000 Fuß Höhe auf einen Zeitraum von 125,000 Jahren schließen. Wer aber einen Blick in das Rechenbuch der Natur gethan hat, wer da weiß, daß 2 Millionen Jahre seit der ersten Bildung der Steinkohlen verstrichen, der muß es verlernt haben, über Jahrtausende in der Geschichte der Erde zu staunen.

Was uns in der Ferne der Südsee in Verwunderung setzte, das konnte uns auch die Nähe zeigen. Wir durften uns nur zu den Kalkgebirgen Englands, Frankreichs, Italiens, Belgiens oder auf den schweizerischen Jura begeben. Auf den Höhen des Jura finden wir dieselben ringförmigen Atolle mit denselben versteinerten Polypen, Seelilien, Muscheln. Wir finden an ihrem Fuße die Trümmerhaufen zerbrochener Schalen, als hätte eine heftige Brandung sie dort zerschellt. Das Meer hindert hier nicht, mit dem Auge die Riffe vom Grunde bis zur Spitze zu verfolgen. Auf sandigen Kalksteinen sehen wir sie hier sich in abwechselnden, selten mehr als 30—60 Fuß mächtigen Bänken erheben. Das Meer strömte also auch hier einst, und Korallen bauten auf seinen Untiefen Riffe und Atolle, wie heut in der Südsee. Hebungen und

Senkungen folgten auch hier auf einander und schufen den fleißigen Thieren immer neue Bauplätze. Manche Bänke tauchte eine gewaltige Senkung mehr als 1000 Fuß tief unter jenes Meer, dessen mächtige Kalkablagerungen sie tief unter ihren Schichten begruben. Eine allgemeine Hebung schuf endlich die ganzen Juragebilde in ein Festland um und trug die Korallenriffe mit sich auf die Gipfel der Berge. Eine tropische Temperatur muß zur Zeit, als die wallartigen Dammriffe des Juragebirges jenes Meer umschlossen, auch in den nordischen Fluren unserer Heimath geherrscht haben. Darauf läßt die Anwesenheit dieser bauenden Polypen schließen, denen wir in der Gegenwart nur in tropischen Meeren begegnen. Das bestätigen uns auch die baumartigen Farrn und araucarienartigen Nadelhölzer, welche auf den Festländern jener Vorzeit üppig wucherten. Das bestätigen uns endlich die reichen Salzlager, welche auf eine starke Verdunstung des Meerwassers hindeuten.

So vermag der Blick in die Tiefe die todte Erdmasse zum Sprechen zu bringen und Bilder der Vorzeit an's Licht zu zaubern. Lassen wir das Auge darum nicht bloß über die Oberflächen schweifen, an den Wolken haften! Das Innere birgt immer den Keim und die Seele des Aeußeren. Auch in den Seelentiefen ruhen oft der Gedanken mächtige Werke, und nur unter dem Drucke der Zeit vermochten sie noch nicht zum Leben emporzusteigen! —

Auch andere Bewohner des Meeres bauen mit ihren Leichen gewaltige Lager, die bei gründlicheren Forschungen bedeutungsvoll für die Geologie werden können, da sie älterer und neuerer Zeit angehören. Es sind die Muschelbänke, welche sich besonders auf dem nackten Felsboden der nördlichen Meere ansiedeln, während die Korallen die südlichen Gewässer lieben. Die meisten Meeresbewohner bringen ihr Leben schwimmend an der Oberfläche zu, nur Polypen und Muscheln gehen in größere Tiefen, die Brachypoden, besonders die Terebrateln finden sich selbst bis in einer Tiefe von 100 und mehr Klaftern. Austern, Kamm- und Herzmuscheln sind es namentlich, welche die Muschelbänke bauen, indem sie sich truppweise auf felsigem Grunde oder auf vorragenden Klippen des Meeresbodens ansiedeln. Mit einer Schale an den Boden geheftet, thürmen sich diese Thiere reihenweise übereinander, stören einander wechselseitig in ihrer Ausbildung und bilden so dichtgedrängte Haufen, zwischen denen eine Menge anderer, meist feindlicher Meerthiere, Röhren-Anneliden, Seeigel, Seesterne, zahlreiche Mollusken und Fische sich aufhalten und dort ihre Gehäuse niederlegen. Durch Entwicklung dieser feindlichen Parasiten und durch Anhäufung todter Schalen und Bruchstücke auf der Muschelbank stirbt diese aus, oft mit ihren Verderbern zugleich, und ihre Trümmer bilden auf dem Meeresgrunde den Boden für den Absatz neuer Schichten und den Grund für die Ansiedlung neuer Geschlechter. So findet eine beständige Wechselwirthschaft auf dem Boden des Meeres statt. Schichten wechseln mit einander, die durch die Verschiedenheit des Materials, aus dem sie gebaut wurden, und der organischen Einschlüsse, die sie enthalten, von eben so vielen Todeskämpfen der unterseeischen Lebenswelt erzählen. Aber auch die Vorwelt besaß ihre Muschelbänke, und der Boden der Festländer hat sie uns aufbewahrt. Ueber den Thonlagern der südamerikanischen Pampas finden sich oft 40 Stunden von der Meeresküste entfernt und 30—60 Fuß über dem Spiegel des Meeres Bänke von Muscheln, deren fossile Schalen mit den noch jetzt im benachbarten Meere lebenden übereinstimmen. Wir sehen auch darin wieder einen Beweis, daß noch heute der Continent Südamerikas allmälig aus dem Meere emporsteigt.

3) Die Bauten der mikroskopischen Lebenswelt.

Unter unsern Augen schafft das Reich des Lebens und baut aus Grabstätten ein Paradies. Das Pflanzenreich überzieht den Boden mit fruchtbarer Decke und erfüllt Sümpfe und Moräste mit Torflagern; das Thierreich erhebt zahllose Inseln auf vulkanischen Klippen, oder durch rastlose Arbeit auf dem allmälig emporsteigenden Meeresgrunde, und eine üppige Vegetation wandelt sie zum behaglichen Wohnplatz des Menschen um. Aber keine Schöpfung der Gegenwart erregt durch die außerordentliche Kleinheit ihrer Baumeister und die ungeheure Größe und Massenhaftigkeit ihrer Werke mit mehr Recht Staunen und Bewunderung über die allmächtige und unbegreifliche Lebenskraft der Natur, als das lange übersehene, mikroskopische Leben der häufig zu den Infusorien gezählten kieselschaligen Stäbchenpflanzen, der Bacillarien oder Diatomeen, welches Erd- und Steinschichten geschaffen und seine rastlose Thätigkeit von den ältesten Zeiten der Erde bis auf unsere Tage fortgesetzt hat. Die wahrhafte Unermeßlichkeit dieser zahlreichsten aller Geschöpfe, und der große Antheil, der ihnen an der jetzigen Beschaffenheit und Gestaltung der Erdrinde zukommt, ist erst in neuester Zeit, zuerst durch die Entdeckungen Ehrenberg's, erkannt worden. Nur das Mikroskop entdeckt die meisten dieser Wesen dem Auge, und nur eine 300fache Vergrößerung zeigt ihre mannigfachen Gestalten so deutlich, wie sie in den umstehenden Abbildungen solcher im Schlamme sich findenden Diatomeen zu sehen sind.

Thut man ein Stückchen Fleisch oder Pilz in Wasser, so entsteht eine Monade, ein kleines Thier, das sich in wenigen Stunden zu einer so unzähligen Nachkommenschaft vermehrt, daß in einem einzigen Tropfen viele Millionen enthalten sind. Fast übertroffen aber werden diese Infusorien an Kleinheit und Vermehrungskraft noch von den Diatomeen oder Stäbchenpflanzen, deren 41,000 Millionen Individuen in einem Kubikzoll, 70 Billionen in einem Kubikfuß Platz haben. Ein einzelnes Individuum vermag in 24 Stunden eine Nachkommenschaft von 16 Millionen zu erzeugen, also in 2 Tagen einen Kubikfuß Kieselerde zu bilden. Im Schlamme des Hafens von Wismar bilden sich so ungeheure Mengen solcher Diatomeen, daß sie im Jahrhundert auf eine fußhohe Schicht von mehr als 40,000 □Fuß Fläche angeschlagen werden können. Zwar giebt es auch größere solcher Wesen, die ein schärferes Auge selbst ohne Vergrößerung wahrnimmt; aber warum soll es nicht auch in dieser mikroskopischen Welt Größenunterschiede geben? Hat doch die Natur auch die Maus und den Elephanten, den Häring und den Walfisch, den Grashalm und die Palme nebeneinander geschaffen? Viele dieser Wesen besitzen eine so bedeutende Lebenskraft, daß sie sich mehrere Jahre im Zustande der Erstarrung und des Scheintodes befinden können, ohne darum wirklich todt zu sein; denn wenn man ihnen die Feuchtigkeit so weit entzieht, daß sie vollkommen trocken erscheinen und nicht die mindeste Bewegung mehr äußern, so kann man sie nach Jahren durch einen Tropfen Wasser wieder zum Leben erwecken, und ihnen ihre ganze frühere Fülle und Regsamkeit zurückgeben. Manche ertragen auch eine beträchtliche Hitze und leben in heißen Quellen von 40° R., können sogar eine Zeitlang die Siedhitze des Wassers aushalten. Andre dagegen ertragen

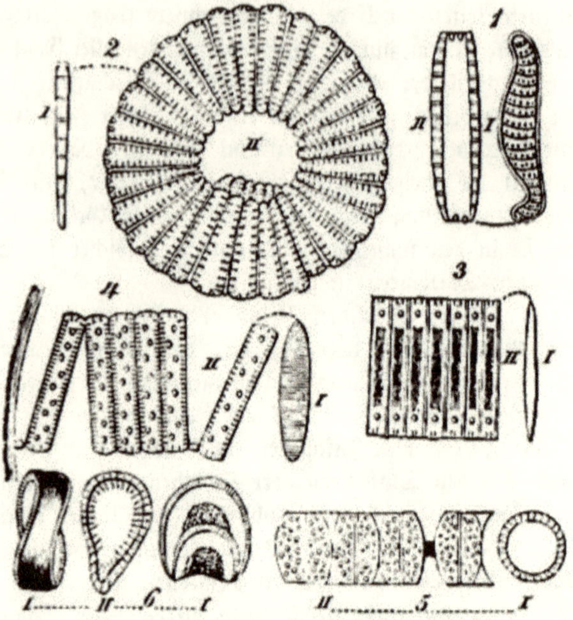

Diatomeen aus Schlamm

1. *Epithemia librile*; 2. *Meridion circulare*; 3. *Fragilaria capucina*; 4. *Diatoma vulgare*; 5. *Melosira moniliformis*; 6. *Surirella Campylodiscus*.

I von der Kante, II von der Fläche gesehen.

eine Kälte bis zu 20° und frieren ein, ohne zu sterben. Darum vermögen sie auch in Tiefen der Erde zu existiren, wo man kaum die Möglichkeit organischen Lebens erwarten sollte. Vulkanische Aschen und Bimssteine, Porphyre und Porcellanerden sind oft in ihrer ganzen Masse aus solchen unsichtbar kleinen Organismen gebildet. In den frischen vulkanischen Schlammauswürfen bei Quito, die aus unbekannter, wie es schien, sehr beträchtlicher Tiefe kamen, fand Humboldt vollkommen deutlich erkennbare organische Gebilde, welche zugleich Bestandtheile berghoher, vulkanisch hervorgetriebener Massen waren, und an diese Thatsachen haben sich neuerdings mannigfache Ereignisse angereiht, aus denen hervorgeht, daß auch da Lebensspuren sich zeigen, wo man sie am wenigsten zu finden meint.

Noch vor wenigen Jahren hielten selbst Naturforscher alle diese unendlich kleinen Wesen für Thiere und faßten sie unter dem Na-

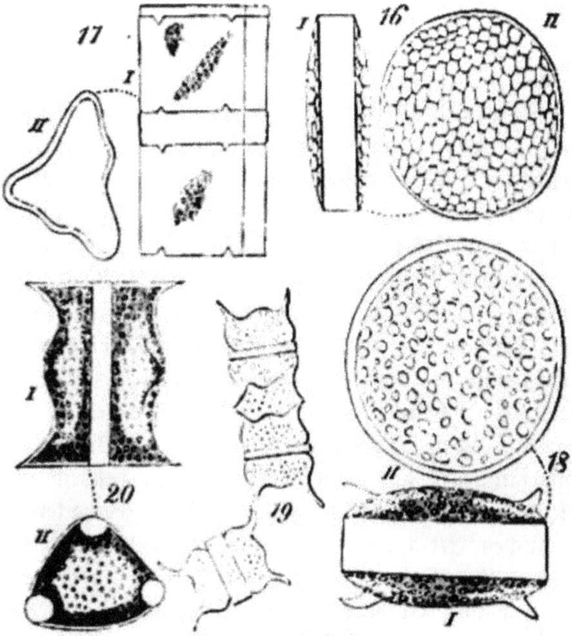

Diatomeen aus Schlamm.

16. *Coscinodiscus radiatus*; 17. *Lithodesmium undulatum*; 18. *Tripodiscus Argus*; 19. *Odontella aurita*, 20. *Triceratium striolatum*.

I von der Kante, *II* von der Fläche gesehen.

men der Infusorien zusammen. Erst dem verschärften Forscherauge ist es gelungen, auch hier an den äußersten Grenzen Thier- und Pflanzenleben zu scheiden und die Abwesenheit der thierischen Organe selbst in der einfachen Zelle zum entscheidenden Merkmal zu machen. Es scheint jetzt keine Infusorien mit Kieselpanzern mehr zu geben; man muß sie wohl als Pflanzen festhalten und hat sie daher Stäbchenpflanzen genannt. In den seltsamsten Gestalten, stäbchen- und tafelförmig, vielkantig und gekrümmt, bedecken diese kleinen Pflanzen Seen und Moräste, oft einen prächtig gefärbten Schaum bildend, den man das Blühen der Seen nennt. Ihr durchsichtiges Innere zeigt zahllose Pünktchen buntgefärbter Kügelchen, die sich von Zeit zu Zeit lostrennen, um neuen Pflanzen ihr Dasein zu geben.

Die Kieselschalen dieser Diatomeen bilden häufig den Bodensatz gewisser Mineralwasser, den Eisenocker, den Kieselguhr und ähnliche Mineralien. Ihre Anhäufungen, besonders in den erst in jüngerer Zeit aus Teichen, Flüssen und Landseen abgesetzten Gesteinschichten, bilden oft Lager von ungeheurer Mächtigkeit. Große Massen von Kreidemergeln, selbst Felsen von mehreren 100 Fuß Höhe sind von ihnen im Verein mit eben so kleinen Schalthieren geschaffen. Die knolligen Feuersteine, welche oft in der Kreide eingeschlossen sind, erscheinen aus den Kieselgerüsten dieser Pflanzen und den Ueberresten der Seeschwämme zusammengesetzt. Die Tripelerde, das Bergmehl von Bagnola in Toskana, die Opale und Polirschiefer von Bilin in Böhmen, vom Habichtswald bei Kassel, von Nordamerika, die oft meilenweit 14—15 Fuß mächtige Lager bilden, sind nichts weiter als die Ueberreste dieser abgestorbenen Pflanzen. Hierher gehören auch das Bergmehl in Lappland und der eßbare Thon auf Java im Gebiete des Amazonenstroms, welche eine sättigende und nährende Eigenschaft besitzen und daher in Zeiten des Mißwachses unter dem Brod verbacken werden. Diese organischen Erdlager treten bald als ganz lockere, mehlige, bald als papierähnliche oder kohlenartige Massen auf; andere sind schiefrige oder dichte, mürbe oder feste, hornsteinartige Gebilde.

Auf den verschiedensten Punkten der Erde hat sich diese Entdeckung Ehrenberg's bestätigt, überall, in Hannover, Dessau, Hessen, am Rhein, in Frankreich, Skandinavien, in Süd- und Nordamerika, auf den Philippinen, auf Isle de France und Isle de Bourbon hat man Lager dieser Pflanzenreste gefunden. Das bedeutendste aber ist ohnstreitig das der norddeutschen Ebene. In der Lüneburger Haide hat man es stellenweise in 30 Fuß Tiefe noch nicht erschöpft. Die obern Schichten bestehen rein aus Kieselpanzern und bilden Schichten feinen, weißen Sandes. Die untern sind mit einer erstaunlichen Menge von Fichtenblüthenstaub gemengt, der ihnen eine gelbe Farbe leiht. Diese Kieselbänke bestehen oft so völlig aus Kieseltheilchen, daß ein Kubikzoll viele, bisweilen gegen 1000 Millionen umfaßt; und ein jedes dieser Kieseltheilchen zeigt sich dem bewaffneten Auge als das ganze oder zerbrochene ehemalige zierliche Zellengerüst einer Pflanze. Aber nicht nur Lager von todten, auch von lebenden Stäbchenpflanzen sind gefunden worden. Ein sogenanntes Torf- und Thonlager, das sich in weiter Erstreckung längs der Spree und unter einem Theile von Berlin selbst hinzieht und bald nur wenige Fuß, bald gegen 100 Fuß mächtig ist, besteht, soweit seine Erdmasse torfig ist, aus einem Gemisch von Pflanzenresten und Kieselschalen, da wo sie sich als Thon darstellt, fast ganz aus Stäbchenpflanzen, die überhaupt für sich allein weißen oder gelblichen Thon, mit kalkigen Schalthierchen gemischt Mergel bilden und als mächtige Lager mit reineren Kalksteinen abwechseln. Die Pflanzen dieses Lagers leben zum Theil in der Spree und andern Berliner Wassern, sind zum größten Theil aber solche, die jetzt bei Berlin an der Oberfläche nicht gefunden worden sind. Dabei ist merkwürdig, daß die ihnen entsprechenden Formen nicht am Ausfluß der Elbe in die Nordsee, sondern an der Mündung der Oder in die Ostsee wiedergefunden werden, also nicht in dem Flußgebiete, welchem die Spree jetzt angehört, sondern in einem, welchem sie früher angehört zu haben scheint. Das Merkwürdigste aber ist, daß die Berliner Lager organischer Ueberreste der Vorzeit, die doch 10′—15′ unter Lehm und Sand liegen, sichtlich noch viele lebende Formen enthalten, deren Lebensthätigkeit jedoch bei der Absperrung von Luft und Licht bedeutend abgestumpft ist.

Wir sehen also hier eine erdige Substanz, ein Gebilde von Organismen, die noch nicht ganz todt, aber dem Tode und der völligen Versteinerung nahe sind, und welche bei ihrer Bauarbeit zu belauschen der Beobachtung gelungen ist. So vermag die Natur selbst durch ihre kleinsten und schwächsten Geschöpfe Länder und Berge zu schaffen, und der Mensch, der stolze König der Schöpfung, verzagt an der Lösung seiner Lebensaufgabe, welche nicht Länder schaffen, sondern gestalten soll zu einem Wohnsitze des Geistes und der Freiheit! —

Wie in den Landgewässern die kleine Pflanzenwelt den Bau der Erde fortsetzt, so schafft die Thierwelt im Meere neue Schichten und Lager. Hier sind es die Foraminiferen oder Polythalamien, von Ehrenberg auch Mooskorallen genannt, kleine Schaalthiere, welche, in gallertartige Stöcke oder vielkammerige Bäumchen von kohlensaurem Kalk vereinigt, mit ihren Leichen den Boden erhöhen, Kalkfelsen bauen, wie die Pflanzen Kieselbänke schufen. Meist nur dem bewaffneten Auge sichtbar, selten größer als $^1/_{25}$ Linie, oft kaum $^1/_{300}$ Linie groß, zeigt die umstehende Abbildung einige von ihnen, die in der Kreide vorkommen, in 300facher Vergrößerung.

Trotz ihrer Kleinheit und obwohl zu einem Kubikzoll Kreide mehr als eine Million von Individuen gehört, bilden die Foraminiferen doch eine der bedeutendsten Formationen der Erde, hier als Lager von unberechenbarer Stärke bereits unter andern Schichten begraben, dort als Berge und Felsen hoch emporragend. Zwar hat man sie in der Gegenwart noch nicht, wie die Diatomeen, bei ihren viel mächtigeren Steinbauten beobachten können. Aber schon aus dem Umstande, daß der Meeressand oft nichts weiter als diese kleinen Kalkschälchen enthält, so daß in einer Unze des Sandes von den Antillen fast 4 Millionen gefunden wurden, scheint hervorzugehen, daß sie noch heut im Meere thätig sind, daß also nicht blos Kieselerde, sondern auch Kalk unter unsern Augen erzeugt wird. Am thätigsten aber waren sie jedenfalls in den Dämmerungsepochen der gegenwärtigen Schöpfung. Zeugen dieser vorweltlichen Schöpfungskraft sind die Kreidegebirge, welche in neuerer Zeit als Grabstätten einer ungeheuren Menge dieser mikroskopischen Thierchen nachgewiesen sind, und denen die jüngeren Gebilde des pariser Grobkalks als würdige Genossen zur Seite gestellt werden müssen, da auch sie aus zahllosen, rundlichen Schalen ähnlicher Thierchen zusammengesetzt sind, die man Miliolithen genannt hat.

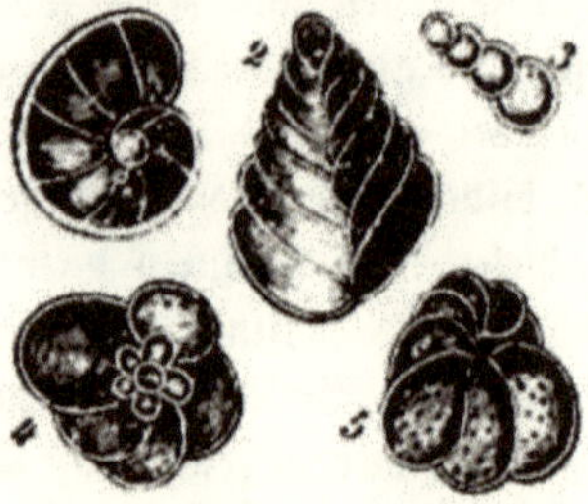

Foraminiferen der Kreide.
1. *Planulina turgida* 2. *Textularia aciculata.* 3. *T. globulosa.* 4. *Rotalia globulosa.* 5. *R. perforata.*

Doch nicht blos große Gebirge wurden von dieser kleinen Thierwelt aufgethürmt, auch in Ebenen trieben sie ihr schaffendes Spiel. Lange glaubte man, der lose Sand sei nur aus Abfällen der anstehenden Gebirge entstanden, wie er sich im deutschen Norden und im Becken der Ostsee bis zur Newa wirklich unter dem Mikroskop als Trümmer granitischer Gesteine zeigt. Aber der Boden der lybischen Wüste ist fast durchaus ein organisches Gebilde, und der dortige Kalksand besteht in seinen kleinsten Körnern häufig aus lauter Gehäusen von Kalkthieren. Erst oberhalb Assuan in Nubien wird der Wüstensand granitisch. Wie ein großer Theil der Pyrenäen von einer Foraminiferenart gebildet wurde, die man Nummuliten genannt hat, und die, oft mehrere Linien-groß, als Riesen ihres Geschlechts gelten können; so sind auch die stolzen Pyramiden Aegyptens, jene gerühmten Denkmäler menschlicher Größe, nichts als Leichenhaufen desselben vorweltlichen Thierlebens. Sie sind gebaut aus eben solchem Nummulitengestein, dessen plattrunde Körnchen die Alten für vertrocknete Erbsen oder Linsen ansahen, von denen die Arbeiter an diesen Bauten sich genährt haben sollten. Auch der Sand vieler Dünen und Küstenbildungen besteht aus jetzt lebenden Mooskorallen, deren jede ein Sandkorn vorstellt. Besonders im Becken des mittelländischen Meeres sind diese Thiere fortwährend thätig und fügen leise und unmerklich der immer wachsenden Erdrinde eine Schuppe nach der andern zu. Dazu kommen hier noch außerordentlich kleine Schnecken, die den Infusorien ähnlich sind und auch nicht viel an Größe nachgeben, da ihrer auch 100 auf einen Gran gehen.

So treibt überall in den Teichen und Seen, in den Häfen, Meeresbuchten und rings um die Küsten die Natur das Geschäft der organischen Steinbildung im Kleinen fort. Durch diese mächtigen Lager wird uns erst vollends klar, was längst so viele andre Spuren verkündigten, daß noch in der letzten Schöpfungsperiode die Masse und Ausdehnung der Gewässer Europas weit bedeutender war, als jetzt. Wir glaubten bisher nur in den Fluthen die schichtenbildende Kraft finden zu dürfen, welche den Meeresboden erhöhete, aber wir übersahen das unsichtbare, im Wasser Gestein bildende Leben. Unwiderlegbare Thatsachen stellen uns fest, daß vor Jahrtausenden, als die jüngsten Sand-, Kalk- und Thonbildungen vor sich gingen, das Meer weit tiefer als jetzt in die Länder Europas einschnitt, und sich in Buchten und Binnenseen zertheilte. Diese Einschnitte wurden im Laufe der großen Periode ohne Zweifel von den Baumeistern des Kalkes vermauert, während die der Kieselerde die Landgewässer schmälerten. Aber dieses langsame Wachsthum des festen Erdbodens ist heute so wenig zum Stillstand gekommen, als das übrige Naturleben.

Tiefer eingedrungen in die Werkstätte der Natur, gewahren wir in Allem, selbst in der starren Kruste der Erde Bewegung und Leben, Rhythmus und Wachsthum. Wo der Geist sich der Natur bemächtigt hat, hört auch das Starre auf, ein fertiges Sein zu bleiben, und wird fortgerissen in den Strom des Werdens und des Lebens. Noch haben die schaffenden Gewalten ihre rastlose Thätigkeit nicht eingestellt. Noch stößt und drängt Pluto, der Feuergott, von unten, noch ist Neptun von oben beschäftigt, zu ebnen und zu schwemmen, abzureißen und aufzubauen. Wirken aber diese gesteinbildenden Kräfte im Verein darauf hin, das Festland abzurunden und die noch bestehenden Seeeinschnitte, Ostsee, schwarzes und mittelländisches Meer, immer mehr zu verkleinern, so rückt Europa, wenn auch langsam, doch unvermeidlich dem Schicksal seines plumpen Nachbars, des starren, einförmigen Kontinents von Afrika entgegen. Es wird aufhören, die Unruhe in der Uhr der Geschichte zu sein, wenn nicht der Menschengeist im Kampf mit der Natur das unvergängliche Siegel seiner Herrschaft den todten Formen aufdrückt, wenn nicht das Völkerleben dem Erstarren der Materie entgegentritt. Durch vereinte Kraft wird Großes geschaffen. Millionen verborgner Wesen richten Berge auf, setzen Dämme den Wogen entgegen, Millionen von Tropfen höhlen Felsen aus und zersprengen die Fesseln des Oceans. So nagt auch verborgen der wachsende Geist der Unzufriedenheit an manchem stolzen Bau, durch den man Völker in Kerker schließt, bis der starke, bewußte Wille eines einigen Volkes das Werk der Freiheit in gewaltiger Eile vollendet.

Eine Landschaft aus der Steinkohlenzeit.

Vierter Abschnitt.

Die Geschichte der Erdbildung in der Vorzeit.

Als ein Lichtgemälde ferner Wunderwelten entfaltet sich das Himmelszelt vor unseren Blicken: ein Buch, das uns die Geschichte ihrer Vergangenheit erzählt, steht die Erde da. Aber nicht eine todte Chronik ist es, die wir in ihrem Schooße aufschlagen: wahres Leben gründet sich bessere Denkmäler, als die vergilbenden Pergamente unserer Urkunden. Das chinesische Volk hat eine Geschichte, die seit mehr als vier Jahrtausenden uns seine Kaiser und ihre Schicksale und Thaten aufgezeichnet hat; aber das ist keine Geschichte, so wenig wie das chinesische Volk ein Volk ist. Das deutsche Volk hat keine Urkunden, aber seine Geschichte spricht zu uns in lauten Tönen aus seinen Liedern und Kunstwerken, aus seinen Trophäen und seinen Söhnen. Wenn der Greis am Rande des Grabes auf die Geschichte seiner Jugend und Manneskraft zurückblickt, da tauchen nur einzelne Erinnerungen, verblichene Bilder seines Lebens vor seiner Seele auf. Aber nicht diese oft schon von dem bunten Gewande der Phantasie bekleideten Erinnerungen, nicht diese Mährchen und Sagen seines Lebens erzählen ihm seine Geschichte: auf den blühenden Gesichtern seiner Enkel, in dem flüsternden Laube der Bäume, die er gepflanzt, in dem verfallenden Gemäuer, das er gebaut, liest er in schöneren Zügen die Thaten und Schicksale früherer Tage.

Die Gegenwart ist die Geschichte und das Gericht der Vergangenheit. Ihre Schöpfungen reichen in eine unendliche Vorzeit hinauf, ihre Werke sind nur die Fortsetzung einer Thätigkeit, welche mit dem ersten Schöpfungstage ihren Anfang nahm. Wie der Mensch der Erbe seiner Ahnen, ihrer Tugenden, wie ihrer Laster, ihres Glückes, wie ihres Elendes, wie der Menschengeist ein ewiger, fort und fort denkender und schaffender Arbeiter an der Verklärung der Welt ist, so ist die Natur die unermüdliche Werkmeisterin, welche durch ihre gewaltigen Kräfte, Feuer, Wasser und organisches Leben, die Welt zu einem Tempel jenes Geistes umzuwandeln strebt. Die endlose Kette dieser Schöpfungen zu verfolgen, die Naturkraft bei ihrer Arbeit zu belauschen, der Erde selbst die Geheimnisse ihrer Vorzeit abzuringen, das ist die erhabenste und anziehendste Aufgabe der Naturwissenschaft, das ist das ewige Räthsel, welches seit Jahrtausenden den forschenden Menschengeist beschäftigt hat.

Wir dringen so gern ein in die dunkeln Tiefen der Geschichte unseres Vaterlandes, seiner Gesetze, seiner Sitten, seines Glaubens. Wir trösten uns über die Leiden der Gegenwart an seiner einstigen Größe und Hoheit, wir begreifen seinen Charakter aus seinen Thaten und ergründen die Zukunft in dem ewigen Gesetze seiner Entwicklung und Fortbildung. Wir lernen für uns selbst aus der Vorzeit, erfahren, daß und wie wir Deutsche in Wahrheit und Wesen werden können und sollen. So müssen wir auch eindringen in die

Tiefen der Natur und ihrer Geschichte, forschen nach den Gesetzen ihrer tausendjährigen Entwicklung und erkennen, daß auch das Naturgesetz nicht auf Zeit, sondern für ewige Dauer besteht. Dann werden wir den Charakter der Gegenwart begreifen und die Geschichte der Zukunft errathen, werden den Beruf des Menschen in dieser großen Heimath erkennen und wissen, daß und wie wir Menschen werden können und sollen.

Lächelnd im Frühlingsglanz breitet sich die Landschaft vor unsern Augen aus; zart entkeimt die Saat dem winterlichen Boden, und bald beginnen Blumen ihre lieblichen Häupter aus dem frischen Rasen zu erheben, Bäume aus schwellenden Knospen ihren grünen Blätterschmuck, ihren duftenden Blüthenschnee zu entfalten. Wir vergessen die Stürme, welche über diese Fluren gebraust, die Fluthen, die sie zerrissen, das Leichentuch, das sie wie ein Chaos umhüllte; wir vergessen die Zauberkräfte, welche unter den Gräueln der Zerstörung und dem Gewande des Todes dieses liebliche Leben schufen und erweckten. So ist die Erde, diese Stätte der Lust und des Schmerzes, dieser Kampfplatz der Geister, ein Werk tausendjähriger Zerstörungen wilder Elemente, und die Spuren der Leidenschaft sind noch den lächelnden Zügen ihres friedlichen Antlitzes aufgeprägt. Die Gegenwart ist das Grab der Vergangenheit, und die Stürme, welche bald größere, bald kleinere Theile der Erde verwüsteten, bald plötzlich und in Augenblicken oder allmälig und in Jahrtausenden ein blühendes, großartiges Reich des Lebens der Vernichtung weihten, sie haben die Trümmer der Vorwelt zusammengeweht zu einem Altar, auf dem die Gegenwart die Opfer niederlegt, welche sie ihrer auch im Verderben noch liebenden Mutter Natur darbringt. Daß nimmer der Mensch jener heiligen Bestimmung vergesse, die ihn berufen hat, sich und die Natur über die Schranken der Endlichkeit und der Materie emporzuheben, sich und die Natur im Geiste zu verklären, hat die Natur die Geschichte der Vorwelt mit unverlöschlichen Zügen in die Stufen dieses Altars eingegraben und dem Menschen den Schlüssel gegeben, jene geheimnißvollen Charaktere zu entziffern.

Schon hat sich uns ein Theil jener Geschichte erschlossen, und war es auch nur die eines kurzen, wenige Jahrtausende umfassenden Zeitraums, es war doch eine Geschichte, die in ihren einzelnen

Zügen schon ein Bild der früheren enthüllt. Denn jene Kräfte, die noch jetzt wirken, wirkten von Anbeginn, langsam freilich und in ungeheuren Zeiträumen, die nicht Tausende, sondern Millionen von Jahren umfassen, aber immer nach ewigen, unabänderlichen Gesetzen. Schon manche unserer heutigen Schöpfungen gehörte einem Zeitraume an, in den kaum die dunklen Sagen uralter Völker reichen: schon manche war das letzte Glied einer langen Kette von Erscheinungen, über deren Anfang man erst Vermuthungen wagte, seit die Wissenschaft unsrer Tage das große Naturgedicht aus den Schriftzügen der Erdrinde verstehen lernte. Auch in der Vorzeit war es nicht etwa ein ungeheurer, massenhafter Kampf der Naturkräfte, der die ganze Bildungsgeschichte der Erde zu einem wilden, ungestümen Drängen machte, um eilends den Erdboden zum Garten, zum Schauplatz menschlichen Wirkens zu ordnen; sondern Alles ward allmälig und gesetzlich. Auch in der Vorzeit war der größte Theil der Erdrinde das Produkt ruhiger, langsamer Bildungen des Wassers, wie wir sie noch in der Gegenwart aus Meeren und Seen, Flüssen und Quellen entstehen sehen, und mit diesen Bildungen zugleich wurde das organische Leben ins Dasein gerufen. Auch damals zersprengten die Gewalten der Tiefe die horizontalen Schichten, hoben in jener dünnen, vielfach gespaltenen Erdrinde feurig-flüssige Massen zu Bergen empor, richteten die zerrissenen Schichten an denselben auf, oder rückten, wo sie zu solchen Kraftäußerungen zu schwach waren, ganze Landstriche zu Plateaus empor. Solche Ausbrüche zerstörten das Leben der Organismen, die durch Hitze oder schädliche Ausdünstungen umkamen und mit ihren Leichen die sich neubildenden Schichten erfüllten. Durch diese Emporhebungen wurden aber der auflösenden und nagenden Kraft des Wassers immer neue Flächen zu immer neuen Schichtenbildungen dargeboten, und zugleich erhielten die Pflanzen und Thiere, deren Dasein an die Bedingungen der Luft und des süßen Wassers gebunden ist, einen immer größeren Spielraum. Freilich mag wohl beim jedesmaligen Emporsteigen eines Gebirges das Werk der Neubildung durch Zerstörung früherer Gebilde ungleich schneller vor sich gegangen sein, als jetzt; doch liegen Beweise genug vor, daß die meisten Glieder aller Formationen, von den ältesten bis zu den jüngsten, sich nur unter ähnlichen Zeitverhältnissen gebildet haben können, wie die Ablagerungen auf dem Boden der heutigen Meere und Seen, die wir bereits kennen gelernt haben.

Das ist in Kurzem ein Bild der Entwicklungsgeschichte unserer Erde, gegründet allein auf untrügliche Thatsachen der Natur, nicht auf Mythen und Sagen längst entschwundener Völker, die poetisch-schön sein mögen, aber nie Anspruch auf wissenschaftliche Geltung machen dürfen. Im Buche der Natur lesen wir mehr Wahrheit, als in den Pergamenten, aus denen die Geschichte des Menschengeschlechts ihre Quellen schöpft. Immer lag dies Buch der Natur offen vor den Augen der Menschen. Jeder konnte darin lesen, Jeder die Züge ihrer Geschichte studiren. Aber man kannte die Schrift des Buches nicht, und wer sie kannte und lesen gelernt hatte, der durfte sie nicht lesen, weil man ein andres Buch an seine Stelle geschoben hatte, das Buch der Offenbarung. Da freilich mußte wohl die Geschichte der Natur so lange verborgen bleiben, so lange durch Aberglauben und phantastischen Unsinn entstellt werden, daß es kaum der Wissenschaft der neuesten Tage gelingt, sie aus all diesem Schutt hervorzuziehen. Wenn man sich aber wundert, daß trotzdem noch immer selbst die Männer der Wissenschaft mit einander im Kampfe liegen über die Richtigkeit ihrer Theorieen, daß eine Theorie immer die andre, eine Hypothese die andre verdrängt; während doch die Natur und ihre Geschichte nur eine ist, und ihre Thatsachen Allen zu Gebote stehen; dann erinnere man sich an die Verschiedenheit in der Beurtheilung menschlicher Handlungen nach ihren innern Beweggründen. Wer vielfach ein Gegenstand der Muthmaßungen und Ansichten seiner Nebenmenschen gewesen ist, der muß oft Anlaß zur Verwunderung und wohl auch zum Lächeln gefunden haben, wenn er sah, wie seine Wünsche und Ansichten selbst von seiner nächsten Umgebung so ganz irrthümlich gedeutet wurden. Wenngleich aus demselben Stoffe geformt, unter dem Einfluß der gleichen Selbstsucht stehend, von den nämlichen Leidenschaften geleitet, irrt der Mensch doch in Nichts häufiger, als in diesem Theile der Anwendung seiner geistigen Fähigkeiten. Der Irrthum hat seinen Grund in dem Umstande, daß Jeder seinen Nächsten streng nach sich selbst beurtheilt und deshalb meint, Andre müßten auch so handeln, wie er handeln würde. Dieser Maaßstab wäre allerdings so übel nicht, könnte man nur immer die Bedürfnisse und Triebe Anderer erfassen, die mit den unsrigen oft ebensowenig Aehnlichkeit haben, als ihre Charaktere, Aussichten und zeitlichen Glücksumstände. So unergründlich, wie das menschliche Herz, ist aber auch die Natur. Darum schritt ihre Wissenschaft durch lange Irrgänge und gewundene Pfade vor, die nur zu oft von der Fackel des Fanatismus beleuchtet, und mit dem Blute des Märtyrers getränkt wurden. Aber auch aus den Irrthümern und Narrheiten der Vorzeit müssen wir lernen; denn auch in ihnen verbarg sich die Sehnsucht nach kosmischer Anschauung, auch sie sind Stufen zu dem Weisheitstempel der Natur. Kein Ziel wird erreicht ohne die Mühen des Weges, keine Frucht gepflückt ohne den Schweiß des Säemanns und des Pflegers. So müssen auch wir die Entwicklungskämpfe der Geschichte durchleben, ehe wir die dornenlose Frucht der Wissenschaft genießen können. Dann erst können wir den geläuterten Blick auf die Denkmäler der Vergangenheit selbst wenden und in ihren Schriftzügen mit eignen Augen das Werden der Erde in der Urzeit lesen.

A. Versuche der Vorzeit über die Geschichte der Erde.

Die Geschichte einer Wissenschaft ist immer zugleich die Geschichte des Menschengeistes, die Geschichte seiner Entwicklung im Staats- und Völkerleben, in Kunst und Bildung. Die Geschichte der Forschungen aber, welche die Tiefen des Weltalls ergründen, die Geheimnisse der irdischen Heimath und ihrer dunklen Vergangenheit erhellen sollen, greift am tiefsten in die ganze Menschennatur und ihre Gedankenwelt ein; denn sie erzählt von den höchsten Ideen des Menschen, die Himmel und Erde umspannen, Geist und Natur versöhnen, Gott und Welt, Zeit und Ewigkeit verschmelzen wollen. Die Geschichte der Geologie ist vorzugsweise eine Geschichte von Gedanken und Theorieen, da die Thatsachen, ursprünglich gering, allmälig erst hervortraten und von dem geistigen Gebäude, das man darüber aufführte, oft erdrückt wurden. Wo aber Thatsachen und Beobachtungen fehlen, da vertritt das Ahnungsvermögen die Stelle des wissenschaftlichen Schlusses. Ahnungsvoll wird der Zusammenhang von Naturerscheinungen ausgesprochen, oft unerwiesen und mit dem Unbegründetsten vermischt, bis die spätere Zeit ihn auf sichere Erfahrung stützt und wissenschaftlich erkennt. Wir dürfen diese ahnende Phantasie, diese unmittelbare Thätigkeit des Geistes nicht anklagen, die in den größten Geistern der Vorzeit wirkte; denn auch sie hat in dem Gebiete der Wissenschaft Großes geschaffen und nicht immer von der Ergründung der Wirklichkeit abgezogen. Je mehr sich freilich die Kenntniß der Erdoberfläche erweiterte, je mehr man neue Länder entdeckte und ihren Boden untersuchte, je genauer man zugleich den heimischen Boden kennen lernte, desto mehr fand man Gelegenheit, seine theoretischen Ansichten zu erweitern und zu berichtigen. Von jeher war es ein Streben des menschlichen Geistes, räumlich beschränkte Thatsachen auf das Allgemeine auszudehnen und den Fleck der Erde, welchen man bewohnte, als das typische Land zu betrachten, nach dessen Vorbild die ganze Oberfläche der Erde zusammengesetzt sei. So mußten die Alten das Küstenland des mittelländischen Meeres, die italienischen Gelehrten des Mittelalters die Abhänge der Apenninen, Werner das kleine Sachsen, Hutton Schottland als Typus für die Bildung der ganzen Erde ansehen. Nur die Vergleichung konnte unterscheiden lehren, was allgemein gültigen Verhältnissen, und was lokalen Eigenthümlichkeiten angehöre, und so gelang es der neueren Zeit, durch die unendliche Vervielfältigung der Erfahrungen an den entlegensten Orten, an die Stelle der Vermuthungen beobachtete Thatsachen zu setzen. Gerade diese Vermuthungen und Hypothesen aber, diese Träumereien einer nach Erkenntniß dürstenden Zeit, bilden in der Geschichte der Geologie eins der anziehendsten Momente.

Von jeher gab es hervorragende Geister, welche aus wenigen Einzelheiten das Gleiche zusammenzufassen, das Zufällige auszuscheiden, die allgemeinen Gesetze zu ahnen, wo nicht zu erkennen vermochten. Solche Männer gleichen jenen Wilden Nordamerikas, deren geschärfte Sinne aus schwachen und zerstreuten Anzeichen den Pfad durch die Waldwüsten ihrer Heimath zu finden wissen, während der Wanderer Europas der Wegweiser bedarf, um nicht in den heimischen, reichbebauten Fluren irre zu gehen. Sie sind die Propheten der Wissenschaft, die ihrem Zeitalter vorauseilend die Bahn der Zukunft bezeichnen. So schlummern oft, von der Ahnung geboren, die wichtigsten Wahrheiten in der Wissenschaft, bis die nüchterne Beobachtung sie hervorzieht und ihnen neue Geltung verleiht, während haltlose Theorien lange Zeit hindurch, nur auf das Gewicht hervorragender Persönlichkeiten gestützt, sich in Ansehen erhalten, wenn ihnen längst der Boden unter den Füßen weggezogen ist.

Die frühesten, wenn auch oft phantastischen Theorieen über die Entstehung der Erde schöpfen wir aus den Religionen der alten Völker. Im Alterthum ist die Religion nicht allein das Resultat der gesammten sittlichen Anschauungen eines Volkes, sondern zugleich das ungetrübte Abbild seines ganzen Volksgeistes, seiner Beziehungen zu Natur und Wissenschaft, zu Kunst und Poesie. Die Religion der Alten ist die Entwicklung ihrer Geisteskraft. Darum suchte sie immer zuerst Geist und Materie zu vermitteln, die Schöpfung der Erde, den Ursprung der Welt zu begreifen. Den alten Völkern galt die Erde gleichsam als der Inbegriff, als das Wesentliche des Weltganzen. Sonne, Mond und Sterne existirten nur für die Erde, um auf ihr zu leuchten, Tag und Nacht zu trennen, das Leben der Erdenbewohner zu ordnen. Deshalb sind auch diese religiösen Theorieen der Inder, Perser, Hebräer und alten Germanen hauptsächlich Kosmogenien. Sie sind dichterische Anschauungen, die durchaus aller Beobachtung entbehren und zum Ersatz dafür mit mehr oder minder Phantasie ausgeführt und den herrschenden religiösen Ideen angepaßt und untergeordnet sind. Jenachdem der religiöse Glaube einen einzigen Gott oder zwei Götter des Guten und des Bösen oder eine Menge von Göttern und Göttinnen annahm, wurde auch die Entstehung der Welt einem oder mehreren dieser Wesen zugeschrieben. Die einzelnen Kräfte, die man in der Natur sah, wurden personificirt und als göttliche Wesen mit übermenschlichen Eigenschaften begabt dargestellt, ja sogar dem Menschen selbst ein bedeutender Einfluß eingeräumt. Diese Kosmogenien gehören nicht der Naturwissenschaft, sondern der Mythologie an, sie müssen von dem Forscher zurückgewiesen werden, mag sich auch der Theologe durch diese scheinbare Verletzung seines Glaubenscoder gekränkt fühlen.

Die finstern Naturreligionen der sclavischen Völker des Ostens waren unfruchtbar für die Wissenschaft der Natur und ihre freien Gedanken. Erst in Griechenland, dem Tempel physischer und geistiger Freiheit und Schönheit, wo der Mensch sich zuerst seiner

Menschheit bewußt ward, wo die Götter selbst zu Menschen wurden, da schwang sich der Geist empor zur Höhe der Wissenschaft, die mit der Freiheit wuchs und blühte, bis sie mit ihr unterging. Dort galt die Natur, was sie dem Menschen war, dort achtete man ihre Erscheinungen, weil sie verkettet waren mit der Entwicklung des Menschenlebens und Menschengeistes.

Die Griechen waren Zeugen der großartigen vulkanischen Naturerscheinungen in ihrer Heimath, auf dem Festlande und auf den Inseln; sie fanden Versteinerungen in ihrem Boden, die Anschwemmungen der Flüsse zogen ihre Aufmerksamkeit auf sich, und wenn diese Aufmerksamkeit auch nicht zu vergleichenden Untersuchungen anspornte, so veranlaßte sie doch Schlußfolgerungen, wie sie dem einfachen, natürlichen Sinne dieses Volkes entsprachen. Nur wenn die Alten über diese unmittelbaren Folgerungen aus den Beobachtungen zu allgemeinen Theorieen über die Entstehung der Erde übergehen, verlieren sie sich, wie ihre Vorgänger und Nachfolger, in weitschweifige Träumereien der buntesten Art. Aber schon bei ihnen standen sich zwei Hauptansichten gegenüber, die daher entsprangen, daß die Einen mehr die vulkanischen Erscheinungen Griechenlands und Siciliens, die Andern mehr die Verhältnisse Aegyptens ins Auge faßten. Schon bei ihnen gab es Vulkanisten und Neptunisten.

Die jährlichen Anschwemmungen des Nil im Delta Aegyptens mußten auf die in Aegypten gebildeten Griechen, die in ihrem Lande keine solche Beobachtungen anzustellen im Stande waren, einen tiefen Eindruck machen, um so mehr, als sich daran alte Göttersagen und Mythen knüpften, und Aegypten während langer Zeit das Land der Wissenschaft, die Hochschule der alten Griechen war. So ward Thales von Milet der erste Neptunist. Alles Feste sollte sich aus dem Wasser niedergeschlagen haben und aus Verdichtung des Schlammes hervorgegangen sein. Xenophanes, Pythagoras, Plato und der Vater der Geschichte, Herodot, folgten ihm nach. Dieser Schule der Neptunisten stellte sich die der Vulkanisten Zeno und Empedokles entgegen, nach welchen das Feuer aus dem Innern der Erde heraus Berge und Länder erhoben und vielfach verändert haben sollte. Bei der allgemeinen Tendenz der Griechen, den verschiedenen Naturerscheinungen menschliche Götter unterzuschieben, entstanden aus diesen vulkanischen Ausbrüchen, Erdbeben u. s. w. jene mannigfachen Mythen von Titanen und Giganten, welche die im Innern der Erde regsamen vulkanischen Kräfte repräsentirten. Eine dritte eigenthümliche Ansicht von der Erde, welche durch die Naturphilosophie in unsrer Zeit ihren wesentlichen Grundzügen nach wieder aufgenommen wurde, stellte Aristoteles auf. Dieser Schöpfer der Naturwissenschaften betrachtete die Erde als einen Organismus, dessen inneres Leben durch die Veränderungen der Oberfläche sich kund gebe, indem abwechselnd einzelne Theile austrockneten, andere wasserreich würden, abwechselnd alterten und sich wieder verjüngten. So sehen wir in den Anschauungen des klassischen Alterthums bereits alle Keime unsrer heutigen geologischen Wissenschaft entwickelt, sehen die vulkanischen, neptunischen und organischen Kräfte der Natur schon hier als die Bildner und Schöpfer der Erdoberfläche anerkannt. —

Daß die Römer in der Geschichte der Geologie keinen Platz einnehmen können, ergiebt sich aus der allgemeinen Unwissenschaftlichkeit dieses Volkes, dessen rauher Boden für die zarte Pflanze der Naturwissenschaft unfruchtbar war. Die Zeit ward alt; entnervt und entartet sank sie in das Grab, das ihrer lange harrte. Das Licht der Wissenschaft schien erloschen, das selbst die finstersten Zeiten des Alterthums mit Blitzen erleuchtet hatte, das krampfhafte Zucken des Lebens der starren Ruhe des Todes gewichen zu sein. Aber diese Ruhe war die Ruhe des Grabes, die scheinbare Ruhe jenes geheimnißvollen Processes, der aus dem Tode das Leben, aus dem Samenkorn die junge Pflanze entwickelt, es war die Ruhe der Nacht, die den Tag gebiert. Das Morgenroth ging auf in den Fluren Italiens, und das 16te Jahrhundert sah die Wiedergeburt der Menschheit und ihrer Wissenschaft. Was das Alterthum gedacht und errungen, war nicht verloren, sondern nur zu höherer Entwicklung aufgehoben: denn was dem Schooße der Zeiten anvertraut wird, kann nimmermehr verderben, sondern muß aufgehen zu fruchtbringender Saat. Der Heros des Alterthums, Aristoteles, war auch der Vater der neuen Zeit. Auf seine Schriften gründete sich hauptsächlich die erwachte Naturwissenschaft, aber sie verschmolz seltsamerweise seine Lehren mit der Bibel und den herrschenden religiösen Vorstellungen, über deren Erhaltung die katholische Kirche machte. Der Einfluß dieses religiösen Zwanges läßt sich von dieser Zeit, wie in allen Wissenschaften, so auch in der Geologie auf das Deutlichste nachweisen. Die Ketzerei der Gelehrten, welche auf Ansichten geriethen, die mit der Bibel im Widerspruch standen, wurde durch die abscheulichsten Verfolgungen geahndet, und es gehörte daher kein geringer Muth dazu, seine Ueberzeugung ohne Rückhalt auszusprechen. Ehe sich die Wissenschaft wenigstens von den gröberen, sinnlichen Fesseln, welche die Kirche um sie schlug, befreite, bemühten sich daher die meisten Forscher, die Uebereinstimmung ihrer Ansichten mit der Bibel nachzuweisen. So kamen oft die bizarrsten Ansichten zu Tage, die einzig dieser Tendenz ihren Ursprung verdankten. Die Wundersucht und der Aberglaube hatten so feste Wurzel im Volke geschlagen, daß es nicht einmal der Reformation gelang, sie ganz zu verdrängen. An die Stelle der in Mißkredit gekommenen wunderthätigen Heiligenbilder traten die Mineralquellen, deren Entdeckung mit allgemeinem Jubel und kirchlichen Dankgebeten noch im 17. und 18. Jahrhundert gefeiert wurde. Abenteurer durchzogen die Länder und suchten nach edlen Metallen, Steinkohlen und Porcellanerde. Solche Betrüger wurden von den Fürsten geehrt und von den Pietisten zur Zeit Friedrich Wilhelms II., den sogenannten „Erweckten", benutzt und in Schutz genommen.

Den ersten Anstoß zu genaueren wissenschaftlichen Untersuchungen gaben die Versteinerungen, welche man in den Gebilden der Apenninen bei Festungsbauten aus dem Schooße der Erde grub. Die allgemeine Ansicht der heller Blickenden betrachtete die Versteinerungen wirklich als Reste von Thieren, die einst gelebt hätten und durch die Sündfluth vernichtet und an jene Orte gebracht seien, wo man sie jetzt finde. Andere Gelehrte aber erschöpften ihre ganze Phantasie, um wahrscheinlich zu machen, daß diese Reste nie lebenden Wesen angehört haben, sondern nur sogenannte Naturspiele seien, hervorgebracht durch eine wunderbare plastische Kraft der Erde, welche den mineralischen Substanzen Formen gegeben habe, die einigermaßen denen der lebenden Thiere ähneln. In ihnen sollte die Natur den Versuch gemacht haben, ob es ihr wohl gelingen werde, nach und nach, gleichsam durch längeres unterirdisches Experimentiren, solche Geschöpfe zu erzeugen, welche sie sich nicht länger zu schämen brauche an das Tageslicht treten zu lassen, und die würdig seien, daß ihnen der lebendige Odem eingehaucht werde, damit sie Zeugniß von der räthselhaften Lebenskraft ablegten, welche die größten Geister aller Zeiten eben so sehr beschäftigte als in Verlegenheit setzte. Nicht genug, daß ein Mann wie Lister den Gesteinen selbst diese wunderbare Bildnerkraft zuschrieb und die verschiedenen Charaktere der Versteinerungen verschiedner Formationen, die sein scharfes Auge erkannte, aus einer mehr oder minder großen Geschicklichkeit der Gesteine in dieser Kunst erklärte; auch Geister suchte man ins Spiel zu bringen, Bergmännchen und Gnomen, die in den Tiefen der Erde ihre Residenz hätten, selbst Planeten und Sterne sollten dabei gearbeitet haben. Kurz, keine Theorie konnte zu gesucht und phantastisch sein, als daß sie nicht ihre Anhänger gefunden hätte, vorausgesetzt, daß sie mit Volkssagen zusammenfiel. So weit kann sich der gesunde Menschenverstand verirren, wenn er stets nach dem Wunderbaren hascht, um die einfachsten Dinge zu erklären! Jene Zeit ist vorüber, wo solche Naturansichten Eingang und Vertheidigung finden konnten; mit den Scheiterhaufen der Hexen ist auch sie geschwunden. Aber sie ist nicht so fern, als wir zur Ehre des Jahrhunderts glauben möchten. Wenngleich schon früh die erleuchtetsten Geister dagegen ankämpften, Leonardo da Vinci, Hooke und Steno, so hat sich jener Unsinn doch noch bis in die letzte Hälfte des vorigen Jahrhunderts hin und wieder behauptet. Noch zur Zeit des berühmten Chemikers Stahl glaubte man an jene wunderbare Naturkraft, welche sich in der Nachäffung thierischer Gebilde in Stein gefalle, und die man den Archäus nannte. Man ließ selbst die erratischen Blöcke in den Ebenen, die Steine auf den Aeckern wachsen, wie Saussure sagt, gleich Trüffeln in der Erde. Auf einen bei Rostock gefundenen Stein sollte die Natur sogar die Inschrift: vivant Gedanenses! geschrieben, also den alten Vorfahren ein Lebehoch gebracht haben. Nur die Satyre konnte solch lächerlichen Unsinn für immer vernichten.

Im Jahr 1732 hatte der Lübecker Sievers, eben zum Mitglied der preußischen Societät der Wissenschaften ernannt, einen Stein gefunden, auf welchem er Noten entdeckte, und von dem er sehr viel Aufsehens machte. Da trat der berühmte Satyriker Liscow, damals zu Lübeck, auf, meinte, daß nur eines Kantors Sohn (und der war Sievers) im Stande sein könne, auf einem Steine Noten zu lesen, und schrieb in Folge dessen eine Satyre, welche den Titel führte: „Vitrea fracta, oder des Ritters Robert Clifton Schreiben an einen gelehrten Samojeden, betreffend die nachdenklichen Figuren, welche derselbe den 13. Januar 1732 auf einer gefrornen Fensterscheibe wahrgenommen, — aus dem Englischen ins Deutsche übersetzt.“ Er geißelt in dieser Schrift die phantastische Richtung, welche die Gelehrsamkeit zu jener Zeit genommen hatte, und erklärt die wunderlichen Figuren auf einer gefrornen Fensterscheibe durch den Anhauch der Gedanken einer gelehrten Gesellschaft, welche sich in dem Zimmer mit den verhängnißvollen Fensterscheiben versammelt habe. Er stellt ein allgemeines Gesetz für solche Gedankenkrystallisationen auf und preist den Regierungen diese seine Entdeckung mit folgenden Worten an: „Da die Figuren auf einer gefrornen Fensterscheibe so augenscheinlich zeigen, daß man Alles, was zu Winterszeiten, wenn es stark friert, in einem Zimmer vorgegangen und geredet werden, auf den gefrornen Fenstern lesen kann, so däucht mich, wäre es eine heilsame Sache, wenn es den Regierungen gefallen wollte, zu verordnen, daß zu solchen Zeiten alle Morgen die Fenster in allen verdächtigen Häusern besichtigt werden sollten.“ So bekämpfte Liscow, wie die Hamburger literarischen und kritischen Blätter vom Jahre 1845 erzählen, die Narrheit mit den gebührenden Waffen, und sein Angriff scheint die Lust an Naturspielen so ziemlich abgekühlt zu haben. Wenigstens wurde diese Theorie nicht mehr öffentlich vertheidigt, wenn sie sich auch im Geheimen noch länger erhielt.

Nachdem man zu der Ueberzeugung gekommen war, daß die Petrefacten nur Reste organischer Wesen seien, war es ganz natürlich, daß man die Typen derselben zunächst in der lebenden Welt suchte. Daß man aber so lange bei diesem Irrthum beharren konnte, hatte einerseits seinen Grund in der geringen Kenntniß, welche man damals von der lebenden Schöpfung besaß, andererseits in der geistigen Knechtschaft, in welcher sich zu jener Zeit alle Wissenschaften befanden. Die Theologie übte ohne Widerrede den Supremat über alles andre Wissen aus; mit dem orthodoxen Dogma durfte keine andre Lehre in Widerspruch stehen. Nun lehrte aber die Bibel nur eine einzige Schöpfung organischer Wesen und zeigte nur einen möglichen Weg, auf welchem die Reste derselben in die Tiefe der Erde hatten gelangen können. Wer also in den Petrefacten nicht hätte Beweise der Sündfluth sehen wollen, wäre als Ketzer betrachtet und dem Vorwurf ausgesetzt worden, das Ganze der heiligen Schrift nicht glauben zu wollen. Im deutschen Norden fanden die Geologen zwar glücklicherweise noch einen Ausweg, die Bildung ihres Bodens auf eine von der allgemeinen Sündfluthstheorie unabhängige Weise weiter auszubilden. Die Sage von der cimbrischen Fluth, diesem Hirngespinnst staubiger Studierstuben, welche sich im 2ten Jahrhundert v. Chr. ereignet haben soll, gab ihnen die Berechtigung, ohne mit der Bibel in Widerspruch zu treten, die jetzige Beschaffenheit unseres Bodens dieser späteren Katastrophe zuzuschreiben. Der erste ernstliche Protest gegen die Obervormundschaft der Theologie wurde von den italienischen Gelehrten schon zu Anfang des vorigen Jahrhunderts eingelegt; für die Gelehrten des übrigen Europa aber bedurfte es noch eines fast hundertjährigen Freiheitskampfes. Während unter heftigen, geistigen und politischen Kämpfen der ganze Zeitgeist eine andre, freiere Richtung nahm, und durch Reisen in ferne Gegenden die Kenntniß der lebenden Schöpfung täglich wuchs, mußten die Geologen immer mehr und mehr die Unmöglichkeit einsehen lernen, die Typen der Versteinerungen in der lebenden Welt aufzufinden. Es erhob sich nun eine Stimme nach der anderen gegen die Sündfluthstheorie, und am Ende des vorigen Jahrhunderts war der zweite und letzte große Schritt gethan: man gestand ein, daß unter den Versteinerungen auch Reste solcher organischen Wesen vorhanden seien, welche mit der jetzt lebenden Schöpfung Nichts gemein hätten.

Durch jene phantastischen Träumereien war die allgemeine Aufmerksamkeit von den ernsteren geologischen Studien der Schichten und ihrer Lagerung abgelenkt worden, und nur Einzelne machten sich durch neue Theorien bemerklich. Steno, ein Däne von Geburt, aber die längste Zeit im Dienste des Großherzogs von Toskana, stellte zu Ende des 17. Jahrhunderts eine Theorie auf, deren sich ihre Zeit wahrlich nicht zu schämen brauchte. Er unterschied deutlich und bestimmt vulkanische und geschichtete Gesteine und unter diesen wieder die versteinerungslosen, älteren von den jüngeren, Versteinerungen führenden. Er unterschied auch Formationen und erklärte die Lagerung der Schichten durch abwechselndes Einstürzen des Bodens und Wiederausfüllen der Thäler. Aber seiner gesunden Richtung folgte man nicht nach: man verlor sich wieder in unfruchtbare Hypothesen. Die Einen pflichteten den Ideen des ausgezeichneten Astronomen Keppler bei, welcher die Aristotelische Ansicht wieder hervorgesucht hatte und der kühnen Meinung war, unser Erdball sei keine todte Masse, sondern, wie alle Planeten, ein lebender Organismus. Wie in den Organismen im Kreislauf befindliche Flüssigkeiten ihnen Leben verleihen, so kreise auch eine Art Aether um die Weltkörper, und die kleinsten Theile der Materie seien nichts weniger als willenlos, sondern ziehen einander an und stoßen einander ab, je nach dem Grade ihrer Neigung zu einander. Die Berge seien die Athmungswerkzeuge dieses Thieres, die Gebirgsschichten Secretionsapparate, durch welche Meerwasser zersetzt werde, um die Vulkane zu speisen, die Gänge seien Adern und die Metalle darin Produkte von Fäulniß und Krankheit.

Die Engländer folgten ihrer religiösen Tendenz, die noch jetzt die Erde alljährlich mit einer Menge von Schriften überschwemmt, welche die Uebereinstimmung der Geologie mit der mosaischen Schöpfungsgeschichte beweisen. Ein sprechender Beweis davon ist Burnet, der die Erde sich aus einem wässrigen Chaos zu einer festen Kugelschale bilden ließ, welche das Wasser umschloß. Aber diese Schale trocknete aus, bekam Risse und zerfiel in Stücke, welche in das Wasser stürzten. So entstand die Sündfluth. Aus den unregelmäßig zersprungenen und übereinander gestürzten Stücken bildeten sich nach und nach Inseln und Festland. Trotz dieser Versuche, seine Theorie mit der Bibel in Einklang zu bringen, wurde Burnet dennoch der Ketzerei beschuldigt; aber nichts destoweniger war sie lange Zeit der Zankapfel, um welchen Fromme und Nichtfromme sich stritten. —

Leibnitz war Vulkanist und erklärte die Erde für einen ursprünglich feurig flüssigen Fixstern, der sich auf der Oberfläche verschlackte, unregelmäßig erkaltete und eine glasartige Rinde mit Höhlungen und Blasen bildete, auf der sich das anfangs dampfförmige Wasser niederschlug und sie überschwemmte, bis es sich zum Theil in ihre Blasenräume zurückzog. Whiston nahm sogar die Kometen zu

Hülfe. Ihm war die Erde einst ein Komet, und ein Komet führte die Sündfluth herbei, als die Erde in seinen mit Wasser gefüllten Schweif gerieth. Er berechnete nicht allein die Stunde dieses Ereignisses, sondern auch die Stunde der letzten Zerstörung und des jüngsten Gerichts. Den Gipfelpunkt dieser phantastischen Tendenz bildete endlich Buffon mit seiner so berühmten „Theorie der Erde", welche 1793 erschien. Auch ihm war die Erde ein ursprünglich feurig flüssiger Körper, ein losgerissner Theil der Sonne, der sich allmälig in der viel zu klein angenommenen Zeit von 76,000 Jahren abkühlte und durch unregelmäßige Zusammenziehungen auf der schlackigen Kruste Berge und Thäler bildete. Das in der Atmosphäre dampfförmig aufgelöste Wasser schlug sich auf der erkalteten Erdrinde nieder, löste einen Theil der Schlackenmasse wieder auf und ließ sie als schichtenförmige Niederschläge fallen. In dem Meere lebten Thiere, auf dem festen Lande wuchsen Pflanzen. Aber durch die fortdauernde Erkaltung spaltete sich die Erdrinde wieder, das Wasser drang bis auf den glühenden Kern ein, verwandelte sich in Dampf und verursachte nun ungeheure Explosionen, durch welche die Schichten zerworfen, das Meer emporgeschleudert, und die lebenden Wesen ganz oder theilweise vernichtet wurden. So unterschied Buffon sechs Perioden der Ruhe, Naturepochen, welche durch Revolutionen von einander getrennt waren, und während deren das organische Leben immer tiefer und tiefer sank, weil die Erkaltung des Erdballs mehr und mehr zunahm. Die blühende, prächtige Sprache, in welcher Buffons Werk geschrieben war, die scheinbare Bekräftigung seiner Theorie durch genauere physikalische Versuche erwarben ihr viele Anhänger, deren Enthusiasmus indeß nicht lange anhalten konnte, da die aus der Beobachtung gewonnenen Thatsachen allmälig die unreifen theoretischen Speculationen verdrängten.

Im Laufe des 18ten Jahrhunderts entwickelte sich nun jener philosophische Skepticismus, der auf die Behandlung der Naturgeschichte den wesentlichsten und heilsamsten Einfluß ausübte. Man kehrte von den unfruchtbaren Träumereien zu den einfachen Beobachtungen zurück, und wenn man früher in das Extreme der Speculation verfallen war, so führte andrerseits die Richtung Linné's fast zu dem entgegengesetzten Extrem systematischer Trockenheit. Wir übergehen daher diese Zeit, in der rüstig fortgearbeitet wurde, besonders auf praktischem Wege von Pallas, Dolomieu, Saussure, um uns zu dem Heroen der Geologie, dem Manne, der stets in ihrer Geschichte als die hervorragendste Persönlichkeit genannt werden wird, zu Werner in Freiberg zu wenden. Aber auch er, der als Beobachter das Ausgezeichnetste leistete und durch Einführung einer bestimmten Ordnung und einer allgemeinen Sprache der Gesetzgeber der Geologie genannt zu werden verdient, ist als Theoretiker wieder dem alten Irrthum verfallen, ja hinter manchem seiner Zeitgenossen zurückgeblieben; und die Hartnäckigkeit, womit er auch später seine Ansichten beibehielt, stiftete mehr Schaden als Nutzen. Werner war vollendeter Neptunist. Der ganze Erdball war ihm aus dem Wasser hervorgegangen, das Urgebirge hatte sich zuerst in krystallinischer Form niedergeschlagen, und um dies feste Gerippe hatten sich dann die schiefrigen Gebilde der Uebergangs- und Flötzgebirge gelagert. Die Thäler waren durch Auswaschungen des abwechselnd anschwellenden und wieder zurücksinkenden Meeres entstanden, wofür freilich die Thalbildung der sächsischen Schweiz auf das Deutlichste sprach. Der schwache Punkt des Wernerschen Systems war die unzulängliche Berücksichtigung der vulkanischen Erscheinungen, die ihm nur locale Phänomene, Erdbrände der obern Schichten, bedingt durch Entzündung von Steinkohlenflötzen oder ähnlichen Brennstoffen, waren. Diese Geringschätzung der Vulkane und die Verkennung der ältern vulkanischen Gebilde entsprang aus der Unkenntniß Werner's, dessen Untersuchungen sich nur auf das kleine Land Sachsen beschränkt hatten. Aber jene Vernachlässigung des Vulkanismus war es zugleich hauptsächlich, welche den Sturz seines Systems herbeiführte, das eine Zeit lang fast allein in der Geologie herrschte.

Der Enthusiasmus, welchen Werner unter seinen Schülern erregte, war vorzüglich dem glänzenden Vortrage des Lehrers zuzuschreiben, der seine Zuhörer wirklich für die Wissenschaft, die er vortrug, zu begeistern wußte. Wie einst zu den griechischen Philosophen, strömten aus allen Ländern wißbegierige Jünglinge nach Freiberg, um aus dem Munde des Lehrers jene Ansichten zu vernehmen, die ganz Europa erfüllten. So groß war die Ehrfurcht, welche die Schüler vor dem Meister hatten, dessen liebenswürdige

Persönlichkeit ihnen theuer und werth war, daß die meisten derselben erst nach Werner's Tode ihre abweichenden Ansichten über die vulkanischen Gesteine unumwunden darlegten, da sie ihrem Lehrer durch diesen Widerspruch keinen Aerger verursachen wollten. Wenn dies einerseits den schönsten Beweis für das gegenseitige Verhältniß Werner's und seiner Schüler liefert, so muß man auf der andern Seite dennoch eingestehen, daß eine Wissenschaft sich noch in der Kindheit befindet, in welcher die Persönlichkeit eines verdienten Mannes der Stimme der Wahrheit Schweigen gebieten kann. Sobald einmal die Thatsachen in einer Wissenschaft sich so gehäuft haben, daß die unmittelbaren Schlußfolgerungen daraus zur Herstellung eines vollständigen theoretischen Gebäudes genügen, so hört dieses unbedingte Gewicht der Persönlichkeit auf, während im unentwickelten Zustande der Wissenschaft jeder Widerspruch als direkter Angriff und persönliche Opposition aufgefaßt wird. Es ist natürlich, daß jede nachfolgende Generation mit leichter Mühe und in geringer Zeit den Weg durchläuft, den ihre Vorfahren mit Anstrengung während ihres ganzen Lebens ebnen mußten. Die Dankbarkeit, welche man gegen diese Vorgänger haben soll, besteht aber nicht darin, daß man nur der von ihnen angebahnten Richtung unbedingt folgt und ihre Irrthümer vertheidigt, sondern vielmehr in dem Befolgen des moralischen Beispiels, das sie uns gaben, und in Bekämpfung der Irrthümer, in welche auch sie verfielen. Darum muß es uns wundern, wenn der geniale Göthe, der selbst von der Einfachheit und Klarheit des Werner'schen Systems befangen war, ein so hartes Urtheil über die treulosen Schüler fällt. Im Unmuth über den neuen, ihn überraschenden und verletzenden Aufschwung der Wissenschaft bricht er in die Worte aus:

Kaum wendet der edle Werner den Rücken
Zerstört man das Poseidaonische Reich.
Wenn Alle sich vor Hephästus bücken,
Ich kann es nicht sogleich;
Ich weiß nur in der Folge zu schätzen
Schon hab' ich manches Credo verpaßt;
Mir sind sie alle gleich verhaßt,
Neue Götter und Götzen.

Mit dem größten Abscheu erfüllt ihn die Hebungstheorie mit ihrem „Heben und Drängen, Aufwälzen und Quetschen, Schleudern und

Schmeißen." Statt gesetzmäßiger Ordnung und nothwendiger Bestimmung sieht er in ihr nur wüste Unordnung und zufällige Veranlassung. „Die Sache mag sein, wie sie will," fährt er fort, „so muß geschrieben stehen, daß ich diese vermaledeite Polterkammer der neuen Weltschöpfung verfluche! und es wird gewiß irgend ein junger, geistreicher Mann aufstehen, der sich diesem allgemeinen verrückten Consens zu widersetzen Muth hat. Das Schrecklichste, was man hören muß, ist die wiederholte Versicherung, die sämmtlichen Naturforscher seien hierin derselben Ueberzeugung. Wer aber die Menschen kennt, der weiß, wie das zugeht: gute, tüchtige, kühne Köpfe putzen durch Wahrscheinlichkeit sich eine solche Meinung heraus; sie machen sich Anhänger und Schüler, eine solche Masse gewinnt eine literarische Gewalt, man steigert die Meinung, übertreibt sie und führt sie mit einer gewissen leidenschaftlichen Bewegung durch. Das heißt man allgemeine Uebereinstimmung der Forscher." Ist es nicht, als wollte sich Göthe durch diese Worte selbst schlagen? Denn gerade er beweist am besten, wie groß die Macht der Persönlichkeit Werner's über ihn gewesen ist, und wie leicht er sich durch schöne und einfache Form der Darstellung hat verblenden lassen, der Wahrheit sein Ohr zu verschließen. —

Die Schule Werner's blühte hauptsächlich in den letzten Jahren des vorigen Jahrhunderts und zu Anfang des jetzigen, sie führt uns also unmittelbar zu der Zeit, in welcher wir jetzt leben. Ueber alle Länder der Welt verbreiteten sich ihre Schüler, und voll Eifers zogen sie aus, um die ganze Erde von einem Pole zum andern im Namen ihres Meisters zu befragen. Nirgends aber entbraunte der Kampf unter ihnen heftiger, als in Deutschland, wo man bald alles Andre darüber vergaß, so daß sich die ganze Geologie in zwei Lager theilte, Neptunisten und Vulkanisten, die sich mit wirklicher Erbitterung befehdeten. Auffallend ist es, daß diejenigen Schüler Werner's, die entferntere Gegenden besuchten, nach und nach das Irrthümliche der eingelernten Theorie einsahen, während diejenigen Geologen, die auf der heimischen Scholle Landes sitzen blieben, den neptunischen Ursprung der ganzen Erde noch vertheidigten, als die Wissenschaft schon längst über dieses hartnäckig bestrittene Bollwerk hinaus zu ferneren Eroberungen geeilt war.

Unter allen Aposteln des Meisters von Freiberg strahlen zwei Forscher hervor, die auf die Gestaltung der Geologie den wesentlichsten Einfluß übten und durch ihre glänzenden Untersuchungen stets ein Vorbild für spätere Geologen sein werden, wenngleich der eine sich mehr von der Geologie ab zu andern physikalischen Wissenschaften gewandt hat. Diese beiden Männer sind Alex. v. Humboldt und Leop. v. Buch, der eine noch heute in hohem Alter die Zierde der deutschen Wissenschaft, der andre erst vor wenigen Jahren seinem reichen Wirkungskreise durch den Tod entrissen. Beide einander an Talent ähnlich, beide in unabhängiger Stellung und im Besitz bedeutender Geldmittel, beide durch innige, nie getrübte Freundschaft verknüpft, leiteten gemeinsam den heutigen Stand der Geologie nicht nur in Deutschland, sondern in der ganzen wissenschaftlichen Welt ein. Nur wenige Reisen mögen so reich an wissenschaftlichen Resultaten gewesen sein, als die, welche Humboldt im südlichen Amerika während mehrerer Jahre, von 1790—1804 ausführte. Die Untersuchung der ungeheuren Vulkane Südamerikas, der dort so zahlreichen Erdbeben und die lichtvollen allgemeinen Ueberblicke, welche der große Reisende aus seinen Beobachtungen zog, übten auf die Geologie einen wesentlichen Einfluß. Aber der eigentliche Reformator dieser Wissenschaft ist Leop. v. Buch. Alle großartigen Ansichten, auf welchen die Geologie heute fußt, sind von ihm geschaffen und in die Wissenschaft eingeführt worden, und wenn auch manche derselben vielfachen Widerspruch erfahren haben, so bleibt L. v. Buch doch bis heut der erste aller Geologen und wird stets in der Geschichte der Wissenschaft einen der ersten Plätze behaupten. Gegen seine Verdienste erscheinen die Arbeiten sämmtlicher neuerer Geognosten nur als größere oder kleinere Bruchstücke, welche sich den umfassenden Arbeiten dieses gewaltigen Mannes mehr oder minder anschließen. Auf der Bahn, welche er gebrochen, schreiten noch immer die tüchtigsten Gelehrten aller Länder fort. In vielen Gegenden ist die Geologie bereits Modewissenschaft geworden. In England besonders interessirt sich die Noblesse für dieselbe, und wie überhaupt das Gedeihen aller wissenschaftlichen Unternehmungen von der Theilnahme der höheren Klassen abhängt, so ganz vorzüglich die Geologie; denn der Geologe ist vorzugsweise darauf angewiesen, reisender Naturforscher zu sein; er kann die

Gegenstände seiner Untersuchungen nicht in seinem Kabinete mit sich führen. Darum stehen die deutschen Forscher in Betreff größerer, übersichtlicher Arbeiten fast immer zurück, da ihre Verhältnisse meist nicht der Art sind, daß sie weitere Reisen unternehmen könnten. Wie nun in England besonders Lyell der stets von Neuem auf die Geologie mit den Büchern Mosis in der Hand anstürmenden Theologie entgegentritt, so ragen unter den Meistern dieser Wissenschaft in Frankreich Elie de Beaumont, in der Schweiz Charpentier, Agassiz und Studer hervor. Die Erfolge der vereinigten Anstrengungen aller dieser großen Geister werden wir am Besten auf dem Gebiete kennen und schätzen lernen, das sie uns schufen, wenn wir die Geschichte der Erdbildung selbst von dem Standpunkte aus betrachten, auf den uns jene Männer erhoben haben. Denn sie eröffneten uns den Blick in die geheimnißvollen Tiefen der Erde, sie lehrten uns die Zeichen entziffern, welche in den unterirdischen Blättern des Buches der Natur eingegraben sind, sie gaben uns den Schlüssel zu jenen Ereignissen und Thaten der schaffenden Erdkraft, deren Denkmäler unser Fuß betritt und unser Auge sinnend anstaunt.

B. Die Urkunden und Denkmäler der Erdgeschichte.

Wie nicht das Urtheil Anderer, sondern die eignen Werke den Charakter und die Geschichte des Menschen bestimmen, so dürfen wir auch die Geschichte der Natur nicht in Lehrbüchern und Systemen, sondern in den Denkmälern ihrer eignen Thaten suchen. Verhüllt unter unscheinbarer Decke ruhen diese Denkmäler im Schooße der Erde oder erheben ihre Häupter stolz in den Himmel. Wir ziehen die Decke ab, denn sie ist das Werk gegenwärtigen Lebens, und wie wir die Thaten Andrer nach unsern eignen beurtheilen, so lernen wir die Denkmäler vorweltlichen Lebens aus den Schöpfungen der Gegenwart verstehen.

Drei Kräfte sind es, die noch heute an dem Ausbau unserer Erdoberfläche arbeiten: Feuer, Wasser und organisches Leben. Sie haben auch in der Urzeit jene feste Rinde gebaut, welche schützend den feurigen Kern unsrer Erde umschließt; die Gesteine, welche den Erdboden mit seinen Erhebungen und Vertiefungen bilden, tragen die deutlichen Spuren ihrer Erzeuger in sich. Ein halbes Jahrhundert ist verflossen, seit A. v. Humboldt den Gedanken aussprach, der Erdball müsse einst eine höhere Temperatur besessen haben. Jetzt ist ein Gebäude über dieser Idee aufgerichtet. Die innere Gluth der Erde ist nicht mehr das Hirngespinnst phantastischer Köpfe, sondern eine Thatsache der Erfahrung. Die Feuerfluthen, welche noch heut aus der Tiefe quellen, die Thermen, welche den Gesteinen entströmen, die Erdbeben, welche die Länder erschüttern, sind Erscheinungen, welche zweifellos die Mitwirkung des Feuers an der Schöpfung der Erdoberfläche bezeugen. Aber auch das Wasser, wenn es gleich nicht mehr der Urstoff ist, aus dem die Alten die Welt bildeten, war ein thätiger Mitarbeiter an der Gestaltung der Gegenwart. Die Niederschläge unsrer Quellwasser, die Anschwemmungen und Zerstörungen unsrer Ströme und Meere in Thälern und an Küsten, die nagende Gewalt der atmosphärischen Gewässer an unsern Berggipfeln lassen uns auch daran nicht mehr zweifeln. Endlich aber zeigen auch die verkohlten und versteinerten Ueberreste der Thier- und Pflanzenwelt, begraben in den Schichten der Erde, daß auch das organische Leben die Vorwelt schmückte und die Gesammtheit ihrer Naturbedingungen in den Gestalten ihrer Geschöpfe ausprägte.

Die reichbewachsenen Berggehänge, die wohlbebauten Ebenen der Gegenwart gewähren so schöne Bilder der Ruhe und des Friedens, daß wir Weltzustände, verschieden von der heutigen Ordnung der Dinge, kaum ahnen, daß wir die Zeiten des Kampfes der Elemente, die wunderbaren Umwandlungen, welche die Wohnstätte des Menschen einst erlitten, fast in Zweifel stellen möchten. Dennoch vermögen wir eben so sicher aus den Werken der Vorzeit den Gang zu enthüllen, welchen die Natur bei ihren großen Bauten nahm, als wir aus den verschütteten Ruinen von Herculanum und Pompeji den Zustand des römischen Alterthums zu erforschen vermögen. Ein Blick auf die Felsmassen unsrer Gebirge, auf Granite, Porphyre, Sand- und Kalksteine läßt uns auf die Verschiedenheit ihrer Bildungsweisen schließen. In Graniten und Porphyren erkennen wir offenbar die Erzeugnisse des Feuers, in Kalk- und Sandsteinen die Schöpfungen des Wassers. Hier ordneten sich Schichten auf Schichten, die sich nach und nach aus dem Wasser absetzten, zu sanft gerundeten Hügeln und Bergen. Dort treten kühne Berggestalten empor, nicht nach Schichten geordnet, sondern massenhaft aus der Tiefe emporgetrieben, geschmolzen und gewaltsam aufwärts gedrängt und gestoßen. Hier begegnen uns die zarten Einschlüsse verkohlter Pflanzen, versteinerter Thiere, dort die eingemengten Krystalle, die blasigen Räume, die glasartigen Schlacken. So lehrt der oberflächliche Blick schon die Bildungen der Vorwelt unterscheiden, aber das Auge des Forschers, das tiefer dringt in die Eingeweide der Erde, lernt darin die Geschichte der Schöpfung in unzweideutigeren Zügen lesen.

I. Die Gesteine der Erdrinde als Denkmäler der Vorzeit.

Als wir die Gestaltungen unserer Erdoberfläche in der Gegenwart betrachteten, waren es vier Formen der Felsarten, welche wir nach den Zuständen ihrer Bildung unterschieden: Ausbruchs- oder Eruptionsgesteine, geschichtete oder Sedimentgesteine, metamorphosirte oder umgewandelte Gesteine und Conglomerate oder Trümmergesteine. Diese vierfachen Gesteinbildungen, welche wir noch gegenwärtig fortschreiten sehen durch Erguß vulkanischer Massen als schmale Lavaströme, durch Einwirkung dieser Massen auf früher verhärtete Gesteine, durch mechanische Abscheidung oder chemische Niederschläge aus den mit Kohlensäure geschwängerten Gewässern, endlich durch Verkittung zertrümmerter, oft ganz ungleichartiger Felsarten; sie sind der schwache Abglanz von dem, was einst in dem chaotischen Zustande der Urwelt unter ganz andern Bedingungen des Druckes und einer erhöhten Temperatur, sowohl der ganzen Erdrinde, als des mit Dämpfen überfüllten und weit ausgedehnteren Luftkreises, geschehen ist.

1) Die Eruptionsgesteine.

Aus den Tiefen der Erde, von Gluth und Dämpfen getrieben, stiegen jene Gesteinmassen empor, die man mit dem Namen der Eruptionsgesteine oder der endogenen, massigen und abnormen Gesteine bezeichnet. Sie bilden gleichsam das starre Knochengerüst unsrer Erde, das seine Zweige aus dem innern Schooße emporstreckt, um den geschichteten Massen zur Stütze zu dienen. Nach ihren charakteristischen Eigenthümlichkeiten unterscheidet man sie näher in plutonische und vulkanische Gesteine. Letztere erscheinen als schmale, bandartige Ströme, die sich nur da zu Lagern ausbreiten, wo sich mehrere derselben in einem gemeinschaftlichen Becken vereinigt haben. Wenn bei ihnen Wasserdämpfe die mitwirkende Ursache der Hebungen sind, so war einst bei den plutonischen Felsarten theils die fortschreitende Zusammenziehung der ganzen Erdrinde, theils der Druck der obern Schichten auf die noch weichen unteren die Ursache ihres Ausbruchs. Daher sind sie wohl nicht immer geschmolzen, sondern oft nur zähe und erweicht hervorgetreten, und nicht aus engen Klüften, sondern aus weiten thalartigen Spalten und langgedehnten Schlünden theils entflossen, theils hervorgeschoben.

Aber nicht als mächtige Massen allein, sondern, wie die vulkanischen Gesteine, treten auch die plutonischen als Gesteingänge auf, indem sie auf die sonderbarste Art in die Spalten und Klüfte der Schichtenablagerungen eindringen, sich darin verästeln und durchkreuzen oder zwischen sie hineinlagern und, wo die Gangmasse zu Tage bricht, jene Schichten überlagern; ein deutlicher Beweis, daß die Masse von unten heraufgekommen ist und sich im Zustande einer zähflüssigen Schmelzung befunden haben muß. Aber nicht nur Sedimentgesteine, auch plutonische selbst sind von plutonischen Gangmassen durchsetzt. So hat man Beispiele, daß Porphyre in Graniten oder jüngere Granite sich in älteren verästelten. Wenn man daher früher diese Felsarten als primitive oder Urgebirge, entstanden vor Erscheinung aller organischen Wesen, deren Grabstätten die Schichtformationen sind, betrachtete, so zeigen uns die plutonischen Gangmassen in ebenfalls plutonischem Gestein und in Niederschlagsformationen älteren und jüngeren Ursprungs, daß dieser Ausdruck in beschränktem Sinne zu verstehen sei, in einem Sinne, der wenigstens diejenigen plutonischen Felsarten ausschließt, die lange nach dem Auftreten der organischen Schöpfung zum Vorschein gekommen sind. Urgebirge im strengen Sinne des Worts können nur diejenigen genannt werden, auf welchen das organische Leben im Schooße der Meere begonnen hat. Will man aber auch den Begriff weiter ausdehnen, so ergeben die Beobachtungen immerhin Altersverschiedenheiten unter den plutonischen Felsarten, wenngleich ihnen eine so strenge, unabänderliche Altersfolge abzusprechen ist, wie wir sie bei den Sedimentgesteinen finden werden. Früher ging man von der Ansicht aus, daß für die wesentlichen Bestandtheile der plutonischen und vulkanischen Felsgebilde nicht die feurige Schmelzung, sondern die Auflösung im Wasser als Mittel des einstigen Flüssigkeitszustandes angenommen werden müsse. Allein neuere Erfahrungen und Versuche haben den unumstößlichen Beweis geliefert, daß jene Gemengtheile nur durch Schmelzung in den flüssigen Zustand gekommen sind. Man hat sogar Feldspathkrystalle, Glimmer, Augit und selbst Quarzkrystalle auf feurigem Wege der Natur künstlich nachgebildet, während es noch Keinem gelungen ist, diese Mineralien durch Auflösung ihrer Bestandtheile in Wasser hervorzubringen. Die bestimmte Absonderung der einzelnen Gemengtheile plutonischer Gesteine von einander, die höheren oder geringeren Grade der Krystallisation und das eigenthümliche Gefüge derselben müssen daher nach allen bisher gemachten Erfahrungen als Folgen eines mehr oder minder langsamen Erstarrens aus dem geschmolzenen Zustande gelten. Ihrem Alter und ihren Bestandtheilen nach hat man versucht, die Eruptionsgesteine in Gruppen zu ordnen.

Der Granit ist ein körniges Gemenge von Feldspath, Quarz und Glimmer. Er bildet das Hauptmauerwerk der Erde. Aus Thaltiefen steigt er hinan bis zu den Bergrücken, und die erhabensten Gipfel unserer Erde bestehen aus jenem Gebilde der Urzeit. In der Himalayakette herrscht er in Höhen von 18,000 Fuß, und viele die Grenzen ewigen Schnees überragende Alpenspitzen sind granitisch. Ueber 9000 Fuß steigen die Granite in den Salzburger Alpen empor und erreichen in einzelnen Bergen Höhen von 12,000 Fuß. Malerische Formen, Mannigfaltigkeit in den Umrissen, zackige Gipfel, hohe nackte Spitzen, Hörner und Nadeln lassen schon aus der Ferne die granitische Beschaffenheit der Höhen mit Sicherheit errathen. Die steilabfallenden Wände, das Geklüftete und Zerrissene der Thalgehänge verleihen ihrer Erscheinung ein rauhes und wildes Gepräge. Wer kennt nicht die wildesten Gegenden des Harzes, die Roßtrappe und das Ockerthal? In alpinischer Erhabenheit entsteigen der tiefen Schlucht, welche die Bode brausend durchströmt, die gewaltigen Granitpyramiden der Roßtrappe. Kühn übereinandergethürmt und wild umhergeschleudert schauen die wunderbaren Granitblöcke drohend hervor aus dem lieblichen Thale der Ocker. Einen wunderbaren Kontrast zu dieser rauhen Natur der Granitgebirge bilden die sanfteren Umrisse anderer granitischer Berge und Hügel mit ihren abgerundeten Gipfeln. Allmälig steigen die Höhen an, in langgezogene Rücken übergehend, von flachen und weiten Thälern durchschnitten.

Zu diesen Ungleichheiten der Formen kommt die Verschiedenheit der Bestandtheile. Wir sehen den Feldspath durch Albit ersetzt, finden fremdartige Beimengungen, Turmaline, Granate und Pinite. Das Alles deutet auf wesentlich verschiedene Verhältnisse der Entstehung, auf Altersunterschiede hin. Davon überzeugt uns das gangartige Auftreten von Graniten, die wir neuere nennen müssen, da sie gleich Zweigen eines gewaltigen Baumes nicht nur in überliegende Kalk- und Schiefergesteine, wie in den Grampianbergen Schottlands, in den Vorgebirgen von Cornwall und den Kalkbänken von Norwegen, sondern selbst in ältere Granite eindringen und sie netzartig durchziehen, ihre Bruchstücke mit ihrer Masse umschließend, wie es besonders die Granitgebirge von Karlsbad und Heidelberg beweisen. Die beistehende Abbildung giebt davon eine Anschauung. Da läßt sich der spätere Ursprung solcher Granite nicht

Granitgänge im Granit bei Heidelberg.

mehr bezweifeln; feurig-flüssig stiegen sie aus den Erdtiefen herauf und erfüllten die Risse und Spalten ihrer Vorgänger und der auf ihnen lagernden Kalke und Schiefer. Oft erhoben sich sogar die aufsteigenden Granite säulenförmig über dem Boden, den sie durchbrachen. So überragen die Felsen des Greifensteins bei Geier im sächsischen Erzgebirge um hundert Fuß den durchbrochenen Gneußboden, künstlichen Haufwerken übereinandergethürmter Bänke gleichend. Noch seltsamer erscheinen oft die gewaltigen Felsentrümmer,

Der Ludwigsfelse im Fichtelgebirge bei Wunsiedel.

welche die Gipfel granitischer Berge und Hügel bedecken, Massen von grotesker Form, aus ungeheuren, viele hundert Centner schweren Blöcken bestehend. Verfallene Burgruinen glaubt man aus der Ferne zu überblicken, so wild verworren, so kühn sind die Blöcke aufeinander gethürmt. Hier schweben einzelne Blöcke, drohend im Sturz den Beschauer zu zerschmettern, dort bilden übereinander hingeschobene Felsstücke Grotten und Gewölbe. Der Loganrock in Cornwall und die zahlreichen Blöcke der Luisenburg im Baireuthischen, riesige Felsen, die auf einem Punkte ruhend schweben, daß sie von Menschenhand hin und her geschaukelt werden können, sind die seltsamsten jener schauerlichen Wunder, an denen diese Gegenden so reich sind. „Fluthen und Wolkenbrüche, Ströme und Erdbeben, Vulkane, und was sonst die Natur gewaltsam aufregen kann, rief man zu Hülfe, um sich diese Erstaunen, Schrecken und Grauen erregenden chaotischen Zustände zu erklären." Und doch liegt die Erklärung so nahe. Nicht von oben herab stürzten jene Massen, und nicht am Tageslicht wurden sie zerstückt, sondern von unten drangen sie hervor als Trümmerhaufen, von Dämpfen der Tiefe heraufgestoßen, und lagerten sich über den Spalten, deren Oeffnungen sie verschlossen. Luft und Wasser zersetzten und zerstörten die verkitteten Trümmermassen, spülten das Aufgelöste hinweg und ließen nur die eckigen Blöcke zerstreut, aufgethürmt und schwebend zurück. So ist es keinem Zweifel mehr unterworfen, die Granite sind Feuergeburten, sie entstiegen dem Schooße der Erde, flüssig und zäh, selbst erstarrt und zertrümmert, wie die wilden Gestalten der neueren Granite beweisen.

Wenn Glimmer und Quarz durch Hornblende verdrängt werden, so geht der jüngere Granit in Syenit über, ein Gestein, das seinen Namen von der alten ägyptischen Stadt Syene führt, in deren Nähe es zu Statuen und Obelisken gebrochen ward. Reich an edlen Einschlüssen, Titaniten, Zirkonen und Hyazinthen, erfüllt er wie der Granit beträchtliche Spalten, oder erhebt sich zu mächtigen Gebirgen. Von Klüften und Spalten zerrissen, zerfällt er oft in gewaltige Blöcke, deren Trümmerhaufen Abhänge und Thaltiefen bedecken, nur von einzelnen Felsen, wie Klippen im Meere, durchbrochen. Das Felsenmeer der Bergstraße ist eine Erscheinung dieser Art.

Jünger als diese Gebilde ist der Feldstein- oder Euritporphyr, ein Teig dichten Feldspathes, in welchem Körner, Blättchen und Krystalle von Feldspath und Quarz wie eingeknetet liegen. Malerisch ist die Form seiner Berge, die sich steil, fast unersteiglich als Kegel erheben, vereinzelt und ohne sichtbares Band, mit scharfen, schmalen Rücken und zackigen Kämmen. Jähe Bergabhänge mit schroffen Felswänden, enge Thäler und tief eingerissene Schluchten, schauervolle Abgründe mit wild übereinander gehäuften Gesteinmassen vollenden den kühnen Charakter seiner Gestaltung. Im Innern zeigt der Porphyr oft seltsame Formen der Zerklüftung und Absonderung, die eine Folge seiner Zusammenziehung bei der Abkühlung ist. Bald zeigen sich schichtenähnliche Platten, bald Säulen oder Würfel, bald gekrümmte, knollenartige Gebilde, die das Gestein in lauter concentrisch-schalige Kugeln zerspalten, wie sie die beistehende Abbildung zeigt. In dieser Zerklüftung bilden die Trümmerwerke,

Kugelige Absonderung des Porphyrs bei Teplitz.

die seinen Fuß begleiten, oft seltsame Wälle von ungeheuren Pfeilern und Säulen. Auch er stieg einst durch ältere und neuere Formationen, durch plutonische Gebilde und neptunische Ablagerungen empor: auch er erfüllte Spalten in Schiefern und Gänge in Graniten. Die Alpen der Schweiz und Skandinaviens sind Zeugen seines Hervortretens, ganze Gebirge, wie der Donnersberg, sind seine Erzeugnisse.

Dem Porphyr verwandt ist der Grünstein oder Diorit, ein

feinkörniges, inniges Gemenge von weißem oder hellgrünem Feldspath und dunkelgrüner Hornblende, der, wenn letztere in strahligen, durcheinandergewachsenen Krystallen erscheint, in Hornblendfels übergeht. Bald ragen seine aufgethürmten Felsenmauern aus den leichter zerstörbaren Gesteinen seiner Umgebung hervor, bald erhebt er sich in isolirten kegelförmigen Bergen, deren Felsen durch und durch zerklüftet, oft nur Haufwerke runder Massen und an ihren Abhängen mit zahllosen Kuppen und Klippen besetzt sind. Auch er stieg in feurigflüssigem Zustande durch die Spalten der Gebirgsschichten empor, deren Räume er erfüllte. Die gewaltsam zerstörten Schichtenlagen, die losgerissenen und von seiner Masse umhüllten Bruchstücke, die durchbrannten Gesteine seiner Umgebungen lassen am Fuße der Karpathen und des Harzes, in Hessen, im Fichtelgebirge und in den skandinavischen Alpen sichtlich die Spuren seines Hervortretens erkennen.

Eine der verbreitetsten Gesteinarten endlich ist der Serpentin, schon in alten Zeiten berühmt als Material herrlicher Kunstwerke, wie früher durch seinen medicinischen Gebrauch gegen Schlangenbiß und Krankheiten jeder Art. Er ist ein dichtes, mildes und weiches Gestein, wesentlich aus Labrador und Diallage, dem Feldspath und Augit ähnlichen Mineralien, und zahllosen, oft mikroskopisch feinen Krystallen von Magneteisen bestehend, die ihm bisweilen selbst magnetische Eigenschaften ertheilen. Eng mit ihm verbunden erscheint der körnige Gabbro, in welchem der Labrador durch Feldspath, die Diallage durch Bronzit vertreten ist. Die Spalten und Klüfte des Serpentins sind häufig von einem der sonderbarsten und merkwürdigsten Mineralien, dem Asbest, erfüllt, dessen zarte, biegsame Fasern schon zu Plinius' Zeit gleich Flachs verarbeitet und zu unverbrennlicher Leinwand verwebt wurden.

Aber auch in neuester Zeit hat ein Ganggestein des Serpentin, der Chrysopras, Berühmtheit erlangt. Weniger durch seine schöne apfelgrüne Farbe, als weil er, den schlesischen Bergen eigenthümlich, ein rein vaterländisches Erzeugniß ist, erhielt er durch die Vorliebe Friedrichs des Großen seinen Ruf. Wiewohl über die ganze Erde verbreitet, tritt der Serpentin doch nirgends in großer Ausdehnung auf und bildet selten erhabene Berge, sondern mehr die Grenzscheide zwischen Graniten und geschichteten Gesteinen. Wo er aber, wie in Graubündten, nicht nur als die Grundlage des ganzen Gebirges erscheint, sondern auch Schiefer und Kalke durchbrechend aus Spalten hervorstieg, da ist ein Hervorquellen seiner feurigflüssigen Masse unverkennbar. Dann ist der Eindruck seiner Natur ein düsterer und wilder. Die zerborstenen Gestalten seiner Felskämme, die dunkeln Trümmer und Schollen, welche durch Verwitterung ein lockeres Erdreich bilden, das jeden Wassertropfen begierig einsaugt, diese rauhe Einöde, welche alles organische Leben, selbst die dürftigste Moos- und Flechtennatur flieht, das ist der Anblick eines Todtengefildes, wie ihn nur die Schlackenfelder unserer heutigen Vulkane gewähren.

An diese plutonischen Gesteine schließen sich oft durch unmittelbaren Uebergang die vulkanischen Gebilde älterer und neuerer Zeit an. Ihre Einschlüsse, besonders die Ausfüllungen ihrer Blasenräume, verleihen ihnen charakteristische Eigenthümlichkeiten. Bald feurigflüssig oder zäh wurden sie aus Schlünden, Kratern und Spalten ergossen oder ausgeschleudert und erkalteten allmälig: bald in festem Zustande, verbrannt, zertrümmert, zerrieben, drangen sie, von den Mächten der Tiefe geschoben, herauf.

Die Basalte, lange ein Gegenstand des Zweifels und des Irrwahns, lange für Gebilde des Wassers gehalten, nehmen als Begründer der neuen Wissenschaft und als die verbreitetsten Schöpfungen des jüngeren Feuergottes mit vollem Rechte die erste Stelle ein. Sie stellen eine dunkle dichte Masse so innig mit einander gemengter Krystalle von Augit, Labrador und Magneteisen dar, daß das Auge die Theile nicht mehr zu unterscheiden vermag. Ihre Einschlüsse aber sind von der höchsten geologischen, wie technischen Wichtigkeit. Der Olivin, der stete Begleiter aller Basalte, charakterisirt am deutlichsten ihre vulkanische Natur. Zeolithe, Chalcedone, Amethyste, Achate und Hyalithe erfüllen seine Blasenräume. Nur durch ihre krystallinisch-körnige Struktur sind von den dichten Basalten die Dolerite verschieden, deren wesentlichen Charakter die eingeschlossenen Nepheline bilden. An sie schließt sich der außerordentlich augitreiche Melaphyr oder Augitporphyr an, ein sehr verbreitetes Gebilde, das bald, unter der Hülle wild zerrissener Gebirge verborgen, sie viele Tausend Fuß empor trieb, bald durch sein Empordringen darüber liegende Gesteinbänke auseinander riß, verwarf oder überlagerte.

Außer den zeolithischen Einschlüssen seiner Blasenräume ist ihm der Epidot eigenthümlich, der durch sein Vorkommen in vielen plutonischen Gesteinen Veranlassung gegeben hat, dieser auch durch sein Aeußeres an die Porphyre erinnernden Felsart einen Platz unter ihnen anzuweisen.

In naher Beziehung zu den Basalten steht der Klingstein oder Phonolith, ein inniges Gemenge von Feldspath und Zeolithen, dessen gangartige Spalten von Mesotypen ausgefüllt werden. Das merkwürdigste und jüngste Erzeugniß altvulkanischer Thätigkeit ist endlich der Trachyt, ein lichtes, äußerst feinkörniges Gemenge von glasigem Feldspath, Hornblende, Glimmer, Augit und Magneteisen, durch seine eigenthümlichen Einschlüsse, die Opale, ausgezeichnet. Wegen seiner Festigkeit schon in ältester Zeit technisch benutzt, bildet er das Baumaterial des größten deutschen Bauwerkes, des Kölner Domes, und nur die Oberfläche seiner Höhen zeigt die Spuren der Verwitterung durch atmosphärische Einflüsse. Die Trachyte sind Erzeugnisse gewaltiger Ausbrüche, in Gestalt kolossaler Dome und glockenartiger Gewölbe aus den Oeffnungen der Erde hervorgestiegen. Bald erscheinen sie als mächtige, gewaltsam aus ihrem ursprünglichen Zusammenhange gerissene und emporgehobene Bruchstücke von Bildungen der Tiefe, bald als Lavaströme, in vorgeschichtlicher Zeit Kratern und Spalten entflossen. Großartiger noch sind die verwandten Andesite der Andesvulkane, welche einst, dieses riesige Gebirge durchbrechend und in erstarrtem Zustande senkrecht aufsteigend, jene höchsten aller Feuerberge über unermeßlichen Höhlungen der Tiefe bildeten.

Im innigsten Zusammenhange mit der Weise ihrer Emporhebung stehen die Formen und Gruppirungen dieser vulkanischen Felsgebilde; denn bald wurden die Massen in weichem Zustande aufwärts gedrängt und gepreßt, bald entstiegen sie erhärtet den inneren Tiefen. Die Basalte bilden gewöhnlich einzelne, theils gerundete oder abgestumpfte Kegel, theils sind sie schroff bis zur Spitze hinan. Die Abhänge ihrer Berge sind mit zahllosen, bald regellos eckigen, senkrechten, bald aus den schönsten Säulen gebildeten Felsgruppen besetzt. Nur weite, mächtige Gebirge zeigen nicht die eigenthümliche Kegelform. Denn hier quoll die glühende, zähflüssige Masse Strömen gleich aus ungeheuren Spalten über die Oberfläche durchbrochener Schichten hervor und fand nicht Zeit zu kegelartiger Aufthürmung. Viele Basaltberge umschließen noch kraterähnliche Oeffnungen, aus denen einst mächtige Lavaströme flossen, die als dunkle Bänder die Ebenen durchziehen oder mit ihren Schlackenhaufen Gipfel, Abhänge und Fuß der Berge bedecken. Ihr rauhes, nacktes Ansehen erinnert oft noch unwillkürlich an die Umstände der Geburt und läßt ihre Zeit Jahrtausende näher erscheinen, als sie wirklich ist. Die Auvergne und die Eifel sind besonders reich an solchen Erscheinungen; aber über ganz Deutschland sind sie zerstreut und in allen Theilen der Erde zu finden, wie schon früher bei Betrachtung der vulkanischen Thätigkeit unserer Erde gezeigt wurde.

Gewöhnlich bilden die basaltischen Berge Reihen, und lassen uns dadurch wieder einen tiefen Blick in die Gesetzmäßigkeit der Naturgewalt werfen. Durch vulkanische Gewalten wurde die feste Rinde unserer Erde nach verschiedenen Richtungen gesprengt. Da, wo überliegende Felsmassen mit dem geringsten Kraftaufwande emporgehoben, verschoben, zerrissen oder durchbrochen werden konnten, mußten sich die ersten Ausbruchsspalten aufthun, und die Erweiterung und Fortsetzung dieser Spalten war das Werk späterer Eruptionen. Aber diese Reihen von Schlünden, diese altvulkanischen Kegel und Dome, diese langgestreckten basaltischen Bergrücken treten zugleich parallel mit den aufgetriebenen Gesteinlagen ihrer Nachbarschaft, selbst mitten in Ketten oder als Fortsetzungen der Hauptgebirge auf. Erdbeben und heiße Quellen folgen demselben Zuge. Alles das spricht für den gewaltsamen Antheil, welchen die Basalte an den großen Umwälzungen genommen, die der Oberfläche unserer Erde ihre gegenwärtige Gestalt gegeben, an dem Heraustreten einst tiefer gelegener Felsmassen, an den Emportreibungen der Bergketten und Einsenkungen der Thäler. Wir werden immer wieder gemahnt an die Uebereinstimmung der Vorzeit mit der Gegenwart und ihren noch heut thätigen Vulkanen. Deutschland bietet das schönste Bild dieser Revolutionen der Vorzeit. Mitten durch seine Fluren zieht sich von Westen nach Osten ein langer Gürtel basaltischer Feuerberge, in der Eifel beginnend, durch die rheinischen Basalte, durch die des Westerwaldes, des Vogelgebirges und der Rhön bis über Eisenach hinaus. Einzelne zerstreute Basalthöhen setzen den gewaltigen Zug in veränderter Richtung fort, bis er jenseit Karlsbad im Mittelgebirge Böhmens in großartiger Weise hervortritt und den Fuß des Riesengebirges verfolgend bis nach Schlesien hinein vordringt. So zerriß eine gewaltige Kluft das deutsche Land, aber die Mächte der Tiefe füllten sie mit ihren Massen und schufen durch die reizenden Gebirgslandschaften ein Band, nicht die Völker zu trennen, sondern zu binden.

Minder ausgezeichnet, wiewohl großartiger in ihrer Erscheinung, sind die Gestalten phonolithischer Höhen. In kühnen, schlanken Formen, bald Kegeln, bald Glocken gleich, steigen sie oft zu bedeutenden Höhen an, die durchbrochenen Ketten beherrschend, und machen in ihrer vereinzelten Stellung und durch ihre steil abstürzenden, schroffen Wände den Eindruck des Romantischen. Der Haselstein im Rhöngebirge vereinigt alle Eigenthümlichkeiten dieser Bergnatur. Auch die Trachytberge steigen häufig isolirt aus den Ebenen empor oder häufen sich über einander auf, hochgewölbte Dome, Kuppeln und Glocken oft von Riesengröße bildend, wie sie selbst das Siebengebirge auf das Herrlichste ausweist.

Als jüngste Gebilde des Vulkanismus schließen sich an die eben betrachteten die Erzeugnisse unserer noch thätigen Vulkane, die Laven, Obsidiane, Bimssteine, Schlacken und Tuffe an, deren früher schon hinreichend gedacht wurde. Sie bilden sich unter unsern Augen und lassen uns die tiefsten Blicke in die feurigen Schöpfungen der Vorzeit thun und aus der Aehnlichkeit der Formen, der Bestandtheile, der Einschlüsse, aus den Lagerungsverhältnissen zwischen und über anderen Formationen, aus dem gangartigen Eindringen und Verästeln die zweifellose Gewißheit schöpfen, daß auch die plutonischen Felsarten einst aus den Erdtiefen in flüssigem oder erweichtem Zustande zu Tage brachen. Jedenfalls weisen uns die Reibungserscheinungen auf ein gleiches Resultat hin. In Gebirgen, wo plutonische Massen verschiedenen Alters neben einander oder zwischen geschichteten Gesteinen auftreten, zeigen sich oft glatte, mit gradlinigen Streifen oder Furchen versehene Flächen, welche nur durch Reibung härterer Körper in einer und derselben Richtung entstanden sein können. Sie sind die augenscheinlichen Folgen aufgetriebener, in die Höhe geschobener oder abwärts gesunkener Felsmassen, deren Richtung unstreitig durch die Streifen und Furchen bezeichnet wird. Durch diese Erhebung und Senkung wurde auch eine Zertrümmerung bedingt, welche Reibungsconglomerate erzeugte. Bald erscheinen nämlich plutonische Felsmassen, besonders Porphyre und Basalte, umgeben von eigenthümlichen Hüllen zusammengekitteter Bruchstücke, in denen jene Gesteine gleichsam den festen Kern ausmachen. In andern Fällen schoben die aus der Tiefe emporsteigenden Felsmassen, ohne selbst zu Tage auszubrechen, Trümmer von sehr bedeutender Mächtigkeit, oft ganze Hügel und kleine Berge, die aus solchen Conglomeraten bestehen, vor sich her. Der Harz, das Riesengebirge und das Erzgebirge bieten in unserer Nähe die deutlichsten Beweise. Diese Conglomerate kommen oft in weiten Strecken, durch die ganze Länge von Bergen hin, vor und pflegen die Grenze anzugeben, welche zwischen früher und später hervorgebrochenen plutonischen Massen besteht. Wo die Conglomerate Hügel oder Berge bilden, da wurden die Trümmer vielleicht schon in unterirdischen Räumen gebildet. Stiegen dann plötzlich plutonische Massen in diesen Räumen empor, so schoben sie das Trümmerhaufwerk vor sich her und über die Oberfläche hinaus, wodurch jene Hügel und Berge entstanden. Ihre Formen sind oft sehr schroff, völlig senkrechten Wänden ähnlich, oder sie steigen kegelartig, rauh und wild, wie Inseln, aus ihrer Umgebung hervor und widerstehen, weil ihr Material oft sehr fest zusammengekittet ist, Jahrtausende jedem zerstörenden Einfluß. Wer jemals die Gegend des Hirschberger Thals am Fuße des Riesengebirges, namentlich die Umgebungen von Stohnsdorf und Hermsdorf, oder die von Fischbach besucht hat, dem werden die wunderbaren Trümmerhaufen des Prudelberges oder die gewaltigen, wie von Geisterhand aufgethürmten Blöcke der Falkenberge gewiß unvergeßlich sein.

2) Die Sedimentgesteine.

Da, wo Pluto, der Gott der Unterwelt, nicht mit seinem gewaltigen Arme die Fesseln zersprengt und seine glühenden Massen aus der Tiefe hervorgeschoben und zu Gebirgen aufgethürmt hat, erkennen wir das Walten eines andern Gottes, Neptun. Graben wir in unsern Ebenen tief in den Erdboden, so tief, als es nur Menschenhand vermag, so stoßen wir überall auf Bildungen, die durch ihre Aehnlichkeit mit den noch heut aus unsern Meeren und Flüssen sich ablagernden Niederschlägen offenbar ihren neptunischen, wässrigen Ursprung verrathen. Diese geschichteten, von Versteinerungen durchwebten Gesteine, die man einst in Uebergangs-, Flötz- und Tertiärformationen sonderte, jetzt unter dem Gesammtnamen der neptunischen oder Sedimentgesteine umfaßt, haben im Laufe der Jahrtausende unserer Erdoberfläche ihre gegenwärtige Physiognomie gegeben. Hätte aber Pluto nicht beständig von Innen gehoben und den ganzen Erdkreis erschüttert, so würde uns unsere Erdoberfläche nur das traurig einförmige Bild der südamerikanischen Llanos oder der asiatischen Steppen darbieten. Von keinem Gebirgszug durchbrochen, nur hie und da durch ausgewaschene Thäler gefurcht oder durch kleine Schutthügel zu sanften Wellen angeschwellt, würde rings auf der Ebene das Himmelsgewölbe ruhen, und die Gestirne dem Schooße des Meeres entsteigen. Aber einen solchen Zustand der Dinge duldeten die unterirdischen Mächte nicht, in allen Epochen der Vorwelt bekämpften sie diese Verödung und strebten immer bunter, immer mannigfaltiger zu gestalten. —

Alle Thatsachen sprechen für die Annahme, daß alle diese neptunischen Gesteinbildungen in der Vorzeit auf keine andere Weise vor sich gegangen sind, als noch jetzt. Wir wissen, wie sich in Seen und Meeren, an Küsten und Flußmündungen Ablagerungen von Sand, Thon und Geröllen bilden, die in feinster Zertheilung von den Flüssen herbeigeführt, oder bei Meeresstürmen durch die brandenden Wogen erhoben, oder durch Winde von Sandwüsten über das Meer geweht und von Strömungen in weite Entfernungen verschleppt werden. Erfuhren nun solche Ablagerungen bei ruhigem Meere oder bei Windstillen Unterbrechungen, in denen das sich bildende Sediment unter dem Drucke des Wassers sich verdichtete, so entstand Schichtung, Stratification, und es ist natürlich, daß solche Unterbrechungen und Ablagerungen oftmals mit einander abwechseln konnten. Die vom Wasser herbeigeführten Stoffe dieser Sedimente bestehen in der Regel aus Thon, kohlensaurem Kalk und Kiessand, und durch ihre Verhärtung und Verkittung entstehen daher weit verbreitete Lagerfolgen von Thon, Thonschiefer und Kalksteinen, Mergel und Sandsteinen.

Für die Bildung dieser Gesteine unter dem Wasser spricht ganz besonders die Thatsache, daß man an vielen Orten in Tiefen von 20 bis 70 Fuß unter der Oberfläche auf Schichtungsflächen Spuren von Thierfüßen, besonders von Schildkröten und Sturmvögeln entdeckt hat. Offenbar mußten die Schichten, als sie diese Eindrücke empfingen, sich im weichen Zustande befinden, der augenscheinlich seine Entstehung dem Wasser verdankte. Wenn wir nun vollends in den Schichten des Sedimentgesteins die deutlich erkennbaren Reste von Organismen finden, welche nur im Wasser leben können, also auch einst leben mußten, so ist uns damit selbst die Möglichkeit eines Zweifels genommen, daß diese Schichten Niederschläge des Wassers seien. Schichten, welche Versteinerungen führen, mußten zur Zeit, als sie jene organischen Reste in sich aufnahmen, im Zustande der Weichheit sein; denn in feste Gesteine hätten niemals Thiere und Pflanzen gelangen können, an deren Ueberresten wir sogar die inneren Windungen und Zellen von Schichtenmasse erfüllt sehen. Von einem geschmolzenen Zustande konnte aber diese Weichheit nicht herrühren, weil thierische oder pflanzliche Reste, wenn sie in den feurig flüssigen Teig versunken wären, durch die Gluth hätten vernichtet werden müssen; denn keine organische Substanz, selbst nicht die Kalkschale versteinerter Thiere, am wenigsten das zarte Pflanzengewebe, ist feuerbeständig oder vermag ihre Form bei höheren Hitzegraden auch nur einigermaßen getreu zu bewahren. Nur wässrige Niederschläge waren also geeignet, solche Ueberreste in sich aufzunehmen und den Wechsel der Substanz mit Beibehaltung der Form, den Versteinerungsproceß, vor sich gehen zu lassen. An der Beschaffenheit der Organismen, welche in den Schichten begraben liegen, wird man nun sogar erkennen müssen, ob sie aus Landgewässern oder aus dem Meerwasser abgesetzt wurden, ob an den Küsten oder in den Tiefen des Meeres; ihr Gemisch, ihr Wechsel werden uns Abwechselungen von Süß- und Meereswasser anzeigen.

Vermöchte uns das Alles noch nicht von der neptunischen Natur dieser Schichten zu überzeugen, so müßte es ein Blick auf die noch jetzt schöpferisch thätige Korallen- und Infusorienwelt, die wir in heutigen Meeren Sand- und Kalksteine unter unseren Augen bauen sehen. Warum soll die ungeheure Werkstätte des Oceans diese nicht auch in früheren Zeiten unsers Erdballs beherbergt haben? Warum sollen sie bei ihrer zahllosen Vermehrung während kurzer Lebensdauer und bei ihrer gleichförmigen Vertheilung durch weit ausgedehnte Wassermassen nicht schon in den älteren Epochen der Schöpfung gerade wie heute und nach gleicher Bauregel Sand- und Kalksteine zusammengefügt haben? Die Kreide, das Gebilde eines frühen Weltalters der Schöpfung, ein gar nicht oder undeutlich geschichteter Kalkstein, der in vielen Ländern der Erde in sehr bedeutender Ausdehnung auftritt, besteht häufig so vollkommen aus zusammengehäuften Kalkgehäusen der Moosforallen, daß selbst die zwischen den Schalen gelagerte, scheinbar unorganische Masse nur aus Zersetzung und eigenthümlicher krystallinischer Umwandlung des Organischen entstanden ist. Diese Thatsache gilt nicht allein für die Kreide der verschiedensten Länder, sondern selbst für eine Menge der Kreide nahestehender, aber weder weißer noch abfärbender Kalkgebirge, die bisher nur zweifelhaft der Kreideformation beigezählt wurden. Sogar im Jurakalk, der wie die Kreide eine weite Verbreitung hat, aber älter ist als diese, hat man neuerlich deutliche Spuren von Moosforallen entdeckt, die sich jedoch von denen der Kreide unterscheiden. So reicht die Morgendämmerung der mit uns lebenden Natur viel tiefer in die Geschichte der Erde, als man bisher glaubte. Einst gelingt es vielleicht, dieser kleinsten Thierwelt noch weiter durch die ganze Reihe der Gebirgsglieder im Raum abwärts, in der Zeit aufwärts zu begegnen, insofern es der Beobachtung überhaupt möglich ist.

Es steht also unwidersprechlich fest, die ganze mächtige Schöpfung der neptunischen Gesteine ist aus dem Wasser hervorgegangen, gebildet durch Niederschläge und den Bau der Organismen. Wo wir im Innern der Continente solche Lager und Schichten wiederfinden, da sind wir zu dem Schlusse berechtigt, daß irgendwo, nah oder fern, Gebirge, von denen die Stoffe abgelöst wurden, fließende Wasser, welche sie fortführten, Seen und Meere bestanden haben, an deren Ufern oder Grund jene Stoffe abgesetzt wurden. Nach der größern oder geringern Menge und Ausdehnung dieser Lager und Schichten können wir dann die Masse und Gewalt der Gewässer, von denen sie herbeigeführt wurden, beurtheilen.

Die Entstehung der neptunischen Felsarten auf wässrigem Wege, ihr Reichthum an Versteinerungen und ihre Schichtung unterscheiden sie auf das Bestimmteste von den plutonischen Gesteinen.

Tiefe Thaleinschnitte, steile Ufer mächtiger Ströme und Meere lassen die Eigenthümlichkeiten dieser Schichtgesteine am günstigsten hervortreten. Auf das Regelmäßigste, oft mit geometrischer Genauigkeit sieht man bis zu bedeutenden Höhen die Gesammtmassen solcher Felsgebilde in Lagen abgetheilt. Wie die Blätter eines Buches liegen sie übereinander, das unterste dem obersten in jeder Beziehung gleich. Oft entstehen durch die Stellung der Schichten, durch Sonderbarkeiten ihres Baues die überraschendsten Scenen in der Physiognomie einer Gegend, seltsame, regellose Gebilde, welche uralte Sagen zu Kunstwerken der Giganten machen. Oft tritt zu der Regelmäßigkeit der Schichtung das Malerische, Wildzerrissene, gewaltsam Zerstörte mächtiger Bergtheile; denn nicht immer zeigen diese Schichten, Flötze und Lager, wie sie genannt werden, eine horizontale Lage, wie eine regelmäßige und ungestörte Ablagerung sie voraussetzen würde, sondern die meisten sind mehr oder weniger geneigt, selbst senkrecht stehend. War der Boden, auf dem der Niederschlag erfolgte, selbst etwas geneigt, so mußten allerdings auch die Schichten eine geneigte Lage annehmen, und zwar mit nach unten zu wachsender Dicke; nie aber wird eine flüssige Niederschlagsmasse, allen Naturgesetzen entgegen, eine stark geneigte oder gar senkrechte Stellung der Schichten bewirken. Eine solche Schichtenlage ist, wenn nicht Senkungen stattgefunden haben, stets das Ergebniß von Hebungen, von Aufrichtungen, die zu verschiedenen Zeiten eintraten und wohl den meisten Schichten ihre von der ursprünglichen Lage abweichende Stellung gegeben haben. Bei solchen Hebungen konnte eine Schichtmasse ganz bleiben, wenn sie noch eine gewisse Zähigkeit besaß, oder sie konnte nach einer Richtung gespalten werden, wobei entweder beide Ränder der Spalte gehoben wurden, oder beide sich senkten, oder der eine Rand sich hob, der andere sich senkte. Daher kommt es, daß wir oft zwei Formationen übereinander gelagert finden mit ganz verschiedener Neigung ihrer Schichten; und diese ungleichförmigen Lagerungsverhältnisse sind von der allerhöchsten Wichtigkeit, weil sie auf mehrfache Bildungs- und Hebungsepochen hinweisen. Wie nämlich nach der Entstehungsweise neptunischer Schichten die untere von zwei Schichten älter sein muß, als die obere, eben so ist auch die untere von zwei ungleichförmigen Ablagerungen älter als die obere. Auch können beide nicht auf dieselbe Weise entstanden und aus demselben Wasser niedergeschlagen sein, weil sie sonst mit einander parallel liegen müßten. Die horizontalen Schichten sind immer die jüngsten, denn es kann nach ihrer Bildung keine Hebung mehr erfolgt sein; wir finden sie so, wie sie sich unter dem Wasser abgesetzt haben.

So besitzen wir in den lokalen Lagerungsverhältnissen der Formationen zu einander ein sicheres Mittel zur Bestimmung ihres relativen Alters, und gelingt es, das Alter einer horizontalen Ablagerung zu bestimmen, so haben wir auch eine relativ bestimmte Epoche der Katastrophe, welche die Aufrichtung der Grundlage bewirkt hat. Ueberall also, wo durch bergmännische Arbeit, durch tiefe Thaleinschnitte oder an den Felsengestaden des Meeres das Gebirge entblößt ist, wird es möglich, die Reihenfolge der Formationen und die relativen Erhebungsepochen zu bestimmen, die einer bestimmten Gegend angehören. Gebirgszüge, an deren Abhängen gar keine gehobenen neptunischen Schichten gefunden werden, sind offenbar älter als diejenigen Gebirge, in denen wir aus ihrer urspünglichen horizontalen Lage emporgerückte Schichten antreffen; und es läßt sich vielleicht im Allgemeinen der Satz aufstellen, daß das Alter eines Gebirges mit der zunehmenden Zahl gehobener Schichten im umgekehrten Verhältniß, d. h. der jetzigen Ordnung der Dinge um so näher stehe. Auch geht daraus hervor, daß die Gebirgsketten nicht gleichzeitig, sondern nach und nach hervorgetreten, und die jetzigen Kontinente erst im Laufe von Jahrtausenden zu ihrer jetzigen Ausdehnung zusammengefügt seien.

So einfach und leicht uns jetzt auch die Bestimmung der Reihenfolge von Lagerungsganzen oder Formationen scheint, so schwierig wird sie, wenn die Beobachtung nicht auf eine und dieselbe Gegend beschränkt bleibt, sondern auf geographisch getrennte Gegenden ausgedehnt werden soll. Denn wenn man die früheren Zustände der Erdoberfläche nach den jetzt bestehenden beurtheilt, so ist klar, daß eine Uebereinstimmung aller Glieder der verschiedenen Reihenfolgen nicht zu erwarten steht, indem früher, wie jetzt, an den einen Stellen die Sedimentbildung rasch fortschreiten, an andern gar nicht stattfinden, an noch andern ältere Sedimente fortwährend weggespült und geschwächt werden konnten, so daß, wenn auch in den zu vergleichenden Formationsfolgen einzelne Glieder als übereinstimmend erkannt werden sollten, dennoch die übrigen wesentlich von einander abweichen können. So kann aus der Uebereinstimmung der Kalksteine bei Solothurn und im Apennin keineswegs auch die der darauf gelagerten jüngern Kalksteine gefolgert werden. Dazu kommt, daß selbst gleichzeitige Formationen in ihrer Steinart und Verbreitung sehr verschieden, nichtgleichzeitige dagegen sehr ähnlich sein können, so wie auch gegenwärtig in verschiedenen Gegenden die ungleichartigsten Sedimentbildungen, Ablagerungen von Schlamm in Meeren, von Sand und Kieseln durch Flüsse, von Travertin durch Kalkwasser, von Laven in vulkanischen Gegenden vor sich gehen, und auch die Grundlage dieser Ablagerungen alle mögliche Verschiedenheit darbietet, während umgekehrt z. B. ein Meeresschlamm der ältesten Periode sich nicht wesentlich von einem jetzt sich ablagernden unterscheiden möchte. Wo wir aber weder aus den Lagerungsverhältnissen, noch aus dem Gestein der Formationen in von einander getrennten Ländern die Kennzeichen zur Bestimmung ihres Alters finden, bietet sich uns ein neues Hülfsmittel dar in den Versteinerungen organischer Ueberreste, welche die neptunischen Formationen einschließen. Ihr Studium, welches die fossilen Reste von Pflanzen und Thieren in ihrem Verhältniß zu dem Aufeinanderliegen und relativen Alter der Sedimentformationen betrachtet, ist in neuerer Zeit fast der wichtigste Theil der Geognosie geworden.

Schon die ältere Geologie versuchte es ohne diese Hülfsmittel eine Reihenfolge der Formationen festzustellen. Ein allgemeines Meer, aus welchem sich die Schichten ablagerten, sollte zu Zeiten seine Beschaffenheit und somit die seiner Ablagerungen verändert haben; gleichzeitig sollten gleichartige Bildungen entstanden sein, zu der einen Zeit nur Kalksteine, zur andern nur Sandsteine von gleichem Korn und gleicher Farbe. Aus diesem ungeheuren Meere niedergeschlagen, erschien daher die Erdkruste als eine Anzahl concentrischer Schalen, deren jede in sich gleichartig, aber von jeder andern verschieden war. So wurde es leicht, Epochen der Erdbildung zu bestimmen und Altersfolgen der Formationen anzugeben. Freilich konnte dieses Werk der Hypothese erst durch die späteren Forschungen über die Lebenswelt der Vorzeit seine Bestätigung und seine Berichtigung finden. Lebendige Zeugen bewiesen, daß Gesteine den ältesten des Erdbodens zugezählt werden müssen, ungeachtet ihr Aeußeres sich kaum von den jüngsten Bildungen unterscheidet, während den Urgesteinen gleichgebaute Felsarten ihrem organischen Charakter nach zu den jüngsten Bildungen gehören. Wieder rückt uns die Natur dadurch näher, wieder gewinnen wir die Ueberzeugung von einer Einheit der Natur in ihrem Wirken und Schaffen, wir werden heimathlich in den fremden Regionen der Vorzeit, in denen wir keine andre Steinbildung gewahren, als noch heute unter unsern Augen vorgeht. Wohl mögen zu verschiedenen Zeiten Einflüsse gewaltet haben, welche Eigenthümlichkeiten im Charakter der Formationen bedingten, aber diese Einflüsse waren natürliche und gesetzliche. Die Feststellung dieser Grenzen, innerhalb deren wir allein aus der Gleichartigkeit des Gesteins auf das gleiche Alter der Formationen schließen dürfen, ist die Aufgabe der gegenwärtigen Wissenschaft der Erde. Derselbe Eifer, mit welchem man bisher den vaterländischen Boden erforschte, wird hinausgetragen werden in ferne Länder, und wie man in der Geschichte der Völker alle Ereignisse auf die Geschichte eines einzelnen Volkes bezieht, wie wenig sie auch mit dieser zusammenhängen, so wird man sich über die Epochen geologischer Ereignisse orientiren, indem man sie auf die gleichzeitigen Ablagerungen europäischer Bodenschichten zurückführt.

Die beistehende Abbildung soll uns ein ideales Bild von dem innern Bau der festen Erdrinde gewähren, wenn dieselbe irgendwo senkrecht durchschnitten und die Schnittfläche der Beobachtung freigelegt werden könnte. Es ist gleichsam das gedrängte Resultat vie-

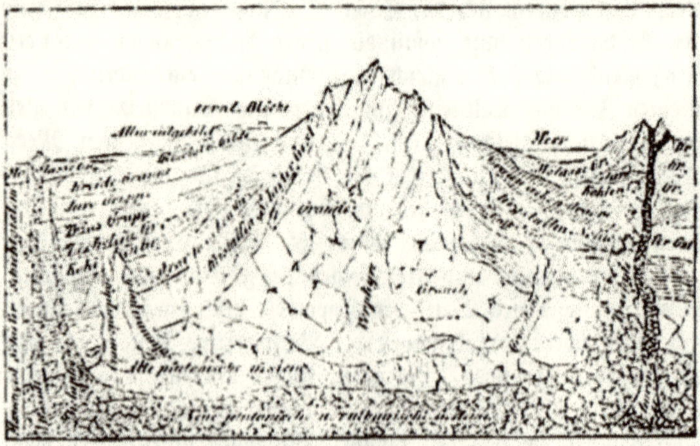

Idealer Querschnitt der Erdrinde.

ler über große Flächenräume ausgedehnter Beobachtungen. Wir sehen darin die Schichtgesteine von den Eruptionsgesteinen gestört und durchbrochen, ihre Lagerung aber sich muldenförmig bis zur Oberfläche und zum Meere fortsetzen.

Aus unzugänglichen Tiefen steigen die Gesteine hervor, welche die Schichten durchbrachen und aufrichteten. Sinnesanschauung giebt dort keine Erkenntniß mehr, nur die Vergleichung der Thatsachen kann zu Vermuthungen führen. Eine solche ist es, welche dem alten Granit vorzugsweise den Ruhm der Uranfänglichkeit giebt und granitische Massen die erste, dünne, krystallinische Rinde unsrer Erde bilden läßt, auf welcher sich einst die ältesten Meere sammelten. Luft und Wasser nagten an diesen Gesteinen, und es waren die ersten Thaten der neptunischen Gewalten, welche den ältesten Thonschiefer und die krystallinischen Schiefer erzeugten, deren Trümmer wieder das Material zu neuen Schichten abgaben. Durch plutonische Kräfte wurden die ersten Betten neptunischer Niederschläge zerrissen, gesprengt und über die Wasserfläche erhoben; und indem sich so dem Wasser neue, ausgedehntere Angriffspunkte der Zerstörung darboten, führten beide Faktoren im Laufe der Jahrtausende das große Gebäude der Formationen auf.

Eine andere bildliche Darstellung zeige uns nun die ideale Reihenfolge der übereinanderliegenden Formationen, wie sie durch ein Zusammenziehen der an vielen einzelnen Orten beobachteten Reihenfolgen gewonnen ist. Sie diene dem Folgenden zur Erklärung und Veranschaulichung.

Die untersten und ältesten Schichtenlager bestehen aus Gesteinen von mehr oder minder ausgezeichnet schiefrigem Gefüge, aus glänzendem, dunkel gefärbtem Urthonschiefer, einem innigen Gemenge von Thon, Glimmer, Quarz- und Feldspaththeilchen, abwechselnd mit gewöhnlichem Thonschiefer, Gneuß und Glimmerschiefer. Diese früher mit dem Namen des cambrischen Systems bezeichnete, über 30,000 Fuß mächtige Formation ist arm an organischen Resten und deutet nur durch die schwarze Färbung ihrer Schichten auf das Dasein verkohlter organischer Substanzen hin. Bald in Tafel- und Dachschiefer, bald in Alaunschiefer umgewandelt, geht sie endlich in die versteinerungsreiche Grauwacke über, ein inniges Conglomerat feiner und grober Quarzkörner, in Thonerde,

Ideale Reihenfolge der Formationen

zahlreiche Bruchstücke von Granit, Gneuß und Glimmerschiefer umschließend. Bald in Thonschiefer, bald in Sandstein übergehend und von hartem, dunkelgefärbtem Uebergangskalkstein überlagert, bildet diese sonst als silurisches System bekannte Formation am Fuße unserer deutschen Gebirge, im Riesengebirge, Harz, Thüringerwald und am Rhein oft über 6000 Fuß mächtige, fast senkrecht stehende Schichten. An sie schließt sich das devonische System des alten rothen Sandsteins an, eine Reihe von Kalk- und Sandsteinen, welche buntfarbige Thon- und Mergelschichten einschließen und in den Grampianbergen Englands eine Mächtigkeit von 13,000 Fuß erreichen, während sie in dem Continent Europas fast verschwinden. Alle diese oft kaum von einander zu unterscheidenden Formationen faßte man früher unter dem Namen der Uebergangsgebilde zusammen, während man sie jetzt mit den beiden nächstfolgenden als primäre oder paläozoische Gruppe bezeichnet. Sie erscheinen in der ganzen Ausdehnung der Pyrenäen, bilden Hundsrück und Eifel, treten im Harz und in Sachsen und an zahlreichen Punkten Deutschlands, Skandinaviens und Englands hervor.

Auf die Bildung der Grauwacke folgte eine große Epoche, während welcher sich die früheren Flötzgebilde niederschlugen. Das erste Glied dieser Reihe, das von dem außerordentlichen Reichthum an verkohlten Vegetabilien den Namen der Kohlenformation führt, hat eine Mächtigkeit von mehr als 2500 Fuß und besteht aus dunkelgefärbten Schichten des Bergkalks und des feinkörnigen, conglomeratischen Kohlensandsteins, welchen die von wenigen Zollen bis zu 60 Fuß mächtigen Steinkohlenflötze folgen. Sie bilden den Reichthum Englands und Belgiens, in denen sie den 20. bis 24. Theil des Flächenraums unterlagern, während in Deutschland nur Böhmen und die Gegend von Saarbrück diese werthvollen Lager aufzuweisen haben, andere Länder, Schweden und Norwegen, Rußland, Italien und Griechenland ihrer fast ganz entbehren. Auf die Steinkohlenformation folgt das permische System des Rothliegenden und des Zechsteins. Erster ist ein grobkörniger, durch rothen Thon gebundener Sandstein, der in inniger Beziehung zu dem rothen Porphyr steht, aus dessen Trümmern er gebildet zu sein scheint. Durch den mergligen und überaus erz- und versteinerungsreichen Kupferschiefer werden von ihm die dichten Kalksteinschichten des Zechsteins geschieden, in welchen mächtige Dolomit-, Gyps- und Steinsalzlager auftreten.

Der Zechstein bezeichnet die Grenze zwischen den älteren und mittleren Flötzablagerungen, und der schroffe Gegensatz zwischen den eingeschlossenen Organismen, so wie das mächtigere Auftreten der

Kalkerde an Stelle der bisher herrschenden Thonerde ließen in der Wissenschaft hier den Anfang einer neuen Erdbildungsepoche begründet erscheinen, die mit dem Namen der sekundären bezeichnet wird. Die erste Formation in dieser Reihe bildet die Trias, welche den bunten Sandstein, Muschelkalk und Keuper in einer mittleren Mächtigkeit von 1700 Fuß umfaßt. Der erstere, welcher die größte Ausdehnung erlangt, ist quarzig, feinkörnig und durch sein thoniges Bindemittel gewöhnlich roth, seltner grünlich und weiß gefärbt. An seiner obern Grenze treten in Verbindung mit schwärzlichem Salzthon Steinsalzlager auf, welche häufig mit Gyps und Anhydrit abwechseln. Ueber ihm liegt in minderer Mächtigkeit der Muschelkalk, ein dichter, lichtgrauer, oft wellenförmig geschichteter Kalkstein, der seinen Namen von dem außerordentlichen Reichthum an Muscheln führt. Auch er wird durch Gyps- und Salzlager von der über ihm ausgebreiteten Keuperformation geschieden, die aus wechselnden Lagen bunten Mergels und Sandsteins besteht und sich von dem ähnlichen bunten Sandstein durch die graue, von Kohle herrührende Farbe seiner untern Schichten und durch die grobkörnige, fast conglomeratische Beschaffenheit seiner obern Schichten unterscheidet. Diese bedeutende Formation breitet sich über das ganze mittlere Deutschland aus und bildet am Fuße des Harzes und Thüringerwaldes meilenweite, wellenförmige Hügelreihen. Zwar fehlt der Muschelkalk dem Boden Englands und Frankreichs, aber der Keuper tritt dort um so mächtiger auf, und ganz Mitteleuropa verdankt diesen Gebilden den wesentlichsten Theil seiner Oberfläche.

Ueber dieser Formation nimmt eine andere nicht minder bedeutungsvolle ihren Platz, die von dem wichtigsten Schauplatz ihres Auftretens, dem schweizerischen und deutschen Jura, den Namen der Juraformation erhalten hat, in England aber die Oolithgruppe genannt wird. Sie besteht wesentlich aus abwechselnden Lagen von sandigen Thonen und Kalksteinen, deren Schichten gleichförmig übereinander gelagert eine mittlere Mächtigkeit von 2500 Fuß erreichen. Die unterste Gruppe, welche den Namen Lias (spr. Leias) trägt, ist ein grauer oder bläulicher, versteinerungsreicher Kalkstein, der in Schiefer übergeht und von gelblichem Kalksandstein bedeckt ist. Darauf folgen zum Theil Schichten blauen Thons und thonigen Sandsteins oder der kalkige Rogenstein oder Oolith der Schweiz, dessen schalige

Kalksteinkörner Trümmer von Muscheln oder Sandkörner umschließen. Auf mächtigen Thonschichten, die man in England Orfordthon nennt, ruht endlich der Korallenfels Englands, ein gelblicher oder weißer, aus Polypengehäusen aufgebauter Kalkstein, dessen schiefrige Schichten den so wichtigen lithographischen Stein liefern. Neue Mergel- und Thonlager und eine Schicht hellen und dichten Kalksteines, der als Portlandstein das Material zu den Prachtbauten Londons liefert, beschließen die Reihe dieser für Wissenschaft und Leben gleich wichtigen Formationen. In zusammenhängender Kette durchzieht dieses Gebirgsglied über 100 Meilen weit von der Rhone bis zum Main das mittlere Europa. Von Rhone und Rhein durchbrochen bildet es nach Süden hin das Grenzgebirge zwischen der Schweiz und Frankreich und setzt sich nach Nordosten hin bis zur Donau und Raab und in veränderter Richtung fast bis zu den Quellen des Main fort. Auch Frankreich und England sind reich an diesen Gebilden, und nur die Schweiz zeigt statt ihrer umgewandelte Formen von Marmor, Grauwacke und Glimmerschiefer.

Die letzte Formation der sekundären Epoche ist die gleichfalls durch Salzlager ausgezeichnete Kreideformation, deren schwach geneigte, regelmäßige Schichten eine Mächtigkeit von 2000 Fuß erreichen. Das unterste Glied in dieser Reihe bilden theils in der Schweiz, Frankreich, Deutschland und Polen die als Neocomien bezeichneten Lager von Mergeln und gelblichen, groben Kalksteinen, theils die in England unter dem Namen der Wealdengruppe (spr. Wielden) zusammengefaßten, mit eisenschüssigen Sand- und Thonlagern abwechselnden Schichten dichten Kalks, die man als Purbekkalk, Hastingssand und Wälderthon unterscheidet. Unter den eigentlichen Gliedern der Kreidegruppe tritt zunächst der Quadersandstein hervor, ein bald unverkittetes, bald durch thonige und kalkige Bindemittel zusammengehaltenes Conglomerat feiner Quarzsandkörner, der regelmäßig geschichtet oft Bänke von mehr als 30 Fuß bildet, durch deren Zerklüftung und Verwitterung würfelige Blöcke oder Quadern entstehen. Durch diese wird ihm in jenen abenteuerlichen Gebilden mit unersteiglichen Mauern, zackigen Spitzen und Felsgrotten, jenen abgestutzten, von hohen Schuttwällen umgebenen Kegelbergen, wie sie die Teufelsmauer am nördlichen Fuße des Harzes und die überraschenden Formen der sächsischen Schweiz und der Adersbacher Felsen darbieten, ein merkwürdiges, säulen- und obeliskenartiges Ansehen verliehen. Bisweilen wird das Cement dieses Quadersandsteins ein Gemisch von Thon und Kalk mit erdigem Talk, dessen grüne Farbe ihm den Namen des Grünsands giebt. Auf diesem Gebilde ruht oft ein in seinen untern Schichten zahlreiche grüne Körner umschließender Kalkstein, die grüne oder chloritische Kreide, der allmälig in den thonigen und sandigen Plänerkalk und endlich in die reine, dichte Kreide übergeht, deren obere Schicht bisweilen der weiche, lichtgelbe Kreidetuff vertritt. Wir haben schon früher die Kreide mit ihren eingeschlossenen Feuersteinknollen und Kreidemergeln als ein vorwiegend organisches Gebilde kennen gelernt, dessen Bau die mikroskopischen Geschöpfe der Vorwelt, die Polythalamien und Kieselpflanzen aufführten. Wir erstaunen aber über die gewaltige Schöpfungskraft dieser winzigen Lebenswelt, wenn uns die ungeheure Ausdehnung dieser Kreidegebilde entgegentritt. England und Frankreich, Belgien und Deutschland sind zum größten Theile von diesen Formationen überlagert, und nicht nur die Abhänge der Gebirge, sondern selbst die Ebenen und der Meeresboden zeigen ihre Lagerstätten. An den Ostküsten Rügens und Seelands und an der Südküste Schwedens erreicht die Kreide stellenweise eine Mächtigkeit von 500 Fuß. Gebirge hoben, zerrissen und zerstörten die weit verbreiteten Niederschläge des einstigen Kreidemeeres, jüngere Bildungen überlagerten sie in den großen Tiefebenen Europas. Selbst den Alpen fehlt dieses letzte Gebilde der Urzeit nicht. Der Flysch, der die Thäler von Graubündten und zwischen dem Genfer und Thuner See ausfüllt, ein wechselndes Lager von mergeligen, grauen Schiefern und dichten, dunkeln Kalksteinen, zeigt durch die eigenthümliche Lagerung seiner Schichten auf älteren Kalkgebirgen eine gewisse Verwandtschaft mit den Bildungen des Grünsandes und Wälderthones.

Mit der Kreide ist die Reihe der sekundären oder Flötzgebirge geschlossen. Ein neuer Charakter tritt in der Erdbildung hervor. Die tertiären Schichten treten nur in abgesonderten, einzelnen Gruppen auf, rings von älteren Felsarten umschlossen, wie die neugebildeten Schlammschichten eines Seegrundes von steilen Ufern. Die hebenden Kräfte des Erdinnern hatten bereits einen großen Theil der Erdrinde trocken gelegt und ausgedehnte Festländer gebildet, zwischen denen nur Seen, Buchten und Binnenmeere der gesteinbildenden Thätigkeit des Wassers überlassen blieben. Strand- und Deltabildungen treten hervor, lokale Eigenthümlichkeiten bezeichnen die Bildungen in getrennten Becken. Ein geringer Zusammenhalt und eine bunte Mischung der Bestandtheile beweisen den geringen Druck, unter dem die Schichten entstanden, und die lange Zeitdauer ihrer Ablagerung. Es war die Morgendämmerung der Jetztwelt, welcher diese Gebilde angehören, aber eine Zeit, von der die Geschichte des Menschen nichts weiß, in welcher das Mittelmeer mit dem kaspischen und baltischen Meere verbunden, Mähren, Schlesien und die Lombardei, die ebene Schweiz und Südfrankreich, Norddeutschland und Südengland noch Meeresbecken waren.

Ablagerungen von Sand und sandigem Kalk und Thon bilden die Gesammtmassen der mannigfaltigen Tertiärgebilde. Die untersten Schichten, die den Namen der Eocenformation führen, bestehen aus Sand- und Thonlagern, welche mit Braunkohlenflötzen und Nummulitengesteinen wechseln. Auf sie folgt eine mächtige Ablagerung bräunlichen, bald festen und harten, bald lockeren und erdigen Kalksteins, welcher von dem rauhen Ansehen, welches ihm der eingeschlossene Sand verleiht, den Namen Grobkalk führt. Auch ihn haben wir schon als organisches Gebilde kennen gelernt, als das Produkt jener zahllosen kleinen Muscheln, die man Milioluthen nennt: und diese thierischen Leichen bilden fast das einzige Baumaterial des stolzen Paris, das aus unterirdischen Bruchstätten, aus jenen furchtbaren Katakomben, der menschliche Kunstfleiß über den Erdboden heraufführte. Kieseliger Kalkstein und Süßwassermergel trennen diese untere Tertiärformation von der jüngeren, der Molasse, welche aus Sandsteinen und conglomeratischer Nagelflue besteht und namentlich die Alpen auf ihrer nördlichen Seite in ihrer ganzen Erstreckung begleitet und zwischen Alpen und Jura eine außerordentliche Mächtigkeit erreicht. Auf diese in ihrer Gesammtheit als Miocenformation bezeichneten Ablagerungen folgt das jüngste Glied der Tertiärgebilde, die Pliocenformation. Ihre zu unterst liegende Gruppe faßt man gewöhnlich unter dem Namen der Subapenninenformation zusammen, weil sie dem Fuße dieses Gebirges zu beiden Seiten folgt. Meeres- und Süßwasserablagerungen, gelbe Sandschichten und bläuliche Mergel wechseln mit einander in diesen Gebilden, welche durch die Brandung des Meeres und die Ströme der mit Trümmern beladenen Gebirgswasser ihren Ursprung fanden.

Mit diesen Formationen, deren mittlere Mächtigkeit man auf 320 — 400 Fuß schätzt, endigten die letzten großen Umwälzungen, welche dem Festlande der Erde seine gegenwärtige Gestalt und Ausdehnung gaben. Eine gewaltige Fluth, welche den größten Theil des Planeten bedeckte und die Lebenswelt der Vorzeit zum letzten Male vernichtete, zieht die Grenze zwischen Einst und Jetzt, zwischen der Erdnatur, die sich selbst gehörte, und der von den Menschen beherrschten Erde. Man bezeichnet daher auch diese jüngsten Gebilde, welchen auch die erratischen Blöcke, die Lehm-, Sand- und Kiesablagerungen des nördlichen Deutschlands angehören, mit dem Namen der Diluvialgebilde. Noch heute schreitet ihre Gestaltung fort in Flüssen und Sümpfen, in Seen und Meeren. Fluthen strömten von den Bergen herab, durchbrachen Länder und Inseln, Gletscher trugen die Trümmer der Felsen in Thäler und Ebenen, Pflanzen und Thiere bauten den Boden, auf welchem jetzt der Mensch seine Wohnung aufgeschlagen hat, und dessen Zeugungskraft er die Nahrung seines Geschlechtes verdankt.

3) Die metamorphosirten Gesteine.

Den auf feurigem Wege erzeugten plutonischen und vulkanischen Eruptionsmassen haben wir nicht nur die zu verschiedenen Zeiten erfolgten Verrückungen und Hebungen sämmtlicher Flözgebilde, wie jede sichtbare Unordnung und Störung auf der Erdoberfläche, deren Spuren man in unendlicher Anzahl wahrnimmt, zuzuschreiben, sondern auch Veränderungen von ganz anderer Art. Wir finden in unserer Erdrinde eine Menge von Gesteinen, die offenbar nicht von vorn herein in ihrer jetzigen Gestalt gebildet wurden, sondern vielmehr späteren Umwandlungen unterworfen waren, welche mächtig genug waren, den Aggregatzustand ihrer Masse zu ändern, ohne zugleich immer ihre Schichtung zu vernichten oder eine gänzliche Schmelzung zu bewerkstelligen. Dies sind die metamorphosirten Gesteine. Sie stehen in der innigsten Beziehung zu den ungeschichteten Kernen der Gebirge, in welche sie unmerklich übergehen. Sie bilden eine Art mannigfach zerrissenen Mantels, dessen

Schichten schalenartig um den mittleren Kern gelagert sind. Je näher man diesem Kerne kommt, desto auffallender wird die krystallinische Bildung dieser Massen, während, je weiter man sich davon entfernt, desto mehr diese krystallinische Beschaffenheit abnimmt und allmälig in die gewöhnlicher Sedimentgesteine übergeht. Es ist mithin einerseits ebenso die allmälige Umbildung reiner Sedimentgesteine in diese krystallinischen geschichteten Massen zu beobachten, wie man andererseits ihren Uebergang zu dem ungeschichteten Kerne verfolgen kann: und da diese Verhältnisse sich in größern Gebirgen, wie in den kleinsten Eruptionshügeln wiederholen, so ergiebt sich daraus die enge Beziehung und die Verkettung der Sedimentgesteine mit den ungeschichteten vermittelst der geschichteten krystallinischen Massen.

Daß durch plutonische Gluth, wie durch den Einfluß natürlicher Wärme dunkel gefärbte Gesteine verbleichen, dichte und erdige Massen körnig, krystallinisch werden, daß gestaltlose Felsarten säulenartige Formen annehmen, ja daß selbst Aenderungen im chemischen Gehalte eintreten konnten, davon haben uns nicht allein frühere Betrachtungen der vulkanischen Thätigkeit überzeugt, sondern selbst Thatsachen weniger dunkler Naturprocesse, der Erd- und Steinkohlenbrände, sogar zufällige Erscheinungen bei Feuerobrünsten und in Hochöfen lieferten die augenscheinlichsten Beweise. Wie durch vulkanische Feuer wurden auch durch Steinkohlenbrände die thonigen und schiefrigen Massen, die Sand- und Kalksteine der Umgebung geglüht und entfärbt, in Säulen gespalten, verglast und verschlackt. Die Coaks, in welche Steinkohlen durch Hitze verwandelt werden, zeigen nicht selten jene säuligen Absonderungen, welche den Kohlen im natürlichen Zustande nie eigen sind. Die Thonschiefer einer Dachbedeckung wurden bei dem berühmten Heidelberger Schloßbrande in der auffallendsten Weise verändert. Bald zeigten sie sich bloß geröthet und gebogen oder oberflächlich verglast, nur im Innern noch von deutlichem Gefüge; bald waren sie so vollkommen zu blasigen, schlackigen Massen angeschwollen, daß man ihre ursprüngliche Natur kaum noch errathen konnte. Die verglasten Burgen des schottischen Hochlandes, in denen man in früherer Zeit die Wirkungen von Naturfeuern ahnen wollte, lassen deutlich die Einflüsse selbst künstlichen Feuers, das man unzweifelhaft in alter Zeit planmäßig zur Sicherung jener Festen verwandte, auf Granit- und Gneußstücke, auf Trümmer von Porphyr und rothem Sandstein, welche diese Wälle zusammensetzen, erkennen. Bald entfärbt und geröstet, verglast und geschmolzen, bald verschlackt oder säulenartig gestaltet, erinnern diese Mauerstücke unwillkürlich an die beim Hervorsteigen der Gesteine durch vulkanische Gluth bedingten Umwandlungen. Die Gestellsteine unserer Hochöfen zeigen gleiche Erscheinungen. Wenngleich die Thätigkeit künstlicher Feuer nicht ganz im Bereiche natürlicher Erscheinungen liegt, so sind es doch dieselben Kräfte, welche hier wie dort wirken, Kräfte, welche aus der Natur entspringen und auf die Natur bezogen werden dürfen. Nur die Mittel sind klein, welche wir anwenden, und die Zeit unserer Beobachtungen verschwindet gegen die Jahrtausende, in denen die Natur arbeitet.

Wenn wir daher gleiche Erscheinungen in der Natur wie in der Kunst sehen, so ist es uns wohl erlaubt, mindestens auf ähnliche Ursachen zu schließen. Wir finden aber zahllose Gesteintrümmer, von fremden Felsmassen eingeschlossen, eben so umgewandelt, verglast, verschlackt und entfärbt, wie jene künstlichen Gebilde, als wären auch sie einst, da sie sich von den Spaltenwänden ablösten und in die Tiefe fielen, von einem feurigflüssigen Teige umhüllt worden. Sandsteintrümmer, von basaltischen Gebilden umschlossen, erscheinen in die zierlichsten Säulen abgesondert, und in großartiger Weise zeigen es sogar die Sandsteinblöcke in der Umgebung des basaltischen Wildensteins in der Wetterau. Granitbruchstücke, in Porphyre und Basalte eingehüllt, zeigen sich mit schmelzartigen Rinden oder Schlackenkrusten bedeckt, als wären sie im Ofen gewesen; Thonschieferstücke sind geglüht, aufgebläht und verglast. Selbst da, wo neptunische Gebilde mit emporsteigenden plutonischen Gesteinen nur in Berührung kamen, an Spaltenwänden und in Weitungen, erfuhren sie Umwandlungen, welche ihre ursprüngliche Natur fast verleugnen. Auf große Tiefen und Weiten sind die Felsarten durchbrannt, gebleicht, in Säulen gesondert, dichte und erdige Massen körnig und krystallinisch geworden. Selbst neue Verbindungen entstanden durch Austausch der Bestandtheile. Kalkbänke, welche durch Granit- oder Porphyrmassen emporgehoben und aufgerichtet wurden, sind von Kieselerde durchdrungen, die jenen entströmte, gleich als wären beide Gesteine in einem erweichten Zustande gewesen und in einander verflossen. Hier haben schwefelsaure Dämpfe den Kalk durchzogen und in Gyps verwandelt, dort den Thon in Alaun umgeändert. Kohlenstoff ist durch Gluth in Schiefergesteine getrieben und hat ihn schwarz gefärbt, oder Bitumen ist aus Kohlenlagern verflüchtigt und in Thonschiefer übergeführt worden. Selbst Metalle scheinen aus dem gewaltigen Heerde des Erdinnern dampfförmig die plutonischen Gesteine durchdrungen und den darüberliegenden angeflogen, in ihre Spalten und Risse hinaufgestiegen zu sein.

So mannigfach sind die Erscheinungen, welche die Einwirkung der plutonischen Gesteine auf neptunische Schichten hervorbrachte; und wenn wir auch Ausnahmen bemerken, wenn wir plutonische Felsmassen ohne die Zeugen ihrer einstigen Gluth, oder Wirkungen des Feuers ohne die Ursachen entdecken, wenn wir Schichten gestört, gebogen, emporgerichtet sehen, deren Wesen keine sichtbare Umwandlung zeigt; so dürfen wir uns durch diese Ausnahmen nicht an der Regel irre machen lassen. Wir müssen vielmehr die Mannigfaltigkeit der Umstände und Bedingungen bedenken, unter denen die plutonischen Massen hervorstiegen und mit andern Gesteinen in Verbindung traten. Die Weitungen, durch welche plutonische Massen hervorquollen, waren nicht immer von gleicher Gestalt und Größe; die aufsteigenden Gebilde waren bald mehr, bald weniger mächtig, bald glühend, geschmolzen, bald zäh und fast erstarrt; die Schichten, auf welche die Gluth einwirkte, waren längst fest oder noch schlammartig und flüssig.

Als die ältesten und verbreitetsten Gebilde des Metamorphismus betrachtet man die krystallinischen Schiefer, unter welchem Namen man Gneuß, Glimmer- und Talkschiefer begreift, die in ihren Abänderungen und Uebergängen auch als Hornfels, Quarzfels und Chloritschiefer auftreten. Auf der einen Seite verläuft der Gneuß so unmerklich in den Granit, daß er von diesem gar nicht mehr geschieden werden kann, und aus den genaueren Forschungen der Geognosten scheint mehr und mehr hervorzugehen, daß das ganze Alpengebirge fast gar keinen ungeschichteten Granit enthält, daß vieler Granit der Schweizeralpen sogar aus der Umwandlung ursprünglich geschichteter Gesteine hervorgegangen ist. Es würde gegen alle Gesetze der Natur, gegen alle Regeln der Vernunft streiten, wenn man die Entstehung des Granits auf ganz andere Ursachen, als die des Gneußes zurückführen, wenn man diesen durch Metamorphose aus neptunischen Gesteinen hervorgehen, jenen aus den Tiefen des Erdinnern aufsteigen lassen wollte. Die Ueberzeugung von dem feurigflüssigen Ursprunge des Granits, der selbst von unten her in Gängen durch ältere Bildungen aufgestiegen ist, ließ es freilich Vielen bei der engen Verbindung beider Steinarten unabweislich scheinen, auch den Gneuß unter die einst lavaartig flüssigen Gesteine zu setzen und seine Schichtung als eine durch Zusammenziehung oder durch die Bewegung des Fließens erzeugte Schieferung oder Tafelstruktur zu betrachten. Diese Forderung würde man aber dann auch auf alle krystallinischen Schiefer ausdehnen müssen. Vielmehr scheint es nöthig, wie selbst bei vielen neptunischen Bildungen, auch beim Gneuß einen doppelten Grund der Schieferung anzunehmen, ihn bald als ursprünglich geschichtet, bald als schiefrigen Granit zu betrachten. Für das Letztere spricht wenigstens die Lagerung der Schichten, welche oft außer allem Zusammenhang mit der aufliegender oder eingeschlossener neptunischer Gesteine steht. Auf der andern Seite geht wieder der Gneuß in den Glimmerschiefer und dieser in den Urthonschiefer so allmälig über, daß sich eine Grenze zwischen ihnen gar nicht mehr ziehen läßt, was uns auf eine gleichzeitige und gleichartige Bildung zu schließen zwingt. Aber der Urthonschiefer verläuft wieder sanft in den versteinerungshaltigen Thonschiefer, gegen dessen neptunische Abkunft gar kein Zweifel obwaltet. Dies dringt uns den Schluß auf, daß die Bestandtheile des Thonschiefers durch einen feurigen Umwandlungsproceß in Quarz und Glimmer verwandelt, das neptunische Gestein der Thonschiefer somit in Urthonschiefer und dieser in Glimmerschiefer und Gneuß umgewandelt wurde. Sehen wir doch auf ähnliche Weise durch Verkieselung aus dem Thonschiefer den Wetz- und Kieselschiefer, ja sogar den als Kunstmaterial benutzten Bandjaspis hervorgehen!

Diese merkwürdigen Gesteinarten, gegen deren Metamorphismus man gar mancherlei hat einwenden wollen, bilden vielleicht den größten Theil unserer Erdrinde. In den Alpen, im Erzgebirge, im Böhmerwald, in Skandinavien und vorzüglich in Brasilien bilden sie bis in unbekannte Tiefen größtentheils den Erdboden, indem sie theils zu Tage gehen, theils von jüngeren Gebirgen bedeckt werden. Bei einer Mächtigkeit von vielen tausend Fuß erheben sie sich in den Alpen zu 12,000 Fuß hohen Gipfeln. Bei geringer Höhe pflegen die Glimmerschiefer- und Gneußmassen beträchtliche Plateaus zu bilden. Die Umrisse erscheinen dann sanft, die Berggipfel gerundet, die Thäler flach. Treppenartig steigen die Höhen an, Wellen gleichen ihre langgedehnten, durch sanfte Schluchten und breite Thäler geschiedenen Züge. Ganz anders ist die Physiognomie dieser Gebirge, wenn die Schiefermassen eine ansehnliche Höhe erreichen, wenn sie durch plutonische Gewalten emporgehoben, und ihre Lagen aufgerichtet wurden. Es erheben sich dann hohe Rücken mit steilem Abfall, und wenn auch die herrschende Bergform noch gerundet bleibt, so erscheinen doch schon schärfere Kämme und tiefeingeschnittene Thäler. Spalten, welche Granite und Porphyre in Schiefergebirge gerissen, zeigen sich als enge, rauhe, von hohen, steilen Felsenmauern eingeschlossene Querthäler, für die anliegenden Landschaften wahre Gebirgspässe. In den Alpen sind die Formen häufig wild und rauh, und an den Abfällen bilden die parallel fortlaufenden Köpfe der härteren Schichten schauerliche Felsentreppen. So erhebt sich im Angesichte des Eismeeres über 1200 Fuß hoch das Nordcap, die nördlichste Spitze unseres Erdtheils, als eine Reihe gewaltiger, schroffer Gneußfelsen. Weit hinaus in den Ocean ragen im Halbkreis gereiht ungeheure, spitzige Pyramiden empor, mit grauen, senkrechten Wänden, den wild anstürmenden Meereswogen Trotz zu bieten.

Wie die Thonschiefer, so erleiden auch die neptunischen Kalksteine ihren Metamorphismus. Zu diesen metamorphischen Kalksteinen gehört vorzugsweise und unbestritten der körnige oder salinische Marmor, der besonders als parischer und carrarischer seit Jahrhunderten den Stoff zu den edelsten Werken der Bildhauerkunst geliefert hat. Der schönste Marmor ist eine Umwandlung des Kreidesandsteins (maringo), der auf reinen, thonfreien Glimmerschiefer gelagert ist, durch welchen hindurch also der Granit erst gewirkt haben muß. Oft bildet er aber auch so unförmliche, schichtenlose Massen, ja selbst Gänge, welche wie plutonische Gesteine die Schichten durchsetzen, daß die Kalkmasse förmlich in Fluß gekommen, sich als breiige Masse verhalten haben muß. Wurde der kohlensaure Kalk in der Urzeit nicht nur von Hitze, sondern auch von vulkanisch ausgebrochenen schwefelsauren und Wasserdämpfen durchdrungen, so erweichten sie ihn, vertrieben die Kohlensäure und ersetzten sie durch Schwefelsäure. So entstanden mächtige Lager von Gyps und Anhydrit.

Die merkwürdigste Umwandlung des Kalksteins bieten aber die Dolomitmassen dar. Hier drang sogar unter der Einwirkung des hervorbrechenden schwarzen Porphyrs aus weiten dampferfüllten Spalten Talkerde oder Magnesia in den Kalkstein ein und bildete ein inniges, feinkörniges oder krystallinisches Gemenge von kohlensaurer Kalkerde und kohlensaurer Talkerde. Die in großer Zahl neben einander stehenden, sich nicht berührenden, kühn zugespitzten Kegelberge des Fassathals, die anderwärts domartig aufgetriebenen Massen des Dolomits, die merkwürdige Abweichung seines krystallinischen Gefüges setzen nothwendig bald bebende plutonische Massen, bald heiße Dämpfe voraus, welche sich durch die neptunischen Schichten einen Weg bahnten und sie in eine poröse, aufgeblähte Masse verwandelten. Wäre es nicht eine chemische Unmöglichkeit, daß Talkerde in Dampfform durch den kohlensauren Kalk emporstieg, so könnte eine solche Annahme dadurch gerechtfertigt scheinen, daß in den wenigen organischen Ueberresten, denen man in diesen metamorphosirten Kalksteinen begegnet, sich selbst die harte Schale von Muscheln von Talkerde durchdrungen findet: denn noch kennen wir keine organischen Wesen, welche Schalen oder Gehäuse von Dolomit erzeugen. In den seltenen Petrefakten des Dolomits ist aber die Schale der Muschel verschwunden und hat drusige Räume oder undeutliche krystallinische Steinkerne hinterlassen, welche den sonst in älteren Kalksteinen vorkommenden Arten angehören. Diese Thatsache spricht für das spätere Hinzutreten der Talkerde zur ursprünglichen Kalksteinbildung. Der reiche Gehalt darunterliegender Massen an Kohle und Bitumen widerspricht aber wieder der Annahme, daß diese Dolomitisirung mit einer hohen, von unten wirkenden Temperatur verbunden gewesen sei: und die Berührung mit feurigflüssigen, talkerdereichen Gesteinen scheint sogar eine Umwandlung des Dolomits in körnigen weißen Marmor zur Folge gehabt zu haben. So räthselhaft diese eigenthümliche Umbildung des Kalksteins auch erscheint, so ist die

Natur doch keine Zauberin, die mit anderen, als einfachen und natürlichen Mitteln arbeitete; nur unser Auge reicht nicht tief genug, um ihre Geheimnisse zu ergründen. Seit man aber durch Leopold v. Buch auf den Magnesiagehalt des Dolomites aufmerksam gemacht ist, hat die Forschung nicht geruht, das Dunkel dieser Erscheinung aufzuhellen. Die etwas mystische Hypothese L. v. Buch's, welche die Magnesia durch Eruptionen von Augitporphyr in dampfförmigem Zustande das tausendfach zertrümmerte Kalksteingebirge durchdringen ließ, ist in neuerer Zeit durch Collegno, Haidinger u. A. in naturgemäßerer Weise verändert worden. Die bekannte Zusammenlagerung des Dolomits mit Gyps führte zu der Vermuthung, daß die Talkerde in Gestalt der schwefelsauren Magnesia oder des Bittersalzes in wässriger Auflösung dem Kalksteine zugeführt wurde und diesen unter dem Einfluß tellurischer Wärme und hohen atmosphärischen Druckes unter Ausscheidung von Gyps in Dolomit verwandelte. Versuche, die besonders von Morelot angestellt wurden, scheinen diese Annahme zu bestätigen. Wie die Verkieselung der Mineralien durch den Ausbruch kieselhaltiger Quellen erklärt wird, so läßt sich also auch die Dolomitisirung auf Bitterwasserquellen zurückführen, statt deren in der Vorwelt freilich noch häufiger die Meeresfluthen gewirkt haben mögen, deren Gehalt an Chlormagnesium gewiß eine bedeutende Rolle in diesen Verwandlungen der Natur gespielt hat.

Die Bildung aller dieser metamorphischen Gesteine, deren nicht einmal alle erwähnt werden können, wird allgemein als Wirkung der Hitze betrachtet. Man beruft sich dabei mit vollem Rechte auf die obenangedeuteten Erscheinungen, welche man an den Bekleidungen der Hochöfen und Kalköfen, sowie aller Gebäude wahrnimmt, in welchen man längere Zeit hindurch einen gewaltigen Hitzegrad unterhält. Hier zeigen sich die meisten dieser Erscheinungen. Sandstein wird in Quarz, dichter Kalk in körnigen umgewandelt, Feldspathgesteine gerathen in Fluß. Aber selbst neue Mineralien werden erzeugt, deren Bestandtheile in den zum Bau verwendeten Mineralien sich finden. Feldspathkrystalle, Glimmer, Granate wurden durch Kunst und Zufall in Hütten gebildet, zum deutlichen Beweise, daß die meisten der in den metamorphischen Gesteinen eingesprengten Mineralien ähnlicher Wirkung ihren Ursprung verdanken mögen.

Wenn daher sowohl durch absichtlich, als unabsichtlich angestellte Versuche faktisch die bedeutende Wirkung der Hitze sowohl zur Metamorphosirung der Aggregatzustände, als auch zur chemischen Umbildung der Gesteine erwiesen ist, so darf andererseits aus dem Fehlschlagen vieler solcher Versuche nicht gefolgert werden, daß andre Mineralien nicht auf ähnliche Weise entstehen konnten. Ich darf nur auf die Unterschiede hinweisen, die zwischen dem Versuche und den in der Natur wirkenden Kräften bestehen. Dort ging die Einwirkung der Hitze unter Begleitung auflösender Gase und Dämpfe, unter einem bedeutenden Drucke und ganz besonders in einer ungemessenen Zeitdauer vor sich. Wenn also schon die Jahre lang dauernde Hitze der Hochöfen Erfolge hat, die wir im Laboratorium vergeblich erzielen, so liegen alle geologischen Phänomene hinsichtlich der Zeitdauer, innerhalb der sie sich bewegen, fast außerhalb der Grenzen unseres Vorstellungsvermögens; und Tausende, ja Millionen von Jahren haben in den Processen der Natur nur die Bedeutung von Stunden und Wochen unsern Versuchen gegenüber.

Die wesentlichste Ursache aller metamorphischen Erscheinungen beruht auf der steten, ununterbrochenen Einwirkung der innern Erdwärme auf die Gesteinschichten, welche die Rinde des feurig-flüssigen Kerns bilden. Wenngleich diese jetzt an der Oberfläche fast spurlos ist und auch nur sehr allmälig nach dem Innern zunimmt, so wissen wir doch, daß es Zeiten gab, wo diese Zunahme bedeutender war und schon in geringer Tiefe eine Temperatur herrschte, die über 1000° erreichte und mithin der bedeutendsten Wirkungen auf die ihr ausgesetzten Gesteinschichten fähig war. Die ältern Sedimentgesteine wurden nun wie die neuen auf dem Grunde des Meeres als Schichten von bedeutender Dicke abgelagert, und da die Natur ihrer Versteinerungen auf eine nicht zu große Tiefe jener Becken hinweist, so mußten Senkungen stattfinden, wodurch der Grund dieser Becken der Zone, in welcher die Wirkungen der Hitze fühlbar wurden, näher gebracht wurde. Dazu kommt noch ein anderer Umstand. Die Meere verhalten sich bekanntlich anders zur Wärme, als die festen Gesteine, welche eine regelmäßige Zunahme der Temperatur nach innen gestatten. In ihnen findet eine beständige Strömung statt, die kälteren und schwereren Theile sinken zu Boden, die wärmeren und leichteren steigen empor, so daß am Grunde immer eine constante niedere Temperatur von höchstens 4° herrscht. Wird also ein tiefes Wasserbecken allmälig von Ablagerungen erfüllt, so gerathen diese nach und nach in den Bereich der innern Erdwärme, so daß bei jener schnellen Temperaturzunahme der Urzeit Schichten, die sich unter 4° bildeten, nach Jahrhunderten, wo ihre Mächtigkeit vielleicht 1000 Fuß erreicht hatte, schon eine dem feurigen Flusse nahe Temperatur bekommen mußten.

Wenn also schon die Wärmeverhältnisse unseres Planeten an sich hinreichen, metamorphische Erscheinungen hervorzurufen, so treten mehr als lokale und zufällig wirkende Ursachen die einzelnen Eruptionsmassen auf, welche sich über die Grenze des feurig-flüssigen Erdkerns erhoben und, die Sedimentgesteine durchbrechend, einen Ausweg nach oben gesucht haben. Daß diese Durchbrüche an Zahl und Ausdehnung mit dem Alter der Gesteine zunahmen, geht aus der geringeren Dicke der Erdrinde in früheren Zeiten hervor. Daher mußte auch die Intensität der Metamorphose um so größer sein, in je größerer Tiefe sie vor sich ging. Zu der größern Hitze gesellte sich hier noch die längere Zeitdauer, da in größerer Tiefe, überdeckt von schlecht leitenden Gesteinmassen, die Abkühlung der ausgebrochenen Massen weit langsamer vor sich gehen mußte, als an der Oberfläche, wo die Ausstrahlung bedeutender war. Ueberdies mußte durch die verschiedenen Massen der Eruptionsgesteine, durch die Hitzegrade, unter welchen sie bald nur in breiiger Gestalt, bald in dünnem Flusse hervorbrachen, durch den Druck, unter dem die Erscheinungen vor sich gingen, und durch eine Menge von andern Verhältnissen die metamorphosirende Einwirkung der Eruptionsgesteine auf das Mannigfachste modificirt werden.

Werfen wir noch einen Blick auf das Auftreten dieser Gesteine im Allgemeinen, so finden wir sie stets gleich einem Hofe in weitem Umkreise die Eruptionsgesteine umgeben. Nicht immer tritt das Gestein wirklich hervor, dem man die Umwandlung seiner Umgebung zuschreiben könnte. Oft ist es in der Tiefe verborgen, oft ist es die innere Erdwärme allein und der Druck darüber stehender Erd- und Wassermassen, welcher die Verwandlung der Gesteine bewirkte. Innerhalb dieses Hofes zeigen sich die auffallendsten Ueberstürzungen und Durcheinanderwerfungen der Schichten; hier zeigen sich die körnigen Kalksteine, die Glimmer- und

Talkschiefer, die Quarzfelsen und Gneuße, die in ihren Uebergängen die compacten Schichten der äußern Umkleidungen des plutonischen Kernes bilden. Innerhalb dieses metamorphischen Hofes finden sich ferner fast immer Spuren alter und neuer vulkanischer Erscheinungen; Mineralquellen springen meist nur in seiner Umzäunung; erloschene Vulkane zeigen sich an der Oberfläche; Erdbeben sind zahlreicher und heftiger, als auf dem übrigen platten Lande; selbst die neuern Vulkane stehen auf solchen vielfach durchbrochenen und zerrütteten Gegenden. Innerhalb dieser metamorphischen Höfe finden sich auch die meisten Erzgänge, deren wesentlichste Erscheinungen so sehr mit denselben verwebt sind, daß schon Werner alle diese metamorphischen Gebilde unter dem Namen der Ganggesteine begriff.

Im Innern der Erde muß man den metallischen Heerd suchen, aus dem die verflüchtigten oder feurig-flüssigen Erze durch die ebenfalls flüssige, meist unergründlich mächtige Granit- oder Porphyrmasse durchgedrungen sind, um sich an ihrer Oberfläche anzuhäufen. Denn eine tiefere Metallmasse, aus welcher die Erztheile der Gänge aufgestiegen sein könnten, ist gewöhnlich nicht sichtbar. Die reichsten Erzgänge und Stöcke finden sich indeß immer in der Nähe der Grenzflächen geschichteter und krystallinisch massiger Gesteine; besonders Feldspath- und Dioritporphyre erscheinen als metallbringende Gesteine. Auffallend ist es allerdings, daß zuweilen geschichtete oder schiefrige Formationen große Massen von Erzen aufgenommen haben, ohne daß die vom Erze umschlossenen oder die angrenzenden Schichten des Nebengesteins beträchtliche Störungen in ihrer ursprünglichen Lage erlitten zu haben scheinen. Die reichen Gold- und Silbererze Ungarns und Siebenbürgens kommen fast ausschließlich in einem Dioritgestein vor, das die Grundlage von Glimmer- und Talkschiefer vom aufliegenden Trachyt scheidet. Im Gegensatz zu der Armuth des Appennin an metallischen Substanzen zeichnet sich durch Reichthum an Erzen das westliche Toskana aus, wo überall Serpentine und Porphyre zu Tage gehen, und mächtige Stöcke von Kupferkies, Fahlerz und Eisenglanz theils von diesen plutonischen Gesteinen selbst, theils von den in ihrer Nähe aufliegenden, späteren Schichtbildungen umschlossen sind. Bei Arendal und Fossum in Schweden durchschwärmt das Magneteisen den

Gneuß wie ein Adersystem oder liegt darin als rings begrenzte, stockförmige Masse, deren Eisengehalt weit in das Nebengestein verwächst. Nach der Tiefe zu hört es auf, und in vielen Tagbrüchen ist alles Erz bis auf die Sohle abgebaut. Oft durchziehen Erze in vereinzelten Streifen oder in feinen Pünktchen eingemengt ganze Massen. In noch größerer Vertheilung erscheinen sie als färbendes Princip größerer Gebirgsmassen, oft unter Verhältnissen, die eine metamorphische Entstehung der Färbung bald durch Umänderung der bereits vorhandenen metallischen Bestandtheile, bald durch Eindringen neuer metallischer Theile kaum bezweifeln lassen. Der starke Eisengehalt vieler rothen Sandsteine und Conglomerate scheint oft in enger Beziehung zu den zwischen oder unter ihnen liegenden rothen Porphyren zu stehen, die überhaupt häufig als Metallbringer erscheinen. In vielen Gegenden ist jedoch die Masse der Sandsteine unverhältnißmäßig groß gegen die der Porphyre, in anderen fehlt jede Spur von Porphyr oder entsprechenden Steinarten, und man sieht sich auch hier wieder angewiesen, nach allgemeineren Ursachen dieser auffallenden Erscheinung zu fragen.

Daß sich die Erzgänge vorzugsweise nur da vorfinden, wo die ursprünglichen Lagerungsverhältnisse der Gesteine durch spätere Emportreibungen gestört und einst tiefer liegende Regionen an die Oberfläche gerückt sind, also in der Nähe der Durchbrüche alter Eruptivgesteine, das ist eine für den Bergmann wie für den Geologen gleich wichtige Erfahrung.

Diese reichen Fundgruben unserer metallischen Schätze sind also Zeugen früherer Revolutionen der Erde, als die feste, aber noch dünne Rinde des Planeten, öfter durch Erdstöße erschüttert, bei der Zusammenziehung im Erkalten zerklüftet und zerspalten, mehrfache Verbindungen mit dem Innern, mehrfache Auswege für aufsteigende, mit Erd- und Metallstoffen geschwängerte Dämpfe darbot. Die den Spalten parallele, lagenweise Anordnung der Theile, die regelmäßige Wiederholung gleichartiger Lagen zu beiden Seiten, die drusenförmigen, langgedehnten Höhlungen in der Mitte bezeugen oft recht unmittelbar den plutonischen Proceß der Sublimation in den Erzgängen. Aber so ganz unvordenklichen Zeiten gehört die Ausfüllung dieser Gänge nicht an; selbst in historischer Zeit schreitet sie noch fort, und daß viele wenigstens neueren Ursprungs sind, als die Schichtgesteine, davon giebt uns das wichtigste und reichste Erzgebirge Deutschlands, das sächsische, einen Beweis, dessen Silberadern den Porphyr durchsetzen und daher zum wenigsten jünger sind, als die Baumstämme des Steinkohlengebirgs und des Rothliegenden.

Im Allgemeinen aber findet man die Gebirgsmassen um so häufiger von Erzgängen durchsetzt, je älter sie sind. Die krystallinischen Schiefergesteine, die Grauwackenbildungen und die ältesten Eruptivgesteine zeichnen sich dadurch aus; ärmer sind die mittleren Flötzformationen und die jüngeren Eruptivgesteine, am ärmsten die neuesten Flötzbildungen, die basaltischen Gesteine und die neuen Laven. In letzteren kann man natürlich nur die der Oberfläche zunächst stattfindenden Gangausfüllungen erwarten, und das sind namentlich gewisse Eisensteingänge. Denn in der That findet nicht immer die Ausfüllung der Gänge durch Sublimation und dampfförmiges Einströmen von unten her statt. Gewiß wurden viele Gänge auch von oben her durch Ablagerungen aus Wasser, worauf besonders manche Lager und Stöcke hindeuten, andre von den Seiten her durch Auslaugung und Auskrystallisirung der Nebengesteine ausgefüllt. Selbst bei dem Emporsteigen der Erze von unten scheint das Wasser oft eine Rolle gespielt zu haben. Die meisten Erzgänge, welche, wie die Freiberger, vorzugsweise aus Quarz, Kalkspath, Schwerspath, Flußspath und Schwefelmetallen bestehen, entstanden wohl hauptsächlich durch Ablagerung aus mineralhaltigen, heißen Gewässern, welche lange durch die Spalten circulirten und sich dabei in der Tiefe fortwährend mit neuen Mineralsubstanzen schwängerten. In welcher Weise diese Metalle in den Tiefen des Erdinnern aufgespeichert liegen, darüber vermag noch kein Geologe Auskunft zu geben. Noch ist der Mensch so wenig, als das Auge der Wissenschaft in dieses Reich der Mitte vorgedrungen.

4) Die Conglomerate.

Die Zerstörungen, welche die Erdoberfläche zu verschiedenen Zeiten erlitten, und die Verkittung der zertrümmerten Gesteine gaben endlich einer vierten Klasse von Entstehungsformen ihren Ursprung, den Trümmergesteinen, Conglomeraten oder Breccien. Die Einen entstanden durch plutonische Massen, welche durch zerklüftetes

Gestein emporbrangen, und deren Bruchstücke zu Conglomeraten zusammenbackten. Dahin gehören die schon erwähnten Reibungsconglomerate und eine große Zahl von Sandsteinen, die aus Körnern zusammengesetzt sind, welche mehr losgerissen durch die Reibung des ausbrechenden Gesteins, als zertrümmert sind durch die Bewegung eines benachbarten Meeres. Andere Conglomerate sind dagegen auf wässrigem Wege entstanden, durch fluthende Meereswogen, erregt durch gewaltsame Durchbrüche oder andere Ursachen, durch bewegte Süßwasser, wie es noch heut zu Tage geschieht. Die Gesteintrümmer wurden nach entlegenen Fernen geführt, fielen zu Boden, wenn die Bewegung des Wassers nicht mehr stark genug war, sie weiter zu tragen, und wurden an ihrem Lagerungsplatz durch Eisenoxyd, durch thon- und kalkhaltige Bindemittel verkittet. Diese verkitteten Theile sind abgerundet, wie bei den Puddingsteinen, oder eckig, wie bei den Breccien und bestehen aus Trümmern und Geröllen der verschiedensten Felsarten und aus Körnern schwer zerstörbarer Mineralien, wie Quarz. Sie eröffnen uns ein ganzes Museum der Vorwelt.

Eins der mächtigsten Trümmergebilde sind die schweizerischen Molasse und Nagelflue, aus mannigfaltigen, durch ein Cement von mergligem, zuweilen eisenschüssigem Sandstein festverkitteten Geröllen bestehend, die Kalksteine, harte Sandsteine, bunte Granite und Porphyre, vorherrschend aber mannigfaltige Kalksteintrümmer sind. Der Zusammenhang der Nagelflue ist so innig, daß bei Zerklüftungen, selbst beim Zerschlagen des Gesteins die härtesten Geschiebe sich eher spalten und brechen, als daß sie aus ihrem Teige losgerissen würden. Diese Verkittung schützt sie gegen den zerstörenden Einfluß von Luft und Wasser, von Wärme und Kälte; eine reiche Pflanzendecke bewahrt sie gegen die Einwirkung der Atmosphäre. Die lockeren, sandsteinartigen Molasseschichten dagegen, welche oft mit ihnen wechseln, verwittern leichter, werden durch eindringende Wasser allmälig zerstört und rauben so den Nagelfluebänken nicht selten ihre Unterlage, so daß gewaltige Massen in stundenweiter Erstreckung zusammenbrechen und mit donnerartigem Getöse die Thäler in ihrem Sturze begraben. Kettenartig folgt die Nagelflue dem Zuge der Alpen von Appenzell bis ins Waadtland als eine Gebirgsvorstufe. An ihren oft steilen Wänden widerstehen die härteren Gerölle älterer Gesteine der Witterung mehr, als das sie verbindende Cement, und ragen deshalb gleich Kugeln und Knollen, die an jähen Höhen wie Nagelköpfe aussehen, aus der Fläche hervor. Dies seltsame Aussehen gab der ganzen Gebirgsbildung den Namen. Die Nagelfluekette lehnt sich unmittelbar an die steilen nördlichen Kalkalpen an. Steht man auf der äußersten Kette dieser letztern, so überschaut das Auge eine zahllose Menge grüner Berge und Bergreihen, die sich über 4000 Fuß hoch erheben, allmälig gegen Norden abstufen und als noch über 1000 Fuß hohe, schroffe Wände die Seeufer umkränzen. Oft erheben sich auch freistehend einzelne Berge mit sanft gerundeten Kuppen oder als prächtige Pyramiden, wie der Rigi. So ist die Nagelflue eine mächtige Geschiebeablagerung, ausgezeichnet durch ihre steile Schichtenstellung und durch ihre Unabhängigkeit von Thalbildungen heutiger Zeit.

II. Das organische Leben als Urkunden der Vorwelt.

Wohl steigt der Mensch in die Tiefen der Erde, um ihre Schätze für seine Habsucht auszubeuten; er durchwühlt ihre Eingeweide und erforscht die Lagerstätten der Metalle; er ergründet die Geheimnisse der unterirdischen Schöpfungskraft. Aber dränge er auch bis in die Mitte der Erde mit seinen Gruben und Schachten, die Geschichte der Vorwelt wird sich ihm nicht erschließen aus diesen starren, steinernen Denkmälern roher Naturkraft. Wer die Geschichte der Erdbildung, die Altersfolge der Hüllen kennen lernen will, welche die feurige Urkraft umschließen; wer von den Katastrophen lesen will, welche den Wohnplatz des Menschen einst erschütterten; wer ein Bild jener Zustände schauen will, welches einst in den Epochen der Ruhe die vaterländischen Fluren gewährten: den verlassen die bisher angewandten Mittel, er forscht nach neuen und findet sie in dem Leben der Erde, dem Leben der Organisation.

Noch drängten wir das Reich des Lebendigen in den Hintergrund zurück, weil wir seiner nicht bedurften. Jetzt, wo wir die Geschichte der Natur in ihrer freien Entwicklung erforschen wollen, können wir es der Betrachtung nicht länger entziehen; denn nur das Leben kennt eine Geschichte. Wollen wir die Geschichte eines Volkes studiren, so werden wir zwar ihre rohen Umrisse schon aus den Spuren erkennen, welche die mechanischen Kräfte des Volkes hinterließen, aus den Bauwerken, die es aufführte, aus den Grabhügeln, die es errichtete, aus den Denkmälern, die es setzte: aber seine innere Kulturgeschichte, seine geistige und sittliche Entwicklung werden wir nur aus den Denkmälern seines geistigen Lebens, aus den Erzeugnissen seiner Kunst und Wissenschaft erfassen. Das geistige Leben in der Natur wird aber repräsentirt durch die Organisation: das ist die Seele, die sie belebt, das Bewußtsein, in dem sie sich entwickelt und verklärt. Darum müssen wir vorzugsweise die Organisation der Vorwelt betrachten, wenn uns ein lebendiger Fortschritt, eine wahrhafte Geschichte der Erde, die ununterbrochen von den ältesten Zeiten bis auf die Gegenwart sich fortsetzt, hervorgehen soll. Daß wir dies aber vermögen, dazu hat die Natur selbst die Produkte ihres schöpferischen Geistes gleichsam als sprechende Zeugen ihrer Thaten in der Vorzeit niedergelegt in dem geheimen Archive ihres Innern: und der unermüdliche Fleiß unserer Forscher hat uns dieses Archiv aufgeschlossen.

Die Geschichte der Erde beginnt mit dem Augenblicke, wo sich durch die Ablagerung von Schichten auf der Oberfläche eine feste Rinde bildete, in deren Blättern wie in Urkunden alle Erlebnisse mit unauslöschlichen Zügen eingegraben sind. Vorher verliert sich Alles in das Dunkel der Mythe. Die Lagerung dieser Schichten bietet daher den ersten Anhaltpunkt für die Forschung. Aus dem Wasser niedergeschlagen, lagerten sich alle Schichten ursprünglich horizontal ab, und es kann daher als allgemeines Gesetz gelten, daß die tieferliegende Schicht die ältere, die darauf gelagerte die jüngere ist. Aber keine einzige Gesteinschicht umgiebt die Erde als zusammenhängende Schale: Hebungen und Senkungen brachten Theile des Erdbodens zu der einen Zeit in den Bereich des landabsetzenden Wassers, entzogen es ihm zu der andern. Wir sind daher oft gezwungen, einen Aufschluß über die Epoche, innerhalb welcher die Schichtenlagerungen durch ein besonderes Ereigniß gestört und verändert wurden, in den benachbarten Formationen einer Bergkette zu suchen. Wenn aber auch dort Glieder in den Formationen fehlen, so wird die Altersbestimmung der Hebungen und Ablagerungen immer schwankender. Es kann eine Hebung unmittelbar nach dem Absatze der letzten aufgerichteten Schiefer und eine

Senkung unter das Niveau des Meeres vor Ablagerung der horizontalen Schichten stattgefunden haben; es kann aber auch die fehlende Formation durch lokale Einflüsse zerstört und weggeführt worden sein. Nur sehr genaue und ausgedehnte Beobachtungen können dann zu einer wirklichen Zeitbestimmung der hebenden und zerstörenden Epochen führen, die wir freilich nicht nach Jahrtausenden, dem winzigen Maßstab der Menschengeschichte, zählen dürfen.

Den sichersten Aufschluß über das Alter und die Natur der Schichten gewähren dann die eingeschlossenen Organismen, die man oft selbst an solchen Orten, wo die einzelnen Formationen horizontal über einander liegen, wo Nichts im Entferntesten auf Erscheinungen hindeutet, welche das Fortleben einer früheren Schöpfung beeinträchtigen konnten, in den verschiedenen Formationen auf das Strengste von einander geschieden findet. Wenn auch für gewöhnlich sich die organische Schöpfung nur sehr allmälig änderte, und die aussterbenden Arten nach und nach durch neue ersetzt wurden, wenn also der Wechsel der Zeiten, die Veränderungen der Temperatur, der Luft und des Bodens den Typus der Eltern in den Nachkommen meist nur stufenweise umwandelten, so wurde doch auch bisweilen durch scharf abgeschnittene Schöpfungsepochen neues Leben auf der Erde hervorgerufen und früheres gänzlich vernichtet. Revolutionen veränderten die Gestalt der Erde, den Umfang von Meer und Festland, sie schufen neue Lebensbedingungen und neue Geschlechter. Wenn auch bisweilen Schichten, die an dem einen Orte durch Hebung scharf von einander getrennt sind, in ihrem Verlauf durch Uebereinanderlagerung und Zusammensetzung so mit einander verschmelzen, daß ihre Trennung nur noch durch ihre Versteinerungen möglich ist, so folgt daraus immer nur, daß keine längere Zeit zwischen dem Absatz beider Schichten verflossen, und die trennende Hebung nur eine schnell vorübergehende gewesen sein konnte.

So waren also die Aufrichtungen neptunischer Schichten durch plutonische Gewalten häufig von Umwälzungen begleitet, die um so größere Störungen in der ruhigen Bevölkerung der Erde bewirkten, je ausgedehnter und mächtiger sie selbst und die Erschütterungen waren, welche die aufsteigenden Gesteinmassen hervorbrachten. In den Perioden der Ruhe konnte sich organisches Leben in Meeren und auf Festländern entfalten, dessen Reste von den neptunischen Schichten bald sparsam, bald in ungeheuren Mengen umschlossen wurden. Bald vernichteten in Folge plötzlicher Erhebungen heftige Katastrophen die gesammte Organisation, bald leitete ein allmäliger Uebergang aus einer Periode in die andere hinüber, und wirbellose, wie Wirbelthiere ziehen sich durch eine Reihe von Formationen hindurch, deren scharfe Abgrenzung nach organischen Charakteren erschwerend. So stellt sich aus allen den zahlreichen Gebirgsgliedern ein hingeschwundenes, fossiles Lebensreich dem heutigen Leben gegenüber.

Wie die großen Klassen der Thierwelt nach den äußern und innern Merkmalen ihres Baues in Familien, Geschlechter und Arten auseinandergehen, so bilden die Gesteine von der härtesten, feinkörnigen Grauwacke bis zum losen Sande, vom dichtesten körnigen Kalksteine bis zur erdigen Kreide, vom dunkelblättrigen Thonschiefer bis hinauf zum gemeinen Töpferthon eine zusammenhängende Reihenfolge. Vergleicht man diese Reihen mit der heutigen organischen und unorganischen Natur, so erweisen alte und neue Beobachtungen, daß die Gesteine, wie die Faunen und Floren, in ihrem Anblick ihren heutigen Verwandten um so unähnlicher sind, je älteren Epochen sie angehören, daß mit dem wachsenden Alter der ganze Typus der Bildung fremdartiger, abweichender wird von demjenigen, nach welchem die Natur heut zu Tage baut und zeugt. Nur niedrige Thiere und Pflanzen, Geschöpfe des Wassers, sind in den tiefsten und ältesten versteinerungführenden Schichten begraben, zum Zeichen, daß einst die Erde rings mit Wasser bedeckt gewesen, aus dem sich das Festland allmälig entwickelte und den höheren und edleren Geschöpfen Ursprung und Leben gewährte. Denn ist gleich im Laufe der Zeiten Alles anders geworden, so war doch der Haushalt der Natur im Großen und Wesentlichen von jeher derselbe, und die Zeugungskraft der Erde floß von Anbeginn aus denselben einfachen Quellen. Sobald sich in den Gebirgsschichten überhaupt Spuren vorweltlichen Lebens zeigen, sind auch die Wurzelformen aller thierischen Bildung, die Strahlthiere, Weichthiere, Gliederthiere und Wirbelthiere zugleich vorhanden, unabhängig neben dem Pflanzenleben, das sich nicht vor dem Thierleben auf der jungen Erde entfaltete. Aber so unverkennbar auch die Einfachheit der ersten Lebensformen in beiden Reichen ist, so darf doch die zeitliche Entwicklung des Thier- und Pflanzenreiches von niedrigeren, einfacheren Formen zu einer höheren und vielfältigeren nicht in allgemeinem und unbeschränktem Sinne festgehalten werden. Nur in der höheren Gruppe der Wirbelthiere treten in strengster Reihenfolge nach einander Fisch, Reptil, Vogel und Säugethier, also die niedrigsten zuerst, die entwickeltsten zuletzt auf. Wären von Anfang alle Bedingungen des Daseins für alle Lebensformen dagewesen, so würden wir wahrscheinlich in den ältesten versteinerungshaltigen Schichten die Typen sämmtlicher Organismen antreffen. Allein gewisse Lebensbedingungen, Festland und Süßwasser, Berghöhen und Sümpfe, konnten erst im Verlaufe der Erdrindenbildung nach und nach eintreten, und so mußten auch gewisse Organisationen eine Entwicklung in der Zeit haben. Fische und Reptilien entstanden und verschwanden unter zahllosen Formen, bevor Säugethier und Vogel ihren Platz im Reiche des Erdlebens einnehmen konnten.

Vergleichen wir daher die antike, fossile Lebenswelt mit der heutigen, so finden wir kaum eine bedeutende Gruppe, welche nicht in irgend einer Periode der Vorwelt ihre fossilen Gegenbilder hätte. Aber wiewohl nach demselben Plane gebaut, gehen sie doch immer in den Einzelnheiten der Struktur mit ihren lebenden Verwandten wesentlich auseinander.

So zeigt sich uns allerdings in der Organisation der Vorwelt ein gewisser Fortschritt zum Höheren, eine zunehmende Entwicklung, welche mit der Ausbildung der Erdoberfläche in Einklang steht, aber eigentlich mehr von ihr abhängig zu sein scheint, als von einer bestimmten Absicht ausgegangen sein dürfte. Denn war es Absicht der Natur, jedesmal nur grade diese unvollkommene Schöpfung zu geben, so setzt dies eine große Veränderlichkeit, eine menschliche Schwäche in ihren Plänen voraus. Dann hätte sie zwar sogleich das Vollendete schaffen können, aber es nicht gewollt, sondern Jahrtausende hindurch nur mit ihren Schöpfungen gespielt, wie etwa ein Kind sich aus Thon ungestaltete Figuren von Menschen formt, wiewohl ihm das Urbild vor Augen schwebt. Zu solchen unsinnigen Folgerungen kommt man, wenn man durchaus Zwecke in der Natur sucht. Die Erde konnte nur Organismen erzeugen, die ihrer jedesmaligen Natur entsprachen. Nur gesetzlich konnte sie schaffen, sie mußte den Lebensbedingungen auch die Lebensformen anpassen.

Eben so wenig dürfen wir diesen Fortschritt in der Entwicklung der Organisation gar leugnen wollen und etwa in den riesigen Formen der Vorwelt den Beweis einer vollkommneren, paradiesischen Schöpfung sehen. Noch glaubt Mancher an ein entschwundenes Paradies, an einen Fall der Schöpfung, den der Sündenfall des Menschen herbeigeführt habe. Aber die Natur ist nicht gefallen, sondern unaufhaltsam dem ewigen Ziele ihrer Entwicklung entgegen geschritten. Nur der Mensch fröhnt in Hochmuth und Verblendung solchem Aberglauben, um unter dem Mantel der Demuth auf Alles mit Verachtung zu blicken, Alles als gefallen zu bemitleiden und sich allein rühmen zu können, von diesem Falle wieder erstanden zu sein. Um menschlicher Sünde willen ward keine Natur verderbt, kein ewiges Gesetz verkehrt. Ist ein Paradies entschwunden, so ist es nur aus den Herzen der Menschen, das Paradies der unbefangenen Einheit mit der Natur, der freudigen Liebe zu dem Geiste, der uns auch aus der Natur entgegenstrahlt und uns in ihr nur sein Walten, nicht die Wirkungen menschlicher Laster und Leidenschaften erkennen lehrt.

Eine paradiesische Schöpfung war nie vorhanden. Nie hat es größere Thiere auf der Erde gegeben, als es noch jetzt giebt; nur die Gruppen, in denen sie auftreten, sind andre geworden, und darin liegt das Ueberraschende ihrer Erscheinung. Zwar mögen die ältesten Schachtelhalme Riesen gegen die heutigen sein, aber größer als heutige Schilfrohrstengel, als Bambusse oder Zuckerarten waren sie nicht. Auch die vorweltlichen Palmen, Nadel- und Laubhölzer überschritten weder im Ganzen noch im Einzelnen die Größenverhältnisse ihrer heutigen Verwandten. Alle Polypen und Strahlthiere kommen den jetzt lebenden Formen an Größe nahe, und wenn es gleich nicht mehr Schneckengehäuse giebt, welche die Größe eines Wagenrades erreichen, so kennen wir dagegen Muscheln von nicht geringerem Umfange. Selbst die Fische, die bevorzugten Wesen der Vorwelt, bewegen sich nur innerhalb der heutigen Größenverhältnisse, und wenn auch Amphibien der Urzeit weit über die größten lebenden Krokodile hinausgehen; selbst das riesenmäßige Iguanadon und die furchtbaren Gestalten der Enaliosaurier bleiben hinter dem jetzigen Herrscher der Meere, dem Walfisch, zurück. Dasselbe gilt von Vögeln und Säugethieren der Urwelt: kein Landbewohner übertrifft den Strauß oder den asiatischen Elephanten an Größe. Wenn daher auch im Einzelnen manche Thiere, besonders Hirsche, Bären, Hyänen und Faulthiere mehr Umfang hatten, als ihre heutigen entsprechenden Arten, so besaß darum doch nicht die ganze organische Schöpfung einen riesenmäßigeren Charakter. Ueberdies wird die größere Masse einzelner Wesen der Vorwelt durch die größere Menge von Arten in der Gegenwart wieder ausgeglichen. Das Weltall war zu allen Zeiten dasselbe Vernunftreich. Stets herrschten im Großen wie im Kleinen ewige Gesetze, welche der Weltkörper in seinen Bahnen und die lebendige Natur in ihren Zeugungen nie überschreiten darf.

Diese Vernunft und Gesetzmäßigkeit in der Schöpfung nachzuweisen, müssen wir Gegenwart und Vergangenheit erforschen und vergleichen. Von der Schöpfung der Gegenwart als der bekannteren und nach allen ihren Lebensbedingungen und Lebensformen erforschten müssen wir ausgehen und ihre Arten und Geschlechter wieder aufsuchen in den Arten und Geschlechtern der Vorwelt. Durch die Unterscheidung der Arten verschiedener Formationen und aus der Stellung, die sie in der Stufenleiter der Entwicklung einnehmen, werden wir dann auch auf das Alter und die Reihenfolge der Gebirgsformationen, welche ihre Reste einschließen, auf die Epochen der Ruhe, in denen sie sich entwickelten, und die Katastrophen, welche sie vernichteten, schließen können. Aus der geographischen Verbreitung der gegenwärtigen Lebenswelt und ihrer Abhängigkeit von Boden und Klima werden wir auch auf die Lebensbedingungen der analogen Geschöpfe der Vorwelt schließen können und ein Bild von dem Zustande eines Klimas und eines Bodens gewinnen, auf welchem eine so abweichende Lebenswelt gedeihen konnte und mußte. So wird sich uns ein anschauliches Gemälde von der Natur unseres Erdkörpers von seiner ersten Entwicklung, vom ersten Lebenskeime durch alle Bildungen und Zerstörungen hindurch bis auf den gegenwärtigen Zustand enthüllen.

1) Der Artbegriff in der Lebenswelt.

Unsre ganze Wissenschaft von dem Leben der Vorwelt beruht auf dem Begriffe der Art. Nach der Beobachtung der jetzt lebenden Natur — und nur durch sie kann der Begriff richtig erfaßt werden — gehören zu einer und derselben Art alle Individuen, welche von gleichen Eltern abstammen, und die den Stammeltern wieder ähnlich werden. In dieser Weise wäre es freilich unmöglich, für die Versteinerungen Arten festzustellen, da ja Niemand ihre Entstehung beobachten konnte. Aber selbst in der lebenden Schöpfung zwingen unüberwindliche Schwierigkeiten der Beobachtung zu anderen Charakteren seine Zuflucht zu nehmen, um die Arten zu unterscheiden. Die Anwendung dieser Unterscheidungscharaktere hat aber einen endlosen Streit der Naturforscher über den engern oder weitern Begriff der Art herbeigeführt; da während der Entwicklungszustände der niederen Thiere besonders die Unterscheidungscharaktere oft auf das Erstaunlichste wechseln. Nicht genug, daß dasselbe Thier in seinen verschiedenen Lebensepochen oft die seltsamsten Verwandlungen erfährt, es finden sich auch Thiere, die ihren Eltern durchaus unähnlich bleiben und erst nach Verlauf mehrerer Generationen zu dem Typus der Eltern zurückkehren. Wer würde glauben, daß eine Raupe und ein Schmetterling ein und dasselbe Individuum sind, wenn man nicht deren allmälige Verwandlung beobachtet hätte? Diese Verwandlung betrifft indeß dasselbe Individuum, und die Raupe ist nur der wenngleich außerordentlich verschieden gestaltete Jugendzustand des Schmetterlings. Aber es giebt auch Thiere, die in ihren Jugendzuständen die Fähigkeit haben, sich fortzupflanzen, so daß nicht das Individuum die ganze Entwicklung durchläuft, sondern das Thier erst durch verschiedene Generationen hindurch zu seiner vollkommnen Ausbildung gelangt. Wenn daher infusorienartige Thierchen ihre Wimpern verlieren, sich festsetzen, Fangarme entwickeln und Polypen werden, welche sich durch Sprossen und Knospen vermehren, die sich losreißen und in der Gestalt des Mutterthieres davonschwimmen; wenn sich diese Polypen dann in die Länge dehnen, ringförmig einschnüren, furchen und gliedern; wenn sich diese Glieder endlich abtrennen und als selbstständige, glockenförmige Medusen davonschwimmen; wenn wir Aehnliches auch bei höheren Thieren finden, aus den Eiern wurmförmiger Holothurien, die zur Familie der Strahlthiere gehören, wie Johannes Müller beobachtet hat, Schnecken mit kalkigen Gehäusen hervorgehen sehen: wie soll man bei solchen Ereignissen, welche die heutige Wissenschaft unter dem Namen des Generationswechsels zusammenfaßt, den Begriff der Art feststellen und die bestimmenden Charaktere abgrenzen, wenn man nicht fortlaufende Beobachtungen über die Entwicklungszustände besitzt?

Auch äußere Einflüsse aller Art, welche auf einen Organismus einwirken, Veränderungen der Lebensweise, des Klimas, des Wohnorts und der Nahrung, sind im Stande, den Charakter desselben zu verändern, obgleich diese Veränderungen nie so bedeutend sind, daß sie sich auf wesentlichere Dinge erstrecken. Sie betreffen meistens nur die Größe des Wuchses, die Beschaffenheit und Farbe der äußeren Bedeckungen, die Stimme u. s. w., nie aber den Bau der inneren Theile, am wenigsten des Skelets. Wenn daher die Bestimmung und Abgrenzung der Art großen Schwierigkeiten unterliegt, so ist es weniger deshalb, weil die Arten durch äußern Einfluß allmälig verändert werden können, sondern aus dem einfachen Grunde, weil wir in vielen Gruppen des Thierreichs über die Entwicklung nicht genügende Kenntniß besitzen. Wenige Thiere haben wir stets unter unsern Augen, bei den meisten müssen wir nur aus Analogieen schließen, und gerathen dadurch in das Feld der Vermuthungen, das nie Sicherheit gewähren kann. Dies ist besonders der Fall bei den niedern Thieren, die erst seit wenigen Jahren in den Bereich der Beobachtung gezogen sind. Hier fehlen alle Grundlagen zur genaueren Bestimmung der Arten; leitende Principien können noch gar nicht aufgestellt werden, und derjenige, welcher auch nur die geringste Verschiedenheit zwischen zwei versteinerten Schalen entdecken kann, ist ebenso berechtigt, diese beiden Schalen als zwei verschiedene Arten anzusehen, als ein Anderer, diese Verschiedenheit für unbedeutend zu erklären und beide Schalen unter derselben Art zusammenzufassen.

Unter dem Einflusse gewisser theologischer Ansichten hat man sich allmälig daran gewöhnt, die verschiedenen Individuen, welche sich durch Gleichheit ihrer Charaktere als zu einer und derselben Art gehörig ausweisen, so anzusehen, als stammten sie von einem einzigen Elternpaare ab; und man hat sogar den Begriff der Art dahin definirt, daß sie der Inbegriff von Individuen sei, welche von demselben Elternpaare abstammen. Eine solche Abstammung und allmälige Verbreitung der Nachkommen eines einzelnen Paares ist indessen ein so haltloser Glaube, daß ihn nur die träge Fügsamkeit des menschlichen Geistes unter den Druck eingelebter Ideen erklärbar macht. Am leichtesten läßt sich die Unmöglichkeit einer solchen Annahme bei den Bewohnern des süßen Wassers aufzeigen, welchen durch die Begrenzung der Flußbecken bestimmte Wohnplätze angewiesen sind. Der Hecht der Oder läßt sich nicht unterscheiden von dem des Rheins, der Seine oder Themse, sie gehören einer Art an. Eine Wanderung dieser Fische aus einem Flußbecken in das andere oder eine Uebertragung des Laichs ist zu jeder Zeit eine völlige Unmöglichkeit gewesen. Die Hechte der verschiedenen Flußgebiete können daher nicht von einem Elternpaare abstammen, sie müssen an den Orten entstanden sein, wo sie noch jetzt leben. Auch bei anderen Bewohnern des süßen Wassers, selbst bei Landthieren und Meerbewohnern lassen sich Gründe für diese Ansicht finden. Die abenteuerliche Lehre von einer ursprünglichen Erschaffung einzelner Paare, von denen die Individuen der jetzigen Schöpfung abstammen, verdankt ihren verwirrenden Einfluß selbst auf die Köpfe vieler Naturforscher der biblischen Tradition von der Arche Noahs. Man denke sich aber nur einen Augenblick, sagt Burmeister, die jetzige Schöpfung auf die Existenz von zwei Individuen jeder Art beschränkt. Sollen die reißenden Thiere Hunger leiden aus zarter Schonung gegen die schwächere Schöpfung? Soll der Ameisenbär, welcher täglich Tausende von Ameisen verschlingen muß, um leben zu können, der Walfisch, der durch Myriaden von Häringen erhalten wird, mit seiner Geburt erst warten, bis diese Nahrung ihm in hinreichender Anzahl bereitet ist? Würde nicht ein einziges Paar Löwen sämmtliche Arten von Gazellen, Rehen und Hirschen in den ersten Wochen der Schöpfung vertilgen? Zu so lächerlichen Widersprüchen führt jene unnatürliche Annahme, welche die heutige Schöpfung in anderer Weise und in andern Verhältnissen der Menge und der Naturneigungen entstehen lassen will, als sie noch jetzt zeigt. Einsam lebende Thiere müssen einsam geschaffen, in Schwärmen und in Gesellschaften lebende auch in Schwärmen geschaffen worden sein. Jedes Thier hat seine eigenthümliche Lebensweise, die zu seiner Organisation in so bestimmter Beziehung steht, daß sie nicht geändert werden kann, ohne diese zugleich zu ändern. Ein geselliges Thier kann nur in Geselligkeit leben, Schaaren und Schwärme von Thieren mußten als Schaaren und Schwärme geschaffen werden.

Ueber die Art und Weise des Schöpfungsaktes können wir uns freilich keine Vorstellung machen. Wir sehen unverkennbar einen allmäligen Fortschritt in Vollendung der Organisation, der Schritt für Schritt bis zur höchsten Stufe hinanführt. So glaubte man lange Zeit, das Thierreich stelle nur eine einzige Stufenleiter dar, auf welcher sich die verschiedenen Thiere je nach der Vollendung ihrer Organisation einreihen ließen; und diese allmälige Entwicklung zu einem vollendeteren Bau suchte man auch auf die Entstehung des Thierreichs im Ganzen auszudehnen. Naturphilosophen gingen von der Ansicht aus, daß sich Anfangs im Wasser aus einem organischen Urschleime höchst einfache Thiere, Schleimthiere und Infusorien gebildet hätten, die sich durch allmälige Entwicklung immer höher und höher erhoben, bis sie das Endziel der Natur in der vollendeten Gestalt des Menschen erreichten. Die Glieder der heutigen Schöpfung seien nur Abkömmlinge analoger Arten der Vorwelt, die sich im Laufe der geologischen Epochen vom niederen zum höheren Typus entwickelt und allmälig umgewandelt hätten. Auch Naturforscher hielten an einer elternlosen, freiwilligen Urzeugung niederer thierischer und pflanzlicher Organismen aus formlosem, organischem Stoffe fest und behaupteten eine allmälige Umwandlung fossiler Arten in jetzt lebende. Die Natur lehrt nichts von solchen Wundern der Schöpfung. Wir sehen zwar Schimmel in verschlossenen Früchten, Pilze unter der Rinde der Bäume, unter der Oberhaut der Blätter entstehen, wir sehen Infusorien sich aus verwesendem Fleisch, Würmer im Innern thierischer Organe erzeugen; wir vermögen die Eltern nicht zu entdecken, die sie geboren, wir mühen uns vergebens, die Keime zu finden, denen sie entsproßten. Ist denn aber die Zeit so fern, wo selbst das wissenschaftliche Auge noch Insekten aus Pflanzen, Fische aus dem Schlamm entstehen, Vögel an Bäumen wachsen und Frösche vom Himmel fallen sah? Und wenn sich auch aus dem verwesenden

Zellgewebe der Pflanze die einfache Zelle der Stäbchenpflanze, aus der zerfallenden thierischen Zelle die des Infusionsthierchens entwickelte; welche Thatsache der Natur berechtigt uns, an die Umwandlung dieser einfachen Zelle in das wunderbare Gewebe höherer Gebilde, an eine solche unheimliche Seelenwanderung zu glauben? Noch umhüllt Dunkel den ersten Tag der Schöpfung. Wohl mag sich die spielende Einbildungskraft der Poesie ein Bild jenes Tages malen, wohl mögen Nationen gläubig an den heiliggesprochenen Mythen der Kindheit hangen; vor dem ernsten Auge der Wissenschaft, vor dem nur gilt, was wirklich ist, muß die Nebelgestalt auch des lieblichsten Traumes in ihr Nichts zerfließen.

Eine wissenschaftliche Betrachtung der mannigfaltigen organischen Ueberreste, welche die Schichten der Erde umschließen, führte mehr und mehr zu der Ueberzeugung, daß eben so viele getrennte Schöpfungsepochen existirten, als wir getrennte Formationen unterscheiden. Darin stimmen im Allgemeinen die Ansichten aller Naturforscher überein, daß die meisten Arten getrennter Formationen auch wirklich von einander verschieden seien, und daß es nur als eine Ausnahme zu betrachten sei, wenn eine und dieselbe Art auch in verschiedenen Formationen vorkomme. Giebt es auch auffallende Aehnlichkeiten zwischen den Geschöpfen getrennter Zeitepochen, so wissen wir ja, daß Typen und Formen mit bestimmten äußeren und lokalen Verhältnissen in untrennbarer Verbindung stehen. In unserer heutigen Lebenswelt ist gewiß dieselbe Art an verschiedenen Orten entstanden, welche gerade die zu ihrem Leben günstigen Verhältnisse darboten. Kann dies aber zu derselben Zeit an verschiedenen Orten stattfinden, so war es auch möglich, daß dieselben Bedingungen in verschiedenen Epochen wiederkehrten und diesen Bedingungen entsprechend auch die gleichen Typen wieder erzeugt wurden. Eine neue Schöpfungsepoche kann daher Wesen hervorbringen, welche denen der vorigen nur deshalb ähnlich sind, weil ähnliche Lebensbedingungen aufs Neue hervorgerufen wurden; und es ist gewiß kein größeres Wunder, daß die vernichtete Art mit den Bedingungen ihres Daseins von Neuem entstand, als daß sie die gewaltsame Vernichtung ihrer Zeitgenossen allein überstand und allein in die neue Zeit der Schöpfung hinüberlebte.

Die Vertheilung der Versteinerungen in den Schichten der Erde weist darauf hin, daß die Vernichtung vorweltlicher Lebensschöpfungen oft eine plötzliche und massenhafte war. Meeresfluthen, Durchbrüche und zerstörende Gase, Versandung und Verschüttung mögen die gewöhnlichen Ursachen gewesen sein. An Muschelbänken sieht man deutlich, daß sie durch den allmäligen Absatz von Gesteinmassen, die sie umhüllten, zu Grunde gingen. Thiere hingegen, die ihren Wohnort verändern können, und deren Versteinerungen man in Massen in engen Räumen angehäuft findet, wurden offenbar nur durch plötzliche mechanische oder chemische Veränderungen des Mittels, in dem sie lebten, getödtet. Wenn aber ganze Schöpfungen wie durch Zauberschlag vernichtet erscheinen, so ist es kaum möglich, einigermaßen begründete Vermuthungen über ihren Tod aufzustellen. Gewiß hing er mit großen Katastrophen zusammen, durch welche die Erde in ihrer Gesammtheit erschüttert und das Verhältniß zwischen Meer und Festland geändert wurde. Ob es aber auch eben so viele solcher Katastrophen gab, als getrennte Formationen existiren, ob jede solche Katastrophe die ganze Schöpfung über die ganze Erde hin vernichtete und eine neue zur Folge hatte, oder ob die Uebergänge bisweilen, oder sogar für gewöhnlich langsam und friedlich erfolgten, wollen wir dahingestellt sein lassen. Gewiß wechselten Perioden ruhigen Lebens und Zerstörungen, ganz wie in der Entwicklung der Gesteine Epochen ruhigen Absatzes und Hebungen ganzer Gebirge.

Der Begriff der Art, der uns als leitendes Princip für die Entwicklungsgeschichte der Erde gelten muß, stellt sich uns jetzt in Thier- und Pflanzenwelt als der unveränderliche Typus der Organisation dar, der entstehen und vernichtet, aber nicht verwandelt werden kann. Die Art ist die lebendige Erscheinung aller äußeren Lebensbedingungen, mit deren Aufhebung sie zu Grunde geht. Alles, was von Ausartung und Entartung, von Umwandlung und allmäliger Entwicklung der niederen Art zur höheren behauptet wird, gehört dem Reiche der Phantasie, nicht der Wissenschaft an; denn es beruht nur auf Ansichten, nicht auf Thatsachen. Die Wissenschaft aber vermag sich allein auf dem Boden der Thatsache aus dem Zustande der Ungewißheit und mystischen Dunkels emporzuringen; sie verliert ihr Recht, wenn sie diesen Boden verläßt. Die

Autorität darf da nicht Geltung finden, wo die Stimme der Natur unmittelbar aus ihren Werken und Urkunden zu dem Ohre des Forschers spricht, wo nicht der Genius der Menschheit, sondern der Geist der Welt die Tiefen seines Lebens enthüllt.

2) Die Lebenswelt der Gegenwart.

Aus der heutigen Lebenswelt müssen wir das Verständniß der Vorwelt schöpfen, aus den Typen der Gegenwart die minder ausgeprägten Typen der Vorzeit finden lernen. Denn die jetzige Schöpfung ist ein Spiegelbild der früheren: in den Formen ihrer Wesen kehren die ausgestorbenen Urbilder der Vorzeit wieder. Erst durch die Betrachtung der Geschichte unsrer heutigen organischen Welt, der Entwicklung ihrer Typen in der Zeit und in der Idee, im Individuum, wie in der Gattung, kann es uns gelingen, auch den allmäligen Fortschritt der organischen Entwicklung während der verschiedenen Epochen der Erdgeschichte durch die Aufeinanderfolge der Typen, durch ihr Erscheinen und Verschwinden bis zur jetzigen Schöpfung nachzuweisen.

a) Das Pflanzenreich.

Starr und todt breitet sich die Erde vor dem Blicke des Beschauers aus, nur der wilde Kampf bewußtloser Naturgewalten spielt mit ihren Formen und Gestalten, prägt ihrer Oberfläche die Züge der schaffenden und zerstörenden Zeit auf. Die nackte Natur gleicht dem stumpfen Antlitz eines Menschen, dessen Mund verschlossen ist, das nur von rohen Leidenschaften in zuckende Bewegung versetzt wird. Erst mit der tönenden Sprache des Mundes strömt die Fülle des Lebens und der Glanz des Geistes über die unheimliche Larve. So erwacht in der Pflanze die Ahnung einer höhern Lebenskraft der Erde, sinnend und träumend wendet sie sich zum Himmel empor, über der groben Erde schwebend wie ein Hauch des ewigen Geistes. Als einfaches Bläschen tritt sie in die Erscheinung, und nur um sich das Ungleichartige seiner Umgebung anzueignen, schießt es zu Zellen und Gefäßen an, deren jedes einem Magnete gleich nach unten und oben lockt und stößt, aufnimmt und neue Zellen absondert. Durch die gesammte Natur gilt als ewiges Gesetz der Entwicklung, daß höhere Bildungen den bereits auf tieferen Stufen herrschenden Typus wiederholen, und niedere den der höheren voraus verkünden. So erinnert die Pflanze noch in dem Bau und in der Ordnung der Zellen an die geometrische Gesetzlichkeit der krystallinischen Formen des Mineralreichs, durch deren Zerfallen sich die Materie für das vegetabilische Leben aufschließt. Aber in den höheren Momenten ihres Lebens, durch den Wechsel von Wachen und Schlafen, durch die zarte Reizbarkeit ihrer edlen Organe, durch die Entfaltung einer Mannigfaltigkeit von Mitteln zur Erreichung ihres Lebenszweckes gewinnt die Pflanze eine Vorahnung des thierischen Daseins, ein Gemeingefühl, dem Weltbewußtsein des Thieres entsprechend.

Wie jedes Leben, durchläuft auch die Pflanze Perioden der Entwicklung. Von der Erde geboren, strebt sie zuerst durch Entwicklung des zelligen und faserigen Stockes in der Längenrichtung nach oben. Bald bemächtigen sich ihrer die kosmischen Kräfte, sprengen die Hülle des Stammes, entfalten sie zu seitlichen Gebilden und dehnen die Pflanze zum gefäßreichen Blatte aus, um die Gaben des Himmels und der Erde zu empfangen. Eine stete Unruhe bemächtigt sich der Pflanze, rastlos strebt sie in die Welt hinaus, ihr ganzes Dasein zu fördern. Immer zauberischer verklärt sich das Leben, es erwacht in der Pflanze die Sehnsucht nach etwas Anderem, die erste Erregung alles Geistigen in der Natur, da es die Schöpfung eines idealen Wesens ihrer eignen Natur, die Möglichkeit ihres Fortbestandes gilt. Der selbstsüchtige Trieb nach Wachsthum wird beschränkt, das ganze Sinnen der Pflanze gilt der Blüthenbildung, zu deren Vollendung eine wunderbare Verwandlung alle Organe ergreift, bis oft nach jahrelanger Vorbereitung der farbige Blüthenkranz plötzlich als neues Gebilde in vollendeter Schönheit hervorspringt. Das Blatt wird zu Kelch, Krone, Staubgefäßen und Stempeln verklärt und ladet durch bunte Pracht und wunderbare Harmonie in Größe, Form und Färbung Sinn und Geist zu Genuß und Deutung ein. Das Endziel aller Thätigkeit erreicht die Pflanze in ihrer Wiedergeburt durch die Fruchtbildung. In der Frucht werden alle früheren Gebilde verschmolzen, der Stock wird zur Achse, das Blatt zur Hülle der Frucht, die Blüthe zum Samen. Die von der Geburt an in steter Wanderung begriffenen Blätter kommen endlich zur Ruhe und Besinnung, um das im Samenbläschen begonnene neue Leben zu beschleunigen und zu schützen. Die im Fruchtknoten noch getrennten Blattstiele verwachsen stammartig mit ihren Rändern, und die einzigen wahren Blattgebilde, Griffel und Narbe, fallen ab, sobald sie ihre Bestimmung erfüllt. Die Farbenpracht der Blume schwindet, das Saftgrün des Blattes geht über in Gelb, Roth und Blau, und der Same, der den Wurzelkeim einer ganzen Pflanze umhüllt, kehrt zurück in die dunkle und feuchte Erde. So schließt sich das Ende dem Anfang an, und aus dem Tode, dem sich die Pflanze in Liebe dahingiebt, erblüht ein neues, jugendliches Leben.

Nicht die einzelne Pflanze allein durchläuft diese Lebensstufen, das gesammte Pflanzenreich ist in seinen Formen die vollendete Erscheinung dieser aufsteigenden Entwicklungsphasen. Jede Gruppe zeigt uns die Durchführung einer Lebensperiode. Die eine erfüllt schon mit der Blüthenstufe ihren Lebenszweck, die andere vermag es selbst nicht über die Blattbildung hinaus zu bringen; aber jede niedere weist auf die höhere hin, ohne sie zu erreichen. So sehen wir in dem Keimlager der Flechten das Streben nach der Blüthe, in der Kapsel der Moose den Versuch zu einer Fruchtbildung. Darum dürfen nicht nach einzelnen Merkmalen und Verhältnissen, sondern nach ihrem Verein die großen Abtheilungen des Pflanzenreiches unterschieden werden; und wenn auch der Mangel deutlicher Blüthengefäße ein Hauptmerkmal des niederen Pflanzenreiches bildet, so darf uns doch nicht dieser allein, sondern zugleich die ganze Eigenthümlichkeit in der Keimung, in der Blattstellung, in der Vertheilung der Gefäßbündel bestimmen, auch Pflanzen, wie die Schachtelhalme und Bärlappe ihm einzureihen. Der Same allein, als das letzte Erzeugniß der gesammten pflanzlichen Thätigkeit, vermag eine entscheidende Grenze zwischen dem höheren und niederen Pflanzenreich zu ziehen, wenn in einer Welt des Lebens überhaupt von Grenzen gesprochen werden darf. Bei den höheren Gewächsen findet sich im Samen bereits die ganze Pflanze vorgebildet, und das Keimen des Samens ist nichts als das Entfalten der dicht zusammengedrängten Knospe, während bei den niederen das Innere des Eies nur die Anlage zur neuen Pflanze enthält, die außerhalb erst entwickelt und vollendet wird. Bei jenen giebt es Zeiten der Ruhe, in welchen die Pflanze gleichsam neue Kräfte sammelt zu schnellerem Aufschwunge, bei dieser schreitet die Entwicklung mit dem Bildungsmomente der ersten Zelle unaufhaltsam und ununterbrochen fort.

Das tiefste Leben der Pflanze beginnt mit der einfachen Zelle der Stäbchenpflanze, die den Beruf ihrer Wiedergeburt nur durch Bildung neuer Zellen im Innern der alten Mutterzelle erfüllt. Wir begegneten diesen Erstlingen des Lebens, diesen Urpflanzen, in dem grünen Ueberzug unserer Seen und Teiche und in ihren reichen Schöpfungen in dem Boden unserer Tiefländer wie in den Schichten der Gebirge. Wir sehen an ihnen keinen Blätterschmuck, sie sind einfache Stäbchen, welche buntgefärbte Kügelchen umschließen, die zur Zeit der Reife die Hülle verlassen, um frei in ihr Lebenselement, das Wasser, hinauszutreten und schwellend und dehnend ein neues Leben zu beginnen.

Kaum erhebt sich die Pflanze von dieser tiefen Stufe mikroskopischen Lebens, so erscheint auch der wirkliche Stamm, ein buntes Gemisch zahlreicher Zellen. Bald erzeugen sich sogar besondere Fruchtzellen, die zuerst als Schläuche hervorbrechen und sich entweder zu neuen Pflanzen verzweigen, deren angeschwollene Endglieder die Früchte bilden, oder auf denen sich Knospen entwickeln, die sich zu Stengeln mit Blättern und Früchten ausdehnen. In einfachster Gestalt treten in Süß- und Meereswassern die Algen und Tange als zarte Fäden oder mächtige, mehrere hundert Ellen lange Stämme auf, vielfach zerschlitzt, astförmig oder schlauchartig, oft selbst in blattartige Gebilde ausgedehnt, auf denen die kugelförmigen Samenkapseln sitzen. Mit den prächtigsten Farben geziert, bilden diese Pflanzen bald schleimige Ballen, bald unermeßliche Waldungen in den Fluthen des Meeres. Neben ihnen entwickelt sich eine ganz andere Lebenswelt auf dem Festlande, die der oft wie durch Zauberschlag der Erde entkeimenden Pilze und Schwämme. Statt der Blätter breitet sich die hohle, flache Hülle des Hutes über dem derben Strunke aus, zwischen dessen zarten Falten die kleinen gestielten Samenkügelchen sitzen. Durch die langen, dichtgedrängten Fasern ihres innern Baues schließen sie sich an die laubartigen Flechten an, welche die Rinden der Bäume, die Wände der Häuser, die nackten Felsen der dürren Haiden auf den eisigen Alpen der Schweiz und den Schneefluren Grönlands, wie in dem glühenden Sande der

Sahara und den Fluren unserer Heimath mit grüner und bunter Hülle bekleiden. Ihre ausgebreiteten Lager tragen nicht Blüthen, aber die Kapseln, welche ihre Samen umschließen, nähern sich ihnen durch die Mannigfaltigkeit der Formen und Farben. Immer höher zu dem Ziele der Blumenbildung erheben sich die Lebermoose, in denen wenigstens Stengel und Blätter wirklich geschieden sind. Auf zarten, wasserhellen Stielchen erhebt sich die Samenkapsel, die anfangs von einem kugelförmigen Häubchen umschlossen wird, und wenn sie regelmäßig zerplatzt, zwischen feinen, spiraligen Schleuderfäden die braunen, pulverförmigen Samen zeigt. Lieblicher entfaltet sich die Natur in dem grünen Laubmoose, dem Schmuck der Felsen und Wälder von der Gluth des Südens bis zum Eise des Norden. Hier bestehen die dünnen Blätter aus einer einzigen Lage von Zellen und umgeben wohlgeordnet rings den Stengel, oft die Frucht in ihrem Laube versteckend. In einer länglichen Kapsel, die oft von einer prachtvoll gefärbten und gestalteten Hülle umschlossen wird, liegen die Samen um eine mittlere Säule gelagert, von zelligen Säckchen umgeben.

Nicht länger jedoch begnügt sich die Natur mit der einfachen Zellenbildung. Wie Adern beginnen hohle, spiralig gewundene Gefäße die Pflanze zu durchziehen. Dieser Uebergang von der Zellenpflanze zur Gefäßpflanze tritt uns zuerst entgegen in den Schachtelhalmen, seltsamen, zwergartigen Gestalten unsrer Heimath, die weder Blüthen noch Früchte, sondern bläschenartige Samenkörner tragen und selbst nicht Blätter zu erzeugen vermögen. Ihr Stengel ist vielfach gegliedert, und zwischen den scheidenförmig ineinander steckenden Gliedern treten scharf geriefte Aeste und Zweige hervor. Ihr reicher Gehalt an Kieselerde gab ihnen auch in der Vorzeit eine lange Dauer und rettete ihre Ueberreste vor dem allgemeinen Untergange in den großen Katastrophen der Erde. Darum stehen sie an geologischer Wichtigkeit kaum ihren nächsten Verwandten, den Farrnkräutern, nach, die in ungeheurer Menge und Großartigkeit die Fluren der Vorzeit bedeckten. In den Farrn kehrt die Natur wieder zur Blattbildung zurück, die sie in den Schachtelhalmen vergessen hatte. Die ganze Pflanze gleicht einem einzigen Blatte, das vielfach zertheilt und zerschlitzt oft die wunderbarsten Formen zeigt. In dem Wedel der Farrn wird sogar das Blatt zum Träger der Früchte, die als goldne Knöpfchen und Becher in langen Streifen und dichten Häufchen sich auf seinem Rücken hinziehen.

Vermochte auch die Lebenskraft der Natur bereits mächtige Bäume zu schaffen, so hat die Stunde der Blüthenbildung doch noch nicht geschlagen. Aber ein neuer Fortschritt zeigt sich in der Entwicklung des Samens. Bildete sich bisher der neue Stamm erst, nachdem ein Schlauch aus dem Innern des Samens hervorgebrochen war, so erzeugt sich bei den Bärlappen die neue Pflanze bereits unmittelbar im Innern des Samens. Endlich gelangt die Pflanze in den Wurzelfrüchtlern sogar zu geschlechtlichen Unterschieden, zur Befruchtung des Eies durch den Samen. Aber noch wohnen beide Geschlechter in einer Hülle, noch ist der befruchtete Samen kein selbstständiger Organismus, dessen Keim vollendet, freier Entwicklung fähig wäre. Zu dieser Freiheit erhebt sich die Pflanze erst in dem höheren Pflanzenreiche, dessen Samen wahrhafte Embryonen umschließen. Hier begegnen uns zuerst die Blumen, zu deren Vollendung die Pflanze die ganze Fülle ihrer Kraft aufbietet, und die sie schafft durch Verwandlung ihrer Blattgebilde.

Diese höhere Entwicklung des Pflanzenlebens, das in dem niederen Pflanzenreiche seine Thätigkeit fast allein durch das Streben nach leiblicher Gestaltung offenbarte, ohne vollständige Gebilde einer höhern Lebenssphäre vor Augen zu legen, kommt zuerst in der Gruppe der Monokotyledonen, deren junger Keim von einem einfachen Hüllblatt umschlossen ist, zur klaren Erscheinung. Die Pflanze ringt sich, wenn auch äußerlich durch viele Züge noch an die Farrn erinnernd, von dem niedrigen Triebe der Nothwendigkeit und Wirklichkeit, der dunkeln Ahnung dessen, was zum Gedeihen ihrer Leiblichkeit beiträgt, los und erhebt sich zur lichtern Ahnung eines zukünftigen Daseins, das durch die Bildung von deutlichen Blüthenkreisen möglich gemacht wird. Einmal auf dieser Höhe angelangt, scheint die Natur keine andere Absicht zu verrathen, als dies Leben der Liebe zur Darstellung einer allgemeinen Idee, woraus allein ein geistiger Inhalt zu uns spricht, in dem mannigfaltigsten Spiel äußerer Formen auszuprägen. Die Pflanze rüstet sich jetzt, eine Menge von Organen, die alle die große Wichtigkeit des neuen Schrittes darthun, in stetem Aufschwunge zu entfalten. Am Gipfel eines besondern

Stiels entwickelt sich, wenn ihre Blätter eben am schönsten grünen, und sie im vollsten Schmucke ihres Wachsthums dasteht, allmälig eine Blüthenknospe und ragt, durch das Respirationssystem getragen, am höchsten in die Atmosphäre. Am Strahl der Sonne beginnt nun die Pflanze wie aus bewegter Brust zu athmen: was sie bisher geheimnißvoll verbarg, tritt als Kelch oder Blume, mit deren Gestalt und Farbenzeichnung die Natur ganz im Gegensatz zu den fast überall gleichbleibenden Blättern auf eine ebenso unerschöpfliche Weise spielt, wie mit der Gestalt und Farbenzeichnung der Insekten, gleichsam auf einen Zauberschlag hervor, um das Weltall einzufangen. Und dieser Kelch, diese zarte und duftende Blume ist doch weiter nichts als Hülle noch höherer Organe. Auf schwankenden Fäden steigt ein Kranz von Antheren empor, die sich öffnen, wenn der zarte Keim des Samens seine Ausbildung beginnen soll. Ist dies geschehen, dann welkt die Pracht der Blume schnell dahin, und jener Antherenkranz fällt, als hätte nach solchem Glück das Leben nun seine Bedeutung verloren, gleichwie der Schmetterling, nachdem er sich aus dem niedrigen, nur auf Fristung des Lebens gerichteten Gedankenkreise der Larve zur höhern Idee der Art erhoben, bald in vollem Schmucke dem Tode entgegeneilt. Doch hat die Natur, als mißtraue sie noch dem Gelingen, die Fortpflanzung noch nicht allein der Blüthe anvertraut; aus dem Wurzelstocke, aus Knollen und vorzüglich Zwiebeln sprossen neue Pflanzenindividuen hervor. Bei der Zwiebel kleidet sich jeder neue Lebenskeim bei seinem Entstehen in eine Hülle ein, die ihm in seiner zartesten Jugend zum Schutze, später zur Ansammlung von Säften für seine künftige Entwicklung dient. Die Zwiebel, welche als Knospe den Typus und die Geschichte der ganzen oberirdischen, sich nach und nach aufschließenden Pflanze enthält, muß, ehe sie blühbar wird, mehrere Altersstufen durchlaufen und sich bis dahin alljährlich durch Abwerfen der Schalenhäute theilweise verjüngen. Das erinnert an den Larvenzustand und die Verwandlung der Insekten, insofern sich hier wie dort die innern Theile auf Kosten der äußern vervollkommnen.

Gräser, Palmen und Liliengewächse machen die Haupttypen dieser großen, gegenwärtig der Tropenzone in ihren meisten und schönsten Formen überwiesenen Gruppe des Pflanzenreichs aus. Bei den Gräsern erscheint die Blume auf ihrer untersten Stufe, ohne gefärbte Hüllen, kaum von der Blattbildung des Stammes wesentlich unterschieden. Die Blätter erscheinen nur als lange Röhren, Scheiden oder Schuppen um den Halm, als wären sie nur dessen äußere, sich ablösende Hülle. Der Samen enthält Eiweiß, welches nährend den wenig entwickelten Keim umschließt oder ihm anliegt. Auffallend widerspricht dieser unvollkommenen Ausführung die hohe Bedeutung, welche diese Pflanzen im Haushalte der Natur haben; denn ohne Zweifel sind sie in ihren verschiedenen Theilen die Hauptnahrung aller von Pflanzen sich nährenden thierischen Wesen. Auch der Mensch verdankt ihnen das vollendetere Dasein der Gesittung, da alle Kultur mit dem Ackerbau ihren Anfang nimmt. Die Grasfluren sind die Waldungen der feuchten Niederungen. Mit zartem Grün schmücken sie unsre Wiesen, umkränzen sie unsre Flüsse, Seen und Teiche, Wäldern gleich verwandeln sie die Ebenen der Tropen in undurchdringliche Wildnisse. Hier ein zarter, schwankender Halm, den die Strahlen der Sonne versengen, erhebt sich dort das Gras in dem riesigen Bambus, dem schlanken Pisang, der mächtigen Arundinaria zu 50 bis 60 Fuß hohen Bäumen. So mannigfach ist die Natur in ihren Schöpfungen!

Durch die zarten Blumen der Binsen werden wir hinübergeführt zu den Liliengewächsen, den nur zu Lust und Wonne geschaffenen Sonnenkindern dieser Gruppe. Hier begegnen wir der prachtvollen sechsblätterigen Blüthenhülle mit ihrer dreifächerigen Frucht, welche den Keim von hornartigem Eiweiß umschlossen enthält. Arm an eßbaren Früchten und nahrhaften Stoffen, bekleiden sie mit glänzenden Hüllen den Mangel innern Gehaltes, der ja auch unter uns nur selten mit lächelnden Blicken oder schönen Zügen sich paart und dann freilich eine unwiderstehliche Gewalt über die Herzen seiner Umgebung ausübt. Vom hohen Norden bis zum Süden, von der Ebene des Meeres bis zur Schneeregion erfreuen sie die Sinne durch Färbung und Geruch. Das Schneeglöckchen, das aus einer eisigen Decke, die Krokusarten, die unmittelbar aus dem rauhen Schooße der Erde hervorblühen, die Ananas mit der köstlichen Frucht, die Riesenblüthe einer Agave oder Yucca und das herrliche Laubwerk der Bananen mit seinem schimmernden und glänzenden Grün, das von der gewaltigen Höhe der Stämme herabwallt; welch ein Kontrast in dieser bunten Lebenswelt, die nach Fülle der Formen ringt, wo sie die Leere des Innern schmerzvoll empfindet! Das Wundergemälde dieser Blüthenpracht wird endlich vollendet durch die schwesterliche Gruppe der Orchideen. In seltsamen Gestalten entsprossen ihre Blumen dem feuchten Boden unsrer Wiesen und Wälder, insektenartig grüßen sie uns in den Urwäldern der Tropen aus der luftigen Höhe der Riesenbäume, auf deren glatte, von Sonnengluth und Alter verkohlte Stämme sie lustig hinaufklettern.

Das letzte Glied der in ihrer Gestaltung unerschöpflich reichen Gruppe der Monokotyledonen bildet die Palme, die Zierde der an üppigen Formen und blendender Farbenpracht so reichen Tropenwelt, wegen ihrer hohen majestätischen Gestalt von jeher das Symbol des Ruhmes und des Sieges. Durch den Mehlgehalt ihrer Früchte und durch die Vollendung ihrer Blüthe, die noch einmal eine große Reihe von Entwicklungsstufen von den zweihäusigen, unansehnlichen Kätzchen und spelzenartigen Kolben bis zu den gigantischen Rispen mit Kelch und Krone durchlaufen, vereinigen die Palmen in sich alle Charaktere ihrer verwandten Geschlechter, der Gräser und Lilien, und drücken ihnen den Stempel der höchsten Vollkommenheit auf, die auf dieser Stufe erreicht werden konnte. Bald erheben sie sich Säulen gleich aus der Tiefe undurchdringlicher Urwälder, bald beschatten sie einzeln oder in Gruppen und Wäldern die weiten Ebenen, die Ufer der Flüsse, den Strand des Meeres oder hohe Gebirge. In den unermeßlichen Sandwüsten des brennenden afrikanischen Himmels verkünden ihre Haine die Nähe erquickenden Wassers, die glückseligen Oasen. Stets galten sie der Phantasie als Bilder der freiesten Zeugungskraft der Natur. Darum suchte man auch die Wiege des Menschengeschlechts da, wo die süße Frucht der Dattel reift und die stolze Kokospalme ihren reichen Segen ausschüttet.

Die dritte höchste Stufe des Gewächsreiches umfaßt die Dikotyledonen, deren Keime von zwei Samenlappen umschlossen sind. Sie zeigt sich in allen Theilen geregelter angelegt, in der Verzweigung des Stammes, in der netzförmigen Aderung der Blätter, in der deutlichen Unterscheidung der Blumen in Kelch und Krone. An der Zahl der alljährlich sich um seinen Stamm anlegenden Holzringe wird nicht bloß das Lebensalter, sondern auch der Standort, die ehemalige Stellung eines gefällten Baumes gegen die Weltgegenden, so wie die trockne und feuchte Beschaffenheit der Witterung erkannt, so daß das Innere zu einer Sammlung von Jahrbüchern der Natur wird. Diese zahlreichste aller Pflanzengruppen müssen wir nach den drei charakteristischen Unterschieden ihrer Blumen noch weiter zerfällen.

In der untersten Klasse fehlt noch die innere gefärbte Blumenhülle, die Krone, und der oft gefärbte Kelch ist allein vorhanden. Auch in der Trennung der Geschlechter verräth sich noch die Unvollkommenheit der Blüthe. Die wichtigsten Familien dieser Abtheilung bilden offenbar die Nadel- und Laubhölzer, die nessel- und wolfsmilchartigen Pflanzen. Letztere erscheinen bei uns zwar nur als Kräuter, in der Tropenzone aber als Bäume, und Manchem möchte es allerdings schwer fallen, in der Feige und dem Maulbeerbaum Verwandte unsrer verachteten Brennessel zu erkennen, die sie doch in Blüthe und Frucht wirklich sind. Auch die unscheinbare Wolfsmilch, die wir an den Wegen zertreten, hat im Süden ihre mächtigen Verwandten. Sie liefern uns den Kautschuk und das Gutta Percha, die Cascarille, das Croton- und das Ricinusöl. Ein abenteuerliches Gepräge nehmen diese baumartigen Euphorbien auf den canarischen Inseln an. Wenn ihre dunkelgrünen, völlig blattlosen Zweige, alle aus einer Wurzel entspringend, sich im Halbkreis über den Boden hinbiegen und plötzlich wieder senkrecht aufsteigen; wenn am Ende der dicken, eckigen, fleischigen Aeste scharlachrothe Blüthen hervorbrechen, die in der Ferne glühenden Kohlen gleichen: dann gewinnt der Baum das Ansehen eines ungeheuren Kronenleuchters mit zahllosen, glänzenden Lichtern.

Wichtiger und verbreiteter sind ohne Zweifel die Nadel- und Laubhölzer mit ihren zapfen- und kätzchenförmigen Blüthen und Früchten, Pflanzengruppen, die da, wo sie als Massen in Wäldern herrschen und durch ihr düstres oder lachendes Grün das Gemüth des Beschauers ergreifen, den Charakter der Vegetation, ja die ganze Physiognomie der Natur bestimmen. Die Nadelhölzer, diese Palmen des Nordens, welche durch ihr dunkles, melancholisches Grün Sommer und Winter hindurch die oft öden Landschaften beleben und die kindliche Weihnachtsfreude begleiten, wiederholen durch ihr offenes, nicht geschlossenes Fruchtblatt und die einfachen, nadelförmigen Blätter die niederen Formen der Farrn. Wenige Pflanzengruppen können sich in ihrer Bedeutung für den Menschen mit den Nadelhölzern messen, mag man auf das Holz oder die Absonderungsstoffe sehen, denen sich auch der Bernstein als vorweltliches vegetabilisches Produkt anschließt. Schlank und rasch in ihrem Wachsthum, stark in ihrer innern Organisation, von dem zwerghaften Wachholder bis zur stolzen Ceder des Libanon, der riesenhaften Lambertsfichte, die thurmhoch 230 Fuß emporschießt, der neuentdeckten Mammuthskiefer (Washingtonia gigantea), deren fabelhafte Höhe man auf 300—360 Fuß schätzt, sind diese Bäume zugleich lebendige Zeugen einer früheren Schöpfung. Wie die Nadelhölzer gegen die Polarzone hin, so herrschen die Laubhölzer in der kältern Hälfte der gemäßigten Zonen vor, als Laubwälder von der mannigfaltigsten Gestalt und Bedeutung. Eine Weide mit den schlanken Aesten und der lichten, schattenarmen Krone, zumal eine Trauerweide am Abhange eines Hügels, nahe an einem kleinen Gewässer, neben einer Buche mit ihren zusammengedrängten Aesten und der lebensfrischen, einladenden Krone, eine Hängebirke mit dem blendenden Weiß ihrer Rinde und eine Espe mit dem im leisesten Windhauch zitternden Blatt neben der ehrwürdigen Eiche mit dem feierlichen Laube, bieten dem Landschaftsmaler und Gärtner ein weites Feld für die Ausübung ihrer Kunst, um den Zauber der Natur auch dem geistigen Auge vorzuführen.

Die zweite Klasse der Dikotyledonen besitzt zwar eine eigenthümlich gefärbte Krone, allein ihre Blätter sind zu einer Röhre oder einem Trichter verbunden und höchstens am äußern Umfang der Krone wirklich getheilt. Wie sich in den gemäßigten Landstrichen das Blatt alljährlich erneuert, rastlos thätig, um während seines flüchtigen Daseins das Bestehen und Gedeihen des Ganzen zu sichern, wie es mit dem Frühling kommt und dem Sturm des Herbstes oder dem Frost des Winters erliegt, dem der Stamm noch Trotz zu bieten vermag, so kommen und gehen die Gewächse dieser Klasse, die ein Frühlingshauch zu Tausenden hervorlockt, und die mit der Fülle und Pracht ihres erquickenden Grüns die Erde weit und breit schmücken, indem sie meist gesellig beisammen wachsen, auf Wiesen wie an trocknen Orten, wohl hin und wieder Gebüsch, aber selten Wälder bildend. Diese selige Maienzeit, die mit der Entwicklung des sich höheren Kräften ganz opfernden Blattes anbricht, sie dringt mit magischer Gewalt in das Gemüth des Menschen, wenn er sich harmlos den Eindrücken der Natur hingiebt. Unter diese zarten, krautartigen Pflanzen gehören unsre sichern Frühlingsboten, die Schlüsselblume, die gewürzhaften Münzgewächse mit ihren zweilippigen Blumen, die lieblichen Vergißmeinnicht, die zarten Eriken und die duftenden Kaprifolien, der Oleander mit seinen schönen Blüthen, die Olive, das uralte Sinnbild des Friedens, endlich die Winden und Kartoffelgewächse mit ihren nahrhaften Wurzeln und narkotischen Früchten. Dann treffen wir hier die wichtigen Familien der Chinabäume, des Kaffeebaums, des Baldrians und die umfangreichste aller Familien, die der Syngenesisten, welche im Löwenzahn, der Kamille, der Kornblume, der Distel, dem Salat und der Cichorie auch bei uns so zahlreich und nützlich vertreten ist. Die Kürbisgewächse nebst den Gurken und Melonen bilden endlich den Schluß dieser Abtheilung und erregen ebenso sehr unsre Aufmerksamkeit durch die Früchte, welche sie liefern, als in den verwandten Passionsblumen durch die herrlichen Blumen, mit denen sie sich schmücken.

Die dritte und letzte Klasse der Dikotyledonen endlich unterscheidet sich durch ihre vollständige, mehrblätterige Krone sogleich von der vorigen. Die zahlreichste von allen Pflanzengruppen, was die formelle Mannigfaltigkeit ihres Inhalts betrifft, erscheint sie schon dadurch als das Schlußglied der vegetabilischen Schöpfung. Ihr Formenreichthum aber nöthigt uns, auch sie nochmals in zwei kleinere Gruppen zu sondern nach der Stellung ihrer Kronenblätter, welche entweder vom Kelch getragen werden oder an der Achse sitzen. In der einen werden wir die höchste Entfaltung der Blume, in der andern die Vollendung der höchsten pflanzlichen Bestimmung, der Frucht, erreicht sehen.

Die Frühlingsfeier der mit unversiegbarer Jugendfrische wieder erwachenden Natur übt erst dann ihren vollen Zauber, wenn die Pflanze ihr sinniges Auge aufschlägt; ohne Blumen wäre der Frühling ein Himmel ohne Sterne.

Nur an des Lebens Gipfel, der Blume, zündet sich Neues
In der organischen Welt, in der empfindenden an.

Die Frühlingsblumen in anspruchloser, jungfräulicher Anmuth schüchtern aus ihren Hainen hervorblickend, oder voll Ungeduld aus der winterlichen Wiege ihrer eignen schützenden Umhüllung, selbst aus den blattlosen Knospen der Bäume hervorbrechend, sind die treuen Vorboten dieser Pflanzengruppe, welche die vegetabilische Schöpfung in ihrem Brautschmuck zeigt. Eine wunderbar wechselnde Formenfülle, von flatternden Kätzchen und lustigen Schmetterlingsblumen an bis zu vollkommnen Rosen, welche in ganzen Baumgruppen wie ein Blüthenmeer das erwartungsvolle Auge entzücken, während auf einer niedern Stufe die Lilien und die Erstlinge des Frühlings durch ihre Einfachheit in andrer Umgebung dasselbe auf andre Weise gewinnen; ein reiches Farbenspiel, an dem bei vielen Fuchsien und Cacteen auch der Kelch, oder bei Myrthen und andern selbst die Staubgefäße und verwandte Gebilde Theil nehmen; endlich ein Wohlgeruch, der dem nicht verwöhnten und unbefangnen Sinne mit Lebenswärme entgegenathmet, den aber die Frühlingsblume noch verschmäht, um mit ihrem Honigsaft die jubelnde Insektenschaar zu locken; — Alles das verkündet den vollen Sommer der Pflanzenwelt, der in dieser Klasse offenbar wird.

Während die Gewächse der vorigen Gruppe mit ihrer Blüthenbildung noch auf halbem Wege stehen bleiben, indem sie wohl eine doppelte Blüthendecke von Kelch und Blume, aber die letztere nur in Röhren- oder Bandform mit angewachsenen Staubgefäßen erzeugen, als schrecke die Natur noch vor der schweren Aufgabe zurück; thun die Gewächse dieser Gruppe diesen letzten Schritt, die Blume als vollständiges Gebilde mit freien Blättern hinzustellen. Da die Blüthenbildung ein innerer Akt ist, so zeigt sich auch eine größere Unabhängigkeit des Blühens von dem Zustande des Wachsthums in der Krautbildung, so daß manche Pflanzen schlecht wachsen und doch gut blühen, wenn nämlich die Blüthenanlage durch eine veredelte Nahrung auf dem entsprechenden Boden aus dem Individuum einmal gebildet ist. Licht und Luft durchdringen die Pflanze dergestalt, daß die Wurzelbildung, wie bei den Eispflanzen und Sedumarten, den Steinbrechen und Cacteen, ganz zurücktritt oder kaum gegen die Blatt- und Blüthenbildung in Betracht kommt, indem die Wurzel fast keiner Flüssigkeit bedarf, um die Vegetation zu unterhalten. Selten wird, vorzüglich an schattenreichen und feuchten Tropenorten, die Wurzelung überwiegend, wie beim Ephen und den Mangle- oder Wurzelbäumen. Da der nordische Sommer mit seinen längeren Tagen ungleich mehr Licht spendet, als der südliche, so kann auch eine sonst fruchtbare nordische Landschaft im Hochsommer auf einmal eine reichere und üppigere Blumenausstellung bieten, als manche viel artenreichere Gegenden des Südens. Daher sind besonders die nördlichen und gemäßigten Theile der nördlichen Halbkugel die hauptsächlichsten Verbreitungsbezirke ganzer großer Familien, wie der Schmetterlingsblumen, der Dolden- und Rosengewächse, die in den Tropen gegen die fleischigen, vielfach fiederblättrigen und ölreichen Familien zurücktreten. Unter den zahlreichen, herrlichen Gliedern dieser Gruppe ist es kaum möglich eine rechte Auswahl zur Anschauung zu bringen. Hier drängen sich uns die Doldengewächse mit ihren gewürzhaften, ätherischen Stoffen entgegen, dort die harzreiche Gruppe der Terebinthen und Wallnußbäume, die in unendlicher Menge auftretende, als Nahrungs- und Futtergewächse so wichtige Familie der Hülsenpflanzen mit ihren hübschen, einem sitzenden Schmetterlinge ähnlichen Blüthen, wohin Klee, Erbsen, Bohnen und Wicken als wichtigste Mitglieder gehören. Hier winkt uns die Myrthe, der Baum der aus dem Meeresschaum emporgestiegenen Göttin der Schönheit, der Schmuck warmer Gegenden, in denen der Granatapfel, der schönste ihrer Sprößlinge, herrlich gedeiht. Dort endlich laden uns die sonderbaren, ihrer dicken, fleischigen Blätter wegen so merkwürdigen Saftgewächse ein, welche im Gegensatz zu ihrem wasserreichen Inhalt die trockensten Standpunkte lieben und gerade durch die Feuchtigkeit ihrer Masse den glühendsten Sonnenstrahlen widerstehen. Mauerpfeffer und Hauslaub sind in unsrer Zone die dürftigen Surrogate der prächtigen Cacteen und Eispflanzen, von denen das tropische Amerika und das Kapland eine so herrliche Fülle hervorgebracht hat. Als die Krone dieser herrlichen Schöpfung steht aber wohl die liebliche Gruppe der Rosen da, gleich ausgezeichnet durch die Blumen, wie durch die Früchte, welche, wie Erdbeeren, Himbeeren, Kirschen, Pflaumen, Birnen, Aepfel, ihr angehören. Das Lob der Rose ist wohl nirgends mehr gesungen worden, als in dem Feenlande von Kaschmir, dem Lande ohne Gleichen, dem Ebenbilde des Paradieses, wie es Perser und Mongolen nennen, wo der weiße Schneegebirgskranz nur darum den grünen Schmelz der Voralpenhöhen umgebe, damit die Krone der schimmernden Diamanten, mit grünen Smaragden besetzt, die Königin der Blumen am meisten ziere. Die Rosenfeste, welche noch jetzt gefeiert werden, wenn die Knospen der hier und in Persien heimischen Rose Kaschmirs, der Centifolie, aufbrechen, sind durch reizende Dichtungen weit und breit im Orient, wie im Occident verherrlicht.

Die höchste Vollendung erreicht das Pflanzenreich endlich in seiner letzten Gruppe, den Fruchtpflanzen. Wenn die Blume in ihrem Stolz und Schmuck dahinwelkt, dann regt sich in der Pflanze stärker die Sehnsucht nach der Zukunft, die Sorge um die Fruchtbildung als das Endziel ihrer Bestimmung. Diese Periode, welche schon während der Blüthe dadurch eingeleitet wird, daß die Fruchtachse den von der Keimung an gleichsam in fortwährender Wandelung begriffenen Blättern Ruhe und Stetigkeit aufnöthigt, damit sie zur Besinnung kommen und das schon im Samenbläschen entzündete neue Leben fördern und schützen, gelangt erst hier zum Abschluß, indem der Fruchtknoten bei seiner größern Unabhängigkeit von den übrigen Blüthenkreisen sich immer freier und vollkommner zu entfalten vermag. Dadurch wird überhaupt eine harmonische Entwicklung erzielt, ähnlich wie beim Säugethier durch harmonische Gestaltung der Organensysteme und der Sinne dem Thierreich das Siegel der Vollendung aufgedrückt wird. Hier verschwindet die Herrschaft des Kelches, Staubgefäße und Blumenblätter bilden sich unmittelbar aus der Spindel des Fruchtknotens hervor, und diese entwickelt sich zur vollendetsten Fülle der Frucht. Aber diese Frucht umhüllt nur das Edelste, was das vegetabilische Leben erzeugt. Denn wenn es auch oft schwer wird zu sagen, die prangende Frucht der Orangen sei um der Kerne willen da, so sind doch grade diese die wesentliche Bedingung zur Entwicklung der Frucht, und selbst da, wo sich Früchte ohne Samen bilden, ist ursprünglich doch ein Keim vorhanden, der nur später fehlschlägt. Im Allgemeinen sind die Fruchtpflanzen unendlich reich an triebkräftigen und schnell keimenden Samen. Das Täschelkraut soll in England viermal des Jahres reichen Samen bringen, und jeder dieser zahlreichen und winzigen Samen ist vom Hauche der Organisation beherrscht, ein jeder ist beseelt, um nach Ort, Richtung und Bestimmung seiner wesentlichen Theile sich selbst zu gliedern. Wenn es bei dieser Fülle auch so scheinen mag, als brauche die Natur nicht den Verlust vieler Millionen zu zählen, so ist doch sicher, nach der rhythmischen Stellung der Fruchtknoten zu schließen, die Menge der Samen, welche jede Art im naturgemäßen Zustande zu reifen vermag, und der hieraus sich mehr oder minder entwickelnden Individuen eine festbestimmte. Wenigstens berichtet man vom Wunderbaum in Amerika, daß seine Früchte nur eine gewisse Zahl lebenskräftiger Samen einschließen, die anderen aber nach strengem Verhältniß zur Gesammtzahl taub seien, wie auch die Braminen in Hindostan bei den Früchten der Mango ein bestimmtes Naturgesetz erkannt haben wollen. Alles dies hat offenbar Beziehung auf ein höheres Leben, auf das Leben der Art, und läßt sich vergleichen mit der Gesetzmäßigkeit, welche in den Geburts- und Sterbezahlen der Menschen, so wie in dem Verhältniß der Geschlechter der jährlich Gebornen waltet.

Die Reihe dieser vollendeten Pflanzengruppe wird eröffnet von den zierlichen Nelkengewächsen und den unscheinbaren, aber doch so lieblichen Veilchen. Geranien, Balsaminen und Sauerkleearten schließen sich als nächste Verwandte daran, alle durch große Neigung zu krautartigem Wuchse, wenigstens bei uns, ausgezeichnet. Ahorne, Kastanien und Linden folgen ihnen als baumartige, verwandte Formen, und zwischen ihnen steht die Theestaude und die Camellie Chinas. Dann erscheinen die Malvengewächse mit ihren zahlreichen, in eine Säule verwachsenen Staubgefäßen und schönen Blumen. Die Baumwollenpflanze und die Adansonien, die dicksten Bäume der Erde, machen sie besonders merkwürdig. Ihnen folgen die Kreuzblumen und Mohngewächse, wegen der seltnen, in ihren Blüthentheilen herrschenden Grundzahl Vier ebenso merkwürdig, wie ökonomisch wegen ihres Gehalts an nahrhaften, öligen, scharfen und betäubenden Stoffen. Kohl, Raps, Senf, Mohn und Opium charakterisiren sie am besten. Endlich erscheinen die schönen Ranunkeln, die in dem Tulpenbaum und der Magnolie Repräsentanten aufstellen, welche zu den prachtvollsten Gewächsen der Erde gehören und in den Wäldern Amerikas als hohe ansehnliche Bäume mit schönen Blättern und großen, herrlichen Blumen, selbst noch bei der Fruchtreife, wenn ihre scharlachrothen Samen an langen Schnüren aus den Fruchtzapfen herabhängen, einen wundersamen Anblick gewähren. Während in ihnen die Pflanzenform der neuen Welt ihre höchste Vollendung erreicht hat, entfaltet sie in der alten Welt die höchste Fülle ihres Lebens in den Orangen, den goldnen Aepfeln der Hesperiden, welche die ewig jugendliche Erde als ihr edelstes Brautgeschenk der Göttin Juno darbrachte. Sie durchlaufen, von der Weinrebe beginnend, deren rankendes Laub das Gewächs zur Sonne emporhebt, bis zu den Limonen-, Pomeranzen- und Citronenbäumen mit ihren herrlich duftenden Blüthen und erquickenden Früchten zum letzten Male, vorzüglich im Blüthen- und Fruchtbau, eine ganze Reihe von Entwicklungsstufen in nimmer rastendem Fortschritt zur möglichsten Vollendung. Daß die Frucht erst hier in ihrer wahren Natur erscheine, lehrt die Vergleichung mit dem, was sie auf anderen Stufen erstrebt. Denn wie viel Lob man auch allen übrigen spenden mag, alle sind mit Mängeln behaftet, alle sind Kinder der baldigen Vergänglichkeit und an eine beschränkte Scholle gebunden, unfähig, den Menschen in entfernte Zonen zu begleiten. Nur die indische Orange folgt, wie die Rose und das edle, gelehrige Hausthier, der erziehenden Hand des Menschen in die entlegensten Weltgegenden, um reich beladen mit Blüthen und Früchten Jahrhunderte lang Erheiterung und Labung dem Geschlechte seiner Pfleger als Opfer darzubringen.

b. Das Thierreich.

Wenn in der Pflanze die Natur zuerst zur Ahnung ihres geistigen Lebens erwachte, so erhebt sie sich im Thiere zum Bewußtsein ihrer Macht und ihrer Bestimmung zur Freiheit. Im Thiere schafft sich die Natur einen Richter über ihre Thaten, einen Künstler zur Verwirklichung, einen Dichter zur Verherrlichung ihrer Ideen. Als die Krone der Schöpfung wird das Thier ihr Herr und Meister, dem die Pflanzenwelt zur Nahrung und zur Grundlage dienen muß. Darum jagt es ihr nach in den Tiefen der Erde wie des Oceans, auf den Wipfeln der Bäume, wie auf den Schneegipfeln der Berge, durch Wasserfluthen und durch die Lüfte des Himmels. Aber mit der Lebenskraft der Natur wächst auch ihre Mannigfaltigkeit. Die Verschiedenheit der Bedürfnisse bedingt die Verschiedenheiten des thierischen Leibes. Hier finden wir nicht mehr, wie in der Pflanzenwelt, alle Wesen nach derselben Idee gebaut; im Thierreiche begegnen wir drei wesentlich getrennten Grundtypen. Hier hat die Natur selbst viel schärfere Grenzen gezogen, aber um so schwieriger wird es deshalb, die Thiere unter so allgemeinen Gesichtspunkten darzustellen, als es im Pflanzenreiche geschehen konnte. Denn alle Zweige, alle Blätter, alle Blumen und Früchte bestehen aus denselben, immer nur in ihren Beziehungen zu einander modificirten Bestandtheilen, und nie fehlt einer ganz, der zu dem Wesen des Theiles gehört. Aber im Thierreich hat die Natur sehr verschiedene Wege gefunden, die Bedürfnisse ihrer Geschöpfe zu befriedigen, dem einen Organe zuertheilt, die dem andern ganz fehlen, und selbst da, wo wir bei Thieren denselben Organen begegnen, sie doch häufig unter sehr verschiedenen Formen uns vorgelegt. Auf der andern Seite hat sie wesentlich verschiedene Organe in dieselbe Form gedrückt und es der genauesten, umsichtigsten Beobachtung überlassen, die Unterschiede, wie grell sie auch an sich sein mögen, ihrem Wesen nach zu entwickeln.

Auch das Thier geht aus der einfachen Zelle hervor, deren Haut die Flüssigkeiten der Umgebung aufsaugt, anschwillt und wächst. Aber es ist nicht mehr die selbstständige Pflanzenzelle, die nur für sich sorgt, sich selbst nährt oder ihren gleichen Nachbarn die Nahrungsstoffe zuführt. Die thierische Zelle opfert ihre Selbstständigkeit als Glied eines Ganzen und wandelt sich in eigenthümliche Organe um, welche den Bedürfnissen des Organismus dienen. Das Thier lebt nicht mehr sich selbst und seinem Geschlecht, sondern für eine Welt und eine Ewigkeit. Darum erkennt es das Ziel seines Strebens nicht mehr in seiner Wiedergeburt, sondern in seiner Empfindung, seinem Bewußtsein von der Außenwelt. Liebe ist auch das Leben des Thieres, aber es ist nicht mehr die rohe Liebe der Pflanze, die nur den Stoff sucht und in seine Natur verwandelt, sie gewinnt geistigere Formen, beginnt die Natur außer sich zu fühlen und zu erkennen. Das Leben des Thieres athmet Freiheit, seine Entwicklung ist das Streben danach. Das Thier wählt seine Nahrung, seine Heimath, seine Freunde. Nur auf der niedrigsten Stufe seines Daseins beschränkt sich seine Freiheit auf die Wahl der Nahrung. Der Vogel in seinem Neste, der junge Löwe in seiner Höhle, sie harren der Speise von der Liebe der Eltern, wie sie dem Polypen die Wellen des Meeres zuführen. Das ist das pflanzliche Leben des Thieres.

Aber der Vogel wird flügge, der junge Löwe verläßt seine Höhle; frei jagen sie der Beute nach und suchen sich die eigne Wohnung, bauen das eigene Nest; die Meduse reißt sich von dem Stiele los, der sie noch polypenartig an den Boden des Meeres heftete. Jetzt erspäht der Adler mit scharfem Blicke das Opfer in der Tiefe, jetzt lauscht der Löwe dem fernen Tritt des Menschen; im Bewußtsein eigner Kraft erkämpfen sie jetzt das Ziel ihres Lebens und wählen frei die Gefährtin ihrer Tage, welche ihr Geschlecht der Zukunft entgegenführe. Das sind die Entwicklungsstufen thierischen Lebens, welches wir nicht in dem Individuum allein, sondern von dem ganzen Thiergeschlecht angestrebt und verwirklicht sehen. Sie treten uns in den drei großen Klassen des Thierreichs, den Bauchthieren, Gliederthieren und Wirbelthieren, als bestimmende Charaktere entgegen. In der niedrigsten Gruppe sind es die Ideen der pflanzlichen Thätigkeit, Ernährung und Zeugung, in den höheren die freie Bewegung und Empfindung, denen Organe zu schaffen die Natur die ganze Mannigfaltigkeit ihrer Mittel und Formen aufbietet. Wenn die Pflanze selbst in der Unendlichkeit ihrer Form das ahnende Wesen blieb und es nur in der Blüthe zu einem gewissen Abschluß nach Zahl und Gesetz brachte: so zeigt das Thier auch in seinen Formen die Bestimmtheit und Gesetzmäßigkeit des freien Wesens. Wenn auch auf der niedrigsten Stufe noch pflanzliche Unendlichkeit und Gesetzlosigkeit auftritt, wenn die Natur sich auch über diese Form anfangs nur zur strengen Regelmäßigkeit der Blume erhebt, der vollendete Typus des edleren Thieres ist die Symmetrie, welche jedem Theile seine eigenthümliche Beziehung zum andern giebt, und nicht bloß ein Oben und Unten, sondern auch ein Rechts und Links, ein Vorn und Hinten unterscheiden läßt. Je reiner diese Form hervortritt, um so höher erhebt sich die thierische Natur zu ihrem eigenthümlichen Wesen, um so inniger werden die Beziehungen der Theile unter sich und zum Ganzen. Nur unvollkommene Thiere, in denen die Trennung der Organe aus dem uranfänglichen Chaos noch nicht eingetreten ist, lassen eine Ablösung einzelner Körpertheile zu individuellem Dasein zu. Die schöpferische Lebenskraft des höheren Thieres vermag nur kleine Verluste wieder zu ersetzen, aber die Mittelpunkte ihres Lebens, Herz und Gehirn, sind unverletzlich bei Strafe des Todes. Das wesentliche Moment zur weitern Individualisirung der thierischen Formen liegt in der Umgebung des Einzelnen bei seiner ersten Entstehung und drückt seiner allgemeinen Idee den Charakter der Bestimmtheit auf. Klima,

Boden, Atmosphäre, Lebensweise und Nahrungsmittel schaffen jene bunte Mannigfaltigkeit der Formen, mit welcher uns der einfache Typus derselben Gattung, ja derselben Art so oft entgegentritt.

Wieder ist es das Element des Wassers, aus welchem uns die Natur ihre niedrigsten Geschöpfe erzeugt. Unbestimmtheit der Formen, Mangel an Bewegungs- und Sinnesorganen, vollendetere Ausbildung der zur Erhaltung nöthigen Verdauungsorgane bezeichnen ihren wesentlichen Charakter und verschaffen ihnen mit Recht den Namen der Bauchthiere. So wenig auch noch ihre Entwicklungsgeschichte bekannt ist, so sehr ihre Kenntniß durch die ihnen eigenthümlichen Erscheinungen des Generationswechsels erschwert wird, die uns dasselbe Thier in den verschiedensten Formen und den mannigfaltigsten Lebensweisen zu verfolgen zwingen, so ist doch in der Erscheinung ihrer Gesammtheit die allmälige Entwicklung zu vollkommnerer Organisation unverkennbar. Die unregelmäßige Gestalt der Infusorien eröffnet ihre bunte Reihe. Hier besteht noch das ganze Thier oft aus einer einzigen Zelle, welche im Innern ausgehöhlt ist zur Aufnahme der Nahrung, und auf deren Außenfläche sich bewegende Borstenwimpern finden. In der Jugend der höher entwickelten Thiere dieser Klasse wiederholt sich dieser einfache Typus des Infusorienbaues. Aber aus ihm entfaltet sich bald der regelmäßige, strahlige Typus, der uns an die Blüthen und Früchte des Pflanzenreichs erinnert. Die Jungen der Medusen, die aus Eiern erzeugten Jungen der Polypen, höchst wahrscheinlich auch die der Stachelhäuter sind in der ersten Periode ihres Lebens infusorienartige Geschöpfe, die mit Hülfe von Wimpern frei im Wasser herumschwärmen. Aus ihnen entwickelt sich dann später die eigenthümliche Gestalt der höheren Thiere der Klasse.

Die Polypen zeigen schon eine größere Mannigfaltigkeit der Organe, eine höhere Ausbildung des strahligen Typus in der strahlenförmigen Anordnung der Fangarme und einziehbaren Tentakeln um die Achse ihres Körpers. Die Thiere selbst sind weich, walzenförmig, mit centralem Munde, der in einen einfachen, in der Achse gelegenen Darm führt. Bald entwickeln sich Junge aus Eiern, die anfangs infusorienartig, mittelst ihrer Wimpern frei umherschwimmen, sich endlich festsetzen und zu Polypen auswachsen. Bald bilden sich Knospen und Sprossen, welche mit dem Mutterthiere im Zusammenhange bleiben und so allmälig ganze Stöcke bilden, die durch den Absatz von Kalk Gebäude für die Ewigkeit aufführen. Die vollkommenste strahlige Organisation zeigen die eigentlichen Strahlthiere oder Stachelhäuter, deren kalkiges Gerüst in seinem äußerst zusammengesetzten Bau wesentliche Unterscheidungscharaktere darbietet. Man theilt sie daher in Haarsterne, Seesterne und Seeigel. Der Körper der Haarsterne liegt in einem becherartigen, in fünf oft zertheilte Arme ausgebreiteten Kalkgerüst, das bald zeitlebens, bald nur in der Jugend durch eine kalkige Säule an den Boden befestigt ist. Bei den Seesternen dagegen ist der Körper selbst in Strahlen ausgezogen, in welchen alle Organe sich symmetrisch wiederholen und bis in ihre äußerste Spitze fortsetzen, während bei den Haarsternen die Strahlen nur Bewegungs- und Fangorgane des scheibenförmigen Körpers sind. Die Seeigel bieten schon einen entwickelteren Organisationstypus dar. Sie besitzen meist Kugel- oder Scheibenform, eine aus einzelnen Platten zusammengesetzte Kalkschale mit beweglichen Stacheln und zeigen in der Gruppirung ihrer Organe eine deutliche Hinneigung zu seitlicher Symmetrie. An diesen Thieren läßt sich schon ein Vorn und Hinten unterscheiden, und nur die Lagerung der Athmungsorgane und Fangorgane läßt noch die strahlenförmige Anordnung erkennen. Die Sternwürmer endlich zeigen durch ihre Wurmform und die paarige Anordnung der Organe noch auffallender das Streben der Natur, die Typen trotz ihrer Differenz allmälig in einander überzuführen. Ihre Existenz in der Vorwelt ist zweifelhaft, und das Fehlen ihrer fossilen Ueberreste ist gewiß nicht bloß auf ihre weichere fleischige Beschaffenheit zu schieben, sondern hat ihren Grund in der Eigenthümlichkeit der Uebergangsformen, durch welche die Natur sich den Weg zu höheren Entwicklungsstufen bahnt.

Die höchste Gruppe der niederen Thierwelt bilden die Mollusken oder Weichthiere, die bei der außerordentlichen Mannigfaltigkeit ihrer Formen doch darin übereinstimmen, daß ihre Organe symmetrisch um eine grade oder spiralförmig gewundene Linie gelagert sind. Die Muscheln bieten ohne Zweifel den niedrigsten Typus derjenigen Weichthiere dar, welche für die Geschichte der Vorwelt von Bedeutung sind. Allgemein besitzen diese Thiere zwei harte, kalkige Schalen, welche oben durch ein Schloß aneinander befestigt sind und durch Muskeln klappenförmig geöffnet werden, um das Bewegungsorgan, den Fuß, durchzulassen. Die symmetrische Anordnung der Organe zu beiden Seiten der Schalen von rechts nach links ist in dem Mantel, den Kiemen, dem Munde und dem Herzen deutlich erkennbar. Eine sonderbare Abweichung zeigt die Gruppe der Brachiopoden oder Armfüßler, deren symmetrischer Bau von oben nach unten geht und scharfkantig vorspringende Seitenränder verursacht. Da wo ihre ungleichen Schalenhälften zusammenstoßen, tritt statt des Schlosses der stielförmige Fuß hervor, mit dem sie sich an den harten, felsigen Meeresboden anheften. Am Munde besitzen sie lange, lappige Fangarme, die sie schnell ausstrecken und einziehen, dadurch einen Strudel im Wasser erregend, der ihnen ihre Nahrung zuführt. Die Entwicklungsgeschichte der Muscheln bietet bis jetzt noch wenige Anhaltepunkte. Indeß ist es doch gelungen, die eigenthümlich gestalteten Jungen der Malermuschel zu beobachten, deren innere, spiralig gewundene Organe noch an die Fangarme der Brachiopoden erinnern und deren untergeordnete Organisationsstufe andeuten.

Von größerer Bedeutung für die Gegenwart wie für die Vorwelt ist die Gruppe der Gastropoden oder Schnecken, deren höhere Entwickelungsstufe schon die Existenz eines deutlich geschiedenen Kopfes mit ausgebildeten Sinnesorganen beweist. Ihre Organe sind symmetrisch um eine Spirallinie gewunden, und selbst in den Schalen, welche keine vollständigen Windungen besitzen, zeigt sich doch das Streben danach deutlich ausgesprochen. Die meisten Schnecken besitzen eine kalkige Schale, nur wenige sind nackt, und auch diese sind in der Jugend von einer Schale umschlossen, welche im Alter abgeworfen wird. Die bisherigen Untersuchungen über die Entwicklungsgeschichte der Schnecken haben wenigstens so viel herausgestellt, daß diejenigen Familien, in welchen die Oeffnung der Schale ganzrandig und bedeutend groß ist, bei welchen der Fuß unentwickelt oder durch häutige Segel ersetzt ist, und wo ein großer Deckel existirt, welcher die Mundöffnung völlig verschließen kann, einem niederen Organisationstypus angehören. Den Gipfelpunkt in der Organisation des Moluskentypus zeigen ohne Zweifel die Cephalopoden oder Kopffüßler, theils mit vielkammerigen Schalen, wie der Nautilus, theils mit einfachen Platten, theils ganz nackt, auch in der Jugend, wie die Tintenfische. Die Entwicklungsgeschichte dieser Thiere ist noch so wenig gekannt, daß sich über eine Abstufung in ihrer Organisation noch wenig mit Bestimmtheit entscheiden läßt.

Die zweite Hauptgruppe des Thierreichs, die der Gliederthiere, welche in ihren mannigfaltigen Formen und Geschlechtern die größte Zahl der jetzt lebenden Geschöpfe ausmacht, erscheint in geologischer Hinsicht von sehr untergeordneter Bedeutung. Das große Heer der Insekten hat nur hie und da in feinkörnigen Kalken schwache Abdrücke hinterlassen, und nur die Würmer und Krebse bedürfen für unsern Zweck einer Beleuchtung. Das einzige allen gemeinsame Merkmal und der bleibende, sie von den übrigen Gruppen unterscheidende Charakter ist ein langgestreckter, in mehr oder minder deutliche, gleiche oder ungleiche Abschnitte getheilter oder gegliederter Körper. Die Lebensweise besonders modificirt ihre Formen und bestimmt die stufenweise Ausbildung des Typus. Auf der untersten Entwicklungsstufe stehen die Bewohner des Wassers, die Würmer, mit undeutlichen Ringen, ohne Bewegungsorgane oder mit Saugnäpfen und Borsten, bisweilen aber schon mit besondern Blutgefäßen und Kiemen. Bekannt sind die Blutegel, Regenwürmer und die unangenehmen Eingeweidewürmer. Am wichtigsten sind uns die in kalkigen Röhren lebenden Ringelwürmer. Hier tritt uns das auffallende Beispiel einer rückschreitenden Metamorphose entgegen. Das Junge entschlüpft dem Ei in Form von Infusorien und bewegt sich wie diese mittelst eines Kranzes von Flimmerhaaren fort. Nach und nach bekommt es Glieder, lebt einige Zeit mit entwickeltem Kopfe und Sinnesorganen als frei umherschweifender Wurm und baut sich alsdann ein Gehäuse, in welchem es nach und nach die Sinnesorgane verliert. Gern nisten sich diese Würmer mit ihren Röhren auf andern Meerbewohnern, Krebsen, Muscheln und Schnecken an und kommen mit ihnen auch aus frühern Erdperioden versteinert vor.

Eine zweite Gruppe der Gliederthiere sind die amphibischen Krustenthiere oder Krebse, deren wesentlich verschiedene Formen die Stufenreihe eines mehr und mehr sich vervollkommnenden Baues bilden. Hier wird es zuerst Bestreben der Natur, drei Hauptabschnitte des Leibes darzustellen, von denen der erste die Sinneswerkzeuge und den Mund trägt, der zweite die eigentlichen Bewegungsorgane, der dritte die Hauptmasse der innern Organe an sich zieht. In ihrer Vollendung heißen diese Abschnitte Kopf, Brustkasten und Hinterleib. Auf der untersten Stufe der Krustenthiere stehen ohne Zweifel die Kiemenfüßler, meist kleine Krebse, deren Füße noch nicht zum Gehen dienen, sondern in blättriger Form und ziemlich zahlreich an der Unterfläche der Brust angebracht, zum Schwimmen und Athmen bestimmt sind. Unter den Krustenthieren, welche eine höhere Organisationsstufe einnehmen, zeichnen sich die sonderbaren Rankenfüßler aus, deren Schalen man in großer Zahl schon in der Kreide findet, und die früher zu den Mollusken gezählt wurden, — so abweichend ist die Form und Organisation der ältern Thiere von dem gewöhnlichen Bau der Krustenthiere. Im entwickelten Zustande sind die Rankenfüßler mit ihrem Rücken durch einen Stiel oder unmittelbar an die Gesteine oder andere Körper festgeheftet und von einer Schale umhüllt, die immer aus mehreren beweglichen Stücken besteht und bald zweiklappig ist, bald auch einem oben offenen Glase ähnlich sieht, dessen Oeffnung durch zwei oder vier bewegliche Klappen geschlossen werden kann. Diese Rankenfüßler haben die vollständigste rückschreitende Metamorphose, welche wir im ganzen Thierreich kennen: denn während die Jungen zusammengesetzte Augen, Fühler an dem Kopfe und gegliederte Schwimmfüße besitzen, haben die Alten Augen und Fühler verloren, und ihre Füße sind in lange, gewundene Ranken verwandelt, welche nicht mehr zur Ortsbewegung, sondern als Fangarme dienen. Eine ähnliche rückschreitende Metamorphose erleiden auch die Schmarotzerkrebse und Räderthiere. Den höchsten Typus der Entwicklung zeigen die Dekapoden oder zehnfüßigen Krebse, welche unter allen Thieren die größte Symmetrie im Bau und das genaueste Festhalten an gesetzmäßigen Zahlenverhältnissen zeigen. Unter ihnen unterscheiden sich wieder als höher stehender Organisationstypus die kurzschwänzigen Krebse, welche mehr zum Aufenthalte auf dem festen Lande bestimmt sind, und zu denen die Krabben oder Taschenkrebse gehören, während die langschwänzigen Krebse, deren Schwanz mehr zum Schwimmen eingerichtet ist, und unter welche die gewöhnlichen Flußkrebse und Hummern eingereiht werden, eine niedere Organisationsstufe behaupten.

Alle übrigen Gliederthiere stimmen mehr mit einander als mit den vorigen überein und haben wichtige allgemeine Organisationsmomente. Sie haben nur innere, Luft in sich aufnehmende Athmungsorgane, einfache Gangfüße, nie Flossen, bisweilen auch zugleich Flügel. Die flügellosen bilden die dritte Klasse der Gliederthiere, die spinnenartigen. Die einen unter diesen mit zahlreichen Ringen und Bewegungsorganen sind die Tausendfüße, die andern mit undeutlicher Gliederung und nur fünf Paaren von Bewegungsorganen, von denen nur vier wirklich zum Gehen dienen, sind die Spinnen, Milben und Scorpione, welche letztere sich durch ihre scheeren- oder zangenförmigen Taster und den besonderen Giftapparat am Ende des langen, zwölfgliedrigen Hinterleibs auszeichnen. Die übrigen Spinnen bedienen sich nur eines giftigen Speichels, um ihren Fang sofort zu tödten.

Die letzte Klasse der Gliederthiere bilden endlich die geflügelten Insekten. Die Flügel fehlen hier selten ganz, wenigstens nie einer ganzen Gruppe, sondern immer nur einzelnen Familien, Gattungen oder Geschlechtern, besonders den Weibchen, wo äußere Umstände, meist die parasitische Lebensweise, ihre Entwicklung hemmten. Die wichtigste Rolle bei den Insekten spielt die Metamorphose. Gewöhnlich hat das geborene Junge das Ansehen eines Wurms, heißt dann Made, Larve, Raupe oder Engerling, und geht erst, nachdem es als Puppe einen Zustand der Lethargie, während dessen alle willkürlichen thierischen Funktionen ruhen, durchlebt hat, in die spätere Form des reiferen Lebensalters über. So durchlaufen die Insekten, denen diese Verwandlung eigenthümlich ist, während ihres Lebens gleichsam alle Stufen der Gliederthiere, erscheinen in der Jugend als Würmer, stellen im Puppenalter die Durchgangsperiode der Krustenthiere dar, und erreichen erst im reifen Lebensalter die typische Höhe der wahren Insekten. Nur die niedrigsten zeigen eine unvollkommene Metamorphose, da ihre Jungen sich nur durch ihre Kleinheit und den Mangel der Flügel von den Eltern unterscheiden. Dahin gehören die Halbflügler mit den Blattläusen, Cicaden und Wanzen und die Netzflügler mit den Heuschrecken, Grillen Ohrwürmern und Wasserjungfern. Erst die Zweiflügler mit ihrem fleischigen Rüssel, deren Hinterflügel nur als Knöpfchen erscheinen, haben vollkommene Verwandlung. Dahin gehören die Mücken,

Schnacken, Bremsen, Fliegen und Bremen. An sie schließen sich die Immen an mit saugenden Mundtheilen, die durch ihre gesellige Lebensweise ausgezeichneten Familien der Ameisen, Bienen und Wespen umfassend. Dann kommen die lieblichen, buntfarbigen Schmetterlinge mit vier großen, von schuppenförmigen Haaren prachtvoll bekleideten Flügeln und gewundenen Rollrüsseln, Motten, Spanner, Eulen und Spinner, Tag- und Abendfalter. Endlich folgen die Käfer, durch freie, beißende Mundtheile, beweglichen Brustkastenring und hornige Vorderflügel ausgezeichnet, die in ihren Repräsentanten unsern Gärten so schädliche Mitglieder haben, wie die Borkenkäfer und Maikäfer. —

Die dritte Hauptabtheilung des Thierreichs bilden die Wirbelthiere, welche einen ganz eigenthümlichen Organisationstypus besitzen, der mit demjenigen der vorhergehenden in durchaus keiner Beziehung steht. Die Existenz eines innern, gegliederten Skeletts, das in seiner ursprünglichen Form als cylindrische Achse, als Wirbelsäule auftritt, um welche herum sich die verschiedenen Organe symmetrisch ablagern, bildet den wesentlichen Charakter dieser Klasse, welche in ihrer höchsten Form sich bis zum Menschen erhebt. Untergeordnet tritt die Ausbildung der Wirbel um die Achse des Skeletts auf, dient indeß bei den höheren Formen als allgemeiner Grundcharakter.

Betrachten wir das Reich der Wirbelthiere in seiner Gesammtheit, so stellt sich darin ein ununterbrochenes Fortschreiten vom niedern zum höhern Organisationstypus dar, und es war gerade diese Erkenntniß der fortschreitenden Entwicklung in dem Wirbelthierreiche, welche die Naturforscher auf den Gedanken brachte, daß dasselbe Gesetz sich auch durch das ganze Thierreich fortsetze. Wir haben gesehen, daß diese Ansicht keine ganz richtige ist, daß mehrere Typen existiren, welche sich nicht auf einander zurückführen lassen. Die Wirbelthiere selbst aber lassen sich unverkennbar in vier Klassen trennen, welche eine mehr oder minder vollkommene Organisation besitzen.

Die Fische bilden ohne Zweifel den Ausgangspunkt des ganzen Wirbelthierreichs und bieten die unvollkommenste Organisation in jeder Hinsicht dar. Ihnen allein gehören Thiere an, bei welchen das Skelett noch auf die einfache cylindrische Achse beschränkt ist, und die höchste Bildung, zu der sie sich aufschwingen können, gestattet keine andern Athmungsorgane als Kiemen, welche als äußerliche Organe den inneren Lungen gegenüber immer eine sehr niedere Stufe der Entwicklung kundthun. Nirgends läßt sich so schön als bei den Fischen in den verschiedenen Gruppen der allmälige Fortschritt in der Organisation und die mannigfache Abweichung in den Formen troß der Uebereinstimmung in der Grundidee nachweisen. Die niedrigste Stufe nehmen die Knorpelfische ein, bei denen sich noch das Skelett in der Urform eines knorpligen Gallertcylinders zeigt. Die Rundmäuler, zu welchen die Neunaugen und Lampreten gehören, zeichnen sich durch ein trichterförmiges Maul an der Bauchfläche und durch eine einzige zusammenhängende Randflosse um den ganzen hintern Theil des Körpers aus. Bei den Quermäulern, welche die Rochen und Haifische umfassen, besteht das Skelett schon aus einer mehr oder minder vollkommenen, in knorplige Wirbel abgetheilten Säule. Sie zeigen immer paarige Flossen und eine ganz eigenthümlich gebildete Schwanzflosse, ihre Haut ist aber nie mit Schuppen, sondern mit unregelmäßig vertheilten stachelförmigen Hautknochen bekleidet. Eine zweite Reihe fortschreitender Entwicklung durch höhere Ausbildung des Knochengerüstes in der äußern Bedeckung bilden die mit Knochenplatten gepanzerten Fische, welche in der jetzigen Welt hauptsächlich durch Störe und Welse vertreten sind. Während das innere Skelett hier anfangs noch knorplig bleibt und erst allmälig in verknöcherte Wirbel übergeht, bedecken große zusammenhängende Knochenplatten die äußere Haut, die bei mehreren in der Jetztwelt zwar seltnen, in der Vorwelt aber sehr häufigen Geschlechtern eine rhombische oder auch eine abgerundete Gestalt haben. In der ganzen übrigen großen Gruppe der Fische, den Knochenfischen, sehen wir eine Uebereinstimmung in der Organisation, besonders des knöchernen Skelets, die sie fast auf eine gleiche Höhe der Entwicklung stellt. Nur untergeordnete Charaktere, wie die Anordnung der Flossen, deuten auf verschiedene Organisationsstufen hin. Die Beobachtung der Entwicklung des Fisches von seiner frühesten Jugend an hat auch hier erwiesen, daß der einzelne Fisch dieselbe Reihenfolge der Erscheinungen durchläuft, welche wir in der Gesammtgruppe der jetzt lebenden Fische beobachteten.

Durch höhere Entwicklung der Gliedmaßen und durch die Lungenathmung zeichnet sich bereits die Klasse der Amphibien aus, welche zwei große Gegensätze in den nackten und bedeckten Amphibien darstellt. Die nackten, meist im Wasser lebenden Amphibien folgen noch in der Anlage des Skelets den Fischen, so daß in Betreff ihres niedrigsten Repräsentanten, des Lepidosiren, die Naturforscher lange uneinig waren, ob sie ihn zu den Fischen oder zu den Amphibien stellen sollten. Die durchgängige Bedeckung des Körpers mit großen Fischschuppen, die Existenz einer den ganzen Hintertheil des Körpers umfassenden Flosse, der Bau des knorpligen, ungetheilten Skelets, alles das würde das Thier unbedingt zu den Fischen stellen, während die Ausbildung von Lungen, von büschelförmigen Kiemen und Nasenlöchern, die den Gaumen durchbohren, es den Amphibien zugesellt. Diese Ungewißheit zeigt, daß hier eine Vereinigung von Charakteren stattfindet, durch welche beide Klassen mit einander vermittelt werden. Die Mehrzahl der nackten Amphibien besitzt während der ganzen Zeit ihres Lebens eine schlüpfrige Haut ohne Spur von Schuppen. Die unterste Gruppe wird von den fischartigen Amphibien gebildet, welche bleibende Kiemen besitzen, zugleich aber auch durch Lungen athmen können. Sie bilden in der allmäligen Zurückbildung der Kiemen und ihrer stufenweisen Bedeckung durch die Haut eine schöne Reihe allmäliger Ausbildung zur Lungenathmung und somit zu höherer Organisation. Die nur durch Lungen athmenden Amphibien haben theils Schwänze, wie die Molche, theils sind sie schwanzlos, wie die Frösche und Kröten, jene mit unentwickelten, diese mit vollkommen entwickelten Gliedmaßen. Eine eigenthümliche Gruppe bilden die Cäcilien oder Blindschleichen, welche wegen der schlangenartig gestreckten Form ihres Körpers früher wirklich den Schlangen beigesellt wurden. Die Klasse dieser Amphibien zeigt daher im Ganzen nur unbedeutende Abweichungen von dem Plane der Ausbildung, der ihnen zu Grunde liegt. Wir kennen die Entwicklung der Frösche sehr genau und wissen, daß ihre Larven, die sogenannten Kaulquappen, im Anfang einen langen, breitgedrückten Schwanz mit häutiger Flosse umsäumt besitzen und durch verästelte Kiemen athmen, welche allmälig verschwinden und durch innere, unter der Haut verborgene ersetzt werden, bis nach und nach mit der Entwicklung der Lungen auch diese innern Kiemen zurücktreten. Schritt für Schritt folgt dieser Entwicklung der Athmungsorgane auch die des Skeletts und der Glieder, so daß in allen Charakteren sich in den verschiedenen Entwicklungszuständen des Jungen eine vollkommene Parallele mit den Formgestaltungen nachweisen läßt, welche die einzelnen Gruppen der Amphibien zeigen.

In den bedeckten Amphibien, den Reptilien, lassen sich zwei Hauptrichtungen der Organisation unterscheiden, die gleichsam parallel mit einander sich ausbilden. In der einen dieser Reihen stehen die beschuppten Reptilien, Schlangen und Eidechsen, ausgezeichnet durch die hornige Bedeckung ihres Körpers und durch die Entwicklung von Wirbeln, die durch Gelenke mit einander verbunden sind. In der andern Reihe stehen die gepanzerten Reptilien, ausgezeichnet durch ihre besondere Zahnbildung und die Entwicklung gewaltiger Knochenplatten in der äußeren Haut, welche entweder getrennt bleiben, wie bei den Krokodilen, oder sich zu einem einzigen Panzer zusammenfügen, der mit den Rückenwirbeln und den abgeplatteten Rippen verwächst, wie bei den Schildkröten. Der Entwicklungsgang der Reptilien schließt sich im Allgemeinen an den der Vögel und Säugethiere an. Die Jungen besitzen in einer gewissen Periode ihres Eilebens Kiemenspalten am Halse, die jedoch nie zur Bildung von Büscheln, also zur wirklichen Kiemenathmung zurückschreiten. Die Entwicklung des Skeletts geht aus der Knorpelform in gelenkte Wirbel über, und die Extremitäten bieten in der That anfänglich die Gestalt von Flossen dar, in welchen die einzelnen Zehen noch nicht abgetrennt, die Handwurzelknochen unregelmäßig vertheilt und ohne nähere Berührung sind, während später die Zehen sich von einander trennen und die Handwurzelknochen mit einander artikuliren. —

In der Klasse der Vögel, mit denen die warmblütigen Wirbelthiere beginnen, sind die allgemeinen Eigenschaften besonders augenfällig. Das Federkleid ihrer Haut, der Hornüberzug der Kiefer, die zu Flügeln umgeformten vordern, die blos mit Zehen auftretenden hintern Extremitäten, die Verbreitung häutiger, mit Luft gefüllter Röhren in den Knochen, welche den Vogelkörper so leicht machen, gehören zu den wesentlichsten Eigenschaften der Vögel. Nach ihrer Entwicklungsweise theilt man sie in Nestflüchter und Nesthocker.

Unter erstere gehören die Schwimmvögel, Sumpfvögel, Strauße, Kasuare und Hühner, zu den andern die Tauben, Klettervögel, Singvögel und Raubvögel. Da die Vögel in den fossilen Resten fast gar nicht vertreten sind, so bedarf es auch hier keines näheren Eingehens auf ihre Organisation. —

Den höchsten Rang im Thierreiche nimmt die reichhaltige Klasse der Säugethiere ein, welche sogleich in zwei große Gruppen zerfällt, in die der Beutelthiere, welch ein dem unvollkommnen Jugendzustande ihrer Jungen offenbar eine niedere Entwicklungsstufe darthun, und in die weit zahlreichere der übrigen Säugethiere. Diese letzteren zeigen durch die Entwicklung der Glieder und Zähne mehrere Reihen, deren niedrigste mit den pflanzenfressenden Sirenen, den eigentlichen Walthieren, beginnt, an welche sich die Hufthiere und die Dickhäuter anschließen mit ihren mannigfaltigen Formen, die in dem Elephanten einerseits und dem Pferde andrerseits den Gipfelpunkt ihrer Vollendung erreichen. Die eigentlichen Walthiere haben alle zu irgend einer Zeit ihres Lebens spitze, kegelförmige Zähne, die unter sich keine Verschiedenheit zeigen, während die Sirenen und Dickhäuter stets breite Mahlzähne und mehr oder minder ausgebildete Stoßzähne besitzen. An die Dickhäuter schließt sich zunächst die sonderbare Gruppe der zahnlosen Säugethiere an, die nur Backenzähne besitzen, und deren Bau im Allgemeinen mit dem Zahnbau der pflanzenfressenden Sirenen übereinstimmt. Diese durch die Eigenthümlichkeiten ihres Knochenbaues so scharf gesonderte Gruppe, welche die Faulthiere, Gürtelthiere, Ameisenfresser und Schnabelthiere umschließt, zeigt offenbar in ihrer ganzen Organisation einen niederen Typus, welcher sie vielleicht als Anfänge einer Reihe betrachten läßt, deren weitere Glieder nicht ausgebildet sind. Eine ebenso eigenthümliche Gruppe bilden die Wiederkäuer, welche theils, wie die Rinder und Schafe, hohle Hörner, theils, wie die Hirsche, knöcherne Geweihe besitzen, Organisationsverschiedenheiten, die in den Antilopen und Gazellen ihre Vermittlung finden. —

Eine zweite Reihe beginnt mit den Phoken oder Seehunden als niedrigster Stufe, und bildet sich in den reißenden Landthieren zu höherer Vollendung heran. Die allmälige Ausbildung der Glieder von Flossen zu Füßen zeigt in dieser Gruppe schon den äußeren Fortschritt, während besonders die Struktur des Gehirns auch in den niederen Ordnungen derselben ihren geistigen Vorrang vor der ersten Reihe sichert. Die Nagethiere endlich bilden den Anfang einer dritten Gruppe, welche in den Insektenfressern und Fledermäusen sich fortsetzt und in den Affen und dem Menschen sich auf den Gipfel der Organisation erhebt. Hier ist es weniger der Zahnbau, als vielmehr die Organisation der innern Theile, besonders des Gehirns und Schädels, welche die Aufstellung dieser Gruppe bedingt und die Zusammenstellung äußerlich so verschiedener Charaktere begründet.

Aus der bisherigen Betrachtung der Thierschöpfung ergiebt sich ein gewisser Parallelismus zwischen der embryonalen Entwicklung einerseits und den Organisationstypen andrerseits, die in den erwachsenen Thieren der lebenden Schöpfung dargestellt werden. In jeder großen Klasse des Thierreichs finden sich Formen, die gewissen Jugendzuständen höher organisirter Thiere aus derselben Klasse entsprechen. Je höher eine Art in der Reihe ihrer Verwandten steht, desto mehr Zustände wird sie zu durchlaufen haben, ehe sie das Endziel ihrer Ausbildung erreicht hat. Aber auch der besondre Organisationsplan, welcher der einzelnen Art zu Grunde liegt, macht sich schon in der frühesten Jugend geltend und modificirt die Erscheinungen der allgemeinen Idee. So gleicht der Mensch allerdings in einer gewissen Lebensperiode einigermaßen dem Embryo eines Fisches und durchläuft allmälig Phasen, die ihn dem Baue eines Amphibiums oder Reptils ähnlich machen; allein diese Aehnlichkeiten gehen nie so weit, daß man sagen könnte, der Mensch sei zu irgend einer Zeit Fisch, zu einer andern Amphibium oder Reptil. Noch weniger aber gehen die Grundtypen des Thierreichs in einander über; und es wäre völlig lächerlich, behaupten zu wollen, wie man bisweilen gethan hat, daß der Embryo eines Säugethiers anfangs einem Infusorium, dann einem Mollusken oder einem Gliederthiere gleiche. Der Embryo tritt im Gegentheil vom ersten Beginn mit Charakteren auf, die ihn unzweifelhaft einem bestimmten Organisationstypus, einem bestimmten Reiche zugesellen. Nach und nach entwickeln sich die Charaktere, welche ihn einer bestimmten Klasse, Ordnung, Familie, Gattung oder Art beiordnen, und man kann daher als allgemeines Gesetz aufstellen, daß ein zoologischer Charakter um so wichtiger sei, je früher er sich im Embryonalleben auspräge. Diese Betrachtung wirft auch ein Licht auf die Organisation der Vorwelt. Auch in den geologischen Formationen zeigt das Erscheinen der einzelnen Typen eine analoge Reihenfolge, wie sie in der heutigen Schöpfung und in den embryonalen Zuständen dargestellt ist, so daß von Uranfang an ein und derselbe Organisationsplan für das Reich der Thiere existire, der jeder Entwicklung der Gattung wie der Art zu Grunde liegt.

3) Geographische Verbreitung der Pflanzen und Thiere in der Gegenwart.

Jeder Organismus ist das gemeinsame Produkt aller Bedingungen, welche Erdboden und Atmosphäre für sein Leben und seine Gestaltung darbieten. So erscheint die organische Welt als der lebendige Ausdruck der irdischen Natur nach Zeit und Ort, nach klimatischen und lokalen Unterschieden. Das Bild unsrer heutigen Lebenswelt lehrt uns am besten den innigen Zusammenhang zwischen der zeugenden Urkraft der Erde und der Gestaltung ihrer Geschöpfe kennen, läßt uns den Charakter der Gegenwart und ihre kosmische Bedeutung aus den Charakteren des Lebens, zu dem sie sich erhob, begreifen. Allbelebt erscheint uns heute die Natur. Die ewige Nacht der oceanischen Tiefen birgt ein unendlich mannigfaltiges Thierleben, der Erdboden ist beseelt von zahllosen mikroskopischen Geschöpfen, die Lüfte durchstreichen Millionen geflügelter Insektenschwärme, und die Feuergluthen unsrer Vulkane selbst führen die Beweise der unerschöpflichen Lebenskraft vor unser Auge. Das Eis der Pole, der Schnee der sturmumwehten Berggipfel sind Wohnstätten lebender Wesen, die, unsichtbar klein, in ununterbrochener Thätigkeit die nackten Hüllen des Todes mit dem Schmuck des Lebens bekleiden. Heiße Quellen nähren Insekten und Conferven, tränken selbst die Wurzelfasern phanerogamischer Gewächse. Selbst der Thierkörper wird zur Stätte fremden Lebens umgewandelt. Im Blute der Frösche, in den Augen der Fische, selbst in ihren Kiemen athmen räthselhafte Gestalten von Thieren. Dieser Eindruck der Allbelebtheit der Natur ergreift mächtig den fühlenden Menschen unter jedem Himmelsstrich, in jedem Theil der Erde.

Wenngleich nur die Gesammtheit aller äußern Erscheinungen den Charakter des Landes bestimmt, und Gebirgsumrisse, Himmelsbläue und Wolkengestalt den Totaleindruck bewirken, so ist es doch die Lebenswelt, welche den Vordergrund in dem landschaftlichen Gemälde einnimmt. Wenn aber dem thierischen Leben die Masse fehlt, wenn die Beweglichkeit seiner Individuen sie oft unsern Blicken entzieht, so wirkt die Pflanzenwelt durch ihre stetige Größe desto mächtiger auf unsre Einbildungskraft und läßt uns Alter und Natur der sich stets erneuernden Schöpfungskraft ahnen. Hier einsam und zerstreut, verlieren sich die Gewächse eindruckslos unter den massenhaften Gebilden der rohen Erdkraft, dort gesellig mit einander verwachsen, eine grüne Decke des Erdreichs, verleihen sie der ganzen Gegend ihren eigenthümlichen Charakter. Große, mit Haidekräutern, Torfmoosen oder Flechten überdeckte Strecken geben einer Gegend ein ganz andres Ansehen, als ausgedehnte, mit geselligen Gräsern bewachsene, grüne Wiesenflächen oder mit wogenden Getreidefeldern bedeckte Auen. Anders ist der Eindruck, den eine Reihe mit Reben bepflanzter Hügel, als der, den eine waldbewachsene Gegend auf uns macht; anders das düstre Bild eines Tannenwaldes, als der heitre Anblick, welchen ein Buchen- oder Birkenwald gewährt. Kaum vermögen wir in der bescheidnen Einfachheit unsrer heimischen Natur eine Ahnung von der Physiognomie tropischer Landschaften zu gewinnen, wo die seltsamen Mangle- und Mangrovewälder die Küsten umkränzen, und das geheimnißvolle Dunkel undurchdringlicher Urwälder das Binnenland bedeckt, wo Palmen, baumartige Farrn und Lilien auf weiten Strecken gesellig wachsen, wo das Bambusrohr, der Riese unter den Gräsern, ganze Waldungen bildet, oder wo die Fieberrindenbäume die hohen Berghänge mit einem ununterbrochenen Waldgürtel umziehen. Wirkt auch nicht überall die Vegetation mit so gewaltigen Eindrücken auf das Gemüth des Beschauers, so wird doch jeder Gegend durch Thier- und Pflanzenleben ihr eigenthümlicher Charakter aufgeprägt.

Freilich sind die Reiche der Natur nicht durch Grenzsteine und Zollschranken abgemarkt, wie die der Völker. Denn die Natur ist eine liebende und gerechte Herrscherin, welche ihre verwandten Volksstämme nicht durch Gesetze trennen, sondern die selbst durch Sitte und Sprache geschiedenen innig verschmelzen will; sie ist eine Beschützerin der Freiheit, welche die Entwicklung des Einzelnen nicht hemmt, sondern ihm frei den Boden seiner Thätigkeit zu suchen gestattet. Darum giebt es hier kein strenges Heimathsrecht, und das Recht der Freizügigkeit lockt zahllose Wesen in rauhe, unwirthbare Gefilde, um auch dorthin den Segen und den Sieg der verklärenden Natur zu verpflanzen.

Die größte Freiheit herrscht in den Regionen des Oceans. Dort verwischen sich durch die Aehnlichkeit der Naturverhältnisse und Lebensbedingungen auch die Unterschiede der Formen, und dieselbe Art herrscht durch die weitesten Fernen, von einem Pole zum andern. Darum erreicht auch die Zahl der Thiergeschlechter des Meeres die der Landgeschöpfe nicht, und das Reich der Seepflanzen beschränkt sich fast auf die einzige Familie der Tange, die in allen ihren Arten noch nicht dem hundertsten Theile der Arten des Festlandes gleichkommt. Aber diese Familie bedeckt bisweilen das Weltmeer so reich, daß es, so weit das Auge reicht, das Ansehen großer überschwemmter Wiesen erhält. Das sind jene Grasmeere und Varecbänke, die seit uralten Zeiten einen Gegenstand des Staunens und der Forschung bildeten. Jene der Oberfläche von ganz Frankreich gleichkommende Fukusbank im Westen der Azoren, welche die Bestürzung der Reisegefährten des Kolumbus erregte, hat seit Jahrhunderten ihre Lage nicht verändert und scheint also auf dem Grunde des Meeres selbst zu haften, ein Urwald des Oceans zu sein. Unter den Thieren des Oceans entwickeln die reichste Mannigfaltigkeit und Fülle die Mollusken mit ihren wunderbar gebauten und prachtvoll gefärbten Schalen. Die rastlos Klippen und Inseln aufbauenden Polypen, die blumenartigen Strahlthiere, die zarten Medusen und Quallen, die gepanzerten Krustenthiere und endlich die zahllosen Geschlechter der Fische, welche die Meere bevölkern, geben durch das Staunen erregende Uebermaß ihrer Fortpflanzung den sprechendsten Beweis, daß die Hülfsmittel der Natur zur Erhaltung ihrer Lebenswelt auf tiefstem Wassergrunde nicht weniger unerschöpflich sind, als an der Erdoberfläche. Ja es scheint fast, als wenn die kleine, gallertartige Lebenswelt des Wassers noch ganz andrer Lebensregungen fähig wäre. Wenigstens schreiben die meisten Naturforscher das schon den Alten bekannte wunderbare Leuchten des Meeres, das sich in allen Meeren, zu allen Jahreszeiten, unter allen Himmelsstrichen, mit unvergleichbarer Pracht aber in den Tropen zeigt, lebenden Seethieren, besonders mehreren mikroskopischen Gattungen der Medusenfamilie zu.

In trüben, finstern, besonders stürmischen Nächten sehen sich die Seefahrer von Licht umringt, das bald nur die Schiffe umspielt, bald weithin das ganze Meer in Feuer zu hüllen scheint. Hier leuchten nur Streifen und Punkte, dort lichtglänzende Wogen. Das Ruder sprüht Funken, Fische ziehen leuchtende Furchen, Wellen, die sich schäumend und tobend an Felsen brechen, lodern in wilde Flammen auf.

Wenngleich das Meer, das von klimatischen und atmosphärischen Einflüssen viel weniger als das Festland berührt wird, in seinen Geschöpfen eine so gleichmäßige Verbreitung zeigt, so giebt es doch auch dort gewisse Thier- und Pflanzenbezirke, die durch engere oder weitere Grenzen bezeichnet werden. Wie die Palme des Festlands, so verkündet der fliegende Fisch im Meere die Nähe des Aequators, und der Walfisch verläßt nicht gern die kalten Regionen der nördlichen und südlichen Eismeere. Jedes Meer hat seinen bestimmten Charakter, und wenn auch die Geschlechter dieselben sind, die Arten sind andre an jeder Küste und in jeder Ferne des Oceans, an der Oberfläche und in jeder Tiefe des Meeres.

Weit schärfer aber sondern sich die organischen Gebiete des Festlandes. Hier giebt es Charaktere der Vegetation, die selbst die zerstörende Hand des Menschen nicht zu ändern vermag. Denn wieder ist es die Pflanzenwelt, welche am schärfsten den Charakter der Landschaft ausprägt, da die Natur nur den Samen zu Boten in fremde Länder machen kann, und auch dieser nur in dem seiner heimischen Scholle verwandten Boden zu neuem Leben erwacht, das wieder nur an der Luft und Sonne der Heimat kräftig gedeiht. Das Klima übt den wesentlichsten Einfluß auf die Entwicklung der Vegetation. In dem ewigen Frühlinge der Hochebene von Peru erreicht der Ackerbau Höhen von 13000 Fuß. Roggen, Kartoffeln und Bohnen, selbst Weizen gedeihen in üppigster Fülle an den Ufern des Titicacasees, und Mais, dieses einst der Sonne geheiligte Gewächs, wuchert noch auf einer kleinen Insel in seiner Mitte. Am europäischen Nordcap kann man nur in Gärten Kartoffeln und Kohl ziehen, und selbst an der Südspitze von Schonen reifen Weintrauben nur noch in Mistbeeten. An den Ufern der Dalelf hören bereits die Eichen auf, wild zu wachsen, und in Jämtland können die Bewohner nur durch künstliches Feuer das reifende Getreide vor den erstarrenden Nordwinden schützen. Auch in der feuchten Luft Spaniens, zwischen den kastilischen Bergen und den Pyrenäen, gedeihen Wein und Obstbäume nicht, während das trockne Plateau selbst Oelbäume trägt, und die reizenden Landschaften des Süden Orangenwälder und Palmen, selbst Aloe- und Cactusarten aufzuweisen haben. So bedingen Klima und Boden den Charakter der Vegetation. Die grüne Pflanzendecke, welche Berge und Thäler bekleidet, steigt hier höher hinauf und senkt sich dort tiefer hinab. Im Allgemeinen aber nimmt die Flora des Festlandes einen andern Charakter an mit der Erhebung des Bodens über der Meeresfläche. Gegen die Schneegrenze, jene Linie, welche das Reich des Lebens von dem des scheinbaren Todes scheidet, ändert sich das Eigenthümliche der Pflanzenwelt. Eine Stufenreihe von Formen zieht sich von der Ebene bis zu den Berggipfeln; immer einförmiger, ärmlicher, verkümmerter wird die Vegetation, bis sie sich endlich mit zunehmender Höhe der Gebirgsgehänge gänzlich verliert.

Diese Aenderungen, welche unsre Pflanzenwelt nach den Höhen, welche sie tragen, zeigt, haben zur Annahme gewisser Regionen geführt, für deren jede man eine Höhe von 1900 Fuß angenommen hat. Doch darf man diese Grenzen nicht allzu genau nehmen, da in verschiedenen Erdstrichen dieselben oder nahe verwandte Pflanzen in sehr ungleichen Erhebungen über dem Meere gedeihen. Auch darf man die oberen Verbreitungsgrenzen in Gebirgen nicht dahin setzen, wo diese oder jene Pflanze zum letzten Male gesehen wird, sondern wo unabhängig von Zufälligkeiten Gewächse aufhören allgemein zu sein. Wenn man aus der Region der Palmen und Bananen, der von Schlingpflanzen durchflochtenen, undurchdringlichen Urwälder, aus den glühenden Ebenen der Aequatorialzone, in denen eine Mitteltemperatur von 27° – 30° C. herrscht, zu einer Höhe von 1900 Fuß hinansteigt, so tritt man in die Region der baumartigen Farrn und Feigen, in welcher eine Temperatur von 23°,5 herrscht. Aber denselben Charakter der Vegetation findet man auch in der Ebene, wenn man sich um 15 Breitengrade vom Aequator entfernt. Es ist der Charakter der tropischen Zonen. Denn das Klima, welches die Verbreitungsbezirke der Pflanzen bedingt, hängt nicht blos von der Erhebung über der Meeresfläche, sondern auch von der geographischen Breite ab; und so erhalten wir eine doppelte Ausdehnung für die Verbreitungsbezirke, eine horizontale nach Zonen und eine verticale nach Regionen. Wie auf die Region der Baumfarrn die der Myrthen und Lorbeeren in einer Mitteltemperatur von 20°—21° C. folgt, so geht die tropische Zone mit dem 23. Breitengrade in die subtropische über, die in Palmen und Bananen noch an die wärmere erinnert. Die Region der immergrünen Laubhölzer entspricht der wärmeren gemäßigten Zone zwischen dem 34. und 45. Breitengrade mit einer Mitteltemperatur von 12°—17° C., die schon durch viele blattwechselnde Laubhölzer und Reichthum an Kräutern, besonders Labiaten, an rauhere Lüfte erinnert, aber doch noch arm an Wiesen erscheint. Sie geht über in die Region der europäischen Laubhölzer auf der einen und in die kältere gemäßigte Zone auf der andern Seite mit ihren Buchen- und Nadelholzwäldern, ihren ausgedehnten Haiden und Wiesen und den charakteristischen Doldenpflanzen und Kreuzblumen. Die Region der Nadelhölzer beginnt mit einer mittleren Temperatur von 11° C. und entspricht der subarktischen Zone zwischen 58° und 66° der Breite und einer Mitteltemperatur von 4°—6° C. Hier herrschen Nadelhölzer, Birken und Weiden vor, und die ganze Natur gewinnt durch ausgedehnte Haiden und Wiesen, weite mit Flechten und Moosen überwachsene Strecken den Anstrich der Armuth und Einförmigkeit. Diese Dürftigkeit wächst in der Höhe der Region der Alpensträucher bei 7° mittlerer Temperatur und in der arktischen Zone zwischen dem 66. und 72. Breitengrade, in der die Mitteltemperatur nur noch 2° erreicht. Hier verschwindet der Baumwuchs und mit ihm der Anbau des Getreides und der Kartoffeln, niedrige Sträucher herrschen vor, Moose und Flechten überziehen die einförmigen Gefilde. Endlich beginnt mit einer Mitteltemperatur von 3°—4° C. die rauhe Region der Alpenkräuter, den kalten Polarzonen jenseits des 72. Breitengrades entsprechend, in denen die Mitteltemperatur bis auf — 16° C. herabsteigt. Hier beschränkt sich die ärmliche Flora auf kleine, rasenbildende Pflanzen mit kriechenden Wurzelstöcken und großen Blüthen, arm an Geschlechtern und Arten, aber durch bunte Mischung doch kaum die furchtbare Einförmigkeit der vorigen Zone darbietend.

So stuft sich allmälig die lebendige Natur von den Urwäldern der Tropen zu den dürren Flechten der Polarländer und der Alpengipfel ab, und die Flora der tropischen Schneegebirge erinnert an die Pflanzenwelt der arktischen Ebenen. Aber doch sind die Alpenfloren Amerikas andre als die Europas und Asiens, andere als die der nördlichen und südlichen Polarländer; denn der Charakter der Pflanzenwelt hängt nicht allein von Klima und Höhe ab, er ist das Erzeugniß der gesammten Lebenskraft der Natur, des Bodens, der Luft, der Wärme und des Lichts, wie das Pflanzenreich selbst die Summe alles Lebens ist, das dem schöpferischen Schooße eines Landes entquillt. Das thierische Leben wird nur durch das Pflanzenleben bedingt, von ihm erzeugt und ernährt, das Thier ist die Verklärung der Pflanze, ihrer Charaktere und Eigenthümlichkeiten. Darum ist selbst das geistige Leben des Menschen ewig an die Pflanzenwelt gebunden, und nicht der rohe Naturmensch allein, sondern selbst die Völker der Kultur und Gesittung gewinnen ihren Nationalcharakter aus dem Boden, der sie erzeugte, und der Pflanzenwelt, die ihnen ihre Nahrung zollt. Wenn man daher das gesammte Pflanzenreich des Erdbodens nach Florengebieten gliedern will, so darf man nicht von den Bedingungen, Klima, Höhe, Bodenbeschaffenheit, ausgehen, sondern muß diese vielmehr aus den Charakteren der Floren erst errathen und erkennen. Die Grundformen der Floren müssen aufgesucht, ihre Verwandtschaften und Gesetze bestimmt werden. Denn die Pflanzenwelt tritt um so verschiedenartiger und eigenthümlicher auf, je mannigfaltiger die schaffenden Naturkräfte eines Gebietes sind. Welche Gleichförmigkeit und Armuth herrscht in den sumpfigen Waldungen der tropischen Guyana, welche Fülle charakteristischer Formen, welcher Reichthum an Arten, welche Pracht der Blüthen in den Alpengegenden Merikos, auf den vulkanischen Inseln Indiens, selbst in unsern europäischen Alpengebirgen!

Vorherrschende Pflanzenformen werden zum Typus der ganzen Flora, die Doldengewächse und Syngenesisten für die nördliche, die Hülsenpflanzen und Palmen für die südliche Erdhälfte, die Nadelhölzer und Laubwälder für Europa, die Casuarinen und Myrthen für Neuholland. Grade die verschiedenen Wirkungen derselben Erdkräfte in den verschiedenen Ländern bringen die Eigenthümlichkeiten dieser Florengebiete hervor. Darum umfaßt ein jedes Gebiet die gesammte Pflanzenwelt von der Ebene bis zum höchsten Berggipfel. Jedes Gebiet ist die Heimat bestimmter Arten, Gattungen oder Familien und durch diese abgegrenzt oder verwandt mit nahen oder fernen Gebieten. Nur wenige Arten sind heimatlos über den ganzen Erdboden verbreitet, und ihr Kosmopolitismus ist ein neuer Beweis von der Einheit der Naturkraft, die an zahllosen Punkten der Erde dieselbe Pflanze zu schaffen vermochte. Aber bisweilen wird auch eine Pflanze durch Naturereignisse oder Kultur ihrem heimatlichen Boden entrückt und als Fremdling in ferne Länder verbannt. Dann ist sie uns ein Bote aus der Ferne, der von den Thaten Jahrtausende alter Zeiten zu erzählen weiß und uns den Boden begreifen lehrt, der sie trägt. So erzählten uns freilich schon die eingeschlossenen Topase und die Granaten der granitischen Findlingsblöcke unsrer großen norddeutschen Ebene ihre Abstammung aus den skandinavischen Gebirgen; daß aber noch lebende Zeugen jenes gewaltige Ereigniß bestätigen könnten, welches diese Blöcke in so weite Fernen führte, das ahnten wir nicht. Und doch finden wir auf ihnen eine kleine Lebenswelt von Moosen und Flechten, die, ihrer Umgebung fremd, nur in den Alpen Skandinaviens ihre Heimat suchen läßt.

Wo aber nicht Kunst oder Gewalt die ursprüngliche Gesetzmäßigkeit der Natur gestört haben, sehen wir die Pflanzen sich nur in verwandten Regionen verbreiten. Bald sehen wir dieselbe Pflanzenfamilie in getrennten Floren durch verschiedene Gattungen vertreten, die Serpentarien in Südamerika durch die Aristolochien, auf den Inseln des indischen Oceans durch die Nepentheen, die fleischigen Saftgewächse durch die prächtigen Cacteen und Mesembryanthemumarten des Kaplandes und durch die dürftigen Sedum- und Sempervivumarten unsres Vaterlandes. Bald sehen wir nur die Arten einer Gattung in verschiedene Florengebiete zerstreut. Die europäischen Alpen, wie die Höhen des Himalaya sind bedeckt mit Nadelholzwäldern, aber die Arten sind verschieden, welche die ähnlichen Eindrücke auf das Gemüth des Beschauers hervorbringen, und statt Tannen und Fichten bildet den düstern Schmuck der amerikanischen Alpengebirge die Araucarie. Wohl erinnert die Alpenflor Abyssiniens an die von Mexico und Peru; denn hier wie dort besteht das Gesetz der Natur, in gleichen Höhen verwandter Himmelsstriche verwandte Arten hervorzubringen. Nur der Norden und Süden der Erde scheint noch einen schroffen Gegensatz der Pflanzenwelt zu bedingen. Wenige Gruppen verbreiten sich über die ganze Erde, und nur auf derselben Erdhälfte scheinen die Arten einer Flora ihre entsprechenden Vertreter zu finden. Darum erinnert die Natur Südamerika's wohl an die von Südafrika, Neuholland und Neuseeland, aber nicht in gleicher Weise an die Nordamerika's oder Europa's.

Aber nicht die Gattungen allein, selbst die Arten stimmen bisweilen in überraschender Weise in getrennten Florengebieten überein, und nur die Mischung mit fremdartigen Gewächsen verleiht dann der Flora ihre Eigenthümlichkeit. Der Europäer glaubt sich auf den Alleghanies und Felsengebirgen Nordamerika's in seine Heimat versetzt, wenn er unter den Eichen- und Buchenwäldern der Fremde die wohlbekannten Moose und Flechten des Vaterlandes wiederfindet. So geht eine Flora in die andre über, und eine erinnert an die andre in Arten, Gattungen oder Familien. Darum ist es so schwierig, die Gebiete nach ihren Verwandtschaften zu gliedern; denn nicht Zufälligkeiten, nicht Anzahl und Masse der Arten, nicht Klima, noch Bodenverhältnisse, sondern wesentliche Verschiedenheiten der Vegetation, welche durch alle auf sie einwirkenden Kräfte bewirkt werden, können über den Charakter der Floren entscheiden. Höhenzüge, Meere und Sandwüsten bilden die natürlichen Grenzen ihrer Gebiete. Schneegebirge zeigen oft an ihren entgegengesetzten Abhängen eine verschiedene Vegetation, und Inseln im Ocean besitzen gewöhnlich eigenthümliche Floren.

Wie die Thierwelt in der Pflanzenwelt den Grund ihres Daseins und das Maß ihrer eignen Lebensentwicklung findet, so nimmt sie auch Theil an den Gesetzen ihrer Verbreitung durch die Zonen und Höhengebiete der Erde. Die große Uebereinstimmung, welche bis zu gewissen Breitengraden in den Florengebieten, welche die Pole der Erde umgeben, herrscht, erstreckt sich daher auch auf die Thierwelt. Wie beide durch Bodennatur, Seen, Sümpfe und Flachländer verwandt sind, so besitzen sie auch gleiche oder entsprechende Arten von Pflanzen und Thieren. Aber eigenthümliche Naturverhältnisse in Klima und Feuchtigkeit rufen auch eben so entschiedene Gegensätze in beiden Regionen hervor. Während die arktische Flor sich der gemäßigten Region anschließt, geht die antarktische in alpinische und tropische Formen über. Renthiere und Eisbäre bevölkern den Norden Europas und Asiens, und wenn auch diese im Süden Neuseelands keine Vertreter finden, so erinnern doch die mit Rüsseln versehenen Seehunde des Südens an die Robben des Nordens.

An den Grenzen der Polarfloren sondern sich die Gebiete mehr und mehr nach der Eigenthümlichkeit der Länder, denen sie angehören. Selbst der Gegensatz des Norden und Süden schwindet allmälig, bis er in der üppigen Tropenvegetation gänzlich aufhört. Aber um so mannigfaltiger wird die Gliederung der Gebiete von Osten nach Westen. Denn hier erst vermag die Lebenskraft, die unter dem Eise der Pole erstarrte, ihre ganze Fülle zu entfalten und ihre Aufgabe, in ihren Erzeugnissen ein treues Bild der schaffenden Kräfte wiederzugeben, wahrhaft zu erfüllen. So sehen wir in dem meerumflossenen Amerika eine neue Welt in seinen sonderbaren Cacteen, wie in seinen Beutelratten und Meerschweinchen, seinen Faulthieren und Gürtelthieren erblühen: und wenn auch seine langgedehnten Gebirgsrücken, seine Felsengebirge und Alleghanies im Norden und seine Anden im Süden besondere Gebiete abgrenzen, so tragen doch alle das gemeinsame Gepräge des amerikanischen Charakters. Viel mannigfaltiger gestaltet sich der Osten. Während der Norden noch in seinen Nadelhölzern und Birkenwäldern, seinen Renthieren und Eisbären der arktischen Region angehört, geht durch zahlreiche Doldengewächse und Kreuzblumen, durch Buchen- und Eichenwälder, durch Edelhirsche und braune Bären vermittelt, in dem Gebiete des Mittelmeeres bereits zu herrlichen Lorbeerbäumen und Kastanienwäldern, Myrthen und Nelkengewächsen mit Dammhirschen und Löwen über. Neue Charaktere treten uns in dem einförmigen Continent von Afrika mit seinen endlosen Wüsten entgegen. Hier weiden die zierlichen Antilopen, die gestreiften Zebras, die gespenstigen Giraffen neben den wilden Hyänen, den häßlichen Pavianen, den riesigen Straußen und den plumpen Nilpferden, während in dem feuchten Küstenlande von Guinea die mächtigen Stämme der Adansonie mit den prachtvollen Goliathidenkäfern auftreten. Immer bunter aber gestaltet sich die Natur in dem vielfach durchfurchten asiatischen Hochlande mit seinen herrlichen Inselgruppen. Hier erscheint der riesige Elephant neben dem raublustigen Tiger, hier ist die Heimat des Reis und der Baumwolle, des Thees, der Gewürze, der Camellie; von hier stammt der Seidenwurm und das

Haushuhn, der Fasan und der Pfau. Wie arm erscheint gegen diese üppige Natur die Lebenswelt Neuhollands und Neuseelands! Noch kennt man auf dem Festlande außer den Beutelthieren und wenigen Nagethieren keine Säugethiere, und seine schmalblättrigen, dünnbelaubten Bäume, seine luftigen, schattenlosen Wälder verleihen ihm nicht minder den Charakter des Sonderbaren, als seine Schnabelthiere und hochbeinigen Känguruhs. Noch dürftiger ist die Natur der australischen Inseln. Keine saftige Frucht, kein farbiger Blüthenschmuck ziert ihre Wälder. Riesige Farrn bekleiden die Ufer, und Brodbäume oder durch Kultur hierher verpflanzte Kokospalmen geben dem Bewohner die einzige heimische Nahrung.

Ihre höchste Pracht und Fülle entwickelt das Leben der Natur unter der Gluth des Tropenhimmels. Wenn der Wanderer die unermeßlichen Urwälder Amerikas oder der indischen Inseln betritt, dann ist es nicht blos stumme Bewunderung, die ihn in dieser schauerlich schönen Wildniß ergreift. Ein Gedanke erfaßt ihn in diesem Heiligthum einer gewaltigen Natur, der ihn in die geheimnißvollen Schöpfungen einer Vorzeit zurückführt, die ihre letzte Zufluchtsstätte vor der Alles zerstörenden und umwandelnden Macht des Geistes in diesen düstern Hallen gefunden hat. Hier erscheint die Natur in ihrer reinsten Gestalt, wie sie aus dem Schooße der Schöpfung hervorging. Kaum reicht der Boden hin, alle kräftig hervorsprossenden Pflanzen zu tragen: sie drängen sich auf- und übereinander, die einen wachsen auf den andern. Mühsam kämpft man sich durch das Gewirr rankender Gewächse, durch Wälder von Schlingpflanzen und Dickichte von Rohrgehägen und Graswiesen; hier überschreitet man hingestreckte riesige Aeste, gleich Säulentrümmern aus dem Boden hervorragende Stümpfe, unter grünem Teppich verborgen faulende Baumstämme; dort muß man hohe Gesteinhaufen erklimmen, hier über Spalten und Abgründe sich künstliche Uebergänge bahnen. Ein dichtes Laubgewölbe ruft ein mystisches Halbdunkel hervor und bildet ein undurchdringliches Schutzdach gegen den stärksten Regen. An stolzen Riesenbäumen, bald mit glatten Rinden, bald mit Stachelringen umgeben, winden Schlingpflanzen, namentlich dichtbelaubte Lianen, ihre wildes, undurchdringliches Gewirr hinan. In sonderbaren Formen umgürten sie die Stämme und verweben sich mit ihren Zweigen und Blätterkronen zu dichtem Flechtwerk. Vergebens sucht man die Enden jener seltsamen Gewächse; in schwindelnder Höhe schwingen sie sich auf andre Bäume hinüber oder bilden Blumengehänge und kehren, der Stützen beraubt und zu schwach, sich selbst zu tragen, an den Boden zurück, auf dem sie fortkriechen, um sich von Neuem emporzuschwingen und sich mit ihren Luftwurzeln an die Stämme zu heften, den stärksten Stürmen zum Trotz. Selbst der Forscher vermag sich in diesem malerischen Schlingwerk von Zweigen, Blättern, Blumen und Früchten nicht mehr zurecht zu finden. So mannigfaltig ist die Vegetationspracht dieser Tropenwelt, daß es nicht möglich wird, gesellige Pflanzen einer Art oder auch nur herrschende Familien und Gattungen zu nennen. Wenn es in den Urwäldern Amerika's besonders die Fürsten der Pflanzenwelt, die Palmen, sind, welche gleich mächtigen Säulen ihre stolzen Federkronen über die dunklen Laubhallen erheben, so ragen in den Wäldern der Karolinen baumähnliche Farrn gleich den Masten unsrer Fichtenwaldungen mit ihren hohen graden Stämmen und zart gefiederten Wedeln empor. Hier breiten sich ungeheure Stämme wilder Feigen in schiefen Platten aus, die sie wie Pfeiler tragen; dort entfalten die sonderbaren Cactus ihre prangenden Blumen. Diesen Wundern der Vegetation gleichen die Wunder der Thierwelt, die jenen Tempel der Natur von der schillernden Schlange bis zum lauernden Jaguar bewohnt; denn die freie Erdkraft ist unerschöpflich in ihrer Gestaltung.

Was uns früher nur als natürliche Voraussetzung galt, das ist jetzt durch Betrachtung der gegenwärtigen Lebenswelt zur Thatsache, zum Naturgesetz geworden. Pflanzen und Thiere enthüllen in ihren Eigenthümlichkeiten ein Bild des gesammten Naturlebens eines Landes. Darum sind uns Schlüsse aus der gegenwärtigen organischen Schöpfung auf die untergegangene gestattet, und wir können aus den Formenunterschieden und Heimatsorten der vorweltlichen Organismen auch die äußern Verhältnisse des Erdbodens und der Atmosphäre bestimmen, welche jene Wesen umgaben.

4) Die Lebenswelt der Vorzeit.

Ein Blick auf das Leben der Vorwelt zeigt uns auch hier Entwicklung von den ältesten zu den jüngsten Schichten. Die Natur kennt keine Ruhe in ihrer Gestaltung, sie unterbrach ihre Schöpfungen nicht durch plötzliche Umwälzungen. Nicht sie zog die scharfen Grenzen, welche die großen Perioden der Schöpfung trennen, sondern die Wissenschaft, welche mit dem Auftreten luftathmender Wirbelthiere auch eine Neugestaltung des Erdbodens verbindet, ohne den vermittelnden Uebergang, dessen Spuren die Zeit verwischt hat, zu gewahren.

Seit eine besonnenere Naturforschung der Gegenwart angefangen hat, die wunderbaren Wirkungen und Erscheinungen der Natur nicht durch außergewöhnliche Ursachen, sondern aus dem Wesen der Dinge selbst zu erklären, tritt auch mehr und mehr jene Ansicht in den Hintergrund, welche die mannigfachen Veränderungen der Erdoberfläche in der Vorzeit und namentlich die Aufeinanderfolge der Geschöpfe gern stürmischen Ereignissen, furchtbaren Revolutionen durch vulkanische und neptunische Kräfte zuschrieb und ganze Schöpfungsreihen auf einen Schlag zu Grunde gehen ließ, um völlig neue an ihrer Stelle auftauchen zu lassen. Man überzeugt sich mehr und mehr, daß die Schöpfungsperioden keineswegs schroff von einander geschieden waren, daß ältere Schöpfungen in ihren letzten Strahlen in jüngere verliefen, daß die Gegenwart selbst noch gleichsam verlorene Posten der Vorzeit trägt. Es giebt gewisse Typen der heutigen Schöpfung, welche gleichsam in diese nicht mehr hineingehören und wie alterthümliche, mindestens bizarre Gebilde unter den modernen Formen erscheinen. Dahin gehören aus der Thierwelt das Nilpferd, die Faulthiere, die Beutelthiere und Schnabelthiere, die Enkriniten und Pentakriniten. In der Pflanzenwelt sind es vorzugsweise die Torfmoose und einige Coniferen des antarktischen Archipels, welche in der Harmonie der heutigen Organisation eine fremdartige Stellung einnehmen. Die Coniferen-Gattung Phyllocladus von Neuseeland findet nur in den untergegangenen Gewächsen der Steinkohlenperiode, den Salisburien und Sphenophylliten ihr Seitenstück, und die Araucarien und Dacrydien der Gegenwart können nur in den sogenannten baumartigen Lycopodien oder Lepidodendreen der Vorzeit ihre Erklärung finden. Besonders seltsam erscheint das australische Festland durch die Doppelnatur seiner Pflanzenwelt, in welcher die eine Reihe an die ältesten Schöpfungstypen, die andre an die neuesten und zwar europäischen erinnert.

So vertritt hier in auffallender Weise der sogenannte Grasbaum (Xanthorrhoea Hastile) das untergegangene Geschlecht der Sigillarien, während daneben ganz europäische Kräuterformen auftreten. Solcher Hindeutungen gegenwärtiger Schöpfungstypen auf vorweltliche hat die neuere Forschung bereits zahlreiche aufgefunden, so in Californien durch seine riesigen Mamuthkiefern, auf den kanarischen Inseln durch die amerikanischen Formen ihrer Pinien und Lorbeergewächse, auf Japan durch seine Cycadeen, in Südamerika durch seine Zamien, im indischen Archipel durch die Farnfamilie der Marattiaceen. Es kann damit kaum noch zweifelhaft bleiben, daß die Pflanzenwelt der Gegenwart nicht von heute, daß sie nicht einmal aus einer einzigen Periode, sondern aus verschiedenen in frühe Jahrtausende hinaufreichenden Schöpfungsreihen abstammt.

Nicht in stürmischen Revolutionen, sondern in den Lebensbedingungen der Geschöpfe selbst lag die Ursache ihres Strebens. Wie heute noch in der freien Natur, in Wäldern und auf Wiesen, eine natürliche Wechselwirthschaft waltet, wie heute noch Espen von Eichen und Erlen, Buchen von Nadelhölzern verdrängt werden, so ging auch in der Vorzeit der Wechsel in den Formen der Pflanzenwelt vor sich, sei es in Folge einer abgegrenzten Lebensdauer der Arten und Familien, sei es unter der Einwirkung von Klima, Wind und Wasser und Thierwelt. Das amerikanische Festland war früher von riesigen Thiertypen bevölkert, wie noch die Ueberreste seiner Mastodonten beweisen. Jetzt findet man dort nur noch den Tapir, das Guanako, das Armadillo und Capybara, wahre Pygmäen im Vergleich zu den untergegangenen. Die meisten, vielleicht alle jene riesigen Vierfüßler der Vorwelt lebten in einer sehr neuen Periode, waren zum Theil Zeitgenossen noch lebender Mollusken. Seit ihrem Untergang kann keine sehr bedeutende physische Veränderung in der Natur des Landes stattgefunden haben. In ihren großen Grabstätten, den Pampas, gibt es kein Zeichen einer gewaltsamen Umwälzung, sondern nur Spuren sehr ruhiger, kaum merklicher Veränderungen. Es scheint, sagt ein neuerer Naturforscher, Darwin, als ob es sich mit der Art, wie mit dem Individuum verhalte: die Stunde ihres Daseins ist abgelaufen und das Lebensziel erreicht. Noch in geschichtlicher Zeit sind eine Menge von Thieren ausgestorben: der Riesenhirsch, die Steller'sche Seekuh, die Dronte, die Moa, die man als den letzten Repräsentanten der alten Gattung Dinornis von Madagaskar betrachtet, und der Notornis Mantellii von Neuseeland, von dem man allein die versteinerten Ueberreste lange Zeit kannte. Noch heute sind im Aussterben begriffen: der Auerochs, der Manu-mea (Didunculus strigirostris), ein Taubenvogel der Insel Upola, und die Columba erythroptera auf Taiti, beide angeblich durch Katzen vertilgt, der Strigops habroptilus, ein Nachtpapagei in der Nähe von Neuseeland, und die Gattung Nestor, ein plumpes Papageiengeschlecht Neuhollands. Auch die Radiaten-Gattung Encrinus, der letzte Nachkomme der zahlreichen Enkriniten der Vorwelt, scheint mit einem ähnlichen Schicksal bedroht; von Encrinus caput Medusae werden nur noch 3 Exemplare in den Museen aufbewahrt.

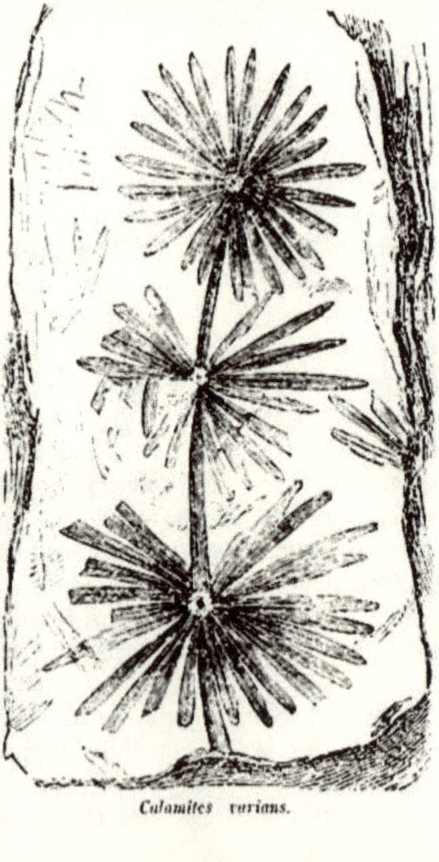

Calamites varians.

So scheint es unzweifelhaft, daß Vorwelt und Gegenwart durch noch lebende Organismen verbunden sind, daß die Vorgänge, welche die Geschöpfe der Vorzeit vernichteten, keine andern waren, als die sich noch heute wiederholen, daß nicht immer Revolutionsstürme Grenzscheiden zwischen den Schöpfungsperioden der Wissenschaft zogen, daß in einem oft Jahrtausende langen Todeskampfe die Arten und Geschlechter erloschen, und daß wir heute noch Zeugen manches solchen Todeskampfes sind.

Es war nöthig, unsre Vorstellungen von der organischen Welt in der Vorzeit in dieser Weise zu berichtigen, ehe wir sie in ihren einzelnen Zügen verfolgen konnten. Jetzt wollen wir wenigstens ein flüchtiges Bild von den Formen entwerfen, aus denen sich diese Geschichte zusammensetzt.

In den ältesten Schichten ist es wieder die Pflanzenwelt, welche durch auffallende Armuth und Einförmigkeit der Gruppen in allen Theilen der Erde einen eigenthümlichen Gegensatz zu der heutigen Mannigfaltigkeit des Lebens bildet. Unsre Steinkohlenlager haben uns ein natürliches Herbarium dieser ältesten Flora aufbewahrt. Die Gestalten, welche eine unaufhaltsame Entwicklung der Erde und ihrer Atmosphäre unter Schutt und Schlamm begrub, um sie bei abgeschlossener Luft durch den natürlichen Gährungsproceß der Pflanzenmasse allmälig zu verkohlen, sind uns darin eben so treu überliefert, wie etwa der Winter mit seinem Schnee und Wasser alljährlich abgefallene Pappelblätter skelettirt, d. h. das fleischige Zellgewebe zersetzt und die derberen Rippen unverändert läßt, bis auch sie, wenn sie nicht von Schlammmassen überdeckt werden, später der Zersetzung in Kohlenwasserstoff anheimfallen. Obwohl verkohlt, sind doch die härteren Theile der vorweltlichen Pflanzen entweder selbstständig zurückgeblieben, wie Rinden und Stämme, oder die zarteren Pflanzen haben ihre Spuren in Abdrücken zurückgelassen, die sie in den weichen und erst später verhärteten Schlammschichten verur-

Annularia longifolia.

sachten. Wir erkennen in diesen Abdrücken und in diesen Kohlen, die unter dem Mikroskop noch deutlich ihren innern Bau sichtbar werden lassen, zunächst zahlreiche Arten von Seetangen (Fucoideen), bandartigen Gewächsen des Meeres, von bräunlicher lederartiger Farbe, oft verästelt und mit schwimmblasenartigen Höhlungen am Laube versehen, oft Stämme von riesiger Größe bildend, die an ihrer Spitze mächtige, viele hundert Faden lange, geschlitzte palmblattartige Kronen trugen. Neben ihnen erblicken wir, in mächtigen baumartigen Gestalten sich über den Sumpf erhebend, Schachtelhalme oder Equisetaceen, mit rutenartig in einander steckenden Gliedern und kätzchenartigen Früchten am Gipfel. Dahin gehören die Calamiten, Asterophylliten, Sphenophylliten und Annularien. Farrnkräuter, 30 Fuß hoch mit schlanken Stämmen emporstrebend, mit schopfartiggestellten Wedeln, die flache, luftige Blattkronen bildeten, bärlappartige Gewächse und araukarienartige Zapfen-Bäume bilden den Uebergang zur Landflor. Unter diesen Gewächsen zeichnen sich vor allen die Geschlechter der Sigillarien oder Siegelbäume, der Lepidodendren oder Schuppenbäume und der Stigmarien aus. Man pflegt sie gewöhnlich nach der eigenthümlichen Stellung ihrer Schuppen und Blattnarben, wie nach

Sphenophyllites angustifolius.

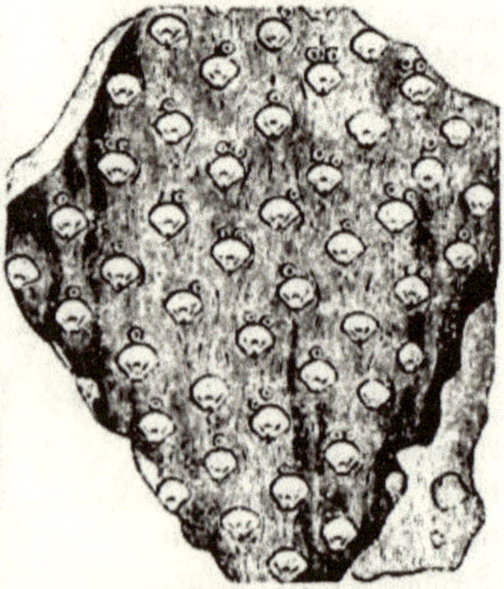

Sigillaria spinulosa.

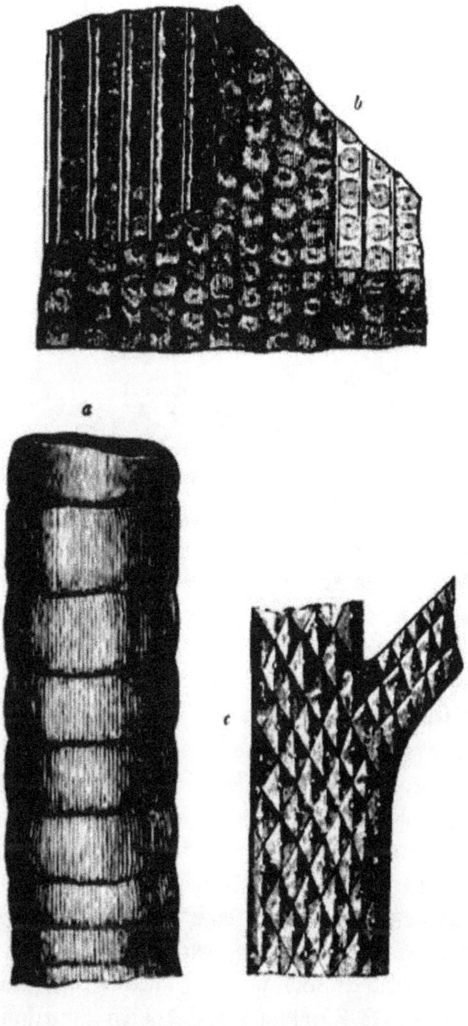

a. *Calamites approximatus*. b. Rinde einer *Sigillaria*. c. Stamm des *Lepidodendron elegans*.

der gabligen Verästelung des Stammes für riesige Verwandte unsrer heutigen Bärlappe (*Lycopodiaceae*) zu halten, wiewohl Andere eine Verwandtschaft mit den Wolfsmilchpflanzen geltend machen. Von höher entwickelten Pflanzenformen, Gräsern, Lilien, Palmen und Nadelhölzern sind nur wenige und zweifelhafte Spuren gefunden worden.

d

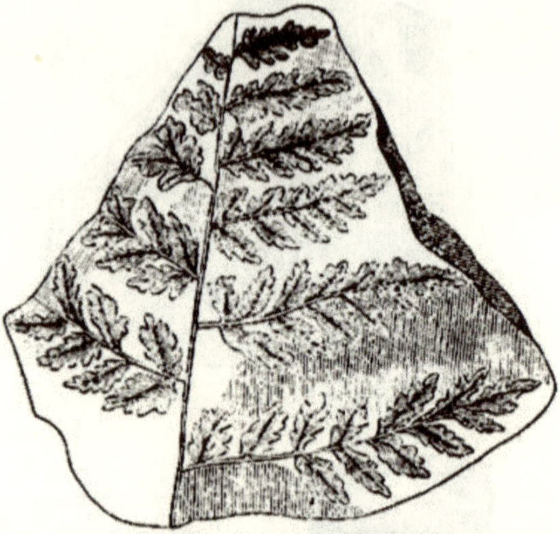

d. Wedel des *Sphenopteris Schlotheimii.*

Die ungeheure Größe dieser fossilen Gewächse, besonders der mit eigenthümlichen, die Stellen der abgefallenen Blätter andeutenden Figuren bedeckten baumartigen Farrn und Schachtelhalme, von denen mehr als 500 Arten, zum Theil von 60 Fuß Länge und mehreren Fuß Dicke bekannt sind, deutet auf den fruchtbarsten Boden, ein sehr heißes und feuchtes Klima und auf völlige Inselgestalt des trockenen Landes. Die weite Verbreitung der Kohlengebirge über den Norden und Süden beweist den tropischen Charakter der ganzen untergegangenen Pflanzenwelt, und die ungeheure Mächtigkeit der europäischen wie nordamerikanischen Kohlenlager verräth einen Pflanzenreichthum, der nur mit den Urwäldern der heutigen Tropenzone verglichen werden kann. Daß diese feuchten, schattigen Waldungen auch Flechten, Pilze und Moose enthielten, ist wahrscheinlich, wiewohl sie ihres weichen und zarten Baues wegen nur wenige Spuren, oft nur in der Färbung der Schichten hinterlassen haben.

Auch die Thierwelt bestätigt den tropischen Charakter jener Vorzeit. Wir begegnen in ihr fast nur Bewohnern des Meeres. Mächtige Korallenstöcke, kalkige Gerüste von Haarsternen mit becher- oder kugelartigen Kronen und gegliederten Armen, Formen, die unsrer heutigen Welt fast fremd sind, fallen uns in den untern Schichten der Grauwackengruppe in die Augen. Muscheln und

Schnecken erscheinen noch selten; statt ihrer treten die eigenthümlichen Arm- und Kopffüßler auf, an die uns nur noch die Terebrateln und Tintenfische der Gegenwart erinnern. Am wichtigsten unter ihnen werden für die Altersbestimmung der Schichten die Nautiliten und Ammoniten, deren schneckenartig aufgerollte Gehäuse im Innern durch Querwände in Kammern getheilt sind, in deren letzter und größter das Thier lebte. Einen eigenthümlichen Gegensatz zeigt der Entwicklungsgang der äußern Gestalt dieser beiden Thiergattungen. Während die Ammoniten mit spiralig in einer Ebene aufgerollten Gehäusen beginnen, zeichnen sich die in den älteren Schichten vorkommenden Nautiliten durch mangelhafte Aufrollung und stabähnliche Form aus, die sie höchstens zu getrennten Windungen entwickeln. Die Gliederthiere beginnen mit den krebsähnlichen Trilobiten, welche die devonischen Schichten in großer Anzahl erfüllen, und erreichen in den Käfern, welche die dichten schattigen Farrnwälder der Steinkohleninseln bevölkerten, ihre Vollendung. Die umstehende Abbildung zeigt uns einzelne Repräsentanten der verschiedenen Thierformen dieser ältesten Lebenswelt: korallenartige Thiere (*d* u. *e*), Armfüßler (*b* u. *c*), Kopffüßler (*a*, *f*, *h* u. *i*), Trilobiten (*g*).

Die Klasse der Wirbelthiere wird in der ersten Schöpfung nur durch eine kleine Zahl von Fischen vertreten, die in ihrem Baue selbst von ihren nächsten Verwandten der Neuzeit bedeutend abweichen. Große Knochenschilder schützen ihren Kopf und Rumpf, oder vierseitige, bald glatte, bald gestreifte Schuppen, die mit glänzendem, festem Schmelz überzogen sind, bedecken den ganzen Körper. Eine weiche, knorplige Rückensäule erinnert allein an den Typus des Wirbelthiers. In den Haifischen und Stören sehen wir Nachbilder der vollkommensten jener vorweltlichen Geschöpfe. So führt uns die Jugendgeschichte unsrer Erde nur Denkmäler einer Meereswelt vor; und wenige Landthierüberreste beweisen uns auch die Belebtheit eines Festlandes, für dessen Dasein noch die reiche Pflanzenwelt jener Zeit so mächtig zeugt. Landthiere, besonders Insekten, konnten auch damals nicht fehlen, denn ihr Dasein war in jener frühesten Zeit so gut, wie im Haushalt der heutigen Natur, an das Dasein von Pflanzen gebunden.

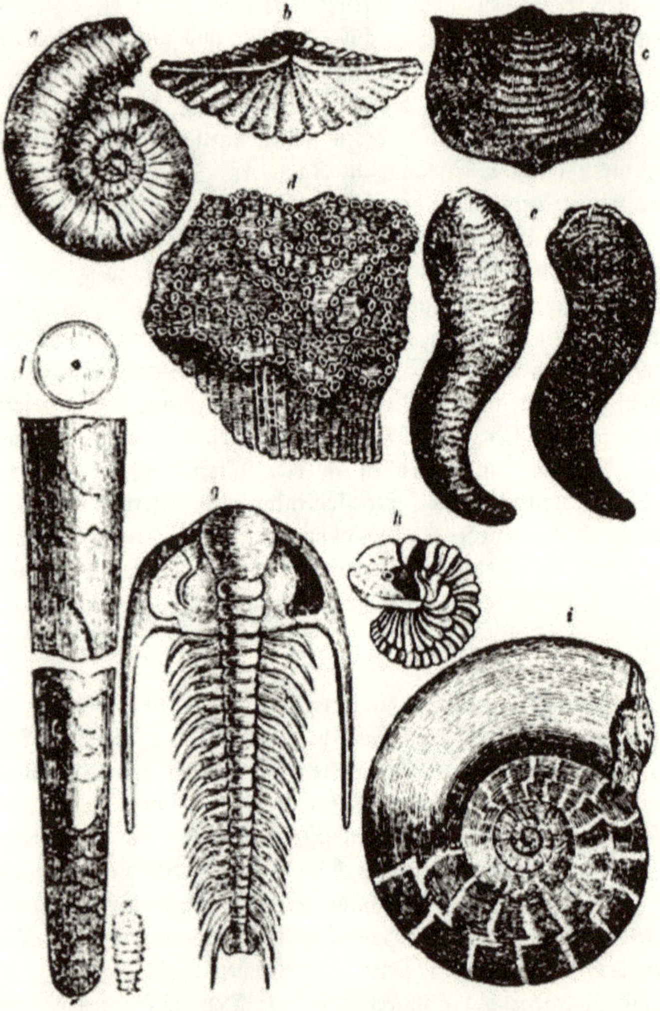

Versteinerungen aus der Steinkohlenformation.

a Goniatites convolvens, *b* Spirifer speciosus, *c* Leptaena depressa, *d* Catenipora escharoides, *e* Cyathophyllum flexuosum, *f* Orthoceratites regularis, *g* Paradoxides Bohemicus, *h* Calymene Blumenbachii, *i* Clymenia inaequistriata.

In der großen Periode der sekundären Bildungen erscheint uns eine immer reichere Formen entfaltende Lebenswelt, die der heutigen immer näher kommt. Zahlreiche Hebungen hatten die Grenzen des Festlandes bereits vergrößert und in Feuchtigkeit, Erleuchtung und Erwärmung, wie durch Höhe über dem Meere mannigfache Standpunkte gebildet, an welche der Lebensproceß vieler Pflanzenfamilien gebunden ist. Darum entfaltet jetzt das Pflanzenreich gleichzeitig mit der Vervielfältigung der klimatischen Verhältnisse statt der früheren Massenhaftigkeit die Mannigfaltigkeit der Formen. Die Farrn verlieren ihre riesenhafte Größe und bilden nicht mehr jene dichten Urwälder der Jugendzeit; die Schachtelhalme und Bärlappe verschwinden und weichen neuen, vollkommneren Gestalten, den palmenähnlichen, kurzstämmigen Cycadeen, Gräsern und Lilien. Eine höhere Entwicklung beginnt bereits mit dem Auftreten von Nadelhölzern und Cypressen, und wenn diese auch noch neben den tropischen Palmen erscheinen, so deutet doch ihr Vorkommen bereits auf Berg- und Hochlandsfloren hin.

Auch in der Thierwelt treten schon höher entwickelte Formen auf. Neben Korallen, Strahlthieren, Muscheln und Schnecken, besonders den durch Mannigfaltigkeit der Formen und Größen überraschenden Nautiliten, Ammoniten und Belemniten, neben den Krebsen, welche die Stelle der Trilobiten einnehmen, neben Scorpionen, Heuschrecken, Fliegen und Käfern zeigen sich bereits in den oberen Kreideschichten zahlreiche Formen echter Knochenfische, welche an die Barsche und Häringe der heutigen Welt erinnern.

Von der Lebenswelt der Muschelkalkperiode giebt uns die umstehende Abbildung eine Anschauung. Sie zeigt uns besonders Arten von Terebrateln, Ceratiten, Austern und Enkriniten.

Am reichsten und mannigfaltigsten entwickelt sich diese Lebenswelt in der Juraperiode. Hier treten besonders zahlreich die Ammoniten und Belemniten auf und selbst die Korallen, die in der Muschelkalkperiode fehlten, erscheinen wieder. In der Abbildung (S. 623) sieht man einige Formen jener Zeit.

Einen ganz abweichenden Charakter nehmen die Gestalten in der weitverbreiteten Kreideformation an. Die Ammoniten rollen die Windungen ihrer Gehäuse auf und nehmen kahn-, thurm- und stabförmige Gestalten an, und Echiniten treten in ungemeiner Häufigkeit auf.

Auch aus dieser Gruppe zeigt die Abbildung (S. 624) einige Formen.

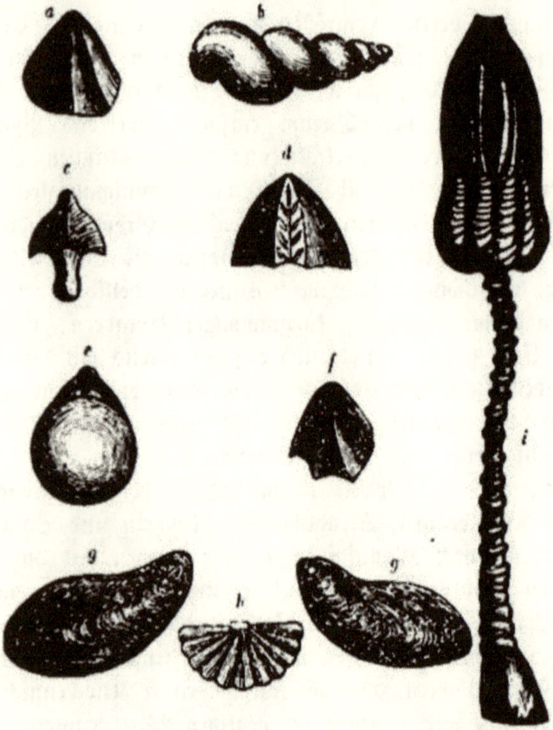

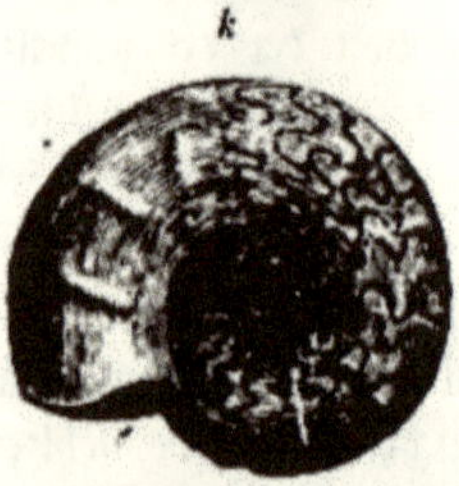

Versteinerungen des Muschelkalks.

a Myophoria vulgaris, *b* Melania turritellaris, *c* Rhyncholites hirundo, *d* Rh. Gaillardoti, *e* Terebratula vulgaris, *f* T. arculata, *g* Avicula socialis, *h* Spirifer fragilis, *i* Encrinites liliiformis, *k* Ammonites nodosus.

Den eigenthümlichen Charakter verleiht dieser Periode der Vorzeit die Amphibienwelt, die in der Juraformation einen wunderbaren Reichthum entwickelt. Meere, Flüsse und Festland sehen wir von Schildkröten und Eidechsen bevölkert, deren Formen, jetzt völlig verschwunden, zwar zum Theil in ihrem Baue den heut lebenden gleichen, wenn man ihre gigantischen Größenverhältnisse übersieht, zum Theil aber einen Typus und eine Lebensbestimmung verrathen, wofür es in der heutigen Schöpfung kein Beispiel mehr giebt.

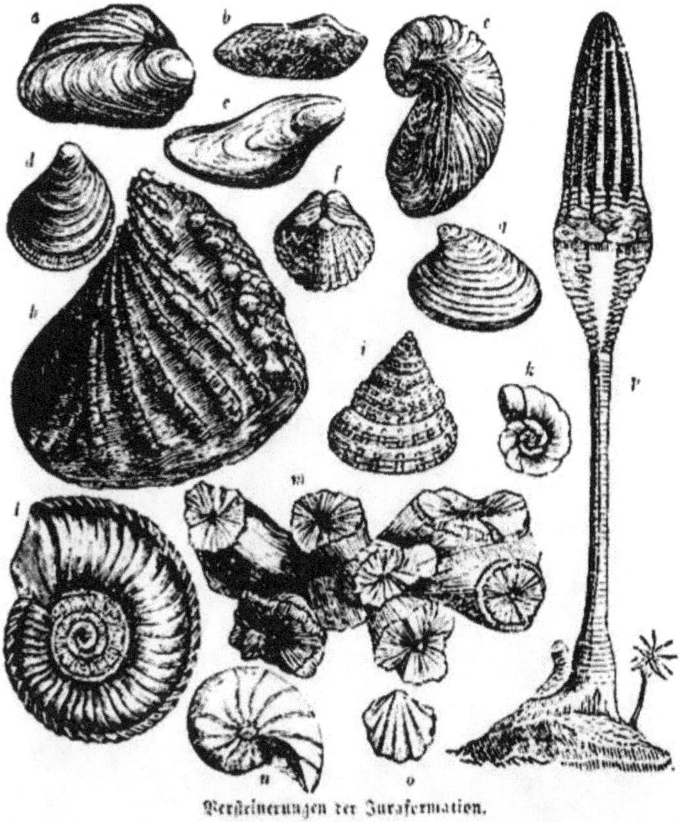

Versteinerungen der Juraformation.

a Hippopodium ponderosum, *b* Cucullaea elongata, *c* Cryphaea incurva, *d* Pachyodon Listeri, *e* Gervillia, *f* Spirifer verrucosus, *g* Plagiostoma giganteum, *h* Trigonia navis, *i* Pleurotomaria anglica, *k* Ammonites colubratus, *l* Am. Amaltheus, *m* Caryophyllia annularis, *n* Nautilus decussatus, *o* Terebratula subserrata, *p* Apiocrinites rotundus.

Riesenhafte Ungeheuer treten uns hier entgegen, fabelhafte Geschöpfe, die uns an Krokodile und Eidechsen und zugleich an Fische und Säugethiere erinnern. Das Meer ist bevölkert von 30 Fuß langen Fischeidechsen und Seedrachen, mit nacktem Körper und kurzen Flossenfüßen, die nur zum Rudern dienen konnten. Hier lebte der räuberische Ichthyosaurus mit den Flossen des Walfisches und dem Kopfe des Krokodils, während der große, aus Knochenplatten bestehende Augenring an die Vögel und seine Wirbel an die Fische

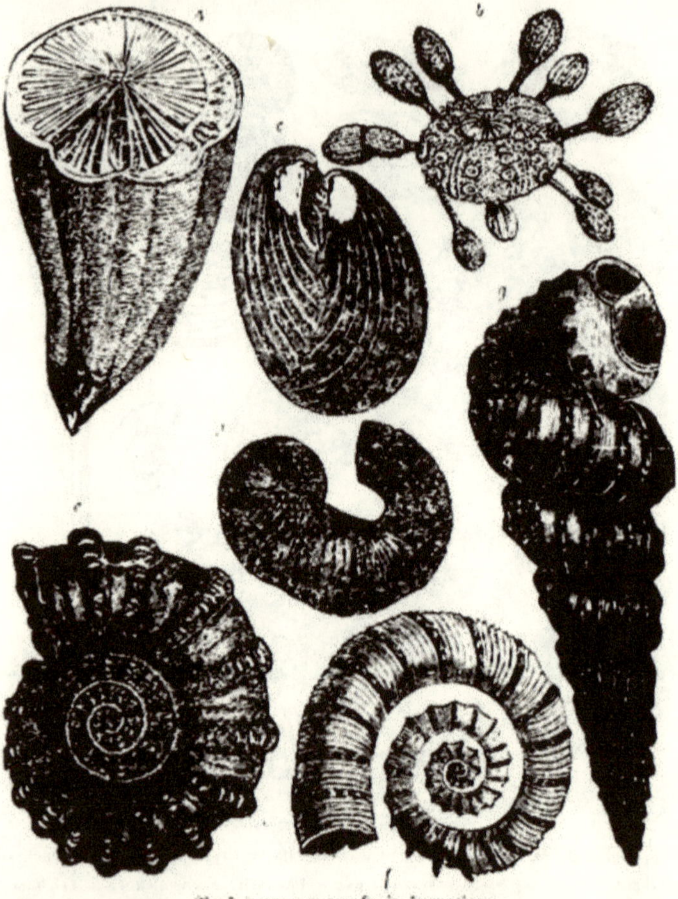

Versteinerungen der Kreideformation.

a Hippurites bioculata, b Cidaris clavigera, c Terebratula lacunosa, d Scaphites, e Ammonites, f Crioceras, g Turrilites.

mahnen. Ein großes bewegliches Auge ließ ihn seine Beute in jeder Meerestiefe und bei jedem Lichtwechsel erspähen. Neben ihm erscheint der Plesiosaurus, der phantastische Seedrache, der einen Eidechsenleib und kurzen Schwanz, aber einen ungeheuer langen schlangenartigen Hals besaß, an welchem ein kleiner Eidechsenkopf hing.

Auch das Land war von furchtbaren Krokodilen bewohnt, die eine Länge von 40 bis 60 Fuß erreichten. Der fleischfressende Me-

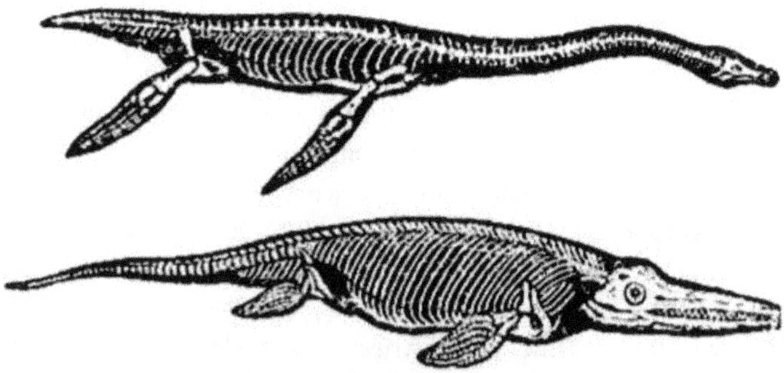

Plesiosaurus und Ichthyosaurus.

galosaurus mit seinen plumpen Fußknochen und das grasfressende Iguanodon, das in dem kleinen Leguan unsrer heutigen warmen Zonen sein Nachbild zu finden scheint, gewähren uns eine Anschauung von den damaligen Herrschern der Erde. Die seltsamste Gestalt der Vorzeit ist aber der Pterodaktylus, die fliegende Eidechse. In der Form des Kopfes und Halses nähert sie sich fast dem Vogel, während Wirbel und Füße ganz die einer gewöhnlichen Eidechse sind, und eine Flughaut, welche die außerordentlich langen Zehen der Vorderfüße ausspannen, sie zur Fledermaus unter den Reptilien stempelt. Dieses scheußlich wunderbare Thier war gleich geschickt zum Gehen und Fliegen und vielleicht auch zum Anhängen und Klettern auf Bäumen und Felswänden. Seine großen Augen lassen vermuthen, daß es wie die Fledermaus ein Nachtthier war, und zahlreiche Spuren zeigen, daß es sich von Insekten nährte. Aus dieser grauenvollen Amphibienwelt erhob sich endlich die Natur auch zur Bildung edlerer Geschöpfe. Schon auf Platten des bunten Sandsteins findet man zahlreiche Fußspuren verschiedener Vogelarten, namentlich von Sumpfvögeln, und in den Wealdenthonschichten hat man selbst ihre Knochenreste entdeckt. Nur Säugethiere scheinen noch zu fehlen, da die in den Juraschichten von Stonesfield aufgefundenen Kiefer viel eher Reptilien, als Beutelthieren, denen man sie lange zuschrieb, angehören. Noch sind es also vorzugsweise Meere und Sümpfe, welche sich als Geburts- und Heimatsstätten des Lebens in dieser großen Periode der Schöpfung zeigen.

In den Schichten der tertiären Formationen oder der antedilurianischen Periode stimmen im Allgemeinen die Gewächse weit mehr als die früheren mit den heutigen Vegetationscharakteren ihrer Fundorte überein. Die früheren rein tropischen Farrn- und Palmenformen sind Waldbäumen der Gegenwart gewichen, die indeß immer noch auf eine höhere Temperatur, namentlich der gemäßigten Zone, hinweisen. Hier wuchs in üppiger Fülle der harzreiche Bernsteinbaum, ein Verwandter unsrer Weiß- und Rothtanne. Buchen- und Eichenwälder bedeckten die Länder, aber neben ihnen gediehen die Tulpenbäume des heutigen Amerika, die Myrten und Lorbeern der warmen Zone. Auch die Thierwelt entwickelt sich in neuer Gestalt. Statt der Polypen sehen wir im Verein mit mikroskopischen Kieselpflanzen die kalkschaligen Nummuliten und Milioliten mächtige Schichten erfüllen, und die Stelle der früher so zahlreichen Ammoniten und Belemniten nehmen jetzt neue Muscheln und Schnecken ein, die durch ihre Aehnlichkeit mit den heut lebenden überraschen und in einzelnen Arten selbst in die Jetztwelt hinübergreifen.

Die umstehende Abbildung zeigt eine große Zahl solcher Formen.

Die Gliederthiere haben auch jetzt noch eine untergeordnete Rolle, aber neben den Krebsen treten bereits Spinnen und Scorpione und zahlreiche Insektenarten auf. Die Rückgratthiere verleihen dieser Schöpfungsperiode ihren eigenthümlichen Charakter. Die Fische sind größtentheils echte Knochenfische und erinnern in ihren Formen an die heutigen Karpfen, Hechte, Welse und Aale. Die Amphibien verlieren ihre wunderbaren Gestalten. Salamander, Frösche, Schlangen und Landeidechsen treten an ihre Stelle, und nur riesige Schildkröten mahnen uns noch an die großartigen Maßstäbe, nach denen die Natur in der Vorzeit schuf. Die Vögel haben uns auch in den Diluvialschichten nur wenige Ueberreste hinterlassen, aber in außerordentlicher Menge treten die Säugethiere hervor. Im lockern Thon- und Lehmboden, in Sand- und Schuttmassen, aber am reichsten in Höhlen und Spalten der Gebirge fast aller Länder und Erdtheile finden wir ihre Knochen und Zähne aufgeschichtet. Hier giebt es Kinnbacken, die einer ungeheuren Seekuh anzugehören scheinen, mit großen nach unten gerichteten Stoßzähnen, dort die Riesenskelette eines Fischsäugethiers, des

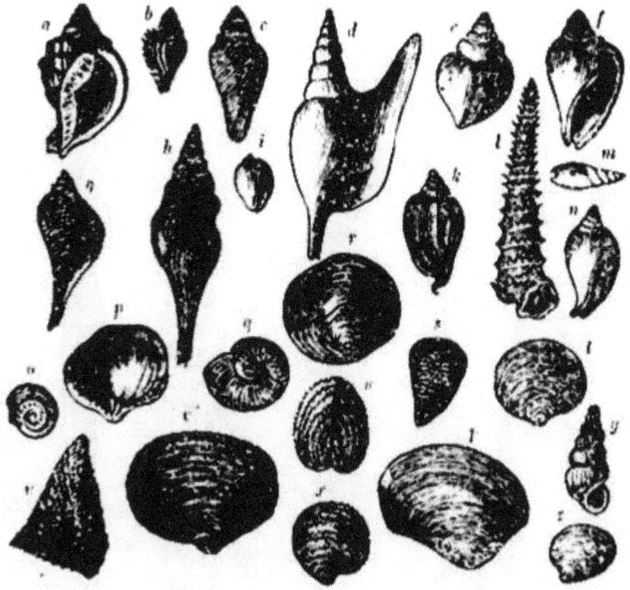

Versteinerungen aus den Tertiärschichten des Pariser Beckens.

a Cassidaria carinata, *b* Strombus ornatus, *c* Conus diversiformis, *d* Rostellaria columbella, *e* Ampullaria acuminata, *f* Buccinum stromboides, *g* Pyrula nexilis, *h* Pleurotoma transversaria, *i* Marginella ovulata, *k* Harpa musica, *l* Cerithium tricarinatum, *m* Oliva nitidula, *n* Fusus bulbiformis, *o* Bifrontia laudinensis, *p* Cypraea depressa, *q* Natica cepacea, *r* Neritina conoidea, *s* Pileopsis cornucopiae, *t* Lucina concentrica, *u* Cardium aviculare, *v* Corbis lumida, *w* Venericardia cor avium, *x* Chama lamellosa, *y* Cyclostoma mumia, *z* Venus turgidula.

Zeuglodon, die durch ihre ungeheuren Dimensionen und abweichenden Formen in der freilich unwahren und erkünstelten Zusammenstellung des Hydrarchos vor wenigen Jahren in ganz Deutschland Aufsehen erregten. Zähne und Knochen von Säugethieren finden sich aller Orten, und selbst die ganzen Leiber eines vorweltlichen Elephanten, des Mammuth (Elephas primigenius), bewahrt uns mit Fleisch und Haaren der eisige Boden Sibiriens auf. Die durch phosphorsaures Eisenoxyd grüngefärbten Zähne des elephantenähnlichen Mastodon schmücken als Türkise heute manche zarte Damenhand. Wir finden Nashörner, aus deren Hörnern die Phantasie der Vorzeit die Krallen des Vogels Greif gemacht hat, und Ta-

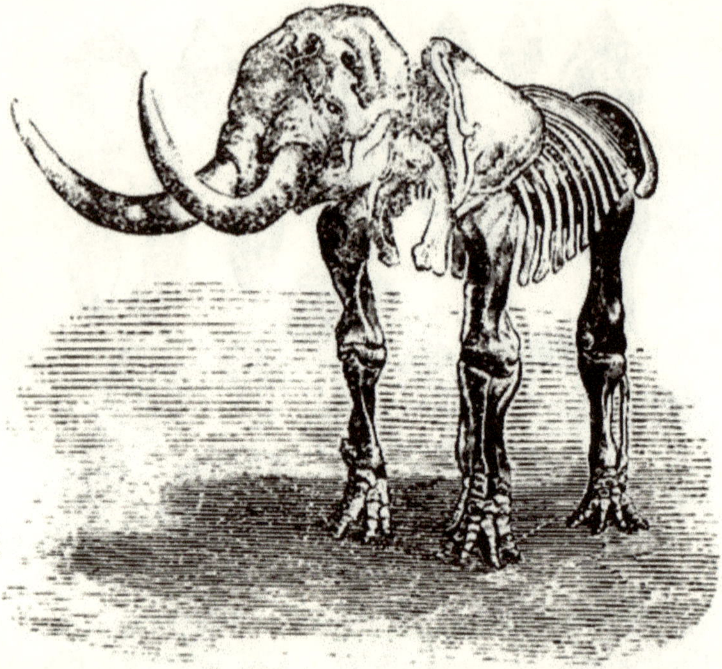

Das Thier[illegible]er (Mastodon giganteus).

pire, die in dem Paläotherium an die Gestalten unsrer Schweine erinnern.

Palaeotherium.

Wie abweichend noch immer manche Formen von der Jetztwelt waren, das beweist das Dinotherium, ein dem heutigen Elephanten ähnliches Thier, dessen Stoßzähne nach unten gekehrt waren, ähnlich denen des Walrosses, und die ihm wahrscheinlich dazu dienten, sich an steilen Ufern emporzuziehen.

Dinotherium giganteum.

Stiere und Schafe, Pferde und Esel treten uns bereits entgegen, Hirsche mit ungeheuren, an ihren Enden 14 Fuß von einander entfernten Geweihen, Giraffen mit Elephantenköpfen vermischen auch in dieser Gruppe das Gewohnte mit Fremdartigem. Dazu kommen die faulthierartigen Ungeheuer, welche den vorweltlichen Boden Amerikas bevölkerten, die Mylodonten und Megatherien mit ihren langen, scharfen Krallen und plumpen, gegen einen Fuß dicken Schenkelknochen. Neben ihnen lebten riesige Gürtelthiere mit 6 Fuß langen Panzern und plumpen Füßen. Außerordentlich zahlreich ist in jener Zeit die Familie der Raubthiere vertreten. Ueberall finden wir die Schädel und Knochen gewaltiger Bären, Hyänen, Hunde und Katzen. Fledermäuse und Affen, wenn auch in geringerer Zahl, vollenden die Schöpfungsreihe dieser Periode.

Megatherium.

So sehen wir also die Natur in ihrer Lebensentwicklung immer höhere Stufen erreichen, sehen sie mehr und mehr den Charakter des Massenhaften und Gigantischen aufgeben, um in der Fülle von Formen und der edleren Gestaltung der Organe ihren höchsten Reichthum zu entfalten. Nur fremdartige Bedingungen schufen fremdartige Formen. So giebt uns die Lebenswelt der Vorzeit Aufschlüsse über die Physiognomie des Erdbodens in seinen jugendlichen Epochen. Zonenunterschiede, wie sie heute durch die Neigung der Erdaxe zur Bahnebene bedingt werden, konnten erst in verhältnißmäßig neuer Zeit eintreten. Denn die fossilen Pflanzen und Thiere zeigen lange Zeit hindurch keine Unterschiede nach der geographischen Breite ihrer Heimat und stimmen wesentlich in ihrem Charakter mit den Pflanzen und Thieren der heutigen Tropen überein. In wahrhaft erstaunenswerther Menge liegt die uralte Vegetation der Erde eingeschlossen in dem Kohlengebirge, das zu den ältesten versteinerungsführenden Schichten gehört. Die einfachen Gewächse dieser Formationen bestehen aus lauter Formen, welche heute vorzugsweise nur in den heißesten und feuchtesten Erdstrichen entwickelt werden. Wenn auch Farrn und Bärlappe gegenwärtig in gemäßigten Klimaten heimisch sind, so kommen sie doch nur als niedrige, krautartige Gewächse, nie als Bäume, wie unter den Tropen, oder gar den Riesenstämmen des Steinkohlengebirges gleich, vor. Diese Steinkohlen finden wir aber nicht nur in heißen oder gemäßigten Ländern, sie treten selbst in Grönland und auf der Insel Melville auf, in Gegenden, wo der Sommer jetzt kaum wenige Wochen dauert, und auch dort bewahren sie ihren tropischen Charakter. In späteren Formationen treten zwar allmälig höhere und mannigfaltigere Pflanzenformen auf, aber auch sie bewahren ihren fremdartigen Charakter gegen die Vegetation der Gegenwart. Erst spät wird das tropische Ansehen durch Glieder unsrer heutigen gemäßigten Florengebiete verdrängt; aber auch sie deuten auf ein wärmeres Klima hin. So sind die Torfmoore Grabstätten einer Pflanzenwelt, die sich in ihren Formen kaum wesentlich von der heutigen unterscheidet; aber ihre Eichen erreichen eine Dicke von 14 Fuß.

Auch in der fossilen Thierwelt begegnen wir Erscheinungen, die uns ihre Erklärung nur in einer einst viel höheren und gleichförmigeren Temperatur suchen lassen. Auch hier baute die Natur nach größeren Maßstäben, als jetzt. Die Bewohner der ältesten Meere sind unter allen Breiten, wo sie aus den Schichten der Erde gegraben werden, dieselben und unterscheiden sich wesentlich von den heutigen Meeresthieren, selbst den nächsten Verwandten der tropischen Meere. Erst in den tertiären Formationen treten uns plötzlich edlere Formen entgegen, zum Theil gewaltige Geschöpfe im Verein mit solchen, die sich jetzt über alle oder viele Klimate verbreiten, wie Bären, Pferde, Hirsche und Katzen.

So vereinigt sich Alles, uns ein fremdartiges Bild von der Natur der Vorwelt erscheinen zu lassen, das wir nur aus dieser Gesammtheit aller Eindrücke zu enthüllen und zu begreifen vermögen. Ein Gesetz aber zieht sich durch diese ganze wunderbare Entwicklung des Lebens hindurch, daß nämlich die niedrigeren Formen zuerst, die höheren später ins Dasein gerufen wurden, daß sich das Festland nur allmälig ausbildete, während auf dem Grunde des Meeres immer neue Schichten niedergeschlagen wurden, und daß die Entfaltung der an das Land gebundenen Thierwelt damit Schritt hielt. So gewinnt der Forscher schon hierin wichtige Haltpunkte zur Bestimmung von Perioden der Sedimentbildung. Den eigentlichen Schlüssel aber zur Bestimmung der Altersreihe verschiedener Formationen geben die Schalen der Weichthiere an die Hand. Den verschiedenen Familien, Geschlechtern und Arten der Conchylien kommen in ihrem Auftreten, in ihrer Ausdauer und in ihrem Aussterben ganz verschiedene Geschicke zu. Zahlreiche Formen sind sehr früh wieder abgetreten, andere dagegen ziehen sich mit zäher Ausdauer vom Anbeginn bis in die heutige Natur hinein, wie die Geschlechter des Nautilus, der Terebratula, die Infusorien und viele Korallen. Fast jedes Geschlecht mit seinen Arten verhält sich hierin wieder anders. So erscheinen die Ammoniten schon im Kohlengebirge, ziehen sich durch das ganze Flötzgebirge hindurch und brechen in der jüngsten Formation der sekundären Gebirge, der Kreide, völlig und plötzlich ab. Dabei kommen aber gewisse Formen derselben nur in gewissen Schichten vor, treten überall mit der einen Schicht auf und verschwinden mit der andern. Auf diese Weise kommen jeder Formation und fast jedem einzelnen Gliede derselben theils ganz eigenthümliche Formen von Conchylien zu, theils wenigstens sehr charakterisirende Gruppirungen der vorher und nachher zugleich existirenden. Wenn sich daher nicht nur in denselben, sondern auch in verschiedenen Bildungsperioden der Erdrinde die Kalkstein-, Sandstein- und Thonschichten so einförmig wiederholen, daß der Schluß von der Aehnlichkeit im Gefüge zweier Gesteine auf ihre Gleichzeitigkeit ein sehr unsicherer ist; so wird die Gleichartigkeit oder Ungleichartigkeit der Schichten, das relative Alter der Formationen, der Parallelismus zweier geographisch getrennten Bildungen am zuverlässigsten bestimmt durch den Charakter der in ihnen begrabenen Thierreste. Hierauf beruht der Begriff einer Leitmuschel, eines Petrefakts nämlich, das, wo es auch angetroffen wird, das entschiedenste Zeugniß über die Formation ertheilt, zu welcher sein neptunisches Muttergestein gehört, so wie über die andern organischen Reste, in deren Gesellschaft es war, das uns also die Geschichte des Landes erzählt, in dem es gefunden wurde.

Nicht also die rohe Materie, nicht das todte Gestein der Schichten, sondern das hingeschiedene Leben der Formationen, die organischen Einschlüsse der Schichten geben uns das Mittel, die unabänderliche, überall stets gleichbleibende Reihenfolge der neptunischen Schichten, die durch spätere Verwerfungen stellenweise allerdings in eine abweichende Lage gebracht wurden, mit Sicherheit festzustellen. Das Leben der Vorwelt eröffnet uns einen Blick auf alle Verhältnisse des Erdbodens und der Atmosphäre jener Zeiten, das Leben drückt, wie heute den Ländern, so einst den Zeiten der Erde eigenthümliche Charaktere auf.

Nur das Leben läßt uns die Geschichte des Lebens ahnen.

C. Die Urgeschichte der Erde.

Endlich schreiten wir dazu, den Vorhang von dem letzten großen Gemälde aufzurollen, welches uns die Gestaltung des Erdkörpers in der Vorzeit und die Revolutionen veranschaulichen soll, die ihn im Laufe seiner Entwicklungsphasen veränderten. Ein wirres Chaos bot sich bisher unsern Blicken dar, wenn wir versuchten, den Schleier zu lüften. Alle Hülfsmittel, jene Wunder zu enträthseln, verließen uns plötzlich, wenn wir sie mit vieler Mühe zu diesem Zwecke vorbereitet hatten. Da wir uns nach neuen umsahen, fanden wir sie in der lange übersehenen Welt organischen

Urlebens. Aber kein Mittel darf angewendet werden, ehe man es genau kennt. Darum galt es zunächst, den Standpunkt unsrer Betrachtung zu finden, und das Endresultat war, daß nur eine Vergleichung der gegenwärtigen Welt des Lebendigen nach ihrer innern typischen Entwicklung, wie nach ihrer geographischen Verbreitung und Individualisirung auf dem Erdboden mit dem Leben der Vorwelt uns über dieses und damit auch über den Anblick, den die Erdoberfläche in jeder Epoche ihrer Entwicklung dargeboten hat, wahrhafte Aufschlüsse gewähren kann. Aber auch das Resultat, welches wir zu erwarten haben, verlangt zuvor einen kurzen Blick, damit es nicht, wenn wir es gewonnen haben, uns überrasche und unsre Erwartungen täusche.

Ein in allen Theilen vollendetes Bild dürfen wir nicht hoffen, und wer, an herrschende Traditionen gewöhnt, etwa eine kurze Angabe der einzelnen aufeinander folgenden Perioden in strenger Scheidung erwartet, dem werden unsre Aufschlüsse freilich wenig genügen. So viel aber muß Allen klar werden, daß sich der Entwicklungsgang der Erdschöpfung nicht nach Jahrtausenden messen läßt, und daß die Gegenwart mit ihrem historischen Alter immer nur als verschwindend gegen jenen Zeitraum zu betrachten ist, auf den die nachweisbaren Umänderungen der Erdoberfläche hindeuten. Denn lange vor Eintritt des gegenwärtigen Zustandes hat es Verhältnisse gegeben, die den heutigen entsprachen; davon überzeugen uns die untergegangenen Geschöpfe. Aber selbst in diesem so großen Zeitraume ihrer Bevölkerung durch lebendige Wesen hat die Erde wohl nur den kürzeren Theil ihres Daseins vollbracht. Jedenfalls ist das Auftreten lebendiger Geschöpfe ein wichtiger Wendepunkt in unsrer Geschichte und ihr Erscheinen der Beginn einer Periode, deren Beziehungen zur Gegenwart wie zur Vorzeit am besten als das Jünglingsalter unseres Planeten bezeichnet werden kann, dem dann später das wahre Mannesalter durch allmäligen Uebergang sich anschloß. Müssen wir also auch darauf verzichten, die Schöpfungsperioden gleich den Abschnitten der Weltgeschichte nach Jahrtausenden zu bestimmen, so dürfen wir doch vielleicht nach andern Momenten Hauptabschnitte feststellen; und in dieser Beziehung wird das Auftreten der organischen Welt auf der Oberfläche unseres Planeten einen wichtigen und bedeutungsvollen Markstein zwischen der mythischen und geschichtlichen Vorzeit unserer Erde abgeben.

Alles, was über diesen Zeitpunkt hinausreicht, beruht auf Hypothesen, Vermuthungen und Theorien, deren Begründung durch bestimmte Thatsachen kaum möglich ist, und erinnert an jene Zeiträume der Völkergeschichte, in denen der Forscher mühsam und gleichsam nur ahnend aus sagenhaften Ueberlieferungen den wahren Thatbestand zu entwickeln sucht, indem er die Mythen ihres schönsten Schmuckes, der Dichtung, beraubt und sie auf den wirklichen, nackten Inhalt zurückführt. Aehnlich müssen auch wir mit den Schöpfungsmythen verfahren, welche der von jeher über seinen Ursprung, wie über seine Zukunft besorgte Mensch nach den Verschiedenheiten nationaler Anschauungsweisen sich gebildet hatte. Wir haben dazu ein Recht. Es ist nicht eitle Anmaßung menschlicher Wissenschaft gegenüber gerechten Ansprüchen göttlicher Offenbarung. Der göttliche Name ist schon so oft und besonders von denen, die ihn beständig im Munde führen, gemißbraucht worden, daß man unwillkürlich mit Mißtrauen gegen eine Sache erfüllt wird, der er als der Stempel der Wahrheit aufgedrückt wird.

Keine der alten Sagen, auch die mosaische nicht, hat an und für sich selbst Anspruch auf göttliche Offenbarung gemacht; nur Menschen thaten und thun es noch, um unter dieser Fahne den Aberglauben der Völker zu ihrem Vortheil auszubeuten. Göttliche Offenbarung ist jede große Wahrheit, die aus dem lebendigen Geiste der Zeit geboren wird. Jeder große Mann, der mit klaren Worten das ausspricht, was ein ganzes Volk nur dunkel fühlt und ahnt, der den Geist seiner Zeit begreift und der Welt zum Bewußtsein bringt, was sie bisher unbewußt trieb und bewegte, der den Völkern das Räthsel löst, um das sie vergeblich kämpften und rangen, und dessen Lösung doch nun Jedem so einleuchtend und einfach scheint; jeder solcher Mann wird getrieben von dem göttlichen Geiste, der in ihm lebt und webt, in ihm denkt und spricht, und was er spricht, das ist göttliche Offenbarung. Aber auch er spricht nur aus der Zeit. Sein Orakel ist nur die Gesammtanschauung der Gegenwart, nie der Zukunft. Darum ist jede Offenbarung nur eine zeitliche, eine bedingte, nie eine absolut wahre. Sie ist absolute Wahrheit nur für das Volk, zu dem sie gesprochen, für die Zeit, in der sie gesprochen wird, aber fortan vergänglich und dem Wechsel unterworfen, wie Alles, was die Zeit gebar. So müssen wir jede Offenbarung beurtheilen, sie achten als die schönsten Blüthen der Zeit, als helle Lichtblicke in dem aufdämmernden Bewußtsein des Weltgeistes, als Ergüsse der innersten Menschennatur, nicht als Stimmen einer jenseitigen, fremden Welt, die mit kalter, geheimnißvoller Hand hinübergreift in das schöne, warme Reich des Lebens.

Diese Mängel menschlichen Ursprungs trägt jede Sage, auch die mosaische Schöpfungsmythe an sich. Gerade ihre weite Verbreitung unter den entlegensten Völkern, die man bisweilen als Beweis einer Urerinnerung der Menschheit hat gelten lassen, gerade dieser Umstand beweist, daß ihr keine Ueberlieferung, keine historische Thatsache zu Grunde lag, sondern nur die Gleichheit der menschlichen Vorstellungsweise, des menschlichen Dichtens und Grübelns zu der gleichen Erklärung der gleichen Erscheinung führte. Die Sage sucht immer das Jenseitige mit dem Diesseitigen, das Geheimnißvolle mit dem Thatsächlichen, das Natürliche mit dem Uebernatürlichen zu verketten, sucht die Brücke zu schlagen zwischen Geist und Natur, zwischen Gott und Welt. Das ist wieder ein rein menschliches Bestreben. Sie will die außer aller Erfahrung liegende Erscheinung des ersten Entstehens der Organisation, der ersten Geburt des Menschengeschlechts aus der beschränkten Anschauung ihrer Zeit heraus auf eine innerhalb heutiger Erfahrung liegende Weise und so erklären, wie in Zeiten, wo das ganze Menschengeschlecht, die ganze organische Schöpfung schon Jahrtausende hindurch bestanden hatte, eine wüste Insel oder ein abgesondertes Gebirgsthal bevölkert worden sein mag. Hier kann nur die Phantasie und ihre liebliche Tochter, die Dichtung, walten. Der ernste Gedanke würde sich vergebens in das Problem jener ersten Lebensentfaltung vertiefen, da der Mensch so an sein Geschlecht und an die Zeit gebunden ist, daß sich ein Einzelner ohne vorhandenes Geschlecht, eine Gegenwart ohne Vergangenheit gar nicht im menschlichen Dasein fassen läßt. Daher rührt die Verschiedenheit in den Sagen, wie in den Naturanschauungen der Völker und Zeiten, daher der Gegensatz zwischen den Ergebnissen heutiger Wissenschaft und den mythischen Dichtungen jüdischer Traditionen. Sie fußen auf dem Boden einer unbefangenen kindlichen Anschauung, wir auf den Erfahrungen von Jahrtausenden und einer langsam gereiften Wissenschaft der Natur.

Mit diesem reinen, unbefangenen Sinne, der nicht umdüstert von Nebelgebilden kindlicher Phantasien, sondern geläutert ward durch das Licht der Wissenschaft, wollen wir lesen in der heiligen Geschichte der Natur, die nicht von Menschenhand geschrieben, sondern mit unvergänglichen Zügen von der Natur selbst eingegraben ist in dem ewigen Denkmal ihrer schaffenden Liebe.

1) Das Chaos.

Aus Samen und Erde geht die Pflanze hervor, der Keim treibt Zweige, und aus den Zweigen sprossen Augen und Knospen, aber die Knospen entfalten sich zu Blumen, und die Blumen werden zu Früchten. Die Frucht ist also nicht von Anfang gewesen, sie ist aus Anderem geworden, hat sich entwickelt, und ihr Dasein setzt die früheren Zustände der Pflanze voraus. So ist es mit allen Erscheinungen des Lebens im Großen wie im Kleinen, Alles ist geworden und schon gewesen, nur unter anderer Form und Gestalt, als ein Anderes, als der Stoff, aus dem Etwas werden konnte. Auch unsre Erde hat ihre Entwicklungsgeschichte, eine Geschichte, wie sie ursprünglich auch die unsres Planetensystems war, das gleichfalls einst anders war als jetzt und nur wie alle gewordenen Dinge durch eine Reihe von Zuständen sich entwickelt hat. Kein Zeuge erzählt uns die Geschichte dieser Entwicklung, und doch trägt der gegenwärtige Zustand des Planetensystems so unverkennbare Spuren seiner früheren an sich, daß man aus ihnen auf die Art des Ueberganges aus der Vorzeit in die Gegenwart Schlüsse gezogen und Theorien aufgebaut hat. Bekannt sind die Versuche von Kant, Laplace und Herschel. Wir haben ja die Hypothese, welcher die letzteren großen Astronomen fast die Form einer mathematischen Theorie gegeben haben, bereits früher ausführlich kennen gelernt. Eine kurze Skizze wird uns daher den Gang der Entwicklung in das Gedächtniß zurückrufen.

So weit unser geistiges Auge reicht, begnügt sich die schöpferische Urkraft immer nur, einen ersten Keim zu schaffen, aus dem sich das Geschöpf durch unzählige Metamorphosen unter den Gesetzen kosmischer Kräfte, von welchen die Natur belebt und durchströmt wird, später selbst herausbilden soll. So bestand unser ganzes Sonnensystem anfangs aus einer chaotischen Nebelmasse, die sich weit über die jetzigen Grenzen unsres Sonnensystems ausdehnte, weithin über die Bahn des letzten, von Leverrier entdeckten Planeten Neptun hinaus. Da die Planeten alle in gleicher Richtung und fast in derselben Ebene sich bewegen, die Trabanten in derselben Richtung und fast in gleicher Ebene dieselben umkreisen, und da endlich der Centralpunkt unsres Systems, die Sonne selbst, und alle sie umkreisenden Körper dieselbe Richtung in ihrer Axendrehung von Ost nach West zeigen, so kann daraus mit Recht geschlossen werden, daß alle diese Bewegungen die Wirkung einer einzigen natürlichen Ursache sind, welche auf den unermeßlichen Urnebel unsres Sonnensystems einwirkte, ihm eine drehende Bewegung ertheilte und später die Zusammenballung der einzelnen Himmelskörper desselben veranlaßte. In diesem ungeheuren Nebelflecke schied sich zuerst der centrale Kern, die Sonne, aus, und das Sonnensystem glich somit einem wahren Nebelsterne, welcher von einer dunstförmigen Masse, einer Lichthülle, umgeben war. Furchtbar mußte der Kampf sein, der in dieser entstehenden Welt wüthete, ungeheuer die Hitze, durch welche diese Lichthülle in dem gasförmigen Zustande erhalten wurde. Die allmälige Abkühlung im Weltraum, welche von außen nach innen fortschritt, brachte eine Verdichtung der gasförmigen Masse hervor und erzeugte somit concentrische Schichten, welche durch die Anziehungskraft des Mittelpunkts in ringförmige Massen umgewandelt wurden. Durch die ungleiche Bewegung dieser Ringe, so wie durch ihre ungleiche Abkühlung an verschiedenen Punkten mußten dieselben zerspringen, und in Folge der rotirenden Bewegung die Stücke sich in Kugelform zusammenballen. Diese rotirenden, zusammengeballten Stücke wurden die Planeten, und bei ihnen wiederholte sich im Kleinen derselbe Proceß, welcher bei der Bildung des Sonnensystems im Großen gewirkt hatte. Die meisten Planeten umgaben sich mit Ringen, welche theils unverändert blieben, theils auch wieder in Stücke zersprangen und Monde bildeten.

Auf der einen Seite führen uns also die astronomischen Untersuchungen auf einen ursprünglich bedeutenden Hitzegrad der Materie hin, welcher deren Gasgestalt bedingt; auf der andern haben uns auch alle unsre bisherigen geologischen Betrachtungen bewiesen, daß die Erde früher in einem feurig-flüssigen Zustande gewesen, und die feste Rinde derselben durch allmälige Abkühlung entstanden sein müsse. Erinnern wir uns, was wir einst in den Lichträumen des Himmels erblickten, an jene unbegrenzten Nebelflecke, an jene Nebelsterne mit isolirten, centralen Kernen, innerhalb deren sich außer dem Kerne selbst Ringbildungen und zerspaltene Ringe zeigten, so sehen wir in dem Weltraume selbst noch alle jene verschiedenen Entwicklungsstufen sich darstellen, welche unser Sonnensystem bereits durchlaufen hat. So ergänzt die Astronomie die Ergebnisse der Geologie. Sie führt die Erde über den feurig-flüssigen Zustand, welcher von der Geologie nachgewiesen wurde, hinaus zu einem nebligen Uranfange, in welchem die festen Materien sich in dem Zustande der höchsten Ausdehnung befanden. So lehrt die Ferne das Nahe erkennen. Aus den Riesenvulkanen Amerikas und den mächtigen Strömen Asiens erschloß sich uns der Boden der Heimat, wie die Sitten und Sprachen ferner Völker uns die Geschichte des Vaterlandes begreifen lehren. Die Fremde führt zur Heimat, der Himmel zur Erde; denn alle Wesen und Dinge sind Formen eines einigen Geistes.

Aber wie tief auch unser Blick in die Geheimnisse der Vorwelt eindringt, wie rastlos auch unser Geist die Tiefen der Erde durchspäht, immer ist es nur die Schale, welche die Menschenhand durchblättert. Ueber die Natur des Kernes, über die allmälige Verdichtungsweise der Erdmasse, über die Stoffe, aus denen sich der innere feurig-flüssige Kern zusammensetzte, darüber können uns weder astronomische noch geologische Untersuchungen genügende Auskunft geben. Wir haben zwar früher gesehen, daß zu verschiedenen Zeiten feurig-flüssige, ungleichartige Massen aus den Tiefen der Erde hervorbrachen und sich auf der Oberfläche verbreiteten. Allein diese Erscheinungen, so bedeutend sie auch sein mögen, lassen bis jetzt noch keinen Schluß auf die Zusammensetzung des innern Erdkernes selbst zu, und es entgeht uns somit jedes Mittel zur nähern Kenntniß der Vorgänge, welche sich in dem feurig-flüssigen Zustande der Erde ereigneten.

Wie in der Geschichte des Menschengeschlechts, so ergeben sich auch in der großen Entwicklungsgeschichte seiner Wohnstätte Perioden und Abschnitte. Wie die Geschichte der Völker mit dem mythischen Dunkel, dem chaotischen Ringen nach Sonderung und Selbstständigkeit, nach Leben und Freiheit beginnt, so ist auch die erste Zeit der Bildungsgeschichte unserer Erdrinde eine mythische, verhüllt von einem dampfenden Urmeer, aus dem sich noch keine Insel, kein Festland erhob. Wie aber mit dem Erwachen der Völker zum Leben der Kampf der Geister begann, welcher dem Leben den Charakter der Bestimmtheit, der Individualität zu geben strebte, der Kampf um die Herrschaft des Einzelnen, um Besitz und physische Macht; so bezeichnet die zweite große Periode des Erdenlebens die Abscheidung von Meeren und Festländern, Thälern und Gebirgszügen, das Erwachen des ältesten organischen Lebens und seinen Kampf mit den rohen Elementen, sein Drängen, eine Heimat zu gewinnen in dem unsteten Wechseln und Wandeln.

In der Gegenwart endlich hat das Streben der Völker seine Ruhe gefunden, und der Geist ihren Stätten den Stempel seiner Herrschaft aufgedrückt. So hat auch die Erde ihre Periode der Gegenwart, in welcher die Natur Zonenunterschiede und Klimate festsetzt, und die Geburt des Menschengeschlechts den Charakter der geistigen Herrschaft in der Natur ausprägt.

2) Die Bildung der Erdrinde.

In dem ursprünglichen Gasballe unserer Erde waren nach dem Durchdringungsvermögen der Gase unter einander noch alle elementaren Stoffe chaotisch durcheinander gemischt, bis sich in demselben durch Verdichtung eines Theiles der Gasmasse ein Kern bildete, der nicht fest wurde, sondern in erweichtem, glühendem Zustande verblieb, weil mit der Verdichtung jeder Materie stets Wärmeentwicklung verbunden ist. Durch Anziehung aller irdischen Materie vergrößerte sich dieser Kern allmälig, indem wahrscheinlich immer die schwersten Stoffe, also die Metalle, zuerst angezogen und verdichtet wurden. Ob sich aber immer die Elemente selbst aus diesem Chaos ausschieden, oder ob sie nicht vielleicht sogleich Verbindungen mit einander eingingen, darüber vermag die Wissenschaft nicht mehr zu entscheiden. Denn daß uns die Elemente als die einfachsten Formen der Materie erscheinen, beweist noch nichts für den Bildungsproceß der Natur, die nicht, wie die Wissenschaft, zu zerlegen und zu vereinzeln trachtet, sondern schon in ihren ersten Keimen Gegensätze zu verschmelzen weiß. Wärme und Licht, welche von dem glühenden Kern ausstrahlten, mußten darum schon in den zarten Stoffen der Urwelt chemische Verwandtschaften erregen, in Folge deren sich Erden und Alkalien, Oxyde und Salze bildeten.

Da keine Verbindung ohne große Wärmeerzeugung vor sich geht, so beharrte der metallische Kern fortdauernd in geschmolzenem Zustande, und auch die Erden selbst waren trotz ihrer Strengflüssigkeit anfangs feurig-flüssig. So bildeten sie eine Rinde um den Metallkern, welche durch ihre Gluth den letzteren flüssig, den Gasraum über sich in Dunstform erhielt. Aber allmälig mußte die hohe Temperatur der Erdrinde durch beständige Ausstrahlung sinken. Die Sonnenwärme konnte den ungeheuren Wärmeverlust nur unmerklich ersetzen, wenn ihre Strahlen überhaupt durch die dichte Atmosphäre zur Erdoberfläche gelangten. So mußte also unser Planet zuletzt so weit abgekühlt werden, daß die Temperatur ihrer Oberfläche unter den Schmelzpunkt der Silikate oder Kieselverbindungen herabsank, welche dadurch erstarrten, aber so allmälig und ruhig, daß sie nicht gehindert wurden, zu krystallisiren. So entstand der Granit, bis zu dessen Bildung ein ungeheurer Zeitraum erforderlich war. Man hat berechnet, daß, wenn von der Bildung der Steinkohle bis auf unsre Zeit 1,300,000 Jahre verflossen sind, über 50 Millionen Jahre verfließen mußten, damit die Temperatur von 1600° auf 165° C. herabsank.

Die vollends erstarrte Rinde der Erde bildete nun ein Schutzmittel gegen die schnellere Abkühlung der übrigen von ihr eingeschlossenen Masse, weil die Silikate schlechte Wärmeleiter sind. Sie gestattete daher der von den geschmolzenen Metallen ausgehenden Wärme eine sehr langsame Fortpflanzung, die mit zunehmender Erstarrung und Dicke der Rinde immer langsamer erfolgte. Wie schwer sich die Wärme durch größere Massen verbreitet, lehrten uns ja die Erfahrungen an Lavaströmen, die nach zehn Jahren noch flüssig, nach 40 Jahren im Innern heiß gefunden wurden. Die fortdauernde, von außen nach innen fortschreitende Abkühlung hatte nicht nur eine Verdichtung, sondern auch eine Zusammenziehung der Rinde zur Folge, welche in der Regel mit einer Verminderung der Temperatur verbunden ist. Die durch diese Zusammenziehung gepreßten inneren Flüssigkeiten, die nur eine höchst geringe Elasticität besitzen, erhielten einen Drang aus der Tiefe nach oben, sprengten die Rinde und bildeten Spalten. Gewaltsam und unter heftigen Erschütterungen drangen sie, die Ränder der Spalten zerreißend und hebend, empor und erstarrten hier zu krystallinischen Massen, indem sie, die Spalten zugleich schließend, die ersten bedeutenden Unebenheiten und Erhöhungen der Erdoberfläche bildeten. Bei fortgesetzter Abkühlung und Verdichtung der Rinde, bei immer heftiger werdendem Drucke von außen drängte auch von innen die Macht ungeheurer Kräfte immer mehr gegen die Erdrinde, sprengte neue Spalten, und die geschmolzenen Massen wälzten sich zwischen denselben, ihre Ränder zertrümmernd und aufrichtend, in die Höhe und überlagerten in neuen Bergen den Boden. Sie bildeten natürlich bei ihrem Erkalten dieselben Felsarten, aus denen damals die Erdrinde allein bestand, weil die Verhältnisse der Bildung dieselben geblieben waren. Zugleich aber stürzten siedendheiße Regengüsse vom Himmel herab, furchtbare Blitze zuckten aus den Höhen, und mächtige Donner rollten wie Stimmen der Gottheit durch die schwüle Atmosphäre; denn der Wasserstoff und Sauerstoff derselben, entzündet durch den glühenden Kern, gingen die chemische Verbindung des Wassers ein, welches die Atmosphäre als Wasserdampf erfüllte. Darum war diese auch dichter als jetzt, und kaum vermochte sie ein Sonnenstrahl zu durchdringen. Der gewaltige Druck, den sie deshalb ausübte, hatte aber auch einen wichtigen Einfluß auf die Gase selbst; denn sie wurden nicht nur in einen engern Raum zusammengepreßt, sondern viele von ihnen nahmen, zumal bei eintretender Temperaturverminderung, tropfbar flüssige Form an. Das Wasser der untern atmosphärischen Schichten wurde tropfbar und bildete ein heißes, aufkochendes, dampfendes Urmeer, das an gänzlicher Verdampfung nur durch den auf ihm lastenden Druck verhindert wurde. Anfangs sammelte es sich nur in einzelnen Vertiefungen der Oberfläche, gewann aber immer mehr an Ausdehnung, je mehr die Erdrinde und mit ihr die atmosphärischen Dämpfe sich abkühlten. Mit der Vermehrung dieser Niederschläge verminderte sich jedoch der Druck der Atmosphäre, so daß es eines sehr langen Zeitraums bedurfte, ehe alles Wasser der Atmosphäre tropfbar wurde, was wohl erst dann der Fall war, als die Temperatur des Gasraums unter den Siedepunkt gefallen war.

So hat sich das Wasser der Meere nach und nach angesammelt aus unermeßlichen Fluthen, die von Zeit zu Zeit aus der Atmosphäre herabstürzten, und mit der ersten Fluth begannen auch die eigenthümlichen Wirkungen der beiden Hauptfaktoren der Erdrindebildung, der plutonischen und neptunischen Mächte. Mit der zerstörenden Gewalt des Wassers vereint arbeitete die von heißen Wasserdämpfen und Säuren erfüllte Atmosphäre an der Verwitterung der Gesteine, benagte, löste und lockerte die Felsarten, zu denen sie Zutritt hatte, und wenn schon die heutigen Regengüsse und Hochwasser Steinmassen abzulösen und zu zertheilen vermögen, womit die Flüsse an ihren Mündungen ganze Länderstrecken bedecken, die See- und Meeresbecken sich füllen und so die Grenzen des Festlandes meilenweit sich ausdehnen: was vermochten dann nicht die siedenden Gewässer der Urzeit zur fortschreitenden Erdbildung beizutragen? Es bildeten sich die ältesten Flußrinnen und Seen, und in den Meeren die ersten geschichteten Steinlager, zusammengefaßt unter dem Namen des Cambrischen und Silurischen Systems, der Gneuß, Urthonschiefer, Kieselschiefer, Glimmerschiefer, Hornblendeschiefer, Gesteine, welche durch die plutonischen Massen, die vielfach aus der Tiefe empordrangen, mannigfach umgewandelt wurden. Darum wechseln die krystallinischen Schiefer auf die bunteste Weise mit den granitischen Felsmassen ab und schließen sich selbst in den unmerklichsten Uebergängen an sie an. Diese Schieferbetten, welche später von den plutonischen Gewalten zersprengt und theilweise über die Fläche des Wassers gehoben wurden, gaben, ihrerseits vom Wasser bewegt, das Muttergestein ab, aus dessen Trümmern sich die nächsten Schichten zusammensetzten. Ueberhaupt erfolgte die ganze Bildung der Schichten und der Gebirge nach denselben einfachen Gesetzen. Die Mächte des Innern zersprengten von Anbeginn zu verschiedenen Zeiten und an verschiedenen Orten die horizontalen Niederschläge des Wassers, sie erhoben sich hier zu Gebirgen, an denen die zerrissenen Schichten sich aufrichteten, rückten dort ganze Landstriche des Plateaus empor, wenn sie die Rinde nicht zu sprengen vermochten. Dadurch wurden einerseits der unaufhaltsam nagenden und spülenden Gewalt des Wassers immer neue Flächen zu immer neuen Mineralbildungen dargeboten; andrerseits wurde, als die Temperatur der Atmosphäre gesunken war, die Möglichkeit der Existenz und der Spielraum für die an Luft und Süßwasser gebundene Pflanzen- und Thierwelt immer mehr vergrößert.

So geht von Anfang an die Vervielfältigung der Mineralbildungen und der Lebensbedingungen Hand in Hand, und plutonische Gesteine begleiten nicht blos Leben zerstörend, sondern auch neues schaffend die Bildung der Erdrinde von der Urzeit bis zu unsern Tagen. Wie aber die aus der Tiefe emporgestiegenen Massen in den ältesten Zeiten andre waren als heut, wie einst Granite, dann Porphyre, Trachyte und Basalte, jetzt Laven den Spalten der Erde entquollen; so sind auch die geschichteten Massen der Urzeit, die sich aus den stofferfüllten Meeren niedersenkten, andre, als in den späteren Perioden. Auffallend aber wird es, daß in den ältesten Gebirgen wenig kohlensaurer Kalk erscheint, der doch in den mittleren und jüngsten in ungeheuren Massen auftritt. Erst zwischen Thonschiefer und Grauwacke erscheint er offenbar metamorphosirt als krystallinischer Urkalkstein und Marmor. Aus dem Schooße der Erde können jene versteinerungsreichen Kalkmassen der späteren Zeit nicht plötzlich geflossen sein; auch sie mußten sich aus den Meeresfluthen abscheiden, in denen eigenthümliche Verhältnisse sie so lange Zeit hindurch schwebend und aufgelöst erhalten hatten. In der Urzeit der Erdbildung ging die Kalkerde wahrscheinlich mit der Kohlensäure der Atmosphäre eine chemische Verbindung ein, welche trotz der hohen Temperatur, in welcher sonst die Kohlensäure von der Kalkerde zu entweichen pflegt, durch den Druck der ganzen Atmosphäre gefördert wurde. Aber nicht die gesammte Kohlensäure konnte zur Bildung des kohlensauren Kalks verwendet werden; eine beträchtliche Menge wurde vom Wasser aufgelöst, das durch diesen Kohlensäuregehalt nun auch den kohlensauren Kalk auflösen konnte. Als aber bei der hohen Temperatur des Bodens eine große Menge des Wassers wieder verdunstete, so fiel die aufgelöste kohlensaure Kalkerde daraus zu Boden und ward fest. Da diese Ausscheidung später sehr schnell erfolgte, so blieb dem Kalke keine Zeit zur Krystallisation, und er erhielt eben deshalb das derbe, strukturlose Ansehen. Als endlich durch die üppig wuchernde Pflanzenwelt die überschüssige Kohlensäure verbraucht wurde, verlor das Wasser mehr und mehr seine frühere auflösende Kraft; es setzten sich immer größere Mengen kohlensaurer Kalkerde ab, die uns die Geognosie über der Steinkohlenformation in immer mächtigern Lagern aufweist.

3) Die Gebirgserhebungen.

Mit dem Sinken der Temperatur unter den Siedepunkt des Wassers wird die Geburt des ältesten organischen Lebens bedingt, dessen schwache Spuren sich schon im Thonschiefer der ersten Schöpfungsperiode zu zeigen beginnen. Ehe wir aber diese neue Lebensregung der Erde verfolgen können, müssen wir als gründliche Geschichtsforscher einen Blick auf den Zustand der Erdoberfläche zu jener Zeit des Erwachens werfen, auf die Vertheilung von Festland und Meer, auf die Gestaltung der Continente und die Erhebung der Gebirgszüge. Von der letzteren namentlich hängt nicht nur die ganze Gestaltung der Ländermassen, sondern auch der Charakter ihrer Organisation ab. Die Reihenfolge und das Alter dieser Erhebungen kennen zu lernen wird daher von eben so großem Interesse für die Naturkunde der Vorzeit, als das Auffinden der Städte und Baudenkmäler für die Völkerkunde des Alterthums. Leopold v. Buch und Elie de Beaumont haben durch unermüdliche Forschungen und scharfsinnige Zusammenstellungen auch diese verborgenen Thaten der Natur an das Licht gebracht.

Wie wir früher sahen, bildet das plutonische Gestein, aus dem die Gebirge und Plateaus bestehen, den Kern, an den sich zu beiden Seiten die aufgerichteten Schichten als parallele Nebenkämme mit ihren abgerissenen, offenen Schichtungsköpfen anlehnen, während sie gegen die umliegenden Ebenen allmälig abfallen. Wurden aber neptunische Schichten nach Erhebung eines Gebirges, bis zu dessen Fuße sie sich hinziehen, aus dem Meere, das diese emporgehobenen Ufer bespülte, niedergeschlagen, so mußten sie eine horizontale Lage annehmen. Steigen wir daher von den Abhängen eines Gebirges in die Ebene hinab, und treffen wir am Fuße desselben auf eine horizontale Schicht, die im Gebirgsabhange fehlt, so wissen wir, daß diese Schicht aus einem Meere abgesetzt wurde, aus welchem das Gebirge bereits hervorragte. Finden wir aber eine andere Schicht der Ebene gleichartig mit der obersten gehobenen Schicht des Gebirgsabhanges, so können wir nicht zweifeln, daß diese Schicht schon vor der Erhebung des Gebirges vollendet, erst durch sie aus der horizontalen Lage aufgerichtet wurde, und daß also der Zeitraum der Gebirgserhebung zwischen die Bildung dieser beiden Schichten fällt.

Wir wollen zum näheren Verständniß einen idealen Querschnitt des Riesengebirges (s. die nebenstehende Abb.) betrachten. Zwei

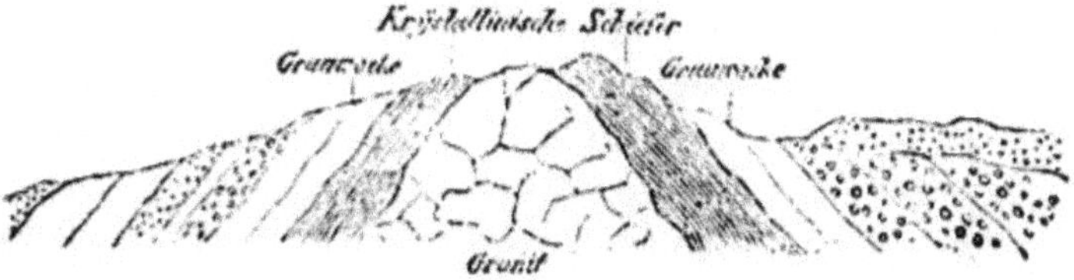

Idealer Querschnitt des Riesengebirges.

granitische Kegel steigen aus der Tiefe der Erde hervor, umgeben von einer mächtigen Hülle krystallinischer Schiefergesteine, über welchen die Grauwackenbildungen folgen. Ueber den aufgerichteten Schichten seiner Umgebung finden wir selbst die Kreidegebilde noch gestört. Das läßt uns schließen, daß das Riesengebirge noch nach ihrer Ablagerung gehoben worden ist. Da aber die älteren Schichten weit stärker als die Kreide aufgerichtet sind und sich auf beiden Seiten des Gebirges nicht ganz gleichmäßig entwickelt haben, so müssen wir vermuthen, daß schon während ihrer Ablagerung eine Erhebung vorhanden war, welche Meeresbecken trennte und die Ungleichheit der Ablagerungen bedingte.

Wenn daher nicht immer die Grenze der beiden entscheidenden Schichten eine scharf bestimmte ist, so mußten doch so gewaltige Ereignisse, wie die Emporhebungen der Gebirge es waren, wenigstens in der nächsten Umgebung, auf die allmälig fortschreitende Ablagerung neptunischer Schichten, sei es in der Natur der Gesteine oder der von ihnen umschlossenen organischen Reste, ändernd einwirken. Freilich mag bisweilen die Dauer dieses Ereignisses so kurz gewesen sein, daß der Niederschlag der Massen kaum eine Unterbrechung erlitt, und die Schichten beider Bildungen unmerklich in einander übergingen. Die Versteinerungen werden aber auch dann entscheidende Bestimmungen über die Altersverschiedenheit der Schichten abgeben.

In sehr früher Zeit sind immer Gebirge emporgestiegen, in denen keine oder wenige Schichten gehoben erscheinen, während viele gehobene Schichten uns zu dem Schlusse berechtigen, daß die Gebirge den letzten convulsivischen Bewegungen der Erdrinde ihr Dasein verdanken. So gehören die am meisten gewundenen Schichten der Alpen, selbst die, welche die steilen Gehänge in der Umgebung des Montblanc krönen, zu den in neuer Zeit erfolgten Absätzen des Wassers. Denn während sich die Kreidebänke am Fuße des Böhmerwaldes noch in horizontaler Lage hinziehen, steigen sie am Fuße der Alpen steil empor, und an den Enden der gewaltigen Kette zeigen sich sogar jüngere, die Kreide überlagernde Gebilde gestört.

Die nächsten Umgebungen empfanden natürlich immer das Hervordrängen der Gebirgsketten am heftigsten und wurden sogar bisweilen stärker gehoben als die Kette selbst. Dafür spricht die Erscheinung der schwäbischen Alp, deren plötzliche und gewaltsame Erhebung zugleich einen großen Theil des Schwabenlandes aus dem Meeresgrunde aufwärts riß. Störungen, Schichtenaufrichtungen und Ueberstürzungen von Felsblöcken fehlen dieser Bergreihe und würden ihrer Geburt einen äußerst friedlichen Charakter verleihen, wenn nicht die jähen Gehänge ihres nordwestlichen Fußes mit ihren tiefen Thaleinschnitten und Basaltkuppen von den furchtbaren Ereignissen erzählten, welche die Hebung der Alp begleiteten. Aus der Aufeinanderfolge der Schichten der Ebene und der Gebirgsabhänge und aus ihrer Vergleichung lassen sich also mit großer Gewißheit Schlüsse auf das Alter der Gebirge ziehen. Aber nicht an einem Punkte allein war die erhebende Kraft einer Periode thätig, sie schuf oft viele Gebirgsketten im weiten Umkreise der Erde, deren parallele Streichung ebenso für die Gleichzeitigkeit ihrer Geburt, wie die Durchkreuzung anderer für Altersverschiedenheiten zu sprechen scheint. Auch nicht in einer Zeit und plötzlich wurde die Gebirgskette immer gehoben, sondern nach langen Zwischenzeiten der Ruhe kehrten oft bald geringere, bald größere Erhebungen wieder, wie das langsame Aufsteigen von Chili noch in unsrer Zeit ein Beispiel aufbewahrt.

Das früheste Ereigniß dieser Art fällt in eine Zeit, wo die Oberfläche unseres Planeten noch ganz oder zum größten Theile mit Wasser bedeckt war. Die Hebungen erfolgten plötzlich und ohne lange Dauer. Sie schufen in Deutschland die Schiefergebirge der

Eifel, des Hundsrück, des Taunus und des Harzes, die südlichen Gebirgsketten Schottlands und die Grauwackengebirge von Wales und Cornwall. Aber auch an zahllosen anderen Punkten Europas, im Thüringerwalde, Fichtelgebirge und Erzgebirge, in Böhmen, in der Bretagne und Normandie, in den Pyrenäen und Vogesen scheinen zu jener Zeit schon einzelne Erhebungen stattgefunden zu haben. Als eine kleine Inselwelt ragten diese Berge aus dem weiten Urmeer hervor, aus dem sich die alten Thonschiefer und Grauwacken ablagerten.

Bald darauf erfolgte die zweite Erhebung, welche schon die Grauwacke durchbrach, und in Deutschland vorzugsweise das Harzgebirge schuf, das aber später noch zahlreiche Hebungen zu erfahren hatte. Um diese Zeit bildete sich eine immer größere Menge flacher Inseln und Plateaus, an deren Ufern jene ungeheuren Sümpfe sich ausbreiteten, in welchen die Farrnkräuter der Steinkohle üppig wucherten. Auch im Innern der Festländer fanden sich bereits zahllose kleine Moräste und Sümpfe, welche die Binnenmulden unsrer Steinkohlenlager bildeten.

Der heimatliche Boden des mittleren Europa erscheint zu jener Zeit unter der Gestalt großer Inseln, welche von zahlreichen, das Wasser überragenden Felsenkuppen umgeben waren. Mitten aus dem weiten Kohlenmeere erhob sich eine lange und schmale Insel trockengelegter Uebergangsgebilde, die sich von Lüttich bis zur westlichen Küste von England hinzog. Ein größeres Festland wurde durch die schon erhobenen granitischen Theile Frankreichs gebildet, in dessen Gebiete sich eine bedeutende Anzahl von kleineren abgesonderten Seebecken und Sümpfen befand. Weiter im Süden erstreckte sich von Inspruck bis nach Toulon und über Korsika hinaus ein zweites Festland, welches vielleicht mit dem Frankreichs in Verbindung stand und gleichfalls Kohlensümpfe enthielt. Das mittlere Deutschland selbst bestand zu jener Zeit aus drei größeren Inseln, deren westlichste die ausgedehnte Hügelgruppe des Hundsrück mit der Eifel und den Ardennen bildete. Ein schmaler Meeresarm trennte sie von den großen belgischen Inseln, und an diesen Küsten wucherten jene üppigen Waldungen, deren Ueberreste heute den Reichthum Belgiens und Englands begründen. Ein bedeutender Binnensumpf im Süden der Insel gab zur Ablagerung der pfälzischen Kohlenschichten Veranlassung. Kleiner als diese erhob sich im Nordosten als schroff ansteigende Kuppe die Insel des Harzes, die nur an ihrer sanft abfallenden Südküste Waldungen trug, welche sich durch niedrige Inseln bis zu dem Wettiner Kohlenbecken in der Nähe von Halle fortsetzten. Eine dritte Insel bildete endlich der große Gebirgsring des Böhmerwaldes, des Erzgebirges, des Riesengebirges, der Sudeten und des Mährischen Gebirges, der in seinem Innern noch zahlreiche Binnenmeere umschloß, an deren Ufern jene Wälder grünten, deren Reste wir in den Pilsener Kohlenrevieren kennen. Auch im Norden dieser Insel lehnten sich flache, mit Wald bedeckte Küstenländer an, welche den Waldenburger und Zwickauer Kohlengebirgen ihren Ursprung gaben.

Das ist also das Bild unsres Vaterlandes in jener grauen Urzeit. Kein Fluß durchströmte diese einförmigen Inselländer, kein Landthier belebte ihre düsteren Wildnisse. Noch war es eine chaotische Wasserwüste, aus der kaum das Leben sein Hoffnungsgrün hervorschimmern ließ.

Wenige Aenderungen wurden in der Gestaltung unsres heimatlichen Bodens durch die Hebungen hervorgebracht, welche der Steinkohlenperiode folgten. Es erheben sich noch die Gebirge Nordenglands, und emperdrängende Porphyre verwarfen und zerbrachen die Schichten von Südwales, der Ardennen, des Hennegaus und des Mansfeldischen, ohne bedeutende Höhen zu schaffen. An diese auf die sonderbarste Weise gebogenen und gedrehten Schichten lehnten sich die Gebilde des Zechsteins und bunten Sandsteins an.

Darauf erhob sich das System des Rheins, nur aus zwei langen Bergketten bestehend, den Vogesen und dem Schwarzwald, die ihre steilen Abstürze dem Rheine zukehren und von Basel bis Mainz das Rheinthal einschließen.

Nach den Ablagerungen des Muschelkalks und Keupers wurde das System des Thüringer- und Böhmerwaldes gehoben, welches den bedeutendsten Einfluß auf die Neugestaltung der Erde hatte, indem nicht nur einerseits bedeutende Strecken festen Landes, wenn auch nur zu geringer Höhe, über den Meeresspiegel erhoben, sondern auch andre große Strecken schon gehobenen Landes wieder unter den Wasserspiegel versenkt wurden. Durch die Keuperniederschläge waren die früher gesonderten drei Inseln Deutschlands mit ihren südwärts vorgeschobenen Felsenriffen, den Vogesen und dem Schwarzwald, zu einem einzigen großen Festland vereinigt worden, das sich von Dünkirchen bis Krakau, von Hannover und Göttingen bis gegen Wien, Zürich und Basel erstreckte. Schmale Meeresbuchten schnitten von Norden und Süden her tief in die Küsten ein, und der Golf von Basel bis Straßburg wurde erst später durch die Juraablagerungen in ein Binnenmeer verwandelt, dessen Gewässer endlich im Norden die Grauwackenschichten durchbrachen und einen Abfluß gewannen. Großbritannien bildete mit der Bretagne ein zweites zusammenhängendes Festland, und der Süden Frankreichs, durch einen schmalen Meeresarm von dem Festland der Bretagne losgerissen, schloß sich den Pyrenäen zu einer großen, von zahlreichen Buchten eingeschnittenen Insel an. So waren das ganze südliche Deutschland, die Schweiz und Italien von einem großen Meere bedeckt, das sich über Nordfrankreich und das westliche England erstreckte und seine Fluthen über die weiten Ebenen Norddeutschlands rollte. Dieses Meer wimmelte von Geschöpfen aller Art, und die Amphibienungeheuer, welche wir früher kennen lernten, geben uns gerade kein lockendes Bild von der damaligen Natur. Aus diesem Meere senkten sich die kalkreichen Juraformationen nieder, die durch ihre ungeheure Mächtigkeit einen Zeitraum langer Ruhe voraussetzen.

Deutschland während der Kohlen- und Juraperiode.

Auf der umstehenden Karte ist das Festland durch Schattirung, das des Kohlenmeers durch dunklere, das des Jurameeres durch hellere angedeutet. Die punktirten Stellen bezeichnen die Kohlensümpfe.

Nach dieser Ruhe aber erhoben sich das Erzgebirge, die Cevennen, das Cote d'or und der Jura, Hügelketten, die sich von der Elbe bis zu den Ufern der Dordogne erstreckten, und deren Fuß das Kreidemeer bespülte. Es war eine sehr ausgebreitete und plötzliche Katastrophe, welche diese Hebung bewirkte, und sie mußte daher bedeutende Veränderungen in den Verhältnissen zwischen Meer und Festland zur Folge haben. Die drei Inseln von Mitteldeutschland, Großbritannien und Südfrankreich, welche das Jurameer noch rings umfloß und durch Meeresarme trennte, sind jetzt mit einander vereinigt und bilden ein großes Festland, das sich in einem weiten Bogen von Krakau über Toulouse und Brest bis zu den Shetlandsinseln hinaufzieht. Nur ein weiter Golf erfüllt noch Nordfrankreich und das nördliche Belgien, und ein flaches Binnenmeer bedeckt die Fluren Böhmens und Sachsens, in welchem sich die Schichten des Quadersandsteins und Plänerkalks absetzen, deren Abstürze jetzt die malerischen Felsenparthien der sächsischen Schweiz bilden. Südlich von diesem Festlande durch einen langen Meeresarm geschieden, welcher Baiern und die nördliche Schweiz erfüllte, zog sich eine lange schmale Insel von Inspruck bis gegen Nizza hin, die schon jetzt die künftige Stelle der Alpen andeutet. So war wieder für lange Zeit dem Festlande seine Gestalt gegeben; aber auch sie sollte noch keinen Bestand gewinnen und neue Störungen, Hebungen und Senkungen erfahren. Zwar blieb noch die bald darauf erfolgende Hebung des Monte Viso und der Seealpen, welche die ältere Kreide durchbrach und von der jüngeren überlagert wurde, ohne wesentlichen Einfluß. Aber mit der Hebung des Systems der Pyrenäen und Apenninen trat eine der großartigsten und ausgedehntesten Katastrophen auf der Oberfläche Europas ein, welche eine neue Periode der Schöpfung, die der Gegenwart, einleitet. Selbst die Ghates in Vorderindien und die Alleghanies in Nordamerika reiht Elie de Beaumont dieser Hebung an. So gewaltig war der Erdboden bisher noch nicht erschüttert worden. Fast alle Gebirge Europas nahmen an diesem Ereignisse Antheil. Der Hauptrücken des Harzes, die Hügelkette Westphalens, viele Höhenzüge der Karpathen, die julischen Alpen, die slavonischen Berge und die Gebirge Griechenlands wurden in dieser Zeit von Neuem emporgehoben oder traten zuerst aus dem Meeresgrunde hervor. Bereits war der größte Theil des europäischen Festlandes über das Wasser emporgebracht, und nur das große Becken von London und Paris, aus welchem die beiden Inseln der Wealds und des Pays de Bray hervorragten, und die Ebenen des nördlichen Deutschlands wurden noch von den Meereswogen erfüllt. Der weite Meeresarm im Süden des alten Kontinents, der sich zwischen dem Jura und der Alpenkette von Genf bis Wien hinzog, wurde allmälig von Meeresabsätzen erfüllt und verband so die beiden Festländer des Nordens und Südens zu einem Ganzen. Auf der umstehenden Karte bezeichnet die dunklere Schattirung das Festland des Kreidemeeres, die hellere das des tertiären Meeres.

An den Ufern dieser neuen Festländer lagerten sich nun die ersten Tertiärgebilde, besonders der Grobkalk, ab; aber auch sie wurden bald wieder von den Gebirgen Corsikas und Sardiniens durchbrochen, mit welchen gleichzeitig wohl auch die zahlreichen Vulkane der Auvergne und des Vivarais, die Basalte Hessens, des Habichtswaldes, der Rhön und des Vogelsberges sich erhoben. Nach

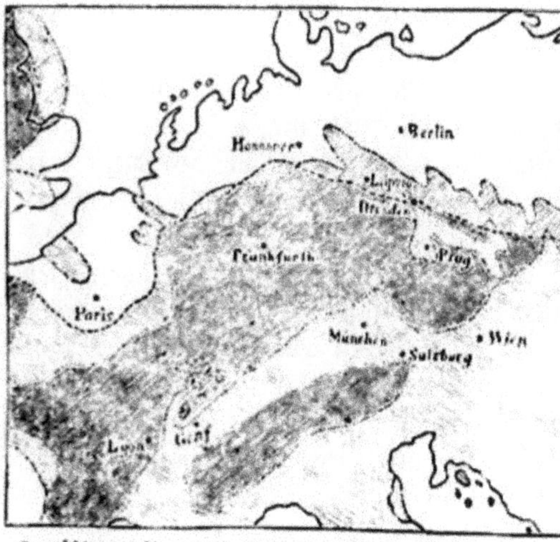

Deutschland während der Kreide- und ältesten Tertiärperiode.

der Molassebildung folgte nun die Hebung der Westalpen mit dem Montblanc. Diese höchsten Spitzen Europas, deren Kerne von Granit gebildet sind, den man doch einst den Urfels, den Erstgebornen der Erde nannte, sind also jünger als manche tertiäre Felsarten, jünger als Molasse, Grobkalk und Braunkohle. Es war eine gewaltige Erhebung, die den größten Theil der Erde erschütterte und durch ihre Kreuzung mit andern Systemen jene eigenthümlichen kesselförmigen Erhebungsthäler hervorbrachte, die wir in den Umgebungen der Diablerets und des Montblanc in so erhabener Schönheit kennen lernten. Die Gebirge von Nowaja Semlja, Skandinavien, Nordschottland, die Vulkane Islands und die Bergketten des östlichen Spaniens, die sich unter der Meerenge von Gibraltar nach Afrika fortsetzen, leiten aus dieser Hebung ihren Ursprung her. Der Kontinent Europas war jetzt vollendet, und nur die subapenninischen Hügel und Theile Siciliens und Ostenglands waren noch unter dem Spiegel des Meeres. Flüsse durchfurchten seine Oberfläche und Seen breiteten sich am Fuße der Gebirge aus, in welchen die Ablagerungen während der folgenden langen Periode der Ruhe fortschritten.

Die letzte große Gebirgserhebung in Europa bildet das System der Alpen von Wallis bis Oesterreich, das selbst die Nagelflue noch aufrichtete. Noch einmal nahm ein sehr großer Theil des Bodens von Hocheuropa an dieser Bewegung Theil, indem die Oberfläche sich in einer sanften Abdachung gegen den Kamm dieser großen Kette erhob, so daß der beträchtlichste Theil des gegenwärtigen Reliefs des europäischen Kontinents sich von dieser Katastrophe herschreibt. Die große norddeutsche Ebene war wohl der letzte Theil Europas, der von den Meeresfluthen verlassen wurde. Ein weites Binnenmeer erfüllte das Becken zwischen Skandinavien, dem Ural, dem Kaukasus, den Karpathen und den Nordküsten des alten Deutschlands, und auf seinem Boden wurden die zahllosen erratischen Blöcke, sei es nun durch losgerissene skandinavische und finnische Gletscher oder durch andre Transportmittel, abgesetzt. Das war jene Zeit, in der noch Elephanten und Löwen, Hyänen und Affen die deutschen Fluren bewohnten, in der Tulpenbäume und Ahorne neben Linden und Kastanien in unsern Wäldern wuchsen. Eine furchtbare Katastrophe vernichtete auch diese Schöpfung und erhob die nordischen

Ebenen über den Spiegel des Wassers. Vielleicht war es das vulkanische Emporsteigen der gewaltigen Andeskette Amerikas, welches unserm Vaterlande diese letzte Gestaltung gab. Die plutonischen Gewalten schwiegen seitdem und überließen es den Fluthen der Ströme und Meere, die gewaltsam geschaffenen Länder zum friedlichen Wohnsitz des Menschen umzugestalten.

Vergleicht man diese verschiedenen Hebungen unter einander, so findet sich, daß die ältesten Gebirgszüge keine bedeutende Ausdehnung haben und niedrig sind, während die jüngeren immer höher werden und um so größere Strecken durchziehen, je näher ihre Hebung der Gegenwart kommt. Die Ursache scheint in der fortschreitenden Verdichtung und Zusammenziehung der Erdrinde zu liegen, wodurch die geschmolzenen Massen im Innern so gepreßt wurden und in eine solche Spannung kamen, daß ihr Durchbruch nur um so gewaltsamer werden mußte. Der Himalayah Asiens und die Anden Amerikas sind daher nicht älter, als die Hauptkette der Alpen, ja die Anden sind entschieden jünger. Dafür zeugen die vielen Vulkane auf ihren Kämmen und Hochebenen oder auf ihren Abhängen, welche die ausgedehnteste und dauerndste Kommunikation des Innern unseres Planeten mit dem Luftkreise darbieten. Vulkane sind aber die jüngsten und letzten Erzeugnisse der feurigen Erdkraft, und Gebirgszüge, die, wie die Anden, so reich an Vulkanen sind, müssen schon deshalb später als alle nicht von Vulkanen begleiteten Bergketten gehoben und verändert worden sein.

Ob die Zukunft unsres Planeten den Zustand der Ruhe, dessen wir uns gegenwärtig zu erfreuen haben, beibehalten werde, oder ob diese Ruhe nur temporär sei, wie in allen zwischen den geologischen Krisen liegenden großen Zeiträumen, während deren sich die verschiedenen Sedimente bildeten, das ist eine Frage, die mit Gewißheit weder bejaht noch verneint werden kann. Wenigstens hat man kein Gesetz gefunden, das uns gestattete, ein Ende für die Reihenfolge der Erdumwälzungen anzunehmen. Die Beobachtung lehrt uns nur, daß auf lange Perioden der Ruhe oft plötzlich mehr oder weniger furchtbare Katastrophen eintreten; und grade die jüngsten Erhebungen des Montblanc und Monte Rosa und jener Kolosse der Anden, des Sorata, Illimani und Chimborazo berechtigen keineswegs zum Glauben an eine stufenweise Abnahme in der Kraft der plutonischen Gewalten.

Die Ruhe, die wir genießen, ist nur eine scheinbare; denn unter unsern Füßen arbeiten die finstern Mächte des Innern fort und kämpfen gegen ihre Fesseln, die sie doch einmal sprengen möchten. Das Erdbeben, welches den Boden unter allen Himmelsstrichen, in jeder Art des Gesteins erschüttert, das aufsteigende Schweden, die Entstehung neuer Ausbruchsinseln zeugen eben nicht für ein gestilltes Erdenleben. Wie es ein vergebliches Ziel menschlicher Sehnsucht bleibt, einen ewigen Frieden unter den Völkern einkehren zu sehen, wie unter der sanften Hülle der Kunst und Wissenschaft, des Gewerbes und Handels eine neue Zeit bereitet, ein neuer Kampf gegen das Altgewordene eingeleitet wird, wie auch das stille Antlitz des Greises noch die Stürme der Leidenschaft erschüttern; so ist auch die friedliche Natur nur die Hülle glühender Leidenschaft, und die Jahrtausende alte Ruhe der Erde nur die Ansammlung ihrer Kraft zur Wiedergeburt und Neugestaltung. Für Natur und Geist bleibt Goethe's Ausspruch immer wahr:

> Das Ewige regt sich fort in Allem:
> Denn Alles muß in Nichts zerfallen,
> Wenn es im Sein beharren will.

4) Das Erwachen und Fortschreiten des organischen Lebens.

Wir sahen jetzt den Erdboden schaffen und gestalten, wir wollen ihn nun auch sich beleben und schmücken sehen. In der Urzeit der Schöpfung war die Atmosphäre unseres Planeten bei der hohen Temperatur seiner Oberfläche noch von einer so außerordentlichen Menge von Wasserdünsten erfüllt, daß kaum die Lichtstrahlen der Sonne zur Erde selbst gelangten, und tiefe Finsterniß ihre Fläche bedeckte. Diese Finsterniß in Verbindung mit der noch herrschenden Hitze machten die Entstehung von Organismen unmöglich. Als aber die Temperatur unter den Siedepunkt erniedrigt wurde, als bereits Inseln mit Bergzügen und Thälern über das Meer emporragten, wurde die Atmosphäre durchsichtiger, weil sie einen großen Theil ihrer Wasserdünste, ihrer Kohlensäure und anderer Gase abgegeben hatte, und gestattete deshalb den belebenden und erquickenden Strahlen der Sonne Durchgang und Verbreitung auf dem Erdboden. Auch das Meer war nicht mehr die chaotische Flüssigkeit, wie früher, weil es mit der Hitze und der Kohlensäure sein kräftiges Einwirkungsvermögen auf die Gesteine verloren hatte und nur noch mechanisch durch Schlemmung wirkte.

Unter solchen Umständen brach der Geburtstag der Pflanzen- und Thierwelt an, deren Eigenthümlichkeit von der heutigen nicht so wesentlich abweicht, als man oft anzunehmen geneigt ist. Hundert Erfahrungen bestätigen es, daß das Gebundensein gewisser Geschöpfe an gewisse Elemente, daß das Spiel thierischer Triebe und Leidenschaften, der abgemessene Kriegszustand zwischen den Geschlechtern, kurz die ganze Verfassung der Thier- und Pflanzenwelt eine uranfängliche ist. Die frühere Voraussetzung, als ob alle heutigen thierischen Formen bloße Vervollkommnungen ähnlicher untergegangener, und die ältesten somit die einfachsten und niedrigsten wären, hat sich nicht bestätigt. Anfangs waren es freilich meist Geschöpfe des Meeres, welche durch die schöpferische Kraft der Erde ins Dasein gerufen wurden, weil das trockene Land nur hier und da inselartig über den allgemeinen Meeresspiegel hervorragte. Als aber durch die wiederholten Durchbrüche der plutonischen Massen immer mehr Festland dem Meere abgewonnen wurde, vervielfachten sich die Bedingungen, unter denen die allgemeine Naturkraft der Materie organisches Leben einhauchte.

Neben den Meeresgeschöpfen traten mehr und mehr Organismen des Landes auf, und mit jeder Umwälzungsepoche wurden die Wesen in immer edleren Formen wieder erzeugt. Freilich mußten gewisse Geschöpfe in zahllosen Formen entstehen und wieder vergehen, bis im Leben der Erde der Punkt eintrat, wo es die Natur vermochte, den Gedanken des Säugethiers auszuführen. Dies geschah, als durch die Kräfte der Erde, welche von innen nach außen bald schwächer, bald stärker, bald hier, bald dort, bald plötzlich, bald allmälig wirkten, nicht nur Inseln, sondern immer größere Kontinente entstanden waren, als die Atmosphäre durch die riesenhafte, von Hitze und Feuchtigkeit begünstigte Vegetation der Urzeit den größten Theil ihres Kohlensäuregehaltes und durch fortschreitende Abkühlung ihren Wasserdampf verloren hatte, als so Land, Meer und Luft die Bedingungen eines höheren organischen Lebens empfingen. Die fortschreitende Abkühlung war unzweifelhaft eine Folge der Wärmestrahlung gegen den Himmelsraum, welche den Erstarrungsproceß an der Erdoberfläche einleitete. Am stärksten, als nicht nur der glühende Kern, sondern auch die Erdrinde noch flüssig war, schritt sie auch später nach eingetretener Erstarrung verhältnißmäßig schnell vor, theils weil die Lufthülle den Wärmestrahlen einen immer freieren Durchgang in den Himmelsraum gestattete, theils wegen der wiederholten Durchbrüche plutonischer Massen. Diese Durchbrüche nahmen mit der Erstarrung der Erdrinde an lokaler Stärke zu, weil durch die wachsende Verdichtung und Zusammenziehung der Rinde die Rückwirkung des flüssigen Innern gegen die Oberfläche immer gespannter und heftiger werden mußte, bis endlich ein Gleichgewicht zwischen diesen einander bekämpfenden Kräften eintrat, wie es die Gegenwart vor den früheren Perioden auszuzeichnen scheint.

Während die Wärme, welche die plutonischen Massen im geschmolzenen Zustande erhielt, sich vor ihren Ausbrüchen über den ganzen Erdkörper vertheilte und seine Temperatur erhöhte, entzogen die feurigflüssig hervorquellenden Massen der Erde einen Theil ihrer Hitze, die durch die geöffneten Spalten entwich oder durch die Wärmestrahlung dieser Massen in die Atmosphäre verhaucht wurde und den gleichmäßig tropischen Charakter der ganzen bewohnten Oberfläche verursachte. Als die letzten und großartigsten Durchbrüche erfolgt waren und die Wärme der emporgestiegenen Massen sich durch Strahlung in den Weltraum zerstreut hatte, wurde die Temperatur der Luft und der Erdoberfläche mehr und mehr von der Sonnenwärme abhängig; die Temperaturverhältnisse näherten sich den gegenwärtigen, das Klima stufte sich ab, bis zuletzt den heutigen ähnliche Zonenunterschiede eintraten, die nicht durch die eigne Wärme der Erde, sondern nur durch die Stellung derselben zur Sonne bedingt sind.

Nur so läßt sich naturgemäß der Erkaltungsproceß der Erde erklären. Es hat zwar nicht an Versuchen gefehlt, diese große Erscheinung aus einer Veränderung in den astronomischen Verhältnissen des Planeten abzuleiten, namentlich aus einer Verrückung der Pole, so daß etwa der Aequator einst in den jetzigen Meridianen, und die Pole in Punkten des gegenwärtigen Aequators gelegen haben sollen. Allein man vergißt, daß die Abplattung der Erde, welche die nothwendige Folge ihrer Rotation ist, eine solche Verrückung unmöglich macht. Ueberhaupt widersprechen zahlreiche physische und astronomische Gründe jeder astronomischen Erklärung, welche man für die tropische Vegetation der Flötzgebirge aller Breiten, für die Palmenwälder, die in der Urzeit Sibiriens Fluren bedeckten, für die elephantenartigen, also pflanzenfressenden Thiere im höchsten Norden des asiatischen oder amerikanischen Kontinents versucht hat. Selbst die Beobachtung erhebt einen Widerspruch. Hätten einst, bei einer der heutigen ähnlichen klimatischen Verfassung der Erde, die Pole und damit auch die Zonen eine andre Lage gehabt, als jetzt, so müßte sich jedenfalls in der fossilen Thier- und Pflanzenwelt eine Abstufung der Klimate aussprechen, wenn auch in andrem Verlaufe gegen den jetzigen Aequator. Da dies aber nicht der Fall ist, so bleibt nur eine Annahme übrig: je näher die Epochen des irdischen Lebens dem Zeitpunkte liegen, wo der ganze Planet eine feurigflüssige Masse war, desto mehr überwog noch die eigne Gluth der Erde den Sonneneinfluß, desto mehr machte die dem Boden entstrahlende Wärme, die lebhafte Zuströmung des warmen Wassers in den Meeren, die Menge der heißen Quellen, welche aus dem Boden sprudelten, und die dichten Dunst- und Nebelmassen, welche die Pole umhüllten und jede Wärmeausstrahlung verhinderten, den ganzen Erdball zu einem Treibhause, in dem alles organische Leben in der glühendsten Fülle und Pracht wucherte. Je mehr die Erde allmälig erkaltete, desto stärker traten alle Einflüsse hervor, welche heute von der Schiefe der Ekliptik abhängen, desto mehr entwickelte sich stufenweise der gegenwärtige Unterschied von Zonen und Jahreszeiten. So sehen wir auch hier wieder, wie die allmälige Abkühlung der Erde, die Entwicklung des Festlandes und die Ausbreitung des Pflanzen- und Thierreiches in immer edleren und bunteren Formen Hand in Hand gehen. Aber dennoch giebt es Erscheinungen, die sich schwer mit diesem Schlusse vereinigen lassen, und je näher wir zur Schwelle der Gegenwart schreiten, desto mehr scheinen sich die Räthsel der Natur zu häufen.

In jenem ungeheuren Treibhause wucherte die riesenhafte Vegetation der Vorwelt, deren Grab die mächtigen Steinkohlenschichten jener Periode umschließen. Die tropischen Formen jener Gewächse, deren Blätter und Stämme in Kohlenschiefer und Kohlensandstein treue Abdrücke hinterließen, die riesenhafte Größe vieler dieser verkohlten Pflanzen selbst und die ungeheure Menge der in allen Gegenden der Erde aufgefundenen Kohlenlager deuten auf eine Fruchtbarkeit des Bodens, eine Gluth des Klimas und eine Gestaltung des Landes hin, die selbst mit der paradiesischen Ueppigkeit unsrer Tropenfluren nicht mehr verglichen werden kann. Welches Bild sollen wir uns von den Ereignissen machen, die solche Massen von Pflanzenresten ablagerten?

Viele kleinere Kohlenablagerungen mögen vielleicht große Flöße von verschiedenen Pflanzen sein, welche durch große Flüsse und Meeresströme angeschwemmt und im Schlamme begraben wurden, wie noch jetzt durch dichtbewaldete Länder strömende Flüsse den Meeresboden vor ihrer Mündung mit herbeigeführtem Holz und Schlamm erhöhen. Aber wenn auch jene gewaltigen Kohlenlager, welche unsere Industrie ausbeutet, auf solche Weise entstanden sein sollten, welche ungeheure Dicke dieser schwimmenden Flöße müßte das voraussetzen? Bei der außerordentlichen Verdichtung der verkohlten Pflanzen, bei der unregelmäßigen Aufschichtung des Holzes und den damit verbundenen leeren Räumen und bei der lockeren Natur jener Farrn- und Schachtelhalmstämme würden Steinkohlenlager von 10 Fuß Mächtigkeit nach heutigen Verhältnissen berechnet mindestens 263 Fuß dicke Holzflöße erfordern, was schon für solche Schichten, geschweige für mächtigere, die Grenzen des Wahrscheinlichen überschreitet.

Auf solche Schwierigkeiten stößt man nicht, wenn man die Steinkohlenschichten aus Wald- und Torfvegetationen sich bilden läßt. Allerdings könnte bei einer solchen Entstehungsweise die zur Anhäufung des Stoffes erforderliche Zeit Bedenken erregen, da, nach den Erscheinungen der Gegenwart zu urtheilen, für die Bildung einer nur 10 Fuß dicken Schicht wohl kaum 4000 Jahre hinreichen möchten. Aber einmal war in jener feuchten, warmen Atmosphäre der Urwelt unstreitig die Vegetation unendlich kräftiger als jetzt und zugleich weit kohlenreicher durch die allverbreitete vulkanische Thätigkeit, die eine ungeheure Menge von Kohlensäure dem Schooße der Erde entquellen ließ. Andererseits erforderten alle neptunischen Sedimente zu ihrer Bildung ungeheure Zeiträume, und ganz besonders die Kalkablagerungen, die einzig und allein aus Muscheln gebildet wurden und eine weit größere Mächtigkeit als die Kohlenflötze gewannen. Die Zeit darf um so weniger Schwierigkeiten machen, als zahlreiche andere Gründe unsre Ansicht von der Bildung dieser Flötze aus Waldsümpfen und Torfmooren unterstützen. Man findet in ihnen mit ihren Wurzeln aufrecht stehende Bäume, die offenbar versanken, wo sie gewachsen waren, und von angeschwemmtem Sand oder Thon bedeckt wurden. Die gute Erhaltung der Blätter in der Mitte der Schichten, die genauesten Abdrücke derselben, wie der Rinde der Farrnstämme oft mit allen ihren Unebenheiten und den zartesten linearen Zeichnungen im Schieferthon, deuten unverkennbar auf eine sehr ruhige Bildung der Kohlenschichten hin, während bei einer Anschwemmung durch Fluthen die weicheren, zarteren Organe zu Grunde gegangen, die Rinde zerstört und die Stämme bis zur Unkenntlichkeit beschädigt worden wären. Endlich kommen die Torfmoore und Steinkohlenablagerungen auch darin überein, daß sie mehr oder weniger ausgedehnte, von einander gesonderte, muldenförmige Becken bilden, welche an große Sümpfe erinnern.

Diese ausgedehnten Moräste, in welche die Schachtelhalme ihre Wurzeln versenkten, und aus denen die baumartigen Farrn ihre Wipfel erhoben, um ein schützendes Laubdach gegen die sengenden Strahlen der Sonne zu entfalten, scheinen Jahrhunderte und Jahrtausende ungestörter Ruhe genossen zu haben, bis irgend ein Ereigniß den ganzen Wald unter Wasser setzte und unter niedergeschlagenen Thon- und Sandmassen begrub. Nach einiger Zeit erhöhte sich der neugebildete Boden so weit, daß wieder Sumpfpflanzen Fuß fassen und die Vegetation von Neuem ihre reiche Schöpfung beginnen konnte, bis eine neue Versenkung auch sie ihr Grab unter den Fluthen des Meeres und seinen Niederschlägen finden ließ. Gehemmter Luftzutritt, Druck der aufliegenden Sand- und Thonschichten, Feuchtigkeit und Erdwärme führten dann allmälig den Verlust des früheren organischen Gefüges herbei und vollendeten so jene dichten strukturlosen Massen, welche wir jetzt als Steinkohlen kennen. Die unterseeischen Wälder an den Küsten Englands, die noch dem jüngsten Jahrtausend angehören, und die noch in geschichtlicher Zeit unter das Meer gesunkenen Torfmoore Hollands und Frieslands werfen ein Licht auf die großartigeren Schöpfungen der Vorwelt.

Lassen wir jetzt unser Auge von den Wundern der Vegetation zu den Schrecken der Thierwelt hinüberschweifen, welche auf jene folgte. Welch ein reiches und eigenthümliches Leben verräth diese Zeit, die wir durch die Rieseneidechsen des Meeres wie des Landes charakterisirt sehen! Wie lebhaft erwecken so wunderbare Friedhöfe in dem spätgebornen Beschauer die Lust nach einem Blick in jene ferne, über alle Bestimmungen hinausliegende Zeit, wo Ungeheuer der seltsamsten Art, von fabelhafter Gestalt, wie sie gleichsam nur eine geniale Einbildungskraft ausdenken konnte, in den Wogen des unabsehbaren Weltmeeres spielten und im Wettstreit der Bedürfnisse, von vielen tausend dienstbaren Geschöpfen umgeben, dennoch ihrer eignen Genossen nicht schonten. Sie alle in ihrer grauenhaften, nur dem wissenschaftlichen Auge anziehend erscheinenden Bildung vernichtete eine Katastrophe, welche dem heutigen Geschlecht seinen Boden zubereiten half und damit zugleich Gelegenheit gab, daß aus den scheinbar unklaren organischen Gemischen der Vorzeit, durch immer neue und bessere Darstellungen geläutert, jene innere Harmonie des Lebens entstehen konnte, welche die Gegenwart in der Form des Menschen hervorgebracht hat. Doch nicht deshalb waren sie da, um als mißrathene Muster der Folgezeit zu dienen; ihre Natur war dem Charakter ihrer Zeit und ihres Bodens gemäß, jugendlich roh, wie jene, unvollkommen gestaltet wie dieser.

Erst als Weltmeer und Festland sich die Wage hielten, konnte der vollendetere Organismus entstehen. Je jüngeren Zeiten wir uns nähern, desto ähnlicher sehen wir die Bildungen und Gestaltungen der Natur den heutigen werden. Nur die Diluvialepoche, welche den Uebergang von der Vorzeit zur Jetztwelt bildet, zeigt uns noch Wunder in der Lebenswelt. Aber wir sehen auch hier schon klimatische und Heimats-Unterschiede sich herausbilden, die der jetzigen geographischen Verbreitung der Thierwelt nahe kommen. Allerdings bietet die Diluvialzeit auch noch bedeutende Contraste mit der Jetztwelt dar. England und das nördliche Europa sind nicht nur von Bären, Pferden, Ochsen und ähnlichen Thieren bewohnt, welche jetzt noch Analogien bieten, sondern auch von Hyänen, Löwen, Tigern, Elephanten, Nashörnern und ähnlichen Thieren, welche jetzt auf dem europäischen Kontinente nicht mehr heimisch sind, finden sich zahlreiche Ueberreste unter den Knochen unseres Diluviums. Sibirien, das jetzt kaum noch einige wenige Thiere des Nordens ernähren kann, war damals von Elephanten und Nashörnern bewohnt, deren analoge Arten jetzt nur noch in südlichen Zonen vorkommen.

So lange man also die Vergleichung auf die Länder des europäisch-asiatischen Kontinents beschränkt, scheint die geographische Verbreitung der Säugethiere während der Diluvialzeit allerdings keine Verwandtschaft mit derjenigen der Jetztzeit zu haben. Aber wie jene Zeit, ebensowenig läßt auch die Gegenwart eine scharfe Grenze zwischen den Kontinenten von Europa, Asien und Afrika feststellen. Die Grenze zwischen Europa und Asien ist noch jetzt eine willkürliche; und zwischen Europa und Afrika hat die Natur selbst in historischer Zeit keine solche gezogen. Die meisten Säugethiere und Pflanzen, welche in Nordafrika vorkommen, der Löwe, der Schakal, die Hyäne, der Affe, das Stachelschwein, das Kameel und die Zwergpalme, sind entweder noch in den europäischen Küstenländern des Mittelmeeres einheimisch, oder waren es doch in historischen Zeiten, und ihre Entfernung ist nur eine Folge der Civilisation. Wie aber noch heute, so tritt auch schon an der Schwelle der Gegenwart eine Verschiedenheit der Organisation nach drei großen Heimatsgebieten, der alten Welt, Amerika und Australien hervor. Die Elephanten, Nashörner, Nilpferde, Hyänen sind auf den europäisch-asiatischen Continent, wie jetzt, auch zur Diluvialzeit beschränkt. In den amerikanischen und neuholländischen Thierresten zeigen sich dieselben Eigenthümlichkeiten, wie sie die jetzige Thierwelt dieser Erdtheile auszeichnet. Dort in den Knochenhöhlen Brasiliens und den Thonschichten der Pampas liegen die Knochen einer Schöpfung, in welcher die zahnlosen Säugethiere, Faulthiere, Gürtelthiere, Ameisenfresser ꝛc. überwiegen, Formen, welche auch jetzt nur noch in Amerika angetroffen werden. Selbst die Knochen von Riesenvögeln finden sich hier, deren Geschlecht in dem seltsamen flügellosen Kiwi, der erst kürzlich nach Europa gebracht wurde, seinen lebenden Nachkommen zu haben scheint. Hier in Neuholland und Neuseeland finden sich die Beutelthiere in eigenthümlichen Formen entwickelt, deren Fortbildung in den jetzt lebenden Bewohnern dieser Landstriche nicht verkannt werden kann. Auffallend ist es allerdings, wenn wir in den Pampas Amerikas dem Geschlechte des Pferdes begegnen, das doch in historischer Zeit erst von Europa aus dort eingeführt wurde, wenn wir das Mastodon über die ganze Erde, die alte und neue Welt verbreitet sehen. Aber immer sind die Arten von einem Kontinente zum andern unterschieden, und nur das Geschlecht ist allgemein, wie es auch jetzt noch Geschlechter giebt, die in eigenthümlichen Arten über die ganze Erde verbreitet sind.

So beginnt die geographische Verbreitung der Organismen nach Faunen und Floren bereits in dieser frühen Zeit der Erde, und wenn auch anfangs die größere Gleichmäßigkeit des Klimas noch Norden und Süden verband, so gewannen die Lebenserscheinungen allmälig den festen Bestand der Gegenwart. Wohin nicht die Kultur des Menschen ihren verändernden Einfluß erstreckte, da hat seit den ältesten geschichtlichen Zeiten das Pflanzen- und Thierleben seine Wohnplätze nicht mehr geändert. Die Abstufung der Klimate und der mittlern Erdwärme ist heut keine andere als vor Jahrtausenden, und die Wiege des Menschengeschlechts begrüßte einen Zustand des Gleichgewichts, in welchem die Erde aus schwankender Unruhe gleichsam selbst zur Ruhe besonnenen Denkens gekommen war. Eine entscheidende Auskunft über die klimatischen Verhältnisse vermöchte uns am besten die wissenschaftliche Anwendung des Thermometers zu geben. Da aber diese kaum erst den Zeitraum von zwei Jahrhunderten umfaßt, so tritt statt ihrer die Astronomie mit ihren unerschütterlichen Beweisgründen ein und zeigt uns aus der gleichen Tageslänge und gleichen Rotationsgeschwindigkeit der Erde seit den Beobachtungen Hipparch's, daß auch die Wärmeabnahme der Erde in den letzten zwei Jahrtausenden mindestens keine merkliche gewesen sein kann. Allerdings wird durch die noch thätigen Vulkane und die heißen Quellen alljährlich eine beträchtliche Wärmemenge zu Tage gebracht, und eine noch größere beständig an die Atmosphäre und aus dieser durch Strahlung an den Weltraum abgegeben; aber der Verlust, den die Erde an eigner Wärme erleidet, wird ihr durch die Wärme, welche die Sonne in ihr erregt, wieder ersetzt. So drängt uns Alles zu dem Glauben an das Temperaturgleichgewicht der Gegenwart.

Gegen die Allmäligkeit dieser Wärmeabnahme seit der tropischen Vorzeit erheben sich einige Thatsachen, welche darauf hinwiesen, daß der Uebergang zur Gegenwart durch ein plötzliches Sinken der Temperatur in der nördlichen Erdhälfte eingeleitet wurde. Die große

Menge von Säugethierresten der tertiären Epoche, welche in dem ganzen Norden Asiens und Amerikas angetroffen werden, die wohlerhaltenen Gerippe und ganzen Leichname von Elephanten und Nashörnern, die in den Eismassen der sibirischen Küsten gefunden wurden, und deren Fell und Fleisch noch den Eisbären der Gegenwart und den Hunden der Tungusen zur wohlschmeckenden Nahrung diente, die Mammuthknochen und Zähne, eingeschlossen in großen Eisbänken der Eschscholtzbai: alle diese Thatsachen führen uns zu dem sichern Schlusse, daß hier wenigstens die tertiären Säugethiere, von welchen die fossilen Reste stammen, nur durch eine plötzliche und gewaltsame Katastrophe untergegangen sein können. Eine besondere Ursache muß die Knochen und Zähne vor der zerstörenden Einwirkung der Elemente bewahrt haben, und diese Ursache scheint in einer Veränderung des Klimas bestanden zu haben, in einer Kälte, die nicht langsam und allmälig, sondern plötzlich erstarrend über die Schöpfung hereinbrach, so daß die Knochen und noch mehr die weichen Theile nicht mehr Zeit hatten, sich zu zersetzen und zu faulen, wie die, welche man in der gemäßigten und heißen Zone findet. Zu dieser Annahme berechtigen ebenso die in den Alpen, im Jura, im nördlichen Europa und Amerika wahrgenommenen alten Sanddecken und Schliffflächen, welche auf eine einstige ungemeine Ausdehnung des Polareises hinweisen, das entweder mit Gletschern den größten Theil der nördlichen Halbkugel bedeckte oder durch schwimmende Eisberge seine Spuren dem Boden eingrub.

Wenn es daher durch die Kenntniß, welche wir von der eisigen Lagerungsstätte der großen Säugethiere im Norden besitzen, erwiesen ist, daß jene vereisten diluvialen Schichten des Nordens gleicher Natur und gleichen Ursprungs mit den Geröllschichten sind, in denen die Elephantenknochen des mittleren Europas angetroffen werden, die derselben Art angehören wie die sibirischen, so drängt sich auch die Vermuthung auf, daß dieselbe Katastrophe, welche die Thiere des Nordens so plötzlich tödtete, auch die Thiere unseres Diluviums vernichtete und im Eise begrub. Plötzlich also kehrte hier der Tod in einer mächtigen Schöpfung ein, und eisige Ruhe trat an die Stelle des üppigsten und reichsten Pflanzen- und Thierlebens. Allmälig wich die eisige Hülle den milderen Lüften eines großen Frühlings, und nur die Eismassen der Alpen und der Polarländer blieben zur Erinnerung an jene Erstarrung unserer heimatlichen Fluren zurück. Tüchtige Gelehrte haben diese Ansicht in ein wissenschaftliches Gewand gekleidet, und Agassiz, ihr jüngster Verfechter, hat sie sogar auf die ganze Geschichte der Erdbildung ausgedehnt und jede Epoche durch eine plötzliche Erkältung der Erde sich abschließen lassen. Solche Annahmen von plötzlichen Katastrophen, welche zu verschiedenen Zeiten die ganze Erde betroffen und alles organische Leben auf ihr überall mit einem Male zerstört hätten, so daß jedesmal eine ganz neue Schöpfung desselben nöthig geworden und die Lebenswelt dadurch in eine bestimmte Zahl historisch auf einander folgender Schöpfungsperioden getrennt wäre, verlieren indeß immer mehr an Halt in den Thatsachen der Geschichte der Vorwelt, je tiefer die Forschung darin eindringt. Nirgends ist zwischen den unmittelbar nach einander gebildeten Ablagerungen eine scharfe Grenze, eine plötzliche Umgestaltung aller Formen zu finden. Wo es eine Zeitlang so schien, hat sich später irgendwo ein vermittelndes Zwischenglied gefunden, das nur örtlich fehlt, aber dazwischen gedacht die Lücke ausfüllt. Oertlich mögen allerdings dergleichen vernichtende Katastrophen eingetreten sein, wie sie ja noch in der Gegenwart, wenn auch in kleinerem Maßstabe, erfolgen. Aber das gesammte Leben der Erdoberfläche wurde nie durch solche Vorgänge zerstört. Vielmehr müssen wir alle organischen Formen als gewissermaßen aus einander hervorgewachsen und gegenseitig durch einander bedingt, als nach und nach erneuert betrachten. Von bestimmt abgegrenzten Schöpfungsperioden, von einer scharf unterschiedenen Vorwelt darf streng genommen nicht mehr die Rede sein. Die heutigen Organismen sind, wie wir gesehen haben, nur Abkömmlinge der ältesten, sie ragen sogar ungleich tief in die Vorwelt hinab, ihr Ursprung ist nicht von gleichem Datum, sie sind nicht an einem Tage entstanden. Einige kommen noch als Versteinerungen mit längst ausgestorbenen Arten zusammen vor, andere sind erst in viel neuerer Zeit aufgetreten, manche sogar in historischer Zeit wieder ausgestorben. Zwischen Heut und Gestern giebt es in der Natur so wenig eine scharfe Grenze, als zwischen den Tagen der Vorzeit.

Noch ist das große Räthsel der Schöpfung, welches die Gegenwart einleitete, nicht völlig gelöst. Alle astronomischen Erklärungen, die man versucht hat, widerlegen sich selbst, und auch die trostlose Hypothese Adhemar's, die sich auf das Fortrücken der Apsidenlinie der Erdbahn stützte und selbst unsere Zukunft mit Vereisung und Ueberschwemmung der vaterländischen Gauen bedrohte, sahen wir haltlos in sich zusammenstürzen.

Nicht im Stande, die Geheimnisse der nächsten Vergangenheit zu enträthseln, scheint es vermessen, den Blick prophetisch in die Zukunft erheben zu wollen. Wohl wissen wir, daß ewige Gesetze das Geschick der Welten regieren, daß in dem engen Kreise des Lebens und seiner Kräfte die Zukunft der Erde eingeschlossen liegt. Aber eben das Leben ist es, das ein geheimnißvoller Schleier vor unserm Blicke verhüllt, eben die Kräfte sind es, welche das ganze Weltall mit Räthseln erfüllen. Wohl mag die Gegenwart eine Zeit der Ruhe und des Friedens sein; aber es giebt keinen Frieden ohne Kampf und keinen Kampf ohne Sieg und Tod. Noch lebt das Herz der Erde und rollt seine glühenden Ströme durch die Adern der Erde. Werden diese Herzschläge einst mächtiger an die Pforten der Unterwelt pochen, wird der Lebenskampf einst stürmischer erwachen und wieder eine Schöpfung zum Opfer fordern? Grauen erfüllt uns bei diesem Gedanken, ein Gefühl hoher Würde weist mit Widerwillen diese Drohung von sich, welche der Krone der Schöpfung gilt. Wie! Diese lieblichen Fluren, welche der gottgeborne Mensch zum Tempel Gottes umschuf, sollten wieder ein Schauplatz so furchtbarer Zerstörungen werden können, wie sie die rohere Vorzeit uns aufwies? Dieses stolze Menschengeschlecht, das einen unsterblichen Geist in sich birgt, das den Beruf erkannt hat, die Natur zu verklären, das für die Ewigkeit baut und die Natürlichkeit überwindet, es sollte im Kampf gegen rohe Naturkräfte unterliegen? Weg mit diesem widerwärtigen Gedanken, der in dem Geschöpfe den Schöpfer selbst entwürdigt! So ruft Mancher entrüstet aus. Doch täuschen wir uns nicht, lassen wir das persönliche Gefühl nicht über die hohen Fragen der Natur entscheiden! Rings um uns sehen wir Völker untergehen, nicht im Kampfe mit der Natur, sondern im Kampfe der Geister, durch Leidenschaft und Fanatismus, durch Herrschsucht und Knechtssinn. Vor dem scharfen Schwerdte der Civilisation wichen die Urvölker von Van Diemensland, schwinden täglich die Stämme der Eingebornen Amerikas, wie einst die Volksstämme unsers Vaterlandes vor dem Sturme von Osten wie welkes Laub verweht wurden. Rom, die stolze Herrscherin der Welt, ist dahingesunken, Griechenland, die Wiege der Wissenschaft, der Tempel der Freiheit, in den Händen roher Türkenhorden. Das Land, in dem das Morgenroth des neuen Geistes im Mittelalter aufging, das Vaterland eines Huß, ist in das Dunkel des bigottesten Aberglaubens zurückgesunken. Noch sehen wir neben uns Heldenvölker der Vorzeit durch nachbarliche Herrschsucht, durch freiheitsmörderische Politik in den Staub getreten oder heimatlos über die Länder der Erde zerstreut werden. Wir klagen nicht. Wir fühlen kein Grauen, wenn Zweige des eignen Stammes von den eignen Brüdern verstümmelt und abgehauen werden; wir zittern nicht, daß asiatische Horden einst ihre Rosse in deutschen Strömen tränken möchten; wir erschrecken nicht vor dem Gedanken, daß der deutsche Geist, nicht im Kampf mit rohen Naturgewalten, sondern im Kampf mit der Gewalt östlicher Barbarei erliegen werde. Wir trösten uns in dem Gedanken, daß es leichter ist, ein Volk zu vernichten, als seinen Geist, daß aus den Trümmern der untergegangenen Freiheit und Kultur die neue und herrlichere erblühen müsse.

Der Bewohner Quito's baut seine Stadt auf die unsichere Hülle eines grollenden Vulkans, dessen Abgründe Tausende vor seinen Augen verschlangen. Der Fischer der Südsee sucht seine Heimat auf der niederen Koralleninsel und sieht von den Wogen, die über sie dahinrollen, eine Hütte nach der andern hinwegspülen. Der Alpenbewohner siedelt sich an unter wild abhängenden Felsen, mitten unter donnernden Lawinen und krachenden Bergstürzen. Was fesselt jene Menschen an den tückischen Vulkan, auf die schutzlose Insel, unter den drohenden Felshang? Ist es auch jene engherzige Selbstsucht, die ein Volk unter den Ruinen zusammenbrechender Völker und Kulturen in sorglose Ruhe wiegt? Es ist ein höherer, edlerer Gedanke, die Ahnung eines größeren Vaterlandes, einer Einheit des Menschengeschlechts. Hier im Kampfe mit der Natur fühlt sich der Mensch als das Glied eines Ganzen, welches das Opfer des Einzelnen fordert, und freudig blickt er in die Zukunft, die nicht für ihn, doch für sein Geschlecht gilt. So lerne der Mensch sich aus der Natur auch als Glied eines höheren

Ganzen kennen, die Menschheit als Tropfen im Weltall, und die Schauer der Zukunft werden schwinden. Nur den erschreckt die Möglichkeit einer Vernichtung seines Geschlechts, der außer ihm nichts Höheres erkennt, der in ihm das Werk der letzten und höchsten Anstrengung des Schöpfers, die Krone der Wesen, nicht den Erstgebornen, sondern den Letztgebornen Gottes sieht.

Die Menschheit ist nur ein Volk in der Geschichte der Natur, das wie die Völker der Erde dem andern weicht, wenn es seine Rolle ausgespielt hat, und dem Erben seines Geistes, dem verklärten Sohne der Schöpfung die Aufgabe überläßt, die verklärte Erde dem Ziele ihrer Göttlichkeit entgegenzuführen. Die Menschheit ist ein Glied des Kosmos, das ist ein Gedanke, tröstend und erhebend für den, der ihn begreift, unbegreiflich und grausenerregend aber dem, der auch sich selbst nicht als Glied eines Ganzen, als Sohn eines Vaterlandes zu fühlen vermocht hat. —

5) Der mosaische Schöpfungsmythus.

Das Bild der Vorwelt ist jetzt vollendet, wie es sich in dem Leben der Gegenwart und den großartigen Denkmälern der Vergangenheit abspiegelt. Wir haben die Geschichte der Erde, ihrer Revolutionen und ihrer Lebensschöpfungen aus den verworrenen Zügen dieses Gemäldes gelesen. Es war eine Geschichte, die sich auf Thatsachen gründete, die fern blieb allen phantastischen Träumen und Vermuthungen, eine Geschichte, die keinen andern Richterstuhl, als den der Wissenschaft und der Vernunft erkennt, aber nimmermehr den sinnlosen Forderungen einer anmaßenden Theologie und eines frömmelnden Glaubens gerecht werden kann. Denn diese verlangt Uebereinstimmung wissenschaftlicher Ergebnisse mit der heiligen Schrift, von der sie behauptet, daß sie die einzige Wahrheit enthalte, da sie aus göttlicher Quelle geflossen sei. Vermag man auch in unserm Jahrhundert nicht mehr mit Gewalt zur Anerkennung dieses Glaubens zu zwingen, so meint man doch ein Recht zu haben, die Resultate der Wissenschaft von vorn herein im Namen der Religion zurückweisen zu dürfen. Einer solchen Beweisführung gegenüber wagt es die Wissenschaft, ihren Unglauben offen zu bekennen, und fürchtet nicht, deshalb für gottlos und unchristlich verschrieen zu werden.

Der wachsende Triumph der Vernunft macht sich selbst der Orthodoxie immer mehr fühlbar; sie beginnt bereits Concessionen zu machen. Sie giebt zu, die göttliche Offenbarung habe nicht Alles gegeben, um dem menschlichen Geiste einen Spielraum für sein rastloses Sinnen und Grübeln zu gewähren, sie habe Lücken gelassen, damit die menschliche Wissenschaft sie ausfülle. Eine solche Lücke sei zwischen dem ersten und zweiten Schöpfungstage, und dieser viele Millionen Jahre umfassende Zeitraum könne mit allen den Schöpfungen und Veränderungen ausgefüllt werden, welche die Geologie als unleugbar nachweise. Durch solche Mittel will man jetzt locken, man will sich selbst alle möglichen Deuteleien und Sinnverdrehungen im heiligen Texte gefallen lassen, wenn nur der Buchstabe stehen bleibe und die Autorität der Offenbarung nicht herabgesetzt werde. Wer aber untergräbt diese Autorität wohl mehr, der Naturforscher, der sie gelten läßt in ihrer Wahrheit, als die dichterische Anschauung des mosaischen Alterthums, als die Offenbarung der ewigen Vernunft in den Formen einer Zeit und eines Volkes, das den Himmel noch als ein ehernes Gewölbe und Sonne und Sterne als leuchtende Scheiben betrachtete, daran befestigt, um die Mitte der Schöpfung, die Erde zu erleuchten: oder der gläubige Theologe, dem sie doch der unwandelbare Ausfluß der Gottheit sein soll, und der sie dennoch so willkürlich verdreht, wie er es nie an seinen eignen Schriften von einem Kritiker dulden würde?

Jahrhunderte hindurch mußte sich die Wissenschaft in diese geistige Tyrannei fügen, mußte sich, wenn sie geduldet sein wollte, den Forderungen der Orthodoxie anpassen: jetzt endlich weist sie standhaft jede Autorität von sich und erkennt keinen Richter über sich, als die Thatsachen der Natur! Es heißt den heiligen Namen der Wissenschaft brandmarken, wenn man sich einen biblischen Geologen nennen will. Und doch sucht noch heute so Mancher einen Ruhm darin, für einen solchen zu gelten. Einer der ersten in der Gegenwart und auf deutschem Boden war Dr. Andreas Wagner, Mitglied der königl. Academie der Wissenschaften zu München und Professor der Zoologie an der dortigen Universität. Seine 1845 erschienene „Geschichte der Urwelt" zeugt von einer Consequenz und einer Glaubensstärke, die uns in seinem Interesse wünschen läßt, er wäre drei bis vier Jahrhunderte früher geboren. Vielleicht hätte er sich dann einen unsterblichen Namen erworben als Widersacher eines Copernicus, Galilei und Keppler. Jetzt ist er zu spät gekommen und erregt kaum noch Aufmerksamkeit; denn eine Wissenschaft ist seine Geologie nicht mehr. Die Resultate stehen im Voraus fest, und seine Aufgabe ist es nur, die Natur danach zu verdrehen. —

Ich durfte es nicht vermeiden, einen Zwiespalt zu berühren, der so offenkundig und doch so leicht auszusöhnen ist. Die Bibel ist keine Autorität für die Naturwissenschaft; sie zu einem Lehrbuche umstempeln und umformen heißt sie herabwürdigen und mißbrauchen. Jede Wahrheit gilt unbedingt nur für die Zeit, welcher sie ihre Form entlehnte. Das zeigt uns eine einfache Zusammenstellung des mosaischen Schöpfungsmythus mit der Entwicklungsgeschichte unserer Erde, wie wir sie aus dem Buche der Natur selbst herauslasen.

Moses unterscheidet sechs Schöpfungstage und läßt an den beiden ersten Licht und Himmel geschaffen werden, während am dritten Tage Festland und Meere sich trennen, Bäume und Kräuter entstehen, und am vierten erst Sonne und Mond erschaffen werden. Sonach war also bereits vor Entstehung der Sonne die Erde nicht nur vorhanden, sondern selbst so weit in ihrer Entwickelung vorgeschritten, daß sich Meere geschieden hatten und Vegetation die Festländer bedeckte. Ganz anders belehrten uns die Thatsachen der Natur. Ein Centralpunkt, eine Sonne ward gegeben mit der ersten Entwickelung unseres Planetensystems aus dem chaotischen Urnebel. Die Erde selbst war anfangs eine verdichtete Nebelmasse, auf der weder Festland, noch Wasser, noch weniger Pflanzen existiren konnten, und die auch in ihrem kometenartigen Zustande sich um die Sonne bewegte, ohne deren Anziehung ihre Existenz zu keiner Zeit denkbar war. Man hat wohl dies spätere Erscheinen der Sonne dahin zu deuten versucht, als hätten nur ihre Strahlen an jenem vierten Schöpfungstage die dichten Nebel der Atmosphäre durchdrungen, welche bisher, von Wasserdünsten erfüllt, eine nächtliche Hülle über die Erde ausbreitete. Es ist unbegreiflich, wie man dem bestimmten Wortlaute entgegen eine solche Ansicht hat aufstellen können. Andreas Wagner verschmäht daher eine solche Inconsequenz und läßt wirklich die Sonne nach der

Erde entstehen und die alte Schöpfung von einem Lichtäther umflossen werden, der sich am vierten Tage in die einzelnen leuchtenden Himmelskörper sonderte.

Auch in der Reihenfolge der organischen Schöpfungen zeigen sich dieselben Widersprüche. Der mosaische Mythus läßt zuerst die Pflanzen entstehen und zwei Schöpfungsperioden hindurch allein ausdauern, bis sich am fünften Tage Wasserthiere und Vögel und am sechsten endlich Landthiere zu ihnen gesellen. Die Wissenschaft lehrt eine ganz andere Entwickelung. Wir sehen hier die Pflanzen gleichzeitig mit den ältesten Thieren auftreten, nicht durch lange Perioden getrennt, wie ja beide Lebensreihe einander wechselseitig bedingen. Wir sehen allerdings die Wasserthiere vor den Landthieren erscheinen, aber nicht die Vögel gleichzeitig mit den ersteren und vor den letzteren, da die ersten Fußspuren von Vögeln sich erst im bunten Sandstein, die ersten zweifellosen Landthierreste dagegen bereits im Kupferschiefer zeigen. Noch viel weniger wurden Reptilien und Säugethiere neben einander oder wohl gar in einer Schöpfungsperiode mit dem Menschen geschaffen, wie es der mosaische Mythus erzählt.

So lassen sich in keiner Weise Mythus und Wissenschaft vereinigen, und über den vergeblichen Versuchen verliert der glaubensvolle Theologe den einzigen ewigen Gedanken, den tiefen und ernsten Sinn dieser ältesten Dichtung aus dem Auge, daß die ganze Natur ein Kind des göttlichen Geistes, durch das schöpferische Werde erzeugt und von dem belebenden Hauche des göttlichen Geistes durchdrungen ist, daß auch der Mensch nur ein Sohn der Natur und berufen ist, die liebliche Mutter mit dem ewigen Vater, dem Geiste, zu versöhnen.

D. Die Geschichte des Menschen.

Vom Keim zur Blüthe haben wir die Entwickelung der Erde verfolgt. Der chaotische Urstoff ward von Kräften ergriffen, die dem eignen Schooße der Materie entquollen, und im Kampfe dieser gestaltenden und vollendenden Kräfte entfalteten Meer und Land die reiche Fülle des Lebens. Sieg und Tod wechselten mit einander, und aus dem Grabe der vernichteten Schöpfung erwachten immer neue und edlere, bis endlich der Mensch, als die Krone der

Schöpfung, einen neuen Frieden über die Erde heraufführte, um die Natur zur Freiheit des Geistes zu erheben. Der Mensch ist der jüngstgeborne Sohn der Erde, ist allein das Kind der Gegenwart, und keine von allen furchtbaren Katastrophen hat sein Geschlecht jemals vernichtet. Nur der elende Knechtssinn eines grauen Alterthums oder die Verdammungslust priesterlichen Stolzes konnte den Gedanken einer Sündfluth aufstellen, welcher dem edleren menschlichen Gefühle eben so sehr widerstreitet, als den Thatsachen der Natur.

In Naturereignissen Strafen zu erkennen, welche höhere Mächte am sterblichen Geschlechte vollzogen, heißt die Weltordnung nach menschlichen Zwecken beurtheilen. Das Menschengeschlecht straft sich nur selbst, und es bedarf nicht noch des zerschmetternden Blitzstrahls eines ungeduldigen Gottes, um ein sündiges Geschlecht zu vertilgen. Denn nicht um des Menschen willen ist die Natur da. Der Mensch hat zum Ganzen keine andere Beziehung als der kleinste Wurm, keine andere als die, welche dem Gliede im Organismus zukommt.

Am kräftigsten aber widerspricht die Wissenschaft selbst der Annahme einer solchen allgemeinen Sündfluth, wie sie nach Moses das Menschengeschlecht und alle Thiergeschlechter bis auf wenige Stammhalter vernichtete. Hätte das Auge des Menschen bereits die Wunder der Urzeit geschaut, und sein Fuß die paradiesischen Fluren der jugendlichen Erde betreten, so würden uns seine Gebeine und seine Werke aus den Schichten der Erde heraus von dieser Vorzeit des Menschen erzählen. Aber noch nie hat man fossile Menschenknochen gefunden, und wo man sie zu finden glaubte, da zeigte sich immer bald, daß sie aus jüngeren Epochen herstammten oder gar nicht Menschen angehörten. Die Menschengerippe, welche in Knochenhöhlen oder Felsenspalten mitten unter vorweltlichen Hyänen- und Bärenknochen gefunden werden, oder welche der feste, sich noch heut fortbildende Kalkstein von Guadeloupe umschließt, wurden in historischen Zeiten an ihren Fundorten begraben oder durch Wasserfluthen dort zusammengeführt. Die Gebeine des Cimbernkönigs Teutobach, die man im Anfange des 17. Jahrhunderts in der Dauphiné entdeckte, gehören dem Riesenthier der Vorwelt, dem Mastodon, und die rebellischen Engel von Luzern einem urweltlichen Elephaten, dem Mammuth an. Die aus den Wolken gestürzten Genienknochen des Himalaya erwiesen sich als Hirsch- und Pferdeknochen, und die sicilianischen Gigantengebeine als fossile Nilpferdknochen. Der berühmte präadamitische Mensch Scheuchzer's endlich, der letzte Zeuge der Sündfluth, den man im vorigen Jahrhundert im Oeninger Kalkstein fand und mit schwärmerischer Begeisterung als warnendes Denkmal für die sündhaften Enkel begrüßte, ward durch die Wissenschaft als ein riesiger Salamander der Vorzeit erkannt. Seitdem ist diesem Unfuge der Einbildungskraft, welcher an dem Aberglauben der Zeit eine kräftige Stütze fand, durch die ernste Forschung der Naturwissenschaft ein Ende gemacht, und die Sündfluth mit ihren Zeugen in die Rumpelkammer menschlicher Irrungen und Narrheiten verwiesen.

Will man aber auf die weitverbreiteten Sagen alter Völker, nicht bloß der Hebräer, die nur von einer noachischen Fluth erzählen, sondern auch der Griechen, die eine Ogygische und Deukaleonische und eine Fluth des Xisuthros kennen, etwas geben, so darf man wenigstens ein Ereigniß, welches die heutige Schöpfung heimsuchte, nicht in dem Diluvium der Geologen suchen. In den Schichten ihrer Gebilde finden sich nur die fossilen Ueberreste von Thieren, die den heut lebenden fremd sind, während nach der biblischen Erzählung dieselben Arten von Thieren nach der Sündfluth fortleben mußten. Fluthen, von denen Sagen sprechen können, waren lokale und stiegen nimmermehr zu den Gipfeln der höchsten Berge hinan. Es waren gewaltige Ueberschwemmungen, die vielleicht von durchbrechenden Seen und Meeren herbeigeführt wurden oder Folgen furchtbarer Erdbeben und vulkanischer Ausbrüche waren. Nur Tradition und Mythe schilderten sie im Laufe der Zeiten als allgemeine. Noch weisen Alterthümer und geologische Erscheinungen darauf hin, daß ein vulkanischer Ausbruch in Armenien der noachischen Fluth, ein Durchbruch des schwarzen Meeres in das ägeische den griechischen Fluthen ihre Erklärung zu geben vermögen.

1) Die Gruppen des Menschengeschlechts.

Wie schwer es ist, Mythen, wenn man ihnen einmal eine Geltung in der Wissenschaft eingeräumt hat, selbst durch die

Macht der anerkanntesten Wahrheit wieder zu verdrängen, das hat die mosaische Schöpfungsgeschichte zur Genüge bewiesen. Ihre Zeitrechnung hat bis heut selbst in der Geologie ein gewisses Ansehen behauptet. Vor 6000 Jahren, so heißt es, entstiegen die Stammeltern des Menschengeschlechts der Arche und breiteten es in kurzer Zeit in mehr als 1000 Millionen von Individuen über den ganzen Erdboden aus. Durch klimatische und örtliche Einflüsse sonderte es sich in so viele Racen, als wir jetzt erblicken. Wer aber jemals egyptische Hieroglyphen oder Mumien gesehen hat, der wird in den mehr als 4000 Jahre alten Zügen jener alten Egypter, Neger, Perser und Juden dieselben Typen gefunden haben, die noch jetzt in den Bewohnern dieser Länder ausgeprägt sind; der wird in ihren Thiergestalten dieselben Katzen, Vögel und Krokodille erkennen, welche heut noch in Egypten leben. Die Juden egyptischer Bilder und die Juden auf Leonardo da Vinci's Abendmahl sind gleich treue Portraits derselben Juden, die wir noch jetzt auf Straßen und Märkten erblicken. So bewohnten also seit vier Jahrtausenden verschiedene Racen von Menschen, verschiedene Arten von Thieren dasselbe Land, und kein klimatischer Einfluß veränderte ihre Züge und Färbungen. Was aber vier Jahrtausende nicht vermochten, das sollen der biblischen Mythe zu Liebe zwei früher verflossene bewirkt haben! Wäre der mosaische Mythus nicht, und wäre dieser nicht so eng verflochten mit dem Dogma von der Erbsünde, dieser tiefsten Schmach des menschlichen Geistes, kein unbefangener Naturbetrachter wäre je auf den Gedanken gefallen, alle Menschen von einem einzigen Paare ableiten zu wollen.

Welche wunderbaren Fügungen des Schicksals hätten dazu gehört, um innerhalb jenes kurzen Zeitraums von einem einzigen Punkte aus die ganze Erde zu bevölkern? Welche Mittel hätten diese Wanderer gehabt zur Ueberfahrt nach fernen Inseln, zur Verknüpfung so entfernter Punkte, wie das eine große Festland Amerikas sie bietet? Warum blieben sie nicht in den gesegneten Fluren der Tropen und zogen es vor, sich in die eisigen Regionen der Pole, in den Gluthsand der Wüsten zu zerstreuen?

Wenn wir daher jetzt die Racen des Menschengeschlechts in gewisse Bezirke vertheilt sehen, die mit den Floren und Faunengebieten der Gegenwart auf das Unzweideutigste übereinstimmen, so müssen wir darin die Heimathspunkte der Menschenracen erblicken, an denen sie entstanden, und von denen sie ausgingen. Alle Nationen der Erde bilden nur ein Geschlecht, das sich vom Ursprung an in scharf gesonderte Racen verzweigt hat. Neuere Ansichten begnügen sich selbst nicht mehr mit Racen, sondern lassen Arten von Menschen existiren, die, von einer Gattung umfaßt, gelänge es nur der Wissenschaft, sie nachzuweisen, selbst in der Vorzeit von eigenthümlichen Arten vertreten worden sein könnten.

Wenn man bisweilen die Unterschiede der Menschenracen der allmäligen Einwirkung klimatischer Verhältnisse zugeschrieben hat, so wurde man dabei durch an Thieren gemachte Beobachtungen geleitet. Allerdings arten Hausthiere, die einem eigenthümlichen Boden und Klima angehören, in andern Heimathsorten aus. Der schöne Bergstier der Alpen, das großhornige Rind Ungarns verlieren ihre Kraft und Schönheit, wenn sie die grasreichen Weiden ihrer Heimath verlassen, und das feinwollige spanische Schaf kehrt auf deutschem Boden bald wieder in die gröbere Stammart zurück. Nur der Mensch ist zu keiner Zeit entartet. Schlechte oder dürftige Nahrung versetzte wohl bisweilen ganze Völkerschaften in einen Zustand der Niedrigkeit und Kraftlosigkeit, aber der gesunde Deutsche ist noch heut derselbe, den Tacitus vor fast zwei Jahrtausenden schilderte. Niemals nimmt der Jude reinen Stammes den Typus eines ächten Deutschen an, und noch nie ist ein europäischer Auswandrer in Afrika oder Amerika im Laufe von Jahrhunderten zum Neger oder Caraiben geworden.

Die Racenunterschiede wurden mit dem Menschengeschlecht geboren. Die ersten Menschen waren zwar nach gleichem Typus gebaut, Zähne, Zehen, Knochen und Wirbel nach denselben Verhältnissen geordnet; aber Farbe, Größe, Bau des Gesichts, der Gliedmaßen und Haare unterschieden sie schon ursprünglich. Wenn wir bei Hausthieren durch Farbe geschiedenen Spielarten begegnen, so ist es nur die aufgelöste Mischung der einfachen Grundtöne, aus denen die Farben fast aller naturwüchsigen Geschöpfe bestehen. Die schwarzen, weißen und gelben Hauskatzen, die zwei- und dreifarbig gefleckten sind nur entartete Formen der wilden Katze, deren Farbenkleid in seinem gelblichen Grau die gemischte Grundfarbe trägt. Aber das Schwarz des Negers ist kein verbranntes Weiß des Europäers, das Gelb des Mongolen und die kupferrothe Farbe des Amerikaners lassen sich aus keinem gemeinsamen Grundton herleiten. Warum sind die Neuholländer und Papuas schwarz geworden, und die dem Aequator näheren Gesellschafts- und Freundschaftsinsulaner gelbbraun geblieben? Warum nahmen in Amerika alle Nationen von der Baffinsbai bis zum Feuerlande eine rothbraune Farbe an, während doch in der alten Welt weiße und gelbe, braune und schwarze Nationen oft dicht neben einander wohnen, gleich der Thierwelt, die sie hier in mannigfaltigeren und eigenthümlicheren Formen umgiebt? Die Farbe hat bei dem Menschen einen viel tieferen Grund, sie liegt in einem Farbepigment, mit dem zahlreiche, dicht gedrängte Zellen unter der Oberhaut erfüllt sind. Bei den weißen Nationen ist dieser Farbestoff nur an den Wangen gefärbt, bei den farbigen Nationen tritt er stärker auf, am stärksten bei den schwarzen. Er ist unabhängig von dem Klima, denn der Neger wird überall schwarz; aber seine Intensität richtet sich nach der Einwirkung des Sonnenlichts. Neger können zwar verbleichen, wenn sie mehrere Generationen hindurch unter dem Einfluß schieferer Sonnenstrahlen leben, aber weiß wie die Europäer werden sie nie. Weiße Nationen können sich unter tropischem Sonnenbrande bräunen, aber sie werden weder schwarz in Afrika, noch roth in Amerika. Daher erscheinen wohl auch die Reichen und Vornehmen derselben Nation hellfarbiger als die ärmeren Klassen; denn sie setzen sich dem Sonnenstrahl weniger aus, dem der Arme ohne Schutz überall bloßgestellt ist. Bei Nationen, wo es solche Standesunterschiede nicht giebt, fällt auch diese Erscheinung weg: alle Papuas sind gleich schwarz, alle Botokuden gleich rothbraun. Nur bei den Mexikanern und Peruanern fand man schon früher solche Farbennüancen; denn auch bei ihnen hatten sich, wie bei den Europäern, mit der höheren geistigen Entwicklung Unterschiede der Lebensweise eingestellt. —

Wie die Farbe der Haut, so trennt auch die Farbe und Beschaffenheit des Haupthaars die Nationen. Hier sehen wir das krause, wollige, weiche Haar des Negers, dort das lange, schlichte oder großlockige des Europäers, Malaien und Amerikaners. Hier herrscht das tiefste Schwarz, dort verliert es sich durch dunkles Braun in lichtes Gelb oder Blond. Doch nur bei ganz unvermischten, im Naturzustande gebliebenen Völkern behauptet das Haar seinen nationalen Charakter. Den verändernden Einflüssen der Kultur und Lebensweise erliegt es am leichtesten von allen Körpertheilen des Menschen. —

Unter den charakteristischen Unterschieden der Nationen nimmt die Größe einen untergeordneten Rang ein. Es giebt weder Riesen- noch Zwergnationen, und wenn auch einzelne Reisende von Völkerstämmen der Patagonier erzählen, die eine Höhe von sieben Fuß erreichen, während die benachbarten Feuerländer unter fünf Fuß groß sein sollen, so schwankt doch die Größe des Menschen im Allgemeinen zwischen fünf und sechs Fuß. Die gesetzmäßige Größe des menschlichen Körpers scheint beim Weibe auf 5′ 3″, beim Manne auf 5′ 6″ bestimmt zu sein, wird aber von vielen Männern und Frauen gebildeter Nationen nicht mehr erreicht. Gewöhnlich zeichnen sich sehr kleine Nationen durch einen gedrungenen und fettreichen Körperbau aus, während große Nationen hager oder doch nur muskulös sind. Mögen auch Klima und Lebensweise viel dabei wirken, und die Kälte der Polarländer das Fettwerden begünstigen, wie es die Gluth der Tropen verhindert: der kräftige Körperbau des Negers und die schlanke, zierliche Gestalt des Südseeinsulaners sind wahrhaft nationale Charaktere. —

Die wichtigsten und, wie man lange glaubte, entscheidenden Unterschiede im menschlichen Bau treten in der Bildung des Schädels hervor, die sich im Allgemeinen auf drei Grundformen zurückführen läßt. Ein schmales Gesicht mit niedriger Stirn, ein hervortretendes Gebiß mit zurückgezogenem Kinn, ein hoher, fast scharfkantiger Scheitel und ein weit hinterwärts vorragendes Hinterhaupt sind die wesentlichen Kennzeichen der elliptischen Schädelform. Ein viereckiger Gesichtsumriß dagegen mit niedriger, aber breiter Stirn und starken Backenknochen, ein breites, senkrechtes Gebiß und Kinn, ein flacher, gewölbter Scheitel und ein stumpfes Hinterhaupt gehören der quadratischen Schädelform an. Die edelste aller Formen endlich, die ovale, wird vorzüglich durch eine hohe, senkrechte Stirn, in deren Höhe der Schädel die größte Breite erreicht, durch schmale Backenknochen, ein kleines Gebiß und Kinn und durch die kugelförmige Gestalt des Scheitels und Hinterkopfs charakterisirt.

Blumenbach war es zuerst, der auf die Bedeutsamkeit dieser Differenzen des Schädels hinwies; aber ihre Anwendung auf eine naturgeschichtliche Eintheilung der Menschenracen führte wie jede einseitige Verfolgung eines Charakters zu ganz unnatürlichen Trennungen und Verbindungen. Die einfachste und allein natürliche Eintheilung des Menschengeschlechts ist die physisch-geographische, bei welcher alle Eigenthümlichkeiten, ganz besonders auch die geistigen, in Betracht gezogen werden müssen. Die Sprache aber, diese Naturkunde des Geistes, so eng verschlungen in die geistige Entwicklung der Völker, offenbart oft am deutlichsten die nationale Verwandtschaft oder Verschiedenheit der Racen. Sprache und Religion führen uns ein in das geheimnißvolle Labyrinth der Abstammung, in welchem geistige und physische Kraft in tausendfältig verschiedener Verknüpfung sich darstellen. Wie auch die Freiheit, mit welcher der Geist in glücklicher Ungebundenheit die selbstgewählten Richtungen verfolgt, ihn der Erdgewalt mächtig zu entziehen strebt, die Entfesselung wird nie ganz vollbracht: es bleibt etwas von dem, was den Naturanlangen aus Abstammung und Klima zugehört, was dem Geiste die Form der Natürlichkeit aufprägt. Die Natur zieht einen rothen Lebensfaden durch alle Völker der Erde, der, wie dünn und zart er auch scheinen mag, doch stark genug ist, Nord und Süd, Ost und West zu verknüpfen, der durch das Schwarz des Negers und das Roth des Amerikaners ebenso hindurchschimmert, wie durch die weiße Haut der europäischen Nationen. Mag man mit Blumenbach fünf oder mit Pritchard sieben Racen annehmen, typische Schärfe, strenge Durchführung eines natürlichen Princips wird sich in solchen Gruppirungen niemals erkennen lassen. Nicht scharfe Grenzen dürfen zwischen den geistigen und physischen Charakteren der Menschenracen gezogen werden. Die Gruppen des Menschengeschlechts sind, wie die Floren und Faunen geographischer Gebiete, durch die Natur des heimatlichen Bodens und Klimas bedingt, schroffer geschieden, wo die Natur eine mannigfaltigere wird, in einander verschmelzend, wo auch die Gegensätze in der Natur sich vernichten.

Wir beginnen die Reihe der menschlichen Bildungen mit den amerikanischen Völkerschaften wegen der harmonischen Uebereinstimmung aller ihrer über die verschiedensten Zonen sich ausbreitenden Glieder, welche die Gleichförmigkeit der ganzen Organisation als den Hauptcharakter der neuen Welt zum Unterschiede von der alten bestätigt.

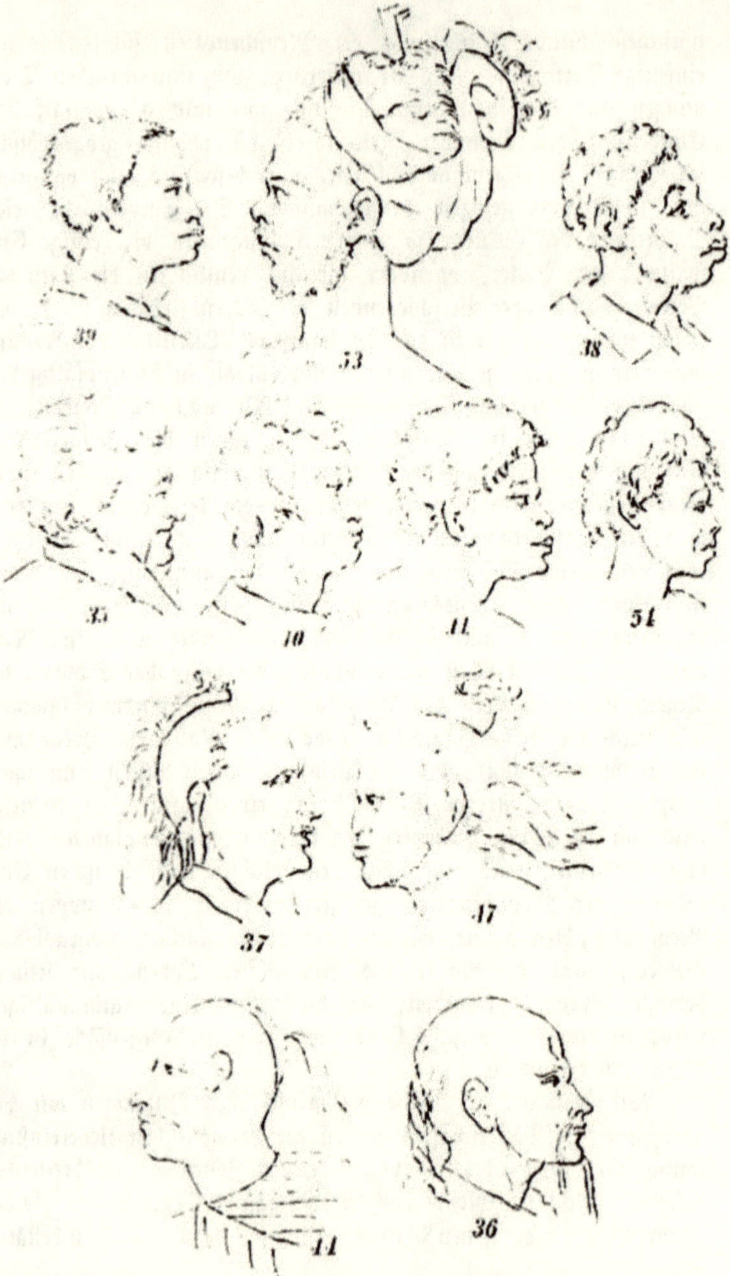
39
53
18
35
10
11
51
37
47
14
36

Wer einen Indianerstamm gesehen hat, hat sie alle gesehen. Meist von großer, robuster Gestalt, bieten sie alle dem Beobachter das lange, schwarze, schlaff herabhängende Haar, die zimmetbraune oder kupferfarbige Haut, die düstre, platte Stirn, das große, matte, träumerische Auge, die vollen, zusammengepreßten Lippen, die hervorstehende, ausgeweitete Nase und die vortretenden, starken Backenknochen dar. Ihr Schädelbau steht zwar ursprünglich dem quadratischen Typus am nächsten, ohne mongolisch zu sein, neigt sich jedoch durch die gesenkte Stirn, die weiten Augenhöhlen und die gewaltigen Kiefer den ovalen Formen zu. Künstliche Behandlung hat außerordentliche Verschiedenheiten im Schädelbau hervorgebracht. Wie zum Zeichen der Selbstvernichtung und der Schwäche, welche nicht die Kraft hat, die auf sich eindringenden Stämme zurückzuweisen oder in sich als neue Lebensmomente aufzunehmen, zeigen diese Nationen einen sonderbaren Hang zu einer widrigen Entstellung der Natur durch Pressung und Einschnürung des Kopfes bald nach der Geburt. So finden wir die plattköpfigen Stämme am Kolumbia, die kegelköpfigen Natchez am untern Mississippi, die Peruaner mit seitlich zusammengedrücktem Schädel und die Chinchas mit senkrecht abfallendem Hinterkopf. Diese künstliche Bildung ist allmälig so zur natürlichen geworden, daß sie sich schon bei dem kleinsten Kinde zeigt. Dazu kommt das Bemalen der Haut mit rother Farbe und das Durchbohren der Ohren und Lippen, welche die Botokuden der brasilianischen Küste sogar mit großen Holzscheiben ausfüllen. Alles das läßt den Gebildeten gerade kein großes Gefallen an der Physiognomie des Amerikaners finden.

Im Allgemeinen sind die Farbennüanceen der Amerikaner ungleich geringer als die der östlichen Nationen. Amerikaner werden nie schwarz wie Neger oder weiß wie Europäer; sie schwanken nur zwischen einem dunkleren und helleren Zimmetbraun, das bisweilen ins Kupfrige oder Fleischrothe hinüberspielt. Sehr feststehende Charaktere scheinen sich in den Gesichtszügen, besonders in der Nasenform auszusprechen. So zeichneten sich die alten Mexikaner durch eine große, starkgebogene, der altrömischen nicht unähnliche, nur fleischigere Nase aus, und diese Form findet sich noch jetzt bei den Peruanern und vielen nordamerikanischen Völkerschaften. Dagegen fehlt sie den Südamerikanern, besonders den Bewohnern Brasiliens,

Chilis, den Patagoniern und Feuerländern, die eine grade, stumpfe, unten breite Nase von beträchtlicher Größe haben. Am auffallendsten weicht die kleine, eingezogene, kaum aus dem Gesicht vorspringende Nase der Eskimos von der amerikanischen Race ab. Der große Kopf mit niedriger Stirn, das breite, platte Gesicht, die kleinen, schwarzen Augen, der kleine, runde Mund, die Anlage zur Wohlbeleibtheit, die den Amerikanern durchweg mangelt, und eine weißere Hautfarbe scheinen sie eng an die mongolische Race anzuschließen. Diese Erscheinung findet ihre Erklärung weniger in der durch Sagen angedeuteten Einwanderung aus Asien, als vielmehr in der Einförmigkeit der nordischen Natur, welche so wenig in ihren Bewohnern, als in ihrem Klima, ihrem Boden und ihrer Vegetation Charaktere zu schaffen vermochte.

Am allerwenigsten aber sind, wie man wohl auch bisweilen behauptet hat, die Völkerschaften des mittleren Amerika von Asien her eingewandert. Aus den furchtbaren Fluren Neukaliforniens, aus dem Gebiete des Colorado und Gila, an deren Ufern man noch jetzt die großartigen Ruinen alter Städte und Baudenkmäler findet, drang einst der mächtige Stamm der Tolteken in Mexiko ein, rings Gesittung und geistige Bildung verbreitend, bis ihn um die Mitte des elften Jahrhunderts das wilde Geschlecht der Azteken verdrängte und südwärts nach Bogota und Quito trieb. Hier erscheinen sie als die Inkas, welche auch über Peru eine höhere und edlere Kultur verbreiteten. Mit Ausnahme dieses matten, durch die Tolteken verbreiteten Lichts ist die amerikanische Race in die Nacht der Barbarei versunken, aus der sie selbst der lange Verkehr mit dem gebildeten Europa nicht geweckt hat. Mag auch die größere Schuld auf die Europäer fallen, deren edlere Aufgabe es war, schlummernde Keime zu wecken, als leichtvergängliche Blüthen zu brechen; so hätte doch eine Nation, welche den Drang nach geistigem Leben in sich trägt, nicht vor dem feindlichen Aeußern der nahenden Bildung zurückweichen, sondern den Kampf mit ihr bestehen müssen, bis sie geläutert aus demselben hervorging. Ein Geschlecht, in welchem die Kultur keinen andern Reiz erweckt, als den der Sinnlichkeit, kann seinem Untergange nicht entgehen.

Die Eskimos bilden den Uebergang von diesen amerikanischen Völkerschaften zur mongolischen oder turanischen Race, die sich durch quadratische Schädelform, durch ein breites, flaches Gesicht mit niedriger Stirn, weit von einander entfernte, halb geschlossene und schief gespaltene Augen, eine kurze, dicke Nase, starke, scharfkantige Backenknochen, große, abstehende Ohren und schwarze, schlaffhängende Haare, in Verbindung mit einer gelblichen Hautfarbe auszeichnet. Am vollkommensten findet sich der Charakter dieser durch einen kleinen, schwächlichen, aber zur Fettbildung geneigten Körper bekannten Race in den Mongolen und Kalmücken ausgeprägt, jenen wilden Söhnen der Steppen, deren Schaaren einst unter Dschingischan alle Länder vom japanischen Meere bis zu den Karpathen überschwemmten. Durch die Herrscher des größten Reiches der Welt, die kriegerischen Mandschus und ihre weichlichen und trägen Unterthanen, die Chinesen, dieses durch seine Jahrtausende lang erhaltene Abgeschlossenheit so merkwürdige Volk, nähert sich die mongolische Race im äußersten Süden der malaiischen, wie sie im Osten durch die Inselvölker der Japanesen, Kurilen und Aleuten zu den Eskimos Nordamerikas übergeht. Die widerlich häßlichen Völker des asiatischen Nordens endlich, die dunkelfarbigen Kamtschadalen mit vorstehenden Bäuchen und dünnen Beinen, die Tungusen und Samojeden mit dicken Köpfen und kurzen Hälsen, bilden durch die Uralvölker und die Lappen und Finnen Europas einen allmäligen Uebergang zu den tartarisch-kaukasischen Völkern, für welche sich kaum noch scharfe Grenzen angeben lassen.

Die reinsten Typen des Menschengeschlechts, die bunteste Mannigfaltigkeit der Formen und Farben, die reichste Entwicklung ihrer Geschlechter an Raum und Zahl neben der größten geistigen Vollkommenheit finden wir in der von Blumenbach als kaukasische Race bezeichneten Völkerfamilie vor. Ovale Schädelbildung, eine hohe, gewölbte Stirn, große, offene Augen, eine gerade Nase, senkrechtes Gebiß und Kinn, der starke Bart des Mannes und die weichen, glatten oder großlockigen Haare bilden mit der weiß durchscheinenden Haut und dem schönen Ebenmaß aller Glieder die wichtigsten Charaktere derselben. Als wäre es jedoch ein Vorzug des Edlen und Schönen, den Adel seiner Abstammung nicht in scharf geprägten Aeußerlichkeiten vor sich herzutragen, als verlange die reichere Entwickelung des Geistes auch die buntere Entfaltung der Formen und Farben, so tritt uns auch in diesem Geschlechte des Menschen die höchste Mannigfaltigkeit gerade des äußerlichsten Charakters, der Farbe der Haut, der Haare und der Augen entgegen. Hier finden wir das zarte Weiß des Europäers neben dem dunkeln Braun und fast negerartigen Schwarz der südlichen Nationen. Hier finden wir das blonde Haar des Nordeuropäers und das tiefblaue Auge des alten Germanen, dort das braune Haar und braune Auge des Südländers, wie es allmälig in das glänzendschwarze Haar und die feurigschwarzen Augensterne des Asiaten übergeht.

Diese Mannigfaltigkeit zeigt uns wieder die innige Harmonie zwischen der geographischen Verbreitung des Menschengeschlechts und der der ganzen organischen Welt. Die kaukasischen Nationen verbreiten sich grade in derselben Richtung über die östliche Welt, in welcher auch die größten Differenzen der Organisation neben einander hervortreten. Sie bewohnen die Mitte des östlichen Kontinents vom äußersten Westen bis zum äußersten Südost, selbst bis auf die australische Inselwelt hinüber. Europa, die afrikanischen Küsten des Mittelmeers und Asien bis zum östlichen Hochland sind die Heimath der Kaukasier. Im Westen wohnen die weißen Nationen, im Osten die braunen und im Quellland des Ganges und Indus verfließen sie in einander. Aber hier wie dort schwanken die Farben besonders des Auges und des Haupthaars, wenn auch nirgends so auffallend, als bei den weißen Nationen. In dieser großen Völkerfamilie kann daher allein die sprachliche und geistige Verwandtschaft über die Gruppirung entscheiden.

Drei große Familien treten uns zunächst entgegen: die Indogermanen, die Semiten und die Berbern. Zu der indogermanischen oder iranischen Familie gehören die Urbewohner Europas, die Celten, Pelasger und Germanen, die asiatischen Meder, Perser und Inder, die alle, wie man glaubt, in dem Sanskrit ihre Stammsprache finden, die alle eine Rolle in der Geschichte des Menschengeistes gespielt haben. Am nächsten muß man wohl an sie die große Familie der Slaven anschließen, die sich durch ihre mehr viereckige Schädelform, niedere, behaarte Stirn, kurzen Nacken und starken Knochen- und Muskelbau unter allen Nationen, zwischen denen sie ihren Platz eingenommen hat, kenntlich macht. Ihre Verschlagenheit, ihre träge Unterwürfigkeit unter despotische Gewalten und ihr starres Festhalten an alten Gewohnheiten und Vorurtheilen haben sie zu einer Vormauer des Osten gegen die vorschreitende europäische Bildung gemacht.

Die semitische Familie umfaßt die Nationen zwischen dem persischen und rothen Meere und dehnt sich nur durch Kolonieen über einen Theil Afrikas aus. Die Araber, Hebräer und Syrer der Gegenwart, die Assyrer, Babylonier und Chaldäer des Alterthums sind die Völker dieses Sprachstammes, welche durch die Tiefe religiöser Anschauung eine welthistorische Bedeutung bekunden. Allein in ihrer anmaßenden Abgeschlossenheit gegen außen haben die semitischen Nationen wohl die Einfachheit und Reinheit ihrer patriarchalischen Sitten erhalten, sind aber von jeher Sklaven ihrer eigenen Leidenschaften, wie despotischer Fürsten und Priester geblieben. Sie trugen in sich die Keime europäischer Gesittung und kosmischer Weltanschauung, aber sie fanden nicht die eigne Kraft, das Joch der Natur abzuwerfen, sie vermochten sich nicht zu der sittlichen Freiheit des Germanen zu erheben, der durch die Macht der Liebe und des Gedankens sich die Natur zur Heimat und die Menschheit zum Gotte macht. —

Die Berbern bilden die dritte kaukasische Völkerfamilie am Mittelmeere, wurden aber im Laufe der Zeiten von den benachbarten semitischen Nationen fast gänzlich vertilgt, und haben sich heute nur noch in den dürftigen Resten der Kabylen und Kopten erhalten. Mit ihrer dunkeln, fast kupferigen Hautfarbe bei schlichtem Haar nähern sie sich fast den Hottentotten. Ein weiches, bildsames, aber kraftloses Volk, erreichten sie unter fremder, indischer Einwirkung ihre höchste Blüthe im alten Egypten. Aber bald wurden sie ein Spielball weltstürmender Eroberer, und nur jene großartigen Trümmer im Nilthal erzählen noch von dem Glanze ihrer einstigen Größe.

Noch zwei Volksstämme schließen sich im Osten an diesen kaukasischen Typus an, der malaiische und tartarisch-finnische. Die Malaien sind von kastanienbrauner, in Schwarz und Gelb sich ziehender Farbe, und zeichnen sich durch einen schlanken, kräftigen Wuchs, rundlichen, aber schmalen, an den Seiten breiten Schädel, schwarzlockiges Haar, schwarze, weitgeschlitzte Augen, dicke Lippen, breite Nase und vorstehende Backen und Kiefer aus, nähern sich aber in vielen Eigenschaften fast den mongolischen Chinesen, mit denen sie von jeher im Verkehr standen. Von den ächten Malaien der Sundainseln, Philippinen und Molukken unterscheiden sich die Oceanier Neuseelands und der australischen Inselgruppen nur durch höheren Wuchs und kräftigeren Körperbau, durch dunklere Färbung der Haut, wie durch geistige Ueberlegenheit, leider aber auch zum Theil durch größere Wildheit und Sinnlichkeit. Leicht erregbar und beweglich in ihrer meerumflossenen Heimat, feurig und glühend, wie der vulkanische Boden, den sie bewohnen, sind die Malaien einer höheren Bildung und Gesittung nicht unfähig, und nur ihre Leichtfertigkeit und Genußsucht hielt die Kultur bisher von einigen der zerstreuten Inseln fern. In vielen Oceaniern erweckte bereits der Muhamedanismus die schlummernden Keime der Bildung, und das schnell erfaßte Christenthum hat vollends ihre natürlichen Anlagen zu hoher geistiger Gesittung geregelt. Auf mehreren Inselgruppen, besonders den Sandwichs- und Gesellschaftsinseln, sind bereits die nationalen Sitten so gänzlich im Verschwinden, daß die Zeit nicht mehr fern scheint, wo man diese ebenso in Alterthumsmuseen studiren möchte, wie jetzt die Sitten unserer heidnischen Vorfahren. Vielleicht erstarken sie einst selbst zu eigner Volksthümlichkeit, deren sie bei ihrer natürlichen Liebenswürdigkeit werth sind. Vielleicht lernen sie die Freundschaft der Europäer richtiger würdigen und besonders die falsche, oft hinter christlicher Nächstenliebe versteckte Selbstsucht unterscheiden, die sie mit dem besseren Glauben nicht auch die bessere Sittlichkeit kennen lehrt.

Ganz anders zeigt sich der tartarisch-finnische Volksstamm, der rauhe Sohn der Steppe. Thierisch in ihren Begierden, den milden Künsten des Friedens feindlich, hat die wilde Horde der Tartaren von den Steppen des innern Asiens her über den größten Theil Sibiriens und den Norden Europas, wohin sie sich wandte, Zerstörung und Schrecken verbreitet. Und doch erreicht gerade in ihr der menschliche Leib seine höchste Vollendung, die mit den Idealen der griechischen Künstler wetteifert. Neben den fast mongolischen Gestalten der Jakuten, Lappen und Finnen, der Tartaren und Kirghisen, zeigen uns die Türken und Tscherkessen die schönsten Körperformen der Erde. Jene, die einst, aus dem Innern Asiens hervorbrechend, das mächtige Khalifenreich vernichteten, haben in dem Jahrhunderte langen Kampfe mit der christlichen Gesittung den orientalischen Charakter mit seinen Tugenden, den feierlichen Ernst, die Einfachheit und Reinheit der Sitten, die Treue und Großmuth bewahrt; aber sinnlich, träge, leidenschaftslos, abergläubisch und ohne sittliche Kraft, nur Sklaven des blinden Zufalls, vermochten sie sich nicht zu den Ideen der Freiheit und Wissenschaft zu erheben und würden längst vor den leuchtenden Strahlen der Abendsonne erblichen sein, wenn nicht Selbstsucht und dynastische Interessen die Augen Europas verblendet hätten. Diese, die Tscherkessen, ein kleines, aber kräftiges und freiheitsliebendes Volk, das sich lieber unter seinen Bergen begräbt, ehe es das russische Joch auf sich nimmt, sind zwar noch in Rohheit versunken, aber zu edlerer Gesittung berufen, die ihnen freilich nicht durch Feuer und Schwert gebracht werden wird. Endlich bildet ein letztes Glied dieser großen Völkerfamilie das edle und hochherzige Volk der Magyaren. Mitten unter Slaven zog diese schöne, große Nation mit ihren ausdrucksvollen, aber harten Zügen, ihrer Thatkräftigkeit und Leidenschaftlichkeit, ihrem edlen Nationalstolz und ihrem Unabhängigkeitssinn von jeher die Augen der Welt auf sich. Frei in ihren Ebenen, wie im asiatischen Vaterlande noch immer zum Wanderleben geneigt, unwissend und unempfindlich, flüchtig im Gewerbs- und Staatsleben, werden sie zu Eroberern nur, wenn sie daran gemahnt werden, daß sie kein Vaterland, sondern nur eine Nationalität haben.

An diese kaukasischen Völker reihen sich durch Vermittlung der Berbern die äthiopischen Nationen an, diesen an Sprache und Körperbau verwandt. Am schärfsten prägt sich der Typus dieser Race im Neger aus, dessen schwarze Farbe, krauses, wolliges Haar, schmaler, seitwärts eingedrückter Schädel mit breiten Schläfen, starkem Hinterhaupt und niederer Stirn, kurze platte Nase, vorspringendes Gebiß mit flachen, aufgetriebenen Lippen, lange Arme mit schmalen Händen und kurze, dünne Beine mit Plattfüßen in mancher Beziehung fast an die Affenform erinnern. Afrika ist das Vaterland der Neger, das Land der Einförmigkeit, der Körper ohne Glieder, wo die Art gegen die Gattung, der Einzelne gegen die Art verschwindet, wo sich noch Nichts von der einförmigen Masse zu wahrer Unabhängigkeit abgelöst hat. Es ist die Welt, wo die Menschheit mit allen Keimen der künftigen Entwicklung im Innern doch noch als Sklave der Erde lebt. Rohe, fast viehische Negervölker bewohnen die Mitte Afrikas von Senegambien bis Nubien, unter der Herrschaft wilder Leidenschaft und Sinnlichkeit nur für die Gegenwart lebend. Jeder Kultur unzugänglich, hängen sie fest an ihrem alten Fetischdienst, der sie in jedem Dinge eine finstere, unheilvolle Macht erkennen lehrt. Durch den Sklavenhandel der Europäer in seiner Rohheit noch unterstützt und durch die Religion selbst zum Menschenraub und Menschenmord als Sühnopfer für die Gottheit aufgefordert, bietet hier der König seine Unterthanen feil, treibt der Vater seine Kinder zu Markte und verkauft sie für Flitter und Spielwaaren an Sklavenhändler. Zur Ehre der Menschheit hat der fortschreitende Geist der germanischen Völker diesen gräßlichen Menschenhandel endlich mit Schande gebrandmarkt, und es regt sich die Hoffnung, daß auch in jenen Völkern einmal der Keim der Aufklärung Nahrung gewinne. Gewiß sind einzelne Negerstämme, besonders der Westküsten, welche schon die Körperform zu den edelsten ihres Geschlechts stempelt und den weißen Nationen, besonders den Berbern nähert, die Mandingos, Joloffen und Fullahs Senegambiens zu einer bessern Zukunft berufen. Bereits hat der Muhamedanismus sie zu thätigen, gewerbsamen und gastfreien Völkern umgewandelt, und ihre geistige Ueberlegenheit scheint sie zu Eroberern und Herrschern ihres Vaterlands bestimmt zu haben. Im Osten wohnen die schönen, kupferfarbigen abyssinischen Völker, die wilden Gallas und die Hirtenvölker der Danakil und Sumalis. Im Süden Afrikas bis zum Port Natal dehnen sich die Kaffern oder Kafirs aus, eine hohe, kräftige Nation von broncebrauner oder schwarzer Farbe, mit höherer Stirn und ovalerem Gesicht. Weniger wild als die Neger, hat ihre Physiognomie etwas Edles, ihr Benehmen etwas Imponirendes. Die kriegerischen Mongas und die gewerbsamen, ackerbauenden Beetjuanen, die schönsten ihres Stammes, sind die bekanntesten dieser Völkerschaften. Die Grausamkeit und Ungerechtigkeit der Europäer hat sie zu den erbittertsten Feinden der Kapkolonien gemacht, aber dieser Haß gegen ihre Bedränger hat sie zugleich fast einzig unter allen wilden Völkern vor deren Lastern bewahrt. Wesentlich von ihnen verschieden durch ihre gelblich-braune Farbe, ihren kleineren, schwächeren Körperbau, ihre auffallend schmalen Hände und Füße, ihre schiefstehenden Augen, ganz abgeplattete Nase und ihr schmales, lang hervorstehendes Kinn sind die

Hottentotten, ein armseliger, ursprünglich gutartiger, jetzt durch Unterdrückung räuberischer und grausamer Menschenschlag an der Südspitze Afrikas. In fast thierischer Verkümmerung tritt dieser Stamm in den wasserlosen Einöden der Grenzberge am Orangefluß unter der Form der Buschmänner auf und streift fast an die äußersten Grenzen der Menschheit, wenn sie nicht an viehischer Rohheit vielleicht noch von den Mocarongas im Innern Südafrikas übertroffen werden.

Merkwürdig genug erscheinen endlich auf einer Landfeste, welche durch Einförmigkeit und Dürre an Afrika erinnert, in einer den wahren Negern ähnlichen Form die schwarzen Bewohner Australiens. Auf der Inselwelt, welche das Festland des Südens mit der asiatischen Halbinsel verknüpft, auf den Küsten Neu-Guineas, das davon seinen Namen führt, und den benachbarten Inselgruppen bis zu den neuen Hebriden, selbst auf Vandiemensland, wo sie von den Europäern bereits verdrängt sind, scheinen die Bewohner auch in der Menschenwelt den Uebergang vom Neger zum Malaien zu vermitteln. Von den Negern nur durch ein längeres, dickeres, aber gleichfalls wolliges Haar, sehr große und dicke Nasen, nicht aufgeworfene Lippen und eine höhere, runde Stirn unterschieden, scheinen sie vom Malaien den Charakter entlehnt zu haben, seine Wildheit und Mordlust zu theilen. Fast ganz nackt, ohne Bogen und Hund, die ersten Begleiter der erwachenden Menschheit, in Lauten redend, die kaum den Namen der Sprache verdienen, für Religion und Gesittung unempfänglich, sind diese nur familienweise umherziehenden, zum Theil menschenfressenden Neger ebenso unentwickelt, wie der Boden, den sie bewohnen. Nur die Papuas der Küsten Neu-Guineas sind sanfterer und friedlicherer Natur, wie auch der edlere Körperbau, die schlankere Gestalt, das ovale Gesicht mit kleinem Mund und wohlgebildeter Nase sie vor allen Völkern ihrer Race auszeichnet.

Eine wie tiefe Stufe aber auch die oceanischen Neger in der Reihe menschlicher Bildung einnehmen mögen, so sind sie doch noch nicht die häßlichsten und niedrigsten Formen des menschlichen Leibes. Diese treten uns in der Urbevölkerung Neuhollands, dieses Wunderlandes in jeder Beziehung, entgegen. Der Neuholländer hat die rußfarbige Haut des Negers, die schmale elliptische Schädelbildung, das weit vorragende Gebiß mit den dicken Lippen, unterscheidet sich aber von ihm durch ein rauhes, schlichtes, nie wolliges Haar, starke Behaarung des Körpers und eine auffallend affenartige Schlankheit der Gliedmaßen. Noch widerlicher durch die breite, herabhängende Nase, die durchbohrt und mit Zierrathen verunstaltet ist, durch die gefärbten Schwielen der Hauteinschnitte, mit denen er seinen Körper entstellt, zeigt er das scheußlichste Zerrbild des Menschen. Dazu kommt seine geistige Schwachheit. Durch die Natur fast nur auf die Jagd angewiesen, weiß er den Speer und die Keule mit großem Geschick gegen Menschen und Kängurubs zu handhaben. Er ist der rohe Sklave der Natur, ohne Obdach, ohne Kleidung, und kaum erhebt er sich durch Religion und Sprache zur Freiheit des Gedankens.

Das ist die tiefste Stufe, zu der das Menschengeschlecht herabsinkt, und vielleicht hat man gar nicht Unrecht, wenn man diese australischen Stämme für die Reste einer im Aussterben begriffenen älteren Schöpfung hält. Dennoch wollen wir gern mit Humboldt an eine Einheit des Menschengeschlechts glauben, an eine gleiche Berechtigung aller Nationen zur Freiheit und geistigen Bildung. Es ist ein großer Bruderstamm, der einen Zweck verfolgt, die freie Entwicklung innerlicher Kraft, dieses höchste Ziel aller menschlichen Geselligkeit. Der Boden, so weit er sich ausdehnt, der Himmel, so weit die Gestirne flammen, die Welt ist sein, innerlich sein, der Schauplatz seines Denkens und Wirkens. Das Kind sehnt sich über die Berge seiner Heimat hinaus; der Mann sehnt sich der Pflanze gleich zurück. So haftet Keiner an der Scholle des Augenblicks; Sehnsucht nach Erwünschtem und nach Verlornem ist die schöne und rührende Triebkraft des Menschen. In liebevoller Einheit strebt er sein ganzes Geschlecht zu umfassen, und festgewurzelt in seiner Natur wird dies Streben zur großen leitenden Idee in der Geschichte der Menschheit.

2) Die Entwicklung des Völkerlebens unter dem Einflusse der Natur.

Das ganze Weltall haben wir kennen gelernt als das unendliche, lebensvolle Werk einer einigen, ewigen Urkraft, mögen wir sie nun Natur oder Leben, Vernunft oder, in ihrer Selbstbewußtheit und Persönlichkeit, Gott nennen. Das Menschengeschlecht ist ein Glied dieses Ganzen, wie der einzelne Mensch, als Theil dieses Geschlechts, ein Glied in der großen Gesammtheit der Wesen bildet. Der Mensch ist ein Kind der Natur, von Naturkräften erzeugt, von Naturgesetzen erzogen. Aber die Naturgesetze sind Vernunftgesetze, ewige Gedanken Gottes, und so ist der Mensch wahrhaft ein Sohn Gottes, den er sich in seiner Kindheit nennt.

Das kindliche Menschengeschlecht erfüllt noch Himmel und Erde mit fühlenden Wesen. Der Mensch steht noch allein; denn im Innern umfaßt er in unbefangener Unschuld die ganze verwandte Welt. Bald stößt ihn die rauhe Wirklichkeit aus seinen Träumen; in den geliebten verwandten Wesen erwachen ihm Feinde und regen seine eigene Selbstsucht zum trotzigen Widerstande an. Nach langen Zeiten der Wildheit vereinigen sich die Einzelnen zu gemeinsamer Hülfe und Vertheidigung; es wird der Gedanke an Gesetz und Ordnung hervorgerufen, welche zum gemeinsamen Besten gehandhabt werden müssen. So bilden sich Völker und Staaten. Aber nicht Jeder wirkt Gleiches in dieser Entwicklung des Menschengeschlechts. Einzelne Höherbegabte, die tiefere Blicke in Menschenherz und Natur gethan haben, gelangen zuerst zur Klarheit der allgemeinen Begriffe, sprechen sie zuerst vor der Menge aus. Man glaubt sie daher vertraut mit den Geistern, die man in der Natur ahnt, vertraut mit den Göttern; man bewundert sie und gehorcht ihnen. Sie selbst, die Propheten der Völker, fühlen es tief, daß, was sie wissen und lehren, nicht ihr eignes Werk ist, daß die Gedanken durch die Natur geweckt, aus der Gemeinschaft geschöpft, einem großen Ganzen angehören, das nur geahnt, nicht begriffen werden kann; sie fühlen sich begeistert durch die Gottheit und äußern sich als Gesandte der Gottheit. Welche herrliche Wahrheit liegt in diesem unschuldigen Glauben! Es ist die einheitliche Wirksamkeit und Gesetzlichkeit in der Natur und im Menschen, welche hier zu einem lebendigen, wenngleich nicht deutlichen Bewußtsein kommt. Nicht ein Gott, dem die Menschen ihre eigne Gestalt und Natur geben, nicht ein selbstgeschaffner, fremder Gott leitet die Geschicke der Völker. Die Natur allein, in welcher der ewige und unwandelbare Geist des Göttlichen lebt, erzieht die Völker, indem sie ihnen den Geist des Weltalls einhaucht.

Ueber die ganze Erdoberfläche hat sich der Mensch verbreitet. Aber wo Bewegung und Leben erstarren, ist er ein entarteter Sklave, wo die Natur zu mächtig wird, ist er zum Thier herabgesunken. Nur wo eine sanftere Natur seine Erziehung übernommen, ihn von Kindheit an langsam und weise geleitet hat, ist er stärker geworden als sie selbst, hat er ihr Joch abgeschüttelt, sie unterworfen und verklärt. Wüsten bedecken sich dann mit Städten, verheerende Ströme werden eingedämmt, Meeresboden wandelt sich in fruchtbare Gefilde um, und selbst die eisige Kälte des Nordens mildert ihre Strenge. Gebirgszüge hören auf, unübersteigliche Schranken zu setzen, und der Ocean verknüpft Nationen. Alle Kräfte der Natur werden Mittel in der Hand des Menschen, und die Gesittung schreitet fort über alle Länder der Erde, sucht aus allen Nationen ein großes Volk von Brüdern zu bilden und befreit die unglücklichen Völker, welche Pflanzen gleich noch unter der Herrschaft der Natur schmachten. Das Alles vermag im Volke das Bewußtsein seiner Einheit mit der Natur, seiner Freiheit von der Materie, seiner Stellung in einer geistigen Weltordnung zu wirken. Wenn aber ein Volk in eitler Vermessenheit die Natur verachtet, sie zu vernichten, nicht zu verklären trachtet, dann gehorcht ihm die Natur nicht mehr, dann erzieht sie es nicht, sondern läßt es den ganzen Druck ihrer Masse empfinden. Mit der Natürlichkeit verliert das Volk sein Vaterland und seine Freiheit. Denn das Volk ist ein Antäus: mit seinem Boden und seiner Natur unüberwindlich, losgerissen ein Spiel des Zufalls und der Willkür.

Die Erde ist ein Erziehungshaus für das Menschengeschlecht. Im Schicksal der Völker waltet weder bloßer Zufall noch alleinige Selbstbestimmung. Wie der Einzelne, so sind auch ganze Völker der Naturbestimmtheit unterworfen, und der Naturtypus des Landes, welches ein Volk einnimmt, hängt genau zusammen mit dem Charakter des Volks, das der Sohn dieses Bodens ist und mit der Stellung, die ein Volk in der Weltgeschichte einnimmt. Ungeschichtliche Völker finden wir nur da, wo die Gewalt der Natur zu groß ist, als daß sie dem Geist erlaubte, für sich eine Welt zu erbauen. Wenn aber die Noth des Bedürfnisses befriedigt ist, sagt schon ein alter Weiser, so wendet sich der Mensch zum Allgemeinen und Höheren. Im Eise der Pole und in den Gluthen der Tropen hört die Noth nie auf; dort ist der Mensch beständig darauf angewiesen, seine Aufmerksamkeit auf die Natur zu richten, auf die glühenden Strahlen der Sonne, auf den eisigen Frost.

Dort, wo der helle Mittag des Süden zu behaglicher Ruhe ladet oder zu brennender Leidenschaft aufregt, sind die Völker an die Gegenwart gefesselt, die keine Sage des grauen Alterthums verschönert, keine Sorge für die Zukunft quält, keine Hoffnung auf den Flügeln der Phantasie über die vergängliche Scholle erhebt. Dort, wo sich unter dem Polarstern um den eisigen Pol in weiter, flacher Scheibe der Norden der Erde lagert, ist das Gebiet der Nacht, die mit all ihrem Dunkel, wie mit ihrem Glanze nur die Phantasie des Menschen füllt und schmückt; dort verschwindet der Tag mit seinem bunten Gefolge geistigen Lebens und erscheint nur eine Zeitlang als das größte Meteor der langen Nacht. Nur in der glücklichen Mitte zwischen erstarrender Kälte und erschlaffender Hitze, zwischen blendendem Lichtglanz und nächtlichem Dunkel werden die Geisteskräfte des Menschen spielend in Thätigkeit gesetzt, und die Entwicklung uranfänglicher Keime selbständiger Bildung begünstigt. Auf der Feste der alten Welt, welche größtentheils der Nordhälfte der Erde angehört, und in deren Schooße die Hitze in den Ebenen und an den Meeresküsten nicht zerstörend, sondern mild und befruchtend wirkt, haben sich daher in der Geschichte fast nur die Tiefländer als Mittelpunkte der Entfaltung geistiger Bildung im Leben der Völker gezeigt, während in dem tropischen Amerika nur die von Seen bewässerten Hochebenen die ältesten Sitze der Kultur waren.

Aber nicht in der geistigen Kultur allein, auch in der Gemüthsstimmung der Völker pflegt sich die Natur und Physiognomie der Länder auszusprechen und in geheimnißvollem, sinnigem Verkehr mit dem innern Leben des Menschen zu stehen. Der Mensch ist heiter in der harmonischen Natur Griechenlands, fröhlich in den lachenden Fluren Frankreichs, würdevoll in dem feierlichen Spanien, ernst in den rauhen Thälern Norwegens, traurig auf den dürren

Ebenen unter den nackten Gipfeln der Anden, fanatisch in dem glühenden und einförmigen Arabien, phantastisch in dem Wunderlande Indiens. Auch nicht große Naturgewalten allein beherrschen den Menschen, nicht bloß der Eindruck gewaltiger Felsmauern, weiter Wüsten, rauschender Tropenregen; auch die sinnige Pflanzenwelt übt ihren Einfluß aus. Einen andern Eindruck erregt das Palmenland, einen andern das Laubgewölbe unsrer Wälder. Anders sieht man sich gestimmt in dem dunkeln Schatten der Buchen, auf Hügeln, die mit einzelnstehenden Tannen bekränzt sind, auf der Grasflur, wo der Wind in dem zitternden Laube der Birken säuselt. Melancholische oder ernsterhebende Bilder rufen diese vaterländischen Pflanzengestalten in uns hervor. So übt die Natur nicht nur auf den Halbwilden ihre ganze Macht aus, selbst die Entwicklung der Civilisation und der Gang der Kultur ist durch den Schmuck der Erde, die Pflanzenwelt, wie durch die Form der Erdtheile und ihre Gliederung bedingt.

Ocean und Festland sind die beiden großen Gegensätze, aus deren inniger Durchdringung alles Leben der Erde hervorgeht. Der Ocean ist das bewegliche, flüchtige, selbst die Lüfte des Himmels durchdringende Element, das selbst einförmig auch alle Unterschiede der Erde, alle Trennung der Völker aufzuheben trachtet. Das starre Festland, nur anscheinend todt, aber in sich vielfach gestaltend und wechselnd, ist allein zur Aufnahme höherer Bildung befähigt, wenn nur der Keim durch den flüssigen Gegensatz befruchtet wird. Von dieser Durchdringung beider Elemente, mag sie nun äußerlich durch räumliche Verflechtung von Land und Meer oder innerlich und unbemerkt durch atmosphärische Vermittlung geschehen, hängt das Gedeihen der Menschheit, wie der ganzen organischen Natur ab. Nicht nur die klimatischen Verhältnisse, auch die Flußsysteme sind das Produkt der Durchdringung von Ocean und Festland, und die Länder selbst sind nichts als Gebiete von Strömen. Es kann daher nicht unwichtig sein, diese Wechselwirkung in ihren wichtigsten Folgen sowohl für die äußere Gliederung der Kontinente hinsichtlich ihrer Küstenumrisse, als für deren innere Gliederung durch senkrechte Erhebung des Bodens zu betrachten. Je sanfter diese Gegensätze vermittelt sind, desto entwickelter und lebensfähiger ist ein Land. Darum ist das einförmige, massive Afrika ohne Leben. Es ist der glühende Mittag der alten Welt, ein unentwickeltes Land, in dem das kontinentale Element noch in seiner ganzen Stärke herrscht. Asien ist lebendiger und mannigfaltiger; der Ocean theilt sich hier in die Herrschaft mit dem noch mächtigeren Lande. Asien ist der Orient der alten Welt, das Land der Gegensätze, wo die Natur ihre ganze Pracht und Erhabenheit entfaltet, die Wiege der Menschheit. Europa zeigt uns das Land des Lebens in höchster Vollendung, die Gegensätze im Gleichgewicht. Europa ist das Abendland Asiens, in dem alle Keime des Orients zur Entwicklung gelangten, alle Widersprüche in Harmonie gelöst wurden.

So spricht sich in dem Ineinandergreifen der Land- und Meeresglieder die Entwicklungsstufe eines Erdtheils aus; seine Gestaltung ist um so ungünstiger, je einfacher sich seine Küsten entwickelt haben. Dieser Gliederbau der Festländer ist eine der wichtigsten Ursachen, welche auf die Kulturfähigkeit eines Erdtheils von Einfluß sind, weil von ihr die Küstenentwicklung, die Verbindung von Land und Meer abhängt. Die Halbinseln eines Erdtheils gleichen den Blatt- und Fruchtknospen der Pflanze; sie bereichern die starre Landesnatur, den kontinentalen Stamm mit vielfachen Gestadeformen und begünstigen den Zutritt der beweglichen und anspülenden Meeresglieder, der Meerbusen und Binnenmeere, gegen das Innere des Festlands. Diese Küsteneinschnitte locken aus dem Innersten der Kontinente die großen Landströme zur Verbindung mit dem Meere hervor und bedingen so zugleich durch Thalbildungen die Verkehrslinien des Erdballs von Innen nach Außen. Oceanisches Klima und oceanische Feuchtigkeit werden durch sie tief in die Kontinente hineingespült, die Trockenheit und Kälte des kontinentalen Klimas wird durch sie gemildert, Mannigfaltigkeit in den Wärme- und Feuchtigkeitsgraden der Luft und somit auch Mannigfaltigkeit der organischen Produkte hervorgebracht. Durch diese einschneidenden Binnenmeere und Meerbusen und durch die mit ihnen in Verbindung stehenden, tief ins Innere eingreifenden Thalspalten der Ströme sind in Europa fast dem ganzen Binnenlande die Begünstigungen der Gestadeländer zu Theil geworden. Selbst von Asiens vom Meere unberührter Mitte genießt durch Buchten und Binnenmeere ein nicht unbedeutender Theil die Vortheile der Gestade, welche dem großen, nicht kontinentalen Raume seine senkrechte Gliederung entzieht.

Der Gliederbau eines Kontinents, seine Küstenentwicklung giebt uns zugleich den Maßstab der Zugänglichkeit seines Innern für Lüfte und Temperaturen, für Völker und ihren Verkehr. Ein Erdtheil ohne diese großen Verkehrslinien der Binnenmeere und Meerbusen ist eine todte Masse ohne Völkerbewegung und Völkerberührung, ohne Geschichte, wie Afrika, jenes Kinderland, wie Hegel es nennt, das jenseits des Tages der selbstbewußten Geschichte in die schwarze Farbe der Nacht gehüllt ist. Länderdurchbrechende Meere locken die Völker von Küste zu Küste. Wenn auch in den Thälern Mittelasiens die Geschichte erwachte, sie hatte keinen Einigungspunkt, so lange der Mensch vor dem Ocean stehen blieb. Als er es aber wagte, den Fuß selbst auf die trügerischen Fluthen zu setzen, als er hinausschwamm in ein unbekanntes Jenseit, da wurde das Meer eine Macht, welche die Geschichte an seine Gestade zog. Der Ocean verlor seine Schrecken, die Meere trennten nicht mehr; denn der Mensch hatte sie bewältigen gelernt. Das Herz der Weltgeschichte rückte aus Asien nach Europa, und die Küsten des Mittelmeeres sahen die Kämpfe zwischen Orient und Occident, zwischen Barbarei und Kultur entscheiden. An die Küsten des Mittelmeers setzt die Tradition die ersten Schifffahrt treibenden Völker. Hier gründete das kühne Volk der Phönizier seine Kolonieen, von hier aus verbreitete es seinen Handel über bisher unbekannte Länder. Griechen, Karthager, Römer wurden nach einander die Erben dieses Kleinods, dessen Besitz die Herrschaft einer Welt sicherte, bis Cäsar, Gallien erobernd, das Herz Europas aufschloß, und das Herz der Weltgeschichte von Rom nach dem Norden hinausrückte. Ein Jahrtausend hindurch war so das mittelländische Meer für die Gestadevölker dreier Welttheile ein unentbehrliches Verkehrsmittel, war für sie der Mittelpunkt in ihrer Geschichte, das Herz der alten Welt. Ohne das Mittelmeer wäre die Geschichte des Alterthums ein Rom ohne Forum. Zwar waren in ähnlicher Weise schon früher England und die Bretagne, Norwegen und Dänemark, Schweden und Lievland durch die dortigen Binnenmeere mit einander verbunden. Aber bis auf Columbus, Vasco de Gama und Cabral, bis auf die Entdeckung Amerikas und die Auffindung des Seewegs nach Ostindien blieb das mittelländische Meer die große Seehandelsstraße der Völker.

So darf es uns allerdings nicht wundern, daß die drei südlichen Halbinseln Europas in gleichen Breiten, unter gleich mildem Himmel, in ihren Verhältnissen vielfach verschwistert, die frühesten Keime europäischer Civilisation auf ihrem Boden entwickelten, deren reiche Saat von dort aus durch das mittlere und nördliche Europa ausgestreut ward. —

Einen noch mächtigeren Antheil an der Kulturfähigkeit eines Erdtheils, als die Küstengestaltung, hat die senkrechte Gliederung mit ihrer mannigfachen Abwechselung von Tiefländern und Hochländern, welche die unversieglichen Wasserschätze bergen. Sie giebt den vielfachen Wechsel der Klimate, der Floren und Faunen, die Mannigfaltigkeit der Thalbildungen, die weite Ausdehnung der Steppen und Wüsten mit ihren Oasenzügen, die Verschiedenheit der Völkerthätigkeit und des geistigen Lebens. Wie mannigfach gestaltet sich das Leben auf den Flachländern! Bald sind sie die Kornkammern der Erde, bald weite Grasmeere, Steppen oder unbewohnbare, nur von Oasen unterbrochene Sandwüsten.

Die flachen Tiefebenen der asiatischen Steppen ohne Hügelland, ohne zusammenhängende Rasendecke, ohne Quellenreichthum, ohne Ackerbau und Waldungen zwingen die dortigen Völker zum Nomadenleben. Heimatlos durchirren sie ihre Wüsten, und mit den Sitten der Väter erben sich von Jahrhundert zu Jahrhundert auch die Züge auf die Kinder fort. Das hügelige Flachland des östlichen Europa dagegen mit seinem fruchtbaren, quellreichen Ackerboden, mit Wiesen und Waldland ladet zur Ansiedlung ein. Die Nomaden besitzen Heerden, aber der Boden gehört Jedem; denn Jeder ist ein Kind dieses Bodens. Der Mensch aber, der ein Stück Land im Schweiße seines Angesichts bebaut hat, will ernten, was er gesäet hat, er richtet seine Wohnung bei dem Felde auf, das er zu seinem Eigenthume erklärt, er will, daß sein erobertes Recht von den Nachbarn geachtet werde, und so sind die Gesetze eine unmittelbare Folge des Ackerbaus. Ein inniges Band der Geselligkeit verknüpft die Bewohner einer solchen Gegend, Unterschiede des Besitzes und der Interessen sondern sie in Klassen, und politische Einrichtungen machen das Land zu einem Sitze menschlicher Kultur, die sich von Generation zu Generation entwickelt. So wohnt unter den Ackerbau treibenden Völkern allein die Civilisation. Wie sie die Natur besiegen, steigen sie von Stufe zu Stufe, aber sie gerathen auch in Verderbniß und Verfall, wenn sie sich von der Natur zu weit entfernen; während die Nomaden der Civilisation zwar fremd, aber der Natur immer näher und darum immer jung bleiben. So wird der Charakter und die ganze Lebens- und Denkweise der Völker durch die Bodenbeschaffenheit ihrer Heimat bestimmt.

Eigenthümlich gestaltet sich der Volkscharakter auf den Hochebenen Innerasiens. Auch sie tragen Steppen und sind von nomadischen Hirten- und Reitervölkern bewohnt, deren Hauptreichthum in den Thieren besteht, die mit ihnen wandern. Das Pferd ist ihnen Nahrung und Waffe. Oft schlossen sie sich durch äußern Anstoß in ungeheuren Schaaren zusammen, und so friedliche Nachbarn sie auch bisher waren, fielen sie plötzlich wie ein verwüstender Strom über die Kulturländer her, und die Spuren, die sie hinterließen, waren Zerstörung und Einöde. Aehnliche Natur hat auch die Araber zu Aehnlichem veranlaßt. Auf seiner abgeschlossenen Halbinsel zwischen Asien und Afrika geboren, eignete sich dies Volk, wie kein andres, beiden Welttheilen an. Kein Fremdling zog in die dürftig bewässerte Natur seiner Heimat ein, es selbst aber breitete sein Geschlecht über die Länder der Erde aus von den fruchtbaren Ebenen des Euphrat und Tigris bis zu den seligen Gefilden Spaniens und den Thälern des Atlas, bis zu den unbekannten Gebirgen des innern Afrika. Mit ihm wanderten Sprache, Religion, Sitte und Lebensart, mit ihm seine unzertrennlichen Gefährten, das Pferd und das Kameel, seine Nahrung, der Reis und die Dattel. Auf dürrem Boden, unter dem sonnenreichen Himmel der Wüste ein unstetes Nomadenvolk, verlor es seine Unbeständigkeit und Wanderlust in fremden Ländern, wo Naturverwandtschaft es um so leichter befriedigte, als es Heimatsverhältnisse aufsuchte, die leicht übertroffen wurden. Es gründete Städte und Herrschaften am atlantischen Ocean, an der Guadiana, am Niger und Nil, wie im Terassenlande zu Schiras, zu Samarkand und am Indus bis zu den Plateauhöhen Mittelasiens. —

In allen Zonen findet man Wüsten und Steppen als Hoch- und Tiefländer, und unter jeder Sonne zeigen sie dieselbe Physiognomie ihrer Natur wie ihrer Bewohner. In den unermeßlichen

Grasebenen Amerikas, den Llanos von Venezuela, den Pampas von Buenos Ayres, den Prairien am Mississippi und Colorado, die den Reisenden Tage lang an die glatten Wasserspiegel der Tropenmeere erinnern, begegnen wir denselben Extremen der Gastfreundschaft und Räuberei, derselben Einfachheit der Sitten, derselben Wanderlust, demselben Familienleben der Bewohner, wie in den Steppen Asiens. Um das Bild zu vollenden, hat auch der Europäer das Pferd hierher verpflanzt, das jetzt in zahllosen Schaaren diese Graswüsten durchschwärmt, als hätte es hier seine zweite Heimat gefunden. Selbst die Ebenen Europas rufen verwandte Empfindungen in dem Wanderer hervor, der bald die Steppen Asiens, bald die Llanos Amerikas in ihren Vorhallen zu betreten meint. Die Mancha Spaniens, die Haiden, welche sich von der Nordspitze Jütlands durch Lüneburg und Westphalen bis an die Mündung der Schelde erstrecken, besonders aber jene ungeheuren Triften Ungarns zwischen der Donau und Theiß, die sich von Debreczyn bis Belgrad ausdehnen, dem geebneten Bette eines Sees gleich, wo das Auge kaum am Horizonte einen Ruhepunkt findet: auch sie werden von Viehheerden durchzogen oder von wilden Reiterhorden durchstreift, auch sie erwecken nicht bloß durch Natur und Klima, durch heiße Sommer und kalte Winter, durch trockne Ostwinde, sondern auch durch den Menschen das Vorgefühl asiatischen Lebens.

Vermag also schon das Tiefland so scharf ausgeprägte Charaktere zu schaffen, wie viel mehr werden es nicht hohe und mächtige Gebirgsketten und Plateauländer, welche die Wassergebiete der Länder abgrenzen, Klimate und Floren scheiden und oft den Ausgangspunkt aller wechselnden Erscheinungen in der Witterung bilden, wie wir es nirgends schöner als in den Anden treffen, wo vom merikanischen Busen aufwärts bis zu den Bergspitzen von Anahuac alle Klimazonen und Pflanzenregionen stufenweise übereinander folgen! Bald werden die Gebirgsländer zu Scheidemauern und Festungen in der Geschichte der Völker, wenn ihre schroffen Berge und tiefen Thäler, wie die Spalten und Schluchten des Kaukasus, die Verbindung der Gebirgslandschaften mit einander und mit benachbarten Ländern erschweren. Bald werden sie zu lockenden Verkehrsstraßen, wenn ihre Thäler, wie in unsern Alpen, weit und bewohnbar, ihre Zugänge durch die Kunst eröffnet und gebahnt sind. Nur massenhafte Plateaus treten der Kultur und den Völkern hindernd entgegen. Ihre steilen Abhänge, die vereinzelten und gefahrvollen Uebergänge machen sie zu Scheidewänden für die umliegenden Länder, und ihre Pässe blieben, wie in Asien, seit Jahrtausenden die einzigen Verkehrslinien erobender und handeltreibender Völker.

Wenn aber auch die Natur die hohen Gebirgsländer der Erde oft nach außen verschloß, so segnete sie dieselben dafür im Innern mit desto reicheren Lebensschätzen. Sie gab ihnen Ebenen, empfänglich für den Anbau, grüne Matten und Weideländer neben den kalten Wildnissen, in denen das Thier vor der feindlichen Kultur seine Zuflucht findet. So sind Gebirgsvölker zugleich Ackerbauer, Hirten und Jäger. In ihren zahlreichen Thälern in eben so viele Völkerschaften geschieden, sondert sie Sitte, Charakter und Lebensart nicht. Dieselbe Sprache wird oft in der ganzen Gebirgskette gesprochen, wenn nicht, wie im Kaukasus, vorüberziehende Völker ihre Kolonieen zurückließen, oder wie in der Schweiz, die großen Thäler nach allen Weltgegenden der fremden Kultur den Weg öffneten. Von steten Gefahren umringt, in ihren Bedürfnissen auf die einfache Natur des Landes hingewiesen, die stärkende Bergluft athmend und durch die Jagd im Hochgebirge gestählt, ist der Gebirgsbewohner kräftig, muthig und vom Geiste der Freiheit beseelt. Im Kampfe mit der Natur gewinnt er Besonnenheit und Festigkeit des Charakters; wandellos, wie seine Felsen, hängt er mit Zähigkeit an seinem heimischen Boden, aber auch an seinen alten Sitten, seinem Glauben und seinen Staatseinrichtungen. —

Am mannigfaltigsten entwickelt sich das Leben in den Stufenländern, die den Uebergang vom Hochland zum Tiefland bilden. Sie sind die großen Verkehrslinien für Klimate, Floren, Faunen und Völker, welche die Civilisation durch ihre Thalbildungen in die Ebenen hinableiten und die einförmige, weichliche Natur des Flachlandes mit der rauhen Zone des Hochbirges versöhnen. Durch sie verknüpfen sich die oceanischen Niederungen mit den kontinentalen Binnenländern, welche ohne sie einsame Inseln im bewegten Meere des Völkerlebens wären. Alle Unterschiede, welche sich im Stromgebiete eines Stufenlandes von seinem obern, mittlern und untern Laufe bis zum Deltalande an Naturfülle und historischen Erscheinungen, in Kultur und geistiger Bildung im Laufe der Zeit erzeugt haben, werden durch das ganze Stromgebiet verbreitet, und was sich in Gewässern und ihren Bauten, in Pflanzen- und Bodenkulturen, in Thieren, Völkergruppen und Staatseinrichtungen vom Hochlande bis zum Meere vorfindet und ausgebildet hat, wird im Deltalande zusammengeführt. So erhalten die Stufenländer einen eigenthümlichen physischen und historischen Charakter, ein reiches Leben, wie sie Hochländer oder Niederungen für sich nicht aufzuweisen haben, eine Naturfülle und Entwicklung im Völker-, Staaten- und Kulturleben, welche nur im harmonischen Zusammenwirken aller Natur- und Geisteskräfte geschaffen ward.

Wenn in den mächtigeren Gebirgs- und Plateaubildungen die Natur bisweilen noch Scheidewände zwischen den Völkern errichtete, so schafft sie neue Quellen des Lebens in den untergeordneten Erhebungen der Erdrinde. Aus mannigfachen Gruppen zusammengesetzt, von Flüssen durchbrochen, geben sie den Ländern, gleich den größeren Erderhebungen, aber mit milderen Gegensätzen Wechsel der Klimate, der Floren und Faunen. Ein Gemisch von solchen Gebirgsländern und Tiefländern, wie sie so glücklich das westliche und südliche Europa darbietet, erzeugt in jedem Erdstrich, selbst unter gleichen Breitegraden verschiedene Bedürfnisse, deren Befriedigung die Thätigkeit der Bewohner auf das Mannigfaltigste anregt. So prägt Alles, was auf der Oberfläche unsers Planeten Abwechselung der Formen und Vielgestaltung erzeugt, dem Völkerleben eigenthümliche Charaktere auf, und selbst die furchtbaren Gewalten des Innern, welche von unten her im plötzlichen Andrange Theile der Erdrinde zu mächtigen Gebirgsketten aufrichteten, haben nur dazu gedient, nach Wiederherstellung der Ruhe und nach dem Wiedererwachen schlummernden Lebens, den Festen der Erde einen Reichthum individueller Bildungen zu verleihen, welcher ihnen die öde Einförmigkeit nimmt, die so verarmend auf die physische und geistige Entwicklung der Menschheit einwirkt.

So schlingt die Natur ihr inniges Band um die ganze Menschheit. Nicht den Einzelnen allein, ganze Völker fesselt sie an die Natur des heimatlichen Bodens. Aufgabe der Völker und höchste Aufgabe aller Staatsweisheit ist es, dieses Band zu erfassen und die Geschichte des Volkes aus seiner Natur hervorgehen zu lassen. Nur dieser Einklang zwischen Volk und Vaterland, zwischen Stellung des Staates zur Natur und zum Menschenleben, zur Physik und Politik hat von jeher in der Weltgeschichte das Blühen der Völker und Staaten bedingt und gefördert. Wo dieser Einklang nicht mehr, wie vielleicht einst in einer jugendlichen Periode der Vorzeit, bewußtlos, zugleich mit der organischen Entwicklung der Völker hervorquillt, da muß, wie in unsrer Gegenwart, das Gesetz dieses Einklangs, als der unsterbliche Quell aller Harmonie und alles Friedens, durch ernste Wissenschafft erforscht und in das Bewußtsein eingetragen werden.

Hat das deutsche Volk diese Aufgabe begriffen und gelöst? Die Geschichte und die Gegenwart scheinen es zu leugnen. Fast zwei Jahrtausende hindurch hat das deutsche Volk sich selbst in innern Kriegen zerfleischt; um seine Grenzen im Innern zu ziehen, hat es seine Grenzen nach außen verloren; um nicht von Deutschen beherrscht zu werden, hat es sich von Slaven und Romanen beherrschen lassen. In der Mitte zwischen zwei Meeren gelegen, die gleichsam die großen Häfen Europas sind, hat es den Beruf, die Bildung der ganzen Welt in sich aufzunehmen und dem großen östlichen Kontinent, dessen Vorstufe es bildet, zuzuführen. Die Natur befahl dem Deutschen, die Ostsee, die seine Küsten bespült, zu einem Mittelmeer des Nordens, zu einem Träger und Boten seines Geistes zu machen. Aber der Deutsche ließ sich diese Ostsee im Westen verschließen, ließ den Asiaten im Osten ihre Küsten fesseln. Statt ein Apostel des Osten zu werden, ist er sein Jünger geworden. Deutschlands Geschichte ist ein rastloses Ringen nach innerer Einheit, ein Kampf, der zwar keinem Kulturvolke erspart ward, aber nirgends so lange währte, eine Reihe von Geburtsschmerzen eines höheren Geisteslebens, ohne welche freilich ein Volk in entnervender Ruhe verwest oder unter dem Schwerte eines wilden Eroberers endet. Aber dennoch hat gerade in dieser Zerrissenheit das deutsche Volk seinen Charakter durchgebildet und eine Energie entwickelt, wie wenige Völker.

Von den üppigen Maisfeldern des istrischen Küstenlandes bis zu den wogenden Weizenfluren der Weichselniederungen, von den blauen Flachsgefilden Schlesiens bis zu den Kartoffeläckern der sandigen Marken, von den Weinterrassen, Obstgärten und Hopfenbergen Süddeutschlands bis zu den Hülsenfrüchten des Nordens, von den duftenden Kräutern der Alpenmatten bis zum saftigen Grün der nordischen Marschgräser sehen wir Acker-, Garten- und Wiesenkultur in Deutschland auf eine Fülle der Erzeugnisse gerichtet, wie sie von einem glücklichen Lande und gebildeten Volke nur zu erwarten ist. Mit der Ausdehnung des Ackerbaues sind auch die Wälder und Moore, die Kinder der Wildniß, mehr und mehr geschwunden. Noch bedecken sie zwar den vierten Theil des deutschen Bodens, aber nur in der nordischen Ebene tragen sie noch das düstre Gepräge einer vernachlässigten Natur; die waldumkränzten Berg- und Hügellandschaften des südlichen und mittleren Deutschlands sind der heitere Schmuck bunten und kräftigen Lebens. Dafür erzieht den Norddeutschen das gefährliche, aber freie Element des Wassers. Auf den Wellen des Meeres wird er in ferne Welttheile getragen, und der Horizont seiner Thätigkeit, seiner Gedanken ist frei und weit, wie das Element, dem er sein Leben verkauft.

Wie die deutsche Natur ein Gemisch von Gegensätzen ist, so auch das deutsche Volksleben. Nicht auf die weiten Wogen allein, auch in die engen Tiefen der Erde wagt sich der Deutsche, und unbekümmert um die Schätze, die er fördert, füllt er die Phantasie mit den Wundern der Geisterwelt seiner schimmernden Gruben. Von den Quecksilbergruben Idrias bis zu den Silbererzen des Harzes und Erzgebirges, von den Zinklagern Schlesiens bis zu den Kohlenflötzen des Sauerlandes und den Eisengruben der nordischen Ebene durchweht das Bergwerksleben mit seinem eigenthümlichen frischen Hauche den deutschen Charakter. Was deutscher Fleiß und deutscher Geist in allen Zweigen der Industrie und des Handels geleistet haben, das lehrt der Anblick deutscher Messen und Gewerbeausstellungen, deutscher Fabrik- und Handelsplätze. Aber Diplomatie und Handelspolitik hielten nicht immer Schritt mit den Fortschritten der Industrie und ließen oft die Früchte des angeregten Fleißes verdorren, statt ihnen die Bahnen des Absatzes zu eröffnen. Nur Kunst und Wissenschaft, die keines Schutzes bedurften, haben auf deutschem Boden eine Höhe erreicht, wie nirgends auf der Erde. Hier allein sind sie Eigenthum des Volkes geworden. Die Wissenschaft verläßt das Katheder, um mit frischem Hauche das praktische Leben zu durchdringen, die Kunst tritt aus ihren Hallen, um sich veredelnd in das Gemüth des Volkes zu senken. Der Deutsche ist ja geboren, um in der Welt des Geistes zu leben. Keine Nation hat so alle Tiefen des Weltalls erforscht, die Grundursachen der Dinge, ihre allgemeinen Gesetze, ihr Wesen untersucht. Der Deutsche ist Philosoph; er durchwandert jedes Land, jedes Jahrhundert, um das Schöne und Wahre bei fremden Nationen zu sammeln, und verliert darüber freilich sein eigenes Nationalgefühl. Er umfaßt in Liebe die ganze Menschheit und setzt seinen Stolz darein, mehr Mensch, als Deutscher zu sein. Dieser Stolz aber giebt uns die Bürgschaft, daß das deutsche Volk die hohe Aufgabe erfassen wird, zu der es die Natur seines Landes berief. Ein Volk, das sich für den Apostel der Menschheit hält, wird nicht lange die innere Zerrissenheit ertragen; ein Volk, das der Einheitspunkt der Welt werden will, wird selbst zur Einheit gelangen. Sein Vaterland ist fest in das Herz Europas gepflanzt, und die volksthümliche Kraft des germanischen Elements wird nicht brechen im Sturme der Weltgeschichte.

Sachregister.

Berichtigungen.

S. 249 Z. 1 v. o. l.: für die isogenischen und isoklinischen Linien, statt: für die isoklinischen Linien.

S. 613 Z. 16 v. o. l.: Sterbens, statt: Strebens.

www.ingramcontent.com/pod-product-compliance
Lightning Source LLC
Chambersburg PA
CBHW020848210326
41598CB00018B/1614